イチゴ大事典

農文協 編

イチゴの花

正常花：萼片，花弁，ともに5枚，雄ずい約30本が規則正しく並んでいる

開花中の花の縦断面：肥大した花床上に雌ずいがびっしりと並び，花床の基部から雄ずいが出ている

花式図

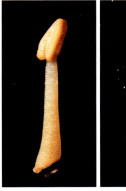

雄ずい：花糸と葯。葯室の中に花粉が入っている

雌ずい：下部は子房，上部は花柱。受精後そう果になる

開葯：葯が縦に割れて，中から花粉がにじみ出ている状態。柱頭には，すでに花粉が付着している

花粉粒（左）：最初は粘質だが，その後乾燥すると飛び散りやすい。柱頭の上につくと花粉管を伸ばす

花粉の発芽（右）：人工培地上での発芽。吸水し，花粉が丸くなっている。糸状のものが花粉管

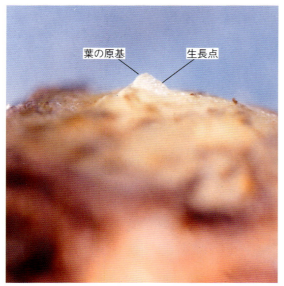

花芽未分化期：左の小さな突起が葉の原基。右の小さな突起が生長点

頂花の萼片形成初期，2番花の花芽分化初期：右側にみえる腋芽は2番花で，分化のごく初期

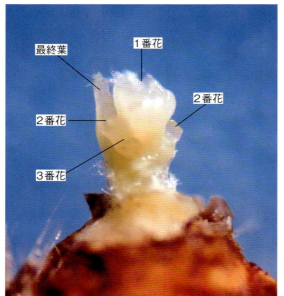

萼片形成期

花弁形成期ごろ：花弁が萼におおわれ，毛に包まれる。1番花の左右両側の2番花の分化がすすんできた

花芽の分化と発育

ふつうの一季成りイチゴでは，秋になって17℃前後の低温，12時間以下の短日になると，花芽が形成される。

まず生長点が丸く肥大し，花芽が形成される。花芽は，外側から花器が形成されていく。

最初に萼片ができ，ついで花弁，雄ずい，雌ずいの順に形成されていく。頂花（1番花）の両脇に2番花ができ，またその両わきに3番花ができる。このようにして花房が形成されていく。

雄ずい形成期：花柄が伸びて，ステージはさらに進行してきた

2番花の包葉につつまれた3番花がみえる（2番花の下部にややふくらんでいるもの）

雄ずい形成期ごろ：蕾はさらに肥大して，雌ずいも形成されはじめている

頂花の花器はかなり完成されつつある。花弁が白く，葯は黄色みを帯びている。2番花とそのわきの3番花もみえる

頂花の断面

頂花房の開花前の状態

1番花の開花

蕾から結実まで

2,3番花の開花期ころの状態

第一花(果)房の着果状態

圃場での着果状態

株の分解：クラウンから葉，花房，ランナーを切り離したもの。葉は左下のものがいちばん古く，3枚目のわきに花房があり，4〜5枚の葉腋にランナーがみられる。クラウンの下部の茎から茶褐色の古い根がみられるが，これは移植前の古い根で，茎の上のほうから新しい若い根が出ている

果実の縦断面

正常果：典型的な円錐形の果実

そう果の状態：花床のくぼみにそう果（一般に種子という）が付着している

鶏冠果の縦断面

果実の横断面：維管束はそう果につながっている

パックに入った果実：左はダナーの鶏冠果，右は芳玉

ランナーと子株

子株がすでに根づいている状態

①**ランナーの先端**：わずかに発根しかけている。②子株の根が出てきて，第一葉の葉腋からランナーが出始めている。③**子株の根が地面に入り根づいた段階**：ランナーは2節からなっている④**ステージの進行**：子株の第2葉の葉腋からもう1本ランナーが出ている

親株とランナープラント（子株）の発生の状態

ランナーの発生位置：葉腋からランナーが発生する

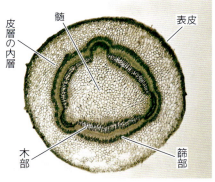

ランナーの横断面

髄／皮層の内層／表皮／木部／篩部／ランナー

親株①：前年度のランナー（右側）が残っている。結実後で，この時期は根の生育状態が悪い

前年度のランナー

親株②：下葉が枯れ，根の生育は貧弱（夏期）

根系の発達状態：比較的地表に近いところに，密に分布している。根の色は白い（4月上旬，スケールの長さは35cm）

根の分布：深さ20cm以内のところに多く分布する

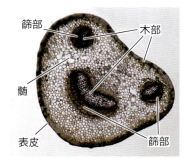

葉柄の横断面

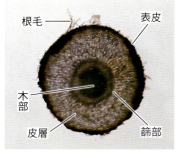

根の横断面

雪の下の根：前年に発育したクラウンから，秋に新しい不定根が多数発生している状態。葉は小さく，葉柄も短い

根の分布：上からみたもの。根は放射状に分布する（株間は30cm）

3年株の分解：イチゴは分げつをくり返して株が大きくなる。写真は3年で10分げつになった状態。分げつからもそれぞれ根が発生する。中段は2年目の分げつ株のクラウン。多年株は一年株の集合体の形をしている

2年目の分げつ株のクラウン

鶏冠果：花芽の時期からすでに大きく鶏冠状

霜害にあった鶏冠果：花床，雌ずいが黒変している

奇形果：これらの奇形果の直接原因は不受精によるが，その部分が違うことによって，いろいろな形になる。左上は鶏冠果の奇形果で，頂果房の第一果に出やすい

花の各種形態

①**雄性不稔**：短葯花（品種：レッドガントレット）。正常な花粉を受粉すれば，正常果に発達する。②**鬼花**：ダナーの頂花。正常な雄ずいをもったもの。③**柱頭が黒い花**：ミツバチの受粉によるもの。正常な果実に発達する。④**雌性不稔**：花床が小さく，雌ずいの発育不完全。雄ずいは正常。正常な花粉を受粉しても結実しない。⑤**帯化した花**

低温障害：右が低温障害，左が正常。雌ずいが黒変，枯死する。障害が著しい場合は花床の内部も枯死する。葯は正常に開葯し，花粉は正常に飛散するが，ほとんど不受精果となる

霜害：開花直前に霜害にあい黒変

花蕾の高温障害：四分子形成期，つまり蕾の直径が2〜4mmの大きさのときにかなり長時間高温に当たったもの。萼，葯は枯死し，正常な結実は望めない

葉の高温障害：新葉の葉縁が枯死するので，葉が正常に展開しない。同時に幼蕾も障害を受けて葯，花粉が正常でない。とくに黒マルチをした場合は甚だしい

窒素欠乏症：草勢がきわめて弱く，根群も張っていない。したがって11月中旬以降，気温が下がると寒害，乾害を受けやすい。外葉の紅葉が早く著しい

濃度障害：200〜300倍の濃度の高い液肥を果実肥大期に連続施用すると，15〜20日後に葉縁部が枯死する。はじめは萎凋病のように日中はしおれ，朝は回復する

F. バージニアナ

F. バージニアナ：*F.* チロエンシスとともに現在の
栽培種の先祖の一つ

F. バージニアナの株の分解

栽培種の先祖

現在のイチゴ栽培種は，*F.* バージニアナ
と*F.* チロエンシスによって生まれたものに
改良をつづけて育成された。多かれ少なか
れこの両種の性質を受け継いでいる。

両種とも染色体は，現在の栽培種と同じ
八倍体。

原産地は，*F.* バージニアナは北米全体，*F.*
チロエンシスは，北米と南米の太平洋岸沿
いに分布している。

F. チロエンシス

F. チロエンシスの実生：子葉と第一葉が出た時期

上からみたところ

第一葉以後欠刻がでるが，葉は三小葉のない幼形である

F. ベスカ（エゾヘビイチゴ）：北海道の草原地に生え、移入種である。二倍体

F. ニッポニカ（シロバナヘビイチゴ）：日本原産の野生種。二倍体

野生種
日本でのフラガリア属の原生種は、シロバナヘビイチゴとノウゴウイチゴの2つである

F. イイヌマエ（ノウゴウイチゴ）：シロバナヘビイチゴとともにわが国の野生種。花弁は7枚になる。本州と北海道の高山に自生する。二倍体

外国の代表的品種
①マーシャル：1908年に偶発実生から発見された古い品種で、長い間、米国の太平洋沿岸北部地方の主要品種として栽培されてきた。品種がよいので、品種改良の基準的品種であった。わが国でいうマーシャルとは別種

②フェアファックス：ロイヤルソベレン×プレミア。1933年米国で育成された画期的品種。この品種との交配により、その後多くの新品種が育成された。わが国には戦後導入され、寒冷地でかなり栽培された

③ゼンガ・ゼンガナ：マーキー×ジーガー。1942年にドイツで育成された。分げつ型多収の晩生品種。生食用としても加工用としても形質がよい。北欧諸国一帯に広く栽培されている

省力育苗システム

写真提供　玉田未規雄（株式会社誠和），田島幹也（埼玉園試），伏原肇（福岡農総試園芸研），石原良行（栃木農試），小林保（兵庫中央農技センター），松尾孝則（佐賀農研センター）

空中に発生した子苗：ランナーを2～3cm残して切り離して仮植・育苗する。空中のため発根は不完全である（田島）

ランナーが下垂して，空中に子苗が発生（田島）

高設培地に定植した親株（ロックウール培地）（田島）

〈高設採苗システム〉

採苗した苗は，仮植床に植え発根させてから，育苗する（玉田）

防鳥ネットに，育苗用小型ポットを設置し，そこにランナーを誘導し直接採苗する方法もある（伏原）

作業しやすい高さに親株床を設置し，ランナーを下垂させ，空中で採苗するシステム。培地にロックウールを使った養液栽培，軽量培養土を使ったシステムがある。

〈セル成型トレイ育苗〉

セル育苗に使用できる子苗：発根が不十分であった小さいものも使える。葉数は2枚程度（石原）

定植期の苗（女峰）：慣行のポット苗（左）より茎が細くヒョロッとしているが，収穫の中休みがほとんどなく，3月までの収量も大差ない（石原）

子苗の植付け：培養土にランナーを直角に挿す（石原）

〈小型ポット（愛ポット）育苗〉

定植苗の根張り：ポットは小さいが縦に長いので、地上部の生育がよく、根もよく発達している（伏原）

愛ポット育苗システム用資材：専用培土，培土入れフレームと愛ポット（伏原）

愛ポットで育苗のようす：作業しやすい高さの育苗台にセットし、立った姿勢で作業できる（伏原）

〈小型ポット（ウェルポット）育苗〉

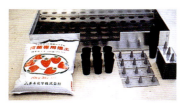

ウェルポット育苗システムの資材：ウェルポット，ウェルプレート（3本の突起がついている），ウェルポッター（培地充填の土入れ器），専用培地（小林）

ウェルポットでの育苗のようす：ウェルプレートに3ポットずつセットにして並べて管理する（小林）

ウェルポット苗の根張り：慣行ポットより培地量は少ないが、根の発達がよい（小林）

〈育苗の共同化，機械移植〉

小型ポット（愛ポット）による共同育苗：ここでは10万本の苗を共同育苗して，交替で管理している（伏原）

マルチうねへのセル成型苗の機械植えの実用化試験のようす（松尾）

多様化する品種

解説・写真提供 望月龍也（農林水産省野菜茶業試験場久留米支場）

章 姫

果実はかなり長い円錐形で，乱形果の発生がきわめて少ない。平均果重は15g程度。糖度は女峰並みだが酸度が低く食味は良好。果実硬度は中程度

あかしゃのみつこ

果実は円錐形で光沢が良く，果皮色は鮮赤。平均果重は20g程度だが，大きいのは40〜50gの極大になる。糖度は女峰やアイベリーより高く，食味は良好。果実の硬さは中程度

あかねっ娘

果実は球円錐形で形状の揃いがよい。とよのかより大きく，糖度が安定して高く酸度は低く，多汁質で香りがよく食味はかなりよい。果実はとよのかより軟らかい

アスカウエーブ

果実は短紡錘形。頂花房の一〜二番果は乱形になりやすい。とよのかと同程度かやや大きく多汁質で糖度が高く酸度が低く食味にすぐれる。果肉硬度は比較的高いが果皮がやや弱い

さちのか
果実は円錐〜長円錐形でよく整い光沢はよい。糖度はとよのかより1％程度高く肉質が緻密で食味はきわめてよい。ビタミンC含量も10〜30％高い。果実硬度が女峰，とよのかより30％程度高い

とちおとめ
果実は円錐形で光沢がきわめてよい。平均果重15g程度でとよのかと同程度以上。糖度は女峰より高く酸度がやや低い。多汁質で食味は良好。果肉が比較的硬い

きたえくぼ
果実は円錐形で光沢がよい。宝交早生より2〜3g大きくくず果が少ない。糖度，酸度が高く食味は比較的よい。宝交早生より果皮が強く果肉も硬い。寒冷地の半促成栽培に適する

ペチカ
果実は円錐形で光沢がよい。サマーベリーよりやや小さいが乱形果がきわめて少なく業務用に適する。糖度が高く酸度が低いので食味がよい。香りも比較的よい。果肉はやや軟らかいが，果皮は強い。四季成り性を生かした夏秋どり栽培に適する

北の輝
果実は短円錐形でよく揃う。ベルルージュよりやや大きい。糖度は比較的高く，酸度が低く食味は比較的よい。果実硬度はベルルージュより高い。寒冷地の露地，半促成栽培（低温カット栽培）に適する

解説：望月龍也（東京都農林総合研究センター）

女　峰

果実は円錐形でよく整い，果皮色は淡赤で光沢がよい。とよのかよりやや小ぶりだが，糖度と酸度のバランスがよく食味は良好。昭和60年ころから平成10年代にかけて東日本の代表的品種であった。クリスマスケーキなどの業務用途にも適する（望月龍也）

とよのか

果実は豊満な円錐形，果形が乱れることがある。果皮色は鮮紅で光沢がよく，果肉の着色は淡い。糖度が高く，他品種にない強い芳香があり，食味はきわめて良好。女峰と同時期に西日本の代表的品種としてわが国の促成イチゴを二分した（望月龍也）

レッドパール

果実は卵円形，果皮色はやや濃い鮮赤，果肉までよく着色する。糖度はとよのか程度で，独特の香気を有する。とよのかよりやや晩生だが，果実硬度が比較的高く輸送性に優れる。韓国で相当面積が栽培されてきた（西田朝美）

越後姫

果実は短円錐形〜円錐形で揃いがよい。果皮色は鮮紅で光沢がよく，果肉の着色は淡い。糖度が高く，多汁質で食味が優れる。とよのかより晩生だが，低日照下でも生育停滞が比較的小さく，冬季寡日照地域の促成や半促成栽培に適する（倉島　裕）

濃　姫

果実はやや長めの円錐形でよく整い，女峰より2〜3gほど大きい。果皮色は鮮赤で光沢がよく，果肉色は淡紅。糖度が高く，食味は良好。果実硬度はとよのかや女峰よりやや軟らかい。女峰なみの早生で年内収量が多い（越川兼行）

アスカルビー

果実は球円錐形で果頂部がやや詰まり，果重はとよのかよりやや大きい。果皮色は橙赤で光沢がよく，果肉は橙赤色に着色。糖度が高く，芳香があり食味は良好。果実硬度はとよのかよりやや高い（泰松恒男）

古都華

果実は円錐形でよく整い，とよのかよりやや大きい。果皮色は鮮赤で光沢がよく，果肉は淡紅に着色。酸度もやや高いが，糖度が高く食味は良好。果実硬度はアスカルビーやとよのかより高く，さちのかと同程度以上（西本登志）

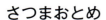

さつまおとめ

果実は丸みを帯びた円錐形，平均果重20g程度でかなり大きい。果皮色は鮮紅色で着色がよく，果肉色はかなり淡い。さちのかに似た緻密な果肉で，果実硬度も高い。糖度と酸度のバランスがよく食味は良好。とよのかと比べてやや晩生だが，草勢が強い（小山田耕作）

福岡S6号（商標名：あまおう）

果実は豊満な球円錐形で，とよのかより2〜3gほど大きく大果の割合が多い。果皮色は濃紅で光沢がよく，果肉は淡紅色に着色。酸度もやや高いが，糖度が高く食味は良好。とよのかよりやや晩生だが，果実硬度がとよのかより高く，輸送性は比較的優れる（小餝幸一）

さがほのか

とよのかより早生で，年内からの収量性に優れる。果実は円錐形で，とよのかよりやや大きい。果皮色は鮮赤だが，厳冬期にはやや薄くなりやすい。光沢がよく，果肉色はかなり淡い。糖度はとよのか並みで，酸度が低く食味は良好。果実硬度はとよのかよりやや高い（中島寿亀）

やよいひめ

果実は長円錐〜円錐形，果重はとちおとめより3〜5gほど大きい。果皮色は明赤で光沢がよく，果肉は橙赤に着色。糖度が高く，酸度が中程度で，食味は良好。とちおとめより晩生だが，果皮硬度と果肉硬度が比較的高く，春期の出荷でも傷みが少ない（群馬県農業技術センター）

紅ほっぺ

果実は長円錐〜円錐形，果重はさちのかや女峰よりかなり大きい。草勢が強く，収量性に優れる。果皮色は鮮赤で光沢がよく，果肉は鮮紅に着色。糖度が高く，酸度が中程度で，食味は良好。果実硬度は章姫よりやや高い（竹内 隆）

ゆめのか

果実は円錐〜長円錐形，平均果重は15〜17g程度。果皮色は鮮紅で光沢に優れ，果肉色は淡紅。糖度が高く，酸度が中程度で，多汁質で食味は良好。果実硬度はとちおとめ並みかやや低く，とちおとめよりやや晩生（番 喜宏）

かおり野

かなり早生で草勢が強く，早期からの収量性に優れる。果実は円錐〜長円錐形で，平均果重は18g程度と大きい。果皮色は橙赤で光沢がよく，果肉も橙赤に着色。糖度が高く，酸度が低く，食味は良好。果実硬度はとちおとめより低く，章姫より高い。炭疽病抵抗性（小堀純奈）

おいCベリー

果実は円錐形，果重は13〜15gでとよのかよりやや大きい。果皮色は濃赤で光沢に優れ，果肉色は赤。糖度，酸度，果実硬度，早晩生はさちのかと同程度で，緻密な果肉で食味のバランスがよい。ビタミンC含量が高い（とよのかの1.6倍，さちのかの1.3倍程度）（沖村　誠）

けんたろう

きたえくぼ×とよのかにより育成。果実は円錐形で光沢がよく，果皮色は鮮紅，果肉色は橙赤。宝交早生より2〜3gほど大きく，果実硬度も高い。きたえくぼよりやや早生で成熟期も早い。寒冷地の無加温半促成栽培に適する。萎黄病抵抗性（後藤昌人）

すずあかね

果実は丸みを帯びた球円錐形，果皮色は橙赤で光沢に優れ，果肉色はごく淡い。四季成り性品種としては，大果で収量性がよく，糖度も比較的高い。果皮硬度と果肉硬度が高く，日持ち性は良好。四季成り性を生かした寒冷地などの夏秋どり栽培に適する（米津幸雄）

生理障害

解説：吉田裕一（岡山大学） 285ページ

〈異常花〉 開花した時点で雄ずいや雌ずいなどの花器が正常でない花。花粉や雌ずいの稔性低下の極端な症状といえるが，直接的な原因は不明

雌ずいの退化

雌ずいの発育不良

雌ずいの大きさは正常だが，開花時に褐変

これらと同時期の花からできた果実は不受精果となる（品種：女峰）

雌ずいの葉化：長期株冷蔵で発生することから，花芽発育期の高温が関与している可能性が高い（品種：アスカルビー）

〈受精不良果〉 ミツバチの訪花不足，花粉や雌ずいの稔性低下などによるそう果の発育不良

女峰の受精不良果（左）：イチゴのなかで最も一般的に発生する奇形果といえ，正常に発育したそう果の周辺だけが肥大着色する

章姫の色むら果（まだら果，右）：不受精のそう果周辺の果床組織の成熟が遅れ，果実の着色にムラができる

〈乱形果〉　花芽発育期における果床の形態異常

愛ベリーの鬼花（左）と鶏冠状果（右）：栄養生長が盛んな大きな苗が花芽分化する際に生長点（茎頂分裂組織）が帯化して発生する。大きな花芽が分化、発育して鬼花となり、鶏冠状果となる

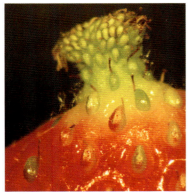

角出し果：いったん雌ずいの分化を終えた果床の先端（中心部）で、果床組織の分裂と雌ずい原基の分化が再開した場合（左）。雌ずい原基として発生した果床上の突起が果床組織として大きく発育し、その表面に雌ずいを分化し始めた場合（右）

〈白ろう果〉　低温・寡日照期に発生

女峰の正常果（左）と白ろう果（右）：白ろう果は色むら果とは異なり、果実の先端側の半分以上は正常に着色し、基部側の、そう果から離れた部分が着色しない

〈その他の障害果〉

さがほのかの先絞り果（仮称）：外観は先端がしぼんだようになり，しぼんだ部分は濃赤色になる（左）。症状が著しい場合は内部が空洞になる場合が多く，先端の内部はコルク化する場合もある（右）。籾がら高設栽培の頂果房で発生が多く，窒素の溶出が多くても少なくても発生し，ホウ素の吸収不足が認められることから，籾がらは1年以上腐熟させたものを使い，根傷みさせないことおよび土壌水分の過不足がないような肥培管理が指導されている（原図：岡　和彦）

さがほのかの裂果（裂皮）：果実を完熟まで着果させると，萼に近い基部の果皮が裂けることがある。さがほのかなど果実肥大特性のすぐれた品種で，成熟日数が長くなる低温期に発生が見られる

ヒラズハナアザミウマによる虫害：軽微な場合は果床表面が網目状に褐変する（左）。大量に増殖した場合には，全体が褐変して肥大が抑制され，種浮き状となる（右）

〈果実以外の生理障害〉

チップバーン（葉先枯れ，蕚枯れ）：新しく出る葉や蕾の先端部が褐変し，枯れて変形する。症状が著しい場合には，雌ずいや雄ずいが退化した異常花となることが多い。章姫，とちおとめ，紅ほっぺなど草勢の強い品種ほど発生しやすい

心止まり：栄養生長と生殖生長のバランスが崩れ，生殖生長に傾きすぎたときに直花型の心止まり（左）が，栄養生長に傾きすぎたときにランナー型の心止まり（右）が発生する。直花型では頂果房（①）のあとの腋芽が葉を分化せずに直接花芽（一次腋果房②）を分化し，ランナー型ではランナーを分化する。ランナー型は高温長日条件の育苗期から頂花房開花期に限って発生する。いずれも花芽分化が早い品種で発生しやすい

女峰の新葉黄化（クロロシス）：養液栽培で培養液を過剰に供給した場合などに発生する。定植10〜15日目ころに新しく展開する葉に発生しやすく，定植後10日目ころから一時的に培養液の供給を停止すると防ぐことができる

新しい防除法

〈炭酸ガスくん蒸によるハダニ防除〉279ページ

イチゴ苗を高濃度炭酸ガスで処理することで，薬剤抵抗性を発達させずに，ナミハダニの発生を抑えることができる

高濃度炭酸ガス処理区（左）と無処理区のイチゴの生育：前年，30℃，60％，24時間処理をしたところと処理しなかったところの翌年1月の生育。処理区では10月以降，ハダニの発生はまったくみられず，10〜20％の増収効果となった

夜冷庫を利用した水封式による炭酸ガス処理の方法：①グランドシートを敷く，②イチゴ苗を入れた1段目の台車をシートの上に移動，③3段目までを移動後，周囲にU字溝を設置し，水を注入する，④上から角底袋で覆って設置完了。このあと袋の上部に開けた排気バルブからブロアを使って袋内の空気を抜き，ホースを使って袋内に炭酸ガスを注入し，袋内の炭酸ガスを軸流ファンで撹拌し60％程度の濃度にする。写真は日立AIC（株）で開発された「ポリシャインSB」装置だが，水封式は自作もできる

〈紫外光照射によるうどんこ病防除〉271ページ

うどんこ病が発生する前に予防的に紫外光を照射することで，イチゴの病害抵抗性が高まり，病気にかかりにくくなる

紫外光（UV-B）電球形蛍光灯の設置例

UV-B電球形蛍光灯＋反射傘：
SPWFD24UB1PA（左），SPWFD24UB1PB（右）
（製造元：パナソニックライティングデバイス）

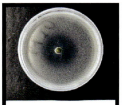

紫外光照射と病原菌接種がイチゴ葉中の抗菌物質産生に及ぼす影響：イチゴ萎凋病菌の胞子を混合した培地の中心部に，炭疽病菌を接種したイチゴ葉と接種しなかったイチゴ葉，紫外光を当てたイチゴ葉と当てなかったイチゴ葉，それぞれの粗抽出液を注ぎ，25℃で2日間培養
紫外光を当てた葉の粗抽出液には抗菌活性があり，生育阻止円（中心の透明部分）が形成された。紫外光を当てなくても炭疽病菌を接種によって抗菌物質が産生されたが，紫外光を当てた葉は接種の有無にかかわらず抗菌物質が産生された（現在，紫外光照射による防除効果が検証されているのはうどんこ病のみ）

〈熱ショック処理によるうどんこ病防除〉261ページ

高温に短時間さらす熱ショック処理によっても，病害抵抗性が高まる

イチゴの葉温が20秒間，50℃になるよう保温カバーを装着した自走式台車で，週1回温湯を散布（上），農薬散布なしの葉はうどんこ病が発生（右上），温湯散布した葉は発生がきわめて少なくなる（右下）

広がるうね連続利用栽培

耕起やうね立てといった作業が省け，定植時の雨によるうね崩れもないことから，全国的に普及が進んでいる

〈愛知県・藤江充さんの事例〉607ページ

連続うね利用栽培の圃場では台風の雨でもうねが崩れない

台風の雨でうねが崩れた圃場

土壌改良資材や基肥の施用はうねの上のみで，小型管理機によって耕起する。定植とそれ以降の管理は，通常のうね立て栽培と同じ

〈佐賀県・鳥越芳俊さんの事例〉715ページ

定植は，うね連続利用栽培のベッドにマルチを被覆してから，写真のような道具で行なう（撮影：赤松富仁）

収穫最盛期のイチゴ。慣行栽培と比べて収量は低下しない。有機物を施用しないと生育・収量が劣るので，太陽熱消毒と合わせて有機物を施用している（撮影：赤松富仁）

さまざまな高設栽培

作業姿勢が改善され，規模拡大も可能なことから，栽培が急速に増えている。培土と栽培槽の違いによってさまざまな様式がある。197ページ

〈籾がら主体＋波トタン〉
（るんるんベンチ）

養液栽培を基本とする多くの高設栽培に対し，これは土耕に準じた施肥体系であるため，栽培槽は波トタンを使用。自作タイプ。489、683ページ（撮影：赤松富仁）

〈籾がら主体＋不織布〉
（岩手大学方式）

東日本大震災で被災した三陸海岸の園芸（夏イチゴ）振興として考案されたもので，培土に肥料が入っているので，灌水するだけで栽培できる。自作タイプ。469ページ

〈水田土壌＋発泡スチロール〉
（少量土壌培地耕）

本物の土を使うことで土の緩衝能が生かされ，養液のトラブルなどが少なく栽培しやすい。633ページ

〈ピートモス＋ポリフィルムバッグ〉
（らくちんシステム）

香川県の産官学連携で考案されたもので，ピートモスなどを詰めたピートバッグと給液装置，炭酸ガス発生装置などからなる。661ページ

〈ピートモス主体＋発泡スチロール〉
（とこはるシステム）

発泡スチロール製の栽培槽のかけ流し式養液栽培システムで，電熱で培地加温もできる。671ページ

〈ロックウール＋Dトレイ〉
（サンラックシステム）

Dトレイと呼ばれる容量0.3lのD型トレイで育苗した苗をそのまま架台に置くだけで養液管理する。589ページ

写真でみる環境制御

光合成産物不足による草勢低下，成り疲れの軽減技術として，CO₂施用と温度・湿度管理などが見直されてきている

〈福島県・小沢充博さんの事例〉とちおとめ・土耕栽培 537ページ

CO₂施用を10月下旬から始めたハウス。厳寒期（1月上旬）でも草勢を維持できている。ガスコンロの先にダクトを付けた送風機を置き，株元施用。プロパンガス燃焼式の施用機も使う

3月20日のハウス。頂果房の花数を10花前後に抑えることとCO₂施用によって，春も生殖生長型の草勢を維持。ゆっくり果実肥大する

2011年から始めたうね連続利用栽培との総合効果で，肥大の最後にヘタ下が縦伸びする果実（上）が増えた。このなで肩イチゴは，なで肩でないイチゴより甘みとコクがある（いずれも撮影：赤松富仁）

小沢さんが使うプロパンガス燃焼式の施用機(ハウスバーナーらんたんさん)。外気と同じCO_2濃度400ppmを目安に日中施用している

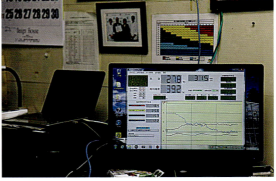

上:ハウスに設置された環境測定器(プロファインダーⅡ)。下:ハウスの環境は作業小屋のこのモニターで点検(撮影:赤松富仁)

上層のカーテン

下層のカーテン

急激な湿度変化を起こさないために、内張りカーテンをまだ気温が上がりきらない7〜8時の早めの時間に開ける。この湿度管理でCO_2施用の効果向上をねらう(撮影:赤松富仁)

〈静岡県・佐々木敦史さんの事例〉紅ほっぺ・高設栽培 577ページ

収穫中の紅ほっぺ。4tだった収量が、CO_2施用を始めてから6.5tに増加

定植後は腋花房分化のために、2段巻き上げ式のサイド、妻面、谷換気を全面開放してハウス内気温と培地温度を下げる。厳寒期にかけては適温になるよう、固定張り（ビニペットどめ）をして隙間風の侵入を防ぐ

矢印の機器でCO_2施用。以前は早朝2時間程度、1,000ppm以上を目安にしていたが、現在は日中に外気の濃度より少し高いくらいの施用にしている

施用は日の出30分後から日の入りまでの間、1時間に1回15分、タイマーによって施用している（2台の交互運転につき実質30分ごとの施用）。ハウスが閉まる11月上旬から3月下旬まで施用

まえがき

　このたび，わたしどもでは，イチゴ栽培の基礎から最先端技術までを網羅した『イチゴ大事典』を発行する運びとなりました。総勢約70名の研究者，指導者，生産者の方々の執筆によるイチゴ栽培の専門百科事典です。

　イチゴは皆に愛される人気作物の一つであり，その栽培技術は大きく進歩しています。イチゴ栽培は育苗に多くの時間と労力がかかることから，近年は小型ポットと育苗トレイが普及し，育苗ハウスの高設ベンチ化が急速に進んでいます。また，通常の土耕栽培では腰を屈めた姿勢がきついことから，立ったままで管理できる高設栽培が急増しています。

　休ませることなく連続収穫することはイチゴ農家の永遠の課題ですが，近年は光合成を高めることなどで連続収穫させる環境制御技術にも注目が集まっています。

　品種の育成も盛んで，とくに促成栽培ではバラエティに富んだ実用品種が多数育成されています。夏秋栽培のイチゴも国産果実の要望の強いことから，有力品種が各種登場しています。

　本書では，そうした品種から，育苗技術，環境制御技術まで幅広く取り上げました。日々のイチゴ栽培の手引きとして、イチゴ研究の資料として役立てていただけたら幸いです。

　なお，本書は当協会の加除式出版物『農業技術大系野菜編』の『第3巻イチゴ』を再編し，一冊にまとめたものです。本書への転載を許諾いただいた『野菜編』執筆者のみなさまのほか，ご協力いただいた多くの方々に心よりお礼申し上げます。

2016年1月

一般社団法人　農山漁村文化協会

全体の構成と執筆者 (所属は執筆時，敬称略)

◆イチゴ＝植物としての特性
織田弥三郎（元横浜国立大学，日本イチゴセミナー）／柳智博（香川大学）

◆生育のステージと生理，生態
吉田裕一（岡山大学）

◆イチゴ栽培の基本技術
西本登志（奈良県農業総合センター）／吉田裕一（岡山大学）／齋藤弥生子（愛知県農林水産部農業経営課）／植木正明（栃木県農業試験場いちご研究所）／岩崎泰永（農研機構野菜茶業研究所）／宮本雅章（群馬県農業技術センター）／山崎篤（東北農業研究センター）／森下昌三（九州沖縄農業研究センター）

◆障害と対策
平山喜彦（奈良県農業研究開発センター）／佐藤達雄（茨城大学）／神頭武嗣（兵庫県立農林水産技術総合センター）／村井保（㈱アグリクリニック研究所）／吉田裕一（岡山大学）

◆主要品種の特性とつくりこなし方
沖村誠（九州沖縄農業研究センター）／伏原肇（福岡県農業総合試験場）／植木正明（栃木県農業試験場いちご研究所）／栃木博美（栃木県河内農業振興事務所）／斎藤明彦（静岡県経済農業協同組合連合会）／齋藤弥生子（愛知県農林水産部農業経営課）／芝一意（愛媛県南予地方局産業振興課）／望月龍也（東京都農林総合研究センター）／倉島裕・濱登尚徳（新潟県農業総合研究所園芸研究センター）／川岸康司（北海道立花・野菜技術センター）／沖村誠（九州沖縄農業研究センター）／越川兼行（岐阜県農業技術センター）／信岡尚・東井君枝（奈良県農業総合センター・北部農林振興事務所）／小山田耕作（鹿児島県農業試験場）／中島寿亀・豆田和浩（佐賀県三神農業改良普及センター）／武井幸雄・日戸正敏（群馬県農業技術センター）／竹内隆（静岡県農林技術研究所）／長屋浩治（愛知県農業総合試験場）／森利樹・北村八祥（三重県農業研究所）／米津幸雄（ホクサン㈱）

◆育苗システム
伏原肇（福岡県農業総合試験場園芸研究所）／小林保（兵庫県立中央農業技術センター）／石原良行（栃木県農業試験場栃木分場）／松尾孝則（佐賀県農業試験研究センター）／田島幹也（埼玉県園芸試験場）／玉田未規雄（㈱誠和）／越川兼行（岐阜県農業技術研究所）／内藤雅浩（山口県農業試験場）／荒木陽一（野菜茶業研究所）／三木敏史（徳島県立農林水産総合技術支援センター農業研究所）／齋藤弥生子（愛知県農業総合試験場）

◆作型，栽培システムと栽培の要点
岡田益己（岩手大学）／山根弘陽（農業生産法人ＧＲＡ）

◆ベテラン農家に学ぶ栽培・作業の勘どころ
赤松保孝（愛媛県実際家）

◆精農家に学ぶ
日根修（北海道檜山支庁檜山農業改良普及センター）／鹿野弘（宮城県農業・園芸総合研究所）／齋藤智芳（亘理郡農業振興公社）／漆山喜信（宮城県亘理農業改良普及センター）／三好博子（福島県県中農林事務所須賀川農業普及所）／坂本敏雄（栃木県下都賀農業振興事務所）／藤澤秀明（栃木県河内農業振興事務所）／渥美忠行（ＪＡ静岡経済連）／堀内正美（静岡県中遠農林事務所）／川口芳男（川口肥料）／齋藤弥生子（愛知県農業総合試験場）／森野洋二郎（滋賀県農業技術振興センター）／矢奥泰章（奈良県農業研究開発センター）／西本登志（奈良県農業研究開発センター）／櫻井有造（香川県実際家）／井内美砂（徳島県立農林水産総合技術センター三好農業支援センター）／宮浦紀史（大塚化学(株)鳴門研究所）／芝一意（愛媛県宇和島中央地域農業改良普及センター）／新開隆博（福岡県三井農業改良普及所／八女西部農業改良普及所）／藤伸一（佐賀県東松浦農業改良普及センター）

イチゴ大事典　目次

カラー口絵　イチゴの花（1）／花芽の分化と生育（2）／蕾から結実まで（4）／ランナーと子株（6）／花の各種形態（10）／品種（12）／野生種（13）／省力育苗システム（14）／多様化する品種（16）／生理障害（22）／新しい防除法（26）　広がるうね連続利用栽培（28）／さまざまな高設栽培（29）／写真でみる環境制御（30）

まえがき……………………………………………………………………………… 1
全体の構成と執筆者………………………………………………………………… 2

イチゴ＝植物としての特性

栽培イチゴの起源と来歴…（織田弥三郎）11
形態とライフサイクル…………（柳智博）37

生育のステージと生理，生態

増殖と花芽分化………………（吉田裕一）53
花芽の発育と開花………………………… 67
栄養生長と休眠…………………………… 75
果実の発育と品質………………………… 89

イチゴ栽培の基本技術

促成栽培の基本技術…………（西本登志）103
イチゴの生理と中休み・成り疲れの発生
　………………………………（吉田裕一）121
育苗技術………………………（齋藤弥生子）133
間欠冷蔵処理による花芽分化促進
　………………………………（吉田裕一）145
土つくりと肥培管理，灌水…（植木正明）155
環境調節………………………（岩崎泰永）169
ハチの活用方法………………（宮本雅章）193
高設栽培………………………（吉田裕一）197
夏秋どり栽培——一季成り性品種
　………………………………（山崎篤）223

夏秋どり栽培——四季成り性品種
　………………………………（森下昌三）231

障害と対策

炭疽病の総合防除……………（平山喜彦）245
萎黄病の総合防除……………（平山喜彦）255
熱ショック処理による病害抵抗性誘導
　………………………………（佐藤達雄）261
紫外光（UV-B）照射によるうどんこ病の防除
　………………………………（神頭武嗣）271
炭酸ガスくん蒸によるハダニ防除
　………………………………（村井保）279
生理障害………………………（吉田裕一）285

主要品種の特性とつくりこなし方

イチゴ品種の動向……………（沖村誠）299
とよのか………………………（伏原肇）305
女峰……………………………（植木正明）309
とちおとめ……………………（栃木博美）313
章姫……………………………（斎藤明彦）317
あかねっ娘……………………（齋藤弥生子）321
レッドパール…………………（芝一意）323
さちのか………………………（望月龍也）327
越後姫…………………………（倉島裕・濱登尚徳）331
けんたろう……………………（川岸康司）335
北の輝…………………………（沖村誠）337

濃姫……………………（越川兼行）343
アスカルビー………（信岡尚・東井君枝）349
さつまおとめ…………（小山田耕作）353
さがほのか………（中島寿亀・豆田和浩）357
やよいひめ………（武井幸雄・日戸正敏）363
紅ほっぺ………………………（竹内隆）367
ゆめのか………………………（長屋浩治）371
かおり野……………（森利樹・北村八祥）375
すずあかね……………………（米津幸雄）381

育苗システム

小型ポット（愛ポット）棚式育苗システム
……………………………（伏原肇）387
小型ポット（ウェルポット）育苗
……………………………（小林保）393
セル成型苗育苗（女峰）……（石原良行）397
セル成型トレイ育苗システム（とよのか）
……………………………（松尾孝則）403
高設採苗システム（軽量培土利用）
……………………………（伏原肇）409
高設採苗システム（ロックウール循環式）
……………………………（田島幹也）415
ロックウール育苗システム（ナイヤガラ式）
……………………………（玉田未規雄）421
底面給水による雨よけ高設ベンチ「ノンシャワー育苗」……………（越川兼行）427
栽培株からの採苗による低コスト体系
……………………………（内藤雅浩）435
蒸発潜熱を利用した紙ポット育苗の花芽分化促進技術………………（荒木陽一）441
不織布を利用する株元灌水育苗法
……………………………（三木敏史）453
きらきらポット育苗………（齋藤弥生子）461

作型，栽培システムと栽培の要点

籾がら培地を利用した夏どりイチゴの高設栽培……………………（岡田益己）469
被災地に導入されたクラウド型環境モニタリングシステムと活用方法……（山根弘陽）479

ベテラン農家に学ぶ栽培・作業の勘どころ

簡易高設「るんるんベンチ栽培」
——愛媛県・赤松保孝（イチゴ栽培歴42年）
……………………………（赤松保孝）489

精農家に学ぶ

北海道・㈲宮田農園
一季成りと四季成りイチゴによる高設栽培
……………………………（日根修）505
○'けんたろう'と'夏実'を組み合わせた「檜山方式」による養液土耕栽培
○'夏実'で4t/10aの安定収量
○自家育苗「籾がら採苗」による苗コスト低減と無病苗の安定確保

宮城・㈲杜のいちご
すずあかね・夏秋どり養液栽培
……………………………（鹿野弘）515
○高温期でも着果が安定しているすずあかねの導入
○雇用を取り入れた182aの大規模経営
○天敵などの利用で農薬の軽減

宮城・亘理いちごファーム
地域のモデルとして東日本大震災からの産地復興を牽引……………（齋藤智芳）523
○栽培環境の変化に対する不安と多方面からの支援
○独立したプランターによる高設養液栽培
○温風暖房機による4段サーモの加温設備とクラウン加温

宮城・菊地義雄
とちおとめ，もういっこ・超促成栽培，促成栽培………………（漆山喜信）531
○ウォーターカーテンと空気膜二重構造ハウ

スを組み合わせた省エネ栽培
- ○保温性向上による増収と早期出荷
- ○炭酸ガス発生装置で上位等級品増加

福島・小沢充博
とちおとめ・促成栽培………（三好博子）537
- ○環境測定器の導入による環境制御の変更と生育改善
- ○自動灌水装置・不耕起栽培なども含めた総合効果
- ○食味の良さを土台にした多様な直売形態

栃木・三上光一
とちおとめ・早期夜冷育苗栽培（無電照）
………………………………（坂本敏雄）545
- ○堆肥を含めた基肥管理と液肥による追肥
- ○定植前後の灌水管理で不定根の発生促進
- ○厳寒期の地温確保で連続出蕾・連続出荷

栃木・上野忠男
とちおとめ・夜冷育苗栽培（夜冷2回転＋ウォーター夜冷）…………（藤澤秀明）551
- ○作型の組合わせによる安定多収
- ○生産力の高い苗つくり・株つくり
- ○秋冬の低温を利用した生育コントロール

千葉・常住知良
とよのか，アイベリー・促成栽培
…………………………………（編集部）563
- ○ビニール被覆下で大苗を定植，多収をねらう
- ○ケーキ用契約栽培はNFT式水耕栽培
- ○国道沿いの直売小売りで安定販売

静岡・佐々木敦史
紅ほっぺ・促成栽培…………（渥美忠行）577
- ○収量を左右する腋花房の花芽分化と分化後の温度管理
- ○日中のCO_2施用
- ○経営の決め手となる雇用体制強化

静岡・三倉直己
紅ほっぺ・育苗した苗を栽培ベンチに置いて収穫をするDトレイ栽培 …（堀内正美）589
- ○育苗施設が不要，定植作業も不要な省力高設栽培システム
- ○1株当たり300mlの少量培地，少量多回数給液で高品質・多収生産
- ○人間工学の考え方をとり入れた収穫作業の合理化と省力化

静岡・藤野勝司
女峰・促成栽培………………（川口芳男）595
- ○一株一芽管理で大玉収穫，パック数よりも品質重視
- ○根の消耗が少ない長距離ランナー型生育を実現
- ○収穫株をそのまま母木としてポット育苗

愛知・藤江充
とちおとめ・連続うね利用栽培
………………………………（齋藤弥生子）607
- ○連続うね利用栽培による省力化
- ○追肥主体の施肥管理により高品質・高収量を実現
- ○新作型の確立への挑戦

愛知・貝吹満
女峰・超促成，促成栽培………（編集部）615
- ○反収6t，11～5月のコンスタントな出荷
- ○夜冷中は疎植で苗の活力維持－11月の果数と12月の大玉確保
- ○低温管理が可能な株づくりで，担果能力が持続

滋賀・松宮悟，しげ子
章姫・土を使った養液栽培「少量土壌培地耕」による高設栽培………（森野洋二郎）633
- ○水田土壌の土の力（緩衝能）を使った養液栽培
- ○無加温・無電照・無培地加温・簡易養液処方による低コストで安定した栽培を実現

○栽培1年目から収量確保

奈良・仲西芳美
アスカルビー・苗の間欠冷蔵処理
……………………（矢奥泰章）643
○花芽分化促進法として間欠冷蔵処理の導入
○早期出荷と作業分散，収量も28％増
○夜冷短日処理，低温暗黒処理の問題点を低コストで解消

奈良・谷野隆昭
アスカルビー・古都華，促成栽培
……………………（西本登志）651
○ハウス内環境を整えて快適作業，高い大果率・秀品率
○温度制御，クラウン加温，二酸化炭素施用
○味が評価され高級果実販売店へ直接販売

香川・櫻井有造（苺ファーム森本）
女峰・香川型イチゴピート栽培システム（らくちんシステム）……………（櫻井有造）661
○作業効率・生産性を併せもつ画期的なシステム
○多様化する顧客ニーズに対応できる販売方式
○甘味・酸味・コクのある品種'女峰'へのこだわり

徳島・野田清市
四季成り性品種（サマーフェアリー）による夏秋イチゴ栽培……（井内美砂／林純二）671
○「とこはるシステム」を中心とした高設栽培システム
○秋どりと春どりの苗から自家育苗
○定植をずらして作業と収穫の集中を分散

徳島・湯浅忠重
さちのか・養液土耕栽培……（宮浦紀史）677
○施肥・灌水の自動化で省力化を実現
○スターターとしての基肥の施用で安定した生育

○カビを発生させない点滴チューブの設置

愛媛・赤松保孝
レッドパール・低コスト「るんるんベンチ」高設栽培……………………（芝一意）683
○直管パイプによる架台と波トタンの栽培槽
○籾がらやバーク堆肥を培用土に活用
○土耕の栽培技術を生かせる

福岡・内山弘典
とよのか・小型ポット育苗…（新開隆博）693
○小型ポットで育苗の省力化
○大規模面積をささえる作型・労力の工夫
○外成りで省力・品質重視の栽培

福岡・樋口寛行
とよのか・電照促成栽培……（新開隆博）703
○完熟堆肥6t，土壌消毒，空気注入で連作に耐える土つくり
○早期採苗，大苗の適期定植を支える早め早めの管理
○病虫害の発生予察，被害予知で最小限の農薬散布

佐賀・鳥越芳俊
さがほのか・うね連続利用（不耕起）栽培
……………………（藤伸一）715
○「糖蜜還元処理」と「泥（土）ごと発酵の太陽熱処理」
○土中の微生物の働きで病害抑制・基肥窒素ゼロ
○手間とカネをかけずに高収量

索引………………………………723

本書に掲載されている
　苗・資材等の問い合わせ先一覧…………730

イチゴ＝
植物としての特性

栽培イチゴの起源と来歴

1. 近代栽培イチゴ（*Fragaria* × *ananassa*）とは

(1) 大果で多収

現在営利栽培されるイチゴは，その誕生からわずか260年あまりの栽培歴しかない作物で，多くの身近な重要経済作物の古い歴史に比べれば格段に新参者である。

18世紀の半ばごろ，ヨーロッパの園芸界では，これまでにない大果でパイナップルに似た強い香りの新種のイチゴが出現し，その由来も謎のまま，パインイチゴとかアナナスイチゴと呼ばれ話題を呼んだ。

ヨーロッパではこれまでベスカ（*F. vesca*），ビリデス（*F. viridis*）およびモスカーター（*F. moschata*）など地元に自生するイチゴのなかから，実の大きい系統を選び栽培化してきた長い歴史があるが，近代栽培イチゴを超える大果の系統や品種は現われなかった。それゆえ，近代栽培イチゴの特性とは，片親のバジニアイチゴから多収性や分けつが多いこと，環境適応性の幅など有用形質をいろいろ受け継いでもいるが，野生種と違う最大の特色としては，果実の大きさと，植物体の巨大化による多収性にあるといえる。

(2) 形質はどこに由来するのか

多くの園芸書には，イチゴの起源は，「南米のチリー産のチリーイチゴと北米産のバジニアイチゴの交雑から誕生した」と，至極簡単に記述されている。交配親2種にはいくつかの亜種があり，どの亜種を使っても，種間交雑すれば大果の新種が生まれると思ってしまうが，そんな簡単に大果の新種は生まれない。大阪府立大学で入手した2種間の交雑実験では，実生の形質は両者の中間的であった（第1図）。米国農務省のダロウ（Darrow, 1966）も同様な報告をしている。

近代栽培イチゴの特性について強調したい点は，その大果性にあり，それはチリー中南部の地域に先住民（マプチェ族やヒイリチェ族）によって栽培されていた大果の栽培系の亜種（*F. chiloensis* f. *chiloensis*）からもたらされたものである。しかも，その亜種の大果は好適条件が整わない環境では花芽分化も困難で開花もせず，たとえ開花結実しても大果にもならない。

今まで，近代栽培イチゴの特性について，それぞれの片親の種の特定形質を遺伝資源として導入する目的で，米国の農務省や多くの大学で研究されており，四季成り性のように形質の導入に成功し，環境により適応した新品種を育成したエッター（Etter, AF.）の事例もある。しかし，大果性の起源そのものや，近代栽培イチゴの誕生から今までの作物の歴史的変化を総合的，具体的に追跡した研究は十分でない。

現在，近代栽培イチゴは，世界の総栽培面積ならびに生産量が過去30年以上も連続して拡大し，温帯圏の先進生産地では，第二次大戦後は，企業として生産，出荷や保蔵法が確立し，国際商品の一つとして国境を越え流通し，収穫

第1図 バジニアイチゴとチリーイチゴの交雑でできた実生（中央）（織田）

イチゴ＝植物としての特性

後のCO₂処理や航空機による長距離輸送システムがある。他方，生産が拡大しつつある国々は，近代栽培イチゴの片親の出身地と同じく海洋性地中海性気候の地域であることは栽培者や育種者が決して忘れてはならないことである。目の前の栽培品種の形質ばかりに気をとられず，栽培イチゴの各形質はどこから由来するかを心の片隅におき，その形質を十分発揮できる環境を心がけてほしい。

(3) 日本と海外の生産の現状

ちなみに，日本のイチゴの総生産量の70%は，おもに太平洋に面した主要生産県の9県で生産されている事実は案外理解されていないし，また日本の全国の平均収量は29t/ha（2.9t/10a）程度で，海外の地中海性気候の生産地の半分程度であるのはなぜであろうか？冬季の被覆下栽培で不足する要因はなにか，日射量と光合成量とを考えあわせてほしい。

いっぽう，生産適地と思えない多雨湿潤気候のアジアの中国，韓国および日本などには，ビニール被覆による保温と雨よけ栽培が定着しており，気温が高いアジアの熱帯や亜熱帯の標高地にまで，世界のあらゆる地域で大果の近代栽培イチゴの環境に配慮した特有の栽培法が工夫されている。たとえば，炭疽病の蔓延しやすいインドネシアの高原都市のバンドンでは，肥料袋を利用し，栽培床を地面から高くし，病菌の蔓延を防ぐ工夫がされている（第2図）。

2. イチゴと人間のかかわり

(1) 野生イチゴの利用

野生イチゴの自生している北半球の各地域では，食糧の採取時代も，農耕を行なうようになってからでも，イチゴが実る季節には，香りや真っ赤な果実にひかれ人々は野生イチゴを楽しみに摘み，生食し，大量に採取した場合は保存用に酒などをつくったと想像される。

古代ではない近年の実例として大阪府立大学の中尾佐助が1958年にヒマラヤの奥地，ブータンへ調査で滞在中に，地元の有力者の自宅へ向かう途中の丘の斜面に一面に群生する野イチゴ（*F. nubicola*と推定される）を見つけた。ジャムをつくろうと一行全員で大量のイチゴを摘んだことを記述している（第3図）。

もっとも古い事例は，スイスのトゥワン湖の遺跡から，BC3830～3760年ごろのものと推定される壺の穀物スープからイチゴの種子（痩果）が発見されている。

第2図 インドネシアのバンドンでは肥料袋を利用してイチゴを栽培している（撮影：前中久行）

第3図 ヒマラヤの奥地，ブータンに自生する野生イチゴ（*F. nubicola*）（撮影：西岡里子）

第4図　ベルギーでの四季成り性のベスカの施設栽培例（織田）

（2）14〜16世紀には品種も育成された

イチゴが栽培されたのは，ヨーロッパでは，古くローマ時代（BC200年）ころと推定されている。ヨーロッパは中緯度ながら冬の気温が温暖で，夏は比較的涼しいため，ベスカをはじめ野生イチゴは人里に野生する身近な植物であり，栽培化により，14〜16世紀にはいくつかの品種まで育成された。現在もフランスやスペインなどではベスカの強い香りを好み，市場でも小さい容器に入れられ普通のイチゴとは区別して高価に販売されている。ベルギーでは紅白の四季成り性の品種を施設栽培で周年収穫し出荷している例もある（第4図）。

17〜19世紀に入り，新大陸の発見により探検家や植民した人たちが，米国やカナダ原産のバジニアイチゴを採取し，欧州に導入したが，イギリスやフランスで栽培が始まり，のちには欧州全域に普及した。これは欧州のベスカに比べバジニアイチゴの果実が大きめで，なによりもスカーレットと呼ばれる美しい果色が愛でられたからである。スカーレットを品種名に付けたものも多くある。一方，バジニアイチゴの導入先の北米でも，先住民が野生のバジニアイチゴを採取するか，小規模な栽培を行なっており，イチゴを入れたパンや酒を製造していたと記録されている。

（3）チリーイチゴが今なお栽培

オランダイチゴ属植物（*Fragaria*）分類や，それに関連して近代栽培イチゴの起源に対する関心から，近年の調査で南米のチリー中南部には，先住民のマプチェ族やヒクルチェ族によって長年栽培されたと推定される大果の栽培系統のチリーイチゴが現在もなお栽培され，チリー以外のコロンビア，ペルー，ボリビア，エクアドルなどでもチリーイチゴの栽培が行なわれていることが判明した。これは昔，チリーに侵入したスペイン人がこれらの国々へ広めたのである。

このように，今日われわれがイチゴと呼んでいる雑種起源の近代栽培イチゴのほかにも，いくつかのイチゴの種や系統が今なお，世界のどこかで採取や栽培・利用されていることも認識しておきたい。

3．イチゴの仲間とは

（1）オランダイチゴ属に属する草本

イチゴは，バラ科オランダイチゴ属に属する半落葉性の草本で，その野生種の大半は北半球の温帯圏に自生する。しかし，例外的に南米チリーの中南部や，ハワイ諸島の一部にも分布がある。現在は，同種でありながら別種と分類されていた種が整理や統合され，24種が存在するとしている（Staudt, 2009）。しかし，数ある多くの野生種のうち，近代栽培イチゴの起源に直接関係あるのは，そのうちわずか2種のみである。

Staudtは，オランダイチゴ属植物を，その形態を指標として分類したが，その指標は，1）種の染色体数，2）ランナーの分枝型，3）種の性表現ならびに5）花粉の形態の5つである。しかし，種間の類縁関係についてはすべての種について，その起源や関係を説明できていない。オランダイチゴ属植物では種内の形態，生態特性変異は大きく果実（痩果）も変化する。ここでは北半球に広く分布するベスカの果実について撮影したものを図示した（第5図）。

しかし，近年は遺伝工学的に種のDNA解析が行なわれ，すでにベスカでは全DNAの解明がされ，わが国でも栽培イチゴのDNAでも解

イチゴ＝植物としての特性

第5図　オランダイチゴの花（Staudt, 1967）
左：完全両性花，中央：雌性花，右：雄性花

第1表　オランダイチゴ属の種と分布地

倍数性	主な分布地
2倍体	
F. vesca	北アメリカ，ヨーロッパ，北アジア
F. viridis (F. collina)	ヨーロッパ，中央アジア
F. nilgerrensis	東南アジア
F. daltoniana	シッキムヒマラヤ
F. nubicola	ヒマラヤ
F. iinumae	日本
F. nipponica	日本，朝鮮半島，済州島
4倍体	
F. orientalis	シベリア，中国北部
F. moupinensis	チベット，中国西部
F. corymbosa	中国東北部
6倍体	
F. moschata	ヨーロッパ中部および北部，ロシア
8倍体	
F. virginiana	アメリカ東部，カナダ西部，アラスカ
F. chiloensis	北アメリカおよびチリー太平洋沿岸，アリューシャン列島，ハワイ島
F. itrupensis	択捉島

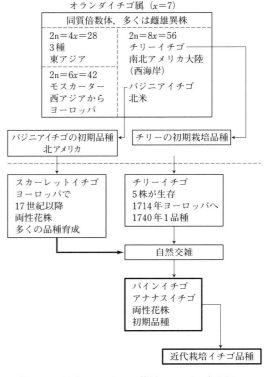

第6図　野生イチゴから栽培イチゴの起源までの経緯
（Jones, J. K., 1976年の図から織田が抜粋作成）

析が進んでいる。今後，研究の発展から，さらに現在の種間や亜種間の差異が明確にされたり，近代栽培イチゴに関係ある種自体の起源と進化の過程なども明確にされると期待されている。参考として第1表に代表的な14種の地理的分布を示した。

（2）種により異なる染色体数

オランダイチゴ属植物の染色体の基本数は7（n＝7）で，種によって染色体数が異なり，2nが14本の2倍体から，n＝56本の8倍体まで倍数性のシリーズを構成する。ただし，分布の混在した異種間の交雑や，開花時の環境条件などの激変から自然倍加で，さらに高次の倍数体の10倍体や，5倍体の異数体の種も報告されている。さらに，近年はオランダイチゴ属の近縁のキジムシロ属の種との属間交雑で，花色が紅色の新種も多く作出され，観賞用の品種として販売されている。

これらオランダイチゴ属のうち，近代栽培種の進化の方向や関係をレデング大学のジョーンズ（Jones, J. K., 1976）による図から，近代栽培イチゴの関係のみ抜粋して第6図に示した。

以下，代表的な種について，近代栽培イチゴの起源に直接関与しない種は簡単な解説とし，近代栽培イチゴの成立に関与した種については詳細に解説する。

① 2倍体（2n＝14）

ベスカに代表される種であり，オランダイチゴ属の種で広域な地理的な分布を示し，葉の形，小葉数が1枚のもの，開花期が一季性と四季性など，さまざまな変異を同一種内で示す

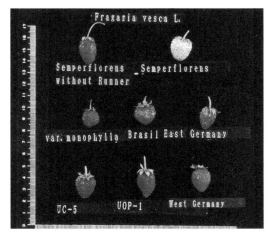

第7図 ベスカの果実

● ノウゴウイチゴ
　（*Fragaria iinumae* Makino）
○ シロバナノヘビイチゴ
　（*Fragaria nipponica* Makino）
■ シロバナノヘビイチゴの亜種
　（*Fragaria nipponica* spp. *yakusimensis* Masamune）
□ エトロペンシス
　（*Fragaria itrupensis* Staudt）

第8図　日本に自生する野生イチゴの種と地理的分布
（鳴橋，1990；織田，2002；Staudt, 1973）

（第7図）。また古代からヨーロッパでは営利栽培もされ，強い特有の香りが好まれて，現代も小規模な営利栽培が今なお行なわれている。果実だけでなく葉も薬用として利用する。過去のイチゴウイルスの検定に使用されてきた。

分布の拡大は，渡り鳥や人為伝播によるが，今日では南アメリカからニュージーランド，日本の北海道にまでも分布，自生し帰化している。

2倍体には，ベスカのほか，ビリデス（*F. viridis*），ニルゲレンシス（*F. nilgrrensis*），ダルトニアナ（*F. daltoniana*），ヌビコラー（*F. nubicola*），などがある。日本には，本州，日本海側の北陸，東北〜北海道，ロシアのカラフト南部まで分布するノウゴウイチゴ（*F. iinumae*）と，本州中部の山地や北海道東部から千島列島，韓国の済州島に分布するシロバナノヘビイチゴがあり，屋久島の山頂には，非常に茎葉の小型の亜種（Subsp. *yakushimensis*）が自生する（第8図）。

② 4倍体（2n = 28）

最近，中国での発見があり，3種から5種に追加された。その分布は中国からチベットおよびロシアのシベリアに及んでいる。これらの種は低温耐制があるとされる。中国東部にはオリエンタリス（*F. orientalis*）東方草苺，コリンボサー（*F. corymbosa*）を傘房草苺，モウピネンシス（*F. moupinensis*），グラシリス（*F. gracills*）を紆細草苺およびチベット草苺（*F. tibetica*）が記載されている。起源はニルゲンシスやヌビコラーなどの2倍体の染色体数の増加によるとされる。

③ 6倍体（2n = 28）

現在6倍体は，モスカーター（*F. moschata*）1種のみが記載されており，分布域はヨーロッパ中部から北部，ロシアである。これらの地域では古くから栽培化も行なわれた。植物体，果実とも2倍体や4倍体に比べ，やや大型である。起源はヨーロッパ原産の2倍体の交雑から3倍体への染色体の自然倍加とされる（第9図）。

④ 8倍体

近代栽培イチゴのほかに，*F. cumeifolia*，*F.* × *buringhurstii* および *F. itrupensis* の追加記載がされているが，*F. itrupensis* では10倍体とも報告がある。択捉島は日本の北方領土で，かつては島民が8倍体の近代栽培イチゴを栽培

イチゴ＝植物としての特性

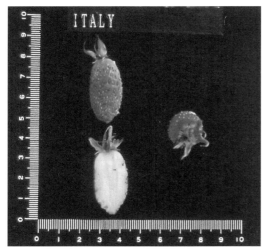

第9図　6倍体の果実　（織田）

第10図　バジニアナー　（織田）

したはずで，2倍体野生種の F. nipponica の自生地でもある。両者の自然交雑も当然起こりえる。また，織田らも礼文島で8倍体の野生するイチゴを報告しているが，栽培イチゴの耕地外への逸出なども考慮しなければならない。

8倍体のうち，近代栽培イチゴの直接の起源に関して重要な種は，バジニアイチゴとチリーイチゴの2種である。種間交雑などの研究からそのゲノム構成は，異論もあるが，AAA'A'BBBB'B' とされている。

バジニアイチゴ（F. virginiana）　野生のバジニアイチゴは北米はカナダの北緯60度以南で，大陸の東部から中部と，ロッキー山系の標高地の北緯50度を中心に広く自生する。葉や果実は前述のベスカに比べやや大きく，果色が白，緑から鮮紅色で，とくに鮮紅色は美しい。このため16世紀中ごろから17世紀にかけヨーロッパの探検家らによってフランスやイギリスをはじめとしたヨーロッパ各国へ持ち帰られ，植物園や育種家へわたり，のちには栽培化も行なわれて全ヨーロッパに普及した。

本種は，葉身は細長く，灰緑から淡い緑色で光沢がなく薄い（第10図）。非常に多花性でやや小さく，果実は軟らかく，腐りやすい。株の分げつが多く，環境条件の違う自生地に形態に差異のある亜種が広く分布することから，環境への適応力に富むと推定される。過去には別種とされた種が多く存在したが，現在は統合され，以下の4亜種に分類される。F. virginiana を近代栽培イチゴの片親として研究がなされた報告はないが，アメリカのコーネル大学の生態研究所の Chabot らが光環境への適応を調べている。

1) F. virginiana subsp. virginiana（亜種：バジニアナー）

北はカナダ西部とオンタリオ湖以南のアメリカの東部大西洋に接する諸州に広く自生する。

2) F. virginiana subsp. platypetala（亜種：プラティペタラ）

北緯50度を中心にワシントン州のロッキー山系に多く自生する。

3) F. virginiana subsp. glauca（亜種：グラウカ）

アラスカの北緯59度から29度付近の米大陸の西部の海岸線から，ロッキー山系29度付近まで自生分布する。植物体はやや小型で，葉色は灰緑色である。四季成り性の系統がある。

4) F. virginiana subsp. grayana（亜種：グライヤナー）

米大陸東部の北緯24度から30度までに自生分布するが，分布数は少ない。葉や葉柄にまばらに軟毛がある。

チリーイチゴ（F. chiloensis）　チリーイチゴは，北米のアリューシャン列島からアラスカ，カナダとアメリカの太平洋の沿岸沿いの地帯に自生し，南限はメキシコ北部まで分布し，大陸の内部には自生しない。さらにハワイ諸島のサ

ンドイッチ島や，南米の中南部にもチリーイチゴが自生し，カリフォルニア産のチリーイチゴは年3回の四季成り性を示し，古くから先住民が採取利用したとの記録がある。しかし，南米，チリーでは太平洋岸からアンデス山脈の1,600mくらいまでの内陸部や，アルゼンチンまでと分布域の幅が広い。自生地の先住民は文字をもたず栽培化の記録はないが，スペイン人の侵入以前の昔から地元の先住民により大果の系統が栽培化されていたと推定されている。

チリーイチゴの亜種は，自生地と形態の差異から，現在，以下の5亜種が記載される。

1) *F. chiloensis* f. *patagonica*（亜種：栽培系，パタゴニカ）

チリーイチゴのなかでは植物体は小型で，チリー中南部とアルゼンチンまで分布する。葉は厚く，海浜に自生するものは葉色も濃緑色である。葉の裏面には毛茸が密生する。過去に栽培されていた（第11図）。

2) *F. chiloensis* f. *chiloensis*（亜種：栽培系統，チロエンシス）

チリー中南部の大果の栽培系統で，チリーホワイト，スペイン語では，フルーティラと呼ばれる。植物体は大型で，葉の裏面には毛茸が密生する。葉色は灰緑色で葉は厚い（第12図）。果実は大きく，果色は黄白色で硬い（第13図）。

3) *F. chiloensis* subsp. *lucide*（亜種：ルシダ）

カリフォルニアやオレゴン州の野生系統。やや小型で，葉色は淡緑色であるが海浜自生の株は濃緑色で光沢がある。分布範囲は北緯54度～34度でビーチストロベリーと呼ばれている。

4) *F. chiloensis* subsp. *pacifica*（亜種：パシフィカ）

葉柄や果梗の毛茸が密で，そのほかはルシダに似る。アリューシャン列島からカリフォルニアまで分布し，昔から先住民により採取利用された。

5) *F. chiloensis sandwicensis*（亜種：サンドウィチエンシス）

アメリカ，ハワイ諸島，野生系統で，ハワイのサンドウィッチ島やマウイ島の高地に自生する。葉は厚く，緑色である。

第12図 チリーイチゴの亜種，(white chili) の株（織田）

第11図 チリーイチゴの亜種，パタゴニカ（織田）

第13図 チロエンシス(white chili)の果実（織田）

イチゴ＝植物としての特性

4. 近代栽培イチゴの起源の経緯

近代栽培イチゴ（和名はイチゴ）の学名は，*Fragaria* × *ananassa* Duchense で示される。属名フラガリアは香りを，種名のアナナッサは香りや果実の形状がパイナップルに類似することを表わすラテン語に由来し，×はこの種が種間交雑で成立した雑種起源を，また，デュセーヌ（Duchesne）は種の命名者を表わしている（第14図）。

デュセーヌは父子2代にわたりフランスのベルサイユ宮殿の植物を担当した研究者である。子のデュセーヌ（d'Antoine Nicholas Duchense）はオランダイチゴ属の先進的な研究家で，当時知られるイチゴの種について精密な描写で描いたイチゴの画は有名で，それは今もよく引用されている。当時，大果で香りの強い新種，パインイチゴ，アナナスイチゴと呼ばれ，巷で由来不明として有名となった新種の近代栽培イチゴを「チリーイチゴとバジニアイチゴとの交雑で成立した雑種起源」と初めて提言した（第2表）。

(1) バジニアイチゴとチリーイチゴの出合い

バジニアイチゴは，16世紀前半から18世紀半ばまで，探検家，植民者により幾度もヨーロッパに持ち帰られた（第15図）。そして最初は植物園を通じ，のちにはヨーロッパ全土で普及し，なかでもこの種のうちの深紅色のものが好まれ数多くの品種まで育成された。

他方，チリーイチゴのヨーロッパへの導入は，バジニアイチゴに比べて遅れ，18世紀初めから19世紀半ばである。遅れた理由は，この種の分布が大陸の太平洋岸など大陸西部であったためであろう（第16図）。ヨーロッパでは，まず植物園を通じて各国へ広がった。しかし，大半の亜種の果実は小さく人々の関心は小さかった。

(2) 大果系のチリーイチゴの発見

チリーイチゴのうち，大果系のイチゴでヨーロッパ人に知られたのはベガ（G. de la Vega）が，1617年に記録したのが最初である。野生

第14図　デュセーヌの肖像画

第2表　チリーイチゴ（*F. chiloensis*）およびバジニアイチゴ（*F. virginiana*）と栽培イチゴ（*F.* × *ananassa* Duch）の形態の比較　（織田作成）

種	植物体								果実				その他
	草型	大きさ	分げつ性	葉の大きさ	葉色	葉の形	花の大きさ	雌雄性	大きさ	色	形	香り	
栽培イチゴ *F.* × *ananassa* Duch.	立性	大	少～中間	大	緑色	丸～紡すい形	大	両性花	大	白～鮮紅色	丸～紡すい形	強	
チリーイチゴ *F. chiloensis* L.	立性	大	少	大	灰緑色	丸形	大	単～両性花	大	白～暗紅色	丸形	弱	多毛
バジニアイチゴ *F. virginiana* Duch.	立性	小	多	小	灰緑～緑	紡すい形	小	単～両性花	小	鮮赤色	丸～紡すい形	弱	

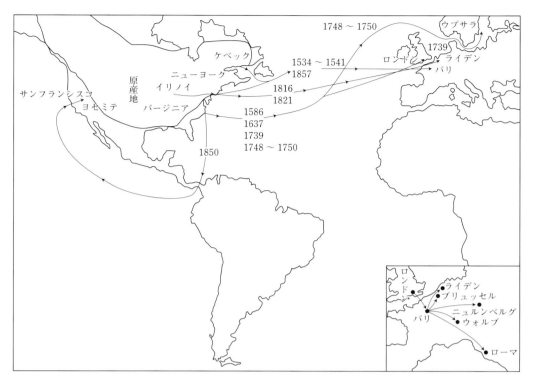

第15図 *F. virginiana* の地理的分布と原産地と伝播経路（S. Wilhelm, J. Sagen, 1974）

系ではなくスペイン人が侵入したころには先住民のマプチェ族にほかの作物とともに広く栽培されていた。

チリーイチゴのうち，この亜種（*F. chiloensis* subsp. *chiloensis*）のみがなぜ大果となったのか。その理由と，またいつごろから栽培化されたかは，マプチェ族は文字を持たなかったので記録がなく不明である。

チリー，タルカ大学へ留学した山形大学の西沢によれば，現在の産地は，マプチェ族の多く住むコンタルモ（Contulmo）が栽培の中心である。現地語名はケレゲン（Kelleghen），スペイン人はフルティーラ（Frutilla），英名ではWhite Chili と呼ばれる。

この亜種の分布は，南緯34度から49度，コンセプションの南を流れるビオビオ河と，さらに南下したところにあるトルテン河に挟まれた地域である。栽培現地では定植年には花芽分化せず，翌年に開花するという。ここでは一季成り性で，開花期は9〜10月，収穫は11月からで，その最盛期は12月上旬である。果実は硬く，果皮は黄白色に赤みがさし，良い香りがする。種子（痩果）もやや大型である。

大果系のチリーイチゴを，米国のワシントン州立大学のキャメロン（Cameron, J. S.）から日本の野生種との交換で送付していただいた（第17図）。しかし大阪の自然条件下では，チリーイチゴは導入後，何年間も花芽分化はしなかった。そこで現地で採種された種子を再送付してもらい，その中から開花株を得たが，理由は日長条件よりも，花芽分化の適温の持続など気温条件の違いにあると推定された。

このようにして両種の出合いの始まりは，ヨーロッパ人による新大陸の植物収集で起こり，直接の出合いの場は植物園であったとも思われる。しかし後述するように，両種の交雑の可能性から推定すれば，チリーから直接導入したチリーイチゴを入手する機会のあったこと，導入

イチゴ＝植物としての特性

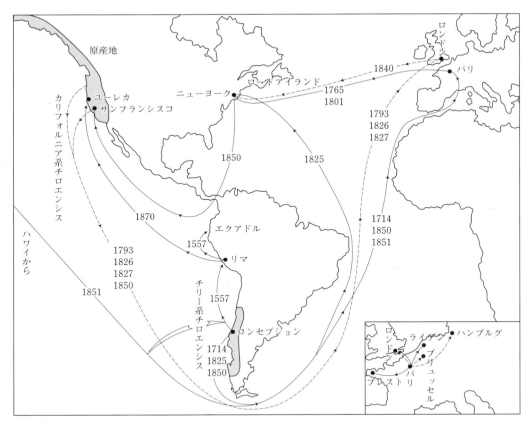

第16図　*F. chiloensis* の原産地と伝播経路（S. Wilhelm, J. Sagen, 1974）

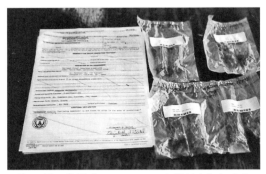

第17図　米国ジーンバンクから送付されたチリーイチゴの培養苗

した株が全株雌株（標本が残されている）で，しかも結実のために雄株のバジニアイチゴを混植して果実を生産した事実から，フランスのプロガステル町での交雑とその偶発実生から新種が出現した可能性が大きい。

(3) 大果系のチリーイチゴの出現と栽培化

今日の近代栽培イチゴの大果性の出現の理由について，Staudtは，以下のように推定した。

1) 大果性は，植物体が大型化し，その旺盛な生育により痩果にも大果への突然変異が起こった。

2) 先住民がイチゴ栽培での長い歴史のなかで意識的，無意識的な大果性の選別を行なってきたためであるかもしれない。

また，同氏は大果性チリーイチゴとバジニア

イチゴの交雑実験から，大果性は少数の遺伝子に支配されると報告している（Staudt, 1999）。第22図に示したような，年中温和な気温や雨が少ないなど特異な環境条件が，花托の発育を長く持続させるなど，大果性への遺伝子の突然変異を起こしたのではないかと推定される。

（4）大果系のチリーイチゴのヨーロッパへの導入

フランス海軍に勤務するフレージエ（Amédée François Frézier）は，当時のフランス国王ルイ14世から，新大陸南米の諸国を制圧して植民地化していたスペイン領のペルーとチリー沿岸の地図を作成して，港，沿岸都市，農業および住民に関する詳細な情報の収集の命令をうけ，商人になりすまして南米へ3年間の調査旅行を行なった。フレージエは1682年の生まれで，父の命でパリに遊学し，宗教学，科学，それにいくつかの外国語を修めた高い知識人であった（第18図）。

フレージエは1712年2月にチリーのコンセプションに海路で到着した。コンセプションはチリーにおけるスペイン軍の拠点の一つであり，フレージエは，港湾，兵舎と軍事力の詳細な情報を集めた。フレージエは温厚な人柄でスペイン軍の何人かと友人となって情報を入手したと伝えられる。同地域はアラカウノと呼ばれるマプチェ族がとりわけ多く住む地域である。マプチェ族は南米特有のトウモロコシ，カボチャ，ジャガイモなどを栽培していたが，イチゴも栽培していたとされる。しかし，スペインの植民地化は必ずしも順調でなく，先住民は何回か反乱を起こして，約300年間はスペインによる統治は完全ではなかった。

フレージエは2年近いコンセプション滞在のかたわら，マプチェ族が栽培するヨーロッパにはない大果のイチゴが存在することを知り，特別の関心を寄せた。園芸的な価値を評価して

第18図　フレージエの肖像画
氏名のフレージエ（Frézier）はノルマン語のイチゴの花（Friselle）に由来する
（Musse de La Fraise et du Patrimoine Plougastel 所蔵）

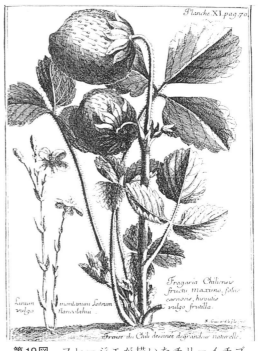

第19図　フレージエが描いたチリーイチゴ
（Frézier, 1716）

イチゴ＝植物としての特性

「葉は丸みを帯び肉厚で、葉の裏側には長い密生した毛茸がある。果実はクルミ大で、ときには鶏卵大のものがある。果色は赤みのある白で、香りがあり、食べれば美味。ヨーロッパのイチゴとは別種であろう」と記録している。フレージエは果実のついたイチゴ株をスケッチして描くとともに何とかしてフランスへ持ち帰ろうと考えた（第19図）。フレージエがこの大果イチゴを知る前に、何人かのヨーロッパ人はその存在を知っており、記録もあるが、あえてヨーロッパへ導入しようとした人は誰もいなかった。

1714年2月に任務を終え、フランスのマルセーユに向かう帆船に特別大果のイチゴ株を容器に植えて乗船したが、当時の航路は南米大陸の突端のホーン岬を経由し、途中、ブラジルへ寄港して約6か月間の長旅であった。これは酷暑の赤道を通過し、毎日真水の灌水が必要な旅であり、気温の激変に注意し、特別の配慮をしながらの旅でもあった。フレージエ自身の大果イチゴへの高い評価、その園芸的な価値を理解し、幾多の困難を予想しても、あえて実行した行動は並大抵のことではない。フレージエの勤務したブレストの町には彼の功績をたたえ記念した「フレージエ通り」プロガステル町にはイチゴ記念館がある。

フレージエの導入した大果のチリーイチゴは、帰国時に特別に大果の株を選んだと推定されるが、高次倍数体の種は雄雌異株である場合が多く栄養繁殖された系統であったせいか、全個体が雌株であった。マルセーユ到着時には5株が生き残ったとされる（第3表）。

(5) 新種、近代栽培イチゴの誕生

① プロガステル町でのチリーイチゴの栽培の始まり

フレージエは帰国時に、生存したチリーイチゴ5株をお世話になった方々に第3表のようにお礼として分配した。灌水のため貴重な真水を提供した船主へ2株贈呈したのは当然とし

第3表 栽培イチゴ（*F.* × *ananassa* Duch）成立までの年譜

年	成立までの経過
	チリー南部先住民による *F. chiloensis* の栽培化
1534	*F. virginiana* がヨーロッパへ導入 以来、Scarlet Strawberryとして30品種が育成され、1820年ころまで栽培があった
1714 (8月17日)	フレージエがチリーよりフランスのマルセーユに到着 *F. chiloensis* 雌株5株が航海後にも生存したそれを 2株…船主（Roex de Vallone） 1株…直属の上司へ 1株…パリ植物園（A. Jussien） 1株…フレージエ自身 に分譲した
1750ころ	フランスのブルターニュで *F. virginiana* と混植で栽培され、結実させて、パリとロンドンに出荷された
1759	英国のミラーがアムステルダムから入手した *F.* × *ananassa* の図を出版した しかし、由来などについて説明はなかった
1766	フランスのジュシェーヌが、ロンドンより入手した *F.* × *cnanassa* について、*F. chiloensis* と *F. virginiana* との交雑からできた雑種として発表した

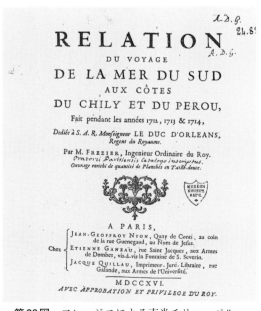

第20図 フレージエによる南米チリー、ペルーなどの調査報告書

て，貴重な残り3株のうち，1株はジュシィン（A. Jussien）へとある。ジュシィンはパリにある王立植物園長である。これはフレージェがパリへ遊学時に専門の学問のほか，植物学にも関心があり，そのため旧知の間だったため，1株を贈呈したと思われる。植物園で繁殖されたチリイチゴは全ヨーロッパの植物園へ配布された。しかし，これら植物園でのチリイチゴの大果性結実などの報告はない。おそらく花芽分化もせず，開花も困難であったと思われる。

帰国後，フレージエは，南米チリー，ペルーなどの調査の報告を執筆し，欧米各国語に翻訳もされた（第20図）。のちに国防長官に昇進したといわれる。彼自身のために1株残したチリーイチゴは，ブレスト市街の対岸のケライユウ（Kerallou）で最初の試作が行なわれ，以後海岸沿いのサント・クリスティーヌなどから，半島の南側にまで拡大した（第21図）。この地帯はイギリス海峡の入り口にあり，メキシコ湾流の影響で冬も温暖，夏は比較的涼しく海洋性地中海気候に近く，導入先のチリーのコンセプションに比較的近いことが偶然の幸運であったといえる（第22図）。

フレージエは，チリーイチゴの株をブレスト対岸のプロガステル町の農民に栽培を依頼し，大果のイチゴの収穫に成功したので，栽培面積も年々拡大した。ここでは大果のチリーイチゴが順調な生長をしたが，ただ問題点として，導入されたチリーイチゴは全株が雌株で，生産者はチリーイチゴ6：バジニアイチゴ1の割合で雄・雌株の混植で結実させた。ただし，もう一方の交配親の$F.\ virginiana$についてはどのような系統が使われたか記録がない。

イチゴはパリなど国内からイギリスのロンド

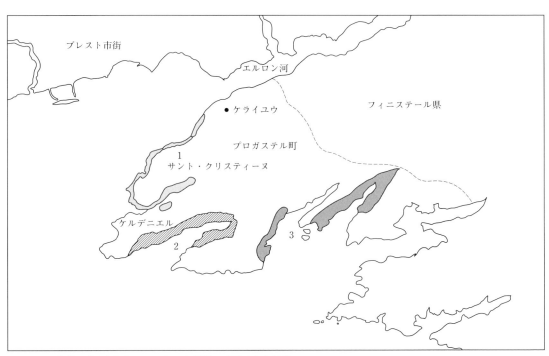

● 1710年代に導入されたチリーイチゴが最初に栽培された地域
1 ▭ 栽培導入初期ころの栽培地は，サント・クリスティーヌまでの半島北部沿岸に沿って拡大した
2 ▨ 1820年には半島南部へも栽培がはじまったが，ラヌーゼル，ケルデニエル，レウベルラの順に拡大した
3 ▮ 1868年には，半島の南部側のドウアル・ビハントサンおよびセガにまで拡大した

　　第21図　フランス，プロガステル町へのチリーイチゴの導入地と栽培地の拡大（Musse de la Fraise et du Ptatimoine所蔵，原図）

イチゴ＝植物としての特性

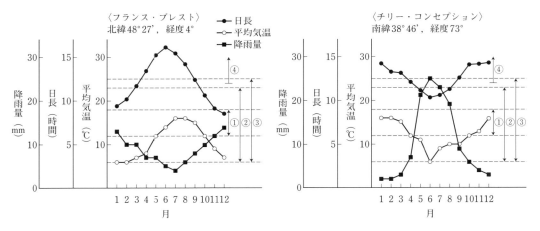

第22図　ブレストとコンセプションの気象条件とイチゴの発育生理との関係
①果実肥大適温度（12〜18℃），②花芽分化温度（6〜23℃），③生育温度（6〜25℃），④ランナー発生日長（12〜15時間）

第23図　1800年代終わりころのプロガステル町でのチリーイチゴの栽培（所蔵：Musse de la Fraise et du Patrimone Plougastel）

ンまで輸出もされたという。1887年の記録では，栽培総面積は180haに達した。こうしたチリーイチゴのヨーロッパでの生産の成功は，ブルターニュ半島突端のプロガステル町の気候が，偶然にも海洋性地中海性気候に類似し，日長は異なるものの気温は秋・冬にも温暖であるなど気象上の幸運に恵まれたためにほかならない（第23図）。

②新種，パインイチゴ，アナナスイチゴの登場

新種，近代栽培イチゴの起源は，多くの研究者からも大果のチリーイチゴと，すでにヨーロッパに栽培が普及していた北米産のバジニアイチゴの2異種の偶発的な交雑からとして認められているが，最初のこの説はデュセーヌが唱えたものである（1766年）。デュセーヌは，同年に大著「イチゴの自然史」を刊行し，オランダイチゴ属の性表現など図示した先進的な研究を進めていた。この事実から，導入されたチリーイチゴが雌株で，結実のため生産者は両種を混植したが，栽培地が拡大するにつれて交雑果の過熟した果実の収穫もれなどと，これらが畑に落下して萌芽し，大果の新種の実生が誕生したものと推定されている。このため，近代栽培イチゴの起源の年代は正確には不明であるが，1730年から1750年のころと推定され，起源の地はフランスのブルターニュ半島のプロガステル町であろう。

日本では，近代栽培イチゴの起源は，オランダやイギリスなどと書かれた園芸書が多いが，これは，チリーイチゴは中緯度温帯圏の自然条件下では花芽分化が困難であり，いっぽう，イチゴが江戸末期にオランダ人によって導入された事実から起源地と誤って受け入れられ，年々書き写されてきたものと思われる。

ヨーロッパで，近代栽培イチゴを園芸事典に図示して掲載したのはイギリスのミラー（P. Miller, 1759）で，ミラーはこの新種をオランダのアムステルダムから入手したという（第

栽培イチゴの起源と来歴

第24図　ミラーが図示した近代栽培イチゴ（1759）

24図）。いっぽう，一般の市民の間では，唐突に現われた新種であったため，種々の奇妙な根拠のない新種の由来の風説が流れた。

1859年に出版された「種の起源」の第1章「順化過程下に生ずる変異（Variation under domestication）」にダーウィンは，「この50年間に園芸家の順化努力によってイチゴの果実が大きくなった」と述べている。この時期，ダーウィンは「種の起源」を書き終えていたが，この本の刊行による社会の反響，反発を恐れ，園芸地帯のイギリス南部へ一時転居して刊行の機会を窺っていたといわれる。このため，実際のイチゴ栽培やイチゴの大きさについて知る機会が多くあったとも思われる。

ちょうどこのころ，大果のイチゴの新種がようやく一般市民レベルまで広がりつつある時期でもあった。大果イチゴの出現は「交雑により変化が助長されたかもしれない」と述べているが，ヨーロッパ原産の2〜3種の栽培の長い歴史でも大果のイチゴは出現した事実はなく，大果性のチリーイチゴの発見と導入，そして交雑の意義は大きいといわねばならない。

③新種の大果イチゴ（$F. \times ananassa$）の特性

大果の新種はイギリスの育種家がさらに改良をすすめ，ナイト（T. A. Knight）の選抜したドゥトン（Downton）やエルトン（Elton）や，キーンズ（M. Keens）の'キーンズ　シィードリング'（Keens Seedling）など，大果性の初期近代栽培品種が発表された。

米国，農務省のダロー（Darrow, 1966）は，近代栽培イチゴの米国の初期5品種と，両親のチリーイチゴとバジニアイチゴの13の形態と生態的形質を比較している（第4表）。結果は，いずれの品種も両親の大果性と，それぞれの形質を異なった割合で受け継ぎ，大きく見れば両

第4表　近代栽培イチゴ品種にみられるチリーイチゴ（100）とバジニアイチゴ（0）としての類似点

(G. M. Darrow, 1966)

形態および生態特性＼品種	フェアハックス	アーリドーン	ブラックモアー	ハワード	ミショナリー
葉の厚さ	80	40	50	60	30
葉の毛耳	20	40	20	20	20
花の大きさ	80	30	30	30	30
果肉色（内）	70	20	20	20	30
果肉色（外）	0	0	0	20	20
果実の硬さ	100	80	100	60	70
果実の香り	40	30	30	30	30
早晩生	50	0	0	0	0
痩果の色	30	10	0	0	20
痩果の状態	100	60	60	60	80
耐乾性	50	50	80	50	50
耐暑性	20	10	10	10	20
耐寒性	20	10	10	10	0

イチゴ＝植物としての特性

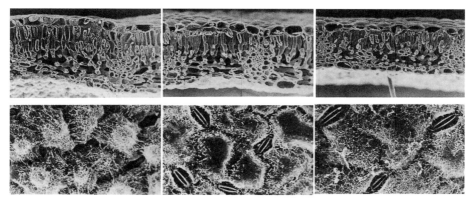

第25図　チリーイチゴ，栽培品種：女峰，バジニアイチゴの葉の横断面と裏面（撮影：深井誠一）
上段：葉の横断面，下段：裏面
左：栽培チリーイチゴ，中：女峰，右：バジニアイチゴ

第5表　近代栽培イチゴ（女峰），チリーイチゴおよびバジニアイチゴの葉の厚さ，気孔数の分布 （織田, 2012）

種　名	葉の厚さ（μm）	気孔の分布数 (No/cm^2)	
		上表皮面	下表皮面
栽培イチゴ（女峰）	227.0±15.1	0	163.1±27.0
チリーイチゴ	350.0±14.1	0	126.1±31.1
バジニアイチゴ	201.0±16.4	0	163.0±27.4

④近代栽培イチゴの光合成能力

近代栽培イチゴとチリーイチゴおよびバジニアイチゴの光合成器官の葉の構造を走査電子顕微鏡で観察した（第25図）。柵状組織は，チリーイチゴで3層の場合が多く，葉厚も厚い（第5表）。バジニアイチゴは葉厚が薄く，'女峰'は両者の中間の厚さであった。気孔の分布数は'女峰'とバジニアイチゴでほぼ同じで，チリーイチゴはやや少なかった。一番大きな差異は葉の裏面で，チリーイチゴは長い毛茸が密生し，裏面全体が細く短いロウ様の毛で覆われて，気孔は細胞の間に陥没している。他方，バジニアイチゴは毛茸は少なく散在する。気孔は陥没しない。近代栽培イチゴの品種の'女峰'は，両者の中間的な形態を示した。

以上の実験からは，チリーイチゴは，上記の観察から光合成器官が乾燥地に適応した形態をもつと推定される。

近代栽培イチゴの日本，欧米の代表的品種を対象に光合成速度を測定したところ，品種間にほとんど差異がなく，14～20 μ molCO$_2$/m^2/sであった（第26図）。米国のハンコック（Hancok. 1984）とハーバットら（Harbut, 2009）はチリーイチゴとバジニアイチゴ両種で同様の結果を得ており，大阪府立大学での実験

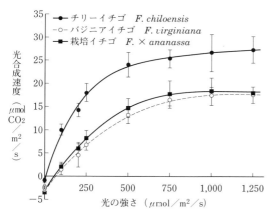

第26図　チリーイチゴ，栽培イチゴ，バジニアイチゴの光合成速度の比較 （原図：織田）
炭酸ガス濃度：360ppm，葉温：20～25℃

親の双方の形質を混合した形で受け継いでいるが，フェアハックスはチリーイチゴ似で，ミショナリーはバジニアイチゴ似ともいえる。大きく全体的に見れば両親の中間ともいえる。

でもチリーイチゴの他亜種で行なった実験で同様の結果を得た。さらにハンコックはチリーイチゴの高い光合成能力は，交雑実験から次代へ遺伝することを証明している（1999年）。

横浜国立大学で，1970年に栽培系のチリーイチゴ，栽培品種の'女峰'および米国産野生バジニアイチゴ3種の光合成能力を光強度を変化させ測定した。チリーイチゴは，低光度域の125 PAR（光合成有効放射）から，ほか2種を引き離し，800 PARまではほぼ直線的に急増し，1,250 PARでも微増した。この事実は，チリーイチゴでは明らかに高い光合成速度を示し，バジニアイチゴと栽培品種はよく似た低い値を示した。

これらの光合成の特性は，日本のような冬の低日射とビニール被覆の施設栽培には，低光度下で高い光合成量を得られる可能性を示しており，再度，栽培系大果のチリーイチゴの高い光合成能を近代栽培品種に遺伝的に導入し，冬の被覆下の低光度でも高い光合成量が得られる可能性を示している。高い光合成能を持った近代栽培イチゴ品種の育成は，日本の施設栽培の多収品種への大きな課題である。

5. イチゴの名称

(1) 日本での名称

現在，わが国では「イチゴ」が近代栽培イチゴを表わす名称として広く一般に使用され，同時に英名のストロベリーも名称として使用される。イチゴという名称は古代の大和言葉の「イチビコ」に由来すると考えられ，語源的には果実の特徴から名付けられたものと推定されている。イチビコの最古の記述は奈良時代に編纂された『日本書紀』（720年）にみられ，平安時代の『枕草子』にはイチゴ（覆盆子）の名称で2か所に記述がある。また『延喜式』（927年）によれば当時宮廷では覆盆子（キイチゴ）の栽培の記録がある。

平城京から平安京の間，朝鮮半島経由で漢方薬としてキイチゴ（Rubus）の乾果が輸入され，その名称を中国と同じく「覆盆子」と呼んだ。日本で漢字の素養がある階級はこれを「覆盆子」と漢字で書いて「いちご」と読み，畿内の土着の人々は，古来からの大和言葉の「一比古（イチビコ）」と呼んだ。それゆえ「覆盆子」とはキイチゴのことであり，「覆盆子」と書いて「いちご」と読むと枕草子に示されている。このことは，後年発掘された木簡からも証明される。

大槻文彦の『大言海』によれば，イチゴはイチビコの「ビ」の発音が中略されたとしている。しかし，これらの時代の日本には今日のイチゴ（$F. \times ananassa$）は存在せず，当時の「イチビコ」「イチゴ」はともにキイチゴ（Rubus）やヘビイチゴ（Duchesnea）など類似の奬果類の総称で，すべてをイチビコと呼んだと推定される。事実，日本ではキイチゴの利用は古く，縄文時代前期の遺跡である秋田県池内遺跡では，酒などの醸造用に収集されたと推定されるニワトコの種子とキイチゴ種子が多量に出土している。なお『枕草子』のイチゴ（覆盆子）は当時漢方薬としてのキイチゴの乾果をさしていて，中国由来の漢方薬の名称の覆盆子なる漢字の使用は，本草学からの転用と考えられる。

(2) 外国での名称

イチゴの名称はイチゴの野生種が存在する国には，それぞれ固有の名称がある。たとえば中国ではツァオメイ（草莓），朝鮮半島の国々ではタルギ（Talgi）がある。また亜熱帯でイチゴの仲間の野生種が自生しなくても高地にキイチゴが自生する国では，わが国同様イチゴに類する名称がある。たとえばベトナムではダウ（Dau），エチオピアではインジョリ（Injori）と呼ばれる野生のキイチゴがある。

英名のストロベリーの語源については諸説がある。グリーン（1820）によればイチゴのもっとも目につく特徴のランナーにちなみ，地上を這う（strewed）の古語のstrawからとし，berryは果実からとした。フランス名（fraise），スペイン名（fresa）およびイタリア名（fragola）はともに香りを意味するラテン語fragaより派

イチゴ＝植物としての特性

第6表 日本への近代栽培イチゴ（*F.* × *ananassa* Duch.）の導入と栽培

年	経緯
？	オランダ人によって長崎へ
1859（安政6）	飯沼慾斎（蘭方医）による草木図説に木版画
1871（明治4）	開拓使によって試験場へ導入 欧米人の居住地の菜園
1893（明治26）	東京，横浜などで商業的栽培が始まる
1904（明治37）	石垣栽培（静岡県）による促成イチゴの始まり

注 本草図譜（1828）に「をらんだのへびいちご」岩崎灌園の図があるが飯沼慾斎の図ほど明瞭ではない

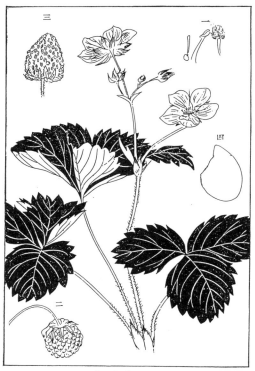

オランダイチゴ（Oranda-ichigo）
第27図 近代栽培イチゴの木版画（飯沼慾斎, 1859）

生した。

6. 日本へのイチゴの渡来と栽培の歴史

（1）日本への渡来

日本へは，江戸後期にオランダ人によってヨーロッパから渡来したと推定される（第6表）。新種の近代栽培イチゴがヨーロッパで一般市民に広がったのは1800年代になってからであり，当時わが国と交易のあった唯一のヨーロッパの国オランダは，1796〜1815年はナポレオン戦争で他国の占領下にあった。東インド会社のあったバタビアの返還は1814年，長崎・出島へのオランダ船の再入港は1815年である。

蘭方医の飯沼慾斎が，リンネの方式（二名法）によって，日本原産のノウゴウイチゴや渡来した栽培イチゴ（オランダイチゴ；第27図）をラテン名で記載した。分類した植物図鑑（木版画）を執筆したのは1854年（安政元年）であり，栽培イチゴの確実な渡来時期はそれ以前となる。

なお，岩崎灌園著の『本草図譜』（1828）に，「をらんだのへびいちご」としてイチゴの図があり，「オランダの種なるべし近年きたる。形状「へびいちご」に似て苗葉長大，花白色実長く紅色下垂」と解説がある。北村四郎らは，『本草図譜総合解説』でオランダイチゴと同定している。

また，上記オランダ本国の状況やオランダ船の長崎再入港の年次からはオランダイチゴの渡来の可能性と矛盾しないが，図は当時ヨーロッパで栽培されたモスカーター（*F. moschata*）の栽培系とも類似する。

（2）栽培の歴史

8倍体の近代栽培イチゴが日本に伝来してからおおよそ140年，明治初期に欧米人の居住地や大都市近郊で営利栽培が開始されてからでも，今日まですでに100年余の栽培の歴史がある。しかし，今日みられる産業としてのイチゴ

生産の大発展は，第二次大戦後を少し経過して経済の発展の開始とともに始まり，生産量の増加とともに重要経済作物として認知され，1963年度（昭和38年度）からは農林水産統計表にもはじめて掲載されるに至った。1970年以降の規模を国別生産量で比較すると，日本の生産量は世界ランキングで10位以内に入る生産大国となっている（第7表）。

しかし，日本のイチゴ生産は総生産量では大きいものの，家族労力を主とした作付け面積が小規模で集約的な被覆下の施設栽培によって行なわれている。他方，第二次大戦後に欧米の大

第7表 イチゴの10大生産国（FAO, 2013）

順位	生産国	生産量(t)
1	中国	2,997,504
2	アメリカ	1,360,869
3	メキシコ	379,464
4	トルコ	372,498
5	スペイン	312,498
6	エジプト	254,921
7	韓国	216,803
8	ポーランド	192,647
9	ロシア	188,000
10	日本	149,680
その他		5,992,429
総生産量		12,417,313

第28図 カリフォルニアの収穫，集荷機

第29図 収穫されたイチゴはCO_2処理をして出荷されていく

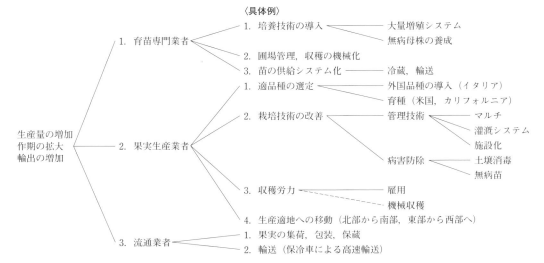

第30図 米国カリフォルニアおよびスペイン，ウエルバにおける国内および国際的分業体制によるイチゴ産業の近代化

生産国の多くが，苗と果実生産の分業化や過去の伝統的な産地から地中海性気候の生産適地へ移動し，新たに産地を形成して雇用による企業的な大規模露地栽培を確立して出荷システムに飛躍的な発展を遂げた（第28，29，30図）。

わが国のイチゴ栽培の歴史は，初期にいくつかのイチゴ品種を海外から導入したあとはいち早く独自の生果用品種を多く育成するとともに，北の地域や高冷地の農業試験場では加工用品種の育成を手がけてしだいに定着・拡大してきた。

主要な産地は，第二次大戦までは都市近郊や温暖な環境特性を生かした地域に小規模な産地が形成されたが，今日では，本州の太平洋に面する北緯38度の宮城県から南へ，栃木，茨城，千葉，静岡，九州の東シナ海に接する福岡，佐賀，長崎，熊本の9県の主産地で，日本のイチゴ総生産量の約70％を産出する。

戦前までの栽培作型は露地栽培が主体であり，一部に油紙やガラスを利用したフレームによる促成栽培も行なわれた。なかでも静岡県久能山山麓では，傾斜地にコンクリート・ブロックを積み重ねた栽培床に太陽熱を吸収させて保温する，わが国独自の促成栽培技術が農民自身によって考案され，一時期有利な促成栽培法として関東各地に普及した例もある。

戦後は都市近郊の水田裏作の露地栽培だけでなく，山上げやポット育苗による花芽分化の促進，農業用プラスチックを利用した小型のトンネル被覆による早熟栽培から，しだいに大型化した被覆下の施設栽培が主体のイチゴ生産へと変遷し，イチゴ専作農家も出現するまでに至った。同時に，被覆栽培の作型は，苗の長期冷蔵保存や花芽分化の休眠打破または休眠回避，電照とジベレリン（GA）散布などの適用技術によりいくつかの栽培作型への分化が起こった。なかでも促成栽培の作型のうち，花芽分化を完全に人為的に促進したあとに被覆下で日長や温度などの環境制御を行ない，晩秋から翌年の春までの7～8か月間にわたる長期の収穫を可能にした栽培技術の開発は，花芽分化の基礎研究（江口，1940・1943；伊藤・斎藤，1962）から始まり，その成果をさらに営利栽培での実用化に結びつけて普及させており，日本独自のものである。

施山（2001）は日本イチゴセミナー紀要No.10に，近代栽培イチゴの渡来直後の黎明期を経て始まるわが国のイチゴ営利栽培の100年余の歴史を振り返り，栽培技術発展の観点から，1）導入の時代，2）定着の時代，3）拡大の時代と，大きく3つの区分に分類した。分類にあたって用いた指標は，育成された主要品種，作型や適用される栽培と病虫害防除技術ならびに栽培施設や使用資材である（第8表）。また営利栽培の開始とともに始まったイチゴ新品種の育成は今日まで持続し，それぞれの時代や栽培立地の環境や作型に適応した多数の品種を生み出した。

拡大の時代における生産量は1960年代から年々上昇し，1973年に第一次オイルショックにより3年間低下するが，その後は再び回復し，18～20万t余の間を上下しながら推移している。そこで，本文では「拡大の時代」を「拡大と持続の時代」に改め，これら時代区分の内容についての具体例と，その背景や意義についての説明を以下に述べる。

①**導入の時代**（江戸時代後期〜明治時代前半ごろまで）

オランダ交易の場，長崎への栽培イチゴ渡来の事実の直接的記録は見当たらない。しかし，文久の初め，幕府による「遣米・遣欧使節団」に随行した川崎道民は，フランス，英国および米国で種々の園芸作物の種子を購入帰国している。それらの園芸作物を，1863年（文久3年）に伊藤圭介が「仏国・和蘭・花旗国種子名録」として翻訳記載した。このなかにフライシール苺（仏語のfraisierをオランダ語読みしたものと推定される）2種の記載にパインイチゴ（fraisier ananass）の名がある。これはオランダイチゴ導入の確かな最古の記録である。

明治政府は新産業の振興のため，積極的に欧米の新作物の導入と試作を試みた。イチゴ品種は，1871年（明治4年）には米国から開拓使青山試験場の第1号官園に，1874年（明治7年）

第8表 日本におけるイチゴ生産の変遷（施山，2001；織田一部変更と加筆）

年　代	品　種	作　型	栽培技術	病害虫防除技術	施設・資材	
江戸時代～明治時代						イチゴ栽培黎明期導入の時代
↓						↑
1898年	福羽 海外導入品種	露地栽培				
↓						
1910年		石垣栽培・露地栽培				定着の時代
↓						
1940年	幸玉 (1940)					
↓						
1950年	ダナー (1950)	長期株冷蔵			農業用プラスチックフィルムの登場	↓
		抑制栽培	トンネル栽培の開始			↑
	大石四季成1号 (1954)	促成栽培	高冷地育苗			（作期拡大の時代）
	堀田ワンダー (1957) 宝交早生 (1960) 紅鶴 (1961) 大石四季成 (1965)	（石垣栽培）		無病苗の開発・普及	プラスチックハウス本格化	
1960年	はるのか (1967)	促成長期栽培 電照・短期株冷 高冷地育苗など 各種半促成栽培	断根，山上げなど花成促進 株冷蔵・電照・ジベなど休眠の抑制 ミツバチの導入			
↓	盛岡16号 (1968) 麗紅 (1978)		ポット育苗の開発	太陽熱消毒の開発		拡大と持続の時代
1970年						
↓		低温カット栽培	養液栽培の開発（高設栽培）		CO₂施用技術	
1980年	とよのか (1984)	促成栽培の前進化	暗黒低温・短日夜冷処理	炭疽病の発生		（品質向上と夏どり生産の実用化）
	女峰 (1985) みよし (1987) サマーベリー (1988)	四季成り性品種による夏秋どり栽培				
↓	章姫 (1992)		各種高設栽培の開発	総合防除 (IPM)		
1990年	レッドパール (1993)			各種天敵の開発・利用技術		
↓	ペチカ (1995) とちおとめ (1996) 濃姫 (1998)					↓

イチゴ=植物としての特性

年代	品種	作型	栽培技術	病害虫防除技術	施設・資材	
2000年 ↓ 2004年 ↓ 2005年 ↓ 2008年	さちのか (2000) さがほのか (2001) 紅ほっぺ (2002) エラン (2004) 花笠おとめ 美濃姫 UCアルビオン ゆめのか 千葉F-1号 かおり野	四季成りで種子繁殖性 観賞用 促成栽培 四季成り, 耐病性 促成栽培 促成栽培 促成栽培	 米国, 露地栽培 種子繁殖性	 全病害抵抗性 病害抵抗性	 花壇, 鉢植え 施設栽培 施設栽培および露地栽培	21世紀は?

には欧州から新宿の内務省勧業寮農事修学所へ導入し, 試作させた. しかし, これらの品種によってイチゴ栽培の普及や定着が起こったわけではない.

イチゴの営利栽培は, 1893〜1894年 (明治26〜27年) ごろ, 在留の欧米人やわが国の民間人, 種苗商が欧米から導入した品種によって, 東京や横浜で開始されたものと推定される. しかし明治時代におけるイチゴは, 庶民には縁遠い外来の珍奇な高級果物であった. 当時の一般日本人のイチゴに対する感覚は, 泉鏡花の文学作品「瓔珞品 (ようらくぼん)」(1905年) によく描かれている. この作品でみる限り, イチゴは庶民にはまだなじみがたい異国的で異教的な感じの果物であったといえる.

すでに欧米には改良されたイチゴ品種があった. しかし, その当時の輸送は海路が用いられており, イチゴの苗の導入は甚だ困難を極めた. 一つは日時を要すること, もう一つはしばしば輸送途中に環境の激変に遭遇したからである. 白井光太郎 (1905年) は園芸学の会合で, イチゴの場合を実例に, 大隅伯爵のマルセーユから日本へのイチゴ苗輸送を目撃したときのことを「それらは途中のスエズ付近で全部枯死した」として「ワァド氏の箱」(植物導入用のガラスケース) について講演している.

福羽逸人は前述の新宿の勧業寮勤務時に, フランスから, 当時欧州で普及していた品種'ジェネラル・シャンジー'や'ドクトル・モーレル'の導入を再三試み, 白井の報告と同様に失敗した. そこでフランスのビルモラン商会から'ジェネラル・シャンジー'の種子を購入し, 1898年 (明治31年) にいくつかの実生からわが国初のイチゴ品種'福羽'を選抜した (金指・川里, 2002). '福羽'は最初門外不出とされたが, のちには農家にも普及し, とくに石垣栽培を中心に約70年間の長きにわたり主要品種として栽培され, また育種親としても用いられた記念すべき品種である.

②定着の時代 (明治時代後半ごろ〜昭和時代前半ごろまで)

営利栽培が始まり, 年月の経過とともにイチゴはよく知られる園芸作物として全国的に普及し, 各地の農業試験場からは数多く新品種が育成されるようになった. しかし, 石垣栽培などの促成品を除き, 都会近郊で露地栽培され, 収穫後はただちに「朝どりイチゴ」として販売される果実は, 初夏の一時期を賑わす季節的な果物でしかなかった.

この時代は年月的に長いが, この間わが国は昭和に入り, 準戦時体制や第二次大戦を経て, 戦後もしばらくは食料の窮乏期が続いた. イチゴ栽培にとって, 長い停滞の時代であったといえる.

1923年 (大正12年) の農商務省の調査によると, イチゴの全国の作付け面積は350haと報告があり, 関東では東京府, 神奈川県および千葉県, 中部では静岡県と愛知県, 近畿では兵庫県 (鳴尾村) などの本州太平洋側に産地があった. これらのうち鳴尾村 (現在の西宮市) が

最大の産地として知られている（浅岡・新岡，1927）。

イチゴの育種も上記産地のある府県の農業試験場で行なわれ，東京府からは'昭和'，千葉県からは'大島'，神奈川県からは'福陽'，愛知県では'清洲''祝'および'旭'，兵庫県からは'明石'など，いくつかの品種が育成されている。また民間でも，鳴尾村の岩井が'ダビー'（1932年）を，玉利が'幸玉'（1940年）を育成している。後者は甘味が強く，別名'砂糖'とも呼ばれ，以後の育種親としても利用された（冨樫・長谷川，1951）。近年は，私企業，個人育種家による新品種登録が急増し，2000～2014年までの10年間で189件もの登録申請があるが，実際の栽培にどれだけ使われるか甚だ疑問である。

③**拡大から，減少の時代**（昭和時代後半～現在まで）

この時代は，イチゴの生産量の増大と品質の向上の時代である。新作型の開発により，晩秋から翌春にかけて長期間に生果が消費者に供給されるようになった。また，夏季にも米国カリフォルニアから空輸されたイチゴがケーキのデコレーションや氷菓，ジャムなどの加工品の形で店頭にみられる。この時代になって，イチゴは日本人にきわめて身近で嗜好性の高い果物となったといえる。和菓子にも素材としてとり入れられ，人気の「イチゴ大福」といった商品も工夫されている。

この生産の拡大は，露地栽培の作付け面積の増加によって総生産量が拡大したのではなく，日本のイチゴ生産が単位面積当たり多収達成へと飛躍した質的転換の時代であったとも認識すべきであろう。それは，イチゴがもつ生態的な特性と，施設栽培という栽培環境の制御技術の双方の理由に基づいている。契機となったのは，1955年ごろから収穫期前進を目的にした農業用プラスチックを用いた被覆栽培の栽培作型が，しだいに大型施設栽培へと変化していったことである。その間の作型の変遷の過程は，収穫物の市場出荷量のピークの年次変化にみごとに示されている（第31図）。

他方，こうした促成作型栽培を可能にしたのは早生で，休眠打破の低温要求性の低い品種が導入されたり育成されていたからである。この作型の開発が行なわれた当時はやや低温要求性が高いものの品質良好な'ダナー'が導入されており，'宝交早生'や'はるのか'が作型開発の対象となった。さらに品質良好で低温要求性の低い'とよのか'と'女峰'が育成された。以後代表的な品種のみあげるが'章姫''とちおとめ''さちのか''さがほのか'その他，多数の品種が国，県および民間で育成発表され続けている。なお，わが国で育成された品種が，わが国以外の海外で主要品種として広く普及している事例として，民間の育種家，萩原章弘氏育成の'章姫'と，同じく民間育種家の西田朝

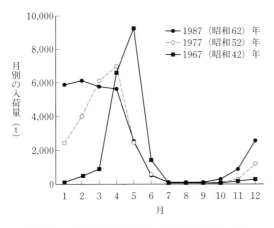

第31図　作型の変遷にともなう東京市場への月別入荷量の変化

第9表　イチゴの多収量国と低収量国の事例

(P. Appeltans *et al.*, 2010)

	2005～2007年 (t/ha)	2008年 (t/ha)
低収量国		
1. ポーランド	3.4	3.7
2. ルーマニア	7.7	8.0
多収量国		
1. モロッコ	37.8	44.1
2. スペイン	35.8	30.7
3. イタリア	25.6	24.3
4. トルコ	20.1	23.1

イチゴ＝植物としての特性

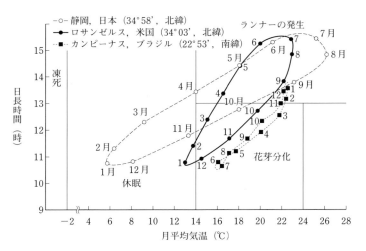

第32図 世界のイチゴ大生産地（日本，米国カリフォルニア，ブラジル）における，月平均気温，日長時間と花芽分化の関係
（織田原図，1985）

美氏の'レッド　パール'がある。両品種あわせて韓国のイチゴ総作付け面積の90％を占めている事実は，わが国のもつイチゴ育種能力と水準の高さを示している（小林，2003）。

日本のイチゴ生産が質的な意味での単位面積当たり多収の生産国に転換したことを示す好例として，2010年度の温帯圏の世界各国のha当たりイチゴ収量を第9表に示した。

通常，温帯圏の平地での露地栽培の収量は低く，国により差異があるものの4〜8t/haで上限がみられる（米国東部と中部諸州，スカンジナビア諸国の北欧やポーランドなど中欧，ルーマニアなどの東欧）。これに対して，生産地が温帯圏でも，地中海性気候に位置する場合（イタリア，スペイン，フランス南部，米国とカナダ西部など）や，環境制御による施設栽培が行なわれる場合（日本，オランダなど），亜熱帯圏の高地（メキシコ）での露地栽培の場合では，それぞれ単位面積当たり多収（11.5〜44 t/ha）が得られる事実がある。最大収量の一例として，ブラジルのサンパウロ州ピエダーデにおいて，一季成りの品種'麗紅'や'カンピーナス'で60〜120 t/haという多収例もある（織田，1985）。

この現象は，温帯原産でライフサイクルの完結に休眠期が必要なバラ科の落葉性果樹を熱帯・亜熱帯の標高地で栽培する場合にみられる特性である。すなわち，低緯度の短日条件と涼温条件が持続する場合は花芽分化が周年誘起され，その果実の収穫も周年可能となるのである。また，温帯圏でも，海流の関係から地中海性気候に分類される栽培立地では冬季が温暖で，イチゴは休眠突入の程度が浅いか，休眠が回避され，続く夏季には涼温で長日条件にもかかわらず果実が収穫できる。日本のイチゴ生産地とほぼ同緯度に位置しながら，海岸に近い米国カリフォルニア州のイチゴ産地では夏にもイチゴ生産が可能で，端境期である日本に輸出できるのは，こうした理由からである（第32図）。

日本の施設栽培による促成作型の場合は，花芽分化後の保温で休眠が回避され，あたかも地中海性気候を再現した環境となるため，花芽分化と開花と結実の連続化を引き起こし多収となるのである。一季成り品種が環境条件で四季成り化するこの現象を，藤重は実験的実例から「生態的四季成り」と呼んだ（1978）。この現象はイチゴだけでなく，イチゴと同じバラ科のリンゴがインドネシアのジャワ島高地で年3回の収穫が行なわれている事例が知られている（織田，1990）。近年，生産者の高齢化と後継者不足から，年々イチゴの生産量は低下し，2013年FAO統計では世界の国別ランキングの第10位になっている。

日本のイチゴ栽培で特筆すべき事柄は，四季成り性品種による夏どり生産の実用化がある。促成長期栽培の作型が開発された当時の関係者はほぼ周年生産が実現したと報告したが，現実には7〜10月の間は依然として収穫の端境期であり（第31図），製菓用の需要をみたすことは困難であった。このため，いまだに米国カリ

フォルニアからの空路輸入に依存しているが，果実の品質に問題があり価格が高騰する。そこで，わが国でも高冷地や北海道など夏季が冷涼な地域で四季成り性品種の利用による夏どり栽培が開始された。四季成り品種育成の先駆者は大石で，すでに1954年に'大石四季成1号'と1965年に'大石四季成'を育成している。近年実用形質を備えた四季成り品種が数多く育成され，北海道，東北を中心に雨よけの被覆下で夏どり生産が定着し始め，地域の有望な新産業として期待されている。

イチゴは，元来栄養繁殖性園芸作物の代表格で，現在の苗生産のほとんどすべてがランナー苗を用いている。しかし，近年オランダで研究育成された四季成り性で種子繁殖性の実用的品種が日本でも発売され，北部の夏どり生産用に試作されつつある（ベントフェルツェン・ボウラ，1997，2000，2004）。種子繁殖性イチゴの研究は，わが国においても成川による先駆的な研究があり（2000），近年，千葉大学および千葉農試において，わが国初の種子繁殖性品種'千葉F-1号'が育成された。この品種が消費者や市場の嗜好をさらに満足させうる水準に達すれば，イチゴ生産に革命的変化を生ずる可能性が非常に大きいと考えられる。

これまで述べてきたように，発展を遂げた日本のイチゴ栽培ではあるが，近年に至って内外に解決すべき幾多の問題が顕在化し始めた。露地栽培から施設栽培への変遷の結果である拡大の時代から，すでに20年以上の長い持続の時代を経過した現在，ここで新たな発展を模索するのか，現状のまま持続を維持するべくその対策を考慮するのか，岐路に立っている感がある。

日本のイチゴ産業を取り巻く環境は日々厳しさを増している。国内的には生産者の高齢化による労働力不足や跡取りの問題，生産資材の高騰に加えて消費者の生産物への安全志向があり，また海外の近隣国からは日本の生産と消費の最盛期に向けて低価格の輸出がある。前者の対策として高設栽培や養液耕の研究開発が盛んに行なわれ始めた。後者は日本の登録品種の海外流出や相手国の知的所有権に対する侵害であり，イチゴ品種を含めUPOV条約に定められた規定の遵守を強く求める必要がある。

執筆　織田弥三郎（元横浜国立大学，日本イチゴセミナー）

2015年記

参 考 文 献

Appeltaras. P.. 2010. Strawberry in Europe. Internal. Strawberry Cong. Antowerp, Belgium.

Cameron, J. S., T. M. Sjulin, J. R. Ballington, C. H. Shanks, C. E. Munoz and A. Lavin. 1993. Exploration, collection and evaluation of Chilean *Fragaria* Summery of 1990 and 1992 expeditions Acta Hort. **245**, 65—74.

Darrow, G. F.. 1966. The strawberry-history, breeding and physiology. W. Hort. Rinhart and Winston, New York, USA.

Darwin, C. R.. 堀信雄訳. 1850. 種の起源. 上巻, 66—67.

FAO production Statistic. 2013. Rome, Italy.

Hancock, J. F.. 1999. Strawberries CABI, Pub. Willingford, UK.

Hancock, J. F., J. A. Flore and G. S. Galleta. 1999. Gas exchange properties of strawberry species and their hybrids. Sci. Hort. **40**.

Harbut, R.. 2009. The development of the modern strawberry (*Fragaria*) Physiology, biochemistry, and morphology of progenil species (*F. virginiana, F. chiloensis*) resulting cultivars. Dis. Doc. Ph. D. of Cornell Univ.

Jones, J. K.. 1976. Strawberry. ed. N. W. Simonds, Evolution of crop Plants. 227—242. Longman, New York, USA.

Jurich, T. W., J. F. Chabot and B. F. Chabot. 1979. Ontogeny of photosynthetic perpomance in *Fragaria virginiana* undera changing light regiums. Plant physiology. **63**, 507—542.

中尾佐助. 1959. 秘境ブータン. 毎日新聞社.

西澤隆. 2010〜2013. 私信

織田弥三郎. 1982. 亜熱帯および熱帯高地におけるイチゴの栽培. 熱帯農業要旨. 44—45.

織田弥三郎・柳智博. 1983. 栽培イチゴ品種の光合成における品種間差異. 園芸学会要旨. 246—247.

Oda, Y., R. Inoue, A. Saito, F. Sakurai and

S. Kawasaki. 2012. Protected over winter strawberry cultural system—Origin renovation and Consecutive imporovements. Proceeding VIIth Strawberry Internal. Symposium. vol.1.

Staudt, G.. 1999. Systematics and Geographic distribution of the American Strawberry specices-Taxonomic studies in the *Genus Fragaria* (*Rosaceeae*: *Potentilleae*). Botany81, Univ. Calif. Pub. USA.

Staudt, G. and K. Olbricht. 2008. Note on Asiatic *Fragaria* species V; *Fragaria nipponica* and *F. itrupensis*, Bot. Jarb. **127**, 312—341.

Staudt, G.. 2009. Strawberry biogeography, genetic and systematic. Sci. Hort. **842**.

Wihelm, S. and J. E. Sagen. 1974. A history of the strawberry from ancient graden to modern markets Agri. Pub. Univ. Calif. Berkley. USA.

形態とライフサイクル

どんな生物も，個体（たとえば一人の人間）として生存できる期間には限界がある。したがって，たいていの生物は繁殖によって次世代をつくる。つまり生物は，1) 誕生から繁殖までの期間をなんとか生き延びる方法と，2) 安定して次世代を誕生させる方法を，生まれながらにしてもっている。おそらくは，厳しい競争条件や劇的に変化する自然環境条件の下で進化したことにより，これらの方法を獲得したと考えられる。

タイトルにあるライフサイクルとは，命の連鎖の仕組みのことであり，具体的には上記の2つの方法のことである。植物であれ動物であれ，どんな生物も，その種独特のライフサイクルをもっている。

本項では，まず一般に栽培されているイチゴ（学名 *Fragaria* × *ananassa* Duch., 以下 "栽培イチゴ" とする）の形態について解説する。これは，栽培イチゴのライフサイクルが形態的特性と密接に関連するためである。なお，後半では，栽培イチゴのユニークなライフサイクルについて解説する。

1. 栽培イチゴの形態

(1) 栄養器官（根・茎・葉）

ほとんどの高等植物がそうであるように，栽培イチゴもまた根・茎・葉の3つの栄養器官をもっている（第1図）。根・茎・葉は，発芽後の生命活動に不可欠なものであるため，栽培イチゴでも種子が成熟した段階ですでに形成されている。

栽培イチゴの根は，土（培地）の中の水分や養分（無機栄養など）を吸収する役目と，地上部にある茎や葉を支える土台としての役目を負う。また茎は，その先端にある生長点で新しい葉と新しい茎をつくり，加えて何らかの条件が整えば花をつくる。さらに，葉は生長の根源である光合成を行ない，炭水化物を製造している。一方，栽培イチゴの体内には水分や無機栄養が通る導管と光合成でできた炭水化物が通る篩管が，根・茎・葉のおのおのの先端にまでネットワークを広げ，円滑な物流を行なっている。この仕組みにより，個体としての生命活動を維持，発展させている。

以下では茎，根，葉の順に，より詳しく解説する。

①茎

植物形態学的な面から考えると，栽培イチゴで茎に該当するものは3つある。1つが "クラウン" で，もう1つが "ランナー"，そして残りの1つが "花序" である（第1図）。これら3つは，機能的にはまったく同じ茎でありながら，形態が極端に異なっている。ここでは，クラウンとランナーについて記述する。なお，花

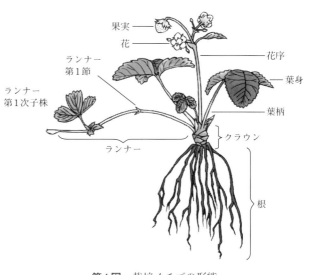

第1図　栽培イチゴの形態

イチゴ＝植物としての特性

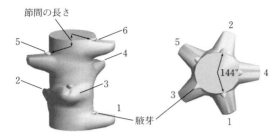

第2図 葉を取り去った栽培イチゴのクラウンのコンピュータグラフィックス
図中の数字は，葉が展開した順を示す

序については便宜上，種子繁殖器官の項で述べる。

クラウン クラウンとは葉と根が着生した部分のことで，太くて（長期間生長すると直径2cm以上になる）短い，いわゆるロゼット状の茎である。なお，クラウンという呼称は，英語圏では草本植物の地際部で少し土に埋もれたロゼット状の茎を示すものとして一般的に使われているようだ。

第2図は葉を取り去ったクラウンのコンピュータグラフィックスである。通常，栽培イチゴでは，葉を基部から完全に削除しない限り，腋芽（側芽や"わき芽"とも呼ぶ）を見ることはできない。本図では，理解のしやすさを考慮して，見えるように描画した。この図から，栽培イチゴの葉は螺旋階段状にクラウンに着生しており，また葉とクラウンが接する部分に1つの腋芽を持つことがわかる。一般に，腋芽のある部分を節と，腋芽と腋芽の間（第2図左を参照）を節間と呼んでいる。クラウンの節間の長さは2mm程度と非常に狭い。クラウンの先端には生長点があり，葉や花をつくることができる。

ランナー 栽培イチゴでランナーと呼ばれるものは，ストロー状に変形した茎（直径2mm程度）のことである（第1図と口絵の写真「ランナーと子株」を参照）。ランナーは，植物学的には走出枝（そうしゅつし），あるいは匍匐枝と呼ばれるものである。なお，ランナーという呼称は，栽培イチゴだけでなく，オリヅルランやユキノシタなどの走出枝にも用いられる。

栽培イチゴのランナーは，その先端に小さな栄養繁殖体を形成する。この栄養繁殖体は，次々と葉を発生し，また茎にあたる部分が土の表面につくと根が発生する。この栄養繁殖体は，一般には"ランナー苗"とか"ランナー子株"と呼ばれている（以下，ランナー子株とする）。なお，ランナーの先端にできるものを"子株"とした場合，そのランナーを発生させた株を便宜的に"親株"と呼んでいる。加えて，ランナー子株もまたランナーを発生し，その先端に子株を形成する。したがって，親株から発生したランナー子株を"第1次子株"や"太郎苗"，第1次子株から発生したランナー子株を"第2次子株"や"次郎苗"と呼ぶ。

ランナーの形態変化 ランナーの形態は次のようなプロセスで変化する。たとえば高温長日条件下で，親株の腋芽が急激に伸長してランナーとなる。発生初期のランナーは，先端部に痕跡程度の葉とその葉の基部にある包葉で包まれた芽で構成されている。なお，芽の中には少数の小さな葉と，生長点が存在する。ちなみに，痕跡程度の葉とその腋芽を含めた部分が1つの節である。これをかりにランナー第1節とする。

ランナー第1節がさらに伸長すると，先端の包葉が破れて，そこからランナー状の茎が現われ，さらに伸長する。この先端には，小さな葉とその葉の包葉に包まれた芽がある。この小さな葉とその腋芽のある部分がランナー第2節である。その後，ランナーは先端が屈曲してクラウン状になり葉の展開が始まる。また，土に触れた部分から根が発生し，子株になる。したがって，一般にランナーと呼ばれている部分は，ランナー第1節と第2節の2つの節で構成されている。ランナーの節間の長さは30cm以上になるものもある。クラウンの節間の長さが2mm程度だったことからも，同じ茎でありながら極端な形状の違いのあることがわかる。

一方，栽培イチゴは，ランナー第1節で痕跡程度の葉があった葉腋にも腋芽がある。この腋芽は，通常伸長しない。しかし，ランナー第2節の先端が何らかの理由で生長できなくなった場合（たとえば切断した場合），伸長を開始する。また，少数の品種では，遺伝的に第1節の

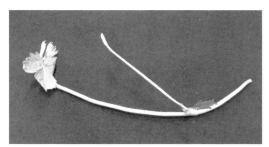

第3図　ランナー第1節の腋芽がランナーとして伸長したもの

腋芽が伸長するものもある（第3図）。

なお，親株はランナーを通して子株に水分や無機栄養分，光合成産物を供給している。親株がウイルス病に感染していると，ランナーを通って子株も感染することが知られている。

②根

栽培イチゴの根の内部形態は，通常の双子葉植物のものとほぼ同様である（口絵写真：ランナーと子株「根の横断面」を参照）。しかし，栽培イチゴは，根系（こんけい：根の広がり方のこと）に特徴がある。この項では，ランナー子株からの根の発生様式と根系について述べていく。

根の形成と特徴　栽培イチゴのランナーは，その先端が屈曲して葉の展開を始めると，屈曲した部分に白色の突起を複数形成する。この突起は，湿った土の表面と接していれば，不定根（根以外の器官から発生した根のこと）である一次根へと生長する。しかし，ランナー子株が空中に浮いた状態では，突起は少しだけ伸長して生長が止まる。なお，このランナー子株を湿った土に挿すと，突起は急速に伸長して一次根になる。

一方，ランナー子株の一次根は，クラウンの皮層（口絵写真：ランナーと子株「ランナーの横断面」を参照）にある柔組織（内鞘）から発達し，皮層を突き破って外に現われる。加えて，一次根は，葉が老化のために枯れ落ちたクラウンの節からも複数発生することがある。

なお，品種や栽培条件で大きく変化するものの，栽培イチゴの一次根は，おおむね直径が1mmから2mmの範囲であり，長さが20〜30cmと短く，長くても50cm以下で伸長が止まる。さらに，一次根の数は，長期間栽培した株では，黒変や褐変したものも含めると100本以上になることもある。しかし，白色や淡褐色で活発に生長するものは多くても30本から40本である。

なお栽培イチゴは，トマトやナスのように中心主根と呼ばれる太くて長い一次根を発達させることはない。他方，一次根は，二次根を旺盛に発生する。また，二次根も三次根を旺盛に発生し，より高次の根が発生してくる。二次根は一次根と同様に直径1mm以上になる場合もある。しかし，三次根以上のものは，直径1mm以下と細く，地中では全体が複雑に絡み合いながらルートマット状になって伸長する（口絵写真：ランナーと子株「根の分布」を参照）。実際に栽培イチゴの根を掘り上げて観察した報告（Weaver and Bruner, 1927）によると，栽培イチゴの根は地表面から20cm以内の深さに90％以上が分布していた（第4図）。このことから，イチゴの根系は浅根性であり，また単子葉植物の根系に類似した"ひげ根系"であると考えられる。また，栽培イチゴの根は，横方向へもそれほど広がらない。

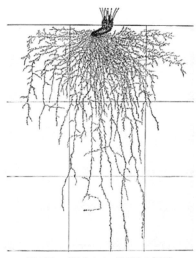

第4図　栽培イチゴ品種の根系
（Weaver and Bruner, 1927）

ちなみに，種子繁殖した栽培イチゴは，種子から現われた主根となる一次根がまっすぐ伸長する。しかし，時間の経過とともにクラウンから不定根として一次根が発生し，また二次根や三次根が旺盛に発生して，結局ランナー子株と同様な根系へと発達する。

③葉

葉柄と小葉　栽培イチゴの葉は，1本の葉柄と3枚の小葉からなる。なお，植物学的には1枚の葉身が3枚の小葉に分離したとみなすため，葉身は1枚である。各小葉は緑色の楕円形であり，周縁全体に小さな鋸歯状の欠刻がある（第1図）。小葉の面積は品種や栽培条件によって大きく変化するが，旺盛に生長している場合には，1枚80〜120cm^{2}程度になる。

一方，葉柄は細長い棒状であり，基部に包葉をもつ。葉柄の長さも品種や栽培条件によって大きく変化するが，旺盛に生長している場合には20〜30cm程度になる。包葉は，葉が展開直後や未展開の状態では，茎の先端部分を覆っている。しかし，葉の生長が進み完全に展開すると，その葉の基部にある包葉は裂開し，そこから次の葉や花房が現われる。なお，栽培イチゴの葉柄は，秋季になると痕跡程度の1対の托葉をつけることがある。

葉の展開様式——2/5葉序　栽培イチゴは2/5葉序（ようじょ）と呼ばれる様式で葉を展開する（第2図）。ここではまず，葉序の意味について解説する。一般に高等植物は，葉と葉の重なりが大きい場合，下位の葉の受光が悪くなって，光合成量が低下してしまう。そこで植物は，まんべんなく葉で光を受けとめられるように，葉の空間的な重なりを減らす仕組みをもっている。これを一般に葉序と呼ぶ。

さて，栽培イチゴの1つの葉を螺旋階段の1段であると考えてみる。栽培イチゴは，葉の螺旋階段を5つ上った場合，茎の周りを2周することになる（第2図左）。つまり，栽培イチゴの葉は，クラウンの中心から見て，連続した節に着生する葉が，それぞれ144度の角度に位置していることになる（第2図右）。要するに1枚の葉は，5枚前に展開した葉と同じ方向に広がることになる。2/5葉序の植物は，このようなパターンで葉を展開する。

栽培イチゴの葉の展開速度は，夏季の露地栽培条件では5〜8日に1枚の割合になるが，冬季の温室内では10日〜2週間に1枚程度となる。また，葉は高温・長日条件の夏季で葉身が大きく，葉柄が長く生長する。しかし，低温で短日条件になる冬季は，ハウス内であっても葉身が小さく，葉柄も短くなる。なお，栽培条件によっても異なるが，葉の寿命は数十日である。

(2) 種子繁殖器官（花・果実）

①花房，花と花序

栽培イチゴで一般に花房と呼ばれているものは，複数の花（あるいは果実）と1本の花序および1枚の止葉で構成されている。ここではまず，花序について解説する。

花序　栽培イチゴの花序は，大部分が植物学的には茎であり，第5図に示したような形態で，花柄，包葉および花序軸（花軸）を含めたものの総称である。

さて，栽培イチゴは典型的な二出集散花序である。二出集散花序は，基本的にはまず中心となる花序軸（主軸）が伸長して，その先端に1つの花ができる。栽培イチゴの場合，一般的にはこの花を1番花あるいは頂花と呼ぶ（以下，

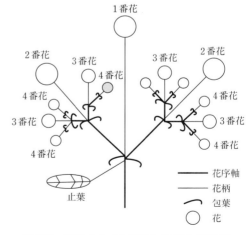

第5図　栽培イチゴの花房の模式図（分枝型）
花以外の部分が花序に該当する

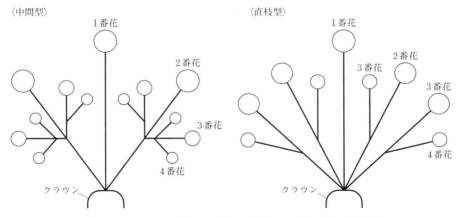

第6図 クラウンの基部で分枝した栽培イチゴの花序の模式図

1番花と示す)。1番花は、ほかに比べて開花が早く、また大型になる。一方、1番花の花序軸は、側枝として中央部で2つの花序軸に分岐して、それぞれの先端に2番花ができる。さらに、2番花の花序軸も側枝として2つの花序軸に分岐して、おのおの先端に3番花ができる。さらに、同様なパターンで4番花、5番花と高次の花が分化する。つまり、1番花が1個、2番花が2個、3番花が4個、4番花が8個、5番花が16個と、花数が増加する。したがって、5番花まで分化した場合には、栽培イチゴの花数は合計31にもなる。ただし、第5図で示したように、下位の花になると(たとえば灰色で示した花)、常に1対になるとは限らない。

クラウンの基部で分枝したときの花序 栽培イチゴの花序は、第6図に示したように、遺伝的な要因や栽培条件の影響で、クラウンの基部で分枝する場合がある(曽根ら、1995)。たとえば、中間型は花序が3本、また直枝型は花序が5本あるように見える。しかし、これらは、分岐がクラウンの先端部分で起こったもので、すべて1本の花序である。日本の栽培品種は、基本となる分岐型が案外少なく、多くが中間型であることが報告されている。なお、花序軸の分岐には、痕跡程度に小さい1つの包葉がある。

花の構造 第7図は栽培イチゴの花の模式図である。栽培イチゴは、ドーム状に膨らんだ花托(花托筒あるいは花床)が花の中心にあり、

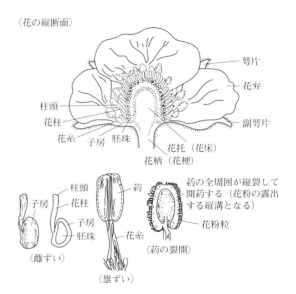

第7図 栽培イチゴの花の形態
(マンおよび斉藤から)

花托の表面に多数の雌ずいが密集している。なお、個々の雌ずいは、小さいものの子房、花柱、柱頭の3つを備えている。栽培イチゴは、1心皮雌ずいであり、子房の内部に1つの胚珠がある。なお、品種や栽培条件により変化するが、1つの花に存在する雌ずいの数は50〜450本と著しく変化する。

一方、花托を取り囲むように約20本の雄ずいがある。また、その外側に5枚の花弁が、さらに外側におのおの5枚の萼片と副萼片があ

イチゴ＝植物としての特性

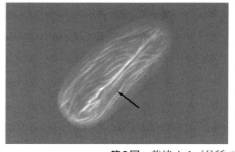
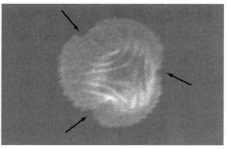

第8図　栽培イチゴ品種アスカルビーの花粉の形態
写真提供：香川大学農学部奥田延幸教授
左：側面から；1つの発芽溝が見える，右：上部から；3つの発芽溝が見える

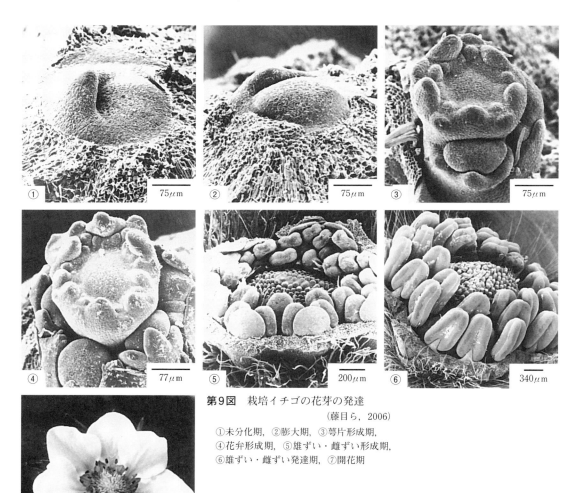

第9図　栽培イチゴの花芽の発達
(藤目ら，2006)
①未分化期，②膨大期，③萼片形成期，
④花弁形成期，⑤雄ずい・雌ずい形成期，
⑥雄ずい・雌ずい発達期，⑦開花期

る。雄ずいは，花糸と葯からなり，葯の中には多数の花粉がある。栽培イチゴの花粉は，ラグビーボールのような形状をしており，表面に多数のしわがあり，3つの発芽溝をもっている（第8図）。

花の発達　栽培イチゴの花は，次の順で発達する（第9図）。通常，栽培イチゴの生長点は，栄養生長期には中央部が平らな状態であるが，花芽分化すると丸く膨らむ。その後，副萼片ができ，萼片，花弁，雄ずい，花托，雌ずいと，外側から内側に向かって順に発達する。また，1番花が副萼片を形成する時点で，すでに1番花の脇に2つの2番花の形成を認めることができる。なお，栽培条件や品種の遺伝的条件で変化するが，最近の一季成り性品種の花数は，1花房当たり多くても20程度である。

通常，1番花が最も大きな花になり，雌ずい数が多く，しかも大果になる傾向がある。また，2番花，3番花とクラスが高次になると，花が小さくなり，果実も小型になる傾向がある。

②果　実

植物学的には1つの子房からできたものを"果実"と呼び，子房の内部にある胚珠が発達したものを"種子"と呼んでいる。しかし，栽培イチゴでは，花托が肥大したものと，その表面に付着する多数の痩果（そうか：植物学的な果実で果肉がほとんど発達しないもの）を含めて，一般的に果実と呼んでいる。したがって，栽培イチゴの果実は偽果（ぎか：植物学的には果実ではないものの，果実のような形態を示すもの）である。一方，栽培イチゴの痩果は，内部に1個の種子をもつ真果（しんか：植物学的な果実）である。なお，痩果は，外見的には種子そのものである。なお，以下では便宜上，栽培イチゴの偽果を果実と記述する。

栽培イチゴの果実には，正常果と奇形果がある。奇形果には，1）異常花が原因で起こる場合，2）受精不良が原因で起こる場合，3）果実の発達中に発生する場合，などがある。鶏冠状果は1）に該当し，促成栽培株の頂花房の1番果で起こることがある。これは，複数の花芽が融合して発達し，大型で帯状の花になることで発生する。先青果や先詰り果は2）に該当し，果実の先端部に位置する雌ずいの不受精が原因であるとされている。さらに，浮種果や空洞果は3）に該当し，品種特性や栽培環境，株の老化が相まって起こるものと考えられる。

一方，栽培イチゴの果実には，品種特性とし

第10図　栽培イチゴの果実の形態　　　　　（Darrow, 1966）

偏円　　球　　球円錐　　円錐
長円錐　　首あり形　　長くさび形　　短くさび形

イチゴ=植物としての特性

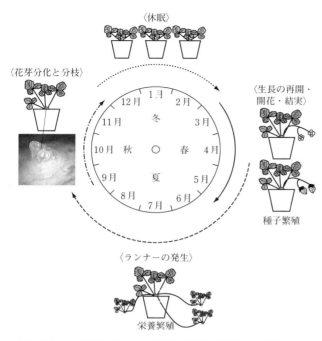

第11図 一季成り性イチゴ品種を暖地で栽培した場合のライフサイクル
矢印などは大まかな期間を示す

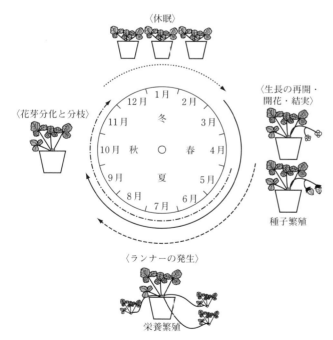

第12図 四季成り性イチゴ品種のライフサイクル
矢印などは大まかな期間を示す

てさまざまな形態のものがある（第10図）。なお，最近育成された品種は円錐か長円錐のものが多いようである。

2. 栽培イチゴのライフサイクル

栽培イチゴは，もともと米国に自生する *F. virginiana*（バージニアーナ）と南米チリに自生する *F. chiloensis*（チロエンシス）との雑種が起源であるとされている。両種の自生地には北半球と南半球の違いがある。しかし両種は，ともに四季の温度・日長の変化が明瞭で，とくに冬季が低温になる温帯圏と冷帯圏で進化し，休眠性や光周性を獲得した。そして，1年を1周期としたライフサイクルをもつに至ったと考えられる。このため，栽培イチゴもまた，日本のように四季の温度・日長の変化が明瞭な条件で栽培した場合，1年間を1周期とするライフサイクルを示す。

なお，栽培イチゴには，収穫時期が春のみの"一季成り性品種"と，春から秋までの"四季成り性品種"とがある。以下では，一季成り性品種と四季成り性品種に共通することについては"栽培イチゴ"と，また異なることについては"一季成り性品種"や"四季成り性品種"と限定して記述する。第11図には一季成り性品種の，また第12図には四季成り性品種のライフサイクルを示した。

(1) 冬：休眠

通常，日本の自然条件下で生長する栽培イチゴ（一季成り性品種と四季成り性品種）は，秋から冬にかけて気温が低下するとともに，茎の先端から新しい葉が現われる時間的な間隔が大きくなり，また新しい葉が徐々に小さく

なり，12月末にはわい化状態になる。そして，12月から3月上旬まで（積雪地域では雪解けのころまで），栽培イチゴはわい化状態が継続し，外見的には生育が停止しているように見える。これを休眠と呼ぶ。

しかし，よく観察すると，栽培イチゴは冬季でも生育を完全に止めることはなく，小さな葉や花が現われたりする。とくに冬季に花が現われることを"不時出蕾（ふじしゅつらい）"と呼ぶ。このような花は，低温のために受粉して果実になることはない。不時出蕾は，休眠状態とはいえ，栽培イチゴの生育が完全には停止していないことを示す証拠である。また，このことからもわかるように，栽培イチゴは相対的休眠性をもつ植物であるとされている。

一方，植物の休眠には，自発休眠と強制休眠がある。自発休眠とは環境条件が生育に適していても，植物の体内の要因（たとえば植物ホルモンの活性低下状態など）により生長がほぼ停止してしまう場合である。また，強制休眠は，環境条件が不適であるため（たとえば低温），生育がほぼ停止する場合である。今までに，栽培イチゴの休眠に関する多くの研究が発表されている。それらを総合すると，栽培イチゴは冬季の前半には相対的な自発休眠を示すものの，継続的な低温で休眠打破が起こり，冬季の後半には強制休眠の状態にあると考えられる。なお，品種間で差異があるが，おおむね栽培イチゴの自発休眠は，日本の暖地においても1月中旬から下旬までには打破されていると考えられる。

(2) 春：生長の再開と開花・結実

日本の自然条件に植えた栽培イチゴは，3月上旬から中旬になると，1月や2月に比べて気温がやや上昇するために生長が再開する。これは，生き生きした葉が次々と現われてくるので，見た目でわかる。最初は，小さな葉であるが，次々と展開するにつれて，やがて大きな葉になっていく。そして，4月初旬から中旬に，最初の花房が現われて，やがて開花する。

なお，越冬した株は，4月以降に多くの分枝が発生する（分枝が発生する原因については，以下の花芽分化の項で示す）。そのため，1株の栽培イチゴは，多い場合には20以上の分枝をもち，また，すべてではないが多くの分枝から花房が現われる。

一季成り性品種は，開花が5月上旬まで続き，収穫が5月上旬から下旬ころまでとなる。

四季成り性品種の開花・結実の状況は，別の項にまとめる。

(3) 春から夏：ランナーの発生

栽培イチゴは，親株から四方八方にランナーが伸びて子株を形成し，また子株からも四方八方にランナーが伸びて子株を形成する。条件が良ければ，このようにして9月ころまで親株を中心とした集団がクモの巣状に広がってゆく。品種や環境条件にもよるが，1シーズンで1つの親株から200以上のランナー子株が繁殖する場合もある。なお，ある程度発根したランナー子株は，親株から切断されても独立して生長することができる。

栽培イチゴがランナーを発生させてクローンをつくるという特徴は，イチゴ生産を行なううえできわめて重要である。なぜなら，同じ品種から取ったランナー子株は，遺伝的に同一であるためである。つまり，1つのビニールハウス内で同じ品種のランナー子株を栽培に用いると，ランナー子株は環境条件（温度や日長，肥料など）に対する反応が同じであるため，生長が非常によく揃い，結果的に株当たりの収量や果実品質もよく揃う。したがって，イチゴ生産者のほとんどは，ランナー子株を用いて栽培を行なっている。

栽培イチゴのランナーは4月中旬ころから発生するものの，収穫が終了し，より高温・長日条件となる6～8月に最も旺盛に発生する。その後，発生数が減少するが9月末ころまで続く。なお，ランナーの発生数は，完全に休眠が打破したもので多い。また一般に，四季成り性品種は，一季成り性品種と比べてランナーの発生数が少ないとされている。ただ，以前のものに比べて，最近育成された四季成り性の新品種は，ランナーの発生数が多くなってきている。

(4) 秋：一季成り性品種の花芽分化と分枝

一季成り性品種と四季成り性品種は、開花・結実期が異なる。そのため、ここでは一季成り性品種について解説する。

一季成り性品種は、9月中下旬の低温・短日条件で、茎の先端にある生長点に花芽が分化する。なお、この時期の花芽は、未展開の数枚の葉で包まれているため、実体顕微鏡下でメスを用いて葉をすべて切除しない限り肉眼で見ることはできない。そして、冬季に不時出蕾した花芽を除き、分化した花芽の多くは、茎の先端にある未展開の葉で包まれた状態で越冬する。そして、1つの花芽は春になると1本の花房になる。

一季成り性品種は、秋に茎の先端にある未展開の葉で包まれた部位で分枝を形成する。一般に植物の分枝は、頂芽優性と関係することが知られている。そこで、以下では簡単に頂芽優性について解説する。

多くの高等植物は、茎の先端にある生長点で葉をつくり、また同時に葉が茎に着生した部位である葉腋に腋芽を1つつくる。つまり、1枚の葉は、必ず茎と接したところに1つの小さな腋芽をもっている。さて、1つの茎がもつすべての腋芽は、茎の先端にある生長点が葉をつくり続ける限り、葉をつくることも、また伸長することもほとんどない。完全に生長が止まった状態を維持する。そして、この状態を頂芽優性と呼ぶ。

一方、茎の先端の生長点に花芽が分化すると、頂芽優性は消失する。つまり、花芽分化と同時に腋芽の発達が始まる。具体的には、花芽の直前につくられた葉の腋芽が最初に生長を開始する。また、時間的な間隔をおいて、その下の葉の腋芽、その下の葉の腋芽と、順に生長を開始する。

栽培イチゴでも同様なことが起こる。つまり、一季成り性品種は、花芽分化すると、その直前に分化した葉の腋芽が生長を開始し、その後順に下位の腋芽が生長を開始する。なお、一季成り性品種の各腋芽は、その生長点で葉を数枚分化したあと花芽を分化する。この腋芽の生長と花芽分化は、秋から冬にかけて温度条件が許す限り続く。しかし、おそらく12月上旬には低温のために止まるものと考えられる。

なお、茎の先端に近い部分にあった複数の腋芽は、早期に花芽分化して花芽をもった状態で越冬し、春に花房を発生させる。しかし、下位の腋芽は寒さで花芽分化ができないまま葉芽の状態で越冬し、春には花房がない腋芽として発達する。つまり、9月下旬から12月上旬の間に、花芽をもつことのできた腋芽数が、おおむね翌春に現われる花房の数になると考えられる。このため、露地栽培でより多く収穫するためには、花芽分化した腋芽数を秋に確保する必要がある。

一方、促成栽培では、9月に分化した花芽を"頂花房"あるいは"第1花房"と呼ぶ。また頂花房が分化する直前にできた葉の腋芽が発達し、その後分化した花芽を"第1次側花房"あるいは"第2花房"と呼ぶ。

(5) 四季成り性品種の花芽分化と開花

四季成り性品種は、一季成り性品種と同様に、前年の秋に分化した花芽が翌年の春に発達し開花・結実する。また、四季成り性品種は、一季成り性品種と違い、6月以降にも花房が発生することからもわかるように、春にも花芽分化が起こる。筆者は、以前露地栽培した一季成りおよび四季成り性品種の春における花芽分化を調査した。その結果、四季成りと一季成り性品種は、ともに20％程度の株が4月20日の時点で茎の先端にある未展開の葉で包まれた部分に花芽をもっていた。一方、一季成り性品種は、5月10日の時点ではすべての調査株で同じ部位に花芽の存在が認められなかった。しかし、四季成り性品種は、5月10日の時点で100％の調査株が同じ部位に花芽をもっていた。なお、イギリスの研究者（Robertson, 1955）は、イギリスで同様の調査を行ない、四季成り性品種の花芽分化が5月中旬から開始することを報告した。

これらのことから、温度条件で地域差がある

ものの，日本の暖地では四季成り性品種の花芽分化は，4月下旬か5月上旬には開始するものと考えられる。ちなみに花芽分化と分枝の関係は，四季成り性品種も一季成り性品種と同じである。

ただし，四季成り性品種の腋芽は，環境条件が適していれば，葉が3〜4枚分化したのちに花芽分化する。さらに，一季成り性品種と違い，四季成り性品種は，ランナー子株も花芽分化し，花房が発生する。他方，四季成り性品種は，日本の暖地で栽培した場合，8月の高温で花芽分化が止まるため，9月には花房の発生が止まる。しかし，高冷地の場合には，8月にも花芽分化が可能であるため，9月以降にも花房が発生する。

(6) 一季成り性品種の花房発生が春に限定される理由

本項では，より深く栽培イチゴのライフサイクルを知るという観点から，一季成り性品種の花房発生が春に限定される理由を解説する。同時にこれは，四季成り性品種の花房発生が春以降にも継続する理由でもある。まず，この点を説明するため，ベギスが提唱した植物の休眠に関する理論を紹介する。

①発芽後の気温と休眠

ベギス（Vegis, 1963）は，植物の発芽および萌芽後の生長と休眠の関係について調査し，植物を5つのタイプに分類した。第13図は，栽培イチゴに該当するタイプのものである。さて，このタイプに属する植物では，発芽して間もない実生や冬季の低温で休眠打破した直後の芽は，低温から高温までの広い範囲で活発な生長を示す（図中のA）。一方，このタイプの植物は，時間が経過するにつれて，活発に生長する温度範囲が低温側で上昇し，狭くなる（BおよびC）。たとえば図中の①の場合は，②に比べて低温条件で生長するため，より早く休眠となる領域に入る。一方，③の場合は，②に比べて高温であり，休眠となる領域に入らないため，活発な生長が継続する。

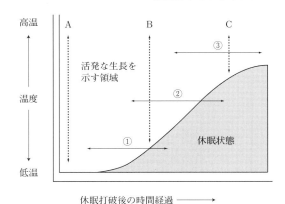

第13図 植物の発芽および萌芽後の活発に生長する温度域の変化（一例，概念図）

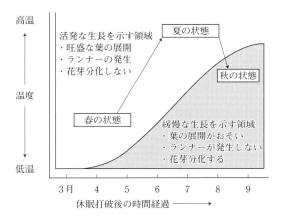

第14図 栽培イチゴの活発に生長する温度域の変化（概念図）

②一季成り性品種の生長と温度の関係

第14図はベギスの図を基にして，一季成り性品種の生長と温度の関係について筆者がまとめたものである。なお，本図では横軸を月別に，また空白を"活発な生長を示す領域"，灰色で示した部分を"緩慢な生長を示す領域"とした。ここでの活発な生長とは，1）葉の展開が旺盛であること（新しい葉が茎の先端から現われる日の間隔が短い），2）ランナーが発生すること，3）花芽が分化しないこと，である。また，緩慢な生長とは，1）葉の展開がおそいこと，2）ランナーが発生しないこと，3）花芽分化すること，である。

ところで，前項で記述したように，休眠打破

した栽培イチゴは3月上中旬から生長を開始する。しかし，この時期の気温は，栽培イチゴが活発に生長すると考えられる温度条件よりはるかに低い。たとえば，筆者の住む香川県高松市では，3月中旬の最低気温と最高気温（1971～2000年の旬別平均値）は，おのおの12.7と3.6である。しかし，冬季の低温で休眠が完全に打破した栽培イチゴは，このような低温条件でも生長することができる。この点は，ベギスの指摘と一致している。ある意味で，冬季の低温は，栽培イチゴの生長を活発にするカンフル剤といえる。加えて，一季成り性品種は，春の低温・短日条件では花芽分化しない。第15図には，高松市の4月と5月および9月と10月の旬別平均最高および最低温度を示した。明らかに4月の気温は，一季成り性品種が花芽分化する9月に比べて低温である。なお，日長は，9月が12.5時間から13.5時間の範囲であるのに対して，4月が13時間から14時間と若干長い。だが，4月は明らかに，一季成り性品種でも花芽分化が可能な温度・日長条件である。しかし，一季成り性品種は，まったく花芽分化が起こらない。これもまた，冬季の低温による休眠打破後の活発な生長期にあるためである。さらに，夏季の高温条件は，第13図の③のように一季成り性品種の活発な生長を持続させる。

③一季成り性品種の花房発生が春に限定される理由

以上のことから，一季成り性品種の花房発生が春に限定される理由は，1) 冬季のまとまった低温の前歴的影響で春の低温短日条件では花芽分化ができないこと，2) 短日植物であるため夏の高温・長日条件の影響で花芽分化できないこと，が重なって花芽分化期が秋に限定されるためである。

一方，四季成り性品種は，1) 冬季のまとまった低温の前歴的影響の持続時間が短く，5月には花芽分化ができること，2) 長日植物か中性植物であるため，気温がある程度低いと夏の長日条件でも花芽分化ができること，などが重なって開花・結実が春から秋まで連続するのである。

(7) 一季成り性品種は冬季の低温にさらされなければ多収穫になる

前項の②では，冬季の低温による休眠打破が，一季成り性品種の春の花芽分化を阻害することを示した。一方，これを逆に考えると，一季成り性品種は休眠打破してしまうような低温に一定の期間さらされなければ，花芽分化できる状態が継続することになる。したがって，一季成り品種は，花芽分化を誘導する温度や日長に限界があるものの，その範囲内であれば，冬季に低温を回避できる施設内や低温にならない気象条件の地域で栽培した場合，花芽分化と開花結実が継続して起こるために収穫が長期間続き，多収穫になる。

以下では，一季成り品種の冬季の低温回避によって多収穫を達成している2つの事例を示す。

①促成栽培による多収穫

日本では，イチゴの主要な作型が露地栽培から半促成栽培，促成栽培へと変化してきた。その理由にはさまざまあると思われるが，促成栽培が他の2作型に比べて，花芽分化と開花結実が長期間継続して起こり，多収穫になることが1つの大きな要因であると考えられる。

促成栽培した一季成り性品種は，冬季に戸外

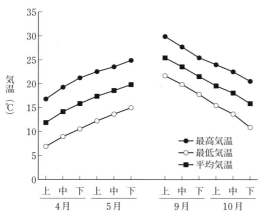

第15図 香川県高松市における旬別平均，最高，最低気温

よりも高温条件となるビニールハウス内で生長するので，完全には休眠が打破しない。したがって，促成栽培した一季成り性品種は，冬から春の時期にも花芽分化が起こり，春以降にも花房の発生が続く。たとえば，細霧冷房などの装置を利用すると，一季成り性品種でも促成栽培株なら暖地で7月中旬まで収穫が可能となる。なお，高温長日となる6月以降には花芽分化が停止すると思われる。

②アメリカカリフォルニア州の多収穫

カリフォルニア州は，世界で最もイチゴの単位面積当たりの収量が多い地域である。この多収穫は，やはり一季成り性品種が冬季の低温に十分さらされないことが原因している。以下では，その詳細について解説する。

さて，カリフォルニア州の一部の地域では，一季成り性品種は露地栽培すると，四季成り性品種のように，春から秋まで連続して開花・結実することが知られている。この現象は，一般に"カリフォルニア効果"や"生態的四季成り"と呼ばれている。具体的には，カリフォルニア州は，栽培イチゴの年間の生産量が約112万t（米国農務省経済，統計，市場情報システム2009年度データ）と，世界最大の生産地となっている。日本全体における年間の生産量が約20万tであることと比較すると，カリフォルニア1州の生産量がいかに莫大であるのか理解できる。また，カリフォルニア州全体の作付け面積は約1万6,000haであり，そのほぼすべてが露地である。さらに，作付け面積の90％は，短日性の一季成り性品種が占めており，残りの10％が四季成り性品種である。カリフォルニア州全体での反収は，約7t/10aであり，日本の平均反収である約2.8t/10aと比較すると，約2.5倍もひらきのあることがわかる。つまり，カリフォルニア州は，一季成り性品種を用いた露地栽培で，日本の促成栽培をしのぐ反収を得ていることになる。

一方，カリフォルニア州における栽培イチゴの主要な生産地は，州の中央部から南部の海岸沿いに位置するベンチュラ郡，モントレー郡，サンタバーバラ郡，サンタクルス郡そしてオレ

第16図　アメリカカリフォルニア州の主要なイチゴ生産地域
グレーで示した地域をあわせると州全体の生産量の約90％を占める
（　）内の数字は，カリフォルニア州内での生産量の順位
米国農務省経済研究サービス果樹とナッツの見通し（2005年）

ンジ郡などであり，州全体の生産量の90％を占めている（第16図）。これらの地域は，カリフォルニア効果が起こる地域である。

さて，第17図に一例として，カリフォルニア州で最大の生産を誇るモントレー郡ワトソンビルの月別平均気温を示した（アメリカ気象データ）。この地域は，冬季の平均気温が約10℃と温暖であり，また夏季の平均気温も約18℃と冷涼である。同様にカリフォニア州の主要なイチゴ生産地は，西岸海洋性気候であり，冬が温暖で夏が冷涼な地域である。したがって，一季成り性品種は，1）冬季が温暖なので低温量が不足して休眠が完全に打破しないこと，2）夏季が冷涼なこと，が原因して花芽分化や開花・結実が春以降にも連続して起こるものと考えられる。第18図には，カリフォルニア州における月別出荷状況をまとめた。出荷が，1月から12月まで連続していることがわかる。また，少し以前のものになるが，藤重（1983）は，モントレー郡とサンタクルス郡では一季成り性品種の収穫が4月に開始し11月まで続き，南

イチゴ＝植物としての特性

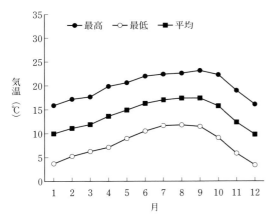

第17図 アメリカカリフォルニア州ワトソンビルの月別平均気温

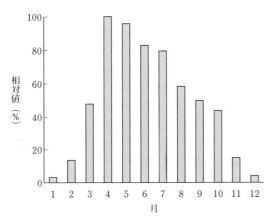

第18図 アメリカカリフォルニア州における栽培イチゴの月別出荷量
4月の出荷量を100％とした場合の相対値（米国農務省経済，統計，市場情報システム2009年度のデータ）

部のベンチュラ郡やオレンジ郡では2月から7月まで続くことを示した。現在もその傾向は大きく変化していないものと考えられる。モントレー郡とサンタクルス郡は，やや北部にあるため，南部のベンチュラ郡やオレンジ郡に比べて冬の低温期間がやや長いために，イチゴの収穫時期がおそくなるものと考えられる。

その他，品種特性などの要因も考慮する必要があるが，おおむねカリフォニア州では，冬温暖，夏冷涼という特殊な温度条件によるライフサイクルの乱れを活用して多収穫を実現しているといえる。ちなみに，モントレー郡のワトソンビルは，北緯36.5度に位置して，ほぼ栃木県宇都宮市と同じである。

このことから，冬季が温暖で夏季が冷涼であれば，宇都宮市程度の夏の長日条件でも花芽分化が起こるものと考えられる。

執筆　柳　智博（香川大学）

2012年記

参 考 文 献

Darrow, G. 1966. The strawberry. Holt, Rinehart and Winston, New York. New York. USA.

藤重宣昭．1983．カリフォルニアのイチゴ生産．農耕および園芸．**53**，151―153．

藤目幸擴・西尾敏彦・奥田延幸．2006．野菜の発育と栽培．農文協．

原　襄・福田泰二・西野栄正．1992．植物観察入門．培風館．

Pollack, S. and A. Perez. 2005. The United States Leads in World Strawberry Production, Fruit and Tree Nuts Outlook/FTS-317/July. **28**, 15―25.

Robertson, M. 1955. Studies in the development of the strawberry. III. Flower bud initiation and development in large-fruited perpetual ("Romontant") strawberries. J. Hort. Sci. **30**, 62―68.

Rudall, P. 1997．植物解剖学入門．鈴木三男．田川裕美訳．八坂書房．

斉藤隆．1982．蔬菜園芸学―果菜編―．農文協．

曽根一純・望月龍也・野口裕司．1995．イチゴの果房型関連形質の解析．平成6年度野菜・茶業試験場久留米支場研究年報．106―109．

Weaver, J. E. and W. E. Bruner. 1927. Rootdevelopment of vegetable crops. McGraw-Hill Book Company Inc. New York, London.

Wells, M. J. 1996. Strawberry Fields: Politics, Class, and Work in California Agriculture, Ithaca and London, Cornell University Press.

Vegis, A. 1964. Dormancy in higher plants. Annu. Rev. Plant. Physiol. **15**, 185―224.

生育のステージと生理，生態

増殖と花芽分化

自然条件下で生育しているイチゴは，晩夏から初秋の短日低温条件下で花芽を分化し，わい化（ロゼット化，休眠）状態で越冬したあと，翌春，開花結実する。その後，初夏から夏の長日高温条件下でランナーが発生して増殖する。このようなライフサイクルを人為的に調節して行なわれているのが，現在の促成栽培である。ここでは促成栽培を中心に栽培上の問題点と技術的な対応を踏まえて，イチゴの生理・生態的特徴について考えてみたい。

1. ランナー発生と子株の発育

(1) ランナーによる栄養繁殖

①種子繁殖性品種や組織培養による育苗もあるが

イチゴは通常ランナーと呼ばれる匍匐茎（ほふくけい）の先端に形成される子株で栄養繁殖する。ランナーによる増殖はきわめて容易だが，親株のなかにウイルス病や炭疽病などの病気に感染した株が混在していると，増殖の過程で蔓延することがある。このような問題を回避するため，最近，種子繁殖性品種の育成が注目されている。実際に，オランダで育成された種子繁殖性の四季成り品種'Eran'が日本でも栽培されており，日本国内でも，千葉農試育成の種子繁殖性品種'千葉F1号'が発表されているが，広く受け入れられるには至っていない。また，無病の親株育成に用いられてきた組織培養技術を利用して育苗する方法も試みられているが，コスト面など残された問題点は多い。促成栽培では，当面ランナーによる増殖が主役の座を譲ることはないと考えてよいだろう。

②アメリカのマット栽培と静岡県久能山の石垣イチゴ栽培

少し余談になるが，イチゴ栽培技術の発展過程のなかでランナーによる増殖の位置づけについて考えておきたい。現在日本では，うねを立てて増殖した子株を毎年植え替える栽培体系（annual hill system）があたりまえになっているが，アメリカなどでは寒冷地の加工用を中心に今でもマット栽培（matted row system）が広く行なわれている。親株を$1 \sim 2m^2$に1株ずつ定植し，1年目には発生した子株を適当に配置して株数を確保する。2年目以降はマット状に増殖した株から，成熟した果実を探し出して収穫し，夏の間は適当に間引きながら株の密度をコントロールして数年間収穫を続けるという栽培方法である。寒冷地では夏が短く，ランナーによる増殖率が低いため，この方法にメリットがある。しかし，寒冷地であっても病害虫・雑草防除や収穫に要する労力が大きく，果実の大きさや品質が劣るため，海外でも減少傾向にある。

ランナーによって栄養繁殖するというイチゴの特性を利用した栽培は，このマット栽培から始まったとみてよいであろう。静岡県久能山で川島常吉氏によって始められた石垣イチゴ栽培も，土留めの石垣の間に根を下ろしたイチゴが冬でも石の輻射熱で盛んに生長することがきっかけであったとされている。多年生であるイチゴは，毎年植え替えなくても開花結実するが，果実品質が年々低下することは避けられない。毎年苗を育てて植え替えるということは，販売目的でイチゴを営利栽培するためにどうしても必要であったといえる。

③1980年代から現在までのランナーによる増殖技術の発展

1980年ころまでは，前年の秋に親株を定植し，翌春，繁殖用苗床で発生した子株を7月に掘り上げて仮植床に移植し，それから本圃に定植するという方法がイチゴの標準的な育苗であった。増殖して着地発根した子株を直接本圃に

生育のステージと生理，生態

定植する無仮植育苗も一部では行なわれていた。しかし，露地栽培や半促成栽培では，大きな苗でなければ十分な収量を確保することが難しかったことから，生育の揃った苗を確保するという目的で仮植育苗が行なわれていた。"断根ズラシ"という今から思えば少々荒っぽい技術を用いた'宝交早生'の促成栽培が普及すると，数年で萎黄病が全国的に蔓延した。70年代の終わりころからは，安定した窒素栄養制御による花芽分化促進と萎黄病回避とが両立可能な技術として，九州で始められたポット育苗が急速に普及した。

80年代半ばになると，花芽分化が早く，品質収量ともに優れた'とよのか'と'女峰'が相次いで育成され，全国に普及すると，まもなく炭疽病が大きな問題となった。水滴のはね返りによる炭疽病感染を回避するため，雨よけハウス内に設置したベンチ上での育苗が主流になった。花芽分化を安定的に促進し，11月上旬までに開花させて年内の早期収量を高めるためには，十分に充実した苗を確保する必要がある。したがって，前年から専用親株をポットで育てて越冬させ，プランターなどに植え替えた親株からランナーを発生させ，7月中に鉢受けして，8月上旬にはランナーの切り離しを行なう産地が多い。

2000年ころからは，高設栽培の増加に伴ってランナーを空中にぶら下げて増殖する事例が増加している。小型ポットに子株を固定して発根させる場合と，切り取った子株を育苗トレイに挿し苗する場合がある。

(2) ランナー発生の条件（温度・日長と休眠）

①休眠打破のために低温要求が不要になった現在の品種

ランナーの発生は高温と長日条件によって促進され，花芽分化を誘導するような低温・短日条件下では抑制される。自生するイチゴのライフサイクルを考えると，初秋に花芽分化した株が短日と低温の刺激で自発休眠に突入する。冬期の低温を経過することによって休眠打破され，春の温度上昇まで強制休眠状態を維持する。イチゴの休眠は，落葉果樹などの休眠とは様相が若干異なり，相対的休眠と呼ばれることがある。暖地の自然条件であれば，生長が完全に停滞するわけではなく，多くの品種はゆっくりではあるが，葉を展開させ生長し続ける。その間も光合成産物は根へと転流し，根の貯蔵炭水化物含有量は徐々にではあるが着実に増加し続ける。3月以降，温度が上昇し，日長が長くなると，貯蔵養分を利用して急速に葉を展開して開花・結実する。果実が成熟し，次の世代（種子）を残したあと，夏の長日・高温条件下で多数のランナーを発生させる。ランナー発生に関していえば，花芽を分化する前に栄養繁殖によってできるだけ多くの子株を形成するのが基本的な生存戦略であるといえる。

一季成り，四季成りを問わず，基本的には休眠打破のために冬季の低温遭遇を必要とする。しかし，'とよのか''女峰'以降の日本の促成栽培用品種の多くは，休眠打破のための低温要求性がほとんどないといってよい。促成栽培のためにハウス内で越冬し，低温に遭遇していない収穫株であっても5月には旺盛にランナーを発生する。特別なことをしなくても5月から7月の自然条件下で十分な子株を確保することが可能と考えてよい。

ランナー増殖による苗生産にあたっては，十分な数の親株を確保することが基本である。しかし，わずかな親株から多数の苗を確保する必要がある場合や，ランナー発生数がとくに少ない品種の場合には，比較的温度の低い時期からランナーを発生させることが必要になる。このような場合には，保・加温と長日処理によって長日高温条件を確保することが最も重要である。低温遭遇の不十分な株の場合には，親株の冷蔵による休眠打破や20～50mg/lのジベレリン処理によって，ランナー発生数をある程度増加させることができる。

②低温によって休眠が打破されると生長活性が増大

休眠打破と低温の問題については，イチゴの半促成栽培における生長制御の重要課題として

'ダナー'や'宝交早生'を中心に多くの知見が蓄積されている。現在の促成栽培用品種についてはランナー発生の問題も含めて休眠が栽培上問題となることはほとんどないため、低温による休眠打破に関する情報は少ない。

第1表は、休眠打破の研究に用いられた品種と比較して、休眠の深さ（休眠打破のための低温要求量）について整理されたものである。無加温・無電照で半促成栽培する場合に保温を始める一つの目安である。この程度の低温に遭遇したあとで保温すればわい化せずに葉は旺盛に生長するが、完全に休眠打破されていないため、連続的に花芽分化して開花結実する。戸外とハウス内で越冬した株を比較すると、戸外で十分な低温に遭遇した株のほうが明らかに生長力が旺盛であり、同じ条件下でのランナー発生も間違いなく多くなる。キクなどと同様に、低温によって休眠が打破されるといわゆる「生長活性」が増大し、生長可能な温度域が広くなり、日照不足などの劣悪な環境条件下でも盛んに生長するようになるといえる。これについては、作型開発に関する問題として、あとの「栄養生長と休眠　3. 休眠と生長制御」の項（基57ページ）で改めて整理したい。

(3) 子株の発育

①子株の発生と形成

ランナーの先端に形成された子株は、親株から養水分の供給を受けて葉を展開する。通常は葉が2枚程度展開するころには子株の基部から不定根が発生し始める（第1図左）。子株からの発根は発根部位が湿っているほうがよいといわれているが、発根そのものにはほとんど関係

第1表　イチゴの半促成栽培で休眠打破に必要な低温遭遇時間の品種間差異
(望月, 2001を改変)

休眠程度	5℃以下遭遇時間	品　種
浅い	0～50	福羽, 久留米103号, はるのか, (章姫, さがほのか, 紅ほっぺ)
	50～100	麗紅, とよのか, 女峰, (さちのか, とちおとめ, アスカルビー)
中間	200～300	ひみこ, 八千代
	400～500	宝交早生, 越後姫
深い	500～700	ダナー, 千代田
	800～1,000	盛岡16号, ベルルージュ, 北の輝, きたえくぼ

注　（　）内の品種については促成栽培条件下での生育特性から推定

第1図　空中採苗中に不定根が発根し始めた子株（左）と発根後枯死した老化苗の根（右）

ないようである。近年普及しつつある空中採苗では、真夏の高温乾燥条件下でも葉柄の基部から次々に新しい根が発生してくる。空中においたままだと、これらの根は数ミリまでしか伸長せず、乾燥して萎縮・枯死してしまうが、その周りから次々に新しい根が発生してくることが観察される（第1図右）。もちろん、発生した根が土中に伸長し、子株が独立して養水分吸収を行なうためには、十分な水分が必要である。しかし、発根という現象（クラウンの内部で根の原基が分化し、表皮を突き破って表面にでてくること）だけを見れば、子株周辺の水分や湿度はほとんど影響しない。むしろ子株に一定の水ストレスを与えるほうが発生する根の数は多くなると考えてよいだろう。

②育苗方式とランナー発生

通常の苗床で発生したランナーは、着地・発

生育のステージと生理，生態

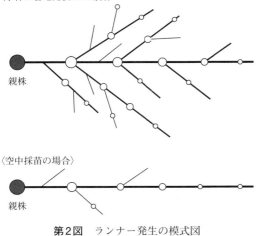

第2図　ランナー発生の模式図

根すればしだいに自ら必要な養水分を吸収する能力をもち始める。もちろん，ランナーでつながっている限り，親株からの養水分供給がなくなるわけではない。しかし，ランナーが着地発根して独立栄養を営むようになることにより，親株から供給される養水分の多くが，さらに先の子株やランナー節から発生した子株に供給されるようになって，子株はどんどん増殖する。ランナーが広がる面積が十分にあり，病害虫防除と養水分管理を適切に行なえば，1株の親株から一夏で100株程度の苗を得ることはそれほど難しくない。

空中採苗の場合には，子株を着地発根させることがなく，親株が吸収する養水分に限られるため，ランナーの節や子株の腋芽からのランナー発生が劣る場合が多い（第2図）。早くからランナーを発生させると，早くに発生した子株は老化が著しく，子株の大きさも不揃いになりやすい。しかし，6月ころから一斉にランナーを発生させれば，比較的大きさの揃った子株を得ることができる。花芽分化期が早く，大苗でなくとも年内の初期収量が確保しやすい品種には適した方法といえる。

2. 花芽分化

(1) 低温，短日，低窒素栄養で花芽分化が促進される日本の品種

現在，促成栽培用に栽培されている'とちおとめ'や'さがほのか'は，いわゆる「一季成りイチゴ（June-bearing strawberry，イギリスは日本より気温が低く，露地では6月を中心に収穫されるためこう呼ばれる）」である。それに対して，高冷地の夏秋どりに利用されている「四季成りイチゴ（ever-bearing strawberry）」がある。

品種の早晩性や地域による差はみられるが，日本のイチゴ品種の多くは，自然条件下では9月下旬から10月上旬に花芽分化するとされている。秋分をすぎ，気温が低下して日長も短くなる時期に当たる。'宝交早生''ダナー'が栽培の主流であったころに盛んに研究され，多くの成果が報告されている。イチゴの花芽分化に関する基本的な反応はほぼ明らかにされており，低温・短日・低窒素栄養で花芽分化が促進されるということは今やよく知られている。これらの特徴を利用して，高冷地育苗，断根ズラシ，ポット育苗などの花芽分化促進技術が開発されてきた。低温暗黒（株冷蔵）処理や夜冷短日処理といったイチゴの花成促進技術についてもこれらの基礎的な研究をもとに組み立てられている。

'女峰''とよのか'以降に育成された'とちおとめ''さがほのか'など花芽分化期が早い現在の主要品種については，もともと従来の品種より花芽分化が早いうえに，夜冷育苗や暗黒低温処理などの人工的な花芽分化促進技術が利用されるようになったこともあり，花芽分化の限界日長や限界温度はあまり詳しく調べられていない。しかし，基本的に大きな差はないと考えてよい。やや古い品種のデータが中心になるが，これらの環境要因と花芽分化の関係について整理してみたい。

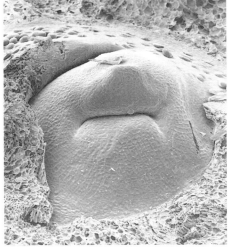

第3図　栄養生長期（左）と花芽分化初期（右）におけるイチゴの茎頂分裂組織
バーの長さは200μm

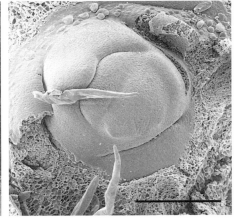

第4図　花房分化期のイチゴの茎頂分裂組織
バーの長さは200μm

(2) 花芽分化という現象と言葉の定義

　花芽分化という言葉は，イチゴ栽培の現場でも植物生理学の分野でもよく使われる言葉である。一般には，植物の茎頂分裂組織（生長点）が栄養生長から生殖生長に転換し，連続的に葉を分化していたそれまでの状態から花芽を形成し始める段階に移行した時点で花芽分化が始まったと定義される。イチゴでは，比較的扁平であった茎頂がそれまでより大きく肥大し始めたら，花芽分化が始まったと判定されることが多い。

　第3図は，未分化（栄養生長状態，左）と花芽分化初期（右）の茎頂の写真である。これからもわかるように，経験の豊富な人でも実体顕微鏡下でその境界を形態的に区別することは非常に難しい。実際に形態的に「花芽が分化」したと明確に判定されるのは，肥大した茎頂分裂組織が2つに分かれたときになることが多い（第4図）。一般的にはこの段階は「花房分化期」

と呼ばれるが，この段階を「分化期」とした事例もしばしばみられる。

英語では，flower bud differentiation（花芽分化）と flower bud initiation（花芽創始，小西，1982）という言葉を区別して使う場合が多い。花芽分化は茎頂での形態的な変化を意味するが，形態的な変化に先立って，イチゴの体内で目に見えない生理的な変化が起きる。花成刺激（イチゴの場合は低温と短日）によって生理的に葉の分化を停止し，花芽を分化する状態になったことを flower bud initiation というのである。

促成栽培では，実態顕微鏡下で花芽を検鏡して分化初期に達していると判定したうえで定植しても，かなりの株の開花が極端に遅れる場合がある。とくに定植時期が少し早いときや気温が高い年には開花が極端に遅れる株が多発する。通常は多くの株のうち2，3株を検鏡するだけであるため，残りの株では花芽が分化していないということが原因の一つと考えられる。しかし，日長が比較的長く，温度も高い時期に定植することになるために，茎頂がわずかに肥大した程度の場合には，定植後窒素栄養レベルが高まると再び栄養生長へ戻ることがあると考えられる。たとえば，ふつうにトレイまたはポットで育苗した'女峰'を9月20日ころに植えると少し遅れる株はでるが，比較的よく揃って開花する。このような場合には，遅れた一部の株もだらだらと引き続き連続的に開花する。しかし，同じ苗を少し早く定植すると，早く開花する株の開花期は早まるが，極端に開花が遅れる株が相当数発生することが多い（第5図）。10月の気温が高い年には，早く開花した株の腋花房と同じころまで頂花房が開花しないこともある。

実験的に確認できているわけではないが，このような株は一度生理的に花芽分化しかけた状態（形態的な花芽分化の初期）に達したころに定植され，栄養生長状態に再び戻った結果と思われる。生理的な花芽分化のための花成刺激の蓄積（花成抑制の消失）が段階的に起こると仮定したとき，第6図のようなモデルを考えることができる。花成刺激が不十分な段階で栄養生長に戻るとそれまでに蓄積した刺激はすべて消去され，その後，再度花芽分化するためには葉を何枚か分化することが必要になるのだと考えている。このあたりの生理的な変化に関してはあくまで仮説にすぎないが，定植後の急速な養分吸収による窒素と炭水化物栄養の大きな変化が影響していることは間違いない。

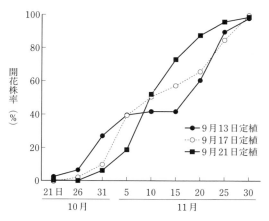

第5図　トレイ育苗した女峰の開花に及ぼす定植時期の影響（2008年）（吉田・尾崎，2009）

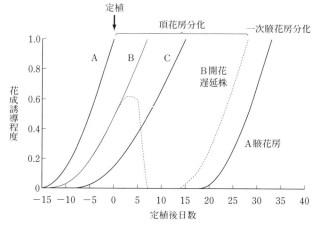

第6図　花成誘導刺激の蓄積（花成抑制の解除）モデル
A：分化後定植，B：分化前定植（破線は開花遅延株，第5図9月13日定植の場合），C：未分化定植苗

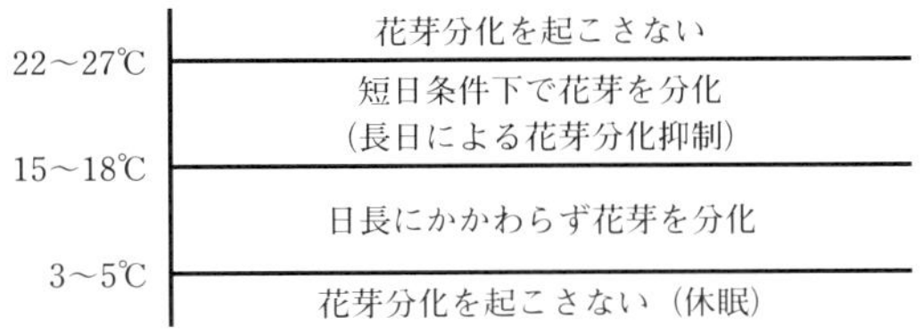

```
22～27℃  ┬──────────────────────────
         │   花芽分化を起こさない
         ├──────────────────────────
         │   短日条件下で花芽を分化
         │   （長日による花芽分化抑制）
15～18℃  ├──────────────────────────
         │   日長にかかわらず花芽を分化
 3～5℃   ├──────────────────────────
         │   花芽分化を起こさない（休眠）
         └──────────────────────────
```

第7図　イチゴの花芽分化に及ぼす温度と日長の影響　　　（Jonkers, 1965を改変）

イチゴの花芽分化の場合には，茎頂分裂組織が栄養生長に戻り，葉の分化を再開することがないレベルまで生理的に進んだ時点では，すでに形態的な花芽分化（茎頂分裂組織の明瞭な肥大）が始まっていると考えたほうが理解しやすい。

(3) 花芽分化の条件

①日長と温度

イチゴは夏の高温・長日条件下ではランナーによる栄養繁殖を行ない，晩夏から初秋に平均気温が25℃付近まで下がると短くなった日長に反応して花芽を分化するようになる。そのイチゴの花成反応を要約したものが第7図である。おおよそ25℃より高い温度では，イチゴの花芽形成は完全に阻害され，温度が15℃以下になると日長にかかわらず花芽を分化する。15～25℃の範囲においてのみ短日条件下で花成誘導が起こる。もちろんその境界になる温度は，品種によって大きく異なり，促成栽培では開花・収穫期の差として現われる。

植物の環境変動への適応としてよく見られることであるが，短期的な気候変動による一時的な温度変化では，花芽分化や休眠のような大きな生理的・形態的変化は起こらない。栄養生長から生殖生長へという発育相の大きな転換は，温度変化に加えて日長という1年をサイクルとする大きな環境変化を感知してから，初めて引き起こされる。ただし，秋も深まって気温が15℃程度まで低下して冬が近づいてくると，日長はどうあれ，翌春開花して次世代を残すために花芽を分化するようになる。さらに気温が下がり，低温に耐えるために休眠突入すると，生長速度は極端に低下して花芽形成が停止する。

この温度と日長に対する反応を低温の側からの変化として考えてみるとどうみえるであろうか。休眠せず生長可能な温度域ではイチゴは必ず花芽を形成するが，15℃を超えると長日で花芽形成が阻害される。さらに温度が上がり，25℃を超えると短日条件下でも花芽分化は起こらないことになる。実際の内容としては同じことを述べているのであるが，イチゴの花芽分化は高温と長日で阻害されていると考えれば，低温と短日で促進されると考えるのとは受ける印象がずいぶん変わるはずである。促進か抑制かという問題については古くから議論があるが，紙数の都合もあるのでここではこれ以上踏み込むことは避けたい。

日本の促成栽培用品種の限界日長は12～13時間と記載されている事例が多い。このときよく引用されるのが第2表である。'宝交早生'や'ダナー'などかつての主力品種は平均気温が23℃，日長が12.5時間程度になる9月下旬ころになると花芽分化してくる。これに対して静岡県の石垣イチゴの主力品種であった'福羽'や'堀田ワンダー'はより高い温度と長い日長条件下でも花芽分化するということが示されている。'とちおとめ''章姫''さがほのか'など最近の促成栽培用の品種は'宝交早生'と比べて花芽分化期が早く，限界日長や温度は過去

第2表　イチゴ品種の花芽分化感応温度と日長　　　（本多，1977を改変）

花芽分化期 （月/日）	平均気温 （℃）	最低気温 （℃）	日 長 （時間）	品　種
8/25～9/5	27	22	13～13.5	堀田ワンダー，紅鶴，久留米103号
9/10～9/20	25	20	12.5～13	はるのか，芳玉，福羽
9/25～10/5	23	18	12～12.5	宝交早生，ひみこ，ダナー

生育のステージと生理，生態

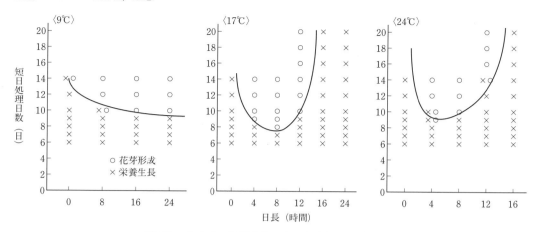

第8図　イチゴの花芽形成に及ぼす温度と日長の影響
(Ito & Saito, 1962から抜粋)

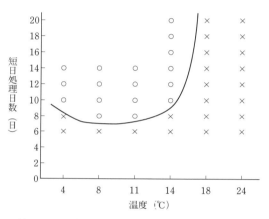

第9図　24時間日長条件下におけるイチゴの花芽形成に及ぼす温度の影響　(齋藤, 1962)

の実験に使用された品種とはかなり異なっていると考えられる。これらの品種については，限界日長について詳しく調査した結果は示されていない。この表が作成された当時とは育苗方法も変わってきているが，新しく育成された促成栽培用品種の多くは，9月中ごろに花芽を分化する。したがって，8月末から9月初めの自然条件が高温・長日による花成抑制から花成誘導刺激に変わる転換点と考えてよいであろう。日平均気温25〜27℃，日の出から日没までの時間として12.8〜13時間，薄明薄暮を加えて13.5時間，暗期の長さとして11.5時間程度が花成抑制と花成誘導の境界とみている。

15℃以下ではイチゴは日長に関係なく花芽分化して中日性を示し，15〜25℃では長日で阻害される（第7図）ことは，次のようなことからもわかる。

すなわち9, 17, 24, 30℃の温度と0, 4, 8, 12, 16, 24時間の日長を組み合わせて処理した場合，9℃ではいずれの日長でも花芽分化し，17, 24℃では4から12時間の短日下で花芽を分化するが，暗黒あるいは16時間以上の長日下では分化しない。図には示していないが，30℃まで温度が上がると，どのような日長条件下でも花芽は分化してこない（第8図）。一方，24時間日長では，4℃から14℃の間であれば花芽分化するが，18℃以上ではまったく花芽分化は起こらない（第9図）。

②**日長と光強度の関係**

イチゴの場合，日長にはかなり弱い光も含めて考えられている。秋分の日の出から日没までは理論的に12時間と少しであるが，これに薄明，薄暮の時間を加えると13時間に近くなる。葉面積の確保を目的として行なわれるイチゴの電照の場合，白熱灯で20lxあればほぼ十分で，場合によっては5lxでも休眠抑制に効果があるとされている。日長に関する実験では50〜100lx程度で行なわれている場合が多いが，24時間照射した場合には20lxでも花芽分化が抑制されることがある（上野, 1962）。弱い光で

あっても9月ころの限界に近い温度と日長条件で起こる頂花房の分化には大きな影響を及ぼすことになる。

一方，50lx程度の光強度であれば，冬のビニールハウスの温度条件下では16時間の長日でも花芽分化が抑制されることはない。実際に，電照促成栽培されているイチゴの花芽分化が停止することはなく，2次腋花房以下の花房が5月まで連続して出蕾・開花してくる。9月と比べて冬のハウス内の気温はかなり低く，最低8℃，最高28℃で管理しているハウスの場合，日平均気温は晴天日でも17℃程度である。促成栽培において電照による長日条件下でも花芽分化が連続的に起こることについてはこの低温が影響しているとみて間違いなかろう。ただし，'さちのか'などでは2次腋花房の開花が極端に遅れ，いわゆる「花が飛ぶ」状態になることがある。1次腋花房の分化が遅れるのを避けるため保温開始がおそくなり，長時間あるいは強い光での電照と「蒸し込み」によって葉面積を確保しようとした場合に見られることが多い。

③窒素栄養と炭水化物栄養

イチゴの花芽分化は体内窒素濃度を低下させることによって促進される。8月下旬からの育苗後期に窒素施肥を中断することは，どこの産地でも行なわれているといってよいだろう。植物は，高窒素栄養条件下では栄養生長に，低窒素栄養条件下で生殖生長に傾きやすいということはよく知られている。そのことを利用してイネのV字型多収理論などの農業技術が展開されており，イチゴの窒素中断も広く普及した技術といえる。窒素は最も重要な肥料成分として，その影響が多くの作物で調べられている。植物一般を通じて，窒素は栄養生長と生殖生長の転換にさまざまな影響を及ぼすにもかかわらず，窒素栄養が花芽分化に影響する機構について生理学的に明らかにされているとはいいがたい。実際には高窒素栄養によって生殖生長への転換（花芽分化）が抑制されるため，開花・結実まで不揃いになりやすいことが問題になる。

植物の立場になって考えれば，窒素がたくさんあり，温度も生育適温を下回らない間は茎や葉（イチゴの場合はランナー）をたくさんつくり，そのあとで一気に花芽を形成して多数の種子をつくる準備をするほうが，早くから花を咲かせて実をつけるより，子孫を残すのには有利だといえる。窒素が不足していれば，茎や葉をつくり続けることができないので，花を早くつけて次の世代を残そうとするのであろう。

花芽分化は，品種や気象条件に左右されることが多く，窒素中断の促進効果は最大でも数日であるとはいえ，イチゴの花芽分化が窒素栄養の影響を受けることは間違いない。しかし，低下させればよいということではなく，施肥中断時期が早すぎるとかえって花芽分化が遅れることもある。大きなポットで充実した苗を育成した場合には影響がでにくいが，株の充実が劣るトレイ苗や若い苗だと高温で花芽分化が遅れた年には，いつまで待っても茎頂分裂組織の肥大が認められないことがある。

窒素中断の効果は品種によって異なり，温度や日長などの環境条件によって，花芽分化促進効果が得られるときと得られないときがある。30℃を超えるような温度では窒素中断の効果は得られず，限界に近いぎりぎりの温度条件下でのみ高窒素栄養によって花芽分化が抑制されると考えてよかろう。

それは，次のことからもわかる。

第3表は，信州大学と香川大学での花成反応を比較するために行なった実験の結果である。まず，どの品種も気温の低い信州（標高約800m）では香川より早く花芽分化する。緯度は信州のほうが高いので，8月下旬から9月中旬の薄明薄暮を含めた日長は長いともいえる。ただし，信州大学は伊那谷にあり，日の出から日没までの時間は短いため，この光条件をどう見るかは難しいところである。ともあれ，8時間の短日処理は'とよのか'以外ほとんど効果がみられないことから，温度差の影響とみてよかろう。8月下旬から9月上旬の日長は，これらの品種の花芽分化にほとんど影響せず，もっぱら温度の影響下にあるといえる。'愛ベリー'以外の品種では，信州の低温条件下で窒素の影

生育のステージと生理，生態

第3表 イチゴの花芽分化に及ぼす気温，日長と窒素栄養の影響（単位：日）（大井ら，1990）

気 温	日 長	窒 素	品 種					平 均		
			宝交早生	麗 紅	愛ベリー	とよのか	女 峰			
信州（低温）	自然	＋	21	21	15	18	12	17	15	14
		－	15	16	14	11	8	13		
	短日	＋	24	22	14	7	11	16	14	
		－	18	9	15	8	10	12		
香川（高温）	自然	＋	32	32	29	22	18	27	25	24
		－	26	31	25	18	19	24		
	短日	＋	26	30	26	14	20	23	24	
		－	28	32	27	23	11	24		
平 均			24	24	21	15	14	—		

注　10.5cmポットで育成した苗を用い，窒素施肥区（＋）はOK-F-1の1,000倍液を週2回施用し，無施肥区（－）は1989年8月21日以降無施肥とした。短日区は8月21日以降無施肥とした。短日区は8月21日から17時〜9時をシルバーフィルムで被覆し，8時間日長とした。9月1日を1としたときの日数

第4表 イチゴの花芽分化に及ぼす気温と窒素栄養の影響（単位：日）（吉田・森本，2002）

気 温	窒 素	女 峰	とよのか	さちのか	とちおとめ	章 姫	アスカルビー	平 均	
信州（低温）	＋	8	10	12	7	4	7	8	9
	－	8	12	15	7	9	7	10	
岡山（高温）	＋	25	26	28	26	26	27	27	25
	－	23	27	26	22	19	23	23	
平 均		16	19	20	16	15	16	—	

注　岡山大学（岡山市）ですくすくトレイを用いて育成した苗の半数を2001年8月20日に信州大学（南箕輪村）に移送した。その後窒素施肥区（＋）はOK-F-1の1,000倍液を週2回施用し，無施肥区（－）は灌水のみとした。9月1日を1としたときの日数

響が大きいことがわかる。

比較的新しい品種について同様の比較を行なったのが第4表である。この年（2002年）にも温度の影響は明らかで，平均の花芽分化期には2週間以上もの差が見られる。しかし，岡山では低窒素区の花芽分化が早かったが，信州ではむしろ低窒素区で分化が遅れている。

窒素を含めて無機栄養レベルが低下し，完全な飢餓状態に置かれると葉の展開も含めて植物の生長はほとんど停止した状態になる。生理的には花芽分化が可能な状態になっているにもかかわらず，茎頂分裂組織における細胞分裂速度が低いため，形態的に花芽を分化するのに長い時間が必要になると思われる。

第4表の実験において信州では雨よけでなく露地で処理を行なったためか，窒素施用区の葉中全窒素濃度が香川と比較して明らかに低く，葉柄の硝酸態窒素もごくわずかしか検出されなかった（第10図）。無施肥区では完全な窒素飢餓状態になっていたが，施肥区では適度なレベルで窒素濃度が維持されていたため，施肥区のほうが早く花芽分化したものと考えられる。

前川・峰岸（1991）は，夜冷育苗中も株当たり50mg程度の窒素を与えると，無施肥で窒素が切れた苗よりも花芽分化の揃いがよく，花芽の発育が進んで開花が早まることを明らかにしている。'宝交早生'が主力であったころの仮植床での育苗の場合には，苗の窒素栄養レベルが極端に低下することはなく，とにかく低下させることが重要であった。

しかし，ポットやトレイでの育苗においては，極端な窒素飢餓状態に陥っている場合がしばしばみられるようである。花芽分化の揃いを良くするためには，葉柄汁液中硝酸濃度で

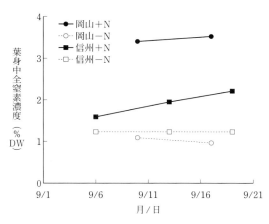

第10図 窒素施肥が新生第3葉葉身中全窒素濃度に及ぼす影響（6品種平均，第4表参照）

100mg/l（葉柄乾物中硝酸態窒素で約0.01％）を超えない範囲で少しは検出される程度，少なくとも新生第3葉が窒素欠乏によって黄化することがない状態を維持することが望ましいといえよう。

④苗齢，炭水化物栄養とクラウンの深さ

露地栽培や半促成栽培用の苗が自然の温度・日長条件下で花芽分化する場合には，花芽分化の早晩に苗の大きさや苗齢が影響することはほとんどない。しかし，促成栽培の場合には，窒素栄養と同様に苗齢によって大きく花芽分化期が異なる場合がある。花成抑制と花成促進の境界付近の温度日長条件下で花芽分化させることが重要になるため，環境条件に対するわずかな反応性の差が大きな違いとして現われることになる。

第11図は，トレイ育苗した'女峰'の挿し苗時期と大きさ，クラウンの深さが開花に及ぼす影響について調査したものである。6月中に挿し苗をして3か月近く育苗した大苗であればクラウンの深さにかかわらず，斉一に花芽が分化して開花する。しかし，小さな苗ではクラウン周辺の培地を取り除いて茎頂分裂組織付近の温度を低下させなければ，花芽分化が遅れる株が増加して開花のバラツキが大きくなる。挿し苗が7月下旬になると開花のバラツキはさらに大きくなり，小さな苗ほどその影響が強く現わ

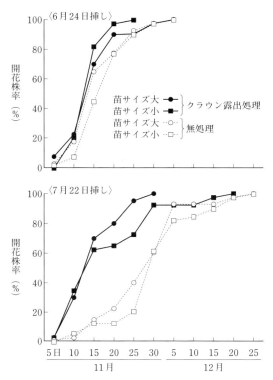

第11図 挿し苗時期，苗のサイズとクラウンの深さがトレイ育苗した女峰の開花に及ぼす影響 （Yoshida and Motomura, 2011）

8月30日最終追肥として施肥中断を行ない，9月17日にピートバッグに定植

れる。

一般に，植物は先端に近い（発生してからの時間が短い）部分ほど「幼若性（juvenility）」が高く，挿し木などで親株と切り離された場合に花芽をつけにくい。一方，同じ個体内の「芽」を比較すると，発生してからの時間が同じであれば，基部（地表面あるいは根に近い）ほど，また小さいほど幼若性が高い。イチゴも一般的には早く発根させ，大きく育てた苗ほど花成刺激に反応しやすいといえる。ただし，最近は株間が7〜8cmしかないイチゴ専用の育苗トレイを用いた密植での苗生産が増加する傾向にある。苗の増殖や管理の効率を考えると，採苗を遅らせて親株からできるだけ多くの子株を発生させ，小さなスペースで育苗することが望まれる。しかし，大きく充実した苗を育てるには

生育のステージと生理,生態

広いスペースが必要で,限られた根域容量で密植された苗は,長期間育苗してもクラウン径が一定の水準を超えることはない。クラウン径が1cm近い大きな子株を植え付けた場合でも,40〜50日育苗すると7mm程度まで細くなってしまう。50〜72穴の汎用セルトレイだとクラウン径は5mm程度にしかならない。小さく,若い苗については花芽分化を前進化させることは考えず,育苗・定植労力の軽減と分散を図るための手段と割り切ったほうがよい。

苗齢と窒素栄養に関連して植物の花成反応を説明する一つの指標としてC/N率がよく取り上げられる。つまり,

1) C/N率が低くて炭水化物が不足しているといわゆる「つるボケ」になりやすい。植物は栄養生長に傾き花芽が形成されにくくなり,花芽が分化しても結実しにくくなる。

2) C/N率が高く,窒素が少なめで,炭水化物が十分にあると栄養生長はやや弱くなるが,花芽の形成が進み,結実も優れる。

植物全体を通じて,幼苗期はC/N率が低く,栄養生長が進んで光合成が活発になるとしだいに高くなる。

イチゴの花芽分化に対する窒素の影響も一応これで説明されている。イチゴ苗の場合,幼苗期は根が少なくて葉の占める割合が多いため,いわゆるC/N率は低く,生長が進んで根やクラウンが充実してくるとC/N率は高くなる。個体としてみれば,幼若性の消失とC/N率の上昇(窒素濃度の低下と炭水化物濃度の上昇)は同時に起こる現象である。

第12図は平坦地と高冷地における無仮植苗の可溶性糖濃度の変化を表わしている。気温が低い野辺山で糖濃度が最も高く,香川では低い。また,窒素が不足しやすいポット苗は糖濃度が高く,一般に花芽分化が早くなる条件で,植物体の炭水化物濃度が上昇するといえる。

第8図に示されているように,連続的な暗黒条件下で花芽分化しにくくなる原因は,炭水化物不足が原因と考えられ,炭水化物栄養が花芽分化に影響することは間違いない。炭水化物栄養も窒素や苗齢と同様に,温度と日長に対するイチゴの反応性を変化させる要因の一つといえる。

⑤諸要因の相互作用

イチゴの花芽分化と温度・日長・窒素の関係は,おおよそ第13図のように整理することができる。この図の実線が体内窒素レベルの高い場合,破線が低い場合である。低窒素栄養条件下では,より高い温度と長い日長条件下でも花芽分化が誘導される。日長15時間以上の部分をグレーで示しているが,これは光の強さによって変化するという意味である。

平均気温を約20℃に制御した施設で'愛ベリー'に2万lx以上で補光を行なった場合,11時間日長だと連続的に花芽分化するが,12時

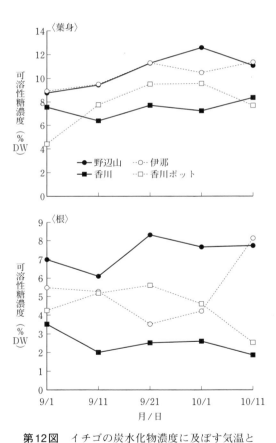

第12図　イチゴの炭水化物濃度に及ぼす気温と育苗方法の影響　　(吉田,1996)
10.5cmポット苗と香川大学農学部,信州大学農学部(伊那),同野辺山農場における無仮植苗の葉身と根の可溶性糖濃度の変化

増殖と花芽分化

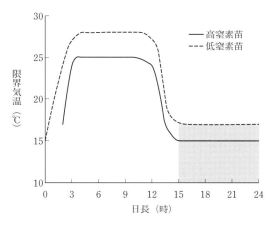

第13図　窒素栄養レベルが異なるイチゴの花成誘導限界気温と日長の関係
20lx程度の光であれば長日条件下でも花芽分化するが、強光条件下では花芽分化しない（グレーで塗りつぶした部分）

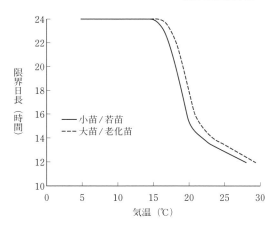

第14図　苗齢または大きさが異なるイチゴの花成誘導限界日長と気温の関係

間日長では花成が抑制される（垣渕ら、1994）。データがあるわけではないし、栽培の条件としては実際にあり得ないが、5,000lx程度の光を16時間照射すれば、苗の窒素が切れていて温度が15℃以下でも花芽は分化しないと思われる。光補償点を超えるような強い光は、日長反応に対してフィトクロム（植物組織に多く含まれる光受容体で、光条件の変化を感知する色素タンパク質）系だけに作用するような弱い光より大きな影響を与えると考えられる。

苗齢や苗のサイズの影響についても窒素と同じで、ある水準より若い苗や小さな苗の花芽分化には、老化した大苗より低い温度と短い日長が要求される（第14図）。促成栽培で問題となる9月ころの温度条件下では日長も大きな影響を及ぼすが、イチゴの花成反応を支配するもっとも大きな要因は温度だといえる。実際に、8月下旬から9月の気温が高い年に、全国的にイチゴの開花が遅れ12月の市況が高騰する現象は数年に一度経験することである。

これまで述べてきたように、温度と日長以外の要因はイチゴの花成に作用する温度と日長の限界値をわずかに変化させるにすぎないと考えてよいであろう。窒素濃度の高い苗や若い小苗は花芽分化や開花がバラツキやすいが、それぞれの要因一つひとつをとればイチゴの花芽分化に及ぼす影響はそれほど大きなものではないといえる。しかし、これらの要因が組み合わさると実際栽培上は非常に大きな意味をもってくる。同一地域内で同じような方法で育苗しても、生産者によって開花期は大きく異なり、同じ生産者の苗ですら大きくばらつくことも多い。これらの違いには、温度と日長以外の要因が関係していると考えざるを得ない。

窒素と苗齢、さらに遮光資材、赤外線カットフィルムや育苗場所の微気象条件の違いによる植物体の温度低下がそれぞれ2日ずつ花芽分化を前進化させる効果をもつとすれば、すべてを合わせて6日前進化することになる。花芽分化と定植が6日早いと、開花期は10日、収穫期は2週間程度早くなると考えてよい。定植と花芽分化が遅れると、気温の低下にともなって花芽や果実の発育速度が低下し、その影響が累積して収穫期の差として現われることになる。それぞれの要因の効果は大きなものではないので、このような効果が毎年得られるわけではないが、年によってはもっと大きな収穫期の違いとして現われることもある。

執筆　吉田裕一（岡山大学）

2012年記

花芽の発育と開花

1. 花芽の分化と発育過程

　第1図はイチゴの花芽の発育過程である。低温と短日条件下で肥大し始めた茎頂は，一定の大きさになったあと，2つに分かれ（第1図②），その後3つに分かれる。その3つのうちの真ん中の部分が花房の1番花へと発育し，両脇の部分はさらに3つに分かれてそれぞれの中央部が2，3番花となる（第1図③，④）。それぞれの両脇はさらに3つに分かれることを繰り返して花房を形成する。品種や環境条件によって異なるが，これがある段階で停止して，花房の花数が決定される。

　それぞれの花の発育過程を見てみると，まず外側に萼片が形成され，その内側に花弁と雄ず

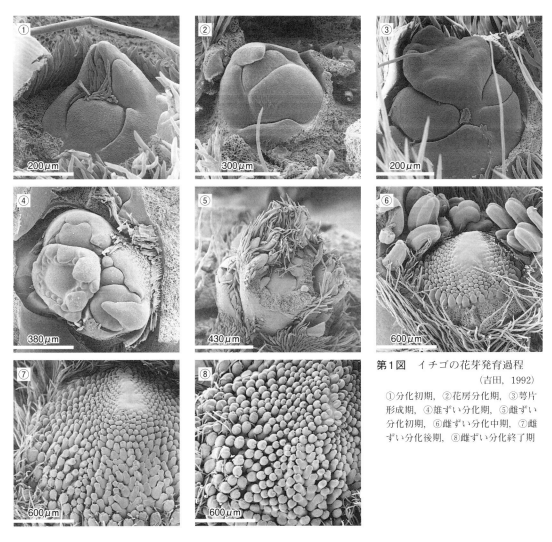

第1図　イチゴの花芽発育過程
(吉田, 1992)

①分化初期，②花房分化期，③萼片形成期，④雄ずい分化期，⑤雌ずい分化初期，⑥雌ずい分化中期，⑦雌ずい分化後期，⑧雌ずい分化終了期

生育のステージと生理，生態

い（おしべ）がほぼ同時に分化してくる。それに引き続いて周辺から中心に向かって雌ずいが形成され，その後，それぞれの器官が発育して開花に至る。

2. 花芽発育の条件

(1) 花芽の発育，開花と果実

イチゴの生長と花芽の発育は花芽分化とは逆の条件，つまり高温，長日，高窒素栄養によって促進される。自然条件下では，秋の低温短日条件で分化した花芽が冬を越し，翌春の温度上昇と日長の増大に伴って発育し，開花する。一般論としては，これがイチゴの生態的な反応といえるが，栽培上問題となるのはその最適な範囲である。ここでは，筆者の実験結果を中心にその問題について少し詳しく考えてみたい。

イチゴ果実の素質は開花した時点ですでに決まっているといってよい。イチゴの果実重と痩果（種子）の数の間には高い相関があり，雌ずい数の少ない小さな花が大きな果実にまで発育することはない（第2図）。また，'宝交早生'や'福岡S6号'でよく見られる鶏冠状果などの変形果や'愛ベリー'でよく発生する先づまり果などの奇形果発生も開花するまでの花芽の発育過程にその原因がある。肉眼で観察できないため，これまで見すごされることが多かったが，大きくて形の整ったイチゴを収穫するためには，目に見えない花芽の発育に注意を払うことが重要といえる。

(2) 温 度

常識的な範囲では，温度が高いほど花芽の発育は早くなるが，花と果実が小さくなることは避けられない。第3図には，長日処理で花芽分化を遅らせ，10月1日から温度処理を開始した'愛ベリー'の花芽発育のようすを示している。25℃では花芽の発育がバラついており，昼夜25℃一定だと10月初旬の日長は花成に対して抑制的に働くことがわかる。いずれの温度でも10月30日には雌ずい分化初期に達しており，花芽分化開始から雄ずいが分化するまでの過程は温度の影響をほとんど受けていない。しかし，雌ずい分化終了は15℃で最も遅れており，開花は25℃/15℃が最も早かった（第1表）。開花時の花床の大きさと雌ずいの数を比較すると，15℃と比較して20℃，25℃/15℃では明らかに小さな花しか得られない。この実験において，15℃区の一番果は著しい奇形果となり，果実肥大が劣ったが，二番果以降の果実は最も大きかった。また，20℃と25℃/15℃を比較すると，20℃の花芽発育が遅れるが，花は大きく，果実も大きかった。20℃一定より変温

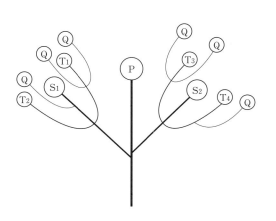
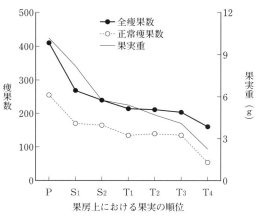

第2図 イチゴ果房の分枝と果実の開花順位（果房の分枝次数）と痩果数，果実重との関係

(Janick, 1968を改変, 'Ozark Beauty')

P：頂果（一次果），S₁〜S₂：二次果，T₁〜T₄：三次果，Q：四次果

花芽の発育と開花

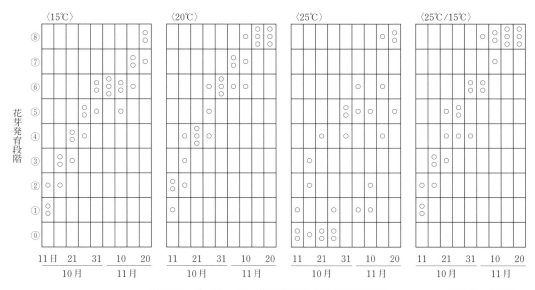

第3図 愛ベリーの花芽発育に対する温度の影響　　　　　　　　　　　　　　　　　（吉田ら，1991）

花芽発育段階は，①分化初期，②花房分化期，③萼片形成期，④雄ずい分化期，⑤雌ずい分化初期，⑥雌ずい分化中期，⑦雌ずい分化後期，⑧雌ずい分化終了期
9月11日まで雨よけハウス内で16時間の長日処理を行なったあと，自然日長に戻し，10月1日から温度処理を開始。
25℃/15℃はそれぞれ12時間でいずれの処理も自然日長

第1表 愛ベリー一番果の開花と花器形質，果実発育に対する温度の影響

（吉田ら，1991）

温　度	開花日 （月／日）	果床径 （mm）	雌ずい列数	果実重 （g）
15℃	12/15	6.94	27.4	27.5
20℃	11/29	5.95	23.8	43.2
25℃/15℃	11/25	5.82	21.2	28.3

注　25℃区は開花のバラツキが大きかったため調査対象から除外

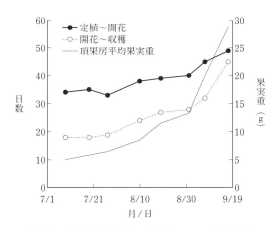

第4図 低温暗黒処理したとよのかの定植時期と開花，果実肥大の関係

（伏原・高尾，1988から作図）

のほうが花芽や果実の発育は進むが，成熟が早まるため，肥大は劣るといえる。

作型の前進化を進めるあまり，高温期にイチゴを開花させてしまうと，大きな果実を得ることは不可能といってよい。第4図には低温暗黒処理によって花芽分化させた苗を7月9日から約10日おきに定植したときの開花と果実重のようすを示している（伏原・高尾，1988）。7月中に定植した場合には，定植後33～34日で開花するが，8月以降，定植後の気温が低下するにしたがって開花までの日数は長くなり，通常の促成栽培の定植期にあたる9月17日定植では50日近く必要となる。ただし，早く，すなわち温度の高い時期に植えると平均果実重は著しく小さくなる。同じ花でも果実発育期の温度が高いほど早く成熟するため果実が小さくなることは避けられないが，それ以上に高温条件下で花芽が発育すると花そのものが小さくなることが大きく影響する。

生育のステージと生理，生態

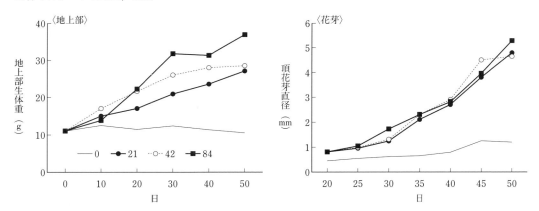

第5図　愛ベリーの地上部と花芽の生長に及ぼす窒素施肥量の影響　（吉田ら，1992）
図中の数字（0～84）は窒素（硝酸アンモニウム）施与量mg-N/株/週

第2表　愛ベリー一番果の開花と花器形質に対する窒素施与量の影響
（吉田ら，1992）

窒素施与量 (mg/株/週)	開花日 (月/日)	花弁数	果床径 (mm)	果床高 (mm)	雌ずい列数
21	12/30	6.2	6.70	7.63	22.4
42	12/27	6.5	7.01	7.88	26.4
84	12/30	7.1	7.25	8.17	27.2

第6図　愛ベリーの奇形果（先詰まり果）
果床頂部の雌ずいの分化・発育が遅れ不受精となるため果房上位果に発生することが多い

(3) 窒素栄養

　高窒素栄養条件下でイチゴの花芽分化が抑制されることはすでに述べた。一方で，窒素は植物の生長にとって最も重要な肥料分であり，不足すると植物体全体の生長が抑制されるため，それに伴って花芽の発育もおそくなる。定植時期の遅れた苗の開花が遅れることはよく見られる事例である。しかし，第5図に示したように，茎葉の生長が劣るような場合でも極端に不足しない限り，花芽そのものの発育は進むので，開花期の差はそう大きくはならない。

　窒素が不足ぎみで経過すると茎葉の生長が劣ると同時に，果床の発育が劣り，小さな花しか咲かない。収穫される果実も小さくなるので，定植後は十分な窒素を吸収させることが重要になる。しかし，よほどのことがない限り，現実的に不足する場面は少なく，むしろ窒素過剰によるマイナスの影響を問題とするべきであろう。'愛ベリー' では，高窒素栄養条件下で花芽の発育が進むと，雌ずいの数が多くなりすぎて奇形果が多発する（第2表，第6図）。また，'宝交早生' では鶏冠状果の発生が助長される。

　近年のイチゴ栽培では，花芽分化促進を重視するあまり極端に窒素栄養レベルの低い苗が定植されることが多い。このような苗の窒素レベルを回復させるために，多くの産地で基肥として多量の窒素が施用されている。奇形果や変形果にまでつながらずとも，窒素過剰によって腋花房の分化，開花が遅れることもよく経験することである。近年は，養液土耕などの普及によって基肥投入量は減少する傾向にあるが，もう少し窒素過多の害について敏感に反応する必要

があると思われる。

（4）日　長

　電照による長日処理は，葉面積を拡大して光合成能力を高めることを目的として行なわれる。通常は腋花房分化後の11月ころから行なわれるので，花芽発育の面で問題となることは少ない。半促成栽培などでは長日処理によって開花が促進されるため，イチゴは短－長日植物に分類されることがある。促成栽培条件下では電照によって明らかに花柄の伸長が促進される。しかし，窒素栄養と同様に花芽の発育そのものに対する直接的な影響は認められない。つまり，葉面積が大きくなるため，光合成量が増大し，株の栄養生長全体が促進される結果として開花が早まると考えられる。

3．花房の着生と形態

（1）花房の着生

　促成栽培のように継続的に花成誘導条件下におかれると，イチゴは基本的に仮軸分枝を繰り返す（第7図①）。茎の頂端分裂組織が花芽を分化したあと，直下の腋芽が3～5枚の葉を分化して腋芽の茎頂が花芽を分化するというパターンを繰り返す。促成栽培用の品種は，5月末ころまで連続的に花房の発生が続く。4月の気温が低い年でも早い株では5月始めで花房の発生が停止するものもあることから，4月中ごろからの環境条件の影響で花芽分化を停止するものと考えられる。

　ただし，腋芽が葉を分化せずに直接花芽を分化して，直花型の「心止まり株」（第7図②）となることがある。葉と芽を分化する分裂組織が失われるため，葉面積が不足して光合成能力が低下するうえに，着果数が多くなるために果実の肥大成熟が遅れ，品質も極端に低下する。幅広い環境条件下で花芽が分化する四季成り性品種でとくに多く，栄養生長と生殖生長のバランスが崩れ，生殖生長に傾きすぎたときに発生するといえる。一季成り品種の「心止まり株」は，'章姫' '紅ほっぺ' や 'とちおとめ' など花芽分化が早く，連続出蕾性の強い品種での発生が多く 'さちのか' は少ない（吉田・中山，2007）。

　11月から5月まで開花期を通じて発生が認められるが，極端に肥料切れした老化苗を定植す

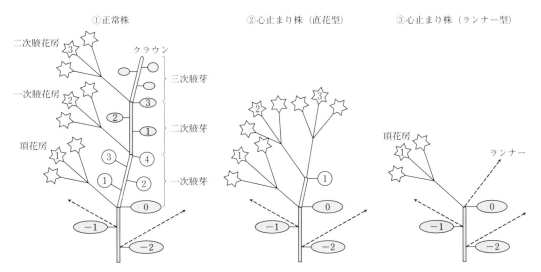

第7図　イチゴの正常株（①）と心止まり株（②，③）の葉と花房の発生パターン
　図中の数字0～-2は主茎上に形成された葉（0が主茎の最上位葉），1～4はそれぞれ1次腋芽，2次腋芽上に形成された葉，破線の太矢印はランナー化した腋芽を示す

生育のステージと生理，生態

第3表 イチゴの心止まり株発生の品種間差異
(吉田・中山，2007)

品種	心止まり株率(%)	調査株数	心止まり株数
章姫	2.13a	14,444	308
さちのか	0.19c	17,144	33
紅ほっぺ	0.60b	9,472	57
女峰	1.12ab	11,620	130

注 異なる文字間に5%で有意差有り（arcsin変換値によるTukey's HSD test）

ると一次腋花房が直花化して心止まりになる株が多くなる。2芽以上に整枝している場合には大きな問題になることはないが，1芽仕立ての場合に多発するとかなりの減収につながることがある。

一方，通常は節間伸長せずにクラウンとして発育する最上位の腋芽が，ランナーとして伸長した場合にも栄養生長する芽が失われ，ランナー型の「心止まり株」となる（第7図③）。

イチゴの腋芽はクラウンまたはランナーのいずれかに発育するが，高温長日条件下ではランナーとなりやすく，ランナー型の心止まりは育苗期から頂花房開花期以外に発生することはほとんどない。'章姫''紅ほっぺ'のように花芽分化が早い品種では，花芽分化がおそい品種より高温で日長が長い環境条件下で腋芽が発育を開始するためランナー化しやすく，ランナー型の心止まり発生頻度も高くなると考えられる。

直花型とランナー型の「心止まり株」は，それぞれ生殖生長と栄養生長が促進される条件，一般的には正反対の条件で発生しやすいということになるが，いずれも「花芽分化が早い」品種で発生しやすいという点は共通している（第3表）。夜冷育苗などの早期作型で，頂花房の発育期から一次腋花房の分化期に二つの型の「心止まり株」が発生する条件が揃うと多発すると思われる。

(2) 花房の形態

①分枝の発生と花房

イチゴの花柄（果梗）は元来茎であり，クラウンやランナーと相同の器官である。イチゴの花序は，植物学上は二出集散花序と呼ばれる（第2図左）。通常近接した2節を有する1本

第9図 40果以上着果した章姫の頂果房

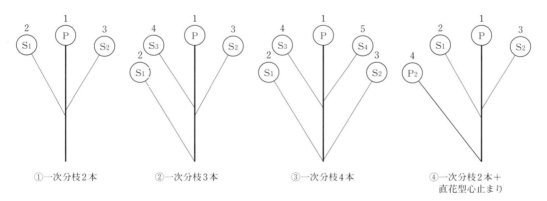

第8図 花房の一次分枝発生パターンと一次分枝頂端の二次花の開花順序（1～5）
正常な花房の場合，花柄基部から分枝したS₁は頂花（P）に引き続いて2番目に開花するが，直花型心止まり株の場合，P₂は遅れて発育し始めた腋芽上に分化するため，S₁やS₂，あるいはそれより下位の花よりもおそくなる

の主花柄の先端に1番花が着生し，2つの節それぞれから同じく2節を有する花柄分枝が発生する。それぞれの花柄分枝は，主花柄と同様に2節を有し，その先端にそれぞれ2，3番花が着生する（第8図①）。分枝の各節からまた2次分枝が発生し，これを繰り返す。

品種や環境条件によって異なるが，分枝の発生はある段階で停止し，花房当たりの花数が決定される。一般的には，一つひとつの果実が小さい果数型の品種は花房当たりの花数が多く，果実の大きい果重型の品種は花数が少ない。'さがほのか'や'紅ほっぺ'の頂花房では，10花余りしか開花しない。しかし，'章姫'は大果系の品種としては例外的に花数が多く，条件によっては50以上の花が開花して着果する（第9図）。

促成栽培では，低温条件下で発育する頂花房や一次腋花房と比べて3月以降の高温条件下で開花する花房の花数は少なくなる。高温条件下では個々の花芽の発育，つまり開花・結実に加えて果実の肥大・成熟も早くなる。着果した上位の果実への光合成産物の転流量が多く，花房内の下位の花芽への転流が抑制される結果，未発育に終わるため，花数が増加しないのであろう。

第8図に示したように一つの花房から発生する一次分枝の数も，花芽分化期の条件でかなり変動する。品種によって異なるが，一般的には大きな株ほど花芽分化開始時の茎頂分裂組織が大きく，一次分枝は多くなり，全体としての花数も増える傾向にある（第10図）。ただし，クラウンが大きくなりすぎると茎頂分裂組織の丸い形態を維持することが困難になり，帯化して鶏冠状果が多発することがある（第11図）。

前項で述べた直花型の心止まり株（第8図④）の場合は，花房の形態は一次分枝が3本発生し

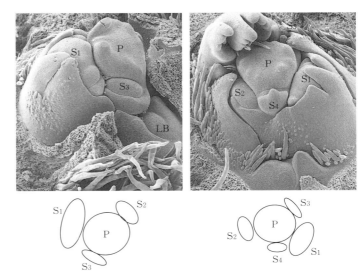

第10図 花房の一次分枝（二次果の原基）が3本（左）と4本（右）形成された茎頂分裂組織
 P：萼片形成初期の頂花芽，S_1～S_4：一次分枝頂端に着生する二次花の花芽。LB：葉原基を2枚分化した最上位腋芽

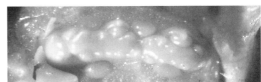
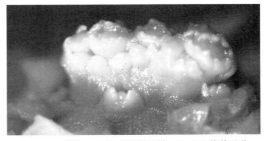

第11図 帯化した茎頂分裂組織における花芽分化
 品種：愛ベリー
 上：未分化，中：萼片形成初期，下：雄ずい分化初期

た場合（第8図②）と類似しているため混同されやすい。主花柄が伸長せず，花房の基部から分枝として発生する②の場合，先端の花（S_1）

は頂花（P）の次に開花する。④の場合には，S_1，S_2が花房の分枝として先に分化し，その後生長を開始する腋芽上で一次腋花房が直接分化する（第10図LB）。分化が遅れるため開花もおそく，S_2やさらに下位の三次花よりおそい場合が多い。

②育苗法と花房

露地栽培や半促成栽培では，秋のうちに分化する花房がおもな収穫対象であるため，頂花房の花数と開花する1次腋花房数が収量に大きく影響する。そのため，苗齢や苗の大きさと花房の形態や花数の関係に関する研究が盛んに行なわれた。仮植育苗した大苗では花数が多くて収量性も高いが，小さな果実の比率が増加するだけでなく頂花房の上位果の大きさも劣ることが示されている（浅井・田中，1965）。それに対して小苗や無仮植の大苗では花数が少ないため小果は少なく，1，2番果が大きく肥大して平均果実重は著しく大きくなる。

促成栽培においても，年内の収量を重視して早期に採苗し，大苗育成を目標とすることが多かった。近年ではポットも小型化し，極端に大きな苗を見かけることは少なくなったが，その分老化した苗が定植されることが多いように思われる。少々余談になるが，早期からランナーを発生させて大苗を育成すると花芽分化と開花は揃いやすいが，収量性が劣ることが多く，育苗に要する労力負担や炭疽病感染確率の増大などさまざまな問題がある。病害で苗不足になることを避けるためには，多数の苗を早くから確保するより，育苗期間を短縮し，集中的に管理して感染確率を低下させるほうが勝っている。筆者の考えでは，短期間で苗を仕上げてできるだけ若い苗を定植する栽培体系の確立がイチゴ経営の安定化にとって重要といえる。早期収量を確保するためであれば，夜冷育苗などによって若苗の花芽分化促進を図るべきであろう。

執筆　吉田裕一（岡山大学）

2012年記

栄養生長と休眠

1. 光合成

(1) イチゴの光合成特性と CO_2 の役割

　植物は太陽エネルギーを利用して光合成を行ない，二酸化炭素（CO_2）を吸収して酸素を放出する。地球上では，光合成を行なう植物によって年間200兆tの二酸化炭素が吸収され，炭水化物を経てさまざまな有機物へと転換されており，人間はもちろん，地球上のすべての生物は，植物が生産する有機物と酸素に依存している。

　農業的に作物の栄養を考える場合には，まず窒素などの肥料要素を思い浮かべることが多いだろう。しかし，水分を除いて植物体中の元素の組成を調べてみると，もっとも多く含まれるのは炭素であり，全乾物重の約45％を占めている。肥料の三要素と呼ばれるN，P，Kはそれぞれ3.0，0.3，1.5％程度にすぎない（増田，1988）。植物の生長は光合成に依存しており，CO_2が不足すると光合成速度が低下して生長が極端に抑制される。肥料としてもっとも重要で不足しやすい成分は窒素だが，窒素が不足した場合は，葉の色に変化が現われるため比較的対応がしやすい。しかし，ハウス内におけるCO_2不足の影響は目に見えないため，これまでは見すごされることが多かったといえる。

　大気中のCO_2濃度は，産業革命以降上昇する傾向にあり，現在は約400ppm（0.04％）であるが，光合成を行なう藍藻類が地球上に現われる約26億年前には90％以上を占めていたといわれている。海水の中で光合成を行なう藻類が発生してから長い時間をかけて徐々に低下したが，植物が水中から地表に進出したころ（シルル紀，約4億年前）でも現在よりもっと高い濃度であった。C_3植物の光合成システムは高いCO_2濃度に適応して発達したものであり，1,500ppm程度までは，CO_2濃度が高いほど光合成速度が高くなる。一方，CO_2濃度が400ppm以下に低下すると光合成速度は直線的に低下する。50～100ppm程度でCO_2補償点に達し，光合成速度と呼吸速度がつり合って見かけの光合成速度がゼロになる。第1図に示したように密閉したイチゴハウスでは，CO_2補償点付近にまで達することもまれではない。

　第2図に示したように，C_3植物であるイチゴ群落の光合成はCO_2濃度350ppm（図中の◇印）では400W/m^2（自然光で約4万lx）程度で光飽和に達する。群落の光合成速度は，栽植密度や芽数・葉数など株の管理状態によって多少変動するが，1芽仕立ての'女峰'の場合，株当たり葉数6～7枚でほぼ飽和に達する。CO_2濃度の影響についてみれば，750ppm（□印）での光合成速度は350ppmの約2倍に高まる。濃度が高くなるにしたがって光合成促進効果は徐々に小さくなるが，1,500ppm（●印）まで高くすれば，350ppmの3倍弱となる。

　大型の連棟ハウスの場合，厳寒期で350～400W/m^2，外気温が15℃以上になれば300W/m^2程度の日射が続くとハウス内の気温が上昇し，換気が必要になる。したがって，日射400W/m^2，CO_2濃度350ppmでの光合成速度40ml-CO_2/株/時を一つの基準として考えてみよう。CO_2濃度750ppmでは80W/m^2，1,500ppmではわずか60W/m^2の日射で十分に換気した晴天時と同じだけの同化量を確保できることになる。200～250W/m^2の日射であれば，12月から2月の外気温でハウス内気温が25℃にまで上昇することは有り得ない。200W/m^2のときイチゴの光合成速度は750ppmで晴天時の1.7倍，1,500ppmで2.5倍にまで高めることができる。

　十分な有機物が投入されたハウスであれば，イチゴの光合成に必要なCO_2を土壌からの発生

生育のステージと生理, 生態

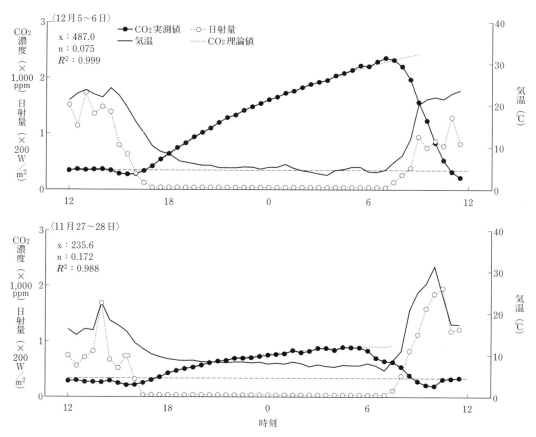

第1図　イチゴハウス内CO_2濃度と気温, 日射量の日変化

(Yoshidaら, 1995)

上：土壌中炭素濃度3.1% DW（1992年12月5～6日），下：土壌中炭素濃度1.8% DW（1992年11月27～28日）
x：CO_2発生速度（ml/m^2/時），n：換気回数（回/時）
水平の破線は大気中のCO_2濃度

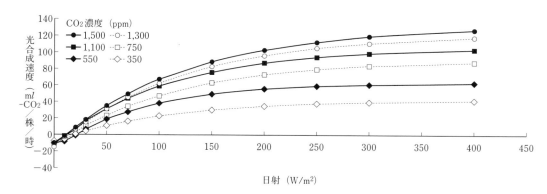

第2図　イチゴ群落の光合成速度に及ぼす光強度とCO_2濃度の影響

(吉田・難波, 1995)

によって賄うことができる。しかし，良質の堆肥や粗大有機物を確保し，毎年大量に投入することは簡単ではない。土壌の有機態炭素濃度を2.5%程度に維持することができない場合やほとんど有機物が投入されない高設栽培においては，CO_2が不足する事態は避けられない。収量性を確保するためには，何らかの形でCO_2を補給することが必須であるといえる。

(2) イチゴハウス内の CO_2 環境

① 土つくりと CO_2 放出

多くの作物で，「土つくり」の重要性が語られてきた。各産地で優秀な成績を上げている篤農家の多くが，完熟堆肥や稲わらなど多量の有機物を投入したり，夏の間にはソルゴーを作付けてすき込むなど熱心に「土つくり」を行なっている。このような農家の話を聞けば，ほとんど必ず「土つくりをしなければイチゴはとれない」という答えが返ってくる。「土つくり」の効果は，いわゆる「地力」の向上として現われる。広辞苑によれば，「地力とは，土地が作物を育てる能力。土地の生産力」とある。土壌肥料学的には，有機物投入による「地力」向上効果として，微量要素を含む肥料養分の供給以外に以下のようなことが指摘されている。

1) 土壌を膨軟にし，孔隙率を増大させて，排水性・保水性など土壌の物理性を改善する。

2) 塩基置換容量を高め，保肥力を増大するほか，とくに酸性土壌ではリン酸の不溶化を防止するなど土壌の化学性を改善する。

3) 有用微生物の活性を高め，土壌中の物質代謝を盛んにし，病原性微生物の密度を低下させる。

このように「土つくり」の効果は複合的なものであり，一つひとつ切り離して考えることはできない。しかし，このほかに非常に大きな効果が一つ軽視されてきたきらいがある。

3) に述べられているように，土壌に有機物を施用すると，その有機物をえさとする微生物が増加する。その結果，微生物の呼吸によって土壌からは多量のCO_2が発生する。古くから，土壌の微生物活性を測定する手法として，土壌呼吸速度が測定されている。すなわち施設栽培の場合，有機物の微生物分解によって土壌から放出されるCO_2は施設内に蓄積され，最終的に植物の光合成に利用される。

② ハウス内 CO_2 濃度の変動

第1図は，筆者らが測定したイチゴハウス内のCO_2濃度の典型的な変化である。上図は，10年間以上にわたって，イチゴの作付け後，緑肥としてソルゴーを栽培してすき込み，10a当たりで2t相当量の牛糞堆肥に加えて，稲わらを2t程度（40a相当）投入し続けているハウスであり，下図は，2tの牛糞堆肥だけしか投入していないハウスである。この図からも明らかなように，有機物投入量が多く，土壌中炭素濃度が高いハウスでは，少ないハウスの約2倍，毎時400ml/m^{2}ものCO_2が土壌から供給される。400ml-CO_2/m^2/時という量は，10a当たり1日に9.6m^3，灯油7.5lを燃焼させて発生する量に相当する。土壌から供給されるCO_2は夜間ハウス内に蓄積され，密閉度の高いハウスであれば，夜明け前のCO_2濃度が2,000ppm以上に達する。

夜明け前のCO_2濃度が高いハウスでは，高CO_2濃度が維持される時間が長いのに対して，1,000ppm程度までしかないと，晴天日だと9時半ころには外気の濃度以下に低下し，その後はCO_2飢餓状態におかれることになる。大量の有機物施用の効果として，高CO_2濃度による光合成促進だけでなく，ハウス内濃度の低下によるCO_2飢餓を回避する効果についても十分考慮する必要がある。

夜間のハウス内CO_2濃度の変化は，土壌からの発生量だけでなく，ハウスの密閉度にも大きく影響される。第3図にはハウス内CO_2濃度の変化に及ぼす自然換気回数の影響に関するシミュレーション結果を示した。この図からも明らかなように，ハウスの密閉度が高い（換気回数が少ない，一番上0.05回/時の太実線）とハウス内のCO_2濃度はほぼ直線的に上昇する。しかし，密閉度が低くなる（換気回数が大きくなる）に従って，土壌から発生したCO_2のうち大気中に放出される量が多くなり，イチゴの光合成に

生育のステージと生理，生態

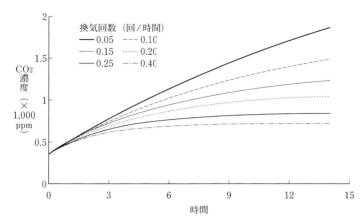

第3図 施設内CO_2濃度の変化と施設の密閉度の関係
CO_2発生速度：300ml/m²/時，平均高さ：2.0m

対する貢献度は小さくなってしまう。少し余談になるが，筆者はこの密閉度の影響が，従来から「連棟ハウスではイチゴのできが思わしくない」といわれている大きな原因の一つであると考えている。換気扇を装備していない単棟ハウスに内張を張ると密閉度は著しく高く，換気回数は1時間に0.1回以下である。それに対して，連棟ハウスは通常換気扇が設置されるうえに，谷部分などに隙間ができやすいため，換気回数が0.3～0.5回にも達する。このため，夜間のCO_2蓄積が劣り，午前中の光合成が抑制されると考えられる。

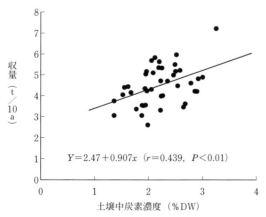

第4図 イチゴ栽培ハウス内の土壌中炭素濃度と女峰の出荷収量との関係
(Yoshidaら，1995)

(3) CO_2濃度と収量

第4図はハウス土壌の炭素濃度と出荷収量の関係である。土壌有機物由来のCO_2がハウス内に蓄積されて光合成に利用される結果，最終的に収量が増加する。有機物が大量に投入された「良い土」と土つくりが不十分な土から得られる収量の差には，養水分吸収や根の張りよりもハウス内のCO_2環境が大きく影響するといえる。

川島（1991）は，750ppmでの終日施用でイチゴの収量が40～120％増加することを示している。しかし，産地においてはCO_2施肥の効果が不安定である場合が多く，必ずしも定着してこなかった。その理由について少し考えてみたい。CO_2施肥技術については，1970年代にトマトやキュウリの施設栽培で導入が図られた。これも試験研究段階では顕著な効果が認められたが，現地試験では目立った効果が見られず，むしろ不完全燃焼による障害が発生する場合もあって定着しなかった。先に述べたように，十分な有機物が投入されたハウスでは土壌から多量のCO_2が発生する。試験的に先進技術を導入するのは平均以上の収量を上げている地域のリーダー的篤農家であり，十分な「土つくり」がなされている場合が多い。CO_2施肥を行なわずとも一定水準以上の濃度が維持されていたため，効果が現われなかったのであろうと筆者はみている。

筆者がかかわった香川県においても1990年代はじめに石油ストーブによるCO_2施肥が導入された。このときにも，土つくりに熱心な篤農家では目立った効果が見られなかったが，土つくり以外には熱心に取り組むが平均的な収量しか得られていなかった農家では，顕著な効果が認められた。

90年代後半から急速に普及が進んだ高設栽培においても，当初はCO_2施肥の必要性が十分認識されていなかった。高設栽培では，分解の

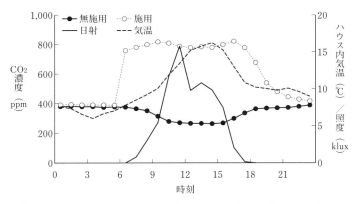

第5図 ロックウール栽培中の小型ハウス（約40m²）内CO_2濃度および気温，照度の日変化 （伊谷ら，1998）
CO_2施用区は液化CO_2で700～800ppmに制御（1992年1月15日）

早い有機物が培地に利用されることはまれで，CO_2発生源となる有機物がハウス内に投入されることはほとんどない。第5図に示したように，無施用のハウスでは，日中ほとんどの時間帯でCO_2飢餓状態にあるといってよい。このような状態でCO_2施肥を行なえば，収量は2倍程度になるが，それでも収量水準は篤農家が土で育てたイチゴと同程度にとどまることが多い。

2．無機栄養と土つくり

（1）養分吸収の特徴と光合成

①養分吸収の特徴

植物の必須元素とされる9種の多量要素（C，H，O，N，P，K，Ca，Mg，S）と7種の微量要素（Fe，Cu，Zn，B，Mn，Mo，Cl）はどれが不足しても生長に支障が現われる。C，H，Oを除く肥料成分のうち，窒素（N）は葉緑素などのタンパク質を構成する主要成分で農作物の肥料としてもっとも不足しやすく，不足すると葉色が淡くなって生長速度が低下する。リン（P）はエネルギー代謝に強くかかわり，不足すると葉色が暗くなって植物の開花や結実に影響する。カリ（K）は気孔の開閉や糖代謝の調節などにかかわり，不足すると果実の有機酸濃度が減少して食味の低下を引き起こす。過剰の

窒素は過繁茂による収穫の遅延と果実硬度の低下を招くが，カリやリンは過剰施肥によって目に見える害が現われることはほとんどない。

本多・二井内（1964）は'千代田'を用いて株当たりの養分吸収量と収量の関係を調査し，株当たりの収量が約400gのときNとKが約2g，Pが0.19gであり，施与量による吸収量の差はわずかであったとしている。このPとKがP_2O_5とK_2Oであるかどうか判然としないが，P，KからP_2O_5，K_2Oに換算するとおおよそ0.5gと2.4gになる。土壌にはじめから含まれる量を考慮すると，10a当たり5,400株植えとして施肥量はN5.4kg，$P_2O_5$9.7kg，K_2O9.7kgが適量と述べている。

第6図は，筆者ら（2002）が組成の異なる培養液で栽培した'女峰'の見かけの養分吸収量と排出量である。上記の本多・二井内の結果とは異なって，見かけの吸収量は施与量に応じて大きく変化し，株当たりの全吸収量は，N約1.8g，$P_2O_5$0.9～1.8g，K_2O2.1～3gであった。ポットの土壌に混和した肥料と点滴給液で根に直接培養液として与えられる養分との吸収効率の違いを考慮する必要はあるが，リンを除けば本多・二井内の結果とよく似た結果となっている。株当たりの収量は600g（約4.8t/10a）前後で差は認められなかったが，10a当たりの吸収量は，8,000株/10aとしてN15.2kg，$P_2O_5$6.8～15.2kg，K_2O16.2～24kgとなる。

第7図は，約6t/10aの収量が得られたときに'Elsanta'が吸収した多量要素の分配をまとめたものである。カルシウムは果実への分配率が7％と例外的に少ないが，イチゴではNの約50％，Pの45％，Kの70％と，吸収した養分の多くが果実に分配される。田中・水田（1979）も促成栽培の'宝交早生'で，Nの60％，P，Kの70％以上が果実に分配されるとしている。このことは，得られる収量水準によってイチゴ

生育のステージと生理，生態

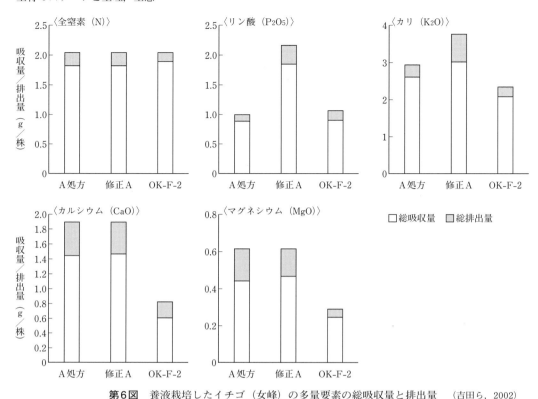

第6図　養液栽培したイチゴ（女峰）の多量要素の総吸収量と排出量　　（吉田ら，2002）

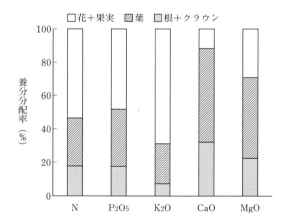

第7図　パーライト培地で栽培したElsantaが吸収した養分の分配（Lieten & Misotten, 1993）
各養分の全吸収量（g/株）は，N：1.05，P_2O_5：0.34，K_2O：1.61，CaO：0.65，MgO：0.20

の養分吸収量が大きく変化することを示している。

② CO_2 施用との関係

上記の'女峰'と'Elsanta'の結果は，CO_2施用を行ない十分な収量が得られたときのものだが，第8図に示したように，イチゴの養分吸収量はCO_2施用の有無によって大きく変化する。密植条件では吸収量が低下し，日射量も大きな影響を及ぼすことから，光合成量が肥料の必要量に直結していると考えてよい。植物は光合成によって光エネルギーを炭水化物に転換して生長に利用しているのであり，光合成量が少なくなると根圏に養分が存在しても必要量を大きく上回って吸収することはないといえる。根からの無機養分吸収量は光合成による乾物生産量に比例するため，盛んに光合成を行なうことのできる条件を整えることが第一に必要であり，そのうえで養分が不足しないように施肥することが重要になる。

栄養生長と休眠

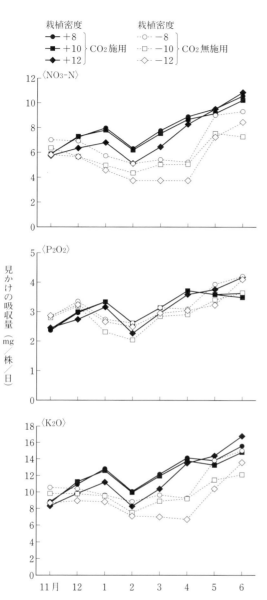

第8図 CO₂施肥（700〜800ppm）と栽植密度（8〜12株/バッグ，株間13.3〜20cm）がピートバッグで栽培した女峰の三要素吸収量に及ぼす影響　　（吉田ら，1998）

第1表　イチゴ主要産地の標準施肥量
（農林水産省ホームページ）

県	目標収量(t/10a)	総施肥量（基肥施肥量）(kg/10a)			備考
		N	P₂O₅	K₂O	
栃木	5.0	20(15)	20(20)	25(20)	とちおとめ
茨城	—	25(16)	25(25)	25(16)	
千葉	4.0	33(18)	35(25)	33(18)	
静岡	4.0	30(23)	30(23)	30(23)	石垣
	4.5	23(20)	28(24)	23(20)	壌土
	4.5	34(30)	32(30)	32(30)	砂質土
愛知	4.5	22(16)	16(16)	22(16)	
岐阜	5.0	27(14)	23(14)	24(14)	濃姫
奈良	5.5	21(10)	21(10)	21(10)	アスカルビー
	6.0	14(6)	14(6)	14(6)	章姫
徳島	4.0	34(17)	22(16)	25(10)	
福岡	4.0	30(16)	24(16)	20(10)	とよのか
佐賀	4.0	25(15)	21(21)	18(11)	
長崎	5.5	18(14)	15(12)	10(10)	さちのか
大分	3.5	20(12)	16(16)	16(10)	

(2) 土つくりと施肥

①イチゴ栽培での土つくりの実態

　主産地の標準施肥量を農水省のHPに掲載されている各県の資料から抜粋してまとめたものが第1表である。窒素の施肥量で14〜34kg/10aと産地や品種によって大きな開きがある。当然のことであるが，目標とする収量水準が高くなるほど，また砂質で排水性の優れる土壌ほど溶脱量が多くなるため多量の養分が必要となる。通常は，堆肥などの有機物が別途施用されるため，実際にはもっと大量の肥料成分がハウスの土壌に投入されている。溶脱や脱窒によっていくらかはハウス外に排出されるが，結果的に，連作を重ねるほどイチゴハウス内の土壌に肥料成分が蓄積することになっている。

　花芽発育の項でも述べたが，ポット育苗が主流となって以来，窒素が切れすぎた老化苗を定植することが多くなった。定植後の栄養状態回復を急ぐあまり，多くの産地で施肥過剰の傾向にあるように思われる。近年改善される傾向にはあるが，肥料の過剰投入による土壌の塩類集積は，イチゴに限らず施設園芸全般に以前から問題となっているところである。堆肥や緑肥による土つくりを考えたうえで，地力の向上と施肥のあり方について考えることが重要であろう。

生育のステージと生理，生態

第2表 有機物濃度が異なる土壌における女峰の開花と収量に及ぼす基肥施用と液肥による追肥の影響　　　　(吉田ら，1997)

		A農家	C農家	平　均
土壌管理	ソルゴー 麦わら 牛糞堆肥	＋ 3t/10a 2t/10a	－ － 2t/10a	
土壌中濃度（％DW）	全窒素 全炭素	0.25 2.88	0.16 1.96	
開花日（定植後日数）	無施肥 基肥12kg 追肥3kg	53.7 44.6 47.2	44.8 44.1 44.3	49.2 44.3 45.7
	平　均	48.5	44.4	46.4
収量（g/株）	無施肥 基肥12kg 追肥3kg	515 520 508	380 430 424	447 475 466
	平　均	514	411	463

注　基肥12kg：91有機（6—5—4）200kg/10a
　　追肥3kg：OK-F-2（14—8—16）4kg/10aを1週ごとに5回施用

　十分な有機物が投入された地力が高い土壌であれば，わずかな量をスターターとして液肥で施用すれば十分であり，基肥として多量の肥料を投入する必要性は低い（第2表）。イチゴは，塩ストレスに弱く，濃度障害が発生しやすいため，油かすや骨粉を主体とする有機配合肥料が用いられることが多い。これらの有機質肥料は緩効性肥料あるいは微量要素の供給源としては有効だが，化学肥料や液肥と比較すると初期の肥効が著しく劣る。したがって，定植直後から十分な肥効を得るためには多量に投入することが必要になる。また，十分な土つくりができていないハウスほど緩効性肥料としての効果が現われやすい。これらのことが，イチゴに対する有機質肥料の多量投入につながっているのであろう。しかし，油かすや骨粉を主体とする有機質肥料には，堆肥のような土壌の微生物相・理化学性の改善やCO_2発生源としての効果はほとんど期待できない。

②有機物と有機質肥料

　光合成の項で述べたように，有機物を大量に投入することによってハウス内のCO_2環境が改善され，イチゴの生育・収量が大きく向上する。しかし，良質な堆肥を入手することは年々困難になっており，自作するとなると労力と経費が相当に必要となる。市販のおがくず牛糞堆肥などの手に入りやすい資材は，畜産排水の規制強化に伴って窒素やカリ，ナトリウム濃度の高いものが多くなっている。1t当たりで三要素がそれぞれ10kg程度含まれるものも少なくない。2t/10aを超えて投入するとイチゴに塩類濃度障害を引き起こすことがあり，一時期に大量投入することはできない。一方で，稲わらや麦わらなどC/N比の高い粗大有機物は分解のために多量の窒素を必要とするため，投入直後には土壌の可給態窒素が一時的に大きく減少する。大量に投入すると窒素飢餓を引き起こすことがあり，注意が必要である。

③実行可能な土つくりと施肥

　労力と経費面で負担が少なく，実行可能と考えられる「土つくり」の方法は以下のようなものと考えている。1）収穫終了後できるだけ早くマルチを除去し，10a当たり2～3tの牛糞堆肥を投入してイチゴを株ごとすき混み，ソルゴーを3～5kg/10a播種（5月末までに），2）播種後2か月程度ですき込んで土壌表面を古ビニールで被覆し，太陽熱消毒（7月下旬），3）10a当たり1t程度の牛糞堆肥を投入し，うね立て（9月上中旬）。明らかに地力が不十分と思われる場合には，2～3kg/10aの窒素をソルゴーの播種前に施肥することも考えられるが，前作で20kg程度の窒素を投入していれば，その残効でソルゴーは育つはずである。稲わらや麦わらが入手可能であれば太陽熱消毒時に投入し，わら500kg当たりに1～2kg程度の窒素を化成肥料で施用する。

　基肥として有機質肥料を投入しないので，初期の肥効が不足することは避けられない。窒素が不足すると初期生育が劣り，十分な収量が得られない。しかし，定植後マルチ被覆まで4～5日に一度，窒素成分で0.2～0.3kg/10aの液肥を施用して初期生長を促せば，マルチ被覆後は，窒素の無機化が進んで急速に窒素の吸収が進む。生育後半に肥料が不足するようであれば，液肥を灌水時に施用すればよい。

市販の牛糞堆肥を2t/10a程度投入すれば，計算上はイチゴが一作で吸収する肥料成分を賄うことができる。イチゴの草勢維持と初期収量の確保にとっては初期生育が重要であることは否定しない。しかし，初期の肥効を緩効性である有機質肥料の投入量で調節することは難しく，非効率的である。少量でも即効性が期待できる液肥あるいは化成肥料を有効に利用して初期の肥効調節を図るべきであろう。

3. 休眠と生長制御

自然条件下で生長するイチゴは晩夏の温度と日長の低下に反応して花芽分化し，秋の短日・低温条件に反応して葉が小さくなり，わい化して休眠に入る。その後，冬の低温で休眠打破され，春になって温度が上昇すると開花結実する。休眠は生育に不適な冬の低温に対する適応であり，温帯性の植物が越冬して生き残るための生存戦略といえる。イチゴは休眠性をもつため，作型の分化が他の果菜類とは大きく異なっている。トマトやキュウリは温度を中心とする環境を制御すれば施設での周年栽培が可能だが，イチゴの場合はさらに花芽分化と保・加温以前の前歴に基づいた休眠の制御が重要技術となっている。促成栽培では休眠に突入する前から保温・電照を開始して休眠を回避するのに対して，半促成栽培では休眠に入った株を低温に遭遇させ，ある程度休眠が醒めてから保温を開始する。近年の促成栽培で休眠そのものが問題になることはほとんどなくなっているが，電照や積極的な加温による草勢調節は冬季の休眠制御技術の一つということができる。ここでは休眠の問題について整理しておきたい。

(1) 休眠誘導と低温による休眠打破

樹木の芽や球根・種子などの休眠は外観上変化を確認することができないので，絶対的休眠と呼ばれる。イチゴの場合は様相が異なり，冬の戸外においてもわずかながら生長を続けるため，「相対的休眠」と呼ばれている。

イチゴの休眠誘導は落葉性の樹木と同様に秋の短日と低温の作用で起こる。冬になり一定の低温を経過すると休眠が打破されるが，休眠打破に必要な低温要求量は品種によって異なる（「増殖と花芽分化」の第1表参照，基29ページ）。半促成栽培が盛んであった1980年ころまでは，'福羽'や'堀田ワンダー'などの休眠が浅くて低温要求量が少ない南方系（暖地型）品種と'ダナー'や'盛岡16号'などの休眠が深く低温要求量が多い北方系（寒地型）品種とに分類することが多かった。前者は，'宝交早生'を利用した電照促成栽培が成立する以前から暖地で促成栽培に用いられ，北方系品種の'ダナー'や中間型に分類される'宝交早生'は半促成栽培と露地栽培に用いられた。

イチゴの半促成栽培は農業用ビニールが普及した1960年代に小型トンネルから始まってパイプハウスへと広がり，しだいに保温開始時期の前進化が進められた。促成栽培用に育種された近年の品種は，環境条件さえ整えば，低温遭遇量に関係なく旺盛に生長する。しかし，北方系の品種は十分な低温で休眠が打破されなければ，温室で生育適温を維持して長日処理を行なってもわい化して小さな葉しか展開しない。開花結実は起こるが，葉面積が不足して果実が十分に肥大しない。しかし，ランナーが旺盛に発生するほど長期間低温に遭遇し，完全に休眠から醒めると草勢が強くなりすぎて花芽分化が停止するため，収量が低下する。したがって半促成栽培において早期収量と総収量を確保するためには，秋に休眠に突入した株がいつ休眠から覚醒するのかが問題であり，保温を開始する時期の決定が重要になる。その指標として第1表（「増殖と花芽分化」参照，基29ページ）に示した5℃以下の低温遭遇時間が広く用いられている。この指標は品種間の比較を行なうためにはきわめて有用であるが，以前から同じ品種の反応が地域によって異なることが指摘されている。

内藤ら（1968）は徳島，木村・藤本（1968）は奈良，施山・高井（1986）は盛岡で休眠誘導と打破に関する試験を実施し，いずれの地域においても11月中ごろにもっとも休眠が深くなるとしている。イチゴでは休眠が深いほど高

生育のステージと生理，生態

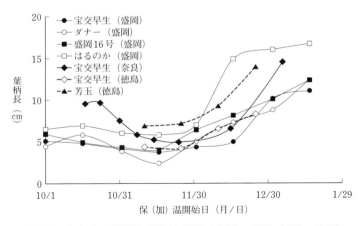

第9図　イチゴの葉柄長に及ぼす保温（徳島）・加温（奈良，盛岡）
開始時期の影響
（内藤ら，1968；木村・藤本，1968；施山・高井，1986から作図）
徳島県はすべて3月4日に調査，奈良は加温（最低12℃，光中断による長日）開始30日後に調査，盛岡は加温（13℃）処理開始2か月後に調査

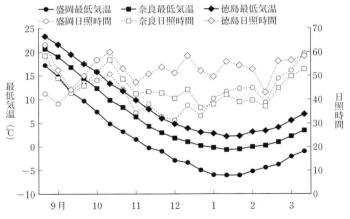

第10図　盛岡，奈良，徳島における旬ごとの平均最低気温と積算
日照時間の平年値（1981〜2010）

温長日条件下においても葉面積が小さくなり，葉柄の伸長も低下するが，一定の低温に遭遇して休眠から醒めると比較的低い温度でも急激に葉が生長する。第9図に3地点で行なわれた実験の結果をまとめて示した。温度条件は異なるが，高温長日条件下で1か月以上育てたあとの葉柄の長さを測定した結果，いずれの地点においても11月に保・加温を開始すると葉柄の伸長が劣ることがわかる。

第10図には3地点の旬ごとの平均最低気温と日照時間の平年値を示した。10月以降の最低気温は盛岡と徳島で8℃以上も異なっている。しかし，休眠がもっとも深くなる時期，すなわち低温が休眠誘導ではなく，休眠覚醒に作用し始める時期に大きな違いが見られないことはどう考えればよいのであろうか。休眠誘導については，秋分を中心に緯度による日長の差が小さいことから日長の影響が大きいと考えてよいだろう。しかし，休眠覚醒の時期については，もっとも気温が低い盛岡でもっともおそく，気温が高く低温遭遇量の少ない徳島がもっとも早い。休眠打破に関する低温要求量については，以前から議論のあるところだが，広く用いられてきた5℃以下の低温遭遇時間では説明がつかない。

第10図の日照時間の平年値を比較してみると，徳島の日照時間が他の2地域より明らかに長い。盛岡（北緯39.7度）では冬至の日長が徳島（北緯34.1度）や奈良（北緯34.7度）より30分以上短く（第11図），南中時の太陽高度も5度以上低いので，11，12月の日射量が明らかに少ないことがわかる。

筆者はこの日射量の違いが保温開始後の生長量の変化に大きく影響していると見ている。根の生長の項で後述するが，イチゴでは光合成産物が優先的に果実へ分配されるため，開花結実した状態で光合成産物が不足すると葉や根の生長が著しく抑制される（峰岸ら，1982）。光合成量と光合成産物の分配が葉の生長に与える影響が，半促成栽培における休眠の問題を複雑にしている最大の要因と考えられる。

温暖な低緯度地域では，冬季の日射が豊富

で生育に適した条件が整いやすいため、低温による休眠打破が不十分でも果実と茎葉の生長を維持するだけの光合成産物が確保される。しかし、日本の高緯度地帯では日射量が不足するうえに、最低気温を維持したとしても日中の気温が低く、平均気温としては低くならざるを得ない。結果的に、春になって日射・温度ともに好適な条件が確保されるようになるまで茎葉の生長が劣るため、「低温による休眠打破が不十分」な状態が続くことになるのであろう。

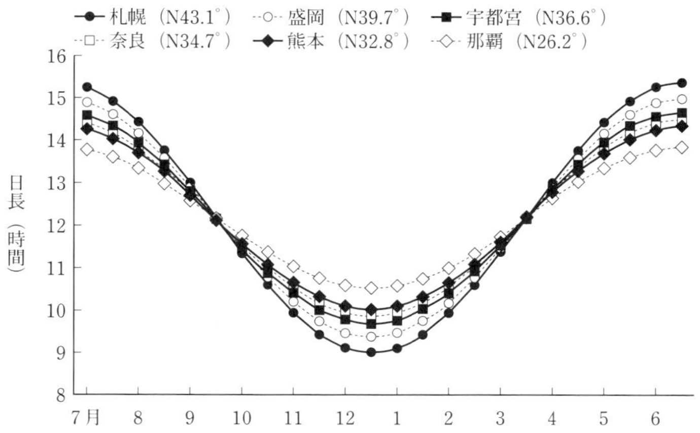

第11図 日本各地の日長（日の出から日没までの時間）の季節変化
（国立天文台ホームページから作図）

(2) 休眠の程度と成り疲れの関係

イチゴの休眠が相対的であり、品種によってその様相が大きく異なることについてはすでに述べた。とくに、促成栽培用に近年育成された品種はほとんど休眠性をもたないといってよく、環境条件を整えれば真冬でも旺盛な草勢を維持することができる。しかし、草勢の旺盛な品種であっても2月から3月中ごろにかけては草勢が低下し、「成り疲れ」が発生することが多い。

一般的には休眠が深い品種ほど成り疲れを起こしやすい。休眠が深い品種とは休眠覚醒のための低温要求量が多い品種を意味するが、低温・寡日照条件下でわい化しやすく、低温伸張性が劣る品種ということになる。中間型品種といわれた'宝交早生'では、一次腋果房収穫後に成り疲れで収穫が途切れることは当たり前のことであった。しかし、'章姫'や'紅ほっぺ'のような品種は休眠性がほとんどなく、草勢が強いため、厳寒期においても成り疲れを起こしにくい。ただし、'宝交早生'でも早期収量を重視した作型でなければ、成り疲れを起こしにくいことから、温度や日長が主要因ではないといえる。実際に、四季成り性品種の夏秋どり栽培においても着果過多が原因としか考えられない「成り疲れ」の症状が散見される。

「成り疲れ」という呼び名のとおり、草勢低下のおもな原因は着果過多あるいは寡日照による光合成産物不足である。第11図に示したように、日長は冬至の日にもっとも短く、太陽高度も低くなって地表面に到達する日射量が最低になる。促成栽培ではクリスマス前、つまり冬至のころに収穫のピークを迎えることが望まれるが、通常この時期には腋果房が開花して着果負担が大きくなる。イチゴは果実のシンク活性が大きく、'宝交早生'では光合成産物のほとんどが果実に転流し、果実肥大に伴って根が急速に衰えることが明らかにされている（峰岸ら、1982）。同時に地上部の生長量が減少して新しく展開する葉が小さくなる。ただし、新葉の小型化は早い段階から起こっている場合でも、先に展開した葉が十分機能している間は、わい化した草姿とはならない。頂果房の果実が肥大し始めるまでに展開した葉が老化して黄化・枯死し始める1月ころから草丈が急激に短くなりわい化した草姿となる。

いったんわい化すると日射量と葉面積が不足して個体としての光合成量が減少するため、草勢の回復には長い時間が必要となる。成り疲れを回避するためには、CO_2施肥などの環境調節によって光合成量を確保するとともに、摘果によって着果負担が過剰にならないよう管理することが重要といえる。

生育のステージと生理，生態

(3) 根の生長と役割

植物にとって根のもっとも重要な機能は養水分の吸収であり，根全体のなかでは根毛がある先端に近い部分の養分吸収能力が高い。水分は老化した根の表面からも吸収することができるが，土壌中の養分を吸収するためには，作土全体に細根を伸ばし，新しい根の先端を広く拡散した肥料成分と接触させる必要がある。土壌の物理性を改善して「根張り」をよくすることが必要といわれるゆえんであろう。イチゴで根の

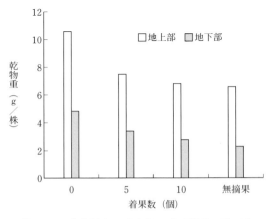

第12図　宝交早生の地上部と地下部重に及ぼす
　　　着果負担の影響　　　（峰岸ら，1982から作図）

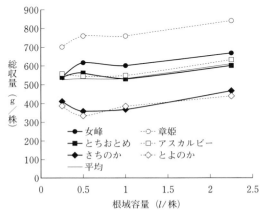

第13図　根域容量がイチゴの収量に及ぼす影響
　　　　　　　　　　　　　　（吉田ら，2004）
0.25, 0.5, 1l/株は4, 5, 6号ポットに2株定植，2.25l/
株は18l入りピートバッグに8株定植

詳細について調査した事例は少ないが，ライ麦の根の表面積は1個体の葉面積のじつに100倍に達し，根毛の表面積はさらにその1.5倍もあるという報告がある（Dittmer, 1937）。イチゴでも細根や根毛まで含めれば，根の表面積は葉面積の100倍以上になると考えてよいだろう。

自然条件下のイチゴは，花芽分化後に地上部の生長量が低下して休眠するが，秋から冬にかけて光合成産物は根に転流し，根量が増加して糖やデンプンが根に蓄えられる。春の再生長と開花結実に備えて貯蔵養分を蓄積することも根の重要な機能の一つといえる。しかし，促成栽培条件下ではほとんどの光合成産物は果実へ転流し，頂果房の果実肥大に伴って根の貯蔵養分も果実に移行するため，根量が急速に減少することが確かめられている（峰岸ら，1982）。開花期までに根に蓄積された炭水化物も果実の生長に利用されており，着果負担が大きいほど根重（第12図）と炭水化物濃度の減少が著しくなる。寡日照期における根の活性低下は成り疲れの原因というより，結果であるといえる。ただし，根量の減少による養水分吸収能の低下は草勢の衰えを助長する大きな要因であり，3月以降の草勢回復を遅らせる原因となる。

植物体の蒸散に見合った水と，光合成量に見合った無機養分を吸収するためには，多大な表面積をもつ根が必要とされる。しかし，養水分吸収に必要な表面積さえ確保されれば十分ということもでき，根の量は多いほどよいとも言い切れない。光合成器官でも収穫対象でもない根に必要以上のエネルギーをつぎ込むことは，イチゴの果実生産にとっては無駄という見方もできる。実際に日射比例給液制御下で養液栽培を行なった場合，株当たりの培地量を2lから250mlまで低下させても収量は15％程度減少するにすぎない（第13図）。12cmポットに2株植えであっても，18lピートバッグに8株植えに近い収量を得ることが可能であり，根域が小さくて根の生長が抑制されても，果実の生産性に対する影響は限られているといえる。

ただし，根は炭水化物の貯蔵器官として寡日照期の光合成産物不足を補う機能を担ってお

り，開花始めまでに充実した根群を発達させることは促成栽培前半の果実生産にとって重要であることは間違いない。春以降の日射量増大期にあっても一時的な天候不順による光合成産物不足を補償する機能をもつと考えてよいだろう。天候は日々変化して日射量が不安定な自然を相手に安定した生産性と果実品質を維持するためには，摘果によって着果量を調整し，一定以上の根量を維持することが重要といえる。

(4) 電照による草勢制御

イチゴは長日条件下で葉面積の拡大や葉柄の伸長，ランナー発生などが促進される。促成栽培では短日と低温による休眠突入を回避し，葉面積を拡大して光合成能力を維持するため，一般的に電照による長日処理が行なわれる。花芽分化の項で述べたように，一定温度以下であれば長日によって花芽分化が抑制されることはなく，イチゴは促成栽培条件下で連続的に花房を発生させる。

短日植物においては，明るい時間の長さに意味があるのではなく，夜間の連続した暗期の長さが重要な意味をもっていることが知られており，光中断（正確には暗期中断）による長日処理を行なうことが多い。キクをはじめ電照で長日処理を行なう場合，夕方からの日長延長より，光中断のほうが短い点灯時間で効果を得られる。イチゴの葉面積拡大と葉柄伸長に対しては，深夜2時間程度の光中断が16時間の日長延長とほぼ等しい効果を発揮する。1時間のうち5～10分の点灯を12回程度繰り返す間欠電照でも同様の効果が得られるが，光が弱いと電照効果にムラが生じやすい。

植物の日長反応には，フィトクロムが強く関与しており，この色素が吸収するピークとなる波長650nm付近の赤色光と700～800nmの遠赤色光が大きな影響を及ぼす。一般的に植物の長日処理に用いられる白熱電球はこれらの波長の光を多く含んでいるが，電球型の蛍光灯やLEDがだす光には人間が明るいと感じる波長しか含まれていない。したがって人間が感じる明るさ（照度）が同じであれば，蛍光灯より赤色光を多く含む白熱電球が大きな効果をもっている。一部で試験的に利用された結果を見ていると，人間が感じる照度として同じ程度の能力をもつ電球型の蛍光灯やLEDは，電球色のものであっても，白熱電球と比較して効果が劣るようである。

近年，白熱電球の生産を打ち切るメーカーも出始め，農業用の電球の生産がいつまで継続されるか危ぶまれる状況が生まれつつある。遠赤色光を含むLED電球も開発されているようであるが，まだまだコスト面で問題がある。省エネルギー型光源の利用については点灯方法などについて十分な検討が必要と思われる。

執筆　吉田裕一（岡山大学）

2012年記

果実の発育と品質

1. 受粉・受精と花粉稔性

イチゴの花が開花すると，ミツバチなどの訪花昆虫によって雌ずいが受粉して結実に至る。'愛ベリー'などの特殊な例をのぞけば，イチゴの雌ずいは開花2日前ぐらいから受精能力をもつようになり，気温によって異なるが開花後4～5日間はその能力を保持し続けると考えてよい（吉田ら，1991）。一方，花粉についてみれば，低温期には開花当日の午後に外側の葯から開き始め，天気が良くミツバチが飛んでいれば，開花後2日間で花粉はほとんどなくなっている。花粉の寿命については明らかではないが，以前に筆者が交配のために採取した花粉は，乾燥条件で貯蔵すれば室温でも5日以上交配に用いることができたので，花粉の寿命はかなり長いと考えられる。栽培上花粉や雌ずいの寿命が問題になることは少なく，問題になるのは，まず花粉の稔性（発芽力）低下による不受精果の発生である。

イチゴのハウス・トンネル栽培が急速に普及した1960年代には，受精不良による奇形果が多発したため，受粉・受精との関係でイチゴの花粉稔性について'宝交早生'を中心に検討された。しかし，受粉にミツバチが用いられるようになって以来，'女峰'など一部の品種を除けばイチゴの不受精果はあまり大きな問題になっていない。'女峰'の場合は，成り疲れの症状が現われる時期に開花する2次腋花房で不受精果が多発することが，発表当初から問題とされた。他の品種と比較して花粉稔性が低いことが明らかにされており（第1図），不受精果発生の根本的な原因は花粉稔性の低下といえる。ただし，開花期の農薬散布や野焼きの煙などはミツバチの活動を抑制し，不受精果の発生を助長する。

イチゴの花粉稔性低下の原因としては，低日射，低温，多窒素などが指摘されている。とくに，開花前2日間の日射量が大きく影響し，着果負担が最大となり，日射量が少ない12月から2月頃に著しく低くなる（第2図）。また，

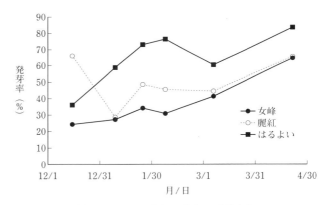

第1図　イチゴ花粉発芽率の季節変化

(赤木ら，1985)

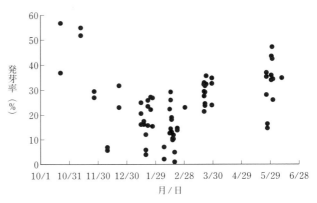

第2図　女峰花粉発芽率の季節変化

(吉田・谷本，1999)

15棟の土耕ハウスの調査結果

生育のステージと生理，生態

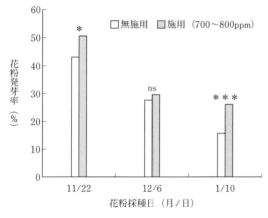

第3図　女峰の花粉稔性に及ぼすCO_2施用の効果
（吉田・谷本，1999）
ns，＊，＊＊＊それぞれ有意差なし，5％，0.1％水準で処理区間に有意な差があることを示す

CO_2施用によって花粉稔性が高まることから（第3図），雄ずい・花粉へ転流する光合成産物の不足が花粉稔性低下の最大の原因であるといってよい。成り疲れで草勢が低下した株では，開花してくる花も貧弱で雄ずいや雌ずいがまったく存在しない花もしばしばみられる。'章姫'でも2月から3月にかけて発生する着色ムラが問題とされるが，この原因も花粉稔性低下による受精不良であろう。12月から2月の低日射期には，過度の着果負担を避け，発育中の花房や根，新展開葉など果実以外の生長部位に十分な光合成産物が供給されるような条件を整えることが重要といえる。

2. 果実の肥大と成熟

イチゴの可食部である果床は茎が変化した組織であり，多くの果実と同様に生長中の胚で形成されるオーキシンの刺激が肥大のために必要である。受粉後に一部を残して雌ずいを除去すると，正常な雌ずいが着生した部分だけが肥大するというNitsch（1950）の実験はあまりにも有名である。鳥や小動物は種子ごと果実を摂取し，離れたところに糞とともに種子を排泄する。イチゴの果実が赤く着色して糖を蓄積するのは，他の果実と同様に正常な種子の散布範囲を拡大して分布域を広げるための生存戦略といえる。

（1）果実の生長

第4図は12月と3月に開花したイチゴ果実の生長のようすである。12月に無加温ハウスで開花した果実は成熟まで60日以上必要だが，3月だと1か月あまりで成熟する。植物学的な意味で本来の果実である痩果（①）と可食部である果床の細胞（②），果実全体（③）の肥大のようすと，果実の生体重（④）および果実表面の痩果密度（⑤，表面積の逆数）を示している。④と⑤は縦軸が対数であることに注意してほしい。

正常に受粉・受精した果実では，開花5日後ぐらいから，まず痩果の子房が急速に生長し始める。子房の生長は10日程度続き（①），成熟した果実の痩果（いわゆる種子）とほぼおなじ大きさに達したころから，内部の胚が急速な生長を開始する。同時に，花床（果床）細胞の急速な肥大が始まり，果実の成熟まで細胞は肥大を続ける（②）。個々の細胞は子房と同様にsigmoid型の生長曲線を描き，完熟期には生長速度が低下するが，着色してからもわずかだが肥大を続ける。果実全体としてみると，10日目頃から肥大速度が増加してsigmoid型の生長曲線を描く（③）。低温期に開花した場合には，子房の生長停止と花床の生長開始の間に時間差が生じるため，果実全体としてはdouble-sigmoid型の生長曲線を描くが，高温期には子房の生長停止前に花床の急速な肥大が始まるため，single-sigmoid型の生長曲線を描くことになる。果実重は糖蓄積が始まるまで幾何級数的に増大し（④），開花時には600個/cm^2程度であった果実表面の痩果密度は完熟した果実では10個/cm^2以下にまで低下する（⑤）。

品種間で比較すると，果床の細胞の大きさに大きな差はみられず，大果系の'愛ベリー'は果実径と果実重が大きいが，痩果密度には差がなく，果肉組織の細胞は'女峰'よりやや小さい。季節による違いをみると，開花時の果実重の違いが目を引く（④）。12月には70mg程度

果実の発育と品質

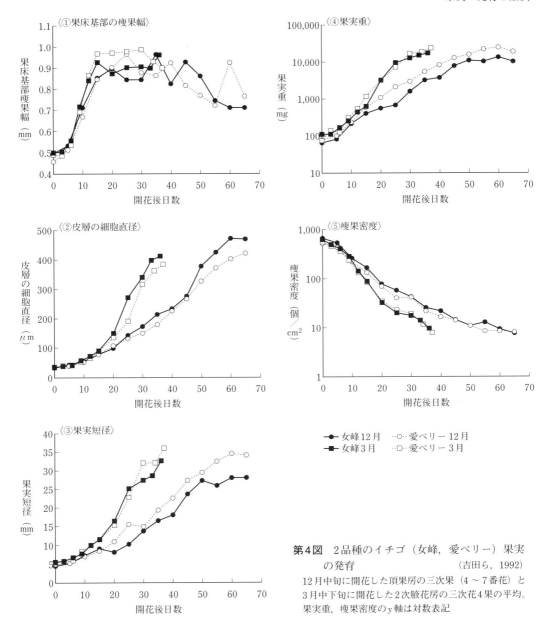

第4図 2品種のイチゴ（女峰，愛ベリー）果実の発育　　　　　　　　　　（吉田ら，1992）
12月中旬に開花した頂果房の三次果（4～7番花）と3月中下旬に開花した2次腋花房の三次花4果の平均。果実重，瘦果密度のy軸は対数表記

であったものが3月には約110mgと1.5倍になっている。細胞の直径も5％程度だが3月が大きく，高温条件化では，開花までの花芽発育過程における果床組織の生長が早まっているものと考えられる。次に述べる果実成熟に必要な積算温度については，開花前の温度条件も考慮することが必要なのかもしれない。開花後1週間は瘦果を含めた果実の生長速度にほとんど差が認められない。その後は，高温条件下で瘦果の生長が早まり，15日後ころから果床の肥大速度にも差が現われるようになる。

イチゴ果実の成熟に必要な積算温度は品種によって異なるが，'宝交早生'で500～700℃，平均気温20℃で開花後30日程度必要とされている。ただし，7℃以下の温度は果実の成熟にほとんど影響せず，気温が低い時期ほど必要

生育のステージと生理，生態

な積算温度が大きくなる（森下・本多，1979，1985）。7℃以上を有効積算温度としたとき，'はるのか'は365℃，'宝交早生'は346℃と明らかに品種間に早晩性の差が認められる。近年の促成栽培用品種のなかでは'さがほのか'の果実が明らかに早く成熟し，'さちのか'は長い時間を必要とする。

(2) 果実の糖蓄積と有機酸濃度

第5図は第4図に示した果実と同時に糖濃度を調査した結果である。果実への糖蓄積は，痩果中の胚が成熟し，果床の生長速度が低下するころから始まる。糖の蓄積パターンは，'女峰''麗紅'のように果実の着色開始とほぼ同時にスタートして完全に着色するまで糖濃度が上昇するタイプと'とよのか''愛ベリー'のように着色開始の少し前から糖蓄積が始まるタイプの2つに分けることができる。'女峰'のようなタイプは完全に着色しなければ十分な品質に達しないため，食味の安定性という面では劣るといえるかもしれない。また，'愛ベリー''麗紅'のように成熟にともなってショ糖だけが急激に増加するタイプと'女峰''とよのか'のように比較的ショ糖が少なく，果糖・ブドウ糖も同時に増加するタイプがある（第6図）。

果実の有機酸濃度は開花後の時間の経過とともに減少する傾向にある（第7図①，③）。促成栽培で12月から2月にかけて収穫される果実は有機酸が少ないが，温度が高く，短期間で成熟する3月以降は酸味の強い果実となる。有機酸の濃度には品種間に明確な差があり，かつては地域によって嗜好性にも差がみられた。'ダナー'が主流であった関東では比較的酸味の強い果実が，'宝交早生'が主流であった関西では酸味の少ない果実が流通したという事情もある。しかし，酸味の強弱に対する好みの違いがもともとあり，その結果として，東の'女峰'，西の'とよのか'という棲み分けが起こったといえる。関東の'とちおとめ'と中部以西の'章姫''さがほのか'という現在の主要品種の構成もその延長線上にあるとみてよい。

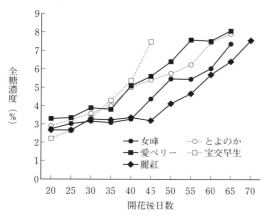

第5図　イチゴ果実の糖濃度の変化
（吉田ら，1992）
12月中旬に開花した頂果房の三次果（4〜7番花）

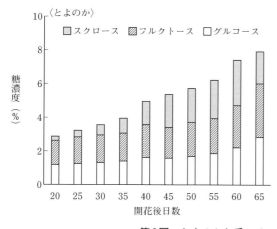 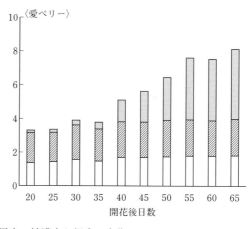

第6図　とよのかと愛ベリー果実の糖濃度と組成の変化　　　（吉田ら，1992）

果実の発育と品質

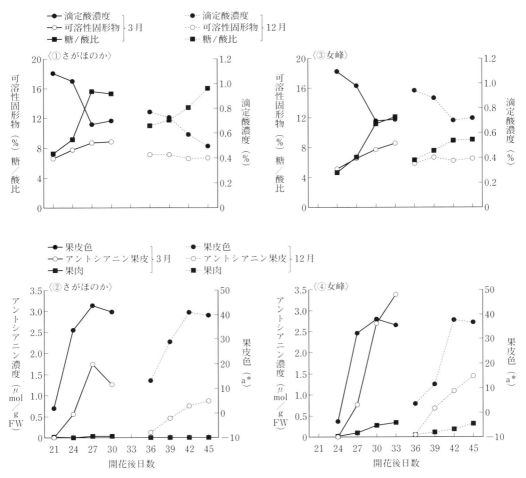

第7図　女峰とさがほのかの果実発育過程の季節変動　　　　　　　　（吉田・吉本，2008）
12月下旬（1次腋花房），3月中旬（3次腋花房）に開花した二次果（二，三番果）
果実発育期後半の平均気温と日平均日射量はそれぞれ15.5℃，17.4℃と1,360Wh/m²，2,790Wh/m²

果実中の有機酸はクエン酸が主で全有機酸の60～95％を占め，残りのほとんどはリンゴ酸で，コハク酸は痕跡程度である。リンゴ酸はクエン酸よりやや刺激が強いとされ，その比率には品種間に差が認められるが，イチゴの食味に対する影響は明らかではない。

（3）果実の着色とアントシアニンの蓄積

イチゴ果実に含まれる色素はアントシアニンで，第8図に示したペラルゴニジン-3-グルコシド（PG），シアニジン-3-グルコシド（CG）とそれらがアシル化したペラルゴニジン-3-マロニルグルコシド（PMG），シアニジン-3-マロニルグルコシド（CMG）の4種が単離同定されている（Yoshida & Tamura, 2005）。このうちPG，CGはすべてのイチゴ品種に比較的多量に存在し，それぞれ全アントシアニンの50～90％，5～10％程度含まれる。アシル化したPMGの存在比率は品種による違いが大きく，'とよのか''さちのか''愛ベリー'などは痩果にわずかな量が存在するだけだが，'女峰''章姫'のように全アントシアニンの20～30％を占める品種もある（第9図）。そのほかにも微量であるが，構造の異なるアントシアニ

生育のステージと生理，生態

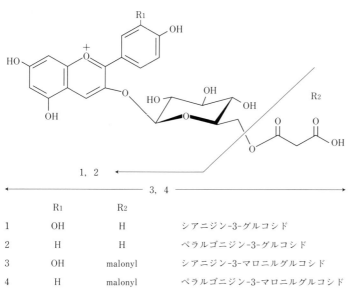

	R1	R2	
1	OH	H	シアニジン-3-グルコシド
2	H	H	ペラルゴニジン-3-グルコシド
3	OH	malonyl	シアニジン-3-マロニルグルコシド
4	H	malonyl	ペラルゴニジン-3-マロニルグルコシド

第8図　イチゴ果実に含まれる主要なアントシアニンの構造

ンが10種類程度存在することが明らかにされている（Bakkerら，1994）。色としてはペラルゴニジンが鮮紅色でシアニジンはやや青みを帯びた色調だが，アントシアニンの組成と果色の関係については明らかではない。

イチゴ果実の着色は，糖濃度の増加とほぼ同時に始まる（第7図②，④）。まず痩果が着色し始め，その後，果頂部の果皮から基部へと進み，引き続き内部の果肉でアントシアニンの蓄積が起こる。欧米では果肉色の薄い品種をみかけることはほとんどないが，近年日本で育成された品種は'とよのか'や'さがほのか'のように果肉の着色が劣るものが増えている（第9図）。

とくに'さがほのか'を育種親に用いた最近の品種にその傾向が強いと思われる。日本ではじめて育成された'福羽'は果肉が真っ赤に着色するという点が重要な選抜の目標であったといわれているが，'とよのか'が定着してから「真っ赤なイチゴがおいしいイチゴ」という意識が日本の消費者に薄れてきたことが影響しているのであろう。ただし，後述するアントシアニンの渋味や果実の「黒ずみ」が選抜に影響している可能性も否定できない。

果実中のアントシアニン濃度，組成と果色の関係については多くの問題が残されている。一般的には，'愛ベリー'や'女峰'のように果色の濃い品種ほどアントシアニン濃度は高い（第7図）。ただし，果肉が着色しない品種の場合には必ずしもあてはまらない。また，ある程度着色が進んだあとは果実表面ではなく果肉内部でアントシアニンの蓄積が進むことが多いため（第9図），一定以上の濃度になっても外観上はわずかな変化しか認められない品種も多い。一方，'愛ベリー''麗紅'などの品種は過熟になると果実の外観が明らかに黒ずんだ色に変化して商品性が低下するが，色差計の測定値としては小さな変化しか捉えられない。この果実の黒ずみについては，明らかに品種間差が認められるが，その原因については明らかではない。

イチゴの着色不良果は，白ろう果，色ムラ果，まだら果などさまざまな名称で呼ばれているが，いずれも直接的には不十分なアントシアニン生成に起因する。これらの着色不良果は厳寒期に多発することから，その原因として低温が指摘されている（伏原・高尾，1991）。第7図に示したように，11月に開花し12月に収穫した果実は2月，3月の果実と比較してアントシアニン濃度が明らかに低い。果実を直接加温することによって日のあたらない面の着色が改善されることから，低温で果実のアントシアニン生成が抑えられることは間違いないであろう。

しかし，われわれが行なった実験では最低気温5℃と10℃ではほとんど差が認められず，温度よりむしろ光の影響が大きいという結果が得られている（吉田・吉本，2008）。ひなた面は濃く着色し，マルチに接した日陰の部分はわずかしか着色していない果実はよくみかけられ，'とよのか'など果色の淡い品種では着色不良対策として玉だしや内成り栽培などが行なわれ

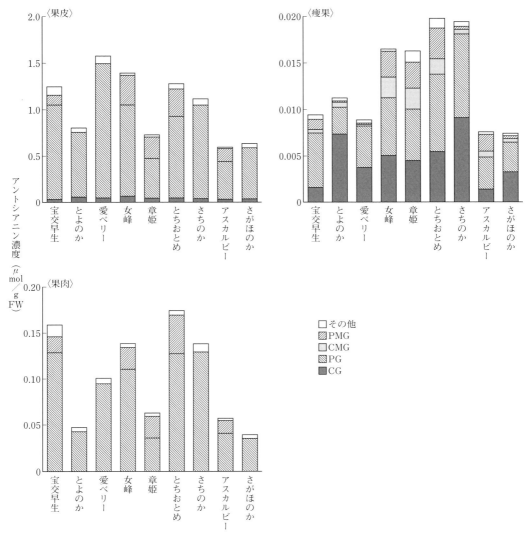

第9図 イチゴ果実の部位別アントシアニン濃度と組成の品種間差異　　（吉田，2005）
発表（登録）年は宝交早生：1957年，とよのか：1984年，愛ベリー：1985年，女峰：1985年，章姫：1992年，とちおとめ：1996年，さちのか：1996年，アスカルビー：2000年，さがほのか：2001年
CG：シアニジン-3-グルコシド，PG：ペラルゴニジン-3-グルコシド，CMG：シアニジン-3-マロニルグルコシド，PMG：ペラルゴニジン-3-マロニルグルコシド

ている。痩果の着色には光が不可欠だが，果床組織は暗黒条件下でもある程度着色する。光としては紫外線とともに赤色光の作用が大きく，とくにシアニジンの生成に大きな影響を及ぼすようだが，品種によって赤色光と紫外線に対する反応が異なっている（第10図）。

また，赤色光による着色促進のためには比較的強い光が必要であることから，光の直接的な作用に加えて光照射による果実表面温度の上昇も相乗的に作用している可能性が高い。

(4) その他の成分と食味

イチゴはビタミンCが豊富な食品として広く知られている。濃度が高いものでは100g当たりで80mg以上になり，レモンの3倍近くに達する。また，ポリフェノールの一種であるエラ

生育のステージと生理,生態

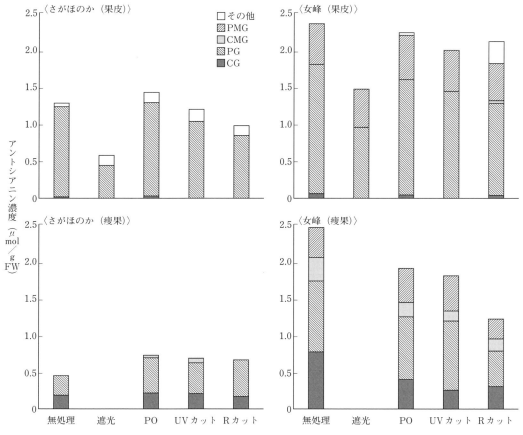

第10図 さがほのかと女峰果実におけるアントシアニン生成に及ぼす光の影響
(吉田・吉本, 2008)

完全遮光:アルミフォイル,通常POフィルム,紫外線(UV)カットフィルム,赤色光(R)カットフィルム(青色ポリエチレン)

グ酸が0.9〜1.5mg/gFW含まれており,アントシアニン,ビタミンCとともにイチゴの抗酸化活性のかなりの部分を占めている(豊福ら,2005)。

イチゴは学名の由来どおり,優れた芳香をもっている。その香りのベースとなる重要な香気成分は,甘い香りを有するfraneol,柑橘の香りを有するlinalool,青臭い匂いを有するcis-2-nonenal,ラクトン系の香気を有するγ-decalactone, γ-dodecalactoneなどであることが明らかにされている(Fukuharaら,2005)。

多くの果物と同様に,イチゴの食味にもっとも大きく影響するのは糖と有機酸の濃度であり,糖酸比(可溶性固形物濃度/有機酸濃度)が食味の指標としてよく用いられている。温州ミカンでは8,トマトでは12程度が適するとされており,酸が少なくて糖酸比が高すぎるとむしろ評価が下がることがある。好みの問題ではあるが,イチゴの場合も糖酸比が15を超えると酸味の爽やかさが感じられなくなり,甘さが過剰でくどいと感じる部分が現われる。

総合的なイチゴの食味には,糖の甘味,酸の爽やかさ,香りなどが影響するが,もうひとつ食味に影響する大きな要因として,アントシアニンが示す「渋味」がある。近年の品種のなかで'紅ほっぺ'と'福岡S6号'は果実の中まで赤く,クセのないあっさりした食味に偏って

いる多くの品種とは一線を画しているようである。食味はあくまでおいしいと感じるかどうかという個人の感覚であり，適度な酸味と渋味をもち「コク」のあるイチゴと甘さを強く感じる「クセ」のないイチゴに優劣をつけることは難しい。育種の進展によってそれぞれに個性をもった多数の品種が育成された結果，消費者にとっては選択肢が広がり，選ぶ楽しみが増えるというメリットをもたらした。生産者の側からみると，いずれの品種も耐病性・収量性などのつくりやすさと食味・外観といった商品性に一長一短があり，品種選択の難しさが突きつけられているといえる。

*

最後にイチゴの食べ方について一言つけ加えておきたい。イチゴの成熟は果頂部（先端）から進み，先端ほど糖度が高く，香りも強い。ヘタに近づくほど糖度が低く，香りも弱くなるため，別々に食べればだれが食べても先端部分がおいしいと感じる。最近テレビなどで，大きなイチゴのヘタを取り除き，「ヘタの部分から食べて最後においしい先端を食べると全部がおいしく味わえる」という場面をときどきみかける。筆者の経験からいうと間違いであるとしかいえない。味の薄い基部が口の中に残っているうちに，香り，甘さに勝る先端をあとで食べると味も香りも薄まってしまう。先端を先に口に入れて強い香りを感じて味覚を十分に刺激し，その感覚が残っているうちに基部を食べてしまうほうが，間違いなく筆者の味覚を満足させることができる。聞くところでは，市場関係者がおいしくないイチゴを識別するための食べ方が誤って伝わったということだが，その真偽のほどは定かではない。

執筆　吉田裕一（岡山大学）

2012年記

おもな参考文献

赤木博・大和田常晴・川里宏・野尻光一・安川俊彦・長 修・加藤昭. 1985. イチゴ新品種「女峰」について. 栃木農試研報. **31**, 29―41.

浅井繁利・田中幸孝. 1965. 北九州を中心とした半促成栽培の問題点〔1〕. 農および園. **40**, 1404―1408.

Bakker, J., P. Bridle and S. J. Bellworthy. 1994. Strawberry juice colour: A study of the quantitative and qualitative pigment composition of juices from 39 genotypes. J. Sci. Food and Agric. **64**, 31―37.

Dittmer, H. J. 1937. A Quantitative Study of the Roots and Root Hairs of a Winter Rye Plant (Secale Cereale). Am. J. Bot. **24**, 17―20.

藤本幸平. 1971. イチゴ宝交早生の生理生態的特性の解明による新作型開発に関する研究. 奈良農試特別研報.

伏原肇・髙尾宗明. 1988. イチゴの夏期低温処理栽培に関する研究（第2報）. 低温処理時期が収量, 品質に及ぼす影響. 園学要旨. 昭63春, 356―357.

伏原肇・髙尾宗明. 1991. 促成イチゴの着色不良に関する研究（第2報）. 着色不良果の発生に及ぼす環境条件の影響. 福岡農総試研報. B-11, 1―4.

Fukuhara, K., X. Li, M. Okamura, K. Nakahara and Y. Hayata. 2005. Evaluation of odorants contributing to 'Toyonoka' strawberry aroma in extracts using an adsorptive column and aroma dilution analysis. J. Japan. Soc. Hort. Sci. **74**, 300―305.

本多藤雄・二井内清之. 1964. そ菜の施肥量に関する研究（第1報）. 半促成トマトおよびイチゴの施肥量と吸収量, 残量との関係について. 園試報. D2, 69―89.

本多藤雄. 1977. 生理, 生態から見たイチゴの栽培技術. 誠文堂新光社.

伊谷慈博・吉田裕一・藤目幸擴. 1998. ロックウール栽培におけるイチゴの生長, 収量と果実品質に及ぼすCO_2施用の影響. 生環調. **36**, 125―129.

Ito, H. and T. Saito. 1962. Studies on the flower formation in the strawberry plants. I. Effects of temperature and photoperiod on the flower formation. Tohoku J. Agr. Res. **13**, 191―203.

Janick, J. and D. A. Eggert. 1968. Factors affecting fruit size in strawberry. Proc. Amer. Soc. Hort. Sci. **93**, 311―316.

Jonkers, H. 1965. On the flower formation, the dormancy and the early forcing of strawberries. Med Landbwg Wageningen. **65**, 1―71.

垣渕和正・吉田裕一・内田徹・網本邦広・藤目幸擴. 1994. 植物工場におけるイチゴの周年生産に関する研究（第1報）. '愛ベリー'の花房発生に対する日長の影響. 植物工場学会誌. **6**, 241―246.

川島信彦. 1991. 施設内におけるCO_2施用に関する研究（第3報）. イチゴの生育に対する効果. 奈良農試研報. **22**, 65―72.

木村雅行・藤本幸平. 1968. イチゴの矮化現象に関する研究（第1報）. 矮化突入におよぼす日長ならびにCCC (2-chloroethyl trimethylammonium chloride) の影響について. 奈良農試研報. **2**, 17―23.

木村雅行. 1984. 生育のステージと生理, 生態. 農業技術大系. 野菜編3. イチゴ. 農山漁村文化協会. 基19―112.

小西国義. 1982. 植物の成長と発育. 養賢堂.

Lieten, F. and C. Misotten. 1993. Nutrient up take of strawberry plants (cv. Elsanta) grown on substrate. Acta Hort. **348**, 299―306.

前川寛之・峯岸正好. 1991. イチゴの花成誘導期における施肥の影響. 奈良農試研報. **22**, 43―48.

増田芳雄. 1988. 植物生理学改訂版. 4章3節. 無機塩類. 136―155. 培風館.

峰岸正好・泰松恒男・木村雅行. 1982. イチゴ宝交早生の促成栽培における根の生育と果実生産について. 奈良農試研報. **13**, 21―30.

望月龍也. 2001. イチゴ. 野菜園芸ハンドブック. 西貞夫編. 養賢堂. 613―640.

森下昌三・本多藤雄. 1979. イチゴの果実成熟のための有効積算温度. 農および園. **54**, 1399―1340.

森下昌三・本多藤雄. 1985. 促成イチゴの成熟に関する研究. 野菜試験場報告. C8, 59―69.

内藤恭典・安芸精市・新居清. 1968. イチゴのハウス半促性栽培におけるビニール被覆時期が生育・収量におよぼす影響. 徳島農試研報. **10**, 79―

84.

Nitsch, J. P. 1950. Growth and morphogenesis of the strawberry as related to auxin. Amer. Jour. Bot. **37**, 211—215.

大井美知男・高橋敏秋・川田芳子・吉田裕一. 1990. 気温・日長・窒素栄養に対するイチゴの花成反応の品種間差異. 園学要旨平2秋. 502—503.

施山紀男・高井隆次. 1986. イチゴの発育とその周期性に関する研究. 野菜試報. **B6**, 31—77.

田中康隆・水田昌宏. 1979. 促成長期栽培におけるイチゴ宝交早生の栄養生理に関する研究（第3報）. 三要素の施肥効果について. 奈良農試研報. **10**, 38—45.

豊福博記・曽根一純・山口博隆・沖村誠・北谷恵美. 2005. イチゴの抗酸化活性におけるエラグ酸の構成比率. 九農研. **67**, 153.

上野善和. 1962. イチゴの花成と栄養生長に関する研究（第3報）. 補助光の強さと花芽分化. 園学雑. **31**, 223—226.

吉田裕一・後藤丹十郎・中條利明・藤目幸擴. 1991. イチゴ雌ずいの形態と受精能力の開花後の変化. 園学雑. **60**, 345—351.

吉田裕一. 1992. イチゴの花器および果実の発育に関する研究―'愛ベリー'の奇形果発生を中心として―. 香川大農紀要. **57**, 1—94.

吉田裕一・西田育代・中條利明・藤目幸擴. 1992. イチゴ数品種のそう果と花床の生長および糖蓄積. 園学雑. **61**（別1）, 366—367.

Yoshida, Y., Y. Morimoto and K. Yokoyama. 1995. Soil organic substances positively affect carbon dioxide environment in greenhouse and yield in strawberry. J. Japan. Soc. Hort. Sci. **65**, 791—799.

吉田裕一・難波頼広. 1995. イチゴ群落の光合成に関する研究（第1報）. 簡易型半閉鎖式同化箱による群落光合成速度の測定. 園学雑. **65**（別1）, 356—357.

吉田裕一. 1996. イチゴ育苗の分業化. 多年生園芸作物の生体反応に基づく生産の場の拡大. 矢澤進編. 科研費成果報告書. 84—94.

吉田裕一・尾崎弘幸・森本義博. 1997. 促成栽培イチゴにおける地力窒素及び有機質肥料, 液肥中の施肥窒素の肥効発現. 香川大農学報. **49**, 1—13.

吉田裕一・原圭美・ワサナ ナ ファン・伊谷慈博・川田和秀. 1998. 香川型イチゴピート栽培システム"らくちん"の開発（第5報）. '女峰'の収量, 果実品質と養水分吸収に及ぼすCO_2施用と栽植密度の影響. 園学雑. **67**（別2）, 315.

吉田裕一・谷本圭一郎. 1999. イチゴ'女峰'の花粉稔性の変化と日射量, 気温並びに体内炭水化物, 無機養分濃度との関係. 岡山大農学報. **88**, 39—45.

吉田裕一・花岡俊弘・日高啓. 2002. 培養液組成がピートモス混合培地で栽培したイチゴ'女峰'の生育, 収量と養水分吸収に及ぼす影響. 園学研. **1**, 199—204.

吉田裕一・森本由香里・大井美知男. 2002. トレイ育苗したイチゴ品種の花芽分化に及ぼす気温と日長の影響. 園学雑. **71**（別2）, 372.

吉田裕一・渡邊晃子・森山有希子. 2004. ピート栽培イチゴの生育・収量と果実品質に及ぼす根域容量の影響. 園学中四国支部要旨. **40**, 30.

Yoshida, Y. and H. Tamura. 2005. Variation in concentration and composition of anthocyanins among strawberry cultivars. J. Japan. Soc. Hort. Sci. **74**, 36—41.

吉田裕一・中山雄介. 2007. 促成栽培イチゴにおける心止まり発生の品種間差異について. 園学研. **6**（別2）, 163.

吉田裕一・吉本有里. 2008. イチゴ果実の着色・アントシアニン生成における季節変化. 園学研. **7**（別2）, 264.

吉田裕一・尾崎英治. 2009. 間欠冷蔵処理によるイチゴ'女峰'の花芽分化促進. 園学研. **8**（別2）, 191.

Yoshida, Y. and S. Motomura. 2011. Flower initiation in June-bearing strawberry as affected by crown depth, age and size of tray plants. J. Japan. Soc. Hort. Sci. **80**, 26—31.

イチゴ栽培の基本技術

イチゴ栽培の基本技術

促成栽培の基本技術

本章では，イチゴ生産の主要な作型である促成栽培作型について，生い立ちと現状を簡単に紹介し，基本技術として，根幹となる技術に最近開発された技術を交えて解説する。また，本章の最後に，促成栽培とともにわが国のイチゴ生産を担ってきた技術である半促成栽培について，促成栽培をより深く理解するうえで有用と考え，その概要を解説する。

(1) 促成栽培とは

イチゴの作型は，花成様相と休眠反応の違い，あるいは収穫時期に基づいて，促成栽培，半促成栽培，早熟栽培，普通栽培，抑制栽培（第1表）および夏秋どり栽培に大別されている。

①促成栽培の歩み

わが国最初の促成栽培は，明治時代末期から静岡県久能山近くの駿河湾沿岸地域で行なわれた石垣栽培である。この地域でのイチゴ生産は，大正時代に入って増大し，昭和時代の初めには11月中旬から5月中旬まで収穫が行なわれ，貨物列車で京浜・阪神市場を中心に出荷された（伊藤，1934）。

1950年代は，花芽分化が早く，休眠の浅い'福羽'を用いた促成栽培が広く行なわれ，栽培方法は，コンクリート板を利用した石垣栽培，貫板を用いた雛壇栽培，コンクリート板や木板を用いたフレーム栽培などであった（二宮，1953）。石垣栽培では'エキセルショア'や'ビクトリア'も採用され，花芽分化促進を目的とした移植，施肥制限，高冷地育苗などが行なわれた。1951年のプラスチックフィルムの園芸利用開始以前は，保温はガラス障子，油障子または板戸で被覆し，さらにこもをかけて行なうのが一般的であった。塩化ビニールフィルムを用いたハウス栽培が普及し始めたのは1960年代前半で（萩原，1978），以降，促成栽培作型は，半促成栽培作型とともに急速に発達した。

1960年代は，'福羽'を育成素材とする'紅鶴''堀田ワンダー'などの花芽分化が早く，休眠の浅い品種を用いた促成栽培が行なわれた。当時，生食用果実として品質が優れる'宝交早生'は，上記の3品種と比べて花芽分化がおそく，休眠が深いために，より休眠の深い'ダナー'とともに半促成栽培品種に位置づけられていた。当時の促成栽培用品種の'福羽''紅鶴'および'堀田ワンダー'は，果実品質が半促成栽培用品種の'宝交早生'および'ダナー'と比べて劣っており，半促成栽培用品種の収穫が始まると促成栽培用品種の価格は暴落した。そこで，奈良農試の藤本（1972）は，果実品質が優れる'宝交早生'の促成栽培への適用に着目し，断根や低温暗黒処理による花芽分化促進と電照・ジベレリン処理によるわい化回避技術を根幹とする新しい促成栽培技術を開発した。

その後，'宝交早生'で多くの作型が開発され，1970年代末には，'宝交早生'が栽培面積第1位の品種となり，イチゴの全栽培面積の半分以上を占めた（本多，1979）。さらに，果実の日持ち性と輸送性に優れる'とよのか'と'女峰'が主要品種となる1990年前後まで，'宝交早生'は促成栽培用品種として全国で利用され続けた（第2表）。

1990年代は，東海地域以東で'女峰'，近畿地域以西で'とよのか'が普及し主要品種となった。これらの品種は，いずれも，花芽分化が早く，休眠の浅い促成栽培に適した品種であり，冷蔵庫や空調機を用いて低温条件と短日条件を与える花芽分化促進技術が確立され広く普

イチゴ栽培の基本技術

第1表 2000年代の代表的なイチゴの作型（夏秋どりを除く）

作　型	作型の呼称	定植期	収穫期	おもな品種
促成栽培	（地域と導入技術の組合わせによりさまざま）	8月下旬～9月下旬	11月上旬～5月下旬	とちおとめ，さちのか，紅ほっぺ，福岡S6号，さがほのか
半促成栽培	加温電照半促成	9月上旬	1月下旬～6月上旬	麗紅，さちのか，さがほのか
	低温カット	9月下旬	4月上旬～5月下旬	北の輝
	無加温半促成	9月中旬～10月中旬	2月中旬～6月上旬	麗紅，さちのか，さがほのか，とちおとめ，女峰，とよのか，宝交早生
	株冷半促成	12月上旬	2月下旬～6月上旬	宝交早生
早熟栽培	トンネル早熟	3月中旬～下旬	6月中旬～下旬	きたえくぼ，けんたろう
	ハウス早熟	9月中旬～下旬	4月下旬～6月上旬	北の輝，おとめ心
普通栽培	露地普通	8月中旬～下旬	6月上旬～7月下旬	宝交早生
		9月中旬～下旬	6月上旬～下旬	北の輝
		10月上旬～下旬	5月中旬～6月中旬	宝交早生，ダナー
抑制栽培	長期株冷	8月中旬～9月上旬	10月下旬～12月上旬と4月上旬～6月上旬	宝交早生
			9月中旬～11月中旬と5月中旬～6月中旬	こまちベリー

注　野菜茶業研究所「野菜の種類別作型一覧（2009年度版）」（2010年）を参考に作成
1) 年平均気温が，寒地：9℃未満の地域，寒冷地：9～12℃の地域，温暖地：12～15℃の地域，暖地：15～18℃の地域

第2表 全国イチゴの品種別面積占有率（％）の推移（全農28府県，全農系統扱い）

品　種	品種登録年	1982年	1990年	2000年	2005年	2010年
ダナー	1950[1]	17.0	0.2			
宝交早生	1960[2]	55.0	4.0	1.1		
はるのか	1967[2]	8.0				
麗紅	1976[2]	13.0	5.0	1.2		
とよのか	1984		37.0	42.7	16.5	1.9
女峰	1985		50.0	23.3	2.7	1.0
章姫	1992			6.4	8.9	4.2
とちおとめ	1996			15.0	34.8	32.6
濃姫	1998				1.2	0.9
さちのか	2000			3.9	12.5	10.3
アスカルビー	2000				1.0	1.0
さがほのか	2001				7.9	16.5
紅ほっぺ	2002				1.2	8.0
福岡S6号	2005				10.4	12.2
やよいひめ	2005					1.8
熊研い548	2006					1.4
ゆめのか	2007					0.8
その他	—	7.0	3.8	6.4	2.9	7.4

注　1) 日本への導入年，2) 命名・発表年

導入地域[1]	栽培の特徴
寒地，寒冷地，温暖地，暖地	現在の主要な作型で，花芽分化が早い品種を用い，花芽分化促進技術を利用する。休眠が深まって株がわい化する前に保温を開始する
寒冷地	休眠の最深期後，完全に休眠が打破される前に，定植直後の高温処理（蒸し込み），生育期の電照による長日処理やジベレリン処理を行なって生育と開花を促す。収穫期のほとんどが促成栽培のそれに包含されるため，栽培面積は著しく減少している
寒冷地	
寒地，寒冷地，温暖地	
暖地	
寒地	トンネルやハウスを用いた被覆処理により生育と開花を促す
寒冷地	
寒地	観光農園と加工用品種の栽培で採用されているが，面積はわずかである
寒冷地	
温暖地	
寒冷地，温暖地	12月に株冷蔵を開始し，8〜9月に出庫・定植し10〜11月に収穫する。定植後，秋に分化した花芽は，翌年春に開花・結実し，収穫に至る
寒冷地	

第3表 現在のおもな促成栽培用品種の品種登録年と育成者権者

品種名	品種登録年[1]	育成者権者[2]
宝交早生	1960	兵庫県農業試験場宝塚分場
とよのか	1984	野菜・茶業試験場
女峰	1985	栃木県
章姫	1992	萩原和弘
レッドパール	1993	西田朝美
あかねっ娘	1994	愛知県
彩のかおり	1996	埼玉県
越後姫	1996	新潟県
とちおとめ	1996	栃木県
濃姫	1998	岐阜県
さちのか	2000	（独）農研機構
アスカルビー	2000	奈良県
さがほのか	2001	佐賀県
さつまおとめ	2002	鹿児島県
紅ほっぺ	2002	静岡県
福岡S6号	2005	福岡県
やよいひめ	2005	群馬県
ふくはる香	2006	福島県
熊研い548	2006	熊本県
山口ST9号	2007	山口県
ゆめのか	2007	愛知県
もういっこ	2008	宮城県
あまおとめ	2009	愛媛県
かおり野	2010	三重県
まりひめ	2010	和歌山県
おおきみ	2011	（独）農研機構
こいのか	2011	（独）農研機構
古都華	2011	奈良県
桃薫	2011	（独）農研機構

注 1）命名・発表年，2）育成場所

及した。収穫全期間を通じて，果実の食味が良好で，日持ち性と輸送性に富むこれら2品種の促成栽培が広まったことで，半促成栽培は急速に減少した。一方，1990年代は，全国各地で相次いで促成栽培用品種が開発され始めた時代で，1990年代後半には'女峰'と'とよのか'に代わる新しい品種が導入され始めた。

②現在の促成栽培

2000年代に入ると新品種開発はさらに速度を増した。現在，各産地の主要な促成栽培作型で利用されている29品種のうち，19品種が2000年以降に登録された品種である（第3表）。花芽分化促進処理を行なわなくても花芽が早期分化する品種や，'宝交早生'の促成栽培では必須技術である電照やジベレリン処理を施さなくとも，わい化しにくい品種が多く普及している。

また，作型は，1）品種，2）育苗方法，3）花芽分化促進処理の有無，4）花芽分化促進処理の時期，5）定植時期などにより，細かく分化しており，呼称も地域によりさまざまである。

(2) 花芽分化促進技術

①窒素栄養の制御

窒素栄養は花芽分化の早晩に影響を及ぼし，苗の窒素含有量が少ないと花芽分化が誘導されやすい。第4表は，8月から9月にかけて行なった低温処理のさいに，苗の窒素含有量が花芽分化に及ぼす影響を'とよのか'を用いて調べた結果である。

低温暗黒処理と夜冷短日処理のいずれにおいても，葉柄汁液の硝酸態窒素濃度が低いほど花芽分化が進んでいる。とくに，低温暗黒処理においては硝酸態窒素濃度が1,000ppm以下の場

第4表 苗の窒素栄養条件が低温処理後のとよのかの花芽分化に及ぼす影響

(井上ら，1994)

処理期間 (月/日)	低温処理方法	葉柄汁液の硝酸態窒素濃度 (ppm)	未分化株率 (%)	花芽分化 程度[1]	花芽分化 変動係数 (%)
8/10～30	低温暗黒[2]	96	10	1.5	47
		313	20	1.0	64
		743	30	1.0	74
		4,326	50	0.6	104
	夜冷短日[3]	96	0	1.5	47
		313	0	1.3	43
		743	0	1.2	34
		4,326	50	0.5	136
8/30～9/17	低温暗黒[2]	33	0	1.9	32
		153	0	1.6	37
		1,154	20	1.1	72
		4,727	60	0.3	153
	夜冷短日[3]	33	0	2.4	22
		153	10	2.3	33
		1,154	10	1.9	40
		4,727	0	1.7	33

注 1) 次の指数を与えて算出。0：未分化，1：肥厚中期，2：花房分化期，3：萼片形成期
 2) 12.5℃，3) 暗期：17～9時・15℃，試験地：福岡農総試

第5表 夜冷短日処理時の施肥量が花芽分化と内葉数に及ぼす影響

(前川・峯岸，1991)

品種	施肥量[1] (mg/株)	花芽分化程度[2] 処理開始20日目	26日目	処理開始26日目の内葉数
女峰	0	1.5a[3]	2.1b	3.8a
	50	2.0a	3.8a	3.6ab
	100	2.0a	3.6a	2.8b
とよのか	0	1.0a	0.8a	5.2a
	50	0.3a	1.0a	4.6a
	100	0.7a	0.6a	3.8b

注 1) 緩効性被覆肥料の窒素成分量
 2) 次の指数を与えて算出。0：未分化，1：肥厚期，2：二分期，3：花房形成期，4：萼片・花弁形成期，5：雄ずい・雌ずい形成期
 3) 異なるアルファベットは同一品種・カラム内で有意差があることを示す
 試験地：奈良農試

合も濃度が低いほど花芽分化が進み，バラツキを示す変動係数が小さい傾向が認められる。これに対して，短日条件と暗期の低温条件を確実に与える夜冷短日処理では，1,000ppmより低い濃度域の硝酸態窒素濃度が花芽分化に及ぼす影響はわずかであり，日中の気温が低下する8月末から9月半ば処理では硝酸態窒素濃度が4,000ppmを超えていても花芽分化が進んでいる。このように，窒素栄養の制限は，花芽分化の誘導条件が弱いときに効果を発揮する。

一方，花芽分化後は，窒素施肥により花芽の発育が促され，開花時期が早くなる。第5表は，夜冷短日処理開始時の施肥量の違いが花芽分化に及ぼす影響を調査した結果である。'女峰'では施肥することで花芽分化が促進され，'とよのか'では花芽分化に及ぼす施肥の影響が判然としないが，両品種とも施肥量が多いほど内葉数が少なく，生育速度が早まっている。また，この実験では，両品種とも施肥により開花時期が5～7日早期化している。

以前は，花芽分化を促すための窒素栄養の制御は，移植，鉢上げ，ずらしといった断根によって肥料の吸収を妨げることで行なわれていた（本多，1977）。現在は，肥効制御が容易なポットや連結トレイを用いた隔離育苗が主流となり，自然条件下で9月に安定して花芽分化する促成栽培用品種を用いて，施肥時期と施肥量を調節し，花芽分化期の過剰な肥効と極端な施肥制限を避けるような苗管理が行なわれている（第6表）。

苗の窒素栄養状態は葉柄汁液中の硝酸態窒素濃度で知ることができ，硝酸態窒素濃度は小型反射式光度計を用いて容易に測定できる。若い展開葉と成熟葉でその濃度差は少なく（第7表），通常，第3展開葉の葉柄汁中の硝酸態窒素濃度を測定する。

促成栽培の基本技術

第6表 ポット育苗における窒素栄養の制御法

品　種	窒素栄養制御法	出　典
とよのか	8月上旬に最終追肥	野菜園芸大百科, 2004
章　姫	8月上旬に窒素成分で約100mg/株施用（小型ポット）	野菜園芸大百科, 2004
レッドパール	育苗後期にリン酸・カリ肥料を追肥	野菜園芸大百科, 2004
とちおとめ	8月10日を目安に窒素の施用を打切り	野菜園芸大百科, 2004
濃　姫	8月中旬に肥効が低下していない場合は，肥料を除去	野菜園芸大百科, 2004
さちのか	8月15日ころに施肥を打切り	野菜園芸大百科, 2004
さがほのか	花芽分化予定の1か月前から窒素過多の施肥をひかえるが，葉柄汁液中の硝酸態窒素濃度は100〜200ppmを確保	佐賀県, 2006
紅ほっぺ	窒素成分量で，3.5〜3号ポットでは100mg，小型ポットでは50mg	静岡県, 2005
ゆめのか	育苗期間は60日までを目安として，育苗後半に液肥などにより少量の施肥	愛知県, 2006

第7表 葉の老若と葉柄汁液中の硝酸態窒素濃度

（川里・中枝, 1977）

葉の状態または外観	硝酸態窒素濃度 (ppm)
未展開	18
展開直後	110
展開後で若い	231
成　熟	228
老　熟	268

② 低温処理，短日処理

高冷地育苗（山上げ育苗）　標高が高い地域の気温が平地より低いことを利用する花芽分化促進技術（第8表）で，静岡県で1953年に実用化された（二宮, 1969）。栃木県では，半促成栽培での積極的な低温遭遇を目的とする高冷地育苗が戦場ヶ原と鶏頂山の開拓地で盛んに行なわれ，1972年に鶏頂山に大規模な県営育苗圃場が開かれ，1974年には高冷地育苗を利用した本圃作付け面積が230haにまで達した（「栃木いちごのあゆみ」をつくる会, 1999）。現在も栃木県，群馬県，埼玉県，千葉県などで利用されており，栃木県では，7月中旬を目安に'とちおとめ'の無仮植苗を高冷地に山上げし，9月に花芽分化を確認した後，速やかに山下げして定植する促成栽培が行なわれている（栃木県, 2001）。

遮光処理　寒冷紗で遮光し，日中の苗温度の上昇を抑えて花芽分化を促す処理で，'女峰'に対して，高冷地育苗や夏季の比較的冷涼な地域での育苗で効果が認められている（第9表）。

一方，西南暖地でも，'とよのか'と'さつまおとめ'（第10表）では育苗後期の遮光処理が花芽分化を促すことが認められており，ポット育苗で花芽分化促進技術の一つとして推奨されている（鮫島, 2000）。

低温暗黒処理　15℃前後に設定した冷蔵庫内で2週間程度の連続した低温暗黒条件を与え，花芽分化を促す方法である（第11表）。商業用の大型冷蔵庫のほか，果実の予冷に用いる冷蔵庫が利用でき，処理期間中は苗管理がほとんど

第8表　育苗地と花芽分化時期

（二宮, 1954）

品　種	育苗地	花芽分化程度[1]		
		9月22日	9月27日	10月2日
福　羽	平地	●●●●	●●○○○○	△△△△△
	標高500m	●●●○○	○○○○○○	○○○○○
	標高1,000m	●△△○	○○○○○○	△○○○○
エキセルショア	平地	●●●●●	●●△△○	●●△△○○
	標高500m	●●●△△	△△△△△	△△○○○
	標高1,000m	●●●△○	△△△△△○	○○○○○

注 1) ●：未分化，△：分化初期，○：分化
　　標高500mと1,000mの苗は9月22日に平地に移転。試験地：静岡県

イチゴ栽培の基本技術

第9表 育苗期の遮光処理が女峰の開花に及ぼす影響　（鹿野ら，1997）

処　理	遮光率（％）	開花株率（％）		
		9月20日[1]	10月4日	11月2日
遮光[2]	85	20.0	30.0	98
	75	13.3	5.0	100
	60	13.1	16.7	100
短　日[3]	—	30.0	26.2	100
無処理	—	18.6	—	55

注　1）9月20日までに開花した花房は過早期開花と見なし摘除
　　2）7月10日～8月29日の晴天日のみ
　　3）7月10日～8月29日に17時～翌日9時まで暗黒
　　試験地：宮城園試

第10表 遮光処理がさつまおとめの開花と収穫の開始期に及ぼす影響　（小山田ら，2004）

遮光[1]	施肥回数[2]	開花始め（月/日）	収穫始め（月/日）
有	1	11/8	12/27
	2	11/12	12/30
無	1	11/13	12/30
	2	11/21	1/3

注　1）遮光率50％，8月22日～9月26日
　　2）1回：6月18日，2回：6月18日・7月24日（8月26日除去）
　　試験地：鹿児島農試

第11表 各品種における低温暗黒処理技術の要点

品　種	要　点	出　典
とよのか	クラウン径10mm以上の大苗を利用 葉柄汁液中の硝酸態窒素濃度を0ppmまで低下させる 8月10～20日から，12～14℃で，15～18日間処理	野菜園芸大百科，2004
女　峰	育苗後半は体内窒素を低下させる 処理開始時期は，80日育苗のポット苗で8月上旬，50日育苗のものでは8月20～25日ころとする 処理温度は13～18℃とする 処理期間は15～20日程度とする	野菜園芸大百科，2004
とちおとめ	ポットで育苗する 採苗は処理開始約50日前に行なう 処理1か月前からは窒素成分の追肥を打ち切る 本葉4枚程度に維持し，処理時の苗重20～25g，クラウン径10mm以上を目標に育苗 8月20～25日ころから，13℃で15日間を限度とする処理を行なう 入庫は早朝，出庫は夕方に行ない，出庫後は2日程度の馴化を行なう	野菜園芸大百科，2004
さちのか	13℃の処理の場合，8月5日より早い開始では処理期間25日間程度を必要とするが，株の消耗により花芽分化が安定しない場合がある 8月10日以降の処理が望ましい 極端な窒素栄養制限を行なわない 処理期間中の補光や，週1回・8時間の黒寒冷紗下への搬出は消耗回避に有効である	野菜園芸大百科，2004
さつまおとめ	ポットで育苗する 採苗は5月下旬～6月中旬に行なう 窒素の最終追肥は処理開始30日前の7月下旬とする 処理開始時の苗は，クラウン径10mm以上，葉数3～4枚，葉柄汁液中の硝酸態窒素濃度50ppm程度とする 13℃で18～20日間処理する	野菜園芸大百科，2004
紅ほっぺ	8月20日～9月10日まで，15℃で処理することで，頂花房の開花は12日，初収穫は14日早まるが，総収量はやや低下する	静岡県，2005

必要ないため，低コストで省力的な花芽分化促進技術として用いられている。ただし，処理効果を引き出すには，苗の窒素栄養状態・葉齢，処理開始時期，処理温度・日数に注意を払わなければならない。

低温暗黒処理において，窒素栄養制御はきわめて重要な要素であることはすでに述べたとおりである（105ページの窒素栄養の制御を参

第12表　低温暗黒処理における処理期間と処理温度が開花と花数に及ぼす影響

(宍戸ら, 1990)

品　種	処　理		処理有効株[2]率(%)	開花日（月／日）		処理有効株の頂花房の花数
	期間（日）[1]	温度（℃）		処理有効株	処理無効株	
女　峰	15	10	36	9/20	11/28	51.8
		15	83	9/20	11/30	43.9
	20	10	25	9/21	11/27	37.3
		15	75	9/24	11/19	31.0
	25	10	50	9/27	11/17	20.8
		15	92	9/30	11/18	22.1
	無処理		―	―	11/9	―
とよのか	15	10	67	9/17	12/7	18.0
		15	55	9/16	12/1	22.8
	20	10	67	9/19	12/11	20.5
		15	78	9/21	11/30	23.9
	25	10	67	9/24	12/11	15.1
		15	71	9/23	12/4	13.8
	無処理		―	―	11/28	―

注　1）7月21日開始，2）処理により出蕾・開花の早期化が認められた株
　　試験地：野菜・茶業試験場盛岡支場

照）。

　第12表は'女峰'と'とよのか'を用いて処理期間と処理温度が開花に及ぼす影響を調査した結果である。処理有効株とは処理しない場合と比べて出蕾・開花の早期化が認められた株を指すが，両品種とも処理有効株と無効株が生じている。'女峰'では処理期間の長短が処理有効株率に及ぼす影響は明確でなく，いずれの処理期間においても10℃と比べて15℃の処理温度で開花促進効果が高い。また，処理期間が長いほど処理有効株の開花日がおそく，頂花房の花数は顕著に少ない。また，'とよのか'では，処理期間と温度にかかわらず，処理有効株率が55～78％と大きな違いが認められない。

　第13表は育苗日数と処理開始時期が'女峰'の開花に及ぼす影響を調べた結果である。育苗日数が短いほど，また，処理開始時期が早いほど処理有効株率が低い傾向が認められる。低温暗黒処理は，処理期間中に光合成が行なわれないため，処理期間が長い場合や貯蔵養分量の少ない小苗の場合は，処理後半に生長点部の栄養条件が不良となり，処理有効株率が低くなると考えられる（宍戸ら，1990）。

第13表　育苗日数と低温暗黒処理[1]開始時期が女峰の開花に及ぼす影響

(石原・高野, 1993)

育苗日数[2]	処理開始日（月／日）	処理有効株[3]率(%)	開花日（月／日）
50	8/5	0	11/11
	8/15	82	10/19
	8/26	85	11/1
80	8/5	55	10/19
	8/15	100	10/13
	8/26	100	10/22

注　1）13℃，15日間，2）採苗から処理開始までの日数，
　　3）処理により出蕾・開花の早期化が認められた株
　　試験地：栃木農試

　処理開始時期については，井上ら（1994）が'とよのか'を用いて行なった試験でも同様の傾向がみられ（第4表），窒素栄養制限を行なった場合でも，処理開始時期が早いと未分化株の出現率が高い（105ページの窒素栄養の制御を参照）。

　処理時期が早いと効果が低下するのは，処理期間中に花芽の分化が誘起されても処理終了時に一定の発育段階に達していないために，処理後の高温条件により再び栄養生長に戻ると考え

第14表 低温暗黒処理[1]の日数と処理後の環境条件が女峰の花芽分化に及ぼす影響

(熊倉・宍戸，1993)

処理日数	処理後の環境条件		処理有効株率[2] (%)
	気温 (℃)	日長 (時間)	
5	30	16	4
	23	16	0
10	30	16	4
	23	16	26
15	30	16	33
	23	16	93
20	30	16	81
	23	16	100
無処理	—	—	0

注 1）15℃，8月8日処理開始，2）処理後90日目までに出蕾した株の全処理株に占める割合
試験地：野菜・茶業試験場盛岡支場

第15表 低温暗黒処理[1]前20日間の遮光処理が女峰の花芽分化に及ぼす影響

(熊倉・宍戸，1993)

処理	遮光資材	遮光率 (%)	処理有効株[2] 率 (%)
遮光	寒冷紗	75	95
	熱線反射フィルム	77	100
		95	90
無処理	—	0	85

注 1）15℃，7月24日〜8月8日，2）低温暗黒処理により花芽分化したと見なされる株
試験地：野菜・茶業試験場盛岡支場

第16表 低温暗黒処理における苗の大きさ，窒素中断および日照処理がさちのかの開花に及ぼす影響

(望月，2004)

苗のクラウン径	窒素中断[1]	日照処理[2]	処理有効株[3] 率 (%)
10mm以上	無	有	95.0
		無	70.0
	有	有	94.7
		無	75.0
8mm以下	無	有	90.0
		無	55.0
	有	有	95.0
		無	35.0

注 1）無：処理前まで液肥施用，有：処理2週間前に中断，2）有：週1回搬出（8時間，黒寒冷紗下），3）処理終了直後に定植し展開本葉4枚以内に出蕾した株

られる（宍戸ら，1990；熊倉・宍戸，1993）。第14表は低温暗黒処理の処理日数と処理後の高温長日条件が'女峰'の花芽分化に及ぼす影響を調査した結果である。15日間の低温暗黒処理後に23℃，16時間日長で育てると，93％の株で早期出蕾がみられるのに対し，30℃・16時間日長とすると早期出蕾は33％の株でしかみられない。10日間と20日間の低温暗黒処理においても同様の傾向が認められる。

一方，'女峰'では低温暗黒処理前の遮光処理が花芽分化促進効果を安定させる（第15表）。ただし，'女峰'は遮光処理だけでも花芽分化が促される品種であるため（第9表），一部の株が過度に早く出蕾しないように，適切な遮光処理期間を設定する必要がある。

また，近年は，処理期間中に出庫して苗に太陽光をあてる低温暗黒処理（第16表）や，段階的に処理温度を上げる低温暗黒処理が検討され，'さちのか'や'あまおう'でより安定した効果が得られている。さらに，第17表に示すように，低温暗黒処理と通常の苗管理を3〜4日ずつ，数回繰り返して行なうことで'女峰'の花芽分化が促されることが見出された。これまでの低温暗黒処理と比べて，処理効果が安定していて，入庫期間と出庫期間を同じにすることで2倍の苗が処理可能となることから，生産者の取り組みが容易な新たな花芽分化促進技術として開発が進められている。

夜冷短日処理 1977年に千葉農試の成川が，県内生産者が多大な費用と労力を投入している高冷地育苗に替わる花芽分化促進技術を求めるなかで，一坪冷蔵庫を利用して'麗紅'と'宝交早生'に対する夜間のみの低温処理を行ない，実用化のきっかけをつくった技術である。1983年に愛知県で実用規模の処理実証が行なわれ，以降，処理施設の商品化とともに普及が進んだ（成川，1986）。一般に移動ベンチ式の専用施設の利用が多く，導入費用が高い反面，容易に夜間の低温条件と短日条件を与えることができる（第1図）。花芽分化促進効果は，暗黒期が長く苗の消耗が激しい低温暗黒処理と比べて高く，定植後の生育が順調である。

促成栽培の基本技術

　低温処理の温度は15℃前後，日長は8時間とすることが多く，夕刻から次の日の朝まで専用の処理施設内で低温短日処理を行ない，昼間は外で太陽光をあてることで花芽分化を促す（第18表）。処理期間は処理開始時期と品種により異なり，花芽分化を確認するまで処理を継続し，分化確認後は速やかに定植する。夜冷短日処理による花芽分化促進においては，処理中のある程度の肥効は花芽分化を妨げることなく分化後の花芽の発育を促すため（前川・峯岸，1991），低温暗黒処理ほどに窒素栄養制御に注意を払う必要がない（105ページの窒素栄養の制御を参照）。

　施設の利用効率の向上を図る方法としては，小型ポットやセルトレイを用いて処理苗数を増やす，作型分散を兼ねて異なる2つの時期に処理を行なう，などがある。また，空調機を装備したパイプハウスを用いて被覆資材の開閉により短日処理を行なうことで，施設導入費の削減を図る事例がみられる。

　紙ポット育苗　有機質培地を薄い不織布で円筒状に巻いたポットを用いると開花が早まることが見出され（辻ら，2001），扱いがより手軽な紙ポットを利用する育苗技術へと発展した。紙ポットは，薄い紙で成形したポットあるいは古紙パルプで成型したポットが用いられ，'さちのか'（荒木ら，2005），'章姫'（井狩，2006）および'紅ほっぺ'（井狩，2010）で花芽分化促進効果が確認されている。紙ポットは透水性を有するためポット表面から水が蒸発しやすく，蒸発のさいに培地から熱が奪われるために培地温度が低く維持され，このことが花芽分化を促すと考え

第17表　低温暗黒処理法が女峰の頂花房の開花に及ぼす影響

(吉田・尾崎，2009)

処理		開花株率（％）						
開始日 (月/日)	方法	10/21	10/26	10/31	11/5	11/10	11/20	11/30
8/27	3/3×3[1]	0	9	64	84	92	94	98
8/30		0	6	47	87	90	92	100
8/31	4/4×2	0	2	63	95	98	98	100
9/4		0	5	69	94	98	100	100
9/4	12日連続	0	3	59	72	75	91	100
無処理		0	2	19	46	67	92	100

注　1）低温暗黒処理条件下日数/自然条件下日数×処理回数
　　低温処理温度：13℃，定植日：9月17日
　　試験地：岡山市

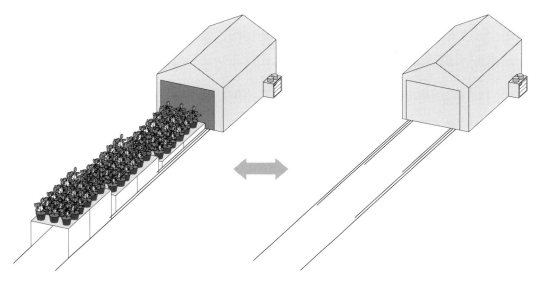

第1図　夜冷短日処理に用いられる施設
　左：自然光をあてる，右：施設内で低温・短日条件を与える

第18表　各品種における夜冷短日処理技術の要点

品種	要点	出典
女峰	処理前の育苗期間は、ポット苗で35日程度、セル苗で20日程度 処理温度は10～18℃で、日長は8時間 花芽分化に要する処理日数が、7月下旬～8月上旬処理開始で26～27日、8月中旬で約23日、8月下旬で約20日	野菜園芸大百科、2004
とちおとめ	ポット育苗では処理30～35日前に採苗 施肥量は株当たり窒素成分量で80～100mg 処理温度は10℃、日長は8時間 花芽分化に要する処理日数は、8月上旬処理開始で26～27日、8月下旬で20～22日	野菜園芸大百科、2004
さちのか	処理温度15℃・8時間日長の条件では、7月末処理開始で25日間程度、8月10日開始で20日間程度、8月20日以降の開始では15日間以下で、安定して花芽分化	野菜園芸大百科、2004
さつまおとめ	5月下旬～6月中旬にポットに採苗 窒素の最終追肥は処理開始20日前の8月上旬 処理開始時の苗は、クラウン径10mm以上、葉数3～4枚、葉柄汁液中の硝酸態窒素濃度は低温暗黒処理時より高め 処理温度は15℃、日長は8時間 処理期間は18～20日	野菜園芸大百科、2004
ゆめのか	7月上旬に採苗・ポット受けし、8月上旬から35日程度処理を行ない、9月10～15日に花芽分化を確認して定植 処理温度は15℃以下を確保	愛知県、2006

られている。久留米市で'さちのか'を用いて行なわれた試験では、育苗中の気温が40℃で推移するなか、培地温がポリエチレン製ポットでは38℃に達したのに対し、紙ポットでは30～33℃と低く、また、定植後の11月下旬の出蕾株率がポリエチレン製ポットで約40％であるのに対し、紙ポットでは約90％と、明らかな培地の昇温抑制効果と開花促進効果が示されている（荒木ら、2005）。一方、奈良県で'アスカルビー'を用いて行なわれた試験（後藤ら、2009）では、培地の昇温抑制効果を認めたものの、花芽分化促進効果は認められておらず、技術の適用にさいしては、品種を考慮する必要があると考えられる。

なお、紙ポットを用いた育苗では、灌水回数を多くして培地を乾燥させないことと、蒸発を促すためポット間隔を確保することが、花芽分化促進効果を高めるために必要と考えられる。

詳細は、441ページで解説されている。

クラウン露出処理　'女峰'と'さちのか'で効果が確認されている花芽分化遅延回避技術である（吉田・森本、2006；吉田・本村、2007）。

近年増加している挿し苗育苗では、空中採苗し、十分に発根していない苗を育苗培地に固定し活着を促すため、育苗後期にクラウンが培地中に埋没している場合がある。クラウンが培地中に埋没すると、露出している場合と比べて茎頂分裂組織の温度が高くなり、花芽分化が抑制されやすい。そこで、育苗後期にクラウン周辺の培地を取り除き、茎頂分裂組織の温度を低下させることで、花芽分化を促す（第19表）。

第19表　クラウン基部の培地深度が女峰の花芽分化に及ぼす影響　（吉田・森本、2006）

クラウン基部の培地深度[1]	未分化株率[2]（％）	花芽分化程度[3]
深→浅	0.0	1.31
浅	13.3	1.06
深	73.3	0.31

注　1) 2004年8月25日の状況、深→浅：茎頂部付近が培地中に埋没した苗のクラウンが露出するよう培地上部を除去、浅：クラウン基部が培地上に露出、深：茎頂部付近が培地中に埋没
　2) 9月20日調査
　3) 9月20日調査、次の指数を与えて算出。0：未分化、1：分化初期、2：茎頂膨大期、3：二分期
　試験地：岡山大学

促成栽培の基本技術

第20表　クラウン部温度制御が連続出蕾性と収量に及ぼす影響　　　　　　(曽根ら，2007)

品　種	定植日 (月/日)	処　理	開花日 (月/日)		収量 (kg/a)	
			頂花房	第1次腋花房	2月末まで	3月末まで
おおきみ	9/19	温度制御[1] 無処理	10/31 11/2	12/31 1/30	156 91	375 313
さちのか	9/11	温度制御 無処理	10/25 10/20	12/15 12/20	264 205	465 403
とちおとめ	9/11	温度制御 無処理	10/23 10/19	12/8 12/12	245 213	403 338

注　2006年6月上旬に採苗し，夜冷短日処理した苗を用いた土耕栽培
1)　9月23日よりクラウン部とチューブの接触面温度を20℃（±1.5℃）に制御

本圃でのクラウン部冷却　頂花房の花芽分化促進を目的とする夜冷短日処理などを行なうと，早期に定植するために，定植後の肥効や高温により第1次腋花房の分化が妨げられ，頂花房と第1次腋花房の収穫が連続せず，収穫の中休みと呼ばれる現象が生じる。第1次腋花房の分化を促す方法としては，基肥の低減や定植後の寒冷紗被覆による遮光などが考えられるが，気象条件により効果が安定しないうえ，頂花房の収量を減少させる要因ともなる。

そこで，新たな方法として，生長点のあるクラウン部のみを冷却する方法が開発された（曽根ら，2007）。冷水をクラウン部に接触させたチューブに流す方法で，一体往復管構造を有し熱損失が少ない軟質塩化ビニール製チューブを用いるために，チューブの両端の温度差はきわめて小さい。低温期には温水を流すことで生育を促すこともできる。栽培期間を通してクラウン部とチューブの接触面温度を20℃前後に制御することで，第1次腋花房の開花が早まり，早期収量が増加することが示されている（第20表）。

(3) 休眠回避技術

① 保　温

低温期に生育を促し，収穫を連続的に行なう促成栽培では保温が必要で，一般的なハウス栽培ではプラスチックフィルムを用いた被覆と暖房機による加温を行なう。

第21表は各品種で推奨されているハウス内温度管理法である。とくに，温暖な地域での栽培や花芽分化促進処理を行なった苗を用いた栽培では，頂花房と第1次腋花房の収穫を連続させるために，第1次腋花房の分化を妨げないよう可能な限りおそい時期にハウス被覆をする必要がある。

厳寒期には，最低夜温の管理基準に対応できるよう内張カーテンによる二重被覆と暖房機による加温を行なう。二重被覆を行なうと光線透過量が減少するので，とくに冬季に寡日照となる地域では，光合成速度を高めるため，昼間は内張カーテンを巻き上げるなどして光線量を確保する必要がある。また，栽培槽が空中にある高設栽培では土耕栽培と比べて培地温が低下しやすいため，加温が必須である。

加温方法には，ハウス全体を温風加温する方法のほか，クラウン部のみを電熱線や温水チューブを用いて加温する方法，高設栽培では栽培槽内に温湯管や電熱線を埋設して培地を加温する方法などがある（チューブを用いる方法は，左記の「本圃でのクラウン部冷却」を参照）。

また，冬季の寒さが厳しい東北地方ではウォーターカーテンの利用が進んでいる。ウォーターカーテンは，内張カーテンの上に地下水を散水し保温する技術である。その保温機構は，散水熱によってハウス内の空気が積極的に加温されるよりも，むしろ，長波に関して水膜とカーテンフィルムが黒体（あらゆる波長の電磁波を完全に吸収する物体）として働き，その水膜が地面温度より数度しか低くないために，ハウス内からの長波放射で損失する熱量が，きわめて少なくなるためとされている（島地，2007）。

イチゴ栽培の基本技術

第21表　各品種におけるハウス被覆時期とハウス内温度管理目標

品　種	ハウス被覆時期	温度管理目標		出　典
		最高昼温	最低夜温	
とよのか	ポット育苗：10月15〜25日	被覆〜果実肥大初期：25〜27℃ 果実肥大期以降：22〜24℃	被覆〜着果期：10℃ 着果期〜果実肥大初期：8〜10℃ 果実肥大期以降：5〜6℃	野菜園芸大百科, 2004
女　峰	（第1次腋花房の分化後に被覆） 早期夜冷：10月5〜10日ころ 普通夜冷・低温暗黒処理・高冷地育苗・ポット育苗：10月10〜15日ころ 平地育苗：10月20〜25日ころ	出蕾期：26〜27℃ 開花期以降：25℃前後	出蕾〜開花期：10℃ 果実肥大期以降：6〜8℃	野菜園芸大百科, 2004
章　姫	10月20〜25日ころ	出蕾〜開花期：27〜28℃ 果実肥大期：25〜27℃ 収穫期：25〜26℃ 4月以降：サイド開放	出蕾〜果実肥大期：7℃ 収穫期：5〜7℃ 4月以降：夜温10℃以上でサイド開放	野菜園芸大百科, 2004
レッドパール	平均気温が16℃以下となる時期	被覆〜出蕾期：23℃ 出蕾〜開花期：25℃ 開花〜収穫期：23℃	被覆〜出蕾期：12℃ 出蕾〜開花期：10℃ 開花〜収穫期：8℃	野菜園芸大百科, 2004
あかねっ娘	（第1次腋花房の分化後に被覆） 夜冷短日育苗：10月20日ころ 中山間地育苗・平地育苗：10月25日ころ	25℃	果実肥大期まで：10℃ 収穫期：5℃	野菜園芸大百科, 2004
越後姫	定植・活着後すぐ	10月15日（基準日）まで：サイド開放 保温開始以降：25〜28℃	5〜8℃	野菜園芸大百科, 2004
とちおとめ	（第1次腋花房の分化後に被覆） 早期夜冷：10月10日ころ 普通夜冷・低温暗黒処理・高冷地育苗・ポット育苗：10月10〜15日ころ 平地育苗：10月20〜25日ころ	25℃	8℃	野菜園芸大百科, 2004
濃　姫	ポット育苗：10月中旬 無仮植育苗：10月下旬	未出蕾期：25〜28℃ 出蕾期：24〜26℃ 開花期以降：23〜25℃	未出蕾期：10〜12℃ 出蕾〜開花期：8〜10℃ 果実肥大期以降：8℃	野菜園芸大百科, 2004
さちのか	（第1次腋花房の分化後に被覆） 10月20〜25日ころ	30℃	5℃	野菜園芸大百科, 2004
アスカルビー	10月20日ころ	2月まで：26〜28℃ 3月以降：25℃	二重被覆で無加温	野菜園芸大百科, 2004
さがほのか	平均気温が17℃を下回る時期（佐賀市では10月20日ころ）	早朝：10〜15℃、午前：25〜28℃、午後：20〜25℃、夕方：15〜18℃、夜間：5〜8℃		佐賀県, 2006
さつまおとめ	（平均気温が17℃以下になってから被覆） 10月下旬	被覆〜出蕾期：28〜30℃ 出蕾〜開花期：23〜28℃ 着果〜果実肥大期：23〜25℃ 果実成熟期：22℃	被覆〜出蕾期：10〜12℃ 出蕾〜開花期：8〜10℃ 着果〜果実成熟期：5〜8℃	野菜園芸大百科, 2004
紅ほっぺ	10月20日ころ	25〜27℃	6〜7℃	静岡県, 2005
やよいひめ	（第1次腋花房の分化後に被覆） 10月下旬	25℃	6℃	群馬県, 2010
ふくはる香	（第1次腋花房の分化後に被覆）	25℃	5〜8℃	福島県, 2006
ゆめのか	10月中〜下旬 （初秋が温暖な年は第1次腋花房の分化を確認後に被覆）	27〜28℃	土耕栽培：5℃程度 高設栽培：8℃程度	愛知県, 2006

水量は、10a当たり6,000ℓ/時間程度は必要で、少ないと水膜が切断され、多すぎても効果は上がらない。鉄分が少なくカーテンを変色させない水が豊富に得られることが導入の最低条件である。

②電照

'宝交早生'や'ダナー'が主要品種であった時代には、電照による長日処理とジベレリン処理は、促成栽培における休眠突入回避や半促成栽培における休眠打破を目的に行なわれた重要な技術であった。電照による長日処理は、現在も多くの品種で推奨されている（第22表）。処理方法は日長延長式や間欠式が採用されているが、いずれも、過繁茂になることで連続開花性が失われないように、イチゴの草勢を観察して処理時間と処理期間を調節している。

一方で、近年は電照を不要とする品種が開発されており、これらの品種ではジベレリン処理も必要としない。

③ジベレリン処理

休眠を伴うイチゴの生育様相とジベレリンの関係は、自然条件下の'ダナー'を用いて調べられており、'ダナー'の内生ジベレリンの活性が、休眠打破後に高くなり、それ以降漸減し、休眠の最も深い時期に最低となり、それ以降再び上昇することが確認されている（施山・高井、1986）。'宝交早生'の促成栽培においては、ハウス被覆による保温だけでは休眠によるわい化が回避できず、葉柄を伸長させ葉面積を確保するための技術として、長期的に行なう電照による長日処理と併せて、速効性のあるジベレリン処理が用いられた。

現在の促成栽培用品種のなかで、草勢維持を目的とした散布が推奨されているのは'とよのか'だけである。他の品種では、株のわい化を急いで抑制する必要がないためである。他の品種におけるジベレリン処理の目的は頂花房の伸長促進であり、処理をまったく必要としない品種も増えている。

(4) 半促成栽培

ここでは、促成栽培がイチゴ生産の主な作型になる1980年代まで、高品質な品種を早期収穫する作型として発達してきた半促成栽培について、促成栽培に取り組むうえで参考になると考え、簡単に記す。

半促成栽培の始まりは、プラスチックフィルムの園芸利用開始の1951年以降で、1955年ころに静岡県、兵庫県、神奈川県、愛知県などでビニールトンネル利用の半促成栽培が急速に増加した（二宮、1956）。品種は'幸玉'などを用い、4月上旬から収穫する作型であった。1960年代からトンネル栽培に替わってハウス栽培が増加した。

このように露地栽培の収穫期を1か月程度前進化させることから始まった半促成栽培は、休眠導入後の被覆が早すぎると株がわい化し、おそすぎると過繁茂となる現象を認めたことから、品種の休眠特性に応じて被覆時期を決定する必要が見出され（加藤、1964）、休眠の制御を中心とする栽培法へと発展した。自然の低温によって休眠を一部打破する普通半促成栽培に加え、低温遭遇時間を積極的に確保するための、短期間の株冷蔵、高冷地での育苗、遮光といった技術や、定植後の休眠覚醒のためのジベレリン処理、ハウス内温度を高温にする蒸し込み処理、電照による長日処理などが組み合わされ、さまざまな作型が開発された（加藤・大和田、1966；藤本、1972）。

一方、休眠打破型の半促成栽培が困難な寒冷地で適用できる技術として、夜間の低温遭遇による休眠打破の進行を昼間の相対的高温によって遅らせた後、休眠から完全には覚醒していない状態で長期収穫を行なう低温カット栽培が、新たな半促成栽培技術として開発された（高井・施山、1978）。

1980年代には、東日本で'ダナー'、西日本で'宝交早生'を主要品種として北海道から九州に至る全国で取り組まれるようになった半促成栽培は、'女峰'と'とよのか'を用いた促成栽培の全国的な普及以降、急速に減少し、

イチゴ栽培の基本技術

第22表 各品種における電照とジベレリン処理　（施山，2008を参考に作成）

品　種	電　照			ジベレリン処理	出　典
	開始時期	打切り時期	方法など	目　的	
とよのか	11月中旬	2月下旬〜3月上旬		頂花房の伸長促進，草勢維持	野菜園芸大百科, 2004
女　峰	不要			不要	赤木, 2000
章　姫	12月上中旬	2月	電照時間は2時間程度として，目標の草姿になれば1時間程度に短縮する		野菜園芸大百科, 2004
レッドパール	11月	3月	10〜15分/時間の間欠式で行ない，草勢を見ながら点灯の回数と時間を調節する	不要	芝, 2000
あかねっ娘	11月下旬		明期が16時間となるように日長延長式で行なう	頂花房と腋花房の伸長促進	野菜園芸大百科, 2004
彩のかおり	11月下旬	3月上旬	電照時間は生育に応じて調節する		小林・太田, 2001
越後姫	不要			不要	野菜園芸大百科, 2004
とちおとめ	11月下旬〜12月上中旬		電照時間は生育を見ながら調節。葉柄長20cm以内を目標にする		野菜園芸大百科, 2004
濃　姫	11月中下旬	2月下旬〜3月上旬	電照時間は4時間程度とする	不要	越川, 2000
さちのか	11月下旬以降	2月末	日長延長式の場合は3〜4時間，間欠式の場合は10〜15分/時間として，過繁茂にならないよう調節する	不要	野菜園芸大百科, 2004
アスカルビー	11月中旬		3時間程度の日長延長，または7〜8分/時間の間欠照明として，草勢を見て電照時間を調節する	頂花房の伸長促進	野菜園芸大百科, 2004
さがほのか	11月15日（目安）		新葉の伸長状況を観察して電照時間を調節する	頂花房の伸長促進	田中, 2001
さつまおとめ	不要			不要	鮫島, 2000
紅ほっぺ	不要				静岡県, 2005
やよいひめ	不要				武井, 2005
ふくはる香	不要				福島県, 2006
熊研い548	不要			不要	田尻ら, 2005
山口ST9号	11月上旬	3月上旬	日長延長方式	頂花房の伸長促進	岡藤ら, 2009
ゆめのか	12月	1月下旬			愛知県, 2006
もういっこ	11月初旬	2月10日ころ	電照時間は草高を観察しながら3〜1時間で調節する。打切り時期に着果負担が強く発現している場合は期間を延長		鹿野ら, 2006
あまおとめ				不要	伊藤ら, 2006
かおり野	不要				森, 2010
まりひめ	不要			不要	西森ら, 2010

促成栽培の基本技術

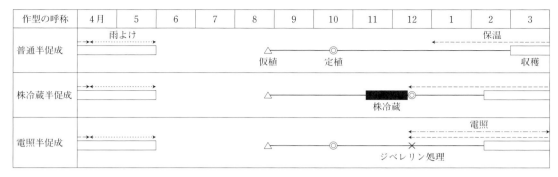

第2図 温暖地で取り組まれた代表的な半促成栽培作型（おもな品種はダナーと宝交早生）
野菜・茶業試験場「全国野菜・花きの種類別作型分布の実態とその呼称」（1989年）を参考に作成

2009年の調査では，北海道，青森県，岩手県，山形県，福島県，新潟県，石川県，群馬県，埼玉県，京都府，大阪府および奈良県で行なわれているにすぎない。

'ダナー'と'宝交早生'を用いて温暖地で取り組まれた代表的な半促成栽培作型は次のとおりである（第2図）。

①普通半促成栽培

1960年代半ば～1980年代に，主として'ダナー'と'宝交早生'を用いて行なわれた栽培作型である。10月中旬に定植し，自然の低温条件下で生育後，ハウス被覆による保温を行なう。しかし，低温遭遇時間が短いと休眠が打破されず，株が伸張しないわい化状態となり，反対に低温遭遇時間が長いと休眠が完全に打破され，株が過繁茂となり花芽が分化しなくなるため，栽培地に応じた品種選定と被覆時期の見極めが必要であった。関東地方ではやや休眠の深い'ダナー'を，近畿地方では'ダナー'と比べてやや休眠の浅い'宝交早生'を用いて1月上中旬に保温を開始し，3月上旬から5月末まで収穫された。

本作型で被覆までに要する5℃以下の低温遭遇時間は'ダナー'が700時間，'宝交早生'が400時間とされ，関東地方と近畿地方で1月上中旬がこの時期に相当した。

現在も，促成栽培用品種である'とちおとめ'や'とよのか'を用いて，12月上旬にハウス被覆し，2月から収穫を開始する半促成栽培が，埼玉県と奈良県でわずかながら行なわれている。

②株冷蔵半促成栽培

本作型は'ダナー'を用いて栃木県で開発された（加藤・大和田，1966）。掘り上げて水洗しポリ袋に入れた苗を，11月中旬から30日間，0±1℃の冷蔵庫に入れ，出庫後はすぐにハウス内へ定植し，2月中下旬から収穫を行なう作型である。この技術は'ダナー'の産地はもちろん'宝交早生'の産地にも広がった（本多，1977）。さらに，より短期間の株冷蔵処理と，低温遭遇時間の不足を補い休眠打破を誘導するための電照による長日処理を組み合わせ，いっそう早期に収穫する作型も開発された。

③電照半促成栽培

近畿地方における'宝交早生'を用いた普通半促成栽培ではハウス被覆適期は1月上中旬であるが，保温開始期をさらに早めて収穫期の前進を図るために，電照による長日処理で休眠を打破する技術が奈良県で開発された（藤本，1972）。10月中旬に定植し，5℃以下の低温遭遇時間が約200時間となった後（奈良県では12月上中旬）にハウス被覆し，電照による16時間日長の長日処理を開始するとともにジベレリン処理を行なうことで休眠を打破し，2月中下旬から収穫を開始する。

この作型は'ダナー'にも技術適用され，加温を行なう電照半促成栽培も加わり全国へと広がった。なお，青森県では現在も'麗紅''さちのか'および'さがほのか'を用いた加温を伴う電照半促成栽培が行なわれ，1月下旬から6月上旬まで収穫されている。

イチゴ栽培の基本技術

執筆　西本登志（奈良県農業総合センター）

2012年記

参考文献

愛知県．2006．イチゴ「ゆめのか」の栽培指針．

赤木博．2000．'女峰'．イチゴ　一歩先を行く栽培と経営．全国農業改良普及協会．24—28．

赤木博・大和田常春・川里宏・野尻光一・安川俊彦・長　修・加藤昭．1985．栃木農試研報．31，29—41．

荒木陽一・山口博隆・大石高也・倉田義宣・古野博久・坂口浩二．2005．蒸発潜熱を利用した紙ポット育苗イチゴの花芽分化促進技術の開発．園学雑．74（別1），307．

藤本幸平．1972．イチゴ宝交早生の生理生態的特性の解明による新作型開発に関する研究．奈良農試研報特別報告．

福島県．2006．福島いちご新品種ふくはる香栽培の手引き．ver.2．

後藤公美・小畠巳奈・西本登志・米田祥二・堀川大輔・藤井一徳・大橋祐司・前田茂一．2009．蒸発潜熱を利用したイチゴのポット育苗技術の'アスカルビー'への適用．園学研．8（別1），394．

群馬県．2010．「やよいひめ」の栽培に取り組む方へ．

萩原貞夫．1978．イチゴの生産技術と品種・作型．新・イチゴのハウス栽培．誠文堂新光社．3—22．

本多藤雄．1977．生理生態からみたイチゴの栽培技術．誠文堂新光社．126—129，420—427．

本多藤雄．1979．これからのイチゴ栽培．家の光協会．39—40．

井狩徹．2006．ペーパーポット育苗ではポリポット育苗よりもイチゴの花芽分化が早い．平成17年度「関東東海北陸農業」研究成果情報．

井狩徹．2010．紙ポットを利用したイチゴ花芽分化の前進化．静岡県農林技術研究所研究報告．3，1—7．

井上恵子・伏原肇・山本富三・林三徳・末信真二．1994．夏期低温処理栽培におけるイチゴ'とよのか'の花芽分化のための苗の好適体内窒素濃度．福岡農総試研報．B-13，1—5．

石原良行・高野邦治．1993．低温暗黒処理における諸要因がイチゴ'女峰'の花芽分化，発育及び収量に及ぼす影響．栃木農試研報．40，89—98．

伊藤郷平．1934．静岡縣久能山麓に於ける早期苺栽培の立地に関する研究．大塚地理學曾編輯：大塚地理學曾論文集第四輯．吉今書院．193—211．

伊藤博章．2006．イチゴ新品種「あまおとめ（仮称）」の育成．愛媛県農林水産研究所だより．61，8—9．

鹿野弘・加藤春男．1997．遮光処理によるイチゴ'女峰'の花芽分化誘起技術．東北農業研究．50，171—172．

鹿野弘・高野岩雄・関根崇行・大沼康・庄子孝一・本多信寛．2006．イチゴ'もういっこ'の育成経過と特性．宮城農園研研報．76，41—51．

加藤昭．1964．半促成イチゴの早熟化に関する生態的研究　第1報．トンネルイチゴの被覆時期について．栃木農試研報．8，55—60．

加藤昭・大和田常晴．1966．半促成イチゴの早熟化に関する生態的研究　第3報．低温処理の実用化試験．栃木農試研報．10，25—30．

川里宏・中枝健．1977．イチゴの促成作型確立に関する研究　第1報．花芽分化期前後の葉柄中の硝酸態窒素濃度が花成並びに収量に及ぼす影響．栃木農試研報．23，105—112．

小林延子・太田友代．2001．イチゴ新品種「彩のかおり」の育成と安定生産技術．埼玉農総研研報．1，47—56．

越川兼行．2000．'濃姫'．イチゴ　一歩先を行く栽培と経営．全国農業改良普及協会．73—75．

熊倉裕史・宍戸良洋．1993．イチゴの花芽分化及び果実肥大に関する研究　第2報．花芽分化に及ぼす温度及び光環境の影響．野菜・茶業試験場研究報告．A6，13—27．

前川寛之・峯岸正好．1991．イチゴの花成誘導期における施肥の影響．奈良農試研報．22，43—48．

森利樹．2010．炭疽病抵抗性の新品種「かおり野」．農耕と園芸．65（5），22—27．

成川昇．1986．イチゴ苗の夜間低温処理による花芽分化促進効果．農および園．61，884—886．

二宮敬治．1953．福羽苺促成栽培の設備のしかた．農業及園芸．28（9），1077—1080．

二宮敬治．1954．高冷地育苗による苺の早出し栽培法．農業及園芸．29（7），893—898．

二宮敬治．1956．ビニール利用の苺栽培と注意したい数々．農業技術研究．静岡県農業協同組合中央会．25—28．

二宮敬治．1969．福羽イチゴの高冷地利用栽培．イチゴのハウス栽培．誠文堂新光社．195—201．

西森裕夫・田中寿弥・東卓弥．2010．イチゴ新品種'まりひめ'の育成経過と特性．和歌山農林水技セ研報．11，1—8．

農文協編．2004．野菜園芸大百科第2版．3．

岡藤由美子・山本雄慈・金重英昭・松本理・片川聖・藤井宏栄・鶴山浄真・内藤雅浩・刀祢茂弘・

西田美沙子．2009．イチゴ新品種「山口ST9号」の育成．山口農試研報．**57**，50—58．

小山田耕作・中庸一・鮫島國親・東郷弘之・江口洋．2004．促成栽培用イチゴ'さつまおとめ'の特性を活かした安定生産技術．鹿児島農試研報．**32**，13—33．

佐賀県．2006．平成18年度版「さがほのか」栽培指針．

鮫島國親．2000．'さつまおとめ'．イチゴ 一歩先を行く栽培と経営．全国農業改良普及協会．58—60．

施山紀男・高井隆次．1986．イチゴの発育とその周期性に関する研究．野菜試験場報告．**B6**，31—77．

施山紀男．2008．生理生態特性からみたイチゴ栽培の現状と課題（6），生理生態から見た栽培技術（1）．農業および園芸．**83**，1141—1145．

芝一意．2000．'レッドパール'．イチゴ 一歩先を行く栽培と経営．全国農業改良普及協会．42—44．

静岡県．2005．「紅ほっぺ」の特性と栽培技術．

島地英夫．2007．五訂施設園芸ハンドブック．214—215．

宍戸良洋・熊倉裕史・新井和夫．1990．イチゴの花芽分化及び果実肥大に関する研究 第1報．花芽分化及び果実肥大に及ぼす暗黒低温処理及び夜冷短日処理の影響．野菜・茶業試験場研究報告．**C1**，45—61．

曽根一純・門間勇太・壇和弘・沖村誠・北谷恵美．2007．イチゴ促成栽培におけるクラウン部局部冷却処理が連続出蕾性に及ぼす効果．園学研．**6**（別2），162．

田尻一裕・三原順一・石田豊明・西本太．2005．促成イチゴの新品種'熊研い548'の育成と特性．九州農業研究．**6**，154．

高井隆次・施山紀男．1978．低温制御によるイチゴの寒冷地向き半促成栽培の確立1，秋の被覆時期について．野菜試験場報告．**B2**，43—53．

田中政信．2000．'さがほのか'．イチゴ 一歩先を行く栽培と経営．全国農業改良普及協会．64—64．

「栃木いちごのあゆみ」を作る会．1999．栃木いちごのあゆみ．

栃木県．2001．いちご「とちおとめ」の栽培技術．

辻佳子・神藤宏・藤岡唯志・鈴木正人．2001．イチゴのサブストレートポット育苗における生育および収量．園学雑．**70**（別2），174．

野菜茶業研究所．2010．野菜の種類別作型一覧（2009年度版）．野菜茶業研究所研究資料第5号．

野菜・茶業試験場．1989．改訂版 全国野菜・花きの種類別作型分布の実態とその呼称（野菜編）．野菜・茶業試験場研究資料第2号．

吉田裕一・森本由香里．2006．挿し苗時期とクラウンの深さがイチゴ苗の花芽分化に及ぼす影響．園学雑．**75**（別1），112．

吉田裕一・本村翔．2007．採苗時期とクラウンの深さがイチゴの花芽分化と開花に及ぼす影響．園学研．**6**（別2），164．

吉田裕一・尾崎英治．2009．間欠冷蔵処理によるイチゴ'女峰'の花芽分化促進．園学研．**8**（別2），191．

イチゴの生理と中休み・成り疲れの発生

(1) 収穫量の変動要因

①中休みと成り疲れ

連続的に安定した収穫量を維持することは，イチゴのみならず果菜類の施設栽培において経営安定をはかるための最大の懸案事項といえる。

イチゴで時期によって収穫量が変動する原因は，大きく二つに分けることができる。一つは，奈良県で'宝交早生'の促成栽培が始まって以来の課題である「成り疲れ」であり，これは一次腋花房（二番花房）の肥大開始後に草勢が急激に低下して，二次腋花房（三番花房）の開花が遅延する結果発生する。もう一つは，暗黒低温処理や夜冷処理などによって花芽分化を促進し，早期収穫をねらう作型で顕在化した「中休み」である。こちらは一次腋花房（二番花房）の分化遅延が直接的な原因であり，近年の温暖化とともにPOフィルムの周年展張が広まったことも影響している可能性が高い。

原因が異なる二つの現象はいずれも「中休み」と呼ばれることが多く，産地で混同して扱われることが十分な対策を立てるための障害となっているように思われる。

②定植苗の形質の違い

促成栽培イチゴの開花・収穫パターンは定植後の管理だけでなく，定植苗の形質によってもかなり変動することが知られている（貝吹，1993；泰松・木村，1981）。

各地の試験場とこの数年間に行なってきた共同研究の過程で，ポット育苗だけでも思った以上のバリエーションがあり，当初育苗方法を統一したつもりでも小さな違いが重なると，出来上がった苗の形質が大きく異なることに気づいた。その結果，各地で行なわれた試験研究データや地域で模範とされる篤農家技術の間に矛盾が生じていると考えられる。

また，各地の生産者や研究者もこの苗の形質の違いを意識せず，他産地や篤農家の情報を参考に地域独自の標準栽培体系が組み立てられてきたのであろう。それぞれの地域あるいは生産者個人の育苗方法を全国的に行なわれているさまざまな方法と比較して，違いを理解することは，育苗と定植後の栽培管理技術向上の基本としてきわめて重要と思われる。

本稿では，まず全国の産地で実際に行なわれているイチゴの育苗条件の違いについて概観する。そのあと，一次腋花房と二次腋花房の開花遅延の原因についてそれぞれに整理したうえで，対応策について考えてみたい。

(2) イチゴの育苗方法と定植，保温開始時期の地域間差異

イチゴの育苗は，地域内で一般的に行なわれてきた方法が，全国的に見れば，かなり偏った条件である場合も多い。育苗条件の違いは，花芽分化の早晩をはじめ，定植時の苗の大きさや栄養状態に影響するため，各地域間，品種間あるいは地域内の生産者間の定植後の管理の違いにも反映されていると考えられる。

本稿の執筆に先立って行なわれた編集部による全国の主産地を対象とするアンケート調査結果に，過去の主要品種についての記載を加えて，各地域の育苗方法と定植・保温開始時期について第1表に整理してみた。まずもって，アンケートにご協力いただいた皆さんにお礼を申し述べておきたい。

①ポット育苗

進むポットの小型化　ポットのサイズについてみれば，萎黄病の感染防止と窒素中断による花芽分化促進を目的に，九州で始められたころと比べてポットの小型化が進んでいることが見て取れる。アイポットの事例から，根域の容量については十分な灌水さえ行なえれば，130mlあれば十分であるといえる。アイポットをはじめとする小型ポットと育苗トレイの普及が培地量削減の流れをつくり出し，ポットの小型化と同時に自動灌水設備の普及が進んでいると考えてよいだろう。

イチゴ栽培の基本技術

第1表 普通促成栽培のおもな育苗方法、標準的な定植時期と保温開始時期の地域と品種による差異

(農文協編集部のアンケート調査結果、2015)

県	品種	育苗条件 ポット/トレイ	育苗条件 採苗時期	育苗条件 切離し	定植	保温開始	備考
青森[1]	さちのか	9cmポット、地床	6月下旬～7月中旬	7月末	8月下旬	10月上旬	短日処理
宮城[1]	もういっこ	アイポット、すくすくトレイ24	6月下旬～7月中旬	7月下旬	9月10～15日	10月中旬	夜冷処理
	とちおとめ	すくすくトレイ24、アイポット	6月下旬（挿し）		9月5～10日		夜冷処理
栃木	とちおとめ	すくすくトレイ24、7.5cmポット	6月中旬～7月中旬	7月下旬	9月15～20日	10月末	1985（栃木県）
	女峰[2]	10.5cmポット、地床			9月中旬	10月中旬	
群馬	やよいひめ	9cmポット			9月20日	最低12℃	
千葉	とちおとめ	9cmポット、7.5cmポット	6月中旬～7月下旬	8月中旬	9月20日	11月上旬	
静岡	紅ほっぺ	9cmポット、7.5cmポット	5月下旬～7月下旬	7月下旬	9月25日	最低10℃	
	章姫[2]	9cmポット、10.5cmポット			9月中旬		1997（技術大系）
愛知	ゆめのか	7.5cmポット、9cmポット	6月下旬～7月中旬	7月下旬	9月15日以降	最低10～15℃	
	女峰[2]	地床（断根ずらし）			9月中旬		1992（技術大系）
三重	かおり野	9cmポット、7.5cmポット	6月中旬～7月中旬	8月上旬	9月15日	最低5℃	
奈良	アスカルビー	ベンチ無仮植、9cmポット	5月上旬～8月上旬	8月中旬	9月17日	10月20日	
	ゆめのか	ベッド無仮植、ベンチ無仮植			9月23日	10月20日	
	宝交早生[2]	地床（断根ずらし）			9月20日	10月中旬	1979（技術大系）
和歌山	さちのか	7.5cmポット、9cmポット	6月上旬～6月下旬	7月中旬	9月22日	最低10℃	
徳島	さちのか	9cmポット、ツイントレイ12	5月下旬～6月中旬	6月下旬	9月23日	11月始め	
	紅ほっぺ				9月20日		
香川	さぬき姫	9cmポット、すくすくトレイ24	6月上旬～7月中旬	7月下旬	9月17～20日	11月始め	
	女峰	すくすくトレイ35	7月中旬（挿し）		9月23日	最低8℃	
福岡	とよのか[2]	12cmポット			9月中旬	10月下旬	1988（技術大系）
佐賀	さがほのか[2]	10.5cmポット			9月中旬	10月下旬	2006（佐賀県）
熊本	さがほのか	9cmポット	4月中旬～8月上旬	8月中旬	9月20～25日	10月下旬	
長崎	さちのか	10.5cmポット、9cmポット	5月上旬～5月下旬	6月中旬	9月20日	最低10℃	
鹿児島	さちのか	9cmポット、アイポット			9月20～25日	最低10℃	
	さつまおとめ				9月23～30日		

注 1) 青森、宮城については短日処理・夜冷処理による早期作型、2) 重要な品種について過去の農業技術大系の記事あるいは育成県の資料に基づいて追記

受け苗の普及　増殖はアイポットを利用した空中採苗も含めて受け苗が圧倒的に多い。広い育苗スペースが必要で採苗が収穫期の終盤と重なる場合もあるが，作業適期の幅が広く，ほかの作業の合間に少しずつでも進められるという利点は家族経営が中心のイチゴ農家にとっては大きいといえる。空中採苗による挿し苗育苗は，作業時間が短くスペースの点でも効率的だが，ごく一部の産地でしか普及していない。

ポット受けの時期は，奈良県のように5月から8月まで長期間にわたって増殖を行なう地域から'さちのか'の産地のように6月中に採苗を終える産地までさまざまである。もちろん地域内でも親株の数や育苗ハウスの面積によって相当な幅があると思われるが，5月からランナーを発生させて6月中旬から7月中旬に鉢受けし，7月下旬に切り離すというスケジュールが促成栽培イチゴの標準的な増殖体系と見てよいだろう。

施肥量のバラツキ　苗の施肥は，切り離し後IB化成S1号をポット当たり1～2粒施用している産地が多かったが，1gまたは2gに整形された緩効性肥料やマイクロロングを利用している地域もあった。緩効性肥料であっても肥効は灌水量や培地の量，保肥力の影響を受けるうえに，育苗期間にも幅があったのでN成分で0.7～2.0gと施肥量の幅は結構大きかった。IB-S1号を利用した場合，ポットごとにかなりの誤差が生じると思われるが，大半の産地では粒の大きさによる施肥量のバラツキは許容範囲内であり，コストを重視してIB化成に収斂しているということであろう。

ポットの栽植密度と遮光　育苗中の苗の密度はアンケートの質問になかったが，各県の指針を調べてみると15cm×15cm以上が推奨されている。余談になるが，10a当たり9,000本の苗を育てるには，栽培面積の20％，通路も含めると30％近い面積の育苗ハウスが必要となる。大規模経営にとっては大きな負担といえ，効率化の余地が大きいと思われる。

育苗中の遮光についてもアンケート調査は行なわれていないが，いずれの産地でも個の農家間の差が非常に大きいのではないかと筆者はみている。

おそらく，ポットの小型化が進んだ産地では，水管理を省力化するために強めの遮光が行なわれる場合が多く，灌水の自動化や底面給水の普及が進んだ地域では弱めの遮光で十分に光を当てることが重視されていると推測できる。

筆者が長年親しんできたトレイ育苗では，光が強いほど短期間で充実した健苗が得られ，花芽分化は遮光がないほうが早くなる傾向にある。したがって挿し苗後3週間あまり，8月10日過ぎには遮光資材を除去する場合が多い。ただし，ポット育苗では十分な株間をとれば株の受光量を確保できるため，同じ結果になるとは限らない。灌水方法と頻度，育苗ハウスの日当たりや風の通り具合などの立地条件，根域容量と培地の保水性などさまざまな条件によって結果が異なると予想される。

遮光には日中の気温低下と過剰光ストレスの回避，蒸散抑制による水ストレスの軽減というメリットと，朝夕あるいは曇雨天時の光合成抑制というデメリットがあり，結果が天候に左右されることは間違いない。日射量の変動に合わせて遮光資材を開閉することが理想といえるが，よほどの大規模栽培でなければそこまではむずかしいであろう。

②挿し苗育苗

空中採苗による挿し苗育苗は，小面積で集約的な管理が可能で，液肥による肥効調節など管理の効率化も可能なため，規模拡大には適していると思われる。しかし，集中的に労力を確保する必要があり，密植のため炭疽病など病虫害防除効果が不安定になりやすく，花芽分化が遅れやすいことが欠点といえる。

企業的大規模経営には必須の技術だと思われるが，中規模農家でも，早期作型用はポット育苗，後述する遅植え作型その他はトレイの挿し苗育苗とすれば，作型と労力分散を進める手法の一つとなり得る。とくに，高設栽培ハウスでは育苗ハウスが不要となる可能性も含めて考えてみる価値があるだろう。

③定植時期

前進化する作型 夜冷処理などの特別な温度処理を行なわない普通促成栽培の定植適期は，栃木県から熊本県までの広い範囲で，秋分の日の直前にあたる9月20日ころとされており（第1表），全国的に，奈良県で'宝交早生'の促成栽培が始まった1970年ころとほとんど変わりがない。

'宝交早生'の促成栽培が普及したころには分化前定植が広く行なわれており，地床苗の花芽分化が移植のストレスによって誘導されることで，クリスマス前に収穫が始まれば十分に開花促進の意味があった。現在ではより花芽分化期の早い早生性の品種に変わっているが，クリスマス需要に合わせて12月上旬に収穫が始まり，12月20日ころが収穫のピークとなる作型中心に変わっている。

収穫時期から逆算すると，花芽分化したポット苗の定植適期は全国的に9月20日ころであり，それに適合する品種が選択されていると考えることもできる。

気温と日長の変化 この時期は日長（日の出から日没までの時間）がほぼ12時間になって長日による花成抑制作用がなくなると同時に，急激に気温が低くなる時期でもある。第2表に示したとおり，9月中旬と下旬の平均気温の差は熊本県と鹿児島県を除いたすべての地域で2℃以上になっており，一年のうちでもっとも気温の変化が大きい時期といってよい。基本的には，この全国的な温度と日長の季節的な変化が促成栽培イチゴの定植適期を決定していると考えてよいだろう。

④保温開始時期——最低気温，日長との関係

保温開始時期（ハウス被覆時期）は，本稿の主題の一つである一次腋花房の分化と密接に関係しており，早すぎると高温のため一次腋花房の分化が遅れ，おそいと収穫が遅れるだけでなく，わい化して草勢が低下してしまう。

現状では，'宝交早生'のころから10月20日が全国的に一つの目安として定着している。各地の保温開始時期（第1表）を見ても，東北地方を除けば10月下旬，あるいは最低気温10℃がほぼ共通した基準になっている。国立天文台のデータから10月15日の日長を計算した結果を第2表の右端に示した。栃木県から福岡県まで主産地のほとんどが11時間20±2分の間に収まっている。10月20日が基準となっている大きな要因の一つが，その1週間あまり前の11時間30分を下回る日長条件と考えるとほぼつじつまが合う。

一次腋花房を確実に分化させたうえで，クリスマス需要に向けて頂花房の開花と果実発育を促進すると同時に，日長と日射量の減少による草勢低下を防ぐことが促成栽培の重要なポイントになる。

'宝交早生'の標準的な指標がそのまま変わらずに引き継がれているということではなく，各地でさまざまな品種を栽培し，いろいろと試みられてきた

第2表　各県イチゴ産地付近の9月中・下旬の平均気温，10月下旬の平均・最低気温の平年値と県庁所在地の日長（日の出～日の入り）

県（市）	9月中旬平均気温	9月下旬平均気温	10月下旬		10月15日日長
			平均気温	最低気温	
青森（八戸）	19.1	17.0	10.9	6.2	11時間10分
宮城（亘理）	20.4	18.2	12.7	8.2	11時間15分
栃木（佐野）	21.9	19.6	14.0	9.1	11時間18分
群馬（前橋）	22.5	20.0	14.5	10.2	11時間18分
千葉（茂原）	23.2	20.8	15.7	11.4	11時間20分
静岡（清水）	24.0	22.0	16.9	13.2	11時間20分
愛知（蒲郡）	24.1	22.0	16.6	12.7	11時間20分
三重（四日市）	23.1	20.9	14.9	10.1	11時間21分
奈良（奈良）	23.0	20.7	14.5	9.8	11時間21分
和歌山（和歌山）	24.8	22.7	16.8	12.8	11時間22分
徳島（徳島）	24.7	22.6	16.9	13.3	11時間22分
香川（高松）	24.4	22.2	16.3	11.9	11時間21分
福岡（久留米）	24.2	22.2	16.3	11.3	11時間22分
佐賀（白石）	23.6	21.6	15.5	10.0	11時間23分
長崎（大村）	25.6	23.5	18.1	14.0	11時間24分
熊本（熊本）	25.0	23.1	16.9	11.9	11時間24分
鹿児島（鹿児島）	26.2	24.6	19.3	15.4	11時間26分

注　気象庁および国立天文台ホームページより転載

結果の経験則として，保温開始時期がこの時期に集約されることになったと考えてよいであろう。その背景にある生理的な問題については次項で詳しく考えてみたい。

(3)「中休み」の発生要因——一次腋花房の分化遅延

①一次腋花房の花芽分化と温度

促成栽培に用いられている一季成りイチゴは高温，長日，高窒素栄養条件によって栄養生長が促進され，初秋の低温，短日条件下で花芽が分化する。これに基づいたイチゴ苗の花芽分化促進技術が，本来春に開花するイチゴを晩秋に開花させ，冬から初夏にかけて収穫を続ける今日のイチゴ栽培の基本となっている。

一次腋花房の花芽分化には頂花房より低い温度が必要という点については，'宝交早生'の促成栽培技術確立の過程ですでに明らかにされている。近年の頂花房分化期が早い早生品種であっても，10月半ばにハウスの保温を始めると一次腋花房の開花が大きく遅延する可能性が高い。

②花芽分化促進処理の早晩と一次腋花房の開花

連続的に花房を発生する状態のイチゴの腋芽は，およそ3枚の葉を分化したのちに花芽を分化する。ただし，一次腋花房は花房間葉数あるいは一次腋芽葉数と呼ばれるこの数が大きく変動することが知られている。先に述べたように'宝交早生'の促成栽培では10月20日ころが全国的に保温開始の適期とされ，頂花房の形態的な分化から4～5週間後で一次腋芽上に4枚程度の葉原基が分化した時期にあたる。現在でも品種，作型を問わず10月下旬保温開始という産地がほとんどである（第1表）。その理由の一つが第1図から見て取れる。福岡県で行なわれた'とよのか'の暗黒低温処理（株冷）と栃木県で行なわれた'女峰'の夜冷短日処理における頂花房と一次腋花房の開花と花芽分化促進処理開始日の関係を見たものである。収量，品質はさておき，いずれの品種も早くに処理を始めて定植すれば，頂花房の開花期は早まるが，

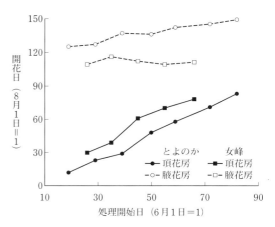

第1図 暗黒低温処理したとよのか（福岡）と夜冷短日処理した女峰（栃木）における頂花房と一次腋花房の開花と花芽分化促進処理開始日の関係

（伏原・高尾，1988；植木ら，1993より作図）

一次腋花房の開花にはわずかな差しか見られなくなる。

③11時間30分を上回る日長と高温

各県のアンケートに「早期のマルチ張りや保温によって腋花房の開花遅延が著しくなる」と記述されていたことも合わせて考えると，イチゴの腋芽上で花芽が分化するためには頂花房より低い温度と短い日長が必要で，10月後半になってこの条件が満たされたときほぼ斉一に一次腋花房が分化すると考えてよい。保温開始時期が影響することから温度の影響が小さいとはいえないが，地域・栽培品種による差や年次変動が小さいことからすれば，先のとおり腋芽上での花芽分化抑制には，10月中ごろまでの11時間30分を上回る日長が温度より強く作用していると推察される。

④育苗中の炭水化物濃度の低下

第1図における'とよのか'と'女峰'の一次腋花房開花期の違いについては，品種の花芽分化特性の違いではなく，花芽分化促進処理方法の違いと福岡県と栃木県の気温の違いが影響している。

第2図には4日冷蔵/4日自然×2回の間欠冷蔵処理と，自然条件に遭遇せず12日間連続

イチゴ栽培の基本技術

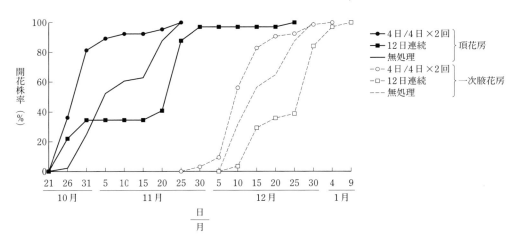

第2図　間欠冷蔵処理（13℃4日/自然4日×2回）と13℃12日間連続の暗黒低温処理が女峰の頂花房および一次腋花房の開花に及ぼす影響
2008年8月31日処理開始，9月13日定植

の暗黒低温処理を行なった'女峰'の頂花房と一次腋花房の開花を示した（Yoshida et al., 2012）。

　間欠冷蔵処理は，夜冷短日処理と比較して効果が得られる時期が限定されるものの，連続の暗黒低温処理より安定した花芽分化促進効果が得られる。暗黒低温処理では苗の炭水化物濃度が処理中に大きく低下するのに対して，間欠冷蔵処理では自然条件下での光合成によって炭水化物濃度が上昇する。この炭水化物栄養の改善がイチゴの花芽分化促進に影響することは明らかであり，その影響は一次腋花房の分化にまで及んでいる。

　暗黒低温処理では，低温処理中に発生する新葉はモヤシ状に黄化するため，定植後の苗は光合成能力が劣るうえに，旺盛な窒素吸収によって炭水化物栄養の回復が遅れる。第1図における'とよのか'の一次腋花房開花遅延にも，炭水化物栄養の低下が強く関与していると筆者はみている。なお，'女峰'の一次腋花房は定植時期にかかわらずほぼ同時に開花しているのに対して，'とよのか'ではわずかではあるが定植時期が早いほど腋花房の開花が早い。花芽分化促進処理時期と定植時期が早いほど，わずかでも炭水化物栄養の回復が早いため，一次腋花房の分化・発育と開花が少しずつ早くなったのであろう。

　いずれにせよ，頂花房の分化が早いほど一次腋花房との分化期の差は大きくなる。さらに頂花房の花芽と果実の発育が温度の高い時期に進むため，温度が低下してから分化・発育する腋花房との収穫期の差はますます大きくなり，結果的に「中休み」が著しく長くなってしまう。

（4）中休みの軽減技術── 一次腋花房分化促進は可能か？

①一次腋花房の開花遅延対策の試行

　九州地域では暗黒低温処理が主要な花芽分化促進処理として広く普及しているため，一次腋果房の開花遅延が以前から問題とされ，さまざまな対策が試みられている。

　過剰施肥の回避（水上・小田原，2007）や定植後の遮光（北島・佐藤，2008）で開花遅延の軽減が可能なことが明らかにされているが，施肥不足や遮光は頂果房の発育を抑制して収量の低下を招くことがある。暗黒低温処理における腋花房の開花遅延については，省力性や低コスト性とトレードオフの関係にあると割り切らざるを得ないだろう。稲葉ら（2007）は'とちおとめ'の夜冷処理を7月上旬から開始し，一時

的な中断を挟んで9月初めまで継続することによって腋花房が分化した苗を育成することが可能であり，年内に連続して一次腋花房の収穫が始まるとしているが，苗の増殖・育成と花芽分化促進処理に必要な時間と経費を考えれば実用性が高いとは思えない。

POフィルムの周年被覆による9月以降の気温上昇が開花遅延の原因の一つである可能性は高い。しかし，フィルムそのものや張り替えの手間と労力を含めたコスト，定植前から被覆時までの作業性などさまざまな要因を総合的に判断して農ビの張り替えを毎年行なわなくなった結果なので，多少の効果があったとしても元に戻すという選択肢はありえないだろう。

②クラウン冷却処理

筆者は，クラウン冷却処理（壇ら，2007）が唯一，腋花房の分化促進技術としての実用性があると見ている。一定のコストは必要だが，豊富な地下水が得られる地域では夜冷処理とクラウン冷却を組み合わせることで，収穫期の前進化と連続的な収穫の達成が可能であろう。地下水による冷却に引き続き温湯ボイラーによる加温にも利用すれば，クラウン温度制御用チューブの導入・設置コストを回収できる可能性が高い。

③谷を埋める遅出し作型

一次腋花房の開花遅延による「中休み」については，前述したとおり低温処理などによって無理に前進化した作型が普及して顕在化した問題といえる。

'章姫'や'さがほのか'など花芽分化の早い品種は，腋花房の分化と開花も早いので「中休み」が少ない品種とされており，とくに早出しを目指さなければ問題になることはあまりないはずである。'女峰'でも（貝吹，1993），自然の花芽分化期ころに定植して11月初めから保温すれば，一次腋花房は連続的に開花し，2次腋果房以下の果房も含めて連続的に収穫することができる。無理な早出しを避けることが究極の「中休み」対策といえるが，労力分散やお歳暮・クリスマス需要への対応など経営的にみれば早出しの利点は大きい。「早出し作型での中休みは避けられない」と割り切り，その谷を埋めるために後述する，定植期を遅らせた「遅出し作型」を一定面積に導入することが，もっとも確実な対策といえるだろう。

'かおり野'のように花芽分化がこれまでになく早い品種や促成栽培にも利用可能な四季成り性品種も実用化されつつある。無理せずに早出しが可能になれば，クリスマス向けのイチゴ生産が当たり前になったように一次腋花房の開花遅延そのものが問題にならない時代が近々訪れると期待してよいのかもしれない。

(5)「成り疲れ」の発生要因――光合成産物不足による草勢低下

イチゴの「成り疲れ」は，2月下旬から3月にかけて草勢の低下に伴って発生する「中休み」現象である。その名のとおり，低日射期の着果過多が原因といってよく，一次腋花房が連続的に発生したときや1，2月の日照が不足した年にはとくに顕著な症状が見られる。

①着果過多による光合成産物不足

一次腋果房の開花が始まる12月以降は，着果負担の増大に加えて気温の低下と光エネルギーの減少のためにイチゴの新葉の展開速度は急激に低下し，展開した葉の葉面積，葉柄長も減少する。11月中に展開した葉は大きいが，それらの葉が老化したあとに残る葉は生長が劣るため，2月になって老化した葉を摘除すると急激に草勢の低下が顕在化する。突然に草勢が低下したように見えるかもしれないが，観察が不十分で新葉の生長鈍化が認識できていなかっただけの場合が多い。

'宝交早生'の促成栽培においては，12月後半から2月にかけて頂花房と一次腋果房を収穫し，その後約1か月の「中休み」を経て4月上中旬から二期目の収穫が始まるというパターンが一般的であった。この現象は，低温期にわい化しやすい'宝交早生'をGA処理までして電照促成栽培に利用した宿命ともいえる。しかし，'女峰''とよのか'以降の促成栽培用品種でも保温開始後に蒸し込みを行ない，無加温で2月までの早期収量を確保しようとした場合に

はしばしば問題となった。無電照でも草勢が維持できるような近年の品種においても，潜在的には着果過多による光合成産物不足という同じ現象が起こっていると考えてよいだろう。

　②日射量の不足

　基本的な原因は，太陽高度が低い11月後半から2月にかけての日射量の不足といってよい。暗黒低温処理した場合のように一次腋花房の分化が極端におそくならなければ，頂果房の果実が肥大している12月上旬に一次腋花房の開花が始まる。一年のうちでもっとも日射量が少ない冬至前後の2か月足らずの間に二つの果房の果実を同時に肥大させ，糖を蓄積させることになる。本来春に開花して初夏に果実を実らせるイチゴにとって無理な注文であることは間違いない。

　③根群の減少

　‘宝交早生’の根群分布は頂果房収穫開始期ころに最大になったあと，着果負担が大きくなる収穫最盛期には急激に減少し，地上部も同時にわい化症状を示す。また，根群の減少は摘果によって軽減され，収穫を終えると根の再生が進み，草勢も回復する（峰岸ら，1982）。果実肥大が始まると定植後，根に貯蔵された炭水化物が果実へ再転流することを意味している。果実はイチゴの器官中で最大のシンクであり，果実着色期には光合成産物の80％以上が果実へ転流する（西沢・堀，1988）。結果的に根や葉の生長が急速に衰え，草勢が低下し，花芽の発育速度もおそくなることは必然といえる。

(6)「成り疲れ」と「中休み」の発生パターン

　第3図には，作型別のイチゴの収量変動パターンを模式的に示した。

　①早出し型

　Iの早出し型は暗黒低温処理苗を9月上旬に定植した無加温栽培を想定しており，高単価の早期収量をねらった作型である。

　‘宝交早生’でも頂果房収穫期の前進化だけを目的として10月10日ごろから保温する促成栽培も行なわれたが，3月以降はトマトやナスなど他品目に転換することを前提として行なわれることが多かった。

　近年はここに示したような極端なパターンを見かけることは少なく，低温伸長性の優れる品種で加温やCO_2施用が十分であれば，この第3図よりは早く収穫が始まる。ただし，「超促成」と呼ばれるような作型では，高温条件下で花芽と果実の発育が進むため，定植時期が早くなるほど小さな果実しか得られず，収穫量が減少することは避けられない。

　②腋花房遅延型

　IIは夜冷処理などによる作型の前進化で一次腋花房の開花がやや遅れて，頂果房と一次腋果房の間に一つ収穫の「谷」が生じ，また，程度の差はあるものの「成り疲れ」の影響で二次腋果房の収穫が始まる前にもう一つ収穫の「谷」が生じる。土つくりが不十分なハウスやCO_2施用が行なわれていない高設栽培ハウスでよく見られるパターンで，一般的には一次腋果房の収量（2つめのピーク）はもっと少ない。

　二つの「谷」の原因はそれぞれに異なるが，いずれもその期間が長いと「中休み」と呼ばれ

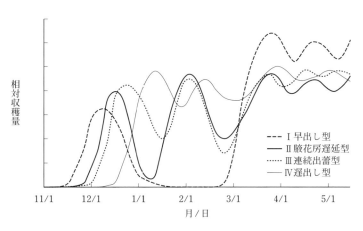

第3図　作型による収量変動パターンの模式図
I：暗黒低温処理による超早どり作型，II：夜冷短日処理による早どり作型，
III：普通ポット育苗による標準作型，IV：花芽分化を遅らせた遅出し作型

ることが多い。冒頭に述べたように，二つの現象はそれぞれ'宝交早生'の時代から認識されているにもかかわらず，それぞれ収穫の前進化や連続性の確保という収益性向上の副作用として顕在化した問題である。これらの現象が混同されているため，現場レベルで混乱が続いているのであろう。異なった原因の結果として生じる二つの「谷」に対する効果的な対策を示すことがむずかしく，その大きさが事前に予測し切れないことが生産，流通の両面で問題を大きくしていると考えられる。

③連続出蕾型

IIIは一次腋花房が連続的に開花し，連続性という意味では理想的といえるが，2つの果房の肥大期の重なりが大きく，着果負担が大きくなり過ぎて典型的な「成り疲れ」症状を起こす場合であり，'宝交早生'に類似したパターンといえる。

もう一つこれに近いケースとして，最上位の腋芽が葉を分化せず直接花芽となり，着果過多となる場合がある。少し余談になるが，この症状は四季成り品種や'紅ほっぺ'など連続出蕾性の強い品種で頻繁に観察され，促成栽培では老化した大苗を定植した場合に多発する傾向にある。「心止まり」の軽微な症状と考えられ，2番目の腋芽がクラウンとして発育すれば「成り疲れ」ですむが，着果過多のため果実の品質は明らかに低下する。実際に下位の腋芽が整枝のさいに摘除された場合やランナーとなった場合，あるいは発育を停止して座死した場合には完全に生長が停止して「心止まり」となり，着果した果実の品質が著しく低下する。

④遅出し型

IVは比較的小さな若苗を花芽分化期ころに定植した場合であり，半促成栽培に近いパターンといえる。

9月末から10月初めに分化した花芽は適温条件下でじっくり発育が進み，充実した花が開花する。低温下で発育するため，腋芽上で3〜4枚の葉を分化した段階で一次腋花房を連続的に分化して，2つの果房の果実の発育はIIIの場合と同様にかなりの程度同時に進行する。ただし，IIIの場合はもっとも太陽高度が低い12月から1月の着果負担がとくに大きくなる。また，11月初めころから開花するため，温度が高くてハウス内CO_2濃度が低い時期に頂果房の果実肥大が始まる。光合成量が少ないうえに果実の肥大発育速度が速いため，株全体としての頂果房の着果負担はIVと比較して著しく大きくなって根群の衰退が進む。それに対して，IVの場合には，頂果房の肥大はハウスを閉め切ったころから始まり，ハウス内のCO_2濃度は高く維持することができる。一次腋果房も冬至を過ぎたころから肥大が始まり，着果負担が徐々に大きくなるが，太陽高度が上昇する時期にあたり，株全体の光合成量が増加するため，光合成産物の競合はIIIの場合ほど厳しくはならない。頂果房と腋果房の発育が全体的におそくなるとともに両者を合わせた着果負担が比較的軽くなるため，ハウス内CO_2濃度が高く保たれている場合には充実した花が連続的に出蕾開花して安定した果実収量が得られる場合が多い。

(7)「成り疲れ」の軽減技術

すでに述べたように，「成り疲れ」の発生要因は低日射期の着果過多であり，光合成産物不足である。太陽からの光エネルギー量を増やすことが不可能である以上，対策は摘花（果）による着果負担の調節，CO_2施用による光合成促進と適切な電照と温度管理による草勢の維持に限られるといってよいだろう。

①摘花（果）

摘花に関しては，多くの産地で定着し始め，2Sの果実を最後までとりきるという事例はあまり見かけなくなった。強摘花によって間違いなく果実肥大が旺盛になるうえに品質が向上し（稲角ら，2013），根群の衰退が軽減される（峰岸ら，1982）。品種や栽培条件によって適正着果量は変動するが，「成り疲れ」による草勢低下が著しい場合には，明らかに着果過多であり，摘花が不十分といえる。一般的に，老化した大苗より若い小苗の生産性が高いという事例が多い（貝吹，1993；吉田ら，1991）。小苗は「発根力が強い」といわれることがあるが，むしろ

頂花房の花数が少なくて「最初から摘花した状態」に近く，発育する一次腋芽も少なくて果房間葉数もやや多くなるため，着果負担が過剰になりにくいことが旺盛な「発根力」に影響していると考えるべきであろう。

　②CO_2施用

有機物投入が行なわれない高設栽培はもちろんだが，土耕でも十分な土つくりができていないハウスではCO_2施用の効果が著しい（川島，1991；Yoshida et al., 1997）。無施用のハウスではCO_2飢餓で満足な光合成が行なえない時間帯が長く続くため，光合成産物不足による著しい「成り疲れ」症状が現われることが多い。CO_2不足だと電照や加温も効果が劣り，草勢低下が著しくなる。

　③加　温

草勢維持のための加温は近年の高設栽培の実績から考えて最低8℃程度必要といえる。一方で，温湯や電熱によるクラウン加温が省エネ技術として注目されており，葉の生長促進による草勢維持の効果は大きいようである。コスト面だけでなく，着色など果実発育に対する影響も含めて評価を進める必要があるが，低夜温条件下では果実の生長速度が低下し（熊倉・宍戸，1994），相対的に着果負担が小さくなると考えることができる。果実の発育を抑制して光合成産物の急速な流入を抑制しながら，葉の生長を促進する効果があるのだとすれば，「成り疲れ」防止の面では理にかなっているのかもしれない。

昼温については，前述のCO_2施用と密接に関連する問題だが，25℃程度は必要であろう。葉の生長だけを考えれば，もう少し高い28℃程度が適切と思われるが，クラウン加温と同様に果実生長と光合成産物の転流を考えると適切な温度を特定することはむずかしい。以前から篤農家の事例をもとに，午前中は25〜27℃，午後は少し低めの23℃という温度管理の目標が多くの産地で推奨されている。午前中は夜間ハウス内に蓄積された土壌有機物由来のCO_2を十分に吸収させ，その後は外気由来のCO_2を利用することを意味しており，土壌有機物が豊富なハウスのCO_2環境としては理想的といえる。しかし，終日のCO_2施用を行なうのであれば，高濃度を維持するため午後も高温で管理することが望ましい。いずれにせよCO_2環境によって大きく変動し，CO_2が不十分なハウスほど低温管理が望ましいことは間違いないだろう。

　④ジベレリン（GA）処理，電照

'宝交早生'の場合には着果前のGA処理と電照で葉面積を拡大し，光合成能力を高めることで収量性の改善がはかられたが，GAではカンフル剤的な一時的効果しか得られない。過剰な電照や早期の保温によって過繁茂になるとチップバーン発生や果柄の「軸折れ」の増加，花芽分化の停止などの問題が生じる。過繁茂や草勢低下を避け，「適切な草勢」を維持することが重要という曖昧な表現でしか述べられないが，問題はどの程度が「適切」なのかということになる。品種ごとに望ましいとされる一定の草丈が示されているようだが，この基準も季節や環境制御の条件によって異なると考えられ，残念ながら現時点で明瞭な基準を設けることはむずかしい。ただし，収穫期間を通じて草丈の変動が大きい場合には，「適切」な範囲を超えた草勢の過剰と低下のどちらかあるいは両方を起こしていると考えるべきであろう。

　⑤作型の組合わせ

上記のような対策を組み合わせて講じたとしても，促成栽培において一次腋花房が連続的に開花すれば低日射期に着果負担が極大化することは避けようがない。また，頂果房が前進化すると一次腋芽の葉数が増加することも避けられない。すなわち，早期多収を目指す限り，一次腋花房の開花遅延や光合成産物不足によってある程度の「中休み」は起こるものと割り切らざるを得ない。したがって，個々の生産者が経営安定化のために連続安定出荷を目指すのであれば，第3図に示した作型を意図的に組み合わせることが，もっとも確実な収穫量の平準化技術であるといえる。

1ha近い経営規模の生産者の場合には，定植労力の関係で必然的に作型の分散化が起こっていると推測されるが，積極的に花芽分化を抑制

した苗を計画的に遅植えすれば，より安定した収穫量の平準化が実現できる可能性が高い。かつて奈良県の'宝交早生'栽培においては促成と半促成を組み合わせることが一般的で，それによって収量の平準化がはかられていた。

筆者が設立した有限会社のぞみふぁーむにおいては，主たる出荷先である洋菓子店への納品を途切れさせないために，1月半ばと2月後半の「中休み」を埋め合わせる必要がある。全15aの栽培ハウスのうち育苗に使用する1棟（20％余り）はあえて定植を急ぐことなく第3図Ⅳの遅出し作型を導入している。具体的には72穴セルトレイで育苗して花芽分化を遅らせ，毎年10月1日ごろに定植すれば，間欠冷蔵処理苗の収穫が終わる12月末ごろから頂花房の収穫が始まる。香川県のkokoroグループでは，より確実に花芽分化を抑制するために8月末から9月15日ころまで電照による長日処理を行なって同じ'女峰'を遅植えし，12月からほぼ途切れることなく贈答用大玉果を連続出荷している。'女峰'以外の品種でも十分検討されてしかるべき方法であろう。

執筆　吉田裕一（岡山大学）

2015年記

参考文献

壇和弘・曽根一純・沖村誠. 2007. クラウン部の局部温度制御が促成イチゴの連続出蕾性に及ぼす影響. 園学研. 6（別1），428.

伏原肇・高尾宗明. 1988. イチゴの夏期低温処理栽培に関する研究（第2報）低温処理時期が収量，品質に及ぼす影響. 園学要旨. 昭63春，356—357.

稲葉幸雄・家中達広・畠山昭嗣・吉田智彦. 2007. 促成栽培イチゴの10月どり作型における一次側花房の連続出蕾技術の開発. 園学研. 6, 209—215.

稲角大地・吉田裕一・後藤丹十郎・村上賢治. 2013. 培養液の施用濃度と摘果が高CO_2濃度条件下で育てたイチゴ'女峰'の養分吸収と収量，果実品質に及ぼす影響. 園学研. 12, 273—279

貝吹満. 1993. 女峰6トンどり栽培. 農文協. 東京.

川島信彦. 1991. 施設内におけるCO_2施用に関する研究（第3報）イチゴの生育に対する効果. 奈良農試研報. 22, 65—71.

北島伸之・佐藤公洋. 2008. イチゴ'あまおう'の早期作型における定植後の遮光処理による第1次腋花房の花芽分化促進. 福岡農総試研報. 27, 53—57.

熊倉裕史・宍戸良洋. 1994. イチゴの果実肥大に及ぼす温度の影響. 園学雑. 62, 827—832.

水上宏二・小田原孝治. 2007. 福岡県におけるイチゴ'あまおう'の早期作型で1—2月に安定出荷するための有機配合肥料による最適基肥量. 福岡農総試研報. 26, 85—88.

峰岸正好・泰松恒男・木村雅行. 1982. イチゴ宝交早生の促成栽培における根の生育と果実生産について. 奈良農試研報. 13, 21—30.

西沢隆・堀裕. 1988. イチゴにおける^{14}C光合成産物の転流・分配に及ぼす花房の発育段階の影響. 園学雑. 57, 433—439.

泰松恒男・木村雅行. 1981. イチゴ宝交早生の促成栽培における苗質と開花，収穫パターンについて. 奈良農試研報. 12, 30—42.

植木正明・須崎隆幸・高野邦治. 1993. イチゴ女峰の夜冷短日処理における処理開始時期の影響. 栃木農研報. 40, 75—82.

吉田裕一・大井美知男・藤本幸平. 1991. 大果系イチゴ'愛ベリー'の果実形質，収量と窒素施肥量，苗質との関係. 園学雑. 59, 727—735.

Yoshida, Y., Y. Morimoto and K. Yokoyama. 1997. Soil organic substances positively affect carbon dioxide environment in greenhouse and yield in strawberry. *J. Japan. Soc. Hort. Sci.* 65, 791—799.

Yoshida, Y., E. Ozaki, K. Murakami and T. Goto. 2012. Flower induction in June-bearing strawberry by intermittent low temperature storage. *J. Japan. Soc. Hort. Sci.* 81, 343—349.

育苗技術

(1) イチゴにおける育苗の重要性

園芸作物では「苗半作」といわれるように育苗が重要とされている。そのなかでも促成イチゴ栽培は，育苗を中心とした栽培初期の管理が重要で，農家に困難な作業についてアンケートを行なうと必ず「育苗」が第1位になる。イチゴ栽培で育苗の失敗が経営に大きく響く理由の一つめは病害の発生，二つめは花芽分化期が決まっていること，三つめは販売単価の動向である。

イチゴの重要な病害のうち，炭疽病や萎黄病は株を枯死させて，減収の大きな原因となるが，いずれも育苗中に感染することが多いため，健苗の育成が重要である。

また，促成栽培のイチゴは，花芽分化が秋から翌春まで連続して起こるものの，春以降には高温長日条件のために花芽分化が止まってしまう（詳細は「植物としての特性」基25ページ，「生育のステージと生理，生態」基189ページの項を参照）。そのため，促成栽培で高収益を得るためには，育苗から定植直後に大勢が決定する初期収量を確保することが重要である。

さらに，イチゴの単価は，四季成り性品種も含めた国内産の出荷が少ない夏〜初秋期には高いが，主産地の出荷が始まる11月以降は日を追って低下するのが例年のパターンである。クリスマスやひな祭りなどの物日（ものび）前にスポット的に高騰することはあるが，通常は，頂果房で失敗した場合の収益減を補うのは難しい。

以上のように，イチゴ栽培は健苗を育成して，初期収量を確保することが重要であり，さらに7t以上の高収量をねらう栽培では，育苗期に適切な管理を行ないその後の第1次腋花房以降も安定して分化〜収穫できるように草勢が保てるようにすることも重要であり，「苗半作」以上の重みをもつ。

(2) 育苗の目的と目標とする苗の姿

イチゴ栽培における育苗のおもな目的は，1) 軟弱な幼苗期に炭疽病や萎黄病をはじめとする病害虫から守り，健全な株を育てること（病害虫の回避），2) 花芽分化促進処理を効率的に行ない，早期に収穫できるようにすること（収穫の早期化），3) 花芽分化処理や栽培管理が効率的にできるように，斉一性が高く適切な草勢をもった株に養成する（生育の斉一化）ことが重要であり，さらに，4) 単位面積当たりの定植株数が多いイチゴでは，限られた場所で集中的に管理することで管理作業を効率化，省力化と軽作業化を図る（省力・軽作業化），ことも考える必要がある。

目標とする苗の姿は，品種や産地により異なるが，クラウン径を基準にしている場合，7.5cmのポット苗で8mm，9〜12cmでは9〜11mm，仮植育苗では10mm程度である。また，心止まり株が発生しやすい品種を用いたポット育苗では，心止まり株の発生を避けるため，定植時の葉柄汁液の硝酸イオン濃度を50〜200ppmになるよう管理することを目標としている場合が多い（第1表）。

第1表 促成栽培用品種の目標とする苗の姿

品種名	目標とする苗の姿
とちおとめ	クラウン径10〜11mm以上
さがほのか	クラウン径10mm以上（葉厚0.5mm） 徒長率（葉柄長/葉身長）は，1.5以内 定植時の体内窒素濃度150ppm 苗の斉一性を高めるための短期間での採苗（30日）
紅ほっぺ	クラウン径9〜10mm，葉柄長12cm以内（ポット育苗）
やよいひめ	仮植時に展開葉2.5〜4枚 ポット鉢上げは2.5葉期以上
熊研い548 （商標：ひのしずく）	クラウン径11mm以上
ゆめのか	クラウン径8mm
さつまおとめ	クラウン径10mm以上

イチゴ栽培の基本技術

(3) 育苗の3つの段階

イチゴの育苗では，先に述べた「病害虫の回避」「収穫の早期化」「生育の斉一化」「省力・軽作業化」を実現するために，さまざまな技術が取り入れられ，品種，産地，生産者ごとにそれぞれ育苗の方式が異なっているといってもよいほどバラエティーに富んでいる。

育苗の一連の流れは，3つの段階からなっており，第1段階は親株を定植してランナーを発生させる「親株の養成」，第2段階はランナーの先端に発生するランナー子株から発根させ，自立した株として養成する「子株の養成」，第3段階は自立した株に花芽分化処理を行なって定植苗に仕上げる「花芽分化促進」である。なお，環境が花芽分化に適する9月下旬以降の定植では，第3段階の花芽分化促進処理は人工的には行なわないこともある。

詳細は以下の項目で解説するが，おもな栽培技術として「親株の養成法」には地床栽培と隔離栽培，「子株の養成法」には，ポット育苗（セル苗なども含む）と仮植・無仮植育苗，「花芽分化促進法」としては，主となる日長や気温の調整（短日処理，短日夜冷処理，低温暗黒処理，高冷地・中山間・寒冷地，気化熱利用）と，補足的に用いられるイチゴの生育調整（窒素中断，断根）などが挙げられる。この組合わせにより，育成される苗の質や収穫開始期，収穫のパターンなどが異なり，一例を挙げると，中山間無仮植育苗は，親株の養成は地床栽培，ランナー子株の養成は無仮植，花芽分化促進法は中山間での育苗である。

(4) 親株の養成法

親株の養成法には，大きく分けて直接圃場に親株を定植する「地床栽培」とプランターや養液栽培などの栽培容器に定植する方法に分けられる。後者には統一の用語はないが，区別のために「隔離栽培」と呼ぶことにする。親株の養成方法と子株の養成方法の組合わせ例を第1図に，隔離栽培で用いられるおもな栽培容器の長所と短所を第2表に挙げる。

①地床栽培

地床栽培は，中央を小高くして水はけがよくなるようにした幅2〜3mのうねの中央に親株を定植して，うね上にランナーを伸ばしていくものである。長所としては，直接圃場に定植するため親株の根張りはよく，灌水が適切ならランナーの発生も安定していることが挙げられる。また，灌水の設備以外の装備は必要がないため，初期投資額はごく小さい。短所としては，菱黄病やセンチュウ類のように土壌を介して伝染したり，水滴

第1図　親株の養成方法およびランナー子株の養成方法

第2表　イチゴの隔離栽培で用いられるおもな栽培容器の形状と特徴[1]

項　目	連続ベッド		プランター	バッグ
	排水溝内蔵[2]	排水溝分離		
病害虫[3]	△	○	◎	◎
ベッド内の水ムラ	◎	○	○	△
滞水の起こりにくさ	○[4]	◎	○	◎
培地の入替え	△	△	◎	◎
設置の容易さ	△	○	◎	○

注　1）特徴については，秋冬の実取り栽培での利用も含めて表記している
　　2）排水溝がベッドと一体成形されており，排水がベッド内を流れるもの
　　3）菱黄病，根腐菱凋病，チビクロバネキノコバエ，センチュウ類などの発生状況
　　4）ベッド20mに1か所程度排水ますを設けると滞水は軽減する

育苗技術

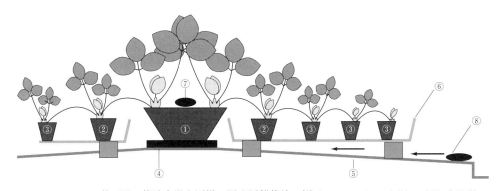

第2図 栽培容器を圃場に置く隔離栽培の例（きらきらポット育苗）（愛知農総試）
①親株：プランターに4株定植，ランナー出しは5月初旬から
②第1子株：定植しない第1子株は，区別がつくように10.5cm黒ポリポットで受ける
③第2〜4子株：定植苗の第2〜4子株は7.5cm黒ポリポットで受ける
④あぜなみ：プランターからの排水を図り，根が土壌に伸びるのを防ぐためにあぜなみを敷く
⑤親株床：傾斜をつけ排水をよくする。泥はねを防ぎ，水はけもよいシートを敷く
⑥育苗バット：ポットから根が土壌に伸びないよう育苗バットに入れ，地面より一段高くして通気をよくする
⑦親株用灌水チューブ
⑧ポット用灌水チューブ

による泥はねで蔓延する炭疽病の防除が難しいことで，無病の圃場を選択するか事前に土壌消毒（土壌消毒については「土つくりと肥培管理，灌水」，基105ページ参照）を行なう必要がある。また，除草や株の管理などは腰を曲げた姿勢で長時間行なう必要がある。平成の初めころまでは，主力の栽培法であったが，ポット育苗の普及とともに減少しており，現在ではおもに中山間地や高冷地で行なわれている。

②隔離栽培

隔離栽培は，親株を土壌ではなく容器に植えて栽培するものである。長所としては土壌を介する病害虫が発生する心配が少ないことがもっとも大きく，また，栽培容器の設置方法によっては作業姿勢が良好で軽作業化を図ることができる。他方，短所としては栽培容器，培地，灌水装置などに初期投資が必要な点があげられる。さらに，隔離栽培のためランナーの発生量は灌水と肥培管理に非常に大きく影響される。

隔離栽培は，定植する栽培容器の設置場所によりさらに3つに分けられる。もっとも低い地表への設置は，親株を植えたプランターを圃場に並べて，発生するランナーは直接畑に配置す

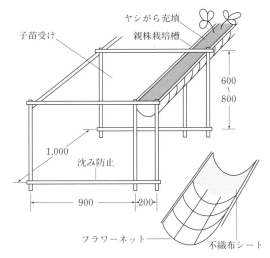

第3図 棚の上にポットを設置するノンシャワー育苗のベッド構造（単位：mm）
（岐阜県農業技術センター）

る方法である。もっとも低コストで設置できるが，作業姿勢はよくない。この場合，地床栽培同様に土壌消毒などを行なう必要がある。親株はプランターなどに定植してランナーは育苗ポットなどに受け苗する場合もある。第2図はき

135

イチゴ栽培の基本技術

らきらポット育苗(愛知県農業総合試験場)である。

二つめは、作業が容易なように、プランターや養液栽培システムの栽培樋に定植した親株と、子株を植えるポットやセルトレイまたは仮植、無仮植用の隔離床を腰の高さに設置する方法で、導入事例も多い。第3図のノンシャワー育苗(岐阜県農業技術センター)や高設無仮植育苗(埼玉県農林総合研究センター)もこれに含まれる。この場合、育苗ハウス内で栽培を行なうことも多い。栽培コストは、地表に設置する栽培と高設栽培の中間である。

隔離栽培の最後は、栽培容器を1.5m前後の高い位置に設置する高設栽培で、ランナーを垂れ下がらせる空中採苗(第4図)が多いが、階段状に設置した栽培樋への受け苗や棚下に張ったネットに挿し込まれたポットに受け苗を行なう方法(第5図)もある。空中採苗ではランナー子株から蒸散する水分も親株から供給されるため吸水が盛んである。そのため養液栽培システムを導入し、液肥を利用した自動灌水を行なう場合が多く、ハウス内で栽培が行なわれる。ランナー子株を広げて採苗しないため、親株養成のための圃場面積はもっとも少ない。

隔離栽培の容器には、発泡スチロールやプラスチックの栽培槽、波板や木枠などで自作した栽培槽、培地の入ったバッグなどがあり、最近ますます多様になってきている。栽培容器の形状と特徴は第2表のとおりである。連続ベッドはベッド内の水ムラが少なく生育は揃うが、排水溝が栽培槽に内蔵されている場合には、栽培槽内の滞水が発生することがあり、とくに梅雨時には過湿による根いたみが懸念される。また、土壌病害菌やセンチュウ類などが栽培槽の中を移動し、被害が蔓延する可能性がある。一方、プランター方式では、親株の生育やハウス内の位置により培地中の水分はムラになることがあるものの、病害虫の蔓延は最小限に抑えることができ、培地の入替えも容易である。

隔離栽培の培地は、イチゴは湛水状態では根が褐変しやすいため、液体培地の利用(水耕栽培)は難しく、ほとんどが固形培地である。そのため樹皮製の堆肥やピートモス、ココヤシ繊維(ヤシがら)、籾がらや籾がらくん炭などの有機培地とロックウール、バーミキュライト、パーライトなどの無機培地を単体または混合培地として利用す

第4図　隔離栽培
高設栽培による挿し苗用の空中採苗

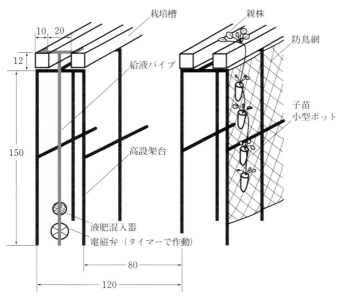

第5図　軽量培養土を用いた高設栽培システム（単位：cm）
(福岡県農業総合試験場, 1996)

る。そのため親株育成のための隔離栽培用培地は、非常に多様で、それぞれの保水性、排水性、通気性、保肥力は大きく異なる。第6図は、三相分布から見た培地の違いの一例である。イチゴは滞水による根いたみが起こりやすく、培地によっては過湿状態が続く可能性がある。もともとトマトなどに比べて葉面積が小さいイチゴは生育初期に吸水量が少ないため、曇雨天が連続すると根いたみが起こりやすい。その一方で親株の茎葉が繁茂し、ランナー子株が多数発生すると吸水量は増加し、晴天が続いて培地中の水分が少なくなるとランナーの先枯れなどが発生し、採苗数に影響する。そのため、培地の選択にあたっては、保水性、排水性、各農家が給液可能な回数（自動灌水か手動かで異なる）を含めて栽培容器との組合わせを十分考慮する。

隔離栽培での施肥は灌水チューブを利用した液肥、または培地上に固形の肥料を置いて行なう。ハウス内で栽培する場合には、液肥を用いタイマーで自動給液することが多い。隔離栽培で親株を養成し採苗を行なう場合には、排液や培地中のEC、草勢、葉色、ランナーの発生状況を確認しながらふやしていく。

なお、養液栽培による高設栽培で給液の施肥量を検討する場合、給液ECと排液ECの差を見ながらイチゴが肥料を吸収した量を推定し、液肥の濃度を調整するのが慣例だが、この方法だけでは十分とはいえない。たとえば、晴天が続き排液量が極端に少なくなっている場合には、排液ECが高くても、その内容はイチゴがあまり利用しない硫酸イオンや塩素イオンなどで、硝酸イオンをはじめとする必要な成分はほとんど含まれていないことがある。イチゴの反応をよく観察するとともに、硝酸イオンペーパーや硝酸イオンメーターなどで排液や葉柄窒素を測定し確認するとよい。

(5) 子株の養成方法

①養成方法の種類

ランナー子株の養成方法には育苗用ポットやセルトレイを利用する「ポット育苗（鉢育苗）」と地床栽培または棚利用の隔離床に直接根を張

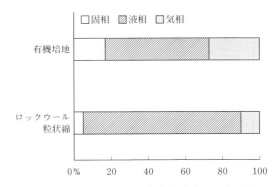

第6図 培地の種類と最大容水量時の三相分布の一例
ロックウール：粒状綿、有機培地：JAあいち経済連ゆりかごソイル

らせる「仮植育苗」「無仮植育苗」がある。ポット育苗は、育苗後はポットやトレイから抜き取り、そのまま本圃へ定植するのに対して、仮植・無仮植育苗は株を掘り上げ、培地を落とした状態で行なう。

ポット育苗は親株からの切り離しのタイミングによって受け苗（産地によっては「受けポット苗」「ポット受け苗」ともいう）と挿し苗に分けられる。受け苗は、親株につながったままのランナー子株をまず培地の上で発根させてから切り離すのに対して、挿し苗はほとんど発根のない状態の子株を親株から切り離し、植え木などの「挿し木」のように培地上に挿して発根させる。仮植と無仮植の違いは、仮植が定植前に生育を揃えるために苗を掘り上げて植え直すのに対して定植までそのまま管理するのが無仮植である。

なお、親株から発生したランナー子株が望ましい場所で根づくように、ランナーや子株の根元を針金などで押さえたりすることを「ランナーを配置する」という。

②ポット育苗

親株から発生したランナー子株をポットやセルトレイで育成するポット育苗は、育苗法としてはもっともバリエーションが多い。親株の養成は地床栽培、棚を利用した隔離栽培、高設栽培のいずれでも行なわれる。また、仮植、無仮植より苗数の把握は容易である。

ポットの種類 育苗用のポットは，黒のポリポット（直径6cm〜12cm）が用いられるほか，愛ポットのように口径が小さく，縦方向に長いものやポットがそのまま本圃用の栽培容器になるもの（Dトレイなど）がある。また，花芽分化促進のためにポットや培地からの気化熱を期待して，紙や不織布製のポットやサイドにスリットが入ったポットも利用されるようになってきた。ポットの大きさは，目標とする苗の大きさにより選択する（前述の「目標とする苗の姿」参照）。苗の大きさは，育苗日数と培地量に影響され，目安としては受け苗や挿し苗後，定植まで60日程度の場合9cm以下，それ以上の場合は9cm以上が目安となる。なお，ポリポットのサイズにより育苗床の面積，培地のコスト（培地量は7.5cmが約200ml，12cmでは約650ml）も大きく増減するのでこれらもポットサイズの選択には考慮する。

セルトレイ セルトレイは規格に近い30cm×60cm前後のものが中心である。素材や形状はさまざまで，イチゴ専用の製品も多い。イチゴで利用されるものは穴の数が50穴以下のものがほとんどであり，炭疽病や苗の徒長を防ぐためには，セルトレイ当たりの株数は少ないほうがよい。健苗の育成と単位面積当たりの栽植密度の両面からみて経験的には24〜35穴が適当である。穴数の多いセルトレイを用いて植えない穴をつくってもよい。

育苗用の培地にも非常に多くの銘柄があり，隔離栽培用の培地と同様に樹皮製の堆肥やピートモス，籾がらくん炭などの有機培地とロックウール，バーミキュライト，パーライトピートモス，鹿沼土などの無機培地を混合し，窒素成分量で100mg/l前後の肥料分などを加えたものが利用されることが多い。育苗用の培地を選択する際の注意点として，保水性，排水性とポットの容量，排水性の組合わせが挙げられる。穴当たりの培地量が少ないセルトレイ（100ml以下）の場合は灌水を省力化するために保水性が高い培地を利用することができるが，10.5cmポリポット（約400ml），12cmポット（約650ml）のように容量が多いポットの場合は，保水性と排水性のバランスがとれた培地を選ばないと過湿になり根いたみを起こすことがある。

受け苗 ポット育苗には，受け苗と挿し苗がある。受け苗は，ランナー子株から発根し，活着した後親株から切り離すのでしおれの心配は少なく，灌水管理は比較的容易である。しかし，ランナーをポットやセルトレイに配置するため，挿し苗より面積が必要である。受け苗管理上の注意点として，子株を固定する期間が長くなると生育や根量に差がつくことが挙げられる。この場合，活着後の生育や花芽分化時期がばらつくため，定植後の管理が難しくなることが挙げられる。できるだけ短期間で固定するように管理するとともに，親株から切り離しを行なった後は，灌水や施肥管理をしやすいようにサイズ別に苗を集め，老化を防ぐために大きいものから定植する。

挿し苗 挿し苗は展開葉2〜3枚のランナー子株を親株から切り離し，ポットやセルトレイ，育苗コンテナなどに挿した後，遮光やミストなどでしおれを軽減しながら発根させる。発根までの数日間の管理がもっとも重要で，活着が遅れると充実した苗が得られないことがある。挿し苗は高温期にあたることが多いが，イチゴの発根は15〜20℃程度が適温である（第7図）。一季成り性品種で挿し苗を行なう時期は通常梅雨明け後の高温期にあたるので，できる限り室温を下げるように，遮光と適度な通気を確保する。また，平均気温が25℃を超える高温期には，5℃で2日間程度冷蔵処理を行なってから挿し苗すると発根が改善できる。なお，活着までの期間には灌水量が増加するため，薬剤散布が難しい（流亡してしまう）ことから炭疽病の発生に注意が必要である。活着後は，灌水管理や施肥管理がしやすいよう苗をサイズ別に集め管理を行ない，苗の老化を防ぐため大きなものから早く定植する。

③**仮植・無仮植**

仮植および無仮植育苗は，親株から発生したランナー子株を直接畑または培地やおがくずなどを入れた隔離床に配置して根を張らせる方法で，いずれの方法でも苗を本圃に定植する場合

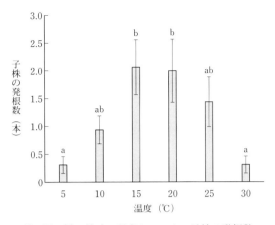

第7図 挿し苗時の温度とランナー子株の発根数
品種：とちおとめ
異なるアルファベット間には有意差（5%）が認められる

には，土をふるい落とす。そのため，定植後活着までにはこまめな灌水管理が求められる。栽培には土壌病害虫のおそれのない，ある程度の面積（本圃面積の3分の1程度）の圃場または栽培用の隔離床が必要である。

無仮植育苗は，できるだけ葉が重なり合わないようにランナーを配置し，発根させて定植までその場所で管理する。仮植育苗は断根による花芽促進と生育を揃えるために定植3〜4週間ほど前に一度掘り上げ，無肥料の仮植床または無肥料の培地を入れた育苗用コンテナに移植する。掘り上げた子株は生育により仕分けして仮植床に株間15×15cmに植え付ける。いずれも地床栽培の場合には，土壌伝染による萎黄病や降雨，灌水により蔓延する炭疽病が問題となるため，事前に土壌消毒が必須である。なお，仮植は労力がかかり，灌水期間が増えるため炭疽病などのおそれが強く，栽培は減少している。

(6) 花芽分化促進法

ポット育苗，仮植・無仮植の方法で養成された苗は，花芽分化促進処理が施されて定植される。基礎編で解説されているように，現在栽培の主力となっている一季成り性品種は，低温と短日により花芽分化する。また，体内窒素を低下させるなどして生殖生長に仕向けることでより分化しやすくなる。育苗中の花芽分化促進法としては，1）冷涼な場所での育苗，2）冷房の利用，3）気化熱の利用，4）短日処理，5）窒素中断などが挙げられ，目標とする出荷時期や投入可能なコストにより組み合わせて選択される（第8図）。

①冷涼な場所での育苗

高冷地や中山間での育苗である。また，関東以西の産地が北海道に育苗を委託する北海道委託苗などの取組みも各地で見られる。この場合，平地で行なわれる普通育苗（産地により呼び方は異なることがある）より収穫は2〜4週間早期化する。平地において，ハウスの表面に遮熱効果が高い被覆資材を展張する方法も1週間程度は効果がある。

②冷房の利用

短日夜冷処理と低温暗黒処理がおもなものである。短日夜冷処理は，遮光により暗期（暗黒の時間）を16時間程度に保ち，暗期を冷房により10〜15℃にすることで，短日かつ一日の平均気温を花芽分化が可能な25℃以下にすることを実現する方法である。入庫，出庫の時期により，11月出荷（地域により超促成，I期，早期などと呼ばれる）と12月出荷（普通促成，II期，盆夜冷などと呼ばれる）がある。処理は夜冷庫を用いて行なわれる。

低温暗黒処理は，苗を暗黒状態の冷蔵庫に入れ，当初は10℃程度から始め，低温に順化した後に16℃程度に上昇させて管理し，低温と短日により花芽分化を促進する。定植前には日陰で順化処理を行なう。通常は25〜30日程度処理を行なって11月出荷をするが，短期の処理によって12月出荷を行なう方法も行なわれている。

③気化熱の利用

気温を下げる方法としては比較的低コストで可能である。普及しているものとしては，専用ポットの利用が挙げられる。紙を素材とした育苗ポットではポット本体から，ポットの全面にスリットが入れてあるポットでは，育苗培地の表面からの蒸発で培地温度が下がることにより花芽分化促進が可能である。今後普及が予想さ

イチゴ栽培の基本技術

第8図　花芽分化促進法とイチゴの育苗方法
窒素中断，断根については，気温や日長を調整する育苗法と併用されることも多い

れるものとしては，育苗ハウス内でのミストの利用による細霧冷房が挙げられる。

　④短日処理

　東北地方など冷涼な地域で行なわれている育苗法で，冷房は行なわず，短日処理のみを行なう。（独）農研機構東北農業研究センターにより研究が行なわれている。9～11月の出荷が可能であるが，処理時期が高温期にあたるため，猛暑の年には花芽分化に影響が出る場合がある。

　⑤**窒素中断と断根**

　窒素中断は植物体内の窒素量を低減させて栄養生長から生殖生長に仕向けることにより花芽分化しやすい状態にするもので，かなり古くから行なわれてきた。仮植・無仮植育苗では，仮植時や定植時に根を切る断根で結果的に窒素中断の効果が得られる。以前は育苗中に鍬で株を持ち上げたり，専用の根を切る機械により断根する方法も行なわれていた。最近増えつつあるポットやトレイを用いた育苗では，培地量が少ないため容易に肥料分を制限できる。また，育苗中に培地内の根量が増えてくると根詰まりに近い状態になり，生育が抑えられて結果的に窒素中断が可能である。このため，ポット育苗では平地育苗でも12月からの出荷が可能になっている。

(7) 育苗に関する共通技術

　イチゴの育苗技術は非常に複雑で，すべての事例を説明することは不可能であるが，この項

では各育苗法や品種に共通の技術について述べる。詳細はそれぞれの品種や育苗システムに関する項目を，親株やランナー子株などの各部の名称や形態的な発達については，「形態とライフサイクル」（基11ページ）を参照して欲しい。

①イチゴの作型

亜寒帯～温帯原産のイチゴは，日長と低温が花芽分化に大きく影響する。現在の主力品種'とちおとめ''さがほのか''章姫'などの一季成り性品種は，一般的に平均気温が15℃以下では日長条件にかかわらず花芽分化するが，平均気温が15℃～25℃では夜が長く昼が短い短日条件でなければ分化しない。25℃以上では短日処理を行なっても通常，花芽分化は起こらないとされる。その結果，各地の生理的花芽分化日の推定結果は第9図のとおりである。しかし，イチゴの販売単価は通常，早期に出荷するほど有利であるうえ，自然状態での花芽分化を待って9月中下旬以降に定植しても，単価が高いクリスマスシーズンには出荷できない。そのため多くの産地では育苗中にさまざまな花芽分化促進法を施し早期出荷を実現するとともに，定植時期や出荷時期が集中しないように，育苗法を組み合わせている。

一季成り性品種を利用し，秋から春にかけて収穫するイチゴの栽培は，厳密にはすべて促成栽培であるが，区別しやすいように育苗方法や定植時期の違いを作型としている。そのため，同じ作型名でも地域により内容が異なる場合や，定植・出荷開始時期が異なる場合があるので注意が必要である（第3表）。花芽分化促進

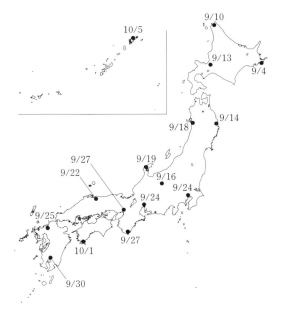

第9図 各地の生理的花芽分化日推定結果
（森下）

法を含む育苗は，この定植時期に合わせて行なわれる。

②経営規模に応じた育苗計画

栄養繁殖のイチゴは，親株の入手から定植苗の確保までに最短5か月間（4～9月上旬），通常は9か月（前年12月～9月上旬）の長期にわたる。第10図は育苗の作業工程の例である。イチゴはとくに定植日が収量や販売単価に直結するため，苗の確保が遅れないように，定植日から逆算して作業全般を十分に計画しておく必要がある。

第3表 作型と育苗法（愛知県における呼称）

出荷開始目安	定植時期	作型名	育苗場所	育苗法 親株の養成	育苗法 子株の養成	育苗法 花芽分化促進法
11月上旬	9月上旬	超促成	平坦地	隔離	ポット[1]	短日夜冷処理
11月上中旬	9月上中旬	高冷地	高冷地	隔離，地床	ポット，無仮植	冷涼地
11月中下旬	9月上中旬	促成（普通促成）	平坦地	隔離	ポット	短日夜冷処理
11月下～12月中旬	9月中下旬	中山間	中山間	地床	無仮植	冷涼地
11月下～12月上旬	9月中下旬	北海道委託	北海道	地床	無仮植	冷涼地
12月中下旬	9月下旬	ポット	平坦地	隔離	ポット	—
12月下旬～1月	9月下旬～10月	平地	平坦地	隔離，地床	ポット，無仮植	—

注　1）ポットのほかセルトレイ，育苗用コンテナなども含まれる

イチゴ栽培の基本技術

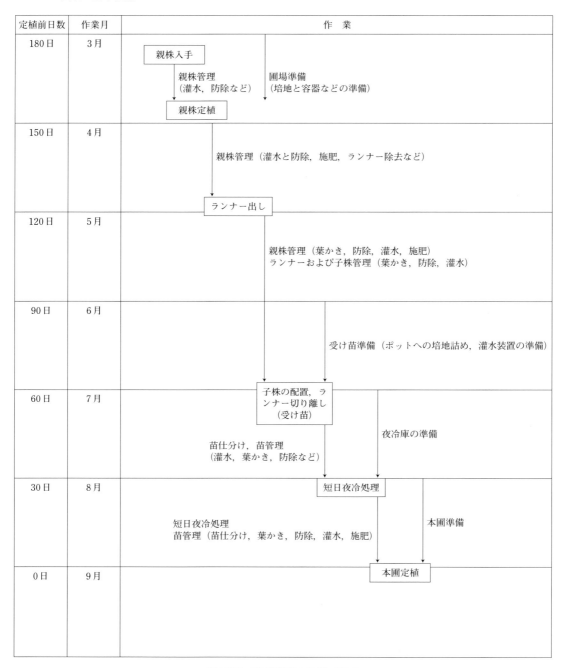

第10図 育苗期間の作業工程表
平坦地で，親株の育成は隔離栽培と子株の育成は受け苗（ポット利用）で花芽分化促進法として短日夜冷処理を行なった場合の例

一日に定植できる面積は，2人で2～3a程度である。さらに，イチゴ苗は成苗化し花芽分化した後はできるだけ早く定植しないと花数の減少や芽なし株など初期収量への影響が問題となる。そのため，定植期が広がるように苗の仕上がり時期を調整しておく必要がある。

そこで，育苗面積と時期は，1）経営面積，2）定植に割ける人数，3）希望の出荷時期，4）花芽分化に利用できる施設装備にあわせて決定する。たとえば30a経営の場合は，超促成10a（9月10日定植），10a促成栽培（9月15日定植），普通ポット栽培（9月20日栽培）10aのように組み合わせて育苗する。

③無病親株の確保

イチゴの萎黄病は，厚膜胞子によって土壌伝染し，根から侵入してイチゴの導管部を侵して枯死させる重要病害である（上路，2006）。発病した親株からランナーを介して伝染するが，感染初期には外観から判断することが難しいため，罹病した苗を本圃に定植して収量に影響が出ることもある。最近では重篤な症状の株を見ることは少ないが，ウイルス病（カラー口絵参照）も注意が必要である。また，栽培に利用した株を親株として利用すると，病害のほか，ダニ類や根に寄生したり食害するセンチュウ類も持ち込んでしまう場合がある。

こうした病害を防ぐために，無病苗（ウイルスフリー苗，メリクロン苗とも呼ばれる）の確保が非常に重要である。無病苗は植物体の生長点には萎黄病などの糸状菌はもちろん，ウイルスも増殖していない部分があることに着目し，生長点の上部を無菌的に切り出して培養し，植物体を再生・増殖させ検定を行なって無病であることを確認して育成される。通常この無病の株を感染防止のために外部から隔離された温室や網室内でランナー増殖したものを親株として利用する。

無病苗は信用のできる種苗会社のほか，県や生産部会単位で運営する増殖施設から入手する。無病苗の親株は，「病原菌を取り除いた」苗であり，決して「病害に強い」苗ではないことを理解し，親株を一次的に仮置きする場所の選定や親株床の前歴に萎黄病が発病していた場合には土壌消毒を行なうなど注意が必要である。

④親株の管理とランナー子株の確保

必要な苗数を本圃への定植までに確保するためには，ランナーを順調に発生させ，健全な子株を確保することが必要である。親株の発生から子株の確保には，1）親株の休眠打破，2）親株の定植時期と株数，3）ランナー出しの時期が重要なポイントである。

親株の休眠打破　親株の休眠は，通常冬期の低温に遭遇させることによって打破される。詳細は「生育のステージと生理，生態」の「増殖と花芽分化」を参照されたい（基27ページ）。現在の促成栽培用品種にあっては，休眠打破に必要な低温遭遇時間は非常に短く，無加温のハウスに冬の間放置しておけば十分にランナーが発生する。地域にもよるが，「十分な低温」に遭遇させようとして厳冬期に露地に放置するとクラウン内部が褐変する低温症害が発生したり，春の出葉が遅れる場合がある。

親株の定植時期と株数　親株の定植時期と株数は，本圃への定植時期，育苗圃の面積・装備の状況，ポット・地床の別，品種ごとの増殖率，ランナー発生の早遅を考慮して決定する。たとえば短日夜冷処理を行なって8月末～9月上旬に定植する場合は，6月末には必要子株数を確保し，受け苗または挿し苗をする必要がある。

この場合，露地に親株を定植し地床栽培または受け苗育苗を行なうためには前年の11～12月上旬（冬期に温暖な地域），ハウス内でプランターなどに親株定植後，遅霜のおそれがなくなってから露地でポット受け栽培を行なう場合には11～12月または3月（厳冬期は発根がおそいので定植しない）である。

ハウス内で栽培容器に親株を定植し，同様にハウス内で受け苗または挿し苗育苗する場合には，3～4月上旬に親株を定植する。年内に定植すると生育が進み，栽培管理や病害虫防除に手間がかかる。また年内の定植の場合生育が進むため，自動灌水装置の設置が望ましい。

ランナー子株の増殖は，採苗期間や管理状

イチゴ栽培の基本技術

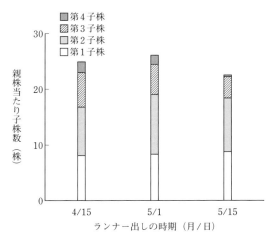

第11図 ランナー出しの時期と親株当たり子株発生数
品種：ゆめのか，親株定植4月10日，プランター当たり4株定植，本圃定植目標9月上旬

況，どの程度の子株まで苗として利用するかによって大きく変わり，増殖率は十数倍から200倍程度にもなる。一般的な増殖率20～40倍と仮定すると親株の定植数は，本圃への定植数により大きく異なるが10a当たり350～450株である。定植がおそくなった場合やランナー発生数が少ない品種，発生時期がおそい品種では多めに用意する。なお，親株から最初に発生した数株を受け苗として，2次親株として利用する場合には，半数程度でよい。

ランナー出しの時期 定植後は，施肥と灌水管理を適切に行ないながら親株を養成するために，初期に発生するランナーと花蕾を適宜除去する。一定の時期以降にランナーを除去するのをやめ，採苗用にランナーを発生させることを「ランナー出し」といい，育苗では重要な管理のポイントである。

第11図は'ゆめのか'のランナー出しの時期を変えて，どのような子株が確保できたかを表わしている。9月上旬に本圃に定植する場合には4月15日からランナー出しを行なうと親株の養成が間に合わず，5月15日では子株の発生期間が短いためいずれも総採苗数が5月1日より劣っていた。また，早い時期に発生した老化したランナー子株を苗として用いると心止まり株が発生しやすいため，第2子株，第3子株の比率が高くなるようにランナー出しの時期を決定すると良い苗が確保できるのは5月1日であった。なお，第1子株を本圃への定植苗として用いると乱形果が多いあるいは心止まり株がでるなどといわれるが，実際にはそのようなことはない。ランナーの発生次数ではなく，早い時期に発生し，老化の進んだ状態の苗を用いると障害が発生しやすい。採苗にあたっては，ランナー子株の次数よりも出葉数や，根が老化しているかどうかを基準にするほうがよい。

⑤花芽分化の確認

9月上中旬以前の外気温や地温が高い時期に，花芽のついていない苗を定植すると，栄養繁殖が盛んになりすぎて，花芽分化が起こりにくい状態になる。一方，花芽分化後，花蕾の分化が進んだ苗を定植すると，生殖生長が優先されるため茎葉や根の生育が後回しになり，心止まり株や着果数の減少，成り疲れの原因となる。そのため，この時期までに定植する栽培では，花芽分化が確定すると同時に定植することが求められる。

従来から短日夜冷処理育苗や低温暗黒処理育苗では，生長点の検鏡による花芽の確認が行なわれてきた。

検鏡のためのサンプリングには，育苗圃で標準的な生育の苗を選ぶことが重要である。生育の悪い苗は，花芽が早期に分化していることがあるためサンプリングには適さない。

執筆　齋藤弥生子（愛知県農林水産部農業経営課）
2012年記

参 考 文 献

上路雅子．2006．野菜の病害虫防除全国地域別事例集．（社）全国農業改良普及支援協会．

間欠冷蔵処理による花芽分化促進

　戸外で生育するイチゴは，春から夏にかけてランナーで増殖した後，秋の短日と気温低下に反応して花芽を分化する。促成栽培で収益性を高めるためには，クリスマスを中心に年内の出荷量を確保することが重要なため，自然の低温を利用した山上げ育苗に始まり，長年にわたって花芽分化促進の技術開発が行なわれてきた。'女峰'と'とよのか'が普及した1980年代後半には，人工的な低温と短日を与える夜冷短日処理と暗黒冷蔵処理（株冷）が愛知県と福岡県で確立された。ただし，夜冷装置には10a約8,000本用で300万円程度の投資が必要であり，暗黒冷蔵処理は品種や育苗条件によって効果が必ずしも安定せず，腋花房の開花が著しく遅れるという欠点があるため，両者を合わせても普及面積は1割に満たない。

　近年は，花芽分化が早い品種の育成が進み年内の生産量は増加する傾向にあるとはいえ，12月のイチゴ相場は乱高下する年が多く，安定供給する技術が確立されているとはいえない。また，規模拡大を前提とした場合の定植やその後の管理作業などの分散化，あるいは市場変動のリスク軽減を目的とした収穫ピークの平準化などを考えれば，花芽分化制御技術の多様化を進めることが重要である。筆者らは，新たなイチゴの花芽分化促進技術として「間欠冷蔵処理」を考案し，技術開発を進めている。ここでは現時点までの成果について紹介する。

（1）花芽分化期の年次変動

　猛暑といわれる年にはイチゴの開花が遅れ，12月のイチゴ相場が暴騰することが多い。第1図には，（有）のぞみふぁーむの標準作型（7月15〜20日35穴すくすくトレイに挿し苗，9月17〜20日ピートバッグに定植）での開花期の年次変動と岡山気象台の8〜9月の平均気温の変化を示した。

　2007年と2010年は温暖化のなかにあっても高温だった年であり，この両年は開花がおそかった。一方，2006年と2009年はほぼ平年並みで推移し，10月末には開花が始まり，11月10日にはすべての株が開花した。気温の季節変化との関係でみれば，8月末から9月上旬の気温が低ければ開花が早く，高ければおそいという関係が見てとれる。中間的な温度であった2008年は，8月下旬が低く，9月上旬にはやや高くなっており，早い株は8月末の低温に反応して花芽分化したが，一部の株はその後の温度上昇で分化が遅れたと考えればつじつまが合う。

　これらのことから，'女峰'は8月末の日長（日の出から日没まで）13時間が花成を抑制する限界で，この時期以降は気温が低ければ花成誘導が起こるが，高ければ花成が抑制されると考えてよいであろう。温度については，日平均気温で26〜27℃の間に境界があると思われる。

　つまり，8月末以降は日長による花成抑制作用はほとんどなく，もっぱら温度によって花成が制御されている。花成抑制に作用していた温度と日長が変化して，8月末から9月上旬にかけて花成誘導条件に切り替わるといえる。このような時期には，強い花成刺激を連続的に与えなくとも花芽が分化する可能性が高い。

（2）間欠冷蔵処理の方法と効果

　近年利用が広がっているトレイ苗は扱いが容易だが，従来のポット苗と比較して花芽分化がややおそく，ばらつきやすい。しかし，35穴のトレイで育苗した'女峰'を9月20日ころに定植した場合には，大幅に開花が遅れる株が発生することはほとんどない。定植を15日ころまで早めると開花期のバラツキが大きくなり，暑い年にはほとんどの株の開花が遅れ12月中旬以降にずれ込むことになる。しかし，暑い年でも一部の株は早期に開花し，涼しい年には比較的多くの株が早期に開花する。

　つまり，それほど強い花成刺激を与えなくとも，花芽分化が遅れた株を減らすことができれば，開花・収穫期の前進化のために早く定植できることになる。そこで，夜冷庫なしで花芽分

イチゴ栽培の基本技術

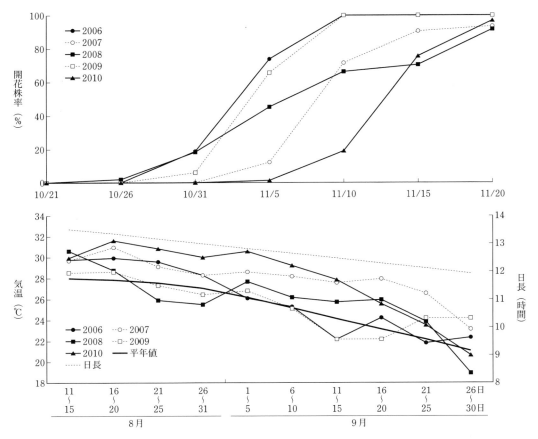

第1図 女峰トレイ苗の開花（上）と8〜9月の平均気温（下）との関係
展開葉数2.5枚以上の大苗を35穴すくすくトレイに7月中旬挿し苗、8月28〜30日最終施肥、9月17〜20日定植とした場合の開花期の年次変動

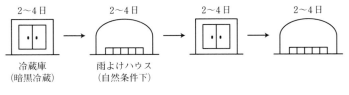

第2図 間欠冷蔵処理の方法

化を促進する方法として試みたのが間欠冷蔵処理である（第2図）。

最初の2008年には、明期を二等分するため13℃の冷蔵庫への出し入れを正午に行ない、冷蔵庫の利用効率を最大化するため、暗黒冷蔵と自然条件下におく日数をそれぞれ2、3、4日と

して相互に入れ替える処理を行なった（第11図参照）。冷蔵温度は、暗黒冷蔵処理や夜冷処理の適温とされている10〜15℃の中央値とした。

実験開始前には効果が高いであろうと考えた2日/2日×4回処理より4日/4日×2回処理の効果が高かったことは意外な結果であったが（第3図上）、いきなり十分な効果が得られたことについては、ツキがあったといわざるを得ない。2年続けて比較的安定した効果が得られ、実用性のある技術であることが確認できた（第3図下）。これらの結果から、2〜4日の処理サ

イクルのなかでは3日/3日×3回の処理効果が最も安定しており，処理労力の点からも適すると判断された。

一次腋花房の開花も含めて，12日間の連続処理と4日/4日×2回の間欠冷蔵処理とを比較した結果が第4図である。処理開始から処理終了までは同じ12日間でも，連続的に暗黒低温下におくより，その間に4日間自然条件を挟むことによって腋花房の開花まで促進されていることがわかる。一方，12日連続処理区では，頂花房が早期に開花した株でも腋花房の開花は無処理区よりおそくなった。

このとき，一次腋芽の葉数にはほとんど差がなかったことから，定植後の株の生長が停滞し，葉や花芽の分化発育が遅れた結果と考えられる。すなわち，暗黒冷蔵中の炭水化物レベルの低下に加え，貯蔵中に展開した葉が黄化して，定植後の生長が劣るため，光合成産物の不足によって腋花房の分化発育が抑制されるのであろう。8月末からの間欠冷蔵処理では，暗黒条件下での低温による花成刺激は蓄積され，少なくとも9月上旬の戸外の自然条件

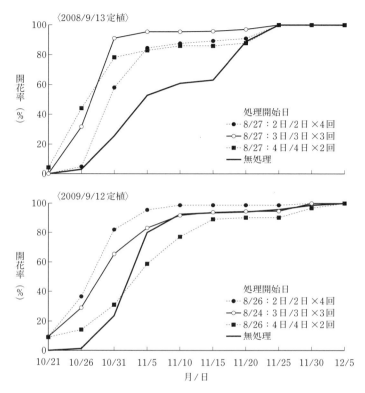

第3図 間欠冷蔵処理が女峰の開花に及ぼす影響（岡山大）
35穴すくすくトレイで育苗

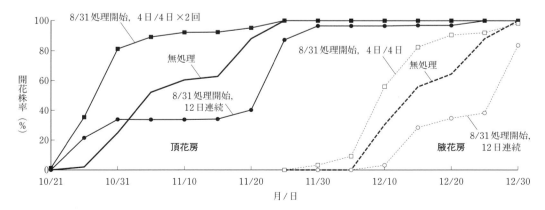

第4図 女峰の開花に対する間欠冷蔵処理の効果（岡山大）
35穴トレイで育苗，処理温度13℃，2009年9月13日定植

第1表 間欠冷蔵処理が女峰の炭水化物栄養に及ぼす影響

(岡山大, 2011)

月 日[1]	処 理	乾物重 (mg/plant)	非構造炭水化物濃度（% DW）[2]		
			可溶性糖	デンプン	合 計
展開葉[3]					
8月22日	―	718b[4]	4.96b	0.19b	5.14b
9月6日	無処理	994a	6.41a	0.75a	7.16a
	3日/3日	726b	4.98b	0.10b	5.08b
	15日連続	496c	2.07c	0.08b	2.14c
根					
8月22日	―	387c	11.72a	0.12ab	11.84a
9月6日	無処理	721a	9.81a	0.19b	9.99a
	3日/3日	514b	10.31a	0.28b	10.59a
	15日連続	324d	5.92b	0.06b	5.98b

注 1) 処理開始日と終了日
2) 可溶性糖はフェノール―硫酸法，デンプンはヨウ素比色法で定量
3) 最新完全展開葉2枚の葉柄を含む平均乾物重と葉身中炭水化物濃度
4) 異なる文字間に5％水準で有意な差があることを示す（Tukey's HSD test）

第2表 間欠冷蔵処理温度と女峰の処理有効株率の関係

(岡山大, 2010)

処理開始日	定植日	処理温度（℃）			平 均
		11	13	15	
8月19日	9月7日	10.5	44.4	62.5	39.2b
8月22日	9月10日	18.2	43.3	44.4	35.3b
8月25日	9月13日	39.3	58.3	74.1	57.2a
平 均		22.7c	48.7b	60.3a	43.9

注 処理有効株率：10月中に開花した株の割合（％）
3日/3日×3回処理，35穴すくすくトレイ育苗

下でその効果が打ち消されることはないといえる。むしろ，光合成によるエネルギー補給が可能であるため花芽分化が促進されると考えられる。

第1表には，苗の炭水化物栄養状態について分析した結果を示した。無処理の苗では窒素中断後であっても葉重や根重が増加し続け，連続的な暗黒冷蔵処理では減少するのに対して，間欠冷蔵処理区では大きな変化は見られない。さらに，連続処理区では葉・根ともに糖濃度が大きく低下するのに対して，間欠冷蔵処理区では葉中の糖濃度がわずかに低下するものの，根ではほとんど低下しない。

株当たりの非構造炭水化物の含有量としてみれば，連続処理区は無処理区のわずか1/5にすぎないが，間欠処理区はその3倍近い量を維持している。自然条件下での光合成による炭水化物栄養の改善が，花芽分化促進に大きく影響していることは間違いないであろう。

(3) 処理効果に影響を与える要因

①冷蔵温度

3日/3日×3回の間欠冷蔵処理温度と処理開始時期が'女峰'の処理有効株率（10月中に開花した株の割合）に及ぼす影響を第2表に示した。実験を実施した2010年は記録的な猛暑年であり（第1図参照），比較的早い時期に処理を始めたため全体に有効株率は低かった。しかし，処理効果は15℃が最も高く，温度が低いほど効果が劣った。2011年の'さちのか'の試験でも15℃以下ではほぼ同様であり（第5図），17℃では低温としての効果が小さくなったことから，14～15℃付近が適温であると考えている。

15℃を超える温度域では，花成を誘導する低温としての作用が小さく，13℃以下では冷蔵庫内での株全体の代謝速度が低下して細胞分裂速度も低下するため，花芽分化の促進効果が小さくなるのであろう。1980年代に実用化された低温暗黒処理（株冷）や夜冷短日処理では，一般的に10～15℃で処理効果に大きな差はないとされているが，株冷でもやや高めの温度が適しているという報告があり（宍戸ら，1990），花成刺激の蓄積と，生理的な花成反応に続く形態的な花芽の分化のいずれも促進される温度域が15℃付近だと考えてよいだろう。

②苗の大きさと苗齢

極端に老化して根が変色したような苗でなければ，一般的には充実した大苗の花芽分化が早く，発生時期がおそい若齢苗やクラウンの細い

間欠冷蔵処理による花芽分化促進

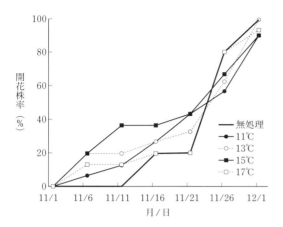

第5図　間欠冷蔵処理温度がさちのかの開花に
　　　及ぼす影響　　　　　　（近中四農研，2011）
35穴すくすくトレイの苗を用いて9月1日から3日/3日
×3回処理を行ない，9月20日に定植

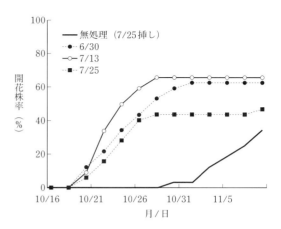

第7図　挿し苗時期が間欠冷蔵処理効果の発現
　　　に及ぼす影響　　　　　　（香川県，2012）
女峰35穴すくすくトレイ，3日/3日×3回処理，15℃，
8月25日処理開始，9月13日定植

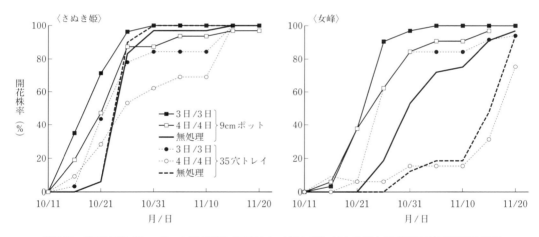

第6図　育苗方法（9cmポット受け苗と35穴トレイ挿し苗）による間欠冷蔵処理効果発現の差異
　　　　　　　　　　　　　　　　　　　　　　　　　　　　　　　　　　　（香川県，2010）
3日/3日×3回は8月28日，4日/4日×2回は8月27日処理開始

小さな苗は花芽分化が遅れる（Yoshida et al., 2011）。間欠冷蔵処理でも同様であり，密植状態のトレイ苗は，十分な株間と根域容量で育苗されたポット苗と比較して効果が現われにくい（第6図）。

専用の育苗トレイを利用した挿し苗育苗は省力，省スペースで効率的だが，充実した大苗を育成することは難しく，むやみに早く挿し苗しても苗の老化が進むだけに終わることが多い。

ただし，挿し苗時期がおそいと明らかに花芽分化が遅れるため（第7図），夜冷処理や間欠冷蔵処理など人工的な花芽分化促進処理を行なう場合には，7月15日ころまでには挿し苗をすませておきたい。

利用するトレイの栽植密度や根域容量については現在検討中だが，'女峰'以外の品種では，われわれが利用してきた35穴トレイを利用している産地は少なく，9cmポット用トレイとほ

イチゴ栽培の基本技術

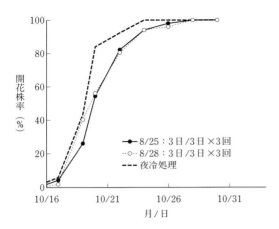

第8図　間欠冷蔵処理がさぬき姫の開花に及ぼす影響
9cmポット，3日/3日×3回処理，15℃（2012年，香川県綾歌郡綾川町畑田）

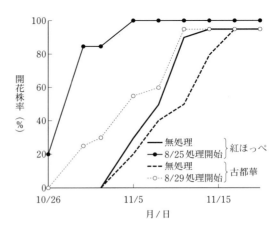

第9図　間欠冷蔵処理が古都華と紅ほっぺの開花に及ぼす影響
7.5cmポット，4日/4日×2回処理，13℃（2011年，奈良県生駒郡平群町上庄）

ぼ同じ栽植密度の24穴程度のトレイが主流のようである。これより小さいトレイだと花芽分化が安定しにくいことが，経験的に現場で確認された結果であろう。これまでの品種比較試験でも，'女峰'以外の品種では35穴トレイだと安定した効果は得られていない。9cmポットの苗であれば夜冷処理と同様の高い効果が得られ（第8図），7.5cmポットでも比較的高い効果が得られている（第9図）。

間欠冷蔵処理でも，品種，苗齢，窒素栄養などイチゴの花芽分化に関係するさまざまな要因が影響することは間違いない。当面の試験的な導入にあたっても，それぞれの品種や産地で経験的に花芽分化がばらつきやすいことがわかっている苗を利用することは避けたい。慣行育苗で花芽分化がそろいやすい苗を選んで間欠冷蔵処理することが，安定した効果を得るための重要なポイントになる。

③冷蔵庫への搬入・搬出時刻と非冷蔵条件下での光条件

間欠冷蔵処理では，冷蔵庫への出し入れを行なう時刻が問題になる。労力的には気温が上昇する前の早朝が好ましく，冷蔵庫からいきなり日中の高温と強光にさらされるより植物体に対するストレスも小さくなると考えられた。しか

し，結果は第10図左上に示したとおりであり，気温が高い12時や15時のほうが早朝より高い効果が得られた。また，遮光によって効果が低下する場合があり（第10図左下），冷蔵庫内の暗黒条件下で低下した炭水化物栄養条件を改善するためには，十分な光を当てて光合成を行なわせることが重要といえる。

第10図は，左半分が8月27日処理開始であり，右側は8月31日に入れ替えて処理を開始したいわゆる裏処理になる。間欠冷蔵処理ではできるだけたくさんの株を処理するため，第11図のように，表・裏の2パターンの処理を交互に行なう。この年の4日/4日処理は，裏表で出し入れの時刻や遮光の効果が大きく異なる結果となった。2011年の間欠冷蔵処理中の雨よけハウス内の気温，日射量と岡山地方気象台の日照時間の変化を見てみると，処理効果が不安定であった8月27日処理開始区では，自然条件下におかれた期間の日射量が8月31日処理開始区の半分しかなく，明らかに日照不足であったことがわかる（第12図）。

間欠冷蔵が炭水化物栄養の改善を通じて効果を発揮することからすれば，天候不順時の遮光が花芽分化を抑制するのは当然といえる。一方晴天時の遮光は，ハウス内気温を低下させる効

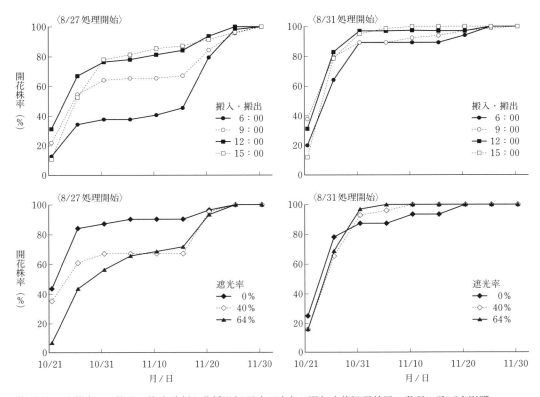

第10図 冷蔵庫への搬入・搬出時刻と非低温処理時の遮光が間欠冷蔵処理効果の発現に及ぼす影響

(岡山大, 2011)

女峰35穴すくすくトレイ，4日/4日×2回処理，15℃

果があり，花芽分化に促進的に作用すると考えられるが，その効果が大きいとはいえないであろう。

この実験では一つのハウス内で遮光を行なったが，ハウス全体を遮光する場合にはハウス内気温を低下させる効果が期待できる。理想的には晴天日の日中（9～16時程度）のみ遮光し，朝夕や曇雨天時には開放することが望ましい。固定張りした場合の曇雨天時の日照不足と無遮光条件下での晴天日の高温とを比較すると，日照不足の影響が明らかに大きいと思われる。当然その年の気象条件で異なるが，遮光資材を開閉する設備がない場合には，中途半端な遮光より

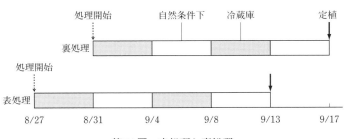

第11図 表処理と裏処理

無遮光のほうが安定した効果が得られる可能性が高いといえる。

④処理開始適期の品種間差異

間欠冷蔵処理では，3日程度の暗黒低温と自然の温度日長条件を繰り返すため，いつごろまで処理開始を早めることができるかが問題となる。第13，14図には間欠冷蔵処理の開始時期

イチゴ栽培の基本技術

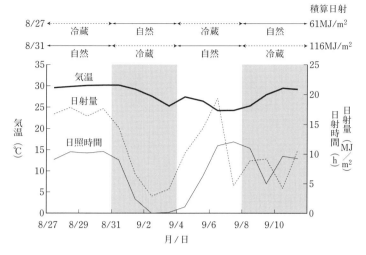

第12図　間欠冷蔵処理期間中の気温，積算日射量と日照時間の変化
気温，日射量は雨よけハウス内の実測値，日照時間は岡山地方気象台，いずれも正午～正午の値，2011年

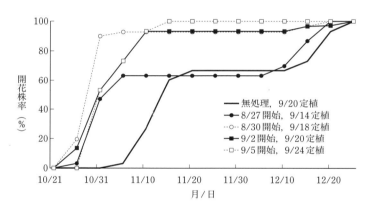

第13図　間欠冷蔵処理の開始時期と定植時期がさちのかの開花に及ぼす影響　　　　　　　　　　　（近中四農研，2012）
アイポット，15℃3日/3日×3回処理

第3表　主要なイチゴ品種の間欠冷蔵処理（3日/3日×3回）開始適期と定植前進化限界
（奈良県・香川県・農研機構，2010～2012）

	女峰より早い	女峰並	女峰よりおそい
処理開始	8月20～22日	8月25日ころ	8月30日～
定植限界	9月8～10日	9月13～15日	9月18～20日
	かおり野 さぬき姫 さがほのか	アスカルビー おいCベリー 古都華 とちおとめ 紅ほっぺ ゆめのか	おおきみ 熊研い548 さちのか 福岡S6号

による効果の違いを示している。'さちのか'では，8月27日処理開始では効果が安定しないが，8月30日以降だと高い効果が得られている（第13図）。'女峰'では，8月22日処理開始ではまったく効果がないが，25日以降であれば3日/3日×2回処理でも高い効果が得られている。2012年は2010年ほどではないが，8，9月の気温が平年よりかなり高い年であったことからすれば，'女峰'で8月25日ころ，'女峰'と比較して花芽分化期がおそい'さちのか'では8月末ころが処理開始時期前進化の限界と考えられる。

香川県，奈良県，近中四農研センターとの共同研究で取り扱った品種について，処理開始期の限界を推定した結果を第3表に示した。無処理の苗で9月20日ころが定植適期となる多くの促成栽培用品種では，'女峰'と同様に8月25日ころから3日/3日×3回処理を開始，9月13～15日定植が限界と考えてよさそうである。'さがほのか''かおり野'などの花芽分化が早い品種については，まだ十分検討できていない。これらの品種をさらに前進化させる必要性については意見の分かれるところだと思われるが，8月20日すぎから処理を開始して9月10日ころに定植すれば，開花を揃えることは十分可能であるといえる。

(4) 失敗しないための留意点

イチゴの花芽分化は，気象条件に加えて苗の出来具合によってもバラツキが大きくなる。間

間欠冷蔵処理による花芽分化促進

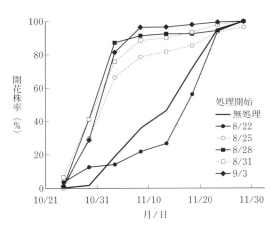

第14図　間欠冷蔵処理の開始時期が女峰の開花に及ぼす影響　　　　（岡山大，2012）
35穴すくすくトレイ7月22日挿し苗，15℃ 3日/3日×2回処理，9月13日定植

第15図　棚を設置してトレイやコンテナをのせる

欠冷蔵処理の場合も，香川県の現地実証試験では十分な効果が得られない場合も多かった。そこで，各産地でそれぞれの生産者が取り組む場合の留意点について考えておきたい。

基本的には，それぞれの品種の定植期を5日から1週間早めることを目標とする。つまり，特別な処理を行なわない苗の開花が揃う定植適期が9月20日であれば13日ころ，25日であれば18日ころが定植期前進化の限界で，それ以上の前進化は考えないほうがよい。間欠冷蔵処理は，自然条件下での日長と温度が花成抑制に作用しないということが前提であり，第13，14図に示したように極端な早期処理はかえって開花を遅らせることになる。

トレイ苗は取り扱いが容易だが，密植になるため細い苗しか得られない。一般的に花芽分化が遅れがちで充実した苗を育てやすいポット苗と比べて，処理効果が不安定になりやすい。ポット苗より処理開始の適期は2～3日おそく，齢の進んだ大苗を選んで用いることが必要になる。

処理方法としては，4日/4日あるいは3日/3日の2回処理でも十分な効果が得られることが多いが，これまでのところ，3日/3日×3回処理の効果が最も安定している。定植予定の18～19日前の11時ころから冷蔵庫に搬入し，3日後に同数の苗と入れ替える処理を3回繰り返す。原因はよくわからないが，後から入れることが多い裏処理のほうが効果は安定しているので，裏処理を優先して定植を開始する。

プレハブ冷蔵庫内に，トレイやコンテナをのせるための棚を25cm程度の幅で設置する（第15図）。1坪の冷蔵庫だと35穴トレイが60枚程度入るので，裏表の処理で4,000株以上，24穴トレイや9cmポットでも3,000株程度処理できる。処理温度は15℃に設定する。13℃以下だとイチゴの生理的な反応速度が低下するため，冷やしすぎになる。また，早朝に出し入れすると効果が不安定になることがある。原因は冷蔵庫に入れる前の光合成量の不足と考えられ，午後のほうがよいといえるが，気温上昇による作業負荷の増大との関係からいえば，10時以降の午前中が適当なところであろう。曇雨天時には，気温も上がりにくいので午後3時ころまで遅らせたほうがよいかもしれない。戸外での遮光は基本的に不要で，高温回避効果より，天候不良時の日照不足のリスクのほうが大きい。

トレイの挿し苗かポットの受け苗か，育苗を省力化した若苗か充実した大苗か，個々の生産者で育苗の考え方が違うので，それぞれに処理開始適期が異なるはずである。間欠冷蔵は，苗の状態にかかわらず定植期を5日から1週間早めるための技術と捉えてほしい。これまでに導

153

入した生産者からは，定植期の分散化による労働負荷の軽減が大きなメリットだという意見を聞いている。また，高温年でも年内収量が確保できるので，気象変動によるリスク分散のためにも有効である。

　苗の出し入れに一定の労力は必要になるが，高価な夜冷処理施設なしで定植・開花期を遅らせることなく分散化する方法と考えて利用すれば，失敗する危険性は低くなる。

　間欠冷蔵処理は，現在も農林水産省の事業で栃木・新潟・奈良・和歌山・香川・長崎の各県および農研機構と岡山大学で共同研究を実施しており，新たな成果が得られつつある。その他の産地でも個人の生産者による取組みが始められており，今後知見が集積されて技術の成熟が進むと期待している。

執筆　吉田裕一（岡山大学）

2014年記

参　考　文　献

岡山大学・香川県・近中四農研・奈良県．2012．間欠冷蔵処理によるイチゴの花芽分化促進―処理技術の理論と実際―．http://ousar.lib.okayama-u.ac.jp/metadata/49365

宍戸良洋ら．1990．花芽分化及び果実肥大に及ぼす暗黒低温処理及び夜冷短日処理の影響．野菜・茶業試験場研究報告．C. 1, 45―61.

Yoshida, Y. *et al*.. 2011. Flower initiation in June-bearing strawberry as affected by crown depth, age, and size of tray plants. J. Japan. Soc. Hort. Sci. **80**(1), 26―31.

土つくりと肥培管理，灌水

(1) 土壌条件とイチゴの生育

①物理性

イチゴ栽培圃場の一般的な物理性の基準は，有効根群必要深度が40～50cm，気相率が15～20％以上，硬度が20mm以下などであり（第1表），通気性が良く，膨軟で保水性がある土壌が適している。

②化学性

一般的な化学性の基準は，pHが5.5～6.5，塩基飽和度が45～75％，可給態リン酸が20～60mg/100gの範囲で，ECの適性範囲は黒ボク土では0.3～0.5dS/m（上限値は1.0），褐色低地土や灰色低地土では0.2～0.4dS/m（上限値は0.8）である（第2，3表）。イチゴは肥料濃度障害にもっとも弱いもののひとつであり，土壌溶液濃度が低いほうがイチゴの根にとって好適である。

施設土壌は，通常の風雨にさらされることが少なく，多肥栽培で連続的に栽培することが多いため，塩類集積など化学性の変化が大きいのが特徴である。イチゴ施設土壌の化学性の実態については，神奈川県で集積した30年間のデータからは，pH，EC，硝酸態窒素はほぼ適性域で安定しているが，リン酸とカリはやや過剰ぎみな値で高位安定していることが確認されている（藤原ら，2008）。

栃木県でも，リン酸とカリの上昇傾向が2000年代に入っても続いている。また，カルシウムの増加傾向も確認されている（亀和田ら，2000）。酸性矯正のための石灰資材の多用，あるいは堆肥（家畜排泄物はカリや石灰の含量が多い）の多用により，土壌pHがアルカリ性に傾いている圃場もよくみられる。リン酸，カリ過剰の対策として，栃木県ではリン酸とカリの配合割合を減じたイチゴ用肥料が広く利用されてきている。

(2) 連作障害の要因と土つくり

連作障害の要因としては，一般的には地力が低下するいや地現象，物理性の悪化，塩類集積など化学性の悪化，センチュウ類の増加などがあげられる。

地力の維持や物理性の改善のために堆肥などの有機物の投入が効果的だが，有機物の投入は少なくとも定植予定日の1か月前には実施し，定植前までには十分に分解させておく必要がある。未熟な有機物の多量施用は，分解による窒素の取込みにより作物に窒素飢餓が生じるおそれがあるので避ける。

第1表　代表的な土壌の物理性の基準

	有効根群域必要深度 (cm)	有効根群域の条件				
		固相率（％）(仮比重)	気相率（％）	粗孔隙（％）	硬　度（mm）	地下水位（cm）
黒ボク土	40～50以上	28以下 (0.75以下)	15～20以上	10以上	20以下	50以下
灰色低地土（粗粒質）	40～50以上	50以下 (1.40以下)	15～20以上	10以上	20以下	50以下
灰色低地土（中粒質・細粒質）	40～50以上	53以下 (1.35以下)	15～20以上	10以上	20以下	50以下

第2表　化学性の基準

pH (H₂O)	塩基飽和度（％）	可給態リン酸 (mg/100g)
5.5～6.5	45～75	20～60

第3表　ECの基準

	適正値	限界値
黒ボク土および多湿黒ボク土	0.3～0.5	1.0
灰色低地土および褐色低地土	0.2～0.4	0.8

イチゴ栽培の基本技術

イチゴは浅根性であり根の酸素要求量も多い。ロータリー耕を続けていくと作土が浅くなりやすく、高うねや深耕を行なうことで有効度層を拡大させる。

化学性の悪化に対しては、除塩対策として湛水が広く行なわれるが、窒素以外の成分に対する効果は大きくない。ソルゴーなどのイネ科作物を植え付けて、過剰な養分を吸収させるクリーニングクロップは、カリの吸収量も多く、除塩対策として効果が高い。青刈りして圃場外へ持ち出すことが基本だが、緑肥としてすき込む場合は定植までに分解が進むように早めに作業を行なう必要がある。

(3) 土壌消毒の方法

①土壌消毒時に基本的に注意すること

イチゴ品種の多くが萎黄病などの土壌病害に対して罹病性であり、生産性を高めるためには基本的に土壌消毒が必要になっている。化学合成農薬を使った土壌くん蒸法が主体だが、それ以外の方法も利用されている。

土壌消毒における基本的な留意事項として、消毒前では1) 罹病した植物残渣を圃場からできるだけ持ち出す（残渣内の病原菌は消毒されにくい）、2) 耕起、砕土を十分に行なう、3) 適度な土壌水分にする（熱水注入の場合以外は、手で土を握ると2～3個に割れる程度）。

消毒後では1) 消毒済みの土に、農機具などに付着した無消毒の土が混ざらないようにする、2) 耕起は土壌水分が低下してから行なう、3) 消毒済みの土に含まれる窒素量や作物に吸収可能な窒素量を一律に推定することは難しいので、消毒後のアンモニア態窒素および硝酸態窒素などを測定して施肥量を決定する。

②土壌くん蒸剤による消毒

代表的な土壌消毒剤を第4表に示す。センチュウの被害がみられる場合は、D-Dが成分のDC油剤、D-D、テロン、テロン92を利用するか、D-Dが混合されているダブルストッパー、ソイリーンやディ・トラペックス油剤を利用する。土壌病害を中心に消毒を行なう場合は、クロルピクリン剤やバスアミド微粒剤、ガスタード微粒剤、キルパーなどを利用する。クロルピクリンは消毒時の刺激が激しいことから作業性が劣るが、クロピクフローやクロルピクリン錠剤は刺激臭が低減された商品である。バスアミド微粒剤、ガスタード微粒剤は、細かい粒状であるため散布が容易である。

第4表 イチゴに対する各くん蒸剤の適用病害虫

商品名（成分）	適用病害虫名	使用量
クロピク80、ドロクロール、ドジョウピクリン（クロルピクリン）	炭疽病、萎黄病、センチュウ類	1穴当たり2～3ml
クロピクフロー（クロルピクリン）	萎黄病、ネグサレセンチュウ	20～30l/10a
クロルピクリン錠剤（クロルピクリン）	炭疽病、萎黄病、センチュウ類	1穴当たり10錠
ダブルストッパー（クロルピクリン、D-D）	萎黄病、ネグサレセンチュウ、ネコブセンチュウ	30l/10a（1穴当たり3ml）
ソイリーン（クロルピクリン、D-D）	炭疽病 萎黄病、ネグサレセンチュウ、ネコブセンチュウ	30l/10a（1穴当たり3ml） 20～30l/10a（1穴当たり2～3ml）
DC油剤、D-D、テロン、テロン92（D-D）	ネグサレセンチュウ、ネコブセンチュウ	15～20l/10a（1穴当たり1.5～2ml）
ディ・トラペックス油剤（メチルイソチオシアネート、D-D）	炭疽病、萎黄病 疫病 センチュウ類	30～40l/10a（1穴当たり3～4ml） 30l/10a（1穴当たり3ml） 20～30l/10a（1穴当たり2～3ml）
バスアミド微粒剤、ガスタード微粒剤（ダゾメット）	炭疽病、萎黄病、萎凋病 疫病	20～30kg/10a 30kg/10a
キルパー（カーバムナトリウム塩）	萎黄病、ネグサレセンチュウ	原液として40～60l/10a

注　適用基準は2012年5月現在

土つくりと肥培管理，灌水

　土壌くん蒸には，被覆材として農業用のビニールまたはポリエチレンフィルムが一般に使用されるが，低透過性フィルム（オルガロイフィルム）は薬剤の大気中へのガス透過量を慣行法に比べて大幅に抑制できる特徴がある。イチゴ萎黄病に対して，'とよのか'の試験では低透過性フィルムを使用することで防除効果がより高まったとの報告があり（篠崎ら，2003），サツマイモ立枯病に対しては，薬量が3分の1でも防除効果が高いとの研究結果がある（米本ら，2008）。土壌くん蒸では刺激臭などの周辺環境への悪影響が懸念され，ガス透過量を抑制することが望ましい。また，少ない薬量で防除効果が得られるということは，基準量を使った場合では防除効果がより安定することが期待でき，資材はやや高価になるが農薬ドリフト対策の面も含めて積極的に利用していくべきである。

③太陽熱消毒とマンガン過剰

　この方法の原理と手順　夏季の高温を利用して土壌消毒を行なう方法で，イチゴ萎黄病やセンチュウ類に対して効果がある。萎黄病菌に対する死滅温度は，熱のみによる場合は45℃で6日間を要し，これより低い場合は20日以上を要するとされるが（小玉ら，1982），処理期間中の天候不順を考慮すれば処理期間は30日程度とすべきであろう。地温が上がりにくい場合は処理期間をさらに長くすることで効果が高まるとされるが，この場合，マンガン過剰症が発生することがある（マンガン過剰症については後述する）。

　また，処理期間中はハウスを密閉するため，塩ビ管の歪みや接着不良など制御機器の故障を招く危険性があるので注意する。

　作業手順は次のとおりである。1）有機物（裁断した稲わらや青刈り作物など）1～2t/10aと石灰窒素100kg/10aを均一に土壌に混和する。2）高さ30cm，幅60～70cm程度の小さいうねをつくり，土壌表面を透明ビニールで完全に被覆する。3）うね間に4～5日間水を張り，その後，土を濡れた状態に保つ。水が浸透しやすい圃場では，さらに水を張る。4）約30日間ビニールハウスを密閉し，地下20cmが45℃以上に保たれるようにする。

第1図　マンガン過剰症

　マンガン過剰　メロンなどでは蒸気消毒が行なわれ，加熱によって土壌中の可給態マンガンが一時的に増加し，マンガン過剰症を発生させることがある（辻ら，2006）。イチゴでは，蒸気消毒の利用事例がほとんどないことから問題になっていないが，筆者は現地での発生を確認している。太陽熱消毒を行なったときの事例で，効果を高めるために定植直前まで長期間被覆を行なった圃場で発生した。黒ボク土，有機質肥料の多用など，報告されているマンガン過剰の発生しやすい条件（牧野，2001）と重なっている。'とちおとめ'での過剰症状は，開花期ころから中位葉を中心に斑点症状が発生し，第1次腋花房の収穫期ころまで発生が継続する（第1図）。

④土壌還元消毒

　土壌還元消毒は，太陽熱と水と米ぬか（またはふすま）を使った化学合成農薬に頼らない土壌消毒法で，太陽熱消毒と比べて比較的低い温度条件でも消毒効果が得られる消毒法として導入事例が増加している。

　地温30～40℃のもとで，土に米ぬか（またはふすま）を混和すると，これらを栄養分として土壌微生物が急激に増加する。このときに，土壌が水分を十分に含んでいると，微生物による酸素の消費によって土壌が急激に還元状態になる。多くの土壌病害虫は酸素を必要とするた

め，死滅するか増殖が抑えられる。これに加えて，有機物から生成される酢酸などの有機酸，微生物の拮抗作用，太陽熱・発酵熱による高温などとの複合的な効果によって防除効果が得られる。

イチゴ萎黄病に対する効果として，病原菌である*Fusarium oxysporum*の菌密度が土壌還元消毒によって明らかに低下し，土壌の深さが0〜15cmでとくに顕著であった。イチゴは比較的根群が浅い作物であり，耕起深度（約15cm）の消毒で十分であるとしている（新村，2002）。

米ぬか（またはふすま）を基準の10a当たり1t施用した場合の肥料分は，窒素成分として約22kg/10a程度である。消毒中に窒素成分の一部は分解，無機化し，さらに一部は溶脱する。しかし，土壌の種類，地温，水分などの条件によって異なり，土壌中の残存窒素量および作物に吸収可能な窒素量を推定することは難しい。薬剤による土壌消毒に比べて消毒後の可給態窒素の増加が小さく，収量がやや低かったとの報告もあり（小山田ら，2003），消毒処理後に土壌中のアンモニア態窒素および硝酸態窒素を測定して，窒素施用量を決定することが必要である。

⑤**熱水土壌消毒**

化学合成農薬に頼らない土壌消毒法として，近年注目されている技術である。圃場に熱水（70〜98℃）を100l/m²程度注入または散布して地温を上げ，熱による土壌消毒を行なうものである。多くの作物で利用性が実証されていて，イチゴではセンチュウに対する効果の報告もされている（江口ら，2002）。太陽熱消毒に対しては処理時期の制約が少なく効果が安定していること，蒸気消毒に対しては作業性が優れること，が利点となっている。反面，多量の水を必要とすること，透水性に問題のある圃場や傾斜地では利用性が低下するなどの課題もある。消毒機本体がかなり高価で，燃焼用の重油代も必要になる。

熱水土壌消毒でも，土壌表層部を中心に可給態マンガンが一時的に増加するが，消毒終了後には急激に減少するため，蒸気消毒でみられるようなマンガン過剰症の発生する可能性は低いといわれている（農研機構，2002）。ただし，有機質に富む黒ボク土などの土壌では，過剰症の発生が懸念される濃度レベルに達する場合も生じる。

⑥**うね上げ後土壌消毒**

慣行栽培では，土壌消毒を行なったあとに施肥，うね上げ（うね立て）を行なうが，萎黄病対策として施肥，うね上げを行なってから土壌消毒を行なううね上げ後土壌消毒法の導入が'とちおとめ'栽培で近年増加している。

栃木県を中心に'とちおとめ'の連作が進むにつれて，萎黄病の被害が増加する傾向にある。多発圃場では，1) 本圃の土壌消毒をきちんと行なっているにもかかわらず発病したこと，2) 苗からの持ち込みではなく本圃で感染していること，3) ハウスのサイド部や妻付近で発生がとくに多かった。そこで，土壌消毒後の耕起やうね上げ作業によって無消毒部分の土壌（あるいは消毒効果が低かった土壌）が混じることによって罹病するという推論に立ち，うね上げ後に土壌消毒を行なう方法を検討した結果，土壌還元消毒後に臭化メチル消毒を行なった方法よりも，クロピクフローによるうね上げ後消毒法のほうが萎黄病の発生を効果的に抑制できた（植木，2011）。篠崎ら（2003）の報告でも，うね上げ後消毒（うね内処理）のほうが

第5表　うね上げ後土壌消毒の作業手順

（月/旬）	うね上げ後消毒	慣　行
7/中	堆肥の施用	
8/上	基肥の施用・耕起 ↓ うね上げ（うね立て） ↓ 土壌消毒 （被覆＋薬剤処理）	耕起 ↓ 土壌消毒 （被覆＋薬剤処理）
8/中〜下	被覆材の除去	被覆材の除去 ↓ 基肥の施用・耕起 ↓ うね上げ（うね立て）
9/上	定植	

注　慣行消毒では，消毒後に堆肥を施用する事例も多い

萎黄病に対する防除効果が高かった。

うね上げ後土壌消毒法の手順は，1）堆肥などの有機物と基肥（イチゴ栽培用の肥料であれば基本的に利用できる）を施用したあとにうね上げを行なう，2）クロルピクリン錠剤を用いた散布処理（または埋込み処理）か，クロピクフローを用いた灌水処理で行なう，3）どちらもポリフィルム被覆下で薬剤処理を行なう（第5表）。

うね上げ後土壌消毒の特徴は萎黄病の発生を抑制できるだけでなく，‘とちおとめ’では初期の発根量が多くなり収量増加が認められている。慣行消毒法と比べて土壌中の無機態窒素含有量が高く推移し，イチゴ植物体の窒素吸収量が多くなることにより，葉柄長や葉の大きさなど初期生育が旺盛になる傾向があるため，窒素の施肥量に注意する必要がある。‘とちおとめ’では，定植初期に地上部の生育が過度に旺盛になると腋花房以降に不受精果の発生が多くなる傾向があることから，生育が旺盛になりやすい，地力が高い圃場や早出し作型などの場合には，基肥の施用量を減じて追肥主体の管理とする必要があろう。また，第1次腋花房（第2花房）が遅れやすい品種では同様の注意が必要であろう。

注意点としては，慣行の消毒法と比べて土中有機物の無機化割合が多くなり，長年継続すると地力の低下も懸念されることから，堆肥などの施用を心がける（‘とちおとめ’の施肥基準では2t/10a）。また，萎黄病が多発した圃場で深耕を行なうと，うね上げ後，消毒を行なった場合でも栽培後半に発病する事例がみられる。病原菌が薬剤の届かない深いところまで拡散することによると考えられるため，深耕の深さを加減することや，土壌還元消毒などと薬剤消毒を組み合わせて土壌消毒の効果を可能な限り高める工夫も必要と考えられる。

⑦低濃度エタノールなど

臭化メチル代替剤として，ヨウ化メチル剤が実用化されているが，イチゴでは事例報告がほとんどないため，今後の検討がまたれる。また，低濃度エタノールを利用した土壌還元作用による土壌消毒法が開発され，2012年に実施マニュアルと技術資料が農業環境技術研究所から公開された。

（4）施 肥

①養分吸収特性

‘とちおとめ’で測定した養分吸収量は，慣行施肥量である20kg/10aを施用した場合，7t程度の単収（屑果などを含む全収穫量）が得られ，地上部の養分吸収量は窒素21kg，リン酸11kg，カリ27kg程度で，‘女峰’と同程度であった。このときの窒素の積算吸収量は直線的に推移していて，1日当たりでは10mg程度の吸収量であった。カルシウム，マグネシウムは9kg程度であった（第6表）。窒素量を倍量の40kgとした場合では，初期生育が抑制され年内収量は低下したが，総収量や吸収量はほとんど変わらなかった。窒素を無施用とした場合も，16kg程度の地力窒素の吸収がみられていることから，これまで慣例的にいわれてきた20kg程度が施肥量の一応の目安と考えられる。各器官ごとの養分吸収量は，窒素，リン酸，カリ，マグネシウムでは果実の占める割合が60％程度と高く，カルシウムは葉身での割合が高かった（栃木農試，2001）。主要な成分は果実への吸収が大半を占めることから，収穫量を考慮しながら施肥量を決定する必要がある。

養分吸収量は栽培方法や施肥管理法などによっても変動するので，異なる栽培条件下での試験結果を多く収集して解析する必要がある。養分吸収調査結果から，イチゴの収穫量1t当たりの養分吸収量は窒素3.14kg，リン酸1.54kg，カリ6.44kgと推定されている（尾和，1996）。‘と

第6表 イチゴの養分吸収量

（栃木農試，2001）

品 種	総収量 (t/10a)	地上部の吸収量 (kg/10a)				
		N	P₂O₅	K₂O	CaO	MgO
とちおとめ	6.9	21.1	11.1	26.9	8.9	8.9
女峰	6.7	21.2	9.2	26.8	9.5	7.0

注 夜冷作型で，窒素施用量を20kg/10aとした

第7表 栃木県におけるとちおとめの施肥基準 （単位：kg）

	基肥	追肥	成分計	備　考
窒　素	15	5	20	稲わら牛糞堆肥を2t/10a施用する。この場合は，基肥から窒素2.0kg，リン酸5.8kg，カリ9.6kgを差し引く
リン酸	20	0	20	
カ　リ	20	5	25	

ちおとめ'での窒素とリン酸の測定値は，この推定値にほぼ近い数値であり，施肥量の大まかな目安となるであろう（第7表も参考のこと）。

②肥料成分と生育との関係

窒素　窒素はタンパク質（おもにアミノ酸）生成の原動力であり，生育への影響が直接出やすい。欠乏症状は，生育が抑制され下葉から全体に黄化する。花数の低下，生育スピードの低下，葉面積の減少などを生じ，収量性に直結してくる。土壌中の窒素は降雨により流亡しやすい。欠乏が生じた場合は，液肥などにより無機態窒素を施用することで迅速に回復できる。

過剰症状は，一般的には生育が旺盛になり葉の緑色が濃くなる。窒素多施用では，株が軟弱徒長しやすくなり，育苗期では炭疽病，本圃ではうどんこ病などの病気にかかりやすくなる。花芽分化においては多窒素で分化が遅延することは周知のことである。多窒素は花数を増加させるが，鶏冠果などの乱形果が多くなることも知られている。また，窒素過剰により，花粉稔性の低下による不受精果の発生が多くなるとの報告もされている。'とちおとめ'では，早期の作型（9月上旬までに定植する作型）で多肥などにより初期生育が過度に旺盛になったときに，1次腋花房以降に不受精果の発生がみられている。

イチゴの根は濃度障害を受けやすい作物であり，硝酸イオンが土壌中の塩基濃度（EC）を高め，過剰になると障害を引き起こす。窒素が直接関与するのではなく。窒素肥料として施用した硫安の硫酸イオン，塩安の塩素イオンがECを高め，比較的の低濃度でも根をいためやすいとの報告もある（羽生ら，1967）。高ECにより根が濃度障害を受けると，発根が抑制されて収量低下につながることや，チップバーン症状などが発生しやすくなる。

窒素の施用に関して，アンモニアガス，亜硝酸ガスによる障害がでることがあり，イチゴはアンモニアガスに対しては弱く，亜硝酸ガスに対しては強いことが知られている。ガス発生のおもな要因は多肥であり，土壌pHがアルカリ（pH7.5以上）のときはアンモニアガスが，酸性（pH5以下）のときは亜硝酸ガスが発生しやすくなる。土壌を酸化的に維持すること，ハウス内の換気を良くすることが対策として挙げられる。

リン酸　リン酸はエネルギー代謝の担い手であり，とくに生長点などの活動の盛んな新しい組織に多量に含まれる。イチゴでは，花芽分化，果実肥大や品質に関与している。体内での移行性が高いため，欠乏すると，旧葉のリン酸が新葉部へと移行するため，下葉から症状が現われる。一度欠乏を生じると，追肥の効果がでにくく生育が回復しにくい。

リン酸欠乏は，酸性土壌や火山灰土壌（黒ボク土）で起こりやすい。リン酸は，土壌中に存在していても地温が低下すると根からの吸収が低下する。地温が13℃以下になると，リン酸の吸収は著しく不良となる。栃木県で栽培される'とちおとめ'では，寒さの厳しい年には1～2月ころに欠乏症の発生がみられ，症状は下葉が黄色～褐色に変色する。厳寒期に地温が低下しやすい促成栽培地帯では，リン酸欠乏が生じやすいと考えられる。

リン酸は，土壌で固着吸収されやすいため，ECをあまり高めない。したがって，過剰施用によって直接根をいためることは少ないといわれている。作物は一般的にリン酸が過剰になるとカリやカルシウムの吸収を抑制し，状況によっては欠乏症となることが報告されている。

カリ　カリは炭水化物生成の原動力となり，炭水化物を含む果実などに異常障害が現われやすい。体内での移行性が高く，欠乏症状は旧葉に現われる。イチゴでの一般的な欠乏症状は，葉脈が赤紫になることが知られている。'とちおとめ'では，小葉と葉柄の付け根部分が赤紫

になる症状が多く、ランナー増殖期の親苗や、定植後の生育最盛期など、地上部の生育が旺盛で葉数も多いようなときに欠乏症状がみられる。

カリは果実品質（主として味覚）への影響も大きく、カリが不足すると糖や有機酸、アミノ酸、ビタミンC含有率が低くなる。カリを多量施用すると、果実内のこれらの有機物が増加するが、イチゴでは糖よりも有機酸の増加が多くバランス的に酸味が強くなることが知られている。

カリはリン酸と同じように、たくさん吸収しても過剰障害がでにくい、ぜいたくに吸収される養分である。カリ過剰により生育が抑制されるとの報告もあるが、通常の栽培条件（施肥条件）の範囲では過剰症はでにくいと考えられる。

カルシウム カルシウムは光合成産物の転流に関与するだけでなく、細胞膜などの構成材料として必須な養分である。欠乏が生じると、症状は激烈に現われる。カルシウムは生体内で再移行しにくい養分であり、欠乏すると生長のもっとも盛んな頂芽や、根の生育（おもに根毛）が抑制される。外観的な症状としては、最新葉の壊死、それに近い葉の生育不良・黄化などで、養液栽培などでは根の生育が低下し黒変する場合もある。

カルシウムは、土壌溶液中に一定の濃度以上になると、それ以上溶けなくなる限界があるため、直接の過剰障害はない。カルシウム過剰になると土壌のpHが高くなってアルカリ性になり、微量要素の溶解度が低くなるため欠乏症の発生を生じやすくなる。

マグネシウム マグネシウムは葉緑素の構成物質で、欠乏すると葉緑素が生成されず、葉色が淡くなって（クロロシス）光合成能力が低下する。マグネシウムは体内を移動し、生育の旺盛な部位に集まりやすいので、下葉から欠乏症が現われる。欠乏は、土壌中のマグネシウムの量が不足している場合と、カリが多施されて根がマグネシウムを吸収できなくなる場合に起こる。

マグネシウムそのものの過剰傷害はほとんどないが、カルシウムに対するマグネシウムの量が多くなると生育に影響する。

その他の微量要素 亜鉛、マンガン、ホウ素などの微量要素では過剰障害が発生することが知られている。欠乏症では鉄とホウ素が問題になりやすい。鉄の欠乏症は、亜鉛過剰、カルシウム過剰によって土壌がアルカリ性になると発生しやすくなる。鉄は体内を移行しにくい養分のため、欠乏症状は新葉にでる。葉脈間が黄化し（葉脈間クロロシス）、深刻になると白化する。ホウ素は、カルシウム過剰によって土壌がアルカリ性になると発生しやすくなる。欠乏症状は新葉などにチップバーンやクロロシスが現われるが、カルシウム欠乏と類似していることが多い。

③肥料の種類と生育

有機質肥料 有機質肥料は、土壌中で微生物により分解・無機化されて肥効を示すようになるが、肥料の分解が微生物に依存しているため、温度や水分、空気などの影響を受け、分解・肥効などに遅速の差を生じて、生育を乱すことがある。そのため、微生物の活性化にかかわる諸要因を十分に理解・把握しておくことが必要である。通常は施用後1～2週間で分解・無機化が急速に進行して、その後は平衡状態になる。

有機質肥料は含有成分の無効化による好適な土壌溶液濃度とともに、連用により土壌構造などの団粒化が促進されて、収量や品質などを高める効果のあることが認められている。

一方、施設栽培のような閉鎖系環境下では、アンモニアや亜硝酸などのガスの発生による障害が問題になることがある。施用された有機質肥料が微生物によって急激に分解されると、これらからのガスが発生し障害を及ぼすことがあるので、施用量と施肥位置には注意が必要である。これらの弊害の対策として「ボカシ肥」が利用される。

ボカシ肥 未発酵の菜種油かすや米ぬかなどの有機質肥料を多用すると、定植後の生育を阻害したり、ガス障害などを招くおそれがある。これらの阻害要因を除去するために、施肥前に

好気的に発酵させ，障害を起こさないようにすることを「ボカシ」といい，古くから篤農家の技術となっている。

肥効調節型肥料（緩効性肥料）　尿素や化成，硝酸石灰などの肥料の表面を透水性の低い樹脂など（ポリオレフィン樹脂，アルキッド樹脂など）で被覆（コーティング）したもので，肥料成分の溶出をコントロールできるタイプの肥料である。溶出のパターンは，一定期間内にほぼ一定の量が溶出するリニアタイプと，初期の一定期間は溶出が抑えられその後に溶出量が増加していくシグモイドタイプの2つに大きく類別できる。リニアタイプではLPコート，ロングショウカル，NKロング，エコロング，シグモイドタイプではLPコートS，スーパーロングショウカル，スーパーNKロング，スーパーエコロングなどが代表的なものである（いずれもポリオレフィン樹脂系）。溶出速度は，被覆資材の種類や量，肥料の溶解度および粒径，温度，微生物活動などによって影響されるが，土壌水分，pH，土性などの影響は少ない。高温期を経過する促成栽培では，温度感応性の高いものや溶出日数の長いものが適している。

肥効調節型肥料は，肥料の利用効率が高く減肥が可能なこと，栽培期間中安定した肥効調節が可能なため時期別収量や品質が安定すること，などが大きな特徴である。有機質肥料などと違って，基本的に追肥の必要がない利点もあり，イチゴの品種や作型に合った被覆肥料を上手に利用することで省力的・効率的な施肥が可能である。最近では各品種に応じた専用肥料も多くつくられているので，利用するのが簡便である。

ケイ酸資材　イチゴでは，うどんこ病の発生を抑制する目的でケイ酸資材（ケイ酸カリウムなど）を施用することがよく知られている。イチゴは葉身のケイ酸含有率が低く非ケイ酸植物であるとされるが，'女峰'と比べてより罹病性の'とちおとめ'は葉身のケイ酸含有率が'女峰'より優位に低く，品種間差が認められる（平井ら，2010）。罹病性の'とよのか'では発病抑制が葉のケイ酸含有率の増加と関連していた（Cantoら，2004，2006）との研究結果もあり，ケイ酸資材を施用することでうどんこ病の発生を抑制できる可能性が示唆されている。ケイ酸カリウムの施用量は20kg/10a程度が一般的である。

④チップバーンの要因と対策

イチゴのチップバーン症状（葉の縁が枯れる葉焼け症など）は，'章姫''紅ほっぺ''とちおとめ'など草勢の強い品種で発生が多い（吉田，2009）。一般にはカルシウム欠乏がチップバーンのおもな原因とされているが，イチゴでは直接的な原因ではないと考えられる。

'とちおとめ'では，第1次腋花房の出蕾期前後から葉焼けや萼焼けなどのチップバーン症状が発生しやすい。第1次腋花房出蕾期ころに葉の蒸散速度が最大になり，葉面積や葉数が過度に多くなった場合に葉や萼への水分移行が不足するためであり，結果として蒸散により葉縁のカルシウムが欠乏すると考えられる（稲葉ら，2008）。

これらの考え方によれば，チップバーン症状の軽減に対してカルシウム資材を施用しても直接的な効果は期待できないことになる。一方，塩基濃度が高くなるとチップバーンの発生が高まるとの研究結果もあり，土壌中の塩基濃度を適性にするような施肥管理は必要であろう。

(5) うねづくりの考え方

①施設の方位とうねの向き

結実期の大半が冬季にあたる促成栽培では，多収生産にとっては光と温度を適性（有効）に管理できる施設条件が必要である。ハウスの方向について単棟ハウスで東西棟と南北棟を比較すると，東西棟は光線利用率が高く温度が上がりやすいこと，南北棟は光線利用率はやや低く温度が上がりにくいことが特徴である。光合成は日の出とともに始まるが，光，温度，二酸化炭素濃度の条件により光合成速度が異なってくる。光線利用率が高く温度が上がりやすい東西棟は，早い時間帯から光合成のための好適条件に近づくため1日の光合成量が高くなり，冬季に光合成を促進させるうえでは好都合である。

その反面，収穫後半の暖候期には，温度が上がりすぎて過熟果やいたみ果などが発生しやすくなる危険性もある。この点で，南北棟のほうが温度上昇の障害は少なく，生産性，品質，作業性などを総合的に判断してハウスの方向を選択する必要があろう。しかし，現実的には施設圃場の区画が東西に長いか南北に長いかにより，おのずと長い方向に施設の方向を決定することが多い。

連棟ハウスは，単棟ハウスより温度の上がりにくい反面，温度が下がりにくい特徴がある。最近導入が増加してきている低コスト耐候性ハウスなどは温度変化が少なくハウス内環境を高精度に制御しやすいといえる。

うねの向きは，単棟ハウスではハウスの方向に準じることが基本なので，東西棟では東西向き，南北棟では南北向きとなる。連棟ハウスでも，ハウスの方向に準じることが多いが，南北棟で東西向き，東西棟で南北向きのうねを導入する事例もみられる。東西うねと南北うねでは光条件が大きく異なり，条間の照度は東西うねでは南側が高く，北側は南側に比べて低くなる。一方，南北うねでは東側と西側との差はほとんどなく，ハウス全体が均一になる特徴がある。

②うねづくりの実際

促成栽培では1うねに2条植え付ける栽植様式が一般的で，ハウスの間口は5〜6mのものが多く効率よく，栽植する観点からうね幅は100〜120cm程度が主流である。高うねでは，うね間が広いと地温や水分変動が少なく生育は安定する傾向があり，うね間が狭いと条間が狭くなり相互遮へいの影響もあって生育はやや劣る傾向がある。

単棟ハウスでの作うねの例は第2図のとおりで，間口6mの場合は中に幅120cmのうね（2条植）が4列，両端に幅45cmのうね（1条植）が2列の，計10条となる。

③連続うね利用栽培（不耕起栽培）

一度立てたうねを，そのまま連続して数年栽培を行なう「連続うね利用栽培」は，耕うんなどの作業労力を大幅に削減でき省力・軽作業化が可能な栽培法である。愛知県，佐賀県，茨城県などで導入されている。

連続うね利用栽培は，大雨や浸水によってもうねの崩れがほとんどないことも大きな利点である。うねを連続利用してもうね表面は硬いが内部は軟らかく根張りは良好で，数年栽培すると透水性が向上する特徴がある（斎藤ら，2000）。降雨でうねが崩れやすい砂土を除いて，ほとんどの土壌に適応する。

第8表は先進的な愛知県での作業手順である。栽培終了後に前作の残渣物を除去後，ハウスの被覆資材を外し梅雨の間は雨にあてて残肥を除去する（多年張りの場合は，灌水チューブで十分にかけ流す）。気温が高い7〜8月に

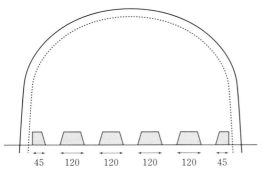

第2図　うねづくりの例（単位：cm）

第8表　連続うね利用栽培の作業手順
(愛知農総試，一部修正)

連続うね利用 （うね利用2年目以降）	慣　行
茎葉の片付け	
除塩 ↓ 土壌消毒 ↓ ↓ ↓ うねの手直し ↓ 堆肥・基肥の施用 ↓ 土壌混和	うね崩し・耕うん ↓ 土壌消毒 ↓ 除塩 ↓ 堆肥などの施用 ↓ 耕うん ↓ 基肥の施用 ↓ うね上げ（うね立て）
定植	

イチゴ栽培の基本技術

太陽熱消毒を行なう。定植前に肥料や堆肥の施用を行なうが，濃度障害（肥焼け）を防ぐため，基肥の量は慣行の3分の1以下（成分量で6kg/10a程度）として堆肥の量も減らす。混和する場合は，小型の管理機を利用するなどしてうねの肩を壊さないように内側だけを耕うんする（作業者がうねの上に乗っても崩れない）。定植前にうねの一部が崩れた場合は，必要に応じて手直しする。定植はやや内側に行ない，灌水や降雨によるうねの崩れを少なくする。施肥は追肥主体の設計を基本とするが，定植直後から灌水同時施肥（養液土耕）で管理することでより生産安定と省力化が図れる。

土壌消毒については，萎黄病や炭疽病などの発生が懸念される場合には薬剤による土壌消毒を利用することになるが，点滴チューブを利用して熱水を灌注する消毒法の効果も報告されている（鈴木，2007）。

(6) 栽植様式と生育

①内成り方式と外成り方式

うねを高くして花房を通路側（外側）に伸長させる「外成り方式」と，うねを低めにして広くした条間の方向（内側）に花房を向き合わせて伸長させる「内成り方式」の2つがあり，収量性の面では大きな差はないとされている（伏原，1989）。耕土が浅く排水が不良な圃場条件ではうねを低くせざるを得ないことから，必然的に内成り方式となることが多い。内成り方式では，果実へ光があたることから，'とよのか'の着色不良果対策として広く導入された方式である。

作うねの目安は第3図のとおりで，外成り方式ではうね幅が110cm，高さが40cm程度，条間が30cm程度である。高さ，条間ともにうね立て機の能力によるところも大きいが，高さは30～40cmが一般的である。条間は広くしたほうが生育は優れるが，植付け位置が端に近いとうねが崩れる心配があるので留意が必要である。

内成り方式では，うね幅が110cm，高さが20cm程度，条間が50cm程度である。条間に着果するため，中央部分をやや盛り上げて滞水しないようにする（一般的にはすのこ条の資材を果実の下に敷く）。また，条間が広いため灌水ムラにならないように工夫する。

②うね間と株間の考え方

一般的には，株間が広いほうが生育が良好となり，株間が広くなるほど1株当たりの収量は多くなる。しかし，株間が広くなると栽植本数が減って単収に影響してくるので，21cm～27cm程度の範囲が基準である。うね間が広い場合には，株間を狭くしても生育への影響が少ないことから，株間はやや狭くできるであろう。

東西ハウスにおいて，東西向きのうねが平らな場合は南側に比べて北側の生育が劣りやすい。うねに傾斜をつけて北側の採光をよくすべきことは周知のことだが，作業性や灌水効率などの面で欠点もある。平らなうねを取り入れている場合，うね幅を慣行より広くして栽培する事例が増えてきている。間口6mのハウスでは，うね数が1列減ることになるが（条数は8条），株間をやや狭くすることで植付け本数を確保し，北側の生育が改善されることで収量性は低下しない。

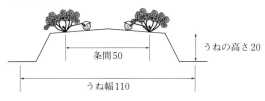

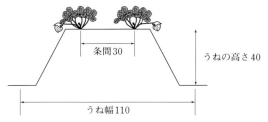

第3図　内成り方式と外成り方式でのうねの形状例（単位：cm）

(7) 灌　水

①一次根の発根促進

　イチゴの促成栽培では，栽培期間が初秋～翌春までと長く，しかもほとんどの期間収穫が続けられ着果負担が大きい。多収生産を得るためには定植後の根量を多く維持することが重要であり，着果負担がかかってくる収穫期ころまでに十分な根を確保しておくべきである。

　定植後の生育に不可欠な一次根（不定根）はクラウンの葉柄基部に原基があり，土壌との接触部分が多いことによって発生が促進される。このため，本圃への植付けは，浅植えではクラウン部が浮いてしまって当然のごとく一次根の発生が抑制されるので，クラウン部の発根可能部位が土壌とよく接触するよう十分な深さで行なう。また，苗は立てるより斜めに寝かせて植え付けたほうが土壌との接地面を大きくできる。

　深植えの問題として，深植えすると生長点部分に土壌が被さって生育が一時的に抑制されることや芽枯病が発生しやすくなることがある。芽枯病に弱い'宝交早生'のように発病を抑えるために浅植えする必要がある品種もある。しかし，私論では，土壌消毒を行なった圃場では芽枯病の発生する危険性は低いと考えられることから，根の発育を優先的に考えるのであればやや深植えとすることが望ましいのではないだろうか。

　土壌水分と根の発育との関係をみると，イチゴの根は根域が浅いため乾燥に弱く，湿害には比較的強いとされる。水分が多い状態のほうが根量は多くなる。定植後は，活着促進と一次根の発生促進を図るため，クラウン部付近の土壌表面が常に湿っている状態に灌水を行なう。'とちおとめ'における栽培要因と収量との関係をみると，定植時期と初期の土壌水分の影響が大きく，初期生育を促進し着花数と葉面積を確保することが多収につながっている（栃木農試，2001）。定植後，多水分で管理する期間は20～30日程度であり，根を深く張らせるために，その後は過度の灌水はひかえるべきである。

　第4図は，'とちおとめ'の定植後の根量の推移を9年間調べたものである。年次間差が大きいものの，定植から1か月後くらいまで急激に根量が増加し，その後はおおむね横ばいで推移する傾向を示している。このデータにおいては根量と収量との間には相関は認められず，根量が少ない年次でも多収年であった（栃木農試，2007）。このデータの根量が収量に影響がでるレベルではなかった可能性があるが，品種による違いは当然考えられることから，厳寒期に着果負担や生育条件の悪化などにより根量が低下する可能性は容易に考えられる。根量が多いことの悪影響は考えにくいことから，定植後の管理によりある程度の根量を確保する管理がやはり大切であろう。根量を増やす魔法的な技術はないに等しい。定植後の活着と不定根の発生を促進し，収穫期以降は光合成量を低下させないような管理が必要であろう。適正な葉面積の確保，適正なハウス内環境制御（温度，湿度など），さらに炭酸ガス施用などを行なうことにより光合成量を維持あるいは増進させる。

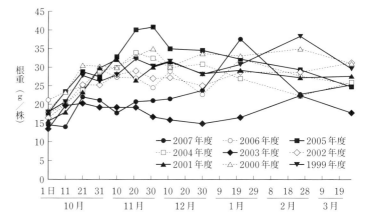

第4図　とちおとめにおける定植後の根重の推移

(栃木農試，2007)

普通夜冷作型（9月9日定植）

②灌水量の時期別目安と灌水方法

第5図は'とちおとめ'の時期別灌水量である。定植後，温度が高い時期は300ml/株/日程度が必要であり，その後厳寒期にかけて減少していき最小で50ml程度となる。3月下旬ころからは段階的に増加していく推移を示しており，栽培時期に応じた量の調節が必要である。一般に，土壌水分はpF1.8～2.1の範囲が適当であり，灌水が不足すると生育の抑制や収量の減収につながり，過剰であると果実硬度の低下や食味の低下などの品質低下を招くばかりでなく，ハウス内が過湿になり灰色かび病の発生を助長する。

灌水の方法として，慣行栽培では散水チューブを用いて週に1回，定量あるいは定時間で行なっているが，点滴チューブなどを用いて少量多回数の灌水とすることにより水分変動を少なくできる。総灌水量を同じにして灌水間隔を変えた試験では，点滴チューブで週2回または毎日灌水を行なうほうが，慣行に比べて増収につながっている（栃木農試，2001）。

(8) マルチング

促成栽培におけるマルチングの時期は，保温開始時期と同様に作柄に大きく影響するポイントである。頂花房（第1花房）の花芽分化後から1か月後くらいに第1腋花房（第2花房）が花芽分化期を迎える。これ以前の温度が高いほうが葉の展開や頂花房の発育が早まり収穫始期を早めるが，第1次腋花房の花芽分化を遅延させる危険がある。このため，一般的なマルチングの時期は，第1次腋花房の花芽分化後で，頂花房が出蕾期を迎えるまでの時期となる。また，マルチング時期を早めると深いところの根が少なくなり浅いところの根が増える（三井ら，1996）傾向がある。

一方で，省力化を図るためにマルチング後に定植（マルチ前定植）する栽培法が検討されていて，慣行栽培と同程度の収量が得られるとの報告も多い。マルチ前定植では，定植の作業性の面でセルトレイなどの小型ポット苗が基本となるであろうが，花芽分化芽前の苗を植え付けると収量性に大きく影響するとの報告もあり（茨城農総セ，2002），作型（栽培型），施肥量などを地域で十分に検討したうえで導入すべきであろう。

促成栽培の定植時期は，夜冷作型などの8月下旬ころから，ポット作型などの9月下旬ころまで幅が大きい。この間は残暑が厳しい時期であり，作型によっては温度の影響が大きく異なるとともに，近年はより温暖傾向が続いている。また，施肥した養分の溶出なども大きく異なることが想定されることから，マルチング時期については地域の実情（条件）に応じた検討が必要であろう。イチゴ栽培での基本的なポイントである"深く根を張らせる"観点から考えれば，早い時期のマルチングは適切ではないと一般的にはいえるだろう。

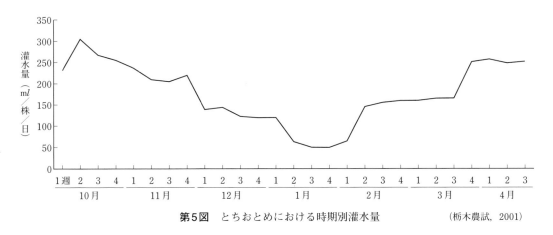

第5図 とちおとめにおける時期別灌水量　　　　（栃木農試，2001）

(9) 養液土耕栽培（土耕養液栽培）

①養液土耕栽培の特徴

養液土耕栽培とは，点滴チューブ（ドリップチューブ）を用いた灌水方式（点滴灌水，ドリップファーティゲーション）により，作物が必要とする水と肥料を的確（リアルタイムに過不足なく）に施用する栽培方法（灌水同時施肥法）のことである。土壌のもつ緩衝機能を利用することが特徴であり，この点で養液栽培と区別される。

点滴チューブを用いると植付け場所による灌水ムラが少なくなり，少量多回数の灌水とすることで土壌内水分が均一化されやすくなる。また，吸収されやすい液肥で施用することにより施肥管理が均一化し，栄養診断や土壌溶液診断を組み合わせることでより適正な生育を得ることができる。

施設園芸の土壌では，施肥による養分過剰が進行しているとともに，塩類集積などの課題も多い。養分過剰は生理傷害の発生要因にもなり，イチゴにおいては多窒素による奇形果（乱形果）の発生，高温・乾燥時の窒素過剰によるチップバーンの発生などがよく知られている。また，塩類集積は生育に対して直接的・間接的に悪影響を及ぼす。養液土耕栽培は，花卉類を中心として肥料の過剰障害がでやすい作物などで導入が進んでいる。水と肥料が節約でき，残肥による土壌汚染を軽減できること，灌水同時施肥により省力化が図れるメリットがある。

②管理の仕方

一般的には培養液の濃度を一定にして灌水を行なう定濃度制御方式が主流だが，1日に必要な施肥量を一度に施用し，これ以外は灌水のみとする定量制御方式もあり，イチゴの生育に対する効果は大きな差はないと考えられる。'女峰'や'とちおとめ'での1日当たりの窒素吸収量が10mgと考えた場合，定濃度制御方式では時期ごとの必要な水分量を計算し，窒素施用量が10mg/日となるように培養液の濃度を決定して灌水を行なう。この方式は，簡易な液肥混入装置で制御できることが大きな利点だが，灌水量が時期により大きく変動するため培養液濃度をそのつど変える作業が繁雑になる。定量方式では，1日における最初の灌水のさいに窒素成分全量の10mgを灌水同時施用し，これ以外は灌水のみとする。この方式は，施肥制御が灌水量の変動に影響されない利点があるが，プログラム制御が可能な液肥混入装置が必要である。また，大規模栽培になると，一度に施用する肥料が多量になり大型の定量ポンプが必要になるなど，コストの面が欠点である。

点滴灌水そのもののねらいとしては，少量多回数灌水を行なうことにより土壌水分（pF）を好適に維持することである。一度に多量を灌水し回数を少なくする従来の方法では，土壌水分の変動が大きく品質が低下する。

'とちおとめ'を用いた試験では，養液土耕栽培は点滴灌水により根圏が制御され，根の状態は不定根が少なく細根の多くがドリップチューブの直下に張るルートマット状になっている。不定根および細根がうね内に広く張り出す慣行栽培とは大きく異なっている。養液土耕栽培での適性水分について，地中15cmのpF値は2.1（管理幅1.9〜2.3）で管理することで慣行法と同程度の収量が得られ，糖度，酸度も同程度であった。これよりも多水分のpFが低い管理では収量はやや低下する傾向がみられた（栃木農試，2003）。なお，イチゴの定植後の管理としては，多水分（pF1.5〜1.8程度）で管理したほうが初期の活着が良く不定根の発生が促進されるので，1か月程度は多水分で管理をする。最近はセルトレイなど小型ポットで育苗する事例が多いが，根土を付けたまま定植するために初期から点滴灌水で管理しても影響は少ないようである。根土を落として定植する場合は活着までは慣行の管理とする。

③点滴チューブの特性について

養液土耕で用いる点滴チューブには，硬質タイプと軟質タイプがある（第9表）。硬質タイプの一般的な特性は，圧力補正により水圧の適用範囲が広く，圧力維持による垂水防止機構がついているものは灌水の均一性がより高い。硬質タイプなので，耐久年数が10年程度のもの

第9表　点滴チューブの仕様・性能　　　　　　（後藤らを一部修正）

商品名（メーカー）	タイプ	吐出量(ml/分/孔)	適用水圧(bar)	吐出口間隔(cm)	耐用年数(年)	価格(円/m)
エデンA（イスラエル・プラストロ社）	硬質	33.3	0.8～3.5	20～100	10	200
ユニラムRC（イスラエル・ネタフィム社）	硬質	38.3	0.4～4.0	20～75	10	200
ストリームライン60（イスラエル・ネタフィム社）	軟質	16.7	0.4～0.8	10～20	4	40
ストリームライン（イスラエル・ネタフィム社）	軟質	17.5	0.4～1.0	10～20	4	60

注　吐出量（最高水圧時の数値）と価格は吐出間隔20cmのもので，価格はメーカー聞き取りによる。耐用年数は目安

が多いが，価格は比較的高価である。軟質タイプの一般的な特性は，水圧の適用範囲が狭く，硬質対応に比べて灌水の均一性はやや劣る。軟質のため耐用年数は4，5年程度だが，価格は比較的安価である。実際にトマトの養液土耕において確認されたチューブの特性では，灌水量の均一性の点では軟質タイプに比べて硬質タイプ（垂水防止機構付き）のほうが優れ，全長距離内を均一に灌水するには使用圧力範囲内の高水圧側で使用することが有効であるとされている（後藤ら，2002）。

点滴チューブの吐出口間隔（ドリッパー間隔）は20cmのものが利用しやすく，10cm間隔のものは吐出口数が多くなるため延長可能距離が短くなるので導入にあたっては留意が必要である。点滴灌水では，土壌がある程度の湿潤状態であれば横方向へ浸透するが，乾燥状態では横方向への浸透が少ないため，吐出口間隔と定植間隔（株間）を合わせればより均一な灌水が行なえる。一般的な株間であるとぴったり合う吐出口間隔がないので，複数株を想定してより均一になり得る点滴チューブを選択するのも一考である。

④導入にあたっての考え方

養液土耕栽培の収量性は，'とよのか'での研究結果でも慣行以下の施肥量で栽培が可能で収量，品質は慣行と同レベルであり（鮫島ら，1998），'とちおとめ'の研究結果も含めて，イチゴでは養液土耕栽培による増収効果はそれほど期待できない。しかし，第1次腋花房の花芽分化の遅延，乱形果の発生，大果系イチゴの先づまり果の発生なども，窒素吸収が要因のひとつになっている栄養的な生理障害が多くある。'とちおとめ'においても，心止まり株の発生，葉焼け・萼焼けの発生，不受精果の発生などは定植後の窒素多吸収が一因であり，慣行の施肥管理では障害の軽減が難しい状況も多々みられ，このような場面では導入の効果が高い。加えて，施肥量の軽減が図れること（齋藤ら，2005）は，環境保全の観点からも導入する意義があるであろう。連続うね利用栽培においては，施肥面でも省力化が図れることから，省力化体系のひとつとして導入されていくであろう。

執筆　植木正明（栃木県農業試験場いちご研究所）
2012年記

参　考　文　献

愛知県総合農業試験場．2007．イチゴの連続畝利用栽培と灌水同時施肥法．農業の新技術．No.86．

藤原俊六郎・岡本保．2008．土壌診断結果からみた県内農耕地30年間の土壌化学性の推移．神奈川農技セ研．150，1－10．

後藤ひさめ・川嶋和子・今川正弘・菅原眞治．2002．養液土耕に用いる点滴チューブの水理学的特性並びに点滴チューブの吐出間隔とトマトの生育・収量．愛知県農総試研．34，67－72．

尾和尚人．1996．わが国の農作物の養分収支．環保農研連ニュース．No.33，428－445．

栃木県農業試験場．2001．イチゴ「とちおとめ」の栽培技術．新技術シリーズ．No.3．

環境調節

(1) 環境調節の意義

本稿では，一季成り性品種を利用した促成栽培における環境調節技術の現状，問題点と今後の展開について研究事例に基づいて紹介する。

イチゴは自然状態では短日あるいは低温条件で休眠に入り，冬期間にある一定量の低温に遭遇することによって休眠が打破され，春の高温長日条件で葉やランナーなどの栄養器官を盛んに発生する。低温と短日は花芽を促進する条件となっており，休眠に先立って秋に花芽形成が行なわれ，休眠に入って越冬し，春になって休眠から覚醒して生長を再開し，5～6月に開花結実する。これがイチゴ（一季成り性品種）の自然状態の生活環であり，5～6月がイチゴ本来の旬である。

現在，わが国のイチゴ栽培では「促成栽培」が90％以上を占める。「促成栽培」では収穫時期は著しく前進し，11月～5月まで収穫できるようになった。これは品種の改良とともに，花芽分化や休眠特性を巧妙に制御することを可能とした技術開発の成果である。一方で，促成栽培は，花芽分化や休眠特性を「巧妙」に制御するため栽培技術の難しさがあり，それが，果実収量や収益が生産者や圃場によって大きく異なる要因のひとつとなっている。

(2) 花芽分化と促成栽培の環境調節

促成栽培は花芽分化の継続性によって成り立っている。イチゴは半休眠状態におかれると，継続的に花芽分化する性質がある。低温に十分に遭遇して休眠から完全に覚醒すると花芽分化に適した日長と温度条件下でも花芽分化しない期間が生じる。促成栽培ではイチゴの休眠特性を利用して，花芽分化を継続的に行なわせている。これに加えて，他の果菜類と同様に，栄養生長と生殖生長のバランスが花芽分化に大きく影響する。草勢が強いと花芽分化は遅れ，草勢が弱いと花芽分化は早まることがしばしば観察される。草勢は気温や養分の状態，光合成同化産物の量に影響される。さらに，イチゴの場合には草勢は休眠状態によって左右される。休眠が浅いと草勢は強くなり，休眠が深いと草勢は弱くなる。このように，イチゴの促成栽培で高い収量をあげるために，休眠，草勢，花成をじょうずにコントロールする必要があり，非常に複雑である（第1図）。

促成栽培では一般に頂花房の分化を確認してから圃場に定植する。品種や地域，苗の栄養状態などによって多少異なるが，自然条件下では，9月中旬から下旬に定植することが多い。夜冷短日処理などを行なって花芽分化時期を強制的に前進化させる作型でも，検鏡によって花芽分化を確認してから8月下旬ころから定植する。花芽分化前に圃場に定植すると，急激に養分を吸収して体内の窒素濃度が高くなったり，草勢が強くなったりすることによって花芽分化がおそくなる。したがって，必ず花芽分化を確

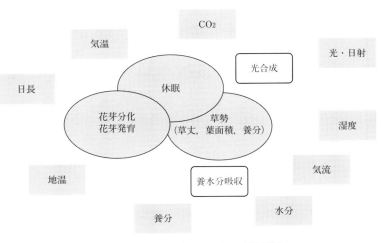

第1図　イチゴ栽培にかかわる環境要因

イチゴ栽培の基本技術

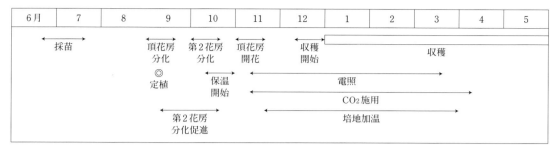

第2図　イチゴ促成栽培と環境調節技術

認してから圃場に定植する。

次の段階の目標は，第2花房を適期（頂花房が分化してから展開葉数で3～4枚，約1か月後）に分化させることである。第2花房の分化がおそくなると，頂花房の収穫が終わっても第2花房の収穫が始まらず，収穫できない期間（中休み）が発生する。また，花房と花房の間の葉数が多くなり（5～6枚），相対的に着果負担が少なくなるので，草勢が強くなり，花粉の稔性が低下して不受精が多発したり，第3花房の分化が遅れて収量が低下する。第2花房を適期に分化させることは促成栽培の重要ポイントのひとつである。

定植後に気温が高く推移すると第2花房の分化はおそくなる。気温が高いときは地温も高くなるので，養水分の吸収が旺盛になる。その結果，体内栄養状態が良好になり，草勢が強くなって，花芽分化の遅れを助長する。定植後は気温，地温をできるだけ低く管理し，養分吸収を抑える管理が必要である。一方で，促成栽培では，低温，日照の少ない時期に果実を継続的に生産しなくてはならない。この着果負担に耐えられるような体力のある株を養成するのも，同様に定植後1か月あまりのこの時期である。イチゴの体をつくるためには気温が高く，養分が多い条件が適しており，花芽分化に適する条件とは相反する。このように定植後の温度管理や肥培管理は重要であり，また複雑である。通常は，第2花房を適期に分化させることを優先し，気温や地温はできるだけ低く管理する。たとえば，秋の気温低下が早い寒冷地や高冷地の栽培では株の養成が不十分で草勢が不足しやすいの

で，育苗時に充実した苗を養成して定植することが重要になってくる。逆に第2花房分化後はこれまで抑えてきた養分供給を増加に転じ，夜間の気温低下を避けて株の養成を行なう。第2花房の分化も頂花房同様に検鏡によって確認することが望ましいが，経験的には平均気温が16～17℃となる10月の中旬～下旬には第2花房が分化したと判断して，パイプハウスではフィルム被覆を行なったり，ハウス側面を夜間に閉じて気温の低下を抑え（保温），休眠が深くなることを抑制する。

促成栽培に用いられる環境制御技術を第2図にまとめた。

(3) 定植から第2花房分化までの温度管理，肥培管理

第1表は定植後の温度条件と養分条件の組合せが，草勢と第2花房の開花にどのように影響するかを養液栽培で調べた実験例である。気温が高いと草高は高くなり，草勢は旺盛になるが，第2花房の開花が遅れ，とくに日中の高温によって開花が大きく遅れることがわかる。なお，養分供給量が多くても（ここでは培養液濃度が高い），第2花房の開花は遅れ，気温が高いとその傾向はさらに顕著になる。

この結果からわかるように，第2花房が分化するまでは気温，養分供給ともにできるだけ抑えた管理とする。パイプハウスの場合には，第2花房分化後にフィルム被覆を行ない，鉄骨ハウスの場合には，第2花房が分化するまでは換気効率を高めてできるだけハウス内の昇温を抑える。過剰な養分供給をさけるために，前作の

養分の残存をできるだけ少なく管理したり，養液栽培の場合は，第2花房分化までは培養液濃度を低めに管理する。土耕の場合は肥効調節型肥料などを利用して定植直後の養分供給を抑えたり，追肥主体の肥培管理をすることが有効である。

定植後の培地温を低下させると第2花房分化を促進させる（あるいは第2花房の分化が遅れないようにする）効果があることが報告されている。夜冷短日処理などを行なって，8月下旬や9月上旬に定植する場合には，定植後に高温に遭遇しやすい期間が長くなり，第2花房の分化が遅れ，頂花房と第2花房間に収穫がない期間が生じやすい。とくに高設栽培では培地温が上昇しやすく問題となっている。

近畿中国四国農研センターでは，気化潜熱を利用して，培地の昇温を抑制する方法を開発している（第3～5図）。この方法では，高設栽培の栽培槽を透水性のシートで構成し，送風によって気化潜熱を奪い，日中の培地温を平均3～5℃低下させることが可能になる。その結果，第2花房の出蕾と開花を5日程度，果実収穫を10日程度早めることができるとしている。培地内に熱交換パイプを埋設し，15～18℃の地下水を流して19～23℃程度まで培地を冷却することによっても同様な結果が得られている。

(4) 第2花房分化後の管理

第2花房が分化したら，気温を確保し，養分供給量を増加さ

第1表 定植後の肥培管理と気温管理が開花時期，着果数，葉柄長に及ぼす影響

（岩崎，2004）

培養液濃度 (dS/m)	設定温度(℃) (換気/加温)	開花日（月/日） 頂花房	開花日（月/日） 第2花房	着果数（個/花房） 頂花房	着果数（個/花房） 第2花房	葉柄長 (cm)
0.4	30/18	10/22	12/3	14.7	13.9	25.8
	30/7	10/25	11/30	13.1	12.6	23.5
	25/18	10/24	11/26	11.4	14.3	22.9
	25/7	10/28	11/26	10.8	12.7	17.9
0.8	30/18	10/21	12/4	11.3	13.2	24.4
	30/7	10/26	12/7	11.7	13.0	26.2
	25/18	10/22	11/24	14.3	14.1	22.5
	25/7	10/27	12/1	11.0	15.4	19.7
1.2	30/18	10/24	12/17	12.6	13.5	24.6
	30/7	10/23	12/5	12.3	15.6	25.3
	25/18	10/22	12/3	15.4	15.9	23.2
	25/7	10/28	12/3	13.0	13.1	20.0

平均気温(℃)	日最高気温平均(℃)	日最低気温平均(℃)
22.8	33.3	16.2
21.2	30.8	18.2
19.4	32.6	13.9
17.4	24.4	13.2

注　開花日：試験区の半分の株が開花した日
　　葉柄長：調査日は11月1日
　　品種：とちおとめ，高設栽培，夜冷短日処理2003年8月11日～9月2日，定植9月3日，培養液は大塚A処方

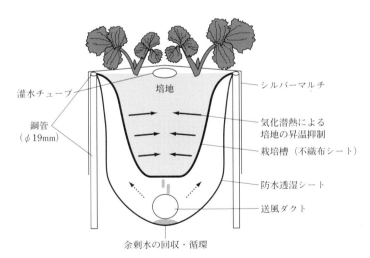

第3図 培地の昇温抑制機能を備えたイチゴ高設栽培装置の概略

（山崎ら，2008）

ダクトへの送風は雨よけハウス内に既設の暖房機の送風機能を利用した。培地はピートモスと籾がらくん炭を等量混合したものを使用した

イチゴ栽培の基本技術

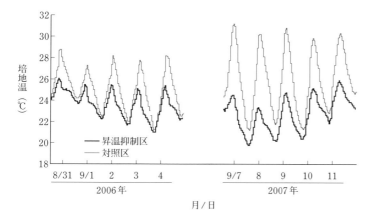

第4図　培地温の推移　　　（山崎ら，2008）
2006年は昇温抑制時に送風ダクトあり，2007年はダクトを敷設せず，防水透湿シートをダクトに見立てて直接風を送った
送風ファンの作動は，2006年は午前8時から午後8時，2007年は午前10時から午後10時とした。培地温は表面より深さ15cm地点で測定した

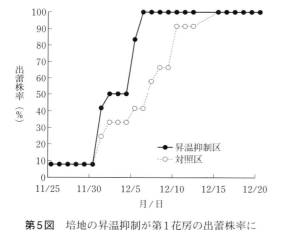

第5図　培地の昇温抑制が第1花房の出蕾株率に及ぼす影響　　　（山崎ら，2008）
供試品種は紅ほっぺで，2006年8月25日に花芽分化誘起処理苗を雨よけハウス内で定植。基肥として初期抑制型の緩効性被覆肥料を定植前に土壌に混和。その後の給液は水のみで行なった。その他の栽培管理については，慣行法に従った

せ，マルチがけを行なう。そして，イチゴの体をつくり，分化した花芽の発育促進を意識した管理を行なう。つまり，次のようなことである。電照を開始して草勢を維持する。開花前にミツバチを導入し，開花後果実肥大が始まったらCO_2施用を開始する。ハウス内の最低気温が5～10℃を下回らないように暖房機やウォーターカーテン（後述）を稼働させる。10月中旬～11月下旬までのこの時期は，多くの作業をイチゴの株の状態や天候をみながら適時に行なうことが必要になる。第2花房が分化したあとまもなく頂花房が開花する。

①電照による日長制御と休眠

電照とは人工的に照明をつけることによって，昼間の長さ（正しくは夜の長さ）を調節する技術である。キクや大葉のような短日植物を秋～春に栽培する場合は花芽形成を抑えるために電照を利用する。それとは異なり，イチゴでは休眠の深さを調節し，草勢を制御するために電照を利用している。気温だけで休眠の深さを調節することは難しいので，電照による日長制御を併用する。

地域や品種によって異なるが，一般的には10月下旬～11月中旬から電照を開始する。電照時間の長さは，草高と葉の大きさをみながら調節するが，一般的には自然日長プラス1～4時間程度である。電照は2月下旬～3月まで続けられる。電照は開始時期が早すぎると過繁茂となって収量は低下する（第6，7図）。同様に，一日の電照時間が長すぎても過繁茂となって収量は低下する（第8，9図）。電照を開始する時期や時間は地域や品種によってほぼ目安がつくられている。休眠が深くなってから電照を開始してもその効果は現われにくく，また電照開始が早すぎると草勢が強くなりすぎる。休眠の深い品種ほど，また，秋以降の気温の低下の早い地域ほど，早い時期から保温や電照が必要になる。電照時間を変更してからその反応が目で確認できるようになるまで時間差がある。電照によって草勢をコントロールするには，ある程度経験が必要である。

電照の方法には，日没と同時に照明を点灯する日長延長法と，深夜に照明を点灯する暗期中

環境調節

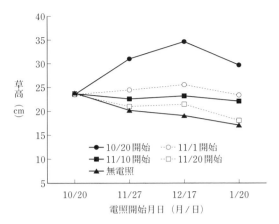

第6図 電照開始時期が草高に及ぼす影響
(宮城県, 2001)
品種：とちおとめ，土耕，75W白熱電球を高さ1.6mに
5個/a設置，電照時間は17～20時，2月20日まで実施

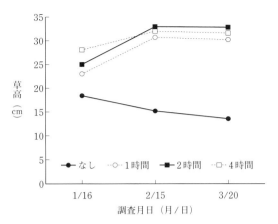

第8図 電照時間が草高に及ぼす影響
(岩崎, 2006)
品種：とちおとめ，高設栽培，60W白熱電球を5個/a
設置，電照は11月10日～2月28日まで実施

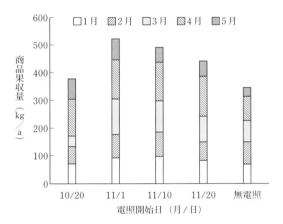

第7図 電照開始時期が商品果収量に及ぼす影響
(宮城県, 2001)
品種：とちおとめ，土耕，75W白熱電球を高さ1.6mに
5個/a設置，電照時間は17～20時，2月20日まで実施

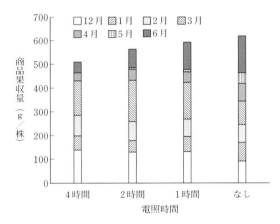

第9図 電照時間が商品果収量に及ぼす影響
(岩崎, 2006)
品種：とちおとめ，高設栽培，60W白熱電球を5個/a
設置，電照は11月10日～2月28日まで実施

断法がある。点灯時間が同じであれば，暗期中断法が草勢維持の効果は高い。また，1時間のうち10～20分点灯，残りの時間は消灯のサイクルを繰り返す方法（間欠電照法）もあり，ハウスの規模が大きい場合など，電気容量と契約電力量を小さくするために有効である。

電照に必要な照明の明るさは10a当たり100Wの白熱電球で40～50個が目安とされている。照明器具にはかつては白熱電球が使われていたが，現在はおもに電球型蛍光灯が使われている。電照には，赤色光や遠赤色光の効果が高い。蛍光灯は白熱電球よりも赤色光や遠赤色光が少ないので，白熱電球の場合より長時間点灯する必要があったが，今は電照用に光質を改良した製品が市販されている。最近は，価格低下が著しいLED照明も使われるようになっている。

②低温期の温度管理，肥培管理

第2花房分化以降の気温管理と肥培管理のポイントも，適度な草勢を維持することである。

イチゴ栽培の基本技術

促成栽培では，気温が低下し，日射量と日照時間が低下するにつれて，それとは逆に着果負担が大きくなる。栽培の途中でひとたび草勢が低下すると，気温や日射が高くなる春先まで生育の回復は望めない。イチゴは比較的低温性の作物で，夜間の最低気温は休眠が深くならないように，あるいは，花粉や雌ずいの活性を保つことを目的に5℃以上とされる。最近は草勢の維持や葉の展開速度の調節，培地温の調節なども気温の管理を通して行なうことが多く，実際は5〜10℃の範囲で管理されている。培地加温を行なわない高設栽培システムでは，培地温の低下を防ぐためにやや高めに管理する傾向にある。イチゴの果実は高温で早く着色し，収穫期となるので，高温で管理するほど，果実は小さくなりやすい。

ここでは，夜間最低気温と肥培管理が生育や収量に及ぼす影響を調べた実験例を示す（第10，11図）。収量は培養液濃度よりも気温の影響を強く受ける。夜間最低気温がもっとも高い14℃の場合は，草高と葉面積はもっとも大きく草勢が強かったが，すべての培養液濃度で収量がもっとも低かった。これは，草勢が強くなったことによる花房発生の遅れ（花房間葉数の増加）と果実の小玉化によるものである。一方，培養液濃度がもっとも低いEC0.4dS/m区はいずれの気温設定においても，草高と葉面積がもっとも小さかったが，果実収量は0.8，1.2dS/m

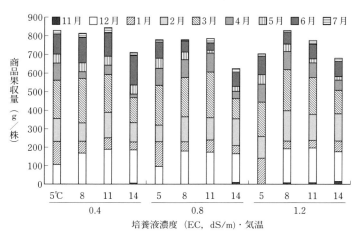

第10図 培養液濃度と夜間管理温度の違いが商品果収量に及ぼす影響
(岩崎，2007)

品種：とちおとめ，採苗：2006年7月10日，夜冷短日処理（13℃，8時間日長）：8月20日〜9月10日，定植：9月11日，ヤシがら繊維を培地とする高設栽培ベッドに，株間20cm，2条植えとして定植

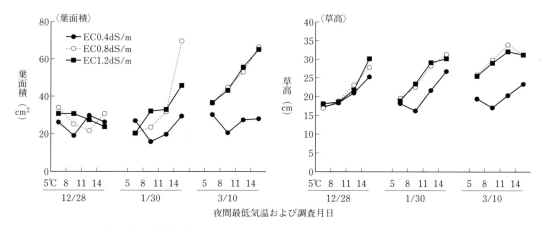

第11図 培養液濃度と夜間管理温度の違いが草高と葉面積に及ぼす影響
(宮城県，2007)

品種：とちおとめ，採苗：2006年7月10日，夜冷短日処理（13℃，8時間日長）：8月20日〜9月10日，定植：9月11日，ヤシがら繊維を培地とする高設栽培ベッドに，株間20cm，2条植えとして定植

区と差がなかった。

このように、イチゴの栽培においては生育量の差が収量の差と必ずしも結びつかない。栽培期間を通して適度な草勢（草高や葉面積）を維持することが重要である。

③ CO_2 施用

果実肥大が始まるころから、CO_2施用を開始する。CO_2は光合成の原料として重要である。作物の光合成速度はCO_2濃度の高まりとともに、ある一定値までは比例的に増加する。日中作物の光合成によって、ハウス内のCO_2は吸収され続け、換気が不十分な場合はもちろん、天窓や側窓が開いて換気が行なわれている場合であってもハウス内、群落内のCO_2濃度は大気中のCO_2濃度（約380ppm）よりも低下することがある。

CO_2施用はハウス内のCO_2濃度を人為的に高めて光合成速度を向上させ収量を増加させる技術で、1980年代から盛んに研究開発が行なわれた。しかし、CO_2施用を行なっても期待したように収量が増加しないことが多かったことから、広く普及するには至らず、国内の導入面積は全国平均でわずか2.7％（野菜、花、果樹すべての合計、2007年）にとどまっている。とくに、太平洋沿岸地域では冬期間も比較的日射が強いため、ハウスの昇温を抑えるために、日中換気が必要になる。換気を行なうと、施用したCO_2はハウス外に放出されてしまうので、CO_2施用は日の出～換気開始までの数時間に限定されていることが多い。日射が弱く、気温も低い条件でのCO_2施用となるため、顕著な増収効果につながらない場合が多いと考えられる。

イチゴはトマトやキュウリなど他の果菜類品目の中ではCO_2施用の普及率がもっとも高く、愛知県では生産面積の約36％、静岡県では約25％である（2011年聞き取り調査による）。イチゴでCO_2施用の普及率が高い理由のひとつとして、高設栽培が普及していることがあげられる。土耕では、堆肥として投入されて有機物の分解によってCO_2が発生するが、高設栽培では土壌からの発生は見込めないため、高設栽培とセットでCO_2発生機を導入することが多い。しかし土耕の産地や地域でも他の品目と比べるとCO_2施用の導入割合が圧倒的に高い。イチゴは着果負担が大きい作物であるため、草勢の維持が難しく、CO_2施用の効果が他の品目より現われやすいのかもしれない。しかし高設栽培でも土耕においても、一般的なCO_2施用の方法は、日の出から換気開始までの数時間に限定されており、他の品目と変わりない。その施用方法には改善の余地があると考えられる。

CO_2発生方法には、液化CO_2ガスボンベによって純粋なCO_2を供給する方法と灯油燃焼方式、LPガス燃焼方式がある。この中で灯油燃焼方式がもっとも普及している。設備、維持などのコストが安く、小規模から大規模な施設で利用できるからである。ただ、燃料である灯油に不純物が含まれていたり、不完全燃焼が生じたときに有害ガスが発生する恐れがあることが欠点であり、機器の保守、燃料の品質に留意する。LPガス燃焼方式は設備費、ランニングコストともに灯油燃焼方式よりも高い。不完全燃焼の心配は少ないが、酸欠による不完全燃焼や燃料のガス漏れに注意が必要である。液化CO_2ガス方式は設備費は安いが、ランニングコストが高いため、研究や実験用途以外にはあまり利用されていない。

CO_2発生方法にかかわらず、濃度センサーを利用してCO_2濃度制御を行なっている場合は少ない。その理由はCO_2濃度センサーが高価であるからである。ハウス内へのCO_2供給はタイマーによってCO_2発生機の稼働時間を設定して制御している場合がほとんどである。CO_2濃度制御のメリットについては後述する。

次の第12図は、CO_2施用の効果を夜間温度管理と組み合わせて調べた実験結果である。夜間管理温度が6℃および8℃の場合には、CO_2施用によって果実収量が大きく増加した。しかし、10℃の場合にはCO_2施用によって収量が増加することはなかった。上述した実験結果と同様、気温が高い場合には草勢が強くなり、花房と花房の発生間隔が開いてしまい、収穫花房数が少なくなった結果収量が増加しなかった。夜間管理温度が低いほど、平均果実重量が大きく

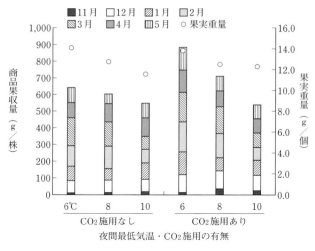

第12図 夜間管理温度とCO₂施用が商品果収量に及ぼす影響　(宮城県, 2007)

採苗仮植：2005年7月17日, 夜冷短日処理 (13℃, 8時間日長) による花芽分化促進処理8月16日～9月5日, 定植9月6日, 電照：11/15～2/28, 日長延長 (+2時間), CO₂施用：12月1日～2月28日, 6～10時 (800ppm)

ヤシがら繊維を培地とする高設養液栽培システムに株間20cm, 2条植えで定植

なり，収量の増加に貢献した。

(5) ハウス内環境（とくに湿度環境）とCO₂施用

①湿度，飽差と光合成の関係

従来，栽培現場では湿度を意識した栽培管理はほとんど行なわれてこなかったか，病害発生を防ぐ観点からできるだけ低く抑えることがよいとされることが多かった。最近になって，光合成速度に湿度やその別の表示方法である飽差が大きく影響していることが話題になってきた。相対湿度は，今の気温で空気が保持できる最大の水蒸気量に対して，現在の水蒸気量の割合を示したものである。これに対して飽差は，空気中にあとどれだけ水蒸気が入る余地があるかを示している（第13図）。

相対湿度が低いと飽差は大きくなり，つまり蒸散が多くなりやすい。蒸散量が多くなりすぎると，水分ストレスがかかり，気孔は閉鎖し，CO₂の葉内への取り込みが抑制されて光合成速度が低下するので，湿度，飽差の制御は光合成や蒸散を考える上で非常に重要である。最近，積極的な環境制御によって収量を増加させる研究が盛んに行なわれるようになり，湿度制御の重要性が改めて注目されている。

第14図は飽差と光合成速度，気孔コンダクタンス，蒸散速度，葉内CO₂濃度の関係を示した実験の例（齋藤，石原，1987）である。気孔コンダクタンスが大きいのは，気孔が開いていることを示す。飽差が高くなると，気孔コンダクタンスが小さくなり，葉内CO₂濃度も低下し，葉の内部へのCO₂の取り込みが少なくなることがわかる。その結果，光合成速度が低下している。飽差の管理＝湿度管理が重要ということになる。

植物の種類によっても変わるが，飽差が3～5hPaの範囲で光合成速度が高いとされている。CO₂を施用しているときには，湿度や飽差を好適な範囲に制御すると生育や収量に大きな効果がある。

②ハウス内環境の実態調査

ここで，イチゴを栽培しているハウス内の気温，湿度環境を調査した事例を示す。同一生産者の圃場内でハウスの種類（鉄骨ハウスかパイプハウス）や栽培方式（土耕か高設栽培）が異なる場合についてハウス内の気温，湿度，CO₂濃度の推移を調査した（第15図）。

相対湿度 (RH, 単位%) = (現在の水蒸気圧 (e)) ÷ (飽和水蒸気圧 (es)) × 100
飽差 (VPD, 単位hPa) = (飽和水蒸気圧 (es)) − (現在の水蒸気圧 (e))

飽和水蒸気圧 (es) = 6.11 × exp {17.27 × T / (T + 237.3)}
(Murrayの式, 新訂農業気相の測器と測定法, 1997年77ページ)
現在の水蒸気圧 (e) = (es) × 相対湿度 (RH) / 100
飽差 (VPD) = (es) − (e)

第13図 相対湿度と飽差の関係，飽差の計算方法

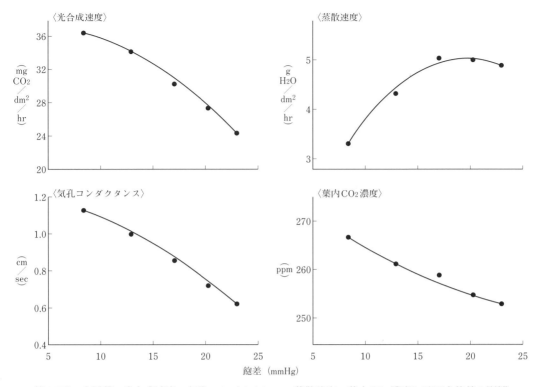

第14図 水稲葉の光合成速度，気孔コンダクタンス，蒸散速度，葉内CO_2濃度に及ぼす飽差の影響
(齋藤，石原，1987)

　気温についてみると，パイプハウスは鉄骨ハウスと比べると最低気温が低く，また最高気温も高かった。この地域のパイプハウスでは夜間の暖房にウォーターカーテンが利用されており（ウォーターカーテンについては後述），厳寒時には目的とする温度を維持できないことがあったと考えられる。また，パイプハウスは容積が小さいことや側窓の開閉が手動であることなどの理由によって最高気温も上昇しやすかったと推察される。

　次に相対湿度についてみると，日中はパイプハウスが鉄骨ハウスより低く推移し，逆に，夜間はパイプハウスが鉄骨ハウスより高く推移する傾向であった。パイプハウスの方が日中の気温が高く推移すること，夜間はウォーターカーテンの稼働によって湿度が上昇しやすいことがその理由と考えられる。相対湿度と気温から第13図の式によって飽差を計算して表示した。好適範囲を3〜6hPaとすると範囲外の時間が多かった。気温が高くなりやすい12月や3月に飽差が高い傾向がみられた。とくに気温が高く推移した「パイプハウス／高設」区で飽差が高かったが，それ以外のハウスでも日中は8〜11hPaとなっていた。

　12月上旬の晴天日におけるハウス内のCO_2濃度推移を第16図に示した。いずれのハウスにおいても，濃度センサーを利用せず，タイマーによってCO_2発生機の稼働時間を設定している。ハウスの大きさ，栽培方法の違いによって若干の違いはあるが，日の出前からCO_2発生機が稼働し，CO_2濃度が高くなり，換気が開始される時間には施用は終了し，急激に低下するといったCO_2濃度推移が示されている。パイプハウスではセンサーの測定上限以上まで高くなり，施設が小さいので濃度が上昇しやすいことが示された。

イチゴ栽培の基本技術

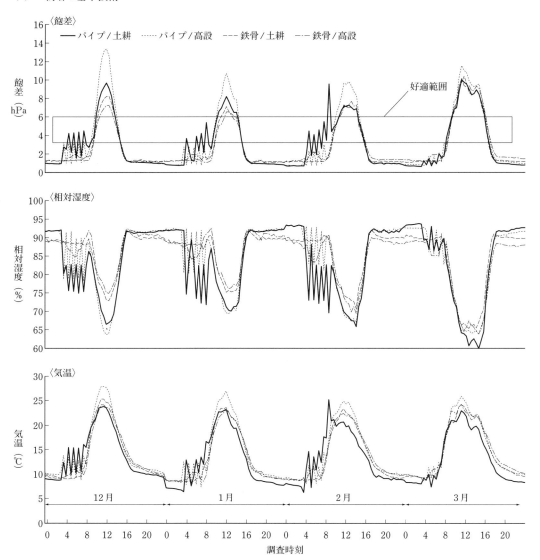

第15図 ハウス形状（パイプハウス，鉄骨ハウス），栽培方法（土耕，高設）の違いがハウス内の気温，相対湿度，飽差の推移に及ぼす影響 (宮城県，2009)

宮城県亘理郡山元町のイチゴ生産者H氏の施設に環境測定機器とCO_2濃度センサーを設置して，気温，湿度，CO_2濃度の測定を2008年12月〜2009年3月まで行なった。調査したハウスは，①パイプハウス（間口4.5m×長さ40m，棟高2.2m）／土耕，②パイプハウス（間口6m×長さ46.8m，棟高3.1m）／高設栽培，③鉄骨ハウス（間口6m×長さ40m×6連棟，軒高1.8m）／土耕，④鉄骨ハウス（間口6m×長さ42m，軒高2.2m）／高設栽培（（　）内はハウスの大きさ）であった。気温，湿度，飽差は晴天日の時間別の平均値として月別に示した

このように，ハウスの形状（パイプハウスか鉄骨ハウスか），栽培方法（土耕か高設栽培か）によらず，イチゴを栽培しているハウス内の環境は飽差が高い（湿度が低い）時間帯が長い。飽差の上昇を抑えるためには，1）気温の上昇を抑える，2）湿度を高める，ことが必要である。低温期でも比較的日射の多い太平洋沿岸地域では，気温の上昇を抑えることは容易ではない。気温上昇を抑えるために換気を行なうと，暖かく湿った空気が排出され，低温で乾燥した空気

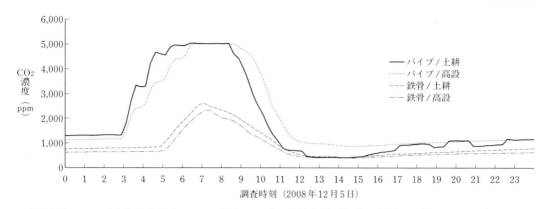

第16図 ハウス形状（パイプハウス，鉄骨ハウス），栽培方法（土耕，高設）の違いがハウス内のCO_2濃度の推移に及ぼす影響 (宮城県，2009)

宮城県亘理郡山元町のイチゴ生産者H氏の施設に環境測定機器とCO_2濃度センサーを設置して，気温，湿度，CO_2濃度の測定を2008年12月～2009年3月まで行なった。調査したハウスは，①パイプハウス（間口4.5m×長さ40m，棟高2.2m）/土耕，②パイプハウス（間口6m×長さ46.8m，棟高3.1m）/高設栽培，③鉄骨ハウス（間口6m×長さ40m×6連棟，軒高1.8m）/土耕，④鉄骨ハウス（間口6m×長さ42m，軒高2.2m）/高設栽培（（　）内はハウスの大きさ）であった。気温，湿度，飽差は晴天日の時間別の平均値として月別に示した

が流入する。低温で乾燥した空気がハウスの中で暖められると，相対湿度は低下しやすい。外気との換気をしないで気温を下げることができれば湿度は維持しやすいと考えられるが，それは現実的には難しい。そこで，次項では，ミストを利用した加湿制御について紹介する。

③ミストを利用した湿度制御

実際の生産者の圃場においてCO_2施用と湿度制御を組み合わせた区をもうけ，その効果を調べた。

湿度制御を行なうことで，対照区と比較すると相対湿度が日中10％程度高く推移し，その結果，飽差も低く推移した（第17図）。湿度制御によって，イチゴの生育が促進され，光合成速度が高くなる傾向がみられた。両試験区ともに，収穫開始は12月下旬で，収量は対照区637g/株に対して，湿度制御区で744g/株と17％の増加となり，とくに4，5月の収量が増加した。このように，CO_2施用条件下で加湿制御を行なうことによって，生育が旺盛となり，果実収量が増加することが示された（第18図）。

この実験を行なったところ，湿度制御によって草勢が強くなることが観察された。光合成量が多くなった結果，草勢が強くなったと思われ

る。過繁茂状態になると，花芽分化の遅れ，花房当たり着果数の現象や奇形果の発生，チップバーンの発生が生じる恐れがある。しかし，このような場合に，夜間最低温度を下げるなど草勢を低下させる管理を行なうと，本来の効果を期待できない。本実験では行なわなかったが，摘果数を調節し，花房当たりの着果数をさらに増やすなど，光合成同化産物の行先（シンク）を確保する技術の変更や調整が必要である。

イチゴは着果すると光合成同化産物や養分を優先的に果実に分配する。促成栽培では低温で日射量が少ない時期に果実生産を行なうので，光合成同化産物が少なくなり，果実と葉，生長点などの間で同化産物の競合が生じる。とくに根への同化産物の転流が少なくなりやすく，低温期には根量が著しく減少しやすい。ひとたび根量が減少すると養水分の吸収が抑制され，生育が悪くなり，草勢が低下し，いわゆる「成り疲れ」症状を生じる。成り疲れ症状は着果負担と低気温，低日射量のため容易に回復しない。CO_2施用によって同化産物が増加するので，成り疲れを回避するには非常に有効である。今後，より効率的なCO_2施用方法を確立する必要がある。CO_2施用条件下では，最適な温度が無

イチゴ栽培の基本技術

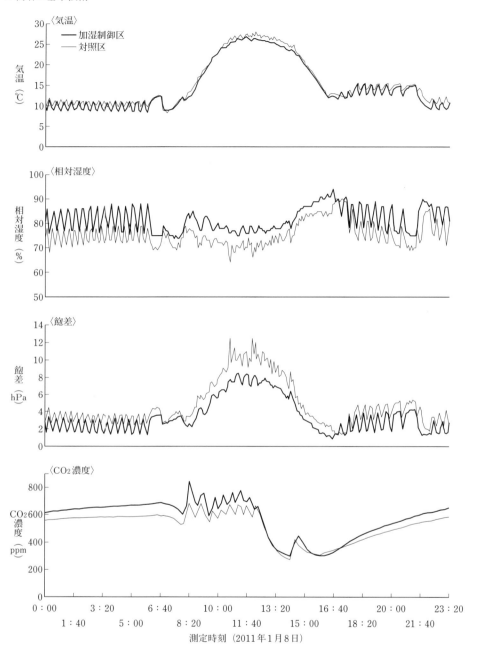

第17図 湿度制御区および対照区の気温，湿度，飽差，CO_2濃度の推移　（岩崎，2011）
愛知県豊橋市内の生産者圃場の隣接する同型のハウス2棟（6m×3連棟×51m＝918m²）を供試し，2棟とも8〜12時にCO_2施用を行なった。うち1棟はミスト発生ノズルを設置して加湿制御区とした。もう1棟は対照区とした。イチゴ品種章姫を2010年7月下旬に採苗し，9月13〜18日に株間0.2mとしてロックウール細粒綿を培地とする栽培ベッドに定植した。最低温度は8℃，換気設定温度は30℃とした。CO_2施用は灯油焼式のCO_2発生装置をタイマー運転して行なった。加湿制御区はミストノズル（BIMV4504 S303/SN303，いけうち製，水圧0.2MPa，空気圧0.4MPa，噴霧量4.8l/時，平均粒子径20μm）を18個設置し，6個ずつ3系統に分割し，8〜14時の時間帯において相対湿度が80％以下の場合に，各系統2分噴霧，2分休止を1サイクルとする運転を繰り返した。ハウス内の相対湿度，気温，CO_2濃度を各ハウス中央，地上高150cmで通風条件下で測定した

環境調節

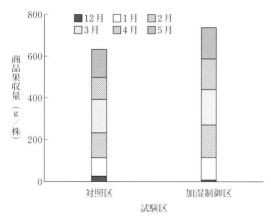

第18図 加湿制御が商品果収量に及ぼす影響
(岩崎, 2011)
品種:章姫,出荷パック数を1パック330gとして1株重量に換算して示した

施用条件よりも高温側にシフトすることが報告されている。換気開始温度を通常より高めることによってCO_2施用可能な時間を拡大することができる。

ハウス内へのCO_2の供給をセンサーによって濃度制御できれば,たとえば天窓が開状態で換気を行なっている条件では,大気と同じかそれよりやや高い400ppm程度の濃度を維持できるようにCO_2を供給し,天窓が閉状態で換気を行なっていない条件では800〜1,200ppmの濃度に設定する(第19図)。さらに,群落内に多孔質パイプや小さな孔の開いたホースなどを敷設して,それを介してCO_2を施用することで,天窓が開状態で換気を行なっている条件下でもCO_2施用を行なうことが可能になる。上述したように,ミストによる湿度制御は飽差を小さくして,蒸散を抑え,気孔開度を大きくしてCO_2の取込みを促進する。

これに加えて,気化潜熱を奪うことによっても,気温の上昇を抑えることができる。CO_2施用の効率を高めるために,今後積極的に利用したい技術である。

(6) 地中加温,培地加温

厳寒期寡日照期(とくに関東以北の地域では)に,繁茂した茎葉によって土壌に到達する

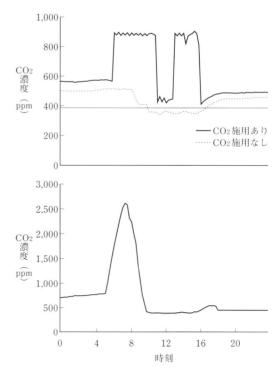

第19図 CO_2施用を行なう場合のハウス内CO_2濃度推移の模式図
上:CO_2濃度制御を活用した長時間施用の例
下:一般的なCO_2施用(タイマー制御による早朝短時間施用)

日射が遮られるような状態では,土壌の温度が10℃以下となる場合もあり,養分や水分の吸収が抑制される可能性がある。このような場合には,地中加温を行なうと収量が増加する可能性があり,キュウリなどの果菜類で導入事例がある。土壌中に熱交換パイプを埋設して,温湯を流してうねを加温することがもっとも一般的である。イチゴにおいても地中加温によって収量が増加することが報告されているが,生産現場では地中加温の導入事例はほとんどみられない。イチゴはうねの数が多く,また高うねとするため,埋設や除去の労力が大きいので,地中加温の導入が進まなかったと考えられる。

①深層地中加温

一方,熱交換パイプを地下60〜90cmに埋設する深層地中加温は,耕うんのために配管を掘りあげて除去する必要がない。第2表,第20図

イチゴ栽培の基本技術

第2表 深層地中加温が

品　種	処理区	12月	1月	2月	3月	4月
とちおとめ	深層地中加温	25	52	117	122	128
	地中無加温	16	55	112	97	70
さちのか	深層地中加温	16	101	83	99	119
	地中無加温	13	80	88	86	70

注　単位：kg/a。商品果6g以上の正常果および8g以上の奇形果。商品果率は果重平均。商品果収量比は地中無加温を100と
　収穫期間は2002年12月～2003年5月

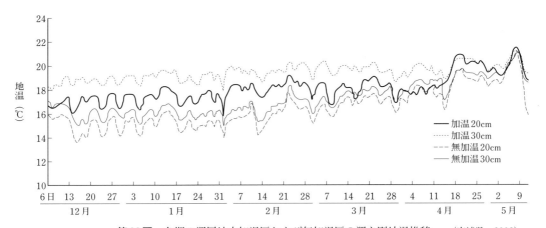

第20図　冬期の深層地中加温区および無加温区の深さ別地温推移　　（宮城県，2002）

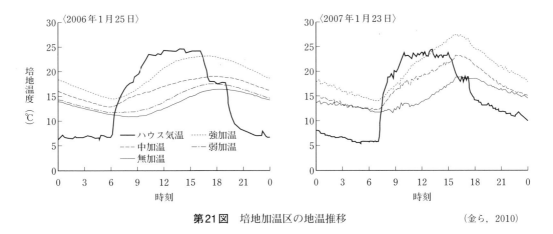

第21図　培地加温区の地温推移　　（金ら，2010）

に地中加温が果実収量に及ぼす影響を示した。地中加温によって，地表下20cm（うね上面から20cm）の地温は17～18℃で推移し，無加温区の場合は14～16℃で推移した。また，地中加温区はイチゴの生育が向上し，一果重が大きくなり，収量が多くなった。深層地中加温を太陽熱消毒と組み合わせることで，殺菌効果をより高めることができることが示されている。

②高設栽培での培地加温

高設栽培における培地加温については，必要であるという報告と，必要ないという報告がある。報告事例としては，培地加温を行なう

環境調節

月別商品収量に及ぼす影響 (宮城県, 2002)

5月	商品果収量 (kg)	商品果 平均一果重 (g)	商品果率 (%)	商品果収量比 (%)	収穫開始日 (月/日)	2/4の第3花房 開花状況 (%)
132	576	17.9	79.8	122	12/9	90
119	470	16.3	75.9	100	12/17	30
115	533	14.3	72.6	130	12/17	60
74	409	12.7	71.5	100	12/20	0

した場合

第3表 培地加温がイチゴの収量,収穫果実,品質に及ぼす影響 (金ら,2009)

処理区		可販果収量(g/株)				収穫果実数(個/株)				可溶性固形物含有率(%)		
		11〜1月	2〜3月	4〜5月	合計	11〜1月	2〜3月	4〜5月	合計	11〜1月	2〜3月	4〜5月
実験1	無加温	158a[1]	260b	360b	778b	7a	11b	16b	34c	10.2a	9.5a	7.9a
	弱加温	145a	291ab	408ab	844ab	7a	11b	19ab	37bc	10.1a	10.0a	8.6a
	中加温	165a	300ab	419ab	884ab	7a	12ab	20a	39ab	10.3a	9.8a	8.6a
	強加温	152a	328a	435a	915a	7a	14a	21a	42a	10.2a	9.4a	8.6a
実験2	無加温	177a	197b	195b	569b	10a	12b	13b	35b	8.9a	8.7a	8.2a
	中加温	186a	236a	209a	631a	10a	15a	15a	40a	9.2a	8.7a	8.5a
	強加温	186a	243a	195a	624b	10a	14a	15a	39a	9.4a	8.6a	8.3a

注 1) 縦の列の数字はアルファベットが異なる場合,Scheffeの多重検定による有意差(5%)あり
　　実験1:2005〜2006年,実験2:2006〜2007年

と収量が増加したり,収穫時期が早まるなどプラスの効果があるとするものが多い。宇田川(1991)は,昼夜の根域温度の影響を調査し,地上部の生育は夜間の温度には影響されないが,日中の高温によって促進され,根の生育は日中の温度による影響は小さいものの夜間の高温によって抑制されたと報告しており,夜間の培地加温が必ずしも適切ではないという報告もある。静岡大学の金らは,日中の培地加温によって収量が増加することを報告している(第21図,第3表)。

筆者らの実験によると,発泡スチロール製の栽培槽を用いた場合では,培地加温によって収量が高くなる傾向があった。しかし,培地加温のないPOフィルム製の栽培槽と培地加温のある発泡スチロール製の栽培槽は収量に差がなかった(第22図)。

培地温の推移をみると,培地加温のないPOフィルム製栽培槽では,同じく培地加温のない発泡スチロール製の栽培槽と比べて夜間は低くなり,日中は高くなっている。培地加温のある

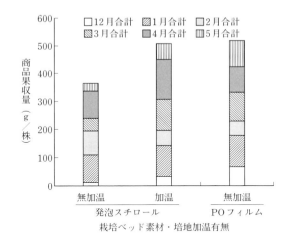

第22図 高設栽培における栽培槽の材質の違いが商品果収量に及ぼす影響 (岩崎,2004)
品種:とちおとめ,2003年9月10日定植,培地はヤシがら繊維。培地容積は株当たり約3l,実験場所は宮城県名取市

発泡スチロール製栽培槽は,夜間は高く推移するが,日中はPOフィルム製の栽培槽ほど高くはならない(第23図)。この実験では培地容積

イチゴ栽培の基本技術

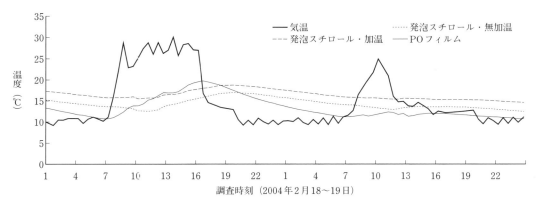

第23図　高設栽培における栽培槽の材質の違いが培地温推移に及ぼす影響　（岩崎，2004）

が3ℓ/株程度とかなり多い。培地容積が少ないと，培地温推移の差はさらに大きくなると思われる。断熱性の高い栽培槽は日中に温度上昇しにくい。培地加温の必要性については，栽培槽の素材，培地の容積，夜間の温度管理，日中の天候や気温によって異なってくるので，今後，いくつかの場面を想定して詳細な検討が必要である。

（7）クラウン温度制御

クラウン温度制御は草勢と花芽分化のコントロールにきわめて有効な新しい技術である。この技術は九州沖縄農業研究センターなどが中心となって開発した。これまで繰返し述べてきたように，イチゴ促成栽培では草勢と花芽分化のコントロールがとても重要であり，クラウン温度制御は今後全国で広く利用されていくと思われる。その機能には，第一に高温期の花芽分化促進，第二に低温期の草勢維持がある（第24図）。ここではクラウン温度制御の特徴を概説する。

イチゴのクラウン部（短縮した茎に相当）には生長点があり，花芽分化や休眠などにかかわる重要な生理現象の場となっている。九州沖縄農研センターを中心とした研究グループはクラウン部温度の積極的な制御は，草勢の維持や花芽分化の安定化にきわめて有効であることをつきとめ，生産現場で使える技術として実用化した。同時に専用のシステムを開発市販化し，技術の普及を促進している。

①クラウン温度制御のシステム

クラウン温度制御装置は冷温水製造装置と2連チューブからなる（第25図）。2連チューブは材質が軟質塩ビで柔軟性をもち，クラウン部への密着性がよく敷設作業が容易である。このチューブに高温期は冷水，低温期は温水を循環させる。数十mの長さとなっても温度差が生じにくいことが特徴である。クラウン温度制御に利用する冷温水製造装置は冷却・加温兼用のヒートポンプチラーを用いる。クラウン加温時の最大熱負荷は14kW/10a，冷却時の最大熱負荷は17kW/10aとされている。このことから，クラウン温度制御に用いるヒートポンプチラーは10a当たり約5～6馬力/10a（2.8kWで1馬力

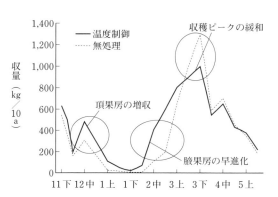

第24図　クラウン温度制御が促成栽培における収量に及ぼす影響（2006年11月～2007年5月）
（沖村ら，2008）

環境調節

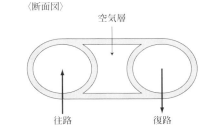

第25図　クラウン温度制御装置のハードウェア　　（沖村ら，2008）
左：冷温水製造装置（ヒートポンプチラー），右：2連チューブ

に相当）の能力が必要とされる。

　冷温水製造装置と2連チューブなどをあわせた10a当たりの初期導入コストは約250万円で，ランニングコスト（電気代など）は約3万4000円/月である。冷温水製造装置の減価償却を6年とみると，年間のコストの概算値は約80万円と見込まれ，イチゴの収穫増によって十分にカバーできる。クラウン温度制御装置は（有）ナチュラルステップから販売されている。

　②高温期の花芽分化促進
　上述したように第二花房の分化時期は定植から10月中旬までの時期にあたる。この時期は年によっては高温で推移して花芽の分化が遅れ，栽培上の不安材料の一つである。とくに，夜冷短日処理などを行ない，8月下旬～9月上旬に定植するような作型（「超促成栽培」または「早出し促成栽培」）では，第二花房の分化が高温によって遅れやすい。この場合，クラウン部を20℃前後に温度制御することで，高温期に第二花房の分化を促進することができる（第4表）。この作型で定植後から約20℃にクラウン温度制御を行なったところ，高温期の果実

肥大の促進効果が認められ，痩果数および平均一果重が増え，奇形果率が低下することが明らかとなった（第5表）。

　③低温期の草勢維持
　低温期にクラウン部を20℃前後に加温すると，葉や果房の展開が早くなり，2月までの早期収量が増加するとともに（第4表），収穫ピークが緩和され，収穫期間が延長される。また，低温期にクラウン部を加温することにより，ハウス内の夜間最低気温を低く設定することが可能であり，ハウスの暖房にかかる経費を大幅に削減できる。

　福岡農総試の佐藤ら（2008）は'あまおう'を用いた促成栽培においてクラウン加温を行ない，ハウスの最低気温を10℃から4℃に低下させても同等以上の商品果収量が得られ（第26図），暖房経費は約6割削減できるとしている。

　④システムの低コスト化
　多くのメリットがあるクラウン温度制御であるが，導入コストが大きいという問題点がある。そこで，佐賀県や九州沖縄農業研究センターが中心となって，地下水（井戸水），排熱回

イチゴ栽培の基本技術

第4表 クラウン温度制御が促成栽培における生育・収量に及ぼす影響（品種：あまおう）

(沖村ら, 2008)

年次	試験区	頂果房収穫開始日 (月/日)	第1次腋花房開花日 (月/日)	第2次腋花房開花日 (月/日)	2月末までの収量 (kg/a)	総収量 (kg/a)	頂果房2番果[1] 平均果重 (g)	頂果房2番果[1] 痩果数 (個)
2006	無処理	11/18	1/24	2/12	136	577	34.9	—
	温度制御	11/20	12/31	1/27	259	650	36.4	—
2007	無処理	11/5	1/10	2/13	213	637	25.1	349
	温度制御	11/7	12/18	1/29	268	669	28.7	378

注 暗黒低温処理苗を2006年は9月14日に，2007年は9月10日にうね幅120cm，株間24cmの2条内成りで定植した
　クラウン部温度を2006年は9月21日，2007年は9月11日から20℃前後に制御した
　総収量は2006年は2007年5月15日まで，2007年は2008年5月15日までの商品果収量
1) 20個の平均

第5表 クラウン温度制御が果実肥大に及ぼす影響

(壇, 2008)

	一果重 (g)	痩果数 (個)
温度制御	28.7	378
無処理	25.1	349

注 品種：あまおう

収器および蓄熱水槽などを組み合わせた低コストシステムの開発に取り組んできた。

詳細は「低コスト局所温度制御を駆使した所得1,500万円のイチゴ経営マニュアル」（佐賀県上場営農センターほか，2013）を参照されたい。

このなかで，クラウン温度制御の低コスト化のために検討された要素技術は以下のとおりで，それぞれ単独でも低コスト化効果がある。

地中熱（地下水）の利用　冷熱源または温熱源として地下水（井戸水）や河川水などを利用することができれば，導入コスト，ランニングコストともに大きく低下させることができる。この場合に必要な設備は送水用ポンプ，ポンプをON/OFFするためのサーモスタット，クラウン部を冷却・加温する循環パイプ（2連チューブなど）であり，導入コストは70〜80万円（施工費を含まず）である（第27図）。ランニングコストはポンプを運転する電気代のみとなる。

クラウン温度制御に適した水温は18〜20℃とされている。通常，地下水の水温はその地域の平均気温に等しいとされており，多くの場合，クラウン温度制御に適した水温範囲よりも低い。春季や秋季の冷却にはそのまま利用することも可能であるが，加温に利用する場合には

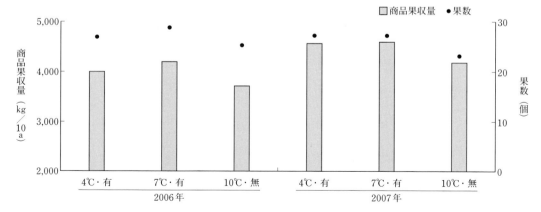

第26図　クラウン加温の有無と夜間最低温度の組合わせが商品果収量と果実数に及ぼす影響

(佐藤ら, 2008)

環境調節

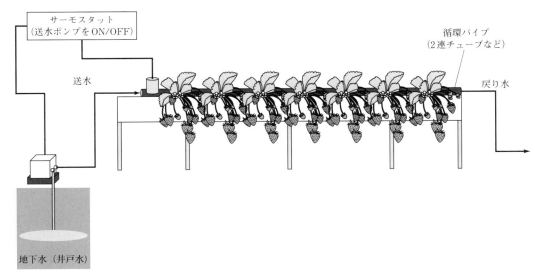

第27図 自然エネルギーを利用したクラウン温度制御装置の模式図（熱源として井戸水を利用した例）

ヒートポンプや排熱回収装置（次節で述べる）などの方法で水温を上昇させることが望ましい。また，地下水を利用する場合には，地盤沈下や枯渇などにも配慮する必要があり，自治体の許可が必要になる場合がある。

排熱回収 ハウス暖房に利用されている温風暖房機から発生する熱エネルギーは大部分がハウスの気温を維持するために利用されるが，一部は排ガスと一緒に煙突からハウス外に廃棄されている。この廃棄される熱エネルギーを回収し，蓄熱水槽に蓄えてクラウン加温に利用する。排熱回収器は煙突に取りつける（第28図）。蓄熱水槽の水をポンプでくみ上げ排熱回収器を通して蓄熱水槽に戻す。排熱回収器は30万円程度で市販されている。排熱回収器から強酸性の結露水が発生するので，ポリタンクなどで受けて中和処理する必要がある。

蓄熱水槽 蓄熱水槽とはヒートポンプチラーや排熱回収器などから供給された温熱や冷熱を蓄えておく水槽のことで，温熱また冷熱の使用量の少ない時間帯に熱源機器を運転して熱を水槽に蓄える。蓄熱水槽を設置することによってクラウン温度制御に必要な1日の温熱，冷熱の使用量の波を小さく平準化し，ヒートポンプチラーや排熱回収器の能力を小型化・低コスト化

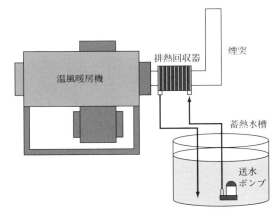

第28図 排熱回収器を利用した暖房機排ガスからの熱回収の模式図

することができる。蓄熱水槽の容積は10a当たり2t以上必要である。

佐賀県や九州沖縄農研センターを中心とするプロジェクトでは，上記の3つの要素技術を組み合わせてシステム化をはかると同時に，運転方法の最適化を行なっている。従来のシステムでは送水ポンプは連続運転として，循環パイプの表面温度を20℃前後となるようにヒートポンプをON/OFFしていたが，改良システムでは，循環パイプ表面の温度センサーに加えて，

イチゴ栽培の基本技術

ハウス内気温を測定する温度センサーを追加して，送水ポンプのON/OFF，ヒートポンプチラーのON/OFFを行なう。

たとえば，低温期のクラウン加温時は，ハウス内気温が15～18℃以下となった場合に送水ポンプを運転し，循環パイプ表面温度が20℃以下となったらヒートポンプチラーを運転して加熱する。一方，高温期のクラウン冷却時は，ハウス内気温が23℃以上となったら送水ポンプを運転し，循環パイプ表面温度が20℃以上となったらヒートポンプチラーを運転して冷却する。送水ポンプとヒートポンプチラーをこのように制御することで，運転経費が低減される。

ほかに，蓄熱水槽の水温上昇防止とハウス内の加温を目的とした放熱ファンを加え，これらの機器を制御するコントローラを含めた設備費（施工費含まず）は従来型250万円に対して，210～220万円となっている。また，ランニングコストは従来型30万円に対して，15万円となっている。

⑤独立プランタ型栽培槽との組合わせ

システムの概要と運転方法 ここでは，加温専用のクラウン温度制御装置の導入事例を紹介する。東日本大震災の津波によって大きな被害を受けた東北地方最大のイチゴ産地である宮城県亘理町，山元町では，鉄骨ハウスと高設栽培を導入した大規模なイチゴ団地の建設が進み，多くの生産者が2013年秋から経営を再開した。

産地復興に向けて栽培技術の共有や蓄積，栽培指導や問題解決を効率よく行なうため，地元JAや普及センターの主導のもとで亘理町，山元町ともに共通の栽培システムを導入した。亘理町では，JAや普及センター，研究機関が協議して新たに栽培システムを設計開発して99名の生産者（合計23ha）に導入した。山元町では，震災前から一部の生産者が導入していたメーカー製のシステムを導入した。

亘理町の栽培システムは，独立した栽培槽を並べて栽培ベッドとして用いる方式（独立プランタ型栽培ベッド，第29図）である。土壌病害の被害の拡大を抑制できるとともに，地盤の沈下によって栽培ベッドの均平性が部分的に損なわれても，沈下した部分に排水が滞留しないこと，連続型の栽培ベッドで必要とされる培地を包む不織布製の防根シートが不要となるので，シートの目詰まりによる排水不良は生じない，といった特徴がある。

また宮城県では，厳寒期には培地温の低下による養水分吸収の抑制が懸念されることから，人為的な培地加温が必要とされてきた。しかし，独立プランタ型の栽培槽では培地加温用の循環パイプを培地内に埋設することが構造的にできないため，循環パイプを栽培ベッド表面に敷設するクラウン加温方式を用いることにした（第30図）。加温専用であれば，一般的な培地加温と同じ灯油燃焼式ボイラーを用いることが可能である。循環パイプも培地加温と同様ポリ

第29図 独立した栽培槽（発泡スチロール製プランタ）

第30図 クラウン加温用熱交換パイプの敷設状況

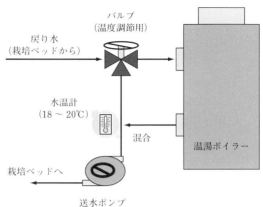

第31図　クラウン加温用の温湯ボイラー（左）と配管模式図（右）
温度調節バルブ：戻り水の一部をボイラー内に導入，加温

エチレンパイプを用いているので，設備コストは培地加温と同じ約70万円/10aである。

このシステムでは，栽培ベッドから戻ってきた循環水の一部を温湯ボイラーのなかに導入・加熱した後，循環水と混合して18～20℃に調節している（第31図）。ボイラーに導入して加熱する水量は出口水温を目視で確認しながら，バルブ開度で調節する。灯油燃焼式温湯ボイラーは，ヒートポンプチラーと比べるとエネルギー利用効率が低い。さらに，昨今の灯油価格上昇の影響で，温湯ボイラーのランニングコストはヒートポンプチラーを利用した場合よりも1.5～2倍程度大きくなる。したがって，灯油燃焼式の温湯ボイラーを用いる場合は，ヒートポンプチラーを利用する場合のように，20℃の温水を24時間循環しておくとコストが大きくなり現実的ではない。

そこで，クラウン加温にかかるランニングコストを把握するため，灯油消費量を亘理町イチゴ団地の実際の生産ハウス（24a）において実測したところ，夜間最低温度8℃とした場合，水温（出湯水温）15℃では灯油消費量は0.8l/h，18℃では1.6～1.8l/h，20℃では2～2.4l/hであった。そこで，出湯水温は18℃に合わせ，送水ポンプのON/OFFは気温センサーで行ない，ボイラー本体の運転時間をタイマーで制御している。たとえば，ボイラー本体はタイマーで22～翌8時（10時間）として，ハウス内の気温が設定温度15℃より低下した場合に送水ポンプをONとする。タイマーで設定する時間帯やハウス内の気温設定は，草勢や電照時間を考慮して試行錯誤しながら調節している。

燃料使用量の削減効果　亘理町のイチゴ団地の生産者の多くはこれまでウォーターカーテンを利用して低温期の保温を行なっており，化石燃料を使った暖房はほとんど行なっていなかった。したがって，暖房コストの低減には多くの生産者が関心を寄せている。クラウン加温を利用することによってハウスの夜間の気温設定を下げることができることは上述したとおりですでに報告があるが，実際にどの程度燃料消費量を削減できるか，生産ハウスを利用して調べた。

亘理町イチゴ団地内の隣接する同型のハウス（1棟は24a）を2棟使い，1棟は温風暖房機の設定温度を8.0℃（以下，慣行ハウスと呼ぶ），もう1棟は温風暖房機の設定温度は6.5℃＋クラウン加温あり（以下，実験ハウスと呼ぶ，水温18℃として，気温20℃以下で送水ポンプを運転）として，重油および灯油の消費量を比較した結果を第6表に示した。実験ハウスでは，おもにクラウン加温が稼働し，温風暖房機はほとんど動かなかった。調査期間を通してみると，クラウン加温と温風暖房機を併用したハウ

イチゴ栽培の基本技術

第6表 クラウン加温を利用した暖房エネルギー（重油＋灯油）の削減効果

月/日	最低気温 (℃)	慣行ハウス[1] 合計 (l/10a)	実験ハウス[2]		
			合計 (l/10a)	クラウン加温 (l/10a)	温風暖房機 (l/10a)
12/21	−0.2	11.6	8.4	8.4	0.0
12/22	−0.6	16.3	8.6	8.6	0.0
12/23	−2.2	12.2	9.0	9.0	0.0
12/24	−3.6	25.3	18.0	8.8	9.1
12/25	−1.0	17.9	11.3	11.3	0.0
12/26	0.3	0.0	11.0	11.0	0.0
12/27	−0.9	16.2	10.6	10.6	0.0
12/28	−1.4	18.5	10.5	10.5	0.0
12/29	1.7	5.3	9.7	9.7	0.0
12/30	1.5	0.0	9.7	9.6	0.1
12/31	2.4	6.4	9.7	9.7	0.0
1/1	−2.8	1.8	10.2	10.2	0.0
1/2	−4.6	37.5	15.4	10.0	5.4
1/3	−2.0	3.2	9.2	9.2	0.0
1/4	−4.9	27.9	14.2	10.2	4.1
1/5	−5.0	30.4	12.0	10.0	2.0
1/6	−3.7	36.9	16.9	10.0	6.9
1/7	0.3	17.9	9.4	9.4	0.0
1/8	−1.6	0.0	6.8	6.8	0.0
1/9	−4.6	27.9	13.3	9.6	3.7
平均		15.7	11.2	9.6	1.6

注 1) 温風暖房機のみ利用，設定温度は8.0℃．
　　2) 温風暖房機は重油，クラウン加温は灯油．温風暖房機設定6.5℃，クラウン加温：水温18℃，気温20℃以下で運転．

スで灯油，重油の消費量が少なくなったが，日によっては実験ハウスのほうが燃料消費量の多い場合もあった。

亘理町の方式のように，栽培ベッドから戻ってきた循環水の一部をボイラーで加熱して再び循環水に混合して水温を調節する場合は，ハウス内の気温が高くなると，（バルブ開度を調節しないかぎり）水温が上昇するだけでボイラーの燃焼は止まらない。つまり，送水ポンプが運転しているときはボイラーも燃焼して燃料を消費してしまう。気温が高い場合には，送水ポンプを止めるなどの調節が必要である。この設定で，実験ハウスは慣行ハウスと同等以上の生育，収量であった。今後，効果の高いクラウン加温の方法を検討する必要がある。

⑥クラウン温度制御と培地加温・冷却の違い

クラウン温度制御が作物の生育や収量に及ぼす影響については未だに不明なことが多い。クラウン温度制御と培地加温・冷却は同じなのか違うのか明らかにされていない。これらを直接比較した実験は現在までほとんど見当たらない。クラウン加温，培地加温ともに低温期の生育促進効果があり，また，クラウン冷却，培地冷却ともに，高温時の花芽分化促進効果があることが報告されている。機能面でも共通するところが多い。

ここでは，クラウン加温と培地加温について比較した愛知農総試・加藤らの実験を紹介する（加藤ら，2014）。この実験では，ハウス内の夜間最低気温を5℃として，クラウン加温，培地加温および加温なし（対照区）について収量を比較した。その結果，培地加温とクラウン加温はともに対照区よりも収量が増加した（第32図）。この場合，ハウス内の気温が8℃の場合には，クラウン加温の効果は見られなかった。クラウン加温，培地加温ともに低温期の生育促進については，ほぼ効果があると考えてよいと思われる。

培地加温の効果についていまだに不明なことが多いことはすでに説明した。培地加温がイチゴの収量や生育に及ぼす影響には，夜間最低気温，昼間の気温や日射量，栽培槽の断熱性や培地容積，品種など多くの要素が関連しており，各要素の影響を整理した実験は行なわれていないのが実情である。最近は，夜間の培地温よりもむしろ，日中の培地温がより重要であるとする考えが受け入れられつつある。日中は光合成や養水分吸収を効率よく行なうために適切な培地温が必要であるが，夜間は培地加温は必要なく，むしろ呼吸による消耗を抑えるために培地温は低いほうがよいとされている。クラウン加温についても，光合成や養分吸収を促進するという観点から，クラウン加温を行なう時間帯に

ついてさらに検討する必要がある。培地加温と異なり熱容量の大きい培地の関与が少ないので，イチゴの体温を迅速に加熱，冷却することが可能であることが，クラウン加温の特徴である。

　　執筆　岩崎泰永（農研機構野菜茶業研究所）

2014年記

参 考 文 献

安東赫・岩崎泰永．2009．従来型日本施設の環境特性．果菜類の周年多収生産技術の現状と課題．野菜茶業研究所課題別研究会資料．23—27．

壇和弘．2008．クラウン部の温度管理による花芽分化促進と生育制御．最新農業技術野菜．vol.1, 313—319．農文協．

岩崎泰永・三浦慎一・大月裕介．2011．トマトおよびイチゴ促成栽培における加湿制御が生育および収量に及ぼす影響．園学研．10(別2)，455．

鹿野弘・高野岩雄・高橋晋太郎・菅野秀忠・大沼康．2004．イチゴ促成栽培における深層地中加温装置の導入効果．東北農業研究．57，189—190．

金泳錫・遠藤昌伸・切岩祥和・陳玲・糠谷明．2009．固形培地耕における日中の培地加温がイチゴ'章姫'の開花，生育，収量に及ぼす影響．園学研．8，193—199．

小倉祐幸・向井隆司．1987．単棟ウォーターカーテンハウスの保温性．農業施設．18，58—62．

沖村誠・曽根一純・壇和弘・北谷恵美・光後広恭・北島伸之・佐藤公洋・伏原肇．2008．促成イチゴ栽培で早期収量の増加と収穫の平準化が可能なクラウン温度制御技術．九州沖縄農業研究成果情報．23．

佐賀県上場営農センターほか．2013．低コスト局所温度制御を駆使した所得1,500万円のイチゴ経営マニュアル．https://www.pref.saga.lg.jp/web/var/rev0/0156/8353/ondoseigyo.pdf

齋藤邦之・石原邦．1987．水稲葉身の光合成速度に及ぼす飽差の影響．日作紀．56，163—170．

佐藤公洋・北島伸之・沖村誠．2008．イチゴ促成栽培におけるクラウン部局部加温が生育，収量に及ぼす影響と燃料節減の効果．園学研．7（別2），269．

宇田川雄二．1991．根温を異にした養液栽培イチゴの生理生態学的研究．千葉県農業試験場特別報告．19，1—60．

山崎篤．2005．イチゴ生産をはじめるために．農耕と園芸．60（1），41—45．

山崎敬亮・熊倉裕史・濱本浩．2008．促成イチゴの高設栽培における連続出蕾性に与える定植後の培地昇温抑制と施肥時期の効果．近中四農研報．7，35—47．

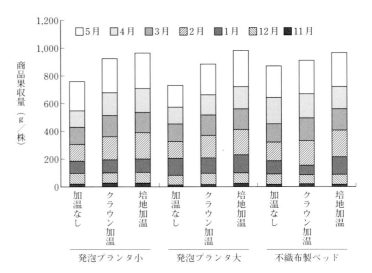

第32図　栽培槽と地下部加温方法が果実収量に及ぼす影響

(加藤，2014)

発泡プランタ小：ゆりかご方式，培地容積約2l/株，発泡プランタ大：亘理方式，培地容積約3l/株，不織布製ベッド：培地容積約2l/株，培地はヤシがら繊維

クラウン加温：2連チューブを株元に設置して，20℃の温水を循環（17時〜翌7時）。培地加温：250W温床線を培地内に埋設。株元13〜15℃設定で加温（終日）

品種：とちおとめ，採苗：2013年7月19日，短日夜冷処理：8月10日〜9月10日，定植：9月27日，株間：21cm，2条千鳥植え，給液：園試処方EC0.65〜0.95ds/mで排液率30〜40％となるように与えた。電照：11月12日から，60W白熱灯10灯/aで草勢に応じ，日長延長3〜5時間

ハチの活用方法

イチゴの花を着果させて収穫するためには受粉が必要である。しかし、ハウス栽培では、野外に生息する花粉媒介昆虫に頼ることができない。イチゴのハウス栽培では、昭和40年代から花粉媒介昆虫としてセイヨウミツバチ（以下ミツバチ）の利用が始まり、果実の安定生産に不可欠な技術となっている。

一方で、ミツバチの利用技術は発展途上にあり、栽培途中でのハチ群の衰退や、訪花の不足あるいは過剰による奇形果の発生などの課題は残されたままである。ミツバチの適正な活動の状態を把握し、ハチ群を効率的に利用していくことは、ミツバチ利用の基本であり、イチゴの安定生産に重要である。

なお、本項の一部は、2008年冬から発生した国内のミツバチ不足に対応するために、群馬県農業技術センターが実用技術22010ミツバチコンソーシアムに参画し、新たな農林水産政策を推進する実用技術開発事業「（研究課題名）ミツバチ不足に対応するための養蜂技術と花粉交配利用技術の高度化」（2010～2012年度）の助成を受けて得られた成果である。

(1) ミツバチの生態

①群の構成

ミツバチの群は女王バチ、働きバチ、雄バチからなり、仕事を分業している。女王バチは群に1匹だけで、産卵を担当する。働きバチは生殖以外のすべての仕事（育児、蜂蜜づくり、花粉の貯蔵、門番、巣づくり、採餌など）を受け持っている。雄バチは交尾のみが仕事になる。

②イチゴの花とミツバチ

ミツバチは訪花して、花蜜や花粉を採餌する。花蜜は糖分で、おもにエネルギー源となり、その他の栄養は花粉に依存している。花粉は幼虫の主要なえさとなるため、幼虫が多い群では花粉の採集行動が活発になる。

ミツバチはイチゴの花の上で動き回りながら、花蜜や花粉を採集する（第1図）。このさいに、体毛に付着した花粉が柱頭について受粉となり、果実は正常に肥大する。

③ミツバチの視覚

ミツバチは紫外線が見える代わりに、赤を色として見ることができない。ハウスの被覆資材に紫外線を遮断した資材を使用すると、ふだん頼りにしている紫外線が見えなくなるため、うまく飛べなくなる。

④ミツバチの育児と温度

ミツバチの巣箱の中には巣板が並び、中ほどの巣板の中央では子育てをしていて、ミツバチはここを育児適温（34℃程度）に制御している。寒さに対してはハチ球をつくって温め、暑さに対しては扇風行動などによって温度を下げる。群が衰え、働きバチが少なくなると環境の変化に対応した温度制御が困難になる。気温が30℃を超える状況では、働きバチの呼吸に伴う発熱によって、巣の中はすぐに育児適温を超えてしまう。ハウス内はハチ群にとって高温環境になりやすいため、換気に留意する。一方、自然のミツバチは温度を保ちづらい冬季に採餌や育児を休止する。促成イチゴ栽培では、越冬期のミツバチを利用するため、ハチ群の活動は鈍く、衰退しやすい条件になる。

(2) ハウスでのミツバチの利用

①ハウスの大きさと適正群数

1群（6,000～8,000匹）で10a程度の栽培面

第1図 イチゴに訪花して花蜜をとるセイヨウミツバチ

積に利用できる。利用期間中はミツバチの活動状態を把握し，訪花活動数が少ない場合は増群する。

②巣箱の設置

巣箱は温度差が大きく，湿度の高くなりやすいところを避けて設置する。直射が当たる場所では日よけして，巣箱の温度上昇を防ぐ。また，巣箱はイチゴの株より高い位置でミツバチによく見えるように設置する。巣門はできるだけ日の射し込む方向に向けて設置する。南北棟のハウスでは，ハウスの北側に南向きに設置し，東西棟ではハウスの西側に東向きに設置する。

ハウス内の高温を回避するために，巣箱をハウスの外に設置し，巣門のみをハウス内に連結する方法もある（第2図）。この場合，巣門とハウスの被覆材との間に隙間を開けることで，ミツバチは野外で採餌活動することもできる。そのため，ハウス内の限られた範囲でのえさ（花）不足の対策になるが，ハウス内でのイチゴへの訪花状況を確認する必要がある。また，日中の外気温が10℃程度の寒い時期は，巣箱の防寒対策が必要があるとともに，ミツバチの訪花活動数が少なくなるので，ハウス内でミツバチが十分に活動しているかを確認する必要がある。

③導入時の留意点

ハチ群が届いたら，予定していた設置場所に10分程度静置し，落ち着かせてから放飼する（巣門を閉め切ったまま放置すると，巣箱内が高温になりすぎて死んでしまう場合がある）。

第2図　セイヨウミツバチの巣箱のハウス外置き

届いたばかりのハチ群をすぐに放飼すると，輸送時の振動などで興奮しているため，ミツバチが大量に出巣，混乱し，巣箱に戻れないハチが多くなる。

ミツバチは巣の位置を記憶するため，ハウス内で点々と巣箱の位置を変えると，外勤の働きバチは前の巣箱の位置に戻る。そのため，農作業などに支障のない場所をあらかじめ検討して巣箱を設置する。

④ハウス内の気温と訪花活動

ミツバチは気温10℃以上で訪花活動を開始し，20〜25℃で盛んになる。それ以上にハウス内の気温が高くなると，巣箱内の温度調節などにより飛翔するミツバチの数は増えるが，訪花する数は増えない。

⑤受粉の管理

ハウス内で活動するミツバチが少なくなると訪花不足による不受精によって奇形果が発生する（第3図）。一方，多すぎると群を維持するためのえさが不足し，群の衰退に繋がるほか，イチゴに過剰に訪花してしまう危険がある。ミツバチが過剰に訪花するようになると，イチゴの花柱は黒変し，花弁にもいたみが見られるようになる（第4図）。このような花は奇形果になることが多い（第5図）。

ミツバチの訪花活動数とイチゴ（群馬県育成品種：やよいひめ）の果実品質を調査したところ，日中（10〜13時），100m^{2}当たりに2匹以下では訪花不足による奇形果の発生がみられ，24匹以上では過剰訪花による奇形果の発生が見られた（第6図）。そのため，ミツバチの訪花活動数の下限は3匹程度とし，下回り始めたら，ハチ群を更新する必要がある。上限は安全を見て20匹程度を目安とし，過剰訪花に注意する。

面積が小さいハウス（4.5×50mのパイプハウス単棟など）や，イチゴの開花数が少ない時期（頂花房の開花の終わりから第2花房の開花まで）は，ハチ群がえさ不足の状態になり，過剰訪花による被害が発生する場合がある。花に異常が観察された場合，買取りのハチ群の場合は市販の代用花粉を与えるなどして，ハチ群の

第3図 イチゴの不受精果
果実の先端部が受粉せず，種子ができずに肥大していない

第4図 セイヨウミツバチの過剰訪花によるイチゴの被害花
葯はとられ，花柱は黒変し，花弁にいたみが見られる

第5図 セイヨウミツバチの過剰訪花によるイチゴの奇形果
ところどころに種子ができずに，肥大していない部分がある

花粉に対する要求量を減らす。あるいは，温度が上がりにくいところに巣箱を設置し，ミツバチの出巣を抑える。借り入れたハチ群では養蜂家に相談する。

⑥農薬使用時の注意

散布する農薬はミツバチに対する影響が低いものを選ぶ。散布時は散布前日の日没後にハチ群をハウスの外に移動する。ハウスの外に移動させる場合，日陰の風通しの良い場所を選んで置く。

冬季に巣箱をハウスの外に移動させる場合は，巣箱内の蒸れに気をつけ，毛布や段ボールなどで覆うといったハチ群の防寒対策をする。ハウス内に戻すときはミツバチに対する安全日数を確認のうえ，元の場所に置く。

⑦利用後の処分

ミツバチの利用が終わったら，借入れのハチ群は養蜂家に返却する。買取りのハチ群は，腐蛆（ふそ）病などの病気の伝染源となり，近隣の養蜂家に深刻な被害を与えないように，販売業者に回収を依頼するか，確実な殺処分，巣箱の消毒，撤去を行なうなど，適切な処置をする。腐蛆病は「家畜伝染病予防法」で定められた法定伝染病であり，病気が発生した場合には家畜保健衛生所に報告する必要がある。違反すると罰金が科されることがある。

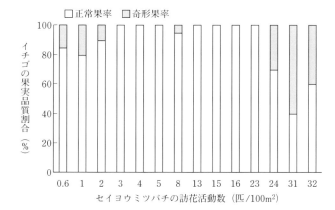

第6図 セイヨウミツバチの訪花活動数とイチゴの着果，果実品質の関係
イチゴの品種：やよいひめ（群馬県育成品種）。実験ごとに20花調査。正常果は販売可能な果実とし，不受精果と不着果は奇形果とした。調査期間は2010年1月21日〜2011年4月5日に繰返し調査。訪花ハチ数は開花日の活発な活動が見られた3時間（10〜13時）の平均値。極端に開花数の少ない時期は調査から外した

なお，ミツバチを飼育する場合には「養蜂振興法」による届け出が必要になる。

（3）マルハナバチの利用

マルハナバチはおもにトマトやナスで利用されている花粉媒介昆虫だが，イチゴでも利用することができる（第7図）。ただし，ミツバチと比べて体が大きく，筋肉も発達しているため，花粉を採る力が強く，花をいためやすい。面積当たりの活動数は100m²当たり1〜2匹で

イチゴ栽培の基本技術

第7図　イチゴに訪花するクロマルハナバチ
クロマルハナバチもイチゴから花蜜や花粉を採集する

十分であり、それ以上では前述のミツバチの過剰訪花と同様に花が傷つき、奇形果が発生しやすい。1群（50匹以上）で10a以上に利用でき、狭い面積での利用には適さない。市販のマルハナバチの巣箱は巣門の調整によって、ハチの出入りを制御することができるため、訪花活動数が多い場合はハチが出ないように巣門を調節する（帰巣するハチは巣に戻ることができる構造になっている）。

なお、市販のマルハナバチにはセイヨウオオマルハナバチとクロマルハナバチがあるが、セイヨウオオマルハナバチは「特定外来生物による生態系等に係る被害の防止に関する法律」の規制対象となる特定外来生物に指定されているため、利用にあたっては環境省へ届け出し、使用許可を受けなければならない。

＊

ミツバチをハウス内で利用する場合、放飼直後にミツバチが混乱し、死亡することが多く、ひどい場合は1か月程度でハチ群が壊滅する事例がみられる。今後、放飼時のミツバチの混乱を軽減する技術の開発が必要である。

　執筆　宮本雅章（群馬県農業技術センター）

2012年記

参 考 文 献

フリッシュ，カール・フォン．1971．［伊藤智夫　訳，1986］ミツバチの不思議（改訂2版）．法政大学出版局．東京．192pp.

松香光夫．1996．ポリネーターの利用．サイエンスハウス．東京．153pp.

みつばち協議会編．2011．みつばちにうまく働いてもらうために．みつばち協議会（社団法人日本養蜂はちみつ協会内）．東京．12pp.

酒井哲夫編著．1992．ミツバチのはなし．技報堂出版．東京．194pp.

辻川義寿．1981．施設ハウス内における花粉媒介用ミツバチの放飼とその効果．ミツバチ科学．**2**，49—56.

高設栽培

(1) おもな高設栽培システムと普及の状況

①多様な方式が開発されてきた

イチゴで高設栽培を導入する最大のメリットは，収穫・管理作業時の労働負荷の軽減にある。イチゴは多くの果菜類とは異なり，茎が伸長せず，草丈が低いため，収穫・管理作業に際して腰を屈めた姿勢を強いられることが多い。収益性が高いにもかかわらず，後継者が得られない原因のひとつがこの労働負荷の大きさにあるといえる。静岡県久能山の石垣イチゴが古くからイチゴ狩りで栄えたのも，立地条件に加えて一般の土耕栽培のように屈まずに収穫が体験できる点にあったといってよいであろう。

イチゴを高い位置で生育させる本格的な試みは，1980年代半ばのNFTとロックウール栽培の導入によって始まったといえる。しかし，コストと収量性の面から広く普及するには至らなかった。1990年代後半になって，ピートモス主体の培地を利用した養液栽培システムとバーク堆肥のような有機質培地と被覆緩効性肥料を利用した高設式の栽培装置が普及し，1997年からの10年間で約10倍にまで急激に増加した（第1図）。その後，新設の勢いは鈍化しているが，イチゴ全体の面積が毎年2％近く減少し続けているなかで，相対的なウエイトは年々大きくなっているといってよい。

高設栽培については，後述のとおりきわめて多数の方式がある。各県やメーカーで開発された方式のなかですら数種類存在し，平行して普及が進められている場合もある。国や自治体の行政と大学も含めた試験研究機関，プラントメーカー，JA，生産者団体や販売業者とそれらにかかわる個々人の思惑が交錯した結果が，現在の状況であるとしかいえない。この実態については，日本全体としてみれば非効率的であるといわざるを得ないが，導入した生産者がそれぞれに工夫を重ねて変化してきた事例もあり，バリエーションがあることによって進歩してきた側面も否定できない。筆者個人としてはこの状態は望ましいものではなく，本稿で何らかの方向付けができればよいと考えているが，なかなかむずかしそうである。また，筆者自身がひとつのシステム開発に主体的にかかわり，実際にイチゴの生産と販売に携わっている関係上，個人的な思い入れがあるので，どうしても偏った内容になりがちな点についてはご容赦いただきたい。

②普及の状況

2002年に行なわれた「イチゴ高設栽培普及

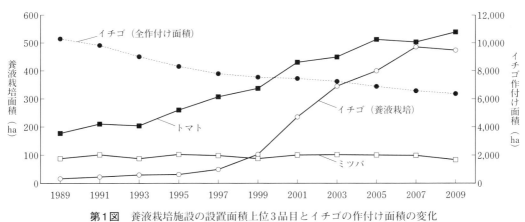

第1図　養液栽培施設の設置面積上位3品目とイチゴの作付け面積の変化

（農林水産省，2011）

緩効性被覆肥料を利用した高設栽培は含まれていない

状況調査」の結果によると，「○○システム」「○○方式」と名前のついた高設栽培装置は60種類以上あり，生産者が自作したものや，その後発表されたものを含めると80種類以上あると思われる。この調査の時点で全国的な高設栽培面積は474haとされているが，農林水産省の統計では同年のイチゴ養液栽培面積は346haに過ぎない。数値が大きく異なっている原因は明らかでないが，高設式であっても養液栽培としてカウントされていない場合や，小規模あるいは農家の自作であるため十分把握されていないことも多いと推察される。2009年の養液栽培設置面積が500ha弱（第1図）であることからすると，現時点（2012年）での高設栽培面積は700ha近くに達しているものと思われる。

本稿執筆にあたって筆者が行なったアンケート調査の結果（2011）では，設置面積は愛知県の86.5haが最多で，静岡県（77.3ha），香川県（55.6ha）となっている。アンケートの設置面積と農水省のイチゴ作付け面積をもとに算出した普及率でみると，栃木県（4.3％），佐賀県（6.1％）など土耕栽培で実績のある大産地では広く普及しているとはいえない。香川県（58％）や大分県（41％）など早くから独自のシステムを開発した一部の小さな産地で普及率が高くなっている。農水省のイチゴ作付け面積（第1図）はハウスの敷地となる圃地の面積であり，育苗圃まで含まれているのに対して，高設栽培面積はハウスの実面積で示されている場合が多い。したがって，実際の栽培ハウスの面積でみれば，全国的な普及率はすでに15％程度に達しているとみてよいだろう。

国や自治体の財政状況から考えて，震災の被災地以外で2000年ころのように急激に設置面積が増加することは考えにくい。しかし，イチゴの生産効率や農家人口の高齢化を考えれば，今後も重要性が増していくことは間違いないと考えられる。

（2）分類と特徴

現在普及している高設栽培の方式を大きく分けると，1）土耕に近い感覚で養水分管理を行なうことを目指したタイプと，2）必要量の培養液を自動で施用する養液栽培システムとに分類することができる。1）のタイプは九州方面を中心に普及しており，株当たり4～5lの培地に肥効調節型の被覆肥料を基肥として施用し，手動で灌水を行なうものがほとんどである。2）のタイプはピートモスやヤシがらをベースとした保水性の高い培地を株当たり2l程度使用して，培養液をタイマー制御で1日数回に分けて自動で施用するものが多い。

①培地の素材

2003年時点では，ロックウールを培地として利用している面積がもっとも大きかった。しかし，近年増設されることはほとんどなく，現在の主流は，ピートモス，ヤシがら，バーク堆肥など軽量な有機培地を主体としたものとなっている（第1表）。ロックウール粒状綿，パーライト，バーミキュライトなどの人工培地やボラ土，鹿沼土など多孔質の軽石もよく利用されている。

培地としては，適度な保水性と通気性が必要で，pH5.5～6が適する。上記の資材を単独で培地として利用する場合もあるが，ほとんどの場合2～3種類の資材を適宜配合して用いられている。一般的に多量の培地を用いる場合には，軽石など安価で手に入りやすい素材を主体に配合する場合が多い。

培地は更新するとコストがかかるため，消毒・撹拌して連用する場合が多く，通常は盛夏期にクロルピクリンを併用して太陽熱消毒を行ない，減少量を補充する。土壌伝染性病害が発生した場合にはその部分だけ更新されることが多い。ただし，ヨーロッパでは培地を連用すると5～10％収量が減少するとされている。原因はおもに土壌伝染性病害であるため，夏の気温が高く，十分な消毒が可能な日本とは多少事情が異なるが，一定のリスクが存在することだけは間違いない。

②栽培槽と培地の量

栽培槽とベンチ　培地を充填する栽培槽は，ほとんどの場合19～22mmの直管パイプを支柱として1mほどの高さに設置されている。鉄

第1表 イチゴの主要な高設栽培方式の特徴

システム名	開発/販売者	栽培槽	おもな培地資材	培地容量 (l)	肥培管理	培地加温
誠和式高設型ベンチ栽培	誠和	アルミ	ロックウール粒状綿	2.5	培養液	あり
カネココベリーファーム	カネコ種苗	発泡スチロール	ヤシがら	2.9～4.2	培養液	あり
イチゴグロダンロックウールシステム	東海物産	発泡スチロール	ロックウール	1.35	専用肥料	あり
とこはる	徳農種苗	発泡スチロール	ヤシがら	3.1	培養液	あり
イチゴ栽培キット	井関農機	発泡スチロール	ロックウール粒状綿	2	培養液	なし
イチゴハンモック式養液システム（閉鎖型）	栃木県	透水シート	杉皮バーク	3.3	培養液	あり
茨城園研式	茨城県	透水シート	籾がら	4	基肥+追肥	なし
のびのび	静岡経済連	プランター	ピートモス	2.4	培養液	あり
ゆりかご	愛知県	発泡スチロール	パーライト+ピート+バーク	2	基肥+培養液	あり
岐阜県方式	岐阜県	透水シート	ヤシがら	1	培養液	あり
ピートベンチ	奈良県	ポリフィルム	ピートモス	2.5	培養液	なし
はればれプラント	岡山県	プランター	マサ土+パーライト	3	培養液	あり
島根型	島根県	発泡スチロール	ピートモス，ヤシがら	2	培養液	あり
らくラック	山口県	廃プラスチック	ヤシがら+ピート+ロックウール	3	基肥+追肥+液肥	あり
らくちん	香川県	バッグ	ピートモス	2.3	培養液	なし
愛媛農試方式	愛媛県	透水シート	ピートモス+籾がらくん炭	4	基肥+追肥+液肥	なし
福岡方式	福岡県	透水シート	ピートモス	2	基肥+追肥+液肥	あり
佐賀1, 2型	佐賀県	発泡スチロール	ボラ土+ピート	3.4～5.6	基肥+追肥+液肥	あり
長崎方式	長崎県	発泡スチロール	サツマ土+ピート	4.8	基肥+追肥	あり
ゆとり	熊本県	透水シート	ボラ土+ピート	5	基肥+追肥	あり
大分Y型	大分県	透水シート	杉皮バーク	4.2	基肥+追肥	あり
鹿児島1, 2型	鹿児島県	発泡スチロール	ボラ土+サツマ土	5.6	基肥+追肥	あり

注 玉置・角田 (2003) に加筆

骨ハウスの場合には，ヨーロッパのようにチェーンやパイプで吊り下げている場合もある。形状は，1) 不織布・透水性シートなどを利用したハンモック式ベッド，2) 発泡スチロール・強化プラスチックなどの連結ベッド，3) 同様の資材によるコンテナ・プランター，4) ポリエチレン製のバッグの4種類に大別できる。生産者が自作したものでは，トタン板や木板が利用されることも多いが，全国的にみれば，1) と2) が栽培槽の主流といえる。

発泡スチロールは各地に成形加工業者があり，比較的安価に独自形状のベッドやコンテナを作成することができるため，地域ごとにさまざまな形状のものが利用されている。それぞれ工夫が凝らされているが，一概に優劣はつけがたい。発泡スチロール製の栽培槽は，保温性に優れ，培地温の変化が小さい。土耕栽培における土壌の温度変化に近く，夜間は低下しにくいが，日中は気温より低く経過するため，培地加温の効果が現われやすい。

透水シートを用いたベンチは自家施工が容易で低コストで設置可能なため，各地で導入されている。ベッドの底面全体から排水とガス交換が起こるため，一般的には酸欠による過湿害が現われにくいが，表面に藻類が発生して根が酸欠を起こしやすくなる場合がある。発泡スチロールとは逆に温度変化が大きいが，温風による加温が容易で送風によって冷却することも可能である。

そのほかに，培地を袋詰めにしたピートバッグ（香川県），汎用の園芸プランター（岡山県），廃プラスチック製の専用プランター（山口県）などがあるが，一部地域での利用にとどまっている。栽培槽の構造として，連続したベッドと4から10株ずつに分かれたバッグやプランターとに分けることができる。プランター方式は土壌伝染性の病害が蔓延するリスクが小さく，移動が容易で収穫終了後は架台を育苗に利用する

ことも可能になる。ただし，培地加温用の温湯配管などは設置することがむずかしい。また，栽植本数（株間）の微調整ができないということも，目的意識の異なる生産者に普及を進めるうえで障害となっている面があると思われる。

培地量 必要な培地量は，後述する養水分管理の方法と精度によって変わってくる。普及している方式のうちで培養液を自動で供給する場合には株当たり2l程度が多い。日射比例制御を行なえば株当たり500ml以下でも栽培が可能（第2表）だが，停電などのトラブルで大きな打撃を受ける可能性がある。5月の晴天日にはイチゴの吸水量が200ml/株/日を超えることからすれば，株当たりの保水量として300ml以上あることが望ましく，1～2l/株が実用的な範囲といえる。

土耕に近い感覚で，緩効性の被覆肥料を投入する場合には4l程度が標準的である。手動で灌水量を管理している場合も多く，低頻度で比較的多量の灌水が行なわれるため，培地の保水量が重要になる。また，緩効性とはいえ多量の肥料を投入するので，定植直後の濃度障害を回避するためにも一定の培地量があったほうがよい。ただし，それだけ重量が大きくなるので，架台の強度が必要になり，不均等沈下など設置後のトラブルも起こりやすくなる。

③水管理

水分の供給には，均一な供給が可能な点滴方式が必須である。培養液を施用する場合はもとより，緩効性肥料で水だけを供給する場合であっても給水ムラは生育の不揃いを引き起こす。また，吐出量にバラツキがあると場所による違いを把握したうえで，少ないところが不足しないように調整することが必要になる。よけいな労力と精神的負担がふえ，水と肥料の無駄も大きくなることは避けられない。

点滴チューブ 代表的な点滴チューブの性能

第2表　根域容量と育苗方法がイチゴ3品種の果実生産に及ぼす影響　　（吉田ら，2004b）

品種[1]	根域容量[2]/育苗方法[3]	収量(g/株)	収穫果実数(個/株)	平均果実重(g)
章姫	2.25l/移植	1,032.9	43.3	23.9
	0.4l/移植	992.4	44.7	22.2
	0.4l/直挿し	910.1	42.0	21.6
女峰	2.25l/移植	726.8	42.3	17.2
	0.4l/移植	709.8	41.9	16.9
	0.4l/直挿し	709.3	42.5	16.7
さちのか	2.25l/移植	696.8	38.6	18.1
	0.4l/移植	583.5	37.1	15.7
	0.4l/直挿し	569.3	35.2	16.2
有意性	品種	***	*	***
	根域容量	ns	ns	ns

注　最低夜温10℃，早朝2,000ppmで終日CO_2を施用，培養液は日射比例給液
　1）章姫，さちのかは1次または2次腋花房から2芽仕立て，女峰は全期間1芽仕立て
　2）2.25l：18lピートバッグに8株植え，0.4l：12cmポリポットに2株植え
　3）移植：35穴すくすくトレイで育苗後移植，直挿し：12cmポットに挿し苗して育苗し，そのまま培養液施用を開始
　ns，*，***それぞれ処理区間に有意差なし，5％，0.1％水準で有意差あり（2元配置分散分析）

第3表　点滴給液資材の性能と標準的な価格（単位：10a，ベッド延長800m当たり）

名称	ピッチ(cm)	耐圧(MPa)[1]	吐出量[2](l/hr/m)	単価(円/m)	単価(千円/10a)
ポットドリッパー[3]	40	0.4	5 (2×2.5)	(427)[4]	341
アロードリッパー＋ウッドペッカー[3]	40	0.4	5 (2×2.5)	(319)	255
ユニラム17CNL（圧力補正機能付き）	20	0.4	8 (1.6×5)	240	192
タイフーン20-02	20	0.25	9 (1.8×5)	110	88
スーパータイフーン100-02	20	0.12	8 (1.6×5)	90	72
ストリームライン80-02	20	0.1	5.1 (1.05×5)	60	48

注　1）$1MPa = 10kg/cm^2$
　2）水圧0.1MPaのとき（ユニラムは0.1～0.4MPaで吐出量一定）
　3）株間20cm・2条植え（8,000株/10a）で4株に1つ設置した場合
　4）株間によって単価は変動する

と標準価格を第3表に示した。肉厚が薄く，安価な点滴チューブが利用される場合が多いが，長い目で見たとき本当にコスト削減につながっているかどうかは疑問が残る。廉価版のチューブは目詰まりを起こしやすいうえに，耐圧性能がおとり，破裂する場合もあるので，1～3年で更新される場合が多い。また，チューブの中に水が充満するまで配管の接続口付近と末端の吐出量が一定にならず，わずかな高低差が吐出量に大きく影響するため，少量の液を高頻度で与えるほど灌水ムラが大きくなりやすい。圧力補正機能のついた肉厚のチューブや独立したドリッパーは目詰まりを起こしにくく，耐久性に優れ，均一な灌水が可能である。また，ドリッパーは目詰まりを起こしても交換や洗浄が可能で，香川県では15年以上問題なく使用されている。

灌水の自動化——日射比例制御 灌水はタイムスイッチで電磁弁を制御して自動化されている場合がもっとも多いが，曇雨天時と晴天日ではイチゴの吸水量が大きく異なるため，養水分のロスや一時的な不足を引き起こすことは避けられない。近年では，日射比例制御装置や排液を感知するセンサーを導入して効率的な養水分管理を実現している事例がふえつつある。もちろん植物の蒸発散量に影響する要因は日射量だけではなく，葉面積，湿度，風速なども大きな影響を及ぼすが，現時点では日射比例制御が低コストでもっとも安定した灌水制御の手段といってよいだろう。

④施肥と培養液管理

第4表は緩効性の被覆肥料を用いた施肥事例である。ここでは，窒素の施肥量だけを示しているが，ほとんどの場合被覆燐硝安加里が用いられているため，リン酸（P_2O_5）やカリ（K_2O）の施肥量はほぼ窒素と同量であることが多い。地域，品種によって15～33kg/10aとかなりの幅があるが，70～80％を定植前に施用し，残りはマルチ被覆前に施用される。一般的には，収穫量が増大し，培地温が低下し始める12月中下旬から液肥を用いた追肥が行なわれているが，収穫開始期以降の追肥に関して明確な基準は示

第4表 高設栽培イチゴでの窒素投入量の事例
（単位：kg/10a）

施肥時期	さがほのか 佐賀	大分	こいのか 長崎	さちのか 長崎
基肥（定植前）	22.6	13.0	17.6	12.1
追肥（マルチ前）	10.2	7.8	4.2	2.8
合計	32.8	20.8	21.8	14.9

注　施肥は被覆燐硝安加里（14—12—14）を中心に一部高度化成，有機肥料が用いられている
リン酸・カリの施肥量は，窒素の90～110％

されておらず，土耕栽培と同様に施肥濃度や頻度は生産者の判断に任されていることが多い。

培養液を施用する場合には，市販の配合済み肥料が利用されている。硝酸カルシウムや硝酸カリなどの単肥をそれぞれに購入して自家配合することも可能だが，よほどの経験がないとリスクが大きく，間違えると取り返しのつかない結果をまねくことがある。利用されている培養液の組成はホーグランド溶液や園試処方に準じたものがほとんどである。利用可能な肥料塩類が限られることもあるが，培地の有無を問わずにこれらの培養液で，トマトから葉菜類までほとんどの植物を栽培することができる。第5表は，市販の培養液を中心に窒素濃度をほぼ同等としたときの肥料成分の濃度である。これらのほかにもJAやプラントメーカーから独自の組成の液肥や培養液用肥料が販売されているが，筆者の知る限り大手メーカーのOEM製品であることが多い。実際には保証成分としての表示が異なるだけの場合もみられる。

培養液管理の詳細については後述するが，窒素以外の成分については含まれる量が半分程度であっても，栽培上大きな問題が発生することは少ない（第2図）。実際には，異なる培養液や液肥を比較して栽培されることはまれで，違いが見えないということもあるが，実験的に比較してきた経験からいうと「培養液組成を少々変えてもイチゴの生育・収量に明確な違いを出そうとしても簡単には出ない」というのが実感である。ただし，原水中のイオウ（S）濃度が低い地域で，Sを含まない液肥を使用すると欠乏症が発生するので注意が必要である。また，

イチゴ栽培の基本技術

第5表 おもな培養液処方と市販液肥の肥料成分の濃度 （単位：mg/l）

培養液処方	希釈率(%)[1]	N 全窒素	N NO3-N	N NH4-N	P2O5	K2O	CaO	MgO	S	Fe	B2O3	MnO	Zn	Cu	Mo
2液式															
園試処方1/2濃度	—	121	112	9	46	188	112	40	32	1.5	0.8	0.6	0.03	0.01	0.01
大塚A処方1/2濃度	1	128	117	12	60	203	115	18	24	1.4	0.2	0.6	0.05	0.02	0.02
マイティアップ1号，2号	1	132	112	20	60	178	142	32	22	2.0	0.2	0.3	0.12	0.04	0.04
ベルギー (Lieten, 1993)	—	119	112	7	71	236	224	40	32	1.0	0.3	1.5	0.25	0.02	0.05
1液式															
タンクミックスA＆B	1	135	124	(6)	65	195	110	35	?[2]	1	0.9	0.9	0.045	0.015	0.015
OK-F-1 (1,100倍)	(0.09)	135	60	(60)	90	153	54	18	—[3]	0.9	—	—	—	—	—
住友液肥2号 (800倍)	(0.125)	125	104	(21)	63	100	—	—	—	—	—	—	—	—	—

注　市販品については保証成分または公表された標準成分量から算出
1) 標準的な濃厚原液の希釈率。（　）内の数値は粉末状または液状の原体の希釈率
2) 含有するが濃度は公表されていない，3) 含有しない

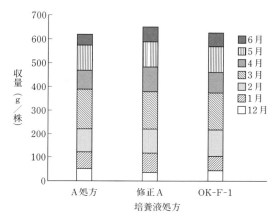

第2図 女峰の収量に及ぼす培養液組成の影響
（吉田ら，2002）
A処方：大塚A処方1/2濃度，修正処方：A処方＋KH_2PO_4 1mM，OK-F-1：0.75g/l
濃度はそれぞれ定植後60%，11月2日（出蕾）80%，12月19日（収穫開始）100%，2月10日80%，4月8日（CO_2停止）70%，5月17日60%で施用

海岸沿いで原水の塩分濃度が高い地域ではチップバーン，硬水でpHが高い地域では鉄欠乏クロロシスなどが問題になるため，排液の循環再利用などを考える場合にはとくに注意が必要である。

⑤培地加温

一般的には培地加温が必要とされることが多く，とくに発泡スチロール製のベッドでは顕著な効果が得られるという報告が多い。ただし，ピートバッグを用いてハウス内気温を最低10℃に加温した場合には，培地加温の効果が認められていない（香川農試）。この違いはどう考えればよいであろうか。

最大の要因が，ハウスの最低温度であることは間違いないであろう。これまでのイチゴの促成栽培では，雄ずいや雌ずいの低温障害回避に重点がおかれ，土耕・高設を問わず最低気温5℃がひとつの目安とされている。また，CO_2施用が一般的に受け入れられるまで，換気温度は25℃程度が標準的であった。真冬の晴天日におけるハウス内気温の変化を模式的に表わすと第3図の太実線のようになり，平均気温は13.0℃となる。このとき最低気温10℃に維持すれば平均気温は約15.7℃，CO_2の終日施用を前提として換気を28℃設定とすれば，約16.4℃となる。高設栽培で培地加温を行なわなければ，培地温とハウス内気温の平均値はほぼ一致するため，ハウスの温度管理の違いによって培地の平均温度も3℃以上変化することになる。この違いがイチゴの生長と養水分吸収に影響することは間違いないであろう。ただし，培地加温が必要とされている地域では，肥効調節型肥料を利用している場合が多い。樹脂で被覆された肥効調節型肥料は，20℃を基準として溶出速度が設計されており，厳寒期には低温による肥料の溶出速度低下も考慮に入れる必要があると思われる。また，気温日射量が増大し，生長

量が急激に増加する春季にも培地温上昇の遅れが養分不足に影響している可能性は否定できない。

もう一方で，培地温の日変化にも注目しておきたい。断熱性が高い発泡スチロールでは，培地温の日変化が小さく，夜間は高い温度で維持されるが，日中の温度上昇も小さい（第4図）。平均気温が13℃程度であれば，せいぜい16℃程度までしか上がらない。午前8～9時ころがもっとも低くなり，ハウス内気温が低下し始める午後4時ころがピークになる。1日を通じて高い温度を維持することで生長が促進されるというより，イチゴの養水分要求量が多い午前中の低根圏温度によって養水分吸収が抑制され，生長速度が低下すると考えたほうが理解しやすい。実際にセロリでは，夜明け前から午前中だけ加温すれば十分なことが明らかにされている（木下ら，2010）。

最低10℃に加温するとピートバッグ中の培地温は同程度にまで低下するが，日中はハウス内気温の上昇にともなって上昇する。とくにバッグ底面近くに張った根の温度はほぼ気温と同じ変化をたどることになる。また，点滴で給液される培養液の温度も配管中を流れる間に温められ，ハウス内気温とほぼ等しい液が滴下することになる。結果的に給液孔やドリッパー直下に密に張った細根の温度も給液にともなって上昇する。根域の温度は盛んに養水分を吸収する日中には高いほうがよいが，夜間については呼吸消耗が抑制されるため，むしろ温度が低いほうが望ましいと考えることもできる。

エネルギー収支からみれば，培地加温のためのエネルギーは間接的にハウス内気温を高める

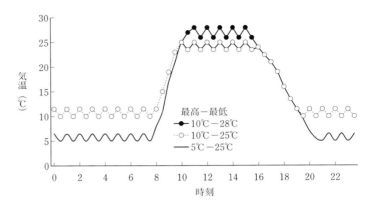

第3図 加温，換気の設定温度が異なるハウスにおける晴天日の気温変化と日平均気温（模式図）

平均気温：10℃－28℃；16.4℃，10℃－25℃；15.7℃，5℃－25℃；13.0℃

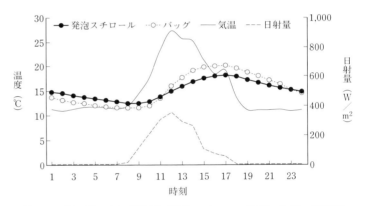

第4図 保温性が高い栽培槽（発泡スチロール底部）と低い栽培槽（バッグ中央部）の培地温変化

作用があるので，ランニングコストとしてはほぼ無視することができる。温湯ボイラーと温水配管に必要なコストと効果の大小あるいは最低気温を高めたときのコスト増とを比較して培地加温の要否を判断する必要があるだろう。培地加温の効果は通常，草勢の維持を通じて収量面に現われるが，クラウン付近の植物体温上昇を通じて花芽の発育促進と質の向上にも影響する。しかし，開花後の果実温度にはほとんど影響しないため，果実の発育や着色促進に対する効果は期待できない。果実を含めた植物体全体の発育を考えれば，ハウス全体の最低気温を高めることが望ましいといえる。

(3) ハウスの構造・設備と各装置の設置

高設栽培が始まったころには、既設の単棟ハウスに試験的に設置する事例が多かったが、環境や給液制御を行なううえでは明らかに非効率的である。したがって、施設や架台の構造、必要な機器については新設を前提として考えたい。

①鉄骨連棟ハウスと光線透過率の向上

資金面の制約という問題はあるが、高設栽培を行なうのであれば20〜30年先を見越して鉄骨のハウスを建てておきたい。旧来のパイプハウスでは、最近大型化している台風や突風などによって大きな被害を受ける可能性が高い。また、保温性を高めるのと同時に光線透過量を最大限確保するためには、開閉式の内張りカーテンの設置が必要であり、自動開閉式とするためにも十分な強度を持った鉄骨ハウスである必要がある。給液装置やポンプの能力についても規模に合わせる必要があり、圃地の条件に制約を受けざるを得ないが、制御機器や暖房機、給液装置の効率を考えれば20〜30a程度のハウスが理想であろう。

オランダのトマト栽培では、施設の光線透過率が1%高まると果実収量が1%増加するといわれており、「1%ルール」という言葉でその関係が示されている。イチゴで実際にそのことが証明されているわけではないが、同じ施設栽培作物であり、同様の関係があると考えてよい。筆者の経験上、イチゴでは、収量だけでなく、品質にも大きく影響する。むしろ低日射期を中心に栽培するのでトマトより大きな影響を受ける可能性が高い。トマトで推奨されるようになった高軒高ハウスとまではいかなくとも、光線透過率を最大限考慮した構造のハウスが望ましい。当然、上下2段式の栽培ベッドでよい結果が得られることはあり得ない。

②CO_2発生器

「栄養生長と休眠」（基49ページ）でも述べているように、高設栽培では土耕のようにCO_2発生源となる有機物は投入されない。積極的なCO_2施用を行なわない場合、イチゴの光合成に利用されるCO_2は外気からの導入に限ることになる。日中のハウス内は慢性的なCO_2飢餓状態になるので、十分な収量を得るためにはCO_2施用が必須である。連棟の大型ハウスであれば、1台のCO_2センサーで効率的に濃度制御を行なうことができる。

③暖房設備

無霜地帯であれば無加温での栽培も不可能ではないが、1月以降の収量が低下することは避けられない。最低気温が5℃以下に低下することがなければ、低温によって花や果実に障害がでることはないが、果実の肥大・着色を順調にすすめ、わい化を回避して葉面積を確保するためには最低気温8℃以上には加温したい。

④架台の配置と栽植密度

ヨーロッパのガラス室栽培では、ベッド間隔（中心から中心、土耕のうね幅に相当）1m×株間20cmの2条植え（10株/m^2）で生産性が最大になるといわれている。かつては12株が温室栽培の標準であったことを考えると、イチゴ群落の光合成効率と果実への乾物分配が最大になる密度に近いと考えてよいだろう。ただし、日本型の促成栽培では8株/m^2（8,000株/10a）程度が限界とみている。株間20cmに変わりはないが、ベッド間隔が1.1m以上は必要である。

日常的に葉や芽の整理を行なう必要があるため、ヨーロッパのように肩より高い位置に株を上げることはできない。このことが作業性に大きく影響する。栽培槽の幅が30cmだと架台に果房の折損を防止するための支えを合わせた幅は50cm程度になる。また、4月ころには実際のイチゴ群落の幅が60cmを超えるようになる。株が繁茂して通路の幅が狭くなると作業性が大きく低下してしまう。さらに、果実への日当たりの問題がある。第5図のように、ベッド間隔が1m以下になると株の間から差し込む光がわずかになり、光線不足で果実が着色不良になりやすい。いずれも架台の構造や品種選択で回避することが不可能ではないが、総合的に考えてパイプで組み立てた架台で1.2m、吊り下げ式のベッドでも1.1mを標準とするべきであろう。

筆者が開発に関与した香川県では、栽植本数を確保するため連結したハウスのパイプに接す

るようにベッドを設置し，間口6mのハウスに5列とする配置が標準になっている（第6図左）。これは固定張りの内張りを前提とした構造であり，光線不足は承知のうえで少し無理をした結果である。しかし，開閉式の内張りカーテンを前提とした場合，谷部分にまとまったフィルムによる光線不足と水滴のぽた落ちによる病害発生が大きな問題となることは避けられない。収穫用台車の運用なども考えれば，谷の柱から架台までも70cm以上確保したい（第6図右）。

⑤架台の構造

大分県方式のように特殊な加工を施したパイプを利用するものもあるが，通常は19〜22mmの直管パイプを2本打ち込んで栽培槽を支えている。30〜40cmの直管を80〜90cmの高さに水平に固定し，地表面にも沈下防止用の直管を固定して井桁状の足を組む。これを2m間隔で設置し，22〜25mmの直管パイプをのせて架台としている（第6図右）。

ヨーロッパではチェーンで梁から吊り下げ（第7図①，第6図右，中央），さらにその下に温湯加温用のパイプがぶら下げられている（第5図）。筆者も大学の研究用ハウスでチェーンによる吊り下げを試みたが，意外にコストが高いうえに，架台が揺れやすいという欠点があった。現在では，鉄骨ハウスの梁からT字型に組んだ直管パイプを吊り下げ，その上に直管パイプ（第6図右の右側，第7図②）を設置している。

吊り下げ式だと足下が広々としており，収穫台車の移動，薬剤散布用ホースの取り回しなどの作業性はきわめて優れている。ただし，流用可能なハウス用の部材が少ないため，部品のコストが高くなる傾向にある。しかし，打込み式より設置工事が容易で工事費は削減できる。また，ベッド間隔をやや狭くしても作業性が低下しにくく，効率的で快適な作業が可能である。これらの利点とハウスの補強も含めた初期費用とを比較して判断することになるが，鉄骨ハウ

第5図 ベルギーの標準的なイチゴガラス温室におけるピートバッグ栽培

ベッド間隔：1m，ベッド高さ：約1.5m，品種：Elsanta

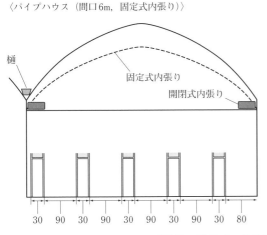
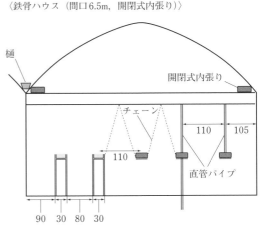

第6図 栽培ベッドの構造と配置例（単位：cm）

鉄骨ハウス中央と右端の2列は吊り下げ式，その中間は1本足架台の事例

イチゴ栽培の基本技術

第7図　チェーン（①ベルギーのダッチライト型ガラス室）および直管パイプ（②，③のぞみふぁーむ鉄骨ハウス）で吊り下げたイチゴの架台

スであれば十分検討する価値のある方法であろう。ただし，ハンモック式のような連結式の栽培槽には向かない。ハウスの強度が不足する場合には，1本足の架台も考慮に値する。30cm程度打ち込んで沈下防止をしたうえで梁に固定して転倒を防止すれば，ハウスの構造物に負荷をかけずに足下のスペースを確保することが可能になる。

⑥栽培槽

栽培槽については，メーカーから販売されているオリジナルの容器，市販のプランターやトロ箱を利用するか，ハンモック式のベッドを作成するかを選択することになる。実際には細かな資材まで生産者が選択して組み立てることはまれで，資材の販売会社やJAがそれぞれの立場で選択して架台や給液装置と組み合わせたものがシステムとして供給されている。全国的にみるとそのバリエーションが多すぎることが問題だが，地域ごとにみれば数種類までの場合がほとんどで，実際の選択肢はそれほど多くない。

筆者自身の手で多くの種類を比較した経験があるわけではなく，見聞したことがないものも多い。したがって優劣を述べることはできないが，栽培槽で問題が生じやすいのは排水性であることが多い。連結式のベッドは一定の長さごとにまとめて排液を回収する構造のものが多いため，排水不良を起こしやすい。また，培地の物理性と密接に関連し，保水性が高くて気相の少ない培地ほど問題が生じやすいので，排水を促進するための工夫が必要になることがある（第8図）。また，培地量がふえるほど全体の重量が大きくなって架台の強度が必要になる。培地以外のコストにも影響するので，栽培槽の容量については次で述べる培地の組成とともに十分検討する必要がある。

⑦培地の組成

培地としては，適度な保水性と通気性が必要で，pH5.5〜6が適する。すでに述べたとおり，一般的に利用されている培地の量と組成は養水分の供給方法によって大きく異なっている。培養液を利用して培地の保水性に合わせた養水分の供給が可能であれば，比較的少ない量の培地で栽培することができる。

第6表は培地に利用されている資材の特性である。ロックウールは廃棄上の問題もあって新規の施設ではほとんど利用されなくなっている。もっとも広く利用されているのがピートモスで次にヤシがらが多い。これらを単独で培地

第8図　排水促進のために不織布を設置したハンモック式栽培槽

ピートベンチ，奈良県，西本原図

第6表 イチゴ高設栽培に用いられる培地資材の特性

名　称	由来・特徴など	通気性	保水性	pH
ピートモス	ミズゴケなどが腐熟した泥炭。産地・グレードにより品質に大きな違いがある	中～高	高	3.5～5
ヤシがら	切断したチップ、長繊維のココピートや微細なヤシがらダストがあるが、安価なダストが用いられることが多い。Na濃度が高いので注意が必要	中～高	中	5.5～6.5
籾がら	安価で均質だが、保水性がおとる。微生物分解にともなって多量の窒素を吸収するので、通常は事前に腐熟させてから利用する	高	低	中性
籾がらくん炭	自家製造すれば安価だが、焼成の温度で品質にバラツキが出やすい。K濃度が高い場合が多い	高	中	8～9
バーク堆肥	樹木の皮を発酵させた土壌改良資材。肥料分はきわめて少なく、未熟だと窒素飢餓を起こすことがある	高	高	5.5～7.5
パーライト	真珠岩を加熱し膨張させてつくられる多孔質の資材。粒径によって物理性が異なる	高	高	中性
バーミキュライト	蛭石を加熱し膨張させてつくられる多孔質の資材	高	高	7～9
ロックウール（粒状綿）	玄武岩や鉱滓スラグを加熱し生成した繊維を成形（粒状化）したもの	中～高	高	9.5～10
ボラ土（日向土，サツマ土）	霧島山から噴出した軽石。鹿沼土より硬質だが保水性はおとる	高	中	5～6
鹿沼土	赤城山から噴出したとされる軽石の風化物。北関東に産出し鹿沼市付近で良質のものが得られる	高	中	4～6
マサ土	花崗岩が風化した山土。微塵を多く含むため通気性がおとる。もっとも安価だが重く、取扱いに難がある	中	中	5.5～6.5

として利用することもあるが，ほとんどの場合2種類から数種類の資材を適宜配合して用いている。無病で雑草種子を含まない軽量の資材であればどれでも利用可能で，保水性の優れる素材と通気性の優れる素材を組み合わせて利用することが多い。

実際には，コストを重視して安価な素材を調達して自家配合するか，一定のコストは必要経費と割り切って信頼できる業者の配合培養土を購入するかを選択することになる。品質が必ずしも保証されていない資材を利用して自家配合する場合には，多種類の資材を混合したほうがよい結果につながることが多い。混合することによって生長阻害物質などの欠点が目立たなくなる。Na含有量が多いヤシがらやKを多量に含む籾がらはC/N比が高く，微生物分解に際して窒素を多量に必要とすることもあって初期の窒素肥効がおとる。利用にあたっては，十分なアク抜きあるいは事前の熟成が必要となるので注意が必要である。また，ヤシがらやバーク堆肥など有機系の素材は品質にバラツキがあることは避けられない。

⑧給・排液回収装置

適切な培養液管理を行なうためには，供給する培養液と排出される排液の量とEC（電気伝導度）を1週間に3回以上（できれば毎日決まった時間に）測定し，記帳することが必要になる。給排液測定結果に基づく培養液管理の詳細については，次節で詳述するが，排液の量とECを測定するだけで，イチゴの生育状況はおおよそ把握することができるようになる。筆者が現場で生産者の指導に当たるさいには，必ずこの記録を見るようにしている。基本的には培養液の過不足を判定して給液量を決定し，濃度調整の目安とする数値であるが，これを見れば液肥混合器やCO_2発生器のトラブルに始まり，草勢の低下が始まった時期や葉欠き・整枝を行なった日，病害虫防除の日までいい当てること

イチゴ栽培の基本技術

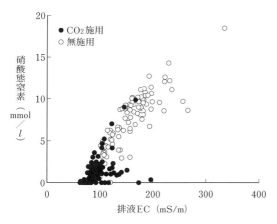

第9図 CO₂施用（700〜900ppm）が排液EC と排液中硝酸態窒素濃度の関係に及ぼす 影響
(吉田ら，1999a)

ができる。何かトラブルがあると必ず排液に反映されてくるので，培養液管理の基本であるといえる。

第9図には排液のECと硝酸態窒素濃度の関係を示した。排液率が高い場合（おおよそ40％以上），排液ECは供給する培養液とほぼ同じ値となり，組成の変化も小さい。一方，排液率10％以下の状態が続くと，CaやMgなどの吸収されにくい養分が濃縮されて，排液のECが高くなる。ECが50mS/mを下回ると排液から硝酸態窒素が検出されることはまれで，70mS/m以上の場合は相当量の窒素（15〜30ppm）が残っていることが多い。

排液率を算出してECを測定するためには，一定数の吐出孔からでた培養液とその5倍に相当する部分から得られる排液を回収できるような装置を設置するとよい。1：5の比率であれば，給液量と排液量が一致したとき排液率20％ということになり，給液量の過不足を判定するわかりやすい目安を得ることができる。ピートバッグやプランターであれば，ひとつ分の給液と5つの排液を回収すればよいが，連結式のベッドの場合には相当な工夫が必要になる。

ハウス全体の排液は，樋を設置して回収し，まとめて排出することがある。灰色かび病の発生との関係で湿度を少しでも下げる効果がある

といわれているが，そのまま地面に落下させていることのほうが多い。

(4) 栽培管理

①育苗と定植

省力化と培地に要する経費削減が可能なため，培地量が比較的少ない育苗トレイや小型ポットが近年急速に普及している。無病性や斉一性など苗に要求される形質に関しても土耕栽培と基本的に違いはなく，特別に高設栽培向けの苗があるわけではない。あるとすれば根鉢の大きさで，昔の12cmポットなどは大きすぎて定植のしようがない。イチゴの場合，苗の増殖と育成のために栽培面積の20〜30％の育苗ハウスが必要とされており，通常は専用の育苗ハウスを利用した育苗が行なわれている。土耕栽培から移行する場合は問題にならないが，新規にイチゴ栽培を開始する場合には大きな負担になる。

そこで，栽培株を親株に利用して栽培ハウスで行なう挿し苗育苗方法について紹介しておきたい。基本的には生産用の苗の約80％を2年前に無病苗から増殖した栽培株から採苗する方法であり（第10図），筆者らが10年程前から実際に行なっている方法である。

栽培株を利用した空中採苗 高設栽培の場合，収穫打切り後も低濃度の培養液を施用し続ければ旺盛にランナーが発生する。40〜50日育成すれば1株から5〜6本のランナーが発生して10株近い子株が採取できるようになる。よほどランナーの出にくい品種でなければ，45日で7倍と計算して間違いはない。大きさにバラツキはあるが，栽培面積の15％程度の株を親株として残すことで十分な数の子株を得ることができる。

まずは，別途購入した無病苗から10a当たり200株程度（定植苗の2〜3％）の苗を育成し，一作栽培する。これを用いて翌年1,500株程度（定植苗の10〜20％）の苗を採取して栽培し，その株から無病苗を購入した2年後に7,000〜8,000株を採取して実際に必要な苗を確保することになる。つまり，全栽培面積の2〜3％は無病苗から直接増殖した苗，10〜20％は無病

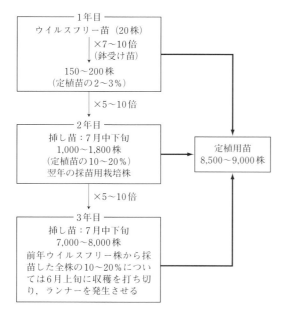

第10図 栽培株から発生するランナーを利用した増殖体系の事例（定植株数8,000株/10a）

苗から2世代目，中心となる約80％は3世代目の苗を定植して栽培することになる。

　始めの無病苗からの増殖は，各生産者が栽培ハウスの一部または小さな雨よけハウスで園芸用プランターに植えた親株からポット受けする場合が多い。この過程を産地で共同化することができれば，生産者の負担は大きく軽減される。より省スペースとなる方法として，一部の株の栽培を4月ころで打ち切り，新しい培地に無病苗を植え付けて増殖することもできる。定植する無病苗を1株だけとして早期に発生する1次子株を固定して発根させ，合わせて親株とする方法もある。

　栽培終了株から苗を採取することには施設の利用効率向上以外にも利点がある。まず，導入した無病苗の形質を1年目の比較的少ない株数の段階で確実に確認することができる。確認した株をもとに2段階で生産用の株が得られるため，不都合な変異を起こした株や潜在的に病害感染した株が混入する可能性は低くなる。万一問題があって廃棄することになっても，翌年の生産に向けた親株なので当面の増殖には何の不都合もない。

　ただし，無秩序に栽培株からの採苗を続けると，ウイルスや炭疽病が回避できたとしても生産性が低下することが多いので注意が必要である。一般に果実の生産性が低い株は生産性が高い株より栄養生長が旺盛になり，ランナーの発生数が多くなる。したがって，病害発生だけに注意して漫然と採苗を続けると生産性がおとる方向の変異を起こした株の比率が徐々に高くなり，全体的な生産性低下につながることが多い。定期的な無病苗の導入か親株の選抜を確実に行なうことが重要になる。

　挿し苗育苗　栽培株から増殖する場合には，空中採苗して挿し苗することになる。35穴のトレイであれば栽培面積の8分の1，24穴のトレイであれば6分の1の面積で定植に必要な数の苗を育てることができる。ハウス面積の15〜20％程度の栽培槽を移動させて空いた架台に育苗トレイを並べ，40〜50％の遮光資材とミスト散水用のチューブを設置すればよい（第11図）。挿し苗後1週間は，萎れないように日中30分〜1時間に1回，夜間も3〜4時間に1回散水する。徐々に散水回数を減らして2週間程度で1日2回程度の灌水管理に移行する。その後も含めて育苗中の散水に利用する水は次亜塩素酸Ca剤で殺菌することが望ましい。遊泳用プール程度（有効塩素濃度1mg/l）の濃度で利用すれば，炭疽病の感染拡大を防止することができる。

　活着後は，園試処方で25〜30％濃度（窒素成分で60〜80mg/l）の培養液を2日に1回程度施用する。1日当たりの全窒素施与量としては約1.5mg/株となり，やや少なめになるが，窒素過多で軟弱になることなく充実した苗を得ることができる。挿し苗後1か月程度経過してセルあるいはポットにある程度根が回った苗であれば，8月下旬から施肥を週1回程度に減らすことによって順調に花芽が分化する。

　定植　土耕の場合には未分化苗を定植すると，急激に窒素を吸収するため花芽が「飛び」，極端に開花が遅れる個体がふえるが，無肥料の新しい培地に定植する場合には，土耕より2〜

イチゴ栽培の基本技術

第11図　架台上の育苗トレイに挿した子株（①35穴トレイの大苗，②72セルトレイの小苗）とミスト散水用チューブによる灌水（③，矢印が散水チューブ），挿し苗4日後の発根（④）

3日早く定植しても問題は起こらない。定植後，培地内の養分濃度が徐々に上昇するため，体内の窒素濃度上昇がゆるやかで花芽の分化・発育が順調にすすむ。

　緩効性肥料を基肥として投入する場合には，逆に2～3日遅らせたほうがよい。通常の土壌より培地の物理性が優れるため，活着が早く急速に養分を吸収する。また，被覆肥料とはいえ多量の基肥を限られた培地に投入するので，培地内の濃度が高くなり過剰吸収になりやすい。

②**養水分管理**

　培養液管理を前提に　第7表は筆者が'女峰'の生産に際して実施している培養液管理の概要である。筆者がこれまでに栽培したことがある品種は，いずれもこれに沿った培養液管理で問題なく生育している。ただし，'さがほのか' '章姫' '紅ほっぺ' など草勢の強い品種については，保温開始期以降の濃度を'女峰'より2割程度低くするほうがよい結果が得られている。

　また，ハウスのフィルムは展張したまま雨よけ下での定植を前提とした管理であることも前もってお断りしておく。土耕栽培と同様に腋花房の分化を待ってハウスを被覆する産地も多いようだが，よほど軒高が低く，換気の悪いハウスでなければ夜温は十分に下がるので，腋花房の分化が遅れるということはほとんどない。むしろ降雨の影響で培地内の水分と養分濃度が不安定になるデメリットが大きい。台風との関係はむずかしいところだが，ハウスの骨材や中の設備にとっても雨にあてることは好ましくない。

　被覆緩効性肥料を定植前に混入する事例は九州に多い。無被覆で定植されることが多いため，雨による肥料の流亡をある程度考慮して施肥量が決定されているように思われる。しかし，肥料を培地に混和した場合，取り除くことは不可能なため養水分管理といってもお天気任せにならざるを得ない。生育後半における液肥を利用した追肥についても，診断基準が示され

第7表 女峰の標準的な栽培暦（のぞみふぁーむ（岡山市）における事例）

	旬	生育状況	環境・培養液管理	天敵など	培養液濃度（％）（園試処方）	主要病害虫
6月	上	栽培株ランナー発生開始			25	
	下	収穫終了				
7月	中	挿し苗（20日前後）[1]				炭疽病
8月	上		培養液（N60～70mg/l，EC約70mS/m）施用開始[2]		25～30（30ml/株/2日）	
	下		培養液施用停止[3]			
9月	中	定植	培養液施用開始（70～80ml/株/日）定植1週間後から4～5日間給液停止[4]		30	ヨトウムシ類
	下					
10月	上		給液再開後排液率20％を目標に給液量を調整			アブラムシ類
	中					ハダニ類
	下	出蕾			40	うどんこ病
11月	上	開花始め	保温・CO₂施用開始		50	
	中		加温・電照開始			
	下		排液EC40～80mS/m[5]			ハダニ類
12月	上	収穫始め	内張り開閉開始		60	灰色かび病
1月	中				50	
2月	上			チリカブリダニ（6,000頭/10a）[6]	40	ハダニ類
	中		電照停止			
	下			チリカブリダニ（2,000頭/10a）		灰色かび病
3月	上		内張り開閉停止			
	下		谷換気開始			うどんこ病
4月	上		CO₂施用停止		30	アザミウマ類
	中		排液70mS/m以下[5]			
	下			チリカブリダニ（2,000～6,000頭/10a）		
5月	上		排液量25ml/株/日以上[7]			
	中				25	
6月	下	収穫終了				

注）1）挿し苗後昼間30分，夜間3時間ごとに散水，1週間後から徐々に頻度を下げる
　　2）挿し苗10～14日後から施用，過剰→炭疽病多発，不足→苗の充実が遅れ花芽分化不斉一化。EC（電気伝導度）100mS/m＝1mS/cm＝1dS/m。園試処方50％液は120mS/m＋原水のEC
　　3）停止10日後に1回培養液を施用，極端な栄養不足は花芽分化を抑制
　　4）窒素過剰による生育抑制，新葉のクロロシス回避，晴天が続けば4日，曇雨天日があれば5日
　　5）CO₂施用開始後は40mS/m未満または80mS/m以上が1週間続いた場合濃度を変更，停止後は70mS/mを超えないよう適宜濃度を下げる
　　6）11月からの放飼は効果が不安定なため，年内は化学農薬で防除
　　7）4月中旬以降は蒸散量が増加するため，株当たり25ml/日以上あれば20％を維持する必要はない

ているわけではないので，とくにここで触れることはしない。培養液による養水分管理を前提として，まず排液ECと養分濃度変化の特徴について述べ，生育ステージごとの要点について説明する。

排液ECの季節変化と影響する要因　第12図に，のぞみふぁーむの'女峰'栽培における給排液ECの変化を示した。定植後20日ほど経

イチゴ栽培の基本技術

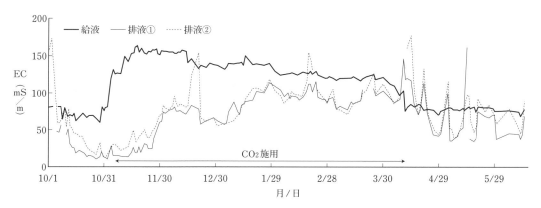

第12図　のぞみふぁーむにおける給・排液ECの変化（2008〜2009年）
排液①は初期生育が旺盛であったバッグ，②は初期にハダニの食害を受けたバッグ
11月10日から4月9日までCO₂施用，早朝2,000〜3,000ppm，日中500〜700ppm，夕方800〜1,000ppm（第18図参照）

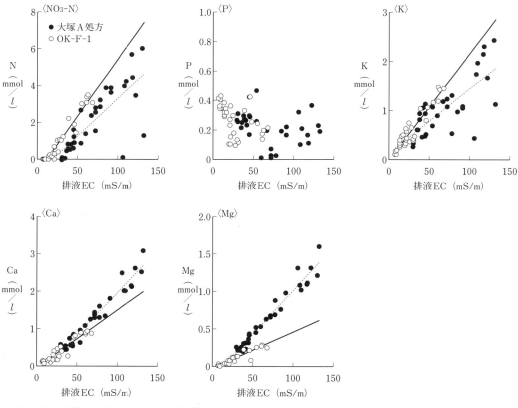

第13図　培養液の組成がCO₂施用条件下（11月16日から4月8日まで日中700〜900ppmで終日施用）で栽培した女峰の排液ECと排液中無機養分濃度の関係に及ぼす影響
　　OK-F-1：A処方を100としたときの濃度，N：100，P：107，K：79，Ca：43，Mg：47
　　破線と実線は回帰直線，破線：大塚A処方，実線：OK-F-1

過して新しい葉が3枚ほど展開すると急激に排
液のECが低下し，好天が続けば20mS/m以下
になることもある。保温・CO_2施用開始にとも
なって養分吸収量が急激に増大し，給液濃度を
高くしてもしばらくは排液のECが高くならな
い。日射量がふえ始める1月下旬ころから光合
成による光利用効率が低下するため相対的に水
の要求量が増加し，ECは徐々に上昇する。4
月以降ハウスを開放すると急激に吸水量が増加
するため，排液ECの上昇にあわせて培養液濃
度を徐々に低下させている。

800～900ppmのCO_2施用条件下で大塚A処
方とOK-F-1を施用した場合の排液ECと排液
中無機養分濃度の関係を第13図に示した。排
液中の硝酸態窒素濃度とECの間には高い相関
が認められ，大塚A処方の場合でEC35mS/m，
OK-F-1でも25mS/m以下になると痕跡程度し
か検出されなくなる。Pを除くK，Ca，Mg濃
度とECの間にも高い相関が認められる。なか
でもCaとMgではほぼ原点を通る回帰直線が得
られるうえに，供給する培養液の濃度より高い
濃度を示すときもあり，排液ECの変化に大き
く影響していることがわかる。

第14図は排液率と排液ECの関係を示してい
る。給液が不足して排液率が10％を下回ると
排液ECは急激に高くなるが，20％以上であれ
ばECが大きく変動することはない。ただし，
CO_2施用を行なわなければ排液率が20％程度で
あっても排液ECは明らかに高くなる。CO_2不
足で光合成速度が低下すると顕著に養分吸収量
が少なくなることを示している。炭水化物の生
産が減ると，無機養分の必要量が少なくなる。
しかし，水の吸収量には変わりがないため，結
果的に吸収されずに残った無機養分が排液とと
もに高い濃度で排出される。株の管理が不十分
で葉が込み過ぎている場合にも光や養水分の利
用効率が低下して排液のECは高くなる。

第15図は香川県内で「らくちん」が普及し
始めたときに生産者のハウスから排液を回収
し，ECと硝酸態窒素濃度を分析した結果をま
とめたものである。栽培環境や管理の状況が
大きく異なるため，第13図と比べるとバラツ

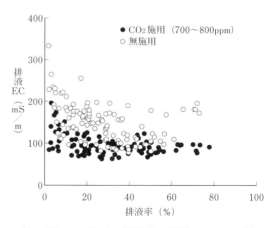

第14図 CO_2施用が排液率と排液ECとの関係
に及ぼす影響　　　　（吉田ら，1999a）

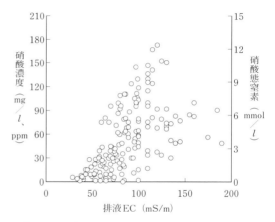

第15図 香川県下の生産者のハウスから回収し
た排液のECと排液中硝酸態窒素濃度の
関係　　　　　　　　（吉田ら，1999a）

キが大きい。しかし，ECが70mS/m以上であ
れば，排液中に一定濃度の窒素が含まれるが，
40mS/m以下が続くと窒素がやや不足気になっ
ている可能性が高いといえる。

ここで述べている培養液や排液のEC値は，
飲用水として利用可能な程度の清浄な原水
(EC5～10mS/m)の利用を前提としている。
海岸近くや石灰岩地帯などECの高い原水しか
得られない地域では，培養液の組成から見直す
ことも必要になるので，それぞれの水質にあわ
せた管理が必要になる。タンクを設置して貯留
した雨水を利用することも有力な解決法であ

る。10a当たり5～6m³のタンクで80～90％の水をまかなうことができる。管理がむずかしい原水でイチゴを栽培する意義から問い直すことも重要であろう。

定植直後の管理と過剰障害　定植前に十分培地に給水しておき，定植と同時に培養液施用を開始する。事前に培養液を与えると過剰障害を誘発することがあるので注意する。無肥料のピートモス主体の培地であれば，園試処方30％濃度（EC75～80mS/m，全窒素濃度75ppm）相当の培養液を1日当たり70mℓ/株程度施用する。1日当たりの窒素施与量は約5mg/株で，育苗中の5倍程度となり，苗の栄養状態は急速に向上する。1週間給液を続けた後，4～5日間給液を停止して窒素の過剰吸収と根圏の過湿害を避けることが初期の養水分管理のポイントになる。培地を連用する場合やヤシがら・籾がらなどを利用している場合には，残存養分量や培地による窒素吸収を考慮して加減する必要があるので注意が必要になる。

株当たり2ℓの培地は1ℓ近い水分を含んでおり，数日給液を停止しても水ストレスが生じるレベルまで乾燥することはあり得ない。肥料養分も1週間で過剰といえる量が供給されており，給液を停止することで初期生育が停滞することはない。結果的には，窒素過多による障害発生が回避され，給液停止中に新しく展開した葉が盛んに光合成を開始するので，給液再開後は急速に生長速度が増大する。

定植後の給液量が多いと新しく展開する新葉が黄化して生長速度が極端に低下することがある。多給液で，排水が不良のときに発生しやすいため湿害とされてきたが（吉田ら，1999b），現在のところは窒素過多による栄養バランスの崩れが原因とみている（Petrovicら，2009）。ここで，第16図に示した定植後の葉柄中窒素濃度の変化をもとに，定植直後の窒素過剰障害発生のメカニズムについて触れておきたい。イチゴの苗は定植直後から培養液で与えた硝酸を吸収し，根や葉に蓄積された炭水化物を利用して急速にアンモニアからアミノ酸，そして葉緑素などのタンパク質を合成する。花芽分化促進のために施肥を中断され葉が黄色くなった苗でも，定植後1週間程度で葉中のタンパク質濃度が上昇し始め，2週間も経つと展開葉の葉色も濃くなり，光合成能力が急速に高くなる。痕跡程度であった葉柄中の硝酸態窒素濃度は少し遅れて上昇し始め，2週間後ころから急速に上昇する。過剰障害が発生しなければ，窒素を始めとする養分の吸収が盛んなほど，その後の生長は旺盛になる。

しかし，定植直後の苗は葉面積が小さく，クロロフィル濃度も低いため光合成能力は著しく小さい。貯蔵炭水化物が消費されると，光合成産物が不足して窒素の代謝が停滞し，生物にとって有毒なアンモニア濃度が一時的に上昇する。通常は，10日余りで光合成能力が向上するため，アンモニアの濃度は急激に低下する。しかし，過湿で根への酸素供給が不足する場合や，曇雨天が続いた場合には，定植後10日から2週間程度の間にアンモニア濃度が危険水準に達し，新葉が黄化するなどの窒素過剰障害を引き起こすことになる（吉田・大森，2004a）。定植1週間後から4～5日給液を停止することで過剰の窒素吸収を抑制すると確実にアンモニアの過剰蓄積を回避することができる。

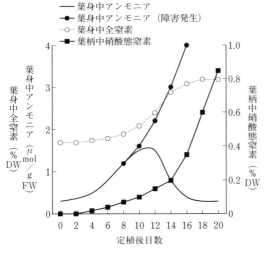

第16図　イチゴ植物体内における形態別窒素濃度の定植後の変化（模式図）
光合成産物不足で窒素代謝が停滞し，アンモニア濃度が上昇すると過剰障害が発生する

活着後〜保温開始期 栽培全期間を通じて排液率20％を維持するよう給液量を調整することが基本となる。給液再開直後は，排液はほとんど出ないが，再開1週間後には20％程度になるようにしておきたい。濃度に関しては，開花直前まで園試処方30％相当の培養液を与える。健全に生育していれば，排液のECは40mS/m以下にまで低下するが，この時期は濃度を高くしすぎないほうがよい。腋花房の分化期に当たり，体内の窒素濃度が高くなると分化の遅れや鶏冠状果などの奇形果発生を誘発する原因になりやすい。頂花房が開花結実すると養分要求量が増大するので，出蕾してミツバチを導入するころに40％に濃度を高める。

保温・CO_2施用開始期以降 地域・品種によって多少異なるが，11月10日ころには保温と同時にCO_2施用を開始することになる。ハウス内のCO_2濃度が高まると，光合成量の増大にともなってイチゴの養分吸収量が増加し，排液のECが一段と低下する。CO_2施用を開始後，ECの低下を確認したうえで，50％程度に濃度を高める。ただし，'章姫'や'さがほのか'など草勢が強い品種の場合には，40％（EC100mS/m）程度のまま排液率が30〜35％となるように給液量を調節して養分供給量を多くするほうがよいようである。

多くの品種で，園試処方50％濃度（EC120〜130mS/m）で排液率が20％程度であれば，排液のECが80mS/mを超えることはまずない。冬至を中心に約2か月間，日射量がもっとも少なくハウス内のCO_2濃度が高く維持される時間が長い時期に排液ECが高くなるのは，管理が不十分であることを示している。株の管理が不十分で葉が込み過ぎている場合や十分なCO_2濃度が確保されていない場合には，イチゴの光合成効率が低下し，養分要求量より蒸散による水の要求量が増大するため排液率が20％程度であってもECは高くなる。

1月下旬になって日射量が増大し始めると，排液のECが徐々に高くなり始める。2月はじめの節分ころからは，排液EC40〜60mS/mを目標に徐々に培養液の濃度を低下させる。70mS/m以上の場合は相当量の窒素を無駄に排出することになるが，40mS/m以下の状態が長く続くと窒素が不足気味で生長が抑制されたり，果実の食味が低下したりすることがある。

保温・CO_2施用停止期以降 4月になってハウスを開放するころには，草勢が旺盛になって葉面積が一段と増加する。ハウス内の風速上昇と湿度低下が加わって蒸散量が急激に増加する。第17図に示したように，日射と蒸散の関係がそれまでと大きく異なってくる。この時期以降は株当たりで1日25m*l*程度の排液量を維持することを目標に給液量を調整することになる。5月の晴天日には1日の吸水量が200m*l*/株を超える日もあり，排液率20％を維持するには多量の給液が必要となる。また，晴天時と雨天時との水要求量の違いが大きくなるため，日射比例制御でも排液率の変動が大きくなる。ピートバッグの場合には，5バッグ（40株）当たりで1日1*l*以上を目標に給液量を調節している。

蒸散速度の増大と光利用効率の低下にともなって見かけの養分吸収濃度が低下するため，排液のECもしだいに上昇する。排液ECが100mS/mを超えることがないように培養液濃度を低下させることが必要になる。この時期に

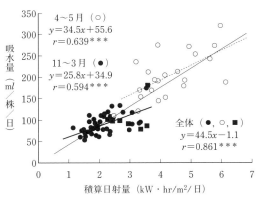

第17図 日射比例給液で生育させた女峰の1日の吸水量と積算日射量の関係

(吉田・中井，2003)

●：11月11日〜3月31日（CO_2施用期，日中700〜900ppm），○：4月9日〜5月31日（ハウス開放期，無施用），■：（その他の時期），＊＊＊は0.1％水準で有意な相関関係があることを示す

は排液率が低くなるため，ECが70mS/m以上でも排液中の硝酸態窒素はわずかしか検出されないことが多い。培養液濃度を下げ過ぎると養分不足で草勢が低下することがあるので，園試処方で20％（EC50～55mS/m）を下限とする。それでもECが高くなる場合は，給液量を増加させて対応することになる。しかし，実際には葉数過多による過繁茂が原因なので株の芽と葉を整理すれば，光利用効率が向上して排液のECは間違いなく低下する。

培養液管理の基本的な考え方——EC値・葉色・草勢を観察して濃度を決める　20年余りイチゴの養液栽培にかかわってきて思うところを述べておきたい。N，P，Kの3要素については，植物が積極的に吸収する能力をもっており，低濃度でも根の表面近くに存在すれば必要な量が取り込まれるため，必要量を上回らなければ排液中の濃度は痕跡程度にまで低下する。つまりイチゴが必要とする最小限の量を把握して供給することができれば，排液中の濃度がゼロであっても十分に養分を供給した場合と同程度にイチゴの生育・収量を維持することが可能といえる。ただし，排液中の濃度を痕跡程度に維持する場合には，排液で特定の養分の不足を判断することはできない。葉柄中の硝酸などによって栄養診断を行なえば可能ではあるが，現時点で的確な診断基準が示されているとはいえない。さらに，排液のECほど簡単に測定できないので，常時監視して培養液管理に利用することには無理がある。排液のECと硝酸態窒素濃度の関係をもとに，EC値と葉色や草勢の観察結果によって養分の過不足を推定して培養液濃度を決定するしかないと考えている。完全とはいえないが，それでも葉色や草勢から「経験と勘」だけで追肥の量を決定して与えるのと比較すると，「診断と予測」に基づいたはるかに科学的な農業といってよいだろう。

現時点では，連棟ハウスの谷のそばなど光合成効率のややおとる場所で排液を回収し，中央部の条件のよい場所の排液とEC値を比較しながら濃度を調節するのが有力な方法と考えている。園試処方に準じた培養液であれば，条件のおとるところで排液60～70mS/m，ハウス中央の条件のよいところで50mS/m以下となるように管理することで常に良好な生育状態が維持できると見込まれる。

③ハウスの環境制御

温度管理　温度管理については基本的に土耕栽培と変わりはない。ただし，先にも述べたように最低気温は8℃以上を確保したい。一般的に土耕で加温の目安とされる5℃という温度は低温障害を回避するための温度であって，イチゴの生育適温とはいえない。まず，培地＝根圏の温度が低下するため培地加温が必要になる。品種にもよるが，葉面積の拡大と葉柄の伸長が抑制され，電照の効果が現れにくくなる。果実の発育と葉の展開が遅れるので，最終的な花房の発生数も少なくなる。

暖房の温度設定については，燃料のコストを重視して寒さが厳しい年ほど低めに設定する生産者が多い。土耕の場合には，コストをかけずに栽培することが経営の安定化につながる場合がある。しかし，燃料代などのランニングコスト削減を重視するあまり，収量や品質の低下をまねいている事例を目にすることが多い。高設栽培の場合にはハウスや栽培装置に相当な投資が必要であり，経営的には投資した経費を回収することが重要になる。8℃加温のための燃料費は，最低限必要な経費と割り切るべきであろう。8～10℃に加温すると，土耕で5℃加温や無加温で栽培されているハウスと比べて明らかに花房発生の回転が早まり，同じ品種・作型でも収穫期のピークが異なってくる。市場の入荷量が少ない時期の収穫量が増加して有利販売が可能になるので，経営的にはプラスになることが多い。

早朝加温については，イチゴについて明確な効果を示した報告をみかけない。しかし，イチゴの光合成適温は20～25℃にあり，10～20℃までは温度上昇とともにほぼ直線的に光合成速度が高くなる。理論的には光合成を始める日の出ころの温度を前もって15℃程度に高め，葉温を適温に近づけることによって光合成が活性化されると考えてよいだろう。

土耕栽培が主流であったころは，午前中25〜27℃，午後は22〜23℃が日中の温度管理の基準として示されていた。CO₂濃度の面からみれば，土壌から発生してハウス内に蓄積したCO₂を午前中に吸収させ，午後はやや低い温度として外気からの導入を図るという意味で合理的な管理であったといえる。しかし，CO₂発生装置によって濃度を制御する場合には，できるだけ換気が起こらないようにすることで高濃度を維持できることになる。温度は，一日を通じて上限28℃が目安となる。30℃程度まで高めたほうがイチゴにとっては好ましいのかもしれないが，中で作業をする人間にかかるストレスが大きくなり過ぎる。

保温開始期の目安は最低気温が8〜9℃に下がったころとなる。4月初めころまで継続してできるだけ長い間午前中のCO₂施用を行なう。その後は，低温管理を心がけることによって5月以降も連続的に花房を発生させることが可能になる。

CO₂濃度の制御 たびたび述べているように，CO₂は冬季の施設栽培作物の生長にとって温度，光と同程度に重要な環境要因である。高設栽培では土壌有機物由来のCO₂発生が期待できないのでハウスを閉め切った状態では常にCO₂飢餓状態にあると考えるべきであり，人為的な施用は必須といえる。光合成の面では，終日700〜1,000ppm程度に維持することが望ましいが，日射が強くなるとハウス内気温が上昇するため換気によって温度低下をはかるしかないので，晴天日に低下することはやむを得ない。

もっとも一般的な発生源は灯油の燃焼式で，温風暖房機や温湯ボイラーよりNOx（窒素酸化物）などの有害なガスの発生を抑えるようにつくられている。基本は濃度制御出力をもつCO₂濃度測定器による濃度制御になる。下限値を700〜1,000ppmに設定し，発生装置を6〜17時の間運転する。第18図注にあるように，6時ころから補助暖房として暖房機と連動して運転するようにすれば，その間に発生するCO₂がハウス内に蓄積され，午前中の光合成に利用される。

複数の単棟ハウスでの栽培で濃度測定器による制御がむずかしい場合には，夜明け前ころから1〜3時間連続して運転するような方法もある。灯油1ℓを燃焼させると約480ℓのCO₂が発生する。そのときの発熱量は約9,000kcalなので，発生装置の能力を調べれば1時間当たりの発生量がわかる。平均の高さが3mで10aのハウスの容積は3,000m³なので3ℓのCO₂で濃度が1ppm上昇する。毎朝灯油を10ℓ燃焼させれば計算上ハウス内のCO₂濃度は1,600ppm上昇して2,000ppmを超えることになる。ただし朝のみの施用の場合には，午後換気が行なわれなくなってから日没までの2〜3時間ハウス内のCO₂

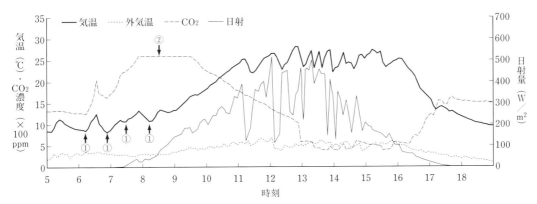

第18図 のぞみふぁーむにおける厳寒期（2008年1月24日）のハウス内環境の日変化
CO₂濃度は気温10℃で2,400ppm，25℃で450ppmを下限として気温によって制御値を変動制御，6〜16時の間は灯油燃焼式CO₂発生器を暖房機と連動させて制御（①）。②は連動制御によって濃度が上昇し，測定器が振り切れた状態。13時ころ換気扇が作動してCO₂濃度が低下

イチゴ栽培の基本技術

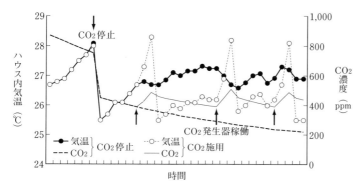

第19図 厳寒期の薄曇り条件下におけるハウス内気温とCO₂濃度変化の事例

継続施用区ではCO₂濃度低下時に発生器が稼働して外気並の濃度が保たれるが、発生器を停止すると換気扇が回らない程度の気温で経過して、CO₂濃度が著しく低くなることがある

濃度が低下して飢餓状態になることは避けられない(「栄養生長と休眠」第5図(基53ページ)参照)。

第18図からもわかるように、晴天日の午後には発生装置と換気扇の運転が交互に繰り返されることがしばしば起こる。CO₂の無駄と感じられるため、多くの生産者がタイマーの設定を変更したり、発生装置の電源を落としたりして日中の稼働を停止する事例をみてきた。CO₂発生装置は燃焼による発熱で換気を誘発するが、これは外気からCO₂を導入して飢餓状態になることを避ける効果を持っていると考えるべきである。第19図の事例のように、CO₂発生装置が稼働しない場合には換気が起こらず、著しくハウス内の濃度が低下することが1日のうちに一度は起こることになる。終日施用を行なう場合には、ディレータイマーを組み込んで、換気扇停止後一定時間(10〜15分)は、CO₂発生装置が作動しないようにしておくと効率的な施用が可能になる。

電照 一般的には保温・CO₂施用と同時に電照を開始する場合が多い。新生第3葉の葉面積は11月中旬をピークにして着果負担の増大と気温、日長、日射量の低下にともなって減少し始める。葉面積確保のためには、腋花房の分化を確認した直後から電照を開始することが望ましい。腋花房は通常10月末には分化すると考

えてよいが、頂果房と比較すると不揃いになりやすいので、11月10日前後が電照開始の目安になる。

1月中旬ころになると少しずつ太陽高度が高くなり、自然日長も長くなり始める。排液のECが高くなり始めるころから新葉の伸張が少しずつ旺盛になり、草勢が強くなり始める。CO₂施用が不十分でなければ、2月中旬ころには新葉の伸張生長が旺盛になり始める。無加温の土耕栽培では、低温の影響でわい化した状態が続くため3月中旬ころまで点灯することが多い。しかし、高設栽培で3月まで草勢がおとる原因は、ほとんどの場合CO₂不足と着果過多であり、電照で調節することはむずかしい。2月下旬には電照を停止しなければ、3月以降に過繁茂になり、花房の発生が早くに停止してしまう場合もある。

電照の方法には、夕方から10時ころまで点灯する日長延長、深夜を中心に2〜3時間点灯する暗期(光)中断、1時間に5〜10分間ずつ小刻みに点灯する間欠電照がある。電力消費量の問題から日長延長が行なわれることは少なくなっている。間欠電照は、イチゴのようすをみながら点灯時間を調節することが容易だが、照度が均一でないと電照ムラがでやすいという欠点がある。暗期中断では、電照時間の細かな調節はむずかしいが、照度に多少のムラがあってもイチゴの生長が揃いやすい。

照明の光強度は、株の上で10lx、白熱灯で10a当たり5kW程度あればほぼ十分な効果が得られている。時代の流れで白熱灯はいずれ姿を消し、蛍光灯かLED電球に代わるものと思われる。筆者が電球色のLED電球(7W)と電球型蛍光灯(12W)を60W型の電球と比較してみた結果では、蛍光灯は電球より効果がおとり、LEDは効果が大きかった。現状の価格を考えると現実的な選択は蛍光灯になると思われるが、100W型(消費電力22W)の蛍光灯でも

白熱電球と同等の効果を得るためには灯数をふやすか，時間を少し延長するかが必要になると思われる。少なくとも効果がかなり異なるので，混在させて利用することは避けなければならない。

④摘果・摘葉と芽の整理

整枝と摘葉 高品質の果実を連続的に収穫するためには，栽培期間を通じて1芽仕立てとして地上部が過密にならないことが望ましい。第20図は1芽仕立てで管理したときの栽植密度と収量，果実品質との関係を示している。何度も述べているようにCO_2施用は必須で，密植にすると面積当たり（この図ではバッグ当たり）の収量は増加する。ただし株当たりの収量が減少し，果実品質が明らかに低下することがわかる。芽の数を管理せずに放任すると，2次腋花房が開花するころには3〜4芽となっている場合が多い。単純には比較できないが，2芽で生育させるということは苗を2倍定植した状況に近くなるので，果実品質が低下することは避けられない。

芽の数がふえると葉は過密にならざるを得ない。徒長して新葉の葉柄は伸びるが葉面積が小さく，厚みのない葉ばかりになってしまう。一時的には草勢が強いようにみえるが，一枚一枚の葉の光合成能力が低下し，老化を早めることになる。芽数の調節については，品種の特性を考慮する必要があり，議論のあるところであろう。'紅ほっぺ'や'とちおとめ'のように心止まりが発生しやすい品種や'さちのか'のように1芽では収量性に問題がある品種もある。

第21図には葉面積（株間と株当たりの葉数）が異なる群落の光合成速度を示した。この図からも明らかなように，全体の葉面積が大きいほうが群落としてのイチゴの光合成速度（上図）は高くなる。株当たりの葉数が5枚から7枚になると群落の光合成速度が15〜20%上昇しているので，過度の摘葉は好ましくない。しかし，葉面積当たりでみると光合成速度が20〜30%低くなっており（下図），光の利用効率が低下していることは明らかである。これには相互遮蔽による受光態勢の悪化のほかに老化した葉の能力低下も影響していると考えられる。

過繁茂になった場合，単純なみかけの光合成量は多くなるが，それが必ずしも果実生産には結びつかず，品質は明らかに低下する。茎が伸びないイチゴのような作物では，窒素過多に限らず葉数過剰でも過繁茂になると考えるべきであろう。葉の大きさによって若干幅があるが，これまでの結果から葉面積指数で0.5程度，株当たりの展開葉数で5〜6枚がほぼ適当な基準だとみている。十分な草勢が維持されていれば，新葉の陰になって，付け根のゆるんだ葉を取り除けば成熟した展開葉はだいたい6枚程度

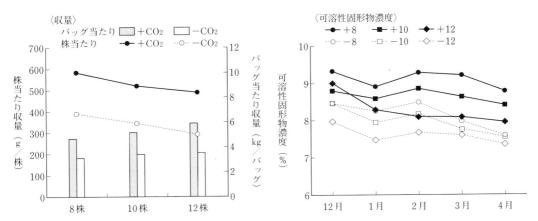

第20図 栽植密度（長さ80cm，18ℓ入りピートバッグ当たりの定植株数）とCO_2施用（＋：700〜900ppm，－：無施用）が女峰の収量（左）と可溶性固形物濃度（右）に及ぼす影響

(伊谷ら，1999)

イチゴ栽培の基本技術

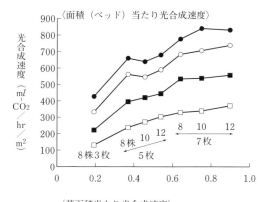

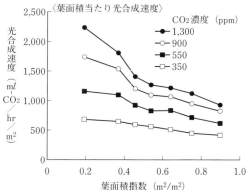

第21図　イチゴ女峰の群落光合成速度（日射量150W・hr/m²時の推定値）に及ぼす栽植密度（8, 10, 12株/m²）と株当たり葉数（3, 5, 7枚）の影響

(吉田・住吉, 1997)

30×90×13cmの木箱に株間20, 16, 13cm²条植えとして8〜12株植え付け，測定前に葉数を調整した。中心小葉の葉身長，葉身幅を測定して葉面積を推定したのち，半閉鎖型同化箱で約5日間群落光合成速度を測定して得られた光－光合成曲線から光合成速度を推定した。測定は12月中ごろから1月下旬までの間に順次木箱を入れ替えて実施した

になっている。イチゴの展葉速度が7〜10日であることからすれば，5枚を目標として月2回程度葉欠きをすれば常時5〜7枚，平均で約6枚となり，ほぼ目標とする葉数が維持できることになる。

摘蕾・摘花・摘果　二出集散花序というイチゴ花房の基本形態からして，着果数の基本は7果（頂果＋2次果2個＋3次果4個）であるといってよい（「花芽の発育と開花」第2図（基42ページ）参照）。大果系品種の頂花房であっても4次果以降の下位の果実が10g以上にまで肥大することは少ない。果房当たりの着果数は勢いの強い果房であっても10果程度が限界であると考えてよい。これまで全花房を7花に摘花してきた実験においても全収穫果数は40個程度である。7果房収穫した場合でも，果房当たりの平均収穫果数は6個以下であり，7花に摘花しても肥大して収穫に至らない果実があるということになる。頂花房で7果，腋花房以下は5果を目標としてできるだけ早く摘蕾・摘花することが基本と考えられる。1次腋花房以降1芽仕立てとせず，芽数が多くなる場合にはもっと少なくする必要がある。

受精不良果などの発生を回避するため，果実の形を確認してから「摘果する」のではすでにおそい。イチゴは花を発育させ，開花させるためにも多量のエネルギーを消費する。ひとつの花房が開花するころにはすでに次の花芽の分化発育が始まっており，この時期に十分な栄養が発育中の腋芽全体に供給されないと勢いのある花房にならず，開花が遅れるうえに小さな花しか咲かなくなる。着果過多や摘蕾・摘花の遅れは次あるいはその次の花房の発生と花の発育に強く影響する。とくに，日射量が少ない時期ほど大きな影響が現われることを意識する必要がある。摘花は「1か月先の花，2か月先の果実」のために行なうのである。

産地によっては，「イチゴの整枝や摘果は労力的に不可能」と決めつけているところもあるようである。しかし，よく考えてほしい。頂果房の収穫が始まるまでは労力に余裕があるので，頂花房の摘花はどこの生産者でもできるはずである。無摘果だと頂果房の果実を少なくとも10果以上収穫調整する必要があるが，7果程度に制限すれば収穫・調整の労力も軽減される。無摘果でS, 2Sの果実まで収穫すると目先の収量は上がるが，腋花房以下の摘花を行なう余裕がなくなる。結果的に悪循環に陥ってシーズン終盤まで2Sの果実を収穫し続けることになる。先手先手で着実に摘花すれば，高単価が期待できるM以上の果実だけを収穫すればよくなるので，次の花房を管理する余力が生まれ

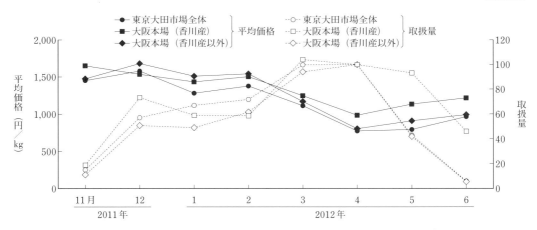

第22図　東京大田市場と大阪本場に出荷された香川県産と他産地のイチゴの取扱量（4月を100としたときの相対値）と平均価格の変化
各市場ホームページの値から算出

るはずである。

株管理の重要性　徹底した株の管理と摘果によって，イチゴ果実に十分な光合成産物が供給され，充実した花が連続的に開花する。果実への日当たりと風通しもよくなり，低日射期でも着色が優れ，高温期でも硬く締まった果実が得られる。光と風あるいは果実周辺の湿度の影響については，逆方向に発生して群落の内部で発育した果房の果実と比較すれば一目瞭然であろう。第22図には東京大田市場，大阪本場に出荷された香川県産と他産地のイチゴの取扱量（4月を100としたときの相対値）と平均価格の変動を示した。香川県は養液栽培の普及率が高く，シーズンを通じた整枝・摘果が定着しており，収穫期間を通じて高い品質を維持している生産者が多い。結果的に6月までの長期間にわたる安定出荷が実現し，気温が上昇して品質が低下しがちな4月以降も安定した価格で取引されていることがわかる。

高設栽培を導入することによる収量増は，一般的に収穫期間の延長による部分が大きい。ゴールデンウイークころに収穫を打ち切った場合には，土耕で生産を続ける各産地の篤農家を上回る収量が得られることはまれである。しかし，高設栽培では立ったままで管理作業が可能で，土耕と比較して労働負荷が小さく，作業効率が高い。十分な管理を行なうことによって終盤まで高品質の果実が収穫可能で，高単価を期待することができる。また，成りづかれによる収量変動も小さくなるため，市場価格の乱高下による収益性の悪化を防ぐことができる。

農業技術向上の目的は高品質・多収を両立させることだが，現実的にはどちらかに軸足を置いた管理にならざるを得ない。昨今の販売環境のなかでは，品質より収量を重視するという方向が経営の安定にとって有利な場合が多いことは否定できず，共選・共販体制のなかで個人が品質を追求することの意義づけはむずかしいといわざるを得ない。しかし，施設の導入に必要な投資を回収するためには，有利販売による単価向上を目指す必要がある以上，品質向上の問題は産地として高設栽培導入をすすめるために避けて通れない問題であろう。

さちのかのような品種の場合には，収量性と品質維持を両立させるための手段として部分的あるいは全面的な2芽管理という選択肢は十分に考えられる。頂果房開花後に発生する腋芽のうち上位の2芽がほぼ同等の強さである場合に，両方残して下位の腋芽を取り除く。2番目の腋芽の勢いが弱い場合には，最上位腋芽のみを残して1芽仕立てとして1次腋花房開花後に2芽とすればよい。その後はそれぞれの分枝を

1芽仕立てと同様に整枝して，1株から常時2芽を生長させる。群落として適切な芽の数は品種や栽培環境によって当然異なり，すべて2芽とするのか，2株に1株程度2芽にするのかについての明確な基準は存在しないが，'さちのか'の場合には間違いなく収量性は向上する。しかし，熟練した生産者でもどの芽を残して2芽とするかの判断はきわめてむずかしく，管理作業にも多くの時間が必要になる。雇用した熟練度の低いパートやアルバイトに適切な指示を与えて2芽管理を実施することはほとんど不可能である。「1芽仕立てとして残す展開葉5または6枚，花数7または5」という指示は明確で理解しやすく，経験の浅い人にでも比較的短期間で習得させることができる。雇用労力を前提とした規模拡大を考えるうえでも，栽培期間を通じた株管理が重要であることをぜひとも理解して取り組んでほしい。

執筆　吉田裕一（岡山大学）

2012年記

参考文献

藤間晃久・木山浩二・重松武・野口浩隆・大井義弘・居村正博・岡野剛健・梁瀬十三夫．2009．長崎県型イチゴ高設和音システムの開発と栽培技術の確立．長崎総農林試研報（農業部門）．35，19—45．

伊谷慈博・吉田裕一・藤目幸擴．1998．NFT栽培におけるイチゴの養水分吸収に及ぼすCO_2施用の影響．生環調．36，145—150．

伊谷慈博・原圭美・ワサナ ナ ファン・藤目幸擴・吉田裕一．1999．ピートバッグ栽培におけるイチゴの収量，果実品質と養水分吸収に及ぼすCO_2施用と栽植密度の影響．生環調．37，171—177．

加藤賢治・山下文秋・林悟朗．1998．イチゴのロックウール栽培における省力・高収益栽培技術（第2報）．大果生産のための摘果の検討．愛知農総試研報．30，105—110．

木下貴文ら．2010．冬春セルリー栽培における傾斜地養液栽培システムの性能および根域加温の時間帯の効果．園学研．9，53—58．

Lieten, P. 1993. Nutrition of strawberries in hydroponics and substrate culture. Proc. 7th Australian National Berryfruit Conference. 1—18.

Petrovic, A., Y. Yoshida and T. Ohmori. 2009. Ammonium in foliar tissue: a possible cause of interveinal chlorosis in strawberry (*Fragaria* × *ananassa* Duch. cv. Nyoho). J. Hortic. Sci. & Biotech. 84, 181—186.

竹内常雄・塚本忠士．1999．イチゴのロックウール栽培における摘果，培地加温および炭酸ガス施用が収量等に及ぼす影響．静岡農試研報．44，61—71．

玉置学・角田和利．2003．イチゴのハンモック式簡易高設栽培システムの開発．愛媛農試研報．37，13—19．

吉田裕一・住吉慎一郎．1997．イチゴ群落の光合成に関する研究（第2報）．'女峰'群落の光合成と葉面積の関係．生環調第35回集会要旨．272—273．

吉田裕一ら．1997．'らくちん'栽培マニュアルVer.2.0（香川らくちん研究会編）．

吉田裕一・花岡俊弘・溝渕俊明．1999a．香川型イチゴピート栽培システム"らくちん"の開発（第6報）．排液ECと排液中養分濃度の関係に対する培養液組成とCO_2施用の影響．園学雑．68（別1），90．

吉田裕一・北橋尚子・日高啓・後藤丹十郎．1999b．過湿によるピートバッグ栽培イチゴ新葉の黄化．園学雑．68（別2），250．

吉田裕一・中原正樹．1999．香川型イチゴピート栽培システム"らくちん"の開発（第7報）．培地と培養液組成が'女峰'の生育，収量に及ぼす影響．園芸中四国支部要旨．38，28．

吉田裕一・花岡俊弘・日高啓．2002．培養液組成がピートモス混合培地で栽培したイチゴ'女峰'の生育，収量と養水分吸収に及ぼす影響．園学研．1，199—204．

吉田裕一・宮田英幸・後藤丹十郎．2003．培養液中のNaCl濃度がピートバッグ栽培イチゴの生育，収量と品質に及ぼす影響．園学研．2，171—174．

吉田裕一・中井啓介．2003．日射比例給液制御によってピート培地で栽培したイチゴ'女峰'の生育，収量と養水分吸収．岡山大農学報．92，31—37．

吉田裕一・大森敏正．2004a．養液栽培イチゴの新葉黄化現象とアンモニウム栄養との関係（第2報）．培養液中アンモニウム濃度と苗の窒素栄養条件が葉中アンモニウム濃度に及ぼす影響．園学雑．73（別2），413．

吉田裕一・渡邊晃子・森山有希子．2004b．ピート栽培イチゴの生育・収量と果実品質に及ぼす根域容量の影響．園芸中四国支部要旨．43，30．

夏秋どり栽培——一季成り性品種

　これまでの技術開発でも十分埋まらなかったイチゴの周年生産の溝，すなわち果実供給が十分でない時期は，現在おおむね7～10月の4か月と考えられる。この時期のイチゴの供給の主力はこれまでアメリカ（カリフォルニア）からの輸入であった。しかし輸入イチゴの品質・安定性に不満をもつケーキ業界など実需者たちからの夏秋期国内生産への強い期待が，ここ10年ほどの夏秋どり栽培の発展を後押しすることとなった。現在のこの動きの中心は四季成り性品種を用いたものだが，1980年代までは品質の点からあまり注目されず，実用的な品種も少なかった。そこで，一季成り性品種を用いた試みが多々なされてきた。

（1）一季成り性品種の夏秋どり栽培を目指したこれまでの試み

　一季成り性品種を用いた夏秋期生産としては，現在でも行なわれている作型として，長期株冷蔵抑制栽培，寒冷地における低温カット半促成栽培，豪雪地帯における露地遅出し栽培などがある。このうち，愛知県の一農家が始めた長期株冷蔵抑制栽培は，'宝交早生'を利用して一時期全国的に広まった（第1図）。花芽分化して休眠状態にある苗を氷温条件で長期間保存し，出庫後速やかに開花結実させるもので，夏をはさんだ7月あるいは10月のスポット的な収穫をねらったものである。十分な低温に遭遇しているため，出庫後は休眠から覚醒し旺盛に生育するが，花成の連続性は失われているので，多くて2花房程度が出蕾開花するにとどまり，決して高い収量が期待できるわけではない。しかし，端境期出荷にはほかに選択肢がない時代にはかなり盛んに行なわれた。その後アメリカ産イチゴの輸入が本格化し促成栽培が中心の作型となるにつれて栽培は減少し，現在は'北の輝'など休眠の深い寒冷地型の品種を利用して東北地方にわずかに残るだけとなっている。

　しかし，目を世界に転じてみると，カリフォルニアでは前年に平地で育苗した冷蔵苗が早い時期の作型で多く使われているほか，オランダ，ベルギーでは'Elsanta'の冷蔵苗を連続的に用いる方式が主作型となっているなど，長期冷蔵苗がふつうに利用されている場面がある。わが国でもこれが見直される機運があり，今後は果実品質の高い休眠の浅い品種への利用あるいは連続植え替え栽培などの場面での再評価が期待できる。日本の品種では，冷蔵前に形成されている花房は最大でも3つまでだが，'Elsanta'ではそれ以上に多数の花房が分化し，これが多収性の大きな要因になっているとされている。将来，休眠前の花房分化数をコントロールする技術が開発できたり，あるいは多数の花房を形成できる品種が育成されれば，冷蔵苗の利用にも新たな展開があるかもしれない。

第1図　長期株冷蔵による抑制栽培（岩手県盛岡市）
①苗の掘上げ，②冷蔵施設，③苗の冷蔵状況

イチゴ栽培の基本技術

第2図　さまざまな短日処理装置
①②東北農研センター内，③④岩手県盛岡市内の生産者

(2) 短日処理による夏秋どり栽培

①この作型の開発の経緯

一方，寒冷地では，短日処理による夏秋どり作型について多く取り組まれてきた。苗への短日処理に関しては，報告されているものだけでも，田村ら (1980)，旋山 (1980)，加賀屋ら (1992)，大井ら (1993)，小川・大越 (1995) などがみられる。その後，夏秋イチゴに対する要望の高まりと，主力品種の変遷によって，再び短日処理による夏秋どりが注目され，旧野菜・茶試盛岡支場においても，熊倉ら (1992) および古谷ら (1999) が検討してきた短日処理技術が東北地域で精力的に研究され，通常の促成栽培よりもかなり早い時期に花成誘導を行なって9～10月から収穫を開始する夏秋どり作型が開発され，技術マニュアルも刊行されている（東北農研，2008）。

②苗に対する短日処理の実際

短日処理は，気温が高くしかも長日となる自然条件では花芽分化が起こらない時期に，人為的に花成を誘導するために行なうものである。コストのかかる冷房設備を必要としない，低コスト型の花成誘導法と位置づけることができ，夏季冷涼な寒冷地や高冷地でのみ成立しうる。

実施の処理は，遮光率100％で遮熱効果の高い被覆資材をトンネルあるいはハウスに展張し，朝夕に開閉して短日条件にすることによって行なう（第2図）。短日処理は8時間日長となるようにしている。8時間という日長は，自然条件での短日処理に適した日長として以前報告されているものであるが（田村ら，1980），最近の品種についてはまだ検討の余地がある。

日射のある時間帯に被覆している場合は被覆内の気温の上昇は避けられないし，夏秋どりを目指すとすれば当然処理する時期は高温期にあたるので，昼間の時間帯もイチゴの花芽分化に

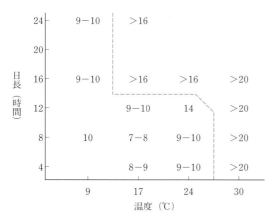

第3図　日長および温度の組合わせが花芽分化までの日数に及ぼす影響
(Ito and Saito (1962) から Guttridge (1985) 作図)
品種：Robinson

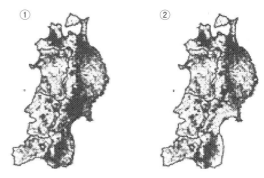

第4図　短日処理による夏秋どり適地のマッピング　　　(山崎浩道ら，2006)
①短日処理適地：7月平均気温≦22℃
②短日処理適地のなかで良果生産適地：9月平均気温≦19℃の2条件による適地の抽出

第1表　イチゴの花芽分化における日長と温度の相互作用　(Jonkers，1965)

温度(℃)	花芽形成の反応
0～5	花芽形成は停止する（休眠）
5～10	日長に関係なく花芽を形成する
10～15	日長に関係なく花芽形成するが，強光の長日下では形成されないことがある
15～25	短日（6～13時間）条件下でのみ花芽を形成する
25～30	日長に関係なく花芽形成しない

とっては不適な高温となることが多い。このような条件の下で短日処理の花成促進効果を十分に発揮させるためには，温度がもっとも重要な要因となる。

一季成り性品種の花成における温度と日長との相互作用について，Ito and Saito（1962，第3図）やJonkers（1965，第1表）がまとめているように，短日下では花芽分化可能な温度域が高温側に広がり，第1表では25℃以下の気温が短日下での花芽分化可能な温度域となっているが，実際に日本の品種を用いて調べた結果では，短日下における花芽分化の高温限界は，'女峰''さちのか''とちおとめ'などで日平均気温23℃，'北の輝'では22℃であった（山崎ら，2008）。しかし，平均気温がそれ以下であっても，昼温が30℃以上，あるいは夜温が20℃以上の場合には，花芽分化が遅れたり分化率の低下が起こるので注意が必要である。昼間の極端な高温を避けるよう，遮光あるいは夜間の遮光資材の開放などの対策が勧められる（山崎ら，2004）。なお，これらの温度条件とそのほかの要因から，一季成り性品種夏秋どり栽培適地のマッピングが行なわれている（山崎ら，2006；第4図）。

6～8月の盛岡の気温条件下では，通常'女峰''さちのか''とちおとめ'などの早生品種では約30日，'北の輝'のような晩生の品種では40日程度でそれぞれ花芽分化が検鏡によって確認できるようになるが，気温がより低ければ，花芽分化に要する期間は短縮され，逆に気温が高くなれば，処理に要する期間は長くなる。いずれにしても，花芽の分化を必ず検鏡によって確認することが重要であり，生産者の依頼を受けて検鏡が行なえるバックアップ態勢が十分整えられていなければならない。

③苗の準備，短日処理を行なう時期

短日処理を始めるのは，基本的には苗の準備さえできればいつからでも可能といえるが，寒冷地での栽培ということになれば採苗可能な時期には限界がある。たとえば盛岡では，親株を多重被覆した無加温ハウスで維持した場合，早

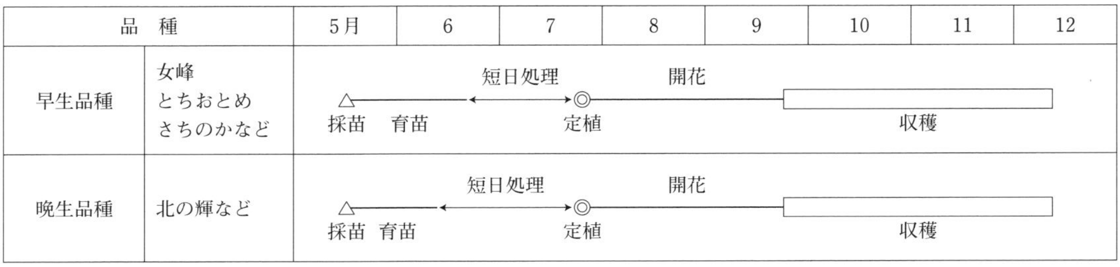

品　種		5月	6	7	8	9	10	11	12
早生品種	女峰 とちおとめ さちのかなど	△採苗 育苗		短日処理 → ◎定植		開花	収穫		
晩生品種	北の輝など	△採苗 育苗		短日処理 → ◎定植		開花	収穫		

第5図　短日処理による夏秋どり作型　　　　　　　　（山崎浩道原図）

くても5月ころとなる。それ以上採苗を早めるには，親株の加温あるいは暖地とのリレー育苗といった工夫が必要となる。それよりも，後述するように育苗期間を短縮することによって結果として短日処理開始を早めることができれば望ましい。

現実的には6～7月にかけて短日処理を始めることとなるが，処理時期を早めると，果実の発育時期が高温期にあたるため，一果重が小さくなる傾向にあり，また収穫初期には糖度が低く酸味の勝った果実になりやすいが，単価の高い時期に集中して収穫することができる。一方，処理時期を遅らせると，収穫開始も遅れるものの収量は増加し初期の果実品質も安定する。

これらを勘案した標準的な作型は第5図のようになる。適応品種は'女峰''とちおとめ''さちのか'，そして'北の輝'などである。盛岡での栽培を基準としているが，親株は前年の秋に定植しておき，低温に十分遭遇させたのち多重被覆下でランナーの発生を促す。5月中下旬に採苗し，1か月弱の育苗の後6月下旬から約1か月（'北の輝'の場合は約40日）の短日処理によって，9月下旬からの収穫が可能となる（山田ら，2003a）。

しかし，このように短日処理によって頂花房の分化を早めたとしても，本圃への定植後，生育が旺盛になった株の第2花房（腋花房）の分化が早まることはなく，そのまま加温促成栽培に移行した場合，大きな収穫の谷間が生じることになる。寒冷地の冬期の暖房コストのことを考えると，そのまま暖房を続け促成栽培に移行するよりも，年内どりのあと冬期間は栽培を休止したのち春から栽培を再開する，前述の株冷蔵抑制栽培で行なわれていたのと同様の，いわゆる二季どりタイプの作型を指向するのがよいと思われる。この際，'北の輝'のような休眠の深い品種を用いた場合は，越冬中の低温遭遇量をコントロールすることによって低温カット半促成栽培に移行でき，慣行の体系にも導入しやすい（矢野ら，2005）。一方，腋花房との谷間の解消のためには，後述のように本圃においても短日処理を継続する方法がある。

④短日処理に用いる苗の適性

処理可能な苗の大きさがまず問題になる。短日処理に対する苗齢の影響については品種によって反応が異なる。育苗期間を7，5，3，0週と変えた試験では，'北の輝'の0週区が1週間程度花芽分化が遅れるほかは，育苗期間の短い小苗でも2～3日遅れる程度であり影響は小さい（山田ら，2003b）。むしろ育苗期間の短い若い苗は活着が優れ定植後の生育が良好と観察される。ちなみに，このときの育苗期間0週とは，親株からランナーを鉢受けするのと同時に短日処理を開始する方法で，親株も同時に短日処理されている状態である。この方法によれば親株床全体を採苗と同時に短日処理することになり，短日処理のできる大型の親株床が必要となるものの，1）苗の移動や育苗のためのスペースが不要になり省力・軽労化につながる，2）親株と接続しているため苗の生育が促進され，さらに切り離された苗よりも花芽分化が早くなる，3）親株も花芽分化するため実取り株として使用できる，などの利点がある（山崎ら，2005；Yamasakiら，2008；第6図）。いずれに

第6図　親株とランナーで連結した苗との同時短日処理
親株からの採苗，育苗および短日処理を同時に1か所で行なえる
左：地床ハウスでの試験例，右：高設採苗での実施例（北海道豊浦町）

しても，短日処理中でも苗は生育するので，処理中のおよそ30日間も育苗期間の一部としてとらえるとよい。

促成栽培に用いるポット苗や低温暗黒処理のための苗においては，苗の窒素レベルが花芽分化に大きく影響する。この短日処理でも，窒素レベルの影響を受けるが，窒素レベルを低下させて出蕾開花が2，3日早まる程度であり，その影響は比較的小さいと考えられる（Yamasakiら，2003）。ただし，'北の輝'においては，早生品種に比較すると窒素レベルの影響を受けやすいので注意する必要がある。

⑤養分吸収量と施肥

本作型での養分吸収量は，a当たりで窒素1.0kg，リン0.15kg，カリ1.0kgとなっており，品種間で大差ない。時系列で見ると窒素の吸収パターンには品種間差がみられるものの，標準的には各成分1.5kg/a程度を基肥重点として緩効性肥料で施用するのがよい（山崎ら，2005）。

⑥**本圃における短日処理など花成の連続性の確保**

さて，これまで述べてきたように，一季成り性品種の夏秋期の栽培においては，花成の連続性を維持することが非常に困難であるといえる。冬期温暖・夏期冷涼なカリフォルニア地方では，一季成り性品種が低温量の不足と夏期の涼温によって花成が連続し四季成り化する「カリフォルニア効果」が起きている。わが国では，近年さらに早生化が進んでいる促成栽培向け品種を使えば，東北・北海道の太平洋岸地域で「やませ」などオホーツク海気団からの冷たく湿った東風が夏期に吹きつける冷害常襲地帯などでは，冬期の低温遭遇を調節することによってカリフォルニア効果を人工的に得ることは不可能ではないし，そのような事例もみられる（岩瀬，2005）。今後，品種との組合わせ如何では期待できる。

しかし，そのような効果が期待できない地域においては，夏秋どり前後の時期に花成を継続させるためには，本圃においても短日処理を継続する，もしくはクラウン部を冷却するなどの温度処理を行なう，などの方法によって本圃における花成を促進する必要があり，その後局所加温などで収穫を継続することになる（山崎ら，2009）。

本圃における短日処理は，'雷峰'などの品種を用いて行なわれている事例がある。本圃において短日処理装置が備わっていれば，6～8月の高温期における苗への短日処理にこだわる必要がなく，たとえば春植えの夏どりなどさまざまな作期が成立可能であり，今後の展開が期待される。

(3) 高温下における果実肥大，成熟特性

一季成り・四季成りを問わず，高品質果実生産を進めていくうえでは，夏期の温度環境の改

善を欠かすことはできない。イチゴ果実の発育に対する温度の影響に関しては多くの研究例があり、高温によって、乾物蓄積の遅れ（Miuraら、1994）やそう果数の減少（森、1998；第7図）が引き起こされ果実肥大が抑制されるだけでなく、花粉の稔性が低下したり（深田・黒木、2004；Ledesma and Sugiyama、2005）、胚珠の受精率が低下し不受精そう果率が高まるなどして、奇形果が多発することも懸念される（第8図；Pipattanawongら、2009）。また、高温時にはそう果の浮き上がり（種子浮き果）の発生が多くなる傾向にあるが、果面から浮いたそう果では胚の発育が遅れており、断根によって発生が促進される（二木ら、2009）。もちろん、糖や酸など内部品質への影響はいうまでもない。いかに施設内気温およびイチゴの体温を下げることができるかがポイントである。施設内の高温対策に関しては、クラウンの局部冷却（曽根ら、2005）、高設培地の気化冷却（大木、2005；山崎ら、2007）など、地下部周辺の局所的な環境改善がコスト的にも有利である。

執筆　山崎　篤（（独）農業・食品産業技術総合研究機構東北農業研究センター）

2012年記

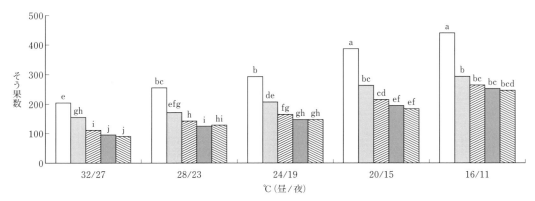

第7図　花芽分化後の温度が頂花房5果実のそう果数に及ぼす影響　　（森、1998）

横軸は温度（昼／夜）、各温度処理区における棒グラフは左から右に頂果→第5果のそう果数を示す
異なる英字間に有意差あり

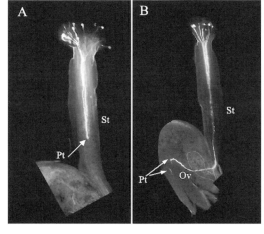 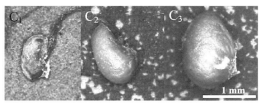

第8図　高温下でのとちおとめの花粉管の生育と受精、そう果の状態

（Pipattanawongら、2009）

左：Bは花粉管が胚珠に到達、Aは花粉管が胚珠に進入できず未受精、Pt：花粉管、St：花柱、Ov：胚珠
右：受粉18日後のそう果の状態。C1は未受精そう果、C2は発育停止したそう果、C3は正常に発育したそう果

参 考 文 献

深田直彦・黒木利美. 2004. 高温が四季成り性イチゴの生育, 花芽分化, 受精に及ぼす影響. 園学雑. **73**（別1）, 290.

古谷茂貴・浜本浩・安場健一郎. 1999. 寒冷地における短日処理がイチゴの早生品種の収穫期に及ぼす影響. 園学雑. **68**（別1）, 249.

二木智・下山奈穂美・船津正人・高塚明宏・今森久弥・前田智雄・鈴木卓・鈴木正彦. 2009. 四季成り性イチゴ'F$_1$エラン'の種子浮き果発生と関連した胚生長の遅れ. 園学研. **8**（別2）, 200.

Ito, H. and T. Saito. 1962. Studies on the flower formation in the strawberry plants. I. Effects of temperature and photoperiod on the flower formation. Tohoku Jour. Agr. **13**, 191—203.

岩瀬利己. 2005. やませ気象を利用した据え置き株によるイチゴの周年栽培. 農耕と園芸. **60**（6）, 186—189.

Jonkers, H. 1965. On the flower formation, the dormancy and the early forcing of strawberry. Meded. Landbouwhogesch. Wageningen. **65**, 1—59.

加賀屋博行・吉川朝美・藤本順治・上村隆策. 1992. イチゴの花成制御による秋田県における夏秋どり技術 第2報. 育苗床土の種類と花芽分化促進処理効果. 東北農業研究. **45**, 221—222.

熊倉裕史・宍戸良洋・佐藤孝夫. 1992. イチゴの花芽分化及び果実肥大に関する研究 第5報. 育苗期の遮光・短日処理が花芽分化に及ぼす影響. 東北農業研究. **45**, 229—230.

Ledesma, N. and N. Sugiyama. 2005. Pollen quality and performance in strawberry plants exposed to high-temperature stress. J. Amer. Soc. Hort. Sci. **130**, 341—347.

Miura, H., M. Yoshida and A. Yamasaki. 1994. Effect of temperature on the size of strawberry fruit. J. Japan. Soc. Hort. Sci. **62**, 769—774.

森利樹. 1998. 花芽形成期の温度がイチゴ果実のそう果数と果重に及ぼす影響. 園学雑. **67**, 396—399.

小川光・大越聡. 1995. イチゴ「女峰」の花芽分化促進方法に関する研究. 福島農試研報. **32**, 1—28.

大井美知男・浅田敏之・吉田裕一. 1993. 高冷地での短日処理によるイチゴの二年生株の腋花房誘導. 信州大農学部紀要. **30**, 13—17.

大木淳. 2005. 透湿性フィルムを活用した高設栽培システム. 農耕と園芸. **60**, 120—123.

Pipattanawong, R., K. Yamane, N. Fujishige, S. Bang and Y. Yamaki. 2009. Effect of high temperature on pollen-pistil fertility and development of embryo and achene in 'Tochiotome' strawberry. J. Japan. Soc. Hort. Sci. **78**, 300—306.

施山紀男・高井隆次. 1980. 育苗期の短日処理による花芽分化の促進に関する試験. 野菜試盛岡支場研究年報. **5**, 56.

曽根一純・沖村誠・北谷恵美・伏原肇. 2005. クラウン部局部冷却が四季成り性イチゴの夏秋季の生育・開花・果実品質に及ぼす影響. 園学雑. **74**（別1）, 306.

田村保男・藤本順治・畠山順三. 1980. 冷涼地における露地イチゴの日長操作による2回どり作型技術の確立 第2報. 短日処理による花成誘起法について. 東北農業研究. **27**, 187—188.

東北農業研究センター. 2008. 夏秋どりイチゴ栽培マニュアル（改訂版）. 1—86.

山田修・矢野孝喜・山崎篤. 2003a. 短日処理開始時期が夏秋どりイチゴの果実生産に及ぼす影響. 東北農業研究. **56**, 211—212.

山田修・矢野孝喜・山崎篤. 2003b. 短日処理前の育苗期間がイチゴの花芽分化に及ぼす影響. 園学要旨. 平15東北支部. 41—42.

Yamasaki, A., T. Yano and H. Sasaki. 2003. Out of season production of strawberries: The effect of a short-day treatment in summer. Acta Horticulturae. **626**, 277—282.

山崎篤・矢野孝喜・柳山浩之・山崎博子・長菅香織. 2005. 短日処理によるイチゴの花成に及ぼす育苗期間および親株との同時処理の効果. 園学雑. **74**（別1）, 303.

山崎篤・矢野孝喜・長菅香織・稲本勝彦・山崎博子. 2008. 一季成り性イチゴの短日下における花芽分化可能な温度. 園芸学研究. **7**（別1）, 175.

Yamasaki, A., T. Yano, K. Nagasuga, K. Inamoto and H. Yamazaki. 2008. Improving the efficiency of short-day propagation by retaining the stolon connection of the runner plant. Proceedings of 2007 North American Strawberry Symposium. 38—41.

山崎浩道・濱野惠・今田成雄. 2004. 短日処理時の昇温抑制法が10・11月どりイチゴの開花, 収量等に及ぼす影響. 東北農業研究. **57**, 191—192.

山崎浩道・濱野惠・今田成雄. 2005. 寒冷地での10・11月どりイチゴ栽培における窒素吸収. 土肥

学会講演要旨集. 51, 249.

山崎浩道・濱野恵・岡本潔・矢野孝喜・杉戸克裕・佐藤正衛・今田成雄. 2006. 東北地域におけるイチゴ秋どり栽培の気象的適地のマッピング. 東北農業研究. 59, 179—180.

山崎浩道・濱野恵・矢野孝喜・本城正憲・森下昌三. 2009. 寒冷地でのイチゴ秋春二期どり栽培における簡易環境制御による収穫期間の延長. 園学研. 8（別2）, 197.

山崎敬亮・熊倉裕史・濱本浩. 2007. 促成イチゴの高設栽培における連続出蕾性に与える定植後の培地昇温抑制と施肥時期の効果. 近中四農業研究センター研究報告. 7, 35—47.

矢野孝喜・長菅香織・山崎博子・山崎篤. 2005. イチゴ越年株を利用した夏どり栽培に関する研究 第2報. 前年秋および翌春の生育条件がその後の開花に及ぼす影響. 園学雑. 74（別2）, 431.

夏秋どり栽培——四季成り性品種

(1) 生産と流通の現状

わが国のイチゴは冬春イチゴと夏秋イチゴに大きく分けられる。冬春イチゴは促成栽培と半促成栽培によって生産され，一季成り性品種を使用して，11月から翌年5月ころまで収穫される。これに対し，夏秋イチゴは6月から11月に収穫され，1990年代に生産が始まった。夏秋イチゴは洋菓子などの業務用に供され，おもに四季成り性品種が使われている。一季成り性品種は短日植物であるため，日長が短い秋から春に開花し，日長が長い夏には開花しない。一方，四季成り性品種は長日植物であることから日長が長い夏でも開花する。わが国のイチゴの需要期は12月から翌年5月にかけてのおよそ半年間に集中し（第1図），6月から11月の期間は国内での生産は少なく，消費も洋菓子用などに限定される。かつて，洋菓子メーカーではほぼ全量を海外からの輸入に依存していたが，国内で夏秋イチゴが生産されるようになり，徐々に輸入イチゴから国産イチゴに置き換わった。2011年現在の夏秋イチゴの国内自給率は30％程度と推定されている。主要産地は北海道，東北，長野県および徳島県などの夏期冷涼な地域である。全体の栽培面積は80～100ha程度と推計されている（第1表）。冬春イチゴ（6,600ha）と比べて栽培面積はきわめて少ないが，寒冷地の貴重な換金作物になっている。

夏秋イチゴで重視される特性は外観，輸送・日持ち性である。高温期に生産されるため果実品質の劣化は避けられない。夏秋イチゴの市場規模は小さいが，優良な品種，高品質多収のための栽培と輸送技術が求められている。

第1表 四季成り性品種による夏秋イチゴの作付け面積

No.	県 名	作付け面積 (ha)
1	北海道	27.70
2	青森	9.10
3	岩手	3.00
4	宮城	5.50
5	秋田	8.30
6	山形	4.65
7	福島	1.90
8	栃木	1.21
9	群馬	0.00
10	新潟	0.38
11	山梨	0.50
12	長野	8.11
13	岐阜	1.30
14	岡山	0.30
15	広島	3.30
16	山口	0.10
17	徳島	3.60
18	熊本	0.69
19	宮崎	0.54
	合 計	80.18

注 2008年，青森県集計

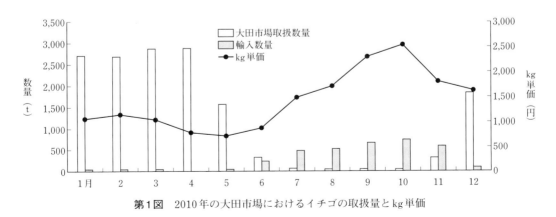

第1図 2010年の大田市場におけるイチゴの取扱量とkg単価

(2) 四季成り性品種とは

イチゴには一季成り性品種と四季成り性品種があることはすでに述べた。短日植物である一季成り性品種は，自然条件では，秋の短日条件で花芽分化し越冬後にその花芽が開花・結実して収穫され，その後再び栄養生長に戻るため，欧米ではJune-bearingと呼ばれている。これに対し，四季成り性品種は春から秋にかけて花芽分化を繰り返し，日長が短い冬期にも温暖な地域では収穫が可能であることからEver-bearingと呼ばれている。

さらに，四季成り性品種には大きく分けて従来型品種（Older ever-bearers）とDay-neutral型品種の2種類がある。Day-neutral型は北アメリカに自生する*Fragaria virginiana* ssp. *glauca*に起源を持つ品種群とされ，1979年に初めて商業品種が発表された。Day-neutral型は，その名の通り，日長に影響されることなく花芽分化するイチゴとされている。一方，従来型はDay-neutral型品種が開発される以前から北アメリカやヨーロッパで栽培されていた四季成り性品種を材料にして育成された長日性の品種群である。多くの研究者によって従来型品種とDay-neutral型品種の相違が研究されたが，これまでのところ両者の間に明確な差異は認められていない（施山ら，1989；SonstebyとHeide，2007；シンプソン，2000；Nishiyamaら，2008）。近年のアメリカでは従来型も含め，四季成り性品種はDay-neutralsと呼ばれている（Ahmadiら，1990）。

(3) わが国の四季成り性品種の開発

わが国最初の四季成り性品種は大石俊雄氏によって開発された。大石氏は，生産者が山上げ育苗などに多くの労力をかけているのを見て，四季成り性品種の開発を思い立った。四季成り性の'クリムゾン・モナーク'と一季成り性の'鳳香'を交配して1954年に'大石四季成1号'を育成し，さらに1966年に'大石四季成'（'大石四季成2号'と同じ）を発表した。しかし，これらの品種は試験栽培されたが普及には至らなかった。四季成り性品種の営利栽培が定着したのはそれからおよそ20年後の'みよし'が育成されてからである。'みよし'は徳島県が一季成り性の'媛育'に'大石四季成'を交配して1987年に開発した品種であり，当時高冷地野菜産地であった標高1,000mの水の丸地区に導入され，生産・出荷された。同年，奈良県でも四季成り性の'夏芳'と'麗紅'の実生系統を交配して'サマーベリー'が育成された。そして，1995年に（株）ホープが'サマーベリー'と'大石四季成'を交配して'ペチカ'を開発した。'ペチカ'の登場によってわが国の夏秋イチゴ栽培は本格化した。このあと，多くの四季成り性品種が次々と開発された。1980年代に5品種であったものが，1990年代には12品種，2000年代には28品種，2010年と2011年には23品種が登録された（第2表）。四季成り性品種の育成にはおもに'大石四季成''みよし''サマーベリー'が育種親に使われている。これらの品種は従来型四季成り性品種と呼ばれるグループに属し，Day-neutral型四季成り性品種とは別グループである。従来型四季成り性品種はヨーロッパでは'Uberreich'，北アメリカでは'Pan American'などに由来する品種群を指す。一方，Day-neutral型は，前述したとおり，*Fragaria virginiana* spp. *glauca*を起源とする品種群である。1979年にBringhaurstらによって商業品種が初めて発表され，世界中に普及拡大した。わが国では'円雷''デコルージュ''サマーティアラ'がDay-neutral型に属する（第2図）。

四季成り性品種の開発は民間企業，農業試験場および個人によって行なわれている。川岸氏のデータ（第3表）によれば，栽培面積がもっとも多い夏秋イチゴ品種は'ほほえみ家族'，次いで'エッチエス-138'だが，近年'ペチカサンタ'（（株）ホープ），'ペチカピュア'（（株）ホープ），'すずあかね'（ホクサン（株）），'なつおとめ'（栃木県），'サマーティアラ'（山形県）などの新品種が開発されたことで品種構成に変化が起きている。

夏秋どり栽培——四季成り性品種

第2表 これまでに国内で発表された四季成り性品種

品種名	子房親	花粉親	発表年	育成者あるいは場所
大石四季成1号	クリムゾン・モナーク	鳳香	1954	大石俊雄
堀田ワンダー	福羽	四季成	1957	堀田雅三
大石四季成2号	Institute2	大石四季成1号	1966	大石俊雄
ミタニ	大石四季成2号の突然変異		1983	協和種苗
夏芳	紅滝の自殖実生	Aiko	1986	芳岡昭夫
みよし	媛育	大石四季成	1987	徳島県
サマーベリー	夏芳	麗紅	1987	奈良県
円雷	Donner	CN-18	1988	市川清
エバーベリー	大石四季成	はるよい	1991	野菜・茶業試験場
雷峰	円雷	女峰の実生系統	1992	市川清
セリーヌ	大石四季成	夏芳	1993	(株)ホープ
純ベリー	大石四季成×山口5号	愛ベリー	1994	山口照男
ペチカ	大石四季成2号	サマーベリー	1995	(株)ホープ
セレナータ	Sans rivale×Potentilla palustris	Huxly	1996	ケネス マルコーン ミュアー
池光	(四季成り性品種×愛ベリー)×みよし	ひのみね	1996	川人健一
ミューア	Cal70.3-117	Cal71.98-605	1997	ザ リージェンツ オブ ザ ユニバーシティ オブ カリフォルニア
ケイトリン	偶発実生		1997	プラントサイエンスィズインコーポレーション
アービン	Douglas	Cal75.71-105(MUIR)	1997	ザ リージェンツ オブ ザ ユニバーシティ オブ カリフォルニア
シースケープ	Selva	Douglas	1997	ザ リージェンツ オブ ザ ユニバーシティ オブ カリフォルニア
キャピトラ	Cal75.121-101	Parker	1997	ザ リージェンツ オブ ザ ユニバーシティ オブ カリフォルニア
スイートチャーミー	池光	愛ベリー	2001	川人健一
マラー	DORIT	CHANDLER	2002	イスラエル国立農業研究所ボルカニセンター
サマープリンセス	麗紅×夏芳	女峰	2003	長野県
エラン	M56	P31	2004	ABZアールドバイエン・アウト・ザート有限会社
エッチエス-138	Tribute×エバーベリー	盛岡16号	2004	北海三共株式会社
純ベリー2	純ベリー	女峰	2004	山口照男
アロマス	育成系統	育成系統	2004	カリフォルニア大学評議員
ガビタオ	育成系統	育成系統	2004	カリフォルニア大学評議員
ディアマンテ	育成系統	育成系統	2004	カリフォルニア大学評議員
峰クイーン	スイートチャーミー	池光	2004	阿波みよし農業協同組合
カレイニャ	みよし	サマーベリー	2004	畑中克彦
みずのまる	サマーベリー実生選抜系統×宝交早生	みよし	2005	尾方孝男
サマールビー	サマーベリー×みよし	アスカウェイブ	2005	(有)ミカモフレテック
きみのひとみ	女峰×サマーベリー	みよし×サマーベリー	2005	(株)旭川ブリックス
峰クイーン21	峰クイーン	さちのか	2005	阿波みよし農業協同組合
ほほえみ家族	女峰×サマーベリー	みよし×サマーベリー	2006	造田芳博、泰松恒男、畑中克彦
エスポ	大石四季成2号	はるのか	2006	(株)ホープ
風のアリス	スイートチャーミー	峰クイーン	2006	上野保和、上野友崇
あわなつか	(みよし×久留米48号)×みよし	スイートチャーミー×池光	2007	徳島県
とちひとみ	セリーヌの実生選抜個体	さちのか	2007	栃木県
デコルージュ	Pajaro	盛岡26号	2007	独立行政法人農業・生物系特定産業技術研究機構
なつあかり	サマーベリー	北の輝	2007	独立行政法人農業・生物系特定産業技術研究機構
山口ST9号	(とよのか×アイベリー)×(はるのか×女峰)	とよのか×サマーベリー	2007	山口県
あわいつも	峰クイーン	池光	2007	有限会社新居バイオ花き研究所
サマーキャンディ	とちおとめ	サマーベリー×盛岡26号	2008	宮城県
かいサマー	章姫	エラン	2009	山梨県
ベリーナイス	サマープリンセス	エラン	2009	高橋哲尚
ラバー	さちのか	自然交雑実生	2009	尾曲修二
夏子	スイートチャーミー	育成系統	2010	川人新一・川人茂・川人健一
スイートチャーミー2	峰クイーン	さちのか	2010	川人新一・川人茂・田人純二
新白鳥1号	ほほえみ家族	きみのひとみ	2010	畑中克彦・泰松真知子・泰松恒男

(次ページへつづく)

イチゴ栽培の基本技術

品種名	子房親	花粉親	発表年	育成者あるいは場所
新白鳥2号	ほほえみ家族	きみのひとみ	2010	畑中克彦・泰松真知子・泰松恒男
新白鳥4号	ほほえみ家族	きみのひとみ	2010	畑中克彦・泰松真知子・泰松恒男
Durban	育成系統	育成系統	2010	ABZアールドバイエン・アウト・ザート有限会社
みやざきなつはるか	育成系統	スイートチャーミー	2010	宮崎県
なつじろう	育成系統	エッチエス-138	2010	北海道
すずあかね	エッチエス-138	育成系統	2010	ホクサン（株）
ペチカサンタ	エルサンタ	育成系統	2010	（株）ホープ
ペチカピュア	育成系統	さちのか	2010	（株）ホープ
サマーエンジェル	サマープリンセス	紅ほっぺ	2010	長野県
あわっ娘	スイートチャーミー2	あわいつも	2010	川人新一・川人茂・川人健一
ティンカーベリー	スイートチャーミー2	あわいつも	2010	川人新一・川人茂・川人健一
サマーティアラ	Selva	紅ほっぺ	2011	山形県
サマーアミーゴ	徳系2号×サマーベリー	サマーフェアリー	2011	徳島県
サマードロップ	みよし	Rosa Linda	2011	宮城県
瑞の香	偶発実生		2011	野中剛
HD06-1	サマーベリー	ペチカ×Polka	2011	日本デルモンテ（株）・（株）ホープ
HD06-11	Elsanta×ペチカ	サマーベリー	2011	日本デルモンテ（株）・（株）ホープ
信大　BS8-9	サマープリンセス	女峰の自殖後代	2011	信州大学
カムイレッド	峰クイーン	峰クイーン21	2011	川人新一・川人茂・川人アイ子・川人未記子・青野文泰
なつおとめ	栃木24号	育成系統	2011	栃木県

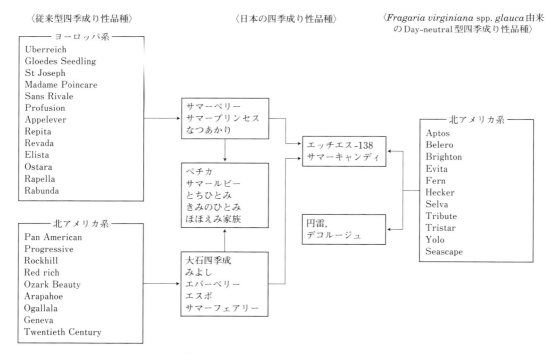

第2図　日本の四季成り性品種の由来

第3表 2009年度四季成り性品種の推定作付け面積 (川岸)

品　種	全出荷状況		うち北海道		備　考
	本　数	推定面積 (ha)	本　数	推定面積 (ha)	
エッチエス-138	700,000	14.0	350,000	7.0	道内分50％と仮定
すずあかね	220,000	4.4	130,000	2.6	
ペチカピュア	435,000	8.7	304,500	6.1	道内分70％と仮定
ペチカサンタ	429,000	8.6	21,450	0.4	道内分5％と仮定
ほほえみ家族	850,000	17.0	578,000	11.6	
エラン	—	—	83,650	1.7	2008年度系統実績による推定面積
ペチカ	314,000	6.3	219,800	4.4	道内分70％と仮定
サマールビー	—	—	99,713	2.0	2008年度系統実績による推定面積
白鳥シリーズ	—	—	200,000	4.0	
サマーアミーゴ		2.6		0.0	徳島県村井氏からのデータ
合　計		61.6		39.7	

注　作付け面積は5,000本/10aで試算した推計値である

(4) 四季成り性の遺伝

四季成り性の遺伝については，従来2つ以上の優性補足遺伝子と少なくとも4つの劣性遺伝子（Powers, 1954），2つの優性補足遺伝子（Ourecky・Slate, 1967），単因子優性遺伝子（Ahamadiら，1990；門馬ら，1990；Sugimotoら，2005），ポリジーン（SerceとHancock, 2005；Weebaddeら，2008）支配などの諸説があった。説が一致しないのは，四季成り性が日長や温度に影響されて判定が難しいこと，また試験に供される四季成り性品種の来歴が異なるためとされている（Hancock, 1999）。従来，四季成り性の判定は夏期の自然条件下で行なわれており，日長反応に基づくものではない。沖村ら（2004）は，四季成り性と一季成り性の判別を24時間日長条件下で行ない，高い精度で判別できることを示した。森下ら（2012b）は，沖村ら（2004）の方法を使って四季成り性の遺伝解析を行ない，四季成り性が単因子優性遺伝子支配であること，また従来型とDay-neutral型の四季成り性遺伝子が同一座の遺伝子であることを明らかにした。近年，四季成り性遺伝子の分子マーカーの開発が精力的に行なわれ，実用性の高い四季成り性DNAマーカーが見つかっていることから，今後，四季成り性育種がいっそう効率化するものと期待されている。

(5) 四季成り性の強さ

①四季成り性の分類をめぐって

四季成り性品種は四季成り性遺伝子の由来によって従来型とDay-neutral型の2つに分類できるほか，四季成り性の強さによっても分けることができる。四季成り性品種には夏秋期を通じて花房が多く発生する品種から少ない品種まで幅広い変異が存在する。この特性を四季成り性の強さ，あるいは連続開花性，連続出蕾性と呼んでいる。NicollとGalletta（1987）は従来型とDay-neutral型を含む9つの四季成り性品種を供試して夏秋期の連続開花性と葉面積，クラウン数などの形態特性を調査して，四季成り性品種を強いday-neutral，中間的なday-neutral，弱いday-neutralの3タイプに分類することを提案するとともに，おのおのの形態モデルを提示した。四季成り性の強い品種では花房が連続発生するため，収穫の集中が起こり，摘花房あるいは摘花作業が必要となる。これに対して，弱い品種では花房の発生が不連続で少ないため低収となり，花房数を増やす工夫が必要である。四季成り性の強さは収量や収穫作業に影響する重要形質である。その詳細は長く不明であったが，近年少しずつ明らかになってきた。

②イチゴの分枝様式

一季成り性品種は春から夏に栄養生長し，秋に花芽分化する。これに対して，四季成り性品

イチゴ栽培の基本技術

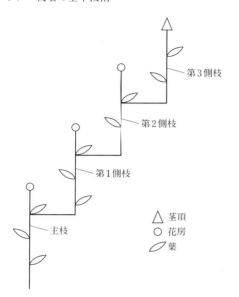

第3図　四季成り性品種の側枝と花房の模式図

種は適温であれば1年を通して花芽分化を繰り返す。

イチゴの分枝様式は仮軸分枝といい、茎頂部に花房が分化すると、その直下の葉腋から新たな側枝が発生する。側枝は数枚の葉を分化して再びその茎頂部に花房を分化する（第3図）。このサイクルをほぼ休みなく繰り返すのが四季成り性品種である。

③四季成り性の強さと花房数，側枝葉数の関係

'Hecker''みよし''ペチカ'および'エバーベリー'などの品種は四季成り性が強く、こ れに対して、'サマーベリー''Selva'および'なつあかり'などは弱い品種とされている。第4図は東北農業研究センターの露地圃場で、'ペチカ'と'なつあかり'の越年苗を用いて、花房発生数を追跡調査した結果である（森下ら，2009）。それによると、'ペチカ'では5月下旬～6月上旬に越冬後最初の開花があり，15日程度の休止後，再び6月下旬から開花を始めた。7～8月には合計13.6本の花房が発生し，9月以降減少して，11月上旬には花房の発生が停止した。11月中旬までに発生した1株当たり総花房数は22.4本である。一方，'なつあかり'では5月中旬～下旬に最初の開花があり，30日程度の休止期間を経て，7月上旬から再び開花が始まった。7～8月には合計5.6本の花房が発生し，その後11月中旬まで漸次減少した。11月中旬までの'なつあかり'の総花房数は12.2本で，'ペチカ'の約2分の1であった。

11月中旬に'ペチカ'と'なつあかり'の株をそれぞれ掘り上げ，解体して側枝葉数を調査した結果，'ペチカ'の側枝葉数は'なつあかり'のおよそ2分の1と少なかった（第5図）。このことから、四季成り性が強い'ペチカ'は四季成り性が弱い'なつあかり'よりも短い間隔で花房を次々と分化するために総花房数が多いと考えられた。

④四季成り性の強さと第1花房着生節位の関係

四季成り性が強い品種では花房が多く発生し、弱い品種では少ない。第6図は四季成り性

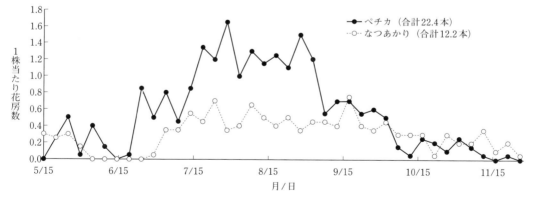

第4図　ペチカとなつあかりの露地栽培における花房数の時期的変化
定植日：4月13日，供試株数：20株

夏秋どり栽培——四季成り性品種

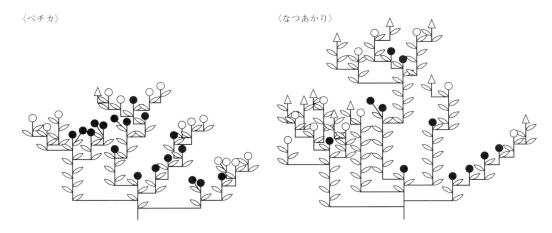

● 開花・結実花房　○ 花芽分化・発育花房　△ 花芽未分化生長点　⌒ 葉

第5図　ペチカとなつあかりの分枝構造と花房および側枝葉数（11月中旬調査）

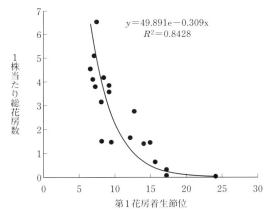

第6図　第1花房着生節位と1株当たり総花房数の関係

第4表　第1花房着生節位による品種分類と四季成り性の強さ　　　（森下ら，2012a）

第1花房着生節位（節）	供試品種
6	みよし（強）[1]，とちひとみ（強）
7	ペチカ（強），Hecker（強），エバーベリー（強）
8	デコルージュ，サマープリンセス，サマーティアラ
9	エッチエス-138，みやざきなつはるか，盛岡34号
12	きみのひとみ，サマーフェアリー
14	大石四季成
15	Selva（中），Appelever
17	サマーベリー（中），盛岡33号
24	なつあかり（弱）

注　1)（　）内は四季成り性の強さを表わす。文献（熊倉・宍戸，1994；沖村ら，2005；泰松，1993；植木ら，2006）から引用して一部加工した

品種のランナー子株の第1花房着生節位と1株当たり総花房数との関係を示したものである。それによると，総花房数は第1花房着生節位が低い品種ほど多く，高い品種ほど少ない。つまり，四季成り性が強い品種ほど第1花房の着生節位は低い傾向がある。これまでの研究（熊倉・宍戸，1994；沖村ら，2005；泰松，1993；植木ら，2006）によれば，'Hecker' 'エバーベリー' 'みよし' 'とちひとみ' は四季成り性が強く，これに対して 'サマーベリー' 'Selva' は弱いとされている。東北農業研究センター育成の 'なつあかり' は 'サマーベリー' よりもさらに四季成り性が弱い品種である。第4表は主要な四季成り性品種を第1花房着生節位によって分類したものである。それによると，四季成り性が強い品種ほど第1花房着生節位は低く，弱い品種ほど高いことが認められた。

第1花房着生節位はランナー子株が第1花房を分化するまでの葉数であり，第1花房頂花の開花日との相関が高く，第1花房着生節位が低い品種ほど第1花房頂花の開花は早く，高い品種ほどおそい。つまり，四季成り性の強さと開

花の早晩性とは同義の形質と考えられる。これまで四季成り性品種では早晩性を調査した例はないが，今後は四季成り性品種の調査項目に早晩性を加えるべきである。四季成り性の強さと早晩性との相関関係は実生個体でも確認されており，第1花房頂花の開花が早い実生個体を選抜すれば四季成り性の強い実生個体が選ばれ，おそい実生個体を選抜すれば四季成り性の弱い実生個体が選ばれることがわかっている。前述したように四季成り性の強さは収量や管理作業にかかわる重要形質である。早晩性による選抜は四季成り性品種の開発を加速すると考えられ，早晩性は四季成り性品種の重要な形質である。

(6) 花成を左右する要因

四季成り性品種の花成は環境条件によって変動するため花房の発生は周年を通して一定していない。高温は花成を抑制して花房の発生を減少あるいは停止させる。苗齢や日長も花成に大きな影響を及ぼす。四季成り性品種の花成制御については一季成り性品種のようには研究されていないが，これまでに明らかになった点を紹介する。

①苗齢と苗の選択

四季成り性品種の花成は苗齢に影響され，苗齢の高い株ほど花芽分化しやすいとされている。泰松（1993）は当年苗の葉数別花芽分化状況を調査して，8月15日では9葉以上，10月25日では4葉以上の株で花芽分化を認め，若齢苗ほど高温による花芽分化抑制が強いとした。また，越年苗は当年苗に比べて高温による花成抑制が小さいことを明らかにしている。第5表は四季成り性品種の当年苗と越年苗の開花日および1株当たり総花房数を示したものである。越年苗は当年苗に比べて開花が早く，花房数も多いことから夏秋どり栽培には越年苗（冷蔵苗）が利用される。

②低温遭遇量の影響は小さい

イチゴは自然条件下では冬期生育を停止して休眠する。休眠の打破には低温が必要である。一季成り性品種では休眠が完全に覚醒され

第5表　当年苗と越年苗の開花日および1株当たり総花房数

品　種	越年苗		当年苗	
	開花日[1] （月／日）	総花房数	開花日[2] （月／日）	総花房数
とちひとみ	6/9	6.5	6/26	4.3
Hecker	6/15	5.8	7/7	4.1
ペチカ	6/14	4.4	7/3	3.7
エバーベリー	6/14	5.6	7/8	3.6
デコルージュ	6/26	5.6	8/4	3.3
なつあかり	6/30	2.9	8/16	1.5
平　均	6/18	5.3	7/16	3.4
当年苗と越年苗の相関係数		0.989**		0.836*

注　1）越冬後，最初に分化した花房の開花日
　　2）第1花房の開花日
　　＊および＊＊はそれぞれ5％，1％水準の有意性ありを示す

第6表　日長が1株当たり総花房数に及ぼす影響

品　種	自然日長 (A)	24時間日長 (B)	12時間日長 (C)	平　均	差 (B－A)	差 (C－A)
Hecker（DN）[1]	7.4a	8.7c	1.6bcd	5.9	1.3NS	－5.8**
大石四季成（EB）	5.3b	10.0c	2.7ab	6.0	4.7**	－2.6**
サマープリンセス（EB）	5.5b	5.5ab	3.5a	4.8	0.0NS	－2.0**
サマーティアラ（DN）	2.5cd	4.8ab	1.7bc	3.0	2.3**	－0.8*
みやざきなつはるか（EB）	3.6c	3.9a	3.0a	3.5	0.3NS	－0.6NS
サマーベリー（EB）	1.8de	6.2b	0.5de	2.8	4.4**	－1.3**
Selva（DN）	1.9d	5.7b	1.0cde	2.9	3.8**	－0.9**
なつあかり（EB）	0.3e	5.5ab	0.0e	1.9	5.2**	－0.3NS
平　均	3.5	6.3	1.8	3.9	2.8	－1.8

注　1）DN：day-neutral型四季成り性品種，EB：従来型四季成り性品種
　　異なるアルファベット間はTukeyの多重検定による5％水準で有意差ありを示す
　　＊，＊＊およびNSはそれぞれ5％，1％水準の有意性ありおよび有意性なしを示す

ると，しばらくの期間花芽分化しないとされている。四季成り性品種も低温遭遇によって花芽分化が抑制されるが（Smeets，1982），一季成り性品種に比べ，その程度は小さく（柳・織田，1989；秦松，1993），また花成抑制期間の長さには品種間差異があるといわれている（沖村ら，1995）。四季成り性品種が休眠打破されて栄養生長に復帰した後，再び花芽分化を開始するまでの期間は花成抑制期間と花成誘導期間とに内訳されるが，それぞれの長さを計測した研究はまだない。沖村ら（1995）は'Hecker'および'Aptos'は'Selva'に比べ花成抑制期間が短いとしている。しかし，これが真に花成抑制期間のみの差異であるのか，花成誘導期間の長さにも違いがあるのかについては，今後の検討を待たなければならない。現状の越年苗（冷蔵苗）を利用した夏秋どり栽培では低温遭遇量の影響は小さく，重要な要因ではない。

③温度の影響と高温対策

　清水ら（1977）は，16時間日長では20～15℃＞25～20℃＞25～30℃の順で花房数が多いとしている。西山ら（1999）は'サマーベリー'が20/15℃および25/20℃では8時間日長，24時間日長のいずれでも花芽形成するが，30/25℃の8時間日長では花芽形成を停止することから，'サマーベリー'は高温下において質的長日性を示すとしている。SonstebyとHeide（2007）も'Elan'が低～中温（9～21℃）では量的長日であるが，高温（27℃）の短日条件では開花がほとんど抑制されることを認め，西山らの説を支持した。このように四季成り性品種の花成は高温によって著しく抑制される。自然条件下では高温による花房数の減少は9月ころに現われる。花芽分化から出蕾までには30～40日を要するため，9月中旬に出蕾する花房の花芽分化期は8月上旬ころである。したがって，7月中旬～8月上旬の高温が花成を抑制し，9月中旬ころの花房数を減少させると考えられる。高温対策としては，夏期冷涼な場所で栽培することのほか，遮光資材の展張，クラウン冷却，長日処理などが有効である。

第7表　日長が1次側枝および2次側枝の葉数に及ぼす影響

品　種	日　長	1次側枝葉数	2次側枝葉数
Hecker（DN）[1]	自然	1.9b	2.4b
	24時間	2.3b	1.3c
	12時間	5.0a	4.6a
大石四季成（EB）	自然	3.9ab	3.3b
	24時間	2.0b	1.2c
	12時間	5.4a	4.9a
サマープリンセス（EB）	自然	2.1a	2.1a
	24時間	1.3a	0.3a
	12時間	2.9a	2.6a
サマーティアラ（DN）	自然	3.2a	2.5a
	24時間	2.2a	1.3b
	12時間	3.3a	2.4a
みやざきなつはるか（EB）	自然	1.7a	1.5ab
	24時間	1.3a	0.8b
	12時間	1.8a	2.7a
サマーベリー（EB）	自然	3.2b	3.7b
	24時間	1.6c	0.8c
	12時間	5.0a	3.3ab
Selva（DN）	自然	3.5b	4.1a
	24時間	1.4c	0.7b
	12時間	4.8a	4.5a
なつあかり（EB）	自然	3.4a	2.0a
	24時間	0.6b	0.8b
	12時間	3.3a	2.0a
平　均	自然	2.9	2.7
	24時間	1.6	0.9
	12時間	3.9	3.4
分散分析	要因		
	品種	**	**
	日長	**	**

注　1）DN：day-neutral型四季成り性品種，EB：従来型四季成り性品種
　　異なるアルファベット間はTukeyの多重検定による5％水準で有意差ありを示す
　　＊＊は1％水準の有意性を示す

④日長と長日処理

　長日が四季成り性品種の花成を促進することは前でも述べたが，第6表は24時間（24h），12時間（12h）および自然日長（自然）条件下で四季成り性品種の1株当たり総花房数を比較した結果である。それによると，総花房数は24h区でもっとも多く，次いで自然区，12h区の順となり，日長が長いほど花房数は多い。

イチゴ栽培の基本技術

1次側枝と2次側枝の葉数に及ぼす日長の影響を調べたのが第7表である。それによると，側枝葉数は12時間＞自然＞24時間の順となり，日長が長いほど側枝葉数は少ない。24時間区は短い間隔で花房が次々と分化するために花房数が多いと考えられた。濱野（2011）は当年苗に対して自然，16時間，16時間＋4時間光中断および24時間日長処理を行ない，24時間日長がもっとも花成誘導効果が高いことを明らかにした。長日処理は四季成り性品種の花房数を増やす有効な方法である。高温期の花成促進に有効な長日処理法を詳細に検討して，技術として確立することが今後の課題である。

(7) 栽培方法

①苗の入手法と定植，栽培方式

四季成り性品種は一季成り性品種に比べてランナーの発生が一般に少なく，生産に必要な株数を確保することが難しいとされている。このため，自家採苗の場合には低温に十分遭遇した

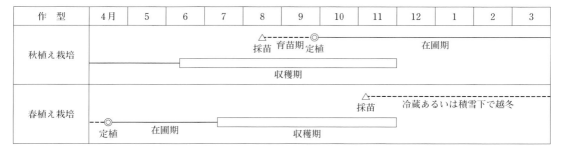

第7図　夏秋どりイチゴの主要作型

第8表　春植え栽培と秋植え栽培の作業上の要点

作　業	春植え	秋植え
採苗・育苗	9月に採苗し，一時仮植床で育苗した後，11月上中旬に掘り上げて，下葉と土壌を除去したものを−1℃の冷蔵庫に入庫，保存する。あるいは7～8月に小型ポットに鉢受けして積雪下で越冬させる	7～8月にランナー子苗を小型ポットに受けて育苗する。鉢受けがおそい場合，苗が不揃いとなるので，適期に短期間で終える。不揃いが目立つ場合には苗を大きさで二分あるいは三分しておく
定　植	冷蔵苗の場合，3月に小型ポットに鉢上げして1か月程度養生させた後，4月上中旬に定植する。あるいは冷蔵苗を直接定植する。越冬苗の場合，積雪下から掘り出してハウス内でしばらく養生させた後，下葉などを除去してから定植する	9月～10月上旬に定植して，気温が低下するまでに根付かせる。苗が不揃いの場合には大きさで分けて定植する
定植後の管理	低温障害のある花房は摘除。生育が不十分な株は初期の花房を摘除する。強勢芽を3本程度残して，弱勢芽は除去する	
施肥・水管理	施肥量と灌水量は培地の種類，温度，日射量，着果量などによって日々異なるが，1日当たり・株当たり窒素量は10～15mgを目安とする。1回当たりの灌水量は少量（50ml/株）とし，温度，着果量に応じて1日当たりの回数を定める。株の健康状態を早朝の溢泌液量でチェックする。多灌水は果実の硬度低下，着色不良の原因となるので適量を心がける	
温度管理	イチゴの生育適温は15～20℃，果実品質の適温は10～15℃である。夏秋期は適温を遥かに超える高温であるため，遮光資材，強制換気，白マルチなどによって植物体温，果実温の上昇を抑える	
摘　果	業務用では中玉が好まれ，大玉，小玉は価格が安い。また，着果過多は株疲れの原因になるため，1果房当たりの果実数を制限する。1果房当たりの果実数は原則5果程度とし，15g前後の価格の高いサイズ（24玉）を多く出荷するため，規格外品は摘果する。温度が高い7～9月は頂果および5番果以下を摘果，10月以降は7番果以下を摘果して，規格外品をできるだけ最少にとどめる	
収　穫	収穫は温度が低い早朝の時間帯に行なう。収穫する果実の着色度をあらかじめ定めておく。収穫果は冷蔵庫で品温を下げた後，箱詰めする	

親株を早く定植して，春先から保温するなどの早期発生を促す管理が望ましい。生産株を外部から購入する場合にはこのような作業は不要となるが，種苗費を支払わなければならない。

夏秋イチゴでは冷蔵苗を業者から購入することが一般的であり，促成栽培のように生産者が自家採苗することは少ない。苗は冷蔵苗で届くため，流水でそれらを解凍して，直接定植する方法とポットに植え付けてしばらく養生してから定植する方法とがあるが，それぞれ一長一短があり，生産者の選択に委ねられている。

栽培方式には高設栽培と土耕栽培がある。高設栽培が一般的であるが，設備費が高額であるため，土耕栽培を行なう生産者もいる。高設栽培にはさまざまな方式が提案され，そのための設備や培土などの必要資材が販売されている。

②秋植え栽培と春植え栽培

四季成り性品種による夏秋どり栽培には秋植え栽培と春植え栽培がある（第7図）。秋植え栽培と春植え栽培の栽培上の要点を第8表にまとめた。

秋植え栽培は夏に採苗，9～10月に定植して，翌年6～11月に収穫する。春植え栽培は冷蔵苗を3月上旬に出庫，30日程度小型ポットに仮植して苗を養生する。この間に発生する花房は摘除，4月上中旬に定植して7月から11月まで収穫する。総収量では秋植えが春植えに比べて多収であるが，夏期の収量では春植えが勝るため，夏秋どり栽培では春植えが基本となっている。

③定植後の管理

通常，四季成り性品種による夏秋どり栽培では2～3芽仕立てが行なわれる。四季成り性品種は一季成り性品種と比べて，側枝の発生が旺盛である。茎頂部に花房が分化するとその直下の葉腋から側枝が発生し，その茎頂部に花房が再び分化する。この性質は四季成り性品種も一季成り性品種と同じだが，四季成り性品種ではより短い間隔で花房が次々と分化するため，余分な側枝や花房の摘除が必要になる。

また，過度に花房の分化が連続すると側枝の発生が途絶えることがある。この現象は「心止まり」と呼ばれている。「心止まり」によって収量は減少するため，夏秋どり栽培では「心止まり」の発生の少ない品種を選ぶことが重要となる。

④施　肥

施肥は液肥を灌水チューブを通して流し込む方法が一般的である。このため，夏秋どり栽培では液肥を水で希釈して注入するための給液装置が必要となる。施肥量は生育ステージに応じて調整されるが，市販の肥料を1株当たり1日当たり窒素量にして10～15mg程度施用する。

⑤収穫と調製

夏秋どり栽培は収穫期が高温期に当たるため周囲温度を下げる工夫が必要となる。夏秋どりイチゴの生産地が北海道，東北などに集中しているのはそのためである。夏期比較的冷涼であるとされる東北地方でも8月の気温はイチゴ栽培には適さない。イチゴは本来寒冷地の植物であり，その生育適温は15～20℃である。高温は果実の成熟を促進させ，果実を小さく，軟らかくする。また，果色ムラ果や奇形果などの発生を助長する。このため，標高の高い山間地での栽培や換気，遮光資材，細霧冷房などによる温度上昇抑制策が必要である。また，摘花処理などによって規格外品の発生を抑えることも重要である。

夏秋イチゴはおもにケーキなどに利用されるため15g前後の果実の需要が高い。このため，大玉となる頂花や小玉となる5番花以下を摘花するなど，草勢や温度を見ながら適切に管理する。さらに，集出荷の流通過程においても果実を低温保管して品質の劣化を防止する。

(8) 問題点と今後の課題

夏秋イチゴの収量は現在およそ2t/10aと低く，収量アップが課題である。また，高温期の栽培であるため果実品質の低下は著しく，品質面の改善も必要である。このほか，一戸当たりの作付け面積が小さく，出荷量が出荷ロットに達しないこともあり，販売先の確保や集出荷方法などの出荷・流通上の課題が多い。

四季成り性品種は長日条件で花芽分化しやす

い性質をもち，とくに高温条件ではその傾向が強い。現在，花房発生を中断させないための日長条件が検討されている（濱野，2011）。また，高温期の果実品質劣化を防止するための検討が栽培技術，流通技術の面から行なわれている（林ら，2011）。もっとも一般的な方法は遮光資材の展張であるが，十分な効果が得られているとは言い難く，効果的な遮熱資材の開発が急務である。また，促成栽培用ハウスを夏秋どり栽培にそのまま利用するところに無理があり，換気性に優れた夏秋イチゴ栽培用ハウスの開発が期待される。現時点で高い効果が認められるのはクラウン冷却と気化冷却式高設ベンチである。夏秋イチゴの生産安定のためにこれらの技術の導入が期待されるが，低コストで効果の高い新技術の開発が今後とも必要である。

執筆　森下昌三（(独)農業・食品産業技術総合研究機構九州沖縄農業研究センター）

2012年記

参 考 文 献

濱野恵．2011．東北地域における四季成り性品種を利用した夏秋どりイチゴの栽培技術．第3章　長日処理による四季成り性品種の花成促進技術．13—17．東北農業研究センター．

林浩之・篠田光江・田口多喜子．2011．東北地域における四季成り性品種を利用した夏秋どりイチゴの栽培技術．第10章　夏秋どりイチゴの品質評価と品質劣化防止出荷・輸送技術．61—68．東北農業研究センター．

熊倉裕史・宍戸良洋．1994．四季成り性イチゴの寒冷地夏秋どり栽培における収量・果実形質の品種間差および花房摘除処理の影響．野菜茶試研報A．9，27—39．

森下昌三・本城正憲・濱野恵・山崎浩道・矢野孝喜．2009．四季成り性イチゴ品種の花芽分化，開花および側枝葉数の品種間差異．園学研．8（別2），185．

森下昌三・本城正憲・濱野恵・山崎浩道・矢野孝喜．2012a．四季成り性イチゴ品種の連続開花性と第1花房着生節位との関係．園学研．11（2），147—152．

森下昌三・本城正憲・濱野恵・山崎浩道・矢野孝喜．2012b．24時間日長下における栽培イチゴの四季成り性の遺伝解析．園学研．11（3），301—307．

西山学．2009．イチゴの四季成り性品種における生理生態的特性（1）．農及園．84，763—768．

沖村誠・五十嵐勇．1995．イチゴのカリフォルニア品種群の生育・開花に及ぼす低温遭遇前歴の影響．東北農業研究．48，241—242．

沖村誠・曽根一純・北谷恵美．2004．暖地におけるイチゴの四季成り性実生の開花に及ぼす苗齢，温度，日長の影響．九州農業研究．66，195．

沖村誠・曽根一純・北谷恵美．2005．暖地におけるイチゴ四季成り性品種のランナー発生および開花に及ぼす低温遭遇の影響．園学雑．74（別2），171．

清水達夫・高橋和彦．1977．四季成イチゴの花成に及ぼす環境の影響　第1報．日長と温度の影響．園学要旨．昭和52秋．160—161．

Smeets, L. 1982. Effect of chilling on runner formation and flower initiation in the everbearing strawberry. Scientia Horticultura. 17, 43—48.

植木正明・大橋幸雄・重野貴・出口美里・高際英明・栃木博美・深沢郁男・癸生川真也・稲葉幸雄．2006．四季成り性イチゴ新品種「とちひとみ」の育成．栃木農試研報．58，47—57．

柳智博・織田弥三郎．1989．四季成り及び一季成りイチゴ品種の花芽形成に及ぼす低温遭遇の有無と日長の影響．園学雑．58，635—640．

泰松恒男．1993．イチゴ四季成性品種の生態特性の解明並びにその生産性の確立に関する研究．奈良農試特報．1—206．

障害と対策

障害と対策

炭疽病の総合防除

イチゴ炭疽病は，萎黄病やうどんこ病と並んでイチゴの3大病害として知られている。近年，本病の罹病性品種が主流を占めるなか，全国的に被害が増加している。高温を好む本病原菌は，育苗期に発生が多く，小葉，葉柄，ランナー，クラウンなどあらゆる部位に感染し，最終的には株が枯死するため被害が大きくなる。また，本圃では，定植後に地上部の病徴が現われず，突然，萎凋・枯死することが多いが，その原因は育苗圃場からの感染株の持ち込みである場合が多い。そのため，本病の防除のポイントは，予防に重点を置き，育苗期での発生をいかに抑えるかにある。

(1) 炭疽病の種類

日本では，イチゴ炭疽病には*Glomerella cingulata*（グロメレラ・シングラータ）と*Colletotrichum acutatum*（コレトトリカム・アキュテイタム）の2種の病原菌が知られている。一般に炭疽病と呼ばれるのは前者によって引き起こされる病害で，後者による病害は葉枯れ炭疽病と呼ばれ区別される。ここでも同様に区別して記載する。なお，これら2種に加えて，*Colletotrichum fragariae*（コレトトリカム・フラガリエ）という種も『日本植物病名目録』に記載があるが，グロメレラ・シングラータと同一種とする考えが主流を占めており，防除上で同様に扱っても問題ないためここでは省略する。

炭疽病は，株のあらゆる部位に感染，発病し，その後進展して萎凋・枯死するため被害が大きく問題となっている。一方，葉枯れ炭疽病は，おもに葉や果実など一部の部位で発病するのが特徴である。近年，北海道で株を枯死させる症状も報告されているが（三澤，2010），発生は一部の地域に限定されており，全国的な広がりは確認されていない。

両病原菌の菌糸伸長適温は炭疽病菌で28℃，葉枯れ炭疽病菌で25℃であり炭疽病菌のほうが若干高温を好む。アメリカでは，前者がフロリダなどの高温・多湿地域，後者がカリフォルニアなどの温暖・乾燥地域で発生が多く，温度適応性が影響していると思われる。日本では，発生がどちらかの種のみの場合や，両種が混在する場合などさまざまであり，気温以外の気象条件や栽培管理なども複雑に関係していると思われる。これら2種の病原菌は伝染方法などが類似しているため，耕種的防除などの基本的な防除法は同じでよい。しかし，薬剤感受性が異なるため，使用薬剤については考慮する必要がある。

(2) 特徴的な症状

①炭疽病

炭疽病の最も特徴的な症状は，小葉に現われるうす墨色の直径2〜3mm程度の丸い斑点病斑である（第1図）。これは好適条件では感染から4日程度で現われる初期症状で，比較的軟らかいうえ，中位葉の小葉で発生しやすい。本

第1図　うす墨色の斑点病斑

障害と対策

第2図 炭疽病による葉柄の折損

症状は炭疽病に特有のもので，発生が確認された場合には本病と判断してよい。また，炭疽病菌の胞子が飛散し，感染した場合に発生することから，露地育苗での降雨後や頭上灌水で育苗している場合によく見られる。一方，雨よけと底面給水や点滴灌水を併用している場合にはあまり見られない。

葉柄やランナーでは，黒色で少しくぼんだ紡錘形の病斑を生じる。高温・多湿時には病斑上に鮭肉色の胞子塊を形成する。葉柄の病斑が拡大した場合には，軸が折損するので比較的見つけやすい（第2図）。

クラウンに感染した場合には，このような症状が現われずに萎凋・枯死する。萎れた株のクラウンを輪切りにすると外側から内部へと褐変しているのが観察される。疫病でも同じ症状が現われるが，顕微鏡で観察すると炭疽病ではクラウン表皮や葉柄基部に分生子が観察されることが多いので見分けることができる。また，萎黄病は導管が褐変するので症状が異なる。

②葉枯れ炭疽病

葉枯れ炭疽病では，小葉の症状は，黒褐色不整形で病斑部の周縁が赤紫色になり，萎縮するのが特徴である。果実では，初期に実腐れ症状を起こし，その後果実や果梗が黒変する。また，2006年には，北海道で品種'けんたろう'の親株が枯死したことが報告されているが，今のところほかの地域では確認されていない。

(3) 病原菌の形態

炭疽病と葉枯れ炭疽病は，それぞれの典型的な症状が確認できれば，種を特定することができる。しかし，ランナーや葉柄などの一部に発生した場合には，症状がよく似ており判別できない。そのような場合には，検鏡により判別する。通常，病斑部を顕微鏡で観察すると分生子（胞子）が確認できるので，この胞子形態を200倍程度の倍率で観察すれば，炭疽病菌と葉枯れ炭疽病菌を容易に判別することができる。両菌はどちらも無色，単胞であるが，炭疽病菌は両先端が丸い円筒形，葉枯れ炭疽病菌は両先端が尖った紡錘形という特徴がある（第3図）。

大きさは炭疽病菌が$16.3 \sim 21.3 \times 3.8 \sim 6.3 \mu m$，葉枯れ炭疽病菌が$12.4 \sim 14.4 \times 4.8 \sim 5.4 \mu m$で，炭疽病菌のほうが若干大きい（第1表）。

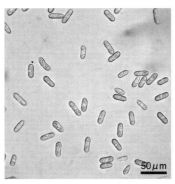 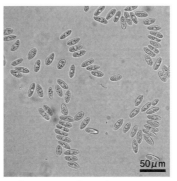

第3図 炭疽病と葉枯れ炭疽病の胞子の形態の違い
左：炭疽病菌，右：葉枯れ炭疽病菌

第1表 炭疽病菌および葉枯れ炭疽病菌の分生子の特徴

	炭疽病菌	葉枯れ炭疽病菌
学 名	*Glomerella cingulata*	*Colletotrichum acutatum*
形 態	楕円形	紡錘形
大きさ（μm）	$16.3 \sim 21.3 \times 3.8 \sim 6.3$	$12.4 \sim 14.4 \times 4.8 \sim 5.4$

(4) 時期別の発生推移

イチゴ炭疽病は比較的高温を好み，20℃以上で発病する（第

2表)。筆者は,本病の初発時期を推定するのに平均気温20℃を目安としている。年次変動はあるが,奈良県ではこの条件を満たす時期はおおよそ6月上旬になる。ただし,潜在感染した親株では,これよりも早く萎凋・枯死する場合がある。本病の発生推移は,育苗期では後半になるにしたがって増加し,本圃定植前に最も多くなる。これは育苗後半になるほど密植となり風通しが悪くなること,また,気温の上昇や苗の生育とともに灌水量が増えるためである。とくに露地育苗や頭上灌水の場合には,雨滴伝搬により病原菌が飛散しやすくなるため急激に被害が拡大する。

本圃では,まず定植後から11月下旬まで発生する。その後いったん収まるが,ハウス内の気温が高まる3月以降に再び発生する。促成栽培では,定植後から約1か月間は花芽分化を促す目的でビニール被覆を行なわないため,気温の低下とともに炭疽病の発生は少ない。しかし,10月中下旬のビニール被覆と11月中下旬の二重カーテン被覆によりハウス内温度が高まるため,それまでに感染した株が突然に萎凋・枯死することが多く,ビニール被覆のあとに発生のピークが現われる。

(5) 作付け品種と炭疽病の発生

わが国のこれまでの炭疽病の発生状況を見ると,品種の移り変わりが大きく影響していることがわかる。1980年代以前は炭疽病抵抗性品種の'宝交早生'が主流を占めており,本病の発生は'芳玉'や'麗紅'などの品種のみで,全国的に問題になることはなかった(岡山,1994)。しかし,1980年以降に,花芽分化が早く,収量・品質ともに優れた品種である'女峰'や'とよのか'が作付けされた。これら品種は本病に罹病性で,とくに弱い'女峰'で発生が急増し,イチゴの重要病害として知られるようになった。

その後も各県で独自のブランド品種が育成され,良食味で収量性の高い品種が数多く栽培されているが,病害抵抗性を併せもつ品種はごくわずかであり,病害防除に多くの労力を強いら

第2表 イチゴ炭疽病の発病と温度との関係

(岡山,1994)

温度(℃)	接種13日後			接種20日後
	発病小葉率(%)	葉柄発病率(%)	枯死株率(%)	枯死株率(%)
15	0	0	0	0
20	17	0	0	0
25	40	0	0	0
28	78	13	0	25
30～32	88	48	50	50

れているのが現状である。もちろん先人の研究者によって解明された本病の発生生態や防除技術の開発により,ポイントを押さえれば発生を防ぐことはできるが,農家が被害の不安から解放されるような品種の育成が望まれてきた。

このようななか,近年,病害抵抗性を目標に掲げて育種が行なわれ(森,2003),三重県で'かおり野'(森,2008),農研機構九州農研センターで'カレンベリー'(沖村ら,2007),'おおきみ'などが育成された。将来的には良食味で収量も高い抵抗性品種がスタンダードになることを期待したい。

(6) 伝染源と伝染方法

①潜在感染株

栄養繁殖性のイチゴでは,潜在感染した親株が主要な伝染源となる。炭疽病は低温期には発病せずに潜在感染するため,気温が低下する晩秋以降には病徴を示さず,見た目では健全株とまったく見分けがつかなくなる。厳寒期の低温や,葉かき作業による外葉の除去により本菌の感染率は低下するが,完全に死滅することはない。その後,春になり親株が定植されると,気温の上昇とともに再び菌密度が高まり発病する。

②発病株の残渣

炭疽病菌は前年に発病した被害株で越冬し,翌年の伝染源となる。毎年同じ圃場で発生する場合には,圃場内やその周辺に発病株が処分されずに残っていないかを確認しておく必要がある。被害残渣は,夏期に肥料袋などに入れて密封することで,熱によって死滅させることがで

きる。また，通常本菌の胞子は土壌中では数週間で死滅するが，残渣中に潜んでいると長期間の生存が可能である。本圃では，発病残渣などが土壌中などに残ることが多く，太陽熱や土壌くん蒸剤による消毒が必要である。いずれにしても，感染源を翌年に持ち越さないことが重要である。

③他の品目，雑草

イチゴ炭疽病菌は，シクラメンに感染し発病することが知られている。また逆に，シクラメン炭疽病菌がイチゴにも被害を及ぼす。しかし，イチゴ炭疽病菌は雨滴伝搬による胞子飛散により広がるため，たとえ他の品目との相互感染が成立したとしても，実際の生産場面では距離が離れており，伝染源になるリスクは低いと思われる。ただ，シクラメンの生産者が夏期にイチゴ苗を受託生産するケースがあり，管理作業などでイチゴへの感染が起こりうる。

一方，イチゴ炭疽病菌は，ほとんどの雑草では発病しないが，葉に定着し，潜在感染する。さらに，雑草が枯れた段階で大量の胞子を形成することがわかっている（平山ら，2008a）。これは枯れた雑草が感染源となり，イチゴへ感染することを意味する。本病が発生していない圃場では心配することはないが，前作に本病が発生した圃場などでは，雑草除去や防草シートの設置などの圃場の衛生管理が必要となる。

④雨滴伝搬

イチゴ炭疽病は雨滴伝搬により被害が拡大するのが特徴である。発病株の病斑上に形成された胞子が，雨や灌水などの水跳ねによって飛散し，隣接株に感染する（第4図）。本菌は空気伝染のように一度に広範囲に蔓延することはないが，強風を伴う雨などでは，2，3週間で少なくとも2.5m以上の範囲に伝染する（第3表）。毎日の頭上灌水や雨が続くと，飛散を繰り返し，圃場全体に蔓延することになる。

（7）診　断

①エタノール浸漬簡易診断

感染源を圃場へ持ち込まないためには，親株が保菌しているかどうかを調べる必要がある。しかし，親株の定植時期には潜在感染しており，感染の有無を肉眼で判断することはできない。そのため，感染状況を視覚化し，判定できるようにする必要がある。エタノール浸漬簡易診断法（石川，2011）は，潜在感染株からの本菌の検出に有効な方法であり，次の手順で行なう。

1）イチゴの外葉を採取し，水道水でていねいに洗浄する。

2）70％エタノールに30秒間浸漬し，その後滅菌蒸留水で洗浄する。

3）処理した小葉を，湿らせたろ紙を敷いたシャーレに入れ，湿室条件下において28℃で2週間培養する。

4）出現した本菌の胞子塊を肉眼で確認して判定する。胞子塊は，鮭肉色の1mm程度の小さなものであるが，肉眼あるいはルーペを用いると観察できる。シャーレの代わりにバットな

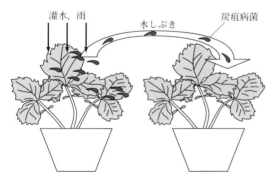

第4図　雨滴伝搬による炭疽病菌の胞子飛散
（概念図）

第3表　イチゴ炭疽病菌分生子の水平方向への飛散距離　　　　　（岡山，1994）

伝染源からの距離（m）	発病葉柄率（％）	発病小葉率（％）	発病度
0.0	55	86	72
0.5	0	56	26
1.0	5	31	11
1.5	25	53	45
2.0	0	6	2
2.5	5	8	3

注　発病株から50cm間隔で無病株を設置し，発病の広がりを調査
　　露地栽培で9月5～23日に実施

どを利用すると検定試料を数枚並べることができ，省力化がはかれる（第5図）。

広田ら（2006）は本法を簡便化し，ビニール袋，輪ゴム，ティッシュペーパーなどの，手に入りやすい資材を利用して検出できる方法に改良している。具体的には，

1) エタノールの代わりに水道水で洗浄する。
2) ビニール袋に水道水で湿らせたティッシュペーパーを入れ，イチゴの葉を入れ，輪ゴムで密閉し，28℃程度になる室内に2週間程度保管する。
3) 肉眼で胞子塊を確認し，判定する。

本法は，エタノール，滅菌蒸留水など一般に入手しにくいものを使わないため，生産者自らが診断できる方法となっている。越冬すると炭疽病菌密度が低下するため，検定は年内に実施すると検出しやすい。

これら診断法は簡便で優れた方法であるが，炭疽病菌以外に近縁種の非病原性菌も同時に検出されることがある。そのため，感染状況の目安を知るには十分であるが，正確に調べるには，イチゴ苗での病原性を確認する必要がある。上記検定で葉に形成された胞子塊を爪楊枝などで掻き取り，健全苗の葉柄に軽く突き刺して接種する。接種株はチャック付きビニール袋に入れて密閉し，28℃程度で1週間ほど静置する。接種部分に病斑ができるものが炭疽病菌（第6図），できないものは非病原性菌と判定する。

② PCRを活用した診断

エタノール浸漬簡易診断法は，病原性の確認を含めると，判定には3週間程度必要である。一方，PCRを活用した診断は，炭疽病菌のみを検出できるためイチゴ苗への接種が不要であり，3日で判定できるメリットがある（鈴木，2011）。しかも簡易診断法よりも検出感度が高いのが特徴である。ただし，検出にはサーマル

 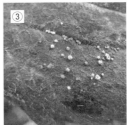

第5図　エタノール浸漬簡易診断法による炭疽病菌の検出状況
①培養後のイチゴ葉のようす
②③小葉に形成された胞子塊

第6図　イチゴ苗への接種とその後の発病状況

障害と対策

サイクラーや電気泳動装置など，遺伝子診断に必要な機器が欠かせない。最近，遺伝子診断法は病害診断の一般的な手法となっているので，ほとんどの研究機関ではこれら機器を保有しており，このような機関では本病の診断が可能である。本診断法はイチゴ原種苗生産の保菌検定にも有効で，奈良県などいくつかの地域で利用されている。

(8) 防除対策

イチゴ炭疽病の防除には，耕種的防除や薬剤防除などさまざまな技術を組み合わせる必要がある（第7図）。以下に，その主要な防除法を紹介する。

①無病親株の利用

栄養繁殖性のイチゴでは，病原菌に感染していない無病親株を利用することが重要である。感染親株を定植すると育苗の早い段階で発病するため，苗生産での被害が大きくなる。しかし，親株の定植時期はまだ気温が低く，炭疽病菌は潜在感染しており，肉眼では感染の有無を判断できない。そのため，前年に本病が発生した圃場からは親株を採取しないこと，病害検定を行なった信頼できる苗を親株として利用することなどが必要である。

②雨よけ栽培

炭疽病菌は水跳ねによって飛散し，被害を拡大する。そのため，育苗期の雨よけ栽培は，本病の被害軽減に有効な防除法である。しかし実際には，1) 育苗期の雨よけによりハウス内温度が高くなること，2) 台風が多い地域では，そのたびに被覆資材の除去が必要で手間がかかること，3) 適度な雨水が灌水がわりになるため，露地のほうが省力化につながること，などの理由により露地育苗を継続する生産者が多いのも実情である。このように露地育苗では発病リスクが高くなることから，薬剤散布回数を増やすなどの防除対策が必要となる。

③灌水法と発病リスク

イチゴ育苗では，栽培システムによりさまざまな灌水方法がとられる。炭疽病の発生から見ると，どのような方法で灌水するかは非常に重要である。生産者には，こまめな水分管理ができるスプリンクラーや散水チューブによる頭上灌水，あるいはホースによる手灌水が好まれる。しかし，炭疽病防除の観点からは，これら

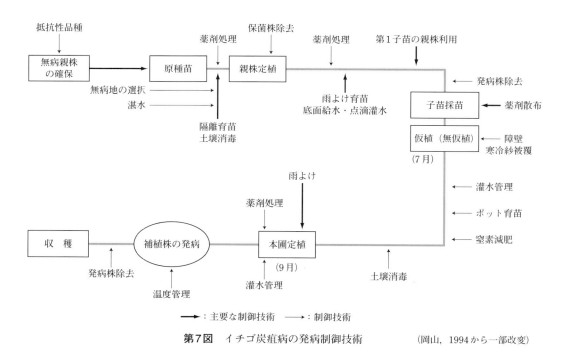

第7図　イチゴ炭疽病の発病制御技術　　　　（岡山，1994から一部改変）

の方法は炭疽病菌を飛散させていることになり，非常に発生リスクが高い方法である。また，同じ頭上灌水でも，水の勢いが強くなるほど発生が多く，被害が拡大しやすい。

一方，底面給水や点滴灌水は水跳ねがなく，本病の発生リスクが非常に低く，発生後の被害拡大も防ぐことができる。炭疽病にとくに弱い品種では，雨よけに加えて，このような灌水法が必須である。しかし，底面給水法は，一般に大量の水を必要とするため頑丈な設備が必要であること，高温時の根浸漬は根腐れを起こしやすくなることなどから導入をためらう生産者が多い。

このような欠点を改善した方法として，親水性不織布と防根透水シートを利用した育苗法がある。高設ベンチの上にビニール，不織布，防根透水シートの順に敷き，その上でポット苗を育苗する方法である。不織布をベンチ下へ垂らすことで，毛管現象により溜まった水を強制排水し，湿害を防ぐこともできる。

また，親水性不織布による灌水を利用したセルトレイ育苗が考案されている（米本ら，2008）。セルトレイ上に植え穴をくり抜いた状態で親水性不織布をのせ，不織布の切り口からしみ出した水で各セルの株元に灌水する方法である。

点滴灌水法として，奈良県では用土におがくずを用いた無仮植育苗栽培で点滴チューブ灌水が普及している地域があるが，雨よけと併用することにより本病の発生が大幅に減少している（第8図）。今後，このように栽培と防除が両立できる灌水法の開発が望まれる。

④高設ベンチ育苗

臭化メチル代替技術として，イチゴの隔離育苗が普及している。隔離育苗は土壌と物理的に隔離するため，炭疽病や萎黄病などの病害に対して有効な育苗法である。しかし，毎年同じ場所で育苗するため，前年に病害が発生した場合には，通路などに発病残渣が残り，圃場内の菌密度が高まる。このような条件では，同じ隔離育苗でも栽培ベンチが高くなるほど本病の発生リスクが低く，地床に設置したベッドに比べて

第8図　点滴灌水と雨よけを併用した無仮植育苗

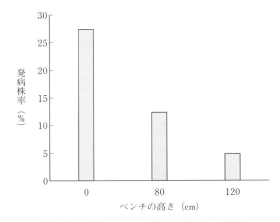

第9図　育苗ベンチの高さと発病との関係
ベンチ下の通路に汚染株を設置し，約2か月後に育苗株の発病状況を調査

通常実施されている高さ80cmのベンチでは発生を半減することができる（第9図）。

⑤発病株の早期発見と除去

感染源となる発病株は，できるだけ早く処分することにより，被害の拡大を防ぐことができる。とくに，株が込み合い発病リスクが高まる7月以降には，注意して観察する必要がある。発病株だけでなく，発病株の周辺株はすでに潜在感染している可能性が高いため，それらも含めて除去する必要がある。頭上灌水で育苗している場合には，半径1m周辺まで感染していることが多い。

このような場合，栽培終了まで発病株とその周辺株にビニールなどの被覆資材をべた掛けし，胞子飛散が起こらないようにするとよい。

なお，被覆作業が終了したら，必ず治療効果のある殺菌剤で薬剤防除を行なう。

⑥薬剤防除

薬剤防除の考え方　イチゴ炭疽病はいったん感染すると最終的にはほとんどが枯死するため，薬剤防除は予防に重点をおく。また，育苗期の防除を徹底し，潜在感染苗を本圃へ持ち込まないことが重要である。炭疽病に登録のある保護殺菌剤は種類と使用回数も比較的多く，栽培期間の長いイチゴでも十分対応できる。一方，治療効果のある殺菌剤は，耐性菌の発生により少なくなっているのが現状である。数少ない薬剤の耐性化を防ぐために，使用回数をできるだけ制限した効率的な体系防除を実施することが重要となる。

薬剤耐性菌　これまで炭疽病に対する耐性菌が確認されているのは，ベンズイミダゾール剤やアゾキシストロビン剤である。両剤ともに非常に優れた治療殺菌剤であるが，病原菌の一塩基が置換することによって耐性を獲得するため，比較的耐性菌が発生しやすい特性をもっている。炭疽病菌に限らず，これら薬剤はこれまで多くの病原菌で耐性菌が確認されている。

ベンズイミダゾール剤耐性菌の発生は古く，1989年に静岡県，1991年に奈良県，北九州地域で報告がある（楠，1998）。2009年に奈良県で現地から分離した菌株について薬剤感受性検定を行なったが，高頻度で耐性菌が検出されており，約20年経過した現在でも耐性が維持されているという結果が出ている（平山ら，2008b）。

アゾキシストロビン剤（商品名：アミスター20フロアブル）は1998年に農薬登録されたが，1999年にウリ類うどんこ病で耐性菌が報告されて以来，多くの野菜や果樹の病原菌で耐性菌が確認されており，イチゴ炭疽病での発生が懸念されていた。このような状況のなか，2003年に佐賀県で分離されたイチゴ炭疽病菌が本剤に対し耐性菌であることが報告され（稲田ら，2008），その後四国地方，長崎県，奈良県でも確認された。なお，耐性菌の発生に伴い，イチゴ炭疽病に対して使用を制限している地域もあるが，うどんこ病および灰色かび病の防除には現在も使用されることが多い。

また，DMI剤（ステロール脱メチル化阻害剤）は，地域によっては防除効果が著しく低下しているとの報告がある一方で，有効な治療剤と位置づけている地域もある。

育苗圃　育苗期の防除には保護殺菌剤主体による体系防除が有効である。このとき使用薬剤の条件として，イチゴへの感染を強く阻害し，しかも残効性の長いものが求められる。

本病の登録薬剤のなかで，プロピネブ水和剤（商品名：アントラコール顆粒水和剤）とマンゼブ水和剤（商品名：ジマンダイセン水和剤）は，本菌の感染を強く阻止することができ，優れた残効性をもつ保護殺菌剤である（第10，11図）。これらの薬剤は耐性菌の発生リスクも低く，基幹防除剤として有効であ

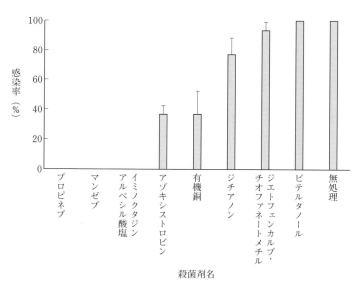

第10図　イチゴ炭疽病菌の接種前処理による殺菌剤の感染防止効果
バーは標準偏差を示す（n＝3）
薬剤散布24時間後に炭疽病菌の胞子を接種し，イチゴ小葉での感染率を調査

る。しかし、生産現場では、本病の発生がなく保護殺菌剤による防除効果を十分に発揮できる場合もあれば、すでに本菌に感染して発病している場合などさまざまである。そのため、現地での体系防除には保護殺菌剤だけでなく、状況に応じて治療殺菌剤も併用することが重要である。

以下に奈良県内で指導している防除体系について紹介する。予防効果および耐雨性の高かったプロピネブ水和剤とマンゼブ水和剤を基幹薬剤とし、イチゴ育苗期の全期間を通じて、交互に約2週間間隔で散布する。親株定植から6月までは、これらの薬剤を使用し、7月以降の台風など強風を伴う降雨後、葉かきとランナー整理後には、胞子飛散や傷口からの感染リスクが高まるため、これら薬剤に加えてイミノクタジンアルベシル酸塩水和剤（商品名：ベルクート水和剤）やフルジオキソニル水和剤（商品名：セイビアーフロアブル20）などを短い散布間隔で使用する。

さらに、育苗中に本病の発生を確認した場合には、まず2次感染を防ぐため、発病株と感染が疑われるその周辺株をビニールで覆って遮断する。そのうえで、治療効果の高いチオファネートメチル・ジエトフェンカルブ水和剤（商品名：ゲッター水和剤）を散布する。本剤は数少ない治療殺菌剤であり、耐性菌の発生を防ぐためできるだけ回数を少なくし、切り札的な使い方をしている。

今回の体系防除では炭疽病を対象にしているが、葉枯れ炭疽病では薬剤の感受性が異なる。本病は、炭疽病に治療効果の高いチオファネートメチル・ジエトフェンカルブ水和剤の効果が期待できない。また、DMI剤に対して感受性が低く、防除効果が低いことが知られている。そのため、どちらの病原菌による病害かを確認し、薬剤を選択する必要がある。

薬剤防除で認識しておくことは、本病の発病を薬剤のみで抑えることはむずかしいということである。むしろ、薬剤防除は補助的なものとしてとらえておく必要がある。そのため、現場では雨よけ育苗、隔離育苗などの耕種的な防除技術を併用することが欠かせない。また、汚染親株が定植されると保護殺菌剤だけでは効果が低いため、生産者の親株を育成している原親苗増殖圃場での検定を徹底させる必要がある。このような防除技術を実施することで、保護殺菌剤による体系防除の効果がさらに高まるものと考える。

本圃　イチゴの登録農薬は、育苗と本圃で使用できる農薬が異なることが多いため、登録上の注意が必要である。育苗で保護殺菌剤として効果が高いと紹介したプロピネブ剤やマンゼブ剤は本圃では使用できない。本圃での登録の

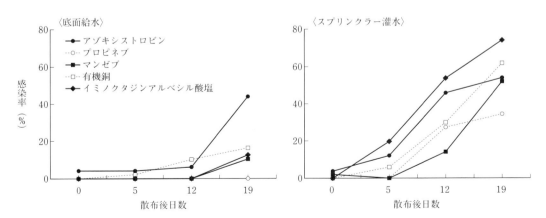

第11図　殺菌剤処理したイチゴ葉片での炭疽病菌の感染率と給水方法との関係
薬剤散布後にイチゴ苗をそれぞれ底面給水およびスプリンクラー灌水で管理し、所定日数後に炭疽病菌の胞子を接種し、小葉での感染率を調査

ある殺菌剤は育苗圃よりも少なく，さらに耐性菌の発生などを考慮すると実際に使える殺菌剤はわずかである．今のところ耐性菌の発生がなく，効果が期待できる殺菌剤はフルジオキソニル剤やチオファネートメチル・ジエトフェンカルブ水和剤である．後者は，登録上使用時期に制限があるので注意する．DMI剤であるシメコナゾール剤は，効果の低下が確認されている地域があるため，効果を確認しておく必要がある．

　　執筆　平山喜彦（奈良県農業研究開発センター）
　　　　　　　　　　　　　　　　　　2014年記

参 考 文 献

平山喜彦・岡山健夫・西崎仁博・松谷幸子．2008a．各種雑草葉でのイチゴ炭疽病菌 Colletotrichum gloeosporioides の分生胞子形成．日植病報．74，70．

平山喜彦・川本優理子・松谷幸子・西崎仁博・岡山健夫．2008b．奈良県における薬剤耐性イチゴ炭疽病菌の発生状況．関西病虫研報．50，93―94．

広田恵介・中野理子・米本謙悟．2006．イチゴ炭疽病潜在感染が検出できる簡易検定法の改良．近畿中国四国農業研究成果情報．33―34．

稲田稔・石井英夫・Chung, Wen-Hsin・山田智子・山口純一郎・古田明子．2008．ストロビルリン系薬剤耐性イチゴ炭疽病菌〔Colletotrichum gloeosporioides（Glomerella cingulata）〕の発生．日植病報．74，114―117．

石川成寿．2011．これで防げるイチゴの炭疽病，萎黄病．農文協．141pp．

楠幹生．1998．植物病原菌の薬剤感受性検定マニュアル．殺菌剤耐性菌研究会編．41―43．

日本植物病理学会編．2000．日本植物病名目録．日本植物防疫協会．857pp．

三澤知央．2010．北海道で発生した Colletotrichum acutatum による萎凋性のイチゴ炭疽病．植物防疫．64（6），380―382．

森利樹．2003．イチゴ炭疽病抵抗性の遺伝的特性と育種．植物防疫．57，271―275．

森利樹．2008．かおり野．品種登録出願22218．

岡山健夫．1994．イチゴ炭そ病の病原菌，発生生態および発病制御に関する研究．奈良農試研報（特別報告）．128pp．

沖村誠・曽根一純・野口祐司・望月龍也・北谷恵美．2007．カレンベリー．品種登録出願22564．

鈴木健．2011．イチゴ炭疽病・萎黄病・疫病感染苗検査マニュアル　農林水産省新たな農林水産政策を推進する実用技術開発事業「イチゴ健全種苗生産のための病害検査プログラムの構築」．平成23年度千葉県農林総合研究センター成果普及技術資料．1―10．

米本謙悟・三木敏史・広田恵介・板東一宏．2008．親水性不織布を利用した灌水法のイチゴ炭疽病に対する防除効果．日植病報．74，328―334．

萎黄病の総合防除

イチゴ萎黄病は，フザリウム属菌によって引き起こされる土壌病害である。現在栽培されているイチゴ品種の多くは，炭疽病と同じように本病に対して罹病性のものが多く，全国的に発生が多くなっている。本病の伝染方法は土壌伝染とともに苗の育苗時にはランナーで伝染し，高温期に発生が多い。

(1) 特徴的な症状

イチゴ萎黄病の典型的な症状は，新葉の小葉3枚のうち1枚または2枚が黄化して極端に小さくなり奇形葉となることである（第1図）。このとき発病株は健全株に比べて著しくわい化し，葉色が濃くなることが多い。奇形葉が発症した場合，新しい展開葉も連続して奇形となり，通常1か月以上経過してから枯死する。また，品種によっては奇形やわい化症状を伴わずに，突然萎凋症状が現われ，枯死することもある。

発病株のクラウンを輪切りにすると，導管の一部の黒変あるいは褐変が見られ（第2図），根が黒変していることが多い。導管の症状は本病の特徴で，クラウンの表皮から感染する炭疽病や疫病では，外側から中心部に向かって褐変するため症状が異なる。

発病後に気温が低下した場合には，葉が正常に展開し，一時的に回復したように見えるが，病原菌は潜在感染しており気温の上昇とともに再び症状が現われる。

本菌の生育温度はおおよそ10～35℃の範囲で，適温は28℃である。高温を好む本菌は，育苗期にあたる7，8月の高温期に発生が多い。本圃では苗からの持ち込みや圃場汚染が原因となり，定植後しばらくしてから発生する。発病株は，急性萎凋症状を示すことは少なく，奇形葉やわい化症状のまま枯死せずに生育していることが多い。しかし，著しくわい化した株は，花数も少なく，収量は期待できない。炭疽病の本圃での発病は，急性萎凋症状を示すことが多く，萎黄病の発生様相と異なる。

育苗期には，施肥や水分管理などが原因と思われる，いわゆる生理障害による奇形葉が発生することがよくある。萎黄病では症状が継続して現われるのに対して，生理障害では一時的な発生で終わることが多く，次の展開葉が正常に戻り，また，わい化を伴わないことが多い。また，萎黄病では親株とその先の子苗ともに奇形葉が発生していることが多いが，生理障害では親株で発生しても子苗では発生しない。

(2) 病原菌の形態

イチゴ萎黄病の病原菌は*Fusarium oxysporum* f. sp. *fragariae*（フザリウム・オキシポラム・フラガリエ）である。フザリウム・オキシポラムは，多くの野菜類に被害を及ぼす土壌病害である（駒田ら，2011）。これら病原菌の形態は

第1図　イチゴ萎黄病の奇形葉症状

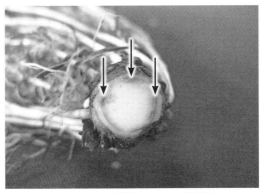

第2図　イチゴ萎黄病による導管褐変

ほとんど同じであるが，宿主特異性が高く，イチゴ萎黄病菌はイチゴにのみ病原性を示し，またほかの野菜類のフザリウム菌がイチゴに被害を及ぼすことはない。

ほかの微生物との競合が激しい土壌中では，おもに耐久体である厚壁胞子の状態で数年間は生存でき，主要な伝染源となる。栄養に富んだ培地上やイチゴ組織などでは，楕円形あるいは卵形の小型分生子や三日月形の大型分生子を大量に形成する。

フザリウム・オキシポラムには，植物に対して病原性をもつものから，もたないものまで多くの種類がおり，形態が同じで，土壌中に普遍的に生存しているため，検鏡により萎黄病菌であることを特定することはできない。そのため，病原菌を分離し，病原性を確認することが必要になる。現在，トマト萎凋病などで確認されている，品種間で病原性が異なるレースの発生は今のところ確認されていない。

(3) 伝染方法

①土壌伝染

イチゴ萎黄病は土壌中にすき込まれた発病残渣などが汚染源になる。イチゴ残渣の根などでは，耐久体である厚壁胞子が形成され，土壌中で4, 5年間は生存する。厚壁胞子は通常土壌中では休眠しているが，イチゴ根圏では根から分泌される糖，アミノ酸，有機酸などに反応し，発芽して根から感染する。感染部位は根からのみであり，葉など地上部からの感染はない。'宝交早生'など本病に弱い品種では，土壌中の菌密度が10^1cfu/g・乾土の低レベルでも発病する。

感染から発病までは比較的おそく，ポット苗の株元に本菌の胞子を株元灌注接種した場合には1か月程度必要である。また，土壌が乾燥したときに発生する場合が多いが，これは乾燥による根いたみにより，本菌が感染しやすくなったためと考えられる。本菌は土壌中で数年間は生存できることから，輪作や土壌消毒などの対策が必要となる。

②ランナー伝染

萎黄病は，親株から発生したランナーを介して子株に感染する。根から侵入し，親株に感染した萎黄病菌は，導管内で菌糸を伸長させる。あるいは形成された胞子が導管流にのってランナー先端部のほうへ移動する。その過程で病原菌が分泌する毒素や病原菌の菌体によって導管が詰り，症状が現われる。

親株が発症すれば株を除去するなどの対策がとれるが，気温の低い親株定植時には病徴を示さなかったり，症状が軽く，見落としが多くなるため，子株に伝染することが多い。ランナーを介した親株から子株への伝染は比較的おそく，'女峰'では発病した親株から発生した子苗は，第2複葉期までは感染が見られないことから，早い段階でランナーを切り離すことで無病苗を確保することが可能である（森，1998）。このような親株は病徴を示していなくても感染しているリスクがあるため，苗が確保できた段階で除去することが望ましい。

(4) 品種間差

イチゴ萎黄病は，日本では1970年に発生し，当時主流であった'宝交早生'が本病に対して弱い品種であったことから，急激に広まり問題となった。その後，さまざまな品種が育成されており，'宝交早生'に比べれば本病に対して強い品種が多いが（第3図），それでも当時と同じように最善の対策を立てる必要がある。なお，'アスカウェイブ'は現在栽培されていないが，本病に対する抵抗性の指標品種とされている。

(5) 親株の診断法

栄養繁殖性のイチゴは，潜在感染した親株が翌年の伝染源になるため，その対策には親株の保菌検定を行ない，汚染株を圃場へ持ち込まないことが最も大切である。近年，民間業者による親苗の販売や各都道府県や産地間での苗のリレー生産が増加し，イチゴ苗の移動による広域的な汚染リスクが増大していることから，保菌検定の重要性がますます高まっている。

現在，萎黄病では，炭疽病菌の診断のように生産者が自ら実施できる簡易検出法はない。病害虫防除所や公設の研究機関では，イチゴ萎黄病菌の検出には，フザリウム・オキシポラム選択培地による培養法が一般に行なわれてきた（駒田，1976；西村，2008）。しかし，この方法では異なる分化型を含めたイチゴ萎黄病菌以外のフザリウム属菌も検出されるため，培養法のあとに生物検定で病原性を確認する必要があり，判定に1か月以上を要する。そのため，実際には症状から判断する必要があった。

　これらの問題を解決する方法として，PCR検出技術が開発された（Suga et al., 2013）。イチゴ外葉の葉柄基部を検定試料とし，萎黄病菌特異的マーカーを用いるため，選択培地などでは不可能であったイチゴ萎黄病菌のみを検出することが可能である（平山，2011）。また，

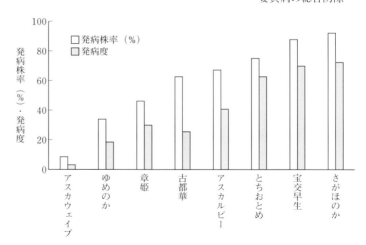

第3図　イチゴ萎黄病に対する品種間差異

培養土などイチゴ組織以外からも検出できるようになっている。

（6）防除法

　土壌病害である萎黄病は発生後の防除は困難であるため，栽培前の対策が中心となる（第4図）。また，同時期に発生する炭疽病と同時防

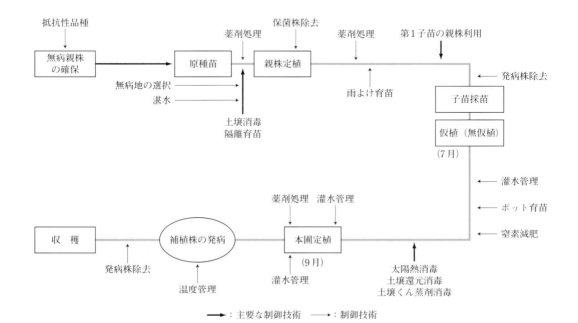

第4図　イチゴ萎黄病の発病制御技術

障害と対策

除ができる対策が多い。以下に，主要な防除法を紹介する。

①無病親株の利用

萎黄病菌はランナー伝染し，親株から子株に感染するため，無病株を定植することが重要である。無病株の確保には，空中育苗などの，土壌から隔離して増殖した苗を用いることが望ましい。このとき，奇形葉が発生している株や生育不良株など萎黄病が疑われるものは採取しない。本菌は土壌伝染することから，培養土は消毒済みで信頼できるものを用いて育成し，培養土を混ぜる農具などを専用のものにしておくと再汚染を防ぐことができる。

また，親株増殖施設などでは，前述のPCRによる診断法などを導入すれば，信頼できる親株の供給が可能となる。

②隔離育苗

臭化メチルが使用禁止になる2005年以前は，イチゴ育苗では土耕栽培が主流であったが，その後代替技術として隔離育苗が急速に普及した。イチゴ栽培歴のある圃場では，萎黄病菌に汚染されている可能性が非常に高く，土壌と隔離することが有効である。イチゴの隔離育苗は，ポット，無仮植，仮植などの苗の種類，灌水方法，用土の種類などの組み合わせで多くの種類があり，各地域で採用している育苗方法はさまざまであるが，栽培管理や炭疽病などのほかの病害リスクを考慮しながら導入する必要がある。

栽培期間中の再汚染防止には，灌水用のホースの先が地面に落ちていないか，土を触った手で直接栽培管理をしていないかなど，日頃から土壌には萎黄病菌がいるということを意識しながら栽培管理をすることが重要である。

第1表　施設土壌の太陽熱消毒の手順および注意事項

1. 処理時期および期間：7月下旬〜8月中旬の高温期に，20〜30日間処理する
2. 作業手順
   ① 土はなるべく深く耕起し，砕土した後，70〜80cmの幅でうねを立てる
   ② 地表面を透明ビニルフィルムなどで全面被覆し，土面が露出しないようにする
   ③ うね間に水を入れ，土壌全体を湿潤状態にする
   ④ 直ちにハウスの外張りビニルを密閉する
   ⑤ 密閉期間中に天候不順日が続いた場合は，実施期間を延長する
   ⑥ 終了後，直ちに被覆ビニルを取り除く
3. 注意事項
   ① 作業は早めに準備し，梅雨明け後，すぐに処理を開始できるようにする
   ② 施用する有機物資材は，分解の早い稲わら，青刈イネ科作物が適しており，10a当たり1〜2tを目安にする。木質系の堆肥などの場合は堆積して一次発酵したものを使用する
   ③ 作業は早朝に実施し，処理前に有機物資材などを土壌中に混和する
   ④ 一時湛水状態とし，土壌水分を十分に高めた後，自然落水または落水により，うね間の溜まり水程度とする。湛水状態の継続やかけ流しは地温の上昇を妨げるので避ける。土壌水分の上昇は地温の安定と下層の還元化を促進し，殺菌，殺線虫効果を高める
   ⑤ 消毒直後は，農作業による汚染土壌の持ち込みに注意する

第5図　太陽熱による土壌消毒の処理状況
左：本圃の土耕栽培，右：おがくずを用いた無仮植ベンチ育苗

③太陽熱による土壌消毒

1970年代，萎黄病の発生が問題となっていたなか，夏期にハウスを密閉することで病原菌を死滅させる太陽熱消毒法が開発され，本病に対する有効性も確認された（小玉・福井，1982）。開発されてから30年以上たつ技術であるが，現在でも萎黄病対策の主要技術として幅広く利用されている。

本法の手順は第1表のとおりである。イチゴ栽培終了後の夏期の休閑期を利用して，施設内土壌に稲わらなどの有機物をすき込み，地表面を透明のフィルムで覆い，十分量を灌水したのち施設を密閉して，地温を上昇させる（第5図左）。本法は，高温による病原菌の死滅効果だけでなく，有機物の発酵による酸化還元電位の低下との相乗効果が確認されている。

当初，太陽熱消毒は土耕栽培の技術であったが，現在では高設栽培にも応用されている（小山田ら，2004；石松ら，2013）。高設栽培では土耕に比べて培地温が高くなるため，有機物を投入せずに，短期間での処理で効果が期待できる。ただし，培地槽の劣化や養液機器やセンサーの故障などに注意する必要がある。なお，イチゴ炭疽病は萎黄病よりも耐熱性が低いため，萎黄病で効果があれば炭疽病にも有効である。

太陽熱消毒法は7，8月に栽培前の本圃施設を対象に実施するものであるが，おがくず培地を用いた無仮植ベンチ育苗では5月〜6月上旬に実施し効果を上げている（平山ら，2010）。本育苗法は，高設ベンチにおがくずを深さ10cmほど一面に敷き詰めて栽培槽にした無仮植育苗であり，おがくずを十分湿らせた後，ベンチを透明のビニールなどで被覆し，さらにハウスを密閉することで（第5図右），萎黄病菌の死滅温度である45℃，96時間以上が得られる。このとき，ベンチにスコップなどの農具も一緒に入れておくと同時に消毒ができる。これまでおがくずは毎年更新されていたが，太陽熱消毒により連用が可能となり，用土の入れ替え作業をせずにすむようになっている。

近年，高設育苗が主流となり，土壌と隔離することで毎年同じ場所で栽培するようになっているが，一方で発病残渣が汚染源となるリスクが高まっている。通路などの発病残渣から管理作業などで容易に再汚染されることから，今後育苗施設の消毒も重要になると考える。

④土壌還元消毒

寒冷地や北日本では夏期に地温が確保できないため，太陽熱消毒の効果が十分発揮されない。そのような地域では土壌還元消毒が有効である。太陽熱消毒では効果を発揮するのに地温40〜45℃以上を確保することが必要であるのに対し，土壌還元消毒では，地温30℃程度であれば効果がある（新村，2002）。その概略は次のとおりである。

1）ふすまか米ぬかを10a当たり1t散布し，十分に土壌混和する。
2）灌水ムラができないように圃場を平らにし，灌水チューブを設置する。
3）透明なポリやビニール資材で全面を覆う。
4）土壌に十分に水分が浸透し，それ以上浸透できずに表面に水が浮いてくる状態になるまで灌水する。
5）20日間ハウスを密閉し地温の上昇を促す。太陽熱消毒と異なるおもな点は，有機物にふすまや米ぬかを使用すること，消毒時にはうねをつくらず平らにすることで，ともに土壌還元消毒のポイントでもある。

⑤土壌くん蒸剤消毒

土壌くん蒸剤は，土耕の育苗圃や太陽熱や土壌還元消毒の効果の得られない畑地の本圃で使用されることが多い。クロルピクリン剤，ダゾメット剤，カーバム剤，ほかにD-Dとクロルピクリン剤との混合剤などがある。クロルピクリン剤は，油剤のほかテープ剤，フロー剤，錠剤があり，催涙性や刺激臭が改善されて使いやすくなっている。いずれもガス化して効果を発揮し，適度な土壌水分が必要で，低温では効果が著しく低下するものもあるので最適な時期に処理する必要がある。

⑥薬剤防除

イチゴ萎黄病にはベノミル剤，チオファネートメチル剤の灌注処理や根部浸漬処理の登録がある。これら殺菌剤はともにベンズイミダゾー

障害と対策

ル系殺菌剤で，炭疽病では耐性菌が広く発生しているが，本菌では確認されていない。土壌病害を対象とした薬剤処理は，薬剤そのものの殺菌効果は非常に高いが，圃場では効果を十分に発揮しにくいため，必ずほかの防除法を組み合わせる必要がある。

執筆　平山喜彦（奈良県農業研究開発センター）

2014年記

参 考 文 献

平山喜彦．2011．イチゴ炭疽病・萎黄病・疫病感染苗検査マニュアル　農林水産省新たな農林水産政策を推進する実用技術開発事業「イチゴ健全種苗生産のための病害検査プログラムの構築」．平成23年度千葉県農林総合研究センター成果普及技術資料．11―17．

平山喜彦・岡山健夫・西崎仁博．2010．イチゴ土壌病害の診断と防除．土壌伝染病談話会レポート．25，39―47．

石松敏樹・岡本潤・後藤英世．2013．大分方式高設栽培における太陽熱消毒によるイチゴ萎黄病の防除対策．大分県農林水産研究指導センター研究報告（農業研究部編）．3，9―18．

小玉孝司・福井俊男．1982．ハウス密閉処理による太陽熱土壌消毒法について　V．イチゴ萎黄病防除に対する適用．日植病報．48，570―577．

駒田旦・青木孝之・小川奎．2011．フザリウム―分類と生態・防除．全国農村教育協会．

駒田旦．1976．野菜のフザリウム病菌，*Fusarium oxysporum*の土壌中における活性評価技術に関する研究．東海近畿農業試験場研究報告．29，132―269．

森充隆．1998．ランナーを介したイチゴ萎黄病の伝染と第二複葉展開期挿し苗育苗の伝染防止効果．農耕と園芸．53（8），137―140．

西村範夫．2008．PCNBを用いない*Fusarium oxysporum*用選択培地．植物防疫．62，164―167．

小山田浩一・後藤知昭・中山喜一．2004．養液栽培培地の太陽熱消毒によるイチゴ萎黄病防除．関東病虫研報．51，33―36．

新村昭憲．2002．還元消毒法の原理と効果．土壌伝染病談話会レポート．22，2―12．

Suga, H., Y. Hirayama, M. Morishima, T. Suzuki, K. Kageyama and M. Hyakumachi. 2013. Development of PCR primers to identify *Fusarium oxysporum* f. sp. *fragariae*. Plant Dis. **97**, 619―625.

熱ショック処理による病害抵抗性誘導

(1) 作物に対する熱ショック処理

①熱ショック処理とは

　高温によって病害虫を抑制する技術として，土壌消毒では各種土壌伝染性病害虫や雑草を対象に蒸気消毒，熱水消毒，太陽熱消毒が，施設消毒では施設の密閉による消毒などが実用化されている．また，種子，苗木など容積が小さく比較的高温に耐える器官では生体の消毒も実践されている．一方，東ら（1990）は栽培中のナスに対して，佐藤ら（2003）はキュウリに対して施設密閉による高温処理を施し，アザミウマ類をはじめとする病害虫の防除が可能であることを示した．

　イチゴでは，定植苗に寄生するうどんこ病，ハダニ（小板橋ら，2002），ミカンキイロアザミウマなどの育苗圃から本圃への持ち込みを防止するため，温湯浸漬による防除技術が開発されている．

　これらの事例は高温（熱）を直接病害虫に作用させ，病害虫の生育や繁殖を阻害することによって防除を行なう方法といえる（第1図）．

　一方，高温は作物体にも一種の環境ストレスとして作用し，作物体内で通常の環境では起こらない物質の生成・集積，生体構造の物理的変化などの反応を引き起こすことがある．処理条件をうまく設定することによって作物体に病害虫抑制効果を誘導させることができれば，これを防除手段として用いることが可能である．作物が長時間，高温にさらされ続けると高温障害や生育抑制など負の影響が大きくなるため，同じ効果が期待できるならばできるだけ短時間の処理で最大の効果になるような条件としたほうがよい．

　ここでは，このような高温処理を「熱ショック処理」と呼ぶ．熱ショック処理は作物に多面的な反応を引き起こすが，ここではとくに病害抵抗性の誘導について解説する．

②病害抵抗性誘導のメカニズム

　熱ショックによる作物の病害抵抗性誘導のメカニズムはいまだ解明されていない部分が多いが，一種のストレス交差耐性によるものと考えられる．植物が病原菌の侵入を受けると，感染部位に活性酸素種（スーパーオキシドアニオンラジカルや過酸化水素など）が生成し，これが引き金となってサリチル酸が集積する．モデル植物を使った実験では，サリチル酸はメチル化されて体内外を移動するシグナルとなり，全身的にさまざまな抗菌反応を引き起こす．この結果，病害抵抗性が後天的に誘導される．

　これは「全身獲得抵抗性」（Systemic acquired resistance; SARと呼ばれる）として知られている現象である（Ross, 1961）．品種改良によって病害抵抗性を遺伝的に改良する場合と異なり，生育中の植物を病気に強くするという点で対照的である．

　植物の体内では活性酸素種は常に生成しているが，通常はペルオキシダーゼ，カタラーゼ，スーパーオキシドディスムターゼなどの活

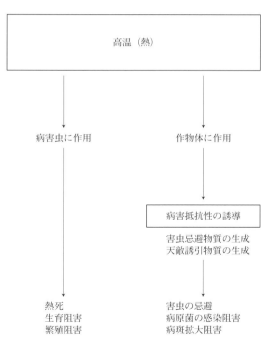

第1図 高温による病害虫抑制効果の模式図

性酸素種消去系酵素群が分解するため集積することはない。しかし植物に熱ショック処理を施すと，処理された部位には活性酸素種が集積する。熱ショックによって直接的あるいは間接的に活性酸素種消去系酵素群の働きが一時的に抑制されることが原因と考えられる。

活性酸素種の集積はサリチル酸集積のシグナルとして作用し，最終的には，細胞壁の強化などを通じて高温耐性の誘導にも寄与すると考えられている。しかし全身獲得抵抗性もサリチル酸がシグナルとなって誘導される（Metrauxら，1990）。

このように引き金はそれぞれ別であっても，一連の反応を伝達するシグナルが共有されているため反応の交差が起こり，その下流では高温耐性の誘導と病害抵抗性誘導の2つの反応が同時に起こると考えられる（第2図）。

③全身的な防御反応

植物体上のシグナルの流れを第3図に示した。植物の一部に病原菌が感染すると，感染部位に活性酸素，引き続いてサリチル酸が集積し，その後に生じたシグナルが他の部位にも伝えられて全身的な防御反応が起きる。この防御反応は一度目に感染した菌の種類とは関係ない全般的なものであり，別の部位に最初とは異なる菌種が感染した場合でも有効に作用する。

熱ショック処理の場合でもこの反応は同じであり，たとえ熱ショック処理が植物体の一部分だけに施されたときでも，処理を行なっていない部位にまで病害抵抗性が誘導される。

最近の研究で，熱ショック処理により誘導される抵抗性は全身獲得抵抗性だけではなく，複数のシステムが関与している可能性が認められている。このためAniら（2013）は全身獲得抵抗性を含めた「熱ショック誘導抵抗性」（Heat shock-induced resistance; HSIR）と呼ぶことを提唱している。

(2) イチゴでの熱ショック誘導抵抗性の利用

①多くの病害に有効

イチゴは灰色かび病，萎黄病，炭疽病，うどんこ病など多種類の病害に冒され，栽培期間も親株養成からスタートして1年半以上にわたることから，防除回数が多くならざるを得ない。使用基準を遵守するかぎり農薬使

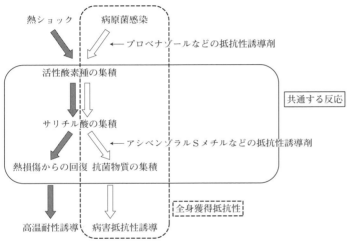

第2図 熱ショックによる病害抵抗性，高温耐性誘導の交差性の模式図

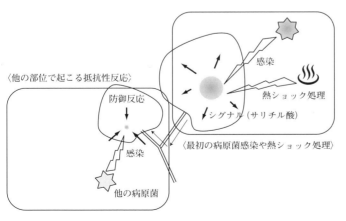

第3図 植物の全身的な獲得抵抗性のメカニズム

用回数の多寡が安全上の問題になるわけではないといっても、防除コストや農薬散布労力の削減が渇望されていることに加え、各種薬剤耐性菌の出現もイチゴの病害防除を著しく困難にしている。たとえばうどんこ病ではDMI剤、ストロビルリン系剤などの主要殺菌剤に対する耐性菌が日本国内では高い割合で出現し、これまで特効薬とされてきた農薬の防除効果が大きく損なわれている。

薬剤耐性菌に対して有効で、かつ新たな薬剤耐性菌の出現リスクが低い農薬代替防除手法に関心が集まっており、誘導抵抗性の利用もその一つである。

誘導抵抗性は一般に有効な病害の範囲が広いことが知られており、熱ショック処理をイチゴに施した場合、炭疽病、うどんこ病、灰色かび病などに対する抵抗性誘導効果が認められている。

② 抗菌作用のしくみ

後述のように炭疽病を防除対象とした熱ショック処理の実用性は低いが、実験的に扱いやすいことから炭疽病菌の接種試験を行なったところ、事前に葉を20秒間、50℃の温湯で処理した葉では接種後14日たっても発病が少なかった（第4図）。

また、イチゴの植物体のうち1葉だけに対して熱ショック処理を行なった場合、全株処理より効果は低いものの、無処理に比べてその進展はおそかった（第5図）。熱ショック処理後、葉内のサリチル酸濃度が上昇することから、サリチル酸を元にしたシグナルが処理部位から他の部位に移行して全身的な抵抗性を誘導したものと考えられた。

また、熱ショック処理後の葉におけるキチナーゼ遺伝子の発現を調べた。キチナーゼは、病原菌に感染すると特異的に合成される感染特異的タンパク質の一つである。具体的な抗菌作用のメカニズムは不明であるが、糸状菌の細胞壁の主要構成多糖であるキチンを分解することによって抗菌活性を発揮する可能性が考えられている。キチナーゼ遺伝子の発現レベルは処理後2日で急激に上昇していた（第6図）。これはサリチル酸によるシグナルの伝達に続いて起きる現象と考えられる。

同様に他の感染特異的タンパク質の合成も熱ショックによって活性化する。また、タンパク質のような高分子だけではなく、精油などの低分子物質の合成、放出も観察される。それらのなかには抗菌活性を示すものも存在する。また、化学的な防御機構だけではなく、細胞壁の硬化などさまざまな防御機構が熱ショック処理ののちに複合的に働いていると考えられている。

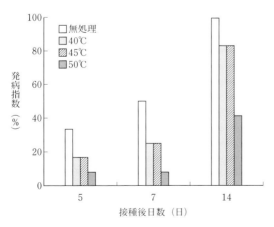

第4図　イチゴ（品種：とちおとめ）に対する熱ショック処理の温度が炭疽病の進展に及ぼす影響

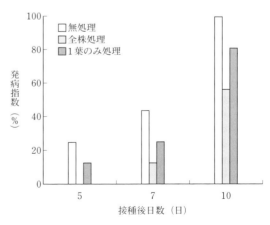

第5図　イチゴ（品種：とちおとめ）に対する熱ショック処理部位が炭疽病の進展に及ぼす影響

障害と対策

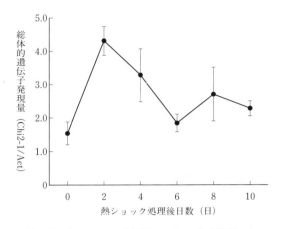

第6図　熱ショック処理後のイチゴ（品種：とちおとめ）の葉におけるキチナーゼ遺伝子（Chi2-1）の発現レベルの推移

(3) 高設ベンチ用温湯散布装置の開発

イチゴではおもな栽培期間が低温であるため，施設密閉処理では熱ショック処理のための温度を確保することができない。また，温湯浸漬処理を立毛中のイチゴに行なうことも困難である。

そこで，栽培ハウス内を走行し温湯を散布することによって熱ショック処理を施す装置（商品名：ゆけむらー）を開発した。おもなターゲットはうどんこ病である。この装置は給湯器や湯温調節機構，レールなどが必要となるものの，季節や天候に関係なく処理を行なうことができる。冬期の生育促進のため，温湯灌水用の給湯器を導入している生産者は多い。さらにLPガス給湯器の場合，燃焼ガスをハウス内に引き込むことによって，温湯供給だけでなく炭酸ガス発生装置としても利用可能である。

①温湯散布のポイント

温湯散布による熱ショック処理のポイントは，イチゴの作物体の一部，できれば全体を確実に20秒間，50℃にすること，栽培初期の病害が発生しない状態からスタートし，週1回の処理を継続すること，ハウス内を均一に処理することである。このためには温湯散布装置を一定速度で走行させ，一定量の温湯を，温度を低下させないで散布する必要がある。農薬散布用の直径8.5mmや10mmのホースでは水量が十分でない。また，殺虫剤，殺菌剤用のノズルではミストの粒径が細かいため細霧冷房と同じ原理により，ノズルから吐出した温湯が瞬間的に気化熱を奪われて湯温が著しく低下し，温湯散布の効果が発揮できない。逆に粒径が大きすぎると，少量で均一な散布が難しくなる。

さまざまなノズルを比較検討した結果，除草剤用のフラットタイプのドリフトレスノズルを一定間隔で取り付け，ノズルの周囲に箱形のカバーを装着することにより作物体を半密閉状態とし，温湯散布時の温度低下を抑えることができた。

②装置のしくみと稼働方法

高設ベンチ用温湯散布装置を第7図に示した。

通路に枕木を置くと管理作業に支障を来すため，田中ら

第7図　自走式温湯散布装置（商品名：ゆけむらー）
①沈下防止杭上レール，②バッテリー式自走台車，③アルミフレーム，④懸垂式給湯ホース繰出機構，⑤保温カバー，⑥ノズル，⑦炭酸ガス施肥用ダクト

(2009) のバリアフリーイチゴ栽培システムに準じて，直径22mmの鋼管（第7図①）を高設ベンチ支柱沈下防止杭上に設置した。バッテリー式自走台車は一定のゆっくりした速度（50cm/分）でレール上を走行する（第7図②）。

このほか，AC電源による自走方式や枕地からウインチで台車をけん引する方式がある。装置の取扱いの簡便さとベッド間の移動のしやすさにそれぞれ一長一短があるが，けん引方式は本体の耐荷重を小さくできることからアルミフレームの軽量・低コスト化が可能であり，ベッド間移動も容易なので最近，開発が進められている（第7図③）。

LPガス給湯器はハウス周辺に設置し，定流量弁と減圧弁を使って水量，水圧を安定化する。また，燃焼ガスをハウス内へ引き込む。

湯温の調節には，温湯と水の混合部を設けて湯温を調節してから送水する方法と，温湯散布装置に混合部を設ける方法があり，前者は給湯器と温湯散布装置の間のホースを1本だけにできるメリットがある。後者はホースを2本にする必要があるが，実際の散布湯温を確認しながら調節できるため便利である。

ホースは地表に置くと作業の支障になるため，カーテンレールを用いた懸垂式給湯ホース繰出機構（第7図④）を設置する。温湯散布部分の側方は硬質カバー，進行方向はスリット入り軟質プラスチック製保温カバー（第7図⑤）で覆われているが，ミストの粒径，湯量，走行速度とのマッチングにより省略可能な場合もある。ノズル（第7図⑥）はフレキシブル管に取り付けられ，イチゴの生育，草姿に合わせて位

第8図 自走式温湯散布装置の各機構
①高設ベンチ支柱沈下防止杭の上に置いた直管パイプ上を走行，②カーテンレールを用いた懸垂式給湯ホース繰出機構，③温湯散布部分は保温カバーで覆われている，④ハウス間の移動は横方向のレールを使う

障害と対策

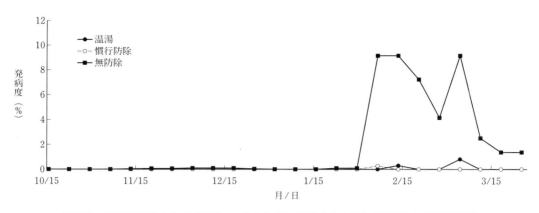

第9図 温湯散布がイチゴ（品種：とちおとめ）圃場でのうどんこ病発生に及ぼす影響

第10図 温湯散布処理によるうどんこ病の抑制効果
①農薬散布なし（葉），②農薬散布なし（花房），③温湯散布（葉），④温湯散布（花房）

置や角度の調節が可能である。

熱ショック誘導抵抗性は全身的なものなので，植物体の一部でも確実に処理されていればよく，必ずしも植物体全体に均一に散布する必要はないが，できるだけ全体に散布したほうが微小昆虫の洗浄，防除効果も期待できる。

ハウス間の移動は横方向のレールを使うことにより可能である。第7図⑦の炭酸ガス施肥用

第1表 温湯散布処理がイチゴの収量におよぼす影響

処理	品種	可販果			障害果		病害果		節減対象農薬使用回数全栽培期間計（のべ回数）	節減対象農薬使用回数本圃計（のべ回数）
		果数(/株)	果重(g/株)	一果重(g/果)	奇形果数(/株)	日焼け果数(/株)	うどんこ病罹病果数(/株)	灰色かび病罹病果数(/株)		
温湯散布	とちおとめ	37.8a	538a	14.2	1.8	0.0	0.0	0.1	19	9
	さちのか	35.0b	546b	15.6	1.0	0.0	0.0	0.4	19	9
慣行防除	とちおとめ	31.5ab	439a	14.0	2.5	0.0	0.0	0.0	51	40
	さちのか	37.1a	519ab	14.0	2.1	0.1	0.0	0.0	51	40

注 収穫期間：2010年12月〜2011年5月
同一英小文字間にはTukeyの多重検定において5％水準で有意差なし

ダクトにより，ガス給湯器から引き込んだ燃焼ガスをシロッコファンでハウス内に拡散させている。ただし，給湯器との接続が不良だと不完全燃焼などによる事故の原因となるため，取扱いに慣れた業者による施工が必要である。

③果実に対する効果

海外では店持ち性の向上や果皮の硬化，着色促進などを目的として，収穫果に対してスチームなどによるポストハーベスト処理が検討されている。そこで未熟果に対して温湯浸漬処理を行なったところ，果実が若干，硬化する傾向が認められるほか収穫後の腐敗遅延などの効果が見られたが，実用化できるほどの効果は認められなかった。

温湯散布装置による処理でも同様の効果が期待されるが，果実は熱容量が大きいため，温湯散布装置で20秒程度の熱ショック処理を行なっても果実品温を十分上げることは困難と思われる。

（4）経済性試算

広さ1a，4ベッドのハウスで2ベッドずつ処理を行なう場合，供給湯温62℃，水圧1kg/cm^2，流量9l/分，最上位に位置する葉と上面のノズル間の距離を15cmとしたとき，ノズルの移動速度50cm/分で葉面温度50℃を20秒間保つ処理を行なうことができた。1a当たりのLPガス消費量は1.408m^3/回（予熱時間を含む。実際には数日に分けて実施する），380.2円/回（270円/m^{3}とした場合）と試算された。1作当たり育苗ハウス（本圃面積の1/5）6回，本圃32回の処理をした場合，ガス代は1a当たり1万2,699円となった。

ハウス全体を7区画に分け，1日につき1区画ずつ処理を行ない，1週間で全体の処理を終えるようにして，燃焼ガスを炭酸ガス施肥として全量利用すれば炭酸ガス発生装置による炭酸ガス施肥を削減でき，トータルでコスト増にはならないと試算された。

週1回の温湯散布により，うどんこ病の発病程度はきわめて少なくなり，慣行防除と同等の効果があった（第9，10図）。化学合成農薬の使用回数は慣行レベルの1/4程度に削減可能であった（第1表）。このため農薬代は1a当たり3,403円削減できた。

（5）利用上の注意点

①感染後の治療効果はない

温湯散布装置によるうどんこ病の防除は，イチゴのもつ熱ショック誘導抵抗性というメカニズムに着目している。これは病害感染時に，イチゴのもつ抵抗性反応をより強くし，被害を最小限にとどめることを期するものである。このため，すでに感染してしまった植物体の治療効果はない。また，熟した果実には抵抗性の誘導効果は働かない。このため，ハウス内にすでにうどんこ病が発生している状況では最初に感染源を除去する必要がある。処理後，抵抗性は徐々に低下し1〜2週間程度で元のレベルに戻るとみられるため，発病前から1週間に1回程度の定期的な処理が必要である。

障害と対策

②防除効果のある病害虫と散布条件

湿度が高いと温湯散布後に葉や果実, 花弁が乾かず, 灰色かび病の発生を招きやすい。実験的には熱ショック処理は灰色かび病に対する抵抗性を誘導するが, 花弁などには効果がない。短時間で茎葉が乾くと予想される晴天日の午前中に行なうなど, 不適条件下では散布しないよう注意が必要である。また, 灰色かび病の多発が懸念される, あるいはすでに病害が発生している条件下では躊躇なく, 農薬による防除を行なう必要がある。

炭疽病に対しては, 健全株では温湯散布により抵抗性が誘導されるのに対し, いわゆる潜在感染株では逆に発病しやすくなる傾向がある。将来的には温湯散布により潜在感染株のスクリーニングを行なうことができる可能性があるが, うどんこ病とは異なり, 一度感染してしまうと致死的な病害であるため, 熱ショック処理の, 感染を抑えることはできないが感染後の被害程度を軽くするという手法とは相いれない部分がある。いうまでもなく, 育苗時から有効な殺菌剤の短期間でのローテーション散布を含めた総合的な感染防止策が必要であろう。このようなことから, 炭疽病防除については実用性の観点から推奨はできない。

その他の病害に対する効果については実施事例が乏しく, 今後の解明が待たれる。

温湯散布時の熱による副次的な殺虫効果については, アブラムシ, コナジラミに対しては, 温湯が直接かかれば効果が見込まれるが, ハダニ類, ハスモンヨトウには効果が劣ることが判明している。また, ミツバチ, マルハナバチに対する悪影響はない。

なお, 地床栽培用の懸垂式温湯散布装置も試作した。処理方法や散布効果は高設ベンチ用のシステムと同等であるものの, 温湯がうね間に滞水してしまい灰色かび病の発生を助長する懸念が認められた。このため, 排水性が不良で滞水しやすい圃場では使用が困難と考えられた。

③作物体へのダメージ

葉温50℃とした場合, 40秒程度までなら葉に大きなダメージは見受けられないが, さらに高温・長時間になってしまうと葉やけの原因となる。イチゴの葉やけは処理直後にはわからず, 数日以上経過してから障害が出てくるため, 十分な注意が必要である。設置施設の水量, 水圧, 品種, 草姿などさまざまな条件で設定温度, 走行速度などの最適条件が少しずつ異なるため, 装置導入時には慎重な条件設定が必要である。処理が適切に行なわれていれば, イチゴの収量, 奇形果発生などにはとくに悪影響は認められず, 本圃の農薬使用回数の大幅削減が可能である。

なお, 本装置は茨城大学が特許を取得し, 水戸市の朋友株式会社が実施許諾を受けて製品を製作している。

執筆　佐藤達雄（茨城大学）

2015年記

参 考 文 献

東勝千代・森下正彦・矢野貞彦. 1990. 施設栽培ナスにおけるハウスの密閉処理によるミナミキイロアザミウマの防除. 和歌山県農業試験場研究報告. **14**, 35—44.

小板橋基夫・中島規子・柏尾具俊・西村範夫. 2002. 温湯浸漬によるイチゴうどんこ病およびハダニの不活化処理法の検討. 日植病報. **68**, 197.

Métraux, JP., H. Signer, J. Ryals, E. Ward, M. Wyss-Benz, J. Gaudin, K. Raschdorf, E. Schmid, W. Blum, B. Inverardi. 1990. Increase in salicylic acid at the onset of systemic acquired resistance in cucumber. Science. **250**, 1004—1006.

Ross, A. F. 1961. Systemic acquired resistance induced by localized virus infections in plants. Virology. **14**, 340—358.

佐藤達雄・瀧口武・松浦京子・成松次郎・水野信義. 2003. 温室密閉による高温処理が夏キュウリの生育ならびに病害虫発生におよぼす影響. 園学雑. **72**, 56—63.

佐藤達雄・久保深雪・渡邊清二. 2003. 熱ショックによるキュウリ (Cucumis sativus L.) のサリチル酸応答系全身獲得抵抗性 (SAR) 関連遺伝子の誘導. Jpn. J. Trop. Agr. **47**, 77—82.

田中一久・中西幸峰・糀谷斉・新木隆史・松岡敏生・澤田幸一・安田府佐雄. 2009. バリアフリーイチゴ高設栽培技術の開発. 三重農研報. **32**, 1—7.

Widiastuti, Ani., M. Yoshino, H. Saito. K. Maejima, S. Zhou, H. Odani, K. Narisawa, M. Hasegawa, Y. Nitta, T. Sato. 2013. Heatshock-induced resistance in strawberry against crown rot fungus Colletotrichum gloeosporioide. Physiol. and Mol. Plant Pathol. **84**, 86—91.

紫外光（UV-B）照射によるイチゴうどんこ病の防除

(1) 技術開発のねらい

イチゴうどんこ病は *Sphaerotheca aphanis* (Wallroth) U. Braun var. *aphanis* によって引き起こされる病害で，昨今の日本国内の主力イチゴ品種は本病に弱いため，生産現場では防除に苦慮してきた。DMI剤に対する薬剤感受性の低下（岡山ら，1994），それに続くストロビルリン剤に対しても薬剤耐性菌（大関ら，2006）が報告されてきた。一方，オランダのガラス温室で使用されていた無機硫黄のくん煙技術が日本にも導入され，タイマーでセットするだけで省力的であることから，全国の農家に普及した。しかし，パイプハウスの被覆資材がポリビニール（PV）からポリオレフェン（PO）に替わるにしたがい，硫黄による劣化が問題となり，ほかの対策が求められるようになった。

筆者らはIPM（総合的病害虫管理技術）に組み入れる技術を開発するため，液体ケイ酸カリウム水溶液による本病の発病抑制（Kanto et al., 2004, 2006），メチオニンとリボフラビン（ビタミンB_2）混合水溶液による本病の発病抑制（神頭ら，2003）などの技術を開発してきた。そのようななか，イチゴの栽培方法も従来の土耕栽培だけでなく高設栽培（養液土耕栽培）も増え，養液の施用方法，培地の種類，ベッドの施工方法などからさまざまな方式が確立されてきた。液体ケイ酸カリウム水溶液の株元灌注も，それぞれの方式に適用する必要が生じたが，個々の生産現場での適用がむずかしく，普及が進まなかった。

そこで，イチゴうどんこ病に対するIPM技術の充実をはかるためほかの物理的防除法を模索するなかで，労力のかからない防除法として「光」に注目し，松下電工株式会社（現パナソニック株式会社）と共同で研究を始めた。さらに研究を充実させ，成果を製品化するため，2007年に農林水産省の「先端技術を活用した農林水産技術研究高度化事業（現農林水産政策を推進する実用技術開発事業）」を受けて研究開発を進めてきた。今回はその成果である植物病害防除照明装置（商品名：タフナレイ）とその後継商品（UV-B電球形蛍光灯）について紹介する。

(2) 光源の選択と光照射条件の検討

近年のLED（発光ダイオード）の急速な開発に伴い，2004年ころから農業生産現場では「青色LEDを用いてイチゴうどんこ病を抑えられる」などの情報が飛び交い，混乱していた。

一方，研究レベルでは島根大学のグループが早くから赤色光によって植物に病害抵抗性を誘導できること（Islam et al., 2008；荒瀬ら，2010），紫外光（おもにUV-A）カットフィルムによって野菜類菌核病（*Sclerotinia sclerotium*）が抑制され，青色光の夜間照射によってコマツナ黒斑病（*Alternaria solani*）の発病が抑制されること（本田，1982）が知られていた。また，海外を中心に紫外光（UV-B）によって植物に病害抵抗性を誘導する研究は多数知られていたが，Raviv and Antignus (2004)がその総説で「UV-B照射を強めることによって植物の病害抵抗性が大きくなると考えられることは当然と予測されるが，逆にUV-Bによって植物の菌類病に対する感受性が増す事例も報告されており（Naito et al., 1996），宿主と病原体の相互反応におけるUVの作用機構は複雑であり，多数の植物のUVに対する反応は菌の増殖を阻害すると考えられる防御作用であるが，この仮説を支持する確実な証拠がない」と述べるなど，実用レベルまで達する研究は見当たらなかった。

そこで筆者らは青色光および紫外光（おもにUV-B）について，イチゴうどんこ病を実用レベルで防除可能か否か検討することとした。まず，ガラス温室で青色光蛍光灯を用いてイチゴうどんこ病に対する発病抑制効果を検討したが，効果が判然としなかった。次に紫外光（UV-B）蛍光灯について同様に発病抑制効果を

障害と対策

第1表 イチゴうどんこ病発病抑制のために十分で，かつイチゴに障害が出ない紫外光照射条件の評価

紫外光照射 (kJ/m²/日)	発病葉率 (%)	防除価	日焼け
32	0	100	重度
16	0	100	重度
11	0	100	中程度
6.5	0	100	無
5.4	0	100	軽度
2.5	0	100	無
0（非照射）	22	—	無

検討した。その結果，発病を抑制できることが判明したが，イチゴに対し，生育抑制あるいは葉に日焼け症状を生じた。

そこで，室内実験によりイチゴうどんこ病を抑制するとともに，イチゴの生育に悪影響（日焼け症状など）を与えない照射条件を検討した。試行錯誤の末，発病抑制効果を発揮でき，イチゴの生育に悪影響のない適正な照射条件を3kJ/m²/日以上とすることができた（第1表）。この照射条件を元にハウスにおける照射条件の原案を作成し，実際のビニールハウスで試験を開始した。

（3） うどんこ病の発病抑制効果

①土耕栽培

2006年，兵庫県立農林水産技術総合センター内ビニールハウス（6m×11mの2連）において，'とよのか''章姫''さちのか''紅ほっぺ'を用いて発病前から紫外光（UV-B）を照射し，その後のうどんこ病の発病状況を経時的に調査した。

10月中旬にイチゴ苗を定植し，ハウスの天井面からイチゴに対し直下で約2mの距離から紫外光（UV-B）20W型蛍光灯を日中10時間毎日照射した。UV-B照射期間は2006年11月から2007年5月（栽培終了時）までとした。UV-B照射量はハウス内のイチゴの株により異なるが，約1.6～6.4kJ/m²/日（平均4.4kJ/m²/日）であった。各品種各処理ごとに50株を定期的に調査した。2006年内はおもに葉を，果実収穫が本格化した翌2007年1月以降はおもに果実を調査した。照射区と非照射区はハウス内をビニールシートで仕切り，非照射区ではUV-Bが影響しないようにUV-B強度計で確認のうえ試験を実施した。その結果，いずれの品種でも発病抑制効果が認められた。

代表例として第1図に'とよのか'での発病状況の推移を示す。2006年内は発病が認められなかったため，翌2007年1月以降の発病果率を示す。この間のうどんこ病に対する農薬散布は両区とも実施していない。非照射区で2月と5月に発病のピークがあり，1月は非照射区の発病が少なかったことで照射区との差が小さいが，この試験では調査全期間を通じて農薬散布をせず光照射のみで大変高い防除効果を上げることができた。

②高設栽培

2007年，同じく兵庫県立農林水産技術総合センター（農業大学校）内ビニールハウスで試験を実施した。9月中旬にイチゴ

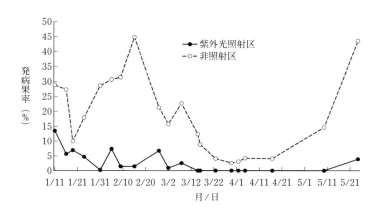

第1図 土耕栽培における紫外光（UV-B）照射によるイチゴうどんこ病の発病抑制効果（品種：とよのか，2007年）
発病前から点灯，うどんこ病に対する薬剤防除は両区ともなし

苗を定植し，10月下旬からUV-Bの照射を開始した。高設栽培であるため，天井からイチゴまでの距離は，直下で約1.5m，照射時間は日中4～6時間（日焼け防止のため12月中旬から時間短縮）とし，0.2～6.5kJ/m^2/日とした。薬剤は第2図の下向き矢印のとおりうどんこ病対象に6回，照射区・非照射区とも殺菌剤を散布した。

照射区では翌2008年2月上旬まで，農薬との併用ではあるが発病をほぼ完璧に抑制した。一方，非照射区では農薬散布を実施していたにもかかわらず，2月上旬には5.5％の発病果率となった。最終調査の3月11日には非照射区では発病果率が59％と発生が激しかったのに対し，照射区では13％に抑制することができた。

（4）発病抑制の作用機構

①各種病害抵抗性関連遺伝子の転写誘導

実験ブース内（温度は25℃）において，白色蛍光灯を6時～18時まで12時間点灯（約8,000lx）し，同時にUV-B蛍光灯を7～17時まで10時間（5.4kJ/m^2/日）点灯した。対照区として，UV-Bを点灯しない白色蛍光灯のみの区を設けた。これらブース内で，イチゴ（品種：とよのか）の12cmポット株を10株ずつ栽培した。

栽培開始から1，2，3日，1週間，2週間後に各区1株（2反復，計2株）から無作為に3枚の葉を採取し，液体窒素中に投入して瞬間凍結させ，乳鉢と乳棒で磨砕した。凍結粉砕した100mgのイチゴ葉からManning (1991) の方法により全RNAを抽出し，RT-PCRを行なった。増幅産物を2％TAEアガロースゲルで電気泳動し，エチジウムブロマイドで染色したのち，紫外線照射下で写真撮影した。

その結果は第3図のとおりであった。抽出したRNAの電気泳動像と，構成的に発現するグリセルアルデヒド3リン酸脱水素酵素（GAPDH）遺伝子のプライマーを用いた増幅産物は，各実験区においてほぼ均一であった。

一方で，PR-タンパク質の一種であるβ-1,3グルカナーゼ遺伝子（Gluc）がUV-B照射1日および2日で，オスモチン様タンパク質

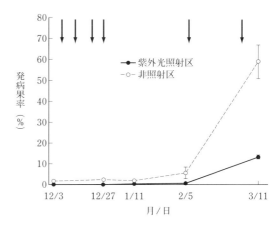

第2図 高設栽培における紫外光(UV-B)照射によるイチゴうどんこ病の発病抑制効果（品種：章姫，2007～2008年）

下向き矢印は殺菌剤散布を示す。紫外光照射はうどんこ病発病前の10月下旬から点灯

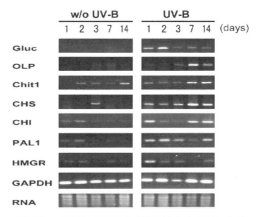

第3図 紫外線（UV-B）照射がイチゴ葉における病害抵抗性関連遺伝子の転写に及ぼす影響

RT-PCRによる増幅産物の電気泳動像，最下段は逆転写に用いたRNAの電気泳動像

左側：非照射葉，右側：照射葉，上部に照射日数1日～14日後を表示

(OLP) 遺伝子も，UV-B照射7日で強く転写されていた。同じくPR-タンパク質であるキチナーゼ（Chit1）の遺伝子は，UV-B照射葉および非照射葉のいずれも転写が認められた。

ほかの病害抵抗性関連遺伝子については，フェニルプロパノイド生合成系の鍵酵素であるフ

ェニルアラニンアンモニアリアーゼ（PAL1）や，フラボノイド化合物産生にかかわるカルコン合成酵素（CHS）およびカルコンイソメラーゼ（CHI）の遺伝子が，UV-B照射葉で強く転写されていた。これらの遺伝子は非照射葉でも転写されていたが，照射葉に比べてわずかであった。テルペノイド系化合物（抗菌性物質）の産生にかかわる3-ヒドロキシ-3-メチルグルタリル-CoA還元酵素（HMGR）の遺伝子はUV-B照射1日で強く転写が誘導されたが，非照射葉でも若干転写が認められた。

② 抗菌性物質の産生誘導

前の実験と同様にUV-B照射区と非照射区を設け，イチゴ（品種：とよのか）の12cmポット株を1週間栽培した。イチゴ株にイチゴ炭疽病菌（Colletotrichum gloeosporioides：兵庫県保存菌株）の分生子懸濁液（10^6conidia/ml）を噴霧接種（非接種株には殺菌蒸留水を噴霧）し，白色蛍光灯を6～18時まで12時間（約8,000lx）点灯する条件下においた。噴霧72時間後にイチゴ葉を任意に3枚選んで採取した。

採取したイチゴ葉を液体窒素中に投入して瞬間凍結させ，乳鉢と乳棒で磨砕後，その400mgを1mlのメタノールに懸濁して室温で10分間静置した。静置後，10,000rpmで5分間遠心し，上清を別のチューブに移し，これを減圧乾燥し，固形物を20μlのメタノールに再溶解し，滅菌蒸留水180μlを加えて混合，200μlの粗抽出液とした。

溶解して40℃に保温したPDA培地にイチゴ萎凋病菌（Verticillium dahliae）の分生子を10^7/mlとなるよう懸濁して，直径45mmのプラスチックディッシュに分注した。このディッシュ（平板）の中央に直径約3mmの穴をあけ，穴の底を少量の寒天で封じた。この穴に前述の粗抽出液20μlを入れて，25℃で2日間培養したのち，イチゴ萎凋病菌の生育阻止円を観察した。

その結果，第4図のようにUV-Bを1週間照射したイチゴ葉の粗抽出液には何らかの抗菌性物質が含まれる（イチゴ萎凋病菌の生育阻止円が形成されている）ことが明らかとなった。このような抗菌性物質はUV-B非照射葉からの粗抽出液には認められなかったため，その生産はUV-Bの照射により動的に誘導されたと考えられた。抗菌性物質の生産はイチゴ炭疽病菌の接種によっても誘導されたが，UV-Bを照射した場合は，イチゴ炭疽病菌接種の有無にかかわらず，抗菌性物質の産生が誘導された。

以上のように，紫外光（UV-B）の照射によって，イチゴの葉に各種病害抵抗性関連遺伝子の転写発現および抗菌性物質の産生が誘導される，すなわち「イチゴに病害抵抗性が誘導される」ことが明らかとなった。

（5）果実品質への影響

前項で述べたとおり，紫外光（UV-B）照射

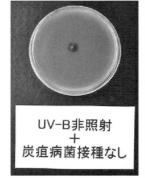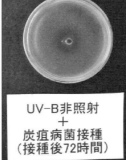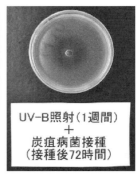

第4図　紫外光（UV-B）照射と炭疽病菌接種がイチゴ葉中の抗菌物質産生に及ぼす影響
　イチゴ萎凋病菌の胞子を混合したPDA培地の中心部に各試験区のイチゴ葉粗抽出液を注ぎ，25℃で2日間培養した。粗抽出液に抗菌活性があれば，生育阻止円（中心の透明部分）が形成される

により，PAL1，CHSなどフェニルプロパノイド化合物やフラボノイド化合物の産生にかかわる酵素遺伝子の転写が活性化する。このことは，リグニンなど細胞壁を強化するフェニルプロパノイド化合物やアントシアニン（イチゴ果皮色素）などの産生促進につながる可能性がある。

そこで，UV-Bをイチゴに照射し，その果実を収穫して，果皮に含まれるアントシアニン量を測定した。2009年1～5月に，神戸市の現地イチゴハウスでUV-Bを日中6時間照射し，果実（品種：さがほのか）を毎月1回採取，アントシアニン含量を吸光度により調査した。その結果，第5図のとおり1～5月の毎月，紫外光（UV-B）照射区でアントシアニン含量が高かった。また，果実の糖含量を調査したところ，紫外光（UV-B）照射区の果実で，ブドウ糖と果糖の含量は変わらないが，ショ糖含量が増加する傾向にあることが確認された。

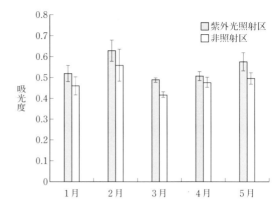

第5図　イチゴ果皮のアントシアニン含有率（品種：さがほのか）

(6) 防除照明装置の使用法と導入費用

①従来装置「タフナレイ」

当初の照明装置（商品名：タフナレイ）は亜鉛鋼板本体にアルミ反射板が装着されており，これに20形専用光源付防水リングが取り付けられる。この光源を本圃では施設10a当たり30台，育苗圃では60台をイチゴから約2mの高さで5m間隔に設置し，照射時間は当初午前9時から午後3時までの6時間，毎日照射することとしていた。その後，照射時間長および時間帯について再検討し，人間の出入りがない午後11時から翌日午前2時までの深夜3時間照射とした。第6図は高設栽培ハウスでの設置事例である。

なお，光源とイチゴの距離が近いときは，照射時間を短くする必要がある。基本的に，光の強度と時間によりエネルギー量が決まるので，適切な距離が確保できない場合は，照射時間などで調整する必要がある。蛍光灯は点灯時間の経過に伴い，光量が低下する。また，照明器具の汚れによっても明るさは大きく減少するので，ときどき蛍光灯と照明器具の清掃をする。

第6図　高設栽培での植物病害防除照明装置（従来品，商品名：タフナレイ）設置例

第7図　新型UV-B電球形蛍光灯＋反射傘
左：SPWFD24UB1PA
右：SPWFD24UB1PB

障害と対策

第8図　UV-B電球形蛍光灯（新型）の設置例

②後継装置「UV-B 電球形蛍光灯」

さらに，2014年から，従来の「タフナレイ」よりも低価格の「UV-B電球形蛍光灯」（第7図）が発売された。今後はこの電球形蛍光灯に移行する。設置方法はタフナレイ同様，設置間隔は4.5m，イチゴからの高さは約2mとする（第7図左）。光源とイチゴの距離が短い場合は，第7図右のような，形状の異なる反射傘タイプ（SPWFD24UB1PB）を用いる。設置間隔はタフナレイ同様，本圃と育苗圃で異なるので，第9図を参照し注意する。

③導入費用

当初の「タフナレイ」初期導入費用は，機器費・工事費込みで施設面積10a当たり実勢価格約100万円程度であったが，新型の「UV-B電球形蛍光灯」での導入費用は施設面積10a当たり約50万円程度と見込まれている。また，「UV-B電球形蛍光灯」は使用可能時間が約4,500時間（夜間3時間毎日点灯で年間8か月使用すると約6年間に相当）と，旧型の「タフナレイ」の1.5倍とされている。これにより，蛍光灯を6年程度交換せずにすむことから，年間の減価償却費は施設10a当たり8万3,000円程度（1a当たり8,300円）となる。

一方，本病害防除照明装置（従来品：タフナレイ，新製品：UV-B電球形蛍光灯）導入により，殺菌剤の散布が3分の1～半分程度以下に抑えられるものと考えており，農薬代として年間5～10万円程度は節減できるものと考えられる。

さらに，本病害防除照明装置（UV-B電球形蛍光灯）によるうどんこ病被害軽減による収量回復効果が1割程度見込まれる（田中私信，2015）ことから，初期投資以上の経営改善が見込まれる。

なお，導入にあたっては製造元（パナソニックライティングデバイス株式会社；http://panasonic.co.jp/es/pesld/products/others.html）に問い合わせる。

④使用上の注意点

その他，「安全に関する注意」として，本装置の照射光は目や皮膚など人体へ影響を与える可能性があるので，点灯中には施設内に入室しないこと，点灯中の光源を直接見つめたり皮膚をさらさないこと（雪目や日焼けなどの障害を与える可能性がある）がある。

「使用上の注意」として，本装置は現在のところイチゴうどんこ病でのみ効果が検証されている。そのほか，バラうどんこ病に対する防除実証試験結果はきわめて良好であり，キク白さび病に対する防除効果や，カーネーションのハダニ類に対する防除効果が一部公設試で試験されている。ほかの作物・病害への適用は公的機関での研究結果を踏まえて，メーカーが提案する段階となってから検討する（前述のパナソニックライティングデバイス株式会社ホームページで随時更新予定）。

本装置のおもな作用機構は，イチゴの病害抵抗性を高めることにより，病気にかかりにくくする作用である。したがって，うどんこ病が発生する前から予防的に照射する。病害発生後から照射を開始した場合は防除効果が低くなるので，農薬との適正な併用により防除する。

*

紫外光（UV-B）はもともと太陽光にも含まれている。ヒトにとってビタミンD産生のためにUV-Bは不可欠であるが，一方，日焼けを起こす原因でもある。

紫外光は植物にとっても重要で，強すぎれば生育抑制などの作用もあるが，適度な放射強度であれば，適度なストレスとなってエリシタ

紫外光（UV－B）照射によるイチゴうどんこ病の防除

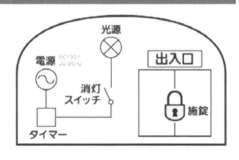

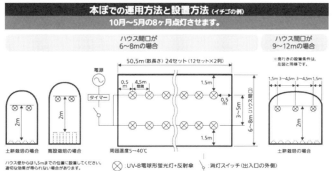

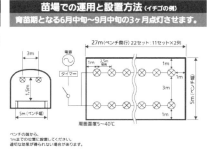

第9図　新型のUV-B電球形蛍光灯の設置方法
上：SPWFD24UB1PA，下：SPWFD24UB1PB
2015年8月現在の仕様
パナソニックライティングデバイス（株）のホームページ（http://www.panasonic.co.jp/es/pesld/products/others.html）の「UV-B電球形蛍光灯セットPDFチラシ」の一部

ーとして機能し，病害抵抗性も誘導され，イチゴ果皮色の改善（Ogawa et al., 2009），糖度上昇の傾向も認められる。紫外光利用による植物病害防除照明装置が実用化され，装置の改良（UV-B電球形蛍光灯）も進み，低コスト化できた。さらに，トマト，パセリ，バラ，キク，カーネーションなど他作物・他病害虫にも広く応用研究が実施されている。今後，ますます

障害と対策

IPM技術の一つとして，さらに果実など農産物の品質向上技術の一つとして利用が高まることを期待したい。

また，今回明らかとなったイチゴで病害抵抗性が誘導される現象について，実験植物でみられるSAR（全身獲得抵抗性）あるいはISR（誘導全身抵抗性）と同一であるか否かなど未解明の部分も多く，今後の研究の進展が待たれる。

執筆　神頭武嗣（兵庫県立農林水産技術総合センター）

2015年記

参 考 文 献

荒瀬栄ら．2010．植物防疫．**64**, 511—514.

本田雄一．1982．植物防疫．**36**, 457—465.

Islam, S. Z., *et al.*. 2008. J. phytopathol. **156**, 708—714.

神頭武嗣ら．2003．日植病報．**69**, 296.

Kanto, T., *et al.*. 2004. J. Gen. Plant Pathol. **70**, 207—211.

Kanto, T., *et al.*. 2006. ibid. **72**, 137—142.

Kanto, T., *et al.*. 2009. Acta Hort. **842**, 359—362.

Manning, K. 1991. Anal. Biochem. **195**, 45—50.

Naito, Y., *et al.*. 1996. Mycoscience. **37**. 15—19.

Ogawa, T., *et al.*. 2009. 5th International Workshop on Anthocyanins.

岡山健夫ら．1994．日植病報．**60**, 350.

大関文恵ら．2006．日植病報．**72**, 260.

Raviv, A. and Y. Antignus. 2004. Photochem. Photobiol. 219—226.

山田真ら．2008．松下電工技法．**56**, 26—30.

炭酸ガスくん蒸によるハダニ防除

イチゴのナミハダニはどこの生産地域でも，薬剤抵抗性が発達し，難防除害虫としてもっとも重要な害虫である。このような状況から，近年，ハダニ捕食性天敵であるチリカブリダニやミヤコカブリダニの導入が進んでいる。しかし，導入のタイミングがむずかしく，天敵に影響のある薬剤を散布してしまったということが往々にして生じ，効果が安定しない事例が指摘されている。

施設栽培野菜では害虫の寄生していない苗を植え付けることがIPMの基本中の基本であるが，イチゴは苗を育成するまでの期間が長く，ハダニの薬剤抵抗性も発達しているため，苗からのハダニの持ち込みをなくすことは不可能に近かった。

薬剤抵抗性が発達せず，定植前のハダニを限りなくゼロにする対策が，炭酸ガスくん蒸である。2013年，イチゴのナミハダニに対する高濃度炭酸ガスの農薬登録が認可され，処理装置も市販され，栃木県をはじめ現地に導入され始めた。

(1) 高濃度炭酸ガスの殺虫効果

高濃度炭酸ガスは米や豆類などの貯穀害虫や，アザミウマ類，ハダニ類，アブラムシ類などさまざまな害虫に対して高い殺虫効果をもつことが知られている。貯穀害虫に対しては農薬登録もされているが，殺虫に要する期間が10日以上と長く，実用段階ではまったく普及していなかった。さまざまな害虫に対して殺虫効果をもつが，植物検疫での利用が検討されているだけで，害虫が寄生した植物の苗などでの実用性についてはほとんど検討されてこなかった。

(2) 温度が高いほど殺虫効果は高い

炭酸ガスの殺虫効果は害虫種によって異なり，濃度，処理時間，処理温度などさまざまな条件が影響する。濃度については，20％以上で殺虫効果が認められ，濃度が高くなればなるほど高い効果があり，50％以上の濃度で完全殺虫が可能である。また，処理温度が高くなればなるほど処理期間を短くすることが可能となる。ナミハダニに対しては，50％以上の濃度で高い殺虫殺卵効果が認められ，25℃では24時間の処理で完全殺虫効果がある。

イチゴに対する高濃度炭酸ガスの影響を調査したところ，30℃，60％で24時間処理でもイチゴに障害は発生しなかった。しかし，濃度が80％以上になると，葉柄や葉縁が褐変する障害が発生し（第1図），古い葉でそれは顕著である。また，軟弱苗を処理すると障害が発生しやすい。

2011年に30℃，60％，24時間処理を行なったイチゴでのハダニ抑制効果とイチゴの生育や開花について検討したところ，10月以降ハダニ発生はまったく認められず，花芽の形成や葉に対して影響は認められなかった。ハダニの寄生数は無処理区ではダニ殺虫剤を2回散布したにもかかわらず，12月には発生が認められたが，処理区では12月下旬まで，ダニ殺虫剤を散布しなくてもハダニの発生が認められなかった（第2図）。翌年の1月下旬にはイチゴの生育が処理区と無処理区で大きく異なり（第3図），処理区で10～20％の増収効果も認められている。

また，実験的には温度が高いほど短時間で殺

第1図　高濃度炭酸ガスによるイチゴの葉の障害

障害と対策

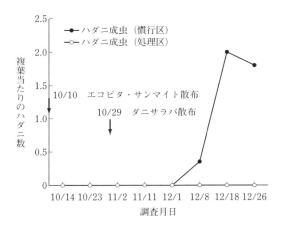

第2図 炭酸ガス処理区と慣行区におけるナミハダニの発生推移
ダニに対する殺虫剤散布は無処理区のみで,炭酸ガス処理区では薬剤散布はなし

第3図 高濃度炭酸ガス処理区(上)と無処理区(下)でのイチゴの生育状況(2012年1月)

虫効果が現われる。ちなみに,40℃では6時間の処理で殺虫効果がある。イチゴでは,40℃,6時間でも障害は生じないので,この条件を維持する装置ができれば実用化が可能と考えられる。

(3) 炭酸ガスくん蒸装置

①市販されている装置

イチゴの苗に対する炭酸ガスくん蒸装置は2種類が市販されている。イチゴ苗を入れた袋を密閉し,高濃度炭酸ガスで24時間くん蒸できるシステムで,初めに日本液炭(株)が開発した「すくすくバッグシステム」は高気密性の特殊ファスナー付き巨大バッグ(幅3.5m,奥行4.4m,高さ1.8m)に,コンテナやトレイに収納したイチゴ苗を入れて密閉し,炭酸ガスを流し込む装置である(第4図)。一度に最大1万7,280株の処理が可能である。

次いで,日立AIC(株)で開発された「ポリシャインSB(水封式炭酸ガス害虫駆除システム)」は裾が水封式になっている装置で,夜冷庫台車をそのまま利用できるほか,コンテナ利用で処理も可能な装置である(第5図)。一度に最大2万6,565株の処理が可能である。

②自作する場合の方法と操作手順

これら炭酸ガス処理装置は高価であり,20a以下の小規模の生産者にとっては高嶺の花である。共同で利用するような体制ができれば炭酸

第4図 「すくすくバッグシステム」による炭酸ガス処理

第5図　夜冷庫システムでの「ポリシャインSB（水封式）」による炭酸ガス処理
①グランドシートを敷く，②1段目の台車をシート上に移動，③3段目までを移動後，U字溝を設置し，水を注入しする，④角底袋で全体を覆って処理装置の設置完了

ガス処理がさらに普及するものと思われる。水封式の処理装置は自分で製作することができるので，製作のための器具などについて紹介する。袋は気密性の高いフィルムで角底袋を作製する業者があるので，希望の大きさの袋をつくることができる。袋以外に必要な器具は次のとおりである。

U字溝　水封式の装置で，袋内と外気を遮断するために使用する。板で製作することもできるが，再生プラスチックのU字溝が市販されているので利用できる。

炭酸ガス濃度計　注入したガス濃度を測定する。0〜100％までの濃度を測定できる装置は新コスモス電機のXP-3140のみである（第6図）。

ガス調整器　ガスボンベからガスを注入するときに，加温して流量を設定するために使用す

第6図　炭酸ガス濃度計

る（第7図）。

軸流ファン　ガスを注入したのち，袋内のガス濃度を均一にするために使用する（第8図）。

アスピレータ　ガスを薄めながら注入でき

障害と対策

第7図　ガス調整器

第10図　シートの設置

第8図　軸流ファン

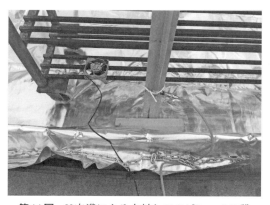

第11図　U字溝による水封とアスピレータの設置状況

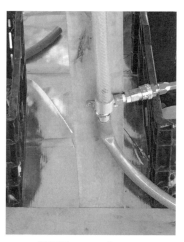

第9図　アスピレータ

る。袋の外に設置すると，空気を入れるため袋が膨れ上がるので，空気抜きが必要となる。袋内に設置すれば袋の膨張を防ぐことができる（第9図）。

これら器具のなかで，炭酸ガス濃度計とガス調整器は価格がいくぶん高いが，永続的に使用できるので，2年目以降の処理経費のコストは低くできる。また，使用時期が一時的なので共同利用も考えられる。

水封処理装置の操作手順と注意点は次のとおりである。

1）処理装置を設置する場所はできるだけ水平で雨風が当たらず，袋を設置できる広い場所を選定する。電源と水を供給できることが必須である。

2) シートのアルミ蒸着フィルムを設置する（第10図）。

3) 袋に合わせたU字溝を設置し，水をためることができるようにシートをかぶせる（第11図）。

4) U字溝で囲まれたところに，一段目は空のコンテナを置き，そのなかに一定間隔に穴をあけたガスホースを固定する。2段目以降にイチゴ苗の入ったコンテナを載せる。温度測定するための温度計（最高最低）を設置しておく。

5) 密閉空間内の炭酸ガス濃度を均一にするために軸流ファンを設置する。ガスホースにはアスピレータを袋内に設置し（第11図），袋内の空気でガス濃度を調節できるようにする。

6) ガスホースと軸流ファンの電源コードを，U字溝にためた水をとおして外部に接続する。

7) ガスボンベにガス調整器を取り付け，流量を調節できるようにする。カプラ付きホースを接続し，袋内のアスピレータに取り付ける。

8) 袋の上部に空けた排気バルブからブロアーを用いて袋内の空気をできるだけ抜く。

9) ガス調整器の電源を入れ，加温されたことを確認して，所定量の流量（50l/分程度）でガスを注入する。

10) ガス注入1時間後から，袋内のガス濃度をガス濃度計で排気バルブを通して測定する。袋の半分くらいの高さのガス濃度が60％程度になったらガス注入を止め，排気バルブを閉めて，軸流ファンを作動させる。20〜30分後濃度を測定し，上下の高さでほぼ60％になっていれば濃度は確保されている。袋をひもなどで固定し，外部から人や動物が侵入できないようにしておく。

11) 24時間後，袋内のガス濃度が60％前後を維持していることを確認してから，U字溝の水を排水し，袋を裾から開け炭酸ガスを空気中に拡散させる。このとき，ファンなどで風を当て，ガスの拡散を促進するとよい。またガスが拡散し終えるまで，人が袋内に入らないようにする。

12) イチゴを運び出し定植する。搬出後あるいは定植後に散水すると，土中の炭酸ガスを

第1表　炭酸ガス処理時期の袋内温度と殺虫効果

処理時期の袋内温度（℃） 平均（最高〜最低）	10月下旬のハダニ数 （株当たり成虫数）
24.9 (29.5〜23.3)	0
22.9 (29.0〜18.6)	0.47
21.6 (28.1〜18.0)	2.08
20.0 (22.8〜18.5)	11.90

除去できイチゴの障害の発生を防ぐことができる。

(4) 定植前の処理条件と殺虫効果

イチゴの定植前に処理を行なうことから，8月下旬から9月中旬にかけて処理することが多く，地域や年によって気温が異なるため，効果が異なることがわかっている。処理期間の装置内の平均温度が25℃で最低気温が20℃以上であれば，10月下旬になってもハダニの発生は認められなかった。平均温度が20℃では，10月下旬には発生が認められ，薬剤散布が必要となった。最低気温が20℃以下でも，最高気温が29℃以上であれば高い効果が認められた。

2014年の8月中旬の処理では，平均気温が25℃近くあり，最低気温は20℃以上であった。この場合は，10月下旬になってもハダニの発生は認められなかった。一方，8月下旬には平均気温が20℃と，例年よりも低かった。このときに処理したイチゴでは，10月下旬で株当たりハダニが10匹以上となり，発生を抑えるためには数回の農薬散布と天敵の放飼が必要であった。また，9月上旬はいくぶん気温が高くなり，最高気温が29℃に達したが，最低気温が18℃で経過したため防除効果が低くなった（第1表）。

これらの結果から，8〜9月でも気温が低いときには何らかの加温システムを導入する必要がある。このことから，栃木県よりも低温の地域では加温システムの導入が必須の課題である。

そこで，処理装置内の加温システムを次に紹介する。

障害と対策

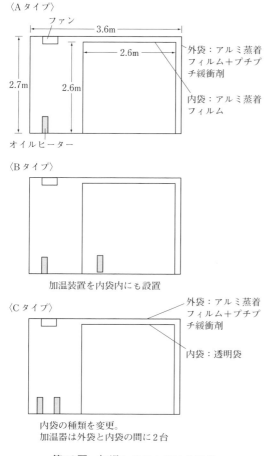

第12図　加温システムのいろいろ

(5) 袋内の加温方法

まず，袋（アルミ蒸着フィルム）を二重にし，袋内に加温器を設置する方法を検討した。加温器は，オイルヒーター（1500W）を用いた。ヒーターにはサーモスタットが内蔵され，28℃が上限となっている。袋内の温度むらを防ぐため，空気を混ぜるために軸流ファンを設置した。第12図に示したようなA，B，Cの3つのタイプでの温度維持を検討した。

Aタイプは外袋（アルミ蒸着フィルムの内側にプチプチ緩衝材を貼り付けた）と内袋の間に加温器を設置したもので，Bタイプは内袋内にも加温器を設置したものである。加温器の上には軸流ファンをつけ空気をかき混ぜるようにした。イチゴ苗は内袋内に収納した。

その結果，Aタイプでは外気温が平均14℃でも，内袋内は20℃を24時間維持した。また，外袋内は25℃を維持した。この条件でもハダニの発生は認められなかった。

Bタイプでは，外気の平均気温が16℃であったが，内袋内のどの部位でも25℃を維持した。このように加温器を設置することによって温度を維持することが可能となり，殺虫効果も維持できた。しかし，イチゴ苗を収納する内袋内は過湿となるため，電気製品の安全性を考慮すると問題が生じるかもしれない。

そこで，さらに，内袋内に加温器を設置しない方法として，内袋を透明袋に替え，外袋と内袋の間に加温器を2台設置するCタイプを検討した。その結果，加温後1時間以内に内袋内の温度は25℃に達した。イチゴの苗の数量について今後検討する必要があるが，内袋に透明袋を使用することによって温度を維持できる。

加温システムは定植前のイチゴ苗だけでなく，3月や11月に配布される親株の処理も可能にするものである。苗の供給体制の上流からダニの発生密度を抑制できれば，薬剤抵抗性ハダニの出現も抑制できる可能性がある。

2015年7月から殺虫炭酸ガス登録メーカーが2社となり，今後，より広範囲に供給できる態勢ができる。複数のガス供給が可能になれば，適正な価格競争が行なわれ，イチゴ生産者にとってより経済的なコスト低減に貢献するものと思われる。

執筆　村井　保（㈱アグリクリニック研究所）

2015年記

生理障害

イチゴの栽培種（Fragaria × ananassa Duch.）は南米原産の F. chiloensis と北米原産の F. virginiana がオランダで交配されて成立した種間雑種であり，本当の意味での野生種は存在しない。しかし，近年育成された栽培品種は20～30年前の品種と比較しても果実が非常に大きくなっており，植物としての限界に近い大きさに達しているのかもしれない。

また，秋に花芽を分化して冬を越し，春に開花・結実して初夏に成熟するのがイチゴの自然なライフサイクルであるが，促成栽培では晩秋に開花させて低温・寡日照の冬中ずっと収穫を続けることになる。進化の過程で獲得した習性に逆らって生長させており，栽培時にはさまざまなむりを重ねている。

作物を栽培するということは，自然条件下ではあり得ない量の肥料を与えて植物を育てることであり，少しのことで人間にとって不都合な異常が「生理障害」として現われると考えることもできる。

ここでは，果実を中心としてイチゴの生理障害についてまとめてみたい。

（1）奇形果の分類と発生要因

イチゴの「奇形果」という言葉は，「正常（品種本来の形態）でない果実」すべてを指すことが多く，そのなかにはさまざまな症状の果実が含まれている。奇形果を大きく分けると，1）受精不良果：果床上の痩果の発育不良が原因となる果床の発育異常，2）乱形果：鶏冠状果，縦溝果などの果床組織の形態異常，3）発育不良果：白ろう果など痩果の発育は正常だが発育する果床の肥大・着色異常，の3種類に分けることができる。

イチゴの果実は偽果であり，集合果の一種の「イチゴ状果」に分類される。可食部は茎に由来する果床組織で，通常「タネ」と呼ばれている「痩果」が植物学的には果実に相当する。イチゴに限らず，果実が正常に肥大・発育するためには受粉・受精して種子が形成されなければならない。

痩果を除去するとオーキシンの供給が絶たれるためにイチゴの果床肥大が停止するが，オーキシンを与えることにより回復するというNitch（1950）の実験は植物生理学の教科書に必ず出てくるほどに有名である。このことからもわかるように，イチゴの奇形果発生の直接的な原因は痩果＝胚の発育不良に起因する場合が多い。

他の原因も含めて奇形果の症状ごとに発生要因を整理すると第1表のようになる。この表では原因と結果が入り乱れているためにわかりにくいかもしれないが，現場での分類や呼称はもっと混乱しているようである。原因が同じであっても症状と呼称が品種や産地によって異なる場合や，似た症状であるため一つの呼び名でまとめられているが原因はまったく異なる場合もある。

ここでは，第1表をもとに整理してみたい。

（2）異常花

開花した時点で雄ずいや雌ずいなどの花器が正常でない花を指す。あとで述べる花粉や雌ずい稔性低下の極端な症状ということができる（第1図）。

①雌ずい・雄ずいの退化

最初に栽培上問題とされたのは，'宝交早生'の促成栽培で発生した雌ずいや雄ずいが存在しないタイプである。'宝交早生'は休眠覚醒のための低温要求量が比較的多く，わい化しやすいため，かなりむりのある栽培体系で促成栽培が行なわれていた。

直接的な原因としては，休眠回避のために行なわれていたジベレリン処理と保温開始直後の「蒸し込み」による花芽発育期の高温やホウ素欠乏などが指摘されているが，明らかではない。近年の主要品種では花房の下位の花でまれに見られるが，生産上大きな問題となることはあまりない。

障害と対策

第1表　イチゴ奇形果の分類

分　類	直接的な原因（時期）	奇形果の呼称，特徴，発生しやすい品種，環境条件
異常花	窒素過多・草勢過剰・高温(？)（花芽発育期）	雄ずい・雌ずいの退化・発育不良（宝交早生） 雌ずいの葉化（phyllody）：花芽発育期の高温（？）
受精不良果 （不受精果）	ミツバチの訪花不足	農薬散布，低温，紫外線不足
	花粉の稔性低下	低温，高温，日照（光合成産物）不足，施肥過剰（女峰，章姫）
	雌ずいの稔性低下・発育異常	低温，高温，日照（光合成産物）不足 先青（白）果・巾着果・先詰まり果（愛ベリー）：施肥過剰，老化苗
乱形果	果床の形態異常（花芽発育期）	貫生果（花），角出し果 鶏冠状果，帯状果（宝交早生，ダナー，愛ベリー，福岡S6号）：施肥過剰，老化苗 縦溝果（さちのか，紅ほっぺ）：施肥過剰，老化苗
発育（着色） 不良果	果床の着色不良	白ろう（蝋）果，色むら果：ケイ酸過剰（？），低温（？），光線不足（？） 裂果（裂皮）：着色の遅れによる過剰肥大
	果床の肥大不良	先尖り果・先詰まり果（さがほのか）：ホウ素欠乏(？)，カメムシ吸汁(？)，低温(？) 種浮き果
	虫害	ヨトウムシ類（開花期の雌ずい・果床の食害） スリップス（開花期の吸汁による肥大・着色不良）

第1図　雌ずいの発育程度の異なる異常花
①雌ずい退化，②発育不良，③大きさは正常だが開花時に褐変，④同時期に開花した花から形成された女峰の受精不良果

②雌ずいの葉化

　第2図に示した雌ずいの「葉化」は，四季成りの種子繁殖性品種'エラン'で問題となった。また，株冷蔵による抑制栽培で発生が見られることから，これにも花芽発育期の高温が関与している可能性が高い。また，発生頻度は明らかに品種間で異なる。果床上で突起として分化した雌ずい原基が高温の刺激によって栄養生長状態に転換し，萼片や葉として発育する現象であると考えられるが，マイコプラズマ感染の影響も指摘されている。

生理障害

第2図　イチゴ雌ずいの葉化（アスカルビー長期冷蔵株）

第3図　女峰の受精不良果
正常に発育した痩果の周辺だけが
肥大着色する

(3) 受精不良果（不受精果）

直接的には痩果の発育不良に起因する奇形果である。正常に発育した痩果周辺の果床組織は順調に肥大発育するが，不受精の痩果周辺の組織は肥大が抑制され着色も起こらない（第3図）。第1表にもあるように，花粉の稔性や受粉・受精に問題がある場合と，雌ずいの受精能力に問題がある場合とがあるが，前者の受精不良がイチゴのなかでもっとも一般的に発生する奇形果といえる。

①ミツバチの訪花不足

以前は農薬散布が原因でミツバチの活動が低下して発生する場合が多かったが，イチゴに使用可能な新規の殺虫剤はミツバチへの悪影響が小さくなっており（第2表），生産者の意識も向上しているので原因としては少なくなってきている。しかし，薬剤散布を行なうときは，ミツバチへの影響について十分な配慮が必要である。農薬の影響がなくなるまでは巣箱を外に出す。ほとんど影響がないとされる農薬であっても，散布時には巣門を閉じておくことが望ましい。

ミツバチが出入りできるだけの穴をフィルムにあけ，巣箱をハウス外に置いて出し入れを省力化している生産者も増えているが，うまくハウス内に飛び込まず，結局巣箱を中に持ち込まざるを得ない場合もしばしば見られる。スムーズに出入りさせるためには何か重要なポイントがあるようだが，放飼の時期や巣箱の設置方法などについて今後十分な情報を集める必要があろう。ただし，ミツバチの群れに問題がある場合も見られるので，その活動には十分注意することが重要である。曇りや雨の日は気温が低くミツバチの活動が鈍る日が続いても，開花や開葯が進みにくい。雌ずいの受精能力も低下しにくいので何日か飛ばなくともほとんど問題はない。しかし，晴れた日に3日以上続けてミツバチが飛ばないと受精不良果が発生する場合が多い。

農薬や天候不良によるミツバチの活動不良対策としては，梵天や毛筆による人工授粉でも十分な効果があり，頂花房開花始めなど花数が少ない時期であれば有効な対策となり得る。ハウス内の日照と温度が不足しやすい日本海側や山間部などの冬季寡日照地域，あるいは紫外線透過率の劣る被覆資材を展張したハウスでは，厳寒期を中心にミツバチの代わりにマルハナバチやヒロズキンバエが花粉媒介昆虫として利用されることもある。

ハウス内で放飼しているミツバチは，えさとなる花粉が少なくなると極端に活動が低下する。実際に頂花房開花後，一次腋花房が開花するまで，ハウス内を飛び回らずに巣箱にとどまっているハチの数が多くなる。花は咲いていても花粉稔性が低下し，えさとしての価値が低くなった場合にもミツバチは飛ばなくなるので，ミツバチだけに原因を求めると解決につながら

障害と対策

第2表 イチゴに登録のある農薬がミツバチの活動に影響する期間

(平成27年度静岡県農薬安全使用指針・病害虫防除基準に一部加筆)

期　間	種　類	薬剤名
影響なし	殺菌剤	下記以外のほとんどの殺菌剤
	殺ダニ剤	カネマイトフロアブル (2)
	殺虫剤	アタブロン乳剤 (4), ウララDF, チェス水和剤, トアローフロアブルCT, トアロー水和剤CT, プレオフロアブル
1日	殺菌剤	イオウフロアブル, サンヨール, スミレックス水和剤, スミレックスくん煙顆粒, トリフミンジェット, ファンタジスタ顆粒水和剤, フルピカフロアブル, ボトキラー水和剤, ルビゲン水和剤, ロブラール水和剤
	殺ダニ剤	アカリタッチ乳剤, アタブロン乳剤, コロマイト水和剤, サンクリスタル乳剤, スターマイトフロアブル, ダニサラバフロアブル, ダニトロンフロアブル, バロックフロアブル, プレオフロアブル, ピラニカEW, マイトクリーン, マイトコーネフロアブル
	殺虫剤	アニキ乳剤, エコピタ液剤, エコマスターBT, オレート液剤, カウンター乳剤, カスケード乳剤 (2), トルネードフロアブル, ノーモルト乳剤, バリアード顆粒水和剤, ファルコンフロアブル, フェニックス顆粒水和剤, プレバソンフロアブル5, マッチ乳剤, マトリックフロアブル, モスピラン水溶剤, モベントフロアブル (30), ロムダンフロアブル
2日	殺菌剤	ポリオキシンAL水和剤
	殺虫剤	アーデント水和剤 (3), アファーム乳剤, シーマージェット
3～4日	殺菌剤	モンスタン水和剤 (5)
	殺ダニ剤	オナダン水和剤, サンマイトフロアブル (1)
	殺虫剤	スピノエース顆粒水和剤, ディアナSC (1)
6日	殺虫剤	ベストガード水溶剤 (10)
14日	殺虫剤	コテツフロアブル (7)
21日	殺虫剤	アクタラ粒剤, ベストガード粒剤
30日	殺虫剤	アドマイヤー粒剤
使用を避ける	殺虫剤	アディオン乳剤, アルバリン粒剤, コルト顆粒水和剤 (7), ハチハチフロアブル

注 ( ) 内の数字はマルハナバチに影響する期間

ないことも多い。次に述べる花粉稔性の低下と合わせて考える必要がある。

②花粉稔性の低下

品種と環境条件 冬の低温・寡日照期には花粉稔性が低下して受精不良果が多発する傾向にある。近年の品種のなかでは‘女峰’と‘章姫’で花粉に問題がでやすい。多くの植物に共通しているが，開花数日前の花粉四分子形成期ころが環境の変化に対してもっとも敏感である。イチゴの花粉稔性は，低温，高温，日照（光合成産物）不足，施肥（とくに窒素）過剰や水ストレスなどさまざまな要因によって低下することが知られている。最近は換気扇などによる自動換気や暖房機を備えたハウスが多い。また，‘宝交早生’のようにジベレリン処理や蒸し込みが必要な品種はほとんど栽培されなくなり，不適切な温度管理が原因となる場面は少なくなっている。

色むら（まだら）果 ‘女峰’や‘章姫’で厳寒期に見られる「色むら（まだら）果」は軽度の不受精果で，不受精の痩果周辺の果床組織の成熟が遅れ，果実の着色にムラができる（第4図）。12月を中心に開花した一次腋花房の下位の果実に発生することが多い。一年のうちでもっとも日射量が少なく，頂果房の収穫期で着果負担が大きい時期にあたる。摘花が不十分で着果量が多いハウスやCO_2施用が不十分な場合に多発する傾向にある。

‘女峰’は発表直後から厳寒期の花粉稔性低下が指摘されているが，CO_2施肥によって花粉稔性は改善されることから（第5図），寡日照と着果過多による光合成産物不足が花粉稔性低下の最大の原因と考えられる。

「色むら果」の発生は果肉が着色しない品種

第4図　章姫の色むら果（まだら果）

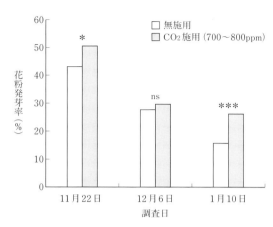

第5図　女峰の花粉発芽率に及ぼすCO₂施用の影響

ns，＊，＊＊＊：それぞれ有意差なし，5％，0.1％水準で有意な差があることを示す

で発生が著しい。果肉が濃く着色する品種では少々不受精の痩果があっても着色不良が目立たない。四季成り品種は果肉が着色しないものが多いため，夏秋どり栽培では受精不良による「色むら果」がとくに多発する傾向にある。四季成り品種の花粉稔性変動に関する調査事例は見あたらないが，「心止まり」を起こしやすいこともあって，一般に芽の整理があまり行なわれず，過繁茂になっていることが多い。過繁茂や高頻度の病害虫防除による花粉媒介昆虫の訪花不足に加えて，着果過多による花粉稔性低下も受精不良果発生の一因と考えられる。

花粉稔性の低下と受粉　何度も述べているように，イチゴの着果にはミツバチなどの訪花昆虫による受粉が必要である。ミツバチがイチゴの花粉と蜜を集める際に体に付着した花粉がイチゴの柱頭（雌ずいの先端）に受粉される。このとき，同じ花の花粉とミツバチが前に訪れた花の花粉がどの程度の割合で混ざり合って受粉されるかはわからない。

しかし，花粉の稔性低下が原因と見られる受精不良果は株ごとにかたまって発生し，多発する株とほとんどの果実が正常な株にはっきり分かれることが多い。実際に多数の品種を一つのハウスに植えて比較した試験でも，品種による差ははっきりと現われた。受精不良果は成熟が遅れるが，よほど極端な場合を除けば，受精不良果が目立つ時期にも正常な果実はある程度収穫される。また，抑制栽培用の長期冷蔵株のように，低温障害などで葯に障害が見られる花の果床上をミツバチが盛んに動き回るのを見かけることはない。

これらのことから考えると，イチゴは他家受粉する場合もあるが，基本的には自らの葯から出る花粉で自家受粉する確率が高く，花粉稔性の低下した花の雌ずいが他の花の花粉で受精して正常に発育する確率は高くないと思われる。

③雌ずいの稔性低下

先端不稔果の原因　'愛ベリー'はその後の大果系品種主体の流れをつくるきっかけとなった品種であり，'さちのか'をはじめ多くの品種の成立に関与しているが，「先詰まり果」「巾着果」や「先白果」と呼ばれる奇形果が発生する。これらの「先端不稔果」は果実先端部に不稔の痩果を伴い，大苗を多窒素施肥条件下で促成栽培すると著しく多発する傾向にある。

その原因は果床先端部の雌ずいの発育が遅れ，開花した時点では未成熟で受精能力をもたないためであり，開花後1週間程度受粉し続けると奇形の程度は軽減される。イチゴの雌ずいは周辺（基部）から中心（頂端部）に向かって規則正しく形成され，どの品種でも基部と頂端

障害と対策

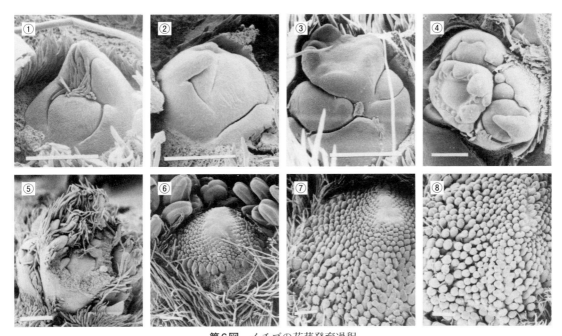

第6図　イチゴの花芽発育過程
①分化期，②二分期，③萼片分化期，④雄ずい分化期，⑤〜⑧雌ずい分化初期〜終了期
バーはそれぞれ1mm

第3表　イチゴ頂花房1番花雌ずいの形質の品種間差異　　　　　（吉田，1991）

品　種	雌ずい列数	頂部子房幅 (T, mm)	基部子房幅 (B, mm)	T/B比
愛ベリー	25.2a[1]	0.262b	0.448a	0.588c
宝交早生	20.6b	0.298ab	0.452a	0.658bc
麗　紅	20.2b	0.290ab	0.428a	0.697ab
とよのか	21.2b	0.290ab	0.400a	0.727ab
女　峰	19.2b	0.317a	0.402a	0.787a

注　1）異なる文字間に5％水準で有意な差があることを示す（ダンカンの多重検定）

部の雌ずいの分化時期には差がある（第6図）。第3表に示すように，'愛ベリー'は他の品種と比較して果床上に形成される雌ずいの数が多く，頂端部の雌ずいの発育速度がおそいため，基部と頂端部の雌ずい間の発育差が大きくなる（第7図）。その傾向は花房内で上位の花ほど大きく，花芽発育初期（雌ずい分化開始期以前）の窒素過剰（第4表）と15℃以下の低温は著しい奇形果の発生を助長する。

環境条件　雌ずいの稔性は花粉同様に一時的な低温・高温や日照不足によって低下することが指摘されている。雌ずいに異常がある場合には，第1図のように雌ずいが黒変して退化した花や小さく発育不良の花，大きさは正常だが褐変した花など連続的な変異を示すことが多い。これらの異常花は結果的に不受精果となり，外見上は異常が認められない花でも部分的に痩果の発育が劣る受精不良果となることがある。

2007年には，ピートバッグで栽培した'女峰'の頂花房で発生が認められた。この年は，花芽発育期の前半にあたる9月下旬から10月前半の気温が非常に高かった。しかし，早期夜冷など高温の時期に定植する作型で必ずしも多発するわけではない。

高温はこのような異常を引き起こす要因の一つであると考えられるが，雌ずいの分化発育に直接的に影響するのではなく，根圏の温度などを通じた養分吸収のアンバランスなど多くの要因が関与しているものと考えられる。

ミツバチの過剰訪花　イチゴの雌ずいはミツバチの過剰な訪花によって物理的な障害を受け

て受精能力を失う場合もある。過剰訪花による障害は、開花する花に対してミツバチの数が多すぎる場合に発生する。未成熟な雌ずいにミツバチが接触すると障害を受けやすいので、花弁が完全に展開していない花にミツバチが潜り込んでいるような場合には、一時的に巣箱を閉じるなどミツバチの活動を制限することも必要になる。

(4) 乱形果

鶏冠状果・縦溝果 「鶏冠状果」「帯状果」と呼ばれる奇形果は、栄養生長が盛んな大きな苗が花芽分化する際に茎頂分裂組織が帯化して発生する。第8図に示したように、大きくなりすぎた茎頂分裂組織が本来の丸い形態を維持できずに扁平になる。無秩序に分かれた分裂組織から、扁平で大きな花芽原基が分化・発育して「鬼花」となり、「鶏冠状果」を形成する（第9図）。

'宝交早生''ダナー'の半促成・促成栽培の頂花房で問題となり、肥沃な苗床で大苗を育成すると多発し、無仮植育苗した小苗を無施肥の本圃に定植すると著しく軽減されることが明らかにされている。'愛ベリー'では先端不稔が同時に発生することが多いが、近年の新しい品種では、花芽の帯化が発生することは少ない。しかし、'福岡S6号'など一部の品種では、肥沃な本圃に未分化苗を定植した場合、頂花房の花芽分化が遅れて栄養生長過剰となり、著しい鶏冠状果が発生することがある。

「縦溝果」やその他の形状の乱形果も、「鶏冠状果」と同様に多肥条件下で多発する傾向にある。とくに、12月以降に開花する一次腋花房は定植後盛んに肥料養分を吸収し、株が大きくなってから分化して低温条件下で発育するため、1番果に「縦溝果」のような乱形果が発生しやすい。

現在ではイチゴ生産の95％以上がハウスの促成栽培であり、地床による仮植育苗からポッ

第7図 開花時のイチゴ愛ベリーの果床頂部（左）と基部（右）の雌ずい

第4表 愛ベリーの花器形質に対する窒素栄養の影響

(吉田、1992)

窒素施与量[1] (mg-N/株/週)	雌ずい列数		T/B比[2]		果形指数[3]	
	1番花	3番花	1番花	3番花	1番花	3番花
21	22.4b[4]	20.0b	0.75a	0.81a	1.8b	0.3b
42	26.4a	22.0b	0.63b	0.80ab	3.2ab	1.1b
84	27.2a	22.2ab	0.55c	0.79ab	4.0a	3.0a
126	28.6a	24.4a	0.52c	0.76b	4.0a	3.3a

注 1) NH_4NO_3の2分の1量を週2回に分けて施用
 2) 第3表を参照
 3) 0：正常〜4：著しい先端不稔
 4) 異なる文字間に5％水準で有意な差があることを示す（ダンカンの多重検定）

ト・トレイ育苗に移行し、以前ほど大きな苗が育成されることはなくなった。小型ポットや育苗トレイで育成した苗は定植前に施肥中断が行なわれ、花芽分化を確認して定植される。そのため、花芽分化が遅れた一部の株を除けば、茎頂分裂組織の形態が異常になるほど草勢の強い株が花芽を分化することはなくなった。これが頂花房で乱形果が発生することが少なくなった大きな要因であろう。

角出し果 「角出し果」は、いったん雌ずいの分化を終えた果床の先端（中心）部で、果床組織の分裂と雌ずい原基の分化が再開した場合（第10図左）と、雌ずい原基として発生した果床上の突起が果床組織として大きく発育し、その表面に雌ずいを分化し始める場合（第10図右）とがあると見られる。原因は明らかではな

障害と対策

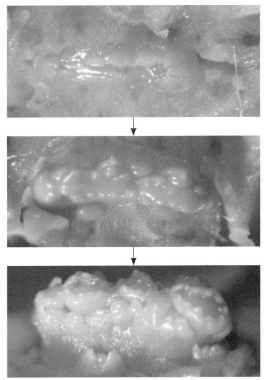

第8図　帯化した茎頂分裂組織における花芽分化

第9図　愛ベリーの頂花房の帯化によって発生した鬼花（上）と鶏冠状果（下）

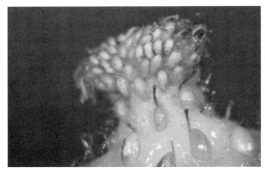

第10図　イチゴの角出し果
左：いったん雌ずいの分化を終えた果床の先端（中心）部で，果床組織の分裂と雌ずい原基の分化が再開した場合
右：雌ずい原基として発生した果床上の突起が果床組織として大きく発育し，その表面に雌ずいを分化し始めた場合

いが，同じ時期に開花した果実に集中して症状が現われる。葉化と同様に，特定の発育段階にある花芽（雌ずい原基あるいは原基を分化中の果床組織）に何らかの環境要因が影響して発生するものと考えられる。

(5) 発育（着色）不良果

色むら果・着色不良果　低温・寡日照期には，果実全体の着色が劣り，部分的に白色となる「色むら果」（'とよのか'）や果実全体の「着

色不良果」('さがほのか', およびその後代）の発生が問題とされている。ここでいう「色むら果」とは痩果の発育が正常なものを指し, 発育不良の痩果が原因と見られるものとは異なる。

イチゴ果実の主要な色素はペラルゴニジングルコシドで全アントシアニンの60～95％を占めているが, このような異常が見られる品種は内部の果肉がほとんど着色せず, 表皮のアントシアニン濃度も低い。多くの植物で光, とくに紫外線がアントシアニン生成を促進するが, イチゴの果実は完全な暗黒下でも果床組織でのアントシアニン蓄積が起こり, ナスと異なり紫外線が着色に必須ではない。また, 低温は果実のアントシアニン生成を抑制するが, 光線と温度のいずれが重要かについては明らかではない。

実際には, 繁茂した葉を支えての玉出しや花柄伸長促進を目的としたジベレリン処理, 広うねでの内成り栽培を行ない, 果実への日射の改善と光エネルギーによる果実温度の上昇を図ることによって着色の改善が図られている。

白ろう果 「白ろう果」は「色むら果」とは異なり, 果実の先端側半分以上は正常に着色し, 基部側の, 痩果から離れた部分が着色しない果実を指す（第11図）。低温・寡日照期を中心に発生が認められ, 低温やケイ酸過剰が原因として指摘されているが, 発生要因は明らかではない。高設栽培などで果柄が折れて光合成産物の転流が抑制された場合にも類似の症状を示すことがあるが, この場合には果実の糖濃度が著しく低くなるのに対して, 「白ろう果」の糖濃度は正常果よりむしろ高い場合が多い。

頂部軟質果 '女峰' などでは, 低温期に「頂部軟質果」の発生が見られる。通常イチゴの果実は糖濃度が高い頂端部から基部に向かって着色が進むが, 「白ろう果」では基部の果肉着色が進まない。それに対して「頂部軟質果」は, 基部の着色は正常に進むが, 基部が着色した段階では頂部が過熟となる。同一ハウス内でも日あたりの悪い場所や温度の下がりやすい場所で

第11図　女峰の正常果（左）と白ろう果（右）

第12図　さがほのかの裂皮

多発する傾向にあり, 低温によって果実成熟が遅れると頂部と基部の成熟期のずれが大きくなって発生する。

(6) その他の障害果

先尖り果・先詰まり果　'さがほのか' では「先尖り果」や「先詰まり果」と呼ばれる奇形果が九州の産地を中心に問題となっている。痩果の発育に異常は見られないが, 果床の肥大が劣り, 内部に空洞ができる。窒素過多や水ストレスによるCa, Bの転流不足の関与が指摘されているが, 原因は明らかではない。ただし, 海外ではカメムシ類の吸汁によって類似の症状が発生するとされており, 今後検討することが

障害と対策

第13図　ヒラズハナアザミウマに加害された果実
左：軽微な場合は果床表面が網目状に褐変する
右：大量に増殖した場合には，全体が褐変して肥大が抑制され「種浮き状」となる

必要かもしれない。

裂果（裂皮）　果実を完熟まで着果させると，萼に近い基部の果皮が裂けて「裂果（裂皮）」することがある。成熟に伴う果実の過剰肥大といえ，'さがほのか'など果実肥大特性のすぐれた品種で，成熟日数が長くなる低温期に発生が見られる（第12図）。

種浮き果　果床組織の細胞肥大が劣る「種浮き果」の発生は，極端な高温や低温，養分欠乏などさまざまな要因によって誘発される。発生には品種間差が認められるが，草勢が低下するととくに発生が増加するとされている。

虫害　アザミウマ類が発生すると，花に集中的に寄生して開花直後の果床組織を加害する。食害を受けた部分は表皮下の組織が破壊され，着色しない。軽微な場合は果床表面が網目状に褐変するが，大量に増殖した場合には，全体が褐変して肥大が抑制され「種浮き状」となる（第13図）。

(7) 果実以外の生理障害

①チップバーン（葉先枯れ，萼枯れ）

新しく出葉，出蕾中の葉や萼の先端部が褐変し，枯れて変形する。出蕾期の萼がもっとも敏感で，曇雨天が続いたあとの晴天日に発生しやすい（第14図）。軽度の場合は正常な果実が得られるが，著しい症状の場合には，前述した雌ずいや雄ずいが退化した異常花となることが多

第14図　チップバーン（萼枯れ）

い。'章姫' 'とちおとめ' '紅ほっぺ'など草勢の強い品種ほど多く，'宝交早生'ではジベレリン処理後の蒸し込みによって多発することが知られている。窒素過多，高塩類濃度と夜間の低湿度はチップバーンの発生を著しく助長するので，多肥栽培を避け，灌水不足による湿度低下に十分注意することが重要である。

レタスなどと同様に発症した部位のCa濃度が低いためCa不足と考えられているが，Ca剤などの散布はほとんど効果がない。

新展開葉ではなく，成熟葉や古葉に発生する「縁枯れ」はチップバーンとは異なり，K欠乏や塩類濃度障害である場合が多い。

生理障害

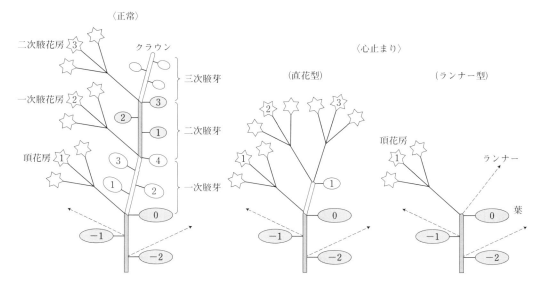

第15図　イチゴにおける仮軸分枝の正常な発育パターン（左）と直花型（中：腋芽が葉を1枚分化して一次腋花房が分化し，その葉腋から二次腋花房が直接分化した場合），ランナー型（右：上位の腋芽がすべてランナーとなった場合）の心止まり発生パターン

②心止まり

　第15図に示したように，花成誘導条件下におかれるとイチゴは基本的に仮軸分枝を繰り返す。茎の頂端分裂組織が花芽を分化したあと，直下の腋芽が3〜5枚の葉を分化して腋芽の茎頂が花芽を分化するというパターンを繰り返す。このとき腋芽が葉を分化せずに直接花芽を分化すると，葉と芽を分化する分裂組織が失われ，直花型の「心止まり」（第16図）となる。

　幅広い環境条件下で花芽が分化する四季成り性品種でとくに多く，栄養生長と生殖生長のバランスが崩れ，生殖生長に傾きすぎたときに発生するといえる。一季成り品種では，'章姫''紅ほっぺ'や'とちおとめ'など花芽分化が早く，連続出蕾性の強い品種で発生が多く，'さちのか'は少ない。極端に肥料切れした老化苗を定植すると一次腋花房が直花化しやすいが，11月から5月まで開花期を通じて発生が認められる。2芽以上に整枝している場合には大きな問題にならないが，1芽仕立ての場合に多発するとかなりの減収につながることがある。

　一方，通常は節間伸長せずにクラウンとして発育する最上位の腋芽が，ランナーとして伸長

第16図　直花型心止まり株の頂花房（①）と葉を分化せずに直接花芽分化した一次腋花房（②）

した場合にも栄養生長する芽が失われ，ランナー型の「心止まり」となる（第17図）。イチゴの腋芽はクラウンまたはランナーのいずれかに発育するが，高温長日条件下ではランナーとなりやすく，ランナー型の「心止まり」は育苗期から頂花房開花期以外にはほとんど発生することはない。'章姫''紅ほっぺ'のように花芽分化が早い品種では，腋芽がランナー化しやすい

295

障害と対策

第17図　ランナー型の心止まり

第18図　培養液を過剰に供給した場合に女峰の新葉に発生した葉脈間クロロシス

比較的高温で日長が長い環境条件下でも花芽が分化するため，花芽分化がおそい品種よりランナー型の「心止まり」の発生頻度も高くなると考えられる。

直花型とランナー型の「心止まり」は，それぞれ生殖生長と栄養生長が促進される条件，一般的には正反対の条件，で発生しやすいということになるが，いずれも「花芽分化が早い品種」で発生しやすいという点は共通している。夜冷育苗などの早期作型で，頂花房の発育期から一次腋花房の分化期に二つの型の「心止まり」が発生する条件が揃うと多発することになるのであろう。

③新葉黄化現象

養液栽培では，定植10〜15日目ころに新しく展開する葉が上偏生長して葉脈間にクロロシスが発生することがある（第18図）。長期間施肥中断した'女峰'や'アスカルビー'をピートモス主体の培地に定植した場合や，比較的高い濃度の培養液を多量に供給した場合，また気温が高い年に発生することが多い。

過湿による根への酸素供給不足が原因として指摘されたが，窒素飢餓状態の苗は定植直後に体内のアンモニウム濃度が一時的に上昇することが明らかにされた。急激な窒素吸収と窒素の代謝異常が原因と考えられ，定植後10日目ころから一時的に培養液の供給を停止すると発生を回避することができる。

執筆　吉田裕一（岡山大学）

（2009年記に一部加筆）

主要品種の特性とつくりこなし方

イチゴ品種の動向

わが国のイチゴ生産は明治以来，品種と栽培技術の開発とともに発展してきた。栽培技術により各種作型が確立しつつある現在，品種の重要性が高まっている。最近の品種の開発動向と今後の展望について述べる。

1. 現在の主要品種および有望品種

'とよのか'以降に品種登録された一季成り性品種を第1表，'みよし'以降に品種登録された四季成り性品種を第2表に，主要品種の普

第1表 とよのか以降に品種登録された一季成り性品種の登録年次，育成者，適応作型

年次	品種名（育成者，適応作型）
1984	とよのか（野菜茶試久留米，促成）
1985	女峰（栃木県，促成）
1989	ベルージュ（野菜茶試盛岡，半促成・露地）
1992	章姫（静岡・萩原，促成），鬼怒甘（栃木・渡辺，促成）
1993	レッドパール（愛媛・西田，促成）
1994	あかねっ娘（愛知県，促成）
1995	きたえくぼ（北海道，半促成），あかしゃのみつこ（福岡・木下，促成），つぶろまん（富山県，露地）
1996	あかしゃのみはる（福岡・木下，促成），彩のかおり（埼玉県，促成），越後姫（新潟県，半促成），とちおとめ（栃木県，促成）
1998	濃姫（岐阜県，促成）
2000	北の輝（野菜茶試盛岡，半促成・露地），さちのか（野菜茶試久留米，促成），アスカルビー（奈良県，促成）
2001	さがほのか（佐賀県，促成），春訪（千葉県，促成），GSC-1号（群馬県，半促成），とちひめ（栃木県，促成）
2002	さつまおとめ（鹿児島県，促成），サンチーゴ（三重県，促成），夢甘香（兵庫県，促成），めぐみ（徳島県，促成），紅ほっぺ（静岡県，促成）
2003	ふさの香（千葉県，促成）
2004	けんたろう（北海道，半促成）
2005	福岡S6号（あまおう）（福岡県，促成），尾瀬はるか（群馬県，半促成），やよいひめ（群馬県，促成），清香（福岡・木下，促成），久留米IH1号（（独）農研機構九州研，観賞用），久留米IH4号（（独）農研機構九州研，観賞用）
2006	ふくはる香（福島県，促成），ふくあや香（福島県，促成・半促成），熊研い548（ひのしずく）（熊本県，促成），おとめ心（山形県，半促成）
2007	美濃娘（岐阜県，促成），ゆめのか（愛知県，促成）
2008	もういっこ（宮城県，促成）
2009	さぬき姫（香川県，促成），ひたち姫（茨城県，促成），あまおとめ（愛媛県，促成），きたのさち（北海道，半促成），こまちベリー（秋田県，露地・半促成）
2010	カレンベリー（（独）農研機構九州沖縄農研，半促成・露地），かおり野（三重県，促成），まりひめ（和歌山県，促成）
2011	おおきみ（（独）農研機構九州研，促成），こいのか（（独）農研機構九州研，促成），おぜあかりん（群馬県，半促成），千葉F-1号（千葉県，促成），古都華（奈良県，促成），桃薫（（独）農研機構野茶研，促成），和C19（和歌山県，促成）
出願中	いばらキッス（茨城県，促成），新潟S3号（新潟県，半促成），おいCベリー（（独）農研機構九州研，促成），栃木i27号（栃木県，促成）

主要品種の特性とつくりこなし方

第2表　みよし以降に品種登録された四季成り性品種の登録年次，育成者

年次	品種名（育成者）
1987	みよし（徳島県）
1988	サマーベリー（奈良県）
1991	エバーベリー（野菜茶試盛岡）
1992	雷峰（栃木・市川）
1995	ペチカ（(株)ホーブ）
2001	スイートチャーミー（徳島・川人）
2003	サマープリンセス（長野県）
2004	エラン（オランダ・ABZ），エッチエス-138（夏実）（北海三共（株）），純ベリー2（東京・山口），峰クイーン（阿波みよし農協），カレイニャ（夏娘）（北海道・畑中）
2005	みずのまる（徳島・尾方），サマールビー（(有)ミカモフレテック），きみのひとみ（(株)旭川ブリックス），峰クイーン21（阿波みよし農協）
2006	ほほえみ家族（北海道・造田），風のアリス（岡山・上野）
2007	あわなつか（徳島県），とちひとみ（栃木県），デコルージュ（(独)農研機構東北研），なつあかり（(独)農研機構東北研），あわいつも（(有)新居バイオ花き研究所）
2008	サマーキャンディ（宮城県）
2009	かいサマー（山梨県），サマーフェアリー（徳島県）
2010	夏子（徳島・川人），スイーチャーミー2（徳島・川人），新白鳥1号（大阪・泰松），新白鳥2号（大阪・泰松），新白鳥4号（大阪・泰松），みやざきなつはるか（宮崎県），なつじろう（北海道），すずあかね（ホクサン（株）），ペチカピュア（(株)ホーブ），ペチカサンタ（(株)ホーブ），サマーエンジェル（長野県），あわっ娘（徳島・川人）
2011	サマーティアラ（山形県），サマードロップ（宮城県），なつおとめ（栃木県），サマーアミーゴ（徳島県）

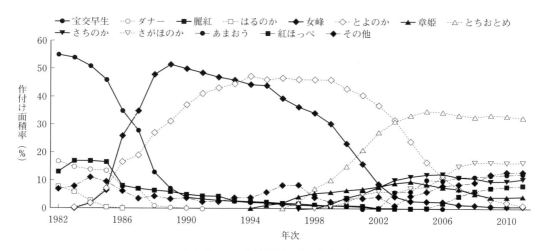

第1図　イチゴ品種の作付け面積率の推移（全農系統扱い）

及状況を第1図に示した。促成栽培を主体に半促成栽培，露地栽培および夏秋どり栽培で普及している品種について述べる。

(1) 促成栽培用品種

わが国のイチゴの90％以上が促成栽培で生産されており，また促成栽培が経営的にもっとも安定していることから，最近の品種育成は促成栽培を主な対象として行なわれてきた。促成栽培は宮城県以南の温暖地・暖地で行なわれており，9月上中旬に定植，10月下旬に保温・加温を開始することで休眠を抑制し，株が極端にわい化しない半休眠状態で収穫を続ける作型である。そのため促成栽培では，早生で休眠が浅く，連続出蕾性に優れる生態的特性をもち，果実品質と収量性に優れる品種が普及している。1984年に'とよのか'，1985年に'女峰'が育成されると，両品種は早生性と多収性，食味に優れることから促成栽培で急速に普及し，栽培技術の確立とともに1990年代は'女峰''とよのか'の2品種で作付け面積の約90％を占めた（第1図）。その後，1992年に'章姫'，1996年に'とちおとめ'，1998年に'濃姫'が育成されて普及し，2000年代に入ると'さがほのか''福岡S6号（あまおう）''さちのか''紅ほっぺ''アスカルビー''やよいひめ''熊研い548（ひのしずく）'などが育成され普及するとともに（第1表，第1図），2007年以降の5年間で'美濃娘''ゆめのか''もういっこ''さぬき姫''ひたち姫''あまおとめ''かおり野''まりひめ''おおきみ''こいのか''古都華''和C19''栃木i27号'など，多数の実用品種が育成され（第1表），栽培されている。

(2) 半促成栽培と露地栽培用品種

促成栽培用品種の育成と花芽分化促進および休眠制御などの栽培技術の発達により促成長期どり栽培が普及するようになったため，作型の組合わせによる出荷期拡大の必要性が低下し，現在では半促成栽培や露地栽培は促成栽培が適さない北海道・東北・北陸地域の寒冷地に限定されている。半促成栽培は株を一度休眠させた後，休眠覚醒途中から保温を行ない，2～3月に収穫を開始する作型である。北関東以北の寒高冷地では10月に定植した株は一度休眠状態になるが，自然低温を経過することにより休眠は打破されるため，半促成栽培では促成栽培用品種より休眠の深い品種が栽培されている。冬期低温期間の長い東北地方の寒冷地では，休眠打破を意識的に遅らせ，2月ごろから保温を開始する低温カット栽培が行なわれている。半促成栽培用品種として'宝交早生''ベルルージュ''きたえくぼ'に代わり'越後姫''北の輝''けんたろう''尾瀬はるか''おとめ心''きたのさち'などが育成され（第1表），栽培されている。

露地栽培は施設栽培の発達によって，現在は非常に少ない。露地栽培では前年秋に分化した花芽が越冬中に十分な定温にあい休眠が完全に覚醒し，春の長日・温暖によって発達するため，収穫期は1か月と短く収量も少ない。東北や北海道の寒冷地で，現在，休眠の深い'宝交早生''北の輝'などが栽培されている。

(3) 夏秋どり栽培用品種

わが国の夏秋期のイチゴは大部分を輸入に依存しているが，業務需要が堅調で価格が高く安定しており，良質な国産果実への要望が強いことから，最近，夏秋どり栽培に適した生態的特性をもつ四季成り性品種の育成が盛んである。

夏秋どり栽培は，寒冷地の露地栽培が終わる7月上旬から促成栽培の収穫が始まる10月下旬までを対象としており，北海道や東北の寒冷地から関東以西の高冷地で四季成り性品種を用いた作型開発が進められている。作型として秋植えと春植えの2タイプがあるが，草勢の維持が容易で品質の良い果実が得られる春植え栽培が一般的である。夏秋どり栽培では初秋期の収量低下や高温期の奇形果，小玉化，果実硬度不足などが問題となっており，必ずしも栽培は安定していないが，栽培面積は高設栽培の普及とともに漸増傾向にある。

従来，四季成り性品種は果実が小さく，食味が劣り，草勢が弱く低収で，ランナー発生が少

なく増殖効率が低いなどの欠点があり，実用性が低かったが，1980年代後半に'みよし''サマーベリー'といった品種が育成され，これらの欠点が大きく改善された。その後，1992年に'雷峰'，1995年に'ペチカ'が育成され，2000年代に入ると'サマープリンセス''エッチエス-138（夏実）''カレイニャ（夏娘）''サマールビー''きみのひとみ''ほほえみ家族''風のアリス'，ここ5年では'なつあかり''かいサマー''新白鳥1号''新白鳥2号''新白鳥4号''みやざきなつはるか''すずあかね''ペチカピュア''ペチカサンタ''サマーティアラ''サマードロップ''なつおとめ''サマーアミーゴ'など，多くの四季成り性品種が育成され（第2表），栽培されている。また，オランダで育成された種子繁殖型品種'エラン'がわが国に導入され栽培されている。

(4) 新需要を開拓できる新形質品種

イチゴは嗜好性の高い果実であり，新たな消費ニーズ拡大のために特異香気や紅花などを有する個性ある品種の育成が進められている。近縁野生種 Fragaria nilgerrensis のモモ様香気を有する'久留米IH1号'や'桃薫'，着果特性に優れる観賞用の紅花品種'久留米IH4号'などが育成され普及している。また，白イチゴ'初恋の香り'なども育成されている。

2. 課題と今後の展望

イチゴの技術開発において品種育成はもっとも重要である。ここでは栽培の視点から今後の品種育成における課題と展望について述べる。

(1) 病害抵抗性の強化

わが国のイチゴ栽培では炭疽病，うどんこ病，萎黄病，疫病などの病害の発生が大きな問題になっていることから，病害抵抗性育種を積極的に進める必要がある。炭疽病抵抗性の'かおり野'，炭疽病・うどんこ病・萎黄病・疫病複合抵抗性を有する半促成栽培用の'カレンベリー'や，極大果で炭疽病・うどんこ病・萎黄病複合抵抗性を有しやや晩生の'おおきみ'が育成されている。今後，促成栽培用の早生性と複合病害抵抗性を併せもった品種が必要である。

耐虫性については，収穫期間の拡大に伴い高温期の栽培においてハダニ類，アザミウマ類，アブラムシなどの発生が問題となっており，とくに薬剤抵抗性を獲得したハダニやアザミウマの被害が拡大しつつある。育種素材がない現状では，当面は天敵や侵入を防ぐ防虫網，定期的な薬剤散布による防除があるが，今後育種素材の探索・開発を進めるとともに，耐虫性品種の育成が重要と考えられる。

(2) 四季成り性品種

四季成り性イチゴは，低温・短日条件で花成誘導される一季成り性イチゴに対し，むしろ高温・長日条件下で花芽分化しやすい特性を有するため，果実生産の少ない夏秋期での生産が可能である。四季成り性品種は，これまでに多くの実用品種が育成されているが，病害抵抗性や日持ち性，高温期の連続出蕾性と着果安定性の面で改良が必要である。また，四季成り性品種は果実品質の改良が進めば最近技術開発が行なわれている植物工場など，高度な環境制御が可能な大規模施設での周年生産が期待できることから，夏秋どり栽培だけではなく冬春どりの促成栽培にも適した四季成り性品種が望まれる。

(3) 種子繁殖型品種

栽培イチゴは一般に栄養繁殖されるため，栄養体を通じて伝播する病害による被害が大きいばかりでなく，親株管理や採苗時に要する労力やコストも大きい。種子繁殖型品種はこれらの問題の解決に有効と考えられ，実用品種の育成が進められている。オランダでは1976年から育種が始まり，1995年には十分実用化できるF_1品種が育成され，同系の四季成り性品種'Elan（エラン）'が導入され，栽培されている。

一方，わが国では2011年に最初のF_1品種'千葉F-1号'が育成され，実用品種の育成が期待される。種子繁殖型品種は苗の大量生産が

可能なことから苗生産を分業化でき，大規模経営にも有効と考えられる。

(4) 健康機能性品種

イチゴは日本人がもっとも好きな果物だが，年間消費量は他の果物と同様に漸減している。また，食生活に主たる原因があるとされる肥満，高血圧，高脂血症，糖尿病，心臓病などの生活習慣病の増加が社会的関心事となっている。イチゴには健康維持機能をもつビタミンCやアントシアニン，エラグ酸などのポリフェノール類の機能性成分が含まれており，大半が生食されるイチゴはこれら機能性成分の供給源として重要な作物である。ビタミンCが市販品種のなかでもっとも多い'さちのか'の約1.3倍含まれる'おいCベリー'が育成され，高付加価値品種として普及拡大が期待される。また，イチゴには抗血栓作用や抗アレルギー作用があることが知られている。加工にも適し健康機能性に富んだ品種が望まれる。

(5) 省力化に対応した品種

わが国のイチゴ促成栽培は，10a当たりの総労働時間が2,000時間にも達し，その60％近くを占める収穫・調製作業の省力化が必要である。収穫しやすく大果で果実の揃いの良い果房形態を有し，摘花（果）作業がいらない'カレンベリー'や'おおきみ'などが育成されているが，これら省力質をもった多収性品種が望まれる。今後，規模拡大を図る産地では温度や湿度，CO_2，光などの環境制御が可能な大型施設の導入が進むものと考えられる。大規模経営では高設栽培の導入が前提となることから，少量培地，統合環境制御下で多収性を発揮する品種など，高設栽培適性品種が望まれる。

執筆　沖村　誠（(独）農業・食品産業技術総合研究機構九州沖縄農業研究センター）

2012年記

とよのか

(1) 生育の特徴

前年の秋に植え付けた親株の休眠が覚醒した後，日長が長くなり気温や地温が上昇する4月ころから親株の各葉腋からランナーの発生が始まる。腋芽の発生が少ないことから，ランナーの発生数は急激には増加しない。ランナーに発生した子苗が，親株床に根を伸長させたころの5月下旬から6月上旬にかけて，本葉3～5枚で十分根を下ろした子苗のランナーを切り離し，果実生産用の株として養成する。

地上部は開張性で，小葉の面積は大きく厚さは比較的薄い。また葉柄はやや弱い。そのために，茎葉が徒長した場合には葉身部が垂れ下がりやすくなる。

葉の寿命は比較的短く，とくに葉が重なった場合は，陰におかれた葉はすぐに黄化する。

根は太い根が多く，細根が少ない。そのため，鉢上げなどでいったん根が切断されると活着までに時間がかかる。

(2) 花芽の分化・発育特性

花芽分化を促進する日長時間は，12時間程度までの長さであれば十分な短日条件と考えられる。そして，それ以上になれば温度との相互作用になり，16時間以上の日長では低い温度でなければ花芽分化がしにくくなる。

日長時間が12時間程度までの短日条件下では，平均気温が25℃以下であれば花芽分化は誘導される。それ以上の温度では，短日条件下であっても花芽分化は誘導されない。花芽分化が誘導可能な日長条件下では，温度が低くなるほど花芽分化促進効果が高くなるが，15℃以下では温度の高低の影響はあまり見られなくなる。また逆に30℃以上になれば花芽分化を妨害する。

とよのかの花芽分化に関する温度の作用には次の3つがあると考えられる。

1) 花芽分化を促進する温度領域：10～25℃
2) 花芽分化には効果のない温度領域：5～10℃，25～30℃
3) 花芽分化を妨害する温度領域：5℃以下，30℃以上

花芽分化を促進するために，花芽分化を促進する領域の温度への遭遇時間を長くし，かつ花芽分化を妨害する温度領域への遭遇をできるだけ少なくする。昼間の数時間のみ低い温度に遭遇させるだけで，夜間は特段低温処理しなくても花芽分化が促進することも実証されている。このことを利用すれば，夜冷短日装置の同一時期における複数利用が可能となる。

花芽分化を促進する温度内でも，その効果には大小がある。つまり，25～15℃の範囲では温度が低いほどその効果が高い。25℃で処理しても花芽分化はするが，15℃で処理したときに比べると花芽分化するまでの時間が長くなる。つまり，花芽分化までの日数に差が現われる。

①日長・温度条件からみた効率的夜冷短日処理法

高温による花芽分化の抑制をできるだけ少なくするためには，昼間に30℃以上の温度にできるだけ遭遇させないことが必要となる。育苗期後半の遮光処理や，夜冷短日処理による昼間の遮光処理は，イチゴ苗の体温の上昇を防ぐため，花芽分化がスムーズに進行する。

夜冷短日処理温度を10℃と20℃にし，昼間に遮光資材によって苗温の上昇を抑えると花芽分化が明らかに促進される。また，頂果房および第1次腋果房の花数も多くなり，明らかに遮光の効果が現われる。そして，この効果は，夏が酷暑の年にはさらに大きくなる。

また，夜冷短日処理の設定温度を15℃以下にしても花芽分化に関しては意味はない。このことは，導入する際の冷房機の能力を決定するときに大きく影響する。

夜冷短日処理では，日長時間を8時間程度にする場合が多いが，8時間にこだわる必要はない。また，8時間日長とする場合に，夕方4時に入庫して朝8時に出庫することも多いが，この時間帯でなければならない合理的な理由もな

い。夕方4時では，まだポットの培土温度がかなり高いうえ，夕方の日射の影響を受けるために，低温処理装置の温度を低下させる効率が極端に下がる。

夜冷短日処理の効率的な方法は，夜間ポット培土が気温と同じくらい冷めてから遮光資材で被覆し暗黒処理を始め，冷房機を運転し，翌朝8〜9時ころに冷房機の運転を休止し，夜冷装置の遮光資材をあければよい。このほうが，苗が低温に遭遇する時間がより長くなる。

とよのかの花芽分化が誘導される日長時間とするためには，8月ころであれば，自然日長より2時間程度短くすればよい。ただ，短日処理時間が長くなることによって，結果的に低温の遭遇時間が長くなる場合には，花芽分化の促進効果がいくぶん期待できることになる。

②花芽分化と苗の栄養条件

試験結果では，8月10日に低温処理を開始する作型では，揃って花芽分化するための苗の体内硝酸態窒素濃度（乾物）は750ppm程度であり，4,000ppmでは半数が未分化株であった。しかし，低温処理の開始時期が8月30日とおそくなると，4,000ppmでもすべての株が花芽分化した。

これは気象条件の一つである，処理期間中の温度（この場合は昼間の温度）の高低が，苗の体内窒素濃度と密接に関係することの現われである。

一方，処理期間中の温度条件が変わらない低温暗黒処理では，処理時期にあまり関係なく，苗の体内硝酸態窒素濃度が200〜300ppmで花芽分化が安定している。

③窒素濃度以外の苗の栄養条件と花芽分化

体内のデンプン含量や糖の含量が花芽分化に影響する。たとえば，処理期間中の苗体力の消耗が問題となる低温暗黒処理では，処理期間中に砂糖水を葉面散布することによって花芽分化率が向上する。また，数日おきに外に出して光にあてることによって光合成が行なわれ，苗のデンプンや糖含量が増加し，花芽分化率が向上する。

低温暗黒処理期間中に，何回か苗を外に出すことによって花芽分化率が安定して向上する。

その理由を先に述べた花芽分化の概念でみれば，外に出した状態では花芽分化促進のための気象条件が不適当なため容器の水位が徐々に下がる。一方，外に出したときには葉で光合成が行なわれ，暗黒期間中に低下していた苗質が充実する。その結果，再び低温暗黒処理を開始した後の水のたまり方が前以上に旺盛となり，花芽分化率はむしろ向上することになる。したがって，低温暗黒処理で数日おきに外へ出すときは，みかけの光合成量がプラスとなる気象条件（晴天）でなければ意味がない。

(3) 休眠の特性

一般的に，休眠時間は50〜100時間程度とされている。しかし，親株の冷蔵期間や被覆時期がランナー発生に及ぼす影響や，花芽分化後の低温貯蔵試験結果からみれば，休眠打破のための低温遭遇量は400〜500時間以上が必要であると考えられる。

(4) 果実の特性

とよのかは果重型の品種で，全期収量からみた平均一果重は女峰に比べてひとまわり大きい。果皮の硬度は高いことが輸送性や店持ちのよい大きな理由となっている。

(5) 栽培技術のポイント

ポット育苗を利用した促成栽培がほとんどで，一部で無仮植栽培が導入されている程度である。とよのかは果重型の品種であることから，収量を多くするためには着果数をできるだけ多く確保する必要がある。そのためには，しっかりした苗を養成する必要がある。また，定植初期の管理が，初期収量および全期収量に大きく影響するので，定植初期の生育がスムーズに進むような管理を行なう。土壌水分が多すぎる場合に，むりな定植を行なうと収穫の終了時まで悪影響を及ぼす。定植時期は秋雨前線が停滞する時期でもあり，その対策を十分立てておかなければならない（第1，2表）。

執筆　伏原　肇（福岡県農業総合試験場）

第1表　とよのかのポット育苗による電照促成栽培技術

管理作業の手順	技術目標とポイント	技術内容
親株床	土壌条件	親株床の基肥量は三要素とも10kg/10a 排水が良好で冠浸水のない場所を選ぶ
	親株の条件	病害虫に侵されていない苗を育苗期間中に選定しておき，花芽分化促進のための窒素中断処理はしない 10a当たり1,000株用意する
	親株の冷蔵	0℃から−1℃で，9月下旬〜10月下旬，約1か月
	親株床の土壌消毒	病害や雑草防除のため，植付け前に親株床を土壌消毒
	植付け	10月下旬〜11月 ランナーを伸ばしたい方向にクラウンを傾けて植付ける
	親株の負担軽減	4月までに黄化した下葉や蕾・果房を除去する
	親株床の耕起・追肥・除草	4月にランナーを伸ばす部分に，三要素とも3kg/10a追肥し，その後除草を兼ねて耕起する
	灌水・排水	定期的な灌水とともに，排水の不良な圃場は排水対策を行なう
育苗床	育苗床の作製	床面が浸水せず，雑草発生のない育苗床を作製する 床面幅1.0m，通路幅0.2〜0.3mで床面の中央部を高くする 雑草の発生を防ぐため，古ビニールで全面を覆う
	ポット育苗培土条件 ①排水が良好 ②無病である ③雑草種子が混入していない	ポットを配置する直前にポットシートを敷く 培土のpHは5.5〜6.0に調整する 12cmポットの場合の資材の量 　山砂：4t，籾がらくん炭：0.2t，骨りん：30kg，暖効性肥料：5kg
育苗管理	健全な子苗の採苗	5月下旬〜6月上旬に採苗する
	肥培管理	採苗，活着後，置肥（窒素成分で200mg/株）を施用する その後，7〜10日間隔で400〜800倍の液肥を施用する
	灌水	夕方の灌水はできるだけ少なくする
	摘葉	最終追肥時期までは，本葉2.5〜3.0枚となるように摘葉する。一度にとりすぎないようにする
	最終追肥時期	8月5日ころとする
本圃準備	土壌消毒（イオウ病，センチュウ対策）	太陽熱消毒，薬品処理
	コガネムシ対策	殺虫剤をうねをつくる前に施用しておく
	地力維持（有機物投入過多に注意する）	良質な有機物を投入し，定植までに3〜4回ロータリー耕で耕起しておく
	基肥の施用・うね立て	定植の10日から14日前に施用し，うねを立てる 　うね幅1.1〜1.2m 　条間：果房内成り方式；50cm，果房外成り方式；25cm
	雨よけ（ハウス天井，うね面）	古ビニールや軽いフィルムで定植直前まで覆う
定植からビニール被覆まで	花芽分化の均一促進 　目標：9月10〜15日	窒素中断時期の厳守
	定植	花芽分化を確認次第，できるだけ短期間に植え付ける 果房の伸長方向にクラウンを傾けて植え付ける
	灌水	定植後10〜14日間は少量多灌水とする。頭上散水の効果が高い 灌水チューブで点滴灌水を行なう
	マルチング	出蕾時期までに済ませる

（次ページへつづく）

主要品種の特性とつくりこなし方

管理作業の手順	技術目標とポイント	技術内容
定植からビニール被覆まで（つづき）	ジベレリン処理	出蕾直前に，5～10ppm溶液を一株当たり10ccを株の心葉部に噴霧処理
	ハウスビニール被覆	10月15～25日被覆 11月上旬までは，ハウスのサイドや連棟ハウスの谷間は開けておく
	着色不良果発生防止対策	品質の高い果実を生産するためには，昼間できるだけハウス内の温度が上がらないようにする 玉出し・葉よけ作業 　果実が白熟期となる前までに行なう 　2週間くらいの間隔で頻繁に行なう
	摘芽（主茎1本仕立て）	腋芽が1～2芽となるように整理する
保温・電照開始から収穫終了まで	摘葉	日陰の葉を摘み取る程度とする
	適正な温度管理	ビニール被覆～着果期：昼間；25～27℃，夜間；10℃ （サイドビニールは開放する） 着果期～肥大初期：昼間；25～27℃，夜間；8～10℃ 肥大期以降：昼間；22～24℃，夜間；5～6℃
	電照効果を確実にする （温度，点燈開始時期）	電照開始時期は11月15日～25日 10a当たり75W白熱球を70～75個，床面から150cmの高さに設置する 電照効果を高めるためには，夜間の最低温度を9～10℃まで上げる 床面から葉の最も高い部分までの高さを，20～23cm程度に維持する
	着果の安定	ミツバチの放飼 　収穫期間中の消耗を少なくするために，巣箱はハウスの外に出してミツバチの入り口をハウスにも設ける 　ハウス間の移動は絶対に避ける 収穫から集荷場まで，できるだけ低い温度を維持する
	果実品質の維持	冷蔵庫を利用し，収穫後はただちに入庫し，品温が下がった後で調整し，出荷時間まで再び入庫する 　冷蔵庫の温度は2～5℃とする
	腋果房のジベレリン処理	各果房の出蕾時に頂果房と同様に処理するが，電照効果が現われている場合には，処理濃度を5ppm程度とする

第2表 とよのかの夏期低温処理による電照促成栽培（ポット育苗による電照促成栽培と異なる技術）

管理作業	技術目標とポイント	技術内容
最終追肥	低温処理までに体内窒素成分を十分低下させ，花芽分化促進効果を高める	最終追肥時期 　8月16日入庫：7月20日ころ 　8月30日入庫：7月25日ころ 　置肥が残っている場合は，ポット外に捨てる
定　植	頂果房の多収のために，定植後の活着を促す	低温暗黒処理の場合には徒長しているので，定植後2,3日寒冷紗を被覆する
電照開始	着果負担が早くなるのでその分電照の開始時期を早める	11月10日～15日 　早すぎる場合には第2腋果房の花芽分化が遅れるので，早くても11月5日までとする

女峰

(1) 生育の特徴

　早生で芳香性も高く豊産性。草勢は強く、草姿は立性で育苗中の草丈は宝交早生より高い。
　ランナーは、親株を4月上旬に植え付けると4月下旬から発生が始まり、次々と子苗を生じる。7月中旬の採苗期で、株当たり80～100本程度の子苗が確保できる。ランナーの発生数は、植付け時期を早くし、植付け後ビニールなどで保温するとさらに増加する。発生したランナーは9月ころまでにクラウンが肥大する。9月中下旬に頂花房の花芽が分化し、10月中下旬に第1次腋花房の花芽も分化する。秋の気候が温暖な場合は、11月ころから頂花房の出蕾・開花がみられる。11月上中旬から休眠期に入り、花芽の分化も停止し、株の生育も停滞してわい化する。
　子苗の発根は早く、本葉で2枚程度から根の発生がみられる。活着も早く、活着後はごぼう根が張り出し、その後細根が2次的に発生してくる。地床で育苗した場合はごぼう根の割合が多いが、ポットで育苗すると細根の割合がやや多い。定植後の根は、ごぼう根に対する細根の割合があまり多くなく、根量を確保するためには不定根をいかに発生させるかが重要となる。

(2) 花芽の分化・発育特性

　花芽分化は宝交早生や麗紅より早い。地床育苗での花芽分化時期は、初秋に極端な高温の年を除けば年次変動は比較的少なく、9月中下旬と安定している。日長が13.5時間程度、最低気温が24℃以下になる時期になれば、花芽分化の段階に入る。しかし、花芽分化前に窒素を施肥したり、断根適期をずらしてしまうと吸肥が旺盛なため、花芽分化がかなり遅れる。
　一方、夜冷育苗（夜冷短日処理）では、低温と短日条件を好適に制御できるので、窒素条件の影響は少ない。また、処理温度（夜温）も10～18℃の範囲であれば影響は少ないが、処理開始時期によって花芽分化に要する日数が大きく異なり、日中の温度が高い時期では花芽分化が遅れる。日中の高温の影響は、30℃以上の高温で影響を受けるものと推察できる。
　低温暗黒育苗では、暗黒条件下での処理となるため、花芽分化が不安定になりやすい。体内窒素、育苗期間、および処理期間が影響するが、なかでも処理開始時期の影響が大きい。低温暗黒育苗では、処理期間を長くしても花芽の分化が進みにくいので、通常15～20日程度で処理を終了させる。花芽分化が完全でない場合は、処理後の高温の影響を受けやすいことから、処理時期の影響がとくに大きいものと推察される。
　花芽分化後の発育は温度条件、栄養条件によって異なり、高温、多肥では発育がやや早まる。
　夜冷育苗と平地育苗での花芽の発育経過をみた場合、夜冷育苗（8月20日処理開始）では頂花房の花芽が9月中旬に分化し、その後ゆるやかに発育して10月下旬に開花する（約45日）。その間に、第1次腋花房の花芽が10月上旬に分化し、12月上旬に開花する（約55日）。頂花房出蕾後から第1次腋花房出蕾までの花房間葉数は4.5枚前後である。第2次腋花房では花芽は11月上旬に分化し、1月下旬に開花する（約80日）。第2次腋花房出蕾までの花房間葉数は3.5枚前後である。
　平地育苗では頂花房の花芽が9月下旬に分化し、その後ゆるやかに発育して11月上旬に開花する（約45日）。その間に、第1次腋花房の花芽が10月下旬に分化し、12月下旬に開花する（約60日）。頂花房出蕾後から第1次腋花房出蕾までの花房間葉数は3.5枚前後である。第2次腋花房では花芽は11月下旬に分化し、2月中旬に開花する（約80日）。第2次腋花房出蕾までの花房間葉数は2.5枚前後である。
　着花数は頂花房で通常15～20花であるが、早期の作型では着花数は増加しやすい。第1次腋花房での着花数も1花房当たり約15花である。

(3) 休眠の特性

休眠は麗紅と同様かやや浅いと考えられる。5℃以下の低温要求時間は200時間程度と考えられ，これよりも長く低温に遭遇すると葉柄の伸長はより旺盛になる。

(4) 果実の特性

果形は円錐形で揃いもよいが，頂花房の第1花はやや扁平果になることがある。収穫後半の果実は丸みを増す。果の条溝はなく，乱形果は少ない。また，果実のくびれ（ネック）はない。果実の大きさは頂花房第1花で約30g前後，頂花房の可販果（6g以上）の平均で12～13g，第1次腋花房で11～12g。果皮，果肉とも硬く日持ちがよい。

(5) 不良果の発生と対策

①不受精果

厳寒期の2月ころまでにかけて，不受精による奇形果が発生しやすい。発生の要因としては低温管理がもっとも大きい。そのほかには，大苗や遮光により初期の不受精果の発生がやや多い，早い作型で発生がやや多い，着果負担が大きい場合は3月の発生がやや多い傾向がみられる。

②頂部軟質果

12月～2月にかけての厳寒期に，果実先端が軟らかい果実が発生する。これを頂部軟質果と呼んでいる。収穫時に症状が軽いものでも，出荷後の流通過程で著しく症状が悪化する。果実は，頂部が着色せずに，透明のような状態になり，強い芳香を発する。頂部軟質果は頂果だけに発生するとは限らず，おおむね頂花房群の果実や第1次腋花房の上位番花に発生する。発生の要因は，ハウス内湿度が高いこと，密植によって果実に光がよく当たらないことが主であり，昼温，夜温が低いことも一因となる。

(6) 作型と栽培のポイント

収穫始期は，早期夜冷育苗，普通夜冷育苗および低温暗黒育苗，高冷地育苗およびポット育苗，平地育苗の順に早い。平年で早期夜冷育苗が11月上旬，普通夜冷育苗および低温暗黒育苗が11月中～下旬，高冷地育苗およびポット育苗が11月下旬～12月上旬，平地育苗が12月中～下旬となる。腋花房の収穫始期は，早期夜冷が12月中～下旬，普通夜冷が12月下旬，高冷地育苗が1月上旬，低温暗黒育苗とポット育苗が1月中旬，平地育苗が1月下旬となる。

1a当たりの養分吸収量は，株当たりの収量が700kg程度の場合（普通夜冷）で，地上部で窒素2.1kg，リン酸0.9kg，カリ2.6kg程度であり，施肥量は窒素成分で20kg程度が適当と考えられる。

部位別の養分吸収量の割合は，果実が60％以上を占めることから，収量の増加には果実肥大期以降の窒素の安定供給が重要で，安定して肥料を供給できる施肥体系が必要である。そのため溶出期間の長い緩効性肥料を主体とした施肥体系とすることや，果実肥大期以降追肥を行なうことにより，肥料を安定して供給できると考えられる。

促成栽培では日長時間の短日化，気温の低下にともなって，ハウス内温度，地温，光条件などの生育環境が悪化し，厳寒期の草勢低下や成り疲れによる中休み現象を招きやすい。このことが収量低下の一因となっており，これらの対策のためには生育環境をよくすることが必要である。そのためには，昼夜間の温度を確保することが基本的に大切であるが，より好適な生育環境を維持するために，地中加温などにより地温を確保すること，電照処理によって日長時間を長くすること，CO_2施用によって光合成のための環境を高めることなどの技術も導入されている。

ハウス内の地温は日中の温度管理を高めにすることである程度確保できるが，これだけでは厳寒期には13℃程度まで下がってしまい，草勢低下を回避することはむずかしい。地温が15℃以上で生育，養分吸収が良好となるので，温湯を循環させる方法などによって積極的に地温を高めるとよい。地温を18℃程度に維持した場合，厳寒期の生育低下が少なく収量が増加

女峰

生育および作業時期				防除の内容
ランナー養成期	3月	中	親株床準備	土壌消毒を実施する
		下		圃場周辺およびうね間に排水対策を整備する
				雨よけは炭疽病の予防に有効である
	4月	上	親株の選抜と定植	健全な親株を選抜する
		中		炭疽病やイチゴメセンチュウ予防のため，泥の跳ね上がりの少ないチューブ灌水を行なう。頭上灌水の場合はボタ落ちに注意する
		下		
	5月	上		萎黄病や炭疽病予防のため，植付け前に株の薬液浸漬を行なう
		中	ランナー養成期	ウイルス病を媒介するアブラムシの飛来を防止するため，6月末まで寒冷紗（白，#300）被覆を行なう
		下		炭疽病の発病はトンネル被覆期間から注意し，発病株は見つけしだい取り除く
	6月	上	親株床管理	定期的に薬剤散布を行なう
		中		とくに炭疽病，輪斑病，うどんこ病，アブラムシ，ハダニ，イチゴメセンチュウなどの防除を徹底する
		下		土壌消毒を実施する
			苗床準備	排水対策を徹底する
				水田より畑地，畑地の場合でも台地畑など排水良好な圃場を選び，仮植床はできるだけ高うね（15cm以上）とする
		上		仮植床の雨よけは炭疽病の予防に有効である
育苗期	7月	中		コガネムシ類幼虫など土壌害虫防除のため，薬剤を土壌混和する
			子苗仮植	健全な子苗を選定する
				萎黄病や炭疽病予防のため，植付け前に株の薬液浸漬を行なう
		下	苗床管理	炭疽病やイチゴメセンチュウ予防のため，泥の跳ね上がりの少ないチューブ灌水を行なう
			育苗期	苗による本圃持込みを防ぐため，この期の防除を徹底する
	8月	上		とくに炭疽病は高温期に雨が多いとまん延するので，予防散布に重点を置く
		中		被害株や茎葉は処分する
		下		炭疽病や萎黄病・疫病などの害虫やイチゴメセンチュウの発生株は抜き取り処分する
			本圃準備	輪斑病やじゃのめ病などの被害葉は生育に影響しない程度に早めに十分に取り除く
				土壌消毒を実施する
本圃生育促進期	9月	上中下	定植	
	10月	上	本圃管理	健全な苗を選定する
		中	保温	保温前にうどんこ病，アブラムシ，ハダニなどの防除を徹底し，保温後の発生を防止する
		下		新葉展開にともない老化葉は適宜取り除く
	11月～			開花前までを重点に定期的に薬剤散布を行なう
				早期発見につとめ，発生初期に薬剤散布を行なう

第1図　生育および作業時期と防除（平地育苗での例）

するとともに、第1次腋花房以降の出蕾・開花が早まり、収穫の谷間ができにくい。

女峰では基本的に電照は必要ない。しかし、第1次腋花房の第1花が株元で開花した場合など不受精果になりやすいこと、あるいは花房の連続性の観点から電照処理を行なうことは有効である。

育苗法には多様な方法があるが、下記の2つの方法を紹介する。

①夜冷育苗栽培

早出しを行なう場合の収穫始期の目安は、10月下旬～11月上旬とする。実際の栽培では、1回目の処理を7月下旬～8月上旬に開始し8月下旬まで処理を行なう早期夜冷と、第1回処理後の8月下旬から2回目の処理を行なう普通夜冷とを組み合わせて、施設の有効利用を図るやり方が一般的である。夜冷育苗では花芽分化を安定して誘導できるが、処理開始時期によって花芽が分化するまでの日数が異なる。これは、日中の高温によって花芽の分化が遅れることによる。7月下旬～8月上旬処理開始では、花芽分化までに26～27日程度を要し、8月中旬では約23日、8月下旬では約20日で、処理開始時期がおそくなるほど花芽分化がしやすくなる。

②低温暗黒処理

低温暗黒処理での花芽分化には、苗中の施肥量を多くしない（窒素濃度1.4％以下）、育苗期間を長くする（80日程度）、処理開始時期をおそくする（8月20～25日ころ）ことが大切であるが、このなかでは処理開始時期の影響がもっとも大きい。低温暗黒処理では夜冷短日処理とは異なり、処理期間を長くしても花芽分化が進みにくいことから、15～20日程度の処理で出庫する。花芽が完全に分化期に達していない場合は、出庫後の高温の影響を受けやすいので、処理開始時期がおそければその影響を比較的少なくできる。花芽分化の安定から育苗期間は80日程度が理想であるが、採苗時期がきわめて早期になることから実際には困難な育苗である。処理開始時期をおそくすることにより、育苗日数が50日程度でも花芽分化が比較的安定することから、実際の栽培ではこの方法が主流となっている。

執筆　植木正明（栃木県農業試験場いちご研究所）
2012年記

とちおとめ

(1) 生育の経過

4月上旬に専用親株を植え付けると、4月下旬からランナーが発生し始める。ランナーは太く、女峰よりやや短い。発生数は女峰に比べてかなり少ないが、7月中旬の採苗時期までに本葉2～4枚の子苗が30～40本採苗できる。7月下旬に地床へ採苗仮植すると、9月下旬には株重が30～35gとなり、クラウン径も12～13mmに肥大して花芽が分化する。11月中旬に開花し、12月下旬には収穫が始まる。

分げつ性は中程度で、分げつ芽は比較的大きい。促成栽培では、葉柄長や葉の大きさは10月中旬に発生した葉でもっとも大きくなるが、早い作型では11月中旬、普通作型でも12月になると、葉柄長や小葉の葉面積は急激に小さくなり、厳寒期は女峰に比べて葉が小型化しやすい。

草勢は旺盛で、乾物生産量も大きく、とくに根と葉身の割合が女峰より高い。TR率は全期間を通して女峰より小さく、厳寒期の根量の低下も少ない。しかし、過繁茂になったり、土壌が乾燥すると、新葉や萼片にチップバーンが発生する。

葉の展開は、定植活着後から11月上旬までは7日に1枚の割合で展開するが、11月下旬から緩慢になる。12月下旬から1月下旬にかけては1枚展開するのに20日以上を要し、生育がもっとも停滞する。日長が長くなり、地温も上昇してくる2月上旬からは再び展葉が早まり、3月以降は7～10日に1枚の割合で葉が展開するようになる。いずれの時期も女峰より展葉速度は速く、葉の発生は優れる。

(2) ランナーの発生とその生育

ランナーの発生時期は女峰よりおそく、発生本数も少ない。親株の定植時期を早め、保温を行なって早期からランナーの発生を促すことで、ランナー数は飛躍的に増加する。子苗の発根はややおそく、発根が認められるのは本葉2枚程度からである。また、ランナーの先枯れ症状が発生しやすい。先枯れ症状には、新葉の葉縁部のチップバーンと、子苗の葉が展開する前のランナー先端部が枯死する2つの症状が認められるが、遮光することによって発生は少なくなる。

(3) 根の生育特性

太い1次根を発生するが、本数は女峰より少なく、1次根から発生した細根の割合が高い。子苗や移植後の発根はややおそく、活着には女峰より2～3日多く時間を要する。発根後の根の生育は旺盛で、太い1次根から多くの細根を発生し、根の量は栽培期間を通して女峰より多く推移する。

(4) 花芽の分化・発育特性

花芽分化期は、年次による変動もあるが、例年の平地育苗では9月25日ころになり、低温や短日などの花芽分化促進処理にも女峰と同程度に反応して分化が早まる。8月上旬に処理を開始する夜冷育苗(以下、早期夜冷育苗)では26～27日で花芽が分化し、8月下旬に処理を開始する夜冷育苗(以下、普通夜冷育苗)では20～22日で分化期に達する。ポット育苗では、7月中旬に採苗すれば、9月中旬に花芽が分化し、7月中旬に子苗を無仮植で高冷地(標高1400m)に山上げすると、花芽分化期は9月中旬となる(第1表)。

普通夜冷育苗での頂花房の花芽分化期は9月

第1表 花芽分化の状況

育苗法	処理開始[1] (月/日)	とちおとめ (月/日)	女峰 (月/日)
早期夜冷	8/1	8/28	8/28
普通夜冷	8/20	9/11	9/11
ポット	7/5	9/19	9/19
高冷地	7/中旬	9/16	9/16
平地	7/20	9/25	9/25

注 1) ポットおよび平地は採苗日、高冷地は山上げ時期

主要品種の特性とつくりこなし方

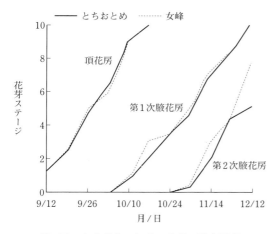

第1図 夜冷育苗における花芽の発育経過
花芽ステージ：1；花芽分化期，2；萼初生期，4；雄ずい形成始期，6；雌ずい形成始期，8；花器完成期，10；開花期
夜冷処理：1994年8月20日～9月12日，定植：9月13日

11日ころと推定され，分化後の発育も女峰とほぼ同様で，10月23日に開花した。第1次腋花房の分化期は，頂花房の分化から約30日後の10月10日ころで，このときの頂花房のステージは出蕾期となっている。分化後の発育は頂花房よりやや緩慢である。第1次腋花房の葉数は5.7枚で女峰より1.5枚多く，そのため開花は12月11日と女峰より8日遅れた。第2次腋花房の分化期は11月上旬で，女峰に比べて4～5日おそいとみられる。この時期は頂花房分化後50～60日，第1次腋花房分化後20～30日となり，第1次腋花房のステージは雌ずい形成期となっている。分化後の発育は女峰よりややおそく，第2次腋花房の葉数が4.0枚で女峰より0.7枚多いため，開花は18日遅れた。花芽分化期は女峰と大差はないとみられるが，花房間葉数が多いために開花期がやや遅れる（第1図）。

花の大きさは並で，萼片は頂花房頂花では女峰と同程度に大きいが，第2，3花以降はやや小さくなる。株の栄養状態によっては，第2次腋花房の頂花～第3花に萼片や花弁が小さく開花前から雌ずいが見える蕾が発生するが，不受精果になることはない。着花数は，苗質，育苗方法，定植時期などの影響をうけるが，普通夜冷育苗での頂花房の着花数は15花前後，早期夜冷育苗でも20花程度で，女峰より2割程度少ない。

花房の形態は，頂花房では直枝型と分枝型の中間型で女峰に似るが，第1次腋花房では基部からの分枝数が多くなり，直枝型である栃の峰によく類似する。第2次腋花房以降は分枝型となり，花梗の長さはいずれの花房でも女峰より短い。

(5) 休眠の特性

休眠は女峰とほぼ同程度か，わずかに浅いとみられる。5℃以下の低温遭遇時間と葉柄の身長との関係をみると，200時間を超えると葉柄の伸長は旺盛となり，300時間では保温後45日目にランナーの発生も認められている。休眠がもっとも深いのは，150時間前後のときと思われ，時期的には11月中下旬とみられる。

(6) 果実の特性

果形は円錐形でとよのかより長く，果皮の光沢に富む。乱形果は各花房の頂果に発生し，双頭状となる。頂部軟質果，先青果，先とがり果のような生理的障害果の発生はない。そう果は女峰より大きく，落ち込みは少ない。果実の大きさは，頂花房頂果で30～40gで，可販果の平均一果重は15gを上回り，女峰より大きくとよのか並の大果である。第2果以降の果実の大きさの揃いはよく，女峰のように極端に小さくなることはなく，栽培後半まで安定して大きい。果皮は鮮赤色で，着色は低温期でも優れ，果底部までよく着色する。果肉部は女峰よりやや淡い淡紅色であるが，果心部は紅赤色で，空洞は女峰と同様に少ない。

果実の糖度は9～10％で女峰より高くとよのか並で，酸度は0.7％程度で栃の峰と同程度に低い。糖酸比が高く，果肉は緻密で多汁質であるため食味がきわめてよい。収穫後半においても食味の低下はなく，品質は安定している。果実の硬度は，果皮・果肉とも女峰より貫入抵抗値が大きく，日持ちがよい。しかし，大きな果実は自重や果実同士のすれなどにより，いた

みやすい傾向にある。

　開花から完全着色までの成熟日数は10月上旬開花で約30日、12月下旬開花がもっとも長くて約55日を要し、2月下旬以降の開花では38～39日で推移する。10月中旬から1月中旬に開花したものでは女峰に比べ2～3日早く成熟し、とくに着色期以降の熟度の進みが早い。着色始めから適熟までの日数が女峰より短いので、採り遅れのないようにすることも大切である。

(7) 生理障害と対策

　育苗中の肥料不足や定植遅れにともなう肥切れにより、心止まり株の発生がみられる。花芽分化後も肥料不足が続くと腋芽の生育が停止して心止まりになり、花芽分化後に急激に肥料の吸収が行なわれると、腋芽がランナー化して心止まりになる。育苗時の窒素施用量は、ポット育苗で株当たり140mg、夜冷育苗で80～100mg程度を基本とする。育苗後半の肥切れに注意し、定植後のハウス内の高温や肥料の急激な吸収をさける。

　とちおとめは不受精果の発生は少ないが、女峰に比べて開葯がおそく、花粉の量も少ない傾向にある。雌ずいの先熟性が強く、開花後の受精能力保持期間は3日程度と短いため、曇雨天が4日以上続くと不受精果の発生が問題になる。また、花粉と雌ずいの受精能力は、女峰よりも日照不足の影響を受けやすく、とくに花粉の受精能力が低下しやすい。昼温を25℃程度に保って花粉の発芽率を向上させるとともに、ミツバチの活動を促進し、開花後速やかな受精をはかる。

　一方、花房の出蕾時には、萼片の周縁が枯れるいわゆる萼焼け果が発生しやすい。土壌水分を多湿条件にしたり、摘葉によって葉面積を制限した場合には発生が軽減されることから、根からの吸水量と蒸散量のアンバランスによる株の乾燥が発生に影響しているものと考えられる。時期的には第1次腋花房の出蕾期に多く、果実との水分競合や着果負担による根の活性低下によるものとみられる。適正な草勢管理に心がけ、とくに出蕾期の土壌水分はやや多めとして安定供給し、老化葉や病葉も適宜摘葉する。

　年内および3月以降は、大きな果実を中心に輸送中の傷み果が発生しやすい。果実硬度は、日中の温度と関連が深く、高温管理で低下しやすいので、開花期以降は25℃を目標に管理し、午後は湿度を下げるよう換気につとめる。

(8) 収量構成と栽培の概要

　普通夜冷育苗の頂花房の収穫は11月中旬に始まり、11月下旬から12月中旬がピークになる。第1次腋花房は1月中旬から収穫となり、3月上旬まで続く。3月上旬からは第2次腋花房の収穫が始まり、3月の収量がとくに多くなる。花房の連続性は女峰並とみられるが、収穫の波はやや小さく、頂花房と第2次腋花房の収量が女峰に比べると多い。しかし、早い作型や定植後が高温で経過すると第1次腋花房の分化が遅れ、葉数も増加しやすく、頂花房と腋花房の切り替わる1月上中旬に軽い中休みを生じることがある。

　ポット育苗では、本葉2.5～3.0枚程度のそろった若苗を7月中旬に採苗し、施肥量は株当たり窒素成分で140mg程度を施用して定植時のクラウン径10～11mmを目標にするとよい。小苗は着花数が減少して初期収量が少なくなり、大苗や老化苗は頂花房の着花数が増加して初期収量は多くなるが、中休みの原因になる。しかし、定植時に目標とする大きさの苗ができても、極端に肥切れした苗は収量が少なくなり、心止まり株の発生にもつながるので注意が必要である。

　果重型のとちおとめでは、適期定植と活着促進がとくに重要となる。定植が遅れると初期生育が抑制され、着花数の減少や収穫時期の遅れにつながる。そのため、初期収量が少なくなり、総収量も減少するので、花芽分化後は速やかに定植する（第2表）。また、活着の遅れも定植の遅れと同様に、生育の遅れや減収につながる。とちおとめは、発根がおそいので、定植後はこまめな灌水を行なって活着の促進につとめ、開花期までに葉面積と根量を十分確保する。

主要品種の特性とつくりこなし方

第2表 定植時期が生育収量に及ぼす影響

作型	定植時期（分化後）（日）	葉柄長（10月16日）(cm)	着花数（花/株）	開花始め（月/日）	収穫始め（月/日）	花房別収量（g/株）			一果重（g）
						頂	1次腋	2次腋	
早期夜冷	0	8.1	19.6	10/4	11/6	179	240	274	15.7
	7	5.6	14.8	10/11	11/18	132	196	263	16.5
普通夜冷	0	6.1	12.4	10/20	11/20	152	204	229	16.3
	7	5.1	12.1	10/22	11/26	124	176	209	16.1

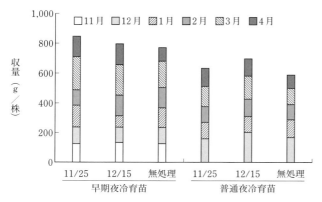

第2図 電照開始時期がとちおとめの収量に及ぼす影響

1a当たり2.0kgの窒素を施用すると，約700kgの収量が得られ，このときの地上部の養分吸収量は，窒素2.1kg，リン酸1.1kg，カリ2.7kgで女峰と同程度であった。窒素を4.0kg施用すると，初期生育が抑制され，年内収量は少なくなったが，総収量や吸収量はほとんど変わらない。このことから，とちおとめの基肥の窒素施用量は，女峰の基準と同様，1a当たり1.5〜2.0kgが適当と考えられる。初期の肥効が高いと第1次腋花房の葉数が増加し，乱形果の発生も多くなるので，初期溶出の少ない緩効性肥料を主体に施す。また，吸収量の約60%は果実へ分配されるので，果実肥大期以降は生育をみながら追肥を行ない，養分の安定的な供給をはかる必要がある。カルシウムおよびマグネシウムの吸収量は1a当たり0.9kg程度で，カルシウムは植物体の含有率，吸収量とも女峰より少ない。

12月に入ると，葉柄長が短くなり，葉面積も急激に小さくなる。展葉間隔も長くなり，頂花房の着果負担が大きい場合には，第2次腋花房の出蕾，開花が遅れ，2月下旬から3月上旬にかけて収穫の中休みも生じる。普通夜冷育苗では，花芽分化から開花までの日数は，頂花房で40〜45日であるが，第1次腋花房では60〜65日となり，第2次腋花房では90日程度を要する。したがって，連続的に収穫するには，厳寒期の草勢を維持し，葉の展開を促進することによって花芽の発育と出蕾を促すことが大切であり，その手段として電照や地中加温，炭酸ガスが有効となる。

とちおとめは，休眠が浅く，必ずしも電照を必要としないが，厳寒期には女峰より葉が小型化するので，葉面積の確保や第2次腋花房の発育促進などに電照の効果が認められている。電照開始時期は，生育の停滞が早くから始まる早期作型では11月下旬，その他の作型では12月上中旬が適当とみられる（第2図）。また，12月上旬までに深さ15cmの地温を16℃に設定して加温してやると，厳寒期の葉の展開が促進され，第2次腋花房以降の収量が顕著に増加する。炭酸ガスは，果実肥大の始まる11月中旬から，日の出2時間前から換気直前まで施用することで増収効果が認められる。これらの個別技術を同時に行なうと増収効果が高く，経営的にも有利である。とくに電照と炭酸ガス施用を組み合わせると，相乗効果が認められて効率的である。

執筆　栃木博美（栃木県河内農業振興事務所）
2012年記

章　姫

(1) 生育の特徴

　高温にやや弱く，真夏に採苗すると活着が悪く，小葉が少しねじれる症状が発生することもあるが，気温の低下に伴い根群の発生は旺盛となり，茎葉は徒長ぎみに生育する。定植後の10月から11月には太いランナーが2～3本発生し，着果数が少ないときは3月下旬からランナーが発生してくる。ランナーの発生は旺盛である。

　専用親株を4月上旬に定植すると，5月下旬にはランナーは4～5本発生し，ポット受けできる。しかし，定植まで100日余りと長くなり，根群は老化し苗質の低下を招く。といって，早期に発生したランナーを摘除すると，親株は根群の寿命から夏期にランナーの発生が減少するので，第一ランナー（子株）を親株元に着地させ，ランナーを切らずに親株と共存させることで，真夏でも連続ランナーを発生させることができる。育苗期間を短くし管理を省力化するには，親株の定植は5月中旬までとする。

　ランナーの発生が旺盛なため，うね間200cmに株間は50～70cmと広くするが，小苗が密生してくると軟弱徒長し炭疽病を誘発するので，密生する前に採苗する。また，親株の芽数が多い場合は，揃った良質小苗を採苗するため，2～3芽に整理する。

　定植からビニール被覆までの30～40日間の管理が，ビニール被覆後の生育に大きく影響を与える。根群が確保されていれば，ビニール被覆後の温度管理が低めでも，茎葉は適度に伸び，厚い葉に育ち，低温期になっても老化することなく，中休みも軽くなる。

　クラウンの肥大は，定植直後から105日までだいたい一定の増加量で推移するが，光合成産物の配分率は，定植後の21％からしだいに減少し，76日以降は0になる。

　根群は，活着後順調に発達し，15日から60日間は15日ごとに1.4～1.7倍ずつ増加する。光合成産物の配分率は，活着から45日ころまでは40％，その後2週間程度は56％に増加するが，果房の発達に伴いしだいに減少し，76日ころから10％程度になる。

　しかし，根圏条件がよいと，根の褐変は定植105日後ころまでは見られない。根群の褐変は，一般的には収穫始めころから始まってくるが，土壌条件によっては配分率が変わると考えられる。

　定植40日後ころから発生してくる花房は，53日後（平均開花日）に開花したが，その後は15日ごとに倍増するため，光合成産物の配分量も増加し，収穫始めころから84％以上となる。

(2) 花芽の分化・発達特性

　花芽分化は女峰より3～4日程度早い。とくに夏期の低温と肥切れで促進され，小型ポット育苗では9月上旬と早く，普通育苗でも9月15～20日ころとなる。しかし，花芽分化が前進し9月上旬の早期定植であると，頂花房の収穫は11月中下旬と早まるが，気温の低下で根張りはよく草勢が旺盛になるため，腋花房の分化は不揃いになりやすい。そのため，むりに肥切れさせなくとも腋花房の花芽分化は進み，12月上中旬から連続出蕾し，品種特性を発揮する。

　成熟日数は積算温度に比例するため，高温時に開花すると短くなるが，章姫は女峰に比べ頂花房で5～7日遅れ，11月開花で40日前後，12月開花で40日以上である。1～2月開花では気温の上昇とともに収穫期が早まり短くなる。

(3) 果実の特性

　果実はやや長紡錘形，平均重量は18g程度。糖度が高いためかいたみやすいので，早期収穫すれば果皮につやがあるし日持ち性もよくなる。果実硬度は，草勢に応じて適度な摘果をすることによって高まる。

主要品種の特性とつくりこなし方

(4) 収量構成と栽培の要点

着果数は，定植時のクラウン径と苗質，とくに窒素濃度によって差があるが，他の品種より多い。また冬期でも草勢が旺盛なため，腋花房は頂花房より大果になり，腋花房を1芽管理すれば連続出荷も可能である。第3花房以降は芽数を制限せず各花房を3～4果に摘果すれば大果になるので，草勢に応じて摘果を徹底することが，高品質で大果の生産ポイントである。中休みの軽い品種であり，むりな早採り栽培をすると，腋花房の分化が遅れ軽い中休みをする。また，定植時の苗が肥切れしていると，腋花房に心止まりが発生したり，頂花房と腋花房の着果数が多いと，第3花房にも心止まりが発生し，収量減につながるので草勢により摘果および施肥管理が大切である。

(5) 作型の分類と栽培のポイント

休眠が浅く，花芽分化が早いため，11月上旬から6月までの長期間収穫ができる。とくに養液栽培ではとちおとめなどの品種には見られない生育と生産性を発揮する。11月からの早採り栽培はできるが，市場価格と草勢維持，また果実品質からむりな早採りはせず，12月上中旬から収穫する作型で品種特性を発揮する。

草勢は低温期でも強く，葉は連続展開してくるが，着果数との関係で草勢を維持するには，電照が効果的である。電照開始時期は，作型と着果数で12月上旬から，または1月中旬からとするが，電照反応が敏感なため，日長延長2時間程度でハウス内温度が高いと10～15日で目標の草姿になる。その後は1時間程度を続けることが効果的である。

また，ハウス内の温度をやや高めに管理することで草勢が維持でき，奇形果の発生が少なく品質も向上する。しかし，気温が上昇してくる3～4月には草勢が旺盛になるので，3月下旬からハウスサイドを開放し，日中は温度を下げ果実品質の向上に努める。併せて果実肥大に

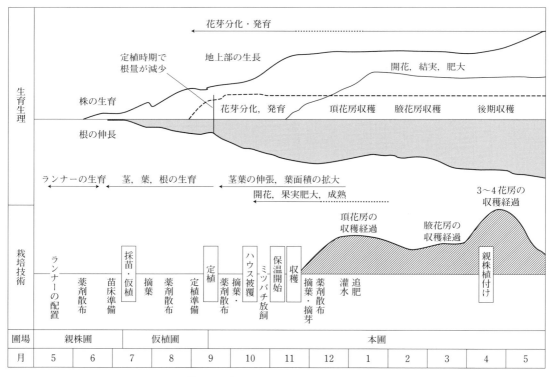

第1図　章姫の生理・生態と栽培技術

章姫

第1表　促成栽培の技術の要約

技術目標とポイント		技術内容
健苗の育成		炭疽病対策は無病親株を確保する
		親株元にマルチングし、灌水チューブを布設する
		親株元の施肥を徹底し、ランナー子株の着地にはリン酸を少し施用する
		採苗はランナー子株が密植前に行なう
		仮植床（ポット）の施肥は少なく、定植前に弁当肥を施用する
土壌管理	炭疽病対策	薬剤による土壌消毒はハウスの周囲を重点的に行なう
	土つくり	多収穫するため、完熟堆肥や有機物などを多投し土の老朽化を防止する
		深耕し透水性を図る
	施肥	基肥に緩効性肥料を50％程度施用し、肥切れさせない
定植からビニール被覆	うね立て	花房が伸びるので、定植時のうね高は40cm以上の高さとする
	定植間隔と時期	株間は23cm、7,000株/10a程度とし密植を避ける
		定植は花芽分化後とするが、早すぎると草勢は強く、腋花房が不揃いになる
	病害虫は早めに防除	ビニール被覆までにうどんこ病防除を徹底する
	活着促進と灌水	定植直後から綿密な灌水管理をし、初生根の発生を促す
	マルチは早めに	葉枚数が少ないので、茎葉の損傷を防止するため早期マルチする
	ビニール被覆は早く	開花が早いので頂果の受粉を促すため、10月20日ころにビニール被覆する
	保温管理開始をおそく	草勢が強いので、保温開始は草勢により11月中旬からとする
	ランナーの摘除	炭疽病での欠株を補完するため、適当にランナー子株を残しておく
	保温管理と品質管理	日中最高温度は28℃前後に管理し、最低温度は7℃以上に管理する
	草勢維持のため摘果の徹底で高品質	草勢維持と高品質収穫のため、草勢により頂花房は12～15果に、腋花房は7～8果に、第3花房以降は3～4果に摘果を徹底する
	灌水管理は少量多回数で	果実肥大と品質向上のため多回数灌水で管理するが、ハウス内湿度を下げるため換気を徹底する
	電照で草勢維持を	草勢により12月上旬から2時間程度電照し、草勢で時間を調整する
	炭酸ガス施用	多日照地域でも早朝施用は、草勢維持と品質向上に効果的である
	ミツバチは4月まで	大果の品質向上のため、ミツバチは収穫終了30日前まで放飼する
	適期収穫で品質向上	大果で他品種よりやや日持ち性が劣るので8分着色で収穫する
		過熟にすると、より大果になるが品質低下が進行する
		収穫時刻は品温が低い9時ころまでにする

関与する灌水は、少量多回数灌水が草勢を維持し、品質向上にもなるので、多灌水しても過湿状態にならない土つくりが前提となる。

生育の特徴と栽培技術の要点を第1図と第1表に示す。

　　執筆　斎藤明彦（静岡県経済農業協同組合連合会）
2012年記

あかねっ娘

(1) 生育のあらまし

あかねっ娘の果実は，整った球円錐形で大きくて，桃のような良い香りがあり，果汁が多くジューシーである点が特徴である。一方で温度の上昇に伴い，果実の軟らかさが問題となってくる。また，栽培上の特徴としては休眠が女峰より深い（200時間程度）ことが挙げられる。ランナーを発生，確保するためには，女峰や章姫より寒さに当てる必要がある。また，チップバーンやランナーの先枯れが出やすく，ランナーの発根も女峰ほど速やかではないので，夏の高温期には適度に灌水する必要がある。

愛知県での花芽分化は，平地仮植で9月20日ころである。20gを超える大きな果実が収穫できるが，定植日が早いと草勢が強くなりすぎ，極端に開花が遅れる可能性がある。また，定植後の初期の樹勢が強すぎると，頂花房の頂果に奇形果（鶏冠果）の発生が見られる。なかには100gを超えるような壮観な果実になる場合もある。

休眠がやや深いので，冬にかけて株はわい化しやすい。また，腋花房の開花が遅れる傾向がある。

(2) ランナー，茎葉，根の生育特性

ランナーの発生数は比較的多く，平地育苗のようにおそい作型では問題なく確保できる。しかし，ランナーの発生量が増加するのは，8月中旬以降とややおそいので，短日夜冷処理を行なう場合には，親株数を増やしておいたほうがよい。

根は発根がおそいため，活着が遅れがちである。ただし，根量は多く，根の力も強い。株に力があれば株（クラウン）を吸い込んでしまうほどである。

(3) 花芽の分化・発達特性

花芽の分化，開花は，女峰より1～2週間おそい。また，苗質や定植日の影響を受けやすく，女峰と比べると開花を揃えるのはむずかしい。また，とくに短日夜冷処理をした早植えでは，腋花房の開花が遅れがちで，中休みの現象が現われやすい。女峰以上に，花芽分化のための基本（窒素のコントロールや短日夜冷期間など）を押さえた栽培をする必要がある。

さらに，休眠が比較的深く，厳冬期に新葉の展開が止まってしまうのも開花を遅らせる原因となるため，電照，ジベレリン処理が必要である。

(4) 休眠の特性

休眠は約200時間で，最近の品種のなかでは比較的長いほうである。無電照，ジベレリン処理なしでは，厳冬期にわい化したり新葉の展開が遅れてしまう。また，親株に用いるときには，適度に寒さに当てないと，ランナーが出る時期が遅れる可能性がある。

(5) 果実の特性

果実の形は整った球円錐形で，頂花房の鶏冠果をのぞけば，ほとんど奇形果や乱形果の発生は見られない。4月末までの平均一果重は15～20gで，とよのか，女峰と比べて大果である。日持ち性，輸送性は必ずしもよくないので，適期収穫や予冷庫利用を心がける。

(6) 導入しやすい作型

促成栽培のさまざまな作型に適しているが，花芽分化がややおそいので，9月中旬以降定植の中山間育苗や短日夜冷処理2回転目（8月下旬～9月中旬のおそめの処理）やポット育苗による促成栽培が最適である（第1図）。

(7) 栽培の要点

展開葉数が多い大苗のほうが開花が安定し，収量性が高く，収穫の波も小さくなる傾向がある（第1表）。活着～根張りに時間がかかるの

主要品種の特性とつくりこなし方

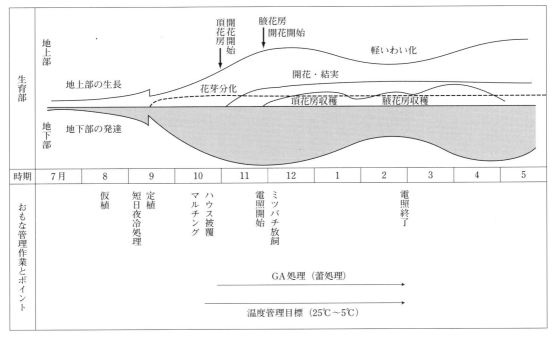

第1図 あかねっ娘の促成栽培の概要（短日夜冷処理育苗2回目）

第1表 頂花房・腋花房の開花株率
（平地育苗，9月14日定植）

処理区	頂花房開花株率（％）		腋花房開花株率（％）	
	11月13日	11月21日	12月26日	1月23日
大苗	78.0	90.0	57.9	89.5
中苗	35.0	80.0	58.7	83.6
小苗	0	30.0	0.0	10.5

注　大苗本葉4.5枚以上，中苗3.5～4.5枚，小苗2.5～3.0枚

で，灌水に注意して仮植を行ない，根量を増やすのがよいと考えられる。

冬期には花が株の内部で咲いてしまうため，ジベレリン処理で果梗を伸ばし，着色不良果の発生を防ぎ，厳冬期の株のわい化を軽減する必要がある。方法は，いずれも蕾処理で，まず頂花房の蕾が見え始めたころに1回，8～10ppm，それ以降，腋花房の蕾が見えるごとに5ppmずつの処理が基本的である。

休眠がやや深いため，電照が不可欠である。時期は，愛知県の標準で，11月下旬から2月上旬まで2～4時間。電照に対する反応も比較的鈍いので，間欠照明より日長延長を行なったほうがよい。

土壌の水分が多すぎたり，ハウス内の湿度が常に高い条件下では，品種の長所が生かせない。とくに水田での栽培では，灌水量を適正にすることや，通路に水をためないことが重要である。また，ハウスを内張りで完全に密封してしまい，天井から露がボタボタ落ちているような管理では，果実が軟らかくなりすぎる。また，果実の着色不良も発生しやすい。

果実の着色向上や湿度を適切に保つためには内張りを腰巻きのみとするのが望ましく，加温器を装備するとよい。とくに戸外の最低夜温が－5℃以下になるところでは，株のわい化防止のためにも必要である。設定夜温は5℃でよい。

執筆　齋藤弥生子（愛知県農林水産部農業経営課）

2012年記

レッドパール

(1) 生育のあらまし

　育成地でのランナーは，最高気温が20℃以上，平均気温が15℃以上になる4月下旬から発生しはじめ，1か月後の5月下旬〜6月中旬に最盛期をむかえる。このため，促成栽培での採苗は5月下旬〜6月までに行ない，7月上旬以降9月の花芽分化時期までは，育苗期間とするのが一般的である。とくに梅雨明け後の7月中旬〜8月上旬にかけては，高温により生育がやや停滞するので，育苗期間を少し長くして充実した苗の育成に努める。

　花芽分化は無処理で9月下旬〜10月初旬だが，促成栽培では年内の収穫開始を目標とするため，おそくとも9月中旬には花芽が分化できるよう，促進処理を行なう必要がある。花芽分化後，自然状態では徐々に休眠に入る。

　12月になると地上部がロゼット状となり，休眠により生育を停止する。このため促成栽培では，日長が11時間以下で，平均気温も16℃を下回りはじめる10月下旬に，電照やビニール被覆によって生育に適した温度・日長時間などの好適環境を確保し，休眠の抑制を図る。自然状態での春期の生育は，休眠が覚めて日長が12時間以上，最高気温が15℃に近づき始める3月下旬から徐々に始まり，4月中旬〜5月上旬には出蕾・開花期をむかえる。

(2) ランナー，茎葉，根の生育特性

　草姿は立性であるが，葉の状態が平面よりやや上向きのため，麗紅や女峰に比べると立性には見えにくい。しかし，草勢は旺盛で低温に強く，作型では促成栽培に適している。また，草丈はとよのかよりやや高い。頂花房分化後の腋芽の発生は女峰ほど多くなく中程度である。

　葉色は濃緑色で葉に厚みがあり，小葉数は常に3枚である。中心葉形は卵円形で，育成親のとよのかと比べてやや長丸。春から初秋の育苗時期には，葉柄およびランナーに赤みを帯びるが，晩秋から冬期の低温期には消失する。

　ランナーの発生は旺盛であり，径も太い。発生時期はとよのか並で発生期間も長い。とくに電照促成栽培では収穫期間中でも発生する。

　なお光に対する反応がとよのかと比べて敏感で，電照施設利用による休眠抑制効果は非常に高く実際の栽培でも電照栽培が基本となる。

(3) 花芽の分化・発達特性

　花芽分化期は，育成地での促成栽培における3年間の結果から，普通ポット育苗で9月10〜20日，無仮植育苗で9月18〜28日となっている。年次別に多少の早晩があるものの，ポット育苗ではほぼ9月中旬に花芽分化している。

　花芽分化後の生育は，夏〜秋にかけて花芽分化が早いほど，気温や日長時間などの花芽発達の好条件に支えられ，生育速度が速くなり，出蕾期までの生育日数は短くなる。夏期暗黒低温処理や夜冷処理などにより9月初旬に花芽分化した場合と普通ポット育苗で9月中旬に分化した場合の，花芽分化から出蕾期までの生育日数を比較すると，9月初旬に分化したほうが約6日短くなるが，9月中旬の花芽分化では，分化後から出蕾期までの日数にあまり差が生じない。このため，9月中旬が促成栽培における花芽分化の適期と思われる。また，出蕾期から開花期までの生育日数は，花芽分化時期の早晩にかかわらず10〜13日程度で，ほとんど花芽分化時期の早晩に影響されないで一定している。

(4) 果実の特性

　果形は特徴のある卵円形で，果実の光沢は強いが，そう果の落込みは小さく，そう果数はやや密である。果皮は鮮赤色，果肉は橙赤色で，日陰でも着色は良好である。しかし，春期に日射が強く，気温が上昇して果温が上がると果実が黒ずむ。厳寒期には日陰部分のそう果の着色がおそい。

　果実表面の縦溝は，各花房の1番果を中心に発生しやすく，20g以上の果実には空洞果の発生が多い。果実の大きさは大果で，普通促成栽

主要品種の特性とつくりこなし方

培での平均一果重は15g前後である。果実の硬さは，収穫全期間を通し年時差はあるものの，とよのかと比べてやや硬い。

(5) 収量構成と栽培の要点

時期別の収量については年によって若干異なるが，10a当たりの6か年平均収量5,500kgに対する年内収量割合は4％で，他品種の促成栽培に比べると低い。しかし，3月までの前期収量は52％，4月以降の後期収量は48％となり，収穫開始後は徐々に収量が増加する。収穫開始後50〜60日以降は月別収量は山谷がなく平準化し，収穫終期の5月には最高となる。

以上のことから，促成栽培で，安定した収量

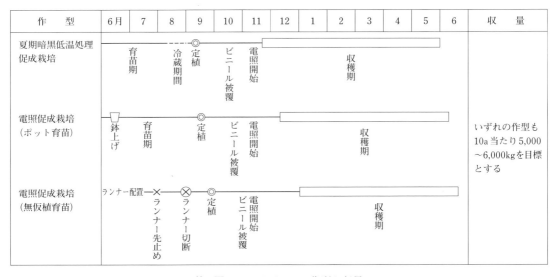

第1図　レッドパールの作型と収量

第1表　ポット育苗電照促成栽培・技術の要約

作業名	重点項目	技術内容
親株・育苗床準備	親株・育苗床の選定	前作に野菜などの作付けがない新しい圃場で，保水・排水性のよい圃場 朝日が十分にあたる日当たりのよい圃場で，近隣に街路灯やため池がないこと 水温が一定した良質の地下水などが近隣に豊富にある圃場
	親株・育苗床の面積	親株・育苗床面積は，本圃の定植本数に対し親株1本から何本採苗するかによって決定する 　　　　　本圃10a当たりに必要な親株・育苗床の計算式 　①本圃10aの定植本数7,700本（予備苗10％含む） 　②親株1株からの採苗本数30本（親株数257本） 　③子苗1本（1ポット）の床占有面積225cm^2（15cm×15cm） 　④親株1株の床占有面積900cm^2（30cm×30cm） 　⑤床利用係数1.23（床利用率81％） 　計算式 　親株・育苗床面積＝（採苗本数の床占有面積＋親株の床占有面積）×1.23＝242m^2
	親株・育苗床づくり	定植1か月前までに1a当たり堆肥200kg，苦土石灰10kgを施し耕うんする 基肥として緩効性肥料を各成分とも1a当たり0.5kgを親株定植位置付近に施し，土と十分混和した後，うね幅210cmの短冊平うねに整地する

（次ページへつづく）

レッドパール

作業名	重点項目	技術内容
親株の管理と育苗	親株の定植	親株は発根が多く芽数が3芽以上付いているものを選ぶ 定植は4月初旬までに株間45cmでうねの中央1列に植える 定植後10日間は活着促進のため手灌水する
	親株管理	定植後5月初旬まで発生するランナーおよびすべての花房は随時取り除く 5月10日から発生するランナーは放射線状に配置する
	鉢受け準備	5月中旬、育苗シートを親株の両側へ短冊状に敷く 鉢（ポット）は、10.5cm径以上のポリポットを使用する 鉢土は、無病でしかも透水・排水性のよい均一な土を用意する 鉢土のpHは、6〜6.8に調整する 鉢の基肥は、1鉢当たり各成分とも250mgを施す
	鉢受け	鉢受けは、6月中に目標の採苗本数を受ける 鉢受け期間中は、鉢土が乾かないよう灌水に注意する
	ランナーの切り離し	7月上旬、目標の採苗ができれば各ランナーを切り離し、親株を除去した後、育苗シートに15cm×15cm間隔に並べ替え、育苗にする
	育苗管理	育苗期間は60日を目標におき、前期35日は苗の充実に力点をおき、後期25日は花芽分化に向けた管理を行なう 育苗期の新葉展開速度を8日に1葉にすることを目標に灌水・追肥・防除 育苗後期には苗の窒素レベルを低下させるため、リン酸・カリ肥料を施用する 育苗後期に草勢が旺盛な場合は、鉢のずらしを行なう
本圃の準備と定植	本圃の準備	1a当たり堆肥200〜300kgを施用し、土壌消毒を行なう 基肥は、10a当たり5tの収量目標に対し、窒素・リン酸・カリ成分を各30kg施用する。なお、窒素成分の60％は深層施用とする うね立ては施設の規格から多少異なってくるが、1a当たり700本定植でき株間が25cm確保できるよううね幅で調整する うねはできるだけうね高50cm以上の高うねとする
	定　植	9月中旬に、花芽分化を確認して株間25cm、条間20cmの千鳥2条に定植する 苗が不揃いの場合は、苗を大小に分けて定植する
定植後の管理	灌　水	定植後は、苗が活着（本数1枚展開）するまで、ていねいに手灌水で少量多回数灌水する 活着後は、新根を広く深く伸張させるため10日に1〜2回程度の多量少回数灌水に切り替える（作業の省力化のため灌水施設を利用する） マルチング後は、うねが乾燥しないよう1日1回の灌水を行なうが、厳寒期はあまり過湿とならないよう水量をひかえ灌水間隔も長くする 定植後〜出蕾期までの灌水は、定植後の葉の展開速度モデルを参考に灌水量・間隔を調整する 定植後の展開速度モデル（花芽分化9月16日、定植18日） | 定植後の展開葉 | 展開速度 | 定植後の日数 | |---|---|---| | 1枚目 | 10日 | 10日 | | 2枚目 | 10日 | 20日 | | 3枚目 | 6日 | 26日 | | 4枚目 | 6日 | 32日 | | 5枚目 | 7日 | 39日 | | 6枚目 | 8日 | 47日 | | 出蕾期 | 定植後49日 ||
	マルチング	定植後30日の第2花房分化ころに、日中の高温時を避け、午前中から午後2時ころまでにマルチング、マルチング後は必ず灌水する

（次ページへつづく）

主要品種の特性とつくりこなし方

作業名	重点項目	技術内容
定植後の管理（つづき）	保温・温度管理	日平均気温が16℃以下となり始めるころを目安にビニール被覆を行なう 温度管理は、被覆後〜出蕾期は昼間23℃、夜間12℃、出蕾〜開花期は昼間25℃、夜間10℃、開花期〜収穫期は昼間23℃、夜間8℃で管理する
	電照管理	電照施設には、10a当たり最低6kWの電灯を配置する 電球は60Wか80Wを使用し、明るさが均一になるよう配列する 電照開始時期は蕾が見え始めたころから14時間日長でスタートする 草勢の強弱によって電照時間を調節するが、一般には別表の草姿推移を参考に時期別に日長に応じて電照時間を調整する

14時間日長の電照時間　　　（愛媛県地方の場合）

月	旬	平均日長時間	電照時間	月	旬	平均日長時間	電照時間
11	上	10時間41分	3時間19分	1	上	10時間01分	3時間59分
	中	10時間26分	3時間34分		中	10時間09分	3時間51分
	下	10時間11分	3時間49分		下	10時間23分	3時間37分
12	上	10時間03分	3時間57分	2	上	10時間42分	3時間18分
	中	9時間56分	4時間04分		中	10時間59分	3時間01分
	下	9時間51分	4時間09分		下	11時間18分	2時間42分

電照開始後の草姿推移

電照開始後の日数（日）		0	19	29	39	49	61
株高（cm）		14	25	31	35	36	34
最大葉（cm）	草丈	20	28	34	36	38	38
	葉身長	10	10	10	11	11	12
	葉幅	9	8	9	10	11	10
	葉柄長	9	16	21	23	24	23

注　育成地での目標パターンは、株高を自然状態での草姿の高さとする

第2表　レッドパール作型別定植苗の目標

項目	ポット育苗電照促成栽培	無仮植育苗電照促成栽培
葉齢	11〜12葉（育苗日数65日）	9〜10枚（育苗日数35日）
クラウン径	9〜11mm	8〜10mm
株高	17cm	23cm
葉色	カラーチャートNo.3　3〜4	カラーチャートNo.3　4〜5
葉柄窒素濃度	100〜200ppm	定植時100ppm
花芽の状況	分化後期〜萼片形成期	未分化〜分化初期

が得られる2月以降に向けて、厳寒期の12〜3月の草勢維持管理が収量構成上重要な栽培のポイントとなる。具体的にはハウス内の温度管理と夜間の電照管理を中心としたハウス内湿度と灌水・施肥・摘葉・防除管理である。

①ポット育苗による促成栽培

年内収量が確保できるよう、苗を9月20日までに花芽分化させ定植する。促成用の他品種に比べ、花芽分化が同時期であっても、定植後の生育が出蕾期・開花期・収穫開始期と進むにつれて遅れることから、年内収量は他品種に比べ少なくなる。年内収量を多くするには9月中旬の花芽分化が限界であり、9月下旬の分化では年内の収量はほとんど期待できない。

②無仮植育苗電照促成栽培

栽培地での自然な花芽分化期を基本に、定植時期を決定し作型を組み立てる。栽培のポイントは、ポット育苗による電照促成栽培と、育苗方法はもちろん定植時期および定植時の苗質の相違を除けば、ほぼ同じである。育苗は定植までに正確な育苗本数が把握できないことから、少し多めに育苗しておく（第2表）。

執筆　芝　一意（愛媛県南予地方局産業振興課）

2012年記

さちのか

(1) 生育のあらまし

　自然条件下では，4月中旬（平均気温約18℃，日長約13時間）になるとランナー発生を開始し，以後9月まで次々と発生する。花芽分化は平均気温が25℃以下になる9月中旬以降にみられ，生育がほぼ停止する11月下旬まで継続する。10月下旬から休眠が誘導され，もっとも休眠が深い時期は11月下旬〜12月上旬と推定される。最低気温が5℃を下回る11月下旬からはほぼ生育を停止し，1月上旬には休眠が打破され，その後，低温下の休止期を経て，3月上旬になると生育を再開し，出蕾・開花を経て4月下旬〜5月上旬に結実期を迎える。

(2) 生育の特性

　植物体はとよのかや女峰と比べてコンパクトだが，草勢はかなり強い。草姿は半立性で，葉色は濃緑でとよのかよりやや濃い。葉柄の長さはとよのか程度で，小葉は葉身長，葉幅ともにとよのかより小さいが，葉はやや厚い。葉幅─葉身長比は0.9程度で，葉型はとよのかと女峰の中間である。葉数はとよのか程度，芽数はとよのかよりやや多い。半立性でコンパクトな草姿であるため，とよのかと比べて密植が可能である。厳冬期にもとよのかのように開張性を示さず，また果房長がとよのかより長いため，着色促進のための葉除け・玉出しや果梗伸長を目的としたジベレリン散布を必要としない。

　発根・活着はとよのかよりかなり優れ，鉢上げによる採苗あるいは本圃定植時とも植えいたみはきわめて軽い。

(3) 花芽の分化・発達と果実の成熟特性

　福岡県久留米市における自然花芽分化期は9月20日ころで，とよのか，女峰より2日程度おそく，仮植育苗による促成栽培での収穫開始日は1週間程度おそい。ポット育苗により8月中旬から窒素制御を行なった場合の開花日は11月上旬でとよのか，女峰と同程度ないし6日おそく，収穫開始日は12月初旬で，同じく2〜10日おそい。

　花芽分化促進のための夏季低温処理に対する反応は比較的安定しているが，とよのかに比べて長い処理日数を要する。

　腋芽の花芽分化は安定しており，早出し促成栽培における第1次腋花房の開花期は，とよのかとほぼ同程度の11月末〜12月初旬であるが，果実成熟所要日数はとよのかより2〜10日程度長い。また，連続出蕾性に比較的優れ，第2次腋花房以降も連続的に分化するが，果実成熟所要日数がやや長いため，果房ごとの収穫期はとよのかよりややおそい。

(4) 休眠の特性

　休眠はとよのかよりやや浅く，休眠打破のための低温要求量は，5℃以下の累積で150〜200時間程度と推定される。このため腋果房分化期（10月中旬）より前に保温すると，第1次腋芽が花芽分化せずにランナーになり，収量が上がらない。また，11月に入ってからの保温開始では，低温のため頂果房の発達が遅れ，さらに休眠に突入するため伸長が停止し，また連続的に腋花房を分化するため，わい化・株疲れ状態になる。なお，12月中旬までの保温では休眠打破が不十分なため，連続的な花芽分化がみられるが，休眠が打破される1月初旬以降の保温開始では，腋芽の花芽分化がみられなくなる。

　促成栽培における厳冬期のわい化程度は，とよのかと比べて軽いが，電照に対する反応が敏感であるため，電照およびとよのかよりやや高めの温度管理により，草丈を25〜30cmに維持することで，連続的な高品質果生産が可能である。また，促成栽培では3月初旬以降は休眠から完全に覚醒するため，高温管理や電照を続けると花芽分化は停止しやすい。

　露地条件下でのランナー発生開始時期は，とよのかよりやや早く，十分に休眠が打破されている場合には，久留米の自然条件下で4月中旬

主要品種の特性とつくりこなし方

第1表　さちのかの促成栽培技術のあらまし

作業段階	管理項目		技術内容
新株～育苗	親株管理	病害回避対策	無病苗（ウイルスフリー苗）の導入と雨よけ，隔離床（高設親株床など）の利用 生育開始期からの早期防除によるうどんこ病防除
		ランナー確保	充実した親苗の養成（前年秋までの採苗と十分な肥培） 十分な低温遭遇による休眠打破，3月下旬～4月上旬に親苗定植 マルチ，トンネル，GAなどによるランナー発生促進 込み合う場合には弱勢ランナーを間引き徒長を回避
	適期採苗		普通促成作型では7月中旬まで，夏期低温処理作型では処理開始45日前を目標に完了
	育苗管理		常に本葉4～5枚程度になるよう下葉を摘除 普通促成作型では8月中旬，夏期低温処理作型では処理開始15日前をめどに窒素中断 うどんこ病，炭疽病，輪斑病，アブラムシなどの徹底防除
	花芽分化促進		短日夜冷処理では7月末以降の15～25日間処理（8時間日長・夜間15℃）で花芽分化安定 暗黒低温処理では8月中旬以降の15～20日間処理（12～15℃）で花芽分化安定
定植～保温開始	本圃準備		8月初旬までに土壌消毒完了（ハウス密閉太陽熱処理など） 完熟堆肥（1t/10a程度），緑肥作付け，深耕などによる地力維持 有機質肥料や暖効性肥料を主体に適正量（窒素成分15kg/10a程度）を施用 天候を考慮して定植10日前をめどに全作業を完了
	定植	適期定植	普通促成作型では自然花芽分化期を基準に9月15日ころに定植 夏期低温処理作型では検鏡により花芽分化確認後にただちに定植
		栽植様式	2条千鳥，うね幅120cm，株間20～23cm，果房の方向は外成りを基本とし，条間25cm程度
		灌水	定植後活着までは十分に，その後は徐々に減らす 少量多灌水により初生根群発生を促進
	マルチ・保温		マルチは普通促成作型で10月中旬以降，夏期低温処理作型では出蕾期までに完了 保温は平均気温16℃を目安とするが，第1次腋果房分化後の10月下旬が適当
	病害虫対策		開花期までに徹底防除し，開花後は薬剤散布をしない
着果期～厳冬期	温度管理		換気目標30℃以下，保温（加温）目標5℃以上 換気扇や暖房機，2重カーテンなどにより適温域を確保
	電照		着果負担が大きくなる11月下旬に開始，2月末まで継続 日長延長方式では3～4時間点灯，間欠方式では毎時10～15分終夜点灯，10a当たり6kW程度（白熱灯） 冬期間の草丈管理目標は25cm程度
	追肥		第1次腋果房発達期（10月下旬），頂果房肥大盛期（1月中旬），以後は各果房の肥大盛期に施用，液肥灌注を基本とするが，地温低下回避に注意
	摘芽・摘葉		頂果房着果期までに摘芽を完了（1芽または2芽仕立て） 半立性で受光態勢が良いため個葉の老化はおそいが，葉柄の付け根が緩んできたら適宜除去
	果実品質向上		完熟果収穫（熟度の若い果実は硬すぎて食味が劣る） 保温後はミツバチ交配により不受精果発生回避 着果数過多の場合は，頂果房で10～12果，腋果房で8～10果程度に摘果し，小果発生を抑制
温度上昇期	温度管理		換気目標30℃以下，換気扇により適温域を確保 春季以降の草丈管理目標は30cm程度
	追肥・灌水		3月以降は生育旺盛になるため灌水量を増加 地温上昇により肥効が高まるため，追肥は過繁茂に注意
	果実品質向上		適期収穫（過着色回避のため冬期間よりやや若どりする） 温度の高い時期には遮光や早期収穫などにより良品収穫

であり，ランナー発生本数もとよのかよりかなり多い。通常8月初旬までに1次ランナーを20本以上発生し，子株は合計100本以上発生する。このため，とよのかのように前年から専用親株を準備しなくとも，女峰のように生育を再開する3月ころまでに越冬親苗を定植し，マルチ・トンネルなどで保温することにより，促成栽培用の苗を十分に確保できる。

(5) 果実の特性

果形は長円錐形で良く整い，光沢に優れ，外観は良好である。果皮色は赤〜濃赤で，とよのか，女峰よりやや濃く，果肉色は淡赤である。平均果重は収穫時期により変動するが，ほぼ10〜14g程度で，とよのかと同程度ないしやや小さいが，女峰より2g程度大きい。各果房頂果では，肥大が良い場合に縦溝を生じやすいが，乱形果が少ないため秀品果率はとよのかよりかなり優れる。規格外品である乱形果，奇形果，着色不良果がほとんどなく，その反面とよのかよりやや小果が多い傾向にある。

果皮および果肉とも硬く，肉質が緻密で果形が整っているため，ボリューム感にやや欠けるが，収穫・選果・パック詰めなどの作業性に優れる。糖度やビタミンC含量が高く食味が安定しており，昇温期にも輸送中のいたみ発生が少なく輸送性に優れる。過着色（黒ずみ）は比較的少ないが，現在の主力品種のなかでは果色がやや濃いことから，温度上昇期には適期収穫に努めることが望ましい。

(6) 作型と収量性

促成栽培（仮植床育苗）における収量性はとよのかと同程度で，年内収量はきわめて少なく，1月末までの早期収量は70〜230kg/a，4月末までの総収量は300〜410kg/a程度である。促成栽培（ポット育苗）では，年内収量は20〜70kg/aでとよのかの50％ないし同程度であるが，3月末までの収量は290kg/a程度で，とよのかとほぼ同程度である。また，短日夜冷処理（9月5日定植）による早出し促成栽培では，年内収量は70〜140kg/aでとよのかの60〜80％程度であるが，3月末までの総収量は280〜330kg/aで，とよのかとほぼ同程度である。

平均果重は収穫時期により変動するが，ほぼ10〜14g程度であり，とよのかと同程度ないしやや小さいが，女峰より大きい。商品果率はとよのかよりやや優れ，女峰と同程度であり，規格外の内容としては，乱形果や奇形果がきわめて少なく，小果がやや多い傾向にある。

夏期低温処理育苗による早出し促成作型については，短日夜冷処理による8月20日〜9月10日の定植で100kg/a以上の年内収量が期待できるが，11月収量を確保するためには8月末までの定植が望ましく，その場合の処理期間は20〜25日必要である。また，8月25日定植では11月初旬から収穫可能であるが，早い作型では1〜2月収量が低下するため，この時期に連続収穫するためには，9月5日以降の定植が望ましい。

(7) 促成栽培技術

さちのかは，とよのかより休眠がやや浅いため促成栽培にもっとも適する（第1表）。

品種登録番号第7650号。

執筆　望月龍也（東京都農林総合研究センター）

2012年記

越後姫

(1) 育成の経過

新潟県のような積雪寡日照の冬と高温多日照の春という二面性をもつ気象条件下でも栽培可能なこと、5月末まで高品質果実が生産されること、果実の揃いが良く収穫・パック詰めを中心とした労力軽減ができることを目標に育成を行なった。

なお、作型適応性は、育成当初は半促成作型を中心としていたが、栽培技術の向上により、現在は促成栽培が中心となっている。

(2) ランナー、茎葉、根の生育特性

草姿は立性で草勢が強く、草丈は女峰より高い。小葉は円形大型で濃緑色、常に3枚である。露地では分げつが少なく葉数は少ないが、促成栽培では下位腋芽の発生が多く、それに伴って葉が増加する。栽培全期間を通じてやや高温管理を好み、低温条件では生育が遅れる。高温には強く、7～9月の生育は女峰やとよのかより旺盛である。基肥が多かったり、仮植時期が早くその後も肥効が持続すると、株は巨大化する。葉の展開速度は女峰よりおそく、7～10日に1枚であるが、高温期には比較的早くなる。

ランナー発生は5月から10月下旬までである。1芽当たりの発生本数は少なくないが、芽数が少ないため株当たりの発生本数にすると宝交早生より少ない。

根はとよのかと同様に太い初生根の割合が高く、地床育苗では定植時の断根によるダメージが発生しやすい。

萎黄病には比較的強いが、特定の病害虫への抵抗性は有していない。とくにうどんこ病に弱く、被害が大きい。

(3) 花芽の分化・発達特性

花芽分化期は新潟県平坦部で9月下旬から10月上旬で、とちおとめよりおそく宝交早生より早い。開花期はとちおとめよりおそく、成熟日数もやや長い。第1次腋果房の分化期は10月下旬から11月上旬である。恒常的な低温条件では花粉量が少なくなり、奇形果の発生が増え、果実の着色も淡くなるが、高温期の果実品質は安定して高い。

花の大きさはとよのかより小さく、葯の大きさは中程度、開花位置は展開葉よりかなり下である。果房は分枝型で頂果房の長さはやや短い。頂果房の果数は15個程度、第1次腋果房で8～15個前後と多くはない。果柄の太さは中程度であるが、切断されにくい欠点がある。果房は連続出蕾しにくいため、収穫が一時中断する。

(4) 休眠の特性

自然条件下では10月下旬から徐々にわい化が始まり、休眠に入る。休眠の最深期は11月中旬とみられる。ただし、休眠は浅く12月中旬にはほぼ覚醒されて、低温による他発休眠状態となる。休眠覚醒に必要な低温量は、5℃以下150時間程度であり、促成栽培でのわい化程度は女峰より軽く、春の立ち上がりも早い。

(5) 果実の特性

果形は短円錐から円錐で、平均重量は15～17g、形状の揃いはきわめて良く溝はない。そう果の落込みが大きく、密度が低い。果実の硬さはとよのかより硬いが、果皮の強さはとちおとめより弱い。果皮色は鮮赤色で光沢がよい。低温期の着色はやや淡いが、4月以降の高温期でも暗赤化しにくい。果肉色は橙赤色でやや淡く、空洞は小さい。肉質は緻密でなめらか、多汁である。促成栽培における平均的Brixは10～11％と高い。酸度は収穫時期によって変動し、低温期は低く、高温期は0.6％程度まで上昇するが、全期間平均では0.5％程度である。濃厚で豊かな香気に富み、食味は高く評価されている。果実の着色より糖度の上昇が先行し、白熟期でも完熟果に近い状態になる。日持ち性は高いが、輸送性はやや低い。

主要品種の特性とつくりこなし方

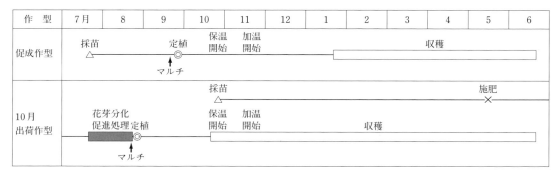

第1図 越後姫の作型と標準的栽培パターン

第1表 促成栽培の技術(空中採苗と高設栽培の場合)

管理作業	技術目標とポイント	技術内容
親株管理	○空中採苗装置の準備 病害発生がないよう清潔な装置を準備 健全な親株の確保 適正な施肥量を施用（肥効が効きすぎると苗が大型化する）	空中採苗装置を準備する（親株設置高150cmを目安とする） 1株からの採苗本数を50本と見込み，親株を用意する 10月中旬に親株を60cmプランターに各3株定植 活着後，N成分量で株当たり0.5g程度施肥する 3月に，微量要素入り被覆燐硝安加里（100日タイプ）をN成分量で株当たり2～3g程度施肥し，空中採苗装置に設置する
採苗と育苗管理	○初期生育の促進 適苗の採苗 適切な容量のポットを使用 葉水と遮光による活着促進 ○健全苗の育成 葉かきとランナー摘除	7月20日を基準に採苗 展開葉数1～2枚（大苗は葉かき） 9cmポットを標準とする 寒冷紗被覆と葉水管理 8月中は展開葉3～4枚，9月以降は5～6枚
定植準備	○条件の良いハウスの選定（冬期寡日照地域では重要） ○高設栽培装置の準備 栽培槽の準備 給液管理装置の準備 ○作付け準備 早期のマルチ被覆	日当たりが良く，風当たりが少ない。南北棟が望ましい 適切なシステムの選定 栽培槽の設置，更新 肥効調節型肥料や養液管理のマニュアル確認 定植前の被覆を基本とする
定植から保温開始	○定植 適期定植 適切な栽植密度 ○活着の促進とうどんこ病防除 活着促進 葉かき（発根促進を優先） 薬剤散布（活着後から開花期）	花芽分化確認後の定植（9月下旬～10月上旬） 株間25cm，条間25～30cm 定植直後からの給液開始 こまめにかく（定植時の葉がなくなるまで） うどんこ病の計画的防除（薬剤ローテーション）
保温開始以降	○保温開始 ○下位腋芽摘除 ○やや高めの温度維持 内張りカーテン被覆 加温開始	10月25日～31日を標準とする 頂花房直下2芽を残して，その他は除去 25℃程度の温度をできるだけ維持する 11月中下旬に被覆する 11月中下旬開始。最低温度8℃

(6) 作型適応性

育成当初は半促成作型が中心であったが，現在は1月下旬から収穫を開始する促成作型が中心で，越年苗の利用と低温暗黒処理や夜冷短日処理の組合わせにより10月出荷作型にも適応が可能である。不時出蕾やうどんこ病被害が大きく，収量性も低いため，露地作型には適応しない。

(7) 栽培のポイント

第1図は作型と標準的栽培パターンである。越後姫は高設栽培への適応性が高く，土耕栽培に比べ収量が大きく増加するため，新潟県では栽培面積の半分程度まで高設栽培の普及が進んでいる。基本的には以下の越後姫の特性を考慮して技術を組み立てればよい。

1) 花芽分化期はとちおとめや紅ほっぺよりおそい9月下旬～10月上旬。
2) 腋果房の分化には温度が必要で，短日条件であっても恒常的低温下では分化が極端に遅れる。
3) 比較的高温条件を好み，低温では奇形果や発酵果の発生が多くなる。
4) 休眠が浅く，生育量を確保するための電照・ジベレリン散布・低温遭遇を必要としない。
5) 2月から5月の果実品質が安定して高く，暗赤化しにくい。うどんこ病の発生がなければ6月収穫も可能である。
6) 頂果房の果数はとよのかより少なく，苗の大小による変動幅も小さい。
7) 春の長日化にともない草丈が急速に高くなる。

促成栽培では，7月中下旬に採苗し，ポット育苗を行ない，9月下旬～10月上旬の定植を基本とする（第1表）。10月出荷作型では，前年の10月下旬に採苗し，越冬後の5月中旬に施肥し，7月下旬から花芽分化促進処理を行ない，8月下旬に定植する。

執筆　倉島　裕・濱登尚徳（新潟県農業総合研究所園芸研究センター）

2012年記

けんたろう

(1) 生育の特徴

　草姿は中間型で、草勢はきたえくぼよりやや弱く、草丈はきたえくぼに比べ高い。越冬後の葉数はきたえくぼより少なく、葉の大きさはきたえくぼより小さい。果柄の太さはきたえくぼ並だが、きたえくぼのように収穫時に果実が萼片から取れてしまう「へた離れ」が起きることは少ない。ランナーの発生時期は宝交早生と同じかややおそい。ランナーは宝交早生より太いがきたえくぼより細く、6月下旬のランナー発生数は宝交早生より少ないが、きたえくぼより多い。花柄の長さや花の大きさはきたえくぼ並である。果房当たりの果数は宝交早生やきたえくぼより少ない。

　きたえくぼに比べ株当たりの果数が少ないため収量性はやや劣るが、生理障害である「先白果」の発生がみられないことから、7g以上の上物収量はきたえくぼ並である。また、上物率はきたえくぼより高く、平均一果重も重い。一方、きたえくぼより果実が大きく屑果が少ないため、収穫や調製作業が省力的である。果房当たりの果数が少ないため、大果になりやすい反面、果房数が少なすぎる場合には収量性が低下するので注意が必要である。

(2) 花芽分化と成熟の特性

　一季成り性品種であることから低温短日により花芽が分化する。北海道南部における自然条件下では9月中旬に花芽が分化するが、きたえくぼより早い。そのため、収穫始めは宝交早生と同じか2日程度おそく、きたえくぼより4～5日程度早い。開花から収穫に至るまでの成熟日数は宝交早生より2～3日長く、きたえくぼより1～2日短い。収穫適期幅は2～3日で、日持ち性も良いことから、2日に1回の収穫も可能である。

(3) 休眠の特性

　休眠覚醒に必要な5℃以下の低温遭遇時間は1,000時間程度で、宝交早生より200時間程度長く、きたえくぼより200時間ほど短い。北海道では4月に入ると、もっとも早い無加温半促成栽培による春どりイチゴの収穫が始まる。この時期のイチゴは、いわゆる「地物」の出始めとしての価値があるほか、大果で品質も良いことから単価が高めに取り引きされる。そのため、生産者は早めに出荷できるイチゴを望んでいる。しかし、きたえくぼは熟期がおそく、休眠覚醒に必要な低温遭遇時間が長いため、4月中に収穫することは困難であった。これに対し、けんたろうはきたえくぼより休眠覚醒に必要な低温遭遇時間が短いため、無加温半促成栽培において、早めの保温処理により4月中～下旬からの収穫が可能となった。

　一方、けんたろうを用いて加温半促成栽培（低温カット栽培）を行なった場合、3月からの収穫となるが、果実品質は良好であることが確認されている。しかし、この作型に適した低温遭遇時間が確認されていないことから、安定した収量が得られていない。

(4) 果実の特性

　果形は円錐形で、果皮の色は鮮紅色できたえくぼ並かやや濃く、光沢がある。果実の接地面でも比較的着色が進みやすいため、色ムラの発生が少ない傾向にある。果肉の色は淡橙色で、中心空洞は宝交早生よりやや大きいが、きたえくぼより明らかに小さい。果実の硬さはきたえくぼより硬いが、糖度はほぼきたえくぼ並で酸度がきたえくぼよりやや低いことから、糖酸比はきたえくぼより高くなる。外観上の日持ち性は3℃で5日間程度、室温では2～3日間で、宝交早生より明らかにまさり、きたえくぼとほぼ同等であった。

(5) 栽培技術

　適応作型は無加温半促成作型であることから、北海道では2月ころにハウスビニールを被

主要品種の特性とつくりこなし方

第1表 北海道におけるハウス作型の施肥対応　　（北海道農政部, 2010）

硝酸態窒素の範囲（mg NO$_3$-N/100g）	～5	5～10（標準）	10～15	15～20	20～
窒素基肥量（kg N/10a）	10	8	4	0	0
窒素分肥量（kg N/10a）	5	4	3	0	0
トルオーグリン酸の範囲（mg P$_2$O$_5$/100g）	～15	15～30（基準値）	30～45	45～60	60～
リン酸基肥量（kg P$_2$O$_5$/10a）	25	10	5	3	0
交換性カリの範囲（mg K$_2$O/100g）	～8	8～15	15～30（基準値）	30～60	60～
カリ基肥量（kg K$_2$O/10a）	12	10	8	4	0
カリ分肥量（kg K$_2$O/10a）	8	6	6	0	0

注　マルチ越冬条件では溶脱量が少ないので窒素，カリは全量基肥が可能である。ただし，保肥力の小さな土壌の場合は，濃度障害のおそれがあるため，基肥量を減肥し，残りを融雪直後に分施する。緩効性窒素入り肥料の全量基肥施用も有効である
　硝酸態窒素による窒素診断は作付け前に行なう。施用有機物に含まれる化学肥料相当量は基肥量から減じる
　分施はハウス被覆後に行なう

覆し，融雪後にトンネル被覆を行なう。2重またはカーテン被覆を含めた3重被覆とする。なお，ビニール被覆前には5℃以下の低温遭遇時間を1,000時間以上確保する必要がある。

①定植時期と苗質

果数が比較的少ないため，果房数が確保できない場合は減収となる。定植時期が遅れると果房数が少なくなるため，北海道南部では8月下旬まで，北海道北部では8月中旬までに遅れないように定植する。なお，霜が早くくるような地域では，1週間程度早く定植することで，減収の回避と安定した収量が期待できる。定植時の苗の大きさは，その後の生育や収量性からみて葉数4～6枚程度が適当で，定植後は遅れることなく活着させる必要がある。しかし，高温期に定植することとなるため，葉数が5葉以上になると活着しにくいので，定植前後の水管理などに十分注意して早期活着に努める。なお，株間は25～30cmとする。

②秋保温

定植時期が遅れた場合，10月に不織布による「べたがけ」などの秋保温を行なうことで，秋の生育を促進し，ある程度の減収抑制効果がみられる。ただし，定植遅れによる減収を完全に回復することはできない。また，この時期が例年より低温である年にはべたがけの効果がみられないことがあるので，注意が必要である。

③不時出蕾

ランナーを，乾燥させた籾がらの上に伸ばし，採苗2週間程度前から灌水を行ない，一斉に発根させる採苗法（籾がら採苗法）を用いた場合は，不時出蕾をすることがある。これは，けんたろうの花芽分化特性によると思われるが，その詳しい要因は不明である。不時出蕾が起こった場合は早めに花房を取り除く。通常は，その後正常な果房が出てくる。

④施　肥

土耕栽培における基肥量や分施量は，堆肥の肥料成分も含め，第1表に示すような「北海道施肥ガイド2010」に準じた施肥法で行なう。肥料は過剰に施用しがちであるが，過剰施肥は食味などの品質や収量の低下につながるので注意が必要である。

⑤灌　水

「先白果」の発生防止対策として，越冬後，収穫始めまでの灌水をひかえていた。しかし，「先白果」の発生がないことから，適度な灌水が収量増加をもたらすことがわかっている。また，宝交早生に比べて灌水による糖度の低下が認められない。そのため，越冬後，1～2日に1回程度の灌水を行なって，収穫始めまでのpF値を1.8程度に維持することが望ましい。また，収穫始めからは品質向上のため灌水量を少なくしていき，収穫終期にはpF値で2.8前後となるように管理する。

品種登録番号第12061号。

執筆　川岸康司（地方独立行政法人北海道立総合研究機構農業研究本部花・野菜技術センター）

2012年記

北の輝

(1) 生育のあらまし

　寒冷地では5～6月,果実収穫の前後からランナーと子株が発生する。ランナーの発生は,長日高温によって促進され8月まで続くが,短日低温の訪れとともに発生が止まる。秋分前の短日低温が到来すると,ランナーの発生が停止する一方,主茎の頂芽から生殖生長に転換し始め,花芽分化期を迎える。これ以降,新生葉は矮小となり,葉柄も短くなり,株全体が矮化し休眠に入る。休眠程度は11月中旬に最深部に達する。翌春の長日高温によって花芽は発達し,葉柄も長くなり,5月に開花期,6月に成熟期を迎える。

(2) ランナー,茎葉,根の生育特性

　寒冷地の自然条件では,5月下旬からランナーが発生し,果実の収穫が終わる7月中旬にもっとも多くのランナーが発生する。ランナーは淡赤色を呈し,発生数は盛岡16号と同様多いほうではないが,休眠が十分に打破された専用親株からは,7月下旬までで1株当たり15本前後は発生する。子株の発根は良好である。
　葉は比較的大きく濃緑色で,葉柄はやや太くて長い。草勢は強く,草姿はやや立性を示す。
　根は,1次根は太くて長いが数はやや少なく,2次根以下の細根もあまり多くない。浅根性だが,15cmより深いところでの分布割合が他の品種に比べて高く,耐塩性と乾燥には強いほうである。

(3) 花芽の分化・発達特性

　地床育苗での花芽分化期は,宝交早生より1～3日おそく,盛岡16号より7～9日早く,育成地の盛岡では9月下旬である。花芽分化に対する温度と日長の許容範囲は,盛岡16号よりかなり広く,より高温長日条件でも花芽分化しやすい。
　花芽の発達は,その時期が休眠導入期であり,早生品種の女峰などに比べて早い時期から休眠に入るため緩やかである。春先の高温長日条件でも花芽の発育は緩やかであるため開花期はおそく,自然条件での開花期および成熟期は盛岡16号より4～6日,ベルルージュより2～4日おそく極晩生である。寒冷地の盛岡での露地栽培では開花始め,収穫始めはそれぞれ5月中旬,6月中旬である。
　盛岡16号やベルルージュと同様,花房数および花房当たりの花数が少なく,1株当たり花房数は3～4本,着花(果)数は25～30程度で,宝交早生に比べて非常に少ない。花房の長さは比較的長く,一般に葉の位置と同程度のところで開花する。花梗は葉柄と同様に太くて硬く直立しているが,果実が肥大し着色し始めるころには倒れてくる。

(4) 休眠の特性

　寒冷地に適する品種であり,休眠はきわめて深いほうに属する。葉柄の急激な伸長とランナーの発生から判定した休眠覚醒(打破)のための低温要求量は,5℃以下の低温遭遇時間で1,000～1,250時間である。

(5) 果実の特性

　果実は大果で,頂花房の1～2番果のほとんどが30g以上であり,平均果重は15g前後である。果形はやや短円錐でよく揃っている。果皮色は赤～濃赤できわめて光沢がある。空洞は小さく,果肉は赤色である。香りは少ない。萼は緑色でややそり返る。糖度は比較的高く,酸度は低く,食味は比較的良好である。果実形質のなかで北の輝がもっとも優れている点は,果実の硬さと日持ち性である。

(6) 収量構成と栽培の要点

　果重型の品種であるが,収量を上げるためには収穫果数を多くしなければならない。そのためには,花芽分化期間を長く維持して1株当たりの着花数を多くする必要がある。
　栽培環境としては花芽分化に好適な温度条件

を維持すること，植物体の状態としては花房数の発生を多くするために早期採苗し大苗を養成すること，また半休眠状態を維持することが収量を上げるポイントである。

株の栄養状態も着花数の増減に影響し，肥料（窒素）切れの栄養状態では，花房当たりの花数が少なく果実の肥大も良くないため，収量が上がらない。また，肥料（窒素）過多の栄養状態では過繁茂となり，収量増には結びつかないので多肥にする必要がない。

（7）気象・土壌条件と生育

温度に対しては他のイチゴ品種と同様に冷涼な気候を好むが，高温や低温条件でも比較的旺盛な生育を示す。日長に対しては，休眠が深いため，秋口の早い時期に休眠に向かって体勢を整える。すなわち，秋口の短日条件で休眠導入が促進され，新生葉の葉柄が短くなり，株は矮化し生長は緩やかになる。日照に対しては，地域適応性試験を実施した寡日照の日本海側でも良好な生育を示したことから，日照の少ない地域にも適していると考えられる。

肥料にはやや敏感なので多肥栽培は避ける。

（8）作型の分類と生理・生態

代表的な作型は，露地栽培，ハウス早熟栽培，低温カット栽培（寒冷地向き半促成栽培）である（第1図）。寒冷地の低温カット栽培は，休眠が打破されていく途中の状態，いわゆる半休眠での連続出蕾の特性を活用した技術である。

①露地栽培

露地栽培は，自発休眠が完全に破られ，その後の強制休眠も気温の上昇につれて解除された作型であるため，茎葉の生育はきわめて旺盛である。収穫の時期は，盛岡では6月中旬から収穫が始まる。収穫期間は約20日間と短い。この作型では，前年の秋期に花芽分化した花房がそのまま収量に結びつくため，秋期の花芽分化期間にいかに多くの花芽を分化させるか，さらに，冬期の寒さや乾燥による障害をいかに回避するかが重要である。

②ハウス早熟栽培

この作型は，生育途中にハウスを被覆することによって露地栽培より早く収穫することを目的としたもの。普通のハウス栽培に比べて管理が容易で，資材費も安い。収穫は，2月下旬の被覆では5月上旬から始まり，6月上旬には終わる。

③低温カット栽培（寒冷地向き半促成栽培）

寒冷地の低温カット栽培は，イチゴの休眠が打破されていく途中の状態，いわゆる半休眠での連続出蕾の生理生態的特性を活用した技術である。この栽培は寒冷地の無加温ハウスを前提にしており，冬期間の低温量を保温により制御して，イチゴの休眠を延長させることで3月下旬から7月中旬までの連続出荷を可能にするものである。休眠が深く，より高温長日条件でも安定した花芽分化特性のある北の輝を利用することにより，後期収量と長期間の収穫が安定して確保できる。収穫は，2月中旬の内部保温開始の場合は4月中旬から始まる。

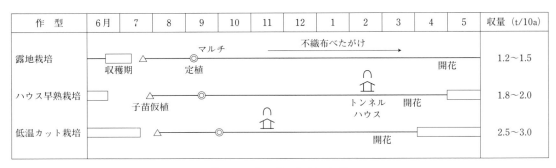

第1図　北の輝の作型と収量

(9) 作型別栽培技術の実際

①低温カット栽培

　寒冷地の無加温ハウス栽培が基本となり，栽培は盛岡16号のそれに準ずる。北の輝は，休眠打破のための低温要求量が多く，より高温長日条件でも花芽分化しやすい特性があるため，後期収量と長期間の収穫が安定して確保できる。そのためには健苗の育成から始まり，秋期の苗管理，ハウス管理を通して花芽数を多くし，適正な低温量を与えて，草勢と果実肥大のバランスを図ることなど，総合的な栽培技術の向上が必要である。

　定植は10月上旬までにすませ，低温量を調節するために5℃以下の低温量の蓄積が300時間に達したとき（11月中～下旬）にハウスの外部被覆を行ない，気温の低下に伴いトンネル（または不織布のべたがけ），内張りカーテンを併用していく。休眠を延長させるための保温期間は，日中の温度は15～20℃を目標に管理し，灌水をひかえ，イチゴの生育が進まないようにする。同時に5℃以下の低温量の蓄積を妨げ，休眠の打破の進行を遅らせるようにする。低温積算時間1,500時間を目安に内部保温を開始する。

　なお，ここでの1,500時間は，前述した（(4)休眠の特性の項）休眠打破に要する低温量1,000～1,250時間よりも多い。これは，低温制御期間の日中の相対的高温（15℃以上）によって，夜間の低温効果がかなり打ち消されるので，実際にイチゴ植物体の休眠打破に有効な低温量は，1,500時間から日中の高温遭遇時間を積算したものを引いたものと考えてよい。このように，実際栽培では日中の温度（高温）経過を考慮に入れた総合的な温度管理が重要である（第2図，第1表）。

②ハウス早熟栽培

　2～3月にハウスを被覆し，5月上旬～6月中旬に収穫する寒冷地のハウス栽培は，作型からみると早熟栽培である。この時期にハウスを

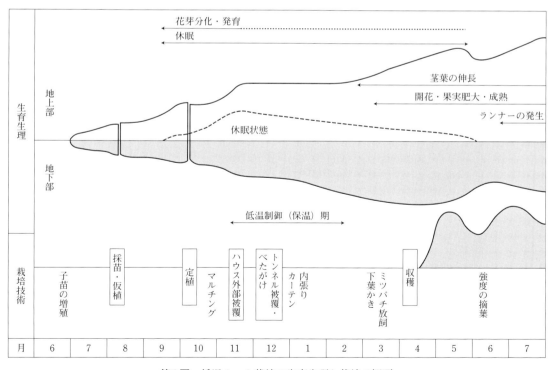

第2図　低温カット栽培の生育生理と栽培の概要

主要品種の特性とつくりこなし方

第1表　低温カット栽培の技術の要約

技術目標	技術の要約
健苗の確保	ウイルスフリー株の継続的導入 親株の厳選（ウイルス病，萎黄病に侵されていない株） 親株は秋植えでは9月下旬，春植えでは4月下旬までに定植 ランナー配り，定期的な薬剤散布，除草の徹底
仮植床の準備	土壌病害（とくに萎黄病）のない，排水のよい畑を確保 堆肥の十分な施用，三要素で各0.5～1.0kg/a施用 十分な砕土と耕うん 仮植10日前に準備完了
採苗と育苗	7月下旬～8月上旬に採苗 展開本葉2～5枚の若い揃った子株を採苗 遮光と適度な葉水・灌水による発根・活着の促進 十分な株間（15×15cm）による健苗の育成 摘葉，摘芽，ランナー整理 病害虫防除の徹底
圃場の準備と定植	萎黄病対策（8月のハウス密閉太陽熱処理が卓効） 堆肥3t，施肥量はN：18，P_2O_5：23，K_2O：18kg/10a 栽植密度はうね幅120～135cmの高うねに，株間25～27cmの2条植え（約6,000株/10a） 10月上旬までに定植，定植（活着）後にマルチング
ハウスの被覆方法 （低温制御期）	5℃以下の低温積算時間が約300時間になったときにハウス外部被覆 その後，低温量の累積の状態をみながらトンネル（べたがけ）および内張りカーテンを追加 日中温度は15～20℃とし，2月中旬（内部被覆開始）までの低温量が約1,500時間になるように管理
2月以降の管理 （生育促進期）	2月中旬以降は高温管理し生育を促進させる 当初は日中最高気温30℃，開花期から25℃とする ミツバチ放飼 低温期の灌水はひかえめに 低温期の果実着色を良くするために下葉かきの励行 灰色かび病，アブラムシ，ハダニの防除 1回目の収穫終了後に強度の摘葉

第2表　ハウス早熟栽培の技術の要約

技術目標	技術の要約
苗の増殖育苗	7月中旬～下旬に採苗 その他は，低温カット栽培に同じ
定　植	定植準備は低温カット栽培に同じ
越冬前の管理	施肥量は三要素で15～20kg/10a 栽植密度はうね幅120～135cm，株間23～25cmの2条植え（約6,000～7,000株/10a） 9月中旬までに定植，定植後にマルチング
ハウスの被覆時期とその後の管理	2月上～中旬にハウスのビニール被覆 雪が多いときには消雪剤の散布 トンネル被覆 多肥による塩類集積に注意 適切な温度管理・灌水および摘葉による過繁茂の防止 開花期および収穫期の管理は低温カット栽培に同じ

第3表　露地栽培の技術の要約

技術目標	技術の要約
苗の増殖育苗	7月中旬～下旬に採苗 十分な株間（15×15cm）による健苗の養成 その他は，低温カット栽培に同じ
圃場の準備と定植	連作畑は避け，他作物との輪作畑が望ましい 圃場の施肥量は三要素で20kg/10aとし，3/4量基肥 堆肥2～3t 栽植距離：うね幅140cm，株間25～27cmの2条植え（5,300～5,700株/10a） 定植後にマルチング
越冬前の管理	定期的な薬剤散布 不織布のべたがけによる秋保温と寒枯れ防止
越冬後の管理	越冬枯れ葉の除去，中耕 追肥（1/4量） 下葉の除去，敷わらマルチ ハナゾウムシ，アブラムシ，ハダニ，灰色かび病，（うどんこ病）の防除 降雨後の裂果防止対策として収穫期間中のトンネル（雨よけ）被覆

被覆すると，イチゴの生育は露地栽培とまったく同じ様相を示す（第2表）。

③露地栽培

この作型では，とくに，越冬前の株の良否が収量に大きく影響する。そのため育苗が大きなポイントとなり，早期採苗と早期定植が基本となる。

育苗は，低温カット栽培に準ずるが，小苗では収量が上がらないので早期採苗による大苗の養成に努める。そのためには，採苗用の専用親株を準備し，親株は寒冷地ではおそくとも9月下旬までに本圃に植え付け，採苗・仮植は7月下旬までに行なう。寒冷地ではランナーの発生時期がおそく，子苗の確保が問題だが，春先に親株をトンネル被覆することでランナーの発生が促進され，子苗を早期に安定して確保できる。育苗期間は50日程度が望ましい。

本圃には排水が良好で堆肥を十分施した畑を準備し，定植は寒冷地では9月上旬までにすませる。

着果数を多くするためには，定植時にマルチを行なって生育を促すとともに，平均気温が10℃になるころ，不織布のべたがけなどで秋に保温する。また，積雪の少ない地帯で問題になる寒枯れ防止対策として越冬前（12月上旬）から不織布などで株を被覆する（第3表）。

品種登録番号第7649号。

執筆　沖村　誠（(独)農業・食品産業技術総合研究機構九州沖縄農業研究センター）

2012年記

濃　姫

(1) 生育の特徴

　親株は10月中〜下旬に植え付け、無被覆下で越冬させるが、暖冬の場合は冬期でも出蕾する。親株が小苗であったり、肥効が切れていると腋芽の生育不良により芽なし株となることがあるので、1か月に1回程度は親株の摘蕾管理をする。3月上旬にはビニールを被覆し、雨よけハウス環境とする。3〜4月は親株養成の時期であり、果房の摘蕾・摘除、ランナー摘除、下葉どりをし、腋芽を3芽程度に整理する。

　良い子苗育成のための採苗時期は6月であり、このための人為的なランナー発生開始は5月中旬である。子苗の発根は、肥料が効いている状況ではやや遅れるが、他品種よりとくに遅れるというわけではない。肥料が効いていない状況では発根は速やかであり、本葉1枚程度から発根する。

　発根は旺盛で、一次根およびそれより発生する細根とも多い。一方、根は湿害に弱く、過湿状態では十分に根が張らないので、ポット育苗中の灌水管理に注意する。また、高設ベンチ栽培の排水不良などを起こしやすい栽培槽のシステムでは生育が揃わないことがある。

　ランナー発生時期は早く、親株の草勢の高まりとともに旺盛になる。出蕾も継続し、腋芽の発生も多くなる。放任したままではいずれの腋芽からもランナーが発生し、ランナーが細く、子苗も小さくなり、十分な子苗育成ができない。

　5月中旬からランナーを発生させ、受けポット方式による採苗時期は6月である。ランナー下垂方式による発根処理を要する育苗では採苗時期は6月20日ころで、発根した苗をポットなどに仮植する育苗では7月10日ころまでに行なう。

　7月上旬〜8月中旬までが子苗養成時期である。ポット育苗の花芽分化促進のための窒素中断開始時期は、近年普及した小型ポットでは8月18日ころ、従来の10.5cmポットでは8月10日ころである。

　草勢は旺盛で、収穫期の草丈は35〜40cmとなる。腋芽を放任したり着果負担がかかると、小葉は小型化し、草姿はわい化する。腋芽整理や摘蕾・摘果などの草勢の維持管理を行なえば、バランスのとれた草姿となる。

(2) 花芽の分化・発育特性

　花芽分化は早く、ポット育苗では9月10日ころで、収穫始めは11月下旬である。生産者のなかには9月5日ころに花芽分化するものが毎年数例みられ、収穫始めも11月中旬と早くなっている。

　無仮植育苗では、肥料の効いていない苗を定植することによって9月20日までには花芽分化し、収穫始めは12月上〜中旬である。

　夜冷育苗は8月上旬開始で25日間程度、8月中旬開始で22日間程度である。しかし、品質が劣る傾向にあり、頂果房の収量も少なく適作型ではない。11月中旬収穫開始の夜冷育苗作型は、草勢の確保もでき、果形・果実品質も十分なため、ポット育苗より花芽分化が確実に安定する。

　梅雨時に曇雨天が続いて気温が低く、肥料が切れた状態だと花芽分化を起こし、8月下旬から9月上旬にかけて不時出蕾を起こすことがある。受けポット方式の場合、梅雨時期の親株の硝酸態窒素濃度は1,000ppm以下にならないように管理する。

　ポット育苗では頂果房の花芽分化後、葉が4〜5枚展開して約30日後に出蕾する。9月10日花芽分化であれば、10月10日ころ出蕾する。第1次腋果房の花芽分化時期は株の栄養状態で異なるが、通常は果房間葉数4〜5枚時で、10月中旬ころとなる。次の第2次腋果房の花芽分化も果房間葉数4〜5枚で起こり、時期は11月中旬となるが、草勢、芽数などにより第2次腋果房の花芽分化時期は第1次腋果房より幅が大きくなる。

(3) 休眠の特性

女峰とほぼ同程度で浅く，200時間と300時間で葉柄の伸長に差がみられ，休眠時間は250時間程度である。

(4) 果実の特性

果形はやや長円錐である。果皮は光沢があるがそう果の着色は遅れ，通常の出荷のために収穫する着色程度のときには黄色である。果実の大きさは頂果房頂果が40g程度で，可販果の平均一果重は15gを上回る。生産現場では摘蕾・摘果を行ない，草勢を維持することで平均一果重が20gを超え，収量5〜6t/10aという事例も多い。

果皮は鮮赤色で，低温期でも着色に優れるが，4月以降の高温期には色回りがやや早い。

果実硬度は冬期には女峰やとよのかより軟らかいが，3月以降の貫入硬度はそれらと同程度で，比較的果皮がしっかりしている。

(5) 収量構成と栽培の概要

①時期別収穫の様相

ポット育苗による促成栽培の時期別収量の推移では，頂果房，第1次腋果房，第2次腋果房と連続して収穫される。9〜10月が高温であったり，土耕栽培のように肥効の調節が行なえず，草勢が旺盛になると第1次腋果房の収穫が遅れることがある。そうした場合は，後期多収の収量パターンとなる場合が多い。

②採苗時期と収量

受けポットの適期は6月であり，1か月で親株当たり20〜30株の子苗を受け，苗揃いを良好にする。ランナー下垂方式で採苗後に発根処理を行なうポット育苗では，6月20日ころが採苗適期である。発根している苗を採苗してポット仮植する方法では7月上旬が採苗適期である。

③苗の大きさと収量

無仮植育苗による促成栽培では，苗の大きさによって時期別収量が異なる。大苗（クラウン径9mm）は2月までの収量が多く，3月の収量低下が大きい。中苗（6〜7mm）は2月までの収量が大苗に及ばないが3月収量が多く，可販収量がわずかに多くなった。小苗（4mm）は2月までの収量が少なく，3，4月の後期に多収となった。いずれも4月末までの収量で5,000kg/10a以上が得られる。

④定植時期と収量

土耕栽培のポット育苗による促成栽培では，花芽分化後に定植している。当地域では9月10日前後である。夜冷育苗やポット育苗は，花芽分化後にすぐに定植することが基本であり，遅れれば頂果房の収量が減る。

高設ベンチ栽培「岐阜県方式」の培地量は株当たり1lと少なく，毎年更新しているため，本圃に定植して窒素中断が行なえる。また，栽培槽が不織布製なので側面からの気化熱で培地温が低下し，ポットで育苗しているより根圏環境はイチゴにとって好条件である。定植作業の分散も可能なことから，8月下旬から9月始めの定植とする。本圃定植後，花芽分化まで原水を灌水し，花芽分化後から培養液を給液する。ビニール被覆してサイドにネット展張したハウスでは腋果房の花芽分化が遅れるので培養液濃度を低くした栽培マニュアルで管理する。培地を連用する他のシステムでは前年の残肥料があり，窒素中断が行なえないためにこの方法は使えない。

無仮植育苗では，本圃施肥量をひかえて，9月5日ころにやせた苗を定植すると収量7t/10aを確保できる。こうした条件で栽培すると頂果房の花芽分化は9月20日までに行なわれ，収穫始めは12月上〜中旬となる。

⑤施肥と収量

土耕栽培でのポット育苗では施肥量10〜20kg/10aの範囲が適当と考えられる。高設ベンチ栽培「岐阜県方式」で可販収量8t/10aを収穫した場合の，肥料各成分の見かけの吸収量（培地の吸着も含む）はT-N24.1kg，P7.7kg，K40.1kg，Ca11.6kg，Mg5.4kg，Fe468g，Mn389gである。

⑥電照と収量

草勢が旺盛で休眠も浅いが，12月に入ると着果負担も加わり，新葉の葉柄が短くなり，小

葉も小型化する。電照への反応は比較的敏感なので，電照時間の調節を行なうときには1週間単位での確認が必要である。電照期間は11月下旬から2月末までで，着果負担が軽い時期は2時間程度，着果負担が多くなる時期は3〜4時間とし，状況に応じて調節する。

⑦炭酸ガス施用と収量

早朝から温度上昇に伴うサイド開放までの密閉時間中の炭酸ガス濃度を1,000ppm程度に管理する。

(6) 作型の分類と生理・生態

①作型の分類

休眠が浅く，花芽分化が早い早生品種で，草勢が強いことから促成栽培向き品種である。無仮植育苗は花芽分化が9月20日ころとなるため収穫開始が12月中旬である。夜冷育苗のような積極的に花芽分化を誘導する栽培方法は，毎年安定した収穫開始となる。夜冷育苗は任意の時期に花芽分化させることができるが，早すぎると草勢が確保される前に出蕾し，頂果房の低収と第1次腋果房の花芽分化の遅れによる成り休みが大きくなることや一般的に食味が劣ることから，11月中旬収穫開始の作型を推奨している。

ポット育苗は濃姫のおもな栽培方法で，例年9月10日ころに花芽分化となり，収穫始めが11月下旬である。

②作型別生育相

夜冷育苗 5月下旬から6月上〜中旬にポット受けにより採苗し，7月初めにはランナー切りをし，子苗養成に入る。7月下旬には窒素中断をし，8月16日ころ夜冷を開始する。花芽分化は9月7日ころとなり，直ちに定植する。第1次腋果房は10月上旬に分化し，1月中旬から収穫となる。頂果房の収穫始めに腋果房が出蕾する程度に果房が連続すれば，腋果房果数は12〜15果程度になる。腋果房の出蕾が遅れると腋果房の着果数が多くなり，20果を超えることもある。第2次腋果房の収穫開始は2月下旬ころとなる。

ポット育苗 6月にポット受けにより採苗し，7月中旬にランナー切りして子苗養成に入る。8月中旬から窒素中断に入り，頂果房の花芽分化は9月10日ころとなる。天候や育苗管理によって早く分化するものもあり，9月5日ころから花芽を検鏡する。収穫始めは11月下旬である。第1次腋果房の花芽分化は10月中旬で，1月下旬から収穫となる。第2次腋果房の収穫開始は3月上〜中旬となる。

無仮植育苗 9月5日ころに定植する。大苗では頂果房の着果数が15果程度となるが，小苗では10果程度である。第1次腋果房の花芽分化は10月中〜下旬となり，そのころの草勢によって腋果房の着果数は10〜20果となる。第1次腋果房の収穫開始は1月中〜下旬となり，成り休みがなく順調な生育をすると第2次腋果房の収穫は3月上旬となる。

(7) 栽培技術の実際

①親株の管理

親株の定植 親株の定植には秋植えと春植えがあるが，基本的には秋植えを推奨している。揃った苗を育成するためには，親株当たりの採苗数を20株程度とする。そのため，親株数は本圃10a当たり400〜500株準備する。育苗圃は雨よけ高設ベンチ育苗か雨よけ隔離育苗とする。

高設ベンチ育苗や隔離育苗では11月中旬までに定植する。高設ベンチ育苗の親株栽培槽は，5月以降の高温期に気化熱で培地温が下がり，根の生育適温に近い培地温が得られる不織布樋状栽培槽を設置する。雨よけハウス隔離育苗では土壌消毒を行ない，炭疽病対策として親株はプランターに定植し隔離する。親株定植時には基肥を施用する。

親株管理 低温期にビニール被覆はしないが，防風網や寒冷紗などで保護する。暖冬の場合は，冬期にも出蕾することがあり，肥料切れの状態で放置しておくと心止まりになる株が発生する。低温期でも出蕾してきたら早めに果房を除去することによって心止まりは解消される。2週間〜1か月に1度は果房除去と親株の生育確認のため圃場巡回をする。

主要品種の特性とつくりこなし方

　3月上旬にビニール被覆し雨よけハウス下での栽培とする。また，同時に追肥を行なう。気温も上昇し，親株も生長し始め，これ以降4月末までを親株養成期とする。親株養成期には古葉とランナーを除去し，腋芽を2～3芽に整理し，クラウンの充実した親株を育成する。親株の芽が1芽であると太いランナーが発生し，充実した子苗を育成することが容易である。腋芽が多いと子苗数を確保するのは容易であるが，ランナーは細くなり充実した苗を育成しづらくなる。そのため，2～3芽に整理する。これで6月の1か月で親株当たり20～30株の採苗が可能となり，比較的揃った苗が育成できる。
　雨よけ無仮植育苗でも高設育苗か隔離育苗が基本である。5月下旬までに株間50cm程度で親株を定植し，7月上旬からランナーを発生させる。子苗が込みすぎないようにランナーを配置し，親株当たり採苗数は20～30株とする。

②採　苗
　育苗は炭疽病予防のため苗が濡れない「雨よけノンシャワー育苗」を推奨している。採苗は，子苗が肥料切れしにくい受けポット方式が適している。親株の体内硝酸態窒素は少なくとも1,000ppmより低下しないようにランナー切りまで維持する。ポット育苗による促成栽培では，ランナー発生開始は5月中旬からとする。
　受けポット時期は6月が適しているが，親株当たりの受ける必要株数が多い場合は，5月下旬から受ける。7月上旬受けポット苗は，花芽分化がやや遅れ，揃いが悪くなること，また採苗が遅れランナー切りまで遅れると萎黄病対策に悪い。受けポット方式でのランナー切り時期は最終ランナー受けから10日後，おそくとも7月10～15日までとする。
　ランナー下垂方式で一斉採苗して発根処理を行なう採苗方法では，発根処理期間が窒素中断となり，梅雨時期で曇雨天が続くと'濃姫'は花芽分化することがあり注意を要する。花芽分化しやすい苗は，早く発生した大苗やランナーの途中の節から発生する小苗であり，採苗時に四次子苗まで発生している元の一次子苗や，節から発生している小苗は使用しない。採苗時期は6月20日ころが適期である。
　夜冷育苗による促成栽培では，ポット育苗による促成栽培の作業時期を1旬早める。
　雨よけ無仮植育苗は9月5日ころに採苗し，本圃に定植する。

③子苗養成
　ポット育苗の受けポット方式では，7月中旬のランナー切り後，各ポットに直ちに置肥して子苗養成に入る。灌水は励行し，ポットが乾かないようにする。灌水が少ないと肥料が予定どおり溶出せず，次の作業の窒素中断が行なえない。ポット間隔は15cm×15cm程度とし，株間をとってガッチリした健苗育成に努める。
　葉数は4～5葉が苗育成にはよいが，葉数が多くなりすぎて込み合い炭疽病発生の原因ともなりかねないので，5～6葉程度になったら2.5葉程度に葉かきをすることもやむを得ない。
　ランナー下垂方式で発根処理育苗を行なった場合は，挿し苗から10日程度で受けポット方式と同様に置肥する。高度化成肥料は使用しない。
　夜冷育苗の場合はポットのまま行なうと初期収量が安定する。夜冷処理の前にポット苗の窒素中断を行なう。ポット育苗による促成栽培より1旬早く育苗された小型ポットで育苗された苗は，7月下旬から窒素中断に入り，8月16日から夜冷処理を開始する。夜冷処理期間は約22日間で，花芽分化を確認してから定植する。定植日は9月7日ころとなるようにし，収穫開始は11月中旬となる。
　ポット育苗では花芽分化促進のために窒素中断を行なう。10.5cmポリポットでは8月12日ころから，9cmポリポットでは8月15日ころから，小型ポットでは8月18日ころから窒素中断に入る。窒素中断時には30～40％の遮光を行なう。

④定　植
　土耕栽培の基肥は，定植の20日前までに施用しておく。夜冷育苗およびポット育苗の基肥は，窒素成分で10～15kgとし，頂果房多収型では範囲内で多めにする。夜冷育苗では定植時に植付け肥を置く場合もある。多肥栽培では第

1次腋果房の収穫が遅れやすい。無仮植育苗では花芽分化前の定植となり，多肥栽培では花芽分化が遅れやすい。また定植適期が9月5日と早いため地温が高く，地力窒素の発現も多い。そのため基肥は7～8kg/10aと少なくし，9月20日までに花芽分化させる。

土耕栽培の夜冷育苗およびポット育苗では花芽分化後に定植する。ポット育苗された苗は，培土を振るわずにそのまま定植する。

高設ベンチ栽培「岐阜県方式」では，夜冷育苗は同様に花芽分化後定植であるが，ポット育苗は8月下旬～9月上旬に花芽分化前定植を行なう。

無仮植育苗ではクラウンの下側がうね面に接する程度の浅植えにする。無仮植苗ではクラウンが小さく吸引根により土中に株が引き込まれ，10月中旬のマルチ被覆までに深植え状態となる。このままでマルチを行なうと，芽枯病や菌核病が発生するので，深植え状態となったときには株周りの土を除去する。

⑤ **本圃での管理**

温度管理 濃姫の生育ステージ別温度管理を第1表に示すが，作型が異なっても基本的には同一である。ポット育苗では10月中旬に，無仮植育苗では10月下旬にビニール被覆する。草勢を促す生育促進期となる10月は晴天日であれば昼温の確保は容易であり，ポット育苗のような早出し栽培では10月前半となるため夜温の確保も容易である。温度が高い場合は天窓やサイドビニールを全開にして温度の上昇を抑える必要がある。無仮植育苗では10月下旬が生育促進期であるが，気温が低下してくるので温度の確保が必要になり，気温が低下する日には保温する。

出蕾期・開花期以降になると，夜冷育苗による促成栽培では，頂果房の果実肥大期の昼夜温が高い日がある。このため，ポット育苗では生育促進期のため夜間にハウスを全閉し保温する場合でも，夜冷育苗では全閉はしないなど生育ステージに即した温度管理が必要で，11月上～中旬では天窓やサイドビニールの開閉に違いが生じる。

出蕾・開花期の管理 出蕾期の草丈は25cm程度を目標とする。開花期も順調な生育に努め草勢を促す。クラウンの下部から発生する腋芽は摘除し，頂果房に続く1～2芽仕立てとする。頂果房は苗と草勢に応じて着果数が決まるが，着果負担が大きいと葉が小型化し成り休みとなるので摘果を行なう。頂果房は，12果程度にするが，果数だけで摘果量を決めるのではなく，草勢が弱く着果数が少ない場合は草勢に応じた着果数としたい。草勢が弱く果梗が細く，8g以下となるような蕾・小花・小果はいずれの作型でも早いうちに摘蕾・摘果する。

結実・収穫期の管理 収穫開始期の草丈は30～35cmにし，収穫期には35cm程度の草勢を維持する。弱い腋芽の摘除や摘蕾・摘果を励行する。収穫は3日間隔程度で行ない，灌水は収穫後や，その翌日の晴天日に行なう。追肥はマルチ前に初期の溶出抑制タイプの超緩効性肥料100日タイプまたは140日タイプを10a当たり窒素成分で5～7kg施用する。液肥で追肥する場合は，月に1～2回，1回の施用量は窒素成分で10a当たり1kg以内とする。

電照 1週間単位で新葉の展開程度，草勢確認をして電照時間を調節する。早い作型では11月20日ころから電照し，ポット育苗では12月上旬から行なう。夕方の日長延長では当初は2時間程度の電照時間とする。頂果房の収穫が7果程度済み，次の果房も順調に出蕾している状況では着果負担がかかり草勢の低下を招くので，電照時間を3～4時間に延長し草勢を観察し，加減する。ここでの延長する時期が遅れることが3月の草勢低下・成り休みに大きく影響している。電照は2月末まで行なう。

炭酸ガスの補充 ハウスを密閉した状態では炭酸ガスが外に漏れることもなく，草勢を旺盛

第1表 濃姫の生育ステージと温度管理

生育時期	昼温（℃）	夜温（℃）
生育促進期	25～28	10～12
出蕾期	24～26	8～10
開花期	23～25	8～10
果実肥大期	23～25	8
収穫期	23～25	8

にするため濃度を1,000ppm程度にする。10時ころにはハウス内の気温が上昇してサイドなどを開けて温度調節をする必要が出てくるので，炭酸ガスをむだにしないために，開ける30分前には炭酸ガスの施用を止める。早朝には気温が低くて同化作用が高まらないため，暖房機による早朝加温を行なって炭酸ガス補充による効果をより高める。日の出から8時くらいまで15℃程度に設定する。夕方には転流促進のための夕方加温を設定しておく。

品種登録番号第6207号。

執筆　越川兼行（岐阜県農業技術センター）

2012年記

アスカルビー

(1) 生育の特性

草姿は中間で，葉長は章姫より短いが，女峰，とよのか，とちおとめより長い。葉が大きく，草勢は非常に強い。保温後の腋芽の発生が少ないので，芽かき作業に要する労力は少ない。定植後の活着が良く，本圃での発根・生育は非常に旺盛である。根は1次根に比べて2次根の量が多い。このため，強い草勢を確保しやすいが，いったん根がいたむと回復に時間がかかる。

ランナーは太く，子苗の発生数はとよのかより多く，女峰と同程度かやや多い。増殖が非常に容易なので親苗数は少なくてよいが，過繁茂による徒長を防止するために親苗の栽植間隔をやや広めにとる必要がある。

(2) 休眠の特性

半促成栽培のための休眠打破に必要な低温要求量（5℃以下の積算時間）は約100時間である。実際の半促成栽培では低温遭遇時間がやや多くなっても草勢が強くなりすぎることはない。

(3) 花芽分化・開花特性

花芽分化期は，無仮植育苗の場合9月20日前後で，とよのかと同程度かやや早く，アスカウェイブよりは早い。残暑が厳しく，花芽分化期の気温が高い年には，他の品種に比べて花芽分化が遅れやすい。

奈良県平坦部での無仮植育苗での開花始めは10月下旬～11月初旬で，収穫始めは12月上～中旬である。連続出蕾性が高く，強い腋花房が安定して出蕾し，出蕾時期のバラツキは小さい。

(4) 果実の特性

果形は球円錐形で大果である。奇形果，乱形果の発生は少ない。果皮色は鮮赤で，冬季・寡日照下では橙赤となる。果肉色は淡紅である。果皮は硬く，光沢が良い。果実硬度はとよのかと同程度。糖度はとよのかより高い。酸度はとよのかと同程度である。

果形が丸いのでパックの中で果実が転びやすい。また，果実が大きく，比重が重いため，通常の詰め方では量目不足の印象を与えるので，詰め方に工夫が必要である。

(5) 収量構成

総収量は，とよのかに比べて3割程度増収となる。とりわけ初期の収量が高い。20g以上の大果の割合が多く，10g以下の小果が少ないので，結果として平均果重は重い。また，極端な乱形果の発生は少ない。大果で玉揃いが良いので，収穫・調製労力を軽減することができる。炭酸ガスの施用効果が高く，冬季の日照が少ない奈良県平坦部でも7t近い収量を得ることができる。

2次根の割合が多いため，高設栽培では，過湿や着果過多などによって，いったん根がいたんでしまうとその回復はおそく，大幅な減収につながる場合もある。そこで，1)定植後の水管理に注意して速やかに活着させる，2)着果までに十分な根量と強い草勢を確保する，3)低温期にはハウス内の気温や培地温度をやや高めに管理する。

連続出蕾性が高いため，着果数が多くても次の花房が途切れることなく発生する。このために着果負担が大きくなって，草勢が低下すると回復しにくいので，早めに摘果などを行なって着果負担を軽くし，草勢を維持する。

(6) 作型の分類と生理的な裏づけ

休眠が浅い，花芽分化が早い，草勢が強いなど，促成栽培用品種に必要な特性を備えており，この作型でもっとも能力を発揮する。とくに，果実の硬さや連続出蕾性，果実の大きさなどの面から，5，6月までの長期収穫に向く。本品種の省力性を生かすためには，無仮植育苗による普通促成栽培がもっとも適する。

半促成栽培では，休眠打破に必要な低温要求

量（5℃以下の積算時間）は約100時間で，保温開始時期は，奈良県平坦部では12月上旬ころとなる。花芽分化が早く，ハウス被覆前後に出蕾，開花してしまうので，頂花での収穫は期待できない。しかし，ただちに腋花房が出蕾するので2月中旬からの収穫が可能である。低温遭遇時間がやや長くなっても，被覆後の草勢が旺盛になりすぎることはないので，被覆時期を少し遅らせて十分に低温に遭遇させ，ある程度の草勢を確保するほうが，食味の点から望ましい。

（7）促成栽培の実際

①育苗方法の選択

無仮植育苗，ポット育苗，仮植育苗などに幅広い適応性を備えているが，無仮植育苗は，ポット育苗や仮植育苗に比べて総収量がやや低下するものの大果を安定して収穫することができ，食味など果実品質の変動が小さい。ここでは，無仮植苗を用いた栽培法を中心に述べる。

②育苗管理

ランナーの発生が旺盛なので，採苗時の過繁茂防止のため，いったん原親苗を定植し，ここから発生した第1次子苗を親株床（採苗圃）に植え替え，これを親株として定植用子苗を増殖する。原親苗の定植はおそくとも4月初旬までに行なう。本圃10aの栽培に必要な原親苗数は約30株である。原親株床は育苗期間が短いので比較的密植でよい。定植直後は小トンネルを被覆してランナー発生を促進し，5月以降は寒冷紗に切り替えてアブラムシの飛来を防止する。

5月下旬〜6月上旬にかけて，発根した第一次子苗を原親株から切り離して，別に準備した親株床（採苗圃：うね幅2.5m）に株間60cm以上の間隔で定植する。基肥は緩効性肥料を用い，三要素で1a当たり0.8〜1kgを施す。ランナー発生が旺盛なので親苗数は少なくてよいが，過繁茂による徒長防止のために親苗の栽植間隔をやや広めにとる必要がある。第一次子苗から派生したランナーと子苗は切り離さず，そ

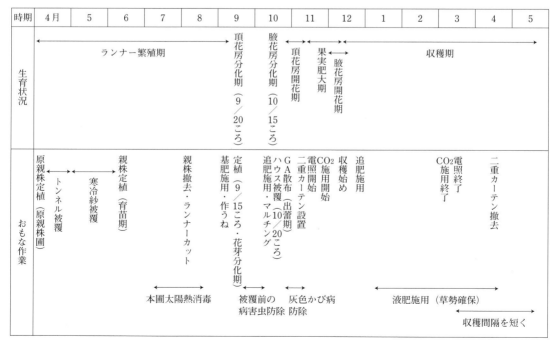

第1図　アスカルビーの栽培概要（無仮植育苗，奈良県平坦部）

のまま採苗圃に植え替える。

追肥はIB化成などを1～2回，親株の周囲を中心に表層施用するが，固形肥料の施用は7月中旬までにとどめ，その後は葉色・草勢などを見ながら液肥で調節する。花芽分化を安定させるため，基本的には8月中旬以降の追肥は行なわないが，極端な肥料切れは花芽の発達を阻害するため，葉色を見ながら薄い液肥を施用する。

育苗後期の施肥による花芽分化の遅延よりも，やせ苗・老化苗を定植することによる活着や生育の遅れのほうが生産上問題である。必要数の子苗が確保できたら8月中旬ころまでに親株を撤去し，先端の不要なランナーや古葉を取り除くとともに，浮苗（苗床中央部で発根・着地していない苗）を除去し，苗の充実を図る。過繁茂になると，苗が徒長するだけでなく，定植苗の根量も少なくなり活着が悪くなる。

③定　植

無仮植育苗の場合，奈良県平坦部の平年の花芽分化期は9月20日前後である。無仮植苗は活着にやや日数を要するので分化前定植とし，9月10～15日にかけて定植する。ポット苗や仮植苗は花芽分化を確認した後に定植する。

高うねとし，うね幅120cm，株間は23～25cm，2条植えとする。苗質は中苗が望ましいが，老化苗や極端に根の少ない苗を除けば，大苗や小苗でも十分な生産力をもっている。定植苗は根が白く，根量の多いものを選び，根を乾かさないように定植する。定植後活着するまでの1週間ほどの間は1日数回，こまめに灌水を行なう。基肥は緩効性肥料を主体に各成分で1～1.2kg/a施用し，活着後に薄い液肥を与える。

④ハウス被覆前後の管理

ハウス被覆は10月20日ころに行なう。被覆に先立って，条間（灌水チューブ下）やうね肩部（穴肥）に窒素成分で0.4kg/a程度追肥し，マルチングを行なう。ハウス被覆時期がおそくなると生育が遅れ，収量が低下する。

頂花房の花梗を伸ばすため，出蕾期にジベレリン5～10ppmを散布する。出蕾期は平年で10月下旬になる。草勢が強い場合は，花梗を伸ばすためのジベレリン処理は不要である。

11月中旬に二重カーテンを設置し，同時期に電照を開始する。休眠が比較的浅いので電照は必ずしも必要としないが，草勢維持や食味の向上に有効なので，可能な場合は電照を行なう。電照時間は日没後3時間程度の日長延長か，1時間当たり7～8分の間欠照明とし，草勢を見て調節する。

温度管理はやや高めがよく，換気扇利用の場合，昼間の換気温度を26～28℃に設定する。

⑤果実肥大期の管理

溢液量が多く，頂花の萼が大きく花弁が落ちにくいため，11月中旬～12月中旬にかけて，萼付近に灰色かび病が発生しやすい。ハウス内の湿度低下に努めるとともに薬剤防除を行なう。

無加温栽培では低温，寡日照，多湿条件下で発酵果や白ろう果が生じることがある。また果皮が硬いため，土壌水分やハウス内気温の急激な変動，低温などの原因により，果実の萼付近で裂果を生じることがある。これらは暖房でハウス内気温を高めることにより回避できる。

炭酸ガス施用は，収量の増加，果実の肥大促進，草勢の維持に効果が高い。液化炭酸ガスの場合，ハウス内の濃度は750ppm程度を目標とする。灯油，LPGなどの燃焼方式による炭酸ガス施用も有効である。炭酸ガス施用はおそくとも11月下旬までには開始する。

⑥収穫と収穫期の管理

吸肥力が強く，収量性が高いため，収穫期後半になると肥切れ症状を起こしやすい。この時期の肥切れは草勢を低下させ，収量と食味の低下につながる。基肥を多く与えると地上部が過繁茂になるとともに乱形果が発生しやすいので，基肥は従来と同程度の量を緩効性肥料を主体で施し，追肥の回数・量を増やす。12月中旬に穴肥で追肥を行なうとともに，1月以降は3～4週間に1回液肥を施用し，草勢を確保する。

腋花房の果梗を伸長させるため，腋花房出蕾期にジベレリン5ppm程度を散布するが，草勢が強い場合は不要である。

とよのかのように，ひもなどを用いて葉寄せを行なう必要はないが，葉の下に隠れた果実は，玉出しして陽に当たりやすくする。

アスカルビーは収量性が高いため，腋花房後半から第3花房前半の収穫期にかけて，低温による草勢低下と着果負担のために食味が低下することがある。対策として，1）温度管理をやや高めに設定し，草勢を強める，2）追肥主体の施肥管理により肥切れを防ぐ，3）少量・多回数灌水により土壌水分を安定させる，4）摘葉を少なくして葉面積を確保する，5）電照や炭酸ガス施用を行なう，などを励行する。

強い摘葉を行なうと果実糖度が低下し，その影響が1か月近く続くことがあるので，葉かきは少しずつこまめに行なうようにつとめる。ダニ，アブラムシなどの防除のために強い摘葉を行なう必要があるときは，着果負担を軽減するために，収穫中の果房も同時に摘除することが望ましい。

高温期になると果実の着色速度が速まるので，過熟果の発生が問題となる。そのため，1）3月以降は収穫間隔を短くしてこまめに収穫する，2）果実温度が上がる前の早朝に収穫する，3）必ず予冷を行なう，などを励行する。過熟果は日持ち性が低下するだけでなく，糖度・酸度が下がって食味も低下する。

また，ハウス内の気温を低下させるために行なう遮光は，遮光率が高すぎると着色が悪くなり，糖度も下がって食味が低下するので，遮光率が低く，遮熱性の高いものを使用する。3月以降の高温期にはハウス内気温25℃を目標に，日中の気温をやや低めに管理する。

品種登録番号第7561号。

執筆　信岡　尚（奈良県農業総合センター）
　　　東井君枝（奈良県北部農林振興事務所）

2012年記

さつまおとめ

(1) 生育のあらまし

ランナーの発生はとよのかと同時期で、発生本数は同程度である。子苗の発根はややおそく、鉢受けによるポット育苗の場合、切離しに要する日数は20～25日と、とよのかに比べ長い。本圃定植時にも1次根の発生はとよのかより少なく、活着にやや時間を要する。草姿はやや立性、分げつ数はとよのかに比べ少ない。葉は大きく、葉数は少なく、葉色は緑で、ランナー発生数は多い。厳寒期も半立性で、冬期のわい化程度は軽い。また、果梗長が長いため、着色促進のための「玉出し作業」や果梗伸長のためのジベレリン処理を必要とせず、省力的である。

(2) 花芽分化・発育と果実の成熟特性

13時間以下の日長、25℃以下の平均気温の条件下で、20～25日で花芽分化に至る。また、十分な短日条件が得られても、日中の温度が32℃を超える高温で推移すると、花芽分化が遅延することが確認されている。鹿児島県でのポット育苗による自然条件下の花芽分化期は、年次変動もあるがおよそ9月下旬ころで、とよのかよりも1週間程度おそい。これは、花芽分化に対する限界高温域がとよのかよりやや低いところにあるためと推察される。

花芽分化促進のための夏期低温処理育苗に対する反応は比較的安定しているが、とよのかに比べて数日長い日数を要する。自然条件下の開花始期は11月上中旬ころで、とよのかよりややおそく果実の成熟日数も5日程度長い。腋芽の花芽分化は安定しており、第1次腋花房の開花期は12月下旬～1月上旬である。連続出蕾性に優れ、第2次腋花房以降も連続的に分化する。

(3) 休眠の特性

休眠性は短く、5℃以下の低温遭遇時間と葉柄長の伸長の関係をみると120～240時間でもっとも深く、360時間を超えると葉柄の伸長はおう盛となる。

(4) 果実の特性

果実は長円錐形でよく整い、そう果の落込みは小さい。果実は大きく、揃いは良い。果皮は鮮紅色でとよのかよりやや濃い。果肉色は白である。平均果重は20g程度で、とよのかの約1.5倍と大きい。また、秀品果率が高く、奇形果、着色不良果の発生は少ない。果実の糖度はとよのかと同程度かやや高く、酸度が低いため糖酸比が高く、粘質で食味は良い。果心部の空洞が大玉で少し発生するが、食感に影響することはない。果実の硬さはとよのかに比べてやや硬く、日持ちと輸送性に優れる。このため収穫・選果、パック詰めなどの作業性に優れる。

(5) 収量構成と栽培の概要

①時期別収量

促成栽培での収量はとよのかと同程度かやや多い。普通育苗の収穫始期は12月中旬ころでとよのかに比べ年内収量が少なく、2月までの早期収量はやや少ないが、4月までの全期間収量は同程度（4t/10a）となり、商品果率は高い。2月までの早期収量の増大を狙うには、夜冷短日処理育苗などの早進化処理が必要である。

②苗質と収量

腋花房数が少ないため、収量を確保するには、充実した苗生産と、定植後の活着促進により、各花房の発育促進と果実肥大をスムーズに行なわせることが大切である。定植時の苗質、とくにクラウン径と収量には大きな相関があり、大苗ほど第1次腋花房以降の花数と花房数が多くなることから、定植時のクラウン径は10mm以上を目標とする。採苗方式は、発根がおそいため鉢受け方式が望ましい。採苗時期は普通ポット育苗で6月上旬～7月上旬まで、夜冷短日処理育苗などの早進化処理では、5月下旬～6月中旬採苗で定植時の根量が多く、クラウン径が大きく、充実した苗が得られる。なお、根域が制限されると生育、収量に大きく影響することから、10.5～12cm鉢の利用が望ましい。

育苗中は施用量が少ないと小苗になりやすいため，育苗期間中は肥料を切らさないよう注意する。窒素制限の時期は普通ポット育苗の場合8月中旬以降とする。窒素制限の時期が早すぎると肥料切れにより苗の老化が激しく，花芽分化が遅れることもあるため，極端に肥料切れさせないほうが，定植時のクラウン径も大きく，花芽の揃いも良い充実した苗が得られる。また，育苗中の窒素施用と定植後の心止まりには関連があり，心止まりは育苗期に極端に肥料切れを起こした苗や，早期採苗により育苗が長期化し根の活性が劣った苗に多発する傾向があるため，早期の窒素制限や乾燥，湿害による根やけなどを起こさないように注意する。

③施肥と収量

養分吸収量は6t/10aの収量のとき10a当たり窒素約19kg，リン酸約14kg，カリウム約25kgである。時期別の吸収量は1月にピークがみられ，収量と同様に推移した。これらのことから，実際の施肥では，養分吸収量と肥効率を考慮し，窒素の基肥施用量は10a当たり15kg程度とし，第1次腋花房の分化を確認してから追肥を行ない，収量の多くなる12月下旬以降は追肥の量，回数を多くすることが望ましい。

④栽植密度と収量

草勢がおう盛で，厳寒期のわい化も少ないため，とよのかに比べ疎植が可能である。うね幅120cmの場合，収量は株間24～28cmで大差なく，規格別収量割合は，株間26～30cmで上品果率が優れる。株間が狭いと定植株数が多くなり管理作業に労力を要するので，収量に大差なく，果実品質の優れる株間は28cm（595株/a）程度が適当と思われる。

⑤電照と収量

電照には敏感で，とよのか並の電照を行なうと過繁茂になりやすい。電照時間は間欠照明の場合，5分/1時間程度とする。電照開始時期は早いほど収量が多い傾向にあるが，電照開始が早いと年内の草勢が強くなりすぎるため，12月上中旬からの開始が望ましい。

(6) 作型の分類と生理・生態

①作型の分類

定植時期は，普通ポット育苗では9月下旬でとよのかよりややおそいが，夜冷短日処理などの早進化処理を行なうと，9月上旬から定植できる。開花期と収穫始期は，定植時期が早いほど早く，第1次腋花房も同様の傾向を示す。時期別収量は，定植時期が早いほど年内収量は多く，2月までの早期収量も定植時期が早いほど多くなる傾向がみられるが，全期間収量には大差がみられない。また，定植時期が早いほど，頂花房と第1次腋花房との中休みが生じやすく，中休みが大きいほど第1次腋花房の果形は乱れやすい。これらのことから，収量，時期別収量の平準化，一果重を考慮すると，夏期低温処理により早期に定植を行なう場合は9月中旬以降が適当と考えられる。

②作型別生育相

夏期低温処理育苗 9月中旬に花芽分化させ，開花は10月中旬，収穫始めは11月中下旬となる。高温期に定植されるため，定植後の初期生育はおう盛になりやすい。第1次腋花房の花芽分化期は10月下旬～11月上旬である。頂花房の花数は14～16果で，第1次腋花房以降は20果程度である。収穫の様相は，低温暗黒処理育苗では頂花房と第1次腋花房の間隔が開くため，1～2月に収穫の中休みを生ずるが，第1次腋花房と第2次腋花房以降は連続して発生し，2～3月に収穫の山が訪れる。夜冷短日処理では，頂花房と第1次腋花房との中休みは低温暗黒処理育苗ほどには生じない。

普通ポット育苗 9月下旬に花芽分化を確認してから定植し，収穫始めは12月中旬ころとなる。第1次腋花房の花芽分化は11月上旬ころである。頂花房の花数は15～18果で，第1次腋花房以降は18～20果程度である。収穫の様相は，花芽分化の早い年では1～2月に収穫の中休みが生じやすく，花芽分化のおそい年では2～3月に中休みが生じやすい。

(7) 作型別栽培技術の実際

①各作型共通の育苗ポイント

親株の準備，選抜 親株は，前年に育苗した子苗を利用し，葉柄が太く，葉が大きく，3枚の小葉が揃った正常な株を選ぶ。小葉がねじれたり，大きさが違う株，生育が悪く葉の縁や葉柄の基部が褐変した株，芽の部分が異常な株は除いて植え付ける。親株として利用する苗はポットで育苗しておき，10月下旬～11月上旬に植え付けると生産性の高い親株が確保できる。

親株の植付けと管理 基肥はa当たり堆肥200～400kg，緩効性肥料または有機質肥料で三要素各成分1.0～1.2kgを，全面または親株植付け位置（散布幅1m程度）に施用する。栽植密度はうね幅2.0～2.5m，株間50～80cm程度とする。親株本数は，普通ポット育苗で本圃10a当たり500株以上必要である。夏期低温処理育苗用としては，採苗時期が早く子苗の数が少ないので，700株以上必要となる。ランナーの発生を早めるためには黒ポリフィルムなどでマルチを行ない，3月下旬～4月下旬にトンネル状に透明ビニールまたはポリフィルムを被覆し，昼温を23～25℃に管理する。親株に花や果実を残したままにすると，ランナーの発生が悪くなるので，新芽の活動が始まる3月上旬以降は蕾を取り除く。発生したランナーは一方向に配置し，込み合わないよう等間隔に配置する。

鉢土と鉢の大きさ 望ましい鉢土は，保水性と排水性が良く，窒素をコントロールしやすい無病のもの。混合物（くん炭，市販の改良資材）の投入やpHの調整（pH6.0前後）を行なえば，黒ボク畑土，シラス畑土，山砂，赤ホヤなどの土が用土として利用できる。土壌消毒は必ず行なう。育苗鉢の小型化により根域が制限されると生育，収量に大きく影響することから，採苗には10.5～12cm鉢を利用する。

育苗中の管理 育苗中は鉢土が乾燥しないように毎日灌水を行ない，健全な白い根が鉢土を包み込んだ状態で窒素が切れるようにする。育苗期間中は，本葉3～4枚になるように下葉かきを行なう。

②普通ポット育苗

採苗 採苗は鉢受け方式とし，採苗時期は6月上旬～7月上旬とする。鉢受け後は，20～25日程度でランナーを切り離す。

施肥 施肥には，粒状の化成肥料を培土中に入れておく方法，400倍程度に薄めた液肥で行なう方法，固形肥料を置肥として行なう方法がある。粒状の化成肥料を使う場合は，肥料をN成分100mg/ポット（10.5～12cm鉢）施用し，混合物と一緒に混合し，7月後半に苗の栄養状態をみて，液肥で追肥を行なう。液肥を用いる場合は400倍液肥を1週間に1回，N成分で20mg/ポットずつ3～4回施用する。置肥の場合は，活着後，IB化成を0.5g/ポットまたは市販の置肥を適量施し，最終追肥時期に置肥を取り去るか，その前に窒素が切れるようにする。窒素の最終追肥は8月中下旬とする。また，リン酸，カリは基肥として100mg/ポット施用する。育苗後期は施肥をひかえるが，極端な窒素制限は心止まりを誘発しやすいため注意する。分化確認後は液肥（1,000倍程度）を施用し，できるだけ早く定植する。

育苗期の遮光 8月下旬から分化確認まで遮光処理（遮光率約50％）を行なえば，日中の温度が低下し花芽分化が5日程度早くなる。

③低温暗黒処理

採苗 鉢受け方式とし，採苗時期は5月下旬～6月中旬とする。

施肥 育苗中の施肥は普通ポット育苗に準じるが，窒素の最終追肥は，低温処理を開始する30日前の7月下旬である。

入庫時の苗の条件 苗の大きさはクラウン径10mm以上，葉数は3～4枚に制限した苗であること，葉柄中の硝酸イオン濃度は50ppm程度とする。葉色を目安にする場合は，カラーチャートNo.3で5以下とする。

処理温度と期間 低温処理の温度は13℃程度が適当である。処理期間は18～20日間で安定する。

④夜冷短日処理育苗

採苗 低温暗黒処理育苗に準じる。

施肥 育苗中の施肥は普通ポット育苗に準じ

るが，窒素の最終追肥は，低温処理を開始する20日前の8月上旬。

入庫時の苗の条件　入庫時の苗の条件は低温暗黒処理育苗に準じるが，葉柄中の硝酸イオン濃度は低温暗黒処理育苗より高めがよく，窒素を切りすぎないほうがよい。

処理温度と期間　夜間の温度は15℃，日長は8時間。処理期間は18〜20日で安定する。

⑤本圃の管理（各作型共通）

植付け準備　定植圃場は薬剤による消毒か太陽熱消毒を行なう。また，作付け前に有機物を投入し地力づくりに努める。

施肥　定植後肥料が効きすぎると果形が乱れやすいので，基肥は緩効性肥料を中心に，10a当たり窒素15kg，リン酸15kg，カリ10kg程度とし，リン酸吸収係数の高い圃場では，リン酸をやや多めに施す。本圃に肥料が残っていて，ECが0.5mS/cm以上の場合は，基肥量を半分に減らす。追肥は，1回目を第1次腋花房分化期（10月下旬ころ〜）に行なうが，葉色がとくに濃い場合はこの時期はひかえ，その後20〜30日おきに施す。追肥量は1回につき，10a当たりN成分で1〜2kgずつ化成肥料または液肥（400倍）で施す。1回目の追肥は，マルチング前に行なう場合，条間または株間に固形肥料を施すが，早進化に伴いマルチング後に行なう場合は液肥で行なうのが一般的である。

定植　普通ポット育苗では，花芽分化直後に定植すると多収となるので，検鏡による定植適期の判定は肥厚期とする。花芽分化期は9月下旬であるが，9月上中旬の気象や育苗圃の条件によって異なるので，必ず検鏡して定植時期を決定する。花芽分化確認後，追肥を行なって，根土をくずさないように定植する。夏期低温処理育苗では，定植時期は9月中旬で，早すぎると収穫初期の果実が小さく，糖度が低いまま着色し，酸味の強い果実となる。低温暗黒処理育苗は出庫後，一昼夜順化させてから定植する。

栽培様式と栽植密度　栽培様式は，2条高うね栽培を基本とする。栽植密度は，うね幅1.2m，株間28cmの2条千鳥植え，条間は25〜28cm程度とする。

定植後の水管理　活着するまで，株元が乾燥しないように毎日灌水し，活着後1か月間はクラウン部が乾燥しないように適時灌水する。その後は栽培期間を通じてpF2.0程度に保ち極端な乾燥，過湿にならないようにする。

マルチ，ビニール被覆　マルチは黒ポリフィルムを使用し，頂花房の出蕾前に行なう。ビニール被覆時期は10月下旬を目安とし，平均気温が17℃以下になってから行なう。保温は最低気温が9℃以下に低下する11月上旬から開始し，二重被覆および暖房は，最低気温が6℃以下に低下する11月下旬に開始する。

温度管理　ビニール被覆後開花が揃うまでやや高温管理とするが，着果後は低温管理を行なう。第1次腋花房開花後は，着色をよくするため昼間は22℃程度，夜間は最低温度5℃以下にならないように加温する。最低温度が10℃以上のときは，夜間も開放する。加温は冬期のわい化防止のためにも効果が高い。

電照管理　さつまおとめはわい化の程度がとよのかに比べ小さく，必ずしも電照は必要ないが，電照を行なう際は開始時期を12月上中旬とする。これより早いと過繁茂になるので注意が必要。電照反応が敏感なため時間はとよのかの半分程度でよい。夜温が高いほど効果がよく現われるため，最低気温は5℃以上を確保する。

摘葉，摘芽，摘果　活着後からマルチ前に下葉，枯葉を摘葉し，以後黄化した古葉，枯葉を摘葉する。収穫最盛期には葉数で15枚程度確保することが望ましく，以後，この葉数を確保するよう管理する。摘果は，頂花房で12〜15果，第1次腋花房で10〜15果に制限し，枝花や奇形果は早めに摘み取る。

不良果の発生と対策　低温期に萼枯れや不受精果が発生しやすいので，過剰施肥はひかえ，急激な温度変化を避けるよう，換気，保温に留意する。また不良果は，着果負担が大きく，厳寒期に急激に草勢低下した株に発生が多いことから，摘果の徹底と夜気温をやや高めに管理することで厳寒期をのりきる。

品種登録番号第9654号。

執筆　小山田耕作（鹿児島県農業試験場）

2012年記

さがほのか

(1) 生育の特徴

草姿はやや立性で徒長しにくく，草勢も強く，分げつ数はとよのかよりもさらに少ない。葉は大きく，葉色は濃緑でとよのかよりさらに濃く，ランナーの発生数はとよのかと同程度で発根も早いため，採苗は容易である。花房当たりの果数は少なく，果梗長は頂花房ではやや短いが，第1次腋花房以降の伸長は良い。果梗は太く，株が旺盛になると1番果と2番果の果梗は帯化しやすいが，果実の癒合はみられない。

発根パターンはとよのかなどとはやや異なり，老化苗からの新根の発生は少なくなる傾向にあるため，長期間育苗した場合には，定植後の乾燥などによる地上部と地下部のアンバランスに起因するチップバーンの発生がみられる。

(2) 花芽の分化・発育特性

花芽分化や開花始期は早く，とよのかよりさらに早い。短日夜冷処理によっても花芽分化は，とよのかより早く，出蕾揃いも優る。また，育苗中の窒素制限はとよのかほど極端に行なう必要がない。ポット育苗による普通作型では，花芽分化期は9月10日ころで，とよのかより5日程度早い。

花房間の葉数4～5枚程度で第1次腋花房が出蕾し，出蕾揃いも優れ，とよのかでみられる中休み現象は少なく，短い。

(3) 休眠の特性

実験的に休眠覚醒に必要な低温遭遇時間をみたところ，とよのかと同程度で，休眠性は極短で，冬季のわい化は比較的軽度である。電照感応は敏感であり，電照後の茎葉の立ち上がりは早い。

(4) 果実の特性

果実は大きく円錐形で揃いが良く，そう果の落込みは小さい。また，溝果や乱形果などの発生も少ないため商品果率や上物率が非常に高く，収穫後のパック詰めに要する時間は短くてよい。果皮の赤色は，とよのかに比べ表はほぼ同じで裏はやや濃く，果皮は鮮紅色で光沢があり，見栄えがする。果実糖度（Brix）は8～11の間を変動し，とよのかに比べて1月下旬～2月上旬を除きほぼ高い。果実酸度は，全期間にわたってとよのかより低い。果実硬度はとよのかより期間を通じて硬いことから収穫時の取扱い，日持ちと輸送性に優れる。

(5) 収量特性と適する作型

月別商品果収量の推移では，とよのかに比べて年内収量はやや少なく，その後1月下旬までは同程度で推移し，2月以降では多くなる。収穫の波が小さく，高い収量水準で安定している。

西南暖地では，さがほのかの特徴である1) 花芽分化が早く揃いも良い，2) 頂花房の花数が少なく高温では小玉化する，3) 土壌病害に弱い，ことなどを考慮すると，低温処理育苗による早出し作型よりも，育苗期間が比較的短い若苗を用いた9月10日以降に定植する普通促成作型がもっとも適すると思われる。また，果実硬度に優れることや花房の連続性があることから，従来（5月上旬までの出荷）より1か月以上おそい，6月下旬までの収穫延長が可能である。

(6) 栽培の実際

①育　苗

二段階採苗　さがほのかは，通常よりおそい時期での採苗が可能である。とよのかでは，8月上旬以降の採苗では出蕾の揃いが極端に悪くなったのに比べて，さがほのかでは，8月下旬採苗でも出蕾の揃いが良かった。頂花房の花数は，とよのかの7月以降の採苗では個体間差が大きかったのに比べて，さがほのかでは，9～10花程度と少ないものの，採苗時期による大差はなかった。また収量は，とよのかは採苗時期がおそいほど収量が少なくなったが，さがほ

のかでは採苗時期による大差はなかった。この特性を活かせば，効率的な育苗方法として，親株から発生した子苗を2次親株とし，これから採苗する二段階採苗が可能となる。

二段階採苗法では，2次親株を5月上旬，6月上旬のいずれに採取しても，約1か月で採苗が開始でき，10日ごとに1～2本/株のランナーが発生し，採苗開始後1か月で10倍以上の苗を確保することができる。したがって，1次親株を50～100株/10a準備し，これから2次親株を5～6月に10～15倍に増やし，この2次親株から10倍以上を採苗する育苗体系が組める。この二段階採苗によって育苗期間の短縮と親株数の削減などによる育苗の効率化と省力化が図れ，高設育苗などと組み合わせることで病害からの回避もできる。

二段階採苗による育苗の実際は次のとおりである。

1) 前年度に厳選した健全苗を1次親株として10a当たり100株準備する。
2) 1次親株はプランターなどの隔離床に定植する。
3) 1次親株からの採苗は5月上～下旬に行なう。
4) 2次親株は6月上旬に定植する。
5) 採苗は7月上旬～8月上旬に行なう。
6) 1次親株の増殖率は10倍，2次親株の増殖率も10倍を目安とする。

雨よけ育苗 炭疽病と疫病の対策として，雨よけは，親株床と育苗床のどちらか一方ではなく，育苗期全期間を被覆したほうが効果は高い。また，寒冷紗被覆だけでは伝染防止効果が十分でないため，遮光ビニールやビニール＋寒冷紗などを被覆する。ただし，雨よけを行なっても水滴が大きくなるような灌水を行なえば，露地と同様に病気が多発するので水滴が細かい灌水資材で行なう必要がある。

②**定　植**

根の特徴を考慮した圃場整備　クラウン部から発生する一次根数はとよのかより少ないことから，活性の高い根を十分に張らせるように本圃の土壌条件を整備することが重要である。根数が少ないことや疫病に罹病しやすいことから，排水の良い圃場を選び，有機物の施用による土つくりと，コルゲート管や弾丸暗渠による排水促進対策を十分に行なう必要がある。

施肥　基肥の施肥基準はとよのかに準ずる（標準：N15，P23，K12kg/10a）が，施肥前の土壌分析によって施肥量を減らす。多肥は細根の発育を阻害するばかりか，チップバーンなどの生理障害や立枯性病害の発生を助長するので慎む。9月中旬定植の総窒素吸収量は22～23kg/10aである。窒素の吸収パターンは厳寒期の吸収量はとよのかに比べて少ないが，その後，春先は吸収量が増加する。このため，有機質肥料や肥効調節型肥料を用いて生育後半の肥効を維持することが大切であるが，とくに厳寒期の施肥に気をつけ，多肥にならないよう注意する。

栽植様式　うね立ては定植予定の1週間以上前に行ない，土壌の物理性（うね内およびうね面の水分条件やうね表面の硬度など）を安定させておく。うねの形状は，内成らせの場合はうね幅120cm以上で中央をやや高めた平うねとし，条間が50～55cmとれるようにする。外成らせの場合もうね幅120cm以上で，花房が通路まで垂れないようにうね高を高くする。

定植時の留意点　1) 定植日は，普通ポット苗の場合9月20～25日とする。2) 低温処理苗は定植から活着まで黒寒冷紗（約50％遮光）の被覆を行なう。3) 採苗がおそい苗は花芽分化がばらつく可能性があるので，必ず花芽分化を確認する。4) 炭疽病や疫病のおそれのある苗（生育不良苗，葉柄が異常に赤い苗，新葉の葉柄が異常に短い苗，小葉の大きさが違う苗など）は定植しない。5) 芽枯病の予防のため深植えしない。6) クラウンが伸びやすいため内成らせの場合は条間を50cm以上確保しておく。また，株間は内成らせで23～25cm，外成らせで25cmを基準とする。7) 天井ビニールは少なくとも活着までは被覆したままにしておく。

③**定植から第1次腋花房分化期の管理**（9月上中旬～10月上中旬）

根量は少ないが，花房の連続性が高く，収量

性が高い特性をもつことから，定植後の本圃管理のポイントは，「初期の株づくり，とくに低温期の着果負担に耐える地下部づくり」である。

灌水 定植後5日以内に溢液現象がみられるように，活着を促進する灌水管理が必要である。つまり，活着促進と一次根の発育を促進するため，定植後1週間はクラウンの周辺部分を中心に十分に灌水する。その後は，活着を確認したら灌水量を減らしぎみにする。

施肥とマルチなど 定植後，根付肥として液肥を株元に灌注する。定植時に根部の褐変が進んでいた苗を定植した圃場では，活着まで時間を要すると考えられるので，新葉が展開するまで2～3日おきに薄い液肥の灌注を行なう。出蕾前にマルチを行なうが，マルチ前には中耕・溝上げ・培土を行なう。そのとき追肥も行なうが，肥効の急激な発現を避けるため肥効調節型肥料などを用いる。

④**第1次腋花房分化期から年内の管理**（10月中下旬～12月下旬）

本圃管理の第二のポイントとして「低温期に草勢低下させない環境管理」がある。

ジベレリン処理 頂花房の伸長が悪いので，伸長促進のためにジベレリン処理が必要である。処理時期は出蕾開始期で，10ppmを株当たり5ccを蕾の部分に散布する（総使用回数2回まで，1花房当たり1回）。第1次腋花房以降は草勢維持ができれば花房は自然に十分伸長するので，基本的には花房伸長のためのジベレリン処理は行なわない。

果実マット敷き 果実とマルチの接地面に水分があると，その部分が白っぽくなめたようになり商品性をなくす。そこで，内成らせの場合は果実マットを必ず敷いて水分が溜まらないようにする。

天井ビニール被覆 平均気温が17℃を下まわった時期（佐賀市平年：10月20日ころ）に天井ビニールを被覆する。天井ビニール被覆後も11月中旬まではできるだけ低温管理を行ない，地上部が繁茂するのを防ぐ。

電照開始 11月15日を電照開始日の目安とする。電照方法は日長延長，間欠のどちらでも効果があり，過剰な効果が出ないように，新葉の伸長状況や葉色を観察しながら調節する。

保温開始と温度管理 最低気温が10℃を下まわるころ（佐賀市平年：11月上旬）から，保温の準備を整える。平均気温が12℃になるころ（11月中旬）から最低温度を確保するための温度管理を開始する。保温開始期ころは夕方と夜間の温度が高くなりすぎないように注意する。果実の品質低下（着色および食味の低下）を防ぐために，夜温を中心にとよのかよりやや高めの管理を行なう。

果数，芽数，葉数制限 とよのかに比べて花数が少ないが，次のような理由から摘果を行なう必要がある（花房の連続性が高く着果負担が連続する，大玉生産を行なう，小玉果は大玉果に比べ食味が低下する，着果負担の増加により果実の食味低下が大きい）。各花房につき10果前後に摘花・摘果を行ない，S玉以下の生産は行なわない。また，芽数は増加しにくい品種であり，芽数調節の必要はない。さらに，摘葉はとよのかより展葉速度がおそいのでできるだけ行なわない。

施肥管理 低温期の多窒素条件は果実の着色に影響し，果実先端と萼付近の成熟に差が生じ，頂部軟質果などの発生原因になると考えられる。したがって，低温期の追肥は生育をみながらひかえぎみにする。

⑤**年明け後から春先までの管理**（1月上旬～2月下旬）

本圃管理の第三のポイントとして「果実品質を低下させない管理」が重要となる。気象条件がもっとも厳しく，収穫が連続して行なわれている時期であり，草勢の維持と果実品質の維持・向上対策が必要である。

草勢の維持 低温期になると，新葉の葉色が濃くなり展葉速度がおそくなるなど生育停滞がみられるので，次の対策を講じ，第1図に示す目標草姿を維持する。加温機のセンサーの位置を確認し，未展開葉の高さにセットする。夕方の締込み温度を高くする（18℃程度で締め込む）。夜間の最低温度を2～3℃高く設定する。

主要品種の特性とつくりこなし方

土壌の湿り具合を確認し,不足しているようであれば1回の灌水量は少なめで灌水間隔を短くする。草勢が回復し始めたら,夕方の締込み温度は従来の管理に戻す。電照時間は長くするが徒長しないようにこまめに調整する。

果実品質の向上　果実品質の低下は,厳寒期の寡日照条件により果実の成熟に長期間を要した場合や,根いたみや着果過多などによる草勢低下とともに発現する場合が多い。各症状別の対策は,第2図のとおりであるが,厳寒期の栽培管理全般が総合的な対策となる。そのなかでも,果実品質を維持,向上させるためにはいくつかの対策がある。

1) 日射量と果実糖度の関係：低温期では,曇天日が続き日射量が低下したときは果実糖度が低く,晴天が数日続き日射量が増加したときは果実糖度が高い傾向がみられる。さらに,収穫前3日間の積算日射量と果実糖度の関係をみると高い相関があることがわかる。つまり,果実糖度の維持・向上には,収穫前3日間の天候とその時期の管理が鍵となる。

2) 適切な成熟日数：開花してから収穫するまでの積算温度(1日のハウス内平均気温の合計)は,518〜599℃であり平均563℃を要し,果実成熟日数が50日を超えると果実品質が低下する。たとえば,開花から563℃の積算温度で45日で収穫するには,1日の平均気温は12.5℃(563÷45＝12.5)を必要とすることになり,曇天の日の最高気温が14℃であれば,夜の最低温度は10℃を確保しなければ1日の平均気温は12℃に達せず,成熟日数45日では収穫できない。

このことから,午前中のハウス温度の確保,最低温度の確保,早朝加温による温度確保が重要であり,とくに寡日照条件で曇天が続いたときは,やや高めの温度管理が必要となる。

3) 摘果の効果：基本的には,第1次腋花房分化期から年内の摘果の考え方と同じである。とくに,厳寒期は果実の食味向上と草勢維持のために早期に小玉を摘除することが重要である。1株当たりの果数を摘果によって制限することで,無摘果に比べ果実の糖度が高くなり,一果重も重くなる。

電照終了　電照の終了時期は,3月上旬を基準とする。ただし,新葉の伸び具合や着果負担の状況を勘案して判断する。

⑥春先以降の管理（3月上旬以降）

さがほのかは春先の果実品質が良く,また,果実硬度が高いことから春先の商品性が高いとされている。この特徴を活かすためにも,春先の過繁茂防止対策と果実品質保持対策を十分に行ない収穫期間を延長する。さらに,病害虫の対策には十分な

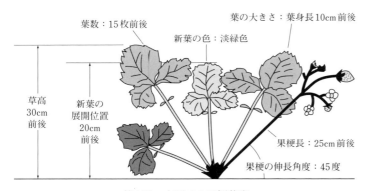

第1図　本圃での目標草姿

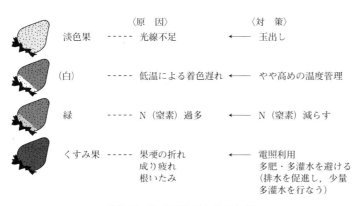

第2図　着色不良果とその対策

注意を払う必要がある。

過繁茂防止対策　3月以降の温度管理はできるだけ低温管理を行なう。また，新葉が徒長ぎみに伸び出し始めた場合は，葉よけや古葉かき作業を強めに行なう。追肥は果実の収穫量が多くなるため遅れないように施用する。過繁茂を心配して施肥量が不足すると水分だけでの生育傾向となり，さらに過繁茂を助長する可能性が高いので，適宜追肥を施用する。

果実品質保持対策　果実温度を下げることがもっとも重要で，換気効率を高くするとともに，被覆資材などを用いて遮光を行なう。

収穫サイクル　収穫は果温が低い早朝に行ない，収穫後はできるだけ早く予冷庫に入れ，果温が上がらないように注意する。収穫時の着色程度は追熟を考慮し，やや早どりを行なう。着色進度が速いため，収穫間隔は1日おきを限度とする。

品種登録番号第8839号。

執筆　中島寿亀・豆田和浩（佐賀県三神農業改良普及センター）

2012年記

やよいひめ

(1) 生育のあらまし

群馬県での平地無仮植育苗でのパターンについて述べる。

ランナーは春の気温上昇とともに発生し，発生量は8～9月にかけて多くなる。ランナーの発根は比較的容易で，太い一次根が発生する。

頂花房花芽分化は9月下旬～10月上旬，開花期間は11月下旬～1月上旬，1次腋花房の開花期間は1月中旬～2月下旬，頂花房と1次腋花房の花房間葉数は4枚程度である。2次腋花房の開花期間は2月下旬～3月下旬，1次腋花房と2次腋花房との花房間葉数は3枚程度である。3次腋花房の開花期間は3月下旬～5月上旬である。このように平地無仮植育苗では，冬期から春期まで各花房の開花は連続しながら結実する。花芽分化前の定植時期が極端に早すぎると樹勢が強くなり開花期が全体的に遅れ，開花時期がばらつく。このような株では頂花房の頂果は奇形果（鶏冠果）となり，頂花房以後の花房の発生も遅れる。反対に，花芽分化後で定植時期が遅れた場合，定植後の株は活着が遅れ，定植後の生育も極端に劣り，生育途中での回復は困難である。こういったケースでは収量は減る。

休眠は比較的浅く，樹勢も強いため，保温後冬にかけて株はわい化しにくい。促成栽培における頂花房の収穫期は1月上旬から始まり2月下旬まで続く。頂花房に続く1次腋花房の収穫期は2月下旬～4月中旬，2次腋花房の収穫期は3月下旬～5月中旬，3次腋花房の収穫期間は4月下旬～6月上旬ころである。このように，平地無仮植育苗では各花房の収穫は連続し，収量は安定する。4月以降になり休眠から覚醒し始めると，葉柄の伸長に伴い花房が発生し，これに伴ってランナーの発生もみられる。この時期以降は，果色は黒くならず，果皮のいたみにくい性質など品種のもつよい特徴が際立ってくる。

(2) ランナー，茎葉，根の生育特性

ランナーの発生は比較的多く，蔓は太く，他の品種に比べてランナー子株の間の蔓が長い。平地無仮植育苗のようにおそい作型では問題なく確保できる。しかし，ランナーの発生数が増加するのは8月以降のため，夜冷育苗など花芽分化促進処理を伴う育苗を行なう場合には親株数を増やす必要がある。また，増殖用の親株は3月までに定植を行ない早期からランナーを発生させる。

葉は丸葉で大きく厚く，葉色はとちおとめに比べてやや淡い緑色である。また，低温期の草姿はとちおとめと似ているが，春以降はとちおとめより立性となり，花房も伸長する。

根の発根がおそいため，仮植後あるいは定植後の心葉の立上がりはとちおとめより1週間程度遅れることもある。とくに，老化苗は活着が遅れやすい。したがって，こまめな灌水管理を行なうことが重要となる。ただし，一度活着すると根群の発達は速く，不定根，細根ともその根量は多くなる。

(3) 花芽の分化・発育特性

とちおとめに比べて花芽の分化期が1週間，開花始期が2週間，収穫始期が3週間程度それぞれおそい。定植後の発育は定植時期および苗質の影響を受けやすい。とくに定植時期が花芽分化後に遅れた場合には，定植後の樹勢が確保しにくく発育は劣る。また，苗が老化苗となった場合には活着が遅れやすい。

頂花房を8月下旬に花芽分化させて，11月中旬から収穫を開始する超促成作型では，頂花房は12月下旬には収穫が終わる。続く1次腋花房の開花は通常の花芽分化条件下のもとに行なわれるため，収穫始期は2月上旬からとなる。そのため約1か月間収穫がなく，収穫の中休みとなる。したがって，頂花房の花芽分化促進の限界時期は9月上旬とし，収穫開始時期を12月上旬からとする収穫パターンが頂花房とそれに続く1次腋花房の収穫中休みの少ない作型となり得る。

(4) 休眠の特性

休眠は，5℃以下積算時間がおよそ200時間である。もともと樹勢が強いため，休眠による生育の停滞はとくに問題とならない。また，電照を用いる場合，茎葉が徒長して過繁茂な草姿とならないように電照期間を調整する。

(5) 果実の特性

果実は円錐形で，頂花房ならびに1次腋花房の頂果の乱形果はとさか状である。4月末までの平均一果重は20g程度でとちおとめより大果である。果皮は光沢があり傷つきにくく丈夫。果皮色は赤色で，春以降気温が高くなっても黒ずまない。果肉色は橙赤色である。果実の空洞の発生およびそう果の落ち込みは少ない。

果実の糖度は着色の始まる前から高く，着色は白熟期以降全体的に始まり，果実全体の色が徐々に濃くなる。全体が着色した完熟期以降は果色の変化が少なく外観からは過熟とは認められないが，肉質の劣化が進むため，適期収穫のタイミングに慣れる必要がある。

果実が硬く果皮が丈夫でいたみにくいため，日持ち性，輸送性に優れる。

(6) 収量構成と栽培の要点

①着果特性と収量構成

平均一果重（約20g）が大きく着果数の少ない果重型の品種。頂花房着果数はとちおとめの約70％で，5月に収穫となる3次腋花房まで合計すると，およそ40果である。年内収量はとちおとめより少なく晩生である。しかし，5月までの収量はやよいひめの一果重がとちおとめのそれより大きいため同等以上となる。

②苗質と収量

無仮植育苗における子苗の順位と収量性は第2子～第4子までは変わらないが，第5子になるとやや低下する。また，育苗するポットの大きさに比例して株は大きくなり，着果数も増加し高い収量性を示す傾向がある。

③仮植時期と収量

仮植育苗では仮植時期は7月下旬～8月上旬が適期と考えられる。7月下旬よりも早い時期では，定植時までに苗の老化が進み苗質全体が硬くなるため，定植後の活着が遅れ，花芽の発育の遅延に伴い着花数や早期収量が減少する。

④定植時期と収量

花芽分化後の定植が遅れると定植後の生育が劣り収穫開始時期も遅れ，その後の生育の回復がむずかしく総収量の低下の要因となる。したがって，花芽分化後はすみやかに定植する。花芽分化が進んだ状態での定植（遅れた定植）では，適期定植にみられる収穫のピークはなく低収となる。

⑤1次腋芽数と果実品質および収量

大苗でも1次腋芽の整理の必要はないが，1次腋芽は2芽までとし高品質な果実生産をすることが大切である。

⑥摘葉（葉かき）と果実品質および収量

高収量を確保し糖度の高い果実を生産するためには，収穫が終わった花房を包んでいた葉も大切にし，摘葉は極力しない。

⑦果梗の折れと果実品質

女峰に比べて果梗が折れやすい。果梗が折れた状態で着色した果実にはつやがなく，果実糖度も低い。

(7) 温湿度条件と生育

着色が始まる時期は最低夜温6℃，日中最高27℃を目標値として温度管理をしたい。最低夜温5℃を下まわるような温度管理では奇形果の発生が多くなり，上物率が低下する。また果実は成熟が進んでも果色は若干淡くなる程度で変化が少ないため，外観からは肉質の軟化した果実の見分けがつきにくい。したがって，低温管理すると成熟日数が長くなるため糖の集積は多くなるが，肉質の軟化は進行し食感が劣る。このように，奇形果および肉質の軟化の点からも温度管理ではとくに最低夜温6℃を維持し，低温管理とならないように注意する。

一方，最高温度は成熟期には日中27℃以下で管理したい。厳寒期でも最低6℃～最高27℃の範囲で温度管理をしたい。また，2月下旬ころから日射が強くなるため，午前中から生育適

やよいひめ

第1表 やよいひめの促成栽培の技術の要約

重点項目	技術の要約
親株圃の準備と定植	炭疽病を予防するためにも，雨よけハウスでの増殖が望ましい 土壌消毒を必ず行なう 親株専用の無病苗を用意し，低温に十分あった株を定植する 定植は植えいたみを防ぐため，葉の伸長する前の3月下旬に行なう ランナーの発生をよくするため，灌水し乾燥を防ぐ
育　苗	小苗では着花数が少なく，初期収量の低下をまねくため，充実した苗を目標とする 子苗は本葉2.5～3.5枚程度の若苗がよい 老化苗は定植後の生育が遅れるので注意する 【平地育苗（無仮植）】 徒長した苗をつくらないようにランナーの配置や摘葉を行なう 8月中旬に親株と子苗を切り離し，花芽分化後すみやかに定植する 【平地育苗（仮植）】 仮植は7月下旬から8月上旬に行なう。早すぎる仮植は老化苗となる 仮植後は活着を促進させるため，黒寒冷紗などで遮光する 【遮根透水シート無仮植育苗】 遮根透水シートを深さ5cmに埋設した幅1mの増殖床にランナーを増殖させる方法である 親株はシート埋設床の外へ植え付け，第1子はシート埋設床の枠外に配置し，第2子以降発生してくるランナーをシート埋設床に順次配置する 8月中旬に第1子と第2子の間を切り離す 8月下旬以降遮光し，灌水をひかえめにして肥料の吸収を抑制する 9月中旬の花芽分化後すみやかに定植する 【遮根透水シート仮植育苗】 遮根透水シートを深さ5cmに埋設した幅1mの仮植床に子苗を仮植する方法である 7月中旬に準備した仮植床に若苗を仮植する。仮植直後は活着まで遮光する 8月下旬以降遮光し，灌水をひかえめにして肥料の吸収を抑制する 9月中旬の花芽分化後すみやかに定植する 【ポット育苗】 ポットは大きいほうが株が大きくなり，着花数が増加し，収量は多くなる 7月中旬にポットに2.5～3.5葉程度の若苗の鉢上げをする 施肥量は株当たり200mg程度とする
定　植	定植圃の基肥の窒素量は15～20kg/10aとする 花芽分化後，すみやかに定植し，こまめに灌水を行ない，活着の促進を図る 定植の遅れは，生育の遅れや生育量の不足をまねき，全体の収量の低下につながる 2条高うねを基本とし，株間は25cm程度とする
保温とその後の管理	保温開始は10月25日を基準に行なう。腋花房分化前では腋花房が遅れる 保温開始後は灌水，温度管理に注意して草勢管理を行なう 温度管理は昼温25℃を目標とし，午後はハウス内湿度を下げるよう換気に努め，夜温6℃を目標にする
摘芽・摘葉	保温開始後には頂芽1本立てとする 栽培期間中，正常葉の摘葉は行なわない
灌　水	少量・多回数灌水とする
低温期の品質向上対策	日中はハウス内部の採光や果実面への日当たりをよくする 夜間は6℃確保に万全を期する 厳寒期の灌水や曇雨天日が続くときは灰色かび病に注意する
低温期の草勢維持	電照は徒長し，腋花房の発育が遅れるので行なわない 基本的な温度管理を徹底する
果実の着色・収穫	果実への日当たりや温度の確保に努め，果実全体が着色してから収穫する 果梗の折れた果実は色つや，糖度など品質が劣るので出荷しないように注意する
3月以降の高温対策	3月上旬になると外気温が上昇してくるので，早めに換気を行ない，高温になりすぎないようにする

温以上の温度になりやすい。そのため換気には注意して高温管理をするなどして食味の劣る果実を生産しないようにする。

理想的には過湿でなく過乾燥でもなく常に一定の土壌湿度を維持するのがよい。一度に多量灌水するのではなく，毎日少しずつ灌水するのがよい。乾燥しすぎると果実の肥大が劣り収量に影響する。収穫期のpF値は2.0前後が適当であろう。

ハウス内湿度管理でとくに問題となるのは，加温機のない無加温栽培である。とくに多層被覆条件下では夜間湿度が高く維持される。そのため，開花時の花弁の離脱がやや劣ることにより，果実に残った花弁部分から灰色かび病が発生することがある。したがって，午後から湿度を下げる工夫をしたり，加温機を導入する必要がある。

(8) 作型と栽培の要点

適応作型は12月～1月収穫開始の促成栽培で，高品質安定生産の3原則は次のとおりである（第1表）。

1) 加温栽培―最低夜温6℃を維持する，
2) 2条高うね栽培―条間30cm・株間25cm，
3) 基肥施用量―窒素は成分で15～20kg/10a（窒素はロング180を主体）。

品種登録番号第12576号。

執筆　武井幸雄・日戸正敏（群馬県農業技術センター）

2012年記

紅ほっぺ

(1) 生育のあらまし

草姿は立性で草勢が強く，草丈は高い。ランナーの発生は多く増殖が容易。ランナーは赤くなりやすい性質がある。葉は大きく，濃緑色を呈する。収穫初期の草丈は章姫よりやや高く，葉の大きさはさちのかより大きく章姫と同程度である。第1次腋芽の発生は株当たり1.5芽で，章姫よりやや多い。その他の腋芽（外芽）はランナーとなるため，章姫と同様にほとんど発生せず，芽の整理に労力がかからない。根量は章姫以上に多く，また章姫より細根が多い。

静岡県では無加温での栽培も多く，収量も上げていることから，環境的な適応性の幅は広いと考えられる。

(2) 花芽分化，開花，成熟，休眠特性

早生タイプの品種だが，章姫に比べて頂花房の花芽分化は3～4日おそく，成熟日は5～7日おそい。頂花房の着花数は15～25花程度と章姫の約半分で，さちのか並の少花数型品種で，摘花に多くの手間がかからない。腋花房は連続開花性に富み，摘花をしなくても着果負担による腋花房の開花遅れは少ない。休眠が非常に浅く促成栽培用に限定される。

(3) 収量の特性

3月までの収量は6,000g/10株を超え，多収性の章姫をも上まわる。しかし，章姫よりやや晩生のため，1月までの早期収量は少ない。平均一果重はさちのかよりかなり大きく章姫をも上まわる。高設栽培でも章姫と同等以上の収量が見込める。

(4) 果実の特性

果実は両親であるさちのかや章姫よりも大果だが，大果と小果の果重の差が大きく，果重の均一性に欠ける。果実の長さは章姫より短く，女峰よりやや長い長円錐形である。乱形果の形は塊状（ゴツゴツ果）であり，果房の第1果は縦溝が入りやすい。果皮色は鮮赤色で，さちのかに似ている。果肉色は鮮紅色で，果心まで淡赤色を帯びる。果実の光沢は良好で，果実の空洞は，大果であってもほとんどみられない。適熟果の香りは優れ，これは，花粉親のさちのか由来と考えられる。

果実の硬さはさちのかより軟らかいが，章姫より硬く，女峰程度の硬さである。果実硬度は収穫後低下するが，その低下程度は章姫と同程度である。

(5) 経営のタイプと紅ほっぺの生かし方

低温・寡日照下でも草勢の低下が少なく，土耕，高設などの栽培方式を問わず促成栽培型での栽培が可能である。夜冷育苗，低温暗黒育苗で花芽分化を前進することも可能である。静岡県での大多数の生産者は5月までの収穫が多いが，7月上旬までは安定して収穫が可能である。また育苗方法も，ポット育苗では小型ポットから3.5号ポットまで，山上げ，無仮植など多岐にわたっていること，多様な高設栽培システムでも栽培されていることなど，適応幅が広いと考えられている。

ランナーの発生，育苗中の葉かき，花房の伸長と玉出し操作の不要，収穫ずみ果房の摘除作業，収穫時の果実離れの良さ，芽かき作業の省力性など，通常のイチゴ作業にかかる多くの作業できわめて省力的な品種であると考えられる。しかし，とちおとめ，さがほのか，章姫より晩生であるため，年内収量に重点を置く栽培を目指すなら，苗質がきわめて重要となる。

定植苗のクラウン径の目標は9～10mmであり，このときの展開第3葉の葉柄径は3～3.5mmとなる。これより小さい苗では頂花房の1次分枝数が少なくなることから，大果の発生割合が少なくなり，頂果房収量が低下する。一方，これより大きい苗では頂果房の第1果が鶏冠果となり，80～100gとなってしまうことが多い。定植苗のクラウン径に大きく左右されやすいので，育苗には十分配慮する。苗の大きさ

(6) 促成栽培技術

①定植前の管理

親株床の管理 ランナーの発生は多い品種だが、1親株からの採苗株数を20〜25株とするため、10a当たり350〜400株の親株を準備する。地上部が繁茂しているにもかかわらず根詰まり状態にさせていた親株を利用すると、定植後のランナー発生開始時期が極端におそくなる。したがって、10月または根が動きだす3月中旬に、ひとまわり大きなポットに植え替えして根詰まりを防止する。

定植時期は4月上旬までとする。定植間隔は、地床の場合は80〜100cmとし、隔離ベッドの場合は50cm程度とする。空中採苗の場合はこれよりやや狭く、30cm程度とする。親株から発生する芽数は多くないので、弱小な芽だけをかく。花房や古葉を適時に摘除する。

章姫より吸肥力が強いので、炭疽病やチップバーンに注意しながら、肥料切れしないように施肥管理を行なう。ランナーは元来赤く発色するが、肥料切れの場合はさらに真っ赤になるので判断できる。空中採苗では親株の負担が大きいため、灌水不足と肥料切れにならないようにとくに注意する。

ポット育苗管理 ランナー受けは6月中旬〜7月中旬とし、切離しは7月中旬〜8月上旬とする。ランナー切離しから定植までの育苗日数は、45〜60日の範囲で、ポットが大きい場合は長めに、小さい場合は短めに設定する。育苗日数が長いと老化苗ぎみとなり頂花房の開花はやや早くなるのに対し、日数が短い小苗の場合は頂花房のみならず、第1次腋花房の開花もやや遅れる（花房間葉数が多くなるのが原因）。育苗日数が長いと年内収量は多いが、3月末までの合計収量はやや劣る。日数が短いと初期収量はやや少ないが、合計収量は多くなる。

7月中旬〜8月上旬のランナーの切離し直後に施肥する。施肥量はポットの大きさ（育苗日数）に応じて窒素成分で80〜120mgの範囲で、3.5〜3号ポットでは120mg、小型ポットでは80mgとする。心止まり株の発生防止のため、育苗終盤には極端に肥料切れさせないよう液肥を施用する。

育苗方法により、頂花房と第1次腋花房との花房間葉数も異なり、育苗日数が短いほど多くなる。また、章姫のほとんどの株が5枚であるのに対し、紅ほっぺは2〜6枚の株も多く、章姫よりバラツキが大きい。老化ぎみや肥料切れの株は、葉数が1〜2枚で第1次腋花房が出蕾し、その後、心止まり株となる場合が多いので注意する。この回避のためにも第1次腋芽は2芽残す。

夜冷短日処理 夜冷短日処理をすることで、花芽分化は確実に早まる。しかし、章姫より5日程度長く入庫する。処理をすることで、頂花房の初収日が前進化し、第1次腋花房の収穫もやや早まることで、1月までの早期収量は増加する。しかし、頂花房の収量はやや少なくなるために合計収量はほぼ同等となる。

低温暗黒処理 8月20日からの低温暗黒処理により、頂花房の開花日は12日、初収日は14日早まり、11月中旬から収穫できる。また、第1次腋花房の開花日も早まる。低温暗黒処理により総収量はやや低下する。これは、処理中の株の消耗により頂花房が弱いこと、分化発達時の温度が高いために種子数が少ないこと、成熟日数も短くなることで小玉となるためである。

高冷地育苗 高冷地育苗では、肥料切れが強いと定植後の活着が悪くなり、開花の遅延や頂花房の弱勢化を招くので、定植前に液肥などを施用してから定植する。

育苗時の注意事項 病害や風雨による苗の損傷を防ぐため、雨よけ下で育苗する。草姿が立性であり育苗中は葉が倒れにくく老化もおそいが、展開葉が4枚の期間が長くなるように葉かきを適時行なう。頂花房および第1次腋花房の開花促進、頂花房の高収量確保のため、育苗中は葉を常時4枚程度にする。現実的には展開葉が5〜6枚になった時点で3枚残して葉かきをする。育苗期間中に2回程度行なう。早くポッ

ト受けされて老化ぎみに大きくなりそうな苗は，育苗前半は強い葉かき（1～2枚残しの葉かき）で生育を抑制させ，後半は通常の葉かきをすることで苗を揃えることができる。ポットの大きさにかかわりなく，最低でも株間を15cmに保ち，苗の徒長を防ぐ。ポットの倒伏による肥料の飛散や灌水ムラを避けるため，カゴトレイなどを利用する。

育苗終了時の苗姿は，クラウン径9～10mm（展開第3葉の葉柄径で3～3.5mm），葉柄長12cm以内を目標とする。クラウン径が8mm以下だと頂花房が弱く，逆に12mm以上だと頂花房の第1果が鶏冠果になりやすい。また，定植苗の栄養条件は，極端な肥料切れになると心止まり株が多発するので，葉柄中の硝酸態窒素は50ppm程度を目標にすることが重要である。

②定植後の管理

定植 花芽分化前の定植では，開花・初収日の遅れを招きやすい。一方，花芽分化後，定植が遅れると頂花房の花数は減少するだけでなく，開花日と初収日もおそくなるので，必ず検鏡して，花芽分化を確認後速やかに定植する。やむを得ず定植が遅れる場合は肥料切れにならないよう液肥を施用するが，花房間葉数を増加させ，第1次腋花房の開花を遅延させやすいので施用しすぎないように注意する。

紅ほっぺは大株になるので，土耕栽培での株間は23cm程度とし，10a当たりの栽植株数は7,000株を基本とする。初生根の発生を促進させるため，やや深植えとする。

灌水管理 定植後は初生根の発生を促すため，活着まで手灌水を毎日実施する。また，うねの表面が降雨などで硬くなった場合は，マルチ前に中耕してうね内の灌水ムラを防ぐ。紅ほっぺは，葉からの溢液（いつえき）が多く観察されることからもわかるように，細根量が多く，水分吸収が多い。このため，十分に灌水を行なう。pF1.5～1.7を目安に少量多頻度灌水を徹底する。条間が広い場合は灌水チューブを2本設置するなどして，うね内の灌水ムラに注意する。

栽培中は乾湿ストレスをかけないことが重要である。ストレスにより，各花の成熟が遅れるだけでなく，そう果（種子）数が減少することで結果的に果重も大きく減少する。灌水量が少ないと，多施肥の場合はとくにチップバーンが多発し，花房の出蕾時に重なると萼枯れも併発するので，栽培期間中，灌水管理を徹底する。

温度管理 ビニール被覆は第1次腋花房分化期の10月20日ころに行ない，保温開始時期は夜間最低気温10℃を目安とする。日中のハウス内温度は25～27℃，最低温度は6～7℃を基本とし，収穫始めの草丈が35cm程度になるようにする。紅ほっぺは章姫より果実は硬いが，他品種と同様に気温上昇に伴い軟化する。このため，3月以降の高温時はできるだけハウスを開放して気温の低下に努める。

電照管理 電照反応は章姫より強く，草勢が旺盛になりすぎるので，土耕栽培では基本的に電照は必要ない。高設栽培では補助的に行なうが，他品種より短期間で打ち切るようにする。

受粉 ミツバチは15～18℃から飛来し，20～23℃でもっとも活発に訪花する。巣箱内は常に一定温度に保たれており，高温になるほどミツバチは消耗するので，ハウス温度を30℃以上にしないよう心がける。巣門は南側に向けて常時日があたるように，株の高さ以上の位置に巣箱を設置し，厳寒期はハウス内に入れる。

摘花 多花数型の章姫などの品種と異なり，摘花が果実肥大や花房出蕾の前進化に及ぼす効果は小さい。このため，小花のみの摘花で十分だが，L果以上の収穫を考慮し，頂花房は10花，第1次腋花房は1芽の場合は10花，2芽の場合は各7花に，第2次腋花房は各5花程度に摘花する。摘花をしなくても，章姫を摘花した場合と同程度の連続性があるが，摘花をすることにより大果の発生が多くなり，経営的に有利である。果実品質からも，摘花することによる品質向上が見込まれる。

芽仕立て管理 第1次腋芽は1芽となる株と2芽となる株が約半々となるが，2芽の場合はそのまま2芽仕立てにする。第1図の右2つが多収性を発揮できる芽仕立てである。第1図左のような1芽仕立てとしない。

主要品種の特性とつくりこなし方

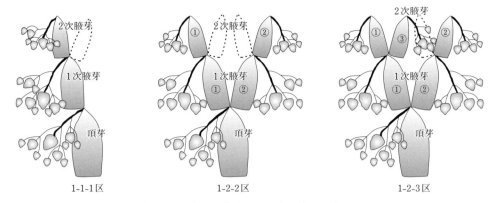

第1図　設定した芽仕立て方法と着果の模式図

図中の点線の芽を摘除
1-1-1区：1次腋芽が1芽の株を調査株とした。腋芽はすべて花房直下の腋芽。株当たり27果を着果させた
1-2-2区：1次腋芽の①は花房直下，②はその外側の腋芽。2次腋芽の①および②は花房直下の腋芽。株当たり34果
1-2-3区：1次腋芽は1-2-2区と同様。2次腋芽の①および②は花房直下，③は①の外側の腋芽。株当たり39果

本圃での葉かきなどの管理　定植2週間後に展開葉を5枚程度に残して葉かきをし，初生根の発生を促す。頂花房の出蕾時には5枚の展開葉を確保する。収穫期間中は，基本的には老化葉のみの摘葉とする。しかし，ハダニの発生の抑制と，第2次腋花房の出蕾時の萼枯れ発生の抑制のため，頂果房収穫終了時に収穫ずみの果房とともに，垂れた葉にできるだけ摘葉する。

収穫・調製　果実品質は，糖度が低下する時期もあるが，総じて章姫並以上に推移する。果実は常に章姫より硬いが，果重型品種のため，過熟にするとパック内で押しつぶされる原因となる。8部着色以下では食味が劣るので，9～10部着色の範囲で冬期は10部着色，春以降の気温上昇期は軟化防止のため9部着色とし，適期収穫に努める。大果階級や乱形果階級は，一段平詰めパックの利用が有利であり，自重による押せ傷を防ぐことができる。果皮は果肉ほど硬くないので，確実に予冷をし，果実温度を低下させてからパック詰めや出荷を行なう。

③高設栽培

高設栽培で反収を最大に確保できる株間は17cmで，適正株間は17～20cmとみられる。栽培期間中，排液中の成分濃度が低く推移することから，章姫よりも養分吸収能力が高い。現在，章姫で採用されているEC：0.6～0.8dS/m（硝酸態窒素濃度で50～80mg/l）よりEC：0.1dS/m程度高めにする。排液濃度が高くなった場合は，薄い濃度で給液して調節する。給液量は，時期に応じて株当たり150～300ml/日を，1日3～8回に分けて施用する。

章姫に比べて根傷みなどによる葉脈間の黄化症状が生じやすい。これは，培地の加湿（排水不良）や給液高pHなどによる養分吸収力の低下（N，Mn，Feが主体）が主要因とみられる。したがって，高設栽培では給液pHを5.5～6.5に設定するとともに，培地内に養水分が停滞しないよう，排水には十分注意する。

*

2012年7月現在で，7生産者団体と生産栽培許諾契約を，8種苗業者と種苗販売許諾契約を締結している。このことから，全国的な栽培の広がりをみせており，冬期の環境が厳しい山形県や島根県などでも優れた生産がされている。
品種登録番号第10371号。
　執筆　竹内　隆（静岡県農林技術研究所）

2012年記

ゆめのか

(1) 生育のあらまし

ランナーの発生時期は，とちおとめや章姫より1週間から2週間おそいが，発生量は女峰と同程度に多い。盛夏期のもっとも暑い1週間から10日程度を除けば，高温期でもランナーの発生が止まることはない。空中採苗でもよく発根するため，育苗が容易である。苗は，太根が特徴で，とちおとめや章姫に比べて葉柄が赤くなりやすい。

定植時の活着は早く，多数の直根が伸びる。定植後1か月あまりの間はとちおとめや章姫に比べて地上部の伸長はおそいが，その後旺盛な生育を示し，収穫が始まるころには章姫と同程度の草高となる。

草姿は立性で，草勢が強い。葉の展開と伸長速度はゆっくりで，活動期間は長い。葉色はとちおとめや章姫に比べて淡いため，葉色を見て施肥を行なうと過剰施肥になることがある。

腋芽は頂花房の肥大期までは増えるが，それ以降連続出蕾している間はほとんど増えない。

(2) 花芽分化・開花特性

花芽が分化するための低温要求は強く，とちおとめや章姫に比べて花芽の形成が1週間ほどおそい。短日夜冷処理による早期出荷を行なう場合も，処理日数には注意が必要である。また，秋期の高温は，とちおとめや章姫以上に腋果房の開花を遅らせる要因となる。定植後の温度管理や肥培管理が適切であれば，連続出蕾性があり，継続して出荷ができる。

(3) 果実の特性

果実の形状は円錐形で果皮はほどよい硬さで，明るい鮮赤色である。完熟でも色が濃くならず，光沢が優れている。果肉はジューシーであるが果皮が丈夫なため，いたみにくい。糖度と酸度のバランスが良く，さわやかな食味である。頂果で3Lから4Lの大果となり，1果房当たり10果程度のLから2Lの揃いの良い果実となる。

(4) 作型と栽培の要点

とちおとめや章姫より花芽分化に対する低温要求量が多く，花芽分化がややおそいため，12月から収穫が始まる普通促成栽培以降の作型で特徴をもっとも生かすことができる。

収穫初期（頂果房）の収量が多いうえ，大果で秀品率が高いことはゆめのかの大きな魅力である。ただし，着果数が多すぎると，着果負担により中休みや品質低下が起こりやすいという弱点もある。そのため，高品質果実を多く生産するには，適正な着果数に摘果するとともに肥培管理を徹底することにより，草勢を維持し生育を停滞させないよう，じっくり育てることが重要なポイントとなる。

頂花房の花芽分化はとちおとめや章姫より1週間程度おそく，愛知県の自然条件では9月中旬から下旬である。12月中〜下旬から出荷するポット育苗による促成や中山間無仮植などの作型では9月20日ころ，11月中〜下旬から出荷する促成作型では，短日夜冷処理を行なったあと9月10日ころの定植となる。ゆめのかは低温要求が強いため，短日夜冷処理は他の品種より長い35日程度とする。

①育　苗

ランナーの発生開始が若干おそいので，親株を無加温ハウスにおくなどして早春までに5℃以下の低温にあて，ランナーを一斉に発生させるとよい。発根が良いため，活着は早く根量が多くなる。育苗期間が長くなると根鉢が形成され老化苗となりやすいため，7.5cmのポットの場合，育苗期間は60日までを目安とする。定植時には，クラウン径が8mm（3葉に整理した状態での長径）の苗になるよう肥培管理を行なう。

育苗開始20日程度は追肥をひかえ，苗の体内窒素濃度を下げることによって，花芽分化が早くなる傾向がある。ただし，定植直前まで体内窒素濃度が低いと，生育が停滞して出蕾が遅

れるため，育苗後半には液肥などにより少量の施肥を行なうとよい。炭疽病を発生させないため，8月以降の固形肥料の置き肥は行なわない。葉色がとちおとめや章姫に比べて淡く，葉柄にアントシアニン（赤色）が出やすいため，見た目によって他品種と同様の施肥をしないよう注意する。

育苗中は摘葉を随時行ない，葉数3枚程度に整理して風通しを良くする。また育苗中でもランナーが旺盛に発生するため除去する。水分不足は生育を停滞させ，出蕾が遅れる原因となるため，鉢土を乾燥させないように灌水を行なう。

短日夜冷育苗による促成栽培の場合は，7月上旬に採苗あるいはポットにランナーを受けて育苗を開始し，8月上旬から35日程度短日夜冷処理を行ない，9月5日から15日に生長点を顕微鏡観察し花芽分化を確認したうえで定植する。夜冷庫の温度は15℃以下を確保する。

②定植～果実肥大期

草勢が強くとちおとめに比べて果梗が長くなるため，土耕栽培ではうねは高めとし，株間は20cm以上とする。

基肥は，とちおとめと同程度の10a当たり窒素成分で15～20kgとする。12月から出荷する作型で花芽分化前の苗を定植する場合は，初期の肥効を抑えるよう施肥を行なう。停滞なく生育させるためには，土壌水分量をpF1.9程度に保つように適度な灌水と安定した肥効が必要である。ただし，頂果房の果実肥大期までの多肥では頂果房の花数が増加し，腋果房の出蕾が遅れることがあるので，注意しなければならない。とちおとめや章姫に比べて基肥を2割くらい減らすとよい。

9月中旬までに定植する作型では，定植前から9月下旬まで本圃を遮光し地温や葉温の上昇を抑えると，腋果房の分化が促進され，年内の収量を増加させることができる。高設栽培などハウスを周年被覆している場合は，十分な換気を行ない，ハウス内が高温になりすぎないよう気をつける。

マルチは10月中旬，ビニール被覆は10月中旬から下旬を目安とする。ビニール被覆が早すぎると腋果房の分化の遅延を招く。とくに9月が高温であった場合は，腋果房の花芽分化を確認してから被覆する。

腋芽は，頂果房の肥大期までは増えやすいため，年内に芽かきを行なう。芽の数は株間に応じて調節する。株間20cmでは1芽，株間25cmでは1～2芽とする。株間30cmでは2～3芽，あるいは放任として摘果を確実に実施する。大果生産を目指す場合は，株間を広くして1芽とすることも可能である。

③収穫期

果実の糖度と糖酸比は着色が進むほど高くなるので，着色程度からみた収穫適期の目安は，果実の表面（太陽光があたる面）と裏面（マルチ側）の着色程度が，日持ちの良い冬期で表面10─裏面6，温暖期で表面8─裏面6以上である。

収穫開始期（12月ころ）の草高の目安は30cmである。その後は25cmを維持するように，追肥，摘果，電照などの管理を以下の点に注意しながら進めていく。

葉の展開と伸長速度はおそいが，個々の葉の寿命は長いため，過度な摘葉を行なうと生育が停滞する。とくに冬期の摘葉はひかえめとする。

草勢を維持するには，頂果房果実肥大期から月に2～3回，液肥による追肥を行なう。施肥量が多いと花数が多くなり，果房当たりの着果数が30～40果になることもあるが，着果数が多いとすそ玉が小さくなる。頂果房では，腋果房の出蕾を確認してから20～25果程度に摘果すると，L以上の果実がよく揃い，草勢の低下を抑えることができる。

暖房の設定温度は，土耕栽培では5℃程度，高設栽培では8℃程度を目安とし，換気温度は27～28℃とする。

炭酸ガスの施用は草勢維持に効果が高い。1,000ppmを目安に施用する。

電照はとちおとめより短く，章姫より長く行なう。12月から1月下旬に1日当たり2時間を目安とし，草勢を観察しながら期間や時間を調

節する。長時間の電照や電照期間の延長は，春葉の展開以降に草勢が強くなりすぎて食味を落とすことになる。

　高設栽培では，草勢が強く根量が多いので，養液管理は，給液量を多くしてECを低めとする。ただし，ECを下げすぎると葉の展開がおそくなり，出蕾が遅れるので注意する。ゆめのかは大果となるので，高設栽培では果梗が折れないよう果房を掛けるためのビニールひもを通すといった対策が必須である。

　果実先端部が着色しない先青果の発生は，過剰施肥，低温，葉面積不足などが原因と考えられる。施肥管理や温度管理など適切な管理を心がけ，先青果の発生を防ぐ。

　食味の良い果実を生産するために，冬期の多肥や電照のかけすぎなどにより徒長しないよう管理する。とくに日照の少ない時期には，着果負担を軽減するために摘果を確実に行なう。

品種登録番号第15261号。

　執筆　長屋浩治（愛知県農業総合試験場）

2012年記

かおり野

(1) 育成の経過

炭疽病抵抗性と極早生性を合わせもつ品種として、第1図に示す複雑な系統図により開発された。由来となる品種は、1990（平成2）年に交配親として用いた、炭疽病抵抗性の良食味品種の宝交早生、育種開始当時の主要品種の女峰ととよのか、大果で食味の良いアイベリーの4品種で、1997〜1998（平成9〜10）年にサンチーゴ、章姫、あかしゃのみつこ、とちおとめの血を入れた以外、他の品種開発とは隔絶した状態で独自の進化を遂げた。そのため、かおり野には従来の品種にない優れた特性が現われることになった。

両親は三重県育成系統「0028401」と「0023001」で、2004（平成16）年にこの両親の間で交配してから4年かけて選抜され、2008（平成20）年2月に品種登録出願、2010（平成22）年5月に品種登録された（品種登録番号第22218号）。かおり野の名称は、最大の特徴である「爽やかで上品な香り」に由来している。

(2) 花芽の分化・特性

これまで、章姫やさがほのかが早生品種とされてきたが、かおり野はさらに早い極早生性を示す。苗齢の進んだ苗であれば、窒素コントロールだけで相当早く花芽分化させることが可能であるが、早すぎる花芽分化はさまざまな弊害をもたらすことがあるため、検鏡による花芽分化開始が9月15日ころになる育苗管理を推奨している。そのような管理で11月20日ころから収穫開始できる（第1表）。

花芽分化しやすい特性のため、腋花房以降の連続出蕾性も非常に高く、多収要因として期待できる。また、春から夏にかけても長く開花が続くことから、病害虫が回避できれば長期収穫が可能になる。

(3) 病害抵抗性

炭疽病抵抗性を目的として開発された品種で、サンチーゴや宝交早生と同等の抵抗性をもつ。ただし、まったく発病しないわけではないので、保菌株から感染が拡大することがないよう防除は必要である。うどんこ病に対しても比較的強く、その発病は章姫や紅ほっぺより少なく、さがほのかよりはるかに少ない。一方、萎黄病には罹病性で章姫やとちおとめより弱く注意を要する。また、灰色かび病は発生しやすく、薬剤による防除が必要になる。

(4) 果実の特性

果実は、爽やかな甘味と上品な香りを特徴とする。糖度が高く酸度が低く、子供から老人まで幅広い年齢層に好まれる食味と、食べたときに口の中に拡がる香り、いつまでも口の中に残る香りが高い評価を得ている。大果でとちおとめより大きく、果肉はジューシーで、果皮は章姫より強いがさがほのかよりやや弱い。果形は、基本的に円錐形であるが、草勢が強くなりすぎた場合、頂果が乱れやすく、空洞果や縦溝果が発生することがある。果皮色はオレンジ系の橙赤色で、明るく色回りは良好で、収穫後に黒ずむこともない（第2図）。

(5) 収量性

早生で連続出蕾し大果であるため、相当な多収が期待できる。このような多収を支えるには高い光合成能力が必要になり、かおり野はきわめて強い草勢によって、これを実現している（第3図）。旺盛な草勢であるため株疲れなく多収になるが、定植から収穫始めまでは着果負担がないため、旺盛になりすぎることがある。この時期の草勢を適切に制御することが、かおり野をつくりこなすポイントの一つになる。また、他の品種よりはるかに旺盛になるため、同じハウス内に他品種と混植することは避ける必要がある。

主要品種の特性とつくりこなし方

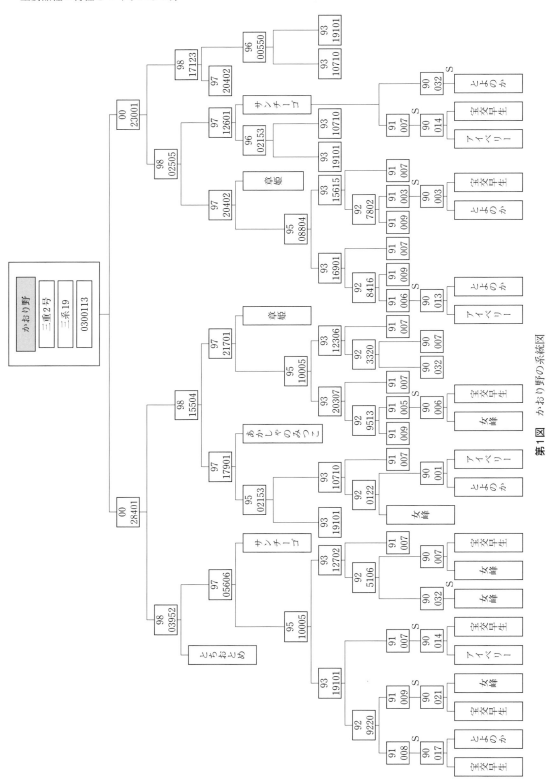

第1図 かおり野の系統図

第1表 定植日別の出蕾日と収穫開始日の品種比較（月/日）

品　種	定植日	出蕾日	収穫開始日
かおり野	9/7	10/9	11/16
	9/11	10/9	11/19
	9/15	10/13	11/22
章　姫	9/7	10/18	11/24
	9/11	10/18	11/23
	9/15	10/17	11/26
とちおとめ	9/15	10/19	11/30

（6）特性を活かす栽培技術

①親株準備と育苗

イチゴ栽培の基本として，無病の親株を確保することは必須になる。炭疽病に強いため雨よけ施設はとくに必要ないが，すでにある場合は使用を推奨する。萎黄病には弱いので，隔離可能な育苗方法で，無病土を用い，プランターやポットは新品か殺菌したものを用いる必要がある。ランナー発生数は比較的多く，親株1株当たりの採苗数は通常20株が目安になる。

育苗中に水や肥料が不足するとランナー発生が停滞したり，先端が枯死することがある。水はけのよい培土を用い，育苗中は灌水量を多めにし，定期的に追肥を行なう。根量が多いため，苗が老化しないよう，できるだけ大きな育苗ポットを用いることが好ましい。小型ポットを使用する場合は，4月下旬から5月に発生するランナーを横に這わせて親株を増やし，6月から発生するランナーを一気に受け，8月初めに切り離して育苗期間40〜45日に揃える。この場合，採苗数の目安は親株1株当たり40株になる。

施肥量が少ないと不時出蕾や心止まりの原因になったり，株ができないうちに花芽ができてしまったりすることがある。そのため，他の品種のような窒素中断は必要なく，育苗後半まで適切に肥料を効かせた管理を行なう。ただし，極端な高窒素になりすぎないよう注意する。

②花芽分化と定植

適度に肥料が効いた状態で，8月中旬からイチゴの体内で花成誘導が始まり，8月下旬から

第2図　かおり野の果実

第3図　かおり野の草姿

9月初めに花芽分化可能な株がポツポツと出現し，その比率が徐々に増していく。9月15日ころに顕微鏡観察で花芽分化が確認できるようになり，このころが定植適期になる。

繰返しになるが，育苗期に窒素が不足すると，株ができないうちに花芽ができてしまうため，適切に肥料を効かせた管理が重要になる。それでも年次変動があるので，育苗後半には顕微鏡観察を行ない，花芽分化ステージ二分期前後に定植することが望ましい。定植が遅れてしまう場合には，肥切れしないよう苗への液肥施用を行なう。

③本圃管理（施肥）

かおり野の栽培では，定植後から収穫始め（9

～11月）の過剰生育回避と2～3月の生育制御が2大ポイントになる。

定植後から収穫始めの過剰生育は，その後の生育のバランスを崩すことになり，乱形果，不受精果，着色不良果や灰色かび病発生の助長に加え，着果過多による厳寒期の中休みと春先の急激な生育回復による食味の低下を招く原因にもなる。

これを避けるには，まず，早すぎる定植を避ける。8月下旬から9月は気温が低下する時期で，定植時期が遅いほど生育を制御しやすくなる。定植直後は根量が急激に増加するため，窒素吸収が急増する。この時期に過剰に窒素吸収しないよう，土耕栽培の場合，基肥量は従来品種の7～8割に抑え，もともと吸肥力の強い品種であることから肥切れしないよう追肥を行なう。一般には10月にビニールを被覆してからマルチを張る前に追肥をすることが多いが，本品種の場合は，気温が低下した12月ころから追肥を始めるほうが適する傾向がある。その後，肥料切れは食味低下の原因になるので，できれば葉柄搾汁液の硝酸イオン濃度を測定し，500ppmを下回らないよう追肥を行なうことが望ましい。

高設栽培の場合は，基肥なしで最初から液肥で管理するほうが適している。液肥で管理する場合，液肥濃度の目安は，定植後3か月はEC0.5mS/cm前後で，11～12月中旬は0.6～0.7mS/cm，12月下旬以降は0.8～0.9mS/cmと徐々に上げていく。一方，高設栽培で基肥管理した場合，定植直後の窒素吸収が液肥管理や土耕栽培より急激になりやすいため，いっそう注意を要する。また，気がつかないうちに肥料が切れていることがあるので注意し，11月下旬から春にかけて追肥を行なう。

④**本圃管理**（温度）

10月20日ころにビニールを被覆すると，急激に生育が旺盛になるため，ビニール被覆から収穫開始まで，夜温5℃を下回るまではサイドを開放し，この時期は昼温も20～24℃と低めに管理する。ビニールを被覆したままのハウスの場合は，いっそう，定植後から可能な限り温度を下げるよう注意したほうがよい。

11月以降，夜温を高く設定すると収量は増えるが暖房経費がかかる。低く設定すると暖房経費を抑えることができるが着色不良や灰色かび病発生のリスクが高まる。それぞれの経営判断で決めることになり，かおり野の場合，5～7℃とやや低めに設定する事例が多い。一方，昼温は着色と食味に強く影響する。適正な温度は24～26℃で，この温度に管理することで，イチゴ生育の最適温度20℃前後を長く確保できる。昼温が低い状態で果実に光が当たらず果実温度が上がらないと着色不良になる。逆に，昼温が高すぎると食味低下の原因になる。とくに，2月の立春以降，外気温は低くても日差しが強まり知らない間にハウス内の気温が高くなっていることがあるので注意を要する。

⑤**冬から春の管理**

すべての品種でみられることだが，2月中旬から3月にかけて根が活発に動き新葉が立ち始めると，光合成同化産物が葉に引っ張られ果実に十分配分されないことがある。このころちょうど気温が上昇し，果実の成熟日数が短くなって，果実に十分な糖や酸が蓄積しないまま成熟してしまうことがある。そのため，一時的に果実が軟らかく食味が低下する期間が発生する。その後，新葉が展開すると光合成器官になるため同化産物の分配はバランスを取り戻し，食味が回復し酸が高くなっていく。かおり野では，草勢旺盛なため，この動きが極端になりやすく，酸味が少ないため食味低下が目立ちやすい。そのため，次のような対策を徹底する必要がある。

・9～11月の過剰生育を避け，冬の生育の落ち込みを少なくする。

・2月立春ころから換気に気をつけ，ハウス内気温の上昇を避ける。

・1月下旬から3月に株が落ち着くまで極端な摘葉をしない。こまめに古葉を取り除く。極端な摘葉をすると新しい葉が急に動き出すことがある。

・春先の灌水量の増加をできるだけひかえる。株の動き出しに伴って吸水量が増加する

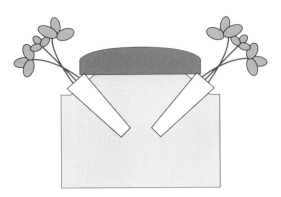

第4図　高設栽培で果梗折れを防止する定植方法
かまぼこ型に土を盛り、その中腹に斜めに定植する

第5図　ミツバチの過剰訪花の花（上）とそれによる異常果実（下）

が、贅沢吸水になることがあるので過剰な灌水を避ける。とくに急激な増加は禁物。

・肥料切れは厳禁。適切に追肥を行なう。液肥管理の場合は、吸水を抑える意味でも、肥料濃度を徐々に高くする。

・2～3月の心止まりの腋芽は除去する。この時期は1株が2～3個の腋芽に分かれ、その腋芽が果房だけになって葉がない芽なしになっていることがある。

⑥その他の注意事項

果梗折れ対策　かおり野の果梗は長く、着果量も多いので折れやすい。土耕栽培では通路につかないよう、大きなうねや高うねにする必要がある。高設栽培の場合、果房を受けるひもなど折れ防止対策は必須である。加えて、土を盛り上げたかまぼこ型のうねの中腹に斜めに植えるような工夫が必要になる（第4図）。それでも折れてしまった果房は速やかに除去する。

ミツバチの過剰訪花　開花数に対しミツバチの活動が活発なとき、第5図上のように、ミツバチが過剰に訪花し雌ずいが傷つくことがある。かりに1月に過剰訪花が起こると、それから50～60日後に第5図下のような不受精果が発生することになる。ハウス規模に応じ適切な数のミツバチを入れるとともに、花の状態を観察し、過剰訪花のときにはミツバチの活動を制限する必要がある。

アザミウマ類の対策　かおり野は花粉量が多いためアザミウマ類（スリップス）の食害に遭いやすい。また、開花が早いため、秋にアザミウマ類が侵入し、ハウス内で越冬して春に多発することも起きやすい。2月上旬から薬剤による防除を定期的に行なう。

＊

以上のように、かおり野は、従来の品種と異なり、花芽分化がきわめて早く、これまでにない強い草勢で多収を実現する品種である。そのため、従来の品種と違うちょっとしたコツが必要になるが、そのコツをマスターすれば栽培管理は比較的容易で利益のでる品種といえる。

執筆　森　利樹・北村八祥（三重県農業研究所）

2014年記

すずあかね

(1) 開発の背景

すずあかねは、エッチエス-138（夏実）に続く夏秋どり栽培向けの四季成り性品種として、弊社で育成した品種である。

夏実は果実の硬さと外観の良さが多くのユーザーに好まれたが、いっぽうで小さめの果実とやや酸味の強い食味には改善すべき余地があった。そのため、すずあかねの開発においては、「夏実よりも大果系で、かつ食味に優れること」を第一の目標とし、交配・選抜に取り組んだ。その結果、果実の硬さや草姿に夏実らしさを残しながらも、ユニークな個性をもった本品種'すずあかね'の育成に至った。

(2) 育成の過程

エッチエス-138（夏実）を種子親、同じく自社育成の一季成り選抜系統であるHKW-02を花粉親として交配を行ない、得られた実生集団より生育・果実特性による選抜を進めた。そのなかから、とくに大果系で優れた果実特性と収量性を有する1系統について現地栽培試験を重ね、諸形質を確認し、2010年に品種名すずあかねとして品種登録された。

(3) 品種の特性と作型

①品種の特性

草姿は中立性で草勢はやや強、草丈はやや低め。腋芽およびランナーの発生数が少なく、生育盛期においても葉の展開が緩慢であるため、古葉かきを含めた管理作業に手間がかからない。四季成り性が強いので心止まり症状を起こす場合があるが、花房の上がりが一時期に集中せず連続的に安定して出蕾するため花房の調整は不要で、1花房当たりの花数も少ない。

果実は大きく、果形は草勢が強い収穫前期には丸みを帯びた栗の形をした球円錐形（第1図）となるが、収穫中期以降はきれいに整った長円錐形（第2図）となる。果皮色は明るい橙赤色で光沢に優れる。香りは良く、酸度は低いが糖度は夏秋どりとしては高めであり、生食用としての用途も広がる。果皮、果肉は非常に硬く、日持ちが良いのが大きな特徴である。収穫作業や輸送時の擦れ、押されにも強いので長距離の輸送に支障が少ない。また、重量機械選果にも適応するので（第3図）、多大な労力を要する選果・選別作業を大幅に省力化でき、共同選果

第1図　収穫前期の球円錐形果実

第2図　収穫後期の長円錐形果実

第3図　選果機にも対応できる

主要品種の特性とつくりこなし方

体制による出荷物の品質向上および安定生産，地域ブランドの育成に寄与できる。

収量性は夏実と同等。一果重は12〜13gと大きく，果重型の多収性品種であるといえる。加えて種子浮き果，小果等規格外品の発生が少なく製品化率が高い。また，出蕾が一時期に集中することがないので高温期にも連続収穫が可能であり，市場が品薄となる8月末〜9月期にも安定した収量が確保できる。

②作型および栽培適地

すずあかねは長日条件のほうが花芽を形成しやすく，夏秋どり栽培が適した作型である。その特性から，栽培の適地は，夏季の涼しいところの北海道や東北，高冷地となるが，近年とくにこのような地域においても夏季は一時的な高温時期となる傾向が強いので，この時期は高温回避策が必要となる。

高温による株疲れを防ぎ，連続的な果実生産を行なうためにも推奨している作型（第4図）は前年秋定植のI，II型，春定植のIII〜VI型で，いずれも5〜8月収穫開始の夏秋どり作型である。高温回避のため株を休める（収穫中花房も含む全花房の摘除を5日間程度行なう）時期を設けるI，IIの作型以外は原則的に連続収穫を行なう。基本的に早期定植の作型ほど収量性は高いが，近年では6月から収穫開始後，高温による株疲れを防ぐために，お盆ころに収穫量減（収量の谷）にする作型III-2型の栽培面積が増えている。

作型は市場・ユーザーからの需要，目標とする収穫期および圃場準備の都合などを考慮して決定するが，果実の収穫・管理作業が一時期に集中しないように定植期をずらして複数の作型を組み合わせることも有効である。

(4) 栽培のポイント，注意点

①設　備

栽培は雨よけができるハウスが基本となり，急激な温度変化に対応するため，できるだけ腰高の大型ハウスが望ましい。また，春や秋の低温期に温度確保ができるよう二重カーテンや加温機などが設置されていることが望ましい。イ

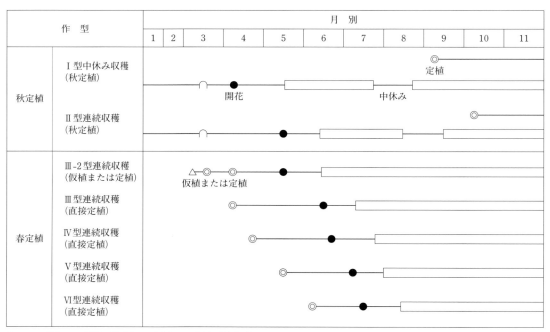

第4図　すずあかねの栽培作型

チゴは肥料成分が高濃度になると根の生育が阻害されるため、低い濃度の養液で管理する必要があり、夏秋イチゴの栽培には多くの水を必要とする。そのため、栽培に使用する原水によっては生育に影響を及ぼすおそれがあるので、地下水を利用する場合には水質検査を行なう必要がある。

②**圃場**（培地）

栽培期間は6か月以上の長期に及ぶため、それを支える地下部（根部）の良好な発育がきわめて重要である。高設、土耕いずれの方式でも定植時の株間は25～30cm程度とし、10a当たりの栽植株数はおよそ5,000～6,000本を基本とする。肥培管理については、追肥を主体とする。

高設栽培では、使用する培地は土壌病害（萎黄病、萎凋病、疫病ほか）の心配がなく物理性が良いものを選び、pH5.5～6.0の弱酸性に調整する。定植して活着したら灌水を兼ねて養液の施用を開始する。低濃度の養液管理を好む品種であることから、給排液のEC値はこまめに測定し、株の状態を見ながら施肥管理を行なう。給液ECの目安は株養成期間で0.3～0.5mS/cm、養分吸収の盛んになる花房上げ期以降も最大0.8mS/cm以下で管理する。適正な給液濃度は給液EC値より排液EC値が低くなるように管理を行なう。また、過乾・過湿に敏感であるため、新根が発生しやすいよう常に培地水分を維持するためにも給液は少量多回数とし、量や回数については天候、気温、日射量などの変化に応じて適切に対処する。

土耕栽培では、基肥は三要素と成分量で各7kg/10a以内を基準とし、あらかじめ土壌分析を行ない必要に応じて減肥する。とくに花房上げ期からは常時適度な養分を保持できるよう10日ごとに窒素成分で2.0～2.5kg/10aの追肥を灌水と兼ねて施用する。灌水量は10日ごとに10～15l/m^2を基準とし、盛夏期には蒸散が激しくなるため5日ごとに同量（肥料は半量とする）を施す。

③**定　植**

定植は冷蔵苗を圃場に直接植えても良い。植込みは深すぎると芽枯れするが、浅すぎは厳禁で1次根の発生が劣り、初期生育が悪く収穫に悪影響を及ぼすので、茎頂部に培地が入らない深さに植え込む。また、植え込むときは培地を強く押さえてはならない（1次根の発生、根の伸長が悪くなる）。灌水にて株を落ち着かせる。全栽培期間において地下部の良好な発育環境をつくることが多収の条件である。灌水チューブはベッドに沿って敷設する。2条植えの場合は作条に沿って1～2本、点滴型のものを使用する。マルチは地温抑制効果の高い白黒ダブルマルチなどを使用し、敷設にあたっては白地を表面にする。

④**株養成**

定植直後から前年に形成された花房が出現し、以後も弱小花房が連続的に出蕾してくる。株自体が十分生長していない段階で連続的に結実させると、株に大きな負担がかかり、生育が停滞して結果的には低収量となる。夏秋期に安定した収量を得るためには、定植後は株養成期間を設けて、すべての弱小花房、ランナーや古葉を常に摘除し、株の栄養生長を促進させることが重要である。

養成期間終了の目安は、作型や気象条件により変動するが、おおむね定植後45～60日ころ（葉数5～8枚程度）に見られる主芽中心部からの大きな花房（大蕾）の出現であり、これをもって主芽が十分に養成されたものと判断して良い。

⑤**株疲れ・障害果の対策**

株疲れ回避のため、着果負担軽減を図る摘果作業は需要である。奇形果や規格外果（特大果、小果）、病果は収穫期間中も含め、早めに摘花（果）する。また、第1花房、第2花房の一番果については奇形果のみ摘花（果）を行なう。9月以降は気温の低下により果実肥大や受粉のしやすい環境になるため、花房の摘除は行なわない。

光量不足、多肥、草勢が強いと、成熟期に達した果実が種子周辺の窪み部分のみ着色し、盛り上がった部分は着色せず、蝋状の光沢になる「白蝋果」になりやすいので注意する（収穫

第5図 心止まり対策として3芽に調整

始めに多発しやすい)。また，果実，果皮が硬いことに起因すると思われる「果皮割れ（ヘタ割れ）」が発生しやすいので注意が必要である。発生は秋期に多く，低温かつ日射量が不足する時期に灌水量・施肥量の過多，ハウス内湿度の変動などの条件が重なって，果実内外の水分状態が急激に変化したときに発症するものと推測される。

⑥心止まり症対策

夏場，高温期の収穫は「着果＋高温」という負担により株の消耗が激しくなり，根部の機能が低下して新葉の展開や果実の肥大が停滞し，株疲れや心止まり症を発症しやすい。対処方法として，着果負担を軽減させるための下位果実などの小果・奇形果の摘果や，土壌水分および肥培管理の徹底，遮光資材や換気扇などを活用した高温対策を図ることが重要である。

心止まり症の対策としては，収穫開始時までに腋芽数を出蕾中の主芽と弱小腋芽を含む，3芽程度（第5図）に調整し，その後放任とすることが有効である。発症した場合にも心止まりした芽以外の腋芽を残しておくことで，株自体の生育停止，欠株となる状況を回避することができる。

⑦病害虫防除

病害虫の防除は，圃場をこまめに観察し，病害虫の発生予察を行ない，予防防除を心がける。特定の病害に対する品種抵抗性はない。土壌病害に強い品種ではないため，同じ培地を用いた連作培地では土壌消毒するなど菌密度を下げる対策を行なう。灰色かび病，うどんこ病に対する強さは中程度であるが，黒斑病に罹病性を示すので有効薬剤による予防的な防除体系が必須である。

(5) 苗の供給

苗の自家増殖は原則禁止としており，ホクレン，JA全農，JA経済連，JA経由にて栽培契約を交わした生産者の方々にのみ，冷蔵休眠打破させた実取苗（秋定植用9～10月，春定植用2～5月の出荷）の供給を行なっている。

この実取り苗の生産は北海道立道南農業試験場で開発された「もみがらを用いた健苗採苗法」（弊社は籾がらの代替としてオガクズを活用）を用い，栽培期間中を通して土壌に触れない隔離栽培を行なっており，苗からの土壌病害の持ち込みを防止している。この採苗法によって生産された苗は根の活着が良く，ポット育苗せずに直接定植することが可能である。母株，培養苗から出荷に至るまで徹底したロット管理とウイルス・病害虫の検定を行ない，健苗出荷に努めている。

執筆　米津幸雄（ホクサン株式会社植物バイオセンター）

2015年記

育苗システム

小型ポット（愛ポット）棚式育苗システム

1. このシステムのねらい

ポット育苗の高い収益性を維持しながら、育苗労力の負担をできるだけ取り除くため、次のことを大きな目標に、新しい育苗システムを開発した。

①収量は従来と同等か同等以上の水準を維持できる。特に、ポット育苗の最大の目的である早期収量が少なくならない。

②育苗に要する労働時間を従来の5分の1程度に軽減する。

③楽な作業姿勢によって、労働強度が半分程度に軽くなる。

④器材は組立てや収納などの取扱いが容易にできる。

⑤育苗管理の自動化ができる。

以上のことが実現することによって、労働時間が従来の5分の1、労働強度が2分の1となるため、全体では慣行のポット育苗法に比べて10分の1の省力・軽作業効果となる。

2. 開発した資器材の種類と利用目的

主要な器材は、育苗用小型ポット、育苗用パネルおよびパネル支持用架台から構成されている（第1図）。

その他、専用培土や専用トレイなども開発したが、導入時の経費をできるだけ少なくするために、直管やパッカーなど生産者で準備できる資器材はなるべくそれを利用することとした。

（1）愛ポット（育苗用小型ポット）

材質は耐候剤の入ったポリプロピレン樹脂製の硬質プラスチックである。形状の異なる数種類のポットについて現地試験を含めて検討した結果、苗の生育に及ぼす影響のほか、各種の管理作業における取扱いの容易さなどを総合的に判断して、内径40mm、外径50mm、長さ150mm、内容量115ccのテーパー（傾斜）のある円筒形のポットを選定した。

育苗培土の量が同じで、ポットが横に広い形と縦に長い形とでは、縦に長いポットのほうがイチゴ苗の生育が優れることが明らかとなった。

外形が円筒形であることから、パネルへの出し入れがスムーズで、テーパーをつけたことによって、苗がポットからはずしやすくなり、ポットの収納も楽にできる。

このポットの名称については、ポットの外観がアルファベットの「I」に似ていることや生産者に優しいことから「愛ポット」という略称を開発に携わっていた者だけで用いていたが、

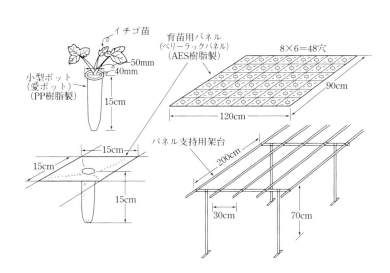

第1図　イチゴ棚式育苗システムにおける主要な器材

語感が良いことで広まった。その結果,最近では小型ポットだけではなく育苗システム全体の名称も「棚式育苗システム」よりも「愛ポット」の名称がとおりが良くなっている。

(2) ベリーラックパネル（育苗用パネル）

①パネルの機能

このパネルの特徴は,苗の養成が容易にできるように,以下の3つの機能をもたせていることである。

パネルの穴の縁に愛ポットの上縁部を保持する「保持機能」愛ポットはポット上面でパネルに保持されており,重心はそれより低いところにあるために小型ポットが転倒することは絶対にない。

パネルに散水された水や液肥を中央の愛ポットへ誘導する「集水機能」灌水装置をとおして上から15cm四方にまかれた水などをすべて集める。この面積は通常のポット育苗で広く用いられている12cmポリポットの上面面積の約2倍であり,散水時に多少葉が重なっていても確実に愛ポットへ水が誘導される。

このことは,夏場に灌水用の水の確保が困難な産地では大きなメリットとなる。

愛ポットに直に太陽光が当たるのを防ぐことによって,根部の高温障害を防ぐ「遮熱機能」慣行のポット育苗では日中の培地温度が45℃を超すことも珍しくなく,高温障害により根部が褐変する場合がある。愛ポットはパネル下の日陰部にあるために,気温以上に培地温度が上がることがなく,培土量の少ない愛ポットでも夏の炎天下での根部の高温障害を避けることができる。

②材質と構造

パネルは持ち運びや取扱いの容易さの点からみればできるだけ軽い材質が望まれる。また,使用環境からみれば,夏場の育苗中に遭遇する高温,強力な紫外線および農薬に対して十分な耐性を持つ材質であることが望まれる。

これらの要求に十分耐え得る材質について検討した結果,自動車のバンパーにも使用されているAES樹脂製プラスチックを選定した。

パネルは,1枚の大きさが120cm×90cmの長方形で,ポットの入る穴のあいたトレイが15cm間隔で計48個（8×6穴）もしくは12cm×13cm（10×7穴）間隔で計70個配置した形状の2種類とした。同じ面積では穴数の多いほうが経済的であるが,健苗の養成からは,とよのかのような葉が横に張る開張性の品種には48個の穴が開いたパネルが,女峰など立性の品種には70個の穴が開いたパネルが適している。

(3) パネル支持用架台

育苗圃場における架台の組立てや分解が容易にできて,イチゴ育苗の管理作業が立った状態で楽にできる耐久性の高い樹脂コーティングパイプ製の脚部と直管受け横棒からなる架台である。作業が楽にできる姿勢などから判断し,地上からパネル面までの高さは70cm程度とした。また,地際部には脚部の沈下防止やパネル押え棒を固定するために用いる直管をクロスジョイントでとめている。

この架台を利用することによって,下葉除去や薬剤散布などの管理作業が楽にできるだけではなく,夏の水害常襲地帯でも苗が冠水することがなくなり,その利点が遺憾なく発揮できる。

(4) 専用培土

愛ポットは内容量が小さいため,培土の品質が苗の生育に及ぼす影響が大きい。専用培土として新規に開発した培土は,バーミキュライト,ピートモス,ボラ土および炭化物を4：3：1.5：1.5の割合で混合し,pHを6.0に調整したものである。培土量が少なくても保水性や保肥力に優れるため慣行のポット育苗と比べても遜色のない苗が養成できる（第2図）。

また,この培土は軽量（1株当たりの容量が慣行ポリポットの6分の1,重量では10分の1以下）であるために,育苗期間中5～6回行なう苗の移動がきわめて楽にすむ。

(5) その他の器材

培土入れフレーム　1回で256個（16×16穴）の愛ポットへの培土入れができるアルミ製の専

用フレームである（第2図）。

専用トレイ 小型ポットを収容するための専用のトレイである。愛ポットの運搬や低温暗黒処理のさいに利用する（第3図）。

夜冷短日処理用ミニパネル ベリーラックパネルと似た小型パネルで，主として夜冷処理時の愛ポット保持用に用いる。集水機能があるため，均一な灌水ができることやミニパネルの下に空間ができるため，均一な温度を保つことができる。

管理作業用台車 育苗中のランナー，下葉除去や愛ポットの運搬時に使用する。

(6) 資材費

第1表には，慣行のポット育苗と対比した資材費などのコスト試算例を示した。資材費は高くなるものの，自家労賃などを計算に入れたコストでは，従来のポット育苗に比べむしろ安くなる。

3. 育苗作業のポイント

(1) 愛ポットへの土入れ

培土は10a当たり22袋（45ℓ/袋）準備する。培土入れでは専用フレームを利用することによって簡単かつ多量に培土入れができる。

(2) 採苗方法

活着の遅いとよのかでは，親株床に挿した愛ポットにランナーを誘導して採苗する鉢受け法が適している。採苗が短時間でできる鉢上げ法は，活着の早い女峰などには適した採苗法である。

(3) パネルへのポット並べ

根鉢が形成されなく

第2図 専用培土，培土入れフレームと小型ポット

第3図 専用トレイ，小型ポットと収納するコンテナ

ても培土がこぼれないので，ランナーを切り離したあとコンテナなどに入れて運んだ愛ポットをパネル面へこぼし，穴に入れる。

第1表 育苗に関する10a当たりコスト試算例

棚式育苗システム			現行の12cmポット育苗		
①育苗資材経費			①育苗資材経費		
資材名	耐用年数	年経費	資材名	耐用年数	年経費
ポット	10年	17,280円	ポット	3年	7,680円
パネル	6	83,567	ポットフレーム	8	3,000
架台	10	23,000	マリックスシート	5	6,000
直管パイプ	10	7,155	灌水施設	5	60,000
灌水施設	5	60,000	培土（赤土）	1	40,000
育苗培土	1	25,000			
計 216,302円 (30.04円／ポット)			計 116,680円 (16.20円／ポット)		
②低温処理経費（自家予冷庫利用）			②低温処理経費（大型冷蔵庫利用）		
コンテナ借代 103個		4,017	コンテナ借代＋運賃 400個		15,600
電気代		3,000	使用料 98,800円		83,200
計 7,017円 (0.97円／ポット)			計 98,800円 (13.72円／ポット)		
③自家労賃試算（104時間×1,250円）			③自家労賃試算（429時間×1,250円）		
労賃 130,000円 (18.06円／ポット)			労賃 536,250円 (74.48円／ポット)		
④総合計（①＋②＋③）			④総合計（①＋②＋③）		
10a当たり		353,319円	10a当たり		751,730円
1ポット当たり		49.07円	1ポット当たり		104.41円

育苗システム

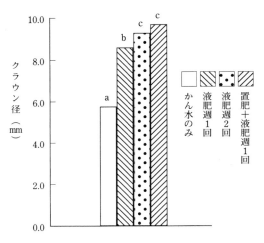

第4図 置肥施用および液肥施用回数とクラウン径
　　　　（平成5年）
注　①a, b, cの符号は異符号間で5%の有意水準で有意
　　②置肥：袋入り緩効性肥料40日タイプを1袋（2g）施用
　　③液肥：OKF1・1000倍液のかん注
　　④採苗：6月12日、調査：8月18日

第2表　愛ポットの栽培暦（高設採苗システムと併用）

作業時期	作　業　内　容
前年9月下旬～10月上旬	専用親株の冷蔵処理 　冷蔵期間：9月下旬～11月上旬 　　　　　　1～1.5カ月 　冷蔵温度：0～-1℃
11月上旬	親株植付け（仮植え）
3月上旬	親株を高設栽培槽へ植え付ける
4月下旬～5月	薬剤散布 　うどんこ病や炭そ病の防除を定期的に行なう（1週間ごとに交互に防除）
5月下旬	愛ポットへの培土充填 架台の設置
6月上旬～中旬	低温処理作型用苗の採苗
6月下旬～7月上旬	普通促成作型用苗の採苗
6月中旬～7月上旬	苗の切り離し 　鉢受け後2～3週間後、または、最終鉢受け後10～14日後をめどとする
6月下旬～	灌水管理 　早朝および昼間に灌水し、最終の灌水時間は午後3時ころまでに済ませる 追肥開始 　切り離し後1週間目ころに置き肥を施用
6月下旬～7月下旬	摘葉（下葉かき）、ランナー除去
8月上旬～中旬	窒素中断　　低温処理菌：8月 5日 　　　　　　普通促成　：8月20日
8月中旬～	低温処理
9月上旬～中旬	定植

（4）灌水管理

　灌水しても余分な水はすぐ下へ抜けるために、過湿による根腐れを引き起こす心配がない。逆に、水分不足によりしおれた場合にはその後の苗の活力回復には1週間以上要するので、灌水の回数をむやみに少なくしてしおれることがないように注意する。

　細霧状の灌水では、水が愛ポットへ入る前にパネルとの隙間に流れる量の割合が多くなりやすいので、太い水滴の出る灌水法とする。また、むやみな徒長を防ぐため、1日のうちで最終の灌水時間はおおむね午後3時ころとする。

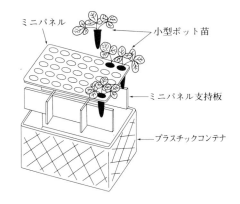

第5図　ミニパネルの夜冷短日処理時の利用方法Ⅰ
　　　　（プラスチックコンテナでの収納）

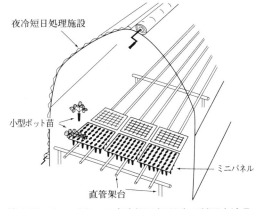

第6図　ミニパネルの夜冷短日処理時の利用方法Ⅱ
　　　　（簡易な架台での設置）

小型ポット（愛ポット）棚式育苗システム

（5）肥培管理

専用培土には活着までに必要な肥料は含まれているが，活着後は外から追肥により補給し，苗の養成期間中は常に肥効を持続させることが健苗養成のポイントである。

愛ポットは容量が小さいために肥料の溶脱も早いので，固形肥料による置肥を主体とし，液肥を補助的に施用するような肥培管理を行なう。置肥は，種類や環境条件（温度，水）によっては根部が褐変する場合もあるが，苗の養成に対する効果は液肥に比べて高く安定しており（第4図），液肥施用の手間も少なくすることができる。

市販されているイチゴ用置肥の愛ポット1株に対する施用量は，オクダーケでは1袋，IB化成では大粒を2粒，ジャンプでは1錠が適当である。

液肥の濃度は，普通ポット育苗の場合に比べてやや薄い濃度とする。液肥の1回当たりの施用量は，1ポット当たり50cc，10a当たり約400lとする。

（6）窒素中断時期

追肥の打切り時期はポット育苗よりやや遅い時期とする。

普通促成栽培：8月15日
低温暗黒処理栽培（9月5日定植）：8月5日
夜冷短日処理（9月5日定植）：8月10日

夜冷短日処理では，処理時の灌水のむらを少なくするために，ミニパネルを利用する（第5図，第6図）。

（7）強風，台風対策

本育苗システムは見かけ状から強風に弱いイメージをもたれる場合があるが，耐風性の高いことはこれまでの現地での栽培からも証明されている。通常の強風にはパッカーどめで十分であるが，さらにパネル中央部分に押えのためのパイプなどを固定すれば万全な対策となり，台風にも十分に耐えられる（第7図）。また，寒冷紗のベタがけによって苗の茎葉の損

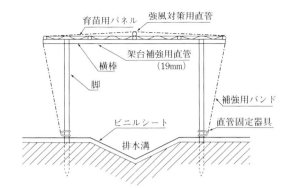

第7図　架台に固定したパネルの補強方法

第8図　育苗管理の様子

傷も防ぐことができる。

コンテナなどへ一時的に避難すると，むしろ苗を弱らせることが多い。台風の事後対策として，まず炭そ病の防除を行なうとともに，葉面散布剤で苗の草勢を回復させる。

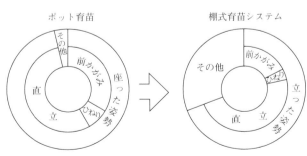

＊その他：待機，休憩，移動 など

第9図　葉かき作業における姿勢の比較
（飯塚地域農業改良普及センター調べ）

育苗システム

第10図　共同育苗の圃場（育苗本数10万本）

第11図　仕上がった苗

第12図　定植苗の根張り

4. 本システムの導入状況

本システムの現地への導入は，試作品の完成した平成3年から始まり，平成7年度には全国で250ha（本圃換算）まで広まっている。

生産者にとって，作業姿勢が従来の座った姿勢から立った姿勢へ変わった（第8図）ため，作業のきつさが大幅に軽減できた（第9図）。

この育苗方式を採用することによって，大規模な共同育苗が可能になり，灌水管理の当番が1週間に一度ですみ，時間的な余裕が生じたり，同じ場所で育苗していることから生産者間の苗のばらつきも少なくなるなど，生産者から高く評価されている。

1か所の育苗本数が35万本を超す共同育苗も平成6年度から始まっており，平成8年度は合計約150万本以上の苗生産が大規模な共同で育苗されるようになっている（第10図）。

生産者にコスト意識をもってもらうための良い機会とするためもあって，愛ポットの導入に当たっては生産者に対して「収量は従来と同等で新たに資材費が必要です。でも苗の生産コストは愛ポットのほうが安くなります」という言い方をしてきた。しかし生産者が技術的に習熟してきた最近では，「愛ポットは増収技術ではないか」との話があちこちの生産現場から挙がっている。単位面積当たり収量が福岡県内でトップの産地で共同育苗が年々増加していることはそのことを如実に示している。

執筆　伏原　肇（福岡県農業総合試験場園芸研究所）
1996年記

小型ポット（ウェルポット）育苗

1. このシステムのねらい

ウェルポット育苗システムは、イチゴのポット育苗作業の省力化と健苗育成を目的に開発されたものである。

本システムでは、第1図のように小型で細長い形状のウェルポットとウェルプレートと呼ばれるポットの支持板との組合わせによって、少量の培地で健苗を育成することを目的としている。

ウェルポットの形状は、イチゴの根群の発達が単にポットの培地量だけに依存するのではなく、その深さに影響を受けることに着目して考案されたものである。ポットの形状とイチゴ苗の生育を調査したところ、培地量が同じであれば、培地が深いほうが根の発育が優れていた。そこで、培地を深くし、培地量を減らすため、細長い形状のポットに決定した。ウェルポットの充填培地量は約300mlで、12cm径ポットの40～45％、10.5cm径ポットの概ね75％の容量である。

一方、ウェルプレートと呼ばれるポットの支持体は多面的な働きを持っている。

まず第一に、中空の突起は根に酸素を供給することができ、根の生育が良好となる。イチゴのポット苗をよく観察すると、根は主に酸素が供給されやすいポットの周囲や底部に分布している。第1表に示したように、中空突起の側部に通気のための穴をあけることによって根の乾物重は増加した。少量の培地で根の発育を良好にするための工夫である。

第二に、突起部の培地重量が軽量化される。ポットの中心部を中空にすることにより、この部分の培地容量約16mlが軽減される。

第三に風などによるポットの倒伏を防ぐ支持体の効果もある。とくに、細長いポットを開発するうえでの問題点であったポットの不安定性はウェルプレートの考案で解決した。

第四に、ウェルプレートは15個のポットを水稲育苗箱に並べるだけでなく、ポットを3個ずつ分離することができるので、株間の一方向を自由に広げることが可能である。

2. このシステムによる苗質

イチゴのポット育苗では、一般に培地量600～700mlを充填した12cm径の黒ポリポットを使用する。最近では、ポット重量を軽減するために10.5cm径ポットを使用することも多い。そこで、培地を400ml充填した10.5cm径ポットと、300ml充填したウェルポットとの苗の生育を比較検討した。また、同時に培地の種類についても併せて検討した。

第2表に示したように、地上部の生育を見ると、葉の大きさやクラウン径はポットの種類に

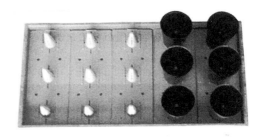

第1図　水稲育苗箱に組み入れたウェルポット

第1表　ウェルポット育苗の中空突起の通気穴処理効果

処理	葉柄長	クラウン径	根長	1次根数	根乾重
	cm	mm	cm	本	g
天穴	15.9	10.5	16	37	3.7
側穴（4か所）	15.9	10.1	15	44	4.3
無処理	12.8	10.7	15	46	3.7

1）穴の大きさ：直径3mm
2）調査年月日：1993年10月1日

育苗システム

第2表 ポットと培地の種類がイチゴ苗の生育に及ぼす影響

ポット	培地[1]	最大葉			根長	クラウン径	1次根数	葉色[2]	葉数	苗重[3]	乾物重	
		葉長	葉幅	葉柄							地上部	地下部
		cm	cm	cm	cm	mm	本		枚	g	g	g
10.5	慣行	8.2	6.9	10.0	14	12.0	62	25	5.2	543	7.51	2.80
〃	ウェル	8.8	7.6	15.7	15	13.5	77	25	4.8	444	8.18	1.95
ウェル	慣行	8.1	7.2	11.6	16	12.2	62	26	5.5	431	7.70	3.01
〃	ウェル	8.4	7.8	14.5	17	14.0	67	25	6.0	367	8.95	2.25

[1] 培地：慣行…山土：くん炭＝7：3 (V/V)　ウェル…ウェルポット専用
[2] 葉色：ミノルタ製葉緑素計SPAD-501示度　[3] 苗重：培地を含む　[4] 調査年月日：1994年9月29日

よる差はほとんどなかった。また，培地を比較すると，慣行培地に比べてウェルポット専用培地は，葉が大きく，葉柄も長くなり，地上部乾物重も重くなる傾向が認められた。根は10.5cm径ポットに比べて，ウェルポットのほうが長く，乾物重も大きくなった。培地の影響は，ウェルポット専用培地において根長が伸び，1次根数が増加する傾向は認められるが，逆に根の乾物重は慣行培地のほうがやや大きかった。苗重は，ポットの種類では培地量の多い10.5cm径ポットのほうが当然重く，培地ではウェルポット専用培地のほうが軽かった。

このように，ウェルポットは培地量が少ないにもかかわらず，苗の生育は優れており，第2図のように根の発達が良い。とくに，根長はポットの深さに強く影響を受けることが明らかである。

3. 必要な資材（第3図）

(1) 資材

① ウェルポット

第4図に示したように，ポットは上径80mm，底径55mm，高さ115mmの縦長の形状である。また，ポット底部の排水穴は直径約30mmで，ウェルプレートの中空突起が入るようにやや大

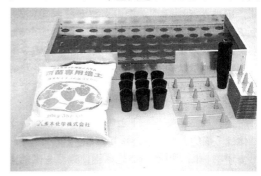

第3図 ウェルポット育苗システムの資材

第2図 ウェルポットの根張り

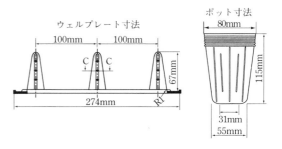

第4図 ウェルポットとウェルプレートの大きさ

②ウェルプレート

3本の中空突起が1枚のプレートに付いている。突起の高さは67mmで突起間隔は100mmである。各突起にはスリットが4本入っており，さらに各スリットに3個の通気孔が開いている。このプレートは5枚で水稲育苗箱に納まる。つまり，15連結のポットが基本形である。これは，開発当初，セル成型トレイのような連結ポットを設計コンセプトとしたからである。連結ポットでは密植となるため，苗の均質性が問題になるが，5つのプレートに分割することにより苗の間隔を広げることが可能となった。もちろん，水稲育苗箱に乗せなくても育苗ベッドにじかにプレートを並べてもよい。

③ウェルポッター

ウェルポットは底部の穴が大きいため，培地の充填にやや手間を要するが，このウェルポット専用の土入れ器（ウェルポッター）を利用するときめて迅速に作業することができる。

(2) 培地（用土）

このシステムではとくに培地まで指定してはいないが，生産者段階では従来のポット育苗に準じて，山土とくん炭を中心に配合した培地を使用することが多い。先述したように，このシステムでは培地の軽量化を図るため，焼土，ピートモス，アクアソイル，バーミキュライトなどを配合した専用培地も開発されている。この多木式培地を用いると，慣行の山土・くん炭配合培地に比べて20〜30％軽くなる。この培地は保肥力の弱い山土を中心とした慣行の培地より窒素肥料の吸着力が強く，保水性も高いため，苗が徒長しやすいが，花芽分化時期は慣行の培地と変わらない。

(3) 経費

ウェルポットは1個7円で1袋2400個入りである。ゆえに，10a当たり約7000鉢育苗するとすれば，3袋必要で約5万円の投資となる。

また，ウェルプレートは1柱当たり20円で，3柱が1枚のプレートとなっており，1ケース1200柱，400枚のプレートが梱包されている。したがって，10a当たり6ケース必要として14万4000円となる。

ウェルポッターは1台1万9000円である。また，専用培地は1袋35l当たり1800円で，1ポット当たりの培地量が300mlとして，10a当たり60袋必要で10万8000円となる。したがって，10a当たりのポッターと培地の経費は12万7000円となる。

このうち，ウェルポッターと専用培地は必ずしも必要でないので，ポットとプレートのみであれば10a当たり19万4000円が初期投資となる。ウェルポットは肉厚であるため，3〜4年，ウェルプレートは6年以上使用可能である。

4. 育苗の実際

このシステムでの採苗方式は挿しポット育苗を基本とするが，受けポット育苗も可能である。水稲育苗箱にウェルプレートを5枚並べると15ポット乗せることができる。挿しポット育苗の仮植時期は，10.5cm径の慣行ポットと同じでよく，6月中旬ころであるが，ウェルポット専用培地など肥持ちのよい培地を使う場合は7〜10日おくらせる。本葉3枚程度で根が5〜6本発根したランナーを用いる。

仮植の作業は，ポットの中心部から少しずらして指で穴を開け，根をまっすぐ挿入する。ポットの方向は培地温度が低いポットの北側に植え穴が来るよう配置したほうがよい。仮植後は黒寒冷紗で遮光し，活着後は直ちに除去し日光に当てる。長期間の遮光は苗を軟弱にし，後の生育を妨げる。

施肥は慣行のポット育苗に準じて行なうが，ウェルポット専用培地を使用する場合は，保肥力が大きいので生育をみて液肥の追肥回数を減らす。花芽分化促進のための窒素中断は8月中旬ころから処理する。また，育苗日数は10.5cm径ポットとほぼ同じである。

葉数は4〜5枚程度で管理するが，葉が混んできたら第5図のようにウェルプレートの間隔を広げ，苗の徒長を防止する。根の発育がよいこ

育苗システム

第5図　育苗のようす

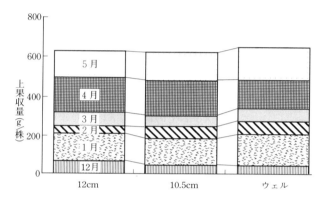

第6図　ポットの種類が時期別上果収量におよぼす影響
　　　　調査年月日：1994年12月12日〜1995年5月8日

ととポット下部からの通風により吸水力が旺盛で，培地が乾燥しやすいので灌水管理に注意する。

5. 定植後の管理

ウェルポットは細長いので，斜め植えとする。定植後の根は，育苗時に形成されたクラウン部から新たに発生するので，斜め植えのほうが根量が増加しやすい。

定植から約2〜3週間で新根の発生が旺盛となるので，クラウン部が乾燥しないよう綿密な灌水を行ない，根群域を確保する。ポットの大きさにかかわらず開花期以降，栄養成長が盛んになるにつれ，根の発育は低下するので，ウェルポット苗も定植から約1か月間の栽培管理は後の成り疲れ防止対策の面からも特に重要である。

収量は，第6図に示したとおり，早期収量，全収量とも慣行の12cm径や10.5cm径ポットと比べて遜色ない。

執筆　小林　保（兵庫県立中央農業技術センター）

1996年記

セル成型苗育苗（女峰）

1. セル育苗のねらい

　低コストで高品質な苗を安定的に供給する苗生産のシステム化が今日的な課題となり，種子系苗を中心にセル成型苗生産システムが実用化され，苗生産の分業化が行なわれている。しかし，栄養系であるイチゴでは，集約化されにくいことや苗づくりが生産性へ影響するなどの考え方から，栽培者自身が育苗を行なっているのが現状である。苗づくりは暑い時期に行なわれ，採苗や移植作業などの集中もあり，省力化，軽作業化が求められているところである。

　そこで，現在行なわれているポット育苗，夜冷育苗，低温暗黒処理などの各種育苗においてセル成型苗の適応性を検討したところ，いずれも実用性が認められた。ここでは，女峰を用いて，育苗労力を最も要する夜冷育苗におけるセル成型苗の特性，育苗の実際について述べたい。

2. セル成型苗の特性

(1) 採苗時の苗の大きさ

　セル成型苗の生育は，採苗時の葉数が3枚程度の大苗では慣行苗（以下，12cmポットで育苗した苗）より優れる。また，一般的な育苗に用いられる苗よりやや小さい葉数2枚前後の小苗や中苗でも問題なく，窒素を株当たり成分で20mg施用することにより，クラウン径8〜9mm，株重15〜20g程度の苗が育成できる（第1表）。しかも，このような苗は根量が少ないので，採苗や仮植しやすくセル育苗に適する。

　セル成型苗の収量は慣行苗の90〜95％であるが（第2図），慣行苗でみられる2月ころの中休みがほとんどなく，3月までの収量は大差ない。中休みは，着花数などの要因も考えられ，果数型品種に分類される女峰では，着花過多が株疲れや中休みを引き起こす場合が多い。これまでの栽培では，気温の高い時期に定植する作型でその影響が大きく現われるので，定植時期を遅らせたり，本圃の元肥量を減らすなどして対応している。

　ところが，セル成型苗では，定植時の苗が小さいことや株の栄養状態が悪いことなどにより，着花数や腋芽数が減少するため，急激な着果負

第1図 セル成型苗（右）と慣行苗（左）
セル成型苗はやや徒長ぎみの苗となるが，根は白く，活力がある

第1表 採苗時の苗の大きさとセル成型苗の生育
(栃木農試，1994)

採苗時の苗の大きさ*	定植時			葉柄長(12月2日)	頂花房	
	株重	根重	茎径		着花数	開花日
（セル）	g	g	mm	cm	花/株	月.日
小 苗	15.5	7.2	8.3	11.6	16.9	10.22
中 苗	19.4	8.7	9.6	11.0	17.8	10.23
大 苗	31.5	13.3	10.8	11.4	19.4	10.25
慣行苗	23.3	10.6	10.1	12.6	19.9	10.21

注＊採苗時の苗の大きさ
　小苗：葉数1.8葉，苗重2.2g
　中苗：　　 2.1葉，　 4.9g
　大苗：　　 3.2葉，　10.1g

育苗システム

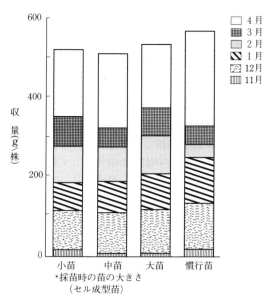

第2図 採苗時の苗の大きさと収量（栃木農試，1994）
注 *苗の大きさは第1表を参照

第2表 女峰のセル成型苗とポット苗の比較
（8月上旬夜冷処理開始の目安）

	セル成型苗	ポット苗
ランナー苗 葉数	2枚程度	3枚前後
採苗仮植日	7月中旬	7月初め
育苗日数	21日間	35日間
夜冷処理 開始時期	8月上旬	
処理期間	約25日間	
定植時期	9月初め	
定植苗の目安 葉数	2〜3枚	4枚前後
株重	10〜15g	20〜25g
クラウン径	8mm程度	10mm程度
根重	5g前後	12g前後
ポットの大きさ	130cc	450〜750cc
施肥（N成分量）	20mg/株 液肥	70〜140mg/株 固形肥料

担がなく，中休みせず連続的に収穫できるものと考えられる。

(2) 夜冷処理開始時期

セル育苗の夜冷処理開始時期は，収量からみると8月下旬より8月上〜中旬に開始したほうが多収となる（第3図）。これは，定植後のセル成型苗の生育量の違いによるものと考えられる。処理時期が早ければ，定植後の初期生育が比較的高い気温により促進され，収穫始期ころまでには慣行苗とほとんど区別がつかない程度になる。

したがって，セル成型苗の利用にあたっては，定植時期があまり遅くならないよう夜冷処理開始時期を決めたい。果実肥大，腋花房の分化発育，収量性などから判断すると，8月上〜中旬が適当である。8月下旬処理とする場合には，花芽が分化したら速やかに定植し，定植後の活着を良くし，肥培管理などを適切に行なって生育を確保することが必要である。

(3) 夜冷処理前の育苗日数

生育は夜冷処理前の育苗日数が長いほうが優れる傾向があるが，収量との関係ではあまり長い期間は必要ない。セル育苗では根鉢形成も重要で，14日間では定植時に培養土が崩れるものもみられ，根鉢形成には21日間程度が必要である。夜冷処理期間（約25日間）も含めると，仮植から定植までは約46日間となり，慣行法よりも14日間ほど短縮される。

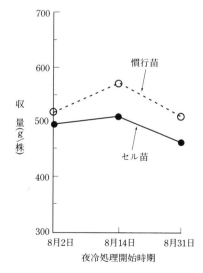

第3図 夜冷処理開始時期と収量
（栃木農試，1994）

セル成型苗育苗（女峰）

このように，育苗日数が短くても収量への影響が小さいのは女峰の特性と考えられる。とよのかでは75±14日とする報告もあり（松尾ら，1994），品種により適した育苗日数のあることが推察される。

（4）セル容量（培養土量）

省力化，軽作業化を図り効率的な苗生産を行なううえでは，どこまでセルを小さくできるか，育苗面積を縮小できるかがポイントになってくる。セル容量の減少により，地上部重は減る傾向となり，根も抑制される（第3表）。一方，単位培養土量当たりの根重である地下部密度は，セル容量の減少により高まる。トマトでは地下部密度が高くなると，定植後の施肥反応が低下し初期生育の遅れが指摘されている（正木ら，1979）が，イチゴでは定植を境にして出葉間隔が著しく短くなる（後掲第5図）ことから，吸肥は定植直後からおう盛となり，生育の抑制は少ないものと推察できる。

セルトレイは品目などによりさまざまで，そのほとんどは種子系苗の生産に利用されている。そこで，苗の生育程度，収量性，作業性，省力性などを総合的に検討したところ，セル容量は130mlが適当と判断し，第4図に示した短径30cm，長径60cm（水稲用育苗箱と同じ大きさ）の発泡スチロール製トレイに直径5cm，深さ8cmのセルを45穴有するセルトレイを開発した。これを用いて実用性を検討したところ，生育はほぼ均一となり，欠損やむれ苗の発生はなく作業性もよかった。

（5）花芽分化

セル成型苗の花芽分化は第4表のとおりで，採苗時の苗が小さかったり，育苗中の窒素量が少ないほど遅れる傾向が認められる。このことについては，葉数との関係が認められており

第3表　セル容量と生育および収量

(栃木農試，1994)

セル容量	定植時				本ぽの生育**		頂花房		収量
	株重	根重	地下部密度*	茎径	葉柄長	小葉の大きさ***	着花数	開花日	
ml/株	g	g		mm	cm	cm²	花/株	月.日	g/株
130	12.0	5.4	4.2	9.2	11.6	77.0	21.3	10.10	497
200	16.2	6.2	3.1	9.5	12.1	77.7	20.6	10. 9	502
270	14.9	7.5	2.8	9.4	12.2	78.1	19.4	10.10	504

注　*培養土100mlあたりの根重，**12月2日調査，***葉身長×葉幅

第4図　イチゴ育苗用セルトレイ
白い突起が仮植苗を傾ける方向

第4表　採苗時の苗の大きさおよび窒素量と花芽分化

(栃木農試，1994)

採苗時の* 苗の大きさ	窒素量	花芽分化**	葉数	展開*** 葉数
	mg/株		枚	枚
小　苗	0	△△△○○	3.6	1.8
	10	△○○○○	4.3	2.5
	20	○○○○○	4.8	3.0
中　苗	0	△△△○○	4.3	2.2
	10	○○○◎◎	5.0	2.9
	20	○○○○◎	5.5	3.4
大　苗	0	△○○○○	5.3	2.1
	10	○○○○◎	6.1	2.9
	20	○○○◎◎	6.2	3.0
慣行苗		◎◎●●●		

注　*第1表の注に同じ
　　**△：肥厚期，○：分化期，◎：花房分化期，●：ガク初生期
　　***採苗仮植から調査時まで48日間の展葉枚数

（上野，1965），筆者らの行なった調査でも，3枚程度ではばらつきが大きく，5枚以上で安定して分化する結果を得ている。セル成型苗に関する各種の試験においても，5枚程度になればほとん

育苗システム

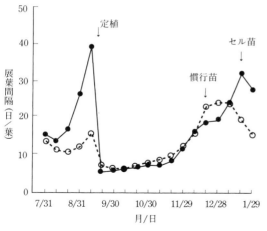

第5図　展葉間隔の推移
(栃木農試, 1995)

どの株で分化期に達していることから，2枚程度のランナー苗を用いる本育苗方式では，仮植後の活着を良くすること，活着後直ちに施肥を始め展葉を促進させることが大切である。

また，株栄養状態の悪化による分化後の発育不良も認められており(藤本ら，1970)，花芽分化後は速やかに定植するなどして，栄養状態の改善を図らなければならない。

(6) 生育特性

セル成型苗の展葉間隔は，慣行苗とほぼ同様な傾向であるが，育苗後半に著しく間隔が長くなり展葉が遅くなることが特徴である(第5図)。このことは，生育面ではマイナス要因となるが，管理面では葉かきなどが不要となる。

定植後では，11月中下旬まで慣行苗よりわずかに展葉間隔が短く葉の展開はよい。また，定植後のセル成型苗と慣行苗の葉柄長および葉面積の推移は大差なく，定植時の苗が小さいことを考えれば，本圃での生育はセル成型苗のほうがやや優れるとみてよいだろう。

3. 必要な施設・資材と経済性

(1) セルトレイ，培養土など

先に述べたイチゴ育苗用セルトレイ(第4図)はすでに商品化されている。10a当たり(8000株)の必要トレイ数は約180枚で，育苗面積は隙間なく並べると約40m²足らずでよく，通路など管理部分も含めてもその1.5倍程度である。また，培養土量は約1.1m³と慣行の6分の1程度ですむ。

このように，培養土や育苗面積が少なくなることもセル育苗の特徴である。

(2) 経済性，省力性

夜冷処理におけるセル育苗とポット育苗について比較すると，育苗準備から定植までに要する労働時間はセル育苗が10a当たり160時間で，ポット育苗の半分ほどに減少する(第5表)。特に省力化される作業として，育苗準備，育苗管理，夜冷処理があり，なかでも大量の培養土を扱う育苗準備および夜冷処理では大幅に短縮され，軽作業化が図れる。

セル育苗に要する経費は約40%軽減され，1株当たりの育成費はセル成型苗が41円，ポット苗が71円となる。

4. 育苗の実際

セル成型苗を利用した夜冷育苗の栽培体系は第6図のとおりである。

(1) 親株圃

親株圃では，①無病で，②徒長がなく，③発根の始まった本葉2枚程度の苗

第5表　労働時間と経費 (10a当たり)
(栃木農試, 1996)

	項　目	セル	ポット	比	備　考
労働時間		h	h	%	
	育苗準備	8	81	9.9	培養土の調整, 土詰め
	採苗仮植	70	72	97.2	
	育苗管理	33	105	31.4	施肥, 葉かき, 灌水
	夜冷処理	8	35	22.8	夜冷処理準備, 管理
	定　植	41	43	95.3	
	合　計	160	336	47.6	
経　費		千円 367	千円 636	% 57.7	
1株当たりの育成費		円 40.8	円 70.7		

を多数発生させることが必要となる。そのためには、つるくばり、防除などの基本技術を励行する。近年、ランナーを空中に発生させる高設式の親株圃が実用化され、これとの組合わせにより効率化が期待できる。

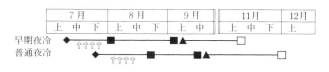

第6図　セル成型苗を利用した夜冷育苗の栽培体系
(栃木農試，1996)
◆：採苗仮植，↑：施肥，■：夜冷処理，▲：定植，□：収穫

(2) 培養土の準備

培養土はポット育苗などで利用しているものでよいが、特に透水性が良好なものとする。栃木県での一般的な事例としては、鹿沼土または赤玉土の細粒を基本培地として、もみがらくん炭を2～3割混合したものがある。

ピートモスのような資材の割合が多く、仮比重の小さい培養土は、仮植時の作業性や仮植後のクラウン部と培養土の密着が劣る。

(3) 採苗仮植

採苗仮植は夜冷処理開始の3週間前ころを目安とする。本葉2枚程度の苗（第7図）を採苗し、ランナーの切り口を培養土にほぼ直角にクラウン部まで差し込む（第8図）。これにより苗が支持される。傾ける苗の方向はセルトレイに印（第4図参照）がついている方向へ揃える。この印が定植時に花梗の発生方向を揃えるための目印となる。最後にクラウン部にまわりの培養土を寄せる感じで軽く抑え、仮植後直ちに灌水し、寒冷紗をかけ活着の促進を図る。概ね5日目には新根の発生が認められる。徒長苗や大苗は活着が悪い。

セル育苗では、本葉2枚程度の苗が適するが、葉が多かったり、根の長い苗を用いなければならない場合は、それらを除去するとよい。根を切る場合にはクラウンの直下から行なう。

(4) 肥培管理

仮植後5日目ころには新葉が伸び新根が発生してくる。このころから施肥を開始する。窒素成分量は1株当たり5mg程度とし、灌水をかねて液肥で行なう。その後5日に1回の割合で、夜冷処理前までに合計4回、成分で20mgほど施す。

第7図　セル育苗に適するランナー苗

第8図　セルへの仮植
セルトレイの印の方向に傾け、培養土に直角にさす

(5) 育苗管理

仮植後10日目ころにはセルトレイの底穴から根がみえるようになり、吸水が盛んに行なわれるようになる。灌水は午前中に1回程度でよいが、乾きに応じて適宜行なう。マイクロスプリンクラーなどによる自動灌水装置の利用で省力化されるが、灌水むらが生じることもあるので注意が必要である。

セル育苗では株間が6cmほどと狭く、徒長しやすい条件にあるため、徒長を恐れるあまり、貧弱な苗になっている事例がみられ、このような苗は生産力が著しく低い。先に述べたような

肥培，灌水管理を行ない，さらに通風を図ったり，葉かきなど行なう中で苗が大きくなり，クラウンが発育できるような管理を行なうことが，セル育苗の最も重要なポイントである。

育苗場所は雨よけを基本とし，地面と切り放してセルトレイを並べる。高設式とすれば作業姿勢なども改善され，また夜冷施設の台車を利用すれば，処理開始時の苗の運搬が省ける。夜冷処理はセルトレイのまま慣行に準じて行なう。

5. 定植と定植後の管理のポイント

定植は花芽分化を確認し，培養土を付けた状態でそのまま植え付ける。また，花梗の発生方向を揃えるため，2条高うねでは前述のセルトレイの印に合わせて仮植しておけば，その印（セル成型苗では縦溝状に付いている）が通路側へくるように定植し，さらに苗を通路側へやや傾けて植えるとよい。

定植後の活着はよく，5日目ころには新根の発生が多くみられる。その後の栽培管理は促成栽培の慣行法に準じて行なう。

執筆　石原良行（栃木県農業試験場栃木分場）

参 考 文 献

藤本幸平・木村雅之.1970.イチゴの花成に関する研究.園学要旨．昭45春，174－175.

石原良行・植木正明・四方田純一・高野邦治・大谷晴美.1994.セル成型苗利用によるイチゴ育苗の省力化．栃木農研報.42，65－77.

正木敬・大野元.1979.鉢育苗に関する研究．野菜試報.A5，81－93.

松尾孝則・大串和義・田中龍臣.1994.促成イチゴの省力的育苗技術の開発．園学雑．63別1九州支部，698.

上野善和.1965.イチゴの花成と栄養生長に関する研究（第4報）．園学雑.34，212－222.

1996年記

セル成型トレイ育苗システム（とよのか）

1. セル成型トレイ育苗のねらい

　北部九州を中心とするとよのか産地での育苗法は，花芽分化を早めることを目的としたポット育苗法が広く普及している。しかし，このポット育苗による育苗体系は，10月中旬の親株定植から翌年9月の定植までと長期間にわたり，全労働時間の18.6％に当たる382.2時間を要している。さらに，床土の作成，床土のポット詰め，育苗床へのポットの運搬，低温処理庫への苗の運搬および定植圃場への苗の運搬などに重労働を必要としている。このような状況の中で，生産者からは育苗の省力・軽作業化が強く望まれている。

　セル成型育苗技術は，ポット育苗に代わる新しい省力・軽作業の育苗技術として，さらには，育苗の受委託に伴う苗の流通を考慮した技術として開発したものである。

2. セル成型苗の特性

(1) 苗質

　セル成型苗は，栽植密度が高いため徒長ぎみに生育し，特にその傾向は梅雨期から最終追肥時期の8月上旬まで大きい。定植時の苗質では，ポット苗と比較してT/R率が高く，地上部よりも地下部の生育が劣る。さらに，根数が少なく褐変根率が高い。しかし，根部の呼吸量が多いことから根の活性は高いと思われる。クラウン径は7〜8mm前後で，全体的にポット苗より小さく徒長した苗姿である（第1表）。

(2) 定植後の生育と収量

　セル成型苗の定植後の草姿は，11月中旬の電照開始時まではポット苗に比べやや小振りであるが，それ以降はほとんど差がない。頂花房の出蕾時期はポット苗とほぼ同時期であり，花数は同等かやや少ない。第1次腋花房の葉数（頂花房と第1次腋花房の花房間葉数）はポット苗に比べ約1枚少ないので，第1次腋花房の出蕾時期はやや早い。その後の花房の出蕾時期もポット苗に比べてやや早い。第1次腋花房の花数はポット苗と同等かやや少ない。

　収量はポット苗に比べ同等かやや少ない。これは，頂花房と第1次腋花房の花数がポット苗に比べ少ないためと思われる。商品化率や上物率に差は見られない（第2表）。

第1表　セル成型苗とポット苗の定植時の苗質

試験年度 採苗月日	育苗法	クラウン径(mm)	地上部重(g)	地下部重(g)	T/R	根数 総数(本)	根数 褐変数(本)	褐変根率(％)	根部呼吸量[1](ml/hr/g)
1992年 6月15日	ポット苗	10.9	4.05	2.37	1.7	53.6	17.8	33.2	0.16
	セル成型苗	8.1	1.74	0.79	2.2	27.0	12.4	45.9	0.34
1993年 6月23日	ポット苗	9.2	2.67	1.44	1.9	35.7	10.1	28.3	
	セル成型苗	7.8	1.71	0.65	2.6	33.0	12.6	38.2	

注　1）根部呼吸量：O_2アップテスターを用い水温20℃で各区6株を測定

第2表　セル成型苗とポット苗の収量（10株当たり）

試験年度	育苗法	商品果収量 個数(個)	商品果収量 重量(g)	商品果収量 (％)	商品果率(％)	10a当たり商品果収量(kg)
1992年	ポット苗	499.3	6862.0	(100)	71.1	4777.0
	セル成型苗	377.7	5942.2	(86.6)	73.8	3963.4
1993年	ポット苗	412.0	6813.8	(100)	88.6	4544.8
	セル成型苗	405.0	6650.2	(97.6)	88.8	4435.7

注　調査期間は収穫開始から4月末日まで

3. 育苗資材と経済性

(1) セルの形状と密度

セル成型トレイ育苗を行なうにあたり，まず問題となるのはセル成型トレイの形状である。イチゴの場合，他の果菜類と異なり栄養繁殖性であるため挿し芽を行なう。また，苗の均一性を高めるため育苗期間が長いなどの特徴があり，健苗育成と作業性の両面からセル成型トレイの形状が重要となる。

セルの形状と密度が苗質に及ぼす影響は，地下部重はセルの深さの影響が大きく，褐変根の量は床土の量の影響が大きい。さらに，密度については，密度が高いほど葉柄長が長く徒長した苗となるが，地下部の生育は1セルの占有面積が100cm²程度以下の密度では密度の違いによる差はない（第3表）。

このことから，健苗育成のためのセル成型トレイの形状は，床土の量が多く，セルの深さが深く，密度は1セルの占有面積50cm²程度が理想的であるといえる。しかし，育苗や定植時の作業能率や軽作業化を考慮すると，床土の量は150mlで，セルの深さが10cm程度が望ましいと考える。

実際の試験や現地での育苗では，適合するセル成型トレイが見あたらず，ナスニックス製のウィズトレイ（32セル/54cm×28cmトレイ，5.8cm×5.8cmの角セル，深さ6.5cm，150ml/セル）と笠原工業製のイチゴ畑（45セル/60cm×30cmトレイ，5cm径丸セル，深さ8cm，110ml/セル）を使用している。

(2) 床土の種類

セル成型トレイ育苗の場合，床土の量が少ないため，床土の質が苗質を大きく左右すると考えられる。また，軽作業化の点からは軽量化が望まれる。さらに，毎年同じ床土が確保できるための原料の均質性と安定供給も重要な点となる。

保水性の向上と軽量化のために，ポット育苗に用いている床土の中のバーミキュライトの割合を増やし，セル成型苗の苗質を比較すると，バーミキュライトの割合が多いほど根数は少なく，褐変根率は高く，クラウン径は小さい苗となった（第4表）。

ポット育苗では，床土の透水性は苗質に大きく影響することから，透水性が高い床土が用いられてきた。床土の量が少ないセル成型トレイ育苗においても同様な傾向が認められることから，セル成型トレイ育苗用の床土はできるだけ透水性が高いものが良く，現在のポット育苗用の床土でも十分に対応可能である。しかし，軽作業化の点からは透水性が高く，かつ軽量の床土の開発が望まれる。

(3) セル成型トレイ育苗の経済性と作業性

セル成型トレイ育苗（ウィズトレイ使用）の場合，必要な資材はトレイと水稲の育苗箱であり，北部九州地域ではイチゴ栽培者のほとんどが稲作との複合経営である現状から，水稲の育苗箱は手持ちで使用できるとす

第3表 セルの形状および密度と定植時期の苗質（9月25日調査）

容積	深さ	密度	クラウン径 (mm)	地上部重 (g)	地下部重 (g)	T/R	根数 総数 (本)	根数 褐変数 (本)	褐変根率 (%)	最長葉柄長 (cm)
小	浅い	同	7.7	1.71	0.85	2.0	29.9	13.0	43.6	22.1
↑	↑	同	8.7	1.89	0.87	2.3	27.8	11.9	41.8	17.9
↓	↓	同	8.6	2.00	1.21	1.7	31.4	12.3	39.2	17.7
大	深い	同	8.6	2.38	1.33	1.8	32.0	8.4	27.4	15.4
l.s.d. (5%)			0.7	0.34	0.25	0.3	N.S	3.5	10.6	3.2
同	同	低い	7.7	1.86	1.04	1.9	35.3	17.2	49.9	6.7
同	同		8.7	1.89	0.87	2.3	27.8	11.9	41.8	17.9
同	同	高い	8.3	2.18	0.89	2.5	30.2	13.2	43.2	18.4
l.s.d. (5%)			N.S	N.S	N.S	N.S	N.S	N.S	N.S	2.1
同	深い	同	8.7	2.26	1.44	1.6	34.3	11.9	34.3	14.7
同		同	7.7	1.86	1.04	1.9	35.3	17.2	49.9	6.7
同	浅い	同	8.2	2.22	0.92	2.7	33.6	13.7	40.1	18.3
l.s.d. (5%)			0.7	N.S	0.31	0.7	N.S	N.S	12.1	3.1

注　地上部，地下部重は乾物重量

セル成型トレイ育苗システム（とよのか）

ると，必要資材はトレイのみである。トレイの価格は1枚168円程度であり，10a当たり250枚が必要となるので，10a当たりのトレイ代は4万2000円となる。12cmポット代が10aあたり2万6000円なのでやや高くなるが，床土量がポット育苗の約26%と少ないことや，ポット同様に2～3年は使用が可能であることを考えると大きな出費とはならない。

育苗面積はポット育苗の約18%となる。これは土地の有効利用の他に作業時間の短縮にもつながり，セル成型トレイ育苗をしている農家からは施肥，摘葉，防除時間などが短縮されたとの声が聞かれた。また，苗の運搬回数も少なく，1回の運搬重量も軽くなっている。さらに，苗の運搬総重量を試算するとポット育苗の場合約20tにもなるが，セル成型トレイ育苗の場合は約4tにとどまり，軽作業化につながっている（第5表）。

4. 育苗の実際

（1）採苗法と時期

セル成型トレイ育苗はセルが連結しており，ランナーでつながった子苗をセルに受ける鉢受け法は物理的に不可能であり，ランナーから切り離した子苗をセルに挿す鉢上げ法で採苗する必要がある（現在は鉢受け法で採苗が可能なセル成型トレイも販売されている）。

採苗時の子苗の大きさは，ポット育苗と同様に展開葉2枚前後で，2～3本の初生根が1.0～1.5cm程度伸びたものが最適である。ポット育苗の場合は，実際的にはもっと大きな子苗も使用されているが，セル成型トレイ育苗の場合は，大きな子苗は作業能率が劣るため，採苗適期範囲が狭く，展開葉数が1.5～2.5枚の子苗を使用することが望ましい。適採苗期の子苗を確保するためには，約1週間間隔で採苗を行なうか，親株本数を増やして一時期に採苗できる子苗数を確保する必要がある。

（2）ベンチ育苗

セル成型苗はポット苗と異なり，1株ごと手にとって管理することが不可能である。そのために地床で育苗を行なうと作業能率が非常に悪くなり，セル成型トレイ育苗の省力・軽作業化という特徴が薄れてしまう。そこで，手にとらずに管理ができるベンチ育苗法と組み合わせるのが望ましい。

当センターで採用しているベンチは，鋼管を組み立て上面に幅120cmのエキスパンドメタル

第4表 床土の混合割合と定植時の苗質

区　名	乾物重 地上部(g)	乾物重 地下部(g)	T/R	根数 総数(本)	根数 褐変数(本)	褐変根率(%)	クラウン径(mm)	10株重(培土付き苗重)(g)
5:1（慣行）	1.44	0.49	2.9	25.2	9.0	35.7	10.0	1280.9 (100)
3:3	1.39	0.51	2.7	22.7	9.3	41.0	9.2	1199.3 (93.6)
1:5	1.39	0.59	2.4	18.4	9.1	49.5	8.5	911.8 (71.2)

注　5:1, 3:3, 1:5は原土とバーミキュライトの容積割合，他にバーク堆肥とくん炭を1:3の容量で混合

第5表 セル成型トレイ育苗とポット育苗の作業性などの比較

項　目	セル成型トレイ育苗	ポット対比	ポット育苗（12cmポット）
床土の量	153ml/セル×8000セル=1224	26%	600ml/ポット×8000ポット=4800
育苗面積(10a当たり)	30×60cmの木稲育苗箱に乗せる 8000株÷32セル=250トレイ 250トレイ×0.18m²=45m²	18%	12cmポットを18cm間隔に置く 0.032m²×8000=256m²
1回の運搬量	植物体＋床土＋トレイ=4.9kg 育苗箱=0.6kg 4.5+0.6=5.5kg/32株/回	12%	植物体＋床土＋ポット=0.72kg コンテナ=2.0kg 0.72×20株+2.0kg=17kg/20株/回
苗の運搬回数と運搬総重量(10a当たり)	8000株÷32株=250回 250回×3ケ所=750回 750×5.5kg=4125kg	回数63% 重量20%	8000株÷20株=400回 400回×3ケ所=1200回 1200×17kg=20400kg
移植時間(100株当たり)	14分10秒	31%	46分

育苗システム

第6表 セル成型苗の育苗目標とポット苗の比較

項　　目	セル成型苗	ポット苗
採苗時の子苗の大きさ		
葉数	展開葉1.5～2.5枚	展開葉1.5～3.5枚
初生根	2～3本，1～1.5cm	2～4本，1～3cm
採苗法	鉢上げ法（挿し芽）	鉢上げ法 鉢受け法（すけポット）
採苗時期	6月中旬～7月上旬	5月中旬～6月下旬
育苗時期中の施肥		
置肥時期	採苗活着後	採苗活着後
置肥量	三要素200mg前後／セル	三要素250mg前後／ポット
追肥	生育に応じ	生育に応じ
最終窒素追肥時期		
夜冷短日処理	処理開始2週間前	処理開始2週間前
低温暗黒処理		処理開始3週間前
低温処理無し	8月中旬	8月上旬
花芽分化早進化処理	夜冷短日処理効果は安定 低温暗黒処理は苗の消耗が大きく不適	どの低温処理法にも対応が可能
定植苗の目安		
葉数	展開葉2枚	展開葉3～5枚
葉長		
葉身	4～5cm	7cm前後
葉幅	4～5cm	7cm前後
葉柄	6cm前後	8cm前後
クラウン径	7～8mm	10mm前後
地下部重（乾物）	0.7g以上	2g以上

第1図　セル成型苗のベンチ育苗状況
（場所：佐賀県伊万里市大川町）

を敷いた簡易なもので，高さは65cm程度としている。現地では円滑な作業ができるように，通路をコンクリート敷きとした事例もある。

(3) 摘葉管理

とよのかは草姿がやや開張性のため，葉数が増加すると古い葉が倒れかかり受光態勢が悪くなり，徒長が助長される。また，古い葉が他のセルを覆うため灌水ムラの原因にもなる。そこで，展開葉を2枚に制限する必要があり，そのためには1週間ごとの摘葉作業が必要である。

(4) 施肥管理

施肥体系はポット育苗とほぼ同様であるが，床土の量が少ないため，施肥量はやや少な目にする。置肥は採苗活着後に三要素ともセル当たり200mg前後を施肥し，その後は生育を見て液肥で追肥を行なう。肥料の切れはポット育苗より早いので，肥料が切れ過ぎないように注意する。

(5) 徒長防止

セル成型苗は栽植密度が高く徒長しやすい。葉柄の伸長はセルの密度との関係が深く，採苗1か月後に1セルずつ間引いて他のトレイに移植し密度を2分の1にする方法は，徒長防止効果が高い。また，植物生育調節剤ウニコナゾールPの100倍液を6月下旬から8月上旬まで，20日間隔で株当たり2～3cc散布することにより徒長を防止することができる。

(6) 花芽分化早進化処理

夜冷短日処理による花芽分化の早進化効果はポット苗とほぼ同等であり，処理方法はポット苗に準ずる。低温暗黒処理は処理期間中の植物体の消耗が激しいため，セル成型苗は低温暗黒処理には適さない。

5. 定植と定植後の管理のポイント

セル成型苗の定植作業はポット苗の約3分の1

セル成型トレイ育苗システム（とよのか）

第3図　セル成型苗の機械移植状況
移植機：KTB-3B（クボタ）
マルチ：白黒ダブルマルチ
場所：佐賀県伊万里市大川町

第2図　定植時のセル成型苗
（品種とよのか）

の時間で行なうことができる。定植時の注意点は，クラウン径が細く花房の伸長方向がわかりにくいため，花房の伸長方向へ苗を傾けて植え付け，花房の伸長方向を揃える。また，床土の量が少なく根鉢が乾燥しやすいのでやや深植えとし，定植後は必ず灌水を行なう。

さらに，セル成型苗は，根鉢が小さいため植え穴が小さくてよいこと，苗が小さいため定植後の生育を促進する必要があること，第1次腋花房の葉数が少なくなりやすいので葉数を増やす必要があることなどの理由から，マルチ後定植が望ましく，セル成型苗のマルチ後定植は現在の定植後のマルチ被覆法より省力・軽作業となる。また，この際使用するマルチは白黒ダブルマルチが適当である。さらに，筆者らは省力・軽作業化のために，移植機械を用い，セル成型苗のマルチ畦への機械移植の実用化試験に取り組んでいる。

執筆　松尾孝則（佐賀県農業試験研究センター）
1996年記

高設採苗システム（軽量培土利用）

1. このシステムのねらい

慣行のイチゴ採苗法では、露地に植え付けた親株から横に広がったランナーに着いた子苗を、6月〜7月ころに切り離して育苗する方法がとられている。

この方法では、親株床の面積が本圃面積の6割程度必要となり、親株床の管理作業や採苗作業を行なううえで生産者の大きな負担となっている。

高い位置に植え付けた親株からランナーを下垂させ採苗する高設採苗法（第1図）は、揃った子苗が多く採れ、親株床のうね幅が小さくてすむため親株床面積も少なくてすむ。

また、床面をビニルシートなどで覆うことにより、灌水の際の土壌の飛散がなくなり、病害の2次感染を予防できる。さらに、葉裏に薬剤散布時の薬液が付着しやすくなり、病害虫も防除できる。

高設採苗法にはさまざまな方式があるが、ロックウールを利用した養液栽培方式では設置費用がかなり割高となっており、栽培管理にも細かな注意が必要である。

そこで、施設の設置費用が安くてすみ、肥培管理も省力的にできる高設採苗システムを開発した（第2図）。この方式は、イチゴの棚式育苗システムへの活用を前提にして開発したものであるが、他の育苗法に利用するにもまったく問題は見られない。

2. このシステムでの苗質

十分な数の子苗を確保するためには、三郎苗、四郎苗など高次の子苗が発生するまで待つ必要がある。しかし、慣行の採苗法では子苗の次数が増えるにしたがって、親株に近い場所に発生した低次の子苗は過繁茂となり、徒長する。そのため、採苗作業がわず

第1図　親株からランナーが下垂した状態

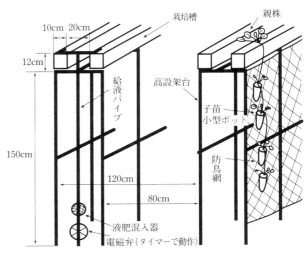

第2図　軽量培養土を用いた高設採苗システムの概要

らわしくなることや，うどんこ病が蔓延しやすくなることが大きな問題となる。

高設採苗法ではランナーを下垂させて，ランナーに着いた子苗を空中に保持するため，クラウンから発根しても根部が伸長できない。このような状態では子苗の葉柄や葉身の徒長が起こらないため，揃った子苗が効率的に生産できる（第1表）。

この方式は病害の防除効果が高いことも特徴の一つであるが，それには，無病の親株を使用することが前提である。もし病害をもった親株を持ち込んだ場合には，本方式はランナー同士が擦れやすいので，かえって病気の感染が拡大する危険性が高い。

3. 必要な施設・資材

(1) 栽培槽

高設採苗に利用する栽培槽には2種類があり，それぞれ生産者の使用する目的によって使い分ける必要がある。その特徴は第2表に示すとおりである。

①不織布製栽培槽

栽培槽となるのは，不織布の両側を折り幅10cmで袋縫い加工した幅30cmの不織布製シートで，中央部分に排水用の直径5mmの穴が10cm間隔で開いている。

設置に当たっては，シートを伸ばした後，シート両側の袋縫い部分に直径19mmのパイプを通し，直管を架台上に固定する。栽培槽の幅は約15cmとし，直管の継ぎ手部分は，袋縫い部分を切り裂いて直管同士を接続する。

架台の脚部分は2.5m間隔で設置する。

②プラスチック製栽培容器（第3図）

栽培用容器は耐候性に優れる，軽くて丈夫な合成樹脂製であるため，取扱いが容易であるとともに，構造が堅牢で耐久性が優れている。栽培用容器の大きさは，長さ1.2m，内容量約15lで，狭い場所でも容易に収納できるように積み重ねができる形をしている。

栽培槽縁から外に湾曲した構造の下部分を19mmの直管パイプを通し，直管パイプを架台に固定したりハウスの梁などから下垂させたチェーンに直管パイプを固定するだけで設置が容易にできる（第4図）。

(2) 培養土

この採苗法での大きな特徴は，緩衝力の高い軽量培土を用いることにある。これまでの試験結果から，栽培槽に充填する培土は，イチゴ小型ポット（愛ポット）専用培土単体か，専用培土にチップ状のヤシ殻（スーパーベラボン）を等量混合したものとする。

この培養土は，2年連用すると子苗の発生数が若干減るが，実際には問題なく子苗が確保できる（第3表）。親株を植え付ける前に，培養土1l当たりに緩効性肥料を2g混合しておく。

(3) 栽培槽の支持資材・装置

地面に直管で組み合わせた架台上に栽培槽を載せる架台方式と，天井からチェーンなどで栽

第1表 子苗の発生次数と葉長（cm）

親株床	1次	2次	3次	4次
高設	23.5	15.9	13.0	11.2
慣行	30.8	17.4	15.2	11.4

第2表 高設栽培槽の特徴

栽培槽	資材費	植付け後の移動	設置
不織布	100円/m	困難	容易
プラスチック	1,200円/m	容易	極易

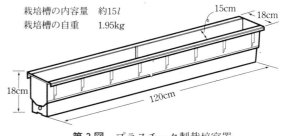

第3図 プラスチック製栽培容器
（通称：ベリコン（ベリーラックコンテナ））

培槽を支える吊り下げ方式がある。

吊り下げ方式は丈夫な構造のハウスが必要であるが、架台が不要なため場所を選ばず設置できる。

いずれの方式にしても、軽量培土を用いるために、養液を循環させるための、均一な勾配を保つ必要がなく、養液栽培方式に比べて設置が容易で、自家施工が簡単にできる。

棚式育苗システムで用いる小型ポット（愛ポット）に鉢受けする場合には、防鳥ネット（網目の間隔：3cm）を栽培槽の下に下げ、そこに愛ポットを挿し込んで鉢受けを行なう（第5図）。また、最近開発したミニパネルを使用することにより、採苗がさらに効率的にできる（第4図）。

（4）灌水装置

灌水時の水滴の飛散をなるべく少なくし、病害の発生しにくい条件とするため、点滴灌水方式とする。灌水穴の間隔（ピッチ）が25〜30cmの点滴灌水チューブを使用する。

また、灌水の省力化を図るために、タイマー、電磁弁および液肥混入装置を組み合わせて自動化を図るとよい。

（5）雨よけハウス

高設採苗で、雨よけ施設での利用が前提となる。雨よけ施設がない場合には、その分ランナーなどへの風当たりが大きくなり、垂れ下がったランナー同士が擦れ、その部分に傷が入り、病気を誘発する。また、降雨にさらされることにより、薬剤による防除効果が低下する。

（6）必要な資材と設置費用

この高設採苗システムに必要な面積や資材および資材費の試算例は第4表、第5表、第6表に示すとおりである。1年間の償却費はかなり安くなる。

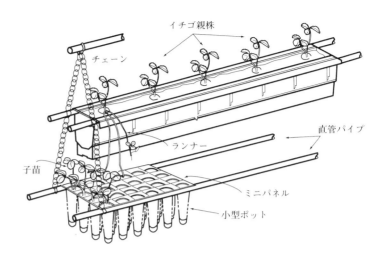

第4図　高設親株床への利用例（ミニパネルと併用）
注　チェーンなどを用いて固定施設の梁などから吊り下げる

第3表　培土の使用年数と子苗発生数

培土使用年数	子苗発生数（株/親株）
1年目	25.4
2年目	22.2
分散比（検定）	8.3 **

注　①培土：愛ポット専用培土（バーミキュライト：ピートモス：ボラ土：炭化物＝4：3：1.5：1.5）
　　②**：1％水準で有意差あり

第5図　防鳥ネットを使った小型ポットによる採苗のようす

育苗システム

第4表 高設採苗システムの必要面積および資材例（本圃10a 当たり）

試算概要	試算の根拠
親株床面積：30m²（慣行：600m²） 培　土　量：600ℓ（cm²×50m） 栽　培　槽：50m 防　鳥　網：3cm角 灌水装置：タイマー 　　　　　電磁弁 　　　　　液肥希釈装置 　　　　　点滴チューブ	親株数：200株 （必要苗数8,000株）÷40株（親株1株の採苗数） 栽培槽1m当たりに取付け可能な愛ポット数：160個 必要な栽培槽の長さ：50m（8,000株÷160株/m） 親株床占有面積：30m²（50m×0.6m）

第5表 不織布製栽培槽を使用した場合の資材費の試算例（灌水装置は含まない）

1年間の償却費	試算の根拠
培　土　　：9,000円 栽培槽, 直管：7,000円 その他　　：4,000円	18,000円÷2年 700円/m×50m÷5年（耐用年数）
合　計　　20,000円	

第6表 プラスチック製栽培容器を使用した場合の資材費の試算例（灌水装置は含まない）

1年間の償却費	試算の根拠
培　土：　10,395円 栽培槽：　7,875円 直管他：　1,500円	33円×630ℓ÷2年 1,500円×42個÷8年（耐用年数）
合　計　　19,770円	

4. 採苗の実際

(1) 親株の選定

親株として用いる株はウイルス病や炭そ病などに汚染されていないものを厳選することが必要である。特に炭そ病は，収穫株から採苗すると多発するので絶対に避け，必ず専用株を養成して使用する。親株として選んだ株は，養成期間中肥料が切れることがないように肥培管理に注意する。

(2) 親株の冷蔵

とよのかや女峰などの現行の促成栽培用品種を一般温暖地の露地で親株として使用する場合，ランナー発生を促すために必要な低温量は春先まで待っても十分確保できない。ランナー発生を促進し，子苗を早く確保するためには，あらかじめ親株を冷蔵して必要な低温量を早めに充足させておくことが必要となる（第7表）。

定植関連作業が終了したころの9月下旬にポット苗（親株）をコンテナなどに詰めて0～2℃に設定した冷蔵庫に1か月間程度入れておく。冷蔵中の乾燥を防ぐために，処理期間中に2～3回は培土の湿り具合を確認する。

冷蔵処理が終わった後の親株は，栽培槽に植え付けるまで露地に仮植えする。

(3) 架台，栽培槽などの設置

固定式の不織布製栽培槽の場合，親株の植付時期が3月上旬ころなので，それまでに架台や灌水装置の設置，栽培槽の固定と培土の充填を行なう。

栽培槽が移動できるプラスチック製栽培用容器の場合，植付けは固定式と同時期である。そして，4月下旬～5月上旬の架台上げや吊り下げを行なうが，それまでは栽培槽を一か所において管理できる。

(4) 植付け

露地の仮植えの株を掘り取り，栽培槽に植え付ける。その際，ランナーを伸ばしたい方向へ親株を傾けて植え付ける。

(5) 灌水，液肥管理

親株管理に必要な灌水量は，気象条件や親株の繁茂状態で大きく異なるが，本採苗システム

第7表 親株冷蔵と子苗発生数

冷蔵の有無	子苗発生数（株/親株）
有　り 無　し	26.6 22.2
分散比（検定）	24.1**

注 ①冷蔵処理：9/30～10/30，2.5℃
　　②**：1％水準で有意差あり

では過湿による生育障害が見られないので，タイマーと電磁弁を利用し，それぞれの時期で必要な最大の量を施用する。

1回の灌水時間（5分間）は少なく，1日の灌水回数（3～4回）が多くなるようにタイマーを設定する。

液肥は，生育状況を見ながら，通常の栽培で使用する液肥を，通常の濃度で適宜施用する。

（6）採　苗

採苗時の子苗に根が多くついていると，かえって活着が悪くなることが懸念されるが，第8表にしめすように，鉢上げした後の発根状態が悪くなることはない。

採苗方法には，親株からのランナーを切り離さないまま子苗をポットに受ける鉢受け法と，子苗をランナーから切り離してポットに植える鉢上げ法があるが，品種によって使い分ける必要がある。

女峰のように子苗の発根や活着が早い品種は鉢上げ法が適しているが，とよのかのように活着までの期間が長くかかる品種は鉢受け法が無難である。

①鉢受け法

4次苗がある程度大きくなる6月中旬に，ネットを栽培槽の下に垂らし，培土を詰めた愛ポットを入れ，そこに子苗を麦わらや針金などで固定する。数日間隔でポットに散水して発根を促し，鉢受け後10日から2週間でランナーを切り離し，愛ポット専用パネルへ並べる。

また，ミニパネルを利用する場合は，直管で組んだミニパネル用の架台上にミニパネルを並べ，それに培土を充填した愛ポットを挿してネットの場合と同様に子苗を固定する。

第8表 切り離し時の子苗の発根状態とさし芽後の生育

切り離し時の発根状態	発生根数（本/株）	最大根長（cm）
少	5.5 a	3.5 a
中	9.7 b	4.5 b
多	8.6 b	4.0 ab

注　①処理開始日：6月15日
　　②生育調査日：6月23日
　　③品種：とよのか
　　④発根状態：少；発生根数　5本/株以下
　　　　　　　　中；　〃　　　15本/株
　　　　　　　　多；　〃　　　25本/株
　　⑤アルファベットの符号：異符号間には有意差あり

②鉢上げ法

あらかじめ培土を充填したポットを用意しておく。親株と第1次子苗の間のランナーを1株分まとめて切り離し，日陰に持ち込み子苗を調整した後，鉢へ固定する。これは，場所をとらない愛ポットなのでできるが，慣行ポットでは育苗圃でせざるを得ない。

育苗床では，寒冷紗などによって遮光するとともに，活着までは常に葉が濡れた状態を保つように日中は1～2時間おきに葉水をかけて発根をうながす。

5．今後の展開方向

棚式育苗システムはかなり共同化が進んでいるが，今後は親株床も共同化を進める必要がある。今回開発した採苗システムは，必要とする親株床面積が大幅に少なくなることから，水稲の育苗施設など規模が大きく使用期間の短い施設の有効利用が可能となる。

執筆　伏原　肇（福岡県農業総合試験場園芸研究所）

1996年記

高設採苗システム（ロックウール循環式）

1. このシステムのねらい

全国におけるイチゴの栽培面積は，平成6年には8610haで，最盛期であった昭和48年の1万3600haをピークに年々減少傾向にある。この原因としては，生産者の高齢化や担い手の減少など労働力不足が深刻化していることや，屈み作業が長時間続くなど苦痛を伴う作業があることがあげられる。また，イチゴの育苗では，連作による炭そ病の蔓延などが大きな問題となっている。

そこで，育苗で問題となっている病気や害虫からの回避，作業姿勢の改善などを目的に，低コストな養液栽培による立体型の採苗装置，すなわち高設採苗法を検討した。

2. このシステムでの苗質

関東地方における主力品種は，現在のところ女峰であり，主に促成作型を中心に栽培されているが，最近ではサンシャイン処理や夜冷育苗，株冷蔵処理などによる超促成作型も増加している。

本装置に定植する親株は慣行栽培と同様，無病で，前年に十分低温量を充足した苗を親株として用いる。しかし，親株定植後は養液栽培になるので，活着が良いように鉢上げ後の育苗法が異なってくる。

第1表は高設採苗区と慣行区との生育を比較したもので，葉数，草丈および最大葉の大きさも高設採苗区のほうがやや小さく，全体的に対照区より小型だったが，クラウン径は対照区と同じだった。また，収量については11月26日の収穫開始から4月末までの総収量はほぼ同程度で，1株当たり可販果個数，10g以上の大中果率および平均重も差がなかった（第2表）。

3. 必要な施設・資材

(1) 施設

第1図は，開発した高設採苗装置の構造を示したもので，既存のパイプハウス内に1.5m間隔に19mmの直管パイプで高さ1.5mの棚をつくり，棚上に1/100の勾配をつけて，雨どい（13cm×

第1表　高設採苗と慣行採苗での苗の生育の比較

項目	定植時（9月17日）					保温開始時（10月22日）					生体重	
	葉数	草丈	最大葉		クラウン径	葉数	草丈	最大葉		クラウン径	地上部	地下部
			葉柄長	縦×横				葉柄長	縦×横			
区	(枚)	(cm)	(cm)	(cm²)	(mm)	(枚)	(cm)	(cm)	(cm²)	(mm)	(g)	(g)
高設採苗区	3.6	13.8	7.4	46.0	8.9	7.1	18.0	10.2	98.8	13.8	29.2	21.7
対照区	4.1	17.5	10.1	55.4	8.9	6.3	18.8	12.4	102.9	14.0	27.8	24.2

第2表　高設採苗と慣行採苗での収量の比較

項目	1株当たり収量（4月末まで）					a当たり換算収量（kg，累計）					
	個数	重量	平均重	大果(2L)率	中果(L+M)率	11月	12月	1月	2月	3月	4月
区	(個)	(g)	(g)	(%)	(%)						
高設採苗区	35.8	404.6	11.3	15.8	38.7	3.0	65.5	138.1	227.0	282.2	323.7
対照区	35.9	392.7	10.9	13.2	40.7	1.2	87.4	151.2	234.7	280.3	314.2

注）可販果（1果6g以上）のみ。

育苗システム

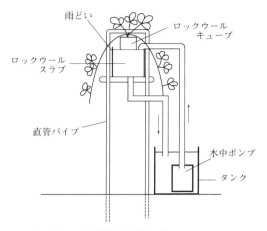

第1図　試作養液高設採苗装置（埼玉方式）

8cm×400cm）を設置し，その中に厚手のビニル（0.15mm）を敷き，さらにその内側にロックウールスラブ（11cm×7.5cm×90cm）を敷いて栽培槽とした。

培養液は，地上型の培養液タンクから水中ポンプで汲み上げ灌水チューブを通して給水し，培地であるロックウールスラブ内に灌水され，余った培養液は排水孔から配水管を通って再びタンクに戻る循環方式になっている。したがって，養液方式の分類から言えばロックウール循環方式ということになる。

(2) 培　地

培地にはロックウールスラブを用いるが，その特徴としては，無菌で無機質，そして物理的には97％の空隙をもち，根圏内の最適条件というべき保水率と空気を含む通気性のバランスが最高条件となるようにつくられている。また，スラブは軽い材質で，しかも雨どいの幅にあわせて加工するにも容易であるからである。

なおロックウールスラブは当然ながら使用回数を重ねるごとに物理性の変化，汚染などを生じるので，それを見きわめて，更新しなければならないが，高設栽苗の場合，年に1回の利用からみて，スラブが安価でもあり，安全性を考慮すると毎年新しいスラブを使うことが望ましいと思われる。

第3表　試作養液栽培装置の施設費

資　材　名	数　量	単価(円)	金額(円)
雨どい	60m	675	40,500
ロックウールスラブ	60m	246	14,760
直管パイプ	90本	500	45,000
水中ポンプ	4台	8,000	32,000
タイマー	1台	20,000	20,000
タンク（300ℓ）	4基	13,000	52,000
ビニル	1本	10,000	10,000
シルバーマルチ	1本	20,000	20,000
ロックウールキューブ	1箱	17,000	17,000
灌水チューブ	1巻	6,200	6,200
フックバンド	300個	30	9,000
塩ビパイプ類	1式	5,000	5,000
雑資材	1式	28,500	28,500
取付け工事費	6人	15,000	90,000
合　　　計			389,960

注1）栽培床は4ベット独立循環閉鎖系とした
　2）ロックスラブは90×30cmを90×10cmに3等分した単価

(3) 養液と養液組成

培養液を考えるためには，イチゴの吸肥特性に基づく最適培養液が求められる。特にイチゴの実取り栽培では重要な問題となっており，今まで最適組成，濃度についてはn/w比を用いた山崎処方や高野処方，園試処方や神園処方などが提唱されている。

3か年の本装置の生産性について検討した結果では，濃度管理を除いては園試処方で大きな支障がなかった。園試処方を主としてEC濃度を0.8～1.5mS/cm内に管理する方法で問題ないと考えられる。

むしろ，濃度と並びpHは肥料成分の溶解やイオン化には5.5～6.5の範囲が好適であり，pHが低いとCa，Mg，Kの沈澱が多くなり，それらの欠乏症を生じ，逆に高いとFe，P，Mn欠乏症が発生する。したがって，培養液pHには十分注意する必要があり，不適当であれば酸またはアルカリを加えて調節する必要がある。

なお，使用する原水が全農の水質基準に適合していることが好ましいが，どうしても優良な原水が手に入らないときは雨水の利用が有効であるので，雨水利用施設などをあらかじめ整備するなど対処しておく必要がある。

（4）経費など

当高設採苗の施設設置費は，第3表に示したように雨どいや直管パイプなどの資材費がa当たり約30万円，施設の取付け工事費が約9万円である。試算事例は，実験用装置としてであり，より低コスト化の方向を考えれば，同じ成分の培養液を管理することから言えば水中ポンプとタンクは1つあればよいし，そのタンクも地上型でなくて地中に穴を掘って形を整え，厚手のビニルを敷いた簡易のタンクとすることもできる。

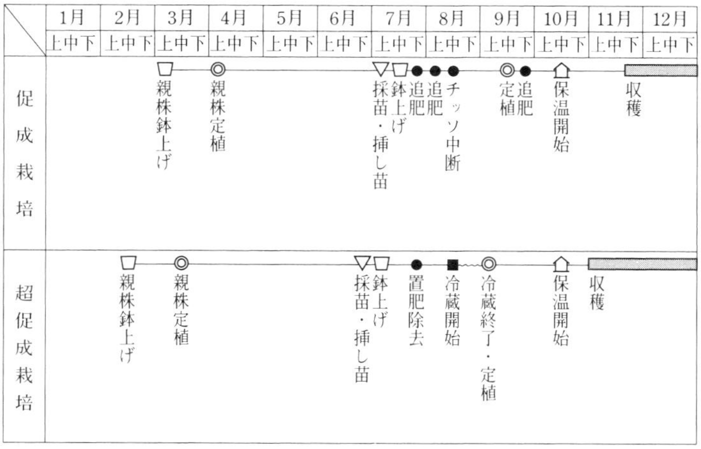

4．育苗（採苗）の実際

（1）親株の鉢上げ

親株は無病なものを用いる。鉢上げは低温量さえ満たしていればいつ鉢上げしても良い。ただ，作型の採苗適期にあわせなければならないので，6月採苗の超促成作型であれば2月中旬，7月採苗の促成作型であれば3月上旬にロックウールキューブへ鉢上げする。また，どうしても適期に植付けができず遅れた場合は，定植する親株の数を増やしてやればよい。

親株の鉢上げに際しては，まず，古葉を摘葉し，本葉3枚程度にし，根についている土を水で洗い流し，根長を3〜4cm程度に切り詰めてキューブへ鉢上げをする。キューブはあらかじめEC0.5mS/cm程度の培養液に浸しておくことが大事である。

なお，定植までは頭上から灌水するか，不織布を用いた底面給水方式で育苗する方法がふつうで，培養液は園試処方EC0.5mS/cm程度を目標に管理する。

（2）親株の装置への定植

4月中旬になると，鉢上げ後1か月でキューブの底から根が伸び出すようになるので，これを定植適期とする。

植え付ける親株の方向は，交互に装置の両側へランナーを垂れ下げられるように，雨どいに対してランナーのでる方向が水平方向になるようにするか，または，1株おきに雨どいとランナーの出る方向が左右に直角になるように配置する。こうすることによって，空間を有効に活用でき，また，ランナーが込み過ぎず，作業性

第2図　高設採苗システムでの栽培の概要

第4表　高設採苗でのランナーの配置と子苗の発生

(1993.7.14調査)

項目 区	総苗数 （株）	葉数別内訳（株）							2〜3葉苗 （株）	（割合） （％）
		1葉未満	1葉	2葉	3葉	4葉	5葉	6葉以上		
両側配置区	67.0 (100.0%)	8.2 (12.2)	10.0 (14.9)	14.9 (22.3)	22.0 (32.8)	7.6 (11.4)	2.1 (3.1)	2.2 (3.3)	36.9	(55.1)
片側配置区	63.2 (100.0%)	8.1 (12.8)	8.3 (13.1)	14.8 (23.4)	22.0 (34.8)	7.0 (11.1)	2.5 (4.0)	0.5 (0.8)	36.8	(58.4)

親株1株当たり

育苗システム

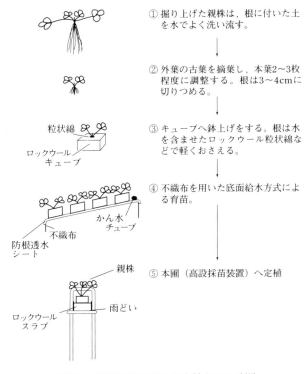

第3図　親株の掘上げから定植までの手順

や苗質向上などからもよいといえる（第4表）。

なお、7月採苗とした場合の親株の定植株間は、10cmで最も多く、次いで20cm、30cmの順になっているが、10cmの場合だとランナーが込み過ぎて日陰部分の苗が徒長しやすく、また作業性も悪くなる。よって、総採苗数が多く採苗適期の2～3葉苗の割合が高い株間20cmが適当と考えられる（第5表）。

また、定植床はあらかじめ水に浸しておくことが大事で、乾いた部分がないように心がける。

(3) 養液管理

園試処方については前にも述べたが、養液管理は生育ステージにあわせた方法をとることが大事である。装置に親株を定植し根がスラブに活着するまではECを0.8程度にし、活着後は徐々にECを上げ、約1か月後のランナー発生期から7月の採苗時期まではEC0.8～1.5の範囲で管理する。

なお、培養液のECやpHは変動しやすいので、定期的に培養液の修正を図る必要がある。特に、6月から7月の増殖最盛期には培養液の吸収量も多く、補水と追肥の回数が多くなるので、培養液管理に注意する必要がある。補水や追肥の判断としては、タンクの容量にもよるが、少なくとも1週間に1回の培養液の量とEC,pHの修正が必要である。修正する前の培養液の量、そしてEC、pHを計測する。ECが低ければ追肥を行ない、pHが7以上と高ければダウン剤などを使い適正な範囲に修正する必要がある。要素で問題となることは、これまでの試験では障害も特に見当たらなかったので、特に注意する必要はないと思われる。

(4) 摘　葉

養液栽培による親株の生育は土耕に比べて旺盛で、展開葉数が多くなり密生しやすいので、外葉の古い葉は随時摘葉することが必要である。

第5表　高設採苗での親株の株間と子苗の発生

株　間	株当たり総子苗数（株）	a当たり総子苗数（株）	子苗の葉数別内訳（子苗数/株）					2～3葉子苗数		
			1葉以下	2　葉	3　葉	4　葉	5葉以上	株当たり苗数（株）	割　合（%）	a当たり苗数（株）
10cm	45.7	30,467	8.0	13.4	17.5	5.3	1.5	30.9	67.6	20,596
20cm	77.1	25,700	13.0	25.0	29.8	5.5	3.8	54.8	71.1	18,273
30cm	106.9	23,756	20.8	34.0	38.8	7.3	6.0	72.8	68.2	16,202

注 1）供試品種：女峰
　 2）親株植付日：4月9日、子苗発生調査日：7月10日

高設採苗システム（ロックウール循環式）

第4図　6月中旬の子苗の発生の様子

（5）病害虫防除

　養液方式ではハウス全体が乾きやすく，病害虫で特に問題となるのは，うどんこ病，アブラムシそしてダニである。定期的予防散布を心がける必要がある。

（6）採苗・挿し苗とその後

　高設採苗で得られる子苗は，発根が不完全で，すぐ活着する状態にない。このため，苗をランナーから鋏で切り取る際にはランナーを2～3cm程度残し，挿し床に挿しやすいよう調整する。挿し床は通常の播種箱を用い，あらかじめ消毒しておいた赤土を用土として用いる。土が乾いていると挿しにくいので，播種箱の底から水が出てくるまで灌水をしておく。挿し苗には1箱当たり50本程度を目安に挿していき，根ぎわ部に土が少量かかるようにしておくとよい。

　挿し苗後は再び灌水を行なう。発根するまでの期間は，遮光は黒の寒冷紗を2重に被覆したもとで1日当たり3～4回の灌水を行なう。

　挿し苗後1週間から10日間程度で十分な発根量となるので，鉢上げする。その後は，慣行の

第5図　高設採苗では発根が不完全である

第6図　挿し床での活着の様子

苗に準じて管理を行なえば良い。

　順化をせず，直接ポット挿しの方法も検討されているが，この場合も発根までの期間は，ハウス全体を黒の寒冷紗などで被覆し，さらにハウス内にも黒の寒冷紗を設け，温度の上昇を防ぐとともに，湿度を上げる。また，灌水は動力噴霧器などを用い，霧状の灌水を行なう。回数としては，日中約1時間に1回は必要と思われる。

　　執筆　田島幹也（埼玉県園芸試験場）

1996年記

ロックウール育苗システム（ナイヤガラ式）

1. このシステムのねらい

　土耕イチゴ栽培の一般的な問題点として，①土つくりに多大な労力と時間および肥料の配合に思考（経験）を要する，②生産者の高齢化が進むとともに，新規就農・後継者難，③栽培期間が他の作物に比べて長い（約14か月），さらに重複する時期がある（育苗期間と収穫作業），④連作圃場が多く生産性の低下とともに土壌病害の発生頻度が高まる，⑤単位面積当たりの生産性が年々漸減傾向，それにともない栽培期間が延長し，地力のコントロールがむずかしくなった，⑥価格の低下にともない，経営方針に変化がでてきた（例：観光農園化），などがいえる。

　このような点を考慮し，イチゴロックウール栽培システムは，①収穫出荷調製作業以外の作業の単純化および省力化，②土壌病害の回避，③圃場内環境の整備，④単位面積当たりの生産性向上（採苗数・収量の安定），⑤新規就農および後継者対策，などといった点を踏まえ，栽培位置を高くし（高設化），肥培給液管理の合理化のために機械でコントロールし，数値管理把握ができるようにした。採苗から生産まで一貫性を持たせたシステムになっている。

　このロックウール栽培システムの一貫として，ナイヤガラ育苗システムがある。この育苗システムの特徴は，①ベンチ式立体栽培方式で空中採苗，②培地はRWの細粒を使用しているため，親株の定植作業が楽にでき根の発生をスムーズにできる。③自動的に灌水および施肥が行なえるために作業の軽減ができる，④土耕育苗より親株床面積が小規模ですむ（土耕の1/3～1/5），⑤立体栽培のため作業環境の改善となる（腰痛予防，作業時間の短縮，除草なし），⑥地上1.3～1.5mのところにあるため，炭そ病の発生率が低下する（母株からの持込みは別），などがいえる。

　現在ナイヤガラ育苗システムは女峰中心であるが，とよのかでも普及が始まっている。

2. このシステムでの苗質

　採苗された子苗は，作型にかかわらず以下のようなことがいえる。

　土耕採苗での子苗と苗質を比較すると，苗の均一性は比較的良いが，葉色はやや淡緑色で柔らかく，うどんこ病に対してやや感受性が強いといえる。

　しかし，仮植後に発根し，吸肥力が強くなるにしたがい苗質の差はなくなる。また葉面散布後の反応は土耕苗より早い。

　細粒綿へ仮植した子苗は，土耕へもロックウールと同じように定植できるが，定植後の活着はやや遅れるものの，以後の生育に差は見られない。土耕への活着をスムーズに行なうために，仮植床培地として有機培地（泥炭など）を使う場合がある。

3. 必要な施設資材

(1) ナイヤガラ育苗システム部材構成

　このシステム部材構成は，第1図に示すように給液ユニット部と栽培ベッド部からなっている。

①給液ユニット

　給液ユニットは採苗数の多少により大きく2タイプある。採苗数8万本まではSN型，それ以上はSU型となる。SN型は，制御部と原液タンク，SU型は，制御部と原液タンクおよび希釈タンクで構成されている。

　制御部　限られた肥料濃度（EC）の幅の中で，EC値と給液量を設定するSN型と，生産者自身

育苗システム

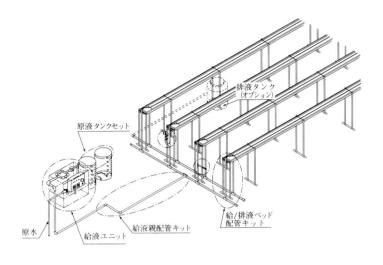

第1図 ナイヤガラ育苗システム部材構成（SN型）
注 ベッド（チャンネル）長と採苗数の関係は第1表参照

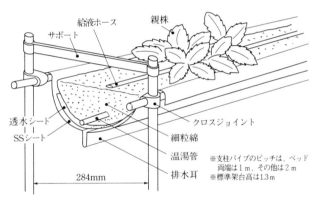

第2図 イチゴ栽培ベッド部材構成

第1表 ナイヤガラ育苗システム参考資材費および肥料代

本圃面積 (m²)	1,000	2,000	3,000
採苗本数	10,000	20,000	30,000
総チャネル長 (m)	60	112	168
1チャネル長 (m)	20	28	28
チャネル数	3	4	6
システム資材費 (円)（施工費・肥料代別）	845,000	934,000	1,075,000
採苗期間中に要する肥料代	12,000	24,000	36,000

が生育ステージに応じて戻り率を考慮しながら，給液量とEC値を設定するSU型がある。SU型は本圃栽培と兼用が多い。

原液タンク A.B2つのタンクを持ち，それぞれに所定の専用肥料を入れ，濃縮倍率80倍の肥料を作成する。タンク容量はSN型100l，SU型300l，600lである。

希釈タンク SU型のみにあり，原液タンクA・Bの濃縮液を制御部でコントロールし，生育ステージに合った適度なEC値の液をつくるところである。

ここでは，設定濃度よりある範囲以上の濃度の液を作成したとき，パトライトが点滅しイチゴ株へ給液しないようなセーフティ装置がついている。タンク容量は600l，1200lがある。

②ベッド部

イチゴの根の特性および定植作業性を考慮し，適度な水分保持力をもつ培地として細粒綿（日東紡績㈱）を選定した。そして給液が適度に拡散し，余剰水はスムーズに落ちるようなベッド構造とした。さらに一般栽培管理作業などを考えてベンチをもちいた立体式とした（第2図）。

給液ホース イチゴの根の特性から考えて，培地表面に幅広く給液するほうが良いことと，安価にできることから給液ホースを選定した（水量は0.4kg/cm²の圧のとき約110ml/分）。給液ホースの特性から栽培ベッドのチャネル長を最大50mとした。

イチゴ用SSシート 給液後，イチゴが吸収したり培地内に保持された以外の残りの液（戻り液）は，耳の部分に落ちる構造になっている。かつ根圏域を制限するために透水シートがSSシート内に使用されている。

レベルパイプ 培地内の水分調整用として用いる。培地内が乾燥した場合，レベルパイプを操作し，水分および濃度補正をスムーズに行なえるように考えている。

細粒綿 培地内水分の保持能力を考慮した特性を持たせて選定している。培地量はm当たり

3kgを使う。96年7月現在で8年間使用例もある。

(2) 経費

ナイヤガラ育苗システムの参考資材費と、採苗期間中に必要な肥料代を第1表に示した。

4. 育苗の実際

(1) 親株の養成

①親株定植前の準備

作型（本圃定植日）を決めた場合（第3図），本圃定植に必要な株数確保のために考慮しなければならないことは，①採苗圃場の面積がどれだけとれるか，②親株の確保数量，③花芽分化処理（夜冷）を行なうかなどである。なお，親株が少ない時は，最初に発生した太郎を親株として使うため，定植が早くなる場合がある（元親株）。親株の定植時期と採苗数の目安を第2表に示した。

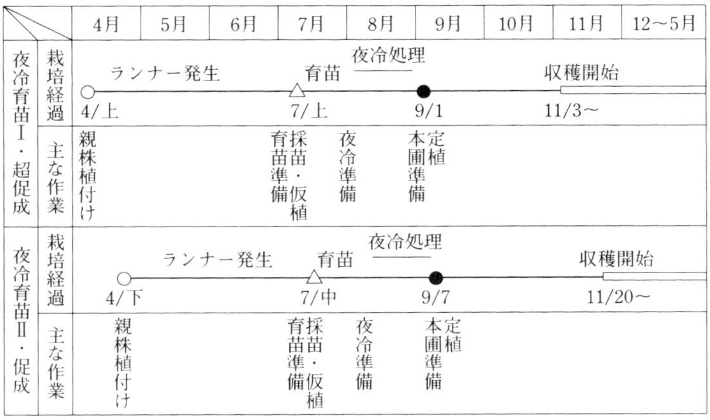

②親株定植

肥料組成 誠和のロックウール栽培専用肥料は，SR－A・B・C・Mとさん太くん（pH低下剤）がある。それぞれの肥料を作物に応じた配合で培養液組成を組んでいる本肥料は不純物が入らない工業薬品を使用し，溶解度が高く，根から吸収がされやすい肥料塩を使っている。イチゴの培養液組成を第3表に示した。組成は同じだがナイヤガラシステム専用肥料として配合を簡略化した肥料もある。

培地処理 親株定植1～2日前には，培地を肥料を含んだ液で十分満たしておく。このときEC値は0.5～0.7，pHは5.5くらいに調整した液を用いる。

親株処理 親株に使用されている培地がロックウールでない場合は，必ず培地を落とし消毒する。（例：ベンレート2000倍の液にどぶ浸け）。

親株定植 消毒後の株は速やかに根を巻かずに定植する（第4図）。根を乾燥さ

第3図 ロックウールシステム（誠和型）での作型と栽培概要

第2表 親株の定植時期と採苗数の目安

親株定植時期	採苗数	採苗・仮植時期	採苗対象子苗
3月下旬	50～55株	7／上	2次苗 3次苗 4次苗
4月下旬	40～45株	7／上	2次苗 3次苗 4次苗
5月下旬	15～25株	7／上	1次苗 2次苗 3次苗

注 2度どり，3度どりも可能（採苗1か月後で15～20株/1親株）

せた場合は活着不良となりやすく，根圏域にトラブルを生じやすくなる。

定植後，他の作物と違い株元灌注をしないのを原則としているが，根にストレスを与えた場合は発根促進と地下部病害の予防のため，タチガレン・パンソイル各20ppm（20ml/t）・SR－M（Fe，Zn，Cu，Moを含む複合微量要素）30g/tを含ませた液を株元灌注する場合がある。さらに定植して数日後に葉面散布を行ない生育を安定させる。

親株の株間は20～30cmのちどりに植える。株数が足りない場合は太郎を利用するがそのとき株間は50～60cmと広くとる。このときサイドか

第3表 イチゴ培養液組成

処方	作物	肥料成分濃度									
		me/l							ppm		
		T-N	N-N	A-N	P	K	Ca	Mg	Fe	Mn	B
第一処方	イチゴ	15.0	13.8	1.2	4	8	7	4	4.3	1	0.4

育苗システム

第4図 定植直後の親株

第5図 ランナー採り直前の状態

第6図 仮植のようす

第4表 育苗時の肥料濃度の違いがクラウンの肥大および草丈に及ぼす影響

		クラウンの肥大			草丈
		仮植時 A (m/m)	30日後 B (m/m)	肥大量 B−A (m/m)	(cm)
A区	水	6.19	5.35	−0.84	13.0
	0.5	6.16	6.47	0.31	18.6
	0.8	6.19	6.59	0.40	19.0
B区	水	5.93	6.21	0.28	14.0
	0.5	5.83	6.49	0.66	18.5
	0.8	6.10	6.53	0.43	20.5
C区	水	6.04	5.55	−0.49	18.0
	0.5	5.69	6.25	0.56	21.0
	0.8	6.24	6.27	0.03	17.5

A区：ロックウール細粒綿栽植密度30株／箱
B区：誠和育苗培土（有機物）栽植密度30株／箱
C区：誠和育苗培土（有機物）栽植密度40株／箱

ら2〜3cm内側に，クラウン部が隠れる程度の深さに植えていく。深植えは芽枯れの原因となる。
　定植が終了したベッドから速やかにレベルパイプを抜き，余分水を排液する。以後も抜いた状態を維持し，掛け流し状態にする。

③親株の管理

　活着が十分確認でき，古葉の摘葉がすみしだいマルチをする。以後親株の葉数は5葉を目安に管理する。弱いランナーや花房は除去する。病害虫防除は早めに行なう。

(2) 採苗・仮植

　本圃定植日が決まれば，育苗日数から逆算して仮植予定日を決める。花芽分化処理する場合は処理開始の30日前（女峰）を目安にする。仮植は以下の要領で行なう。

①採苗と子苗の調整

　親株から枝垂れ状に多くのランナーが出ているため（第5図）数日前に病害虫の予防散布を十分行なってから，ランナーを切り離す（太郎を含めて）。
　切り離したランナーは，遮光をした涼しい場所で子苗の切離しを行なう。親株に近いランナーを長めに残す。切り離した子苗はベンレート2000倍液にドブ浸けする。このとき液の中に発

ロックウール育苗システム（ナイヤガラ式）

根促進剤を入れる場合がある。子苗は仮植時に本葉2～3葉に摘葉しておく。

原則的にはすべての子苗を使用できるが，1次根が黒褐色している太郎苗は発根不良や生理障害発生のおそれがあり使わない。

②仮植床の準備

仮植床はロックウール細粒綿を使用する。育苗箱（35×50×7.5cm）当たり細粒綿は1.8kg入れる。根が箱の下から出ないようにルートン紙（防根シート）を敷く。仮植前にpH処理（pH5.5くらい）した水で十分しめらせる。

仮植箱（35×50×7.5cm）は1箱当たり20～40株さし芽する（第6図）。仮植した箱は，下にげたをはかせ，排水性を良くする。仮植時およびその後の管理は，雨よけが原則であり，泥はね防止のためマルチを敷いておく。

③仮植・育苗

調整した苗はしおれないように手早く仮植する。仮植直後に苗と細粒綿をなじませるために散水し，その後発根が確認できるまで細かい霧状の葉面散水を行なう。女峰は7日，とよのかは10日，とちむすめは12～15日間散水する。散水量は1日1箱当たり2lを目安とする。さらに，根が未発達のため，この時期は空中湿度の保持とともに夕方の散水時に葉面散布剤（カルシウム剤）を使う場合がある。この時期には50％前後の遮光を行ない，横風をあてないようにする。

発根後（根が5cm程度後）は，低濃度培養液（EC0.5～0.8）を散水する（第4表）。夜冷中は，水または上記同じ培養液を散水し，かつ葉面散布剤（カルシウム剤もしくはN，P，K，微量要素を含んだもの）を交互に散布する。

④育苗終了時の管理

仮植苗数が十分確保できたことが確認できた後，親株床に水を十分給液し，ベッド内のECを下げる（目標値EC1.0以下）。このときレベルパイプは，培地の半分くらいまで上げる。親株がしおれたらクラウン部のできるだけ下から除去する。

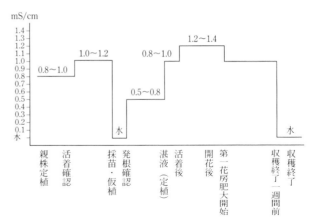

第7図　親株定植から本圃栽培時の肥料濃度の管理目安
肥料濃度は，樹勢，地域，気象条件などにより変える

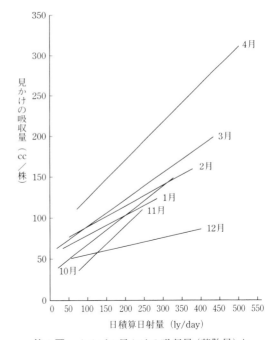

第8図　イチゴの見かけの吸収量（蒸散量）と日射量の関係

（誠和　社内試験）

育苗システムは採苗だけでは不経済なため，本圃栽培を行ない，頂果，腋果までの収穫に使用する例もある。

育苗システム

第5表 ロックウール栽培と土耕栽培のイチゴの花房別収穫開始時期の差（女峰）

（定植日9月4～8日，第一花房開花10月7日）

	花房別収穫開始時期（月／日）	
	ロックウール耕	土　耕
第1花房	11/ 7	11/14
第2花房	1/ 5	1/12
第3花房	2/22	3/中旬～下旬
第4，5花房	3/24	4/中旬～下旬，収穫不能

注　三重県志摩地域農業改良センター調査資料による

第6表 ロックウール耕と土耕の労働時間比較

（品種：女峰，面積：20a，単位：時間）

項　目	ロックウール耕（A）	土　耕（B）	土耕対比（％）	備　考
親株床準備	6	48	12.5	仮植本数
親株定植	4	16	25	ロックウール育苗は23,000本
親株管理	54	130	41.5	土耕育苗は16,000本
仮植床作り	20	42	47.6	
仮　植	120	160	75	
苗床管理	300	332	90	
定植準備	48	80	60	収穫出荷1時間当たりの処理量
定　植	100	178	56.2	ロックウール耕は5.2kg
保温準備	224	208	107.7	土耕は3.8kg
本圃管理	464	368	126.1	
収穫・出荷	2,295	2,610	88.0	
片付け	160	100	160	
合　計	3,795	4,272	88.8	

注　ロックウール耕収量12t/20aの労働時間シミュレーションは，聞取りにより㈱誠和で作成
　　土耕収量10t/20aの労働時間シミュレーションは，栃木県農務部普及教育課の資料を使用

5. 本圃での栽培

本圃へ定植する苗は，病気にかかってないものを選択し，花芽分化が揃っていることを確認したらできるだけ早く定植する。株間18～25cmのちどり植えにする。このとき，ベッド縁から1～2cm内側に植える。

定植前の培地処理方法は，親株定植前処理と同様に行なう。定植後のレベルパイプ処理は同じだが，定植直後から自動給液を開始し，活着をしっかり行なうようにする。特に活着の善し悪しが生育，収量に大きく影響するので，活着が悪い場合は葉面散布剤を散布すると良い。

親株定植から本圃栽培中の濃度管理目安を第7図に示した。給液量は初期多めに管理する。給液管理は，第8図に示したイチゴの見かけの吸収量と日射量の関係を目安に，戻り率が30％強になるように管理する。

ロックウール栽培と土耕栽培の花房別収穫開始期の生育差について第5表に示した。花芽分化および定植はほぼ同時期であったが第3花房以降大きく生育差が出た。労働時間について土耕との比較を第6表に示した。育苗から本圃を通じて耕比で88.8％であるが，三重県志摩地域農業改良普及センター調査では育苗期は25％全期間では約50％という結果もでてきている（平成6年度）。

執筆　玉田未規雄　（㈱誠和）

1996年記

底面給水による雨よけ高設ベンチ「ノンシャワー育苗」

1. システム開発のねらい

(1) 炭疽病をいかに回避するか

イチゴの育苗時期は、夏期の高温時期を経過することから病害の発生も多く、イチゴ生産の不安定要素になっている。炭疽病の発生は、降雨との関係が指摘され、岐阜県では雨よけビニールハウスでの育苗が生産者の約9割で行なわれている。さらに、萎黄病などの土壌伝染性病害を回避し、作業姿勢を改善するため雨よけでの高設ベンチ育苗や隔離育苗への施設化は、生産者の約6割に普及している。

こうした状況のなか、最も施設化が進んでいる雨よけ高設ベンチ育苗でも、まだ炭疽病が散見され、完全な発病防止には至っていない。これは、雨よけ高設ベンチ育苗の灌水方法が従来どおりの頭上灌水であり、育苗中の株間が狭いことから風通しも悪く、炭疽病発生に好適な高温多湿の環境をつくることによるものと考えられる。そこで、灌水方法を底面給水とし、頭上から灌水をせず、株が濡れない育苗方法を開発した。

(2) 底面給水導入での課題

底面給水は花卉などで幅広く行なわれている方法であるが、イチゴの育苗に導入するには次の課題を解決する必要があった。

1) イチゴでは親株から子苗育成まで頭上灌水をしない体系が確立されていない。
2) イチゴの育苗には特有の花芽分化促進のための窒素中断処理があり、それが底面給水でも確実に行なえるようにすること。
3) 給水マットに病原菌が進入したときにはそれが次年度の汚染源になり、とりわけ病根がマットに伸長すると消毒がより困難になる。
4) 受けポット方式で行なう場合、ランナーが底面給水資材の上を伸びるが、黒色の全面有孔ポリマルチではランナーが高温で焼ける可能性があり、白色の資材を検討しなければならない。

また、親株栽培槽についても不織布シート製樋状栽培槽を開発したので、まずこれについて紹介する。

2. 親株栽培槽の開発

(1) 不織布シート製樋状栽培槽

高設育苗や隔離育苗ではプランター、大型ポットや発泡スチロールを利用した栽培槽が現地でみられるが、岐阜県農業技術研究所では第1図の不織布シート製の樋状栽培槽（以降、不織布栽培槽という）を開発し、その根圏温度を測

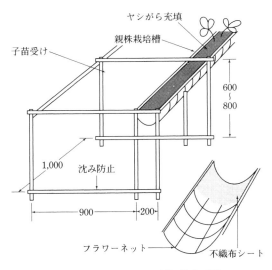

第1図 イチゴ不織布シート製樋状栽培槽のベッド構造（単位：mm）

定した。品種は'濃姫'を用い，親株の生育状況とランナーの発生数を調査した。培地はヤシがらを使用し，親株には専用の灌水チューブを設置した。

(2) 根圏温度の推移

'濃姫'の親株定植は基本的に秋であり，冬期は無被覆状態で管理する。早朝には不織布栽培槽の根圏温度がやや低くなるが，日中は気温の上昇とともに根圏温度が上がり，15時頃には成型栽培槽より約2℃高くなっている。

夏期は，成型栽培槽が9時頃に26℃と最低培地温になり，17時頃に32℃と最高になった。一方，不織布栽培槽は7時頃に23℃と最低になり，15時頃に26℃と最高になり，常に不織布栽培槽が低く経過し，温度差は10時頃は3℃と小さく，17時以降は5℃となった（第2図）。

イチゴの根の生育適温は18～20℃であり，病害なども温度が高いほど発生が多いことから，親株の不織布栽培槽は生育に適していると考えられる。

(3) 高温期の生育に優れた効果

親株の生育，子苗数を時期別に両栽培槽で比較した（第1表）。3月中旬ランナー発生・5月上旬調査，5月中旬ランナー発生・7月上旬調査の時期別生育や子苗数は，両栽培槽のあいだに差がなかった。しかし，8月上旬ランナー発生・9月中旬調査では，子苗数は不織布栽培槽が成型栽培槽の2倍と多く，特に高温期の生育に優れた効果を発揮することが明らかであった。

現地では，親株栽培槽は順次不織布栽培槽に切り替わっている。また，ウイルスフリー苗の種苗増殖施設では夏期にランナーを発生させていることから，この栽培槽は有効である。

3.「ノンシャワー育苗」ベンチの開発

子苗採苗は受けポット方式とした。ランナー下垂方式で採苗後発根処理をする育苗方法やポット仮植育苗では，一時的に頭上灌水をせざるを得ない。炭疽病発生にもつながるこの頭上灌水を避けるためには，採苗方法は受けポット方式とし，底面給水による灌水を行なうことで解決する。このためのベンチ構造を第3図

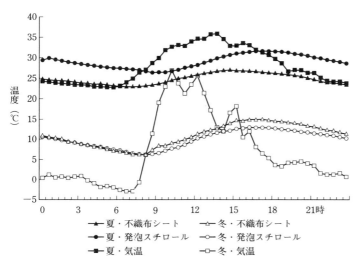

第2図 夏・冬のイチゴ栽培槽別温度の推移 (1998)
調査日：冬1998年1月20日，夏1998年7月10日

第1表 イチゴ親株の生育と子苗の発生（品種：濃姫，培地：ヤシがら）
(1998)

調査日	ランナー発生時期	ベッド	草丈(cm)	小葉縦(cm)	小葉横(cm)	子苗数(株)	子苗発生状況
5月11日	3月15日	不織布シート	37.7	13.3	10.3	14.2	1～3次
		発泡スチロール	37.6	13.0	9.7	15.4	1～3次
7月10日	5月20日	不織布シート	33.0	12.5	9.8	23.3	1～4次
		発泡スチロール	33.0	12.4	9.8	22.9	1～4次
9月17日	8月1日	不織布シート	29.0	11.3	6.7	20.5	1～4次
		発泡スチロール	27.2	11.1	5.8	10.6	1～3次

注　4月20日までハウス保温，子苗数：親株当たりの1次子苗～多次子苗の合計株数

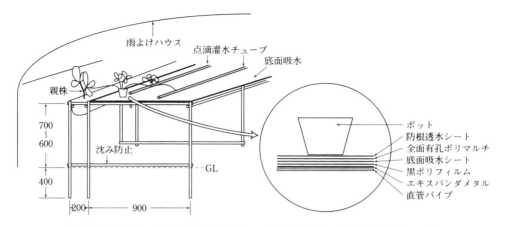

第3図 受けポット方式用の「ノンシャワー育苗」ベンチの構造（単位：mm）

に示す。

ベンチはエキスパンダメタルを敷設し，順に黒ポリフィルム（厚さ0.05mm），底面給水シート，全面有孔ポリマルチ，防根透水シート（白色）を敷設する。

底面給水の給水方法は，樋からの給水や腰水灌水など多様であるが，疫病やピシウム菌の拡散，伝播が最も少ないとみられる点滴灌水チューブで行なうことにした。重ね合わせたシート全体を2～3m間隔で切断し，5cm開かせて敷設する。これによって疫病などが万が一発生しても，その部分で防ぐことができる。

灌水は夏期には1日7回程度となるので，自動灌水が必要である。

底面吸水シートは保水性，拡散性がある資材であればよい。

防根透水シートは，農業資材として販売されているものも含め検討したが，目合いが細かいと薬剤散布などで詰まり，徐々に透水性が劣ってくる。防根と透水機能に優れるスパンポンドタイプの不織布エルタス®品番E05070を使用する。

ポットは基本として7.5cm浅鉢ポット（ポット高5.5cm，容量200cc）とし，培地は吸水性があって，過湿にならないものであればいずれでもよい。培地については事前に給水試験をして選定するとよい。

4. 育苗方法

品種は'濃姫'を用い，子苗育成時の施肥位置，ポットの大きさおよび採苗時期を検討して，育苗方法を体系化した。

（1）施肥位置

施肥位置の試験では9cmポットの上と下に施用して生育を比較することと，7.5cm浅鉢ポットと10.5cmポットの上に施肥することを行なった。肥料はロングトータル70日タイプをポット当たり2gとし，7月16日に施肥した。

施肥位置が上の場合，7月27日と8月10日の調査でポット内溶液のEC濃度は約0.5mS/cm，NO_3-N濃度は約50ppmであったが，ポットの下に置いた場合，EC濃度は0.3～0.5mS/cm，NO_3-N濃度は約0ppmと，ポット内の肥料分布に違いがみられた（第2表）。しかし，生育には施肥位置による差はなく，葉色も同じであった。

一方，7.5cm浅鉢ポットではEC濃度0.89mS/cm，NO_3-N濃度は約168ppmと高く，葉色も濃く，葉先にはチップバーンが発生して，施肥量が多すぎた。10.5cmポットでは7月27日ではNO_3-N濃度は0ppmで，窒素中断処理に入る直前の8月10日では122ppmと高くなっており，ポットが大きい分だけ底面からポット上面までの水分の移行が少なく，肥料の溶出が遅れる傾

育苗システム

第2表 イチゴのランナー切り1週間後の生育（品種：濃姫）

（調査：7月22日，培地溶液：7月27日・8月10日）（1999）

ポットの種類	施肥位置	採苗時期	株張(cm)	草高(cm)	草丈(cm)	小葉 縦(cm)	小葉 横(cm)	葉色	培地溶液(7/27) pH	EC(mS/cm)	NO₃-N(ppm)	培地溶液(8/10) pH	EC(mS/cm)	NO₃-N(ppm)
9 cm	上	6/23	21.7	17.7	20.0	7.3	5.3	38.8±3.4	7.6	0.56	48	7.8	0.52	55
	下	6/23	19.9	19.0	21.3	6.9	5.5	38.8±3.9	7.3	0.31	LO	7.0	0.47	LO
7.5cm	上	7/ 5	15.0	10.7	12.0	4.8	4.1	42.6±3.4	—	—	—	6.2	0.89	168
10.5cm	上	6/10	29.7	20.7	25.7	10.0	6.8	38.8±1.7	6.5	0.26	LO	7.2	0.54	122

注　葉色：SPAD値，NO₃-N濃度：RQflex測定値　LO＝5ppm未満

第3表 イチゴのポットの大きさ別の生育（品種：濃姫）

（採苗時期：7月5日，施肥位置：ポット上，調査：9月9日，出蕾：10月31日）（1999）

ポットの種類	株張(cm)	草高(cm)	草丈(cm)	小葉 縦(cm)	小葉 横(cm)	葉数	葉色	クラウン 径(mm)	クラウン 長(mm)	地上部重(g)	根重(g)	根の褐変	T-C(%)	T-N(%)	C/N比	出蕾率(%)
7.5cm	18.0	15.3	18.0	7.2	4.9	3.1	33.8	8.9	13.9	5.6	5.7	5.0	—	—	—	95.0
9 cm	17.3	12.3	18.1	7.4	4.6	3.3	34.4	8.2	14.8	7.6	7.1	3.7	40.7	0.68	59.6	57.5
10.5cm	21.3	17.0	20.7	8.3	5.7	3.2	35.9	8.7	13.6	8.1	9.4	5.0	40.2	0.67	60.0	47.5

注　葉色：SPAD値
　　根の褐変：1（黒変）～3（褐変）～5（白色）
　　T-C・T-N：展開第3葉の乾燥葉柄（10株平均）

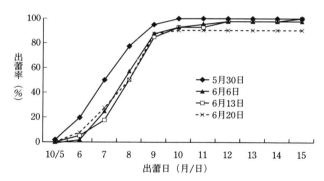

第4図　7.5cmポリポットでのイチゴの出蕾状況
(2001)
品種：濃姫，本圃：高設ベンチ岐阜県方式

向がみられた。

(2) ポットの大きさ

ポットの大きさ別生育（9月9日調査）では，ポットが大きいほど草丈や小葉の大きさなど地上部の生育が良く，地上部重・根重ともにポットが大きいほうが生育はよい傾向であった（第3表）。また，葉色はポットが小さいほどやや淡い傾向があり，出蕾率は7.5cm浅鉢ポットで95％，9cmポットで57.5％，10.5cmポットで47.5％と，ポットが小さいほど出蕾率が高く，大きいポットでは窒素中断がしにくく，C/N比も通例80程度になるものが60程度で，窒素中断ができていないことがわかった。

(3) 採苗時期

7.5cm浅鉢ポットを用いて，施肥量をロングトータル70日タイプをポット当たり1gとし，採苗時期を5月30日，6月6日，6月13日および6月20日として出蕾率を調査した（第4図）。5月30日が出蕾・揃いがやや早かったが，6月のいずれの採苗時期も，出蕾率は10月9日頃までに90％と大差なく，揃いも良く，底面吸水育苗での安定した窒素中断によって花芽分化を促進することができた。

(4) 頭上灌水と底面吸水での収量比較

頭上灌水と底面吸水育苗による収量結果を第4

第4表 イチゴの育苗方式と定植時の苗の生育・収量 (品種:濃姫, 本圃:土耕栽培)　(1999)

灌水方式	草丈(cm)	小葉		葉数(枚)	葉色	クラウン		地上部重(g)	根重(g)	収量 (kg/10a)			
		縦(cm)	横(cm)			径(mm)	長(mm)			年内	1・2月	3・4月	合計
底　面	23.7	9.3	5.8	3.7	35.2	10.2	21.8	11.6	12.8	1,025	723	3,302	5,050
頭　上	25.3	9.3	5.6	3.3	36.7	9.9	14.7	9.4	14.0	946	1,016	3,071	5,033

注　採苗時期:平成11年6月10日，葉色:SPAD値
　　使用ポット:底面給水9cmポリポット，頭上灌水ユーポット．本圃栽植株数:8,330株/10a

表に示す。頭上灌水と底面吸水育苗のいずれも同等の生育・収量である。

(5) 用土と苗の生育

底面吸水育苗のポット用土と苗の生育の関係をみると、ヤシがらで地上部生育がやや優れる傾向であったが、地下部の生育はピートが他の培地の2倍以上と多く、一次根数も多くなる(第5表)。本圃での収量はピートが年内収量、可販収量ともやや多くなったが、2月の成り休みは大きくなった。育苗時に根量が2倍違うことが収量に同じ差を生じさせることはなく、培地に適した栽培管理で、改善されると思われる(第6表)。

(6) 育苗方法の体系

これらのことから「ノンシャワー育苗」では、ポットが小さいほうが窒素中断しやすいので、7.5cm浅鉢ポットを使用する。このポットは通常の7.5cmポットより高さが1cm低く、底面給水でポット培地が常に給水して重しとなっていることと、ポット高が低いことで風などによる倒伏が少ない。

施肥はポット上の置肥でも、防根透水シート上のポットに接する施肥方法でもよい。ポットへの施肥時期は頭上灌水のときと同様に7月15日までとし、ロングトータル70日タイプをポット当たり1gとする。これは40日程度で肥効が切れるので、窒素中断が8月中旬から行なえる。万が一、育苗が遅れて施肥時期が7月下旬となる場合はロングトータル40日タイプをポット当たり0.5g施用する。これは20日程度で肥効が切れるので8月中旬から窒素中断が行なえる。

ヤシがら培地での発根不良は高温時期にみられるため、遮光資材によって気温を抑制したり、採苗時期を6月中旬までとし、ランナー切りまでの期間を20日程度と長くするとよい。

第5表　イチゴの底面吸水育苗によるポット用土と苗の生育 (品種:濃姫)　(1999)

試験区	草高(cm)	株張り(cm)	草丈*(cm)	小葉の大きさ**(cm)	クラウン径(mm)	葉数(枚)	葉色***	地上部重/地下部重(g)	一次根数(本)
山　土	9.0	13.8	10.6	5.5/3.3	7.0	3.7	26.5	4.9/ 8.9	7.6
ピート	8.6	13.6	10.4	5.4/3.1	6.8	3.6	24.0	4.7/18.3	11.6
ヤシがら	11.0	15.6	12.6	6.7/3.8	7.0	3.9	25.8	5.2/ 8.3	4.8

注　*展開第3葉の草丈，**葉身長/葉身幅，***ミノルタ葉緑素計SPAD-502による

第6表　イチゴのポット用土の違いと収量 (品種:濃姫, 本圃:土耕栽培)　(1999)

試験区	11月	12月	1月	2月	3月	4月	年内収量(kg/10a)	可販収量(kg/10a)	商品果率(%)	可販果平均重(g)
山　土	98	902	608	504	1,581	2,202	1,000 (100)	5,630 (100)	96	16.7
ピート	136	1,075	686	233	1,702	2,400	1,211 (121)	5,908 (105)	95	16.0
ヤシがら	123	755	555	553	1,708	2,268	877 (88)	5,560 (99)	93	15.9

注　可販収量:3L+2L+L+M+S+2S+A+B，商品果率:(3L+2L+L+M+S+2S+A+B)/総収量
　　( )内は山土を100とした指数

育苗システム

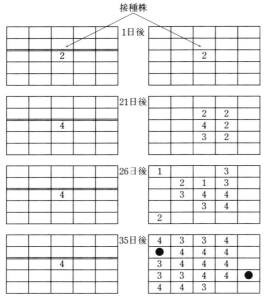

図中数字　1：小斑点，2：赤変および斑点，3：黒変および萎れ，4：枯死
●は無病徴保菌確認株

第5図　イチゴの灌水方法と炭疽病の伝染推移
(天野ら，2000)

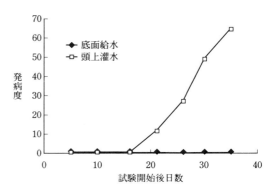

第6図　イチゴの灌水方式と炭疽病の発病推移
(天野ら，2000)

5. 灌水方法と病害の伝染

(1) 試験方法

品種は'濃姫'を用い，7.5cm浅鉢ポットで育苗した健全株24株を15cm間隔で縦5株，横5株の正方形に配置し，中央の1株は病原菌を接種して罹病させた接種株を置き，その罹病株からの伝染経過を両灌水方法で比較した。

炭疽病は，胞子懸濁液を 1×10^5 個/mlに調整したものを苗に噴霧接種し，25℃に2日間おいて発病させたものを罹病株とした。疫病はCMA培地で培養した後，シャーレ1枚当たり50mlの滅菌水とともに培地ごとミキサーにかけ，苗の株元に1ポット当たり10mlずつ灌注した。その後28℃に1週間置き，株全体に萎凋があることを確認してこれを接種株とした。

発病指数は炭疽病では無病徴株を0，小斑点を1，赤変および斑点を2，黒変および萎れを3，枯死を4とした。疫病では無病徴株を0，赤変を1，軽い萎れを2，株全体の萎れを3，枯死を4とした。試験終了後，両病害とも無病徴株について病原菌の分離確認を行なった。

発病度＝Σ（程度別発病指数×程度別株数）
／4／調査株数×100

(2) 炭疽病の伝染と発病度

炭疽病の伝染の経過を第5図に，発病度の推移を第6図に示した。接種株（試験開始時発病度2）の病害進行は底面吸水では16日後に枯死したのに対し，頭上灌水では10日後と，接種株の病害の進行に差が認められた。その後試験終了の35日後まで，底面吸水による灌水方法では周りの健全株に伝染しなかったのに対し，頭上灌水方法では時間の経過とともに病害は伝染し，35日後には発病度64.6となり，無病徴株は7株のみとなった。

無病徴株について分離確認を行なったところ，底面吸水ではいずれの株からも菌を検出しなかったが，頭上灌水では7株中2株から菌を分離した。

(3) 疫病の伝染と発病度

疫病の伝染の経過は第7図に，発病度の推移を第8図に示した。底面吸水では，23日後から周囲の株に赤変などの変化が認められ始め，36日後の発病度は13.5，42日後では20.8で，無病

徴株は16株であった。疫病が伝染した株は灌水チューブに沿って伝染しており，シート上を水が浮いて伝わったのに伴い感染した要因が大きいとみられた。

頭上灌水では20日後から萎れなどの株が発生し始め，36日後の発病度は31.3，42日後には44.8となり，無病徴株は6株であった。

分離確認を行なったところ，底面吸水で無病徴株であった16株のうち2株から，頭上灌水では6株中3株から菌が確認された。

疫病は底面吸水でも伝染が確認され，菌の進入経路などに注意し，発病に気をつけることが必要である。水がシート上に浮かないように点滴灌水チューブで少量多回数灌水をするとともに，重ね合わせてあるシート全体を2～3m間隔に切断し，5cm程度あけて敷設することも疫病予防には有効と考えられる。

疫病の場合「ノンシャワー育苗」では従来の頭上灌水に比べ伝染が遅れる結果となっており，炭疽病の結果と併せて，底面吸水による灌水方法は有効な育苗方法である。

6. 設備費と普及

ベンチの設備費は，受けポット方式ベンチ骨組みなどに1,670円/m，底面給水用資材費1,740円/mであり，設備費合計が1m当たり3,410円である。底面吸水用資材を敷設することで設備費はこれまでの約2倍となり，育苗数1万株規模では約70万円の設備費となり，初期投資の負担が増える。また自動灌水のための圧力ポンプなどの設置が別途必要である。

「ノンシャワー育苗」は炭疽病などの病害抑制効果がみられ，灌水は自動化することで育苗労力は省力化される方法である。炭疽病に対する薬剤散布も少なくできると判断している。その反面，ダニの発生は多いようで，ホコリダニにも注意が必要である。

「ノンシャワー育苗」は，従来の育苗より，安全に安定した苗づくりができることから，経営安定に貢献するものである。生産者が省力・安

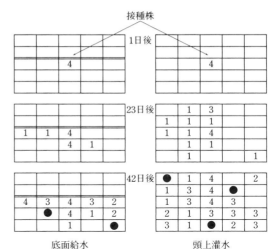

図中数字　1：赤変，2：軽い萎れ，3：株全体の萎れ，4：枯死
●は無病徴保菌確認株

第7図　イチゴの灌水方法と疫病の伝染推移
（天野ら，2000）

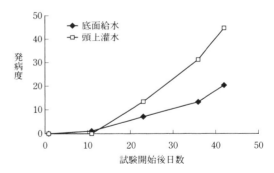

第8図　イチゴの灌水方式と疫病の発病推移
（天野ら，2001）

全性と経費をいかに判断するかが，本システムの普及を大きく左右することになると判断している。

平成13年に発表してから岐阜県では，優良種苗施設関係3か所，生産者1か所に導入されている。イチゴの優良種苗生産事業は各県で整備されており，そうした生産施設には先だって導入することを推奨し，イチゴの生産安定，活性化に役立ててほしい。

執筆　越川兼行（岐阜県農業技術研究所）

2003年記

栽培株からの採苗による低コスト体系

1. この採苗方式のねらい

これまでのイチゴ栽培は，中腰の姿勢で管理，収穫することが多く，面積拡大や雇用の確保などについて大きな問題を抱えてきた。こうした状況のなかで近年，作業，収穫姿勢の改善を目的として少量の培地を用いた高設栽培システムが数多く開発され，西日本を中心に導入が始まり，現在では全国各地に広がっている。

しかしながら，ここ数年イチゴの販売単価は伸び悩み，徐々に低下する傾向にある。加えてこれらのシステムは高価であることから，イチゴ経営に大きな負担を与える可能性が高い。今後，システムの導入にあたっては，いかにシステム以外で生産コストを引き下げるかが大きなポイントとなる。また，地床栽培者にとっても生産コスト引下げは大きな課題であることから，これまであたり前とされてきた専用親株を用いた苗の増殖方法について見直し，採苗コストを低減させる方法として栽培株から採苗する技術の確立に取り組んだ。

栽培株からの採苗は，これまでも全国各地の篤農家により取り組まれてきた方法である。しかしながら，栽培株から採苗することによる収量性や苗の特性，問題点について現在栽培されている品種において体系的に取り組まれた研究は少ない。

この採苗方法は，専用親株からの採苗を否定するものではなく，イチゴ単価低迷の時代背景のなかで導入される必然性が高まってくるであろうことを予見し，体系立てしたものである。

2. 本技術の特徴

専用親株ではなく，栽培株から採苗することは，専用親株の育成が不要になることにより多くのメリットを有する。

これをコスト面，作業面に分けて整理する。
まず，コスト面については，親株床の
1) 圃場地代
2) 土壌消毒費
3) 除草対策（除草剤あるいはマルチ）に必要なコスト
4) 耕うん作業などに用いるトラクターの燃料費と償却費
5) 肥料費
6) 灌水部材費

の削減が可能である。

作業面では，親株床の
1) 土壌消毒作業
2) 施肥，うね立て，耕うん作業
3) 定植作業
4) マルチ被覆，除草剤散布作業
5) 管理作業

がすべて不要となり，大幅な労力削減が可能である。また，雨よけ状態下での採苗であるため，炭疽病罹病率低下による防除回数の低減という利点もある。

総合的には，コストの削減や作業時間を短縮できるだけでなく，農薬使用量や施肥量が低減されるため，循環型農業技術としても位置づけられる可能性があると考えられる。

本方法による場合，これまで親株定植から収穫終了まで1年半かかっていたものが，採苗から収穫終了まで1年ですむことになる。

イチゴ経営において，1作が1年となることは，次年度の経営に向けての計画の樹立とその実行をスムーズに行なうことができるため，非常に有意義となる。

その一方で，この方法には
1) 収量性
2) 苗質
3) 株の連用年数

育苗システム

第1表　親株とランナー発生数
(山口農試, 2002)

品種	親株	ランナー発生数 (本/株)
とよのか	専用株 栽培株	15.5 3.1
さちのか	専用株 栽培株	24.9 5.8

注　専用親株定植日　11月30日
　　調査日　6月24日

第2表　親株と異常株発生割合
(山口農試, 2003)

品種	親株	不時出蕾株 (%)	心止まり株 (%)
とよのか	専用株 栽培株	0.0 9.4	0.0 0.0
さちのか	専用株 栽培株	0.0 15.6	0.0 3.1

注　調査日　7月20日
　　供試株数　32株

第3表　親株とクラウン径
(山口農試, 1999)

品種	親株	採苗日 (月/日)	クラウン径 (mm)
とよのか	専用株 栽培株	6/1 6/1	10.7 11.6
さちのか	専用株 栽培株	6/2 6/2	11.4 12.0

注　作型　暗黒低温処理
　　調査日　9月3日（出庫時）

第4表　現地調査における親株とクラウン径
(山口農試, 2002)

地域	品種	親株	採苗日 (月/日)	クラウン径 (mm)
中山間部	とよのか	専用株 栽培株	6/ 5 6/ 5	9.2 10.4
沿岸部	とよのか	専用株 栽培株	6/10 6/10	10.1 9.6

注　調査日　中山間部：9月11日　沿岸部：9月17日

4）ハウス内でのハダニなどの害虫の発生など不明な点もいくつか指摘されている。

これらの問題の解決，あるいは対応策が明確になれば，本方法は，イチゴ栽培者にスムーズに受け入れられるものと考えられる。

3. 栽培株から採苗した苗の特性

(1) ランナー発生数

専用親株と栽培株の最も大きな違いは，冬期の低温遭遇の有無にある。栽培株では低温遭遇していないため春先のランナー発生数が大きく減少する（第1表）。

栽培株から採苗する場合，計算上は1株から1本採苗できれば前年と同じ経営規模の苗は確保できる。しかし，栽培圃場の一部からまとめて採苗するほうが効率的であることから，実際には栽培面積の5分の1を使って，1株から5本程度採苗するのが適当である。各ランナーの第2次子苗までを採苗するとしても，3本のランナーが発生すれば，予定の本数が確保できることになる。

したがって，'とよのか''さちのか'とも，栽培株から発生したランナーで必要とする本数の苗は十分確保できる。

(2) 苗の特性

前項で述べたように，栽培株は冬期の低温に遭遇していないため，比較的小さな苗であっても花芽を分化しやすい特性がある。その傾向は'とよのか'よりも'さちのか'で強く，6月上旬に採苗した場合，約15%の割合で不時出蕾が発生する（第2表）。しかし，不時出蕾はほとんど6月に発生するため，早めに摘除することで，その後の苗の生育や花芽分化には影響しないと考えられる。

また'さちのか'では，心止まり株の発生がわずかではあるが確認されている。

栽培株から採苗した場合のクラウン径は，専用親株から採苗した場合と同程度の大きさとなる。筆者らの試験では，栽培株から採苗することでクラウン径が大きくなる傾向がみられたものの，統計的な有意差は認められず，現地試験においても一定の傾向は確認されていない（第3，4表）。クラウン径の肥大については，親株のも

つ特性よりも，鉢受け時の天候や切離し後の活着など他の要因が及ぼす影響が強いためと考えられ，栽培株からの採苗であっても専用親株からの採苗と同程度のクラウン径を確保することは容易であると考えられる。

(3) 開花株率

筆者らの試験では，暗黒低温処理作型，普通促成作型において栽培株から採苗した苗の開花株率は，専用親株から採苗した苗と同程度であることを確認している。

また，開花日は2～4日早まることが確認され，さらには，バラツキが大きい傾向がみられているが，統計上の有意な差は確認されていない（第5表）。しかし，2002年度に県下4か所で実施した現地試験においては，上記のような傾向は確認されず，開花日は地域や管理状況によって異なると考えられる。

(4) 収量性

暗黒低温処理作型，普通促成作型とも，'とよのか'‘さちのか'の両品種において収量は専用親株と同程度である。また，年内収量を見ると，両作型，両品種ともに，栽培株から採苗することで増加している（第1，2図）。

(5) 連用性

イチゴ栽培では，ウイルス汚染による収量低下を防ぐためにウイルスフリー株の導入が一般的になっている。栽培株から採苗する場合もこの点が問題となり，連続して栽培株から採苗しても収量が低下しないことが，連続採苗の適否判断基準となる。これまでの研究では，3年以上続けて栽培するとウイルスに汚染され，収量が低下することが報告されている（長・赤城・大

第5表　年度別の開花株率と開花始期　　（山口農試）

試験年度	試験場所	作型	品種	親株	開花株率(%)	開花始期(月/日)	標準偏差*
1999	山口農試	暗黒低温	とよのか	専用株	69	10/ 6	3.0
				栽培株	64	10/ 4	3.2
			さちのか	専用株	86	10/ 8	2.2
				栽培株	86	10/ 6	2.7
2001	山口農試	普通促成	とよのか	専用株	97	11/ 3	3.2
				栽培株	100	10/29	4.1
			さちのか	専用株	97	11/ 6	2.4
				栽培株	100	11/ 3	4.6
2002	山口市	普通促成	さちのか	専用株	95	11/17	3.2
				栽培株	95	11/23	3.5
	下関市		とよのか	専用株	100	11/15	3.1
				栽培株	100	11/17	9.0
	徳地町		とよのか	専用株	100	11/15	6.2
				栽培株	100	11/17	2.7
	美東町		とよのか	専用株	100	11/24	8.4
				栽培株	100	11/19	2.7

注　*：数値が大きいほど，バラツキが大きいことを表わす

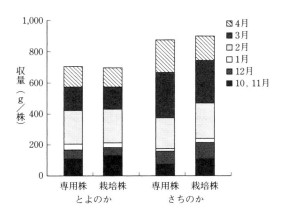

第1図　暗黒低温処理作型での収量
（山口農試，1999）

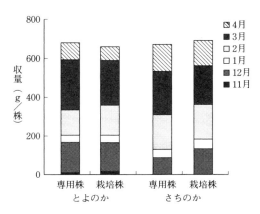

第2図　普通促成作型での収量
（山口農試，2001）

育苗システム

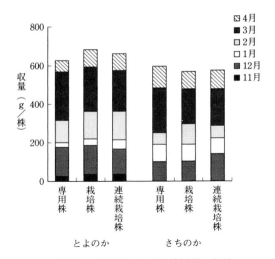

第3図 栽培株からの連続採苗と収量
（山口農試，2000）
連続栽培株：2年連続して栽培株から採苗した株

和田，1976）。

筆者らは，2年連続して栽培株から採苗しても総収量は低下しないことを確認しているが，3年目以降は計画的なウイルスフリー株による更新が妥当である（第3図）。

（6）病害虫防除

本方法による場合，雨よけ状態下で採苗するため，炭疽病に関しては，発病していない株から採苗することを遵守すれば，これまでより発病率を低下させることができる。

その一方で，うどんこ病，アブラムシの発生は同程度であり，ハダニ類については専用親株からの採苗よりも発生は多くなる。うどんこ病，アブラムシについては，従来の防除体系で対応し，ハダニ類については育苗中の乾燥を防いでいれば，従来どおりの防除体系で十分に対応可能である。

4．必要な施設・資材

この方法による採苗体系では，栽培株から発生した苗を用いるため，特別な施設，資材を必要としない。

新たな投資を必要としないということも，この採苗体系を導入するにあたっての大きな利点である。

5．採苗の実際

（1）採苗のスケジュール

この体系は，子苗をランナーから切り離してポットに植える鉢上げ法と，ランナーを切り離さないままで子苗をポットに受ける鉢受け法のどちらでも対応可能である。

ただし，'とよのか''さちのか'とも，鉢上げ法では活着が遅くなる傾向にあるので，安定して苗を確保するためには鉢受け法を採用するほうが安全である。

鉢受け法で採苗する場合，発生後約1か月たったランナーが適している。したがって，鉢受けしようとする時期の1か月前からランナーを残しておく。

鉢上げ法で採苗する場合は，ある程度発根した苗を用いるため，鉢受け法よりも少し早めからランナーを残す必要がある。

（2）地床栽培での採苗

①鉢受け法

地床栽培で栽培株から鉢受け法によって採苗する場合，次の要領で実施する（第4図）。
1) マルチを除去し，灌水チューブを上向きにする。
2) 2条に植えた片側の株を除去する。
3) 残した株の果房を摘除し，ランナーを残す。
4) うねの上にポットを置く。
5) 適期になったランナーを鉢受けする。
6) 鉢受け後，10～14日後に切り離す。
7) 灌水は2～3日に1回十分に行なう。

この際，病害に感染している株からは採苗しない。

この方法では，大きさや形状に関係なく，すべてのポットに適応できる。

②鉢上げ法

栽培株から鉢上げ法で採苗する場合，以下の要領で実施する。

1) 栽培株の果房を摘除し，ランナーを残す。
2) マルチを除去し，灌水チューブを上向きにする。
3) うね全体が湿るように，灌水チューブで十分に灌水する。
4) ランナーを整置し，根の長さが1～2cm程度の苗を切り離して鉢上げする。

鉢上げ法の場合は，育苗床を寒冷紗などで被覆し，1日に数度葉水をかける。この方法の場合，すでに発根している子苗を用いるので活着しやすい。

第4図 地床栽培での栽培株からの採苗（鉢受け法）

(3) 高設栽培での採苗

①鉢受け法

高設栽培で鉢受け法によって採苗する場合は，ポットを置く位置の確保など，システムの形状によって採用可能なシステムが限定される。本稿では，山口型イチゴ高設栽培システム内成り方式での方法について述べる（第5図）。

1) マルチを除去する。
2) 片側の株を除去する。
3) 残した株の果房を摘除し，ランナーを残す。
4) 株を除去した側の栽培槽上にポットを置く。
5) 適期になったランナーを鉢受けする。
6) 鉢受け後，10～14日後に切り離す。
7) 灌水は2～3日に1回手灌水で行なう。

この際，病害に感染している株からは採苗しない。

②鉢上げ法

栽培株から鉢上げ法で採苗する場合，システムの形式は問わず，どのシステムでも対応することができる。

1) 栽培株から発生したランナーを残す。
2) 葉数2枚程度，発根始めの子苗を切り離し，育苗ポットに鉢上げする。

この場合，発根部が空中にあるため，地床栽

第5図 山口型イチゴ高設栽培での採苗（鉢受け法）

培での採苗のように白い根が発根していることはほとんどない。そのため，鉢上げ後は，活着まで遮光や頻繁な灌水などこまめな管理が必要である。

6. 採苗上の留意点

ここ数年の普通促成栽培では，高設栽培システムや新たな品種導入もあり，7月末まで収穫するなど，これまでより収穫打切り日が遅くなっている。

そのようななかで，5月始めからランナーを残し，6月に採苗するということは，ハウス環境や

収穫,管理作業上からも問題となることが考えられる。

小規模での栽培の場合,同時管理が十分に可能であるが,大規模栽培の場合は,収穫と採苗を同時に行なう管理は困難である。

そこで,一部のハウスでは収穫打切りを5月末までとし,その株から採苗するなど,大規模経営に適した体系の構築も必要である。

また,3年に1度のウイルスフリー株への更新は従来どおり必要であり,親株床を用いない更新体系も考慮しなければならない。

筆者らは,更新年には一部の栽培株を早めに引き上げ,3月頃にウイルスフリー株を栽培床に定植して採苗するなどの方法を考えているが,そのほかにもさまざまな体系が考えられ,戸別の経営面積や経営体系に応じた体系立てが必要である。

執筆　内藤雅浩(山口県農業試験場)

参 考 文 献

長　修・赤城博・大和田常晴.1976.イチゴのウイルスフリー株利用による生産安定化に関する研究　第3報,親株更新時期について.栃木農試研報.**21**,123—128.

松本理・河村和成.1984.山口県におけるイチゴウイルス感染調査と生産力について.近畿中国農研.**67**,35—37.

2003年記

蒸発潜熱を利用した紙ポット育苗の花芽分化促進技術

1. イチゴの育苗技術の変遷

イチゴ栽培では昭和40年代までは，地床で仮植あるいは無仮植育苗が行なわれていた。それが現在のようなプラスチックポット育苗になったのは，昭和50年代の初めである。そのときの経緯を開発者の回想録から引用すると以下のとおりである。

「昭和51年のある日，筆者の研究室（注：農林省野菜試久留米支場）にエーザイ生科研の社員2人が訪れ，次のような話をされた。『昨年，台風で水につかったイチゴ苗が枯れそうになった。何とか助けたいとポットに移植し，根の回復のためにキッポをかけた。苗は助かり，植物体は小さいながらも花が咲き収穫があった。ところが，普通の苗より収量は少なかったが，収穫期が早い。早出しのイチゴは値段が高いのだから，収穫期の早さはそのままで，なんとか収量が普通並みに多くならないものだろうか』。筆者の脳裏にひらめくものがあった。すぐに研究を開始するとともに九州各県の試験場とも連携を取って，1～2年の間にポット育苗の基礎理論を完成したのである」（新井，1998）。

イチゴの育苗がポット育苗に変わったのは，同じ果菜類のトマトやキュウリに比べると遅かった。その原因としては，10a当たりの苗数が7,000～8,000本と非常に多いこと，苗取りや鉢上げが高温期なので活着と生育が必ずしも良好でないこと，1日に2回も3回も灌水が必要で省力にならないこと，などが挙げられた。しかし，ポット育苗にすることで花芽分化が促進されることが明らかになって，イチゴの育苗は地床育苗からポット育苗へと一変した。

イチゴのポット育苗が始まって30年になろうとしている。そろそろ新たな育苗法が出てきてもよい時期である。そのときの特徴としては，やはり花芽分化が促進される育苗法であろう。それが紙ポット育苗であり，イチゴ育苗のイノベーションになると考えられる。

2. 紙ポット育苗の位置づけ

イチゴは通常，短日，低温，低窒素条件の下で花芽分化が促進される。これら花芽分化を促進する要因と育苗法との関係を示すと第1表のとおりである。根が十分に張れる地床育苗では，そのままではいつまでも窒素を吸収して，短日・低温条件になっても花芽が分化しない。断根・ずらしを行なうと窒素の吸収が抑制されて，花芽が分化しやすくなるが，完全ではない。根の周りの土壌から窒素を吸収するからである。これに対して，ポリポットでは育苗用土中の窒素量はわずかで，液肥の施用を中止したり，す

第1表 花芽分化を促進する要因と育苗法との関係

育苗法	短日	低温	低窒素
地床育苗	×	×	×（断根・ずらしにより△）
ポリポット	×	×	○
紙ポット	×	○	○

第1図 窒素切れで発生した輪斑病
左：発生が著しかった紙ポット，右：発生が少なかったポリポット

育苗システム

(朝) 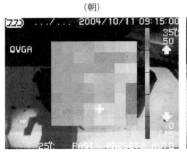 (昼) 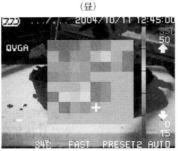 (夕)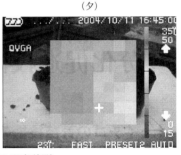

第2図　2次元放射温度計によるイチゴクラウン部の温度計測
1画面を縦8画素×横8画素の64画素に分割表示
いずれの図とも左が紙ポット，右がポリポット育苗
各画面とも両端上から3画素目がクラウン部，4画素目が土壌表面，6画素目がポット表面中央部

でに施用している固形肥料を取り除くと，ポット内の窒素量は急速に減少するので，花芽が分化しやすくなる。

　紙ポットは灌水後に余剰水がポット表面から流出しやすく，また，育苗後半になると紙ポットそのものが分解する際に微生物が窒素を利用するので，ポリポット以上に窒素が切れやすい。そのため，ポリポットと同じ肥培管理を行なっていると窒素が切れすぎて，生育不良や輪斑病（第1図）などの病気発生を引き起こす。しかし，紙ポットが花芽分化を促進しやすいのは，窒素が切れやすいからだけではない。低窒素条件に加えて花芽分化を促進する要因の一つである低温条件を作出するからである。

3. 紙ポット育苗の花芽分化促進効果の要因

　日本では古来から，暑い夏の夕方に庭に打ち水をして涼をとってきた。庭にまいた水が地面や周りの熱を吸収して蒸発する際に起こる現象であるが，1gの水が蒸発するときに約2,400Jの気化熱を奪った結果である。イチゴに灌水した水は直接紙ポットを湿らせるとともに，育苗用土に吸収された水が内部から紙ポットを湿らせる。この紙ポットに日が当たると，ポット表面から水の蒸発が行なわれて，ポット表面ひいてはポット内部が冷え，その結果，花芽分化が促進されると考えられる。

　第2図は2次元放射温度計を用いて測定した育苗中のイチゴクラウン部周辺の温度変化である。朝，日が当たるとポット表面，土壌表面とクラウン部の温度は上昇するが，その度合いは紙ポットのほうがポリポットより小さい。日中も紙ポットのほうが，ポット表面，土壌表面ならびにクラウン部の温度は，ポリポットよりも低い。夕方はポット表面，土壌表面の冷却は紙ポットのほうがポリポットよりも早い。

第3図　サーモビジョンによるイチゴクラウン部の温度計測
　ポリポット：30.7℃（ポット表面），28.9℃（土壌表面），28.2℃（クラウン部）
　紙ポット：28.5℃（ポット表面），28.9℃（土壌表面），27.9℃（クラウン部）

第3図はサーモビジョンを用いてさらに詳しく温度分布を見た図である。ポットの表面はポリポットより紙ポットのほうが2.2℃ほど低い。土壌表面はいずれも28.9℃で同じだが，クラウン部はポリポットが28.2℃であるのに対して，紙ポットは27.9℃でわずかに低い。

このように，イチゴの育苗に紙ポットを用いると，従来のポリポットと比べて，ポット表面だけでなく，クラウン部も冷えることが明らかとなった。では，ポット内部はどうかというと，ポット内の地温変化を測定した結果が第4図である。ハウス内気温が40℃前後で推移した条件下で，ポリポットの地温は38℃程度まで上昇した。これに対して，紙ポットの地温は30℃までしか上昇せず，その差は最大で8℃程度あった。

このような条件下で育苗したイチゴ苗の生育状況を第2表に示す。葉の長さや幅ならびに葉色は紙ポットのほうがポリポットより大きかった。これに対してクラウン径はポリポットのほうが紙ポットよりも大きかった。しかし，通常クラウン径が10mm以上あればイチゴ苗としては十分であるといわれているので，紙ポットでもイチゴの育苗は可能と考えられる。

肝心の花芽分化程度だが，ポリポットが分化程度1の肥厚期であるのに対して，紙ポットは分化程度2.3の分化期〜花房分化期まで進んでおり，紙ポット育苗によりイチゴの花芽分化が促進されることが明らかになった（第3表）。花芽分化が促進されたイチゴ頂花房では，その後の出蕾，開花ならびに果実肥大も早く，11月下旬ではポリポットで6割近くの株が未出蕾であったのに対して，紙ポットでは6割以上の株で着果から親指大まで進んでいた（第5図）。年内収量，頂果房ならびに総収量もポリポットより紙ポット育苗で多かった（第6図）。

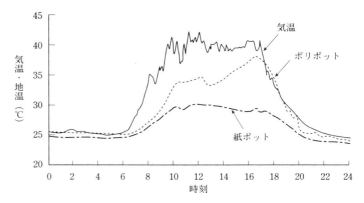

第4図 育苗ポットの違いによるポット内地温の変化
(2004年7月25日)

第2表 育苗ポットの違いによる定植時のイチゴの生育

ポットの種類	葉長(cm)	葉柄長(cm)	葉幅(cm)	葉色	クラウン径(mm)
ポリポット	19.7	10.9	5.7	37.8	12.6
紙ポット	22.5	13.4	5.9	38.3	10.0

注　9/22生育調査，各処理区5株2反復の平均値

第3表 育苗ポットの違いによるイチゴの花芽分化程度

ポットの種類	花芽分化程度
ポリポット	1.0
紙ポット	2.3

注　品種：さちのか，検鏡：9月27日
花芽分化程度：未分化0，肥厚期1，分化期2，花房分化期3

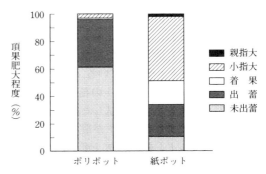

第5図 紙ポット育苗が頂果の肥大に及ぼす影響
9月17日定植，11月22日調査

育苗システム

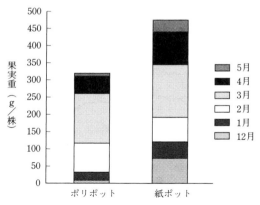

第6図 ポットの種類がイチゴの月別収量に及ぼす影響
年内収量：12月＋1月

第4表 素材が異なる育苗ポットの種類がイチゴの花芽分化に及ぼす影響

ポットの種類	2004（9/27）分化程度	2005 分化日
ポリポット（10.5cm）	1.0	9/26
パルプモウルド	2.3	9/20
紙コップ	1.5	9/20
ピートモスポット	2.7	
ポリ乳酸ポット		9/22

注 供試品種：さちのか，空欄は処理区の設定なし
　花芽分化程度：未分化0，肥厚期1，分化期2，花房分化期3
　散水頻度：2004年度－1回/時間，2005年度－1回/2時間
　施肥頻度：2004年度－ポット錠1錠/週，2005年度－1錠/2週
　ポット錠：ポット錠ジャンプP10（N-P$_2$O$_5$-K$_2$O＝100-100-60mg/錠）

4．紙ポット育苗の効果に影響を及ぼす要因

　紙ポット育苗によるイチゴの花芽分化促進はポット表面からの水の蒸発に伴う気化冷却であるから，気化冷却に適したポットの材質や形状，気化冷却を促進する環境条件ならびにイチゴの苗質が花芽分化促進に影響を及ぼすと考えられる。

(1) ポットの種類

　紙ポットは昔から連結型のペーパーポットがあるが，連結型では内部のセル側面からの水の蒸発は少なく，花芽分化促進効果は小さいと考えられる。最近ではパルプモウルド製の紙ポットなどが市販され，また，ピートモスでできたポットや，ポリ乳酸でできた植物プラスチックの生分解性ポットも出てきている。

　第4表は素材の異なるポットの花芽分化の早晩を比較した結果を示す。供試した素材のなかではピートモスでできたポットが最も早く，次いでパルプモウルド，紙コップ，ポリ乳酸ポットの順で，ポリポットが最も遅い。このようにポットの材質により花芽分化の早さが異なるが，ポット表面からの水の蒸発速度が異なると考えられる。

(2) ポットの形状

　容量が同じでも表面積が大きければ，ポットからの水の蒸発速度が異なるので，ポットの冷却程度，ひいては花芽分化程度も異なると予想される。そこで，材質が同じで形状の異なるポットを試作（第7図）し，同様の育苗管理をしたときの花芽分化程度を示す（第5表）。試作したポットでは花芽分化程度が大きく三つのグループに分類され，市販のオリジナル型と同程度の花芽分化程度を示すグループ，オリジナル型よりも若干分化程度が大きなグループ，それよりも花芽分化程度がさらに大きなグループの三つである。最も花芽分化程度が大きなポットは市販のものと容量が同じであるが，高さが高いロング型である。次いで花芽分化程度が大きなポットは市販のポットと容量が同じで，表面積が1.4倍のクローバ型，表面積が1.2倍の菊型，底部に深い溝を付けた底上高型，高さの低いフラット型の四つである。このようにポットの形状により花芽分化の早さが異なる。

(3) 育苗用培地資材の種類

　育苗用の培地資材により，保水性と培地資材表面からの水の蒸発速度が異なる。第6表は培地

蒸発潜熱を利用した紙ポット育苗の花芽分化促進技術

第7図 パルプモウルドで試作した形状の異なる育苗ポット

第5表 ポットの形状がイチゴの花芽分化とその後の発達に及ぼす影響

名　称	特　徴	花芽分化程度 (9/27)	花芽発達状況（11/22）				
			未出蕾	出蕾	着果	小指大	親指大
ポリポット	径 10.5cm（対照）	1.0	61.4	34.3	1.4	2.9	0.0
オリジナル	350mℓ	1.7	26.7	13.3	6.7	40.0	13.3
ラージ	620mℓ	1.7	50.0	6.3	12.5	31.3	0.0
底上―中	底部に浅い溝	1.7	29.4	11.8	5.9	47.1	5.9
底上―高	底部に深い溝	2.0	33.3	5.6	0.0	50.0	11.1
クローバ	表面積1.4倍	2.0	16.7	0.0	5.6	72.2	5.6
菊型	表面積1.2倍	2.0	22.2	11.1	5.6	55.6	5.6
フラット	高さ 5.5cm	2.0	31.3	6.3	0.0	50.0	12.5
ロング	高さ 12.5cm	3.0	47.1	0.0	5.9	41.2	5.9

注　素材はいずれもパルプモウルド

資材が異なるときの花芽分化程度を示す。花芽分化が最も早かったのは軽石を粉砕・粒度調製した育苗資材エコポラスであり，次いで竹の繊維でできた資材バンブーウールである。杉皮を堆肥化した資材は土壌を主体とした育苗用土と同程度の花芽分化程度である。これら育苗資材を水はけ程度でみると，イチゴの花芽分化程度と関係が深いことが示唆される。

(4) 施肥量

イチゴ育苗中の施肥量は窒素中断後の窒素の切れ具合だけでなく，苗質（クラウンの大きさ）にも影響する。第7表は施肥頻度が花芽分化に及ぼす影響を示したものである。固形肥料を施用する育苗方式では，施肥頻度が高いほど花芽分化が早く，ランナー切り離し後窒素中断まで毎

育苗システム

第6表 紙ポット育苗時の培地資材がイチゴの花芽分化に及ぼす影響

ポットの種類	培地資材（水はけ程度）	花芽分化程度
ポリポット	育苗用土 (3)	1.0
紙ポット	エコポラス (1)	2.3
紙ポット	バンブーウール (2)	2.0
紙ポット	杉バーク (3)	1.6
紙ポット	育苗用土 (3)	1.7

注　供試品種：さちのか
　　水はけ程度：(1) 一速い，(2) 一中間，(3) 一遅い，育苗用土：健苗
　　花芽分化程度：未分化 0，肥厚期 1，分化期 2，花房分化期 3
　　6月15日育苗開始，ポット錠1錠/週施用，散水頻度1回/時間，散水時間帯6～18時
　　ポット錠：ポット錠ジャンプ P10

第7表 紙ポット育苗時の施肥頻度がイチゴの花芽分化に及ぼす影響

ポットの種類	処理区	2004 (9/27) 分化程度	2005 分化日
ポリポット	育苗開始時2錠	1.0	9/26
紙ポット	1錠/1週	2.3	
紙ポット	1錠/2週	1.7	9/20
紙ポット	1錠/3週		9/20

注　供試品種：さちのか，空欄：処理区設定せず
　　花芽分化程度：未分化 0，肥厚期 1，分化期 2，花房分化期 3
　　肥料：ポット錠ジャンプ P10
　　2004年度：7月1日育苗開始，育苗用土使用，散水頻度1回/時間，散水時間帯6～18時
　　2005年度：6月15日育苗開始，育苗用土使用，散水頻度1回/2時間，散水時間帯6～16時

第8表 紙ポット育苗時の育苗期間がイチゴの花芽分化に及ぼす影響

ポットの種類	育苗開始日	分化程度 (9/27)
ポリポット	7月 1日	1.0
紙ポット	6月15日	2.7
紙ポット	7月 1日	2.3
紙ポット	7月15日	2.3

注　供試品種：さちのか，育苗用土：健苗
　　花芽分化程度：未分化 0，肥厚期 1，分化期 2，花房分化期 3
　　施肥頻度：ポリポット―育苗開始時2錠，紙ポット―1錠/週
　　肥料：ポット錠ジャンプ P10
　　散水頻度：ポリポット：手灌水1または2回/日，紙ポット：1回/時間，散水時間帯：6～18時

週1回の施肥により花芽分化が最も促進される。

(5) 育苗期間

育苗期間もイチゴの苗質に影響を及ぼす。第8表は窒素中断日を同じにしてランナー切離し日を異にするときの花芽分化程度を示す。ランナーを育苗ポットに受けて親株から切断するまでの日数を14日（2週間）と同じにすると，ランナー切断日が早いほど花芽分化程度が大きく，6月15日育苗開始で花芽分化が最も早い。

(6) 灌水方法

イチゴの育苗ポットに灌水する方式として大きく二つある。一つは散水ノズルを用いて上から灌水する頭上散水，もう一つは下からポットを湿らせる底面給水である。しかし，ポット内地温は頭上散水が底面給水よりも低く推移（第8図）し，花芽分化程度も頭上散水のほうが底面給水よりも大きい（第9表）。

(7) 散水頻度

散水頻度によりポットの湿り時間ならびに湿り程度が異なり，ポット表面からの水の蒸発程度，ひいては花芽の分化程度が異なることが予想される。第9図に散水頻度が異なるときのポット内地温の日変化を示す。散水頻度が高いほどポット内地温は低く推移するが，'さちのか'では2時間に1回の頭上散水で花芽分化が最も促進され，慣行のポリポットによる育苗に対して10日程度早い（第10表）。

(8) 給水方法

水の比熱は1で，熱しにくく，冷めにくいという性質をもつ。夏の高温期に滞水があると，その部分の水温はかなり高温になる。第10図は底面給水時の敷布の種類によるポット内地温の日変化を示す。ポット内地温は底面給水マットだけを敷いたほうが，底面ビニールフィルムを敷いただけよりも低く推移し，花芽分化も早い（第11表）。

(9) 遮　光

　イチゴの花芽分化を促進するために現在行なわれている方法は，暗黒で15℃一定の冷蔵庫などに20日程度連続して入庫し花芽分化を促進する株冷処理，日中8時間だけ野外に出し，夜間は暗黒で15℃一定の予冷庫などに20日程度入れて花芽分化を促進する短日夜冷処理ならびに遮光などがある。遮光は日中気温が高くなるのを防ぐもので，ひいては株温，地温を低下させることで花芽分化を促進させる。この遮光を紙ポット育苗に用いると，ポット表面からの水の蒸発が抑制されるため，遮光していないものに比べ地温の低下が緩やかで，花芽分化が遅い（第12表）。すなわち，紙ポット育苗の効果が遮光によって低減されると考えられ，紙ポット育苗を行なう際には注意を要する。

(10) 送　風

　野外に干した洗濯物が風のある日にはよく乾くことは，誰でも経験したことである。それゆえ，日中光が当たっているときに風を送ると水の蒸発が促進され，ポット内地温が低下（第11図）し，花芽分化が促進されると考えられる。第13表は紙ポットに送風を行なったときの花芽分化程度を示す。慣行ポリポットに対して紙ポットだけでは6日早く，送風処理を加えることによりさらに2日早くなる。

(11) ベンチ育苗

　近年炭疽病の増加に備え，ベンチ育苗が増加している。従来圃場にうねをたて，その上にマルチを

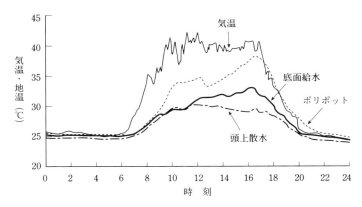

第8図　灌水方法が紙ポット内地温に及ぼす影響（2004年7月25日）

第9表　灌水方法が紙ポット育苗イチゴの花芽分化に及ぼす影響

ポットの種類	灌水方法	散水頻度あるいはシートの種類（灌水時間）	2004（9/27）分化程度
ポリポット	手灌水	1または2回/1日	1.0
紙ポット	頭上散水	1回/1時間（5分）	2.3
紙ポット	底面給水	ビニール＋給水マット＋遮根シート（1または2回/1日―各20分）	1.3

　注　供試品種：さちのか
　　　花芽分化程度：未分化0，肥厚期1，分化期2，花房分化期3
　　　育苗開始－7月1日，育苗用土－健苗，散水時間帯6時〜18時
　　　施肥：ポリポット－育苗開始時ポット錠2錠，紙ポット－1錠/週
　　　ポット錠：ポット錠ジャンプP10

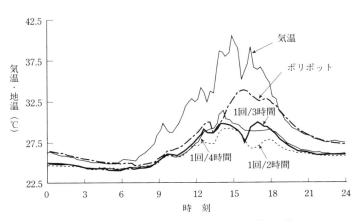

第9図　散水頻度が異なるときのポット内地温変化
（2005年8月8日）

育苗システム

第10表 散水頻度が紙ポット育苗イチゴの花芽分化に及ぼす影響

ポットの種類	灌水方法	散水頻度（灌水時間）	2004（9/27）分化程度	2005 分化日
ポリポット	手灌水	1または2回/1日	1.0	9/26
紙ポット	頭上散水	1回/1時間（各5分）	2.3	
紙ポット	頭上散水	1回/2時間（各10分）	2.7	9/16
紙ポット	頭上散水	1回/3時間（各10分）		9/20
紙ポット	頭上散水	1回/4時間（各10分）		9/18

注 供試品種：さちのか，空欄：処理区設定せず
　　花芽分化程度：未分化0，肥厚期1，分化期2，花房分化期3
　　2004年度：育苗開始－7月1日，育苗用土－健苗，ポット錠－1錠/1週，散水時間帯6時～18時
　　2005年度：育苗開始－6月15日，育苗用土－健苗，ポット錠－1錠/2週，散水時間帯6時～16時
　　ポット錠：ポット錠ジャンプP10

敷き，ポットを並べて育苗してきたが，このときのポット内地温は気温よりも高く推移する（第12図）。これは日射により熱せられたマルチならびにマルチ内温度が育苗ポットに伝えられて地温が上昇するためである。このポットを育苗ベンチの上に移動させると，ポット内地温は気温よりも低下する。紙ポットではポット内地温はさらに低下する（第4図）。花芽分化程度も地床上ではポリポットと紙ポットで大きな差はないが，ベンチ育苗では紙ポットのほうがポリポットよりも花芽分化程度が大きい（第3表）。

（12）品　種

先述のポリポットによるポット育苗技術開発の項（基418の58ページ）で，「～九州各県の試験場とも連携をとって，1～2年の間にポット育苗の基礎理論を完成したのである（新井，1998）」とある。当時は'宝交早生''はるのか'の時代であった。現在は群雄割拠の時代で，1県1品種といわれるくらいに品種がある。

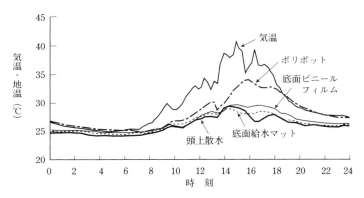

第10図 底面給水時の給水資材がポット内地温に及ぼす影響
（2005年8月8日）

第11表 底面給水時の給水資材が紙ポット育苗イチゴの花芽分化に及ぼす影響

ポットの種類	灌水方法	散水頻度あるいはシートの種類（灌水時間）	2004（9/27）分化程度	2005 分化日
ポリポット	手灌水	1または2回/1日	1.0	9/26
紙ポット	底面給水	ビニールフィルム＋給水マット＋遮光シート（1または2回/1日－各20分）	1.3	—
紙ポット	底面給水	給水マットのみ（1または2回/1日－各20分）	—	9/20
紙ポット	底面給水	ビニールフィルムのみ（1または2回/1日－各20分）	—	9/22

注 供試品種：さちのか，空欄：処理区設定せず
　　花芽分化程度：未分化0，肥厚期1，分化期2
　　2004年度：育苗開始－7月1日，育苗用土－健苗，施肥：ポリポット－7育苗開始時ポット錠2錠，紙ポット：1錠/1週
　　2005年度：育苗開始－6月15日，育苗用土－健苗，施肥：ポリポット－育苗開始時ポット錠2錠，紙ポット：1錠/2週
　　ポット錠：ポット錠ジャンプP10

とてもではないが，そのすべてに対応することは不可能なので，各県にお願いしながら紙ポット育苗の有効性を検討してもらっている。

これまでの結果からいえることは，品種特性として花芽分化が早いものには紙ポット育苗の効果は小さい。それに対して，'濃姫''とのよか'や'さちのか'程度あるいはそれよりも花芽分化が遅い品種には効果がある（第14表）。新しい品種を開発あるいは系統を選抜した場合には，ぜひ一度検討していただきたい。

(13) 分化後施肥

イチゴは花芽分化が確認され次第定植するのが一般的である。しかし，降雨などによって圃場の準備ができていないときは，育苗床でそのまま育苗を継続することになる。紙ポット育苗におけるその間の施肥の影響は検討されていない。花芽分化後10日間定植できないとして，その間に液肥（OKF-1 1,000倍液）を2回施用したが，液

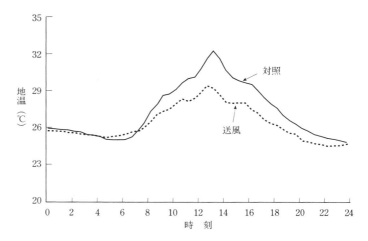

第11図 送風が紙ポット内地温に及ぼす影響（2005年8月16日）

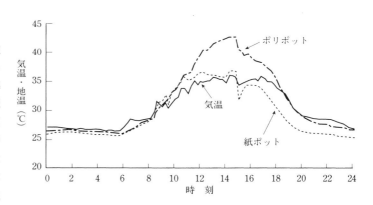

第12図 地床育苗が育苗ポット内地温に及ぼす影響
（2004年7月3日）

第12表 遮光が紙ポット育苗イチゴの花芽分化に及ぼす影響

遮光の有無	ポットの種類	2004（9/27）分化程度
無	ポリポット	4.0
無	紙ポット	5.3
有	紙ポット	4.3

注　供試品種：濃姫
　　花芽分化程度：花房分化期3，萼片形成初期4，萼片形成期5
　　育苗開始－7月1日，育苗用土－健苗，手灌水－1または2回/日
　　施肥：ポリポット－育苗開始時2錠，紙ポット－ポット錠1錠/週
　　ポット錠：ポット錠ジャンプP10

第13表 紙ポット育苗時の送風がイチゴの花芽分化に及ぼす影響

送風の有無	ポットの種類	分化日
無	ポリポット	9/26
無	紙ポット	9/20
有	紙ポット	9/18

注　供試品種：さちのか
　　送風：ポット側面にスポット的に行なう
　　ポリポット：施肥－育苗開始時ポット錠2錠，灌水－手灌水1または2回/日
　　紙ポット：施肥－ポット錠1錠/2週，灌水－頭上散水1回/2時間
　　ポット錠：ポット錠ジャンプP10

育苗システム

第14表 品種が紙ポット育苗イチゴの花芽分化に及ぼす影響

品種	処理区	2004（9/27） 分化程度	2005 分化日
さちのか	ポリポット	1.0	9/26
	紙ポット	2.7	9/16
濃姫	ポリポット	4.0	9/16
	紙ポット	5.3	9/14
とよのか	ポリポット	3.0	9/19
	紙ポット	3.7	9/18

注 花芽分化程度：未分化0，肥厚期1，分化期2，花房分化期3，萼片形成初期4，萼片形成期5
2004年度：7月1日育苗開始，育苗用土使用，ポット錠1錠／週施用，散水頻度1回／1時間
2005年度：6月15日育苗開始，育苗用土使用，ポット錠2錠／週施用，散水頻度1回／2時間
ポット錠ジャンプP10

第16表 高設ベンチ上での花芽分化促進のための紙ポット育苗

育苗場所	ポットの種類	花芽分化日
育苗ベンチ	ポリポット	9月16日
育苗ベンチ	紙ポット	9月14日
高設ベンチ	ポリポット	9月29日
高設ベンチ	紙ポット	9月12日

注 供試品種：濃姫
灌水：育苗ベンチーポリポット，手灌水1または2回／日，高設ベンチ，紙ポットは頭上散水1回／2時間

肥施用の有無にかかわらずその後の花芽肥大は，分化直後に定植した株よりも大きく遅れ，花芽分化後はただちに定植する必要があることが示唆される（第15表）。

5. 直接定植に適した紙ポット育苗

近年，育苗を省略して，ランナーを直接本圃へ定植する直接定植の技術も検討されている。しかし，必ずしも花芽分化が安定的に促進される技術とはなっていない。直接定植は育苗床を必要とせず，また，前作の栽培終了後の施設の空き期間が短くなるので，施設利用率を高めることができる。そこで，採苗した苗を高設ベンチ上に栽植間隔で配置した紙ポットに挿し苗し，そのまま頭上散水で通常どおり育苗することで，花芽分化を促進することができる（第13図）。育苗床での紙ポット育苗苗と比較して，花芽分化ならびにその後の開花も早い。また，同じ方法でポリポットに挿し苗した株よりも地温が低く推移し，花芽分化も早い（第16表）。

*

以上のことから，紙ポットで育苗したイチゴ苗では，従来のポリポットで育苗した苗よりも

第15表 花芽分化後定植までの施肥が花芽の発育に及ぼす影響

ポットの種類	処理区	2005 分化日（分化程度）	2005（9/29）分化程度
ポリポット	対照区	9/26 (1, 2, 1)	
紙ポット	分化後施肥なし	9/20 (1, 2, 1)	3, 3, 1
紙ポット	分化後施肥	9/20 (1, 2, 1)	2, 4, 4

注 分化後施肥（OKF-1，1,000倍）：9/20，9/26
花芽分化程度：未分化0，肥厚期1，分化期2，花房分化期3，萼片形成初期4，萼片形成期5

第13図 紙ポットの高設ベンチへの直接定植
静置後頭上散水によりただちに発根して活着する

花芽分化が促進され，その後の出蕾，開花，果実肥大も早いことが明らかになったが，ポット冷却と花芽分化促進との因果関係は十分には解明されてはいない。一つ考えられることは，ポットを湿らせるために散水した水が蒸発するときに，ポットの熱だけでなくその周囲の熱も吸収するために，クラウン部が冷やされて花芽分化が促進されるのではないかということであるが，根の冷却そのものが花芽分化に影響しているのではないかとも考えている。というのも，旧野菜・茶業試験場久留米支場栽培生理研究室で数年前に開発した蒸発潜熱を利用したイチゴ高設ベンチの冷却技術では，高設ベンチの下部だけを水で湿らせて蒸発熱で冷却させただけでもイチゴの花芽分化が促進された。この場合，冷却部分とイチゴのクラウン部にはかなりの距離があり，クラウン部まで冷却されたとは考えられないので，根が冷やされたことが花芽分化に影響したのではないかと考えており，今後さらに詳しく検討する必要がある。

紙ポット育苗の利点は，花芽分化促進以外に考えられることとして，大量の苗を一括処理することができることである。ポットにまんべんなく散水できれば，ほぼ均一な花芽分化苗を手にすることができる。また，散水装置だけあればよいので，株冷や短日夜冷のように施設の大きさによる制約がない。このほかに定植にあたっては，ポットのまま定植できるので，株の抜取りや定植後のポットの回収，洗浄といった作業もなくなり，大幅な省力化が図られる。

さらに最近の研究では，底面給水で紙ポット育苗を行なえば，炭疽病を減らすことができるという報告があり，今後の技術開発が楽しみである。

執筆　荒木陽一（(独) 農業・食品産業技術総合研究機構野菜茶業研究所）

2006年記

参　考　文　献

新井和夫．1998．イチゴのワンポイントアドバイス．エース会．
荒木陽一ら．2005．園学雑誌．**74**（別11），p.307．
荒木陽一ら．2005．園学雑誌．**74**（別1），p.308．
荒木陽一ら．2005．園学九州支部会発表要旨．13―43
荒木陽一ら．2006．園学雑誌．**75**（別1），p.109．
荒木陽一ら．2006．園学雑誌．**75**（別1），p.110．
荒木陽一ら．2006．野菜茶業研究成果情報．
東卓弥ら．2006．園学雑誌．**75**（別1），p.111．

不織布を利用する株元灌水育苗法

1. システム開発のねらい

(1) 炭疽病をいかに回避するか

近年，炭疽病は，西日本を中心に大発生をしており，徳島県でも本病により壊滅的な被害を毎年のように受けている。本病は化学農薬だけでは十分に防除しきれない現状で，被害の顕著な農家では苗不足からイチゴ栽培を断念せざるを得ない状況にまでなっている。

炭疽病菌（*Glomerella cingulata*）は，本病に潜在感染した株が苗床へ持ち込まれ，風雨や頭上からの灌水による水滴で飛散し，伝染する。このため，この病原菌の飛散防止対策として雨よけハウスを導入しても，頭上からの灌水が行なわれれば飛散は避けられない，と考えられる。

育苗床で本病の蔓延を防止するためには，水滴の飛散がない方法で灌水を行なうことが重要であり，新たな灌水方法の開発が必要である。

(2) 不織布を利用した株元灌水の原理

そこで，毛管現象による水の浸透性が強い不織布に着目し，この不織布を小型成型トレイ上に載せ，点滴チューブにより不織布を通してイチゴの株元へ直接灌水する新しい技術（以下，不織布灌水法）を開発した（第1図）。

この不織布灌水法は不織布を通してイチゴ株元へ直接灌水を行なうため，現在行なわれている頭上灌水のような水の跳ね返りがなく，病原菌の蔓延を効率的に抑えることが可能であると考えられる。

しかも，確実に育苗培地内への水分供給ができることから，健全な苗の育成も可能になるものと考え，この育苗法における均一な灌水技術，本病伝染抑制効果および苗質や収量に及ぼす影響について検討した。

2. 不織布灌水育苗システムの開発

(1) 必要な資材

①専用不織布

不織布の素材は，U社製の底面給水用園芸資材として用いられているもので，黒と白の不織布を二層にし，水の横浸透性や給排水性に優れている。この専用不織布は，3種類の小型成型トレイ（商品名：すくすくトレイ24，ツイントレイ12型・15型）の植え穴に対応した製品がある。

②点滴チューブ

灌水には点滴チューブを用いる。具体的には，点滴孔が10cm間隔で，適正水圧は0.03〜0.10MPa（50〜82m），灌水量がチューブ1m当たり0.08〜0.28 *l* /分の範囲内にあるものを使用する。

③べたがけ用シート

不織布灌水法は，挿苗で育苗が行なわれることを前提に開発したが，頭上灌水装置は設けな

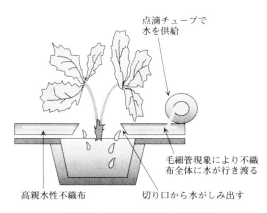

第1図　不織布灌水法の模式図

育苗システム

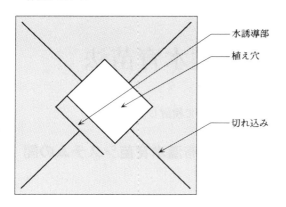

第2図　不織布植え穴部分の形状

第4図　育苗棚の設置

第3図　点滴チューブの配置

いため、慣行の挿苗育苗において活着促進のために行なう頻繁な葉水散水ができない。そこで、白色のポリエステルスパンボンド不織布をべたがけ使用し、活着を促進することとした。一列の育苗棚全面が被覆できる幅のシートを準備する。受苗による育苗を行なう場合は不要である。

④その他

水圧調整のためのボールバルブおよび、点滴孔の目詰まり防止のためのディスクフィルターを灌水施設の配管に取り付ける。

(2) 不織布の植え穴の形状

不織布の植え穴部分の形状は、植え穴部を一片が2.5cmの四角形にくり抜き、中心から放射線状に3cmの切れ込みを4本入れることで、挿し芽作業がしやすく、育苗後には苗を容易に取り出せるようになった。さらに、不織布にしみこんだ水を誘導する目的で、四角形にくり抜いた植え穴部分に短冊状の水誘導部をつくったところ、確実に植え穴へ灌水できるようになった（第2図）。

(3) 点滴チューブの配置方法

点滴チューブは、点滴孔が10cm間隔のものを用いる。24穴トレイの場合は1トレイ当たり3本、12穴トレイの場合は、2本を植え穴間に配置することにより均一な灌水ができた（第3図）。しかし、散水用のチューブでは各植え穴へ均一な灌水ができず不適であった。

3. 育苗方法

(1) 育苗棚の準備

①育苗棚の設置

地上70～90cm程度の高さに、小型成型トレイ2列を支える4本の直管パイプが並ぶ育苗棚を設置する。不織布灌水法での灌水ムラを減少させるため、育苗台は水平に設置する（第4図）。

②点滴灌水施設の設置

灌水施設の設置にあたっては、水圧調整ができるようにボールバルブを取り付ける。またチューブは正確にトレイ植え穴の間へ配置できるように配管する。なお、点滴チューブの目詰まりを防ぐために、ディスクフィルターを設置する。

第5図　育苗トレイへの培地充填

③トレイの準備

各トレイ植え穴へ培地を均一に充填する。袋から取り出したばかりの専用培地を軽く充填後，同型のトレイを用いて2回上部から強く押さえ込む。その後，手で軽く鎮圧しながらトレイ上の余分な培地を取り除く（第5図）。

培地充填後に育苗棚へ並べ，トレイ下から水が出るまで十分に手灌水をする。そして，あらかじめ水をしみこませた不織布を黒面を上にしてトレイ上に置き，点滴チューブを設置する。点滴チューブの末端はひもで強く引っ張るなどして左右に動かないよう固定する。

④灌水量の調整

ボールバルブを開閉することにより灌水量を調整する。点滴チューブの1孔当たり吐出量を10～15ml/分程度に調整する。水源の水圧により灌水量は大きく変わるので，できる限り常時安定した水圧が確保できる水源を利用する。

水圧調整が終わると，24時間タイマーにより灌水時間をセットして，育苗台の設置が完了する。なお，挿苗を直ちに行なわない場合でも，不織布の乾燥を防ぐため育苗台に設置が完了したあとは必ずタイマー灌水を始める。

（2）挿苗と活着促進

挿苗は，ランナー側を揃えてポットの中央にクラウンが埋没しない程度に紙ピンなどで止める。通常の挿苗より少し深めに挿す。

挿苗後は，頭上灌水による育苗の場合，1週間程度は葉水散水を1日10回程度行なって活着を促進させる必要があるが，不織布灌水法開発にあたり，頭上からの灌水を行なわない活着促進方法について検討した。

試験では雨よけハウスの遮光率とトレイ上へのべたがけ処理の有無が挿苗の活着に及ぼす影響をみるため，試験区として50％遮光区，90％遮光区および50％遮光＋白色ポリエステルスパンボンド不織布べたがけ区を設けた。'さちのか'を供試品種として，2005年5月27日に24穴トレイへ挿苗し，その後7日間遮光およびべたがけ処理を行ない，14日後に生葉数を調査した。

その結果，50％遮光＋白色ポリエステルスパンボンド不織布べたがけ区の生葉数が他の試験区に比べ明らかに多かった（第1表）。生葉数の多い50％遮光＋白色ポリエステルスパンボンド不織布べたがけ区は，苗の活着が最も良好であると考えられた。

本育苗法における具体的な作業の方法は，挿苗後直ちに白色ポリエステルスパンボンド不織布のシートをトレイにべたがけし，洗濯ばさみなどで固定する。なるべくシートが浮かないように両側から強く引っ張る。そして，べたがけ

第1表　挿苗14日後の生葉数　（2005）

試験区	株当たり生葉数＊　（枚）
50％遮光区	0.3
90％遮光区	0.4
50％遮光＋べたがけ区	1.8

注　すくすくトレイ1枚（24株）調査
＊未展開葉は0.5枚とした

育苗システム

第6図　活着促進のべたがけの作業

直後の1回のみシート上から十分に手灌水をする（第6図）。シートは7日後に外すが，遮光は雨よけハウス内の昇温防止のため，育苗期間中は継続することが望ましい。

(3) 灌水方法

灌水は点滴チューブで行なうが，灌水量について，点滴チューブの点滴孔1孔につき10ml/分，15ml/分，20ml/分における灌水の均一性を調べたところ，10ml/分および15ml/分では各植え穴への灌水量の最大と最低の差が3～4倍と小さかったが，20ml/分では約9倍とその差が大きくなった（第2表）。これは，時間当たりの灌水が多量になると不織布に含水できる水量を上回り，毛管水以外の水が発生するためと推察される。このことより，点滴孔1孔につき10～15ml/分の条件がトレイの各植え穴に均等に灌水ができ適当と考えられた。

灌水回数については不織布はいちど乾いてしまうと灌水が均一にならなくなる可能性がある

第2表　点滴チューブの時間当たりの灌水量と育苗トレイ各ポットの最高・最低水量
(2005)

水量	最高*	最低*	最高/最低比
10ml/分/1孔	46	11	4.1
15ml/分/1孔	63	23	2.8
20ml/分/1孔	95	11	8.6

注　供試トレイ：すくすくトレイ24
＊単位：ml/7分/ポット

第3表　不織布の乾燥の影響　(2005)

試験区	最高*	最低*	最高/最低比
乾燥不織布使用	98.5	3.5	28.3

注　供試トレイ：すくすくトレイ24
＊単位：ml/12分/ポット

（第3表）。このような理由から不織布灌水における灌水回数は1日に5～6回行なうことが必要であり，さらに，夜間の乾き防止のため日没後1回3分程度のぬらし灌水を行なうと乾く危険性はほとんどなくなる。

(4) 頭上灌水との比較

'さちのか'を供試品種に本育苗法と頭上灌水育苗との比較を行なった。育苗施設は，雨よけミニパイプハウス（間口3m×高さ1.7m）に鉄パイプ製の育苗台を設置し，24穴トレイ26枚と12穴トレイ26枚について，2005年6月29日に挿苗を行なった。灌水条件は，不織布灌水区では前述のとおりとした。頭上灌水区は，スプリンクラーによる灌水とし，育苗トレイの各植え穴への灌水量および苗の生育状況について調査を行なった。また，育苗後はそれぞれの区の苗を2005年9月21日に高設栽培ハウスに定植し，生育と収量を調査した。

不織布灌水法による育苗のようすは第7図のとおりで，約1,000株育苗したが，乾燥により萎れる株はなかった。これに対し，頭上灌水では場所により乾燥のため萎れる株が散見された。育苗中の灌水量について，灌水量のバラツキ度を評価する変動係数は，不織布灌水区で24%，頭上灌水区で37%と不織布灌水区がより均一であった（第4表）。これは頭上灌水で

第7図　不織布灌水育苗のようす

第4表　灌水法の違いによるトレイ内植え穴への灌水量（調査：8月22日）　(2005)

試験区	最高(ml)	最低(ml)	平均(ml)	標準偏差(ml)	変動係数(%)
不織布灌水	47	18	34.6	8.3	24
頭上灌水	54	10	29.9	11.0	37

注　1回当たりの灌水量，不織布灌水は8分，頭上灌水は10分
　　供試トレイ：すくすくトレイ24

第5表　灌水法の違いによるイチゴ苗の生育状況（調査：9月14日）　(2005)

試験区	草丈(cm)	葉柄長(cm)	葉身長(cm)	葉幅(cm)	クラウン径(mm)	葉色
不織布灌水	19.5	12.1	6.1	4.9	8.8	32
頭上灌水	21.4	13.9	6.6	5.3	7.9	34

注　供試トレイ：すくすくトレイ24
　　葉色：SPAD値

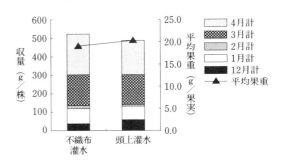

第8図　灌水法の違いによる収量と平均果重
(2005)

供試トレイ：すくすくトレイ24

は葉による遮蔽や風の影響により，均一に株元へ給水できにくかったのに対し不織布灌水はこれらの影響を受けることなく確実に株元へ給水ができたものと考えられる。

また，育苗期間中の生育および草姿は不織布灌水区でやや草丈，葉の大きさは小さかったが，クラウン径では逆に頭上灌水区より大きくなり，不織布灌水区の苗はがっちりした草姿を示し，頭上灌水区の苗は徒長ぎみの草姿であった（第5表）。これは，不織布灌水区では苗の地上部が頭上灌水よりも乾燥しているため，徒長しにくい状態にあったものと推察される。

一方，定植後の生育状況および4月までの収量と平均果重についてはほとんど違いは見られなかった（第8図）。これらの結果から，不織布灌水法による育苗では慣行である頭上灌水による育苗に対し，がっちりした草姿の苗が得られるものの定植後の生育や収量についてはこの苗質の変化による影響はほとんどないものと考えられる。

(5) 育苗方法の体系

不織布灌水における灌水条件は，1つの植え穴に1日で100ml程度灌水することを基本にすると，灌水量は点滴チューブの1孔当たり10～15ml/分，回数は1日5～6回で，1回7分程度，そして，日没後に3分程度のぬらし灌水を行なう。

活着促進のための葉水散布はまったく行なわないため，挿苗後1～3週間程度は枯死した古葉が目立つ。この時点で頭上灌水と比べれば生育量はかなり劣るが，最終的な苗の出来は同等以上となる。

施肥については，葉色の抜けが頭上灌水に比べて早い傾向にはあるが，頭上灌水と同様の管理で行なうのが適当と考えられる。すなわち，6月下旬挿苗の場合，7～10日後に株当たり窒素成分で70mg，肥効30日程度の置肥を施用する。

(6) 留意事項

この株元灌水育苗法における灌水精度を高め

第6表 トレイ内培地の充填量が灌水の均一性に及ぼす影響 (2005)

試験区	最高*	最低*	最高/最低比
均一型	70.0	34.0	2.1
不均一型	123.0	5.6	22.0

注　供試トレイ：すくすくトレイ24
　＊単位：ml/12分/ポット

るためにはいくつかの留意点がある。まず，育苗棚はある程度水平に保つ必要がある。育苗トレイが傾いていると前述した条件で灌水しても給水の均一性は失われる。また，育苗培地を均一に充填することも大切である。培地を均一に充填したものと不均一に充填したものを比べると不均一に充填した育苗トレイでは明らかに灌水量のバラツキが多くなる（第6表）。

不織布の耐用年数は3年間の使用ではまったく問題がないことを確認している。

炭疽病以外の病害については，3年間の試験で1株も発生は認められなかったが，苗に水がかからない状態であるため，ハダニなどの害虫の発生は慣行育苗よりも多くなる場合があるので注意が必要である。

4. 灌水方法とイチゴ炭疽病の伝染

(1) 試験方法

この育苗法による炭疽病の伝染抑制効果を検討するため，試験区として，不織布灌水法雨よけ併用処理区，不織布灌水法単独処理区および頭上灌水法雨よけ併用処理区を設けた。各試験区とも24穴の育苗トレイ6枚（144株，3区制）につき2株の割合で2005年8月3日に試験区の中央に本病に感染した株を配置した。品種は'さちのか'を用い，調査は8月16日，30日，9月6日の計3回，試験に供試したすべての株の発病程度を調査した

(2) 炭疽病の伝染と発病度

頭上灌水法雨よけ併用区の発病株率は8月30日には23.5％，9月6日には85.9％に達した。これに対し，不織布灌水法単独処理区は8月30日では7.5％，9月6日では35.0％と慣行区に比べて明らかに低く，さらに，不織布灌水＋雨よけ併用処理区では9月6日でも2.1％と不織布灌水区と比べてもきわめて低い結果となった（第9図）。

本病原菌は前述のとおり，この病原菌の分生胞子が水滴に伴って飛散することから，頭上からの灌水を行なわないことは本病に対する有効な耕種的防除手段である。その一つとして底面給水管理による本病の伝染抑制効果（石川ら，1994）が報告されている。このことから，不織布灌水法も底面給水管理と同様に水滴の飛散がない灌水法であるため本病の伝染抑制効果が認められたものと考えられる。また，この病原菌の分生胞子飛散を抑制する有効な手段として雨よけ栽培（石川ら，1989；Okayama，1993）が指摘されている。この育苗法でも雨よけがなければ雨滴による本病伝染の可能性が高くなる。この試験の結果でも，雨よけの有無で本病伝染抑制効果に差が認められた。このため，不織布灌水を行なう場合でも雨よけ栽培は必須手段になると考えられる。

5. 設備費と普及

不織布灌水の設備費は，雨よけハウス，育苗棚および育苗トレイがすでにある場合，本圃10a（7,200株育苗）当たり不織布300枚と点滴チューブ360mが必要で，その資材代は合計93,900円である。'さちのか'をはじめ現在のイチゴ主力品種は炭疽病に罹病性であり，とくに定植株が不足するほど発生が著しい生産者においては，発病による欠株率を大幅に低減できるため，投資の効果は大いにあると考えている。

平成18（2006）年度に県下7か所の農家で不織布灌水育苗の現地試験を実施した。その結果，前年度までイチゴ炭疽病の激発農家であったA農家は非常に顕著な本病発病抑制効果が認められた（第10図）。その他の農家も一様に炭疽病の発生軽減が図られた。

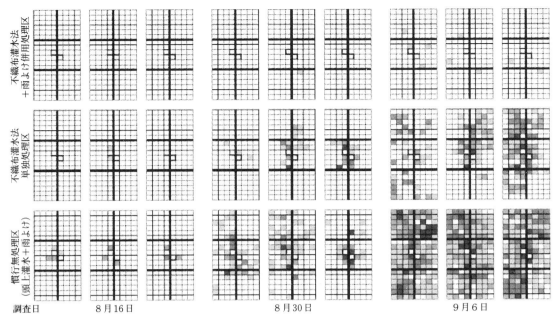

第9図 不織布灌水法によるイチゴ炭疽病伝染抑制効果（メッシュ図） (2005)

□発病程度0：無発病
▨発病程度1：葉または葉柄に5個以下の病斑が認められる
▨発病程度2：葉または葉柄に5個以上の病斑またはランナーに病斑が認められる
▨発病程度3：葉柄が折れている，または枯死
■発病程度4：株全体の萎凋および枯死
□接種株

この育苗法は本病の二次伝染を防ぐ育苗法であり，炭疽病を治療するものではない。このため，炭疽病の一次伝染源である潜在感染親株からの育苗床への持込みをなくすことが重要である。したがって，潜在感染株の簡易検定法（広田ら，2006）を併用して親株の無病化を図るとともに，この育苗法により育苗床での二次伝染を防ぎ，イチゴ産地における炭疽病発生の低減が図れるものと期待する。

執筆 三木敏史（徳島県立農林水産総合技術支援センター農業研究所）

2007年記

参 考 文 献

広田恵介・中野理子・米本謙悟. 2006. イチゴに潜む炭疽病の簡単な検定法. 農業及び園芸. 81(10), 1119—1123.

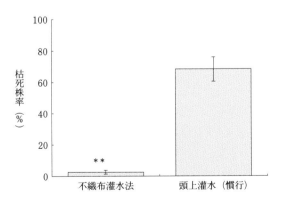

第10図 不織布灌水法によるイチゴ炭疽病発病抑制効果（現地試験） (2006)

各試験区は3区制で1区当たり144株調査した
Student-t Testで有意差（1%）あり。バーは標準誤差（SE）

育苗システム

石川成寿・田村恭志・中山喜一・大兼善三郎. 1989. イチゴ炭そ病の育苗期の雨よけ栽培による防除効果. 関東東山病害虫研究会年報. **36**, 87.

石川成寿. 1994. イチゴ炭そ病に対する底面給水法による伝染抑制効果と潜在感染株の簡易診断法. 植物防疫. **48** (8), 337—339.

Okayama, K. 1993. Effects of rain shelter and capillary watering on disease development of symptomless strawberry plants infected with *Glomerella cingulata* (*Colletotricum gloeosporioides*), Ann. Phytopath. Soc. Japan. **59**, 514—519.

きらきらポット育苗

1. このシステムのねらい

　愛知県では，イチゴの品種が'女峰'から'とちおとめ'に転換した2000年ころから，炭疽病に加えて萎黄病の発生が問題となった。とくにこれまで主力であった仮植育苗では，土壌消毒を行なっても萎黄病を完全に抑えることが難しいため，農家は無病の育苗圃場の確保に苦慮していた。また，'とちおとめ'は'女峰'に比べて活着が遅く，生産安定のために，活着のよい苗が求められた。その当時愛知県では，高設ベンチを利用した空中採苗施設が広がり始めていたものの，仮植育苗を行なう高齢者や女性主体には価格の面から導入が難しかった。そこで，愛知県農業総合試験場と西三河農業改良普及センター（現西三河農林水産事務所普及課）は，2001～2002年の2か年間かけて最小限の投資で病気の発生が回避でき，設置と撤収が容易で，活着のよい苗を確保できる育苗システムの開発を目標に，親株を発泡スチロールプランターに定植して，ランナー子株を7.5cm黒ポリポットで受けるポット育苗法（通称：きらきらポット育苗）を開発し，マニュアルを作成した。
　このきらきらポット育苗システムは，高設ベンチを利用した空中採苗施設に比べて10分の1のコストで設置でき，仮植育苗と比べて収量も安定している（第1図）。
　きらきらポット育苗システムは，従来からのポット育苗法と同様に見えるが，病気が発生しやすい条件をできるだけ除き，手持ちの資材を有効活用できるようマニュアル化したものである。親株入手から定植まで，「病気を圃場に持ち込まない」「発病させない」というポイントを理解したうえで管理すれば，低コストで健苗を育成できる。現在，愛知県下イチゴ農家の約6割が導入しており（第2，3図），現場では，農協，農家ごとに手持ちの資材を活用した改良バージョンが生まれている。
　きらきらポット育苗は，病気に悩まされながらも，高価な採苗システムの導入には躊躇している農家であれば，取り組んでみる価値がある育苗システムと考える。

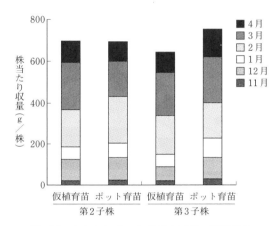

第1図 きらきらポット育苗定植苗の月別収量
夜冷処理8月10日～9月13日，定植9月15日
仮植育苗：仮植床へ仮植。7月10日，夜冷用コンテナに仮植8月8日
ポット育苗：プランター当たり親株を4株定植し，7.5cm黒ポリポットにポット受け。ランナー切離し7月10日

第2図 きらきらポット育苗
（愛知県幡豆郡吉良町）

育苗システム

第3図　きらきらポット育苗による定植苗

以下にきらきらポット育苗の概要と導入上の注意点を述べる。

2. 育苗システムの概要と必要な資材

きらきらポット育苗の概要と栽培管理暦を第4，5図に，必要な資材を第1表に示す。設置経費の低コスト化を重視しているので，手持ちの資材があれば代用できる。

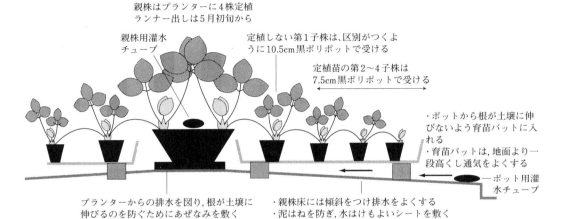

第4図　きらきらポット育苗システムの概要
図は両側出しであるが，圃場の形態によっては片側出しでもよい

作業名	作業の注意点	11月	12	1	2	3	4	5	6	7	8	9
親株定植	厳冬期を避ける	←→			←→							
圃場準備〜システム設置	収穫の合間をみて作業する	←———————→										
親株追肥	IB化成S1号を株当たり5粒（N：600mg）				↔	↔	↔	↔				
ランナー出し	5月1日から行なう							↔				
ランナー受け	順次ポット受け								←→			
	一斉ポット受け								↔			
ランナー切離し	7月上旬									↔		
ポット追肥	IB化成ジュニアを株当たり2粒									↔		
本圃定植	短日・夜冷処理後											↔
病害虫防除	7〜8月は炭疽病にとくに注意	←—————————————————→										

第5図　きらきらポット育苗栽培管理暦（9月上旬定植苗の例）

第1表 きらきらポット育苗システムで本圃10a分の苗を育苗するために必要な資材

資材名	資材の例	必要量	経費の目安
発泡スチロールプランター	ドリームBOX Rn-1（75×30×14cm）	80～100個（4株定植）	4万円
プランター用培養土	ゆりかごソイル（JAあいち経済連）	32～40袋（1袋40lで約2.5箱分）	4万円
ポリポット	黒ポリポット7.5cm 太郎用にカラーまたは9cmのポリポットを別に用意する	9,000～10,000個	2万円
ポット用培養土	らくらくトレイ専用培土またはきらポット専用培土（JAあいち経済連）	7.5cm使用の場合45～50袋（1袋30lで約200個分）	4.5万円
灌水チューブ	プランターへの灌水用に本圃用のチューブ ポット用は，散水またはミスト用を使う	プランター用1巻き ポット用2巻き	1.5万円
グランドシート	透水性があり，雑草が生えないようなシートを利用する	1巻き（プランターの個数による）	4万円
あぜなみシート		4巻き（プランターの個数による）（1巻き20m巻き）	0.5万円
かごトレイ	育苗用コンテナがあれば代用できる	280～310枚（かごトレイ1枚に35鉢）	2万円
ランナー押さえ資材	ランナーピンなど	9,000～10,000個（ポットの個数分）	2万円
追肥用肥料	プランター用 IB化成S1号 ポット用 IB化成ジュニア	IB化成S1号1袋 IB化成ジュニア1袋	0.5万円
すべて新調した場合			約25万円
2年目以降（土と肥料）			約9万円

システムは，親株を定植する発泡スチロール製の発泡スチロールプランター（商品名：ドリームボックスRn-1，75×30×14cm）と培養土（ゆりかごソイル，発売元JAあいち経済連），灌水チューブ，発泡スチロールプランターを土壌から隔離するあぜなみシート，ポリポットとかごトレイおよびポットを土壌から隔離し，通気を図るためのかごトレイや材木などの資材，圃場の泥跳ねを防ぐ透水性のグランドシートからなる。

このシステムの経費は，すべて新規に購入した場合でも本圃10a分で約25万円，2年目以降は，培養土などランニングコストのみで約9万円である。

3. 管理のポイント

(1) 設置場所の選択と圃場の準備

設置場所は，風通しがよく灌水用の良質の水が得られる露地圃場を選ぶ。ハウスは，雨よけできるため，炭疽病の蔓延防止には効果的であるが，一方で高温になりやすく，かえって炭疽病を激発させる例も珍しくないので，栽培する場合には妻やサイドのビニルをはずして通風を確保する。

圃場は，発泡スチロールプランターを設置する4月ころまでに収穫作業の合間をみて準備する。親株床予定地が以前イチゴを栽培した圃場であったり，雑草が多い場合には，冬季に土壌消毒をしておく。システムを設置するうねは，うね幅1.5～2m（片側出し）または2～2.5m（振分け）とし，水はけをよくするため，傾斜をつけておく。

(2) 親株の定植からシステムの設置まで

きらきらポット育苗では，土壌病害の発生を軽減できるが，萎黄病や炭疽病などの土壌病害から苗を守るには，これらの病害に感染していない健全苗を親株として定植することが大前提である。また，親株入手後，発泡スチロールプランターに定植するまでに苗が汚染土壌に触れないよう，棚上に置く。

親株は，ゆりかごソイルを詰めた発泡スチロール製のプランターに定植する。親株の植付け本数は4株とする。試験成績によれば，'とちおとめ'の単位面積当たり採苗数は親株植付け本数4株が最も優れ，第2～3子株を43.4

育苗システム

株/m²採苗でき，土耕での仮植育苗に比べ約4倍である（第6図）。

親株の定植方法は，ランナーを片側出しする場合には，4株をプランターの一方に1条植え，両側出しする場合には，両側に2株ずつ振り分けて定植する（第7図）。定植時期は厳冬期を避けて11～12月または3～4月に，収穫の合間をみて決める。

親株定植後の発泡スチロールプランターは，日常管理しやすい場所（中庭や屋敷に近い無加温ハウスなど）に仮に設置し（第8図），ランナー出しの時期までに圃場に移動する。発泡スチロールプランターは，排水孔から土壌に根が伸びるのを防ぐため，L鋼や木材の上に置く。

親株定植後は，適時灌水，葉かき，花房除去を行なう。追肥は，3月以降，月に1回IB化成S1号を株当たり5粒（N：600mg/株）ずつ施用する。

システムの設置手順は，まず，グランドシート→あぜなみシート→発泡スチロールプランター→灌水チューブを4月末までに設置し，育苗ポットは，ランナー出しを行なう5月以降に圃場に持ち出す。

(3) ランナー出しから本圃への定植まで

イチゴの育苗鉢は小型の7.5cmのポリポットを用いるため，ランナーの切離しは定植2か月前の7月上旬に行ない，切離し後の育成期間は60日を目安に長くなりすぎないよう注意する。愛知県では，9月上旬に本圃定植苗を確保するための親株からのランナー出し時期は，5月1日からが最も適している（第9図）。

子株は，定植苗として利用するものは7.5cmの黒ポリポットに受ける。5月末までに発生する第1子株（太郎苗）は定植までの日数が長いため，老化苗となり定植後芽なし株の発生が心配される。老化苗を区別して除去できるよう，カラーポットや10.5cmポットに受ける。

それ以降の時期に発生する第1子株は，苗として利用する。発生した子株は順次ポット受け

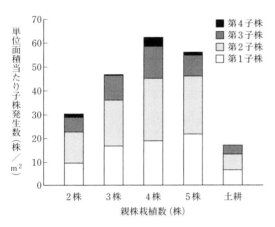

第6図 プランターの親株栽植本数と単位面積当たり子株発生数
親株定植4月24日，ランナー切離し7月10日
土耕栽培の親株栽植密度は1.5m²/株（0.5m×3m），
プランター1箱当たりの親株床面積は1.5m²（0.75m×2m）

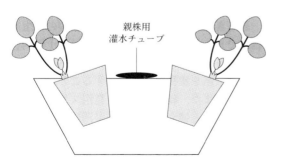

第7図 プランターへの親株定植（両側出しの例）
親株は，ランナーが発生する方向へ，少し外側に傾けて定植する
クラウンや直根が伸びることができるように，プランターと苗の間には指1本分隙間をあける

第8図 親株定植後の発泡スチロールプランター（幡豆郡吉良町）

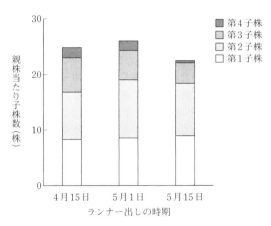

第9図 ランナー出しの時期と親株当たり子株発生数
親株定植4月10日，プランター当たり4株定植

第10図 寒冷紗を利用したランナーの配置法
伸長したランナー子株から土壌へ根が伸びないように寒冷紗の下にかごトレイなどを置くとよい

してもよいが，苗の生育を斉一にするために，発泡スチロールプランターの手前に置いた，かごトレイの上に透明寒冷紗を敷いて，6月中旬まではこの上にランナーを伸長させておき（第10図），その後一斉にランナーを受けることも可能である。この場合，伸長したランナーが土壌の表面に下りないよう注意し，ランナーをポット受けするときに寒冷紗は除去する。

施肥は，'とちおとめ''章姫'では親株用に，IB化成S1号を1～2か月ごとに株当たり5粒（N：600mg）ずつプランター表面に置く。

ポット用の育苗用土は保水性のよい「らくらくトレイ専用培土（JAあいち経済連）」を用いる。育苗期間が長くなる場合や灌水労力を減らしたいときには，9cm黒ポリポットと比較的大きなポットでも根腐れが起きにくい「きらポット専用培土（JAあいち経済連）」を用いてもよい。ポットを入れるトレイは，鉢底から根が伸びて萎黄苗に感染したり，ポットから伸長した根を定植時に切断していためることを避けるために，垂木や伏せた育苗箱などで地表から離して置くようにし，鉢底から根が伸長しないように風を通す。

ポットへの灌水は，病気予防と打ち水効果による昇温抑制のために，水滴の細かい散水チューブを用いる。乾燥しやすい場所のみ手灌水も併用する。灌水時間は，朝と夕方の1日2回と

し，昼量は行なわない。手灌水のみでは，圃場表面の気温が下がらないため，かえって病害の発生が懸念される。また，高温期に培養土の乾燥を繰り返すと萎黄病が発生しやすくなるので，十分注意する。

7月上旬以降，必要なランナー子株が確保できたらランナー切離しを行なう（第11図）が，切離し後数日間は日中しおれるので灌水に注意する。苗は大きさ，葉数別に集めて棚上などに置き，定植まで管理する。

ポット用の置肥は，ランナー切離し後活着してからIB化成ジュニア（IB化成S1号では窒素量が多すぎるので注意）を株当たり2粒（N：30mg/株）与え，育苗後半からは生育を見て液肥で補うようにする。7月末から新たに置肥を置くと，葉柄窒素の急激な上昇により炭疽病の発生を助長するからである。

きらきらポット育苗苗は，仮植育苗苗に比べ

第11図 ランナー切離し直前のポット苗

活着がよいが，'とちおとめ'のように土壌の乾燥に弱い品種では，灌水に留意する。また，仮植育苗苗に比べて，初期の生育が旺盛なため，本圃の基肥施用量は慣行の仮植育苗苗による栽培より2割程度ひかえる。

採苗終了後，発泡スチロールプランターや育苗トレイ，グランドシートなどは，洗浄・消毒して保管する。採苗圃場は，毎年同じ場所が利用できるので，適時除草を行ない圃場衛生に努める。

4. 失敗事例に学ぶ管理のポイント

きらきらポット育苗は，土壌病害の発生を軽減できるが，いくつかのポイントに注意しないと，萎黄病や炭疽病などが発生する。前述の繰返しになる部分も多いが，重要なポイントを失敗事例をもとに説明する。

1) 育苗圃場に透水性のよいグランドシートを使用せず，ビニルやポリマルチを用いたため炭疽病が発生した。この場合灌水によって水たまりができ，「高温＋高湿度」の状態が長時間続き炭疽病の発生を助長したと思われる。

2) ポリポットの乾燥を心配して，育苗用トレイの底に，新聞紙やビニルマルチを敷き，根腐れを起こし，しおれるようになった。夏季高温時に腰水状態（ポットの下の部分が水に浸かった状態）を続けると，水温は30℃を容易に超えて根をいためる。あくまで，ポットは通気のよい状態に置くことが重要である。

3) ポットへの灌水を手灌水で行ない，灌水に大きな労力をかけたうえ，病気を発生させてしまった。きらきらポット育苗で，チューブ灌水を推奨するのは，小さな水滴で，病害の飛散を防ぐと同時に，圃場全体に散水して打ち水効果による温度低下を期待するためである。手灌水は，チューブ灌水でかかりにくいところを補填するのにとどめる。

4) ランナー切離し時期が遅れたため，8月1日に置肥を施用して炭疽病を発生させてしまった。高温時に置肥を行なうと，病気が発生しやすい。作業が遅れた場合は，置肥をあきらめ，液肥を施用する。

以上のほかに，無病の親株を確保する，風通しのよい場所に採苗圃を設置する，親株，ポット苗ともに，地面に直接根を下ろさないように発泡スチロールプランターや受けポットなどを設置して管理に注意することなども，再度強調しておきたい。

執筆　齋藤弥生子（愛知県農業総合試験場）

2008年記

作型，栽培システムと栽培の要点

籾がら培地を利用した夏どりイチゴの高設栽培

1. 技術開発のねらい

　ここで紹介する夏どりイチゴの高設栽培は，東日本大震災で被災した三陸沿岸の園芸振興を目的に開発したものである。第1図に示すように，三陸沿岸は夏期冷涼である。宮古の夏の気温（7，8月の平年値）は，亘理（東北一のイチゴ産地）よりも2℃，岩手県内陸の盛岡よりも1.5℃，札幌よりも0.5℃低い。この気候を活かして，暑さを嫌う作物の産地づくりをはかりたいが，三陸は農地も狭小で，一部の品目を除けば農業とくに園芸で目立った品目や産地がない。夏どりイチゴ栽培の経験者もほとんどいない。

　そこで，未経験者でも簡単に始められる栽培法を，1）四季成り性イチゴ品種と，2）籾がら培地を利用して開発した。

　普通のイチゴ（一季成り）は短日植物だから，日が長くなると花が咲かない。夏に一季成りイチゴの花を咲かせるには，短日処理などの技術が必要である。一方，四季成り性イチゴには，日が長くても花を咲かせる性質がある。品質や収量で一季成り品種に劣るものの，特別な処理が不要でつくりやすいという長所がある。四季成り性品種の多くは酸味が強く甘味が足りないためケーキ用とされるが，東北農業研究センターが開発した品種'なつあかり'は，一季成り品種にも劣らない良食味で生食にも適する。しかし'なつあかり'は高温で収量の低下や果肉の軟化が著しく，夏の栽培が難しいといわれている。この'なつあかり'を栽培できるようにすることを開発の目標とした。

　三陸は夏期冷涼と述べたが，それは平年値の話である。この地域は気温の年々の変動あるいは日々の変動が国内でもっとも大きい場所の一つでもある。平均的には気温が低いが，30℃を超える真夏日が続く年もあり，またある日突然35℃を超える猛暑日が現われることもある。高温の影響を軽減できる技術が栽培のキーとなる。

2. 栽培装置の概要

　メーカーが市販する高設栽培装置や養液栽培装置は，10a当たり数百万円が一般的である。地震・津波で被災し，しかもイチゴ栽培経験の

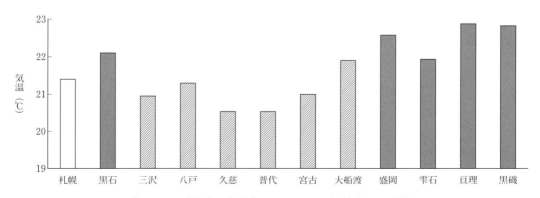

第1図　三陸沿岸と他地域における7，8月平年気温の比較
射影部が三陸沿岸およびその近郊。北三陸は札幌より気温が低い

ない人が取り組むには敷居が高すぎる価格である。ここで紹介する装置は自作が容易で，新品の部材を使っても10a当たり60〜80万円で製作できる。

パイプハウス用の直管を使って15cm間隔に2本のレールを敷設する。高さは50〜80cmで，作業者の身長にあわせればよい。そのレールに不織布（ユニチカ社製スーパーパスライトやラブシート：以下，カッコ内の品名・型番は筆者らが試験で使用した商品）をパッカーで固定して栽培ベッドとする。幅60〜90cmの不織布を用意し，40cmの幅で，中央をたるませてパイプに固定する（第2図）。こうしてベッドの長さ1m当たりに約16lの培地を入れる樋をつくる（第3図）。ベッド1m当たりに8株の苗を植えるので，培地量は1株当たり2lである。余った両端の不織布は，果実が肥大したときにベッド横に広げ（支えを適宜工夫する），花茎の折れを防ぐクッションとして利用する。

後述のように培地に肥料が入っているので，灌水するだけでイチゴを栽培できる。ベッド上に点滴灌水チューブ（ネタフィム社製ストリームライン60）を敷設し，タンクに水を貯めてバスポンプで給水する（第4図）。タンクを設けると，肥料不足のときに養液をつくって供給できるというメリットがある。バスポンプはもっとも小型の機種（たとえば工進社製KP-103）で上記の灌水チューブ60mに給水可能である。給水量はチューブ1m当たり1分間に約100ccである。より大きなバスポンプを使えば，1台で数百mに給水できる。

バスポンプはインターバルタイマー（パナソニック社製電子式タイムスイッチTB201KP）で制御する。メインタイマーを7時から15時にON，インターバルを1時間に3分ON（57分OFF）に設定すると，7〜14時の毎正時に3分ずつ給水する。生育初期は3分，後期は乾き具合に応じて5〜7分にON時間を延長する。曇・雨天のときは，14時までに給水を繰り返す必要がないので，適宜止めればよい。このためにインターバルタイマーの上流に24時間タイマーをもう一つ取り付け，朝の天気予報にしたがってOFF時間を設定するとよい。インターバルタイマーのメインタイマーでOFF時間を日々変更してもよいが，24時間タイマーのほうが視認性も良く使いやすい。

なお，灌水チューブとタイマーは栽培上の必須条件ではない。灌水のタイミングや量を的確に把握でき，かつ手間暇を惜しまない人であれば，手動で給水バルブを操作したり，ホースで灌水してかまわない。

3. 籾がら培地のつくり方と特徴

籾がらを利用するイチゴの高設栽培はこれま

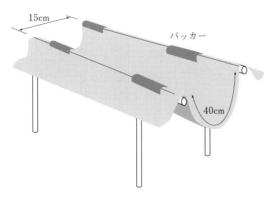

第2図　不織布ベッドのつくり方

第3図　不織布ベッドに籾がら培地を半分ほど入れたようす
ベッドの端は乾きやすいから，水を通さないポリフィルムを不織布の内側に敷くとよい

でにも多く提案されている。たとえば，生籾がら100％の培地（飯村，2009）や，粉砕籾がらとピートモスを混合した培地（山本ら，2001）などがある。ここで紹介する籾がら培地は，籾がらが70〜75％，土が25〜30％，その全量に対して炭の粉を3％および肥効調節型肥料を加えたものである。この培地は，野菜や花の育苗培土として普及した（小沢，1995）が，当初はロックウールの代替品として開発された経緯もあり，イチゴ高設栽培への利用を試みた。

この培地には，1）水はけが良いので，水のやり過ぎで根腐れを起こす心配がない，2）誰が管理してもそれなりに栽培できる（満点はとれないが合格点はとれる），3）同じ組成で，いろいろな品目に広く使用できる，などの特徴がある。1）については，根の下部を湛水状態にしても栽培できるほど，根腐れに強い培地といえる（松嶋，2014）。

(1) 籾がらの準備

新しい籾がらの表面にはワックスがあって撥水性のため，そのまま培地にしても保水性が悪い。籾がらを最低一冬，できればもう一年屋外で雨ざらしにすると，表面のワックス層がとれて水を吸うようになる。やむを得ず一冬越しの籾がらを使うときは，土の割合を3分の1程度に増やし保水性を高める。野積みの籾がらは，風で飛ぶだけでなく猫のトイレと化すので，ネットをかぶせるか網状の籾がら袋に入れて雨風に曝す。

籾がらを利用するのは，農業地帯で入手しやすいから，あるいは空気と水を適度に保つから

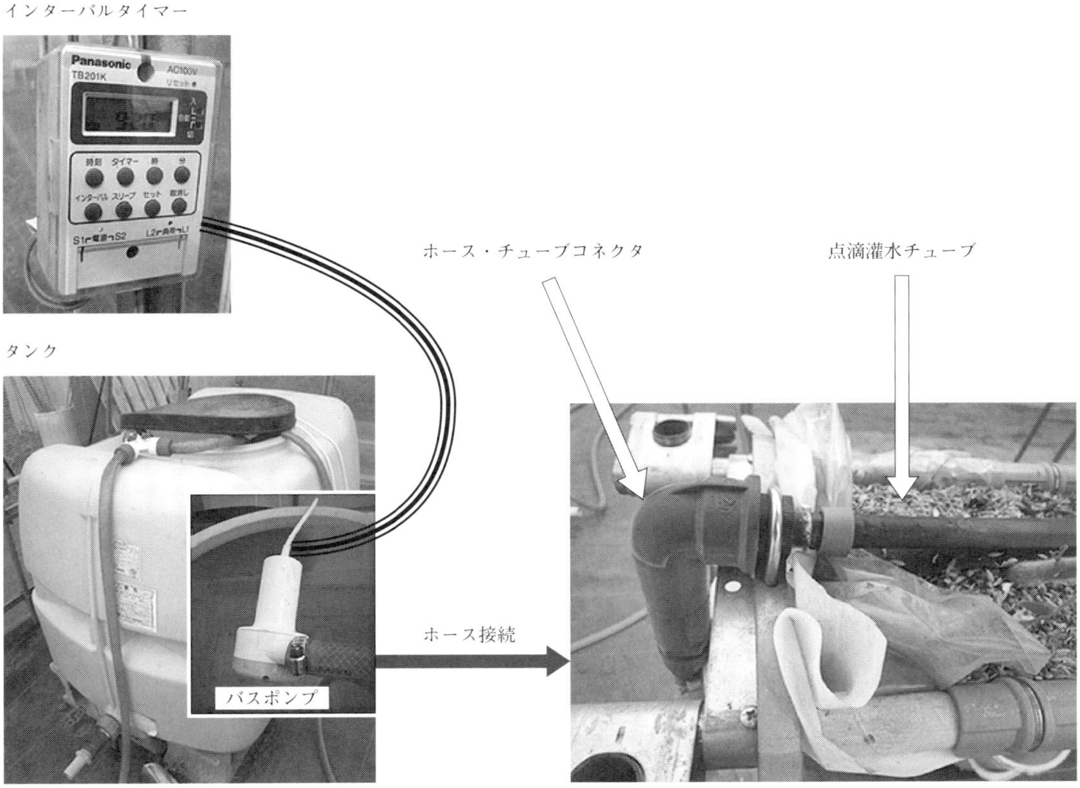

第4図 給水装置の仕組み

点滴灌水チューブをホースに接続するには，チューブ専用のジョイントとホースジョイントを水道用ソケットに取り付ける。チューブ専用ジョイント以外はホームセンターで入手可能

タイマーとつながったバスポンプをタンクに入れると，バスポンプが吸い上げた水をホースで給水できる

だけではなく，腐りにくいからである。したがって，発酵した籾がらや米ぬかなどの発酵素材と絶対に混合しないこと，また冷害年の籾がらを使わないことがポイントである。発酵素材と混合した籾がらや，糖を多く含む冷害年の籾がらは，水を加えると発酵を始めて，その熱で根を傷める。

なお，籾がらくん炭がかつて水耕栽培の培地として使われたことがあるが，生籾がらとは性質が大きく異なるので，この培地の配合資材として籾がらの代わりには使用できない。

(2) 混合土と炭粉

混合する土には，有機物や雑菌が少ない畑の深土や山土を使うのがよい。火山灰地帯なら深土にある赤土が適する。こうした土を入手できないときは，市販の赤玉土の小粒を使う。三陸沿岸の畑下に多く存在する風化花崗岩（マサ土）も赤土と同じように使える。砂や礫の多い土は不向きである。土の混合割合が40％以上になると培地が加湿になり，生育に悪影響が現われるから，土の割合に多くても35％以下に抑える。

炭の粉にはカルシウムを主とする微量要素供給の役割がある。土壌改良材として市販される粉炭や顆粒状の炭を3％配合すればよい。広葉樹や落葉樹の炭の粉が理想だが，針葉樹や南洋材が原料の炭を使うときは，混合割合を5％ほどに増やすのがよい。炭は微量要素の供給だけでなく，培地の物理性も改善するように感じられる。微量要素を含む肥料を使うよりも，炭を混合することを奨める。なお，炭の粉の代わりに籾がらくん炭を使うことはできない。微量要素供給効果を炭ほど期待できないからである。

(3) 施肥と苗の植付け

籾がら，土，炭をできるだけ乾いた状態で計量し，むらなく混合する。大量の培地をつくるには，小型のコンクリートミキサーがあるとよい。

籾がら培地は水はけが非常に良いので，速効性の化学肥料を使うと短期間に肥料が流失して

第5図　ベッドに苗を植え付けたようす
培地の上に点滴灌水チューブを配置する

しまう。そのため肥効調節型肥料を利用する。東北地方で四季成り性品種を無加温ハウスで栽培する場合，4月末に定植し10月末まで収穫を続ける。この間，1株当たり約2.5gの窒素肥料を供給するために，肥効調節型肥料（ジェイカムアグリ社製エコロング）の70日タイプと180日タイプを同量混合し，1株当たり計約18〜19g，ベッド1m（8株）当たり計140〜150g与える。この肥料の種類や混合割合についてはまだ詳細な試験を実施していないが，今のところ生育に大きな問題はない。品種や作型などに応じた適切な組合わせをさらに探索する必要があると考える。

苗の植付け前に，ベッドの半分程度に培地を充填する（第3図）。混合したばかりの培地は乾いているので，この時点でたっぷり水をまき，1日ほど湿らせる。この上に植付け株数に応じて計量した肥料を均等にまき，苗を置いて隙間に籾がら培地を充填する（第5図）。籾がら培地を使って育苗したときは，ポットの培地を付けたままベッドに植え付ければよい。育苗ポットに他の培地を使ったときは，できるだけ培地を落とし，1〜2日ほど根を水につけて養生してからベッドに植え付ける。

(4) バーク培地との収量比較

第6図は，籾がら培地と杉バーク（以下，バーク）培地で'なつあかり'の収量を比較した結果である．両培地をプラスチック製の栽培コンテナに充填し，根域冷却区と無冷却区を設けた．根域冷却区では，コンテナ底にフレキシブルパイプを設置し，そのなかに19℃の冷却水を常時通水した．盛夏期（7月10日～9月19日）の平均地温は無冷却区で約26℃，冷却区で約23℃となり，籾がら培地とバーク培地で有意な差はなかった．一方，果実収量はバーク培地の無冷却区で有意に低下した．とくに盛夏期の低下が著しかった．

第7図は生育終了後の根を比較した写真である．バーク培地の無冷却区で根の発達が阻害されたことがよくわかる．バークは乾くと撥水性が現われてしまうため，乾きにくいよう密に充填しなければならない．このため高温時に根が酸欠状態になり，生育不良あるいは根腐れを起こしやすいと考えられる．この結果から，籾がら培地が高温期に適した培地であることが判明した．

4. 不織布ベッドの効用

イチゴの高設栽培ベッドに不織布がよく使われる（たとえば，越川ら，2000）．プラスチックコンテナや発泡スチロールに比べて安価なだけでなく，不織布表面から水が蒸発するため，気化熱によって培地温が低下する．この性質は高温期の栽培にとって大きなメリットである．

第8図は，不織布ベッドとプラスチックコンテナの地温を晴天日に比較した結果である．ともに籾がら培地を充填し，同じインターバルで給水した．両培地の地温は，日中に大きな差が生じ，夜間は差がない．日中ほど空気が乾いて，不織布表面からの蒸発が盛んになるからである．この日の不織布ベッドの地温は，コンテナに比べて最大で約6℃低くなった．ハウス内気温に比べても約5℃低かった．生育期間（5月下旬～10月下旬）を通した結果では，不織布

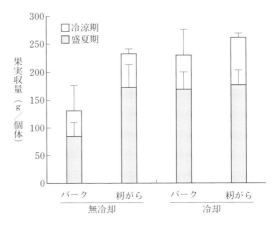

第6図　籾がら培地とバーク培地におけるなつあかりの果実収量　　　　（町田，2012）
盛夏期：7月10日～9月19日，冷涼期：9月20日～11月25日
冷却区にはコンテナ底に冷水パイプを配置

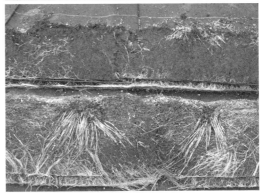

第7図　籾がら培地とバーク培地の根の比較
上：冷却区，下：無冷却区．各写真の上側がバーク培地で下側が籾がら培地

ベッドはコンテナに比べて最高地温で平均3.4℃低く，一方，最低地温では平均0.4℃低かった。不織布ベッドは日中の暑い時間帯に地温が低く抑えられ，夜間には大きな違いがないという，高温対策として非常に好ましい特徴をもつことがわかる。

第9図は，不織布ベッドとプラスチックコンテナの果実収量を比べた結果である。試験年は盛岡の8月平均気温が平年より2.7℃も高い暑い夏であった。暑さに比較的強いとされる品種'デコルージュ'では，培地間で有意な差がないが，暑さに弱い品種'なつあかり'では不織布ベッドの収量がコンテナに比べて有意に大きく約3倍となった。平均果実重でも同様に'なつあかり'で不織布ベッドとコンテナの間に有意な差が現われ，不織布の果実重がコンテナより1g以上大きかった。

5. 導入事例

不織布ベッドと籾がら培地を組み合わせると，暑さに弱い品種も比較的簡単に栽培できる。また灌水はタイマー任せで，ときどきベッドの乾き具合を見て，給水時間を調節すればよいので，大した手間もノウハウも必要ない。事実，イチゴを栽培したことのない学生が，卒業研究のための栽培で毎年，それなりにイチゴを収穫している。何といっても装置すべてを自作できるから，安価で導入に伴う経済的負担やリスクも小さい。導入者の多くは，このような長所を評価している。

(1) 脱サラ新規就農のTさん

岩手県の内陸にある雫石町でTさんは障害者の就労場所として，高設栽培に興味をもっていた。内陸は沿岸に比べて暑いので，気候的に'なつあかり'は向かないと考えられるが，その食味に感動して2014年から本格的な栽培を始めた（第10図）。まったく農業経験のないTさんが注目したのは，バスポンプで給水するだ

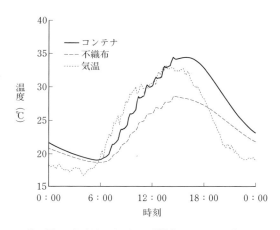

第8図　晴天日における不織布ベッドとプラスチックコンテナ内の地温の比較

(神保，2013)

気温はハウス内気温（2012年7月10日）

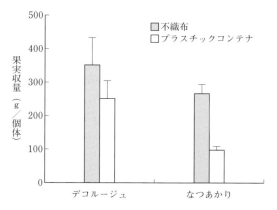

第9図　不織布ベッドとプラスチックコンテナの果実収量の比較　　(神保，2013)

第10図　Tさんのなつあかりの栽培状況

第11図　もみ殻培地高設ベッドでクッキングトマトすずこまも栽培

第12図　菌床シイタケ栽培用の棚をそのまま活用して高設ベッドを設置

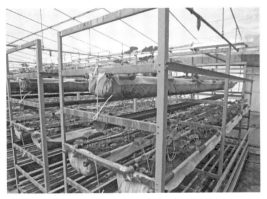

第13図　2段栽培にチャレンジ

けでイチゴができる仕組みである。これなら自分でもできるし，仕組みがわかっているから，自分なりに改良を加えられる。

最初の導入事例として沿岸向け装置の実証試験も兼ねたが，高設栽培装置とその利用上の大きなトラブルはなかった。一部のベッドで生長不良が起きたが，これは米ぬかが混じった籾がらを不用意に使ったためだとわかった。収穫した'なつあかり'は近隣の洋菓子店で好評を得て，また産直店でもたちまち完売となった。

Tさんはこの高設栽培装置を利用して，クッキングトマト品種'すずこま'の栽培にもチャレンジしている（第11図）。高品質で大玉の果実が収穫できるという。

(2) 菌床シイタケから転業したSさん

岩手県三陸沿岸の田野畑村で菌床シイタケを栽培していたSさんは，原発事故の風評被害でシイタケの価格が暴落し，代わりとなる栽培品目を探していた。シイタケハウスをそのまま利用できるイチゴの高設栽培を考えていたところに，籾がら培地の高設栽培を紹介された。岩手大学の試験や雫石町の先例を視察して，菌床栽培用の可動棚の上に高設ベッドを組み立てた（第12図）。棚の長辺が3.6mと短いので，3.5mの灌水チューブ計100本をコネクターで接続し，配管には苦労した。2列の棚を各1台のバスポンプで給水する。可動棚の長所を活かして，100坪のハウスに3,200株のイチゴを植え付けることができる。

初年度は'なつあかり'の苗が入手できなかったこともあり，栽培の容易な'すずあかね'を導入した。兼業のSさんは出張も多い。家を留守にしてもタイマーで自動灌水してくれるので，非常に助かるといっていた。農協を通じて首都圏に出荷し，それなりの手応えを感じたので，今年から'すずあかね'の上にベッドを組んで，'なつあかり'の栽培も始めた（第13図）。2段で5,000株を植え付けられるというが，光不足の影響評価などはこれからである。

作型, 栽培システムと栽培の要点

第14図　籾がら培地を導入したAさんのハウス
　左2列が籾がら培地の紅ほっぺ, 右はバーク培地のさがほのか

第15図　収穫期を迎えた紅ほっぺ

(3) 冬春どり栽培にも導入したAさん

　Aさんは岩手県三陸沿岸の大槌町で冬春どりイチゴを栽培してきた。田野畑村Sさんの栽培を見て，新しく増設するハウスの栽培装置をすべて不織布ベッドに切り替え，籾がら培地も試した（第14図）。冬春どりでは不織布ベッドでの地温低下が懸念されたが，その影響はほとんど認められなかった。春に収穫が始まった'紅ほっぺ'（第15図）では，籾がら培地高設栽培の果実品質が，既存の装置に比べて天候に左右されにくく安定しているという評価であった。2015年には籾がら培地で夏秋どりの'なつあかり'の栽培も始めた。

(4) 籾がら培地に切り替えたベテランイチゴ農家Kさん

　八戸市のイチゴ農家Kさんは，青森県で長年'なつあかり'を栽培するリーダー的な存在である。これまでいろいろな培地を工夫・試験し，不織布ベッドも早くから採用してきた。2014年に田野畑村Sさんの栽培を視察して，2015年春に籾がら培地を全面的に採用した。その大きな理由はコストパフォーマンスと，果実品質が良いという点であった。これまでは培地代として20万円ほどかかったが，籾がら培地に切り替えたら1万円強ですんだという。果実品質は，Sさんの'すずあかね'を食べて評価したようである。

6. おわりに

　籾がら培地を野菜や花の育苗培土として生産者に紹介していたころ，よかれと思って培地にボカシや堆肥などを混入し，大失敗したという話をよく耳にした。籾がら培地は，水と空気の供給という物理性に優れた培地だから，この物理性を損ねるようなものを混ぜてはいけない。年を経るとしだいに堆肥化し保水力が増していくが，肥料や炭を補充すれば3年くらいは連続して作物を育てることができる。イチゴの場合，連年使用は病害虫防除のうえで注意が必要だが，先のTさんは2年株の栽培にもチャレンジしている。高設栽培に使用したあとは，畑で堆肥として利用すればよい。

　もともと育苗培土だったから，イチゴのランナーを受けて育苗するポットの培土としても非常に適しているし，また籾がら培地で苗を育てれば，ベッドに植え付けるときに土を落とす必要がない。

　ここで紹介した不織布ベッドの幅は15cmで，イチゴ1株当たりの籾がら培地量は2lである。この培地量は，点滴灌水チューブとインターバルタイマーによる1時間に1回という間けつ給水を前提としている。より吐出量の多い灌水チューブを利用して，あるいは手灌水で1日に1

～2回程度給水する場合は，ベッド幅や深さを広げて培地を増し保水容量を増す必要がある。

どんな技術にも長所と短所がある。育苗培土としての籾がら培地は「満点はとれないが合格点はとれる」と記した。どんなに灌水しても不要な水がはけるから，人による水管理の差が生じにくい。この利点は，裏返せば，細かい水の駆け引きがしにくいという欠点になる。不織布と籾がら培地で夏どりイチゴのつくり方をひととおり理解したら，自分なりにこの仕組みを改良してもよいし，より高度で自分の技量にあった技術に移行すればよいだろう。

ところで四季成り性品種'なつあかり'は，高温で花芽の形成が抑制され，夏の終わりから初秋の収穫が減る"夏休み"現象をしばしば起こす。高温期の花芽形成を促進する技術として，クラウン冷却がよく知られているが，なぜか東北の'なつあかり'には効果がないとされる。不織布ベッドと籾がら培地でも"夏休み"は観察される。この対策として，近年，白熱灯による24時間電照の効果が認められている。詳しくは伊藤ら（2014）を参照されたい。

執筆　岡田益己（岩手大学）

2015年記

参　考　文　献

越川兼行・長谷部健一・安田雅晴・後藤光憲．2000．イチゴの高設ベンチ栽培システム「岐阜県方式」の開発（第1報）．岐阜県農業技術研究所研究報告．1，1—8．

飯村強．2009．イチゴの灌水循環型高設栽培装置におけるもみがら培地の実用性．農業および園芸．84（4），453—457．

伊藤篤史・庭田英子・岩瀬利己．2014．四季成り性イチゴ「なつあかり」における増収のための長日処理方法．平成25年度東北農業研究成果情報．http://www.naro.affrc.go.jp/org/tarc/seika/jyouhou/H25/yasaikaki/H25yasaikaki001.html

神保実紗子．2013．不織布ともみ殻培地を用いた夏どりイチゴの栽培システム．岩手大学農学部農学生命課程2012年度卒業研究論文．25p．

町田創．2012．籾殻培地を用いた夏どりイチゴの入門者用栽培システムの開発．岩手大学農学部農学生命課程2011年度卒業研究論文．32p．

松嶋卯月．2014．モミガラ培地湛水栽培の根を見る．現代農業．2014．10．102—105．

小沢聖．1995．生のまま利用　お母さんが喜ぶ軽〜い育苗培地．現代農業．1995．11．153—155．

山本哲靖・房尾一宏・岡田牧恵．2001．イチゴ高設栽培に用いる粉砕モミガラ培地の配合割合．2000年度（平成12年度）近畿中国農業研究成果情報．http://www.naro.affrc.go.jp/org/warc/research_results/h12/yasai/cgk00191.html

被災地に導入されたクラウド型環境モニタリングシステムと活用方法

1. クラウド型環境モニタリングシステムの導入

(1) クラウドとは

　初めに，クラウドとは何なのかを簡単に説明する。広義のクラウドはさまざまな概念を含むが，ここでは狭義の「インターネットを通じて，場所や端末に囚われずに利用できるサービス」と捉えてもらえればよい。

　たとえば，従来気温の確認方法は，圃場に出向いて温度計を参照する必要があった。ところがクラウドサービスを利用すると，センサーによって取得された気温データがインターネット上にアップロードされれば，生産者はインターネット環境（たとえばスマートフォンなど）さえあれば自分の圃場の気温を参照できる。さらに，天窓の設備とつながるシステムを備えていれば，圃場に行かなくても開閉を操作することができる。また，アクセス方法さえ教えれば，他人（たとえば同じ部会内のメンバーなど）とも情報を共有することができる。ほかにも，農場での作業記録や，収穫量，農薬使用状況などを参照できるクラウドサービスが近年次々と登場している。

　農業分野では，離れた場所にあるハウスの状況を把握・操作・共有できるクラウド型ICT（情報通信技術）システムは，有効に活用すれば営農に多大な貢献をもたらす可能性がある。

(2) 導入の背景

　宮城県亘理町・山元町は仙台から車で南へおよそ1時間ほど，宮城県の東南端の太平洋沿岸に位置する町である。冬季でも比較的温暖な気候を活かしたイチゴ栽培が盛んで，東北一の産地である。しかし2011年，東日本大震災の津波によって壊滅的な被害を受け，95％の農地が失われた。その後復興交付金などを活用して鉄骨ハウス団地を整備し，2013年度から約40ha，180棟以上のハウスで営農を再開することができた（農林水産省，2015）。各ハウスは高設栽培を採用し，局所加温装置，CO_2施用装置などの設備を備えている（第1図）。

　しかし，2013年度の亘理・山元地域のイチゴ生産額は目標額に対して約2割不足していた。また多くの被災した生産者にとって，ウォーターカーテンを活用したパイプハウスと土耕による従来の栽培方式に比べ，鉄骨ハウスと高設栽培からなる新しい栽培方式は償却費および栽培にかかる諸経費が高くなっており，生活を再建するという意味でもさらに収量増加が求められる。

　ところで，近年注目されているオランダ農業の高生産性の要因として環境制御技術が挙げられているが，さらに生産者・研究機関・民間企業どうしでの知識・技術の共有化を行なう協働体制も指摘されている（農林水産省，2013b）。亘理町・山元町の大型ハウス団地は「地理の集約化」「同じスペックの栽培システム」「作型・品種がほぼ皆同じ」という点からも，農業者どうしの知識・技術の共有化によって，産地全体

第1図　最新高設栽培システムを備えた宮城県亘理町・山元町のハウス団地

での増収が期待される。

そこで，クラウド型環境モニタリングシステムを生産者に導入し，そのデータを生産者・技術者（研究機関・普及員・JA指導員）どうしで共有化することによってコミュニケーションを活性化し，環境制御を含めた栽培技術の知識・技術の共有を進め，ICTが営農に貢献するモデルの構築とその実証を行なうことになった。農林水産省・復興庁は被災地の復興を支援するための研究実証事業「食料生産地域再生のための先端技術展開事業」を2011年から開始し，施設園芸の分野では，山元町に建設された72aのフェンロー型鉄骨ハウスを拠点として，先端技術を取り入れたイチゴ，トマトの生産実証，新技術の展示，地域の問題解決に取り組んできた。筆者はこの研究実証事業の専属研究員として，亘理農業改良普及センター，JAみやぎ亘理，宮城県農業園芸総合研究所，農研機構野菜茶業研究所と共同で，この実証を担当した。

2. 導入されたシステムの詳細

亘理町イチゴ団地・山元町イチゴ団地それぞれから，隣続きとなっているハウス5軒（計10軒）の生産者を対象にシステムを導入した。9割の生産者が50代以上，営農経験30年以上であり，10軒のうち実証開始当初，基本的なICT活用（インターネットサイトの閲覧，Eメールなど）をしていた生産者は半数以下であった。

クラウド型環境モニタリングシステムは，「UECS Station Cloud」（ワビット社）を採用した。このシステムを利用し，各ハウスに設置したセンサーデータ（温度・湿度・露点・飽差・CO_2濃度）およびカメラ画像を，インターネットを通じて閲覧できるようにした（第2,3図）。

データは日・週・月単位でグラフで表示され，短期間から長期間にわたりハウス内の環境の変化が把握できる。また，データはファイルとしてダウンロードすることもできる。閲覧は，自分のハウスのデータ・カメラ画像だけでなく，実証に参加した他の生産者のデータ・カメラ画像も参照できるように設定した。こうすることにより，自分のハウスと他のハウスの，環境管理のやり方や生育状況を比較できるようにした。

各生産者にはAndroid型10インチタブレット端末を配付して簡易な操作で閲覧できるようにし，2014年10月から実証を開始した。

これらのシステム導入費用は1生産者当たり約15万円，ランニング費用は1,000円/月ほどであった。すべて市販品を利用しており，インターネットなどに少し詳しい人であるならば，簡単な設定のみで構築することができる。2015年現在，導入費用数万円，ランニング費用数千円/月のクラウド型環境モニタリングシステムが普及しつつある。

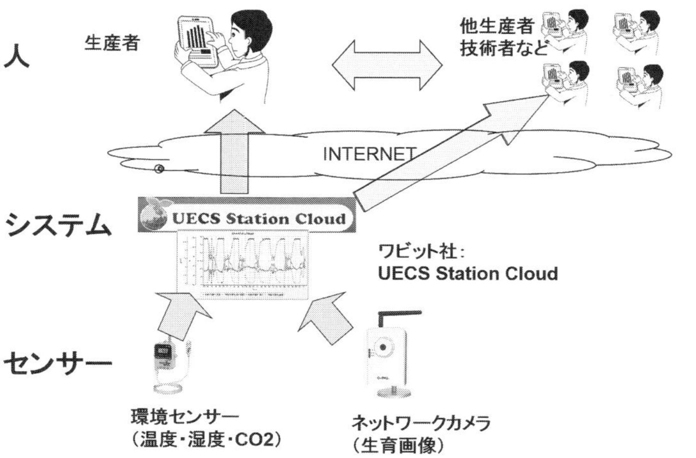

3. 現地での活用と効果，課題

(1) 生産者の活用実態

実証の評価を行なうため，生産者にアンケート調査を行なった。

第2図　クラウド型環境モニタリングシステム実証の概要図

被災地に導入されたクラウド型環境モニタリングシステムと活用方法

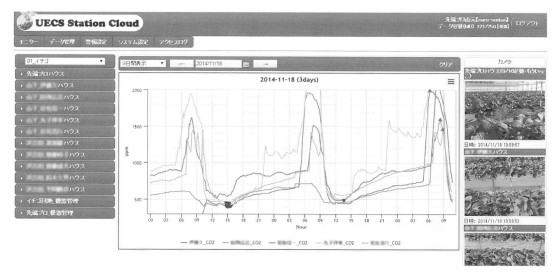

第3図　環境モニタリングシステムの画面

第4図　システムの利用頻度と利用目的

　利用頻度は，すべての生産者が週1回以上利用していた。利用目的としては，自ハウスの環境データの閲覧が100％，他ハウスの環境データの閲覧も90％と，ほとんどの生産者が自ハウスだけでなく他生産者の環境管理も参考にしていた（第4図）。

　システムの営農への貢献度を調査したところ，全員が「とても役に立った（40％）」または「まあまあ役に立った（60％）」と回答した。良かった点を調査したところ，全員が「自分のハウスの環境状態がデータで見え，参考になった」と回答し，他ハウスの見える化も70％が参考になったと回答した（第5図）。

　実証開始以降のコミュニケーションの変化を調査したところ，90％の生産者が他生産者とのコミュニケーションの頻度・量が増えたと回答した。また，会話の内容に環境管理の話題が含まれていた。

　困った点は半数以上が「システムが思った通りに動作しなかった」「IT機器の使い方がむずかしかった」と利用面での不便について回答した。今後期待することについては「IT機器の基本的な使い方の指導」が9割，「環境データを活用した環境管理の指導」が6割だった（第6図）。

　生の声に耳を傾けると「環境管理については十分と思うくらい参考にしています」「妻も一緒に画面を見て勉強して次年度に向けてがんば

作型，栽培システムと栽培の要点

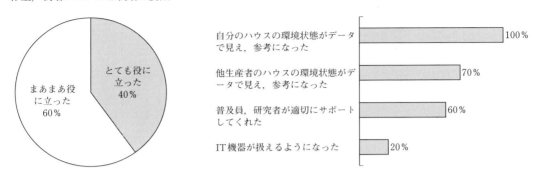

第5図　システムの貢献度と良かった点

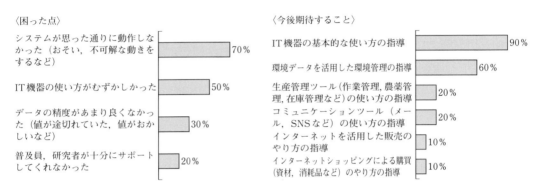

第6図　困った点と今後期待すること

第7図　定期的な合同圃場巡回

りたいと思います」といった前向きな言葉が聞かれた。

(2) 活用における工夫

現地での活用の工夫は大きく2つある。1つ目は生産者・技術者間コミュニケーションを促すための勉強会を定期的に開催したこと，2つ目は技術者間の情報共有会議で環境データの分析レポートとしての活用である。

1つ目の活用である勉強会は，生産者・技術者間の栽培技術の共有を促すため，月1回，関係者合同で圃場を巡回しながら行なった（第7図）。そのさい，事前に運営者側から，取りまとめたデータレポート（直近1週間の気温・湿度・CO_2濃度の推移）を紙媒体で配付し，環境データの直近のトレンドを把握しながら実際の圃場での植物の状態を確認して回った。多くの場合データだけ眺めて得られる気づきは少なく，植物の生育と照らし合わせながら他の農業者とコミュニケーションを取ることによって初めてデータが生きてくることが多い。また，勉強会では環境制御理論（具体的には光合成理論やCO_2施用管理方法など）についての勉強も行なった。

2つ目の技術者間の情報共有会議での活用は，直近1か月の環境データ（気温，湿度，CO_2濃度，日射）を前年，平年の気象庁データと合わせてレポートとして提示し，本年度の気

候の特徴を技術者間で共有した。レポートは収量の変動の原因分析や，栽培指導の一助として活用した。

（3）課題と今後の展望

共有を行なったデータは環境データのみであったため，データから得られる知見は限定的であった。生育データ，作業データ，灌水データ，収量データといった多種にわたるデータの共有を行なうことにより，さらなる知見の発見，コミュニケーションの活性化および活用が望めると考える。

4. 導入するさいのポイント

ICTの導入にさいして重要なのは，「導入後いかに活用するか」である。導入しただけで満足して，実際はほとんど活用されていない事例は後を絶たない。

環境モニタリングシステムを導入したさいに成果を上げるためのポイントを，利用者側と導入担当者側の視点で分け整理してみた。

（1）利用者側のポイント

・とにかくデータを毎日眺めてみる。ハウスのなかの状態変化を数値で把握する。
・環境制御の設定を変更（たとえば換気窓の開度の設定変更など）したら，数値上どのように変化が起きたのか把握する。
・他生産者の環境制御の事例をデータとともに照らし合わせ，自分のハウスの管理と比較する。
・機器の使い方や環境制御の考え方など，わからないことがあったら相談できる人と親しくなる。
・生育調査（草高や開花日など）を定期的に行ない，環境データと生育の関係性を把握する。

（2）導入担当者側のポイント

・導入前に「導入のねらいと目標」を明確にし，導入後は効果を評価する（アンケート調査や増収効果など）。
・得られたデータを元に具体的な環境制御方法（早朝○℃，昼間○℃，夜間○℃など）の指導を行なう。
・定期的に利用者の元を訪れ，使い方や活用方法に困っていないか確認する。
・システムが正常に稼働しているか，定期的に稼働確認を行なう。
・システムのトラブル時に対応できるサポート体制を準備しておく。
・データの取扱方針について明確に定める（個人情報保護観点でデータ取扱いの慎重さが求められているため）。

5. 施設園芸におけるICT（情報通信技術）の普及状況

近年，農業分野とりわけ施設園芸分野でICTの活用が注目を浴びているのには大きく3つの背景がある。

1つ目は国の後押しである。「農林水産業・地域の活力創造プラン」（首相官邸，2014）では"ロボット技術やICTを活用したスマート農業の推進"を国の農林水産業発展政策として位置づけており，全国で展開している「次世代施設園芸導入加速化支援事業」（2013年〜）のなかで「ICT等を活用した高度環境制御・栽培管理システムの導入実証」を実施している。

2つ目はオランダ型農業への注目の高まりである。オランダの施設園芸トマトの反収は日本の3倍といわれ（農林水産省，2013a），その大きな要因の1つといわれているのが，環境制御技術である。オランダの環境制御は植物の生育を最適な条件に導くため，光，温度，湿度，CO_2濃度，養液を統合的にICTで管理している。現在，オランダのトマト生産者の95％が統合環境制御システムを導入しているといわれ（エペ，2012），日本国内でも普及しつつある。

3つ目は近年のICT技術の発展，とりわけモバイル，ネットワーク，センサー技術の発展である。今やスマートフォンの普及率は60％を超えており（総務省，2014），携帯端末でのイ

作型，栽培システムと栽培の要点

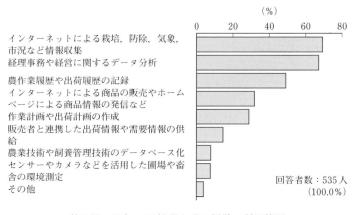

第8図　現在のIT機器などの経営の利用状況
(農林水産省，2012)

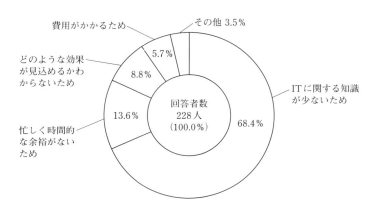

第9図　今後IT機器などの利用を考えているが，これまで経営に利用してこなかった理由
(農林水産省，2012)

ンターネット閲覧は当たり前のものになりつつある。また，近年はIoT（Internet of Things）という概念も登場しており，従来はインターネットに接続するのはパソコンなどの専用端末だったのが，温度や二酸化炭素濃度といったデータを取得するセンサー類が，パソコンなどを介さずにインターネットにつながる技術が普及し始めている。これらの技術的背景により，作業フィールドが野外中心となる農業分野において，クラウド型ICTシステムの製品化が普及し始めた。

では，農業者におけるICTの普及状況はどうであるか。農水省の調査によると，「IT機器等の今後の経営への利用意向」はおよそ半数が「これまでにも経営に利用しており，今後も利用したい」としており，その農業者の利用状況は「インターネットによる栽培，防除，気象，市況等情報収集」「経理事務や経営に関するデータ分析」が中心であり，環境制御にかかわる「センサーやカメラ等を活用した圃場や畜舎の環境測定」は7.7％とまだ少ない（農林水産省，2012）（第8図）。

また，ICTの普及を阻む要因として，農業者が「今後IT機器等の利用を考えているが，これまで経営に利用してこなかった理由」に，「ITに関する知識が少ないため」「忙しく時間的な余裕がないため」「どのような効果が見込めるかわからないため」が挙げられる（農林水産省，2012）（第9図）。

これらの課題を解決するには，導入にさいしてICTや地域の実情に精通している人材が，農業者に対して利活用についてのサポートを行ない，営農に対する効果を指し示す必要がある。

執筆　山根弘陽（農業生産法人GRA）

2015年記

参 考 文 献

エペ・フゥーヴェリンク著. 中野明正・池田英男監訳. 2012.『トマト　オランダの多収技術と理論―100トンどりの秘密』. 農文協. 18. 東京.

農林水産省. 2012. 農業分野におけるIT利活用に関する意識・意向調査結果. 2—3.

農林水産省. 2013a. 平成24年度海外農業情報調査分析事業（欧州）報告書. III, 7.

農林水産省. 2013b. 平成24年度海外農業情報調査分析事業（欧州）報告書. III, 67.

農林水産省．2015．aff（あふ）．2015年3月号．4．
総務省．2014．平成26年版　情報通信白書．337．
首相官邸．2014．農林水産業・地域の活力創造プラン．7．

ベテラン農家に学ぶ栽培・作業の勘どころ

ベテラン農家に学ぶ栽培・作業の勘どころ

簡易高設「るんるんベンチ栽培」
——愛媛県・赤松保孝（イチゴ栽培歴42年）

〈私のイチゴ栽培の特色〉

「明日に夢を見る」を座右の銘とし，農業一筋に生きて77歳，イチゴづくり歴42年。私は，日進月歩発展していくイチゴ生産技術を習得しつつ，常に農家経営の視点で技術を評価し，受け入れやすい形にするため，アイデアを駆使しながら長年改善を重ねてきた。その結果，パイプハウスのサイド換気装置やカーテン開閉装置を開発し，全国に向けて情報発信した。また，年をとってもイチゴづくりができる「簡易高設育苗」と簡易高設栽培「るんるんベンチ栽培」を仲間とともに"文殊の智恵"を寄せ合いながら研究し，安価と栽培の容易さが認められ，この方法が各地で急速に普及している。

私の栽培のあらましは以下のとおり。

▼親株定植：11月中旬（プランター植え），簡易高設育苗
▼採苗時期：6月，育苗期：7～9月，定植：9月中～下旬
▼保温開始：10月下旬
▼収穫期：12～翌6月
▼主力品種：レッドパール

〈育　苗〉

1. 安価で万人向けの小型受けポット高設育苗

①地域の9割の農家が導入

イチゴの苗づくりでは，時代とともに仮植（移植），無仮植，ポットなど，あらゆる育苗法をとり入れる一方で，花芽分化促進技術として高冷地処理や暗黒低温処理を，育苗の省力化に向けてはナイヤガラ採苗やミスト利用による挿し芽処理など，多種多様な育苗技術に挑戦し

筆者の赤松保孝さん
宇和島市，三間盆地の水田でイチゴ栽培に取り組む
イチゴ15a（簡易高設による促成栽培）
水稲120a（特別栽培米）
クリ120a

た。現在行なっている育苗法は，イチゴ仲間の井上七郎氏が1999年に開発した，プランターと亀の甲網を利用した安価で万人向けの小型受けポット高設育苗である（第1図）。当地域のイチゴ農家の9割が同じ方法で育苗している。また，苗不足や炭疽病対策として挿し芽育苗を行なっている。

第1図　小型受けポット高設育苗のようす
プランターの親株からでたランナーの小苗を小型ポット（アイポット）で受ける

第2図 高設育苗の棚のつくり方

第3図 軽自動車の荷台を利用した鉄パイプ修正器
上：曲げるも伸ばすも自由自在，下：ボルトではさんで動かないようにする

②育苗場所の選定

育苗場所は，作業性や水源確保，育苗管理の便宜性から家に近いことが一番だが，なければハウス（本圃）の近辺を選定する。また，病害対策としての雨よけ施設や温暖化対策として遮光処理施設設置などができる場所が理想的である。

③棚のつくり方（第2図）

▼棚下には溝を掘り，その土を通路に上げて，通路の排水をよくする。

▼私のイチゴ栽培は，すべてコスト低減を重視して取り組んでいる。このため棚をつくる架台の資材は，パイプハウスなどの古資材の活用ができる直管で構成している。曲がった管もまっすぐに直す器具までつくっている（第3図）。また，金網は養鶏用カラー亀の甲網の一寸目針金18番を使用する。年中張りっ放しでも15年は大丈夫である。

2. 親株の準備

①親株はプランターに植える

親株育成は，市販の園芸用プランターに親株3株を植え付けることを基本にしている。

優良親株の選抜として，前年にふつうに苗取りしたプランターのなかで優良と思う親株を2～3プランター分残しておき，それから出たランナーを8～9月に受け採苗した苗を親株としている。

②古い培土を太陽熱消毒して利用

当初，プランターの土は市販の育苗培土を使用していたが，今は本圃の「るんるんベンチ栽培」に使用する培土と昨年育苗に使った古い培土を半分ずつ混ぜて使っている。

育苗地内の隅に古ビニールを敷き，その上に使用済み培土をプランターごと運び，逆さにして培土を取り出し，積み上げる。これをビニールで完全に被覆して薬剤により土壌消毒をしていたが，開発者の井上七郎氏が糖蜜を利用した太陽熱消毒を試みていることから，私も次年度以降この方式で行なう計画である（第4図）。

3. 挿し芽育苗法

①挿し芽法のポイント

この方法は，苗固定用のランナー押さえが麦わらだったころに考案した。麦わらでは押さえる力が弱かったため，その押さえに鉄筋結束線

第4図 古い培地をビニールで被覆し、糖蜜を使って太陽熱消毒 （井上七郎氏）

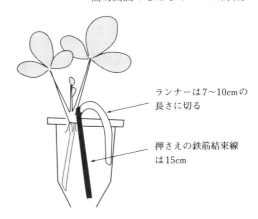

第5図 挿し芽の方法

を利用するようになり、土耕栽培から高設栽培に移行したことで、挿し芽苗が簡単にとれるようになり実用化した。

挿し芽の方法は以下のとおり（第5、6図）。

▼ランナーを7～10cmとやや長く残してはさみで切り、すぐ水に浸す。乾かさないように採苗するのがポイントである。生花では、水の中で切ると水の吸上げがよいとされ、これに教わった。

▼ランナーの切り先をポットに差し込み、子苗のクラウンをポットに軽く押し込み、結束線でランナー基部を押さえる。こうすると苗が完全に立って動かず、また、ランナーの切り口から吸水するため、しおれ防止に役立つ。

▼結束線を押さえに使用すれば1日でさびて固定される。2か月ぐらいですべてさびてなくなる。

②植付け後の管理のポイント

▼育苗期の5～6月は直射日光を避け、ビニールで被覆し湿度100％に近い状態で管理する。

▼育苗中ミスト散水ができれば理想だが、乾かさないように散水する。

▼キャリーの中にアイポット受け皿を入れ、それに苗を立てて、キャリーをビニールで被覆する。

▼8～10日で発根し独り立ちできれば外に出す。

第6図 挿し芽育苗のようす

③挿し芽育苗法を活用した、炭疽病に感染させない苗生産の試み

近年、炭疽病の発生が多くなり、親株の無菌化が重要視されている。最近、冬季に展開葉2葉以下の若苗を挿し芽すれば、炭疽病の感染が少ないとの説があり、それではと私が考案した挿し芽法により、前年12月、高設栽培中に発生するイチゴランナーを小型ポットで受け、100本育苗した。挿し芽したポットはキャリーに入れ、イチゴハウスの隅で育てた。冬は湿度も高く1日1回灌水しただけで、育苗開始25日後には外に出した。この苗を利用したところ、本圃全体で数本程度の発病にとどまっている。結果は大成功であった。

4. 親株の植付けから採苗までの管理

①プランターへの基肥と追肥

基肥にスーパーロングを1株当たり10g混入し、生育に応じて葉色を見ながら液肥250倍を追肥する。

②親株植付け作業

11月ころ、プランターにランナーの伸びる方向を網側となるよう確認して植え付ける（通路側には灌水パイプを通す予定で植える）。

③親株植付け後の管理

親株を植えたプランターは、降雨で土が跳ね上がらないようにビニールなどを敷いた上に寄せて並べ、厳寒期は薄い寒冷紗で覆い、管理する。適度な灌水と防除を忘れないように。

④プランターの高設上げ

プランターでイチゴの発育が旺盛となる3月20日ころ、高設棚へのせる。

⑤高設に上げてからの灌水

プランターの上に灌水チューブ「エバフロー」を下向きにのせる。灌水時間は1日1回2～3分程度。ランナーの発生が多くなるほど灌水時間を長くする。6・7月になると1日2回5分ほどかかるようにする。古い洗濯機のタイマーを利用し、電磁弁で灌水時間を操作している。一方、受けポットを始めてからは、このポットに手灌水で1日1回程度散水している（第7図）。

⑥育苗中の親株への施肥

ランナーの切離し前は子苗には施肥をしない。ひたすら子苗の葉色を見て、淡くなれば親株に液肥200倍（EC1.8）を施肥する。生育最盛期には8日に1回ぐらい施用する。

発育するランナーが赤く見えるぐらいがよく、緑色に見えるような伸び方は多肥で軟弱発育をしているので危険である。

⑦小型ポットと培土つくり

小型ポットは網に差せるものなら市販のアイポット、スーパアイポット、ニラポット、ツインポット、Uポットなど何でもよいが、最近はUポットが多く使用されるようになった。

培土は、かつて市販品だったが、安価にするため今は地方の業者と5年がかりで試作したものを利用している。内容はココピートをベースにバーミキュライト、パーライト、他に有機・無機質系の配合で、差込み時には肥料は入れずに使用する。

⑧ランナーの潜り止め

ランナーが伸長し、先の子苗が発生するたびに子苗を鉢受けすることは作業上できない。しかし、そのままランナーの伸長を放置すると網を潜り、子苗受けが難しくなる。このため、網の上に防風ネット（5mm目）を敷き、ランナーの潜り防止をしておき、ある程度子苗が発生すれば網をはずしながらポット受けする（第8図）。

⑨ランナー、受けポット押さえ器具

ランナー押さえ始めのころは、麦わらやカラー針金などの市販品を使用したが、10年前から鉄筋組立て用に使用する結束線を使ってい

第7図　プランターには灌水チューブで、ポットには写真のようにじょろで灌水

第8図　防風ネットでランナーの潜り防止

第9図　鉄筋結束線（矢印）で苗を押さえる

第10図　Uポットを網上に並べ育苗
育苗棚の下に溝を掘り，黒マルチで覆う。溝を掘った土は通路に上げる

る。長さ30cmの鉄線で重さ5kgが1,500円，これは約4,000本ある。半分に切れば8,000本となり，5本で1円である。これを半分に曲げてポットに差し込むと，1日でさびで動かなくなり，2か月余りでさびてなくなる（第9図）。さびで少し根がいたむことがあるのが欠点だが，便利さ安さには代えられない。管内のイチゴ生産者は皆利用している。

5．ランナー切離し後の管理

①ランナーの切離し

目標の苗本数（1株当たり30本以上）が確保でき，十分発根すればランナーの切離しをする。通常では7月下旬ころである。アイポットパネルにのせる場合と，Uポットを網上に整列して並べ最後まで網の上に置くやり方がある。地域では後者の方式が7割を占めている（第10図）。

②移植後の灌水

ポット育苗の灌水装置はいろいろあり，仲間はスプリンクラー，各種灌水器具での自動化などを試作している。しかし，炭疽病の発生が多く，これならよいといったものが見当たらない状況である。私は，アイポットパネルには，自分でつくった灌水ポールを使っている。もとの穴は太く先は小さくし散水量の均一化を図っており，2007年の高温乾燥年でも，寒冷紗被覆の効果もあってか，1日2回の灌水で育苗できた。また，灌水と同時に全株の観察ができ，炭疽病などを早く見つけて防除対策ができること

から，これが最大の健苗育成に役立っている。

③ポットの施肥

子苗への施肥は，ランナー切離し後にIB化成をアイポット1個当たりに大粒は1個，小粒は2個入れる（第11図）。多く入れすぎるとナヨナヨした苗になり，炭疽病にやられた例が過去に多くある。

その後の施肥はすべて液肥にしている。液肥散布の仕方は200ℓの桶に原液肥を250倍に薄め，動噴の8.5mmのホースノズルの先にじょろ口を付け，ポットに溜まる程度の量を施用する。10,000ポット当たり700ℓ必要である。これを7～10日おきに施用し，大きな，より硬い丈夫な苗の育成に努めている。

④苗の病害虫防除

一昔前，イチゴの主要病害虫といえば，うどんこ病とハスモンヨトウムシだったが，今は炭

第11図　ランナー切離し直後のポット施肥
IB化成の大粒をポット1個当たり1個施用

疽病とダニである。本圃での農薬散布をできるだけ少なくするために，苗床でこれらの発生源を断ち切っておくことに，格別努力している。

炭疽病対策として無菌の親株を確保し，土の跳ね返りのない高設育苗で耕種的防除を行ない，硬いイチゴ苗を育てる。発病しやすい多肥軟弱な苗をつくらないことが基本である。そのうえ，苗取り期間中は1週間に1度は農薬を変えて予防散布している。育苗中の防除薬剤は効果の高い農薬が使用できるので，もしも発病が認められた場合でも適切な散布で乗り切れる。

⑤苗床の葉かき

育苗期間中のイチゴの葉は5～6日に1枚展開し，ランナーも発生する。私は7～10日に一度葉かきしている。このときの基準は展開葉2.5枚を残し，あとはすべて葉かきすることである。葉かきが遅れると苗がムレ，徒長して軟弱苗になる。

⑥防暑対策と花芽分化促進対策

7月下旬から暑さ対策として，寒冷紗（遮光率50％）を被覆している。これが少しでも花芽分化促進に繋がると思い，植付けまで被覆を続けている。

2007年の夏は非常に暑く，新しい被覆材「メガクール」を試用したが，どの程度の効果があるか検討中である。また，薬剤による花芽促進もいろいろ検討したがどれも気休めで，今のところ夜冷育苗に優る技術はなく，次ぎに，品種に優るものもない。

〈圃場の準備〉

1.「るんるんベンチ栽培」はこうして生まれた

今から8年前，「おーい，お前イチゴ植えどうだった？」「ルンルンよ，初めて楽しいイチゴ植えしたで」「お前もそうか。わが家もルンルンですんだ！」。こんな私と仲間の会話を隣で聞いていた女性普及員が名づけた名前が「るんるんベンチ」。年が経つほどに，こんなにふさわしい名前があろうかと思い，この言葉に感謝している。

「るんるんベンチ栽培」のルーツは山口県の田布施方式で，山口県の元野菜専門技術員の棟居氏が籾がらとトタンを組み合わせた高設システムを自作した。これを広島県の小野高義氏が視察に行ったが，棟居さんは亡くなられたあとで，小野さんはその地域の営農指導員に要旨を教わり，平トタンをUの字型に改良してつくり，「らくらく高床栽培」と名づけた。これを，私たち「宇和島地区いちご研究連絡協議会」（以下「協議会」）が教わって，肉づけしたものが「るんるんベンチ栽培」である（第12図）。

今から10年ほど前，年々老いていくなかで土耕栽培に限界を感じ，らくなイチゴづくりをしたいという欲望に駆られていた私は，全国的な高設栽培開発ブームのなかで，高設栽培の導入を決意した。そこで，全国各地の高設栽培開発の現状を視察研修したが，ほとんどの高設施設は高価で，経営として成り立たせるのは難しく，導入はほど遠いと感じていた。しかし1999年1月，前述の小野さんの「らくらく高床栽培」を仲間と見学し，初めて私の思い描く多収穫栽培と同じ草姿で栽培されているイチゴに出会い，また栽培システムも安価で，「これならいける」と直感した。その後も2月と4月に仲間と訪問し，小野さんやその地域の農家の指導を受け導入を決意した。

第12図 収穫期の「るんるんベンチ栽培」のイチゴ
（撮影：赤松富仁）

そして2000年，私が所属する「協議会」の仲間6人と「るんるんベンチ」栽培をスタートさせた。

今では「協議会」員の5割が「るんるんベンチ」を導入し，栽培面積の6割以上を占め，軽労働化により83歳のイチゴ栽培者まで現われ，楽しいイチゴづくりが続いている。このようすがマスコミで紹介されて以来，全国各地や韓国からも視察者が百数十件あり他に手紙，電話，メールを多く受けており，関心の高さとともに，この栽培の素晴らしさを感じている。「るんるんベンチ」は全国的に普及しているが，なかでも佐賀県では高設栽培の3割を占め，各地で広がりを見せている。

「るんるんベンチ」は企業や試験研究機関が開発したものではなく，農家自らが知恵と工夫により開発研究したものである。さらなる進化には限界を感じていたところ，全国各地から研究会を開いて勉強しようと発案があり，2004年福岡県大木町で，2005年には愛媛県宇和島市で，2006年には佐賀県唐津市で，それぞれ地方の官民あげての協力で「るんるんベンチ栽培」のサミットが開催された。

2. るんるんベンチ栽培の特徴

▼ベッド600m（10a）当たり100万円以下でつくれ，他の一般高設栽培に比べてもきわめて安価に自作できる（第1表）。

▼培地量が1株当たり$8l$以上で，培地の緩衝能が高く，基肥施用方式で，土耕栽培と同じ施肥管理ができる。高度な培養液管理が不要で，今までの土耕栽培の技術が活かせる。

▼培地の6割は籾がらで，とくに水田地帯は籾がらを無料で入手でき，資材費を安くできる。

▼培地は入れ替える必要がなく，減った分だけ籾がらを補充すればよい。

私の場合，8年目を迎えるが，ますますイチゴがよくできている。

3.「るんるんベンチ」の構造

第13図に基本的な構造を示した。この基本設計で，地域により栽培槽の幅30cmを広げて35〜40cmとし，品種による花梗折れが減少し好まれている。また，1株当たりの培地量を多くするため40cm幅とする地域もある。

第1表 「るんるんベンチ」資材費の試算

（ベッド長600m分：約10a）

	資材名	単価（円）	数量	金額（円）
架台ベッド	直管（外径22mm×5.5mm）	458	563本	257,854
	直管（外径19mm×5.5mm）	391	218本	85,238
	クロスワン（取付け金具）	27	1,640個	44,280
	Tバンド	60	1,230個	73,800
	波トタン	580	300枚	174,000
	小　計			635,172
培養土	籾がら（1年以上腐熟したもの）	0	28.8m³	0
	ピートモス（170l/袋）	2,200	50袋	110,000
	バーク堆肥（15kg/袋）	300	60袋	18,000
	マサ土	—	2.4m³	10,000
	小　計			138,000
その他諸資材（灌水チューブ，エアーパッキン，パッカー類，保温ビニールなど）				162,000
資材費用合計				935,172

注　単価は当地での税別価格

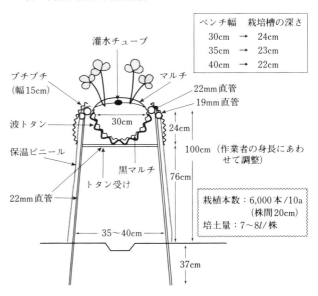

第13図　「るんるんベンチ」の基本的な構造

架台の高さは身長に合わせるとしているが，管理作業の種類により異なる。植付け，葉かき，薬剤散布作業は低く，収穫は高いほうが効率的である。

また，ベンチを水平に設置できる組立て方を工夫することも重要である。

4. ベンチの設置

①圃場の選定と整地

▼ハウスの中に設置し，架台はベッドから垂れ下がった果房に十分光が当たるよう，南北に設置するのが理想である。そのつもりでハウスの形状を選定する。

▼ベンチ下の地面はほぼ水平にし，ベンチ設置位置と通路の位置が決まればベンチ下の土を鍬などで通路予定地側に上げて高くし，さらに，収穫車がよく動くよう均平に整地する。

▼排水溝を設置する。「るんるんベンチ」の灌水はかけ流し方式である。しかし，他の方式と違い余分な水は波トタンの継ぎ目，2mに1か所しか落ちない。ふつうの灌水量なら地面に吸い込まれるが，多量に灌水すると土質により溜まるので，排水溝をつくる。

▼ベンチ下は，ベッドから流れ落ちる排液が，灌水のたびに跳ね上がるので敷物を敷く。厚めの黒マルチかグランドシート（化繊）がよい。グランドシートは7年経っても破れない。マルチは乾燥し，織物は逆に湿度が高くなる。

②必要な資材と前処理

▼第2表のような資材が必要である。

▼脚用パイプの足部分は，さび止めを塗ることで長持ちする。これは今までのパイプハウスの経験からきている。

③ベッドの高さの決め方

架台の高さは，作業がらくにできるかどうかを左右する最も大切な要素である。作業する人の身長に合わせるが，作業の種類により異なる。植付け，葉かき，薬剤散布作業ではイチゴの草丈が40cmにもなるためやや低く，収穫作業ではやや高く設定する。身長からみたベッド高は，身長160cmまでの人は90cmがよく，165cmの人は100cmが好まれる高さである。当初は100cmでつくったが「高すぎた」の声が多く聞かれる。

実際のハウス作業では，身長の違う数人で管理する場合があり，それらを考慮して高さを設定する。

④通路幅の設定

最低85cmは必要である。イチゴの果房が通路に垂れ下がるため，設置時にちょうどよい幅では収穫時には狭く感じる。

⑤ベンチは水平に設置する

私の気づいた，ベンチの底を水平にする方法である。波トタンの底を箱型にすると，脚間が培地の重さで下がることがある，これを防止するには波トタンをU字とV字の中間で波トタン底中央の凸凹を3山だけで支えるように波トタン受けパイプを取り付けると，完全に水平になる。なお，ベンチ幅とベンチの深さの関係は以下のようになる。

幅30cmの場合，深さ24cm

幅35cmの場合，深さ23cm

幅40cmの場合，深さ22cm

⑥組立ての手順と要点

▼設計図に合わせ，地面に2mごとに脚を立てる位置を決め，最初に両端のパイプを設定する高さまで打ち込む。次にそ

第2表　ベンチに必要な資材と寸法

部品	使用資材	長さ(高さ100cmの場合)	必要数 40m当たり	必要数 600m（約10a）
脚用パイプ	22mm直管	137cm	82本	1,230本
トタン受けパイプ	22mm直管	36cm	41本	615本
クロスワン	22mm用	—	110個	1,640個
Tバンド	22mm用	—	82個	1,230個
トタン板	7尺（210cm）	—	20枚	300枚
横用直管	22mm直管	—	14.5本	218本
横用直管（果柄折れ防止用）	19mm直管	—	14.5本	218本

注　実際設置する場合は，必ず設置するベッドの長さを決めたうえで，この第2表を参考にして自分で計算し，必要数を確認してください

第14図　るんるんベンチの組立て
電動振動機でパイプを打ち込む
左：水糸の高さ（線）の高さで止めている，右：打込み時にパイプ切り口がこわれないように考案した金具

の両端パイプ頭上に水糸を張り，中のパイプを水糸の高さまで順次打ち込む。これには，私たちが考案した電動式のパイプ打込み器を利用している（第14図）。

▼打込み後，その上に横直管をのせて，押さえ具で止めて固定する。もう片方も同様である。

▼肩となる両直管に取付け金具（第15図）をかけ，横直管の高さを合わせて，クロスワンで止めて栽培槽の枠をつくる。

▼その中に波トタンをU字に曲げ入れ，波トタンが滑り落ちないよう波トタンの両端を肩直管に針金で止める。

▼波トタン栽培槽の中に黒マルチ（厚さ0.5mm，幅130cm）を敷く。マルチは波トタンの継ぎ目の上を指で破り，排水穴をあける。この破り方が小さいと培地を入れたときにマルチにシワができ，穴がつぶれて排水できなくなる。

▼波トタン継ぎ目には割り箸を差し込んで，排水用の隙間をつくる（第16図）。

▼軟らかい土地では，脚用パイプの地際部に横に直管パイプをあてるなど，ベッドの沈下防止が必要である。ベンチの設置後にベッドが沈下した場合，私たちは自動車用ジャッキを使い復元している（第17図）。

第15図　るんるんベンチの組立ての工夫
取付け金具を写真のように固定して，下の横直管パイプの高さを合わせる

5. 培土の作成

栽培用の培土は，籾がら（1年堆積もの）60％，ピートモス30％，バーク堆肥5％，土5％の割合で混合する。

ベテラン農家に学ぶ　栽培・作業の勘どころ

第16図　トタンの継ぎ目は割り箸を差し込み，排水用の隙間をつくる

第17図　沈下したベンチの修正
仲間が考案

第3表　本圃の基肥例（多肥型）
（ベッド600m：10a当たり6,000本定植の場合）

肥料名	施用量	N	P	K
苦土石灰	60			
暈かし一番	60	2.4	1.0	1.8
エコロング424（180日タイプ）	90	12.6	10.7	12.6
	210	15	11.7	14.4

にして使用している。

毎年補充する籾がら培土のつくり方は次のとおりである。

秋に籾がら75％，牛糞堆肥20％，米ぬかなど5％の割合で混合し，積み上げた上に飛散防止として寒冷紗をかけ1年間野積みにする。6～8月の高温期には腐熟が進む。なお，腐熟促進に用いた資材でECが高くなることがあるが，植付け前の培土に灌水することで調節できる。

私は米ぬかの替わりに「いりこ粕」を多く混ぜて腐熟させている。よく腐るがベンチに入れて灌水すると，ベッド下に落ちる排液はEC3と高い。そこで灌水（エバーフロー利用）を1時間するとEC2以下になり，ことなきを経験している。

②ピートモス

ピートモスは産出地によって性質が異なる。前もって湿りがあり壊れやすいものを選ぶ。

③土

当初にマサ土がよいと教わったが，田土や土壌病害の汚染がなければハウスの中の土でもよい。土を混合しない場合，保肥力が弱いなどの問題があり，私はベンチの下に排水の溝を掘るときに出る土を使用している。

④基　肥

第3表に基肥の施肥例を示した。

⑤培地の混合，1年目は練込みをする

培地混合を広場で行なう人もいるが，良好な培地をつくるにはベンチの中で行なうとよい。野積みして完熟した籾がらを，市販の20kg入りコンテナに入れ，それをベンチの中に6割，次にピートモスを3割，続いてバーク堆肥0.5，土を0.5の割合で入れる。その上に基肥を全量

①籾がら培土のつくり方

取組み当初，籾がらは1年間野積みした保水性のあるものがよいと教わったが，実際にやってみると，籾がらの腐熟程度が未熟で，栽培始めに窒素飢餓を起こし生育不良となった。そのため，現在は，窒素飢餓の起きない完熟の状態

施用すると山盛り状態になる（第18図）。

まずベンチの，混ぜ始める部分の培土をコンテナ1杯分よけておき，そこへ手鍬で表面をかき落としながら7〜8割の深さを混ぜる。ベッドの端まで混ぜ終わったら，初めに取り除いた培土を混ぜ入れて完成である。これは湿ったピートモスを使用する場合で，一般には次の要領で行なう。

使用するピートモスが湿っていれば容易に混合できるが，大部分の市販ピートモスは乾いている。これと籾がらなどの混合で保水性を持たせるのは，動力噴霧器を利用し，ホースの先から勢いよく水を出しながら，壁土練りの状態にすることである（第19図）。こうすることで培地全体に水が行きわたり，培地全体に保水させることができる。混合した後1日くらいは表面が湿った状態を目安とする。

⑥2年目以降のやり方

2年目からはこのような作業は不要で，毎年消耗した培土分だけ継ぎ足せばよい（第20図）。籾がら補充後，基肥全量を散布し，小型管理機で耕うんする（第21図）。

〈定植から収穫まで〉

1. マルチ張り

一般の土耕栽培では定植後にマルチングを行なうが，「るんるんベンチ」では定植前にマルチングする。このためマルチング前に必ず灌水チューブを設置する。土耕栽培で定植後イチゴがある程度生育したところでマルチングするのは大変な作業だが，「るんるんベンチ栽培」では，定植前にマルチングするため作業効率がよい。私はシルバーマルチを使用しているが，定植日が9月20日以降になる場合は黒マルチを

第18図　基肥を施肥したあとの状態

第20図　2年目以降の籾がら不足分補充作業
キャリアーで持ち込み，手で平らにする

第19図　勢いよく水を出しながら，壁土練りの状態にする
この作業は2年目から不要

第21図　小型管理機で1回耕うんする

使用する人もいる（第22図）。

2. 定植

①穴あけと植付け

花芽分化の確認をして定植する。ベッドのマルチ中央に，植付け間隔を記した定規縄を張り，マルチ下の灌水チューブを傷つけないよう穴あけ器具で，植え穴をできるだけ中央に寄せた位置に，規定の株間間隔で2条千鳥に穴をあける（第23図）。そこへ花房の出る方向を確認しながら，ポット苗を差し込んで植え付ける（第24図）。このとき，差し込んだ苗の根鉢と培地に隙間のないよう，マルチ下に指を入れてまわしながら根鉢をくずし，上から軽く押さえる。

②定植後の灌水

定植後は直ちに灌水する。初めは灌水チューブと手灌水により，培地と根鉢を十分馴染ませる。培地の水分状態がよければ，翌朝から苗の心葉に溢液現象が見える。定植後1週間は生育をよく観察し毎日2回程度は灌水する。新しい培地は水持ちが悪く乾燥しやすいので，とくに注意する。

3. 定植後の管理

①温度管理

ハウスの温度管理は，その地方の土耕栽培と同じでよい。私の地域は海抜10～200mの地帯で，イチゴは無加温ハウス・ビニール二重被覆で栽培されている。当初教わった広島県は加温施設があり，無加温ハウスではと心配したが，「るんるんベンチ」は保温期に入ると，ベンチの周囲をビニールでスカート状に覆うことで培地温度が確保でき，土耕栽培と同じ結果となった。

イチゴは培地温が10℃以下になると生育が停止するとか，13℃が根の生育最低温度とか聞いているが，これに合格している。ベンチ周囲をスカート状にビニールで覆う時期は，ハウス内ビニールの二重被覆をする時期である。また，取り除く時期も，ハウス内ビニールを春期に除くときと同時期である。

②灌水

灌水用器具は，土耕栽培で使用するものでよい。新葉が展開し始めるまでは1日1～2回，秋は1回，冬は寒ければ2～3日に1回，春の3～4月は1日1回，5～6月は2回。

第22図　灌水チューブを設置し，灌水してからマルチを張る

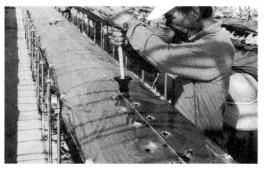

第23図　穴あけ器具で，2条千鳥に植え穴をあける
棒の先に育苗用小型硬質ポットを差し込み，作成したもの

第24図　ポット苗を差し込んで植え付ける
快適な植付けが「るんるんベンチ」の語源になっている

灌水量も時期により変わるが、基本的には灌水し、ベッドの排水穴からポタポタ廃液が落ち始めたら灌水を止める。

この作業を簡単にするため、灌水パイプに電磁弁をセットし、それを古洗濯機のタイマーを取り付けて動かしている。灌水パイプやエバーフローは、5～6分程度で排液が落ち始め、この時点で止めている。

③電照

高設栽培でも電照は必要である。今までの設置基準は10a当たり60W球を84個設置し、その位置はイチゴ株上150cmとなっている。点灯時間は品種により決まっているが、既存のハウスを高設にしたら電球を設置する高さが変わる。そこで電球の明るさを下げるため60W球を40W球に変え、数を増やして照度が均一になるよう工夫している。

④追肥

「るんるんベンチ」は、1株当たりの培地量が8ℓ以上で緩衝能も高くある程度の保肥力ももっているが、土耕栽培ほどの保肥力はなく、基肥だけでは生育期間中の必要肥料成分が不足する。また、灌水による肥料の流亡もあるので、生育に応じた追肥が必要となる。ベンチより落ちる排液をECメーターで測定し、ECが1mS/cm以下になり始めたら液肥を施用する。

⑤ECの簡易測定法

ECメーターを使う場合、ECをより正確に測定するために培地の根域付近の養液を計るとよいと思い、市販の「ミズトール」を使って測定していた。しかし根域付近の養液は、同じ灌水をしても測定場所により測定値がみな違うため、「ミズトール」で採取した養液のECとベッド下に落ちる排液（鉢皿で受けている）をそれぞれ測定すると、排液のECが0.2～0.4高いことがわかった。そこで、ハウスのベンチ下、排液の落ちるところに排液受け皿を置き、そこに落ちてきた養液をECメーターで測定している。私の場合、ダイズ粒くらいの水があれば測れる「堀場製作所コンパクト導電率計B173」を使用している。

⑥果梗枝折れ対策

高設栽培では品種によりベッドの肩口で果梗が折れ、果実の肥大や品質が損なわれることがある。「るんるんベンチ」では「エアーマット」などの緩衝資材を敷く。'さちのか'以外の品種では被害が少ないようである。その'さちのか'も、ベンチ幅を広く、40cmくらいに広げて、株を中央に寄せて植えれば被害なし、との報告もきている。

⑦防除作業

発生する病害虫は土耕と変わらない。薬剤防除はイチゴの位置が高いため、いろいろの資材が市販されているが今によいものには出会っていない。私は長い散布棒の先に工夫したノズル（アサバ、セラミ、イチゴ、2頭口）を三日月型に曲げて、手元が低くてもイチゴ全体に薬液がかかるような道具をつくり、使用している。

⑧ハウスの開閉

1972～1975年にビニールハウスを建てイチゴづくりが面白くなったころ、ハウス換気の開け閉めは手作業のため大変困り、滑車を利用したハウスサイド、カーテン、トンネルが3秒で開閉できる装置を考案し、これを今も使っている。

このサイド換気開閉装置と三重カーテンにより保温している。私の観察ではハウスは一重では外気温と1～2℃、二重では4～5℃、三重では7～8℃の温度差を認めている。このため、無加温ハウスでイチゴづくりをしている。

⑨収穫作業

高設栽培により、労働改善の最大の目標を達成した。アルバイトの人たちも収穫車を利用し喜んで楽しく仕事をしている。

4. 収穫後の作業

①株片づけ

収穫を終了したら、イチゴの株を除く。株元を鎌で刈ると、ときどき下の灌水チューブをいためてしまう。そこで、品種によるが、手で株が折れるものは株元からもぎ取るかはさみで切るかして、そのままベッドに並べて乾かし、カサカサになる前に丸めて集め外に出すようにす

る。株元はそのままで除きたい人は太陽熱消毒後までおけば腐るが，硬いところは稲刈り鎌で除く。

　高設用の耕うん機を所有している人は，耕うん後に古株を振るい出している。

②**太陽熱消毒**

　高設栽培は簡単に太陽熱消毒できる。古株を除き，使用した灌水チューブとマルチはそのままで，ベンチ外側の両方に垂れ下がっているベンチ用黒マルチを引き上げてベッドを覆う。ベンチはこのままでハウスを締め切り，保温すれば，晴天日はすぐに50～55℃になる。8月に入り晴天日が10日も続けば完全に培地の消毒ができる。

③**培地の管理**

　太陽熱消毒が終われば，灌水して培地を乾かさないことが大切である。乾いてしまえば培地の水なじみが悪くなる。

　なお，次作のために太陽熱消毒終了後ECを測定する。

《住所など》愛媛県宇和島市三間町迫目244
　　　　　　赤松保孝（77歳）
　　　　　　TEL. 0895-58-2798

執筆　本　人

2007年記

精農家に学ぶ

北海道爾志郡乙部町　(有)宮田農園（宮田　仁）

一季成りと四季成りイチゴによる高設栽培

○ 'けんたろう' と '夏実' を組み合わせた「檜山方式」による養液土耕栽培
○ '夏実' で 4t/10a を実現し毎年安定した収量
○ 自家育苗「籾がら採苗」による苗コスト低減と無病苗の安定確保

〈地域と経営の概況〉

1. 地域の特徴

乙部町は北海道南西部，檜山支庁管内のほぼ中央部にあり日本海に面している。全体が波状性丘陵地であり，海岸線まで山が迫り平野部は少ない。気候は日本海を北上する対馬暖流の影響を受け，北海道のなかでは比較的温暖である。

町域海岸部の大半は檜山道立自然公園に指定されている。町域全体の81％が山林であり，人口は海岸部の集落に集中している。

基幹産業はイカ，サクラマス，延縄漁で行なうスケトウダラなどの水産業と，水稲，ジャガイモ，ダイズ，イチゴ，アスパラガス，ブロッコリーなどの農業が中心である。

町の人口は4,634人，農家戸数は約105戸，耕地面積は857ha，農業算出額は7億円である。

2. 経営の概況

宮田仁さんは，JA新函館農業協同組合の乙部支所長だった2000年まで，営農や各種事業の企画や推進にかかわる一方，自分でも農業経営や作物栽培に関心があったこともあり，妻（よし子さん）が新規参入者として営農に向け準備を始めた。

また当時，千葉県内でサラリーマンをやっていた娘夫婦に「町でイチゴ農家を新規募集して

経営の概要

用　　地	乙部町の町有地を賃貸借
作目規模	イチゴ 23.3a（採苗含む） アスパラガス 6.6a（ハウス立茎栽培）
労　　力	本人，妻，娘夫婦，長男，季節従業員4人
栽培概要	同一ハウスを利用し春どり品種 'けんたろう' と夏秋どり品種 '夏実' を高設ベンチで入れ替えて栽培する「檜山方式」
設備など	自動選果機，管理棟，冷蔵保管庫
品　　種	けんたろう，夏実（エッチエス-138）
収量目標	2t/10a（けんたろう），4t/10a（夏実）

いる。戻ってこないか」と誘ったところ，仕事柄昼夜逆転の業務が多く，まだ小さかった子供とすれ違う生活のなかで，乙部町出身の娘も「自然のなかでのびのびと子育てを」との願いでUターンを決断し参入した。

2001年度，乙部町の呼びかけに応じて，就農を希望する3戸の新規参入者と既存農家が「乙部町施設園芸協議会」を結成，「農業・農村チャレンジ21推進事業」「野菜構造改革事業」を活用し，元営林署の苗圃で閉鎖後は町有地であった敷地5haを整備し，ビニルハウス，苗，培土，施設付帯設備などを導入した。宮田農園は，イチゴハウス3棟（10a）とアスパラガスハウス2棟（6.6a）でスタートした。イチゴは，同一ハウスを利用して，北海道育成品種の一季

成り性品種'けんたろう'と北海三共株式会社の四季成り性品種'夏実（エッチエス-138）'を用い，高設ベンチで入れ替えて栽培する方法「檜山方式」を中心に行なうことにした。

2003年度，町内へ新たに加わった新規参入者4戸と「就農チャレンジハウス団地組合」を設立し，宮田農園はハウスの増設と管理棟，選果機，苗の冷蔵保管庫などを導入した。

2005年度，「檜山方式」で栽培しているイチゴ高設栽培者10戸で，「いちご高設栽培（檜山方式）連絡研究会」を発足させ，宮田さんは本研究会の会長として，この組織の中心的役割を担っている。

2006年度，長男のUターンもあり法人化し，規模をイチゴハウス6棟（20a），採苗ハウス1棟（3.3a），アスパラガスハウス2棟（6.6a）に拡大し，「有限会社宮田農園」として現在に至っている。

2008年度で，新規に参入してから7年目を迎えた。'夏実'の10a当たり収量実績は，過去6年間の平均で3.5t/10a，参入して2年目と3年目には4.0t/10aを超え，'けんたろう'も2.0t/10aを上まわる安定した収量を毎年確保している。販売額は，参入1年目は460万円（'夏実'のみ）であったが，2007年は2000万円（イチゴとアスパラガス）を上まわる実績をあげている。

また，都市と農村の交流に意欲的な農業者の

第1図　就農チャレンジハウス団地

第2図　宮田農園では直売やギフト販売も行なっている

第1表　耕種概要

〈けんたろう，夏実共通〉

培　地	檜山夏秋どり培地（火山礫，ピートモス，パーライト，赤土など）
培地量	6ℓ/株
栽培槽	発泡容器（外寸51×33×10cm，1棟当たりの必要発泡数830箱/棟）
採植本数	4,980本/10a（1棟当たりの必要発泡数に2株植え）

〈けんたろう〉

定植時期	8月上旬～中旬（前年）
保温開始	2月上旬（当年）
収穫開始	4月中～下旬（当年）
施　肥	定植時，緩効性肥料（40日タイプ） 保温開始以降，養液土耕（液肥）
保温条件	外ハウス，2重ハウス，トンネル，黒マルチ
目標収量	2,000kg/10a

〈夏実〉

	二期どりタイプ	一期どりタイプ
定植時期	4月上旬	3月上～中旬
収穫開始	7月下旬	6月下旬
施　肥	養液土耕（液肥）	
保温条件	外ハウス，（2重ハウス），白黒ダブルマルチ	
目標収量	4,000kg/10a	

注　秋口，最低温度10℃以下で2重ハウス保温

北海道・(有)宮田農園　一季成りと四季成りイチゴによる高設栽培

農場を対象とした「北海道ふれあいファーム」に登録しており，イチゴやアスパラガスの直売なども行なっている。

〈技術と経営の特色〉

1. 作型の特徴

耕種概要は第1表のとおりである。宮田農園の中心となる作型は，一季成り性品種'けんたろう'と四季成り性品種'夏実'を組み合わせた二期どりタイプ「檜山方式」である。

'けんたろう'は，前年の8月上～中旬に屋外で定植し，12月上旬にハウス（ベンチ上段）へ搬入する。翌年の2月上旬から保温を開始し，4月中～下旬から6月初めまで収穫する。目標収量は2t/10aである。

一方'夏実'は，4月上旬に高設ベンチ下段に定植し，'けんたろう'の収穫が終了する6月上旬までベンチ下段で株養成管理を行なう。その後，ベンチ上段へ載せ替えし，7月下旬から11月上旬まで収穫する（第3図）。目標収量は4t/10aである。

2006年から，栽培棟数が増えたこともあり，四季成り性品種'夏実'だけの一期どりタイプを導入した。3月中旬に高設ベンチ上段に定植し，6月下旬から11月上旬まで収穫する（第4図）。目標収量は4t/10aである。

2. 高設ベンチの特徴と構造

高設棚の設置は，特殊な部材は使わず，架台（ベンチ）は直管パイプを利用している。架台や集水シート，配管などの設置は，生産者自

第5図　二期どりタイプの作型
棚上段品種：けんたろう，棚下段品種：夏実

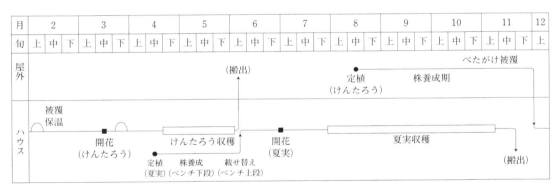

第3図　二期どりタイプの作型

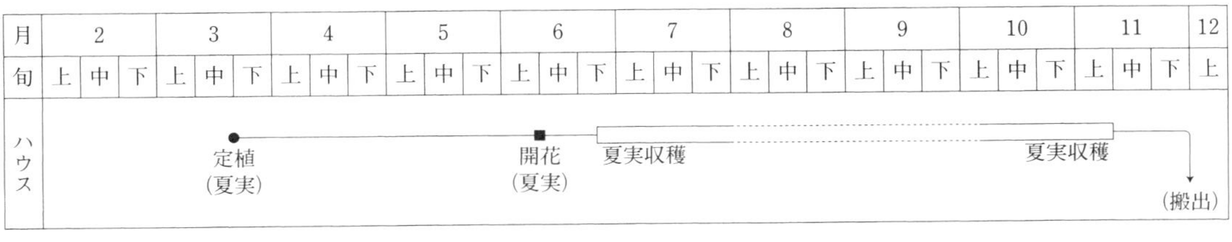

第4図　夏実だけの一期どりタイプの作型

精農家に学ぶ

第6図　高設棚の設置

第8図　よくばり給液システム

身でほとんど組立てをする。架台は，型枠を利用し直管パイプで骨組みを作成し，除草用アグリシート，通路用ラブシートを張りベンチを設置する（第6図）。集水シートはポリシャインシートを使用し，排液を完全回収し施設内湿度を高めないようにしている。栽培槽は，水産用（イカ箱）の発泡スチロール容器（容量12ℓ/箱）を利用し，排水性を改善するため箱の底四隅と中間に穴を開けるなど若干の加工を施している。

培地は，無病土で透排水性がよく，保水性にも優れたものとして，独自に赤土，火山礫，ピートモス，パーライトなどをベースに配合した「檜山夏秋どり培地」を使用している（第7図）。

肥培管理はかけ流し式による培養液管理で，給液装置は流量比例方式の給液ユニット（よくばり給液システム，第8図），肥料は大塚の「養液土耕」を中心に使用している。

点滴チューブは「ストリームライン」を使用している。点滴チューブ内の目詰まりを防ぐため，自動排水弁の設置や防止剤（PSリンク）を定期的に利用する場合もあるが，安定した給液量での管理を徹底するため点滴チューブは毎年交換している。

3. 資材と費用

「檜山方式」の施設導入経費は第2表のとおりである。選果機，管理棟設備費を3戸共同で試算した場合，10a当たりで約1248万円/10aである。

また，高設ベンチに必要な資材と規格の目安は第3表のとおりである。ハウス1棟当たりのコストは，ベンチ上段で約36万円/100坪，ベンチ下段で約26万円/100坪となっている。

宮田農園では，初期投資を軽減させるため補助事業の活用や，投資を早期に回収するため，二期どり栽培により利用効率を向上させ，高設栽培システムの費用を圧縮している。

4. 収穫と選果

'けんたろう'や'夏実'の果肉硬度は比較的高く，日持ち性・輸送性に優れている。一般のイチゴ品種では傷やいたみが問題となるため機械選果は実用に至らなかったが，これらの品種では機械による半自動選果が可能である。'夏実'は重量別に7規格に選別するが，時間当たり3,400個を処理できるため，作業効率はよく，労働力の軽減につながっている。

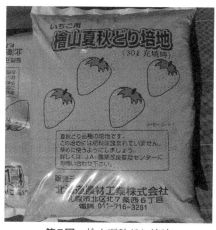

第7図　檜山夏秋どり培地

北海道・(有) 宮田農園　一季成りと四季成りイチゴによる高設栽培

第2表　「檜山方式」施設導入経費例（千円/10a）

項　目	内　訳	金　額
栽培棟設備費	ハウス、ビニル一式（2重含）など	4,690
高設ベンチ設備費	棚一式（上下段）など	1,070
給液・排液設備費	養液ユニット、給水資材、点滴資材、排水シートなど	2,520
保温・保冷設備費	自動換気装置、ファン、遮光資材など	740
選果・予冷設備費	冷凍庫、選果機、結束機など	880
運搬設備費	アルミローラー、台車など	320
防除設備費	動力噴霧機、防虫資材など	260
管理棟設備費	ハウス、ビニル一式など	440
圃場整備費	明渠、火山礫、整備費など	650
その他設備費	軽トラ、土壌消毒資材など	910
合　計		12,480

注　選果・管理棟設備費は3戸共同で試算

また、高温期の'夏実'の収穫では、品質を保つため朝夕の2回どりを行なっている。収穫から選別までは必ず手袋を着用し、選別作業中は衛生上、帽子・専用上着を着用し、選別終了後は収穫トレイを消毒する（第9、10図）。

宮田農園の品質管理は徹底しており、鮮度や品質、規格区分のよさで購買先からは高い評価を得ており、高値で取引きされている。

販売先は、首都圏で洋菓子店やレストランなどに多様な取引先をもつ株式会社ジャパンフレーズ（東京）で、主に業務用として洋菓子（ケーキなど）用に使用される。当日の夕方に函館空港から空輸し、翌日早朝には販売先に届いている。

春どりイチゴの'けんたろう'は、4月中～下旬から6月上～中旬までの出荷時期に競合する国内品種が少ないこともあり、ほどよく硬く、日持ちや味がよいことから同じ販売先へ出荷し、生食兼ケーキ用として高い評価を受けている。東京市場へは空輸することから、4パック入りの出荷箱は、「空飛ぶけんたろう」と印刷された箱で送られている（第11図）。

第3表　高設棚に必要な主な資材と規格

部品名（資材規格）	数量 ベンチ上段	数量 ベンチ下段
直管SW（外径22.2mm、長さ4,270mm）	220本	220本
原管PL（外径19.1mm、長さ900mm）	560本	—
原管PL（外径19.1mm、長さ650mm）	140本	—
差し込み式バンド	560個	560個
スーパークロス	1,120個	—
排水用ポリシャインシート（90cm×45m）	10本	10本
Sパッカー	100個	100個
発泡スチロール箱（外寸51cm×33cm×10cm）	830箱	830箱

5．労働時間

第4表に宮田農園の10a当たりの労働時間（二期どりタイプ）を示した。合計労働時間は'けんたろう' 1,901時間/10a、'夏実' 3,088時間/10a、全体としては4,989時間/10aであった。両品種とも収穫・選果に要する時間が全体

第9図　衛生管理を徹底した選果作業

第10図　夏実（1パック30玉入り）

精農家に学ぶ

の5割前後と最も長く，次いで摘葉，摘房，腋芽・ランナー整理などの株管理作業であった。

第11図　空飛ぶ‛けんたろう'

第4表　宮田農園の10a当たりの労働時間

(時間/10a)

作業項目	けんたろう	夏実
定植準備と定植	167	152
給液，施肥	58	79
病害虫防除	34	109
ハウス準備，載せ替え	218	225
温度管理	140	53
摘葉，摘房，腋芽・ランナー整理	388	716
収穫，選果	884	1,728
研修，その他	12	26
合　計	1,901	3,088

宮田さんは，とくに‛夏実'の株管理に要する時間を重要視している。‛夏実'は分げつ性が高く腋芽数や果房数の多い品種であり，夏秋期の連続した収穫のため草勢をいかに維持するか気を配っている。

〈栽培技術〉

栽培技術は，農業改良普及センター，農業試験場，JAなどによる定期的な巡回指導が行なわれ，また，各種研修会へ参加するなど，技術の習得に努めている。

1. 育　苗

参入当初は苗を種苗会社から購入していたが，2004年から苗のコスト削減と無病苗の安定確保のため，全量自家採苗を行なっている。北海道立道南農業試験場で開発された「籾がら採苗方式」により，同一ハウスで‛けんたろう'と‛夏実'を育苗している。

両品種2列ずつ設置し，籾がら部分にランナーが着地できるよう親株を両側に設置する。定植から採苗までの管理の流れは第12図のとおりである。‛けんたろう'は4月下旬に定植し8月上旬に採苗後，定植する。‛夏実'は，5月

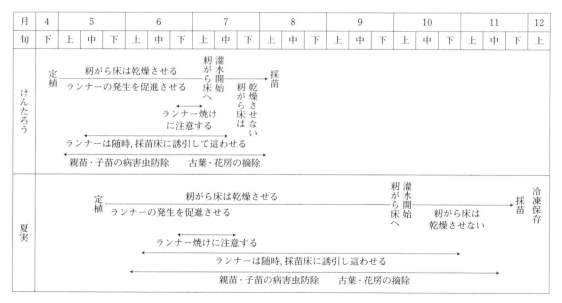

第12図　籾がら採苗の流れ

北海道・(有)宮田農園　一季成りと四季成りイチゴによる高設栽培

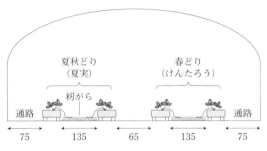

第13図　籾がら採苗の設置例 (単位：cm)

第14図　籾がら採苗ハウス

中旬に定植し11月下旬に採苗後，翌年の定植時期（3月中旬〜4月上旬）まで冷凍保存する。

採苗本数（定植可能苗数）は，'けんたろう'約40本/株，'夏実'約50本/株を毎年安定して確保し高い採苗実績をあげている。

①施　肥

親苗には定植時に緩効性肥料を施用し，肥効が落ち始めるころから液肥灌水に移行する。液肥濃度は，定期的に土壌養液ECを測定し調整する。給液時間や回数は，培地の乾湿状況に合わせて調整している。

②ランナーの誘引，摘葉，摘房など

ランナーは随時，苗床に誘引し這わせる。なお誘引時は，土壌病害の感染を回避するため，踏込み消毒槽を設置して専用靴に履き替えるなど，衛生管理を徹底している。ランナーの発生を促進させるため，親苗から発生した花房は随時摘除している。

③ランナーの焼け対策

気温が高くなる6月下旬から，晴天時に，籾がら床の表面温度が高温となり，着地したランナー先端部が焼ける場合があるので遮光資材を設置している。

ただし，長期間設置すると子苗が徒長苗となるおそれがあるため，子苗が籾がら床を薄く覆った状態になったら遮光資材を除去している。

④病害虫防除

親苗および子苗の防除を怠ると，翌年の実どり苗に病害虫がもち越されるので，定植後10日目から7〜10日間隔で定期的に薬剤防除を行なっている。

第15図　採苗のようす

⑤籾がら床への灌水

籾がら床への灌水は，'けんたろう'は採苗の約4週間前（7月上旬）から，'夏実'は採苗の約2か月前（10月上旬）から開始し発根を促進させる。なお，発根開始後，籾がら床が乾燥すると根をいためてしまうので，天候と籾がらの水分状態に応じて灌水している。

⑥苗調製と苗冷凍

'夏実'の採苗の目安は，1）葉数で3枚以上，2）クラウン径5mm以上，3）根長は着地根が豊富な部分で6cm以上としている。調製後の苗は，段ボール箱かコンテナにポリ袋を入れて詰める。なお，箱詰めするときは，苗の水分を十分に切り，ムレないように注意している。

冷凍温度は−1.5℃とし，0℃以上は腐れ，−2℃以下は苗の凍害割合が高くなるので貯蔵温度には十分注意をはらっている。

2. 定植後の管理

'夏実'を中心に，養液管理，摘葉，花房整理，

腋芽整理，温度管理，病害虫防除についてまとめた。

①養液管理

養液管理は生育ステージごとの給液濃度を目安に少量多灌水で行なっている（第5，6表）。また，株の生育状態を常に確認し，給液のモニタリング（給液EC，排液EC，排液率，土壌養液EC）を行ない調整している。

栽培期間を通して，土壌養液ECが高く，排液ECが給液ECを上まわる日が続く場合は，給液濃度を下げるか一時的に給水（原水）を入れるなど，ECコントロールをしている。

排液率は，培地の組成にもよるが20〜30%前後を目安としている。ただし，高温期など培地が乾燥しやすい時期は若干高く，また曇雨天が続くときは，過湿にならないよう若干低くするなどの調整をこまめに行なっている。

また，培地の水分状態は同じハウス内でも，点滴チューブの目詰まり，培地の連用年数や組成などで変化する。ときどき自分の手で確認

第16図　培地粉砕と土詰め作業

し，培地全体が適度な水分を保つよう努めている。

なお，'夏実'の株養成期間中はベンチ下段管理のため，日射量が少なく，培地からの蒸散量は少ないので，培地の過湿には注意しながら給液を調整している。

培地は基本的に連用している。収穫後，古い根を取り除いて粉砕し，培地の組成に応じてパーライト，火山礫，ピートモスなどを必要量補充し発泡スチロール箱に詰める。

②古葉・ランナーの整理

摘葉は，葉の展開が早いときは早めに行ない，遅いときはゆっくりと行なっている。'夏実'の定植後から5月中〜下旬までは，地温が低く葉の展開も遅い。葉数確保のため摘葉はひかえ，黄化した古葉のみ摘除している。夏期高温期は地温も高く株疲れにより生育は停滞しやすいので，葉数確保のため弱めに摘葉している。

なお，摘葉を短期間に集中して行なうと，心止まりや花房数が増加し，株疲れしやすいので注意している。

摘葉後は，クラウン部周辺や根は地上部にむきだしになりやすいので，茎頂部にかからない程度に必ず土寄せを行ない，ランナーは発生次第摘除している。

③花房の整理

花上げ時期までの株養成期間中は，全花房を摘除する。株養成が不十分なまま花上げをすると成り疲れを起こしやすく，弱小花房が発生したり果実が小玉化しやすい。また，花上げがお

第5表　けんたろうの給液管理の目安

時期 （月/旬）	生育ステージ	給液回数 （回/日）	給液EC （mS/m）
3/中	開花期	1〜2	0.60
3/下〜4/中	開花期〜果実肥大期	2〜3	0.55
4/下	収穫始め	3〜4	0.50
5/上	収穫期	4〜5	0.50
5/中		5〜7	0.40

注　定植時に緩効性肥料（40日タイプ）を施用する

第6表　夏実の給液管理の目安（作型：二期どりタイプ）

時期 （月/旬）	生育ステージ	給液回数 （回/日）	給液EC （mS/m）
4/上	定植〜活着まで[1]	1〜2	水（原水）
4/中〜6/上	活着後〜株養成期	1〜2	0.35〜0.45
6/中下〜	花房上げ期	2〜3	0.45〜0.55
7/上〜7/中	開花期	3〜5	0.45〜0.55
8/上〜10/下	収穫期	3〜5	0.35〜0.50
		3〜6	0.25〜0.45
		1〜2	0.20〜0.30

注　1）給液ECは原水ECを除いた値である。給液は原水ECを考慮する

第7表　花上げの目安

・クラウン部を軽く揺すっても株がぐらつかない（1次根が発達し根張りがよい）
・クラウン径が10mm以上に充実
・株の中心から太い花房が出現
・定植後75～85日程度（株の生育状態により前後）
・展開葉数が7～8枚程度で、ボリュームのある葉が出葉

そすぎると株は栄養生長が強くなり、次の出蕾が大きく遅れる。二期どりタイプでは、第7表を目安に花上げを判断している。

収穫期間中は、商品価値のない果実や、収穫を終了した果房は速やかに摘除し、着果負担の軽減および草勢維持を図っている。とくに果房数の多い株や草勢の弱い株は早めに対応している（第17図）。

④ 腋芽の整理

着蕾～開花時に、生育量を十分確保し太い腋芽が2芽になるよう、弱小腋芽（泥芽など）を含む腋芽を整理している。二期どりタイプの場合、ベンチ下段管理による日照不足の条件で株養成を行なうため、開花時の腋芽数はほとんどの株で1～2芽となっている。

⑤ 温度管理

温度の目安は、日中17～23℃、夜間15～18℃、地温15～22℃としている。6月下旬から好天により、ハウス内温度で30℃を超える日が続く場合、遮光資材を設置し遮熱に努めている。設置期間は気象状況にもよるが、2週間前後としている（第18図）。

ハウスのサイドは、外気温が10℃を下回る秋口まで（例年9月中下旬まで）夜間も開放する。また、夜温の高い日が続くときは、夜間も換気扇を作動させるなど、高夜温を回避するよう努めている。培地のマルチングは白黒ダブルマルチを使用し、さらに根圏域の温度を下げ根の活力を高めるためにポリシャインシートを部分的に被覆して地温上昇の抑制に努めている。

⑥ 病害虫防除

夏秋どり栽培は夏期高温期をはさむため、一般的な冬春どり栽培と比べて病害虫の発生が多い。例年6月からハダニ類、アザミウマ類、うどんこ病の初発が確認されている。

第17図　株管理の作業

第18図　遮光資材の設置

ランナーや枯れた葉を中心に株整理を行なってから、7～10日間隔を目安に薬剤防除を実施している。

うどんこ病は、定植後2週間目ころから6月の開花前後に注意を払い、定期散布により発生を抑えている。また着果負担により草勢が衰えたときや、9月の秋雨時期にも茎や葉、果実に発生しやすいので、日常の株管理はこまめに行なっている。

灰色かび病は、梅雨期や9月の秋雨時期に発生しやすい。葉が込み合わないよう、摘葉を適時行ない定期防除に努めている。

害虫対策は、発生を確認したら速やかに薬剤防除を行なっている。また、生息密度を下げるためにもハウス周辺の環境整備（雑草処理など）は徹底している。

3. 土壌病害対策

土壌病害（疫病、萎黄病など）対策のため、'けんたろう'の収穫終了後、培地消毒（太陽

精農家に学ぶ

第19図　太陽熱消毒のようす

熱消毒）を実施している（第19図）。収穫終了後，根株をくり抜いて除去し，粉砕機を利用して培地を粉砕する。排水性や物理性の悪くなった培地は，発泡スチロール箱の底にパーライトなどを薄く敷き詰め，改善を図っている。

ハウス間の通路に発泡スチロール箱を並べ，培地から水が浸み出るまで灌水し，灌水チューブを設置後，黒マルチで覆い密閉状態にする。さらに，地温を確保するため，農ポリでトンネル被覆している。設置期間は，'けんたろう'収穫終了後から定植前までとしている。

'夏実'は11月に収穫が終わるため，時期的に太陽熱消毒はできない。そのため，培地を1年おきに使用し，使わないシーズンの培地は夏期に太陽熱消毒を実施している。

〈課題と今後の方向〉

夏秋どりイチゴ栽培は，夏期高温期での栽培のため管理にかなりの技術を要する。6月下旬から11月上旬まで長期間に渡るほぼ連続した収穫のため草勢の維持がむずかしく，とくに'夏実'は分げつ性が高く，芽数，果房数の多い品種なので着果過多，成り疲れ症状などにより規格内収量の低下をまねきやすい。

宮田農園では，今後もとくに，1）草勢管理，2）培地管理，3）高温対策の3点に気をつけながら栽培管理を継続していく。

具体的には，適時，弱小腋芽および花房，収穫対象外果房の速やかな摘除を行ない，着果量と葉量・根量のバランスを考えた株管理を行なう。また，高温期における換気・遮光，培地温度抑制対策などの暑熱対策や，給液・排液・土壌溶液ECを確認し適正な肥培管理を行なうなどを徹底する。そして，イチゴをよく観察しながら，より安定した収量確保につなげていきたいとしている。

なお，これら一連の栽培管理作業はかなりの労力を必要とする。労働負担も考慮しながら，むりのない作付け計画，労働力の確保や配分を行なっていく。

宮田さんは，農協在職中に新規就農の例を見てきたこともあり，「農業という厳しい世界に経営者として飛び込むわけだから，成功するためには，よほどしっかりとした知識，技術，経営感覚をもって挑まなければならない」と心得ていた。資金面は，自己資金のほか，就農支援資金や補助事業を活用しながら準備し，営農を開始した。

また，在職34年にわたる農協での営農指導の経験も生かされ，生産コストなどの経営管理には厳しい目をもっていた。そして，家族の理解と協力のもと，イチゴに対する研究熱心さと持ち前の粘り強さで，経営が軌道に乗るまでの期間が比較的短かったのはよかった，とのことであった。

最後に，宮田さんは次のように語ってくれた。「現時点で成功したとは考えていない。農業は毎年が1年生といわれるように，これからもさまざまな環境の変化に対応しながら，しっかりとした技術，経営手腕，自分のポリシーをもって営農を展開していきたい。またイチゴ高設栽培「檜山方式」連絡研究会の仲間や農業改良普及センターや農業試験場，地元関係機関とともに地域農業の一端を担っていきたい」，という。

《住所など》北海道爾志郡乙部町姫川681－4
　　　　　有限会社宮田農園
　　　　　代表取締役　宮田　仁
　　　　　TEL. 0139-62-3335
執筆　日根　修（北海道檜山支庁檜山農業改良普及センター）

2008年記

※品種は夏実からすずあかねに替えている。

宮城県刈田郡七ヶ宿町　(有)杜のいちご（山口雅之）

すずあかね・夏秋どり養液栽培

山口さんご夫婦

○高温期でも着果が安定しているすずあかねの導入
○雇用を取り入れた182aの大規模経営
○天敵などの利用で農薬の軽減

〈地域と経営の概要〉

1. 地域の特徴

七ヶ宿町は蔵王連峰の南麓，宮城県の最南西部に位置し，福島，山形の両県と境界を接し，奥羽山脈の東南斜面の一帯を占め，総面積263km²のうち森林面積が91.4％の広大な森林を有し，農林業が中心の高原の町である（第1図）。町の大部分は山林原野であるが，自然が破壊されずに残っており，町の北部は蔵王国定公園に指定されている。

「みやぎ蔵王七ヶ宿スキー場」「南蔵王少年旅行村」などの施設があり，町のおもな産業は観光と農林業である。宮城県随一を誇る七ヶ宿ダムを有し，近隣の7市10町183万県民へ水を供給している。人口は1,547人（2015年），65歳以上の高齢者の割合が約45％と高齢化率が県内で1位の典型的な過疎の町である。

2. 気象条件および位置

七ヶ宿町は，標高220〜1,760mの奥羽山脈東南斜面に位置することから，気温は冷涼で，年平均気温は10.2℃である。5〜9月の平均気温は20℃前後，最も気温が高くなる7〜8月でも平均気温は25℃以下と，夏季も冷涼な地域である。

降雪期間は11月下旬から3月下旬に及び，積雪量は80〜200cm以上にも達する県内でも有数の豪雪地帯である。

経営の概要

会社概要	設立年月日：2005年7月，資本金：500万円
経営面積	182a（鉄骨ハウス20棟）
事業内容	夏秋イチゴの生産・販売
従業員数	常時雇用11名（うち研修生3名），季節雇用（7〜12月）20名程度
主要設備	栽培温室：単棟鉄骨ハウス20棟，うち4棟（5,000m²）にダブルベッド導入 養液栽培システム：8基（日本オペレーター株式会社，株式会社誠和） 複合環境制御装置：20基（日本オペレーター株式会社） 管理棟：2棟（選果場含む） プレハブ冷蔵庫：6棟

3. 経営のあゆみ

有限会社「杜のいちご」代表取締役，山口雅之氏がイチゴ経営に至るまでを紹介する（第1表）。

①父・山口勝敏氏の姿

まずは，雅之氏の父，山口勝敏氏に触れておきたい。勝敏氏は1993年1月に愛知県の（株）東邦瓦斯を早期退職し，同年春からパイプハウス約150aをリースで借り受け，本格的な夏秋どりイチゴ栽培を開始した，宮城県における夏秋どりイチゴ高設栽培のパイオニア的存在である。

勝敏氏が経営する「(有)南蔵王ベリーファ

精農家に学ぶ

総面積　263km²
　うち91.4 %が森林面積
人口　1,547人（2015年度現在）
高齢化率　44.6%（県内1位）
農産物販売農家戸数　131戸
　うち専業農家戸数　42戸
農業粗生産額　8.5億円
　うち園芸作物　1.2億円
年間平均気温　10.2℃

第1図　宮城県七ヶ宿町の概要

第1表　山口雅之氏がイチゴ経営に至るまでのあゆみ

年	事項
1978年	愛知県に生まれる
1998年	宮城県農業実践大学校（現・宮城県農業大学校）卒業
1998年～	宮城県米山町（現・登米市）にて，夏秋イチゴ栽培について2年間研修
2000年	就農 「新規就農者条件整備事業」（宮城県単独事業）により鉄骨ハウス1棟（1,200m²）を導入，個人で夏秋イチゴ（雷峰）栽培を開始
2003年	宮城県農業コンクール「新規就農者部門奨励賞」受賞
2005年	「有限会社　杜のいちご」を設立 「新世代アグリビジネス創出事業」（宮城県単独事業）により鉄骨ハウス4棟（5,000m²）にダブルベッドを導入，規模拡大
2010年	「杜のいちご」商標登録 新品種'すずあかね'導入
2015年	父の経営する「(有)南蔵王ベリーファーム」と経営統合（経営面積182a）

ーム」は，蔵王山麓の南側，標高約600mのかつては高原酪農地帯として発展した七ヶ宿町長老地区にあり，高標高地の立地条件を活かした夏秋どりイチゴ栽培を始め，1996年に山口氏ら6戸の農家が「(有)南蔵王ベリーファーム」を設立，鉄骨ハウス約1.2haを導入し，年間3万6,000kgの生産を目標に農業経営を展開した。

1993年の新規参入当時から，品種は(株)ホーブ社の'ペチカ'を導入してきた。2001年から(株)旭川ブリックス社の'夏んこ'に切り替え，販路の拡大を試みている。

夏秋期のしかもケーキ用のイチゴには，きれいな円錐形と日持ちの良さが求められる。果形と日持ち性において'ペチカ'および'夏んこ'は当時登録されている四季成り性イチゴ品種のなかではトップクラスであると考えられ，勝敏氏の夏秋どり栽培10年の経験のなかで，四季成り性イチゴといわれるほとんどの品種を試作した結果，たどり着いたのがこの2品種であった。

勝敏氏が試行錯誤を繰り返し，七ヶ宿町における夏秋どりイチゴ栽培を確立したころ，大学を卒業し，就農したのが雅之氏である。

②独立した農業経営

雅之氏は，七ヶ宿町の冷涼な気候を活かした地域農業を活性化したいという思いを学生時代から漠然と抱いており，研修先で'雷峰'生産を肌で感じてからは，農業で雇用を創出し地域社会に貢献したいという思いがわき上がったとのことである。

研修終了と同時に新規就農したが，就農する際には，父の法人に入りそのまま後を継ぐという選択肢もあった。

しかし，父から独立し，自ら農業経営に取り組んでみたいとの思いが強くあり，父とは別の夏秋どりイチゴ経営を選び，12aで'雷峰'を

主力品種とした栽培を始めた。さらに法人化とともに補助事業などを活用し，経営規模を62aまで拡大した。

雅之氏の生産する'雷峰'は首都圏のスイーツ店から「幻のイチゴ」とまで賞賛され，国産夏秋イチゴの高品質性を確立したといってもよい。しかし，'雷峰'は一季成り品種であり，近年の夏期高温に推移した年には，結実，収量が不安定になる傾向であった。雅之氏は，当時宮城県内の「雷峰研究会」に所属し，短日処理や遮光処理，ミスト散水による高温対策など当時考えられるあらゆる技術について低コスト化を念頭に取り組み，'雷峰'の5〜11月生産において収量4,600kg/10aを達成した。

当時はまだ個別経営で，妻と2人（＋期間パート数名）での経営であり，労務管理や雇用は不安定であった。こうした経緯から，2005年に「(有)杜のいちご」を設立し，農業生産法人として新たな経営を歩み始めた。

父・勝敏氏が経営する「(有)南蔵王ベリーファーム」とは敵対関係ではなく，各社の不都合（契約数量の遵守や雇用の労力の適正配分など）を家族ならではの呼吸でやりくり，応援するという体制で事業展開を進めてきた。

〈栽培の概要〉

1. 夏秋どり栽培と施設

現在「(有)杜のいちご」では，ホクサン(株)が育成した四季成り性品種である'すずあかね'を栽培している（第2図）。3月中旬に購入した冷蔵苗を定植して，5月下旬から12月下旬まで収穫する（第3図）。

栽培する鉄骨ハウスは，養液栽培システム（第4図），炭酸ガス発生装置（第5図），複合環境制御装置（第6図）を導入しており，加工業務用の均一で高品質な夏秋イチゴの安定生産と，作業労力の軽減に取り組んでいる。

また，環境に配慮して培地には有機質培地であるヤシがらを使用している。

さらに，環境負荷の低減と，お客さんに安

第2図　すずあかね
育成：ホクサン(株)，2010年品種登録，夏実×HKW-02，四季成り性品種

第4図　養液栽培システム
培地は有機質培土。クラウン温度制御技術など，新技術の導入も，積極的に検討

月	1	2	3	4	5	6	7	8	9	10	11	12
作　業			◎------									
			定植			収穫期間						

第3図　夏秋イチゴの栽培体系（品種：すずあかね）

精農家に学ぶ

全・安心でおいしい夏秋イチゴを供給したいとの思いから、天敵などの生物農薬（第7図）や静電防除などの導入により、化学合成農薬の軽減に努めている。

2. 反収向上への取組み——新技術の導入

就農当時から養液栽培に取り組み、当初導入したシステムは条間が広く、栽培しやすい株間（約30cm）で、定植すると栽植密度が低くなるという問題があった。そこで、株間を維持したまま栽植密度を高めるために、2005年の規模拡大時に増設した4棟のハウスでは「ダブルベッド」を導入した（第8図）。これにより、従来の栽植密度は約5,500株/10aであったのに対し、ダブルベッドを導入したハウスでは7,000株/10aとなり、30cmの株間を維持したままで1.3倍の栽植密度を実現した。その結果、2014年の平均反収は約4,000kg/10aを達成し、安定した収量を確保した（第9図）。

その他、省エネで反収向上・安定生産のために、宮城県やメーカーの協力を得ながら、新技術の導入を積極的に行なっている。これまで、空気膜二重構造ハウスの効果実証試験を行ない、新規導入ハウスに導入したほか、現在もクラウン温度制御技術の実証試験を実施している。

3. 出荷販売

現在の出荷販売先は、約60％が京浜市場の大手仲卸業者、残り40％が県内外の洋菓子店などのエンドユーザーとなっており、すべて直接出荷・販売を行なっている。そのため、重量選別機により均一な商品づくり（第10図）に努めるとともに、2010年には社名である「杜のいちご」で商標登録を取得し、他の産地との差別化とブランド確立を図っている。

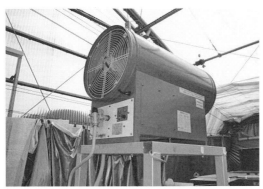

第5図　炭酸ガス発生装置
養液栽培には欠かせない炭酸ガス発生装置。収量と品質の向上に向けた管理

第6図　複合環境制御装置による環境制御
風速、風向き、日照、外気温、ハウス内温度を計測し、天窓やカーテンの開閉を自動制御。また、気象データやカーテン開閉状況、暖房稼働状況などをコンピューターに記録し、効率的な環境制御を実現
左：コントローラー、中：気象データ計測器、右：温度センサー

第7図　農薬軽減の取組み
①ハウスでは静電気防除機による農薬の節減に取り組んでいる，②粘着板を活用した害虫発生モニタリングによる適期防除の徹底，③赤色ネットの展張による害虫侵入防止，④天敵（チリカブリダニ，ミヤコカブリダニ）の導入によるハダニ類の防除

第8図　ダブルベッドとシングルベッド
2005年度に新設したハウスでダブルベッド（左）を導入。株間を30cm（7,000株/10a）とし，安定生産に努めている。新規就農時に導入したハウスではシングルベッド（右）で栽培。栽植密度は養液栽培で標準的な5,500株/10a

〈課題と今後の目標〉

1. 高温対策

近年は夏季に気温が年々高く推移しており，冷涼な七ヶ宿町においても夏秋どりイチゴ栽培には，厳しい気象条件となってきている。過去にも高温による'雷峰'の着果不良に悩まされた末に，2010年から新たに'すずあかね'を導入した経緯もある。

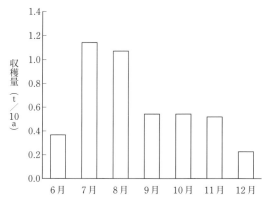

第9図　月別収穫量の推移（2014年）
ダブルベッド導入ハウスでは4.4t/10aを達成。平均単価は1,500〜2,100円/kg

第10図　作業の効率化への取組み
視覚と重量選別機による選果を行ない，均一で高品質な商品づくりに努めている。効率的に作業ができるように作業動線を考え，作業台の設計，設置をしている

'すずあかね'は，夏季高温時においても着果が安定しており，果実品質も高く，非常に良い品種だと感じている。取引先においても評価は高く，'章峰'並みの単価を維持しており，今のところ主力品種として「杜のいちご」の看板品種となっている。

「杜のいちご」として商標登録を行なっていることから，契約栽培の'すずあかね'であっても，宮城県七ヶ宿町にしかない「杜のいちご」の'すずあかね'であり，オンリーワンの存在といえる。このことは，ほかの夏秋イチゴとの差別化とブランド確立におおいに役立っていると考えている。

今後も引き続き情報を収集し，さらに夏季の着果が安定している有望な新品種の導入や販売戦略を図る方向で経営を進めていくとのことである。また，それに併せて，「クラウン温度制御技術」など安定生産に向けた新技術なども積極的に試験を実施し，導入の可否を検討していく予定である。

2．アザミウマ対策

さらに，夏秋どりイチゴの病害虫防除では，ハダニ類は天敵製剤の利用，鱗翅目害虫はBT剤などの散布によりほぼ防除ができている。しかし，アザミウマ類の防除については有効な手だてが少なく，化学合成農薬に頼らざるを得ないのが現状である。しかもアザミウマ類の登録農薬は少なく，アザミウマ類の防除が当面の課題である。今後とも，新たな天敵製剤や有効な防虫ネットなどを利用し，耕種的で環境に優しい病害虫防除技術の確立が望まれ，普及センターや県の試験場などと実証研究を行ない，新しい技術をどんどん取り入れていく意向である。

3．雇用対策

技術面以外の課題として，法人化以降，財務管理や販売管理，労務管理など，企業としてさらなる経営管理能力の向上が必要だと強く感じている。県内では，東日本大震災以降，被災地やその他の地域で農業生産法人の設立が急速に進んでいる。若手の経営者との交流も積極的に行なわれ，そのつど大きな影響を受けている。最近では安定した周年雇用を確立するため，六次産業化によるイチゴジャムなどの加工品の製造やハウスの建設にも取り組み始めている。また，労務管理においてはチェック体制を構築して，それぞれのハウスの作業の進捗状況の把握や，雇用者の計画的な配置にも取り組み始めている。今後はGAPの導入も視野に入れながら，経営体質の強化に努めていきたいとのことである。

4. インターネット販売

2010年には、ホームページ（http://morinoichigo.net/）を立ち上げ、インターネット販売を開始した（第11図）。これにより最近では、一般消費者からも注文を受けるようになり、好評を得ている。インターネット販売には手間がかかるが、「夏にイチゴが食べられてうれしい」という声は当社すべての従業員の励みになり、糧となっていると雅之氏は考えている。

第11図　ホームページも立ち上げてネット販売も開始した

現在では父の経営する「(有) 南蔵王ベリーファーム」を統合し、経営面積182aの規模となり、大きな責任も感じている。就農当時に思い描いた七ヶ宿町の地域性を活かし、地域農業の活性化を展開するため、オンリーワンとナンバーワンを目指して努力している。振り返ると、多くの苦労はあったが周囲の人々からの支援により、現在ではなんとか自社の経営を軌道に乗せることができたのではないかと感じている。今後も、新しい取組みを積極的に行ない、試行錯誤しながら経営の発展を図っていく意向である。

《住所など》宮城県刈田郡七ヶ宿町栗原42—2
　　　　　(有) 杜のいちご
　　　　　山口雅之（37歳）
　　　　　TEL. 0224-38-1525
執筆　鹿野　弘（宮城県農業・園芸総合研究所）
協力　金子　壮（宮城県大河原地方振興事務所）
　　　　　　　　　　　　　　　　2015年記

宮城県亘理郡亘理町　亘理いちごファーム

地域のモデルとして東日本大震災からの産地復興を牽引

○栽培環境の変化に対する不安と多方面からの支援
○独立したプランターによる高設養液栽培
○温風暖房機による4段サーモの加温設備とクラウン加温

「亘理いちごファーム」従業員の皆さん

〈地域の特徴と経営のあゆみ〉

1. 地域の特徴

亘理町は宮城県の南端に位置し，西は阿武隈山地，東は太平洋に囲まれ，東北の湘南とも呼ばれ，夏は涼しく冬は温暖な気候である。亘理は阿武隈川の南岸にあり，川を「渡る地」として「わたり」という地名になったといわれている。江戸時代は，亘理伊達家の治世のもと城下町が築かれ，今でもいたるところにその風情が残っている。

年間の平均気温は11.8℃で，冬季でも比較的温暖で日照時間が多いという気候を生かし，隣の山元町とともに東北最大のイチゴ産地を形成し，「仙台いちご」のブランド名で地元以外にも北海道や関東に出荷している。

2. イチゴ団地建設による東日本大震災からの産地復興

亘理町の震災前のイチゴ栽培面積は56.8haであったが，東日本大震災によって52haが被災した。その後，イチゴ生産者，行政，関係機関の懸命な努力が実り，被災したイチゴ産地は「イチゴ団地」として復興し，2013年から経営を再開することができた（第1図）。

イチゴ団地の栽培面積は現在38haとなっている。イチゴ団地の施設（土地と建物）は亘理町が整備し，イチゴ生産者へ無償で貸与（維持管理委託）している。亘理町のイチゴ団地は浜

経営の概要

構成員	従業員7名（被災者雇用） 東日本大震災復興交付金事業で整備。 事業主体：亘理町 管理委託：一般社団法人亘理郡農業振興公社
施設・設備	大型ハウス：1棟2,448m^2（24a）×2棟。9m間口3mスパンの連棟（低耐候性ハウス，ハウス内に管理スペース，給液システム・予冷庫・選果選別用作業場） 加温設備：温風暖房機（ネポン，HK4027TCV，出力116kWh）×2基 補助暖房：クラウン加温装置 温湯加温機（ネポン，SHB310TK4，出力36kWh）×2基 培養液供給装置：2液混合流量比例式，給液はタイマー制御と日射比例制御 貯水槽：3t×2槽（カルキ抜き），排液浄化槽：1t 電照設備：20W蛍光灯（約8m^2/1個） CO_2発生器（ネポン，CG554T2，出力32.9kWh）×2基 予冷庫：1台 簡易夜冷ハウス：1棟1,701m^2 イチゴ育苗ハウス：6棟（1,701m^2×6棟） 野菜栽培ハウス3棟（519m^2），露地畑40a 管理棟（研修室・作業室）
栽培方式	高設養液栽培：発泡スチロール製プランター（1つのプランターに8株，株間18cmの千鳥植え）

精農家に学ぶ

第1図　イチゴ団地（浜吉田）の遠景

吉田，開墾場，逢隈の3か所に分かれており，浜吉田団地がもっとも大きく敷地面積34.7ha，栽培棟60棟，開墾場団地は敷地面積24.0ha，栽培棟29棟，逢隈団地が敷地面積9.2ha，栽培棟20棟（花卉・野菜ハウス8棟を含む）である。

震災前にはハウスは海岸沿いにあったが，震災後は内陸に建設された。津波によって地下水が塩水化して灌水用として使用できなくなったことから，水の使用量が少ない高設養液栽培を採用することになった。生産者のイチゴ団地への入植条件は，今後10年以上イチゴ栽培が可能であること，または後継者がいる生産者とされた。ハウスなどの生産設備は無償で貸与され，育苗にかかわるセルポットなど資器材なども，事業やJAグループによる一部支援を受けて用意されたものの，町水道加入料，重油・灯油などの燃料代，園芸施設共済金など，イチゴを販売するまでに多額の費用がかかり，生産者には大きな負担となった。

2013年3月から親株の養成を開始し，7月に採苗，9月に定植を行ない，念願のイチゴの生産を再開した。当時は仮設住宅からイチゴハウスへ通勤する生産者が8割を超えていた。現在（2015年7月）でも2割の生産者が仮設住宅から通勤している。

3．亘理いちごファームの設立と目的

亘理いちごファーム（以下，いちごファーム）は東日本復興交付金を活用し「いちごの復興に向けたモデル施設」として，亘理町イチゴ団地の一角に整備された（第2図）。「新技術の導入，実践，研究，および研修を行なうとともに担い手の育成と新たな生産体系の構築を図り，併せて被災して離職したいちご生産農家の雇用機会を創出する」ことがいちごファームの目的とされている（第3図）。

〈栽培施設の特徴〉

震災前の亘理町のイチゴ栽培は単棟パイプハウスと土耕の組合わせがもっとも一般的で，暖房はウォーターカーテンを用いていた。新設されたイチゴ団地では生産設備は連棟の鉄骨ハウスと高設養液栽培となり，暖房は温風暖房機を用いる方式となっており，大きく変化した。新しい設備の特徴を理解して，栽培技術を確立する必要がある。イチゴ団地の個人生産者の生産設備（連棟鉄骨ハウス1棟24a）は，いちごファームの生産設備とまったく同じ仕様である。

以下の説明では，いちごファームの状況を示しつつ，適宜イチゴ団地の状況についても説明

第2図　いちごファームの連棟鉄骨ハウス

第3図　研修室・作業室

第4図　プランター式の栽培槽
矢印はクラウン加温用熱交換パイプ

を加えた。

　高設養液栽培の栽培槽（発泡スチロール製プランター，外寸：縦73cm×横30cm×深さ20cm）は，土壌伝染性病害の拡大を最小限に抑えられるよう，個々に独立したプランターで構成されている（第4図）。ほかにも，プランター一つひとつに排水穴を開け，栽培ベッドの雨樋を取り付けて排液を回収するため，地盤の沈下などによって栽培ベッドの均平性が部分的に損なわれても，沈下した部分に排水が滞留しない，連続型の栽培ベッドでは必要となる培地を包む不織布製の防根シートが不要なため，シートの目詰まりによる排水不良も生じないといった特徴がある。

　培地にはヤシがら繊維（ココブロック）を使用している。加温設備（温風暖房機）には，燃料コストを低減するため4段サーモを装備した。さらに，補助暖房としてクラウン加温設備を導入している。

　従来からこの地域では低温期の生育を促進するため培地加温が必須とされている。培地加温を行なう場合には，培地のなかに熱交換パイプを埋設することが必要である。亘理町のイチゴ団地では栽培槽として個々に独立したプランターを用いているため，熱交換パイプを埋設することがむずかしい。そのため，培地加温の代替としてクラウン加温を導入することとなった。直径16mmのポリエチレンパイプを熱交換パイプとして使用し，培地表面にクラウン部位に接

第5図　大型貯水槽（左）と養液タンク（右）

触するよう配置し，18〜22℃の温水を循環させる（第4図参照）。

　給液装置は養液タンクをカルシウムとそれ以外に分ける2液混合式で，給液の制御はタイマーと日射積算の二つのモードを組み合わせて行なう。地下水が震災により塩水化してしまったため，用水として水道水を利用（カルキ抜き用貯水槽を配置，第5図）している。時期により水道水のpHが変動（上昇）するため，適宜pH調整剤（酸）を添加している。

　排液中の窒素成分を減少するために，バクテリアとカキがらを混入した浄化装置を設置している。

〈栽培管理の特徴〉

1. 温度・湿度の調節

いちごファームとイチゴ団地のハウスは連棟型の鉄骨ハウスである。従来の単棟パイプハウスと比べて秋や春に気温が高くなりやすく，定植後の腋花房分化の遅れ，春の果実品質の低下が生じやすい。それに加えて，ハウス開口部には防虫ネットを展張しており換気効率が低く，さらに気温が上昇しやすい。逆に，連棟ハウスは厳寒期の換気時の温度変化が比較的ゆるやかであり，保温性に優れるという長所もある。

ハウスには遮光カーテンと保温カーテンが装備されており，それぞれ独立に開閉可能で，気温の調節や暖房コストの削減に役立っている。しかし，現状では部分的な開閉ができないため，定植後の遮光には利用しにくい（通常，定植日は数日にまたがるため，遮光が必要な部分とそうでない部分が混在する）。換気温度設定は午前中28℃，午後はそれよりやや低めの設定としている。

夜間の暖房は温風暖房機と補助暖房としてのクラウン加温を組み合わせて行なう。クラウン加温を導入した目的の一つは暖房コストの削減である。震災前は多くの生産者は暖房コストがきわめて低いウォーターカーテンを利用していたので，温風暖房機を用いる新設ハウスの暖房コストは懸念事項の一つである。

クラウン加温を行なう場合は，ハウス内の気温設定を通常より下げることが可能であることが研究報告などによって示されているので，いちごファームでは栽培を開始した当初は，それらの結果を参考にして暖房機の設定温度を4℃として栽培を行なった（通常は8℃）。しかし，12月下旬に果実着色不良果（先端が過熟ぎみでヘタ部分が青い）が発生したため設定温度は6℃に変更した。

果実の着色不良の要因として，土耕と高設栽培の夜間の気温分布の違いが考えられる。すなわち，土耕では果実は夜間地面からの放熱で暖められているが，高設栽培では果実が空中にあるため果実温度が下がり，着色進行がおそくなったことがその要因と思われる。クラウン温度制御技術は九州を中心に開発されたため，実験結果も九州のものが多く，東北地方との気象（気温や日射量）の違いも一因と考えられる。

試行錯誤の結果，夜間の暖房はクラウン加温を併用し，温風暖房機の温度設定は4段サーモを用いて時間によって設定温度を変える変温管理を行ない，早朝は6～12℃に，夕方は転流促進などを考慮して6～8℃としている。

2. クラウン加温

イチゴはクラウン部で温度を感知するといわれており，クラウン部の温度を直接制御するのがクラウン温度制御である。農研機構九州沖縄農研センターが中心となって開発した技術で，オリジナルの技術ではヒートポンプを用いて高温期の冷却と低温期の加温を行なう。

いちごファームやイチゴ団地で導入した設備は暖房専用で，熱源には温湯ボイラーを用いている（第6図）。クラウン部外側に接触するように，ポリエチレン製の熱交換パイプ（直径16mm）を配置している。クラウン加温の試験例では，クラウン部の温度が23℃を超えると収量が低下するとの報告があったので，チューブ表面温度を16℃に設定した。2014年産は夜20時から朝8時まで，夜間を中心に稼働させたが，試行錯誤の結果，2015年産は，午前2時から10時までに変更した（夜間の株の消耗を抑え，日の出前から十分に光合成を行なわせるた

第6図　クラウン加温用温湯ボイラー

めの加温とした）。クラウン加温の利用によって暖房用燃料コストはおよそ4分の3に節減できることが明らかとなっている。

いちごファームとイチゴ団地のハウスは連棟鉄骨ハウスであるため，従来の単棟パイプハウスと比べると換気効率が低く気温が上昇しやすい。そのため，定植後の気温が高くなりやすく，腋花房の分化が遅れる懸念がある。いちごファームでは，灌水用の水道水をいったん栽培ベッド上の熱交換パイプを通してから貯水タンクに入るように改造してクラウン冷却を試みたが，あまり効果はなかった。今後，ヒートポンプや地下水などを利用したクラウン冷却の導入についても検討を進めたいと考えている。

3. CO_2 施用

いちごファームでは，2014年産は12月からCO_2施用を開始し，朝5～8時ころまでCO_2発生装置を連続稼働した。2015年産は，早朝5～8時までは15分間隔でCO_2発生装置のON・OFFを6回繰り返し（1,000ppm維持を目標），換気が始まる10～13時までは1時間に15分ON，45分OFFを繰り返す設定とした（400ppm以上維持を目標）。

2015年産は1棟にCO_2濃度センサーを設置し，濃度制御でCO_2施用を行なっている。イチゴ団地でも一部の生産者は，CO_2濃度センサーと発生装置を連動させ日中常時400ppm以上を確保している。

現在のところ，CO_2の施用濃度と収量増の相関が不明確（400～600ppmでよいのか，1,000ppmにしたほうがよいのかなど）であり，施用時間（早朝施用か日中連続施用か）や制御方法（タイマー制御，濃度センサー制御），湿度制御との組合わせなども含めて，この地域に適したCO_2施用方法を試行錯誤している状況である。

4. 湿度調節

いちごファームはイチゴ団地の栽培開始に先行して2013年1月から栽培を開始した。2月になると'とちおとめ'のランナーにチップバーンの発生がみられた。その原因は湿度が低いことにあることがわかった。鉄骨ハウスの床面は土壌から水分がハウス内に入らないようにプラスチックシートを展張しており，ハウス内は土耕のパイプハウスと比べて湿度が低くなりやすい。最近，湿度は気孔の開閉に影響して，光合成速度を左右することが明らかとなっており，ハウス内の湿度制御についての関心が生産者の間で高まっている。

いちごファームでは湿度が低いときには灌水チューブなどを用いて床面へ散水して，加湿を行なっている。イチゴ団地でも，ミスト噴霧装置を独自に設置する生産者が現われている。多くは安価な灌水チューブや頭上灌水用ノズルを用いる場合が多く，粒径の細かい細霧発生用のノズルを用いている場合は少ない。ミスト噴霧装置の種類や使い方はそれぞれの生産者が試行錯誤している状況であり，今後効率的な使い方を確立する必要がある。

5. 培養液管理

いちごファーム，イチゴ団地の培養液管理は生産者が簡単に設定できることを主眼において，アナログタイマー（つめ折り方式）を採用し，同時に日射比例制（日射量積算）システムも併用する仕様となっている。給液時間や養液濃度は時期ごとに設定を変更し，点滴チューブにより給液する。

培養液濃度はEC 0.4～0.8dS/mの範囲で調節し，給液は排液率30％を目標として，1日100～300ml/株を数回に分割して供給している（第7図）。培地温の低下を防止するため，低温期の給液は午前8時～午後2時の間に行なった。排液中の窒素とリンを除去するため，排液浄化槽（バクテリアとカキがら）を設置している（第8図）。

2014年産ではイチゴ団地の多くの生産者で点滴チューブに根が詰まるトラブルが発生した。培地の充填具合にムラがあり，したがって培地の保水性，排水性が不均一となっていたことから，部分的に水分が不足するところが生じ，水を求めて根が灌水チューブに侵入したと

精農家に学ぶ

第7図　培養液供給装置

第9図　選果のようす

第8図　排液浄化槽

考えられた。2015年産は灌水量を多めにしたことや，栽培2作目となって培地の保水性が向上したことから，根詰まりはあまり問題にはならなかった。

6. 訪花昆虫

イチゴ団地では栽培開始当初ミツバチを導入したが，多くの圃場で訪花が悪くミツバチの死骸が山となった。専門業者やハウス業者に問い合わせたが，原因は明らかにならなかった。現在はマルハナバチを利用している生産者が多い。ミツバチの訪花が悪かった理由として，POフィルムが新しいことや，10月中旬はハウス内温度が高く訪花しにくいことが原因と判断されている。

7. 天敵利用

イチゴ団地では多くの生産者がミヤコカブリダニ，チリカブリダニなどの天敵を利用したダニの防除を行なっている。普及センターやJAも積極的に天敵の利用をすすめているが，放飼前の防除不足や，導入するタイミングが不適切であるなどの理由で効果が劣る場合もある。

〈収量・収益〉

いちごファームの過去2年間の10a当たり収量は，2014年産が'とちおとめ'5.0t，'もういっこ'5.8t，2015年産が'とちおとめ'4.5t，'もういっこ'5.0tとなっている。2015年産が2014年産よりも収量が低いのは苗不足が原因であり，イチゴ団地では伸びている。

気候，品種，設備の特性をよく理解し，さらに収量を増加させるための検討を行なっている。

〈これまでの成果と今後の課題〉

亘理町のイチゴ団地では土耕から高設養液栽培へ，パイプハウスから連棟鉄骨ハウスへ，生産設備は大きく変化した。イチゴ団地の生産者の多くは栽培経験の豊富なベテランであるが，栽培環境の変化は大きな不安材料であった。亘理町，山元町ではJAみやぎ亘理，全農宮城県本部，宮城県亘理普及センター，宮城県農業園芸総合研究所など地元の指導機関が中心となり，農研機構や民間企業の研究者・技術者も参加する支援チームを組織して，生産者の支援にあたってきた。これまでの2年間，すべての生産者が大きな失敗はなく，栽培を継続することができたことは大きな成果である。

いちごファームはイチゴ団地のなかで実験農場的な役割を果たしてきた。たとえば，クラウ

ン加温の温度設定や重油・灯油消費量の測定,CO_2施用方法の検討,定植前の高濃度CO_2による殺虫技術,栽培終了後の培地管理など,支援チームの取組みに協力していちごファームでまず試した技術は多い。いちごファームはイチゴ団地と同じ仕様の生産設備であることに加え,イチゴ団地には入らなかったものの,経験豊富な生産者が複数集まっており,知恵や工夫を出し合って,文字どおり先導役となって新しい技術に他に先駆けて取り組んできた功績は大きい。

亘理町のイチゴ団地として,新しい生産設備を十分に生かした技術体系が明らかになっているわけではなく,CO_2施用技術や環境モニタリングなど,現在も試行錯誤が続けられている。地域の気象条件や品種に適した栽培技術を着実に確立してゆく必要がある。現実的な話として,今後は,入植地の地代・外張り(PO)やカーテンの張替え費用の積み立ても考慮する必要がある。

《住所など》宮城県亘理郡亘理町字江下124
　　　　　亘理いちごファーム(亘理郡農業振興公社)
　　　　　TEL. 0223-35-6811

執筆　齋藤智芳(亘理郡農業振興公社)
2015年記

宮城県亘理郡山元町　菊地　義雄

とちおとめ，もういっこ・超促成栽培，促成栽培

○ウォーターカーテンと空気膜二重構造ハウスを組み合わせた省エネ栽培
○保温性向上による増収と早期出荷
○炭酸ガス発生装置で上位等級品増加

〈地域と経営の概要〉

1. 地域の特徴

山元町は福島県に境する宮城県の最東南端に位置し，東は直線的な砂浜海岸となって仙台湾に面し，西は阿武隈山地の北端をなす丘陵地帯が南北に連なっている。丘陵は標高200～300mの山地で，北部は狭く南部が広くなっており，山麓部は傾斜をなして東部の平坦地へ伸び，山地と海岸の間に南から北に耕地が広々と展開している。

地目別土地利用の状況は，総面積64.48km^{2}のうち，水田14.86km^2，畑9.62km^2，宅地5.46km^2，山林19.75km^2，原野1.47km^2，雑種地2.90km^2，その他10.41km^{2}となっている（2007年度版山元町統計書）。土壌群別水田面積は，灰色低地土484ha，グライ土609ha，黒泥土および泥炭土407haである（1978年度地力保全基本調査）。山元町の総農家数は1,193戸で専業農家数は164戸，耕地面積は水田1,470ha，畑504ha，樹園地79haである。

宮城県内随一の温暖な気候条件と多様な立地条件を生かし，西部の丘陵地帯ではリンゴ，中心部の平坦な水田地帯では水稲，東部の砂土の畑作地帯ではイチゴが栽培されている。イチゴの作付け面積は37.5haと県内2位の生産量を誇り，隣接する亘理町と併せた作付け面積は97ha（2009年）と「仙台イチゴ」の大産地となっている。品種は'ダナー''麗紅''女峰''とちおとめ'と変遷をたどり，近年は宮城県農業・園芸総合研究所が育成した'もういっこ'の作付けが増加している（第1図）。

年間の降水量は約1,300mmで，冬季日射量が多いのが特徴である。年平均気温は12.1℃であるが，1～2月は最低気温がマイナスとなることもしばしばである（第1表）。

経営の概要

立　地	宮城県の最東南端に位置し，水田，沖積砂壌土（灰色低地土）
作目・規模	イチゴ40a（夜冷育苗40a），水稲350a
品　種	とちおとめ，もういっこ
収　量	10a当たり5.4t
労　力	本人，妻，娘…3人 補助従事者…3人

第1図　宮城県農業・園芸総合研究所育成品種のもういっこ

精農家に学ぶ

第1表 宮城県亘理町[1] の年間気象

月	最高気温 (℃)	最低気温 (℃)	平均気温 (℃)	降水量 (mm)
1	5.6	−2.2	1.6	30.6
2	5.8	−2.2	1.8	53.8
3	8.8	0.3	4.5	77.5
4	14.4	5.4	10.0	99.8
5	19.0	10.7	14.8	111.8
6	21.3	15.2	18.1	147.1
7	24.7	19.1	21.7	171.5
8	27.0	21.0	23.8	169.5
9	23.7	17.1	20.2	212.7
10	18.9	10.7	14.7	115.9
11	13.6	4.7	9.0	60.4
12	8.7	0.4	4.5	22.2
合計	—	—	—	1,272.8
平均	16.0	8.4	12.1	106.1

注 1) 山元町の菊地さんの圃場から北北西7km
アメダス気象統計から，1979〜2000年平均

2. 経営の概要と栽培のねらい

菊地さんの経営規模は662aとなっており，おもな作物は水稲350a，イチゴ40aである。農業所得に占めるイチゴの割合は80％以上となっている。

菊地さんは，1963年から'ダナー'の株冷蔵半促成栽培を開始した。品種は'ダナー'（1963〜1974年），'麗紅'（1975〜1984年），'女峰'（1985〜1994年），'とちおとめ'（1995〜現在），'もういっこ'（2007年〜現在）と変遷した。

1979年から現在の形に近いパイプハウスに内張りカーテンを使用する二重被覆による保温に取り組んできた。さらに，1985年から低温期のさらなる増収を目指して，内張りカーテン上へ地下水を散布するウォーターカーテンへの取組みを始めた。そして，増収効果も得られ，出荷時期が早まり単価向上にもつながったため，現在までこの方式による保温性の向上に取り組んでいる。

さらに2006年から宮城県農業・園芸総合研究所の空気膜二重構造ハウスによる保温性向上の現地試験に協力し，1棟の施設（間口6.3m×奥行50m）でウォーターカーテンと空気膜二重構造ハウスを組み合わせた栽培を実践し，低温期のさらなる増収と早期出荷による収益性の向上を目指している。

〈栽培の概要〉

現在栽培している品種は'とちおとめ''もういっこ'である。早期出荷による単価向上と収穫時期の分散化による作業性の向上を目指すため，'とちおとめ'は超促成栽培および促成栽培，'もういっこ'は促成栽培として作付けしている（第2表）。

早期出荷のためには健苗を育成することが大切であると考えているので，菊地さんは超促成栽培用から採苗を開始し，促成栽培用も含めて7月上旬までに終えるように注意している。また，夜冷庫のスペースを有効に活用するためにアイポット，すくすくトレイ（35穴タイプ）で育苗している。超促成栽培用では7月20日ころ，促成栽培用では8月3日ころから夜冷処理を開始し，約25日間の処理を行なう。出庫後は花芽分化を確認後に順次定植していく。定植後は頭上からの細霧灌水により地上部のしおれを防止し早期活着に努めている。

保温は10月中旬から開始し，腋花房の連続出蕾を図るために，保温時期があまり早くならないようにし，日中のハウス内温度の上昇にも注意している。

収穫は超促成栽培では10月下旬，促成栽培では11月中旬から始まり，翌年6月中旬まで約7〜8か月間出荷している。超促成栽培では現在の作型よりも早く出荷することを目指した取組みも行なってきたが，腋花房の花芽分化が遅

第2表 栽培の概要

親株植付け	11月10日
採苗	7月12〜14日
夜冷処理	7月20日〜8月15日（超促成）
	8月3日〜27日（促成）
定植	8月下旬（超促成）
	9月3日（促成）
保温開始	10月20日
収穫開始	10月20日（超促成）
	11月15日（促成）
収穫終了	6月18日

れ，頂花房収穫から腋花房収穫までの期間が長くなったために現在の作型にした経緯がある。促成栽培は12月中旬のクリスマス期需要を考慮した作付け計画を立てている。収量は10a当たり5.4tと地域では最高水準にある。

労力は菊地さん夫妻と娘さんのほか，補助従事者3名を雇用している。

〈施設内環境の制御技術〉

1. ウォーターカーテンによる保温性の向上

①地下水の活用

菊地さんは，1985年から低温期のさらなる増収を目指して内張りカーテン上へ地下水を散布するウォーターカーテンへの取組みを始めた（第2，3図）。

この地域では，オイルショック時の加温用燃料不足対策として多くのイチゴ生産者がウォーターカーテン技術への取組みを始め，現在約90haの施設でウォーターカーテン技術が普及している（2006年）。この地域のイチゴ圃場は地下水の確保が容易であったことが技術普及の最大の要因である。

②汲上げ用ポンプと配管

菊地さんの圃場では2m程度掘削すれば地下水を豊富に得られる。現在は水量が豊富な5mの深さから汲み上げている。汲上げ用ポンプの性能は散水能力にも影響するため重要であり，現在は40aの施設16棟への汲上げ・散水

第3表 生育とおもな作業

月	生育	おもな作業
7	仮植 夜冷処理（超促成）	20日：夜冷庫入庫（超促成）
8	夜冷処理（促成） 定植（超促成）	3日：夜冷庫入庫（促成） 15日：夜冷庫出庫（超促成） 27日：夜冷庫出庫（促成）
9	定植（促成）	
10	ビニール被覆 収穫始め（超促成）	5日：ミツバチ導入 20日：出荷開始（超促成），ウォーターカーテン使用開始，空気膜二重構造用送風開始
11	収穫始め（促成）	5日：炭酸ガス発生装置使用開始 15日：出荷開始（促成）
4		5日：ウォーターカーテン使用停止，空気膜二重構造用送風停止，31日：炭酸ガス発生装置使用停止
6	収穫終了（超促成，促成）	出荷終了（超促成，促成）

用としてタービンポンプ（（株）川本製作所製，T型3段タービン式，出力7.5kw，揚水程45m，吐出量300l/分，口径75mm）を1台使用している。

施設内への配管は塩ビ管40mmを用いている。外張りPOフィルムと内張りビニールの間に散水用の塩ビ管を配置し，その塩ビ管へ2m間隔に直接真鍮製のノズルを取り付け，散水を行なっている。散水された水は内張りカーテン上を隙間なく広がり，施設両端に設置したプラ

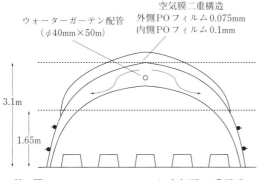

第2図 ウォーターカーテンと空気膜二重構造ハウス

第3図 ウォーターカーテンの散水のようす

精農家に学ぶ

スチックシート製の水受けに回収され施設外へ排水される。

ウォーターカーテンに使用した内張りビニールは，鉄分による赤色汚れや微生物の繁殖による緑色汚れのために1年で日射透過量が減少する。このため内張りビニールは毎年更新し，作付け前の土壌消毒に再利用したあと廃棄している。鉄分の少ない地下水を得ることが大変重要である。

③保温効果と欠点

平年並みの気候の年には夜間の保温のために，10月中旬から翌年4月上旬までウォーターカーテンを使用している。最低気温8〜9℃にサーモスタットを設定し自動運転させる。菊地さんの圃場の地下水は通年で12〜13℃であるという。この技術の導入によりビニールの二重被覆よりも保温性を確保でき，低温期の草丈維持による増収や早期出荷による収益の向上を達成した。

この技術の最大の欠点は，厳冬期には，しばしば施設内の気温が設定温度の8℃よりも低下することである。この対策として，空気膜二重構造ハウスおよび炭酸ガス発生装置による発熱を組み合わせて総合的に施設内気温を確保している。

2. 空気膜二重構造による保温性の向上

菊地さんの圃場では2006年から宮城県農業・園芸総合研究所の空気膜二重構造ハウスによる保温性向上の現地試験に協力したことをきっかけとして，ウォーターカーテンと空気膜二重構造を組み合わせた施設（間口6.3m×奥行50m）を設けた。ブロア（昭和電機（株）製，型式SF-50-L3-A3，羽根車方式シロッコ，AC100V—50Hz—出力0.04kW，最大風量2.2m³/min，最大静圧0.32kPa，第4図）を運転し，二重フィルム間への送風により空気の断熱層を確保している（第5図）。

①薄いPOフィルムが使用可能

菊地さんは外側（天井部）が厚さ0.075mmのPOフィルム，内側（施設骨材と接する側）が厚さ0.1mmのPOフィルムを使用している。通常は外張りPOは1.0〜1.3mmのものを使用するが，空気膜二重構造とした場合には日射透過量（2枚展張は1枚展張より日射透過量が減少する）の確保と展張時の軽量化を目的として，通常より薄いPOフィルムを使用することに優位性がある。通常の1枚展張時には外張りフィルムそのものが施設骨材と接するために傷みやすいが，空気膜二重構造では外側のフィルムは施設骨材と接することがないので薄いものを選択できる。

菊地さんは今まで外張りのPOフィルムは1.0〜1.3mmのみを使用していたので，当初は0.075mmの厚みでは耐風性や経年変化に弱いのではないかと心配であった。菊地さんは4作（取材時は展張から4年10か月経過）使用したが，外側，内側のフィルムともにきれいな状態

第4図　送風用のブロア

第5図　空気膜二重構造で空気の断熱層が保たれているようす

であり，5作目の使用が十分可能である．とくに空気膜二重構造により外側0.075mmフィルムの耐久性が強いことに感銘を受けたそうである．

②到達日射量の減少をカバーする積算気温

当初は，空気膜二重構造による日射透過量の減少がイチゴの生育を遅延させるのではないかと考えていた．実測データによると，対照施設（1.3mmPOフィルム展張）と比較して空気膜二重構造施設内の日射量は10％減少したが，施設内の気温は1～2℃高く推移した．イチゴの生育は対照施設と比較して常に生育ステージが先行する結果となった．とくに低温の時期が長い場合には，その差は顕著であった．菊地さんは空気膜二重構造とした場合のハウス内の積算気温が高いことが，到達日射量の減少をカバーしたものと推察している．

③雪や風にも強い

この地域は県内でも積雪の少ない地域ではあるが，2010年3月の降雪では30cm程度の積雪があり，一部で水稲育苗用施設の倒壊が見られた．その際には空気膜二重構造施設上の雪が最も早く滑落し，耐雪性が強いことを実感した．菊地さんは，風が施設に吹き付けると天井フィルムのみが揺れて着雪に亀裂が生じたために滑落しやすかったと観察している．同様の効果により夏季台風時の耐風性も強く，台風時にはブロア停止期でもブロアを運転して強風に備えている．

農ビと比較してPOフィルムを展張した際は果実の暗赤色が強くなる果実（この地域では日焼け果と呼ぶ）が多く発生していたが，空気膜二重構造による日射量の低下によりこの症状が減少したと考えている．

3．炭酸ガス発生装置による増収と加温

1990年から増収および上位等級品の増加を目的として，ガス燃焼式炭酸ガス発生装置を導入した．当初はLPガスを配管し手動で燃焼器への着火・消化を行なっていた．しかし労力を要するため，1995年からはタイマーによる自動着火方式を備えた炭酸ガス発生装置（（株）バリテック新潟製，型番TC-100，外形寸法W750mm×D250mm×H600mm，LPガス使用，燃料消費量0.84kg/h，発熱量10,000kcal/h，消費電力AC100V―50Hz―113W/h，第6,7図）を施設1棟（間口6.3m×奥行50m）当たり1台設置し，使用している．一方，間口が小さな施設（間口4.5m×奥行50m）の施設へはより小型の装置（（株）バリテック新潟製，型番TC-49，LPガス使用，燃料消費量0.4kg/h，発熱量5,000kcal/h，消費電力AC100V―50Hz―95W/h）を1棟当たり1台設置している．

頂花房収穫開始期の11月上旬（超促成栽培）から3月下旬まで使用している．以前4月以降に使用した際，果実の暗赤色が強くなることがあったため4月以降は使用していない．使用時間は午前4～8時までとしている．

第6図　炭酸ガス発生装置（LPガス燃焼式）

第7図　タイマー制御により細かな管理が可能（炭酸ガス発生装置，型番：TC-100）

炭酸ガス発生装置の使用によって生育がよくなり，果実の上位等級品が増加し，着色ムラが減少した。低温期には補助加温の目的で燃焼時間を変更することもある。

〈今後の課題〉

菊地さんは，施設内の環境制御技術として低温期における施設内の保温を第一に技術向上に取り組んできた。今後も新たな環境制御技術を積極的にとり入れる計画である。

近年は，施設内冷却による高温期の早期出荷技術にも関心がある。

現在，効率的に施設を冷却する装置としてヒートポンプがあり，バラの施設での実証例が知られているが，コスト面から導入を躊躇している。今後，低コストな冷却装置や技術の開発を期待したいとのことであった。

《住所など》宮城県亘理郡山元町山寺字北泥沼1
菊地義雄（59歳）
TEL. 0223-37-0996
執筆　漆山喜信（宮城県亘理農業改良普及センター）

2010年記

※震災後，イチゴ団地に入植して栽培を継続している。

参 考 文 献

空気膜二重構造とウォーターカーテンによるパイプハウスの保温性向上．2007．施設と園芸．138号，8—12．

福島県須賀川市　小沢　充博（おざわ農園）

とちおとめ・促成栽培

○環境測定器の導入による環境制御の変更と生育改善
○自動灌水装置・不耕起栽培なども含めた総合効果
○食味の良さを土台にした多様な直売形態

〈地域と経営の概要〉

1．地域の特徴

須賀川市は福島県中通り中部に位置する。標高の高い山地はなく，全体的に起伏の小さな地域が大半を占めている。年平均気温は12.6℃であり，気温変化はやや内陸的となっている。年間降水量は約1,200mmで，降雪は日本海側の多雪と太平洋側の無雪との中間型を示す。

須賀川市はキュウリの大産地であるとともに，水稲の栽培面積も大きい。イチゴ栽培面積は県内5番目である。なお，福島県のイチゴ栽培面積は全国15位（平成23～24年度第59次福島農林水産統計年報）である。

2．経営と販売方法の変遷

小沢さんが1990年に就農した当時は，イチゴ15aとキュウリ30aの経営であった。その後1993，2000，2001年にイチゴの規模を拡大し，現在のイチゴ45aとなる。また，1994年には夜冷処理装置を導入している。2001年に一部で高設栽培を導入したが，現在ではすべて土耕栽培となっている。

当初は，市場・量販店・生産者と連携を図りながら，完熟イチゴの生産・販売に取り組んでいたが，食味の良さから直接農園を訪れて購入する消費者が徐々に増えてきた。2002年ころからは，市場出荷を中心とした販売から個人やレストランなど業務関連への販売が中心とな

経営の概要

立　　地	福島県中央部，圃場は黒ボク土
作目規模	イチゴ：出荷用45a（南北棟20a，東西棟25a），育苗用10a 苗販売　約2万5,000～3万本
労　　力	4人（本人，妻，両親）
品　　種	とちおとめ
栽培概要	定植：夜冷1回目；9月上旬，夜冷2回目；9月中旬，夜冷なし；10月上旬 収穫　11月中旬～6月下旬

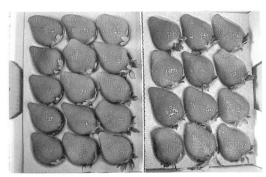

第1図　調製されたデラックスサイズ

り，現在ではほぼ全量が直接販売となっている（第1図）。

需要と収穫量の調整を市場流通に頼らず，時期によって販売先や予約形態などを変えながら，収穫期間全体を通して直接販売や納品ができるよう心がけている。お歳暮や卒業式などのイベント需要が多い時期には，庭先販売を中心としてほぼ全量を販売している。また，庭先販

売と同時に発送を依頼されることも多く，収穫期間中を通して1,000件程度の発送実績を上げている。

一方，収穫量が多く需要の少ない時期には，事前に大口の注文をとっておいたり，事業所など5～6か所をローテーションを組んで出張販売を行なっている。また，収穫終盤となる6月上旬は，幼稚園児向けのイチゴ狩りを行ない，6月中下旬は業務用販売と直売所への出荷で対応している。

個人向け販売が主力でなかった時期は，初期収量を多くするため，株間12cmの密植栽培としていた。しかし，個人向け販売の割合が多くなってからは，シーズンを通した大玉収穫や食味向上をめざし，株間を広げたり土壌管理を工夫したりするなど，栽培体系の改善に取り組んできた。

また，東西うねと南北うねのハウスがあることをうまく活用している。第一および第二腋果房の収穫時期に，東西うねのハウスは地温が上がりやすく下がりにくいため，東西うねの生育は南北うねと比較して早くなり収穫時期にズレが生じる。その差を活かして，1月下旬から2月中旬の需要期に安定出荷ができるようにしている。

イチゴ炭疽病などで苗の確保が困難な生産者や他産地の要望を受け，生産者向けに約2万5,000～3万本の定植用苗の生産・販売にも取り組んでいる。

〈栽培の概要〉

すべて土耕による栽培で，品種は'とちおとめ'である。9月上旬から定植し，収穫は11月中旬から開始し翌年の6月下旬まで続ける。主力の作型は，8月上旬から約1か月間夜冷処理した苗を9月上旬に定植し，11月中旬から収穫する作型である。詳しい栽培体系を第2図に示した。10月20～30日にマルチ張りをし，最低気温が5℃を下まわるころから保温を開始する。

1．育　苗

育苗期間中は露地で管理せず，期間を通じてフィルム被覆下で管理している。親株は，赤玉土1：鹿沼土1：腐葉土1で配合した用土を充填したプランターに11月までに定植することを目指している。用土に基肥は施用せず，液肥による追肥で管理している。

採苗は6月下旬～9月に3～4回に分けて行ない，「空中ポットレストレイ7cm 24穴（脚付型）」（（株）阪中緑化資材）に専用培土＋鹿沼土（細粒）を混ぜた用土を充填して使用している。このトレイを使用することで，根巻きせず，細根が多く発生し，頂果房の花数が10個程度に落ちつくようになった。育苗用土も基本的には基肥を施用せず，液肥による追肥を行ない，育苗後半はリン酸を強めに施用し，花芽分化を促している。

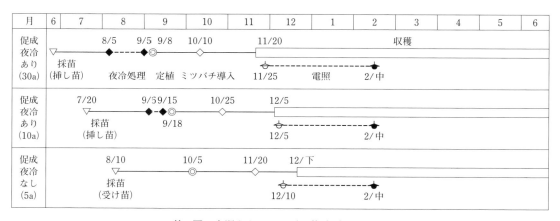

第2図　小沢さんのイチゴの栽培暦（2013年）

夜冷処理は16℃設定とし，18時から9時まで処理する。1回目は8月上旬から1か月間，2回目は9月上旬から10日間程度処理する。

2. 本圃管理

①自動灌水装置の導入と不耕起栽培

2011年から，前年度のうねを崩さずに定植する，いわゆる「不耕起栽培」に取り組んでいる。小沢さんはうねの表面を耕うんせず定植時に電動ドリルで植え穴をあけ，苗の根鉢を崩さず育苗用土をつけたまま定植している。うねは高さ40cm，幅80cm，株間24cm×条間35cmの2条植えで，45aに25,000株定植する（第3図）。

2010年から自動灌水装置を導入した。目的は，適時灌水ができるようにすることと労力軽減である。具体的には，以前は冬期間水源が凍結してしまい思うように灌水ができなかったので，ハウス内に大型タンクを設置して水を貯めておき，灌水したいときにできるよう改善した。併せて，灌水を自動化することで，収穫調製作業が忙しくなる時期に負担となっていた灌水作業の労力軽減を図った。

前述の「不耕起栽培」は，自動灌水装置の導入に伴い開始した。目的は，排水性の向上と回数多く灌水してもうねが崩れないようにすることであった。灌水は点滴チューブを使用し，冬期間は一日1〜2回に分けて2t/10a，春期は一日4回程度に分けて4t/10a程度の灌水量とし，天候や収穫量を確認しながら灌水量を調整していた。

②施肥管理

本圃の施肥管理も，基本的に基肥はあまり投入しないようにしている。また，不耕起栽培をとり入れたこともあり，2011年から堆肥は施用していない。定植前に微量要素などが含まれている土壌改良材を施用し，根張りを良くし花芽分化がスムーズに進むようにしている。

生育期間中は1か月ごとに葉柄中の汁液分析を行ない，その結果から約10日間隔で追肥をし，液肥による灌水や葉面散布を実施している。葉に厚みをもたせ，草丈が伸びすぎないようリン酸，カリを中心とした施肥管理とし，お

第3図　圃場のようす

おむね1か月当たり窒素0.5kg，リン酸2kg，カリ1kg/10aを施用している。併せて，株のようすを確認しながら石灰や苦土なども液肥で施用し，また厳寒期にはアミノ酸系肥料を施用することで，成り疲れしにくい株となるようにしている。

③病害虫対策

病害虫対策は，開花期までになるべく発生密度を低くするよう心がけ，開花期以降は天敵（ミヤコカブリダニ，チリカブリダニ）を利用するなど，できるだけ化学合成農薬による防除回数を減らすようにしている。併せて，静電噴口を利用して農薬散布量を減らしたり，硫黄くん煙剤を利用している。

防除のタイミングを重要視しており，発生初期の防除を心がけている。頂果房の出蕾前とマルチ展張後に，うどんこ病，ハダニ類を中心に防除を開始する。また，マルチ展張後はハウス内が乾燥しやすくなり，うどんこ病，ハダニ類の発生が多くなるため，マルチ展張後にも防除を行なう。アザミウマ類に対する防除は，11月中旬と2月に実施する。頂果房の開花ピーク前と春先のアザミウマ類が急激に増える前に防除しておく。

〈環境制御技術〉

光合成や転流に良い環境条件をできるだけ与えられるよう考慮する環境制御方法に変更したことで，生育や収量などが改善された。ただし，この成果は環境制御とともに苗管理や水分，土

精農家に学ぶ

第4図　環境測定器「プロファインダーII」

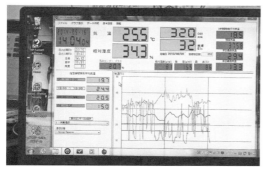

第5図　パソコン画面のようす

壌管理などを改善したことによる総合的な結果であると考えている。

では，これまで行なってきた環境制御をどのように変更したのか，そしてイチゴがどのように変化したのだろうか。

1. 環境測定器の導入

①環境測定器の概要

環境を制御するためには，実際にハウス内の環境がどのように変化しているのかを知ることから始める必要がある。小沢さんは，環境測定器としてプロファインダーII（(株)誠和。）を2013年5月から導入した。この機器は二酸化炭素濃度，温度，湿度，照度を測定し，パソコンと連結することによりリアルタイムで数値とグラフ表示を見ることができる（第4，5図）。

小沢さんが環境測定器で測定した項目は，二酸化炭素濃度，気温，相対湿度，地温，照度である。二酸化炭素濃度，気温，相対湿度はハウス内中央部でベッドから高さ30cm上部の地点で測定し，地温は株の地際から25cm深の地点で，照度はハウス外で測定した。そのデータをもとに絶対湿度，飽差，露点，積算気温，最高気温，最低気温，日の出・日の入り時間も表示される。

②導入による利点

環境測定器を導入して次のような利点があった。

1) 家族や仲間とデータをリアルタイムで確認することで情報交換がしやすくなり，意識向上につながった。

2) ハウス外にいても温度をしっかりと確認することができるので安心だった。

3) 環境測定器が温度管理の基準となった。つまり，ハウス内には異なるメーカーの温度センサーがいくつかあったが，メーカー間の特徴を確認することができるようになった。

4) 直接農園を訪れてイチゴを購入する消費者とのコミュニケーションに役立った。

5) 環境測定器には簡単に積算気温を把握する機能がある（第1表参照）。データを積み重ねることで，今後は収穫時期の予測ができやすくなると考えられた。

また，次のようなことにも気がついた。

1) 天候により二酸化炭素濃度の動きがまったく異なっていた。

2) 「曇天の日中」という条件は同じでも，ハウス内の二酸化炭素濃度が200ppmを下まわる日がある一方，二酸化炭素を施用しなくても外気レベルを下まわらない日もあった。光合成ができているかできていないかが，二酸化炭素濃度の動きによりわかるようになった。

3) 夜間湿度が，ハウスの大きさと内カーテンの素材により異なっていた。たとえば，ある日の夜間湿度は，大型ハウス＋透湿性素材の内カーテンでは80%であったが，面積が大型ハウスの半分程度のハウス＋農PO内カーテンでは95%であり，つまり病気の発生しやすい環境条件となっていたことが明確になった。

4) 夜冷処理装置について，設定温度まで下がるのは処理開始から5時間後であった。

2. 環境制御の変更

①気　温

変更前　年内の最低気温は10～12℃とした。年明け以降は最低気温を8℃とし，早朝加温をとり入れ5時から12℃に上げて，正午ころを一日で最高の温度とし，午後は低めの温度管理としていた。日中の設定温度はミツバチの活動と花粉の開葯を念頭におき，年内は18℃，年明け以降は15℃設定とし，換気は最低でも一日1回，時間帯を気にせず，空気を入れ換えるために行なう程度で，おおむね27℃を目安として実施していた。

変更後　日の出後の急激な温度上昇を避け，ゆるやかに気温が上昇するよう設定し，日の入り前には急激に気温を下げる設定とした。すなわち，4～6時：10℃，6～9時：12℃，9～16時：18℃，16～翌4時：8℃の設定とした。換気は二酸化炭素濃度や日照量を確認しながら，午前より午後1～3時ころが高い温度となるように行なった。

②二酸化炭素濃度

二酸化炭素発生装置は，LPガス燃焼式の「ハウスバーナーらんたんさん」（株式会社マルテック；第6図）と鋳物コンロを使用している。

第6図　補助暖房も兼ねた二酸化炭素発生装置

変更前　補助暖房の効果をおもな目的として夜間のみ装置を使用し，二酸化炭素を施用しているとの認識はあまりもっていなかった。

変更後　日の出から日の入りまでハウス内濃度が400ppmとなることを目指して施用した。そのため二酸化炭素発生装置「らんたんさん」の数を，10a当たり4台から12台に増やした。

なお，ある日中の二酸化炭素濃度は，変更前は250ppm程度であったが，変更後は320ppm程度となり，濃度は高くなったものの，目標の400ppmには達していなかった。曇天時には十分な二酸化炭素濃度であったが，晴天時には換気をしたり二酸化炭素発生装置を可動させても400ppmを下まわった。今後施用方法について検討していきたい。

③飽差，相対湿度

これまでは飽差について意識していなかったが，飽差の考えをとり入れることで内カーテンを開けるタイミングを変更した。つまり，これまでは気温が高くなってから内カーテンを開けて，急激な湿度変化が起きていたが，気温が上がりきらない早めの時間帯（7～8時）に内カーテンを開けておくようになり，飽差のなだらかな変化をめざした。

④電　照

電照はおもに電球型蛍光灯を利用している。電照開始時は日没後1時間程度とし，着果負担に応じて徐々に時間を増やし，冬至のころには日没後3時間＋日の出前2時間程度とした。その後，節分のころまでに徐々に時間を減らしていき，その後は株のようすを確認しながら処理する。変更後は着果負担が大きくなったので，株のようすを見ながら打ち切るタイミングを延ばした。

3. 変更後の生育・収量の変化

環境制御を変えたことで2月の収量は多くなった。しかし，4～5月の収量は想定より多くならず，原因は灌水量と施肥量の不足と考えられた。つまり，環境制御を変えたことで2月に収量が増え着果負担がかかったものの，これまでと同様の灌水量および施肥量としたことで，4～5月の収量に影響したものと考えられた。

それとともに，気温の上昇や日照時間が長くなること，日射が強くなることなどの環境変化にあわせて，二酸化炭素，灌水量，施肥量をバランス良く増やすことが必要だったと考えている。

次年度以降の課題も見つかったが，環境制御を変更したことによる効果も実感しており，それについて以下に記す。

① 一果重（9月上旬定植の作型）

販売サイズが，SからM，Lから2Lなどと一等級大きくなった。併せて，小さすぎるため廃棄していた果実が少なくなり，全体の収量が多くなった。具体的には，頂果房の頂果（11月下旬収穫）がこれまでの20g程度から30g程度となった。ただし，頂果房については第二果以降の果重に変化は見られなかった。第一腋果房の頂果は，これまでの40gから45～50g，第二果は20gから30g，第三果は15gから20g，第四果が6gから10g程度となった。また第一腋果房と第二腋果房では，これまでデラックスサイズ（15個で500g）が1個採れる程度だったが，3個程度採れるようになった。

② 最低気温の設定

これまでは，9月上旬定植の作型は，年内にできるだけ多く出荷できるよう10℃設定とし，10月定植の作型は，年内に収穫が間に合うよう12℃設定としていた。しかし，先に記したような二酸化炭素濃度管理と温度設定により，最低気温の設定を8℃としても，これまで同様の年内収量が確保できた。つまり燃料費を抑えることができた。

③ 食　味

おいしいとされる「なで肩」の果形が増えた。つまり，第7図のように最後にへた下が縦方向に伸びて肥大する果実が多くなった。ちなみに，不耕起栽培の導入によっても食味が向上したと感じている。

④ 草　姿

1月中旬までは，肥培管理が同じでも葉柄の伸びが良くなり，葉は面積が大きく厚みも増した。しかし，1月中下旬からは着花および着果負担により樹勢の低下が見られた。併せて，これまでは3月下旬から，葉柄長が伸び葉身も大きくなる，いわゆる「春の姿」といわれる草姿となっていたが，環境制御変更後は，遅れて4月中旬から「春の姿」になった。これも着花および着果負担と灌水量の不足が原因と考えられ，今後は草姿が安定するような管理をしたいと検討している。

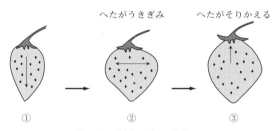

第7図　果実肥大の変化

変更前は②で肥大が止まっていたが，変更後は③まで肥大する果実が増えた。②から③となるときに，へたがそりかえる

第1表　9月上旬定植作型の収穫期間と果実の変化

	以　前			現　在			
	収穫期間	収穫果数（個）	一果重[1]（g）	収穫期間	収穫果数（個）	一果重[1]（g）	積算気温[2]（℃）
頂果房	11/下～1/中	15	30～6	11/中～1/中	12	35～10	550
第一腋果房	1/下～3/上	12	40～6	1/上～3/上	16	50～10	540
第二腋果房	3/中～4/下	10	35～6	3/上～4/中	12	40～8	555
第三腋果房	4/中～	18	35～6	4/上～	10	40～8	590
第四腋果房	5/中～	8	30～5	5/上～	8	35～6	580
第五腋果房	6/中～	8	30～5	6/上～	8	30～5	550
第六腋果房				6/下～	6	25～5	505

注　1）各果房における最大値～最小値を示す
　　2）各果房の頂果における，開花から収穫開始までの日平均気温の合計値

⑤**生育速度**（9月上旬定植の作型）

生育速度は、環境制御とともに不耕起栽培などの総合的な改善を行なった効果として現われたものと考えている。

第1表のとおり、それぞれの果房で約10日程度生育が早まった。とくに春彼岸の需要期にその効果が大きく現われた。すなわち、以前は第一腋果房がほぼ終了しても、第二腋果房の収穫が本格的に始まらず、収穫量の少ない時期があったが、現在は第二腋果房の収穫時期が早まり、安定した収穫量を確保することができるようになった。併せて、中休みの期間も短くなった。

第1表には一果重の変化についても記した。ここで記した一果重は環境制御とともに不耕起栽培などを含めた総合的な管理による変化であり、先に記した一果重の変化は環境制御のみで確認されたものである。

4. 地域への広がり

小沢さんが環境測定器を導入したことをきっかけに、2013年須賀川市内で、環境測定の重要性と光合成を重視した環境制御方法についての勉強会が開催された。その後、視察などの取組みを経て、小沢さんのほかにも数名が環境測定器を導入し、お互いに情報交換を重ねてきた。小沢さん以外の生産者も、リアルタイムでデータを確認できる環境測定器に価値を見出し、環境制御を変更したことで品質の改善や燃費の向上を実感している。2014年にも、須賀川市と福島市で勉強会が開催され、県内の主要産地である矢祭町、福島市でも環境制御の意識が高まり、環境測定器の導入が広がっている。

〈今後の課題〉

環境制御の設備を改善したいと考えている。つまり、温度管理を現在の4段サーモから8段または12段に増やし、こまやかな制御を可能としたり、二酸化炭素を効率よく400ppmまで施用できるよう、株元施用の設備などを導入したい。

また先にも述べたとおり、灌水量と施肥量を増やしたいと考えている。灌水では少量多灌水を進め、10a当たりの1日の灌水量を1月には4回に分けて2t、2月には6回に分けて3t、3月には8回に分けて4t、4月には9回に分けて4.5tとしたい。また、飽差や湿度を意識したことで、内カーテンは保温性だけでなく透湿性も重視して選択したいと考えている。

本圃だけではなく、育苗中も環境を測定したいと考え、夜冷処理中に設定温度に達していた積算時間や花芽分化からの積算気温を確認して、栽培管理に活かしていきたい。

このような取組みにより、生育速度が増し、主力である9月上旬定植の作型において、出荷開始時期が頂果房は11月上旬から、第一腋果房は12月下旬から、第二腋果房は2月上旬から、第三腋果房は3月中旬から、第四腋果房は4月下旬から、第五腋果房は5月下旬から、第六腋果房は6月中旬からとなることを期待している。そうなることで、消費者のニーズに応えられるようになりたいと考えている。

シーズンを通して食味や果重にバラツキが少なくなるよう、消費者との信頼関係を大切にした取組みを今後も続けていきたい。

《住所など》須賀川市前田川字広町69
　　　　　　小沢充博（44歳）
　　　　　　TEL. 0248-76-7495
　執筆　三好博子（福島県県中農林事務所須賀川農業普及所）

2014年記

栃木県下都賀郡壬生町　三上　光一

とちおとめ・早期夜冷育苗栽培（無電照）

○堆肥を含めた基肥管理と液肥による追肥
○定植前後の灌水管理で不定根の発生促進
○厳寒期の地温確保で連続出蕾・連続出荷

〈地域と経営の概況〉

1. 地域の特徴

壬生町は栃木県南部に位置し，県都宇都宮市に隣接し，関東平野の北部にあたる平坦な地域である。また，西側に隣接する栃木市とともに，イチゴの一大産地を形成している。

年間降水量は平年で1,500mm程度，冬期日照が多い地域である。年平均気温は13.8℃あるが，1～2月は最低気温が－7～8℃になることがある（いずれも宇都宮観測点）。近年では地球温暖化の影響で暖秋傾向や冬期の天候不順もあり，イチゴ栽培に不利な年が多くなった。

町の耕地面積は約3,070haであり，総面積の5割を占め，うち畑地は1,134haで，特産品のカンピョウやゴボウなどが作付けされている。水田は1,935haで，水稲やビールムギ，そしてイチゴ栽培の中心地帯となっている。

壬生町のイチゴ作付け面積は2013年産で40ha，栃木県内市町別で4番目であり，イチゴ生産量日本一の一翼を担っている。壬生町でイチゴ栽培が始まったのは1951年ころで，60年以上の歴史がある。

2. 経営のあゆみ

三上さんは，東京農業大学客員教授，同大経営者会議副会長を務め，次代を担う農業者の育成にも貢献している。

経営の概要

作目・規模	イチゴ50a（早期夜冷30a，普通夜冷20a） 水稲150a
イチゴ施設	連棟ハウス30a パイプハウス20a（間口5.4m） 育苗用パイプハウス14a（間口5.4m）
労　力	本人，妻，長男…3人 常時雇用…2人 研修生（東農大6人）1か月
品　種	とちおとめ
収　量	10a当たり7t

農業経営はイチゴ50a，水稲150aの複合経営である。イチゴは8月上旬処理開始の早期夜冷育苗30a，9月上旬処理開始（2回転目）の普通夜冷20aであり，花芽分化促進による早期出荷，長期安定出荷を目指している。

1995年から'とちおとめ'を栽培しており，それ以前は'女峰'のほか幾多の品種を栽培してきた。'とちおとめ'は'女峰'に比べて大玉で，糖度も高く，酸度のバランスにも優れることから，生食から業務加工用途まで幅広く対応できる品種である。しかし，厳寒期に草勢が低下しやすく，頂花房出蕾後に心止まり株（芽なし株）や各花房出蕾時期にチップバーンが発生しやすいなど，細やかな管理が必要な品種でもある。

1996年には，当時実施していたアインブッ

ク（栃木県版ギネスブック）のイチゴ単収部門で第1位（8.46t/10a）として認定された実績がある。

三上家のイチゴ栽培の歴史は，1959年に父親が導入したことに始まり，当時は'ダナー'を栽培していた。1976年からは'麗紅'，1985年から早期出荷の必要性などにより'女峰'に切り替えた。1986年から夜冷庫を導入し，11月中旬からの早期出荷，長期安定出荷が実現できるようになった。

〈栽培技術のポイント〉

'とちおとめ'の品種特性を踏まえ，県農業試験場の研究成果にもとづく基本的な栽培管理技術を励行し，毎年変わる気象条件のなかでも，10a当たり収量7t以上を達成している。

1) 土つくりと土壌病害虫対策：長期安定出荷を実践できる土つくりと土壌病害虫対策を，収穫終了後に徹底する。
2) 苗の充実と炭疽病・萎黄病防除：親株から育苗期は雨よけとし，過乾燥や過湿を避ける灌水管理で充実した苗に仕上げる。
3) 花芽検鏡と定植前後の灌水管理：花芽分化を確認後定植し，定植前と定植後10日間の灌水で活着を促進し，不定根の発生を促す。
4) 土壌診断にもとづく肥培管理と追肥：堆肥を含めて基肥施用量を決定し，過剰施肥を避け，液肥で追肥する。
5) 厳寒期の地温確保・草勢維持：温度管理や灌水管理などで地温を確保し，厳寒期の草勢を維持する。

〈土つくりと土壌病害対策〉

長期安定出荷を念頭に，生産性の高い土つくりを目指している。作付け終了後には，土壌物理性の改善などのため，代かき後，湛水処理に20日間かけている。

湛水処理・乾燥後には，土壌病害やネグサレセンチュウ防除のため，クロルピクリン剤・D-D剤による土壌消毒を毎年実施している。

土壌消毒後は，土壌の多様な生物性を考慮し，完熟堆肥を施用している。完熟堆肥は，購入堆肥を堆肥盤でさらに熟成させたものを用いる。堆肥の材料は，窒素飢餓が起きないことや過剰な養分がないもので，長期にわたって肥効が得られるものとし，牛糞と落ち葉などの完熟堆肥を購入し，米ぬかを堆肥1tに対し50kg加え熟成したものを施用している。

〈栽培概要〉

1. 親株定植から採苗

親株床は地温の比較的高い11月にクロルピクリン剤で土壌消毒を行なっている。また，炭疽病の耕種的な防除や生育初期の保温性・ランナー発生促進を考慮し，パイプハウスで親株から育苗管理を行なっている。

親株は間口5.4mのパイプハウスに株間30cm

3月	4			5			6			7			8			9			10			11			12			1			5		
下	上	中	下	上	中	下	上	中	下	上	中	下	上	中	下	上	中	下	上	中	下	上	中	下	上	中	下	上	中	下	上	中	下
親株定植準備	親株定植	ランナー発生促進 →					ポットポット受け準備	受けポット		ランナー切り離しハウス土壌消毒			夜冷処理			定植準備・花芽体験		定植	マルチング・保温準備 1次腋花房花芽検鏡 被覆資材張替え・ミツバチ導入			炭酸ガス施用開始 収穫・出荷開始・保温開始 ハダニ類天敵放飼												

第1図 年間のおもな作業

の2条植えで，4月上旬に定植している。親株1株当たり35本採苗を目標に，夜温10℃で保温管理している。

灌水は，苗の充実と炭疽病や萎黄病感染を避けるため，早朝に行なっている。親株床は基肥を施さずに定植するが，活着促進のため親株1株当たり2～3gの速効性肥料を施用している。

採苗は9cmポリポットでの受けポット採苗（第2図）で，6月中旬から7月上旬まで必要本数を受け，7月下旬にランナーを切り離している（第3図）。切り離し時期は，最終のランナー受けをした20日後を目安にし，切り離しても極端に萎れないよう注意し，遮光資材（50％）で3～4日間遮光している。

使用する培土は，保水性や排水性を考慮して製造されたものを購入しているが，その比率は，赤玉土3m³・鹿沼土3m³・籾がらくん炭1.5m³で，基肥として燐硝安加里10kgを配合している。

炭疽病防除は予防を徹底し，指導機関に病害虫の発生状況などを確認しながら，週1回は薬剤散布を行なっている。

2. 苗管理・夜冷処理

夜冷処理は8月上旬に開始し，9月上旬まで処理している（第4図）。ランナー切り離し後，夜冷処理開始前に，ポットを外した苗を育苗コンテナ1箱当たり35本を寄せ植えして処理している（第5図）。

夜冷処理の時間は，夕方4時入庫，朝8時出庫を基本とする。高温期であるため，庫内温度13℃をできるだけ長くするよう入庫2時間前に冷房を入れ，十分に冷やしてから入庫する。

夜冷処理中はクラウン径10mmを目標に管理している。灌水にはとくに注意し，極端な乾燥や過湿を避ける細やかな管理とし，充実した苗をつくっている。'とちおとめ'栽培では，頂花房出蕾後の心止まり株発生が問題で，育苗期後半の極端な窒素切れが要因の一つとなる。追肥は生育を見ながら，肥料が極端に切れないよ

第2図　親株・受けポット

第4図　夜冷処理苗の状況

第3図　受けポット苗

第5図　夜冷苗コンテナ

う液肥の葉面散布を中心に管理している。

葉かきは，3葉を目標に，通気性や薬剤の散布ムラが出ないよう行なっている。管理作業で傷ができるときは随時，そして5～7日間隔で炭疽病の予防散布を実施し，萎黄病防除の薬剤灌注も夜冷処理中に2回行なっている。

3. 定植期

①基 肥

本圃の基肥は土壌診断結果にもとづき施用しているが，以前作付けしていた'女峰'に比べると半分以下の窒素量にまで減肥してきた（第1表）。多肥栽培すると生育が旺盛になりやすく，心止まり株やチップバーン，萼焼け，それにともなう不受精果発生の要因となるので，基肥を抑えた栽培を心がけている。

土壌消毒，ガス抜き後，堆肥を投入し，基肥は定植の14日前までに全面施用している。施肥・耕起後，うね幅110cmでうね上げし，株間23.5cm，2条千鳥植え・高うね栽培としている。

②定植と灌水管理

定植時期は，JAなどが実施する花芽検鏡結果にもとづき決定する。花芽分化を確認しても3～4日間は夜冷処理を継続し，花芽を揃えてから定植している。

夜冷処理は，苗を入れ替え2回転の処理を行ない，花芽分化後定植し，作型の分散も考慮している。

定植は苗の選別後，根を乾かさないよう注意しながら速やかに行なっている。イチゴの根量は，定植後から収穫開始までの約2か月間しか増加できず，収穫始期以降の厳寒期には維持か減少傾向となりやすい。このため，苗の活着と長期収穫に耐える根量を確保するには，不定根を発生させる灌水管理が重要となる。

まず，定植前にうね崩れに注意しながらたっぷり灌水する。定植後10日間は，うね全体が乾かないよう1日3回程度，スプリンクラーとドリップチューブ（1条に1本，株元設置）により灌水している。

その後は徐々に灌水を減らしていくが，ドリップチューブによる灌水中心に切り替え，クラウン周辺を乾かさないように注意し，不定根の発生を促し，また，うね全体に深く根を張らせるよう努めている。

③定植後の管理

定植後の株は2週間程度放任し，その後，葉数4～5枚目標に葉かきし，ランナーや腋芽を整理する。収穫開始期の葉数は8枚を目安としている。

定植後の薬剤散布は，開花前までうどんこ病予防を中心に7～10日おきに行なっている。ハダニ類防除には本圃で天敵農薬を利用するため，殺虫剤は天敵への影響を考慮し，アブラムシ類やハスモンヨトウなど害虫防除も併せて行なっている。

4. 保温の実際とこの時期の灌水

ハウス被覆資材はPOフィルムの一年張りで，保温開始前に張り替えている。本来は定植後に露地条件にしたいのだが，降雨によるうね崩れを防ぐため，10月上旬に張り替えている。

マルチは1次腋花房の花芽検鏡後に，通常10月中旬に3枚合わせで行なっている。マルチが早すぎると生育が旺盛になりやすく，チップバーン，萼焼けやうどんこ病が発生しやすい株となるため，10月中はうねの肩口までまくり上げている。

マルチ後の灌水は，収穫終了まで同様の管理となるが，テンションメーターでpF1.8～2.0を目安に，2～3日おきにドリップチューブで朝30分程度灌水している。灌水間隔，時間は，週に3～4回，5～30分と天候に合わせた管理とし，土壌水分の変化が少なくなるよう少量・

第1表 基肥施用量 （単位：kg/10a）

肥料名	施用量	成分量		
		窒素	リン酸	カリ
堆　肥	2,000	2.0[1]		
プレミア有機	270	8.1	2.7	2.7
シリカフミン	150		2.3	1.5
計		10.1	5.0	4.2

注　土壌診断結果にもとづき，毎年調整する
　　1）は，堆肥の1作での肥効を推定し，窒素施用量を決める

多回数の灌水を心がけている。土壌水分の変化を少なくすることで，'とちおとめ'で問題となるチップバーン発生を軽減している。

外気温が10℃以下となる10月下旬から外張り保温を始め，外気温が5℃以下となる11月中旬からカーテンや暖房などを開始しているが，ハウス内最低気温8℃を目標に保温開始時間を調整している（第2表）。

外張り保温開始と同時期から，うどんこ病防除のため，硫黄くん蒸器の使用を開始している。

第2表　時期別温度管理目標（単位：℃）

	～11月中旬	11月下旬～2月中旬	2月下旬～3月中旬	3月下旬～
午前	25	28～30	25～27	25
午後	25	23～25	20～23	20
夜間	8	9	9	6～8
地温	17以上			

5. 収穫期

①収穫と出荷の方法

開花始期の10月上旬，ミツバチを放飼し着果させている。開花から収穫まで初期30日くらいかかる。11月中旬から出荷が始まり，5月末までの長期間出荷していく。初期を除けば，収穫間隔は3日おきとなるようハウスをローテーションで収穫している。

収穫は出荷組合のカラーチャートに従い，県統一の簡素化規格での出荷が7割である。リターナブルコンテナで出荷し，ごみの減量化や省力出荷に取り組んでいる。そのほか，レギュラー規格や業務対応の規格など多様な出荷形態をとり入れている。

また，県内の全イチゴ農家と同様，GAPに取り組み，安全・安心なイチゴ生産を行なっている。

②追肥と病害虫防除

追肥は，基肥を減らしているので重要な管理の一つとなる。開始時期は生育などを見ながらになるが，1次腋花房が色づき始めたころで，3月下旬まで行なっている。施用量は10a当たり，月に窒素成分で1kg以内，1回当たり上限を0.5kgとして数回に分け，灌水時に液肥で行なっている。

収穫期の病害虫防除は，うどんこ病，灰色かび病の予防が中心となる。収穫中は果実のいたみが問題となるので，硫黄くん蒸やくん煙剤を利用している。薬剤散布する場合は，収穫をすませたハウスから順に行なっていく。害虫では，ハダニ類には天敵農薬（ミヤコ，チリカブリダニ）を11月上旬から利用し，ハダニ類の発生状況を確認しながら，追加放飼か薬剤防除か選択する。そのほか，アブラムシ類，アザミウマ類などの防除では，ハダニ類天敵への影響日数を考慮した薬剤を選択している。

6. 厳寒期の管理

①地温の維持と温度管理

厳寒期の管理では，草勢低下を極力抑え，連続した花房の出蕾と収穫を続ける管理が基本となる。灌水は引き続き少量多回数とし地温を下げないように努めている。温度管理でも地温維持を優先するよう管理している。この時期は，雪など曇雨天が2日間も続くと，地温は2～3℃は下がってしまうので，悪天候でも最低地温15℃を確保するため，目標地温は17℃以上としている。

ハウス設備では，連棟ハウスは2層カーテンとし，保温に暖房機とウォーターカーテンを併用し，最低夜温9℃を確保している。昼温管理では，とくに午前中高めの温度管理で，根がいたまないよう地温を維持している。終日高めの温度管理では，収穫期の果実が軟らかくなり，糖度も落ちやすいので，正午ころから湿度を抜き，その後徐々に温度を下げていく。ハウス内が20℃目安で外換気を閉め，15～16℃でカーテンが閉まるよう管理している。

②炭酸ガス施用

草勢維持の手法として，県農業試験場の成績では，炭酸ガス施用と電照の相乗効果が見られ，草勢維持や増収に効果が高いとしている。

精農家に学ぶ

炭酸ガス施用は，35年くらい前の'麗紅'栽培から行なってきた。当時，千葉県に先進事例を視察に行き，ガスコンロで行なった経過がある。試行錯誤はあったが，草勢維持や果実肥大などに効果があった。現在では，プロパンガス燃焼方式の発生装置を用いて，11月中旬から換気の完全開放となる時期まで，日の出30分前から燃焼し，日の出ころに1,500〜2,000ppmとなるよう施用している。

電照は実施していない。20年くらい前まで行なっていたが，当時の品種，作型や電照時間などの影響もあったのか，イチゴの地上部と根部のバランスが崩れるなど期待した効果が得られず，電照をとりやめた経過がある。

品種が'とちおとめ'に変わった現在でも，温度管理などの栽培管理によって連続出蕾，長期安定出荷が実現できると判断している。

7. 暖候期の管理

2月下旬以降，気温も上昇し，日差しも強くなってくるので，気候に合わせた温度管理を行なっている。この時期は寒の戻りもあり，気温の変化が激しい時期となるので，細心の注意を払った管理を心がけている。

この時期の収穫では，過熟にならないようローテーションを守り，品質維持のための早朝収穫を心がけている。

病害虫防除では，うどんこ病とアザミウマ類の防除が中心となる。

収穫ピークとなる時期だが，次年産の親株定植も収穫期間中に行なうため，遅れないよう準備に努めている。

《住所など》栃木県下都賀郡壬生町上稲葉859
　　　　　三上光一（65歳）
　　　　　TEL. 0282-82-9149

執筆　坂本敏雄（栃木県下都賀農業振興事務所）

2013年記

(撮影：赤松富仁)

栃木県河内郡上三川町　上野　忠男

とちおとめ・夜冷育苗栽培（夜冷2回転＋ウォーター夜冷）

○作型の組合わせによる安定多収
○生産力の高い苗つくり・株つくり
○秋冬の低温を利用した生育コントロール

〈地域と経営の概況〉

1. 地域の特徴

　上三川町は東京から北に90km、県庁所在地宇都宮市から南15kmに位置し、国道4号バイパスと北関東自動車道が整備され、交通の便は良好である。自動車会社とその関連企業の工場が数多く立地していることから、宅地化も進んでいる。町の耕地面積は約2,260haで、83％を水田が占める。土壌は大部分が沖積層であり、水稲を中心に、特産のカンピョウ（ユウガオ）、施設トマト、ニラなどの園芸品目の栽培が盛んな地域である。

　上三川町にイチゴが導入されたのは昭和20年代後半であり、産地として50年以上の歴史がある。現在はJAの広域合併により、JAうつのみや苺専門部として共選共販に取り組んでいる。

　全国的にイチゴ生産者の高齢化や産地の縮小傾向が強まるなか、JAうつのみや管内では若いイチゴ生産者が増加し、新規参入者も相次いでいる。JA単位では県内第3位のイチゴ産地であり、生産が拡大している。

2. 経営のあゆみ

　上野さんは1961年に就農し、水稲＋養豚＋カンピョウの複合経営を行なっていたが、1970年にイチゴを導入し、以降はイチゴを中心作目とする経営となっている。現在の経営規模は550aで、水稲3ha、イチゴ70aである。イチゴ

経営の概要

立　　地	関東平野の北端に位置し、標高60m水田、沖積砂壌土（灰色低地土）
作目・規模	イチゴ70a、水稲300a
労　　力	本人、妻、次男、次男の妻、計4名 パート雇用5名
栽培概要	夜冷早出し（20a）収穫10/下～ 水冷早出し（30a）収穫11/中～ 普通夜冷（20a）収穫12/上～
品　　種	とちおとめ
収　　穫	10a当たり7.3t（2011年産）

が農業所得に占める割合は約95％となっている。イチゴの栽培施設は、トンネルからパイプハウス、鉄骨ハウスと更新され、現在は鉄骨連棟ハウス20a、単棟パイプハウス50aとなっている。

　研究熱心な篤農家で、イチゴ導入以来さまざまな技術の確立に取り組み、とくに、1988年に取組みを開始した短日夜冷処理育苗では、栃木県の早期夜冷作型の確立に大きく貢献した。また、地元イチゴ生産部会では、長年にわたり技術リーダーとして、あるいは組織のまとめ役として活躍しており、県から農業士、名誉農業士の認定を受け、後継者への技術支援にも取り組んできた。

　上野さんが1970年にイチゴ栽培を開始したときの栽培品種は'ダナー'であった。1981年には多収性の'麗紅'を導入したが、多収であったものの食味の面で市場性が低かった。品

精農家に学ぶ

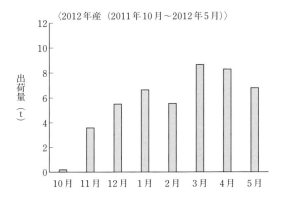

⟨2012年産（2011年10月〜2012年5月）⟩

出荷量・販売額の割合（単位：％）

	10〜12月	1〜3月	4〜5月
出荷数量	20.4	46.2	33.4
販売額	28.6	50.2	21.2

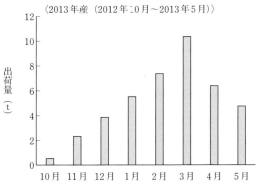

⟨2013年産（2012年10月〜2013年5月）⟩

出荷量・販売額の割合（単位：％）

	10〜12月	1〜3月	4〜5月
出荷数量	16.3	56.5	27.1
販売額	27.9	52.2	19.9

第1図 上野忠男氏のとちおとめ出荷量の推移（宇都宮市農協への出荷実績）

種登録前の'女峰'（栃木2号）の試作を1983年に県内でもっとも早く担当した。'女峰'は早期出荷が可能であり，市場性が高かったことから，1985年に全面積を'女峰'の促成栽培に切り替えた。1993年に品種登録された'とちおとめ'の導入も早く，1995年からは全面積が'とちおとめ'となっている。

'とちおとめ'は炭疽病や萎黄病に弱く，管理面で栽培しにくい部分があるものの，食味が安定しており，早期出荷が可能で，多収を実現したすばらしい品種であると考えている。しかし，'とちおとめ'の登場から15年以上が経過した現在，新品種の登場にも期待している。

3. 栽培の方針

上野さんは現在，これといった最新技術や最新設備を導入しているわけではないが，'とちおとめ'の生理生態を熟知したうえで，品種のもつ能力を最大限に引き出す栽培を心がけている。イチゴに対する観察眼は豊富な経験に裏打ちされており，生育状況を正確に判断し，適切かつ速やかな対策を講じることを怠らない。

第1図は2012年産と2013年産の出荷量の推移である。この図は早出し夜冷・普通夜冷の全作型のものであるが，中休みの期間がなく，厳寒期にも安定した出荷が行なわれている。

近年，夏期の高温や暖秋傾向，厳寒期の低温等々，異常天候が常態化しているが，上野さんは天候に左右されない安定多収を毎年続けており，さらに高い単収を目標に栽培管理を行なっている。

⟨技術の特徴⟩

上野さんは土耕栽培で，10a当たり7t前後を収穫し，しかも，単価の高い年内に販売額の3割近くを出荷している。

上野さんのイチゴ栽培は，天候に左右されずに，中休みのない連続収穫によって高い単収を

毎年継続していることが特徴で，ポイントとして次の点があげられる。

1. 初期収量が確保できる苗つくり

①ランナー発生が多い親株の育成

苗つくりの目標は「力のある親株つくり」である。ランナーの発生が多い親株から，病気になりにくい良質な苗を，揃えて採苗することをポイントにしている。

②セル育苗でも大苗を育苗

育苗は35穴セルトレイを使用しているが，頂花房の着花数を確保するため，「クラウン径1cm」を目標に，できるだけ大苗になるよう育苗している。単なる大苗というだけではなく，高い生産力をもった苗を育成することを心がけている。

2. 中休み対策

①着花数の確保

頂花房の収穫が年内いっぱい続き，腋花房の収穫開始まで中休み期間をつくらないよう，頂花房の着花数を確保するようにしている。

②根量の確保

厳寒期に中休みしないためには根量を確保することが重要であり，育苗・定植・マルチ時期などの重要管理ポイントでは，特徴的な管理を行なっている。

③収穫時期の調整

頂花房の成熟期を極端に早くしないことと，一次腋花房の収穫開始を遅らせないことで，連続収穫ができるよう，保温開始時期をできるだけおそくしている。

3. 厳寒期の管理

①温度管理

地温確保を目的に，午前中の温度を確保するようにしている。また，ハウスの形状や向きに応じた温度管理を実践している。

②環境制御

厳寒期の草勢維持のため電照と炭酸ガス施用技術を取り入れ，イチゴの生育に応じた管理を行なっている。

〈土つくりと土壌病害対策〉

1. 土地利用の状況

イチゴ栽培ハウスは施設が固定されているので，他作物との輪作は行なっていない。

イチゴの収穫は10月下旬から翌年5月末まで，7か月の長期にわたる。上野さんは'とちおとめ'のもつ能力を最大限に発揮し，長期間の収穫に耐えられる株へと育てるため，土つくりには最大限の努力を惜しまない。さらに，収穫終了から定植までの期間は3か月しかないことから，短期間のうちに効果的に土壌消毒を行なうことも重要であると考えている。

2. 良質堆肥の施用

堆肥は，籾がら堆肥を自作している。原料は，粉砕籾がら（地域のカントリーエレベーターから搬入），米ぬか，過燐酸石灰，木炭の粉末，発酵菌で，自宅の堆肥盤で1年間堆積し，数回切返しをしている。毎年50t程度を作製し，70aの本圃と70aの親株床に投入している。

'ダナー'を栽培していたころは養豚を行なっていたため豚糞を原料にしていたが，地域内のカントリーエレベーターから粉砕籾がらを入手できるようになったことと，豚糞堆肥は生育に悪影響を及ぼすと感じたこともあり，長年，粉砕籾がらを主原料とした堆肥を使用している。

3. 土壌消毒

萎黄病対策を重点に，土壌消毒を毎年行なっている。薬剤はクロルピクリン剤を使用しており，近年は萎黄病が発生した圃場に対してうね上げ後のクロピクフローを使用している。

以前は湛水除塩を行なったこともあったが，湛水後に土が硬く締まって気相が少なくなってしまうように感じたことから，現在は湛水除塩は行なっていない。

精農家に学ぶ

〈栽培の実際〉

1. 親株定植

親株は毎年，地域の無病苗増殖基地からウイルスフリー苗を購入し，全量を更新している。苗は例年10月に配布となる。

栃木県では炭疽病対策として，雨よけ条件下での苗増殖が推奨されており，近年ではナイヤガラ育苗なども普及している。しかし，上野さんは露地で苗増殖を行なっている。露地での育苗では，炭疽病などの発生リスクは雨よけよりも高いが，育苗期間中，病害はほとんど発生していない。適正な管理と病気になりにくい苗質であれば，露地育苗でも問題になることはないと考えている。

上野さんは現在，前年の10月末に親株の定植を行なう。冬の寒さが厳しい栃木県では親株は春植えが主流であり，以前は上野さんも3月ころに親株を定植していた。しかし，収穫に多くの労力が必要な時期であることから，労力分散のため秋植えを試したところ，ランナー発生が多く，それ以降は秋植えに切り替えた。揃った苗を短期間に採苗することを目的にしているため，初期のランナー発生数が多いことはメリットである。一方で，厳寒期の低温と乾燥により，クラウン中心部が褐変するシミ症の発生が多くなるので，保温および灌水の対策が必要である。

親株の栽植様式は第2図のとおりである。

基肥は堆肥と有機質肥料を主体に，重焼燐，硫酸マグネシウム，ケイ酸加里などの資材を，親株を定植するうね部分だけに施用する。

冠水を避けるため，若干高うねにした部分に親株を定植する。厳寒期の低温と乾燥でシミ症が発生しやすいため，定植時に親株の株元に灌水チューブを敷設し，保温用の不織布をかけておく。

2. 採苗までの管理

厳寒期であっても，雨が降らずに乾燥が続く場合は，灌水チューブで少量の灌水を行ない，苗のシミ症対策としている。

3月末までに，親株の花房と古葉を摘除する。古葉の摘除により不定根の発生が増え，ランナー発生が促進される。また，気温の上昇に合わせて，段階的に被覆資材を除去し，通路をつくって第3図のような状態とする。

4月になると新葉の展開とともにランナーが発生してくるが，太郎苗から先のランナーには追肥は絶対に行なわない。ランナー発生を促進するための追肥は行なわない。窒素成分の吸収過多で軟弱に生育した苗は炭疽病のリスクが非常に高くなるためである。

炭疽病は気温が高くなる6月以降は発生に注意する。最初のランナー配りを行なう5月下旬から，7～10日に1度は薬剤による徹底防除を行なう。とくに，

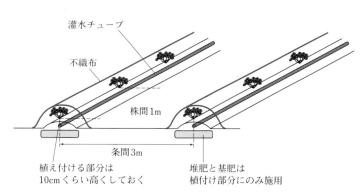

第2図　親株の栽植様式（10月下旬）

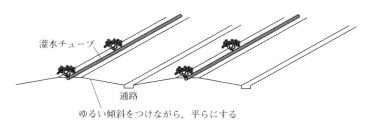

第3図　3月下旬の親株床

雨上がりには必ず防除を欠かさないようにしている。

また、親株をよく観察し、病害のおそれがある株は速やかに抜き取り処分するようにしている。

3. 採苗

採苗は7月上旬に開始し、7月15日までに終了させている。栃木県では、梅雨明け後から夕立による大雨が多いため、採苗が遅れると炭疽病のリスクが高まるためである。

上野さんは1本の親株から約30本を採苗する。三郎苗以下のものを利用し、本葉2～3枚の苗で揃えるようにしている。また、ランナーから切り離して挿し苗を行なうため、採苗は1回で集中的に行ない、2回目の採苗は基本的に行なわない。採苗作業時に苗やランナーに微細な傷がつくことによって、炭疽病などの感染リスクが高まるためで、極端な苗不足にならない限り、2回目の採苗は行なわない。

採苗時にはランナーを切り離し、大苗と小苗を分けておき、区別して「すくすくトレイ」に挿し苗を行なう。液肥で生育を調整するさい、大苗と小苗で加減することで、育苗終了までには生育はおおむね揃う。

4. 育苗

栃木県では現在、省力技術として、育苗培土の容量が少ないセルトレイによる育苗が主流となっている。3.5寸ポットの550mlに対し35穴のセルトレイでは130mlと4分の1程度であり、栽植間隔が狭く、クラウン径の細い徒長した苗になりやすい。このため、夜冷育苗で年内から収穫する場合、頂花房の花数が少なく、単価の高いクリスマスの前に収穫が終わってしまうことが問題となっている。

上野さんは、以前はコンテナや3.5寸ポットを使用した育苗を行なっていたが、1993年にセルトレイの栽培試験を依頼され、実用性に手応えを感じたことから、現在はすべての苗を35穴のセルトレイで育苗している。セルトレイでの育苗であっても、頂花房の確保を目的に、ある程度の大苗につくり上げている。目標はポット育苗で育苗していたころと同じ、クラウン径1cmの苗であり、夜冷処理終了までにできるだけ大苗に仕上げている。

「すくすくトレイ」に使用する育苗培土は、上野さんが配合し自作している。使用する資材と分量は第1表のとおりである。鹿沼土の細粒を主材料にした時期もあったが、保肥力や保水力の面で赤玉土細粒が適していると観察してい

第1表 培土の配合（35穴トレイ1,400枚分）

赤玉土細粒	8.5m³
キッポPX	160kg
過燐酸石灰	30kg
ケイ酸カルシウム	30kg
サンライム	40kg
籾がらくん炭	23m³
土こうじ	40kg
VA菌根菌	100kg

第4図 採苗時の苗姿
左：小苗、右：大苗

第5図 採苗後、セルトレイを夜冷庫で保管

精農家に学ぶ

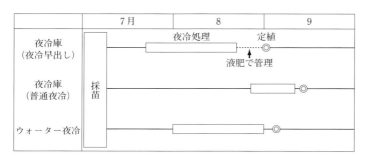

第6図　3パターンの夜冷処理

る。

夜冷早出しの苗は，トレイへの挿し苗が終わったら夜冷庫の架台に乗せ，冷房運転を行ない活着を促進させる。ウォーター夜冷と普通夜冷の苗は，挿し苗後に雨よけハウス内に並べて，遮光と散水により活着を促進させる。

また，病害虫は育苗期間中に徹底的に防除することにしており，病害虫の発生が確認できなくても，うどんこ病，ハダニ類の防除は定期的に実施するよう心がけている。

5. 夜冷処理

上野さんは次のような3パターンの夜冷処理を行なっている（第6図）。

それぞれの夜冷の期間は，夜冷早出しが7月23日〜8月23日ころ，ウォーター夜冷が8月1日〜8月31日ころ，普通夜冷が8月24日〜9月5日ころである。

夜冷処理は16時入庫，翌8時出庫の8時間日長で処理している。夜冷処理期間中は盛夏期であり，日中の気温は30℃を超す日が多い。このとき夜冷庫で一気に低温に当てると，葉色が黄化することから，苗はショックで生育が一時ストップすると観察している。このため，処理開始から3日間は17℃，その後は14〜15℃（普通夜冷では12℃）と二段階で低温に慣らすようにしている。夜冷庫の温度設定は一般的には10℃とされているが，処理開始時にクラウン径5mm程度の「すくすくトレイ35穴」の苗を，花芽分化までにクラウン径1cmの充実した苗に育てるには，夜冷庫の設定温度は低すぎないほうがよいと考えている。

また，ウォーター夜冷は19℃までしか下がらない。このことから，夜冷育苗は短日処理の効果によるところが大きく，夜間の処理温度は低くしすぎずに，株を育てながら花芽分化を促進させることが理想であると考えている。

'とちおとめ'は育苗期間中に窒素が切れると，腋花房が分化せず芯止まりとなる「芽なし株」の発生が多くなる。このため，花芽分化が遅れない程度の追肥で窒素を補給することが一般的に行なわれているが，上野さんは窒素の追肥よりも，根を老化させないことを主目的に，夜冷育苗期間中，リン酸分を主体とした液肥を施用している。

夜冷育苗期間中，炭疽病とうどんこ病の防除を1週間に1回は行なう。

6. 本圃の準備

収穫が終了した本圃のベッドを崩し，耕うん後に整地し，速やかに土壌消毒を行なう。萎黄病対策としてクロルピクリン剤の灌注後に被覆する。萎黄病が多発した圃場には，うね立て後のクロピクフローによる処理を行なう。

本圃への基肥は土壌診断の結果をもとに調整するが，おおむね第2表の資材を投入している。

7. 定　植

①定植時期

定植は8月末から9月8日までの間に，夜冷早出し，ウォーター夜冷，普通夜冷の3作型を

第2表　本圃の基肥施肥量 （10a当たり）

肥料名	施肥量	成分総計		
		N	P	K
籾がら堆肥	1t			
カトー特号633	200kg	12	6	6
重焼燐	80kg		28	
ケイ酸加里	80kg			16
計		12	34	22

連続して定植している。

一般的には，花芽分化確認後は速やかに定植を行なう。しかし，早出し作型で花芽分化確認後すぐに定植すると，高温期であるため，頂花房の出蕾と開花が早まり，玉伸びせず，出荷のピークが早まり，連続収穫ができないうえに，クリスマス期の高値に収穫の谷間が発生することになる。

このため上野さんは，8月23日ころに花芽分化している夜冷早出しの苗は，分化後すぐには定植せず，雨よけハウスに移動し，定植まで1週間おきに液肥を施用して管理している。液肥は，育苗前半は住友リン安液肥（7―20―0）を，育苗後半はアミノキッポを，それぞれ10日おきに使用している。

一般に，定植を遅らせると頂花房の花数が減少する。また，芽なし株が増加しやすい。芽なし株は頂花房の花芽分化後に乾燥や肥切れによって栄養状態が悪化し，生長点が退化して，一次腋花房が出蕾せず心止まりとなる症状である。'とちおとめ'は芽なし株の発生が多い品種とされており，実際栽培でも大きな問題となっている。頂花房の花数確保と芽なし株発生防止の目的で，定植までの間は液肥で栄養分を補給する管理が欠かせない。

この方法により，上野さんの夜冷早出しの収穫開始は11月初旬と若干おそくなるが，肥大期の気温が下がることで2Lクラスまで玉伸びさせて収穫できるようになる。また，液肥を施用することで，頂花房の花数は減少せず，30花前後の着花数を確保できている。

また，連棟ハウスはハウス内の気温が高めに推移しやすいため，同時期にビニール被覆をした場合，一次腋花房の花芽分化が遅れる傾向が強い。このため，連棟ハウスと単棟ハウスを使い分け，花芽分化が早い（＝出蕾も早い）早出し夜冷は単棟ハウスに植え，普通夜冷を連棟ハウスに定植するようにしている。

第7図　定植後の本圃
（撮影：赤松富仁）

②屋根を張った状態で定植作業

圃場の準備は梅雨明け前から開始される。梅雨明け後も栃木県では連日雷雨がある。また，台風の襲来も多い。このため上野さんは，前作の収穫が終了した後もビニール被覆は外さないでおく。土壌消毒，基肥施用，うね立て，定植のそれぞれの作業は雨よけ条件下で行なっており，計画的な作業を進めることにも寄与している。最大の目的は，定植後のベッドの水分をコントロールし，根量を確保するとともに，地上部と地下部の生育バランスを調整することにある。さらに，定植前後のうね崩れを防止することにもつながっている。

8. 定植後の管理

定植後，約10日過ぎ，葉が1枚展開したら，雨よけに使用した前作のビニールを除去する。

定植したベッドには灌水チューブを敷設す

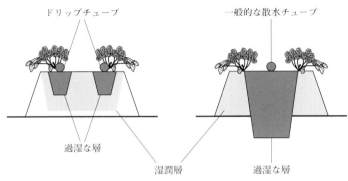

第8図　灌水チューブの違い（イメージ）

る。灌水チューブは株元に1本ずつ，2条植えのうねに2本敷設し，それぞれ定植株の株元にのみ，少量ずつ灌水を行なう。

上野さんは，一般的に行なわれている「うねの中央に灌水チューブ1本」での灌水では，定植後の株が吸水するまでにベッドの水分が過剰になってしまい，イチゴの発根が十分に行なえないばかりか，地温が高い時期であるため，過剰な吸肥により樹勢が旺盛になりすぎるとみている。定植後は，ベッド全体の水分を制限し，必要な水分は株元に少量ずつ行なうことで，クラウンからの新たな不定根の発根を旺盛にしながら，厳寒期を乗り切れる根量を確保することがきわめて重要と考えている。

9. マルチング，ビニール被覆

①マルチング

一般に，定植後のマルチングは，できるだけおそく行なうようにといわれている。マルチングが早いとベッドの地温が上昇し，ベッドの土壌水分も保持されることから，一次腋花房の花芽分化が遅延する要因と考えられているためである。また，地温が高いことで急激に基肥を吸肥し，軟弱徒長傾向になりやすく，水分が保持されるため浅根傾向になるなどの弊害が指摘されている。

上野さんは逆の発想でマルチングを早めている。定植から25日〜1か月後の9月下旬，最高気温が25℃を下まわったことを確認したらマルチングを行なう。栃木県の標準的なマルチング時期よりもかなり早い。

上野さんが考えるマルチングを早くするメリットは次の3点である。1) マルチングを早めることでベッド全体の土壌水分を制御し，根の張りを促進する。2) 基肥の過剰吸収を抑制し，草勢過多と一次腋花房の花芽分化遅延を回避する。3) 頂花房が伸びる前にマルチ作業を行なうので，花梗を折ることがない。

とくに，定植後となる9月は台風や長雨の時期となり，ビニール被覆前の露地状態でマルチをしない場合，定植したベッドは過湿になってしまう。定植時に前作のビニールを張った状態で定植し，ベッドの水分を少なめに維持したうえで，早めのマルチングと株元の点滴灌水チューブを利用することで，ベッドの土壌水分をコントロールしている点が技術ポイントの一つである。マルチ資材は一般的な黒ポリマルチを使用しており，穴を開けて株を出した後は裾は上げずに通路まで被覆する。

②ビニール被覆

マルチングを早めに行なう一方で，上野さんは，ハウスのビニール被覆（保温開始）はできるだけ遅くするようにしている。具体的には，一次腋花房が完全に分化した後の10月中下旬まで待ってから，屋根のみ行なう。屋根被覆後もサイドは下ろさずに，できるだけ低温に当てることを心がけている。

近年，暖秋傾向が常態化しており，一次腋花房の花芽分化はおそくなる傾向にある。また，夜冷などの早出し作型では頂花房の着色が早く，玉伸びしないことが多い。頂花房の着花数が少ないことも相まって，頂花房の収穫終了から一次腋花房の収穫開始まで間が空き，連続収穫にならない。

年末まで頂花房の収穫を続けて，年明けから連続して一次腋花房の収穫を開始するためには，頂花房の花数を確保するとともに，頂果の玉伸びを2Lクラスに確保することが重要であり，そのためには肥大期の温度をできるだけ下げることを心がけている。

そして，もっとも重視しているのは，イチゴの生育が栄養生長から生殖生長に転換したか否かという点で，上野さんのイチゴづくりの大きな技術ポイントである。イチゴの生育を生殖生長に転換させることを最大の目的として，ハウス被覆を遅らせているのである。

栃木県のハウスの被覆時期は，低温による生育停滞を防ぐため，10月下旬にサイドまで被覆するのが一般的である。しかし，日中の気温が高い時期の保温では，地上部の生育が旺盛になり，栄養生長のままとなる。上野さんの観察によれば，栄養生長のイチゴは玉伸びせず収量が上がらないうえに，食味も向上しない。とくに，近年普及している多年張りの被覆資材を使

用している圃場で、この傾向が強い。

栄養生長から生殖生長への転換を目的として積極的に5℃以下の低温に当てるため、上野さんがサイドを下ろし、ハウスを完全に保温するのは、各作型とも頂花房の収穫が始まった11月中旬の初霜以降としている。さらに、ウォーターカーテンによる保温のための散水を開始するのは11月中旬からとなる。

栄養生長から生殖生長に転換した目安としているのは、展開直後の新葉の色（栄養生長時は若竹色だが、生殖生長では濃い緑色になる）と、ランナーの発生が完全になくなったことの2点であり、イチゴの生育によって完全密閉の時期を判断している。

さらに、保温開始をおそくし、低温に遭遇させることで、地上部の徒長を抑制し、うどんこ病の蔓延を防止することにもつながると感じている。

ビニール被覆をできるだけ遅らせるという管理は一般的ではない。しかし、長年の経験と観察眼で技術を確立し、安定多収の大きな要因となっている。健全な苗を育成し、地上部と地下部の旺盛かつバランスの良い生育が、低温に対応するための必須条件であることは言うまでもないことである。

③ 着果による樹勢の制御

上野さんの'とちおとめ'は不定根が多く発生し、根量が多い。通常、根量が多く生育が旺盛な状態では栄養生長に転じやすい。このため、平均30花ほど着花する頂花房は摘花を一切行なわず、不受精果や乱形果も摘除せずに着果させる。さらに、連続出蕾により、頂花房の裾玉と一次腋花房の先玉が同時に収穫できるような管理を行なっている。このように、着果負担を利用し、厳寒期に突入する前にイチゴが栄養生長に振れないよう留意している。

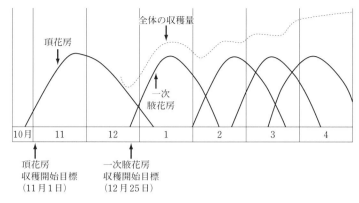

第9図　夜冷早出しの各花房の収穫期間（イメージ）

10. 厳寒期（12〜2月）の管理

頂花房から一次腋花房まで続けて収穫できても、温度低下（気温・地温ともに）や日照時間の減少、頂花房・一次腋花房の着果負担が原因の、いわゆる「中休み」により、二次・三次腋花房以降も連続収穫することは困難であり、多くのイチゴ生産者の課題でもある。上野さんは、厳寒期を乗り切れる充実した株づくりに取り組んでいるが、暖候期を見据えた厳寒期の管理がきわめて重要だと考えている。

夜冷早出しの各花房の収穫期間は第9図のとおりであり、3つの作型ごとに頂花房から三次腋花房まで連続して収穫しており、安定した収穫量が維持できている。

厳寒期の管理ポイントは次のとおりである。

① 温度管理

連棟ハウス、単棟ハウスともにウォーターカーテンを使用しており、例年11月15日を目安に散水による保温を開始する。厳寒期（12〜2月、晴天日）の温度管理は第10図のとおりである。ハウスごとの温度特性を把握し、ハウス単位で換気の時間を変えるようにしている。

温度が上がりにくい連棟ハウスは換気を遅らせ、午前11時ころに30℃までハウス内気温が上昇するまで換気を行なわない。東西棟の単棟パイプハウスは南側に自動換気装置を設置してあり、ハウス内気温が28℃になると自動で換気される。また、灰色かび病対策として、晴天

精農家に学ぶ

	11月		12			1			2		
	中旬	下旬	上旬	中旬	下旬	上旬	中旬	下旬	上旬	中旬	下旬
生育・管理	密閉	サイドビニール			出蕾 二次腋花房	収穫開始 一次腋花房	収穫終了 頂花房				
温　度	晴天日：午前25〜28℃，午後23〜25℃，夜温8℃以上　　　曇雨天日：日中17〜18℃，夜温8℃以上 ウォーターカーテン（10℃設定）										
炭酸ガス	夕方施用（ハウス内の補助暖房として），低温時には16：00から1時間程度 11/15（ハウスサイドのビニールを密閉後）〜2月末まで 　　　　　　　　　　早朝施用（早朝電照と組み合わせて光合成促進），4：00から2時間〜2時間30分程度 　　　　　　　　　　おおむね12/25（二次腋花房出蕾確認後）〜2月末まで										
電　照	深夜電照（23：00〜2：00）　　　　　　　　　早朝電照（4：00〜6：30，生育と日の出の時間に応じて調整） 11/20〜25開始，二次腋花房出蕾まで　　　　　　おおむね12/25ころ（二次腋花房出蕾確認後）〜2月末まで										

第10図　厳寒期の温度管理と樹勢維持対策

日は単棟ハウスの北側は手動換気を毎日行ない，湿度を下げるようにしている。

　厳寒期の温度管理のポイントとして，地温確保のため，午前中のハウス内気温を高くすることを心がけており，午後は2〜3℃低くする。

　曇雨天日は，連棟ハウス，単棟ハウスともに17〜18℃になったら内張りカーテンを上げ，外張りの換気は行なわない。

②草勢維持対策

　12月下旬から1月上旬は，頂花房の収穫が終盤になる一方で一次腋花房の収穫が始まり，二次腋花房の出蕾時期と重なる。気温は低く日長は年間でもっとも短い時期であり，イチゴの株に負担が集中する時期となる。この時期の樹勢維持が，連続収穫だけでなく，暖候期の収穫量向上にも重要となる。

　上野さんは厳寒期の草勢維持対策として，電照と炭酸ガス施用を取り入れている。管理のポイントは第10図のとおりであり，日長や生育ステージに応じて調整している。

　炭酸ガスは，11月中旬の完全密閉から，補助暖房を兼ねて施用を開始する。炭酸ガスの施用により葉の厚みが増し，玉伸びが数段向上する。籾がら堆肥から供給される炭酸ガスも相当量があり，過剰にならないよう，果実の色で判断するようにしている。厳寒期の曇雨天時には換気をしないため，とくに注意が必要である。

炭酸ガスが過剰になると果実が黒ずんで過熟果のようになる。果実に黒ずみの傾向が見られたらガスの施用を停止する。炭酸ガスは3月以降まで継続して施用している。

　上野さんは，地温が13℃を下回ると，イチゴの根は活性を失い，展葉や果実肥大が悪化すると考えており，地温確保のための補助暖房としても炭酸ガス発生器を活用している。

　電照は，二次腋花房の出蕾を停滞させないためきわめて重要な処理であり，‘とちおとめ’栽培には不可欠である。早期から電照を開始すると栄養生長傾向となるため，電照開始日は11月20〜25日からとしている。また，電照開始時期がこれよりおそくても効果が十分に発現できない。

　電照は，当初は日長延長を目的に23時から3時間行ない，二次腋花房出蕾後は炭酸ガスとの併用で光合成促進を目的に，早朝4時から6時30分の早朝電照に切り替える。電照時間を切り替えることで，徒長を防止し，果実の肥大に効果を上げている。

③その他の管理

　1月中旬に，収穫が終わった頂花房の花梗を除去する。これによって，腋花房の肥大が促進される。また，頂花房の花梗除去と同時に，老化した葉を除去する。厳寒期は葉面積が多く必要であるため，1回に摘除する葉は1株当たり3

枚以内とする。これらの作業は，収穫の合間に適宜実施している。

収穫が終わった花房の摘除により，果実への転流が少しでも増えることをねらっている。

摘葉によって，クラウンからの不定根発生が増加し，暖候期の生育が向上すると上野さんはみている。

追肥は，一次腋花房の収穫が始まったころから腋肥を用い，生育や着果状況に応じ，2週間に1回，低倍率で施用する。追肥は地温が上がるまで実施する。

11. 暖候期（3月以降）の管理

3月以降，日長が長くなり，日中の気温が上昇するにつれ，イチゴの生育は徐々に栄養生長にシフトする。栄養生長になると果実肥大が悪くなり，酸味が増して食味が低下すると上野さんは観察している。暖候期のイチゴの生育を観察し，ランナーが発生すると，イチゴの生育が栄養生長に傾き始めたと判断する。

上野さんは，3月15～20日にかけ，夕方のハウス内の気温が13℃になるまでサイドを開けたままにしておき，イチゴに低温を当てる管理を数日続ける。このことによって，イチゴの生育が生殖生長に引き戻されると上野さんは観察しており，11月中旬の管理と同様に，若竹色の新葉が濃い緑色になり，葉の厚みが増した状態をもって，生殖生長に修正されたと判断する。この操作によって，暖候期の果実肥大と食味の安定を図っている。

追肥は液肥を灌水チューブで施用する。暖候期は堆肥の肥効が徐々に発現してくることを考慮し，追肥によって窒素成分を吸肥しすぎて栄養生長ぎみにならないように注意が必要である。また，窒素過多により過熟果が増加する。これらの対策として，窒素成分の低い液肥をごく薄く，10日に1回の間隔で4月まで施用している。

暖候期の過熟果対策としては，直射日光を緩和するためにウォーターカーテンの内張りカーテンを利用している。また，追肥による窒素成分の供給をできる限り少なくすることと，ケイ酸質の液肥を施用することで，果実の硬度が増すので，定期的に施用している。

12. 病害虫防除

苗床，育苗期間中の防除を徹底している。

苗床から夜冷育苗までの期間中は炭疽病の防除を徹底する。薬剤による防除が基本であるが，窒素を吸収しすぎた，軟らかい生育をした苗は炭疽病に弱いと上野さんは観察している。このため，苗床や育苗期間中の追肥は行なわず，硬く締まった，病気にかかりにくい苗を育成するようにしている。

夜冷育苗期間中はうどんこ病とハダニの防除を徹底している。育苗期間中は狭い面積での防除で薬量も少なくてすむことから，病害虫を叩いておくには最適の時期であると上野さんは話す。とくに，うどんこ病は高温時には病斑が見られないため，防除が手薄になりがちであるが，夏期に集中的に防除しておく。このことが秋以降の発生を左右する。

ミツバチ導入以降は防除は必要最小限にとどめ，病害虫が発生した場合，速やかに防除を行なう。厳寒期でもできるだけ換気を行なうことを心がけており，灰色かび病が発生しにくい環境づくりに留意している。

13. 収穫・調製

上野さんは10月下旬から5月末まで，70aの面積で中休みのない収穫を続ける。収穫および調製パック詰めは，家族4人とあわせ，5名のパート雇用が必須である。

収穫は早朝5時から家族で行ない，7時前後のパートの出勤以降，10時までに終わらせる。

収穫したイチゴは速やかに予冷庫に搬入し，果実温度を上げないようにしている。パック詰めが終わったイチゴも予冷庫に入れ，鮮度保持には留意している。

パート雇用の活用によって，上野さんはイチゴの管理作業に専念できる。イチゴを見る鋭い観察眼と，臨機応変な管理に，パート雇用は大きく寄与している。

精農家に学ぶ

〈今後の課題と展望〉

　上野さんは，2013年産から，栃木県が開発したイチゴ新品種'スカイベリー'の試験栽培に取り組んでおり，県内でもっとも高い単収を達成した。品種が変わっても，イチゴの生育を見きわめる観察眼は十二分に活かされている。

　近年，夏期の高温，暖秋傾向，厳寒期の低温，集中豪雨の頻発といった異常気象が常態化しており，従来どおりの考え方でイチゴ栽培をしていては，単収は右肩下がりとなってしまう。イチゴの生理生態を理解したうえで，適切なタイミングで最適な管理ができれば，イチゴのもつ能力を最大限引き出せると，上野さんは考えている。現在の栽培面積70aを維持し，安定した出荷を続けることを目標にしている。

　また，地域で増加する若い生産者に対し，これまで以上に技術の継承を進めていく考えである。

《住所など》栃木県河内郡上三川町三村
　　　　　上野忠男（71歳）
　執筆　藤澤秀明（栃木県河内農業振興事務所）
　　　　　　　　　　　　　　　　2013年記

千葉県君津市　常　住　知　良

とよのか，アイベリー・促成栽培

○ビニール被覆下で大苗を定植，多収をねらう
○ケーキ用契約栽培はNFT式水耕栽培
○国道沿いの直売小売りで安定販売

<地域と経営の概要>

1．地域の特徴

君津市は房総半島のほぼ中央部に位置し，東京湾に面している。このため気候は温暖で雨量は多めだが気象災害は少ない。

かつては海岸部は漁業，内陸は農業が主産業であったが，高度経済成長のなかで新日本製鉄が沿岸埋立地域に新鋭設備を備えた工場を建設し，操業を開始してからは，関連する各種の中小企業も立地して急激に人口がふえた。

したがって，君津市というとすぐに新日鉄の巨大最新工場を想像するが，常住さんが住む山本地区は木更津市からJR久留里線で内陸部に向けて約30分，17kmほど入ったところで，市街地からは離れており，君津市といっても木更津市と接する奥まった位置にある。このため，引き続き農業地帯であって，イネと各種の露地野菜栽培や施設園芸が盛んである。なお，地区内を姉ケ崎から安房鴨川へ通じる国道が南北に通っている。

地形はほぼ平坦で，水田が多く，土壌は粘土質である。やや内陸部のため，木更津市などに比べると，夏はやや暑く，冬は寒い。

2．経営のあゆみ

常住知良さんは昭和33年生まれ。君津農林高校に学んだ。学生時代は父親がイネのほかに，ハウスキュウリと露地野菜のピーマン，レタスなどをつくっていた。知良さんは高校時代から農業を継ぐことを決めていたが，どうせ農業を

経営の概要

立　地	房総半島の中央部，平坦水田地帯，気候は温和だがやや多雨，沖積粘土質土壌
作目規模	イチゴ　とよのか　20a，アイベリー10a，水耕栽培（品種とよのか）20a，仮植床　30a，他にハウスキュウリ，イネ2.8ha
労　力	本人，妻，両親・約3人。作業に応じて雇用労力（常時4人，臨時に2，3人）
栽培概要	2/末　親株鉢上げ，4/上　親株植付け，7/中下　仮植，9/中～10/上　定植，11/末～12/末　収穫始，5/末　収穫終
収　量	10a当たりとよのか　5t強，アイベリー　6t

やるならガラス温室でメロンなどをやってみたいと思っていた。当時，近くにこうした施設園芸でかなりの高収益をあげている農家があったからである。

ところが，高校生時代の昭和48年にオイルショックが到来した。燃料費の高騰で，高度な施設園芸をやっている人たちは苦しい目にあった。父親がやっていたハウスキュウリも灯油価格の値上がりの影響をモロに受けた。そうなると，卒業後もメロンなどの燃料を多量に費やす作物にはなかなか手が出せないように思われた。

だが，同じハウスを利用するのでも，イチゴならばそう燃料費がかかるわけではない。また，イチゴの収穫は1～3月の冬期になるが，それまでつくっていたハウスキュウリは収穫が4～7月と9月末～11月下旬であり，露地野菜も収穫は夏場のものがほとんどで，1月から3月までに収穫する作物がない状態だった。かといって，冬にキュウリやメロンをやるとなったら，

燃料費がかかりすぎる。そう考えているとき，ちょうど千葉県でイチゴの多収品種である麗紅が出現していた。千葉県ではそれまでイチゴづくりはあまり多くなかったが，麗紅はふつうにつくっても早くとれて多収で，収益性も高い。このへんのことは，普及所などが催す研究会で勉強していたので，それなら学校を卒業したらイチゴをつくってみようという気になっていた。

そこで，卒業後さっそく父親からハウスを譲り受けてイチゴ栽培を10a行なった。それはうまくいったのだが，できればもう一段上の学校に行きたくて，1年後に東京都多摩市にある農林水産省の農業者大学校に入学し，3年間ここで学んだ。この大学校は高校卒業後1年間の農業経験がないと入学資格がないからである。

この最初のイチゴ栽培はうまくいっていたので，在学中は父親につづけてつくってもらい，自分も休みのときには家に帰って，イチゴの栽培を手がけてきた。

販売面では，栽培1年目から道路傍で現在もつづけているイチゴの小売りを始めた。最初は販売量が少なかったが，次第にお客に親しまれて，最近は常住さんのイチゴだけでは足りないときもあるほどだという。

3．経営の概要

常住さんは，経営にたずさわる気になったときから作目はイチゴにすると決めていたので，当初はもっぱらイチゴ作の規模拡大に努力してきた。しかし，最近はその規模もある程度の水準に達したので，ここ2～3年は稲作の面積をふやしている。地区内に農作業をやりきれない家が出てきて稲作を頼まれたからだが，機械の利用効率を考えて引き受けている。

知良さん自身がまだ若い農業者であり，両親も農業に従事しているから自家労力はあるが，ハウス栽培が60a（イチゴ50a，キュウリ10a）の規模なので，常時ではないが仕事の状況に応じて4人の婦人に手伝いにきてもらっている。特に仮植，定植，葉かきのときには手が足りない。農業従事者が不足しているなかで，これらの女性が働きに来てくれるのは，あるいはイチゴ作できれいな労働だからかもしれない。それでも腰を曲げてやる作業が多いので，休憩時間を多くし，また休憩小屋を設けるなど気をつかっている。以下に述べる常住さんの栽培と経営は，多収とともに労働の軽減が念頭におかれている。

常住さんの経営の最大の特色は，自分で小売りをやっていることであろう。自宅の前を通る国道に簡易な店を出して車で通過する人に売る。また，近所の人も買いに来てくれる。常住さんの技術と経営は，この直売を要にして組み立てられているといってよい。

市場出荷だと，どうしても早出しをして，少しでも高価格の時期に収穫を開始するための栽培体系になるが，直売ならば年内よりも年明けのほうがお客さんが多くなる。そのため，早くから出さなくても売上としては充分。

たしかにクリスマス前は市場相場もかなり上がる。けれども，一般的な消費者にとってはその値では，まだまだイチゴには手は出しにくい時期だ。パック600円ぐらいからだとお客さんも買いやすい。だから直売をするならば早出しを意識しなくてもいい。

一方で早くから出すのは，ケーキ用果実を水耕栽培でまかなっている。こちらは，3月いっぱいまで出荷し，その後は，直売や観光用にイチゴ狩りに客を入れたりもしている。

収穫開始が遅くていいとなれば，じっくり育てて，品質で勝負ということもできる。直売は味がよくなければスーパーに負ける。その「ひと味」はやはり新鮮さがポイントだろう。とりたてと1日，2日たったものとでは，まちがいなく味はちがう。その分長く樹においておけるから，熟度がちがう。市場出荷では，流通の時間や輸送中のいたみを考えて，どうしても「食べごろ」（＝完熟）で出すことはむずかしいが，直売ならば，「食べごろ」でなくては売りものにならない。同じ場所，同じ品種，同じ栽培法でつくったイチゴでも，収穫時期が2日ちがえば味は歴然としたちがいが出る。そこを生かすところに直売のおもしろさがある。

＜技術と経営の特色＞

1. イチゴの栽培体系

 常住さんは，イチゴの栽培と販売の体験を重ねるなかで，ここ2～3年でやっと自分なりの栽培体系や経営方式がつくられてきたように思うといっている。

 品種はとよのかを主力に，あわせてアイベリーをつくっている。

 第1表は常住さんの栽培過程のあらましを記したものである。

 まず，親株を2月末にポットに鉢上げして，一時暖かい中で過ごさせて3月末から4月にかけてその親株を定植する。秋口に植えておけば根張りもよく，春になってからの生育もよいはずだが，労力の関係上このようにしている。といっても収穫期に親株の鉢上げをやるのだから，かなりむりをしなければならない。ただ，1回鉢上げしてから定植すると，生育は早まるしランナーの本数もふえる。

 仮植は7月の中下旬である。定植は，苗の根張りの状態によって一定ではないが，早いものは9月10日ごろから始める。これは水耕栽培向けに夜冷をかけた苗である。常住さんは3人の仲間とともに水耕栽培をやっている。普通栽培の苗は10月上旬が定植の中心になる。

 収穫は同じく水耕栽培の夜冷をかけたものが11月下旬から始まり，普通栽培のものは12月下旬からになる。常住さんは小売りだから，クリスマス出荷をねらっていない。この時期に価格が高騰するのはケーキ需要によるもので，小売りでの生食需要はそれほどない。生食需要はむしろ年明けからのほうが強い。

 収穫は5月いっぱいまでつづける。とれるのは6月10日ごろまでとって，あとは部分的に片付けながらとれるものはとって安くても売る。雇用の人も頼んでいるのでとらずに残すよりはマシというくらいの値段でもよいと考えている。

第1表 栽培暦

月	旬	栽培と作業
2	上中下	
		］親株鉢上げ
3	上中下	
		↑親株定植
4	上中下	↓
5	上中下	
6	上中下	］土壌消毒
7	上中下	↑仮植，ビニール撤去（半分）*
8	上中下	］元肥施肥（有機化成），夜冷育苗開始（水耕栽培）
9	上中下	↑定植（水耕栽培），生籾がら散布，うねつくり 定植（普通栽培），ビニール設置
10	上中下	電照開始 ビニール撤去（半分）*，ビニール設置
11	上中下	↑収穫開始（水耕栽培）
12	上中下	収穫開始（普通栽培）
1	上中下	
2	上中下	
3	上中下	電照終了
4	上中下	
5	上中下	↓収穫終了

*は本文参照

このへんは小売りの強みかもしれない。

 収量はとよのかが10a当たり5tくらいとみているが，全部収量になるわけでなく，とりきれない時期もある。

2. ビニール被覆下での大苗定植

 常住さんの定植までの栽培と土壌管理の方法を第2表にまとめた。

 以下，表にそって説明を加えよう。常住さんの栽培方式の特徴は，表のようにA，Bの2方式であることと，ビニールを掛けた下で定植をすることにある。

 まず，6月下旬に果実収穫後の跡かたづけをし，その直後にクロールピクリンで土壌消毒を

第2表　常住さんの栽培管理と土づくり

時期	作業	時期	作業
6/下	跡かたづけ 土壌消毒＝クロールピクリン （ガス抜き）		
	〔A〕		〔B〕
7/中	ビニールはぎ		
		8/上中	灌水
8/下	元肥施肥 ロータリーで耕起	8/下	元肥施肥 ロータリーで耕起
9/中	生籾がら散布 ビニール張り	9/中	生籾がら散布
		10/下	新ビニールに張替え

する。薬の量はふつうよりも多めにして，土壌を完全に消毒する。ここまでは，すべての圃場とも同じ扱いである。ところが，ここから2つのやり方に別れる。

A方式は，クロールピクリンの消毒後2週間ほどガス抜きし，7月中旬にビニールをはがす。これは，その後の夏の期間に雨をたっぷりと土にしみ込ませておくためである。8月下旬に有機化成肥料の元肥を施し，ロータリーで耕起する。9月中旬になると，生籾がらが入手できるので，それを散布する。このあと，ただちにビニールを張る。この点がふつうのやり方とちがうところで，ふつうイチゴ栽培のビニール張りは10月20日前後であるから，常住さんのやり方はずいぶん早い。この時期はまだ気温が高いから，ビニールを張るといっても天井だけの雨よけ方式で，周囲はすべてあけておいて温度が上がるのを防ぎ，換気に注意する。

Bの方式は7月中旬にもビニールをはがさず，張りっぱなしにしておく。ただし，この場合も周囲はあけておく。このため，土壌消毒とガス抜き後は，雨が入らないだけ土壌が乾燥するから，元肥施肥前までの間に適宜灌水する。その後の元肥施用，耕起，籾がら散布はAの場合と同じである。そして，10月下旬に古いビニールをはがして新しいビニールに張り替える。このB方式をとった箇所は，2年目には土壌消毒後ただちにそのビニールをはがしてしまうA方式をとる。

本当は，この時期には古いビニールを張っておくB方式のほうがハウス内の温度が上がらなくていいのだが，ビニールをはいだり張ったりする手間が大きくかかる。だが，新しいビニールでも雨よけぐらいにして，周りをあけっ放しにしておけば温度が上がりすぎる弊害は防げる。イチゴは古いビニールを2年つづけて使うと，光線の透過が悪くなり温度も上がらず，鮮度も収量も落ちてしまう。そこで，手間との兼ね合いで新しいビニールに張り替えるのを2年に1回ずつずらしてやっている。

9月末にイチゴを定植する時期になると，台風がきたり大雨が降ったりして困ることが多い。先にも記したが，雨が降ればうねはつくれない，雨の合間をくぐってなんとかうねをつくっても，そのあと大雨が降ってうねが崩されて定植ができない，ひどいときは植えたあとに雨が降って全部崩されたりする。畑地帯で雨が降ってもすぐにしみ込んでしまうようなところなら問題がないが，水田地帯のここでは毎日空とにらめっこで綱渡りをやっているのが実情である。常住さんがビニールの下でうねづくりと定植をするのはそのためである。

なお，ビニールのなかで定植をするため，大苗にして，ギリギリの時期までおいて植えている。このことは，定植後の植えいたみからの回復の早さにもつながっている。

苗は大苗にしている。花芽分化を促進するという点では問題があるかもしれないが，常住さんは年内収穫開始をねらっていないので，樹の力が強くなるようにと，大苗づくりに専念できる。

3．直販の小売りで安定販売

常住さんの技術体系は直営の小売りに裏付けられている点が多い。イチゴ栽培を始めるとき，その価格の動きをみたら5月になると価格が安くなる。手間をかけてパックに並べて市場に出しても，なんでこんなに安いのだろうかと思うぐらいだった。ところが，ほかのイチゴ産地ではイチゴを道路傍で売っていて，それがけっこう売れているのを見ていた。そこで，自分も道路傍で売ってみようと考えた。

小売りはここ1～2年で急に売れ始めたわけではなく，足かけ15～16年もつづけてだんだんにお客に店を覚えてもらって，お客がお客を呼ぶかたちでふえてきた。

店を出しているのは，2，3年前に国道に昇格した姉ケ崎から安房鴨川に向かう近道である。したがって，ふだんでも車の通りが多い。車のお客は荷物が苦にならないから，1パックだけ買う人はほとんどいない。土日はレジャーの人が多いが，地元のお客もけっこう多く，自分で食べるか遣い物にするようである。遣い物にするのは午前中に買うから，その地元の人が大勢店に入って買っているのを車で往きに見ていった人が帰りに寄って買っていくことが多い。

収穫の最初から最後まで小売りをするようになったのは5～6年前からである。それまでは市場に出していても3月いっぱいはいい値段で売れていたので，4月，5月の市場価格が安くなる時期から小売りに重点をおいてきた。それが早い時期から市況よりも高い価格でも売れるようになったので，小売りを始める時期もだんだん早めてきたのである。現在は，早いときには12月末から，ふつうは年明け早々から小売りをしている。

最初は市場向けと同様にパックに並べて詰めて売るのが主力だったが，小売りがふえてからはバラ詰めである。そのほうが並べて詰めたものよりもむしろ高く売れる。お客の目の感覚では，並べないでバラ詰めにしたほうが量がかさばって見えるのかもしれない。したがって，1パックバラ詰めで1kg入りで売っているが，ふつうの3パック分以上入っている感じになっている。売れるときは並べて詰めていたのでは間に合わないこともある。イチゴを大中小の3種類に分けてバラ詰めにしているから，かなりの栽培面積をこなせるのである。

市場出荷ならば，必ずしも果実の大きいものの価格がいいとは限らないが，直売では大きければ値段は高くつける。そして大きく高いものから先に売れていく。一方，小さくても味がよければ，それなりに売れる。ここが直売のいいところだ。

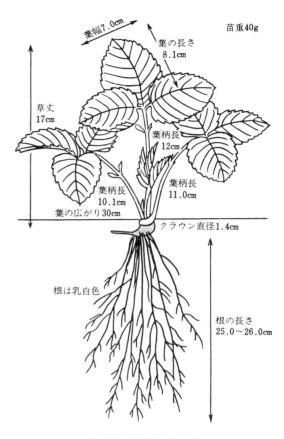

第1図　定植期の苗の姿

価格はパック当たりで1月は600円から月末には400円。2月が350～300円，3月はやや上がって500円（これは一般市場価格を念頭においている）というところがだいたいの目安となっている。

小売りはいまのところ，荷が足りないくらい売れるようになった。市場出荷の場合は，イチゴが色づいたら収穫して出荷するが，小売りの場合は土日がよく売れる。だから，平日は売れる分だけとって，あとは土日に合わせてとっていく。とよのかは1週間に1日くらいしかとらなくても日持ちがいい。この点はとよのかのよさである。

休みの日は鴨川にぬける道だから，釣り，ゴルフの人が立ち寄る。常連もいる。フリーの客だけではそんなに売れるものではない。土曜，日曜，祝祭日には行列ができるほどだ。それを

第3表　常住さんの元肥（10a当たり）

ロイヤル有機	320kg
油粕	160
骨粉	120
BM熔燐	40
燐硝安加里	40
千葉フミン	240

注　燐硝安加里は生籾がらと同時に施用する

見て別の客がつられてくる。そういう客は一度買って食べてみて、うまいからまたくる。混雑する日は昼食ぬきになるほどの忙しさになる。

売るのに1人、詰めるのに3人、収穫に5人というぐあいで人手を頼りにしている。

小売りのむずかしさは、売れずにいたんでしまうときもあれば、せっかく売れるときに品物がなくなってしまうときもあることである。余った果実を生かすために、自家製ジャムやシャーベットの販売も考えている。

小売店は簡易なバラックづくりだから、店舗維持のための経費もあまりかからないのが利点である。

＜土つくり＞

イチゴ栽培では堆肥を多量に使用するのがふつうで、常住さんはイチゴ栽培を始めたころには腐熟堆肥をかなり使用していた。しかし未熟堆肥でも、7月上旬から施せば暑い時期だから分解されて、イチゴを定植するころにはほどほどの土ができる。これは、農業者大学校に在学中に派遣実習で茨城県の今瀬さん（農文協で単行本を出している）というイチゴづくりで有名な人の家に行ったときに学んだ。今瀬さんは未熟堆肥でもいいといって、7月上旬ごろに施用して土づくりをやっていた。

完熟堆肥が近くで手に入れにくくなっていたので、その今瀬さん方式を実地に自分の経営に持ち込んでみたが、7月に堆肥を施して土壌管理をする方法は習ってきたようにうまくできなかった。その主な原因は、この辺りが水田地帯で水はけが悪く、9月下旬～10月上旬の定植時にうねがつくれなかったり、つくっても雨で崩されてしまったりすることだった。この点はイチゴづくりのうえでいちばん苦になるところだった。

そこで、ビニールの屋根がかかって雨を防げる状態でうねをつくり定植をして、しかもある程度の収量が得られるような技術はないかと考えた。その一つの方法として考えたのが、完熟堆肥は微生物をふやすに足りる分の少量にとどめ、肥料分は有機質肥料を充分施すことによって供給し、土の保水性と弾力性をつけるために生籾がらを使ってみる方法である。水田地帯なので、籾がらはいくらでも入手できた。

現在は、生籾がらを10a当たり2tくらい入れている。これは籾がらを振ったあとは土が見えなくなるくらいの量で、それをトラクタのロータリーで深く土と混ぜる。このときに完熟堆肥もいっしょに施す。

完熟堆肥は家畜を飼っている農家からわけてもらったり、自分のところでそれに籾がらを混ぜて積んでおいてつくったりする。施用量はクロールピクリンで土壌の有用な菌を殺してしまうから、堆肥でその有用な菌を補う程度の分量である。籾がらは自分のところでとれる分では不足なので、ライスセンターからかなりの量を購入する。

生籾がらは分解が遅れるが、1年遅れで堆肥のようになる。だから、生の籾がらを多量に施用すると、土がフカフカに軟らかくなり弾力が出て、イチゴの根張りがよくなるという効果がある。籾がらのような生の繊維質を施用すると窒素飢餓になるといわれるが、有機質肥料を充分に施用すればその心配はない。第3表は常住さんの元肥施用量である。

また、土壌消毒は毎年あらかじめクロールピクリンを用いて完全に行なう。

＜栽培技術の実際＞

1．品種の選定

千葉県に限らず、関東地方では女峰が多くつくられる。とよのかはつくっても、主産地の九州地方のように売れないから、栽培は少ない。

常住さんがとよのかをつくっているのは、小

売りなのでとよのかのほうが玉が大きく，酸味も少なくて有利に売れるからである。前は女峰もつくっていたが，買う人に直売の店頭で食べてもらうと，とよのかは色がうすくても美味しいといってとよのかを選ぶ。どうも他の果実と同様に酸味のあるものは嫌われるようである。イチゴも本当は少し酸っぱくて甘いほうがコクがあって美味しいのだが，消費者は甘いほうがいいといって，ちょっとでも酸味があると酸っぱいといわれる。その点では，とよのかは収穫の最初から最後まで酸味が少なくて甘い。

アイベリーや女峰は美味しい時期には非常に美味しい品種であるが，その期間が短く，消費者にはわずかでもその酸味が気になるように見受けられる。

アイベリーをつくっているのは，いまある品種のなかでいちばん収量が多いと思うからである。ただ，市場に出荷すると売り先がむずかしいので，いい値段が出ない。しかし，直売なので，市場売りとちがって等級などにそうこだわらなくてもいい。アイベリーは大きくて形がいいものは市場でも売り先があるが，ふつうのランクのものは品物が悪いということで市場でよく売れないので，総体の収益が低下する。本当に大きくて形がいい，つくっていて「これだ」と納得できるアイベリーは50株に1個くらいしかとれない。まあまあのものでも，1株に1個がせいぜいである。そうはいっても，一般の消費者にはやはり大きい豪華なイチゴと映っているのだが。

アイベリーは栽培がむずかしく，連作がきかない。特に炭そ病に弱いのが致命的で，これが発生するとハウス全体が全滅するようなダメージを受ける。アイベリーの産地は，売り先のこともあるが，炭そ病が原因でやられてしまうようである。幸い，常住さんの地域は水田地帯で，苗床の移動がきくので，ほかの産地ほど深刻な問題ではないといえる。

また，次期作からは，女峰も少し栽培する計画である。これは観光用を中心に考えているもの。とよのかでは，3月になるとどうしても樹勢が落ちるような気がしているからで，そこを

第2図　採苗直前の親株

補うのがねらいだ。

2. 親株

アイベリーは毎年種苗会社からフリー苗を購入する。とよのかは全部についてフリー苗を買うのではなく，ある年に買ったらそれをふやして2年目も使っていく。つまり，毎年少しずつ買っていくことにしている。

とよのかは，自家で増殖したフリー苗でも病気に侵されずに2年，3年目も使える。しかし，アイベリーは炭そ病に弱く，しかも病気にかかりやすくなっているので，古い苗だと菌がついたら防除しにくい。

親株は毎年同じ場所につくらず，変えてつくっている。親株は新しい土に植えたほうが勢いがよく育って，ランナーがたくさん出る。親株床は水田を利用している。土壌消毒をすればそれほど心配はないかもしれないが，イネをつくったあとの新しい土地は地に力があるから，ランナーの出方がちがう。

3. 苗づくりの目標

イチゴはポット育苗をやる人が多いが，常住さんはふつうのうねに子苗を植えて大苗に育てる。ポット育苗は早期収穫には向いており，草取り作業がいらないという利点をもつが，規模が大きい場合はポットに土を入れる労働が多量にかかる。

大苗に育てるのは多収穫のためでもあるが，もう一つねらいがある。それはビニール被覆下で定植をすることと関係がある。イチゴは花芽

精農家に学ぶ

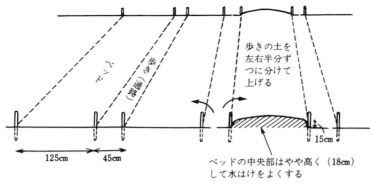

第3図　苗床のつくり方

第4図　苗床の土壌消毒

分化の関係で10月半ばまでは高温にさらしたくない。だから、常識ではビニールを掛けていない状態で定植する。

このように、イチゴは定植時にはビニールを被覆せず、10月半ばになって被覆するのが理想的な管理法である。だが、理想と現実はなかなか一致しないところがある。その一致しないところが、うねをつくってイチゴを植え込む9月下旬が秋の長雨にぶつかることである。イチゴ栽培を始めてから、このことでは苦労に苦労を重ねてきた。うねが崩れてしまうのである。

このため、常住さんはビニール被覆下で定植するやり方をとっている。この場合、生籾がらの施用や安定した天候下でのうねつくりからいうと、定植の時期はなるべく遅くしたいわけで、常住さんはふつうの栽培よりも定植をやや遅らせて10月上旬にしている。早く定植すれば小苗でもビニール被覆前に生育の遅れを取り戻せるが、常住さんはこの理由でギリギリまで定植を遅らせて、かつ収量を上げようとするから、大苗で株に力がないと失敗する。

この地域では、ふつう9月下旬が花芽分化の時期になる。小苗だったり、肥料が効かなかったりすると花芽分化が5日くらい早まるが、大苗で窒素が効いていると1回ズラシをやっても9月下旬～10月初旬が花芽分化期になる。常住さんの場合、定植がちょうど花芽分化の時期に当たり、1回苗をいためると花芽がつきやすくなるので、花芽分化を揃えることを兼ねて、10月初めに定植している。こうして花芽分化を揃えることが、開花を揃えることにつながる。

常住さんは、市場出荷ではなく自分で小売りするから、1日を争って収穫することもない。籾がら施用やうねづくりの関係から、定植の時期をある程度遅らせてビニール被覆下で植えてみたが、一定の収量が得られた。それほど収量をねらわなければ遅く植えても早く開花させ、結実させることができるが、経営的にみれば得策ではない。つまり、早植え早どりよりも安定多収をねらったのが、大苗のギリギリの遅植えといえる。

露地でビニールが掛かっていない状態でイチゴを定植するなら、9月中旬植えでも管理が可能だが、この時期はまだ暑さの盛りで作業に苦労する。それに、常住さんには別途夜冷庫に入れて花芽分化を促し、水耕栽培で早く収穫する分もある。収穫の労力などから、これ以上、早出しを追求する必要はない。

ビニールを掛けて定植するのだが、それは正しくいえば約半分は古いビニールをはがさずに残した状態で定植するのである。しかし、それを何年もつづけるよりも、時にビニール下の土に雨を入れたほうがいいので、2年に1回は収穫後ただちにビニールをはがして雨をいれ、9月中下旬に新しいビニールを張ってその中で定植をするのもある。古いビニールを張りっぱなしにした分も、10月下旬までにはそれをはがして新しいものに張り替える。

第5図　断根用の機械

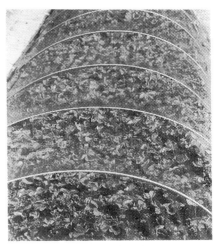

第6図　苗は寒冷紗で覆う

第7図　苗床への灌水

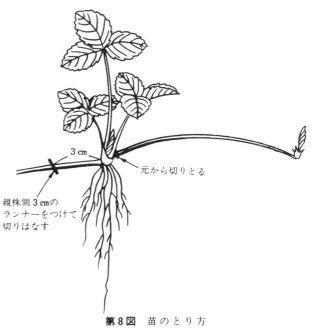

第8図　苗のとり方

　これは，イチゴづくりの常識からははずれたやり方だが，ここ2，3年で常住さんはこの栽培方法で自信がもてるようになってきたといっている。常識からはずれるといっても，イチゴはキュウリやトマトとちがって，光線の透過が悪いビニールを使うと収穫は遅れ収量も下がる。だから，ビニールを新しくするのはイチゴ栽培の基本であり，この点はしっかりと守っているわけだ。

　今は，以上のようにビニールを毎年張り替えているが，大面積をつくっているので，張り替えずに3年つづけて使える作業体系ができると，イチゴづくりもらくになる。最近は2年目になって光線の透過が落ちないビニールができている。常住さんは今年それを試験的に使ってみて，結果がよければ使用面積をふやしたいと考えている。

4．仮植～育苗時の管理

　仮植床は同一の場所で念入りに土壌消毒をしてつくる。苗床はサンヒュームで土壌消毒をする（定植床の消毒はクロールピクリン）。仮植床では除草の労力がかかるからである。サンヒュームで仮植前に土壌消毒をしておくと，雑草はほとんど出ない。クロールピクリンは雑草の種子までは殺さないが，その点サンヒュームは効果がある。これをやっておかないと後で草取りに追われることになる。ラッソーなどの除草剤も使用できるが，これは禾本科の雑草に効くが，畑に多い

第9図　夜冷庫

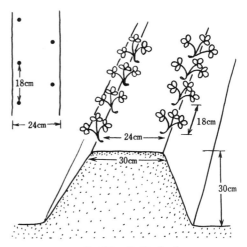

第10図　栽植密度

広葉の雑草には効かない。

　仮植床の肥料は化成肥料の燐硝安加里だけである。温度が高い時期なので施肥量は少なくても苗はよく育つ（Ｎで10a当たり6kgくらい）。速効性肥料だから9月に入ると肥料分が切れてくる。これがちょうどいい。

　イチゴの根を切る機械があり，肥料切れのころにそれをイチゴの苗床のうねに通す。機械には振動する刃が付いていて，それで根を振るいながら切っていく。この機械は刃幅が1.2m，車輪幅が1.5mくらいで，うねをまたいで根を切りながら振動を与えてすすむ。その後，掘り取るときにもう1回この機械をかけると，根の土が簡単に落とせる。

　ポット育苗にするか，平地のままでこの機械を入れるかで一時迷ったことがあった。ポットに土を詰める労力は大変かかるし，灌水の労力もかかる。ふつうの苗床ならば水をかけなくてもいいが，ポットだとしおれてくるので灌水を欠かせない。結局，ポットで労力をかけるよりも機械を入れるほうをとった。それは，上の判断に加えて窒素を切りたいときにこの機械で根を切ることができるからである。

　採苗もランナーの間に機械を入れて掘っていき，あとはつるを切るだけですむ。この機械を2～3回通すと土がほぐれて手で簡単に苗が抜ける。前は，移植ゴテで苗を掘ってランナーをはさみで切り，定植のときは鍬で掘って土をはたくなど大変な手数がかかったが，この機械ができて作業はらくになった。

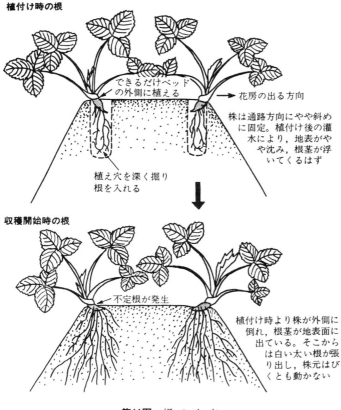

第11図　根の生育

5. 花芽分化と夜冷育苗

定植の時期に近づいても肥料が切れないようだったら，機械を入れて根を切ってズラシをやる。ただ，常住さんのところでは，全体の花芽分化を早めたりする必要はない。何種類ものつくり方があって，早出しの分は夜冷庫に入れて水耕栽培をする分があり，あとは小売り用で年明け後に売るものが多いからである。しいていえば，夜冷育苗が花芽分化の促進に該当する。

夜冷育苗は，ふつうは裸苗でやる場合と3寸5分角のポット育苗でやる場合の二通りがあるが，常住さんは水耕栽培用の5cm角のロックウールのキューブに植えたものを夜冷するという中間の方法をとっている。裸苗だと株が軟弱になっているので，遮光ネットを張って定植しないと苗が活着しにくかったりして，後の管理が大変である。また，ポット育苗だとポットが大きいので夜冷庫に本数がたくさん入らない。

常住さんのやり方だと，水耕栽培ですぐに定植できるかたちで夜冷するから活着がよい。

夜冷は，8月16, 17日から20日間入庫する。

6. 定植～収穫時の管理

ふつうのイチゴのつくり方だと10月20～25日にビニールを被覆するが，常住さんは10月いっぱいは雨よけくらいの状態にしておき，周囲は夜もあけて，雨が降らないかぎり閉めない。この時期に閉めると苗がボケることもあるので，なるべく温度を上げたくないからだ。10月下旬ギリギリまで待ってビニールを被覆する。これが保温開始になる。マルチは10月20日。内張りカーテンによる二重被覆は11月中旬から。霜が降りるころから始める。

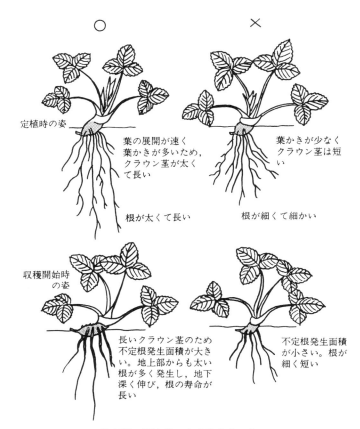

第12図 不定根のよく発生する苗

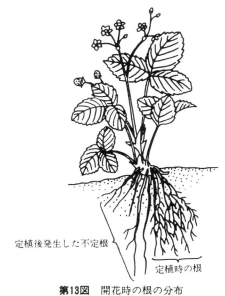

第13図 開花時の根の分布

精農家に学ぶ

第14図　ＮＦＴ式水耕栽培の設備

温度管理は夜温10℃，最低は8℃。調節の方法には換気自動と巻上げ式とがある。日中は25℃とやや高めだ。とよのかは着色不良になりやすい特徴があるからである。アイベリーも温度を高めにしてやると色の出がいい。けれども，常住さんは玉出しの必要はない。直売だと色が淡くても味がよければ売れるからだ。市場に出すと売れないだろうが，味はいい。それならいいという客はいる。初めは色が濃いものをもって行くが，いまでは淡いほうがよいというくらいだ。

電照は11月中旬から3月上旬まで行なう。無電照だと樹勢低下をきたす。

電照の方法は間欠式。30分点灯して2時間半消灯，これを4回くり返す。トータルの点灯時間は2時間。もっと小刻みな方法もあるが，いろいろやってみて効果は変わらないとみた。小刻みにするとタイマーのセットもめんどうだし，電灯などの設備の寿命も短くなる。

ジベレリン処理は10ppmを1回。これをしないと果柄が伸びない。果実はやはり葉よりも外に出したい。

7．水耕栽培

常住さんはイチゴの水耕栽培も実施している。水耕栽培は始めてから丸7年になる。品種は全部とよのかで，東京の有名な大手ケーキ店と契約栽培している。

水耕栽培の様式は，みかどのＮＦＴ式で，一部二段式も導入している。果実がよごれないことから，ケーキ店からすすめられたものだ。立ったままで作業ができるので，特に大面積栽培には適しているといえる。

水耕栽培のランナーは一番先に8月上中旬に採る。栽培の始めごろは直接綿状のロックウールを詰めた3寸5分のポットに鉢上げしていたが，初めからロックウールで苗を育てると，水温が上がっているのでいい苗ができなかった。

現在は，一度仮植床に仮植の仮植のようなかっこうで細かく植え，ある程度根が張って活着し，生育してから，次に小さい5cm角のロックウールのキューブに植え込んで，それを夜冷庫に入れてから定植する。このように，ふつうの場合より1回余分に仮植している。

水耕は夜冷をかけるやり方とふつうの栽培の

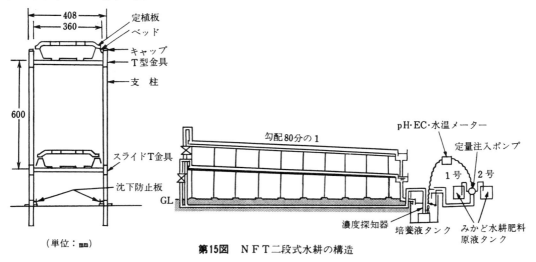

第15図　ＮＦＴ二段式水耕の構造

二通りでやっている。夜冷をかけるものは上述のとおり5cm角のロックウールのキューブを使って育苗する。夜冷をかけないものは，7.5cm角のロックウールのキューブに挟んで育苗する。キューブは大きいほうが生育が良好だが，夜冷庫に入れる量を確保するために，その大きさは制限されてくる。

水耕栽培の場合は，植えた後の施肥は時期別に肥料濃度がきまっている。施肥量の管理は機械のメーターを調節するだけですむ。また，灌水，除草，玉出しのような管理作業は不要だから，手間はかからない。

ロックウールで水耕栽培をやると真夏の7～8月ごろに水温が上がってしまって根張りがよくない。ただ，根張りがよくなくてかえって早くとれたという経験もある。失敗が転じて好結果をまねいたわけだ。しかし，毎年気候がちがうから，たまたまその年の気候に合ってうまくいったというのではよくない。水耕でも基本は苗であるから，やはり平均していい苗をつくることが重要である。

水耕栽培を始めたねらいは，水耕のほうが設備費その他の経費はかかるが，高さ1mくらいのところにイチゴが成るので，かがまずに収穫作業ができることが魅力だった。労力の節減にもなるし，果実の汚れも少ない。イチゴは手間がかかる作物なので，かなり労働力を雇用しているが，しゃがまずにもげるので，水耕栽培は働きに来てもらう人にも評判がいい。

これだけの期間水耕栽培をつづけてきたので，ある程度栽培体系は固まっている。収穫時期は地植えのものと変わらない。ただ，夜冷をかけたものは11月末からとれ始める。

ケーキ用のイチゴは通常の市場出荷より3日ほど早く収穫する。着色は約半分ぐらい。いたみをいちばん嫌うので箱にびっしりと詰め，輸送中に果実が動かないようにしなくてはならない。また，鮮度を少しでも保つため，夜冷庫に冷蔵のためのスペースをつくって予冷したうえで出荷している。

8．病害虫防除

特に注意しているのはうどんこ病とダニ。

うどんこ病には，2週間に1回，トリフミン，サンヨール，バイコラール，モレスタンを順次散布する。果実の色が付くころになると，薬剤散布はできないので，いずれも予防的散布である。

ダニに対しては，ニッソランVプロカープ，テルスター，ダニトロンなどを散布している。

≪住所など≫　千葉県君津市山本1726
　　　　　　　常住知良（34歳）
　　　　　　　ＴＥＬ　0439—35—2296

執筆　編集部

1992年記

※後継者とともに直売経営。品種はとよのか，紅ほっぺ，章姫，とちおとめ，さちのかとなり，高設栽培も導入している。

静岡県掛川市　佐々木　敦史

紅ほっぺ・促成栽培

○収量を左右する腋花房の花芽分化と分化後の温度管理
○日中のCO_2施用
○経営の決め手となる雇用体制強化

〈地域と経営の特徴〉

1. 地域の特徴

掛川市は、東京から西に約200km、県庁所在地の静岡市と浜松市の中間に位置し、北部地帯には東名高速道路、新東名高速道路と国道1号線が、南部地帯には国道150号線が整備され、交通の便は良好である。

年間平均気温は16.5℃と比較的温暖で、年間降水量は約2,000mm程度である。冬季は西北西の季節風が強く吹くため日射量が豊富でイチゴ栽培に適した環境である。しかし、近年は台風の影響を受けることが多く、夏季の育苗期間は高温となりやすいため高温対策が必要である。

北部地域は茶園の広がる牧の原台地と、水稲を主体に栽培する地域があり、南部地域の国道150号線に沿った海岸砂地地帯では、施設園芸（イチゴ・トマト・温室メロン）と露地野菜のニンジンやサトイモなどの栽培が盛んに行なわれている。佐々木さんは海から北に約1kmのところでイチゴ経営に取り組んでいる。

2. 経営の概要

佐々木さんは現在40歳。イチゴ経営をする前は、8年間、コンビニエンスストアのオーナーをしていた。コンビニエンスストアを経営した理由は、とにかくビジネスがしたかったからで、目標に向かって8年間がむしゃらにやってきたそうである。

経営の概要

作目規模	イチゴ 2,300m²
労　力	本人、妻、パート雇用3名
栽培概要	夜冷育苗I（1,000m²）11月中旬〜
	夜冷育苗II（1,300m²）12月上旬〜
品　種	紅ほっぺ
収　量	10a当たり6.5t

その目標も達成し、新たなビジネスを模索しているなかで「農業」というキーワードに引っかかるものを感じた。農業には耕作放棄地問題、担い手不足問題など課題が多い。課題が多いということは逆にビジネスチャンスであると捉え、農業に注目した。

2009年度「がんばる新農業人支援事業」の制度を利用して、JA遠州夢咲管内で農家研修を1年間受ける。2011年度よりイチゴ栽培を始め、JA遠州夢咲いちご委員会に所属出荷している。

イチゴ栽培年数はまだ4年だが、単位面積当たり収量は管内トップクラスである（第1図）。

3. 経営方針

佐々木さんはよく、「規模が小さくて収量が上げられないものは、規模を大きくしても意味がない」という。小面積でしっかり目標収量をとってから規模拡大を検討するという考え方である。

まずは基本に忠実に栽培をしてみて、それを翌年につなげ、年々収量を上げている。

精農家に学ぶ

第1図　収穫中の株

初年度には家族労働を中心にパート雇用1名とともに収穫・パック詰めをした。収穫量の多い3月には睡眠時間も4時間程度で，夜中の1時ごろに起きてパック詰めをしていた。そこまでしても収穫できずに，ロスが約1割程度発生していた。

2年目から環境制御に関する管理を変更し，中休みが解消され，1～2月の収量を伸ばすことができた。夜中に起きてパック詰めする作業は2～3月にかけて毎日続いた。このままの状況では，いつまでも収穫・パック詰めに追われ，イチゴの栽培管理ができないことから，3年目にはパート雇用を2名増員して3名にしている。雇用の充実をはかることにより，夜中に起きてのパック詰め作業はなくなった。

産地の平均的な収量の場合には，この面積でパート雇用3名は多いと思われるが，佐々木さんの場合は栽培管理作業や収穫・パック詰めの作業などバランスがとれている状況となっている。

4年目からは，パートさんを含む全員がすべての作業をこなせるような雇用体制も整えている。収穫期間中であっても必ず週休1日を，育苗期間中は週休2日制をとり，全員同じ日に取得している。

経営規模の拡大はさらなるパート雇用を増やさなければロスを増やすこととなるため，しばらく現状維持が続くようである。

〈栽培技術の特徴〉

佐々木さんはすべて高設ベンチ栽培で養液管理をしている。

初年度の収量は10a当たり4.2tで，平均的なレベルである（第2図）。

2年目，6t以上を目指した栽培がどうしたらできるのかを模索しているなか，株式会社誠和の斉藤章氏の「施設栽培の方向性と環境制御技術」についての講演を聞いたのがきっかけとなり，ハウスの中の環境が実際どうなっているのかを確認し始めた。2年目は5.4tの出荷ができた（労力が足らずに出荷できないものがあり，圃場では6tを超えていたはずである）。

3年目以降は雇用体制の充実をはかり，6t以上の出荷が可能となっている。

一言で6tといっても簡単ではないが，大きく収量を上げられるようになったきっかけは環境制御技術を変えたことにある。それ以外にも注意しているのは「中休み」のない連続収穫をすることである。特徴を上げると下記のようなことに注意を払っている。

1. 苗づくり

苗半作といわれるように，苗質にはこだわっている。

栽培初年度は一般的な方法で親株1本から30本程度のポット受けをしたが，2年目から方針転換をして1本から10本以下の苗を利用する

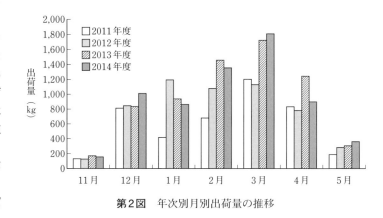

第2図　年次別月別出荷量の推移

第3図 切離し後の苗

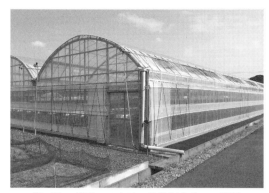

第4図 妻面,サイド,谷換気をすべて開放

ようにして,無駄な苗は処分している。

　花芽分化を揃えることに対する意識は強く,花芽が揃うと防除も徹底しやすくなる。

　花芽分化の揃った苗をつくるためには,育苗期間を長すぎず短すぎないように,ポット受けから80日,切離しから50日程度にしている。良質な親株をたくさん植えて,短期間にランナー子苗をポット受けしているため,切離し時点でほぼ大きさの揃った苗の切離しができている(第3図)。

2. 育苗期の肥培管理と灌水方法の変化

　栽培初年度は親株は養液管理で肥料が切れないように管理していたが,ポットへの灌水は手で実施していた。2年目はポットに点滴チューブを設置し,置き肥管理をした。3年目以降は点滴チューブに養液を流して肥培管理している。その親株床から育苗終盤までの間,メルク試験紙を利用して葉柄中の硝酸イオン濃度を数日おきに測っている。

3. ハウス内の温度と地温の管理

　定植は残暑の残る9月上旬はできるだけ避け,9月20日前後となるよう心がけ,花芽分化の調整と定植前の地温を気にしている。

　地温管理は定植前からが重要だと考えている。植えてから寒冷紗で被覆して温度を下げようとしたこともあるが,根を張らせるためには定植ベンチの地温を25℃以下になるようにできるだけ工夫をしている。

　ハウス内の温度を下げるため,佐々木さんのハウスは妻面も2段巻上げが取り付けてある(第4図)。サイドの巻上げも2段巻上げが付いている。連棟ハウスの巻上げも両側に付けてある。風のある日には外の気温もハウス内の気温もほとんど変わらなくなるように,春先から保温開始前まで全開で管理している。

4. 根張りの確保

　厳寒期に中休みをさせないことと,たくさんの果実を着けても着果負担にならないように,根張りを確保するように努めている。

　そのために,定植するベンチの地温を測り,適温の25℃以下にできるだけ近づける管理をしている。定植後は約1週間にわたり,ハス口を利用して株元へ手灌水している。

　これは,定植したばかりの苗のようすを1本1本確認することと,地温を下げ,株元を乾かさないようにしてクラウンからの根量を増やしてあげるのが目的である。手灌水は点滴チューブに頼らず地道ではあるが,大切な管理だと思ってやっている。

5. 花芽分化処理と作型配分

　栽培施設(第5図)は7連棟のハウスである。作型(第1表)はそれぞれ定植時期をずらしている。

　最初の3年間は予冷庫を利用して,苗の入ったコンテナを毎日出し入れして朝8時～午後4時ごろまで外に出し,夜低温処理をしていた。

日々の出し入れの労力が大変だった。4年目からは，利用されていない夜冷育苗施設を譲り受けることができ，それを利用している。

いずれの作型も花芽分化100％の状態で定植している。

一般的には予冷庫を利用する場合，低温暗黒処理をするケースが多い。しかし，低温暗黒処理では100％の花芽分化が望めず，苗に対するストレスも多くかかる。そのため，花芽分化を重要視する佐々木さんは，最初の3年間は予冷庫を利用しても，苗の出し入れを日々行なうことをいとわず，夜冷育苗にこだわってきた。

佐々木さんの一番早い作型は，9月中旬に定植して，11月15日から収穫できるように花芽分化時期を調整して処理している。この作型はクリスマス前にピークを持っていくための作型でもある。

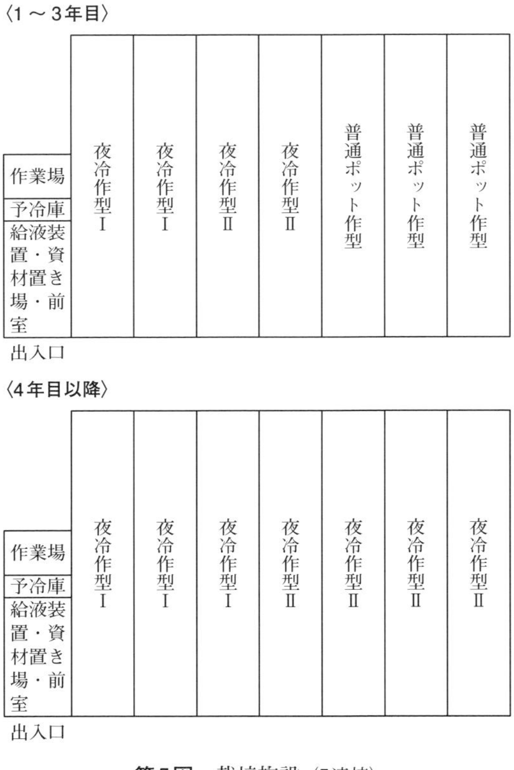

2回転目の処理とポット育苗は花芽分化を揃えることを意識している。1回転目の処理が終わった後に苗を出し入れして，遅ければ10月になることもあるが，必ず100％花芽分化を目指して定植している。

11月中旬には出荷が始まり，常に安定した出荷量を確保できるように工夫している。

6. 腋果房の花芽分化確認

定植前の花芽分化を確認している生産者は多いと思うが，佐々木さんは腋果房の花芽分化も確認している。頂果房はおおむね予定通りに収穫が始まるが，腋果房の収穫時期は年によって変動しやすいからである。年間の収量を一番左右するのが，腋果房の収穫開始時期である。

佐々木さんも，初年度の栽培は自然に任せて栽培をしていたため，頂果房と第1次腋果房の間に中休みがある（第2図）。そこで2年目以降は，第1次腋果房，第2次腋果房の花芽分化状況（各果房間の葉枚数）を確認し，いつ出蕾させるのか，いつ開花させるのか，いつ収穫するのかを考えている。

7. 温度管理

温度管理は，「春夏秋は涼しく，冬は暖かく」を目安とし，イチゴにとって日中の温度が25℃，夜温は10℃以下が理想と考えている。

夏はむずかしいが，いかに施設内の温度を下げることができるかを考え，育苗にも同じ施設を利用しているので風通しをよくして外気温とほぼ同じくらいになるように，施設の妻面もサイド部分も2段巻上げを設置して開放管理をし

〈1～3年目〉

| 作業場 予冷庫 給液装置・資材置き場・前室 | 夜冷作型Ⅰ | 夜冷作型Ⅰ | 夜冷作型Ⅱ | 夜冷作型Ⅱ | 普通ポット作型 | 普通ポット作型 | 普通ポット作型 |

出入口

〈4年目以降〉

| 作業場 予冷庫 給液装置・資材置き場・前室 | 夜冷作型Ⅰ | 夜冷作型Ⅰ | 夜冷作型Ⅰ | 夜冷作型Ⅱ | 夜冷作型Ⅱ | 夜冷作型Ⅱ | 夜冷作型Ⅱ |

出入口

第5図　栽培施設（7連棟）

第1表　作　型

	切離し	夜冷開始	花芽分化時期	定　植	収穫開始	1～3年目	4年目
夜冷作型Ⅰ	7月20日	8月24日	9月15日	9月18日	11月15日	2棟	3棟
夜冷作型Ⅱ	7月25日	9月16日	9月30日	10月1日	12月5日	2棟	4棟
普通ポット	8月1日			10月5日	12月10日	3棟	

ている（第4図）。

とくに10月中下旬には腋果房の花芽分化に影響するため，低温になるよう開放している。

冬はできるだけ適温になるように，妻面の固定化（ビニペット止め）をしている。サイドのビニールも12月から1月までは隙間風が入らないように，固定化（ビニペット止め）をしている。

温度の確認は必ず新芽に近いところか，果実に近いところで測定している。温度計の設置位置は，開花から収穫までの着色日数や葉の展開速度に影響するため，葉の上に設置した場合とでは意味が変わってくる。

8. 光合成促進機の利用方法

株式会社誠和の斉藤章氏の「施設園芸における光合成と転流について」の講演を聞くまでは，早朝2時間程度と，夕方ハウスを閉めた後30分程度にCO_2濃度を高める管理をしていた。しかし，日中の光合成が盛んに行なわれている時間帯にCO_2濃度が下がることがわかったので，日中に外気のCO_2濃度より少し高いくらいの濃度になるように2年産から管理を変更した。

このCO_2施用によって収穫量が大きく伸びた（第2図）。CO_2濃度をその場で確認できる測定器具（おんどとり）も導入したことで，今まで見えなかったものが見えるようになったことも大きなポイントだと感じている（第6図）。

9. ICM（総合的作物管理）

病害虫の発生を予測した管理にも取り組んでいる。

栽培ハウスは丸型7連棟で，妻面，サイド，谷換気と換気できる場所はすべて防虫ネットで覆われている。これによりハスモンヨトウやオオタバコガなどの侵入は防ぐことができている。

問題になる病害虫としては，ハダニ，アザミウマ，アブラムシなどの小型害虫。病気では，炭疽病，うどんこ病，灰色かび病である。

病害虫の特徴を捉え，どのタイミングで防除するかを考え，発生する前に予防防除に徹している。

〈栽培の実際〉

1. 親株の管理

親株は一部JAの無病苗増殖施設の苗を利用している。残りは前年度に栽培した収穫株を利用している。理由は，短期間で子苗の確保ができるからである。

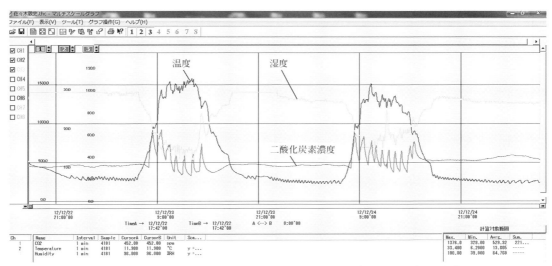

第6図 CO_2濃度などをその場で確認できる測定器具（おんどとり）の画面

収穫株を利用する場合に注意することは，炭疽病がないことが絶対条件である。5月上旬に親株となる収穫株の整理を行ない，炭疽病，うどんこ病，ハダニ，アザミウマの防除を徹底して行なっている。

無病苗は秋（10月）に配布されたものから子苗を出してポット受けしたものを，5月上旬に定植している。

親株の定植時期は年々遅らせて，親株本数は年々増加している。今では約3,000本程度を親株にしている。一般的には300～400本で1万本の苗を育てることが多いが，佐々木さんは1,500本の親株から1万本の苗を育てている。一見無駄に思えるところがあるが，ポット受けするさいに苗が均一になるようにしている。

2. ポット受けまでの管理

親株床は収穫していた栽培槽を利用しているため，高設栽培と同様に養液管理で肥培管理をしている。

5月までに出たランナーは取り除き，6月から発生した苗を利用している。

栽培槽の脇に育苗用のベンチを組み，育苗用のトレイにポットを2列で並べ，ポットの上に点滴チューブを配置させている。

ここで注意しているのは，資材が黒くてランナーの途中が当たると焦げる恐れがあるため，トレイにポット培土を6月上旬に詰め，資材の上に不織布を敷きランナーを這わせるようにしている。

また，毎日親株を観察し炭疽病などの発生がないことを確認している。

収穫株は芽数が多いため，ランナーの発生も早まる。

6月中旬から順次ポット受けを行なうが，ほとんど一回りすれば苗数が確保できる。ポット受けするさいは，不織布を抜き取り，ポット受けする株を新葉1.5～2枚程度にして速やかにポット受けに入る。子株が露（つゆ）を持っている場合，株が乾くのを確認してから葉かきを行ない，ポット受けをしている。

3. 苗切離しまでの管理

ポット受けは7月上旬までに終わるようにして，切離しまで20日以上の日数を確保するようにしている。

苗の大きさや苗質を揃えようとしているのに，ポット受けから切離しまでの日数が少なすぎて，切離し後にしおれることがあるが，できるだけしおれさせないように根がしっかり張ってからの切離しをしている。

この時期も毎日親株と子株を観察し炭疽病などの発生がないことを確認している。

灌水管理もポット受けが終わったところから自動で行なっている。切離し前までは1日1回灌水している。

切離し10日前に子株の肥料切れがないかチェックをする。メルク試験紙を利用して心葉から3枚目の葉柄中の硝酸イオン濃度500ppmを維持するようにしている。肥料が十分あれば子株には灌水のみ実施するが，肥料切れぎみの場合は養液を流すようにしている。

4. 育苗（切離し）

苗の切離しは夜冷育苗を開始する約1か月前の7月下旬に行なっている。

一般的には，切離し後の葉かきで苗の大きさを揃える管理をするが，佐々木さんの育苗はすでに大きさの揃ったものを切り離すことができている。切離しをしながら2枚程度になるように葉かきを行なっている。

苗の移動もこの時点ではなるべく行なわないようにして，病害の発生をトレイやベンチごとのロットで管理するようにしている。

ハダニ，うどんこ病の防除もこのタイミングで徹底防除している。炭疽病の予防は1週間に1回定期的に行なっている。

切離し後の灌水および肥培管理はメルク試験紙で定期的に硝酸イオン濃度を確認しながら，肥料切れがないよう50ppm以下にならないように養液で管理している。'紅ほっぺ'は育苗期間中に肥料切れを起こすと腋果房が育たず心止まりし，「芽なし株」となるため注意している。

5. 夜冷育苗

佐々木さんは，初年度から花芽分化を揃えることに注目をしていた。そのため3年間は予冷庫を利用しての夜冷育苗をしてきている（第1表）。低温暗黒処理は苗のストレスが大きく，苗もいたみやすくなる。花芽分化も100％にならないため夜冷育苗にこだわっている（第7図）。

時期も超促成のような早い作型ではなく，9月中旬定植ができるような中休みが長くならない作型を取り入れている。

4年目には，利用されていなかった夜冷育苗施設を購入することができて入出庫の手間は楽になっている。

1回転目の処理は，8月24日ごろ夜冷庫に入庫し，処理を開始。おおよそ20日間を目安に花芽分化してくるようにしている。9月15日まで処理を行ない，9月18日に定植している。

2回転目の処理は，1回転目と入れ替えになるため9月16日から処理を開始する。花芽分化は2週間程度かかるため9月最下旬となる。普通ポット育苗のほうが早い場合もあるが，100％花芽分化したものを定植するようにしている。

夜冷育苗処理は16時に入庫して翌8時までの16時間を低温処理し，日中8時間日長としている。

6. 本圃の片づけと準備

収穫が終わった時点が次作の始まりと考え，収穫は5月中下旬で終え，親株を植えたり，残したりする3棟以外の4棟は収穫株の掘取り処理を行なうようにしている。

掘取りした収穫株はビニールの肥料袋に入れて密封し，温度を上げて病害虫を死滅させる。収穫株に付いていた病害虫は薬剤抵抗性をもっている可能性がある。その拡散を防ぐためにすべての株を処理している。

株の掘取りが終わりしだい，太陽熱処理をして培地の土壌消毒を行なう。期間は，長い場合，6～8月までの3か月間になることもある。

第7図　夜冷入庫前の苗

7. 定植準備

①本圃準備

定植するための準備はまず，1回転目の夜冷処理開始と同時くらいから毎日灌水処理を行なう。定植5日前から養液を流しておく。

地温の上昇がないようにハウスの妻面，サイド，谷換気をすべて開放して下がるようにしている。地温が高いと根張りが悪くなるため，できるだけ25℃に近づける。地温計を挿して30℃以上の場合は，定植1週間前から地温を下げるようにしている。

②定植前苗管理

夜冷育苗期間中の葉かきは，定植1週間前を目安に3枚程度まで行なっている。

定植する前の病害虫防除も兼ねての葉かきをし，ハダニ，うどんこ病の防除を必ず実施している。ここでの葉かきは定植後の根を張らせるためでもある。

8. 定　植

夜冷1回転目は9月15日前後に花芽分化を確認して，100％花芽分化したところで，入れ替える。定植は9月18日ごろから定植するようにしている。あまり早すぎると，地温が高いことと，高温で腋花房の花芽分化が遅れて頂果房と腋果房の果房間葉数が多くなり，中休みが生ずるので，その時期に行なうようにしている。

夜冷2回転目は9月最下旬ごろの花芽分化を予定している。遅れることもあるので10月に入ることもある。

9. 養液管理

一般的には生育ステージごとに養液濃度を調整するほうが多いと思う。佐々木さんは最初の1週間程度はEC0.5mS/cm程度の濃度で管理している。その後は少しずつ上げるが，必ず給液・排液・原水のpH・EC濃度のチェックを毎日行なっている。排液量もチェックしている。高設栽培をする以上，毎日チェックするのが当たり前として行なっている。ただし，佐々木さん本人がやる場合もあるが，パートさんに時間を決めて計測させている。

従業員全員が栽培管理に参加していて，責任感も増している。それが従業員管理にもつながっている。

10. 定植後の管理

①灌水管理

定植後は点滴チューブを利用して養液管理をしているが，定植後速やかに活着させ，新たな根をクラウンから張らせることを優先している。新たな根が厳寒期の着果負担を軽減できるように育てる。そのために，定植から1週間は手（ハス口）で灌水を行なっている。

②葉かき作業

定植1週間前に3枚にした苗を4枚になった段階で定植している。定植後2週間は葉かきなどの株の整理をひかえている。根を張らせたいのに株の手入れをしてしまうと根の動きが悪くなる。少しでも根の量を増やすために，葉数が6～7枚になるまで置き，1～2枚程度の葉かきを行なうようにして，出蕾から開花ころには定植後展開してきた葉に生え替わるようにしている。

11. 温度管理

①腋果房の花芽分化までの管理

定植するハウスは周年ビニール被覆した状態である。定植前からできるだけ地温と気温を下げる管理をしているが，腋果房の花芽分化の遅れが中休みにつながるため，10月下旬までは開放管理している。

②腋果房花芽分化後の管理

日中の温度管理を25℃に，夜温が10℃以下になったら保温を開始している。

10月最下旬から11月上旬はとくに温度管理に気を付けている。年によって差があるが，日中（朝・晩）は25℃以下になる時間帯が出てくる。そのような日が続くようになれば，妻面の巻上げを少しずつ閉めるようにしている。次にサイドのビニールを少しずつ閉めるようにする。谷換気は自動開閉装置が付いているので，25℃以下になれば閉じ，25℃以上になると開くようにしている。

この時期に低温管理をしてしまうと，葉の展開速度も果実の着色スピードも落ちる。暖かい時期から寒い時期に切り替わるタイミングを上手に切り替えなくては中休みが長くなる要因にもなる。逆転する管理になるが，日々の温度を敏感にチェックしている。

もう一つのポイントは，新葉のようすをチェックし，中から出てくる新しい葉が10月までの葉の大きさと同じくらいになるように観察をしている。

自動換気装置の温度センサーの位置に気を付け，イチゴの新葉に近い位置もしくは，果実の近くに設置して管理している。

温度計も数箇所に設置してハウス内ができるだけ均一になるように気を配っている。

また，ハウス内の温度をデータロガーを使ってイチゴの葉の展開速度や果実の着色日数など積算温度でチェックしている。

③厳寒期の温度管理

12～2月までの気温の低い時期の温度管理も同じように，日中25℃（果実付近）夜間8℃を維持できるように工夫している。妻面とサイドのビニールは固定張りにする。ビニペットでしっかりと止め，隙間風ができるだけ入らないようにしている。固定張りをしないと，ハウス内の気温が風の強い日にはぐっと下がるためである。初年度は一般的な管理をしていたが，2年目に隙間風がないことを確かめるために，線香の煙がまっすぐ上に上がるかどうか確認したこともある。

重油代が気になるとよくいわれるが，最低限の温度管理は必要で，夜間の温度は自動で暖房機が作動するため，毎日何時間燃焼したのかを日々チェックをしている。曇天日が3日以上続くような日は，日中暖房機を燃焼させてハウス内の湿度を下げるようにしている。灰色かび病の対策も兼ねて稼働させている。

温度管理は果実の着色スピードと葉の展開速度を大きく左右すると考え，開花～収穫まで40日以内で収穫できるように1日の平均気温15℃以上を目指して管理している。葉の展開速度も10日に1枚展開できるようにしている。

12. 環境制御

① CO_2 施用の方法

佐々木さんにとっても産地にとっても環境制御の導入は大きな変革となった。

株式会社誠和の斉藤章氏の「施設園芸における光合成と転流について」の講演を聞くまでは，早朝2時間程度の施用でハウス内炭酸ガス濃度を1,000ppm以上になるようにして，また，夕方ハウスを閉めた後30分程度CO_2濃度を高める管理が一般的だった。

光合成に必要なものは，CO_2と水と光である。温度は温度計で見えていた。水分も水分計や湿度計などで確認ができている。光も照度計や日照時間で確認できていた。CO_2の濃度は，以前はその時点の濃度を点で測定していたが，プロファインダーやデータロガーなどで随時記憶されていく測定器が発売されたことで，見えなかったCO_2濃度がどの時間にどれだけ不足しているかの確認ができるようになった（第6図）。百聞は一見にしかずである。早朝に施用してもハウスが開くと濃度は一気に下がるし，気温の高い時期にはハウスを開放するのでCO_2が外に逃げてしまい，無駄が多いこともわかった。

どうしたらいいのか？ CO_2濃度センサーと連動させて管理するのも一つの方法だが，佐々木さんはタイマーを使い，天気が良い日も悪い日もCO_2濃度の下がるタイミングで施用することでハウス内と外気中のCO_2濃度と極端に差をつけないように管理している。燃料代のコストのことも考慮しているが，イチゴが必要としているのであれば施用するべきだとしている。

② CO_2 施用のタイミング

光合成促進機は，ハウス面積2,300m^2に2台設置している（第8図）。

利用し始める時期は，朝晩25℃以下になりハウスが閉まるころからである。おおむね11月上旬くらいになる。施用をやめるのもハウスが朝晩開放になるころまでになるので，年により違うが，おおむね3月下旬になる。ハウスが日中完全開放状態では施用をひかえるが，開いたり閉まったりをするような時期には施用している。

日の出30分後くらいから日の入りまでの8～10時間の間，1台の光合成発生機を1時間に1回15分間稼働している（第9図）。2台を交互に稼働させているので，実質30分に1回施用していることになる。15分稼働しCO_2濃度が600～700ppmまで上がり400ppm程度まで下がる。1台の機械が1日当たり稼働する回数は8～10

第8図 光合成促進機（矢印）と暖房機

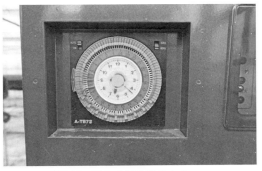

第9図 光合成促進機のタイマー

回となる。10回稼働したとしても150分（2時間30分）となるため，早朝2時間＋夕方30分の施用と経費的には変わらない。有効的に光合成させている。

③ハウスの湿度管理

ハウス内の湿度管理にも気を配っている。過乾燥になるとイチゴの気孔が閉じてCO_2の吸収速度が落ちるからだ。初年度は何も気にせず管理していたが，2年目に講演会の話を聞き極端に乾燥しないように湿度計をいつでも確認できるようにしている。湿度の管理も加湿状態になると灰色かび病の発生にも影響するので確認している。

④ハウスの隙間風対策

ハウスの隙間風がCO_2濃度と乾燥に影響している。温度管理のために隙間風対策をしているが，隙間風が入るハウスのCO_2濃度は風が強い日ほど低くなる。夜間密閉度の高いハウスでは自然に朝にかけてCO_2濃度は高まる傾向にあるが，隙間風が入るハウスでは外気中のCO_2濃度とほぼ同じ濃度となる。同様に温度も湿度も低下する。日中であっても同じことがいえる。このため，隙間風対策は重要と考えている。

13. ICM（総合的作物管理）

IPM（総合的病害虫管理）とあわせて作物管理も同時に行なってきている。環境制御技術と温度管理（隙間風対策）など作物が育ちやすく力を一番発揮できる状態を保ちながら管理をしている。

①育苗中

親株から定植1週間前までは，炭疽病を主体とした防除管理をしているが，台風などでハウスを密閉する前には必ず予防防除に努めている。炭疽病の拡大を最小限にするための防除となる。とくに，台風で密封する前には発病している株はないかをチェックし，怪しい株を取り除き，周辺から爆発的に増殖しないようにしている。

②定植1週間前

ハダニとうどんこ病の本圃への持込みに注意をしている。ハダニについては定植1週間前の葉かき作業にあわせて防除をする。気門封鎖剤と殺卵剤のローテーションを基本に定植前に天敵（チリカブリダニ，ミヤコカブリダニ）に影響のないものを利用している。

天敵の導入タイミングはミツバチの入蜂の時期と同じ時期にしている。

③定植後

定植2週間後くらいを目安にうどんこ病の防除を徹底して行なっている。うどんこ病は発病させてしまうと防除が難しいため，開花期前に数回徹底して行なっている。天敵の導入後や開花期以降の防除を極力減らすように心がけている。

④定植1か月後をめやすに天敵放飼

開花期以降の防除を極力減らすことで，奇形果などのロスを減らしている。薬剤散布をすることはミツバチ，天敵ともに定着を悪くしたり，減少させたりする要因となる。

ミツバチと天敵を放飼して2週間は防除を行なわなくてもよいように放飼前日までに防除を徹底している。

⑤収穫期間

天候を見ながら生物農薬とくん煙剤を利用して灰色かび病の防除をしている。湿度を極端に上げるような制御をするととくに灰色かび病の発生しやすい環境をつくることになるので一つでも発生し始めたら注意する。

⑥春先のアザミウマ対策

3月以降ハウスを開放するようになるとアザミウマの飛込みが心配されるが，秋に発生していなくても，年明けから月に1回アザミウマ対策の防除を行なっている。アザミウマに有効な薬剤が少なく，ミツバチや天敵に影響のあるものが多いためハウス内で増やさないための防除である。1～3月の予防防除が春先のアザミウマ発生拡大を防いでいる。

⑦病害虫の発生を知らせる印

作業を5名で行なっているため，発生したら必ず洗濯バサミで印をすぐ付けるように徹底している。印がないのはどこか探すのに時間がかかり無駄な時間を減らすためでもあるし，見つけられないこともあるためである。完全に発病

や発生が収まれば印を外すようにしている。

14. 雇用体制の確立

雇用対策は佐々木さんが経営の中で一番重要としている部分でもあり，一般的に生産者が苦手としている部分である。

初年度の収量ではパート雇用も増やせなかったが，2年目以降予想通り収量が増加したことで雇用体制を整えてきている。収量アップ，収穫ロスの軽減はパートさんたちなくしては達成できないことで，パートさんたちには大変感謝をしている。

日々作業を始める前にその日の作業内容の説明を行ない，休憩時間を利用してそれぞれから気が付いたことを聞き出すようにしている。

作業全般の仕事も共有し，養液の排液の量や排液濃度などのチェックをパートさんに行なってもらっている。いろいろな部分に責任を持ってもらうことで，パートさんたちの意識も高まっている。

また，収穫の忙しい時期であっても週1日の休日を全員が取得している。佐々木さんも朝一回り確認事項が終われば休みにしている。病害虫の防除をする機会は少ないが，休日の前日に行なうようにしている。

雇用体制を重んじているのも，管理作業・収穫作業・パック詰め作業も全員で行ない，誰が用事で抜けても作業が回るような体制が構築されている。

〈今後の課題と展望〉

まだ自分の収量には満足していない。ロスをなくせば出荷量がもっと伸ばせると考えている。

一般的には規模を拡大して売上げを伸ばそうとするが，佐々木さんは所得を伸ばそうとしている。絶対に必要な経費は削れない。効率の向上と作業のスケジュール管理の見直しは毎年している。課題があればわかるまで調べることを繰り返している。

過去の技術が必ず正しいとは限らない。何かのきっかけで大きく変化できる。それだけ農業には魅力があると佐々木さんは感じている。

今まで地域の皆さんに支えられたおかげでイチゴ経営ができていることに感謝している。自分のビジネスを考えるだけではなく，地域の皆さんに少しでも力になれることがあれば恩返しをしたいと考えている。

《住所など》静岡県掛川市大坂
　　　　　　佐々木敦史（40歳）
執筆　渥美忠行（JA静岡経済連野菜花卉課）
2015年記

静岡県菊川市　三倉　直己

紅ほっぺ・育苗した苗をそのまま栽培ベンチに置いて収穫をするDトレイ栽培

○育苗施設が不要，定植作業も不要な省力高設栽培システム
○1株当たり300mlという少量培地への少量多回数給液で高品質・多収生産
○人間工学の考え方をとり入れた収穫作業の合理化と省力化

〈地域と経営の概要〉

1. 地域の特徴

菊川市は静岡県の政令指定都市の静岡市と浜松市の中間に位置し，牧之原台地の茶園と平野部の田園地帯などが広がっている。平均気温は15～16℃，冬でも0℃を割る日は少ない。年間降水量は2,000～2,200mmで，日照時間は2,000時間程度と長い。

菊川市，掛川市南部（旧大須賀町，旧大東町），御前崎市西部（旧浜岡町）を管内とする遠州夢咲農協のイチゴ生産は，2007年度には，栽培面積51ha，販売高17億5千万円，生産者183戸で，品質，生産量ともに県下のリーダー的産地である。

2. 経営のあゆみと概要

三倉さんは大学卒業後，メーカーに就職する予定であったが，父親が急逝したため，急遽就農した。チャと水田，イチゴを中心にした栽培を行なっていた。当時は，周囲の生産者は土耕で無加温栽培がほとんどであった。

就農10年後には暖房機を導入し，二酸化炭素施用も始めて，収量を増加させた。しかし，チャとイチゴの経営では，春先になると，栽培管理と収穫作業が重なり，大変な作業労力になっていた。そこで，1992年にロックウール高設栽培を導入し，現在は，チャ畑は人に貸し，イチゴ主体の経営を行なっている。

作型は超促成の夜冷育苗が3分の1で，残りが慣行の促成栽培である。10月下旬から6月下旬までの長期収穫を行なっている。

経営の概要

立　　地	静岡県西部，牧之原台地南東部の水田
栽培面積	イチゴ 45a
品　　種	紅ほっぺ
収　　量	10a当たり6t
労 働 力	家族3人，パート4人×半日

〈技術の特徴〉

1. 人間工学の考え方をとり入れた作業の合理化・省力化

三倉さんは，仕事だけでなく，地域の市民農園や集団転作，学校農園などボランティア活動にかかわるようになった。公私ともに忙しいなかで，ものごとを整理・分析して早い決断ができるようになった。また，イチゴの作業の効率化も迫られてきたことから，イチゴの管理作業にも工夫をこらすようになった。そこでは，大学時代に専攻したシステム工学が活かされた。

経営収支，可能労働力量（家族および雇用者の可能作業の分類），労働強度，栽培技術などの現状を分析して問題点を明確にし，改善方法

をシミュレートしたあとに，現状の経営にとり入れることが可能かどうか判断し，改善策を講じてきた。

繰返し作業を省力化して作業効率を上げるために，1）防除，換気，灌水，保温などの機械による自動化，2）収穫，荷づくり，定植の作業方法改善による省力化，3）収穫作業，荷づくりなど習熟を要する作業の改善（たとえば収穫台車を3段にし，葉かきや定植作業にも利用）を行なってきた。

たとえば，イチゴ栽培で大変なことは1）腰を曲げて前傾姿勢で収穫箱を片手に持って収穫すること，2）収穫箱にイチゴを並べて置き，その箱を運び出す作業である。

これらを改善するためには，1）腰を曲げないために，立って作業する，2）収穫箱は持たないようにする，3）収穫箱を手では運ばない，ということが考えられる。

そこで，改善策を考えるが，収穫ロボットではコストがかかりすぎるので，収穫ロボットを製作することを想定した作業分析をしてみた。

イチゴの収穫作業を分解すると1）目で探す→2）確認する→3）腕を動かす→4）手を使って採る→5）持ち直す→6）収穫箱に移動する，というように目で見て箱に置き並べていく複雑な動きをしている。腰を曲げて歩行しながらだと，さらに複雑で強度の作業をしていることになる。

これらの作業を改善するためには，見やすくて採りやすい位置にたくさんのイチゴを成らせればよい。

見やすい位置とは正面前方やや下方向で，人間が立った状態で1.10～1.20mの高さである。採りやすい位置は，指がイチゴの成り位置から収穫箱までの移動距離が最小限になる位置である。腕を軽く動かせる範囲は右手については前方右45度より左90度，同様に左手については前方左45度より右90度であり，これらの位置で作業が連続するような工夫をしている。

収穫台車（第1図）は，ベンチの長さ・高さによって変更している。収穫箱が乗る枚数，箱の出し入れのしやすさ，走行安定性（回転機能，重量など）などである。通路の幅は肩幅の1.5倍から2倍で，通路を減らして，ハウス内の歩行距離を少なくする。ベッド長を工夫し，作業が集中してできる時間距離の30～40mとした。

コストをかけて軽作業化に取り組んだおかげで長期収穫ができ，高品質のものを安定的に出荷し，高価格につながってきている。

2．Dトレイを利用した新栽培法

三倉さんは，定植作業の省力化のための定植機の開発は，当面不可能と考えていたが，オランダの国際施設園芸展示会で新しい育苗用容器：Dトレイ（穴形状：D型，サイズW20×L50×H10cm，穴数：10/トレイ（5×2列），培地容量0.3l/穴。第2図）が目にとまり，これを利用した育苗・定植の省力化が図れる新栽培システムを考案し，2005年に特許出願し，2006年に公開された。

発明の名称は「イチゴの栽培方法およびその高設栽培装置」で，特許権は共同発明者と設立した（株）アームズが所有し，商品は「サンラックシステム」として（株）大仙が販売してい

第1図　収穫台車

第2図　Dトレイ単体

Dトレイで育苗した苗をそのまま栽培ベンチに置き，灌水はチューブで行ない，そのまま収穫をする（第3図）。育苗施設が不要になり，定植作業もないため大幅な省力になっている。

　慣行ポリポットの定植作業の工程は，1）ポットをコンテナに入れる，2）本圃に運ぶ，3）定植穴をあける，4）ポットからはずして定植する，であるが，Dトレイの定植作業は，1）Dトレイを本圃に移動する，2）ベンチの上にDトレイを置くという工程だけなので，作業時間は1～2割程度である。

　現在，本圃の資材費は10a当たり220～250万円ほど（給液装置は含まず）で，約1万2,000本の苗が入る。じょうずに環境制御や作業をこなせる人であれば，らくに6t以上採れる。ただし，培地量が少なく，密植のため，温度管理や給液管理が不適切だと土耕並みの収量になるリスクがある。

3. 植物生理にあった環境管理

　イチゴの生理にあった温度・湿度管理を行なうのが三倉さんの特徴である。

　第4図が三倉さんと慣行の環境管理を行なっているA氏とのハウス内の温度・湿度の変化を比較したものである。温度はA氏が昼間は25℃前後，夜間は10℃前後で一定なのに対し，三倉さんは，午前中は高め，午後はやや温度を下げるが，A氏よりは高め，夕方は15℃前後に維持し，その後はA氏よりは低めに管理している。

　三倉さんによれば，おいしいイチゴを多収するためには，土耕栽培で昔から高品質・多収栽培をしている人のようすを観察すればよいとのことである。それらの圃場は高うねで条間，株間が十分にとられている。しかも東西うねの南面は品質，収量がずぬけている。

　土耕栽培では24～26℃の気温の場合，イチゴの株元付近は輻射熱で28～30℃になってい

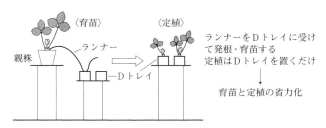

第3図　育苗と定植の新しいシステム（Dトレイ利用）

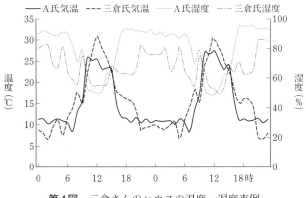

第4図　三倉さんのハウスの温度・湿度事例
（2001年1月15～16日）

る。さらに夕方は，マルチをしたうねからの放射熱によって株元付近は温度の低下が抑制されている。また，夜間から早朝には地表面近くでは二酸化炭素濃度が高まっている。この条件が光合成の促進と転流に効果的な働きをしている。

　高設栽培でも，これらの土耕の高品質・多収圃場と同様の環境に制御してやれば，よい結果が得られる。つまり，次のような管理である。

　1）早朝は加温し，二酸化炭素を施用する。朝日があたるころから3時間は株周辺の温度を高めるために，28～30℃のハウス温度を目標にする。

　2）同時に，光合成促進のために空気攪拌に循環扇などを利用する。早朝加温と同時に湿度を下げるために，徐々に換気するのである。

　3）午後には蒸散促進のために換気を十分に行なうが，急激に温度低下しないように20～23℃を目安にする。

　4）転流促進時間帯の温度を効率的に確保す

第5図　原水用の雨水貯水池

第7図　Dトレイ利用の採苗

第8図　Dトレイ利用の本圃での栽培

るために，日没の1時間前には換気を中止し，日没後2時間程度は加温して15℃前後を維持する。

5) 夜間は10℃以下で管理する。日温度格差をつけることにより果実品質も向上する。

4. 雨水の原水利用，排液浄化・循環システム

培養液作成用の原水は，水田を利用した貯水池（第5図）をつくり，雨水を貯めて利用している。ハウスの外に出た廃液は，セリやガマなどの水生植物での浄化が可能になっており，水田を利用した貯水用の池をつくり，循環式栽培も可能なシステムになっている。

〈栽培の実際〉

1. 育苗から定植後の管理

親株を育てているサンラックシステム（Dトレイ本圃場栽培）の横にトレイ受けを設置してDトレイをのせて採苗・育苗がスタートする（第6図）。

まずDトレイを並べて置き，ロックウール粒状綿を充填し，十分湿らせたあとに，親株を栽培しているベンチの横に架台を伸ばし，Dトレイをのせて，ランナーをトレイに固定する（第7図）。

本圃のベンチにのせると定植となるが，育苗から定植まで地下部環境は同一なので，育苗日数は何日とは表わせない（第8図）。

2. 摘葉，摘果などの草勢管理

1万2,000株/10aと密植なので，環境管理，養液管理により葉が立つように草勢をしっかり管理し，摘葉，摘果をしっかりと行なっている。

摘果は，その果房の収穫作業の軽減

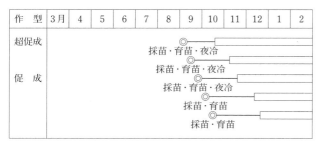

第6図　三倉さんのイチゴの作型
各作型とも6月まで収穫

と，次の花房の花芽の充実につながるため，欠かせない作業である。三倉さんは「おしいと思って残しても，次によい花が出ないし収穫に手間がかかって，いいことはない。自分で採るのが惜しいなら，パートさんに"一番果は10果以下"というように具体的な指示を出して摘果してもらったほうが確実だ」「2～3か月先のイチゴの生育を考えながら環境管理，栽培管理を行なう」そうである。

イチゴは，果実の肥大に伴って，株に負担がかかるようになり，根が衰えてきて，地上部の生育も抑えられたりする症状が観察される。通常，イチゴの生育状態は，地上部の観察で把握するだけであるが，Dトレイの場合は第9図のように，株をトレイから抜き出して根の状態を観察できる。そのため，白い根が維持されているか確認しながら，常に株をよい状態に保つための管理が可能である。

3. 養液管理

1株当たりの培地量が300m*l*程度と少ないため，従来の高設養液栽培と同じ給液方法だと培地が乾く。このため，1日に10回程度の多回数給液し，深夜にも1～2回程度の給液を行なっている。

給液EC濃度は，まだ実験段階であるが，慣行栽培のECに比べて低い濃度でも生育・収量・品質に問題のない結果が得られている。これは，根に十分な酸素が供給されることと，少量多回数給液を行なっているためと考えられる。

4. 環境管理

日の出後2時間は二酸化炭素を施用する。新しいハウスでは，暖房機だけ4段変温サーモで変温管理するのではなく，換気管理も4段変温サーモで管理している（第10図）。

早朝から午前中は28℃程度に高温管理し，光合成促進のために循環扇や環境扇（換気扇）を有効利用している（第11図）。午後は徐々に換気しながら20～23℃を維持している。夕方は日没1時間前には窓を閉め，温度を確保して転流を促進している。

第12図は新しいハウスの2008年2月15日の温度変化の測定結果である。暖房費節減のために，ハウスの換気を抑えて，温風暖房機の稼動を少なくしながら，変温管理を行なっている。午前中の温度を28℃程度に確保するために，

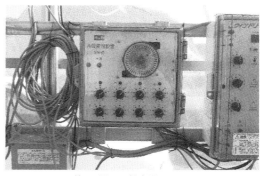

第10図 4段変温サーモ
側窓の管理を行なう

第9図 Dトレイ栽培でのイチゴの根

第11図 循環扇などによる温度・湿度制御

精農家に学ぶ

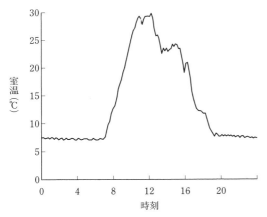

第12図　変温管理の事例
（2008年2月15日）

10時ころまでは換気しないで，二酸化炭素施用を行なっている。午後は換気温度を23℃に設定し，夕方は16時ころに窓を閉め，温度低下を防ぎ，19時ころまでは温度を維持し，それ以降は低温（6～8℃）管理している。

〈今後の課題と展望〉

　三倉さんは日本養液栽培研究会の役員も経験するなど，研究熱心で，静岡大学などの研究にもアイデアを提供し，毎年，新しい取組みを行なっている。自分でなければできない作業を減らすことや，労働生産性の低い作業をなくすことがコストダウンになり経営改善になる。

　経営的には大規模ではないが，家族と数名の手伝いをしてくれる人と楽しく，らくなイチゴづくりを目指してがんばっている。

《住所など》静岡県菊川市三沢489
　　　　　三倉直己（55歳）
　　　　　TEL. 0537-36-0046
　執筆　堀内正美（静岡県中遠農林事務所）
　　　　　　　　　　　　　　　2008年記

※Dトレイ栽培のイチゴ農家は近隣で10軒前後まで増えている。種子繁殖性品種の「よつぼし」の試験栽培にも取り組んでいる。

藤野さん（右）と筆者

静岡県榛原郡相良町　藤　野　勝　司

女峰・促成栽培

○一株一芽管理で大玉収穫，パック数よりも品質重視
○根の消耗が少ない長距離ランナー型生育を実現
○収穫株をそのまま母木としてポット育苗

＜地域と経営の概要＞

1．地域の特徴

相良町は，静岡県中部，牧ノ原台地の南東部に位置している。傾斜地や台地上はお茶やミカンの栽培が盛んで，台地から流れる河川の下流域には水稲や野菜の栽培が行なわれている。藤野勝司さんの家は，ちょうど牧野原台地の南を降りたところに位置している。

イチゴ栽培も盛んだが，イチゴ単作という農家は少なく，だいたいが茶との複合経営となっている。

2．経営の概要

藤野勝司さんは，イチゴと茶を経営の柱としている。10年前まではこのほかにミカンも栽培していたが，現在はやっていない。イチゴ栽培は10年前から取り組みはじめた。その前の野菜としてはエンドウをつくっていたが，いや地現象で悩まされた。なにかよいものはないかと考え，普及所などとも相談して，冬の収入源としてとり入れたのがイチゴである。他に水田もあるので，夏の作業がたいへんな作物は導入したくなかったという。

始めた当初の品種は静宝だったが，現在は女峰が中心である。新しい品種のスイートベリーを若干入れている。

面積は15 aで，夫婦2人で栽培にあたっている。一人で10 aが理想的だと考えているので，これが労力的にいっぱいだとのことである。なにか省力の手段が講じられるとすればもう少し

経営の概要

立　　地	静岡県中部，牧野原台地の南東部
作目規模	イチゴ（女峰など）15a，茶130a，水田40a
労　　力	夫婦2人
栽培概要	7月5日採苗（ポット育苗），9月中旬定植，12月上旬～5月収穫
収　　量	10a当たり約4 t

面積もふやせるが，当面は現状維持となろう。苗を買うとか，高床の土耕で，腰の負担がかからないようなものが普及するかしなければ，その見通しはない。イチゴでは臨時に年間10人ぐらい，近所の人に作業を手伝ってもらっている。

藤野さんにとって収益的にみたイチゴは，茶と半々ぐらいだという。

3．栽培のねらい

イチゴはビニールハウスでの促成栽培で，育苗はポットによる。

定植は9月14日で，12月上旬から収穫を開始し，だいたい5月中旬ぐらいまで収穫をつづけ

第1図　4月12日の収穫箱

精農家に学ぶ

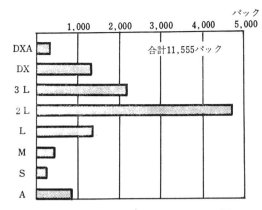

第2図　ある年の階級別の出荷パック数

る。

　藤野さんは，小面積でそれなりの収益をあげるために，高単価で販売できるイチゴづくりをめざしている。単位面積当たりの収量を高めるという方向もあるが，複合経営であることと，だんだんと高齢化していくということを考えると，イチゴでは収穫，出荷における手間が問題となるからである。

　高単価での販売は大玉生産で実現できる。春になると小さい玉がたくさんできるが，その時期は，小玉では単価は低く，気温も上がっているので労力的な負担も大きい。ところが藤野さんは，収穫が終わるまで大玉生産を行なっている。

　それは，芽かきによって，常に1芽だけ花房を残しておくことで実現している。これは，イチゴ栽培をはじめて数年たったとき，どうしても小玉が多くなり，収穫がすすむにつれて樹の勢いが衰えることに頭をいためていたが，ふと「いつも一番のときのような状態だったらいいのに」と考えて，この方法を試すことになった。

＜技術の特徴＞

1．1芽1株管理

　頂果房は10個，2番果房（腋果房）もそのあとの果房も9〜10個と少なくしか穫らない。しかも，ふつう2本出てくる腋果房は，早い時期に1本に整理してしまう。さらにその後の3番も4番も，みな1芽に整理してしまう。こんなやり方で藤野さんは，反当の手取りで400万円ぐらいをあげた（出荷経費差引き）。

　収量構成がふつうと全くちがうのである。第2図と第1表を見ると一目瞭然。パック数で2L以上が74％，L以上だと86％，大玉ばかりである。

　頂果房（1番）も2番も3番も，果数が少なくて大玉なので，収穫も箱づめも当然楽である。葉は直立した展開葉を8枚くらい残すように整理するので，株元のクラウンはワサビのようになり，よく見える。光が当たるほどで，きわめて風通しがよい。灰カビもでなかった。また無加温二重被覆で，ハウスは3℃まで下ぶったが，頂部軟質果はゼロだったそうだ。肥大スピードが早いのである。

　第3図は，ふつうの女峰の管理と1株1芽管理のちがいを模式的に示したものである。縦の棒は葉柄の長さを表わす。

　図の下のふつうの管理のほうを見ると，頂果房の下が2芽に分かれ，それがまた2芽に分かれという具合に，芽はどんどん弱くなっていく。実際にはすべて2芽には分かれていかないが，原理的にはこの図のようになる。そして，1〜2月には葉がごく小さくなり，株は開いたようにバラけて，玉もお休みしてしまう。

第1表　ある年の月別，階級別の出荷パック数
（12/7〜5/8, 10a当たり, 9,300本植え）

	DXA	DX	3L	2L	L	M	S	A	計
12月	90	352	340	668	164	0	0	105	1,719
1月	76	60	488	742	572	231	234	319	2,722
2月	46	124	586	996	140	197	18	172	2,279
3月	72	230	322	718	185	24	0	165	1,716
4月	31	479	376	1,392	264	5	0	100	2,647
5月	0	118	76	222	46	0	0	10	472
計	315	1,363	2,188	4,738	1,371	457	252	871	11,555
％	2.7	11.79	19.00	40.99	11.86	3.95	2.18	7.53	100

静岡・藤野勝司　女蜂・促成栽培

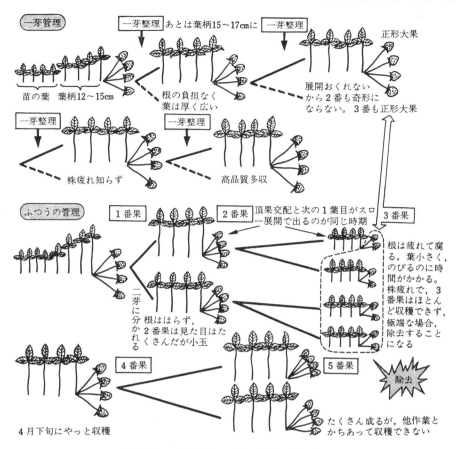

第3図　一芽管理とふつうの管理のとれ方

一方，1芽管理のほうは，ごく早いときに，次の花房のわき芽の弱いほうをかいてしまう。たとえば，2番花房を1芽にしたのは，まだビニールをかける前であった。ごく初期のツボミのうちにはずしてしまうのである。小さいうちだから，樹には大きなショックとはならない。

収穫は1月末が少しヒマになるかんじで，あとは同じペースですすむ。年が明けてイチゴの値がよくなる2月20日すぎにも，大きい玉がとれていく。2月下旬というと，ふつうは2番果房が収穫終わりのころだが，この方法では，早いものでは4番果房がとれていた。この早いテンポは，1芽に栄養を集中させていくこと，また，5枚以下の花弁の弱い花は摘花したことなどが理由らしい。

「摘花するといっても，ムダ花が少ないので楽なんですよ」と，藤野さん。頂果房だけは3本ぐらいのカンザシが出て，それぞれ3果ぐらいついての10果だが，あとは，カンザシは1本だけで，非常に見やすい。

いくら1芽にするといっても，大玉をコンスタントにとっていくには根の力，葉の力が充実していないといけない。それには，苗づくりと定植後の生育のさせ方がきわめて大切になる。

2．地上部と地下部のバランスをとる

1芽管理法は，地下部に10の力をつけ，地上部を8の力にしてバランスをとることで，根の力にみあう葉，果実をとりもどそうとする"修復性の原理"にたよるつくり方である（第4図）。

展開葉はいつも1株8枚に整理する。下に寝た葉はかきとってしまい，腋芽も整理する。すると株は，なんとか地下部とのバランスを回復

精農家に学ぶ

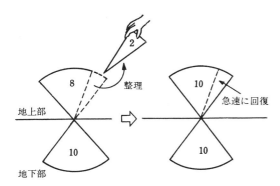

第4図　修復性の原理

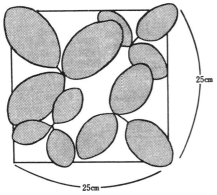

第5図　定植後4枚の葉の葉面積は25cm平方にしたい

しようとし，新葉を早く大きく展開させ，花や果実も充実させようとする。これは栄養生長ぎみの生育ともいえるので，花数は少ない。花数は少ないが，生殖生長が栄養生長と平行していくので，奇形果はない。

したがって，収穫期間中を通じて，地上部を回復させる力の強い根をどうつくるかが，この方法のポイントとなる。

この根の力のベースをつくるのが，定植後，第1番果房がみえてくるまでである。この間に，4～5枚の葉が展開するが，この葉が大きく育つようなら，根も伸びているとみる。目安としては，第1果房までの4～5枚の葉を，25cm角の正方形の中に並べてみて，それが覆いつくされるような葉面積にすることであるという（第5図）。定植時にはまるで小さく短い葉柄の苗から急速に大きく長い葉を伸ばすように，水管理とか土つくり，施肥を考えるわけだ。灌水は，定植後3日間は1株当たり毎日1lを行なう。

果房が出る2枚前の葉が展開したときの灌水もポイントだという。この灌水は，よい花房を出させる効果と，その花房の次の4枚の葉を大きく強くする効果とがあるという。

頂果房でみれば，定植後3枚目の葉が展開したときに灌水し，頂果房と次の4枚の葉を大きくするようにする。2番果房でいえば，頂果房が出てから3枚目の葉が展開したときに灌水する。以降の果房も同じタイミングで灌水をつづける。

3．1芽管理での根

一般にイチゴの根は，
①母木から切離す前の根群
②ポットの中で発根，生長した根群
③定植後に発根，生長した根群
④2月20日以降の生育適期に発根した根群
の4つに分類される。

ところが，4月下旬にイチゴの根を掘りおこしてみると，1芽管理したものと，従来型管理のものとでは第6図のようにちがいがあらわれている。

1芽管理をしたイチゴの根は，A群以外は見分けられないほど元気に働いており，しかも根量は従来型より30％以上多い。一方，従来型管理のイチゴの根は，2月20日以降，天候がよくなってからの生育適期に発根した根だけが元気に働いている状態で，他は，極端な場合は枯死または枯死寸前である。当然，根量も非常に少ない。これは，生育適期以外の時期に地上部の生長点が多すぎて（多芽），地上部をまかなうだけの力を発揮できなかったばかりか，地上部に負けて根が減ってしまったことを意味している。

根の消耗はいきなり始まったのではない。地上部の生育ステージでいうなら，腋果房（2番果房）の最初の実が交配するときに，3番果房のための葉＝腋果房出蕾後に展開する第1葉が出る。この葉が小さく，濃緑で，さらに展開に

時間が長くかかるということは，実は，根がすでにつかれ始めているあらわれである。したがって，腋果房の実も正形果にならないわけである（その後，小さい葉ながらも順調に葉が出てくるようになれば，正形果に近い果形にもどりはするが）。

根の褐変は他の原因もあるが，同一条件で栽培した場合は，1芽管理の根は従来の多芽管理よりずっと根がよいのである。

4．品種についての考え方

女峰という品種は，理想的にはもう少し玉が大きいほうがよい（もともと中玉の品種だが）。できればもう少し大きい品種がほしい。

もっとも，ただ大きいだけではイチゴはだめで，大果で味がよいものでなくてはならない。大果女峰ならば理想的だ。

女峰は，酸味がもう少し低いほうがよいであろう。この酸度のぶん消費者に嫌われるところとなって損をしているかもしれない。しかし酸度が低いと日持ちが悪いという矛盾をかかえる。

日持ちがよいとはいっても，完熟果での日持ちがもっとほしい。日持ちは樹勢でちがう。樹が旺盛で，冬場に日向になったイチゴは糖度がのる。日持ちがよいのを逆にとると欠点となる。青どりがはやる要因になっており，これを市場が要求するからよくない。イチゴはガクまで色が回っていないとまずい。ガクのほうから食べてもうまい，というのが本当であろう。

女峰の完熟果——樹が丈夫で，日向でできたもの——は日持ちもよい。ただし完熟と過熟は紙一重で，だから青どりが多いのだろう。樹がよければ日持ちはする。

スイートベリーは3畝ほどつくっている。本種は一長一短があり，確かに大果系だが，日陰のハウスではだめでピンク色の果実ができる。これは果実は大きくてもまずい。大玉なのでデラックス級ならば値段的によいが，中玉だと不利である。大果の特徴をいかせばよいが，いっ

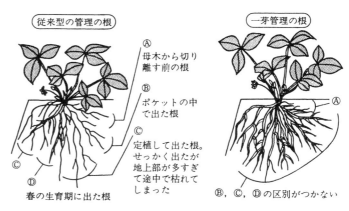

第6図 4月下旬の根のちがい

ぱい取ろうと思ったらつまらない品種だと思っている。3番にきて休む。それだけ樹が疲れる。収穫開始もちょっと遅い。

＜栽培の実際＞

1．育　苗

①目標とする定植苗

定植時の苗は，次のようなものが良苗と考えている。

○葉数4枚で炭素率が高く，明らかに窒素が切れている
○葉面積は4枚で約8㎝平方（8㎝×8㎝のワクをふさぐくらい）
○クラウン径1～1.2㎝
○葉柄の長さ約7㎝
○根の長さ，長いものは20㎝
○重さ約40～50ｇ
○無病
○品種の特徴がはっきりしていること
○花芽分化初期にあること

②収穫株の一部を母木に

収穫圃場で採苗するには，大玉収穫は5月中旬で終了するのが，もっとも採苗が安心で簡単である。

全株を後期まで出荷しつづけようとするならムリだが，5月中旬まで収穫の計画であれば，母木とするものだけ4月末に整理を確実にしておく。母木としない株については収穫を5月中旬までつづければよい。

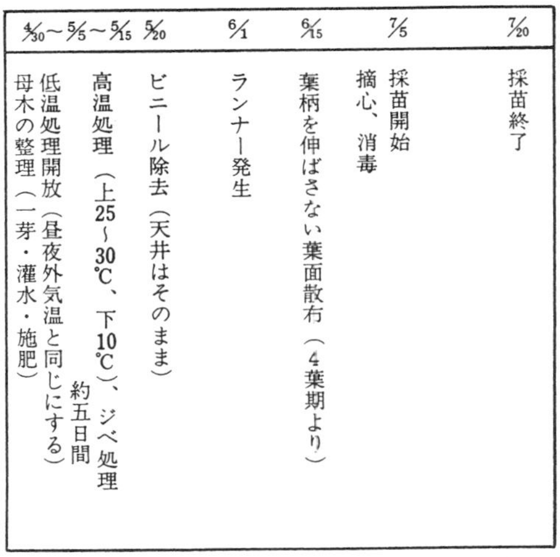

4/30〜5/5〜5/15
5/20
6/1
6/15
7/5
7/20
採苗終了
採苗開始
摘心、消毒
葉柄を伸ばさない葉面散布（4葉期より）
ランナー発生
ビニール除去（天井はそのまま）
高温処理（上25〜30℃、下10℃）、ジベ処理
約五日間
低温処理開放（昼夜外気温と同じにする）
母木の整理（一芽・灌水・施肥）

第7図　収穫株をそのまま母木とする育苗法

その後は，後述のように，ベッド数を半分にしてランナーを発生させる。第7図に母木管理のあらましをまとめた。要点は次のとおり。

採苗までは天井のビニールを除かない雨よけ管理をつづける。こうすると，炭そ病をはじめ，多くの病気にかかりにくい。

排水条件をよくするためには，あらかじめ高さ40cmのベッドにしたい。

過繁茂とならないように母木畑の面積を確保する。

収穫が終わった時点で母木としない株を除去する。クラウンの下にカマを入れて切りとる。

母木をいためないようにマルチを取り除く。

第8図のようにベッド数を減らす。なお，Bベッド側面を少し取り除いてからA部分をつけるとベッドがうまくつくれる。

③母木をきめたあとの管理のポイント

一芽にする　どの株を母木とするかを決定したら，4月30日ごろ，晴天の日の午前中に4～5枚の葉を残して他は取り除く。芽数は1芽，多くても2芽。

母木に傷がついたときには，必ず炭そ病予防の消毒を，傷にかかるように行なう。消毒液は日没までに乾くように。

その後5日間，低温にふれさせる。凍らないかぎり夜間は開放する。

その後10日間は高温管理。25℃以上の気温に，1日5時間は保つ。高温にして3日目にジベレリン（20～30ppm）を処理し，その後5日おいて2回目を処理する。

灌水　母木に効くように灌水する。このとき，土のはねかえりが葉裏に付着しないように注意。スミサンスイのマルチ型などを使うとよい。スプリンクラー等の水圧の強い灌水は要注意である。

ベッドの幅が広くて灌水した水がたまる状態では，もし炭そ病があると急に広がる。第8図のような高うねづくりをとくにおすすめしたい。

母木への施肥　有機アミノ酸肥料などで10a当たりNPKとも2～3kgを入れたい。ランナー着地点へも同量程度入れる。ポットに上げてからの施肥は花芽分化に大きな影響が考えられるので，ポットにあげる前は充分に肥えた苗を

収穫圃場
50〜60cm
3株に1株残して母木とする
（他は間引き）
A
B
C
D
E
F
1ベッドおきに
ベッドを半分に
わける
80cm
母木床
40cm
A'
B'
C'
D'
E'
F'
母木仕立て

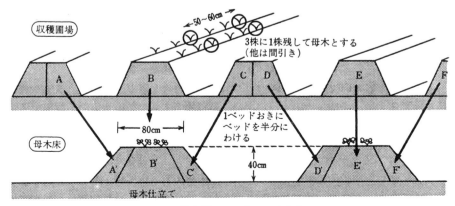

第8図　ベッドのつくり方

第9図 親株からのランナー

つくる。肥えすぎの心配はいらない。

消毒 前述のように，葉かき，強風などで株に傷がついたときなるべく早く炭そ病を主とし，系統の異なる薬剤を散布する。傷のないときも1週1回程度は散布したい。なお，炭そ病の予防は他病害の予防ともなりうるものが多い。

1芽管理で太いランナーを 五月末から大きな葉が展開する。管理葉数を6枚程度に保つと，1枚の葉面積が15cm平方以上になり，大きな新葉が1枚展開するたびに，直径約3mmのランナーが1本ずつ発生する。芽数を多くすると小さい新葉しか展開せず，小さな新葉からは細いランナーしか発生しない。

太いランナーなら大きな苗をラクラクつくれる。大きな太い苗は必ず増収につながる。また，株間を広くとってランナーをあっさり出させることは，病虫害の防除にも大切である。

摘心して大苗に 太郎苗または次郎苗の先で摘心すると苗は急激に肥大する。大きな苗を得るためには生長点をそのままにしないことで，必ず摘心をする。

④**ポットの大きさ，用土，並べ方**

採苗ポットの大きさをいろいろと変えてみると，大きいポットほど根量は多く，定植後の生長がスムーズだった。4寸鉢には700ccの土が入るが，安定水分管理，他の株との間隔などを考えると4寸鉢が理想である。

ポット用土は固相，液相，気相の三相割合や物理性や化学性をよくし，病虫害対策も施し，発根を容易にさせる資材も入れたい。

病虫害対策ももちろんだが花芽分化をポット

第10図 採 苗
上：苗とり作業，下：このぐらいの苗を採る

育苗中の最大目的とするなら，鉢上げ前は充分に肥えた苗をつくり，鉢上げ後は窒素レベルを極端に下げるようにする。

鉢はできるだけ通風のよい，汚水に汚されないところに置きたい。90cmのアゼナミを10cmの高床の上に敷き，その上に8列に4寸ポットをならべる。このとき，葉柄が12cm以上だと，隣の鉢まで葉が届いて灌水しにくく，風通しも悪いのでもっと広げる必要がある。葉柄の長さは短かくつくりたい。

消毒は鉢の中に苗が入っても1週間に1度は必要です。順調にいけば，鉢の中で9月中旬の定植までに4枚の葉が展開している。

⑤**定植苗の姿**

太郎を使うポット育苗 使う苗は，クラウン1〜1.2cm，40〜50gの太郎苗のみというのが基本である。次郎苗以降はランナーの先をとめてしまって用いない。とはいっても，藤野さんは遅くまで収穫した関係上，苗不足になるとこまるので，今年は次郎までを使う。

精農家に学ぶ

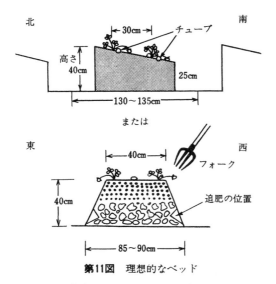

第11図　理想的なベッド

マルチ直前にフォークをベッドの肩に深くさし込むと酸素と水の取込み口をつくることになる

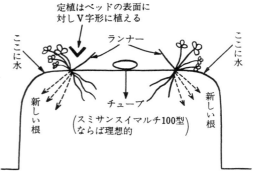

第12図　定植後の灌水はうね肩を乾かさないように

　大きな太郎苗を，無窒素（リン酸，微量養素は入れている）の，有機物やくん炭の入った排水のよい床土をつめた4号ポットに受け，約2か月育苗する。ポット育苗は高温長日条件のもとで，栄養バランスの調整で花芽分化させるやり方である。7月5～20日に鉢上げすると，9月12～15日ごろには安定的に分化するという。

　定植苗の地上部はわずかに4～5cm　いくら太郎苗といえども，無窒素のポットに2か月もの期間いるのだから，出てくる新葉は小さく，わずかに4～5cmの草丈である。1枚の葉が500円玉ぐらいである。

　「この方法で去年はじめてやってみたが，本当にこれで玉がつくのだろうかと心配した。よその苗を入れて植えなおすことも考えた」というから，常識はずれに小さい苗である。ただし，葉の炭素率は高く，定植後にはしおれない。また，根は元気で，根量が多い。

2．定　植

①分化初期定植

　定植は分化初期苗。一般に太郎苗は乱形果が多くなるのだが，分化初期に植えればそういうことはないという。

②定植後の灌水

　花芽分化初期に定植した苗は順調な活着が求められ，頂果房の出蕾前までに，充分な根張りが必要である。そのためには，定植後3日間は1日1株1ℓを灌水し，早期の活着をはかる。

　分化後定植のイチゴは出蕾までの葉数がきまっている。順調に葉を出す条件は，根がスムーズに伸びること，太陽が当たることである。昨年は雨天，曇天が長くつづいて根張りが悪く，葉の展開も頂果房の収穫もおくれた。

　適量の安定水分をベッド全体に保つためには，ベッドの外側が水分不足にならないように特に注意して灌水し，新根の発生をうながす。第12図のように，新根の出る方向に上手に灌水するうえで，スミサンスイマルチ100型のチューブを使うとうまくいく。水が横とびに出て平均に灌水できるよう穴が工夫されていて理想的と思うが，目づまりする欠点があるので，濾過器などが必要となる。

　いずれにせよ，チューブの下部は比較的水分が安定しているが，ベッドの肩部は不安定なので，ここにこそ注意して灌水し，ベッド全体に根を張らせるよう心がけることが大切である。こうして頂果房開花前までに根を完成させている。

　定植時の根量が少ない苗や根がきたない苗をどうしても使うしかない場合は，タチガレン液剤1,000倍液を株当たり100cc灌注し，5日おきにもう一度灌注する。タチガレンによる発根は顕著にその効果が見られ，薬害はない。

第13図 定植直後

第14図 定植後約1か月の姿

③「天井をはる土」には切わらを

ベッドの土の表面が「天井をはる」ようになって水が通りにくい土の場合は，定植直後にわらをきざんでベッドに敷き，軽く表面の土と混ぜるようにしている。こうすると，切わらが水のとりくみ口となってくれる。

3. 栽培管理

①活着後の葉の展開予測

活着後の葉の展開は，9月14日定植の場合，次のようになると思われる。

- 第1葉　定植10日目（9月24日）
- 第2葉　定植17日目（10月1日）
- 第3葉　定植23日目（10月7日）
- 第4葉　定植28日目（10月12日）
- 第5葉　定植35日目（10月19日）

ある年は9月14日～10月19日の間に晴天がわずか9日，曇り16日，雨12日とひどい天候不順にみまわれた。そのため葉の展開が遅れ，出荷も遅延してしまった。

②活着後の水管理

活着のための水管理については先に述べたが，その後の水管理は次のようにしている。

展開葉が3枚目になったときに，1株当たり1ℓ灌水する。これは二つのねらいをもっている。一つは頂果房から腋果房までの間の葉を大きく強くする根づくりのため，もう一つは頂果房の肥大をよくする根づくりのためである。

頂果の次に腋果房（2番果房）が出てくるが，この出蕾2枚前のときにも多めの灌水をする。ねらいは，腋果房の肥大と，2番から3番果房

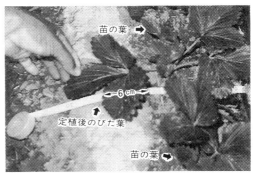

第15図 定植後約1か月の葉

葉の幅6cm，葉柄10cm。この後もう少し大きくなる。
定植後4枚の葉の面積が25×25cm²となるようにしたい

までの葉を強くするための根づくりにある。3番が出る前，4番が出る2枚前のときにも同じように，多めの灌水をしている。

他の時期は，しおれないかぎり少なめの灌水にとどめ，根をいつまでも元気に保つ。ハウス内の湿度を必要以上にあげないので病気にもなりにくい。

③頂果房のあとの1芽整理

定植して15日もすると腋芽がクラウンの横から出てくる。また，葉の展開に応じ，その中からランナーも腋芽も出てきて，放置すると，どれが本芽かわからない状態になってしまうので，早め早めに腋芽もランナーも除去していく。

1株1芽管理をやろうとして迷うのは，頂果房の出たあと，芽が2つにわかれる10月末から11月初旬である。この時期こそ2芽のうちのどちらか弱い方をとり除き，頑張って1芽にすることだ。

芽の整理が遅れると頂果房は当然のように奇形が発生する。残された花芽にショックが大きいだろうし、また次の花にもショックを与えてしまう。花芽分化期の樹勢がつよすぎても奇形果をつくってしまう。

なお、平均気温が19℃になると花芽が順調にくるとすれば、10月20日ころからの気温をなるべく長期に保つために、ビニールを被覆したい。ただ、積算温度で収穫日がきまるから、ジックリ低温で大果を収穫するのか、果形が小さくても早く出荷するかは、温度管理でそうとう変わってくる。あまり遅くしすぎると新葉の展開がおくれる。花はすすむが葉の展開がおくれるという生育では、必ずといっていいほど奇形果になる。葉の展開を注意深く見守ることである。

また、ハウス面積が700～1,000㎡と大型で、天井の高さが5m以上で屋根が鈍角なハウスは、当然温度変化も鈍で、光も入りにくい。このようなハウスは、ビニール被覆がかえって遮光になり、草勢が強くなりすぎる傾向がある。このようなハウスは、定植後の展開葉2～3枚時に、花芽分化促進剤を散布して炭素率を上げる方法が効果的と思う。

マルチはビニール被覆後に行ない、二重にするのは11月20日ごろである。以後の温度管理はハチを見て判断する。ハチが天井付近を飛んでいるようならば温度が高すぎで、ちょっとあけてやる程度にサイドや谷換気を行なう。25～26℃が目安である。

1番果が白くなったころから23℃ぐらいに下げてやる。これは一般よりも若干高温管理かもしれないが、女峰はやや高めのほうがとれる。

高温管理とはいっても、日中は高くできない。平均を高く、つまり夜温を高くしてやるのだ。夕方早く閉じればそれだけ夜温は高くできる。朝も早く換気してやり、すぐ閉じて、10時ごろにまたあけてやる。急激な変化はよくないと思う。

④短日下での管理

高収益をもたらす促成イチゴは、連続出蕾と高品質の収穫が目的である。定植時にはポット育苗あるいは他の方法で頂花房の花芽分化をさせ、腋花房からは自然の低温短日によって花芽分化がなされる。

ただ、ここで問題なのは、12月22日（冬至）までは、毎日日照時間が短くなっていくことである。従来の管理だと、定植時の葉は葉かき処理され腋果房の次の葉が展開し、腋果房の交配が終わり、頂果房着色期である。一見、正常のようだが、この腋果房の次の葉は濃緑色で、腋果房の前の葉にくらべると、ごく小さな葉形になってしまっている。もう少しよく見ると、腋果房の次の第一葉は、今までのどの葉の場合よりも長時間をかけて展開している。

これが問題なのである。このときに交配された腋果房の第一果は必ず形がくずれ、秀品とはならない。なぜなら、

①腋果房を一芽にしてないので、地上部の生長点が多すぎ、根にかかる負担が大きい。

②腋果房の次の葉がなかなか展開しないということは、一時的に栄養生長が静止状態にあることで、栄養生長と生殖生長が並行していない。

栄養生長と生殖生長が並行していてこそ秀品が生産される。腋果房のあとは小さな葉というのでは、小さな実しかつかない。このようにならないように1芽に整理し、電照、あるいはジベレリン処理するのである。1芽に整理する時期は頂果房が出てすぐそのあと、二芽になろうとしている時である。

電照は11月22日ごろ（冬至の1か月前）から行なう。しかし、電球の近くはよく生長するが、ハウスの谷間や外周りの光の遠い低温の部分はどうしても生長しにくい。この光から遠く低温にふれるイチゴにはジベレリンを散布し、ハウス全体が平均に生長するようにしている。

過去に、1芽にせず、電照とジベレリン処理と灌水でこの3番果房を大果にしようと工夫したが、完全には成功に至らなかった。生長点を1つにする1芽管理でこそ、地上部・地下部のバランスが常にとれるため、電照やジベによって活力の高い葉面積が確保でき、大果が収穫できる。電照設備が設置されていないハウスの場合は、ジベレリン処理のみで行なえばよい。日照量が少ない場所、低温の所は多少高濃度で散

布する。

ジベレリン処理については，葉面積は確保されるだろうが根の発達はどうかと気になるところだが，土壌消毒もやり，1芽に管理したときには大丈夫である。電照をかけ，1，2番を収穫したらグシャッと株づかれしたというのは，1芽管理でなく，まだ連作障害対策が不充分というところに原因がある。

⑤電照とジベ処理
①光延長式……3時間30分
　日没から電気をつける。
②光中断式……夜中に，たとえば午後11時〜午前2時まで電照する
③間欠式……1時間のうち4〜5回点滅する。その点灯時間の合計が一夜で1時間30分

いずれを選ぶかは契約電力量が重要で，電力量が少なければ，半分は①にし，半分は②にするなど工夫したい。

電照時間はすべて草勢を見てきめている。11月22日ごろから開始するが，長い葉の葉柄の長さが12cmになったら3分の2の電照時間に減らす。ポット育苗ではふつうは1月15〜20日ごろにあたるが，無仮植育苗の若苗を使ったり平地でごく遅い定植だったりすれば，時期はちがってくる。あくまでも草勢をみてきめる。また，一度に全部切るとイチゴが環境に対応できかねて疲れてしまうので，3分の2くらいに減らします。しかし，これも草勢によってはもっと減らすことがある。減らしたあとの電照期間は，2月20日ごろまででよいと思う。

電球はふつうの100W電球を高さ約1.5〜2.5m，4㎡に1個の割合でつける。光に近いイチゴは大きくなり，遠いイチゴは大きくなりにくいので，光は平均に当たるように配置している。

それでも，ハウスの外に近いイチゴやとい下のイチゴは，外気の低温の影響やそれまでの太陽光線不足で，生育にバラツキができる。これにジベ処理をすると平均化してくる。1株当たり3ppm液5ccを基準に，5日おきに散布するが，樹勢が電照と平均化するよう散布することが大切である。

4．収　穫

収穫作業はいつも9時か10時には終わる。遅くとも午前中には終わってしまう。箱に詰めるのが楽なので，その分の時間と労力を芽かきにまわすことができる。芽かきはだいたい，3時か4時ごろまでに終わる。

芽かきをやることは，いらないものを家に持ち帰らないことと同じだ。選別をハウスの中でやっていると思えば苦にならない。

≪住所など≫　静岡県榛原郡相良町和田
　　　　　　　藤野勝司（48歳）
　　　　　　　ＴＥＬ　0548—54—0969
執筆　川口芳男（川口肥料）
1992年記

※品種は紅ほっぺに替えている。草勢の強い品種なので，温暖な年は栄養生長が強くなり，樹ばかり大きくなる傾向がある。30年来の個人出荷。

愛知県額田郡幸田町　藤江　充

とちおとめ・連続うね利用栽培

○連続うね利用栽培による省力化
○追肥主体の施肥管理により高品質・高収量を実現
○新作型の確立への挑戦

〈地域と経営の概要〉

1. 地域の特徴

幸田町は，愛知県の中南部に位置している。名古屋市から45km圏内にあり，東部の遠望峰山の439mを最高に，東部と南西部に100～400mの丘陵が続き，広田川を中心に平野が広がっている。

年平均気温は16.0℃で温暖な気候に恵まれ，集落営農で全国的に有名な稲作をはじめとして農業が盛んな町である。幸田町のイチゴ栽培は14.6ha，6億5,000万円の売上げ（平成13年幸田町産業課資料）があり，「筆柿」と並んで町を代表する特産品となっている。東海道新幹線の車窓からは，イチゴと筆柿の巨大な看板を見ることもできる。

イチゴ栽培の歴史は古く，昭和16年4戸の農家が取り組んだのが始まりで，昭和38年には幸田町いちご組合が結成された。現在は農協合併に伴い，JAあいち三河幸田町いちご組合として共選共販に取り組んでいる。幸田町には多くの篤農家や青年農業者がおり，栽培技術は非常に高く，県下のイチゴ栽培をリードする産地の一つである。

2. 経営のあゆみ

藤江充氏は，イチゴ栽培を始めて45年になる。そのあゆみは，愛知県のイチゴ栽培の歴史といっても過言ではない。栽培施設は，油障子のフレームからトンネル，竹幌ハウス，パイプハウス，鉄骨ハウスへと更新され，作型も早熟栽培，抑制栽培，促成栽培へと前進してきた。

研究熱心な篤農家で，コンテナ利用の高冷地山上げ育苗，短日夜冷処理育苗など，促成栽培の育苗方法の開発や生産の安定に大きく貢献してきた。特に，短日夜冷処理育苗には全国的にみても最も早い昭和59年から取り組んだ。品種に対する関心も高く，自ら生食・鑑賞兼用のイチゴ2品種（ミランシェ，クワンシェ）を登録している。

現在の経営は，栽培面積25a。短日夜冷処理育苗の促成栽培（超促成栽培）を主体に，10月上旬から6月上旬まで出荷している。

経営の概要

立　　地	山の中腹，標高80m付近の南向きの斜面 圃場は砂壌土（サバ土）を客土しており，水はけがよい
栽培面積	イチゴ 25a
栽培概要	イチゴ　超々促成 　　　　　（夜冷7/20～，定植8/15） 　　　　　超促成 　　　　　（夜冷8/10～，定植9/ 5） 　　　　　促成 　　　　　（定植9/15）
品　　種	とちおとめ
収　　量	10a当たり6t
労働力	夫婦2人，長女，孫，パート

精農家に学ぶ

〈技術の特徴〉

1. 連続うね利用栽培の取組み

連続うね利用栽培は，藤江氏が実践してきた栽培方法で，ご本人は「不耕起栽培」と呼んでいる。しかし，「不耕起」という呼称は，「うねを立てない栽培」と誤解される可能性があるため，連続してうねを利用していくという意味で「連続うね利用栽培」と呼ぶ。また，「うね立てっぱなし栽培」として紹介されることもある。

イチゴは，他の施設野菜と比べて高齢者や女性農業者の比率が高く，耕起やうね立てといった作業や，真夏に行なわれる堆肥散布などの土つくり作業が非常に重荷となっている。さらに促成栽培では，腋花房の分化を促進するため，ビニール被覆をはずした状態で定植することが多く，台風や集中豪雨にあいやすい。そのため，冠水や降雨によって耕起ができなかったり，うねが崩れ，その手直しが頻繁に起こる。これらも非常に重労働で，かつ精神的な疲労感が強い。定植期が遅れることによる減収も懸念される。

こうした背景から，「連続うね利用栽培」は，県下はもとより全国的に注目を浴び，普及しつつある。この技術は，一見常識はずれに見えるが，藤江氏の長い経験から生み出され，科学的にも合理性をもつ新しい栽培技術である。

連続うね利用栽培の特徴を以下にあげる。

①耕起・うね立て作業の省力化，軽作業化

連続うね利用栽培の利点としては，まずうね立て作業が大幅に軽減できることがあげられる。また，2作目以降のうねは，表面が締まっているので冠水や集中豪雨でもうねが崩れにくく（第1，2図），予定どおりに定植できる。

②低コスト，環境にやさしい

連続うね利用栽培では，後述するように基肥は窒素で7～8kg/10a程度しか施用しない。また，その後の肥料も草勢を見ながら液肥または葉面散布剤で行なう。そのため慣行に比べて窒素量で半分程度に減らすことができ，経費の低コスト化を図ることができる。環境にやさしい農業にも合致している。

③初期生育がおとなしい

定植後のイチゴは初期生育がおとなしく，'とちおとめ'などのように初期の草勢管理が難しい品種には特に適している。

④安定した収量性

通常のうねを立てる栽培と比べて，収量性はほぼ同等の場合が多い。藤江氏は試みを開始して以来，毎年10a当たり6t以上の収量を維持している。

2. 連続うね利用栽培の物理性

うねを崩さずに2年以上栽培すると，土壌の物理性が悪化し，土壌は硬く締まって収量が落ちる，と考えるのが常識的な感覚である。

この点を明らかにするために，藤江氏の圃場

第1図　台風の雨でうねが崩れた圃場
藤江氏の圃場ではない

第2図　台風の雨でうねが崩れない連続うね利用栽培の圃場
第1図と同じ日に撮影，藤江氏圃場

を調査した。調査は，1作作付けが終了した圃場を1年目とし，連続うね利用年数の異なる同一敷地内の圃場で行なった。圃場は畑で，土性は砂壌土である。透水性および三相分布は，うねの表面から10cmごとに採土したものを用いた。

土壌の透水性は，定水位飽和透水係数を測定した。1年目と比較して，2〜4年目は同等か高く，連続うね利用年数によって透水性がかえって向上する傾向が見られた（第3図）。

土壌の三相分布は，連続うね利用年数の違いによる明らかな差はなく，1〜4年目まで，液相率と気相率を足した孔隙率が58.9〜66.2％の範囲であった（第4図）。

土壌硬度（貫入抵抗）は，4年目においても20kgf/cm²以下とやわらかく，根の伸長に適した数値内であった（第5図）。

以上の3点から見るかぎり，連続うね利用栽培での土壌の物理性は，4年目においても1年目と同等かそれ以上に膨軟で，透水性も悪化していないことがわかる。これは，根穴の影響が考えられ，耕起しないことでかえって土壌構造が保たれているためであると推察される。

3. 追肥主体の施肥管理による草勢管理

幸田町では'とちおとめ'が主力品種であるが，生産者や圃場による収量の差が問題となっている。そのなかで藤江氏が毎年安定して6t台を維持している要因として，追肥を中心とした施肥管理があげられる。

愛知県の一般的な施肥方法は，施肥量（窒素量）の8〜9割を基肥で施用し，残りを液肥で追肥する。この方法では定植約1か月後に肥効のピークがくるため，頂花房の出蕾・開花や腋花房分化といった重要な時期に窒素が効きすぎるおそれがある。

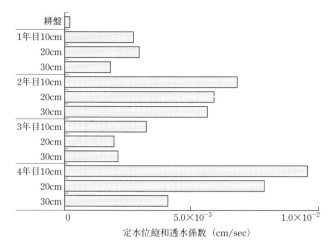

第3図 イチゴ連続うね利用栽培における透水性

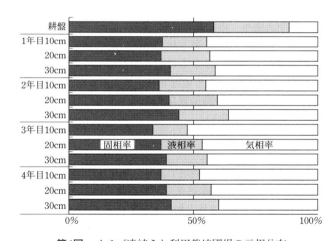

第4図 イチゴ連続うね利用栽培圃場の三相分布

採土位置はうねの表面からの深さで表示。耕盤のサンプルは1年目の圃場で採取

藤江氏の連続うね利用栽培における施肥方法では，基肥をスターターとして位置づけ，追肥を主体としている。筆者らは，'とちおとめ'に適した施肥方法を検討するために，農家の土壌ECを継続的に測定した。全量基肥や基肥主体の栽培では10月に極端にECが上がり，奇形果（不受精果）や乱形果の発生が多く，また「中休み」も長くなる傾向があった。一方，追肥主体の藤江氏の圃場は，土壌ECの変化が小さく，奇形果

精農家に学ぶ

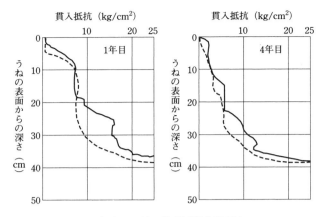

第5図 イチゴ連続うね利用栽培圃場土壌硬度（貫入抵抗）

作付け終了後（1999年6月4日）に、貫入式土壌硬度計DIK-5520を利用し、各区2個所を測定し、実線（――）と破線（---）で図示した

や乱形果の発生、中休みの程度は軽かった。

必要な時期に必要な量を施用する追肥主体の施肥管理は、手間がかかることや施用量や時期の判断が難しいことから敬遠されがちであるが、藤江氏の高収量かつ高品質なイチゴづくりにはこの技術が欠かせない。

〈栽培の概要〉

作型の中心は超促成栽培である（第6図）。親株は、3月下旬、クロルピクリンで土壌消毒した親株床に定植する。7月上旬に本葉3～4枚の第2～4次子株を中心に採苗し、夜冷処理施設の仮植床に植え付ける。

短日夜冷処理は25日間行ない、花芽を確認後定植する。定植時期は超々促成8月中旬、超促成栽培9月上旬、促成栽培9月中旬である。本圃のうね幅・株間は、135cm、18cmの2条植えで、栽植密度は約8,000株である。

被覆下で定植する超々促成を除いて、ビニール被覆は10月中旬である。収穫始めは最も早い超々促成で10月上旬、収穫終了は6月上旬である。

〈栽培の実際〉

1．連続うね利用栽培の方法

連続うね利用栽培の手順の概要を第7図に示す。

①前作の片づけ

収穫終了後マルチを取り除き、前作の栽培株はクラウンから上部を鎌で刈り取り、ハウス外へ持ち出す。クラウンを除去することにより、根は土壌中で枯死して根穴ができ、透水性の維持に役立つ。

②ハウスのビニール除去

6月にクラウンを片づけた後、被覆ビニールを

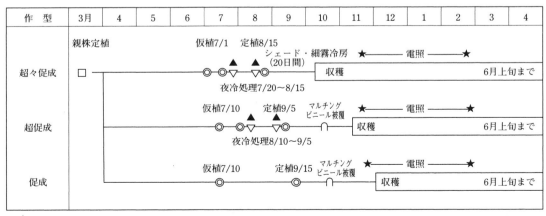

第6図 藤江充氏の栽培暦

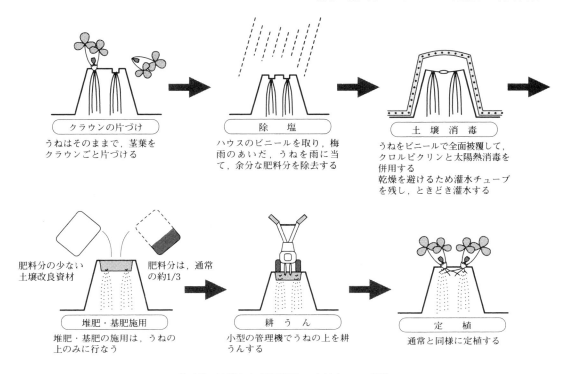

第7図　連続うね利用栽培の定植までの手順

取り、湛水除塩のかわりに降雨に当てる。この時期は梅雨にあたり降水量が多いので、前作の肥料分を除去することができ、栽培終了時にECが0.3mS/cmあっても、雨に当てることで0.1以下に下げることができる。

③土壌消毒（梅雨明け〜8月中旬）

連続うね利用栽培で心配なのは、萎黄病などの土壌病害である。藤江氏は、ハウスビニールを除去して土壌の塩類濃度を下げた後、うねをそのまま全面被覆してクロルピクリン錠剤で土壌消毒を行なっている。これは、土壌消毒後に土を動かさないために効果が持続し、また、梅雨明け後の高温時にうねを全面被覆することによって太陽熱消毒の効果も期待できるからである（第8図）。

方法は、まず梅雨明け後に除草し、降雨でうね間に流れた土をうねにはね上げた後、小型の管理機で降雨で硬くなった土壌表面を割るように耕起する。土壌消毒剤の効果を高めるために、適湿を保ち、乾きすぎたら灌水できるよう灌水チューブを引いておく。その後、錠剤を乾燥したうねの上に30cm間隔に1穴1粒ずつ処理し、ビニールで全面被覆後、灌水して土壌消毒を開始する。ビニール被覆の期間は1か月以上とし、堆肥施用の1週間ほど前にビニールを取り除きガス抜きする。

④土壌改良資材・基肥施用，耕うん

連続うね利用栽培では小型の管理機を利用す

第8図　全面被覆による土壌消毒のようす

第9図　小型管理機による連続うね利用栽培の耕起

るため，耕深はせいぜい10cmしかない。耕うんというより肥料を土壌の表層と混和する程度である。根穴による土壌構造ができているので，うねの上に乗って作業しても土を踏み固めてしまうことはない。土壌改良資材や基肥施用はうねの上のみに行なうので，施肥量には十分気をつけ，少なくとも定植2週間前までには作業を終える（第9図）。

耕うんで注意するのは，うねの中央のみ耕うんし，外側は少し残すことである。こうすることによって降雨によるうねの土が流れ落ちるのを防ぐことができる。さらに，藤江氏によれば，肥料分のないうねの肩の土が定植苗の根が伸長する方向に当たるので，樹ボケしないという。連続うね利用栽培を導入した農家では，初期の草勢が抑えぎみになり，結果的に乱形果の発生を軽減できる例が多い。

⑤定　植

定植とそれ以降の管理は，通常のうね立て栽培と同様に行なう。苗は，根をうねの内側に伸ばし，葉をうねの通路側に寝かせるように，船底植に定植する。

⑥うねの立替え

連続うね利用を数年続けると，しだいにうねが細くなってくる。そのため，藤江氏は計画的にうねの立替えを行なっている。立替えの目安は4年に一度で，立替え時には下層土までリン酸・石灰質肥料，堆肥などを補給している。

2. 施肥管理

①育苗時の施肥管理

定植苗は，クラウン径8〜10mmを目標に育苗している。親株床は水田で，施肥量は10a当たりN：3kg，P：18kg，K：2kg。窒素よりもリン酸や苦土を重視した施肥設計となっている。

仮植後は，花芽を安定させ，炭疽病の発生を抑えるために，一度葉柄が真っ赤になるまで窒素を切る。'とちおとめ'は，育苗時に窒素を切ると芽なし株の発生が問題となる。しかし，藤江氏は仮植前に充実した苗をつくり，定植時に葉柄中の窒素濃度が2ppm以上確保できているので，芽なし株の発生も少ない。

②基　肥

連続うね利用栽培では，肥料が混和される土量はきわめて少なく土層も浅い。そのため，慣行の基肥量を施用すれば濃度障害が生じる。そこで藤江氏は基肥の施肥量を減らし，10a当たり有機園芸化成101（6−5−4）120kg，有機リン（0−36−0）60kg，マグゴールド（く溶性苦土63.2％）45kgを施用している。成分は10a当たりN：7.2kg，P：27.2kg，K：4.8kgで，窒素を減らし，リン酸に重点を置いた施肥設計である。基肥窒素量は，地域慣行の20〜25kg/10aの約3分の1である。

③追　肥

'とちおとめ'の生育・肥培管理は，各花房の着花数を目安にしており，頂花房の花数15〜20，第1腋花房（2番）の花数20，第2腋花房（3番）以降は1株当たり30程度が目標である。花数をこのようにつけていけば，中休みや過繁茂を招くことはないと藤江氏は考えている。この目標を実現するためには，液肥による追肥の管理が重要である。

連続うね利用栽培を行なううえで，追肥の基本は二つある。一つは窒素成分が低い液肥を使うこと。もう一つは，追肥を各花房の出蕾初期に合わせて施すことである。果実肥大期にはリン酸やカリに重点をおき，窒素成分は生育に応じて2〜6％の異なる液肥を使い分け，濃度バランスにも留意している。

液肥は10月上旬に頂花房の出蕾初期から始め，月に3回程度，10a当たり3*l*の液肥を200*l*に希釈し，それをさらに液肥混入器で数百倍に希釈して，灌水と同時に施用している。追肥に使用する肥料の合計は10a当たり6〜8kgで，基肥を含む施肥量の合計は，15kg程度である。この窒素施用量は，地域慣行の施肥量30kg/10aの約2分の1である。

〈今後の課題の展望〉

連続うね利用栽培の発案者である藤江氏は，喜寿を迎え，イチゴ栽培にかける情熱はますます盛んである。その熱意を受け継ぐ後継者の大輔氏も，精力的にイチゴ栽培に取り組んでいる。高設栽培などの新技術に挑戦する後継者の姿に目を細めており，名人の技術は確実に若い世代に引き継がれている。

藤江氏は今，新しい作型「超々促成栽培」の開発に取り組んでいる。今後も藤江氏の圃場から目が離せない状態が続きそうである。

《住所など》愛知県額田郡幸田町

藤江　充（77歳）

執筆　齋藤弥生子（愛知県農業総合試験場）

2003年記

愛知県額田郡幸田町　貝 吹　満

女峰・超促成，促成栽培

○反収6t，11～5月のコンスタントな出荷
○夜冷中は疎植で苗の活力維持—11月の果数と12月の大玉確保
○低温管理が可能な株づくりで，担果能力が持続

＜貝吹さんの経営＞

1．経営のあゆみと概要

　貝吹満さんは昭和13年生まれ，昭和35年からイチゴ栽培をつづけている専業農家である。イチゴ栽培を始めた当初2年間はトンネル栽培，その後の2年間は竹でつくったハウスだった。パイプハウスにしたのはその後で，愛知ではじめて市販されたときから取り組んでいる。

　当時の品種はダナーで，半促成栽培であった。それを昭和46年までつくった。近所の仲間とよく「研究会」をやったりしながら，いろいろな試行を重ね，しだいに栽培技術を高めていった。

　ダナーでの奇形果発生とその後の小玉化を，たまたま植えた徒長苗の生育からヒントを得た技術で克服し，宝交早生に転換してから2年目にして10a当たり6tどりの多収技術を独自に組み立てた。宝交早生では，電照促成栽培で，1月中旬からの収穫開始という作型で，秀品率95％，L級以上が約80％（いずれもパック数）で安定した生産を実現した。さらに，昭和45年から毎年，大量の完熟木質堆肥を投入することで圃場の土がよくなり，この多収技術の成果を数段引き上げる土台も築いてきた。

　その技術をまとめた単行本が昭和57年に出版され，全国のイチゴ農家や指導者・研究者の注目を集めた。この時点では，全面積の35％を通常の促成栽培（1月中旬収穫開始），60％を高冷地育苗による促成栽培（12月中旬収穫開始），5％を株冷蔵による抑制栽培（11月下旬収穫開始）という体系で組み合わせている。

経営の概要

立　　地	愛知県南部の台地，標高約50m。土質は砂壌土
作目規模	ハウスイチゴ（女峰）37.5a，苗床15a，イネ37a，夜冷育苗庫2庫
労　　力	本人，妻。他にパートタイム4人（合計約2,000時間）
栽培概要	超促成および促成栽培（＝以下時期を示す　前者が超促成，後者が促成），親株植付け＝11/中・4/上，採苗＝7/上・7/下，夜冷施設入庫＝7/29・8/24，定植＝8/25・9/12，収穫開始＝11/1・12/1，収穫終了＝5/末
収　　量	10a当たり約6t

　現在の品種である女峰は，昭和60年から本格的に栽培に取り組みはじめた。62年からは女峰に一本化し，現在に至っている。女峰への切替えとほぼ同時に，夜冷育苗施設を自己資金で導入し，収穫開始の前進化をはかった。

　現在は，すべての苗を夜冷処理し，促成栽培（12月1日収穫栽培）と超促成栽培（11月1日収穫開始）の2つの作型で生産している。この組合わせによって，11月から5月まで，休みなしのコンスタントな生産を実現している。

　平成3年度作の平成4年5月18日までの出荷データによると，秀品率96％，L級以上が約66％（いずれもパック数）。総出荷パック数は約75,600である（デラックス級のパックも含む）。10a当たり収量は約6tとなる。

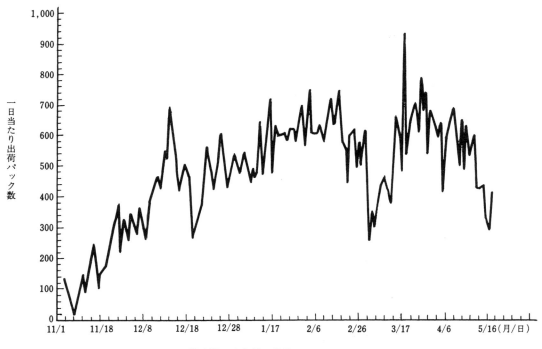

第1図 出荷量の推移（'91.11.1～'92.5.18）

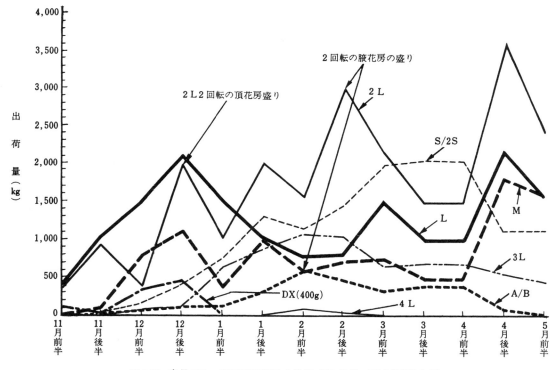

第2図 半月ごとの等級別出荷量の推移（'91.11月～'92.5月前半まで）

2. 作付け体系

　超促成栽培は20a，促成栽培は17.5a。第1表のようなハウスで栽培している。

　超促成栽培，促成栽培の経過は第3図のとおり。夜冷施設を超促成と促成とでつづけて2回使用するので，促成栽培を「2回転」といっている。

　超促成栽培は，夜冷処理によって早期に花芽を分化させるのは促成栽培と同じだが，8月下旬のまだ暑い時期に定植し，収穫間近の10月下旬までは保温のための被覆がなく，ほとんど自然状態で栽培を行なうといってよい。果実もまだ暖かい時期に肥大がすすむため，頂花房は，促成栽培のように大玉はさほど望めない。第2図を見てもそのことはわかる。しかし，なんといっても早出しであることと，七五三のお祝いなどでの需要もあり，特に前半は高価格が魅力だ。また，促成栽培のために夜冷庫を開けなくてはならず，そうすると，どうしても11月1日収穫開始ということになる。

　超促成で11月1日から収穫するには，夜冷開始の時期がポイントになる。超促成では7月29日から入庫する。夜冷期間は8月25日までで促成用は18～19回低温にあわせる。こちらは8月24日から入庫する。超促成用の苗は，促成用に夜冷施設を開けわたさなくてはならないために，コンテナにつめ換えて一晩置く。15℃以下のところに置いて，促成用の苗を入庫する。それから，超促成の定植にかかる。この1日の差が12月1日に促成の収穫を開始できるかどうかのちがいになってくる。全部定植を終えてから次にかかるのではなく，ある程度定植してから，設備があいたらそこに入庫，という段取りにしている。促成は8月25～27日ごろまでに入庫できないと，12月1日の出荷ができない。

　毎年，市場にイチゴが本格的に出回ってくる

第1表　ハウスの構成

	間　口	奥行き	備　　考	
超促成栽培	13m	52m	連棟	×2
	13	52	〃	×2
	6	52	単棟	
	6.0	52	〃	
促成栽培	27	30	連棟	×4
	12	27	〃	×2
	11	27	〃	×2
	6	27	単棟	
	6	27	〃	

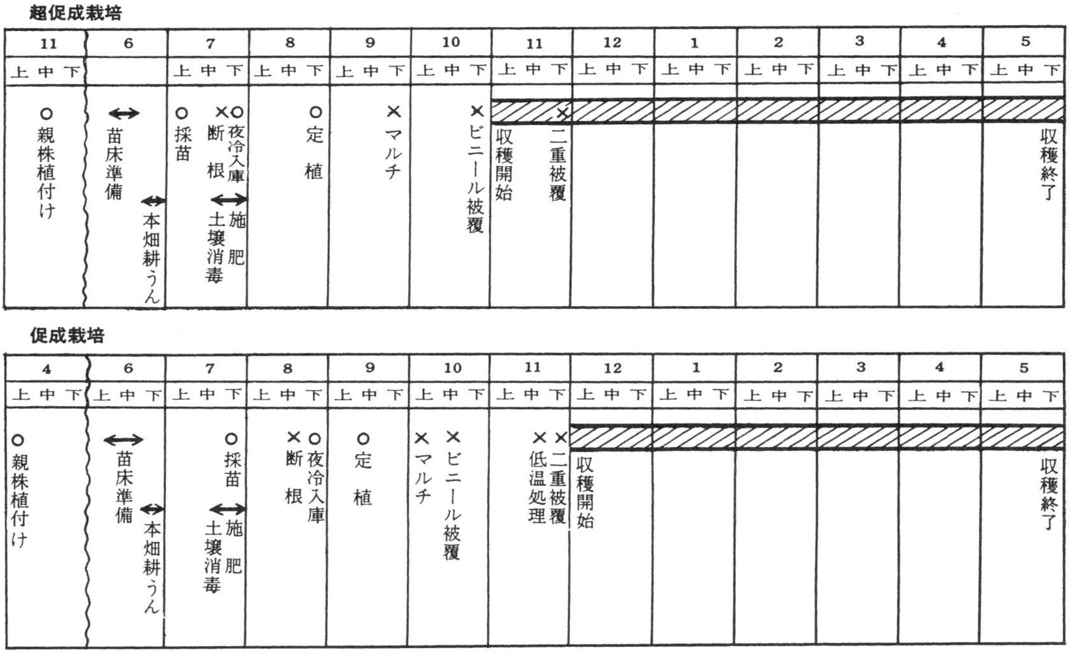

超促成栽培

11	6	7	8	9	10	11	12	1	2	3	4	5
上中下	上中下	上中下	上中下	上中下	上中下	上中下	上中下	上中下	上中下	上中下	上中下	上中下
○親株植付け	←→苗床準備／←→本畑耕うん	○採苗／×夜冷入庫／○断根／施肥／土壌消毒	○定植	×マルチ	×ビニール被覆	収穫開始／×二重被覆						収穫終了

促成栽培

4	6	7	8	9	10	11	12	1	2	3	4	5
上中下	上中下	上中下	上中下	上中下	上中下	上中下	上中下	上中下	上中下	上中下	上中下	上中下
○親株植付け	←→苗床準備／←→本畑耕うん	○採苗／施肥／土壌消毒	×断根／○夜冷入庫	○定植	×マルチ	×ビニール被覆／×低温処理	収穫開始／×二重被覆					収穫終了

第3図　栽培暦

のは12月10日ごろ。したがって，12月1日からそれまでの間にでてくる大玉の価格は飛び抜けていい。そこが促成栽培のねらい。11月1日出しができるから12月1日出しができるということだ。11月10日出しでは12月1日出しとは組み合わせられない。

＜技術の特色＞

1．活力のある夜冷苗づくり

貝吹さんは，夜冷育苗に取組むにあたり，苗の消耗度を問題にする。それは，入庫時の栽植密度が大きく関与している。

貝吹さんは超促成では㎡当たり200株，促成では150株で入庫している。ふつうは約300株なので，苗つくりのコストを考えると，装置の投資に対しての生産効率はかなり悪くなる。しかし，苗の生育条件を考えれば，この「疎植」は絶対にゆずれないことだという。

ふつうは，30gの苗を入れても30gでは出せない。半分の密度でも30gではなかなか出てこない。夜冷庫にいれるために，狭い床に植えかえること自体が消耗の原因である。消耗した苗は定植後，活力が元に戻るまでに時間がかかる。しかも，定植時には花芽がついているのでなおさらだ。復活に時間がかかれば花数は少なくなる。促成では特に花数がつかなくなるという。

貝吹さんの考え方はこうだ。花芽の数がふえるのは，分化後25日の間。ここで株がどれだけ栄養を蓄えるかによって，花数が決まる。定植後の生育の停滞が長びけば，花数が確保できなくなるのである。そのために，苗の消耗は最小限に抑えたい。だから疎植にしなくてはならない。

密植のほうが花芽は分化しやすいと思うかも知れないが，生育がストップしては花芽は分化しない。密植にすると株がのまれてしまい，生育停止の苗も出てきてしまう。入庫の時点ではどうしても苗の生育にはバラツキがあるが，密植にすると，劣性のものはまわりにのまれ，生育が停止してしまう。伸長が止まると，当然根の動きも止まる。そうすると，新葉も止まり，花芽の分化もストップしてしまう。そうなると，花芽はそろわなくなる。勢いがよすぎては花芽分化はしないが，生殖生長に入りながらもやや伸長しているという状態が望ましい。

本当に窒素を切ってしまい，停止状態になったら花芽は分化しない。若干の窒素があり，温度を下げることで分化を促すというのがいい。花芽を呼ぶのではなく，生殖生長に入れよという命令を出すということだ。生殖生長に入ったものでやや生育のあるものなら花芽は乗りやすい。なかにはストップするもの，がんばって伸びつづけるものといろいろあるが，そういうムラのないように苗床で生育を整え，入庫の直前3，4日前に断根してやる。それで窒素の切れ具合はそろう。窒素が切れているものはショックが少ないし，切れていないものはショックが大きい。

花数は夜冷庫の中では決まらない。花芽分化の時点では，花房の「軸」ができる。花数は定植してからふえる。定植後に養分を蓄えたものが花数が多くなる。ところが，密植の苗は消耗が激しくてなかなか養分を蓄える態勢にならない。だから花数が少なくなる。これは作型がちがっても共通だが，促成は特に影響が大きい。超促成はまだ花数が多くなる時期，9月5日以前に植えるので，それなりに温度もあり，花芽の数もある程度（少なくとも12，13個）は確保できるが，促成はそうはいかない。超促成ではふつう18～20個，疎植ならば25～30個（いずれも頂花房）。しかし，玉の大きさはさほどちがわない。だから密植の人は一番果が少なく，二番果の数がぐっと多くなる。

促成はもともと花数は少ない。夜冷時に密植にすればもっと少ない。10個たらずにしかならず，これでは少ない。最低でも15～18個はほしい。これはどれもまあまあ大きくなるので，この個数のちがいは売上額に大きくひびく。

一般に夜冷の苗はワサビ部から上が極端に細くなっている。通常の苗はクラウンの上部はクラウンの太さよりも大きくなっている。ところが，密植で夜冷をすると逆にうんと細くなってしまう。いい葉は，これと同格かやや太くない

と出てこない。貝吹さんの場合も，定植時には，細くなっているが，その度合いは全然ちがう。

2．低温管理が可能な株づくり

貝吹さんが着目している女峰の特徴として，開花～受粉時の草勢と温度との関係がある。それは，寒くなると受粉が困難になってくる点で，これは宝交にはみられなかったことだという。女峰の場合，寒くなると奇形果が出やすくなるのはここに大きな要因がある。これは女峰をつくるうえで重要な課題だ。

ハウスの中の温度管理は昼間20～26℃。女峰は通常この範囲で受粉する。けれども，この温度は，株の生育状態でちがってくる。草丈22，23cm，広がりの直径40cmの株ならば，23℃で受粉ができる。ところが，草丈30cmにもなってくると26℃ないと受粉しない。ということはその株にとっての生育適温が26℃だということを意味する。23℃で受粉できればその株にとっての生育適温は23℃ということになる。

そこで，低い温度で受粉できる株をつくっておくことが，コンスタントな収量に結びつく。これはどういうことか。すなわち，低温であればあるほど「根が老化しない」ということである。温度が高ければ，どんなに旺盛な樹でも，根の消耗が激しくなる。根の消耗を抑えたければ，低温で管理しなくてはならず，そうすると受粉しにくくなる。このことが，女峰でいちばんむずかしいところだろう。ふつうは，草勢の強い樹は低い温度で管理して草勢を抑えながらつくっていくというのが定石だろう。しかし，女峰にはそれが通用しない。草勢のいい株ほど高い温度でもっていかないとイチゴがとれないのである。

ただし，これはいつでもそうだというわけではない。昼間の外気温が10℃を切ってくるとそうなる。このあたりでは12月20日以降がだいたいその時期にあたる。その前ならばもっと低い温度でも受粉する。だから，この株は何℃で受粉するかを見抜いたうえで，管理する温度を設定しなくてはならない。ふつう指導機関などでだされる温度管理の目安は貝吹さんにいわせるとかなり高めだ。高い分には受粉はするから無難な線とはいえるかもしれないが，だいたい25℃で管理する。これで6 t取ろうと思ったら高すぎる。これでは根の消耗が激しすぎて，果実の負担に耐えられないという。病気も入りやすくなる。

そうした弊害をださないためには，貝吹さんはだいたい23℃が限度だろうと考えている。もちろんたまに25℃という日があってもしかたないが，これが持続するようではいけない。この辺の微妙な温度のちがいはなかなかシビアなところといわなくてはならない。これが女峰のむずかしいところだろう。

したがって，冬場に23℃で管理できる株をどうつくるかが課題になる。温度が低く水もすくないという悪条件でその株をつくり上げた場合には，そのイチゴは底力があるという。温度も水もまあまあ与えてその株ができたのでは，底力があるとはいえないと貝吹さんはみる。

へたがパッと大きなものは大きな花が咲くが，それよりも小さい花のほうがいい。ヘタが大きくて実が小さいものは世間にたくさんある。これはみんな温度が高い場合。

イチゴの形状は樹の勢いがよくて温度が高いと長くなる。同じ温度ならば，勢いのいいハウスほど長くなり，勢いの悪いハウスほどずんぐり丸くなる。頂花房開花時に，威勢がいいなと思ったら温度を下げる。そうしないと玉は長くなる。長い玉は目方が出なくなる。肩の張ったイチゴのほうが目方が出るし，見栄えもいい。

うまさの点では，長いイチゴでも収穫までじっくり時間をかけて大きくなったものはうまくなる。しかし，長いイチゴをつくる人は往々にしてじっくりやらない（だから長くなる）。どうしても高温管理になるから，すぐ肥大して，形がこけ，酸っぱいイチゴになる。小さい花を咲かせて，温度が低くなると，本当にどんづまりのイチゴになる。そういうときは若干温度を高めにしてやるとちょうどよくなる。

3．生産安定のための生育調整技術

樹ぼけを抑える　定植後は高温下の栽培とな

る。どうしても、樹の生育が旺盛になりすぎる。超促成では定植時期が早い分だけなおさらだ。そこで貝吹さんは、定植後自分の気に入った草勢になったところで、1か月水をきってしまう。これはふつうはなかなかできないことかもしれない。

まだ気温は高い。これでしおれないことが重要だ。ここでしおれないような土つくりができるかどうかということになる。肥料濃度が高くなりすぎて、亜硝酸ガスが上がってきて、チップバーン（葉の先が焦げたり、つぼみやへたの先が焦げたり）を起こしてもいけない。

定植後はマルチをかける1週間前まで、土の表面が白くならないような綿密なかん水を行ない、その後1か月水を切る。ハウスビニールをかけて葉につやがなくなるころに、チューブかん水を再開する。その後は樹の様子をみて、水をやったりやらなかったりする。仕上げの姿は、草丈22～23cm、広がりは直径40cm。これが収穫直前の理想的な大きさで、これでイチゴ一生の大きさは決まる。これ以上大きくしたら玉伸びが悪くなる。これよりも小さいと株の力不足で中休みしてしまう。

超促成栽培・二番果を確保するために　貝吹さんの超促成は、二番果から大きいものが期待でき、三番、四番と連続的に稼ぐ。2月末は超促成の三番果と促成の二番果が重なる。

頂果房の収穫開始が超促成と促成とで1か月ちがったら、二番果も1か月ちがうというのが、順調な形。ところが、超促成では二番果の収穫開始が遅れることが多い。これは超促成の腋花房の分化する時期が高温であることに起因する。定植してから肥料を吸った株に温度がかかれば花芽は分化しない。ところがそこで分化させないとうまくいかない。それをどうするか。

たまたま、'90年と'91年、同じ9月19日に台風が来た。'91年は北九州から東北にかけて大きな被害をもたらした19号。これは東海地方はさほどでもなかったが、'90年のは伊勢湾台風以後最大というもので、風速が45mぐらいあったのではないか。いずれの年もこのときにイチゴがいためつけられたという。超促成はちょうど柔らかい新葉が出始めたときだった。貝吹さんは寒冷紗でベッドを覆ったが、かなりいためつけられた。ところが、二番果はみごとなものになった。

台風が来なければ、水かけて竹ボウキでたたくようなこともしなくてはならないと考えている。'91年はそうしようと思っていたら、また同じ時期に台風が来たというわけだ。

超促成栽培：頂花房は遅らせる気持ちで　超促成はビニール被覆後といっても温度管理というところではなく、むしろ「雨よけ」。ほんとうはもっと被覆時期を遅くしたいところだが、イチゴが白くなってくるころに雨が降ると果実が腐ることがあるから、その防止という意味がある。

実際にハウスにビニールをかけるのは促成が先だ。これには、超促成はなるべく後ろへ後ろへともっていきたい、促成はできるだけ早くもっていきたいという気持ちがあるからだ。超促成を早くしようと思うと果実は本当に小さく、収量もぐっと少なくなってしまう。超促成はなるべく遅く遅くともっていくと、頂花房の頂果はそれほど大きくはないけれど、つづく玉はそれほど小さくならずに、中くらいの玉がつづいていく。S、2Sが比較的少なく、M、Lがずっとでてくるということになる。頂花房といっても、促成のような大玉は期待できない。それだけ暖かいところでつくっているということになる。

けれども、早出しねらいの超促成では、10月上旬になれば「その気」になっているからまたむずかしい。まず根の量をふやさない。これには太陽の光を遮ること。超促成の場合は、ハウスのパイプに寒冷紗（＃600）をかけて定植する。寒冷紗で光を遮って定植すると発根は悪くなる。活着はよいように見えても出す根の量は少ない。活着のよい、草勢のよいものに対しては長期間寒冷紗をかける。活着の悪い、伸びの遅いものには被覆の期間を短くする。その期間が1～2週間。この判断は一見しただけではわかりにくい。けれども長いこと寒冷紗をかけておけばおくほど株はひ弱な株になる（活着はす

ごくよい）。したがって長くとはいっても限度は2週間。

あとは葉かき。これは遅らせると新葉が伸びてしまう。葉の展開がものすごくよいので，葉が重なれば新葉がその上その上へと上がっていくので，伸びそうな葉はこまめにとる。常に4枚ぐらい。9月25～30日でマルチをかけるが，そのときには4枚ぐらいまでに攻める。

促成栽培：低温遭遇で生育相の転換 厳寒気に頂花房を取ろうとすれば果実はかなり大きくなる。日数をかけて大きくさせることになるからだ。けれども，12月はじめから収穫が始まる促成栽培では，冬とはいってもまだ幾分温度はあり，イチゴの株も栄養生長から生殖生長になっていこうというところで果実を収穫する。12月でも中旬からの収穫ならば，そこそこの大玉収穫は可能だが，12月はじめからデラックス級を出せる人はそう多くはない。

貝吹さんは，促成ではなんとか早くから大玉収穫を実現したいと考え，人為的に栄養生長から生殖生長への転換をはかっている。

それは「過保護にしておいて急にきびしくしてやる」という処置。被覆してから，霜が下り始める11月の15～20日ごろ，ふつうはそのころは夜間ビニールを閉めているが，貝吹さんは夜開けてやる。そのころはまだ二重被覆はしていないので，開けたのと開けないのでは約1℃ちがう。

たった1℃のちがいだが，それによって，湿度が俄然変わる。密閉した中の湿度はとても高いが，あけてやれば湿度は抜ける。

3晩で草姿が変わる。新葉の色が緑を増してくる。それまではうすくてのっぺりした葉だったのが，緑が濃くなり，葉脈からの盛り上がりが厚くなる。ちょっとしたショックを与えてやる。ただし，このときに実がついていなくてはならない。それでなくては変わらない。

12月中旬からとり始めるならば，こういう操作をしなくてもいい。しかし，半月前に半月後の人と同じものをとろうとすれば，こうしなくてはならない。過去3年ぐらいこうしたことをやってきた。きっかけは，生育段階に応じた草の姿を頭に描いていたが，ある年，少し大きくなりすぎたと感じたときがあった。これは大きくなるぞと思って，試しによる被覆を開けてやった。そうしたら樹も落ちついた。その年（3年前）の玉も大きくなった。それ以来同じようにして同じ結果が得られている。

この操作によって，生育はたしかに遅れはするが，遅れるとイチゴは大きくなる。遅れて長い時間樹についていればイチゴは大きくなる。開花してから短時間で色づくほどイチゴは小さいものになる。

＜土つくりと土壌病害対策＞

1．完熟木質堆肥の投入

砂壌土で色は黒い。イチゴ栽培にとってはわりとつくり安い。肥持ちはよくないが，作業のしやすい土。

土つくりとは，まずは連作障害をださない土にすること。貝吹さんの考える連作障害とは，その年の収量が前年よりも低下することだと考える。技術が向上するのに収量が低下するのは，土が悪化するから。かつてのハウス栽培では栽培をはじめて2～3年ぐらいまでは年々収量は増加するが，その後は頭打ち，さらに収量の低下という現象が広くみられていた。そこで，土つくりが重要になってくる。一般的にはそれが家畜きゅう肥の多用であったり，未熟堆肥の多用であったり，あるいは石灰や熔成リン肥など土壌改良資材の多用であった。しかし，それが必ずしも土そのものをよくすることにはつながらなかった。

貝吹さんは，土つくりの目標を単純明快に「腐植をふやす」ということにおき，良質の木質堆肥を毎年入れつづけている。腐植をふやすことを目標としながら，土に有害な成分，肥料分を残すような土壌改良材や肥料は使わないように心がけてきた。

悪いものが年々蓄積することなく，したがって連作障害が現われず，むしろ年々成績がよくなる方向をめざして，堆肥の中身を吟味し，土つくりをすすめてきた。

2. 水をきっても収量は減らない土

ひとことで「うまいイチゴ」といっても、いろいろな要素がからみ合うが、貝吹さんは強いていえば、土つくりと水管理が最大のポイントだと考えている。

水をきればその分糖度は高まり結果としておいしいイチゴになるというが、実際はそう単純ではない。土つくりができていないハウスで水をきれば、亜硝酸ガスで株がやられる。そうすると葉の玉露がなくなる。また、水をきると収量がへるというのは土つくりが不充分なためで、根量が少ない。

水をかけてやるとガスがおさえられるが、水をいつもやっていると味が悪い。水を切ったために収量がへるのではだめ。そういう切り方はへたな切り方。収量は変わらなくても水が切れるのが最高。貝吹さんも今日かん水したとすると、明日、明後日のイチゴの糖度は1度下がる。

3. リン酸の利用率を高める

あとはリン酸のきかせ方。これによっておいしいイチゴになるかどうか。リン酸吸収をよくするための木炭、VA菌の助けを借りる。これは肥沃な土にはいない。肥料がたくさんあっても肥料の少ないところをつくってやろうかという考え方。木炭の浄化作用と肥料分が少なくなっていることに期待。炭素が高ければ作物が吸収できる窒素がなくなる。炭素率が50になると、窒素飢餓の状態。木炭そのものは炭素。その中

第2表 施肥量

(10a当たり)

堆　　　　肥	3～3.5 t
園　芸　101 (6-5-4:動物性有機)	600～700kg
カ　ニ　が　ら	150kg
硫　　マ　　グ	120kg
硫　　　　加	20kg
V　S　菌	80kg
ク　ィーン　有　機	120kg
バ　ッ　ト　グ　ア　ノ	100kg
木　　　　炭	400l

や回りにVA菌が住む。VA菌が根に入り、7～8cmの手を伸ばす。リン酸をつかむ。VA菌が住めば、リン酸吸収がすばらしい。

ふつうの無機のリン酸だと鉄とくっつきやすく、そうすると根から吸収されるには構造が大きくなりすぎるといわれているらしい。だから吸収されにくいのではないか。有機リン酸ならば、それに比べて吸収の度合いはいい。無機リン酸ならば1割のところが(窒素ならば何割といくだろう)、木炭を使って有機リン酸として吸収させるようになってから、大玉ができ、味もよくなったという。大玉ができれば自然と味はよくなるというのが貝吹さんの持論である。

4. 投入する資材

土つくりの基本は長年変わっていないが、投入資材は変わってきた。本畑10a当たりの施用量は第2表のとおり。かつて入れていた骨粉、尿素はもう使っていない。そのかわりにカニがら、硫マグの量が増え、カルシウム、VS菌、貝化石粉末(クイーン有機)、バットグアノ、木炭などが入るようになった。

バットグアノはコウモリのふんからできたリン酸資材。木炭は400l。リン酸はなるべく有機質でいこうというのがねらい。穏やかな肥効がいい。実を完熟してとろうというものには、肥効が急激なものはよくないと思っているからだ。穏やかな肥効のものだと樹が疲れない。そこでほとんどが有機になっている。骨粉から過リン酸石灰に変わり、バッドグアノになった。たしかに有機なので値は張るがそれだけのことはあると思っている。

以前やっていたソルゴーすき込みはやめた。土がかなりできたということと、土の消耗を防ぐということからである。

5. 土壌病害対策

土壌消毒はやる。最近の研究会などでは「土壌消毒やるようなやつは土つくりに励んでいるとはいえない」などという声もあるらしいが、イチゴの場合やったのとやらないのとでは差が大きくでる。

第4図　親株植付け（4月16日）

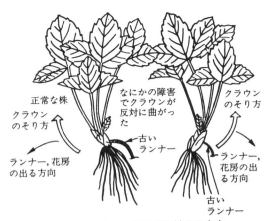

第5図　クラウンのそり方と植える方向

ある先生から「イチゴの場合はあまりたくさんの菌が土中にあると，好ましい生育がむずかしい。ある程度菌を少なくして，必要な菌をふやしてやったほうがいいらしい」という研究成果を聞かされ貝吹さんも同様な印象をもったという。

＜栽 培 技 術＞

1．品種についての考え方

女峰がでた当初は，これ以上の品種がでてくれば，宝交から女峰に変わるよりももっと動きは早いだろうといわれていたが，なかなか新しい品種はでてこない。

貝吹さんは今後も当分，女峰をつくりつづけることになるのではないかと考えている。

ここ数年の間にもいくつか新しい品種が登場しているが，貝吹さんにとってはどれも「本当のイチゴだな」という実感がもてないのだそうだ。そこそこに食味がよく，形状もすぐれ，つくりやすさも兼ね備えていてもである。

貝吹さんにとってイチゴらしいイチゴとは，果肉まで赤くなり，糖度だけではなく，ある程度の酸があって，酸と糖がミックスされた「コク」のあるイチゴ——女峰の食べごろはちょうどそういうイチゴだという。

近年，価格的にはとよのかが有利になっているが，甘いだけではなく，「コク」のある女峰が完熟果でしかも新鮮なうちに消費者に届ける努力をすれば，まだまだファンはふえるはずだと考えている。

2．親株づくり

超促成用は親株は秋植え（11月中旬）になった。促成用は4月上旬植え。

苗はウイルスフリー苗。幸田町のイチゴ組合で育てて毎年更新する。愛知県の育苗センターで育てたものから約500本くる。それを網室で育成。1次ランナーを親株にして50,000本の苗をつくる。それを秋配付と春配付というふうに分ける。超促成は秋配付の苗，促成には春配付の苗。苗の本数を確保したいからほとんどの人がそうしている。遅いもので早く植えようとするから。秋と春とでは，同じ苗，同じ管理でできが全然ちがう。促成用を秋配付の苗のようにつくると，いくら肥料が切れていても，密植のために炭そ病にやられてしまう。元肥はまったくなし。カニがらから抽出したキチン質の資材だけを投入している。それは土壌中の放線菌をふやす。放線菌のもっとも好む餌がキチン質。放線菌を増やすと萎黄病菌のフザリウムが住めなくなる。萎黄病菌の天敵を入れてやることになる。そもそもカニがらの使い始めがそうだ。しかしカニがらを入れると窒素が4でリン酸が4。その窒素が邪魔になるので，キチン質のみの資材を入れることにした。

採苗する本数は，親株一株当たり50本ということでやっている。親株の植え方は変わらない。かん水は宝交と比べるとほとんどしない。かん水をしなくても，女峰の場合は勢いがついてく

精農家に学ぶ

る。ランナーの出方は変わらず。秋植えは元肥はやるが，春植えは元肥なし。今は堆肥もやらない。1年おきに親株の苗場が変わる。苗をつくったところは翌年は田圃になる。1年おきに交替。今年田圃のところには来年親株が植わる。こうすれば，毎年土壌消毒をしなくてもすむ。ただしメチルブロマイドは雑草の種を殺すために処理しておく。これに4万円かかるが，草刈機を入れられない親株床は除草はすべて手でやらなくてはならず，その人件費を考えたら，このぐらいの出費はなんでもない。

親株の植え方は第7図のとおり。追肥は，6月はじめに8-8-8という真黒な化成肥料を15aに1つぐらい。秋植えの場合には，元肥は7aの畑に配合が6-5-4が2袋40kg。カニがらが2袋30kg。

3. 採苗，仮植

仮植床の準備 7月はじめからと採苗が早くなった分だけ，苗床の準備も早くなった。

苗床は5月にクロルピクリンで土壌消毒する。その後ビニール被覆で雑草の種を殺す。ビニー

第8図 親株から出たランナー
（4月19日，右はかん水用チューブ）

第9図 親株床の状態（6月19日）
上：超促成（平3年11月20日植付け），
下：促成用（平4年4月4日植付け）

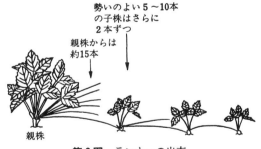

第6図 ランナーの出方

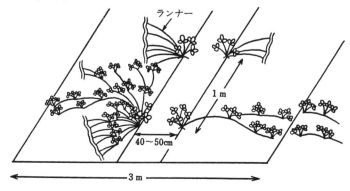

＊暗きょのない畑は通路を1mぐらいにして約20cmの深さで排水溝をつくる

第7図 親株の植え方

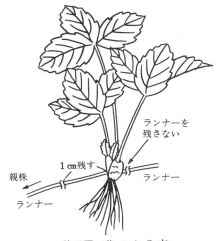

第10図 苗のとり方

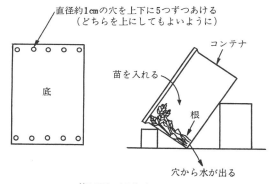

第11図 採苗時のコンテナ

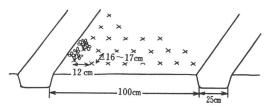

第12図 苗床のベッド

第13図 ビニール被覆中の苗床

第14図 苗床への植付け方

ル被覆で蒸すと表面から5cmの種はすべて死ぬ。除草剤はまったくいらない。メチルブロマイドだと皮の固い種は生き残る。たとえば，レンゲ，マメ類は生えてくる。晴天がくればその処理は3，4日あれば充分。仮植する1晩前まで被覆する。その前にはいで，雨が降れば土がしまってしまうし，仮植直前ではまだ土が熱すぎる。

ベッドのつくり方は第12図のとおり。

元肥はいっさいやらない。追肥で微妙に調整する。それも土に混ぜると長い間効いてしまうので，表面に施す。本当に肥料は少ない。まったくやらないと1親株当たりのランナー50本の量が不足してしまう。株当たりの絶対量をそこそこに確保しながら，温度が上がるにつれて窒素を切っていく，という考え方だ。

採苗 採苗の時期は超促成が7月上旬，促成

第15図 苗の仮植（7月10日）

が7月下旬。苗床への植付け方は第14図のとおり。

仮植床で約1か月弱育苗し，その後夜冷庫へ入れる。促成の苗のほうが若干仮植期間が長い。

苗床でのかん水は，植え付けた翌日から，晴天の日には活着するまで1日3回ずつ9時，12時，3時に充分にかける。

炭そ病対策 女峰の病害で最大の敵は炭そ病だ。この品種はアイベリーの次に弱いと考えている。

気温が上がってきた時点，すなわち夏の育苗中に多い。発生の三つの要因は温度と水と窒素レベル。気温が高くなるにつれて，窒素を切るか，薬をまくかしなくてはならない。水はなかでも比較的軽い要因。

炭そ病から守る方法は二つ。まずは薬剤防除。もう一つは炭そ菌を入れない株をつくること。いうなれば自然農法的な発想。農薬散布と組み合わせる人もいるし，農薬はまったく使わない人もいる。貝吹さんは後者に近い。薬剤防除だけでは守りきれないと思う。

どんなに温度が高くなっても，どんなに雨が降っても炭そ病菌が入れない株というのがある。野生化している女峰は炭そ病には絶対かからない。野生化しているものは必ず窒素レベルが低い。人が作物を栽培するとなると，必ず窒素を食わせる。それを止めてやることだ。すなわち自然農法に近くなる。温度が上がるにしたがって窒素を抜いていくという考え方。しかし，土の中にある窒素はそう簡単には切れない。簡単に切る方法は断根。真夏の株が消耗するときなら，3日でかなり切れてしまう。

窒素が切れているかどうかの診断法がある。葉柄の色で見分ける。葉柄の色は，赤みを帯びた色から白まで無段階。白くて30℃の気温がくれば必ずやられる。白い葉柄をつくると，消毒しなければ必ずやられる。窒素が効いていればいるほど葉柄は白くなる。窒素が切れるにしたがい，黄緑から緑，そして赤くなる。赤ければそこに炭そ病菌を塗ってもかからない。葉柄といっても新葉のではなく，展開しきった葉（＝これ以上大きくならなくなった葉）の葉柄。

葉の色はなんともいえない。必ず葉柄でみる。白いとおよそ30℃で炭そ病がくる。これは窒素が効いてなくても太陽が当たらないと白くなる。密植で太陽が当たらず，風通しがないと，窒素レベルが低くても白くなる。それでも炭そ病にやられる。窒素が切れていても，太陽が当たらず，風通しが悪ければやはりやられる。

黄緑でも35℃でやられる。真夏はこのぐらいにはすぐなる。だから黄緑の葉柄では炭そ病にやられる可能性は大きい。防除なしでは必ずやられる。

濃い緑で温度が35℃，これならやられない。しかし，そこに雨が降ればだめ。白ければ雨が降らなくてもやられる。

だから，これはまずいと思ったら，断根。そうすれば3日で赤くなる。ところが仮植をしてから，白くなるまでの期間がある。仮植したらすぐに窒素が効くものではない。仮植をするということは根を切ること。親株床よりも窒素レベルは下がっている。窒素を吸い上げるのが10日後。それから新葉が展開するまで1週間。いくら早くても17～18日。その後に断根する。けれども苗床にあるのは1か月。残り12日ぐらい。したがってすごく窒素が効けば入庫の10日前に断根。断根は1回やれば充分。けれども，断根のやり方はさまざま。機械でやったり，コテでやったり，何cmで切るかもいろいろ。私は断根機。機械でやれるものはすべて機械でやる。断根の程度は，断根のあくる日が晴で，日中ややしおれるぐらいが目安。ぐたっとしおれてはだめ。もしぐたっとしたら水をかけてやる。ややしおれるていどならば水はやらない。

4. 夜　　冷

生育をそろえる 定植時期は超促成で8月25日。これは早いほう。花芽をここで100％で分化させるのはなかなか困難。ふつうは，その時期では花芽のそろいが悪い。花芽のそろいをよくするのが超促成のポイントだが，8月28日以降になるとそこそこにそろう。私は7月29，30，31日と入庫するが，29日に入庫した苗は25日に定植し，31日に入庫したものは27日。29日のも

第16図　夜冷庫への入庫

第17図　夜冷育苗中の超促成用の苗（8月8日）

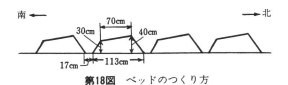

第18図　ベッドのつくり方

のは花芽のそろいが悪いときもあるが，8月28日以降になればまずそろっている。このあたりの2，3日の差は大きくひびいているようだ。だから，27，28日に定植を始める人が多い。貝吹さんもそうしたいところだが，促成の収穫はじめを12月の頭にもってきたいがために，早く定植する。超促成はなおさら花芽分化をきちんとしておかなくてはならない。

そのための手だては疎植だ。疎植にしてあればどれもこれもが同じように生育している。したがってそろう。密植だとのまれる株がある。日照不足の苗も出てくる。密植するほどバラツキが多くなる。そこのちがいが大きい。

入庫前の状態ももちろん関係する。促成のように，自然に短日になるときの苗ならばさほどでもないが，窒素の切れすぎ，のりすぎのどちらもだめ。そこで断根をするわけだ。

夜冷の床土は，鹿沼土1：バーミキュライト2。ほかには何も入れない。これを4，5回転，2年半使う。次年度に使うときには事前にメチルブロマイドで消毒する。

夜冷のしかた　8時間外で16時の入庫が標準。温度設定は4～10時が17℃，10～翌6時が15℃。6～8時が17℃。入庫後5日ぐらいで活着すると，その温度を15℃と12℃に設定する。極端な温度変化にあわせると，苗の消耗が激しくなるので，このように緩衝期間を設けている。

肥料の効き具合によって10℃にすることもある。しかし，苗がやせているときは12℃。やせている苗を10℃にあわせると紅葉してしまう。紅葉するほど低温にしてはいけない。

超促成とふつうの促成ではまったくちがう。促成では17～18日冷やせばほぼ花芽は分化するが，超促成では最短でも23日，だいたい27日はほしい。今は25～28日間夜冷をしている。

これを5年前からやっている。超促成では80％分化していればよいという考え方があるが，ここ1，2年はほぼ100％の分化を実現している。

夜冷中に葉かきをする人としない人がいる。しなくとも植えるときは葉を落とす。するともっと細くなる。私は入庫2週間で葉かきをする。密になりすぎるともっと細くなるから。密の人は実は葉かきができない。繁りすぎて手を入れることができないのが実態だろう。

5．本畑の準備と定植

本畑の準備　6月下旬に耕うんをする。超促

成の苗をとり終わったら7月7日から20日にかけて土壌消毒。促成の苗をとり終えたら7月下旬にすべての肥料投入。その施肥が終わると超促成の入庫。超促成の入庫がすむと，ベッドづくりにはいる。

30cm弱の深さでロータリーを6〜7回かける。あまりていねいなロータリー耕は団粒構造を壊すといわれているが，ほこりがたたないぐらいまでの範囲でできるだけていねいにやる。貝吹さんの畑は，腐植が5％になっており，そのぐらいになれば問題はでないという。

ベッドは1回の走行でベッドが立てられる機械でつくる。ベッドはすべて東西に走っているので，第18図のように，南側に傾斜した形にたてている。

10a当たり9,500本植える。地域でもこれはやや密植だという。狭く植えるほど丈は伸びる。この草勢の強いのを抑えてつくれば収量が上がる。すなわち，栄養生長をほどほどに抑えて生殖生長へもっていくのが貝吹さんの基本。この栽植密度は自分でそうしなくてはならないように仕組んでいるようにもみえる。

定植時期の判断 花芽分化は25日定植ならば23日から25日にかけて。ここで未分化を植えると，分化はぐーっと後ろにいってしまう。しかし，9月に入ってから植えるならば，9月13日以降になれば，たとえ分化していないものでも，植えいたみなどで花芽はくる。

超促成では11月1日をねらっても，花芽が遅れると，12月15日からの収穫になってしまう。だから，超促成の場合は花芽分化をきちんと確認してから定植する。促成は，18回低温にあてればほぼ確実に分化するから検鏡の必要はないが，超促成では検鏡を行なう。一人3本持って行き，三つとも分化していなければ，定植はみあわせることになっている。

定植 植付けの仕方は第19図のとおり。果梗の伸びる方向は同じにしている。

根は横にして，古い根と新根とが接触しにく

第19図 植え方（根は横へねかせる）

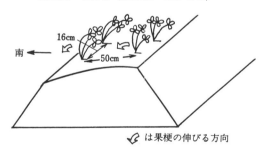

第20図 ベッドへの植付け

第21図 定植作業（8月25日）

第22図 定植が終わった苗（8月26日）

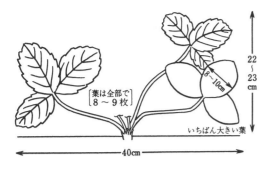

第23図　収穫直前の理想の姿

第24図　マルチ張り

いようにする。これは苗時代の根は果実生産のためには働かないという判断による。植える深さは，葉柄の元についているハカマのつけ根までとし，発根する部分はできるだけ土と接触させる。

定植後のかん水はじょろでなく株の間に引いておいたエバフローで行なう。植える前にエバフローを引き，少しベッドを湿らせる。植えてからまたかん水する。1日に15分間（高さ1mに飛ばして）。回数がふえれば1回の時間は減る。3回やれば5分間ずつ。

定植の時点で，密植の苗はひょろひょろの「松葉苗」で立っていられない。すぐ転んでしまう。丈は20〜25cmで，クラウンの太さは8mmほどだが，上はもっと細くなる。ベンチの周囲にあった苗はそこそこ太くなるが，中へいくほど，細くて長くなる。葉は2.5〜3枚。

超促成は寒冷紗の下で定植する。

6. 定植後から収穫まで

かん水　定植した後は，綿密なかん水を行なう。期間は半月間。これで発根を促進させる。

その後その根を下へ伸ばす条件を整える。それには，定植後20〜25日ぐらいから水を切る。マルチによってベッドに水を入れないようにしてから水を切る。

葉かき・芽かき　10月10日ぐらいに葉かきも芽かきもする。まだ暖かいのでランナーはすごくでる。特に超促成で盛んだ。このように超促成は「自然界」でつくるので，この点は促成栽培とまったくちがう。樹ができあがるまでは「自然界」。収穫へはいると人工環境下となる。

超促成の開花は10月の頭。そのときにはまだ樹はできあがっていない。しかし，この後どんどん葉が繁ってくる。花が咲いただけでは樹に負担はかからない。この作型では収穫に入ってもまだ負担はあまりかからない。それぐらい勢いはちがう。それが11月10日ぐらいまでつづくか。温度が高ければまだまだ伸びてしまうので，夜も昼も開けっ放し。だから「雨よけ」。このころがようやく「頭打ち」。収穫直前で8〜9枚にそろえる。

ビニール被覆　ビニール被覆は10月下旬にはじめる。11月末に二重被覆。

使うフィルムは0.075mm厚，高藤の「タフニール」。これ以外は使う気がしない。しかも，「押し出し製法」でなくてはならない。同じ銘柄でも，工場によって製法がちがうのである。押し出し製法のタフニールは透明度が高い。これは一目瞭然。ふつうビニールはどんなに透明度が高くても，向こうの景色はぼんやり見える。ところがこれはガラスを通したようにクッキリと見える。外張りと内張りが同じ材質でそろっているのもいい。ビニールそのものはかなり収縮がきく。タフニールは防滴性には問題はない。霧の発生も少ない。

女峰では太陽光が果実の伸びに影響する度合いが大きい。宝交早生，とよのかはそれほどでもない（多少日陰でも，着色は悪いが，温度が上がらない分，ゆっくり肥大して，かえって大玉になるくらい）。玉を大きくするにはハウス内の気温よりも，果実温のほうが高くなければならない。そのために，太陽がよく当たるようにしたい。だからフィルムには透明度がほしい。

精農家に学ぶ

第25図　超促成栽培の株（11月4日）

第26図　促成栽培の株（12月1日）

促成栽培での低温遭遇　促成の定植時にはもちろん寒冷紗はいらない。綿密なかん水をして、マルチを定植20日後にかける。その後は水を切り、頂花房の花芽の上がり具合によってビニールを被覆する。圃場でつぼみがところどころで見えてきたときがそのタイミング。それ以前に被覆すると樹は旺盛になりすぎる。最初の1週間ぐらいは「雨よけ」。株の勢いがなければ日中は裾を開けて、夕方4時か5時ごろに閉めて朝開けてやる。それでも11月はじめになれば日中も閉める。開花は10月25日ころ。「あー、白くなってきたな」という感じで各株頂花がみな咲くようになると収穫までの日数は1か月ちょっと。

11月になれば換気扇による温度管理となる。日中も被覆が閉まっていて、温度が高まれば換気扇が回る。その温度は20℃。「やりだすな（？）」というころになって22℃に5日間。この2℃で樹の動きがぐんとよくなる。日中は換気扇は回りっぱなしだが、朝の回り出しが遅いのと夕方の回り終わりが早いのがずいぶんちがってくる。そうなると勢いのよい葉が出てくる。そこで夜ビニールを開ける。11月15日から20日の間。

早い年でそのころから霜が降りる。コンバインで刈った株跡がさあーっと白くなるぐらいの霜。それでも開ける。新葉の色を見て、だんだん緑が増してきたなと思えばそれでよし。これに3～5日。遅くても20日までには終わる。これによって樹がどんどん栄養生長に片寄っていたのが、新葉の色に緑が増す＝生殖生長に傾く。新葉の展開が遅くなれば緑が濃くなる。

その前に2℃高くするのは、ショックの度合いを大きくするため。20℃のままでは温度差が小さくて、生殖生長への転換にはなりにくい。栄養生長に片寄ったものにショックを与えたいための2℃。これが一時的な「甘やかし」。その後にショックを与える。じりじり温度が下がっても樹が慣れてしまう。過保護にしたやつをちょっとほったらかしてやるとショックは大きい。これがねらい。単に低温に当てるだけではだめだ。

温度管理　換気扇換気にしたときは20℃に設定。これは低い。外気温が10℃を切るころになったら、受粉ができる温度にセットする。私はそこで22℃にセット。厳寒期に入って23℃にする。これは2月いっぱいまで。

電照　電照はやはり必要。これは2番まではあまり影響がわからないが、3番に効く。2番でかなり株が衰弱するが、電照によって、3番のつぼみがうまく伸びるようだ。コンスタントに収穫しようと思えば電照は必要だろう。産地

によっては女峰は電照しないところもあるが，この産地ではみんなやる。

電照は二重カーテン保温を始めるのと同時に始める。電照のやり方は，新葉の生長が悪くなってきたなという感じが見受けられるようになったころから。2時間半〜3時間。夜暗いうちならばどこでもいい。春の葉（葉柄が長くてぺらっとした葉）が1枚出てきたら切る。2枚出すまで電照をつづけると4月の玉が小さくなってしまう。ここで電照を長引かせると4月中旬以降まで収穫がなくなる。1枚展開したなというところで電照はやめる。1枚いい葉がでたハウスから切る。これは見分けが簡単。冬の葉は小さい。本当にこまめにやるならば換気扇側と吸入口側とに分けるのもいい。今年は2月25日から3月15日にわたっている。遅く切ったハウスのほうが2期作が始まるのが遅い。早く電照を切ったところほど早く2期作が上がってくる。今年はわりと遅かった。つまり2番がよかったということ。

収穫 収穫は，すべてのハウスを4日でぐるっとひとまわりする。一つの株を4日で回ることになる。収穫期には合計約2,000時間主婦パートを4人お願いしている。

収穫は午前中だけ行なう。とったイチゴはまず予冷庫にいれ，果実の温度を下げる。パック詰めが終わったものも予冷庫に入れ，鮮度保持に努めている。

パック詰めは夫婦で行なう。

第27図　3月15日の株

7．病害虫防除

特に注意しているのは，超促成でのヨトウムシ。開花してから加害するが，この時期はまだハウスを閉めているわけではないので被害が大きい。

けれども殺虫剤はミツバチのためにかけたくない。アグロスリンが効いた年があったが，1年で効かなくなった。それぐらいヨトウムシには抵抗性がつく。そこで，脱皮阻害剤ノーモルトを使った。これはふ化前にもふ化直後にも効き，ハチに影響ないのがいい。

アブラムシにはマリックス粒剤と乳剤。粒剤はマルチの下に9〜10kgおく。これもハチには影響がなくていい。

≪住所など≫　愛知県額田郡幸田町萩西中71
　　　　　　　貝吹　満（54歳）
　　　　　　　ＴＥＬ　05646—2—5405

執筆　編集部

1992年記

※故人。奥さんがとちおとめの栽培を続けている。

松宮さんご夫妻

滋賀県犬上郡甲良町　松宮　悟・しげ子

章姫・土を使った養液栽培「少量土壌培地耕」による高設栽培

○水田土壌の土の力（緩衝能）を使った養液栽培
○無加温・無電照・無培地加温・簡易養液処方による低コストで安定した栽培を実現
○栽培1年目から収量確保

経営の概要

立　地	滋賀県東部，琵琶湖東部の平地
作目規模	イチゴ（章姫）1,600m²，水稲65a
労　力	夫婦2名（悟さんは週末のみ）
栽培概要	9月中旬定植，11月下旬から6月末収穫
収　量	10a当たり4t

〈地域と経営の概要〉

1. 地域の特徴

　滋賀県湖東地域は，鈴鹿山脈の山すそから琵琶湖にかけて位置している。年間平均気温は14.4℃で年間降水量は1,617mm，年間日射量1,833時間であるが，12月以降は降雪や積雪があり，曇雨天が多く日射量も少ない。このようなことから，冬期の気象条件は県南部と比べるとイチゴ栽培には不利な地域である。

　湖東地域をはじめ滋賀県全域の農業生産額では耕種部門の約75％が水稲であり，水田作中心の農業が展開されている。

　野菜では，イチゴ以外にホウレンソウ，コマツナ，ネギなどの軟弱野菜やトマト，キュウリ，ナスなどがパイプハウスを中心に栽培されている。

2. 地域のイチゴ栽培のあゆみ

　湖東地域のイチゴ栽培の歴史は古く，1970年ころからハウスイチゴの栽培が始まった。当時は，‘宝交早生’による促成や半促成栽培が導入された。その後，栽培技術の確立とともにハウスイチゴ栽培が普及していったが，1981年ころをピークに栽培は減少傾向に転じた。減少した原因としては，豪雪によるハウスの倒壊や生産者の高齢化などがあげられるが，最も大きな原因は中腰姿勢による腰への負担が大きくつらい作業になっていたためであった。

　このようなことから，滋賀県農業試験場（現農業技術振興センター）がトマトやキュウリ栽培に開発した少量土壌培地耕の技術を利用した，イチゴの高設栽培技術を1995年（湖東地域は1996年）から導入して，作業姿勢の改善に取り組んできた。

　低コストで作業姿勢が改善できることや，栽培1年目からでも穫れること，品質・収量ともに土耕栽培以上に安定することなどから農家の関心は高く，新規にイチゴ栽培を始めたい農家が毎年着実に増え続けている（第1図）。また，新たに始められる生産者やベテラン農家，定年帰農者や若い新規就農者，女性農業者の取組みなど多種にわたっている。もちろん，土耕のイチゴ農家の取組みも進んでいる。

　少量土壌培地耕栽培による高設イチゴ栽培は，県内のイチゴ栽培の約92％とその普及率は非常に高い。逆に，この技術がなければ，滋賀県のイチゴ栽培はそのほとんどがなくなっていたかもしれない。

精農家に学ぶ

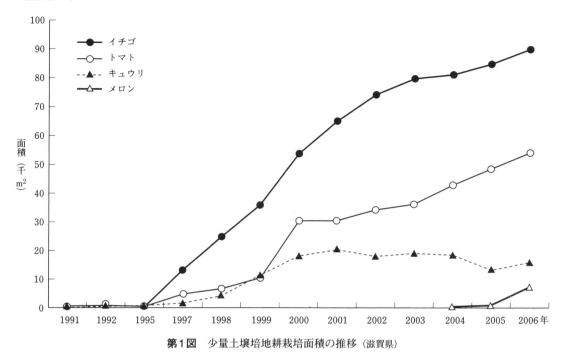

第1図　少量土壌培地耕栽培面積の推移（滋賀県）

3. 経営の概要

　松宮さんは，1,150m²のハウスでイチゴ高設栽培と450m²の育苗ハウスでイチゴ籾がらベッド育苗（後述育苗の項参照）とイチゴ低設栽培を行なっている。いずれも少量土壌培地耕栽培である。

　ご主人の悟さんはサラリーマンで，土曜日曜のみイチゴ栽培を手伝っている。これだけの面積を奥さんのしげ子さん一人で栽培し，地域でもトップレベルの収量や品質を誇っている。

　食品会社に勤めている悟さんの信念である「イチゴも食品なのだから，ハウス内を清潔にして栽培しないといけない」という言葉どおり，いつもハウス内はきれいに整頓されている。

　来年の2008年3月には，悟さんも定年退職してイチゴ栽培に専念するそうである。そこで，育苗方式を今の籾がらベッド育苗から滋賀県農業技術振興センターで技術を確立した湛水式底面給水育苗（後述育苗の項参照）に切り替え，育苗面積を今の半分にすることで，育苗ハ

ウス2棟の内1棟を栽培専用ハウス（高設）にする予定である。

　栽培マニュアルを最も忠実に実践されている生産者の一人であり，花芽分化後定植で，無加温・無電照・無培地加温の促成栽培である。品種は'章姫'である。収穫期間は11月～6月までのほぼ8か月間で，そのほとんどは直売で販売し，一部はJAに出荷している。

〈技術と経営の特色〉

1. 少量土壌培地耕の開発コンセプト

　滋賀県のイチゴ栽培は，以前より「金のかからない割には，金になる」という品目として普及してきた。すなわち，パイプハウスさえあれば暖房などをしなくても収穫でき，経費がかからない割にそこそこ儲かるといわれて栽培されてきた。そのため，高設化することで暖房や培地加温，電照が必要になってしまっては，誰も取り組まないのではないかと考えられた。

　また，昭和60年代には，一部のイチゴ農家が市販の水耕装置でNFTによる高設栽培に取

り組んだがコストが高く,「良いな」と思った生産者は多かったものの「やろう」とは思えなかったため,その後普及しなかった。

そしてなにより,平成に入ると滋賀県のイチゴ栽培はどん底まで栽培面積が減ってしまっていたことから,新しいイチゴ栽培者を増やしていくための栽培システムとして,誰もが気軽に取り組める低コストな栽培システムの開発と,1年目からでも穫れる栽培技術の確立が必要であった。

そこで,少量土壌培地耕による栽培システムを開発するにあたり,以下のコンセプトをたて,栽培の減少を食い止める(遅らせる)システムではなく,新しい栽培者を増やしていくための栽培システムとして開発を目指した。

開発コンセプトとしては次のとおりである。

1) 今までのイチゴ栽培で問題になっていた中腰の作業姿勢をコストをかけることなく改善し,イチゴを魅力ある品目にする。
2) システム導入の投資コストと合わせてランニングコストを下げることで,気軽に取り組める栽培システムに仕上げる。
3) 無加温・無培地加温・無電照・無炭酸ガス施用での促成高設栽培技術を確立し,「金のかからんわりにはそこそこ儲かるイチゴづくり」を継承する
4) 栽培をマニュアル化することで,まじめに栽培すれば1年目から採算の合う収量や品質になる栽培技術を確立する。
5) イチゴ栽培をマニアックな品目から,ノーマルな品目へと位置づける(「イチゴ栽培はむずかしくない」の実現)。

2. 栽培システムの特徴

少量土壌培地耕栽培システムの最も大きな特徴は,培地に本物の土である水田土壌を用いていることである。少量であるが本物の土を培地に用いることで,土の緩衝能が生かされ養液のトラブルなどが少なく栽培しやすいシステムになっている。また,そのまま排液を養液タンクに戻して利用しても,肥料の欠乏症や過剰症がまったく出ないことから,完全閉鎖型の養液循環システムとして,ハウス外へ肥料成分が流亡しない環境負荷の少ない栽培が実現できている。

また,培地は土壌病原菌を持ち込む危険性を回避するために,薬剤による土壌消毒を行なってから使用しているが,水田土壌を用いることでその危険性をより低くしている。

もう一つの特徴は,培地に用いる土の量が少量であるということである。培地量を少なくすることで,根圏周辺の養分や水分,空気を好適な環境にすることができ,土耕栽培のような生育ムラが発生しにくくなっている。

3. 栽培システムの概要

①システム全体の概要

第2図に栽培システムの概略図を示したが,構造は簡単である。

養液タンクに蓄えられた養液を,電磁弁の開閉によってポンプが作動し栽培ベッドへ灌水チューブを介して給液するもので,電磁弁にタイマーを取り付けることで給液作業を自動化することができる。

栽培ベッドへ給液を行なうと養液タンク内の養液が減り,タンク内に取り付けてあるフロートバルブが開いて,タンク内へ水が自動的に補充される。当然,タンクいっぱいに水が溜まるとフロートバルブが閉じて水は止まる。

養液タンク内に水が補充されることにより,養液濃度が低下する。これによりECコントローラーが作動し,ベローズポンプを介して原液タンクの肥料を設定した濃さになるまで養液タンクに混入し,自動的に養液が調合される。

一方,栽培ベッドに給液された養液は,栽培ベッドの底部の排液穴や排水溝から排出されて地下に埋めてある排液タンクに集水される。

排液タンクにはオートスイッチ付きの水中ポンプが設置されていて,排液タンクが一杯になると自動的に養液タンクに戻る。

このように,シンプルなシステムであるが,栽培者は電磁弁のタイマーにより給液時間や回数の設定と,ECコントローラーにより養液濃度を設定しておけば,自動で養水分管理が行な

精農家に学ぶ

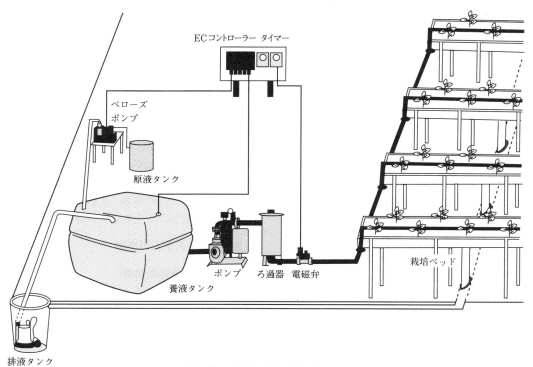

第2図　少量土壌培地耕の概略図

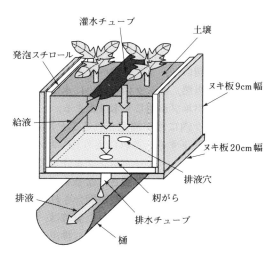

第3図　木製ベッドの構造

える。

②栽培ベッドの概要

栽培ベッドは，ヌキ板と呼ばれる建材の構造用木材を利用して木製の枠をつくる。底部には20cm幅を，側部には9cm幅を用いる。いずれのヌキ板も厚さは15mm，長さは2間と呼ばれる4mを用いている。木材を利用しているのは，素人でも加工がしやすいことと保温性に優れるためである。また，この木製の木枠の中に，厚さ10mmの発泡スチロール板をカットして敷き込み保温性を向上させる（第3図）。

ベッド底部の中心に，30cm間隔で排液用の穴を開ける。この排液穴から落ちた排液は，ベッド下に設置した雨樋を通じて回収される。このベッドの内側には，POフィルムを敷いて，水漏れや木の腐敗を防ぐ。松宮さんはこの木製ベッドで栽培しているが，木の傷みはほとんどない。

しかし，木製ベッドは施工中に反ってしまってベッドが組み立てにくいことや，底板と側板との釘打ちが大変なこと，腐りやすいなどの原因で他の素材を望む声が多かった。そこで，2002年に発泡スチロール製の少量土壌培地耕イチゴ栽培専用ベッドを開発した（第4，5図）。

このベッドは，栽培ベッドと排液回収用の雨樋の機能を持つ排水溝を一体化して，施工のス

第4図 イチゴ栽培専用の発泡スチロールベッド

第5図 イチゴ栽培専用の発泡スチロールベッドの断面図

第6図 ベッド培地の太陽熱消毒

ピードが速まるように工夫した。また，冬期は養液を1回しか給液しないので，土の湿り具合を一定に保つためベッドを水平に設置していることから，ベッド底部の排水溝が浅いと土の部分に水が浸入してしまう可能性があり，排水溝を8cmとかなり深くしている。

コストについては，木製ベッドと雨樋を合わせた価格程度を目標に開発したが，最近の原料などの値上げで，現時点では1割程度のコストアップになっている。しかし，栽培システムの施工期間が新規栽培者の平均で1か月近く短縮できており，施工の簡素化につながっている。2002年以降の新規栽培者は，すべてこのベッドで取り組んでいる。松宮さんも最後に増やしたハウス1棟で，このベッドを利用している。

これらの栽培ベッドに，籾がら1.5cmと水田土壌をベッド一杯になるまで充填する。用いる水田土壌は薬剤による土壌消毒を行なっておく。栽培ベッド内に敷き込むPOフィルムの幅を広め（75cm）にしておき，夏期にこのフィルムで培地ごと包み込んでおくことで，簡易に太陽熱消毒ができる（第6図）。

このベッドは，直径25mmの長さ130cmの直管2本と，長さ30cmの直管1本を使ってH型に脚（第7図）を組み立て，地上105cmの高さに持ち上げる。このベッド脚は，地下25cmに埋め込んで2m間隔で設置する（第8図）。

③培地の交換

前述したとおり，当システムでは水田土壌を利用しており，砂質土壌や粘質土壌の両極端を除けば，ほとんどの土壌が利用可能である。

この培地に使用している土壌の交換は，4〜

精農家に学ぶ

第7図　組み立てたベッド脚

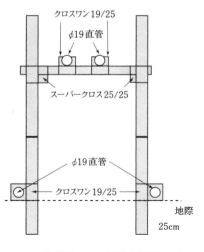

第8図　ベッド脚の構造

'とちおとめ''さちのか'がそれに続く。

2. 育苗

滋賀県では現在約70％以上の生産者が雨よけ育苗を行なっており、そのほとんどが隔離床育苗である。3年前まではランナー床に籾がらを利用した籾がらベッド育苗が半数近くを占めていたが、現在では炭疽病回避を目的とした底面給水育苗が増えてきている。

5年をめどに行なうように指導されている。しかし、実際場面では、労力負担を軽減するため、3年が経過すれば栽培面積の2分の1〜3分の1のベッドを交換している。

また、炭疽病などの土壌病害や土の排水不良などのトラブルが発生した場合は、年数に関係なく土の交換を行なうようにしている。このことにより、炭疽病を持ち込んでしまった場合でも、翌年に発生を引きずることはない。

〈栽培技術〉

1. 作型と品種

作型は無加温・無電照・無培地加温の促成栽培である。花芽分化後定植を基本とするが、栽培面積が大きい生産者などでは花芽分化前定植を行なうことで、収穫開始時期を早めて収穫の波を分散している。松宮さんは、分化後定植の一作型で栽培している。

品種は、'章姫'が約70％を占め'紅ほっぺ'

①籾がらベッド育苗

親株床は、少量土壌培地耕用の栽培ベッドやプランターなどを使った隔離床で養液管理を行なう。親株床の培地は、市販の園芸培土の中から選定したものを利用し、毎年交換して土壌病害対策を徹底している。

ランナー床はマルチを敷いた上に厚さ5cm程度に籾がらを敷き詰める。籾がら床の幅は約150cm程度としている。この籾がら床へ1日4〜5回程度灌水チューブを使って散水し、子苗を根付かせる無仮植育苗の一手法である。ランナーの切り離しは定植前日〜当日としている。

コストが安く安定した採苗数が得られることと隔離床のため、土壌病害の発生を回避できる。松宮さんも現在この育苗方式をとっている。

②湛水式底面給水育苗

親株床は、籾がらベッド育苗と同じであり省略する。

ランナー床は、塩ビ管に穴を開けたものや雨角樋を用いて作製し、そこにイチゴ用小型ポットやセルトレイなどを置いて、1日1回朝に30分以内でポットの深さ半分程度まで湛水する底面給水法である。ポットの容量

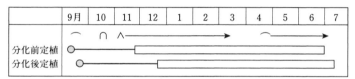

第9図　栽培体系

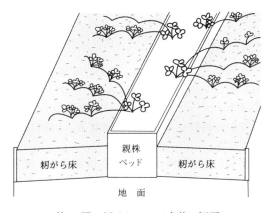

第10図 籾がらベッド育苗の概要

第11図 籾がらベッド育苗のようす

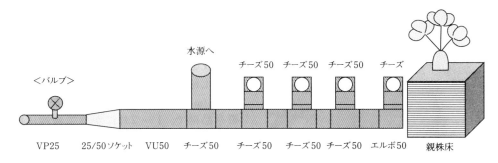

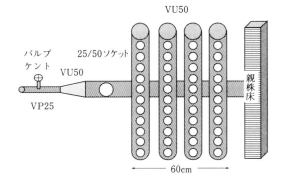

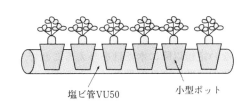

第12図 湛水式底面給水育苗の構造

は90〜100cc程度のものを採用している。ランナーの切り離しは定植前日〜当日としている。

これにより、頭上灌水が避けられ、雨よけ隔離床育苗と組み合わせることで、炭疽病の発生を回避している。松宮さんは2008年よりこの方式で育苗する予定である。

3. 定　植

定植は、花芽分化前定植を基本としている。'章姫'の場合で9月17〜20日ころに花芽分化期にはいるので、それ以降の20〜25日ころを定植適期としている。'紅ほっぺ'の場合は、2〜3日後を目安にしている。どの品種も9月中には定植を完了し、年内に樹勢を確保するよ

精農家に学ぶ

第13図　塩ビ管を使った湛水式底面給水育苗

第14図　雨樋を使った湛水式底面給水育苗

うにしている。

　栽培面積が多い農家では，花芽分化前定植を行ない定植以降に水だけを与えることで，花芽分化の促進を図り収穫のピークをずらして収穫作業の労力を分散している。その場合は9月5～10日の定植としている。

　定植前日には，栽培ベッドに灌水チューブを介して十分灌水して培地を湿らしておく。定植当日の朝には灌水は行なわず，定植作業が終わってから灌水を行なう。また，定植前日の灌水は，土が濡れすぎると定植作業時に土がベトベトになってしまうので絶対に手灌水はしない。

　土を入れ替えた1年目や専用の中耕機などで土を砕いている場合は，定植作業時に移植ゴテで植え付けていくが，2年目以降の土で中耕していない場合は先に植え穴を開けておく。

　定植は，クラウンが半分程度埋まる程度の浅植えとし，花芽が出る方向を栽培ベッドの外側に向けて植え付ける。

4. 養液管理

　定植翌日より1週間は，水だけを灌水し養液は添加しない。灌水時間はエバーフローAなどの灌水チューブを利用している場合で，1回当たり1分30秒～2分程度給水する。1日1回朝に行なう。

　定植8日目以降から養液を添加する。肥料はOKF-1を用いている。養液濃度はEC値で0.4dS/m（3,000倍液相当）とし，1日2回，午前10時と午後3時に給液する。

　10月中旬には栽培ベッドへ黒マルチを張るが，黒マルチを張った3日後から養液濃度をEC値で0.5dS/m（2,500倍液相当）に上げ，給液回数を1日1回午前10時に変更する。また，11月上旬の果実肥大期には養液濃度をEC値で0.6dS/m（2,000倍液相当）に再び上げる。大果系品種で，1～2月にかけて極端に樹勢が低下する場合は，一時的に養液濃度をEC値0.7dS/m（1,500倍液相当）に上げて樹勢の回復を図る。樹勢回復後は元に戻す。

　3月下旬には，樹勢や天候も回復し給液量も多くなるので1日に午前10時と午後3時の2回に給液回数を変更し，養液濃度もEC値0.5dS/m（2,500倍液相当）に変更する。

　収穫終了1週間前には，養液を水に変更して給液し，培地に残った肥料分を洗い流す。

　いずれの時期の給液回数も，培地の湿り具合や天候により調整し，培地の過湿や乾燥を避ける。

5. 温度管理

　一般的なイチゴの栽培と同じ管理でよい。日中は28℃を，夜間は冬期の最低気温5℃以上を目標に温度管理を行なう。また，冬期の夜温が極端に下がった翌日は，日中の温度を30℃近くまで上げる高温管理にして，樹の弱りを最小限にする。

　定植以降10月までは，ハウスを全開にして換気を図る。とくに，天ビニールを外すなどのことは行なわなくてもよい。11月にはいると

夜温が12℃以下になってくるので、ハウスの開閉部を閉めて保温を図る。それでも12℃を下回ってくればカーテン保温を開始する。日中は気温が上がってくるので、28℃を目安に保温する。

3月にはいって新芽が立ち始めてくればカーテン保温を中止する。この時期に過保護な温度管理を行なうと、春以降に樹が立ってしまい果実品質の低下が低下するので注意する。

6. 病害虫防除

心配される病害は、炭疽病とうどんこ病である。

炭疽病については、メリクロン苗の親株利用と雨よけ隔離床底面給水育苗でその発生を防いでいる。

うどんこ病については、夏の高温乾燥期の菌の弱った時期の連続防除を行ない、定植以降の発生を抑えている。うまくいくと、定植以降のうどんこ病の発生を完全に止められる。

害虫については、定植から11月上旬までの夜蛾類と4月以降のアザミウマ類は、脱皮阻害剤で定期防除をすることでその被害を抑制する。ハダニやアブラムシ類は、発生を確認すればできるだけ早く防除する。

7. その他の管理

①摘葉・腋芽かき・ランナー抜取り

摘葉は、定植以降10月中旬までは葉の展開スピードも速いので積極的に摘葉を行なう。

しかし、10月下旬以降は葉の展開スピードが遅くなってくるので、極端に黄化した葉や枯れた葉を摘葉する。

また、定植以降に発生してくるランナーはすべて抜き取る。ランナー発生が少なくなってくるころから腋芽の発生が増えるので、できるだけ早い時期にかき取り、1芽管理を行なう。腋芽が大きくなってからかき取ると樹勢が弱るので注意する。

②摘果（花）

1果房当たり'章姫'などの大果系品種で8果以内、普通品種で12果以内を目安に摘果（花）を行ない、果実重量の増加や品質向上を行なう。着果しすぎると、次の果房で奇形果や小果になったり、品質の低下などにつながるので注意する。

③換　気

夜間の保温を開始してからは、早朝に5〜15分程度の湿度の換気を行なう。夜間に上昇したハウス内の湿度を早朝抜くことで、灰色かび病などの発生を未然に防げる。

8. 栽培終了後の管理

栽培終了後は、株を切り取り持ち出して、ベッド内部に敷き込んであるPOフィルムを包み込んで太陽熱消毒を行なう。太陽熱消毒を行なうまでは、栽培が終了しても灌水は続けて培地を濡れた状態にしておく。そして、土が濡れた状態のままPOフィルムで包み込む。

培地が乾いてしまった場合は、その部分は耕起する必要があるので注意する。

〈今後の課題と方向〉

少量土壌培地耕によるイチゴの高設栽培は県内に広く普及し、92％以上の高設化率をほこっている。排液が出ないことや、培地が水田土壌であるため培地交換時の廃棄についても、水田に土を返すだけのことになり環境などへの問題もまったくない。

また、栽培システムの施工についても、何度かの改良でより施工しやすいシステムとして完成してきた。

しかし、低コスト化を目指して開発した当時よりは、とくに鉄製品やビニール製品を中心に単価が上がってきており、少しではあるが投資コストが上昇してきている。再度各部材について点検し、より低コストなシステムへの検討が必要になってきている。

また、炭疽病の発生が一部で見られるようになってきている。全国的な発生と比べると、雨よけ隔離床育苗や高設化率が高く培地交換が容易であることから、翌年への完全な対応策が取り組めるのでその発生は少ないが、イチゴ栽培の不安要素であることは間違いない。そこで、

農業技術振興センターで技術確立した「湛水式底面給水育苗技術」のよりいっそうの普及に努め，安定したイチゴ生産を実現していく。

また現在，滋賀県が取り組む無加温・無培地加温のイチゴ高設栽培は低コストな栽培だけではなく，むだなエネルギーを使わない環境面からも優れた栽培方法であり，この体系のなかでよりいっそう収量や品質を高めて安定した栽培技術として確立していかなければならない。

また，高設化養液栽培では，種々のセンサーやコンピューターによる自動制御を目標に掲げてシステム化してしまいがちであるが，最後は生産者である農家自らが判断して栽培管理にあたることが，低コストで高品質な安定生産を実現していくためには大切である。

《住所など》滋賀県犬上郡甲良町
　　　　　松宮　悟（59歳）・しげ子
執筆　森野洋二郎（滋賀県農業技術振興センター）
　　　　　　　　　　　　　　　2007年記

※少量土壌培地耕による高設栽培は変わらない。少量土壌培地耕は県内で15ha弱まで増えた。20年間栽培面積が増え続けている。品種は章姫を継続している（県内の8割が章姫）。

奈良県天理市　仲西　芳美

アスカルビー・苗の間欠冷蔵処理

○花芽分化促進方法として間欠冷蔵処理の導入
○早期出荷と作業分散，収量も28％増
○夜冷短日処理，低温暗黒処理の問題点を低コストで解消

〈地域の特徴と経営の歩み〉

　天理市は奈良県の北部に位置している。市の西部は奈良盆地の北東部に含まれる標高100m以下の平坦地で，東部は標高300〜500m超の大和高原である。気候は，気温の年較差，日較差ともに大きい内陸性気候で，降水量は比較的少ない。

　平坦地では古くから「田畑輪換」と呼ばれる水田畑作の営農形態が確立されていた。稲作を中心として，京阪神の大消費地に近いことから収益性の高い野菜や花卉の施設栽培が盛んに行なわれている。東部の高原地域では夏期の冷涼な気候を生かした高原野菜の生産が盛んである。イチゴ，トマト，夏秋ナス，軟弱野菜などは県内有数の産地である。とくにイチゴは生産者数，栽培面積とも県内トップで，栽培面積は県全体の約40％を占めている。

　仲西さん（64歳）はイチゴ栽培を始めて8年目である。イチゴ栽培を始めるまでは，JAならけんの職員であった。父親はイチゴの栽培に県内でもいち早く取り組んだ一人で，仲西さんは在職中も両親のイチゴ栽培を手伝っていた。JAを退職したのを機に本格的にイチゴ栽培に取り組み，父親に代わって経営を担うようになった。

　イチゴ栽培を始めた2008年に，それまで土耕無仮植で行なっていた育苗を隔離ベッドでの無仮植育苗に変えた。臭化メチル剤が全廃され，苗床の土壌消毒が問題になっていたためで

経営の概要

立　　地	標高46mの平坦地 気温の年較差・日較差ともに大きい内陸性気候，降水量は比較的少ない
作目規模	イチゴ12a（促成栽培），水稲130a
栽培概要	本圃：パイプハウス2棟，育苗圃：雨よけパイプハウス1棟 定植：間欠冷蔵処理苗は9月中旬，普通ポット苗は9月下旬 収穫：間欠冷蔵処理苗は11月中旬から5月まで 普通ポット苗は12月上旬から5月まで
品　　種	アスカルビー
収　　量	6.5t/10a
労　　力	2人（本人，母），収穫ピークには長女か次女も応援に入る

ある。

　その後，2012年の育苗からは間欠冷蔵処理導入のため，無仮植育苗からポット受け育苗に変えるにあたって，作業性を良くするために直管パイプで組んだ育苗ベンチを設置した。これにより萎黄病や炭疽病感染のリスクをさらに下げることができた。

　このように，育苗方法の改善や間欠冷蔵処理の導入などを積極的に行なって，技術向上と経営改善をはかっている。JA職員時代に，あるいは若いときから地域活動で培われた農家の人々との人脈があり，お互いの圃場を行き来しながら，それぞれのもっている技術，情報を話

精農家に学ぶ

し合い，自らの経営に生かせるものはないか，より良い方法はないかという姿勢でイチゴ栽培に取り組んでいる。

2013年からはJA二階堂共計いちご出荷組合の組合長となり，イチゴ産地の牽引役となっている。

現在の経営は，促成イチゴ12aと水稲が130aである。労働力は基本的に本人と母親である。収穫のピーク時には，早朝から本人と母親で収穫作業を行ない，その後，長女か次女のいずれかに手伝ってもらって，本人と二人で出荷・調製作業を行なっている。

栽培品種は'アスカルビー'で，販売は全量，JAならけんを通じての共計出荷である。

〈間欠冷蔵処理技術〉

1. 間欠冷蔵処理とは

これまでの一般的な花芽分化促進方法は，夜冷短日処理または低温暗黒処理であった。夜冷短日処理は安定した効果を得られるが，施設の導入に費用がかかる。一方，低温暗黒処理は暗黒条件下におかれるため光合成が不足し苗の栄養状態が低下し，処理効果の不安定要因となる，といった問題点があった。

間欠冷蔵処理はこれらの問題点を解消し，低コストで効果の安定した花芽分化促進技術として岡山大学の吉田裕一教授らによって開発された方法である。

その処理方法は，イチゴ苗を13～15℃の冷蔵庫で3～4日間冷蔵し，昼前に自然条件下に戻す処理を2～3回行なうというものである。1回目の出庫時に同数の苗を入庫することにより，冷蔵庫に入る苗数の2倍の苗を処理することができる。

2. 仲西さんの処理方法

間欠冷蔵処理は保冷庫に最初に入庫する「表処理」と，表処理の出庫時に入れ替えで入庫する「裏処理」を組み合わせることによって，保冷庫での処理能力の2倍の苗を処理することができる（第1図）。

処理には，イチゴの出荷時に予冷処理を行なうために用いていた保冷庫を使用しているが，直管パイプで棚をつくって7段積みできるようにし，可能な限りたくさんの苗を一度に処理できるようにしている。入り口以外の3面は棚を組んだままにしているが，入庫時には奥から順番に入れていき，その手前に直管パイプを左右の棚に2本渡して新たにトレイを並べる（第2，3図）。

こうすることによって，25株ずつ詰めた苗トレイを80トレイ入庫することができ，一度に2,000株の処理が可能である。すなわち，一坪用の保冷庫で，表処理，裏処理を合わせて4,000株を間欠冷蔵処理することができる。

2012年は保冷庫の設定温度14℃で，8月28日から表処理を，8月31日から裏処理を行なった。2013年，2014年は設定温度を15℃，開始日は表処理，裏処理がそれぞれ8月27日，30日であった。いずれの年も保冷庫に3日間入れて，出庫後に育苗雨よけハウスに3日間並べる方法を3回繰り返す処理を行なった。

既存の保冷庫を利用しているため低コストで導入でき，夜冷短日処理と同程度の効果が得られることから，取り組みやすい花芽分化促進処理である。しかし仲西さんの場合，間欠冷蔵処理を行なう保冷庫は自宅敷地内の作業スペース

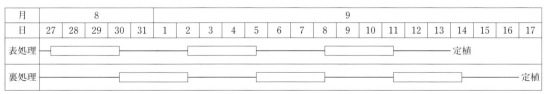

第1図　2013年作，2014年作の間欠冷蔵処理の日程

第2図　保冷庫内に設置したパイプの棚

第3図　間欠冷蔵処理のようす

にあり，育苗雨よけハウスからは500m以上離れていることから，苗の入れ替え作業に時間がかかるということが難点である．軽トラックで数回往復しなければならず，1回の入れ替え作業には2時間から2時間半を要している（第4図）．

3. 導入の経緯

2010年から2012年にかけて，奈良県農業総合センター（現：奈良県農業研究開発センター）は，岡山大学を中核研究機関とする共同研究「新たな農林水産政策を推進する実用技術開発事業・間欠冷蔵処理によるイチゴの花芽分化促進技術の確立」に参画していた．JA二階堂共計いちご出荷組合の役員会などで，「収穫のピーク時には出荷調整が間に合わず過熟果が発生

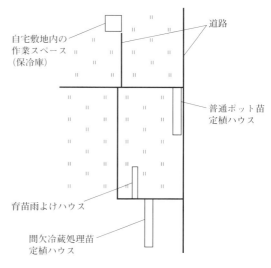

第4図　仲西さんのハウスおよび作業スペース位置図

して困っている」との声を聞いていた奈良県農業総合センター普及技術課の奥谷晃弘主査（現在，農林部農業水産振興課）は，「研究部門で開発中の間欠冷蔵処理技術は，1経営体内での作型分散を目的とした新作型創出技術として，二階堂地域で普及できる」と考えた．

そこで，JA二階堂地区いちご出荷部会に対して間欠冷蔵処理技術に関する視察研修を行なうことを提案し，2011年7月に吉田教授が経営参画している「有限会社のぞみふぁーむ」（岡山市北区にある岡山大学農学部発のベンチャー企業）を訪れた．

当時，仲西さんは9月上旬に定植し，12月上中旬から収穫が始まる促成栽培を行なっており，頂花房の収穫ピーク時は，薬剤散布などの圃場管理が重なることも多く，体力的に限界に近かった．「収穫ピークをずらしたい」という思いから定植時期を変えるなどの方法を試したが，どうしても頂花房の収穫時期が重なってしまっていた．

視察に参加した仲西さんは，さっそくこの年に試験的に100株の間欠冷蔵処理を行なった．もともと，近隣農家で行なわれていた夜冷短日処理による早期出荷に関心があり，近年，9月

645

上中旬の高温の影響による収穫の遅れが気になっていた仲西さんは，2012年から経営面積の半分で間欠冷蔵処理苗を導入している。残り半分は普通ポット苗である。

4. 間欠冷蔵処理の効果

①成功のための必須条件

過去2年の間欠冷蔵処理の効果について，第5図と第6図に頂花房第1花の開花状況を示した。前述したように，間欠冷蔵処理は8月27日（表処理），30日（裏処理）開始であった。

2013年作は間欠冷蔵処理苗が普通ポット苗より3週間早い10月17日から開花が始まった。しかし，調査株の80％が開花したのは間欠冷蔵処理苗のほうがおそくなった。

2014年作は間欠冷蔵処理苗の開花始めは普通ポット苗よりも2週間早く，10月23日であった。また，開花の揃いも良く，調査株20株すべてが10月29日時点で開花した。

2013年作は親苗定植が4月10日ころになってしまい，ランナーの発生も鈍かったので，おそくまでランナーをポット受けしなければならなかったとのことで，保冷庫入庫時点で充実した苗に仕上がっていなかった可能性が高いと考えられる。また，処理直前での葉柄窒素濃度が200ppmを超える株が見られたことから，肥料が残ってしまったことも処理効果のバラツキを生じさせたと思われる。

2014年作は間欠冷蔵処理苗を確保するための親苗は3月30日に定植し，7月上旬には十分な苗数を確保することができた。その結果，充実した苗を揃えることができたことで安定した処理効果が見られた。

3年間の間欠冷蔵処理の結果から，処理苗数を早く確保することと，ポリポットへの施肥を7月15日くらいまでには終了し，処理開始時に肥料が切れた状態にすることが必要であることが，間欠冷蔵処理成功の必須条件であると痛感している。

②収穫の前進化

2014年作の収穫開始は普通ポット苗が12月1日からであったが，間欠冷蔵処理苗では11月17日と2週間早かった。間欠冷蔵処理を導入した3年前からは処理苗で11月中旬，普通ポット苗で12月上旬から確実に収穫できるようになった。以前は隔離ベッドでの無仮植育苗であったため，定植直前にランナーを切断し，9月10日ころに花芽分化前定植を行なっていた。そのため，花芽分化時期が高温で推移した年には著しく花芽分化が遅れ，収穫開始が12月20日ころになることもあった。

仲西さんにとっては，間欠冷蔵処理の導入で収穫が早まったことに加えて，技術導入を機にそれまでの無仮植育苗からポット育苗に切り替

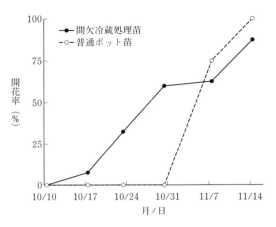

第5図 2013年作における頂花房の開花率の推移（20株調査）

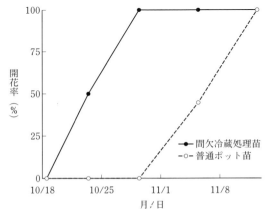

第6図 2014年作における頂花房の開花率の推移（20株調査）

えたことによって，普通栽培でも安定した出荷を行なえるようになった。

③収穫量の推移と総収量

間欠冷蔵処理を導入する前の2011年作と導入3年目の2014年の月別収量を第1表に示す。2011年作は9月中旬に無仮植育苗の苗を定植したハウス2棟の収量である。一方，2014年は1棟が間欠冷蔵処理苗（9月14，17日の両日に定植），もう1棟が普通ポット苗（9月27日以降定植）の総計である。

2011年作は天候にも恵まれ，無仮植育苗にしては早く12月上旬から収穫が始まっているが，年内収量は約860kgであった。これに対して2014年は間欠冷蔵処理苗が11月中旬から収穫が始まり，普通ポット苗の収穫開始までに約190kg，普通ポット苗を合わせて約1,080kgを年内に出荷した。経営全体では年内収量が2011年作と比べて126％となった。2014年作の総収量は，10a当たり6.5tで2011年作の128％であった。

これは収穫開始が2週間早まったこともあるが，間欠冷蔵処理の導入とともに無仮植育苗からポット育苗に変更したことも要因と考えられる。以前の無仮植育苗では定植直前にランナー切断を行なっていたため若苗も定植していたが，ポット育苗ではおそくても8月20日ころにはランナー切断をしているので充実した苗が得られている。

旬別の収穫量を第7図に示す。2011年では1月中旬から2月上旬にかけて，頂果房から第一次腋果房の収穫の端境期になり収量が減少した。しかし，2014年は間欠冷蔵処理苗の第一次腋果房の収穫が1月上中旬に始まり，普通ポット栽培では1月中下旬からの収穫となったため，連続して高い収量が得られた。

収量が大きく増加した2月と，気温が高くなる5月は以前と変わらず，出荷・調製作業は忙しく，間欠冷蔵処理導入による収穫ピークの分散は経営全体でみるとできなかった。しかし，気温が低い1月，2月の収量増に対しては，「仕事量の負担は，収量が増加した分ほどは感じていない」とのことであった。

第1表　2011年作と2014年作の月別収量（12a当たりkg）

	11月	12月	1月	2月	3月	4月	5月	総収量
2011年作		859	599	963	1,230	1,345	1,066	6,062
2014年作	189	892	1,057	1,525	1,360	1,397	1,360	7,780
2011年作比（％）[1]		126	176	158	111	104	128	128

注　1）2011年作収量に対する2014年作収量の比率
　　　12月の項のみ年内収量の比率を示している

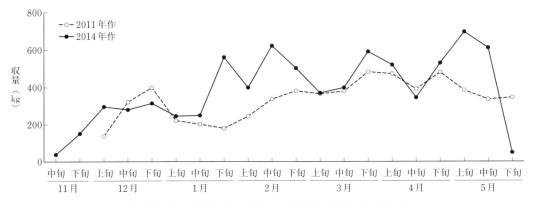

第7図　2011年作と2014年作の旬別収量の推移（12a当たり）

精農家に学ぶ

〈栽培の実際〉

1. 栽培施設と作付け体系

育苗施設は，間口5m，長さ48mの育苗雨よけハウスである。本圃は間口7.5m，長さ80mのパイプハウスが2棟あり，間欠冷蔵処理を行なった苗と普通ポット苗の促成栽培をそれぞれハウス1棟ずつ作付けしている（第4図参照）。間欠冷蔵処理苗では11月中旬から，普通ポット苗では12月上旬から収穫が始まり，5月下旬まで出荷を行なっている（第8図）。

2. 親株の更新

奈良県では無病苗の供給体制が確立されている。二階堂地区のイチゴ親苗増殖網室は地区増殖協議会に加入している生産者によって管理されている。おがくずベンチ育苗で増殖した苗は，毎年12月に生産者に販売される。増殖期間中には県の病害虫防除所が萎黄病や炭疽病の検定を行ない，生産者に安全な苗が供給されている。この無病苗を毎年更新している。

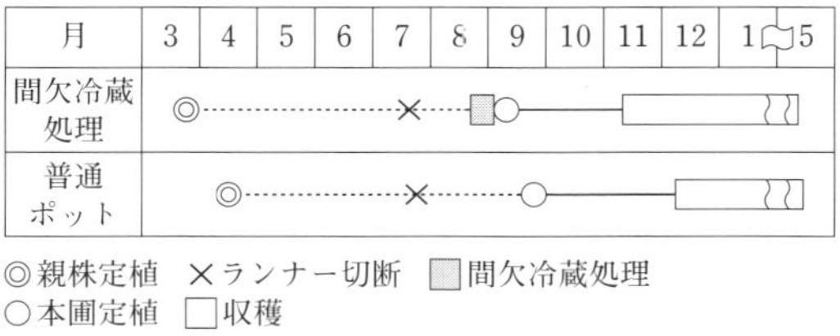

3. 育 苗

①親株の管理とポット受け

12月にイチゴ親苗増殖網室から購入した苗をポリポットに植え，屋外で管理する。これが翌年の親株となる。

育苗は間口5m×長さ48mの育苗雨よけハウスで行なっている。この下に直径22.2mmの直管パイプを用いて幅140cm×長さ45m×高さ70cmのベンチを2列設置している。

間欠冷蔵処理に用いる苗の親株は3月下旬に，普通ポット育苗の親株は4月上旬に，プランターに2株ずつ定植している。培地は国産ヒノキのおがくずを用いている。施肥はIB化成S1号を用い，定植時に株の周辺に株当たり窒素成分で1g程度を施す。その後，25～30日の間隔で7月上旬まで株当たり窒素成分で1g程度を施用している。

ベンチの中央に親株を定植したプランターを設置し，発生するランナーを左右に誘引し，直径9cmのポリポットで受けている。ランナーを受けるポットの用土は，地元の業者が販売しているココピートと山土が主体のイチゴ育苗用のものを用いている。

プランターの両側に苗トレイ（縦387×横575×高さ73mm）を並べ，そのなかにポリポットを配置して，1トレイ当たり15株程度のランナーを受ける（第9図）。

間欠冷蔵処理をする苗は5月上旬から7月上旬にかけて，普通ポット苗は6月上旬から8月上旬にかけてポット受けを行なっている。

②灌 水

育苗中の灌水は，2014年までは苗トレイの底に吸水性の資材を敷き，ポット受け開始からランナー切断までの間は1日1回，ランナー切断後は1日2回の手灌水を行なっていた。吸水性資材から短い不織布を垂らすことによって徐々にトレイから排水

月	3	4	5	6	7	8	9	10	11	12	1	5
間欠冷蔵処理	◎	-	-	-	×	■	-	○	-	-	-	〃
普通ポット		◎	-	-	-	×	-	○	-	-	-	〃

◎親株定植　×ランナー切断　■間欠冷蔵処理
○本圃定植　□収穫

第8図　仲西さんのイチゴ作付け体系

第9図　育苗雨よけハウスでのポット受けのようす

されるので，頭上灌水と底面灌水を合わせたような方法で，田植え時期などの忙しい時期に十分な灌水が行なえなくても鉢土が乾く心配は少なかった。しかし，育苗後半にはポットから流出した肥料分などにより吸水性資材の表面に藻が発生することから排水性が低下し，ポットの底まで十分根が張らない株が散見された。

そこで2015年は，苗トレイに吸水性資材を敷かずに，ランナーカットまではポットの表面の乾き具合を見ながら，1日1～2回の手灌水を行なっている。

③施　肥

育苗中の子苗への施肥は，ランナー切断前の7月中旬にIB化成S1号をポット当たり2,3粒施している。間欠冷蔵処理苗は処理開始までに，普及指導員によってジフェニールアミン法による葉柄窒素濃度の測定が行なわれている。測定結果が50ppm以下で葉色がかなり淡くなってきた場合には，処理開始1週間前までなら1,000倍程度の薄い液肥を施用している。液肥の肥効期間は灌水量や天候の影響を受けると考えられることから，極端な肥料切れにより株の心止まりの発生が懸念される場合のみ液肥を与えている。

ランナー切断は7月中旬に行ない，古葉を除去して展開葉3枚程度で管理している。

④病害虫防除

病害虫防除ではとくに炭疽病の予防を心がけている。5月下旬から予防効果が高く耐雨性に優れているジマンダイセン水和剤やアントラコール顆粒水和剤を中心に，ベルクート水和剤やゲッター水和剤を組み合わせて週に1回の薬剤散布を行なっている。また，間欠冷蔵処理では普通ポット育苗に比べてうどんこ病が発生しやすいため，ランナー切断後に株整理をして葉数が少ない時点での防除を心がけている。

4．本圃管理

8月下旬に太陽熱消毒のポリエチレンフィルムを除去し，土つくり資材と基肥を施用してうね立てを行なっている。ハウス1棟当たりバーク堆肥を600kg，サンゴヨーゲンを100kg土つくり資材として投入している。基肥は緩効性肥料で，窒素成分で10a当たり12.5kgを施している。

2014年作の定植は，表処理の苗を9月14日，裏処理を9月17日に行なっている。表処理，裏処理ともに保冷庫からの最後の出庫後3日後に定植している。保冷庫から出した苗を自然環境にならすことと，間欠冷蔵処理は花芽分化を誘導する処理であり，夜冷短日処理のように花芽分化を確認してからの定植ではないため，花芽分化が始まっていない株を定植して栄養生長に傾き，第1花の開花がかえっておそくならないようにしている。

普通ポット苗は花芽分化を検鏡によって確認してもらってから定植を行なっている。例年9月25日以降である。

定植10日後くらいに条間に10a当たり窒素成分で9.5kgの追肥を行なっている。その後，マルチング前に穴肥で10a当たり窒素成分6.0kgを施している。

ビニール被覆は10月20日前後に行なっている。マルチングは普通ポット苗では10月25日ころから行なっているが，間欠冷蔵苗では10月10日ころから出蕾し，10月下旬には開花が始まることから10月15日前後からの作業となっている。

5．栽培終了とその後の管理

間欠冷蔵処理導入前は，品質の低下や病害虫の発生状況などにより収穫の打ち切りを決めていたが，現在は年間7,000ケースを収穫打切りの目安としている。以前は5月末まで収穫していたが，2014年作は5月21日に7,000ケースに達して収穫を打ち切った。

栽培終了後，株をすべてすき込み，内張り用のポリエチレンフィルムを用いて土壌表面を覆い，太陽熱消毒を行なっている。周囲の水田が代かきのために入水する6月10日ころまでに耕うんしなければならないが，間欠冷蔵処理の導入によって収穫の打切りが10日程度早くなったため，余裕をもって作業が行なえるようになった。

精農家に学ぶ

　間欠冷蔵処理の導入により花芽分化が安定し，収穫開始が早くなり，収量も増加したことを仲西さんは喜んでいる。

　収穫ピークの労働力分散をおもな目的として間欠冷蔵処理を導入したが，収量の増加といううれしい誤算のため，収穫期の仕事量は削減できなかった。しかし，経営面積の半分を間欠冷蔵処理苗の栽培としたことで，定植時期が2週間程度ずれるため，普通ポット苗のハウスでは定植前の耕うん・うね立て作業を9月になってからでも行なうことができる，ビニール被覆やマルチングもハウス2棟分を一度に行なわなくてよいなど，余裕をもって管理作業に当たれるようになった，と技術導入の効果を実感している。

　間欠冷蔵処理導入によって，おおむね期待された成果はあがっているが，2013年作のように苗の葉柄窒素濃度が高い場合には，極端に開花が遅れることがある。この点は，低温暗黒処理時と同様に注意が必要である。そのほかにも，仲西さんはポット受けの時期が処理効果に及ぼす影響やポット全面に縦の切り込みが入った気化潜熱ポットの利用効果などについても試験的に取り組むなど，さらに安定した処理効果を得るために努力している。

　間欠冷蔵処理はJA二階堂共計いちご出荷組合を中心に導入が広がっている。県内の導入者は増えつつあり，今後，新たな花芽分化促進技術として定着していくと考えられる。

《住所など》奈良県天理市備前町
　　　　　仲西芳美（64歳）
　　　　　連絡先：奈良県大和郡山市満願寺町
　　　　　60-1　奈良県郡山総合庁舎内
　　　　　奈良県北部農林振興事務所農林普及課
　　　　　農産物ブランド推進第一係
　　　　　TEL. 0743-51-0372
　執筆　矢奥泰章（奈良県農業研究開発センター）
　　　　　　　　　　　　　　　　2015年記

奈良県大和郡山市　谷野　隆昭

アスカルビー・古都華，促成栽培

○ハウス内環境を整えて快適作業，高い大果率・秀品率
○温度制御，クラウン部加温，二酸化炭素施用
○味が評価され高級果実販売店へ直接販売

〈地域の特徴と経営の歩み〉

　奈良県は古くからのイチゴの産地であり，1972年に奈良県農業試験場（現，奈良県農業研究開発センター）の藤本幸平氏が電照とジベレリン処理を利用した'宝交早生'の促成栽培技術を全国に先駆けて開発し（藤本，1972），同年には栽培面積が869haにまで達した（奈良農試，1995）。1965年から1980年まで全国第3位の栽培面積を誇ったが，その後，栽培面積は急激に減少し続け，現在では，県全体でも約60ha程度となっている（奈良県農林部調べ）。

　県北部に位置する大和郡山市のイチゴ産地は，隣接する天理市と同様，'女峰''とよのか'の導入を始め，地中熱交換，NFT栽培，夜冷短日処理，液化炭酸ガスおよび灯油燃焼による二酸化炭素施用，ベンチ無仮植育苗，高設栽培などの数々の技術において，奈良県イチゴ産地の先駆者としての役割を果たしてきた。

　谷野隆昭さんはイチゴ栽培を始めて37年になる。1990年ころまでは，育苗，土つくり，施肥，ハウス内温度管理など多くの栽培技術において試行錯誤を続けていた。複数の農業改良普及員と何年にもわたり情報交換をするうちに，むずかしく考えず，栽培に有効に作用すると確信できる技術だけを採用すればよいという認識に達し，適度に満足できるイチゴ生産に到達したとのことである。

　2003年度には，県イチゴ立毛品評会で農林水産大臣賞を受賞し，それ以来，品評会の受賞

経営の概要

立　　地	大和平野北西部，標高61m，沖積層
栽培概要	本圃：パイプハウス4棟（23a），育苗圃：雨よけハウス，イチゴ定植：9月，収穫：12～3月，イチゴ収穫後にナス栽培，育苗用土はおがくずおよびポット専用培地，ナス収穫後に本圃の太陽熱消毒，ピートモスすき込み，温度環境の制御とクラウン部加温，二酸化炭素施用
品　　種	アスカルビー，古都華
収　　量	アスカルビー：3.8t/10a（11,000株栽植），古都華：3.2t/10a（3,000株栽植）
労　　力	2人（本人，妻）

常連者である。

〈品種と栽培施設〉

　現在は，本人と妻の惠子さんの二人が経営のすべてを担っている。

1. 栽培品種

　1985年までは'宝交早生'，1989年までは'女峰'，1999年までは'とよのか'を栽培していたが，2000年に，うどんこ病防除が困難でなく，収量性に優れる奈良県育成品種の'アスカルビー'に切り替えた。また，2008年に奈良県育成系統'奈良8号'（品種名：古都華）の現地適応性評価試験に取り組み，それ以来，栽培を続けている。

精農家に学ぶ

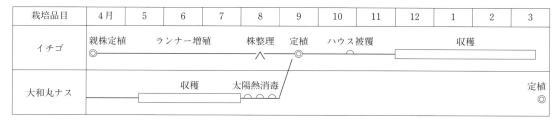

第1図 谷野さんのハウスの利用概要

収量性と早生性に優れる良食味品種の'アスカルビー'と，やや収穫量は少ないが食味に特徴がある'古都華'を組み合わせ，市場出荷と，果実販売店との直接取引を両立させている。

それぞれの品種の栽植本数は，需要に合わせ'古都華'を徐々に増やす形で変化させてきたが，2012年度と2013年度は'アスカルビー'12,000株，'古都華'2,000株，2014年度は'アスカルビー'11,000株，'古都華'3,000株とした。

2. 作　型

9月定植の促成栽培作型で，3月25～27日ころまで収穫した後，ただちに'大和丸なす'（京都の'賀茂なす'由来の自家採種系統）を定植し，5月中旬から7月末までナスを収穫・出荷する（第1図）。

3. 栽培施設

本圃は，東西に長い8.5m×50mのパイプハウス2棟，南北に長い8m×60mのパイプハウス1棟，南北に長い16m×60mの2連のパイプハウス1棟からなり，本圃面積は約23aである（第2図）。育苗圃は，南北に長い6m×55mの雨よけハウスである。

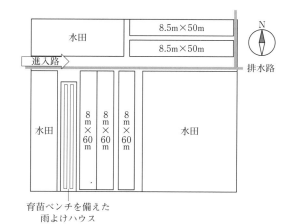

第2図 谷野さんのパイプハウスの配置

〈栽培技術〉

1. 育　苗

雨よけハウス内に1.35m幅，55m長のベンチを2つ備えている（第3図）。直管パイプとエキスパンドメタルを用いて自作したベンチを用いて，'アスカルビー'は10cm厚のおがくずを培地として無仮植育苗し（第4図，第5図），'古都華'は親株を植えたプランターをベンチ際に設置しポット育苗を行なっている（第6図）。

①アスカルビーの無仮植育苗

4月中旬に，購入した無病苗を畝端に90cm間隔で定植する。おがくず培地に直接親株を植えると活着が著しく悪いので，親株の植え位置には調製ピートモスを2lほど入れる。生のおがくずを培地として用いる場合の必須技術である。

おがくずは国産のヒノキまたはスギを指定して購入している。奈良県では専門の業者が，製材所で発生するおがくずを集めて安価で販売しており，国産であることや品目を指定できる。スギのおがくずに対しては，身体に触れると著しいかゆみが出るなど，アレルギーをもつ人がいるので，はじめて導入するさいには注意を促している。

また，西風が強い地域であるため，定植直後

第3図　育苗ハウスのようす
左ベンチ：ポット育苗，右ベンチ：無仮植育苗

第5図　アスカルビーのベンチ無仮植育苗
2015年7月13日撮影

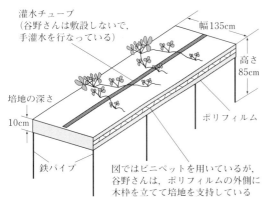

第4図　育苗ベンチの標準仕様（奈良県農業研究開発センター）

第6図　古都華のポット受けのようす
2015年7月13日撮影

の風による親株の傷みを防ぎ，子苗の地床後の速やかな発根を促すことを目的に，西側のハウスサイドには防風ネットを展張している。

施肥には緩効性肥料を用いる。定植直後の親株のまわりにN成分量で株当たり5g程度施し，追肥として5月末と6月末に，N成分量で$1m^2$当たり10g程度施す。

地下水を用いて手灌水している。梅雨明けまでは2日に1回，梅雨明け後は日に1回以上灌水する。

8月中旬には，苗の徒長防止と根量確保を目的に，ランナー切断と古葉摘除を行なう。

なお，本技術は，それまで苗床の土壌消毒に用いてきた臭化メチルの2005年全廃を見据え，谷野さんが，当時，郡山地域農業改良普及センターに勤務していた筆者と相談し，1999年度に生産苗増殖技術として，県内で初めて実践した育苗法である（西本，2007）。導入当初は露地での育苗であったが，ベンチアップしているにもかかわらず育苗後期に炭疽病が発生して，降雨により感染が拡大することがあったので，2009年に雨よけを装備した。

②古都華のポット育苗

'古都華'は初期収量が少ないため，苗の充実を図り，定植後の頂花房の発育を促すことを目的に，ポットを用いて育苗している。親株のプランターへの定植は4月中旬に行なう。ポット受けは，エキスパンドメタル上に置いた水稲育苗箱に9cm径のポリエチレン製ポットを配置して行なっている。プランター用土とポット用

土にはともに，奈良県農協が販売しているポット専用の培地を用いている。

施肥は，親株を植えたプランターに，定植直後，5月末，6月末，7月中旬にそれぞれ，N成分量で株当たり5g程度施す。ポットへの追肥は行なわない。

8月上旬に最初のランナー切断を行なう。ポット受けは，親株から新たに発生する子苗に対して継続して行なうが，8月下旬には必要苗数に達するので終了する。

2. 育苗時の炭疽病の予防

'アスカルビー'と'古都華'はともに炭疽病に罹病性で，とりわけ'古都華'は炭疽病に弱いため，梅雨明け以降は週に1回の頻度で，定植まで欠かさず予防散布を行なっている。奈良県は，5月以降は週1回の炭疽病の防除を奨励しているが，谷野さんの場合は'大和丸なす'の収穫と出荷に追われ，梅雨明けまでは週1回の薬剤散布は実施できていない。しかし，雨よけ導入後は炭疽病は発生していない。

ジマンダイセン水和剤とアントラコール顆粒水和剤は，展着剤を加えなくても炭疽病に対して非常に高い予防効果が認められるので（平山ら，2008)，奈良県では，散布時の薬液流亡の防止と付着量増大を図るため，展着剤無添加の散布を奨励している。

3. 太陽熱消毒とピートモスすき込み

栽培を終了した'大和丸なす'の株を8月初旬にハウス外へ撤去し，二重被覆に用いたポリエチレンフィルムで，十分に湿らせた土壌の全面を覆い，8月下旬までハウスを閉め切って太陽熱消毒を実施する。

9月上旬に，10a当たり30本のピートモス（イワタニアグリグリーン（株)，カナダ産ピートモスBP-1）をすき込む。本圃への肥料以外の投入物は，このときのピートモスと後述する切わらのみである。気温が高い時期に，圃場でピートモスを粉砕しすき込むのは大変な重労働であるが，欠かすことのできない土つくり作業と考えて，20年以上続けている。ピートモスは品質が安定していて，毎年変わらないものを入手できるという点で，優れた土つくり資材である。

その後，基肥としておもに緩効性肥料をN成分量で15kg/10a施したのち，通路の中央間が1.2mとなるよう，うね立て機を用いて作畝する。ピートモスの投入を始めて5年後には，降雨によるうねの崩れが目に見えて少なくなった。そのため，近年は，できるだけ高いうねをつくるよう心がけている。

4. 定植とその後の管理

定植は，その年の天候により多少時期を前後させているが，ポット苗の'古都華'は9月13日ころから開始する。無仮植苗の'アスカルビー'は，ポット苗と比べて活着に時間を要するため，ポット苗の慣行よりやや早く，9月15日ころから定植を行なう。いずれの品種も株間は24cmとしている。

おがくず培地で養成した無仮植苗は，土耕の無仮植苗と比較して根量が多く管理が容易だが，定植後は苗が萎れないように頻繁に灌水する。また，苗の活着後もマルチ前までは，チューブによる灌水と手灌水を併用し，根の張りを促す。35年前に設置した暗渠排水が機能しているため，この間の多量の灌水が実現している。また，本圃の排水性の良さは灰色かび病の発生を回避するのに役立つが，谷野さんの圃場では，灰色かび病の発生はほぼ皆無である。

マルチは10月15日前後，ハウス被覆は10月25日前後に行なっている。被覆後は通路に切わらを入れている。通路に入れた切わらは分解が進みやすく，排水性の良くない圃場では腐敗が進む場合もあるが，排水の良好な谷野さんの圃場では切わらの腐敗臭はなく，イチゴのハウス被覆以降ナスの収穫が終わるまで，通路に水がしみ出た状態になることはほとんどない。

セイヨウミツバチは11月1日ころから放飼している。二重被覆は11月15日ころに行なう。頂花房の花梗が伸びにくい'アスカルビー'は，頂花房出蕾時の10月20日前後にジベレリン処理を10ppmの濃度で行なっている。

奇形果は，管理・収穫作業中に，正常果の大果率を大きくすることを目的に，果実が小さいうちに積極的に摘除している。

〈環境制御技術〉

1. ハウス内温度管理

昼間は換気扇による温度制御を行ない，夜間は無加温である。換気扇と天窓は，厳寒期の9～15時はハウス内気温による制御を行ない，3月末に気温による制御の時間帯が8時～16時30分となるよう制御時間帯を徐々に変更する（第1表）。また，厳寒期の15時から9時までは，換気扇は停止させて天窓は閉めた状態にしているが，気温による制御の時間帯の変更に伴い，3月末にかけて，その時間が徐々に短くなる。

二重被覆は巻上げ式で開閉はタイマーで制御している。厳寒期は9時に開けて15時に閉めている。二重被覆の開閉時間も，換気扇や天窓と同様に徐々に変更し，3月末には8時に開けて，16時30分に閉めるようになる。

3年前までは手動で開閉を行なっていたが，収穫・出荷作業が忙しいために定刻に閉めることがむずかしくストレスを感じていたため，2年前からタイマー制御を導入している。閉めたい時間に正確に閉めることで夕方のハウス内気温を高めに維持できるようになり，低温による不授精果の発生が著しく減少した。また，昼間の二重被覆の巻上げは，とくに冬季の日射量の少ない奈良県では，光合成促進に非常に有効な技術である。

ハウス天井部に設けた天窓（580mm×3,200mm，東都興業（株），トビテン）は垂直開閉式で，50m長のハウスで4つ，60m長のハウスで5つ，それぞれ装備している（第7図）。気温による制御を行なっている時間帯は，ハウス内気温が18℃に達すると開く。換気扇は100cm径のものを南妻面あるいは東妻面に1棟当たり2機装備しており，気温による制御を行なっている時間帯が，ハウス内気温が26℃以上になると稼働し，反対側の妻面に設けた吸気口と天窓から外気が導入される。

天窓を設けてすでに20年になるが，天窓導入前と比べて，換気扇の稼働時間が短くなり，ハウス内の気温の急激な変化が格段に緩和された。また，ハウス内の長方向での温度勾配も際立って小さくなり，ハウス内作業時の快適性が飛躍的に向上している。ハウス被覆時には，フィルムを張った天窓を天井部に持って上がる苦労があるが，晴天時の昼間にハウス内の気温が急激に変化しない効果は，イチゴの果実品質にも明らかに現われており，おいしいイチゴを求める果実販売店の店主を引きつけて止まないのも，天窓の導入がもたらした効果の一つといえる。

ちなみに，3月末に定植し，7月末まで収穫する'大和丸なす'は風による茎葉との擦れで果実が傷つきやすいため，収穫終了間際の7月15～20日ころまでハウスサイドは開放せず，換気扇による換気を続ける。天窓と換気扇を用いた効果的な換気を行なっているため，遮光は行なわずに，梅雨明けまでハウスサイドを開けずに栽培を続けることができる。

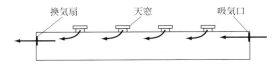

第7図 天窓の配置と換気イメージ
矢印は換気時の空気の流れ

第1表 ハウス内の温度環境制御装置の設定

時間帯			換気扇	天窓	二重被覆
厳寒期		3月末			
9～15時	（徐々に変更）	8時～16時30分	26℃で稼働	18℃で開	開
15～9時		16時30分～8時	停止	閉	閉

精農家に学ぶ

2. クラウン部加温

2棟並んでいる東西に長いハウスの北側ハウスの南端畝は，太陽高度の低い厳寒期は南側に位置するハウスの陰となる。このため，株の草勢が弱く，かつ，北向きに花房が下垂するために第一次腋花房以降，ほぼすべての花が授精不良であった。つまり，頂花房を収穫してしまうと，管理する価値のない栽培箇所であった。

2013年度に奈良県農業研究開発センターの依頼で，テープ式のクラウン部加温装置（光メタルセンター（株），ステンレス箔 テープヒーター）の現地実証試験を南北に長いハウスの西端畝で行なった。その結果，厳寒期もハウス中央部と比べて，同程度に草勢が維持され，出蕾の連続性もほぼ同様であった。

そこで，翌年，装置を購入して東西に長いハウスの南端畝に設置し，テープヒーターが接するクラウン部温度を15℃に維持したところ，見違えるような草勢となり，不授精果がまったく見られなくなった（第8図）。

無加温の土耕栽培で経営を成立させているイチゴ生産者に対して，テープヒーターをすべての定植株に対して用いることを勧めるのは，導入・運転費用と設置・撤去労力を考えるとむずかしい。しかし，ハウスサイド際などの，低温のために生育が悪くなっている圃場の一部分のみにテープヒーターを利用しイチゴの生育を健全化するのは，経営上の価値があるだけでなく，植物を育てる生産者の精神衛生上にも良いと考えられる。

テープヒーターは，山口県農林総合技術センター，光メタルセンター（株），新立電機（株），徳山工業高等専門学校が共同開発した製品である。

3. 二酸化炭素施用

①ファンヒーター型施用機の特徴と利点

松下電器産業（株）（現，パナソニック（株））が1995年に家庭用石油ファンヒーターを基とした農業用二酸化炭素施用機の開発を始め，その数年後に商品化して以来，全ハウスで合計10台導入している。現在は，同じタイプでタイマー制御機能ももつダイニチ工業（株）製の光合成促進機（RA-439K）に更新が進んでいる（第9図）。

これら二酸化炭素施用機の優れる点は，家庭用ファンヒーターと同様，灯油燃焼量を調節できる点にある。換気温度を入力すれば，ハウス内気温が上昇し，換気温度に近づくにつれ燃焼

第8図 テープヒーターを用いてクラウン部に加温を施すことにより，第1次腋花房以降も不授精果の発生が見られなくなった日射条件の悪いうねのようす
品種：アスカルビー，2015年2月9日撮影

第9図 ファンヒーター型二酸化炭素施用機

量を低下させ，逆に，換気によりハウス内の気温と二酸化炭素濃度が下がれば燃焼量を増大させるという，燃費を考慮した効果的な二酸化炭素施用ができる。そのため，生産者の「もったいない」意識が働きにくく，施用機のスイッチが切られることなく稼働を続けるので，明らかな施用効果がもたらされる。とくに，換気が少ない曇・雨天日は，ハウス内の二酸化炭素濃度が高く維持される。

一方，燃焼量の調節機能をもたない灯油あるいはLPガス燃焼式施用機では，タイマーと二酸化炭素濃度センサーを制御に用いたとしても，同様の運転を実現するのはとてもむずかしく，奈良県内の産地では午前中の早い時間帯のみの施用としてしまっていることが多い。施用効果を引き出すための安価な制御装置の登場が待たれる。

また，光合成促進機（RA-439K）は光センサーを装備しており，夜明けとともに自動で二酸化炭素施用を開始するという便利な機能をもっている。しかし，家電製品の石油ファンヒーターと比較して相当高価であるために，使い勝手の悪い家電製品を代替利用している事例を見かけることがある。二酸化炭素施用技術の全国的な普及をいっそう進めるためにも，廉価品の開発を望む。

②施用方法と灯油消費量

谷野さんの圃場では，頂花房の果実肥大期である11月中旬から3月中旬まで運転を行なっており，灯油消費量は23a当たりで約2klである。灯油消費量と施用期間をそれぞれ2kl，120日間とすると，二酸化炭素の施用量は，1日当たりで約18kg/10a，全期間で約2,200kg/10aと計算され，奈良県農業試験場の川島信彦氏が目安として示したイチゴに対する二酸化炭素施用量の2,000〜3,000kg/10a（川島，1990）に見合った量を施用していることがわかる。奈良県農業研究開発センターでは，谷野さんとほぼ同様の二酸化炭素施用で，'古都華'の4月までの収穫量が約19％増大することを確認している（西本ら，2010）。

二酸化炭素施用に要する灯油代と売上げの増加分を比較すると後者がはるかに大きいことから，奈良県では，灯油費用の削減を目的とした光合成促進機の稼働時間制限の必要性は小さいと考えられる。しかし，換気扇稼働後には止めてしまう生産者も散見されるため，研究機関としては，稼働時間制限による減収程度を確認するべきなのであろう。

なお，松下電器産業（株）による農業用二酸化炭素施用機の開発は，当時の奈良県農業試験場の渡辺寛之氏（現在，奈良県中部農林振興事務所所長）が，大和郡山市にあった同社石油機器事業部に働きかけたことを端緒としている（渡辺，1997）。渡辺氏は光センサーと外付けタンクを必須の装備として提案し，石油機器事業部に在籍した内田國明氏がその提案を受けて製品化を達成した。

〈収穫と販売〉

1. 収穫の実際と工夫

例年の出荷開始時期は，'アスカルビー'が12月5日前後，'古都華'が12月25日前後である。収穫盛期の作業時間帯は，収穫が4時30分〜8時，調製箱詰めが8時〜16時30分である。早朝のヘッドライトを着けての収穫となるが，夜明け後に収穫を開始するよりも，果実が硬くて傷みにくいし，ハウス内が暖かくないので作業していても楽である。

また，ハウスの出入り口は引き戸で，両手で収穫箱を持っていても足で開け閉めできるように，戸車が下部に付いたものを採用している。戸車が上部にある引き戸は，足で開けようとすると，戸が傾くために開けにくい。些細なことのようだが，11月末から翌年7月まで手がふさがった状態で頻繁に戸を開閉することを考えると，戸車が下部に付いた引き戸の採用は，きわめて理にかなった選択である。

パック詰めは，作業台の上に収穫箱を手前に傾斜させておいて，夫婦で向き合って行なっている（第10図）。

精農家に学ぶ

第10図　パック詰め作業のようす

2. 収量と秀品率

谷野さんの2か年次の月別出荷量を第2表に示す。2か年の結果とはいえ，これほど品種ごとに株当たり収穫量が年次間で近似しているのは驚きである。谷野さんの栽培技術が安定していることの現われだろうと思う。栽植株数と栽培面積から計算すると，3月末までの10a当たり出荷量は'アスカルビー'で3.8t，'古都華'で3.2tである。

奈良県農業研究開発センターでは，'古都華'育成時に3か年にわたって土耕栽培での生産力検定試験を行なっているが，このうち二酸化炭素施用を行なった2か年は，圃場利用率を谷野さんと同じ割合として計算すると，3月末までの10a当たり収穫量が'アスカルビー'で3.9t，'古都華'で3.3tであり（西本ら，2010），谷野さんのデータが出荷量であることを考慮するとほぼ同等の生産量と考えられる。

いずれの品種もSサイズ（11g）以下の果実はきわめて少なく，2L（20g）以上の大果率は'アスカルビー'で65％前後，'古都華'で75～85％程度といずれも大きい（第3表）。谷野さんが奇形果の摘果はするが，果実肥大前の摘花を一切行なわないのは，このように小果がきわめて少ないためである。また，奇形果の摘果を行なっているため，秀品率はいずれの品種も約97％以上と著しく高い。

3. 市場出荷および高級果実販売店との直接取引

'宝交早生'の栽培時は農協を通じた市場出荷のみであった。'女峰'の栽培を始めてしばらく経過したころ，ある高級果実販売店の店主が谷野さんのイチゴの味に惚れ込み，それ以来，取引を行なっている。現在は，店が要望する大きさの果実を軸付きで収穫し，収穫箱（第10図の収穫箱と同じ）を調製作業場で直接店

第2表　月別出荷量

品　種	年　次	定植株数	収穫量（kg）						株当たり収穫量（g/株）
			11月	12月	1月	2月	3月	合　計	
アスカルビー	2013～2014年	12,000		982	1,281	2,618	2,597	7,479	623
	2014～2015年	11,000	109	1,172	1,390	2,132	2,114	6,917	629
古都華	2013～2014年	2,000		112	111	279	558	1,060	530
	2014～2015年	3,000	13	216	153	421	771	1,573	524

第3表　アスカルビーと古都華の大きさ別割合と秀品率

品　種	年　次	大きさ別割合（％）			秀品率（％）
		2L以上	M～L	S以下	
アスカルビー	2013～2014年	63.0	30.3	6.7	96.8
	2014～2015年	67.5	31.9	0.6	99.8
古都華	2013～2014年	84.5	11.8	3.6	96.8
	2014～2015年	74.1	24.4	1.5	99.8

注　いずれも重量割合

主に手渡すという形で取引しており，収穫箱が通いコンテナの役割を果たしている。

2008年度に奈良県育成系統'奈良8号'（'古都華'）の現地適応性評価試験に取り組んださいには，店主が'アスカルビー'での取引継続を望んだため，以降3か年の'古都華'の作付け株数は少なかった。しかし，2011年ころから'古都華'を要望する客が急激に増え，店の需要に合わせるように'古都華'の作付けを増やした経緯がある。2008年度に谷野さんがはじめて'古都華'を紹介した折には，店主は20果以上の'古都華'を一気に食べたうえで，'アスカルビー'を選択したそうである。高いプロ意識を感じさせる逸話である。

最近2か年の店との取引量は，'アスカルビー'が2013年度に861kg，2014年度に827kgであったのに対して，'古都華'は2013年度に809kg，2014年度に982kgと増加した（第4表）。市場出荷と比較してかなりの高単価での取引が成立しているが，店主の味についての要求は厳しい。谷野さんは，「普通に栽培するだけだ。他者のつくったイチゴを食べる機会はないので，自分のつくったイチゴがほかと比較しておいしいかどうかはわからないが，味を高く評価してもらえるのはもちろん嬉しい」と店主の圧力を感じながらも，喜びをもって栽培に臨んでいる。

＊

谷野さんの栽培技術は，暗渠による排水，二重被覆の開閉，天窓の設置，二酸化炭素施用，ピートモスの投入といったもので，特別な熟練技を駆使しているわけではない。ただ，面倒と思えば避けることができるような技術を，毎年，根気よく繰り返し行なっているに過ぎない。谷野さんのイチゴ栽培からは，毎年同じように繰り返すことができる技術こそが生産安定をもたらす技術なのだと再認識できる。

筆者が谷野さんと知り合って今年でちょうど20年になるが，栽培上の特段の失敗を見たことがない。収量が高位安定化し，作業の快適性もきわめて高い水準に達しながらも「適度に満足」しかしていない谷野さんが，今後どのような経営を行なっていくのか楽しみである。

ところで，近年，奈良県では直売所の増加に伴い，卸売市場を経由しない販売が増加した。また，良い料理素材を求める飲食店が増え，生産者との直接取引が成立している事例も見られるようになった。直売所では，量販店と同じ価格での販売が可能だが，売れ残った場合の廃棄損は生産者自らが負担しなければならない。売れ残らないようにするためには，この生産者のイチゴはおいしいという評価を得続ける必要がある。また，飲食店との取引でも同様で，味を低下させると，取引の打切りや次回の取引の不成立をもたらす。

奈良県農業研究開発センターでは，ハウス内に異臭がすると，臭い成分がイチゴの果実表面に移り，著しい食味低下を引き起こすことを確認しており（皆巳ら，2013，2014），県内の生産現場でも，同様の問題が顕在化しつつある。筆者は，市場出荷しか行なわない生産者にもイチゴの味を気にしてほしいと思っているが，とくに，実需者や果実販売店との直接取引を行なう生産者には，自分のつくったイチゴを頻繁に食べるよう勧めている。

第4表　販売先別出荷量

品　種	年　次	出荷量（kg）	
		市　場	果実販売店
アスカルビー	2013～2014年	6,617	861
	2014～2015年	6,090	827
古都華	2013～2014年	252	809
	2014～2015年	590	982

《住所など》奈良県大和郡山市新町
　　谷野　隆昭（59歳）
　　連絡先：奈良県大和郡山市満願寺町60-1　奈良県郡山総合庁舎内　奈良県北部農林振興事務所農林普及課農産物ブランド推進第一係
　　TEL. 0743-51-0372
執筆　西本登志（奈良県農業研究開発センター）
2015年記

参 考 文 献

藤本幸平. 1972. イチゴ宝交早生の生理生態的特性の解明による新作型開発に関する研究. 奈良農試研報特別報告.

平山喜彦・吉村あみ・西崎仁博・岡山健夫. 2008. リーフディスクと選択培地を用いたイチゴ炭疽病の有効殺菌剤の検索および展着剤の影響. 奈良農総セ研報. **39**, 25—30.

川島信彦. 1990. 促成イチゴに対するCO_2施用の手引き. 奈良県農業試験場 新技術解説書. 30.

皆巳大輔・西本登志・安川人央・髙村仁知. 2013. 灯油の臭いがするハウスで収穫したイチゴ果実の食味. 園学研. **12**（別2），403.

皆巳大輔・西本登志・安川人央・東井君枝・矢奥泰章. 2014. イチゴ栽培圃場内の異臭がイチゴの食味に及ぼす影響. 園学研. **13**（別2），245.

奈良県農業試験場. 1995. 奈良県農業試験場百周年記念誌 資料編. 22.

西本登志. 2007. 軽量培地を用いたベンチ無仮植育苗. 農耕と園芸. **10**, 41—47.

西本登志・信岡尚・前川寛之・後藤公美・東井君枝・泰松恒男・木矢博之・吉村あみ・平山喜彦・峯岸正好・佐野太郎・米田祥二. 2010. イチゴの新品種'古都華'の育成とその特性. 奈良農総セ研報. **41**, 1—10.

渡辺寛之. 1997. バラ栽培へのCO_2施用に関する研究. 奈良農試研報. **28**, 15—22.

香川県木田郡三木町　苺ファーム森本

女峰・香川型イチゴピート栽培システム（らくちんシステム）

○作業効率・生産性を併せもつ画期的なシステム
○多様化する顧客ニーズに対応できる販売方式
○甘味・酸味・コクのある品種'女峰'へのこだわり

苺ファーム森本の家族とスタッフ

〈地域の特徴と経営の歩み〉

　三木町は香川県の東部（東讃）に位置し、高松市に隣接する人口約2万8,000人の町である。主要農産物は米やイチゴ、アスパラガス、トマトなどである。古くからイチゴ栽培が盛んで、おもに'女峰'や'さぬき姫'などを生産してきた。多いときは三木町内にイチゴ農家が約200戸あったが、生産者の高齢化・後継者不足にともない現在は約70戸ほどに減少している。

　香川大学農学部が三木町にあることから、昔から農業に関する研究が盛んである。JA三木町（現在はJA香川県に合併）では香川大学農学部と連携し、全国に先駆けて各生産者の作業場に予冷庫を導入するなど先進的な研究実験を行ない、イチゴの出荷量は年々伸びていった。1995（平成7）年から、後述する香川型イチゴピート栽培システム「らくちん」（以下、らくちんシステムとする）の実験を、1996年からこの栽培システムによる栽培を開始した。現在は多くの生産者がこのシステムで栽培を行なっている。

　また、希少糖（レアシュガー、自然界にその存在量が少ない単糖とその誘導体。食後の血糖値上昇抑制、脂肪の蓄積抑制などさまざまな生理機能をもつ）の研究も香川大学農学部で行なわれており、最近では「希少糖の町」としても有名である。

　1996年、筆者の妻の父であり創業者の森本義博がJAを退職し、担当業務であったらくちんシステムを自ら実践、「苺ファーム森本」の経営を開始した（苺ファーム森本の創業）。開始当初の栽培面積は26aで、品種はすべて'女峰'だった。取引先はおもに首都圏の洋菓子店、果物専門店、ホテルなどで、県内でも洋菓子店や産直販売、JAなどとの取引がある。

　経営の歩みをまとめると第1表のとおりである。

〈経営の理念と方針〉

　らくちんシステムを利用した高品質・高付加価値の'女峰'を栽培・販売することで、国や地域の農業振興・安心安全かつおいしい食文化の質の向上に貢献することが基本的な理念である。これに加えて、地域のほかの生産者との連携により地元香川県産の新鮮でおいしい野菜や

経営の概要

立　　地	古くからのイチゴ産地であるが、イチゴ農家は減少している。香川大学農学部が当町にあるので、先進的な研究実験が盛ん
作目規模	イチゴ 38a
経営概要	栽培：香川型イチゴピート栽培システム「らくちんシステム」 販売：7割が首都圏の洋菓子店・ホテル、3割が直売・JA出荷、インターネット販売、マルシェ型直売
品　　種	女峰
収　　量	5t/10a
労　　力	家族4人パート5人

第1表　経営の歩み

2008年	妻の亜沙美とともに研修を開始
2010年	近隣のイチゴハウス12aを借り増反。合計38aになる
2011年	ホームページ開設
2012年	イチゴジャムと冷凍イチゴの産直販売およびインターネット販売を開始
2013年	先代の森本より経営を受け継ぐ
2013年	地域の生産者や飲食店、建築設計士、デザイナーなどの異業種連携による季節開催イベント「まんまるシェ」開始
2014年	毎週日曜日に地域の生産者と連携し、ほかの野菜や果物を販売するプチマルシェ開始
2015年	恒温高湿庫の実験を開始。11月より導入

果物の販売およびPR、異業種連携などによるイベント開催など、周辺地域の産業活性化を目指す。

事業内容は大きく分けて栽培と販売の二つに分けられる。

1. 栽培方式

栽培面では、経営開始当初から、岡山大学農学部の吉田裕一教授（当時は香川大学農学部在職）らが中心となり開発されたらくちんシステムを使用し、施肥の量や濃度、温度管理などの理論や考え方についても吉田教授作成の「らくちんマニュアル」を踏襲している。また、株の手入れのしかたや順序など作業の詳細は、当ファームで自ら定めた規定にしたがい、これを守るようにしている。

らくちんシステムは開始当初から高い作業効率性と生産性を併せもつ全国的にも類を見ない画期的なシステムであるが、それに加えマニュアル作成時にはなかった新技術や栽培方式をできる限り研究・実験し、実践可能と思われるものはいち早く取り入れるようにしている。

2. 販売先と販売方法

販売面では、先代森本の農協職員時代に培った市場販売流通に関する経験や知識を学ぶと同時に、インターネット販売やマルシェ型直売など新たな技術や販売システムを取り入れながら、多様化する顧客のニーズにより柔軟に対応できる販売形式を目指している。

また、首都圏への冷蔵宅配便（翌日午前着便）や恒温高湿庫の導入など、さらなる高速輸送・コールドチェーン化技術を取り入れ、より新鮮かつ付加価値の高いイチゴを消費者に届けられるよう研究している。

イチゴの販売先としては、おもに首都圏と地元香川県の2本柱で考えている。現在収穫量全体の約7割が首都圏の洋菓子店およびホテルであり、3割が自店舗での産地直売や農協出荷などである。

人口や経済規模、平均単価の面から考えても首都圏に売り先が多いのは自明の理であるが、それに加え'女峰'がもともと栃木県発祥であることから関西方面よりも関東のほうが'女峰'の味に慣れ親しんでいる消費者が比較的多いことも、首都圏への出荷割合が多い理由のひとつである。

地元香川県も、もともと'女峰'の産地であることから比較的'女峰'の味に慣れ親しんでいるが、市場に酸味の少ない品種が多く出まわるようになってからは、酸っぱいイメージをもつ'女峰'を敬遠する消費者も少なくない。このようなイメージを払拭するため地元地域住民への積極的なPRにも力を入れ、さまざまなイベントで広報活動を行なっている。甘味と酸味を併せもつコクのある品種'女峰'のおいしさを今後も一人でも多くの消費者に知っていただきたい。

農業を通した町づくりの一環として、ほかの生産者や異業種連携などによる合同イベントや6次産業化事業にも積極的に取り組み、地元香川の食に対する意識を皆で高め合っていくことも農業に携わる一人として大切な役割であると考えている。

3. 品種に対する考え方

'女峰'は栃木農試栃木分場において'はるのか''ダナー''麗紅'を素材に交配・選抜された品種で、1985年に品種登録された。かつては「東の女峰、西のとよのか」といわれる主

要品種であったが，現在'女峰'を栽培する農家は急速に減少している。栃木県では主要品種が'とちおとめ'に変わり，'女峰'を栽培する生産者の割合が多かった香川県でも最近は'さぬき姫'に移行しつつある。

'女峰'は寒さに弱く，手入れを怠ると酸味だけが先行してしまい，「女峰＝小さくて酸っぱい」というイメージがつきやすい。さらに，暖房費や人件費が他品種に比べ多くかかってしまうことから，生産者から敬遠されがちである。しかし，理論にもとづいた適正な摘葉や早めの果数調整，屈折率の低いビニールを使用した管理など，より良い環境とこまめな手入れをして育てられた'女峰'は，酸味だけでなく十分な甘味とコクをもつ。

洋菓子業界や果物専門店などでは依然として'女峰'の酸味や色，コクを求める声が根強く，首都圏を中心にブランド化・希少価値化が進んでいる。とくに洋菓子業界では，ショートケーキに一番合う品種として'女峰'を挙げるパティシエが少なくない。生クリームと'女峰'のもつ酸味が相性抜群で，鮮やかな深紅色，綺麗な円錐形，また'女峰'は断面も赤いのでカットしても使いやすいという特徴がある（第1図）。

業務用だけでなく生食用としても，他品種に比べしっかりとした酸味をもつため「昔ながらのイチゴ」「本当のイチゴの味がする」といった声も多い。

〈環境制御技術〉

香川型イチゴピート栽培システム「らくちん」は，岡山大学農学部の吉田裕一教授が香川大学農学部在職中に，JA三木町，香川県，香川県経済連，香川県青果連，四国電力との共同研究の成果として開発したものである。

イチゴは草丈が低く，腰をかがめて行なう収穫・管理作業の負荷が大きいため，規模拡大や生産性向上を進めることがむずかしい作物であった。この問題を解決するため，腰をかがめることなく作業できるように，立ったまま収穫管理作業ができる高設式の溶液栽培システムが考

第1図 断面が赤いのでカットしてもケーキに使いやすい女峰

案された。

現在日本でも同様の高設式栽培が多く見受けられるが，らくちんシステムはいち早くこれを取り入れると同時に，日射比例制御システムや栽培マニュアル整備などを組み込み，これまでにないほどの高い生産性と効率性を同時に実現している。

同システムは急速に普及し，香川県では現在，設置面積が全イチゴ栽培面積の約70％に達している。収穫および管理の作業性が高まったため，足腰の弱い高齢生産者はもちろん，栽培マニュアルの整備により，若手の後継者や新規就農者が農業の世界に入りやすくなった面もあり，今後のイチゴ栽培，農業振興に大いに貢献できる栽培システムといえよう。

らくちんシステムのおもな機能と設定数値などの要点は次のとおりである。

1. 液肥供給

液肥供給は，2台の液肥混入器で希釈した培養液を，ポッドドリッパーからピートバッグへ供給するシステムとなっている。液肥混入器やドリッパーは故障や劣化によるトラブルを最小限にとどめるために，多少高価でも実績があり性能の高い製品を使用している。

制御は専用の複合環境制御装置「らくちんコントローラー」（第2図）で行なう。培養液の濃度管理の目安は基本的にらくちんマニュアルに基づいているが，苗の状態や排液ECの測定結果をもとに微調整を行なっている。

精農家に学ぶ

第2図　複合環境制御装置「らくちんコントローラー」

排液量は基本的に給液量の20％が望ましいとされているが，4月以降はサイド換気などにより風速が強まり極端に排液量が減るため給液量を増やす必要がある。そのさいは20％にこだわる必要はなく，5バッグで約1lの排液があれば養分の過剰蓄積はないと考えている。

2. 日射比例制御

らくちんシステムの機能のなかで，もっとも画期的かつ生産効率性の高い機能の一つである。日射量測定機およびらくちんコントローラーのプログラムによって積算日射量が一定の数値（ほぼ5万lxで1時間）になるたびに，設定した時間（2分など）だけ給液される。晴天の日と曇天の日では給液回数が変わり，その日与えるべき適正量が株に送られる仕組みである。

これにより，これまで目分量で行なってきた判断を日射量測定機を使うことでより客観的に行なうことが可能となり，供給の過剰や不足の心配をほぼ解消することができる。

3. 換気扇

ハウス内の日中は基本的に28℃に設定している。炭酸ガス発生装置との連携機能があり，換気扇が回ったあと15分は炭酸ガス発生装置が作動しないようになっている。これは換気扇と炭酸ガスが交互に作動し過ぎるのを防ぐためである。インターバル時間は自分で設定できるが，通常は15分にしている。

4. 暖房機

冬季は基本的には8℃設定であるが，厳寒期などには12℃くらいに設定し，8℃を下まわらないようにしている。厳寒期は設定を12℃にしても，早朝5時くらいには8～9℃まで下がる。また曇天が続く日などは，10時から14時まで18℃設定にし，よりミツバチが活発に活動するようにしている。ここ数年，日中の温度が低くミツバチがあまり飛ばずに受精不良の実が多く出るケースがあるので，実験的に行なっている。

5. 炭酸ガス発生装置

ピートバッグによる溶液栽培は，通常の土耕栽培と違いCO_2施用が必要不可欠である。土耕栽培のハウスは通常有機物を投入する農家が多く土壌中の腐植濃度も非常に高いが，らくちんシステムでは堆肥などの有機物投入を行なわないので，土壌からのCO_2供給は期待できない。したがって，炭酸ガス発生装置によりその分のCO_2を補う必要がある。

当ファームでは1,500～2,000ppmを基準としている。マニュアルの推奨値は通常900～1,000ppm，12月から2月下旬は1,300～1,500ppmであるが，測定器のトラブルなどにより実際の濃度より多めの数値を指している場合があるので，念のため多めにしている（明らかに数値がおかしい場合は測定器設定をリセットし直す）。

基本的にハウスを締め切っている11～3月に行なうが，4月以降も早朝から換気扇が回る9時ころまで谷を閉めて炭酸ガスを入れている。

6. 電照

ハウスが車道沿いにあるため，間欠照明法ではなく光中断法を用いている。11月から開始し，開始当初は23時から1時の2時間，しだいに時間を延ばし，最長3時間にしている。2月10日ころまでを目安とし，草勢によっては20

日ころまで延長することもある。日長延長は行なっていない。

〈栽培の実際〉

苺ファーム森本では「イチゴにとって最高の環境をつくる」をモットーに栽培を行なっている。研究しだすとキリがない部分もあるが，これまでの経験やデータをもとに，いかに苗に負担をかけず光合成を活発化させる環境をつくっていけるかを常に考え，ほかの生産者と情報交換も行ないながら，より実践的で効率性の高い栽培理論を構築していきたい。

今後は時期による追肥回数やECの数値など，より細かく調整し，ハウスの環境に合わせて自分なりのアップデートをしていきたい。

1. ピートバッグ

①培地の構成割合

現在，ピートモスとヤシがらを5：1で混合したらくちんピートバッグを使用している。ピートバッグ1つが18lの容量である。長さ85cm，幅30cmの大きさで，1バッグに8株植えている。株と株の間は20cmである。

らくちんシステムの試験開始当初は，県内で広く用いられていた育苗用培地に準じ，ピートモスとロックウールを3：1に混合したものを使用していたが，ロックウールは廃棄時あるいは再利用時に分解しないという問題があるため，さらなる実験を行なった。低コストで有機質あるいは土壌改良資材として再利用しやすい培地についての検討を進め，ピートモス単体での実験を開始した。その後，ヤシがらを混合したものも開発された。

苗の育成状況や収量などを全体的にみた結果，現在，苺ファーム森本ではピートモスとヤシがら5：1を使用している。

今後はピートモスの品不足による高騰が予想されるためヤシがらの割合を増やすなど，生産性と効率性の高い方法も検討していく必要があるが，イチゴの品質に大きくかかわるため十分な実験を行ない慎重に考えていく必要がある。

第3図　ピートバッグの底に不織布をつける

②不織布の設置

10年ほど前から，ピートバッグの底に水分過多を防ぐための不織布を1バッグに1本つけている（第3図）。

必要以上の余分な水分を出すという点で一定の成果が見られる一方，谷換気・サイド換気が始まる4月以降からはバッグ内が乾きすぎる恐れもあるので，こまめにバッグの重さを確認する必要がある。

③ピートバッグの更新

これまで1シーズンごとに新しいバッグを更新しており，今後も単価の大幅な高騰など特別な事情がない限り，市販ピートバッグの単年使用を続けていく。単価の高騰などがあった場合は自家充填するなどしてコスト削減を考えていく必要があるが，撹拌から袋詰めまで，設備費や作業難易度が高いことに加え，pH調整ミスや混合不足などのリスクもあり，現在と同レベルの安定性をもったピートバッグを自分たちで製造できるかは不安が残る。今のところは市販のものを使うほうが効率的に見ても無難と思われる。

以前からピートバッグの連用については生産者の間でコスト削減の面から議論されているが，株の抜取り作業やほぐし作業にかかる人件費，土壌伝染性病害のリスクと消毒の手間などを考えると，2年使用にしても大幅なコスト削減にはならないと考えている。むしろ，品質面にバラツキが出ることでクレームが多数生じ，

場合によっては取引停止の可能性もあり得ることを考えると，これまでどおり1年使用を選択することで安定した経営が可能であると判断する。

また，苺ファーム森本ではピートバッグの1年使用をパンフレットに記述しており，契約のさいも品質安定化の一例として顧客に説明しているため，2年連用を考える場合は糖度や硬度など測定を数年行なったうえ，顧客にも再度説明し品質を確認してもらう必要も生じるが，そこまでして得られるメリットがさほどないと考えている。

このような理由から，現在のところ市販のピートバッグ1年使用を続けていくが，現在使用しているものより質の高い資材があれば研究実験を行なっていきたい。

2. ビニール被覆

ハウスのビニールは基本的に1重張りである。厳寒期はサイド周りだけ内張りをしている。

ビニールは多少高くても屈折率の低い高品質のものを使用し，3年に一度張り替えている。1重張り管理にすることで太陽光の屈折をなるべく減らし，寒い時期でも光合成を活発に行なえるような環境を目指している。厳寒期はその分暖房コストが高めにかかるが，2重張りにすると果実の硬度や品質が低下してしまうリスクが高まるので，1重張りを続けるべきであると考えている。

3. 挿し苗

挿し苗は35穴の「すくすくトレイ」（第4図）を使用している。炭疽病などを防ぐために5年に一度はフリー苗を更新している。フリー苗はナイアガラ栽培方式（第5図）を用いる。

毎年だいたい7月の15～20日に挿し苗を行なう。挿し苗後は遮光ネットを設置している。挿し苗を行なったあとは毎朝手灌水を行ない，高温などで昼間に乾く場合は自動散水を行なうが，炭疽病が広がる恐れがあるのでなるべく控えるようにしている。

4. 夜冷育苗と定植

夜冷は苗全体数3万株のうちおよそ4分の1を夜冷庫に入れる。午前8時から午後4時の8時間は夜冷庫から出し，苗の状態や葉の硝酸態窒素濃度を見ながら追肥する。例年8月28日ころから9月13日ころまで行なう。検鏡の結果次第で，9月13日ころから夜冷育苗の苗を定植開始する。

5. 病害虫防除

葉ダニやスリップス，アブラムシなどの害虫駆除には，農薬のほかに天敵を用いた減農薬防除を目指している。うどんこ病などにも微生物防除剤を実験的に取り入れ，化学農薬のみに依存しない，環境や食の安全性を考慮した，よりよい防除法を目指している。

第4図　挿し苗には35穴の「すくすくトレイ」を使用

第5図　ナイアガラ方式でフリー苗を更新

〈販　売〉

 おもに首都圏と地元の洋菓子店・ホテルなどへ直売するほか，JA出荷や産地直売も行なっている。

 洋菓子店向けでは，ショートケーキの上に載せる綺麗な正形型と，スポンジのなかにサンドする変形型Aサイズの2タイプに分けて出荷しており，それぞれ単価を設定している。正形型のサイズはM，L，2Lまであり，顧客のニーズに合わせさらに細分化するとおよそ5タイプの大きさに分かれる。首都圏向けの出荷形態は1パック24粒および30粒入りのトレイに入れ，20パックを1梱包にまとめて出荷している。地元の洋菓子店には，収穫トレイに中敷を敷き1トレイ2～3kgで1段あるいは2段にていねいに詰めたものを冷蔵車で配達している。

 業務用のほかに，贈答用を直売および産地直送を行なっている。贈答用はお歳暮用の本格的なものから箱に詰めた簡易なもの，パックを箱に入れたものも用意している。購買層は三木町や高松市周辺の女性が多く，フェイスブックやツイッターなどSNSの口コミなどを見て来る客も多い。

 作業場を利用して週に一度「プチマルシェ」という小さなマルシェを行なっている。イチゴやイチゴジャムだけでなく，地域の農家の野菜も販売している（第6図）。商品は季節によってさまざまであるが，アスパラガス，ブロッコリー，トマト，シイタケ，山菜，タケノコ，ブドウなど香川県産の新鮮な野菜を朝持ってきてもらい，午前10時から売り切れまで販売を行なう。消費者はイチゴだけでなくほかのものと合わせて買う傾向が強いので，今後はセット販売なども行なっていく予定である。

 地元の異業種連携により季節開催の大規模なマルシェ「まんまるシェ」を行ない，来場者数は毎回約1,000人以上である（第7図）。季節ごとにテーマを変えて開催し，季節の野菜や雑貨を販売すると同時に，苺ファーム森本としてはイチゴやイチゴジャム，夏はイチゴのかき氷など，'女峰'のPRも行なっている。

第6図　「プチマルシェ」で販売している野菜

第7図　「まんまるシェ」のイベント風景

〈今後の課題〉

1. 栽培と販売

 苺ファーム森本はこれまで20年近くらくちんシステムおよびらくちんマニュアルにしたがって'女峰'栽培を行なってきた。時期によって味や糖度に多少のバラツキがあるものの，全体的に顧客からのクレームは少なく，「成り疲れ」による収量の変動が小さいため11月中旬から6月末まで安定した出荷を続けられている。反収は年にもよるが約5tをキープしている。

 このようなデータからみても，これまでどおりの栽培をていねいに続けていくことが大切であると考えており，今までどおり，ピートバッグ1年使用，ビニール一重張り，一芽管理などの基本の栽培方法に基づき高付加価値のイチゴを育てていきたい。そのためには，手入れのた

第8図　恒温高湿庫

めの人件費やこまめな温度管理にともなう暖房コストを惜しむことなく，イチゴにとって最適な環境づくりをするためのコストが必要となってくる。

したがって，この栽培を続ける以上，それに見合った価格で購買していただける売り先の確保が最優先課題となる。農協や市場を通した集団的販売に依存せず，産直やマルシェ型販売，あるいは首都圏の洋菓子店舗を中心に冷蔵宅配便を用いた個人的な直接取引も必要不可欠である。また，クリスマス需要に合わせるため，今後は恒温高湿庫（第8図）などによる品質保持が必要であると考えている。クリスマス時期になると12月上旬から早めに収穫し，長期保存させるケースが多いが，クリスマス時期といえどもなるべく完熟状態で収穫し，最新技術を用いてこれを長持ちさせる方向性を検討している。

また，地元の洋菓子店への出荷・産直販売はもちろん，地域の異業種間連携によりマルシェを定期開催し，地元住民への販売・PRも行なっている。

今後のビジョンとして，安全性はもちろん，新鮮かつ高品質な野菜や果物に関心をもつ消費者が増え，スーパーなど小売店ではなく直接農家で買う産地直売，またはインターネット直売が急増してゆくと思われる。とくに首都圏では気軽に農家に行くことがむずかしいので，インターネットを利用して購入する消費者が急増している。このようなニーズに対し，柔軟に対応できる生産者が今後経営を続けていけるのではないかと考えている。

現在の不安定な経済情勢や，他産業の実情から見て，これからの農業経営は農協や市場に依存せず，自ら顧客と向き合い販売していく必要があると考える。生産者→農協→市場→仲卸→小売→消費者という既存の流通販売だけでなく，直接取引によって流通コストと時間を短縮し，新鮮なイチゴを翌日の午前中には消費者に届けるシステムも考えていくべきであろう。

2. 他生産者との連携および若手育成

今後の香川県の農業のためにも，新規就農者や若手生産者との連携に積極的に取り組んでいきたい。経営理念や今後のビジョンなど，方向性をともに理解しあえる生産者同士でパートナーシップを結び安定供給をめざしていくことが，経営の安定のためにも必要不可欠である。

安定供給のほかにも，苗の分かち合いや栽培データの共有など，連携することによるメリットは大いにある。反面，栽培面の違いによる品質のバラツキが生じ，質の面での安定供給に問題が生じる可能性もあるので，共同出荷のさいは事前に話し合いをもち，栽培ルールなどについて十分理解を深め合ってから連携すべきであろう。

3. 将来の経営

今後の農業経営を維持・発展させていくためには，栽培技術習得など栽培面の努力はもちろん，将来のビジョンや販売計画など，経営感覚が必要とされるのは間違いない。農協出荷がほとんど唯一の販売ルートであった時代に比べ，価格，味，量，品質など，顧客のニーズが多様化しているので，どのような栽培方式を用い，どこへ売り先を求めるのかは各生産者次第である。

自ら販売先を見つけ直接販売をする場合，栽培に力を注ぐ時間と同程度の販売努力が必要となるので，栽培と販売を効率的に進めるための人件費も必要となってくる。宣伝費をまったく

必要としないフェイスブックやツイッターなどのSNSを利用するのもひとつの手である。

　自らの栽培方法や考え方を顧客にわかりやすく伝え，ストーリー性をもった販売を心がけていきたい。

《住所など》香川県木田郡三木町井戸2100—1
　　　　　櫻井有造（40歳）
　　　　　TEL. 087-813-5371
　執筆　櫻井有造（苺ファーム森本）
　　　　　　　　　　　　　　　2015年記

参 考 文 献

らくちん栽培マニュアル．1997．香川らくちん研究会．
三木町ホームページ．http://www.town.miki.lg.jp/

徳島県三好郡東みよし町　野田　清市

四季成り性品種（サマーフェアリー）による夏秋イチゴ栽培

○「とこはるシステム」を中心とした高設栽培システム
○秋どりと春どりの苗から自家育苗
○定植をずらして作業と収穫の集中を分散

〈地域と産地の概要〉

　徳島県西部三好地域の夏秋イチゴ産地は県内唯一の産地であり，東みよし町水の丸地区，三好市池田町，三好市三野町の標高700～1,000mの地域に分布している。

　中心的な産地である水の丸地区は，急傾斜地農業からの脱却を目指し，1971年からの県営農地開発事業で標高800～1,000mの地に造成された農地である。夏季冷涼な気候を生かした夏秋期の青首ダイコン産地として発展したが，萎黄病の発生により1983年に崩壊の状況となった。

　ダイコンに替わる作目として，1984年に徳島県農業試験場池田分場（現農業研究所中山間担当）で育成された四季成り性イチゴ品種'みよし'を試作し，翌年若い後継者を中心とした「水の丸苺生産組合」が結成され，栽培技術の確立を図り本格的な産地づくりに取り組んだ。組合は，水の丸地区以外からの参加者もあり，若い新しい感覚で自由な機動力のある組織となり，国内初の夏秋イチゴの産地化に成功した。この業績が認められ，1991年度の朝日農業賞を受賞した。

　しかし近年，夏季の炭疽病，萎黄病などの病害の増加や異常高温などにより反収が落ち込んできており，生産者数も最盛期の3分の2に減少している。このため，組合員同士の結束を強めるとともに，JAや行政など関係者も一丸となって収量増加，品質向上に向けて取り組み，水の丸ブランドを守る努力を続けているところ

経営の概要

立　　地	吉野川の支流加茂谷川の河口から10kmほど上った標高約1,000mの農地開発地
作目規模	イチゴ約40a
栽培概要	4～5月定植，6～11月収穫
品　　種	サマーフェアリー
労　　力	家族4人
収　　量	10a当たり約1.5～1.8t
栽培年数	20年

第1図　水の丸地区の概観

精農家に学ぶ

第2図　トレイ詰めされた状態（2L/24玉）

である。

　現在の組合員数は，JA阿波みよし組合員を中心に，1999年設立の有限会社ミカモフレテックも含めて18戸，栽培面積は約350aである。栽培品種は，初期は'みよし'，続いて'ペチカ'がつくられたが，その後さまざまな品種が導入され，現在は主に徳島県農業研究所育成の'サマーフェアリー'と有限会社ミカモフレテック育成の'サマールビー'の2品種となっている。

　出荷形態は300g入りトレイを2個並べて段ボールに入れた業務用が主で，主に四国内および京阪神方面に出荷されている。昨年の単価は平均すると1kg当たり約2,200円であった（第2図）。

〈経営の概要と技術の特徴〉

1．経営の概要

　野田さんは大阪で会社勤めをしたあと，約30年前に東みよし町にUターンし，農業を始めた。最初の10年間は自宅付近および吉野川沿岸の借地で，ミニトマト，メロン，キュウリ，ニンニク，タバコ，シイタケ，促成イチゴなどの栽培をしていたが，20年前，誕生したばかりの水の丸苺生産組合に魅力を感じ，組合に参加して，水の丸で夏秋イチゴ栽培を始めた。3年後に現在の場所に移り面積を拡大しながら現在に至っている。吉野川沿岸付近のハウス5棟，10aでもチンゲンサイ，インゲンなどをつくっているが，主力は夏秋イチゴである。

　最初は土耕栽培をしていたが，1994年に「ニチアス式ロックウール栽培システム」導入ハウス2棟，1997年に「オーロラシステム」導入ハウス2棟を増設したあと，1998年から土耕栽培ハウスに高設栽培システム「とこはる」を順次導入していった。現在のハウス数は合計13棟，約40aである。

　労働力は家族4人で，忙しい夏季だけ1〜3名アルバイトに来てもらう。労働時間は通常朝7時半ころから夕方6時ころまでだが，昼食を含め1日3回はゆっくり休憩するようにしている。

　イチゴはすべてJA阿波みよしに出荷している。

2．品種の選択

　品種は，昨年まで数種類導入していたが，現在は，徳島県で育成されたこと，品質・収量に優れ苗代も安いことから'サマーフェアリー'1品種に絞っている。

　'サマーフェアリー'の特性は，徳島県立農林水産総合技術支援センター農業研究所中山間担当の林純二氏によると，下記のとおりである。

　1）2001年に，'徳系5'（（'みよし'×'久留米48号'）×'みよし'の実生選抜株）を子房親に，'アスカルビー'を花粉親として交配し育成した。2005年12月に'サマーフェアリー'として品種登録申請している。

　2）四季成り性品種で，夏秋期にも開花・結実する。

　3）収量は，栽培品種の一つである多収性の'あわなつか'と比較して6〜7月に少なくなるものの8〜11月には多くなる。また，総収量は多い。

　4）果形は円錐で形状がよく，果実の大きさは中である。果皮色は赤で，光沢がよい。果肉色は淡紅である。

　5）糖度は夏季の高温期には9.4％と低くなるものの気温の低い時期には11％以上まで上昇する。酸度がやや低く糖度が高いため食味がよく，果実の香りはやや多い。果実の硬さは'あ

わなつか'より硬く，日持ち性および輸送性はよい。

6) 草姿は立性と開張性の中間で，草勢は強く，草丈はやや高い。葉色は黄緑で，小葉の大きさは大である。ランナー数はやや少ない。

なお，種苗の利用権許諾はJA阿波みよしが取得している。

3. 栽培システム

①オーロラシステム（2棟：約12a）

オーロラシステム（現在の商品名は「たわわ」）は，四国総合研究所と旧JA三好郡が共同開発した培地温度管理型養液栽培システムで，夜間電力を利用したヒートポンプで高設ベッド内に温風，冷風を通風し，根圏域の温度制御を行なうシステムである（第3，4図）。

養液のEC制御，日射比例による給液制御などができるコントローラを備えている。培地冷却は7月中旬から8月いっぱい行ない，夜間は24℃を目標に冷却，昼間28℃以上で追運転されるよう設定している。冷却によりイチゴの高温によるストレスが軽減され，9月ころに株が弱っても回復が早い。また人間にとっても作業が涼しく，らくにできるというメリットがある。

培地のみを冷却するため，電気代は2棟で月5万円ほどである。培地の加温は寒い年だけ行なうことにしているが，加温によって早く定植できるというメリットがある。培地はロックウ

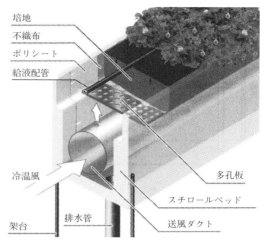

第4図 オーロラシステムの構造図
（株式会社四国総合研究所パンフレットから）

ールベッドを使用し，2年に1度裏返し，5～6年間連用している。

②とこはるシステム（9棟：約24a）

とこはるシステムは，組合員の一人である田村純二氏（現有限会社ミカモフレテック取締役）と徳農種苗株式会社が共同で開発した，発泡スチロール製のベッドを用いたかけ流し式養液栽培システムで，「オーロラシステム」の空調による根圏域温度制御以外の機能を備えてい

第3図 オーロラシステムでのイチゴ栽培のようす

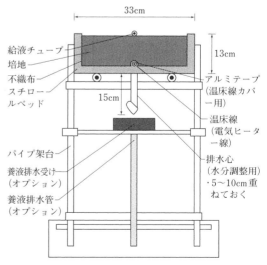

第5図 とこはるシステム栽培ベッドの構造図
（有限会社ミカモフレテックパンフレットから）

精農家に学ぶ

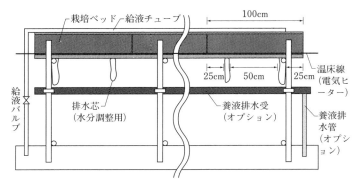

第6図　とこはるシステム栽培ベッドの側面図
（有限会社ミカモフレテックパンフレットから）

月	作業内容		
	本　圃	給液管理	育　苗
4	定植	EC0.5 dS/m	育苗
5			
6	収穫始め ミツバチ導入	EC0.7 dS/m	
7	培地冷却		
8			
9	収穫	EC0.9 dS/m	（秋どり苗） ランナー採取・挿し苗
10			
11			
12	後片づけ		（春どり苗） 親株植付け 育苗
1		（水）	
2			ポット受け
3	定植準備		

第7図　イチゴの栽培暦

る（第5，6図）。オーロラに比べて安価に設置でき，日射比例給液制御などの機能を備えているため導入した。

培地はピートモスを主体とした市販の培地およびロックウールベッドを使用しているが，昨年から4棟で徳島県産の杉バークを培地に使用している。コスト削減と生育向上のため市販の培地の底に厚さ2cmほどのココピートを敷く場合もある。

③ニチアス型ロックウール栽培システム（2棟：約4a）

ロックウールメーカーニチアス株式会社の養液栽培システムで，発泡スチロール性のベッドと液肥混合機を備えたかけ流し式である。マイクロチューブによる点滴給液と給排水溝をつけた特製ベッドにより，排水がよくハウス内の湿度が上がりにくいメリットがある。

ロックウールベッドは2年に1度裏返して5～6年間連用している。

〈栽培技術〉

1. 育　苗

育苗はほとんど自家育苗である。約30a分は秋に苗をとり，約10a分は春に苗をとる。

秋どり苗は，9月下旬から10月中旬にかけて，栽培中のベッドからランナーを採取し，子苗を切り離して，ピートモス，パーライト，バーミキュライトなどを混合した市販のイチゴ育苗用培地を入れた長さ90cmのトロ箱に約40株ずつ挿す。1本のランナーから大小合わせて1～4株の苗がとれ，ほとんど全部活着する。それらをオーロラシステムのベッドの下に並べ，チューブで上段のベッドと一緒に給液する。上段の収穫が終わったあとは水だけを給液し，1週間に1回程度ようすを見にくるだけである。

春どり苗は低地のハウスで育苗する。12月に親株を植え，2月中ごろからハウスにビニールをかけ，ランナーの子苗をポットで受ける。

今のところ育苗方法の違いによる生育の差は、とくに見られない。

なお、四季成り性の特性を生かし、栽培後の株をそのまま据え置く方法をとる生産者もいるが、収量が低く病気が出やすいなどの欠点がある。

2. 定植

定植は4～5月の2か月間かけてずらして行なう。まず秋にとった苗を定植し、最後に春にとった苗を定植する。以前は、秋どりの苗だけで定植を一気に行なってしまい、収穫時期に夜中まで箱詰めをしなければならなかったことや、作業に追われ観察がおろそかになり、病害虫の防除が十分できなかったことへの反省から、現在のような作業体系に変わってきた。

植付け株数は、株間20cmで10a当たり5,000～6,000本である。

3. 定植後の管理

①給液管理

肥料は大塚とこはる1号・2号を使用している。濃度は定植直後はEC0.5dS/m,収穫が始まる6月下旬からは0.7dS/m、8月中旬からは0.9dS/mで管理し、ECを1以上にすることはない。給液量は、とこはる、オーロラでは、栽培システムの給液ユニットで、日射量に比例して1日2～7回程度自動で行ない、ニチアス型では1日4回に設定している。

②摘花・摘葉・交配

定植時に摘葉を行ない、5月下旬まではすべて摘花する。収穫中は強い花を残して摘花し、下葉の摘葉を行なう。

交配はミツバチあるいはクロマルハナバチを利用している。

③病害虫防除

うどんこ病、ハダニ防除を中心に、10日に1回程度薬剤散布を行なう。現在の品種 'サマーフェアリー' はうどんこ病に弱く、防除が遅れると止まらなくなるため、適期を逃さないよう防除に努めている。産地では土壌病害を防ぐた

第8図　収穫期のサマーフェアリー

めクロルピクリン錠剤でベッドを殺菌するのが一般的であるが、野田さんは、品種を 'サマーフェアリー' に転換するとき、ベッド内の培地をすべて入れ替えたのみで、ほとんど殺菌処理はしていない。しかし今のところ萎黄病、炭疽病などの土壌病害は発生していない。これは、すべて自家育苗で病原菌の持込みがないこと、根圏冷房や適切な給液など土壌病害の発生しにくい栽培環境を保っていることなどによると考えられる。

なお害虫の飛来およびハチの逃亡を防ぐため、ハウス開口部はネットで覆っている。

④暑熱対策

盛夏期の暑さ対策として、3年前まで黒ネットを張ったり遮熱剤の吹付け塗装をしていたが、ハダニの発生は少なかったものの花芽が出ず、収量がかなり落ちたため、現在は行なっていない。遮光よりも根圏冷却が暑熱対策に有効であった可能性もあるが、今後さらに暑さが厳しくなった場合、根圏冷却以外の有効な暑熱対策を検討する必要があるかもしれない。

*

野田さんの仕事場を訪れると、ハウスの内外はもちろんのこと、休憩所を兼ねた作業小屋もいつもきちんと整理整頓され、心が洗われるようだ。「目指しているイチゴづくりは手を抜くこと」と笑っていうが、長い経験と積み重ねられた改善、そして肝心なところでは決して手を抜かなかったことが今日の余裕を生み出してい

精農家に学ぶ

るのではないだろうか。

　近年，夏秋イチゴ産地の増加や，促成栽培イチゴの収穫時期延長などにより，従来のような高収益を上げることがむずかしくなってきているが，水の丸苺生産組合では新しい作目の試作や天敵利用などの新しい技術の導入など，産地振興に向けて挑戦を続けている。今後も関係機関の協力の下，水の丸の夏秋イチゴが徳島県西部の特色あるブランドとして発展できるよう努力していきたいと考えている。

《住所など》徳島県三好郡東みよし町西庄
　　　　　　野田清市（63歳）
　　　　　　TEL. 0883-82-5970

執筆　井内美砂（徳島県立農林水産総合技術支援センター三好農業支援センター）

協力　林　純二（徳島県立農林水産総合技術支援センター農業研究所中山間担当）

　　　　　　　　　　　　　　2008年記

※品種はサマーフェアリーからサマーアミーゴに。とこはるシステムの高設栽培は変わらない。

徳島県阿南市　湯浅　忠重

さちのか・養液土耕栽培

○施肥・灌水の自動化で省力化を実現
○スターターとしての基肥の施用で安定した生育
○カビを発生させない点滴チューブの設置

〈湯浅さんの経営〉

1. 地域の概要

徳島県阿南市は徳島県東南部に位置し，県南地域の産業経済・文化の中核都市である。東は紀伊水道，南は太平洋に臨み，北は那賀川に沿って，西は四国山地の東端に連なる。

肥沃な平野が開けた県南一の農業地帯である。温暖な気候に恵まれ超早場米や早掘タケノコ（生産量日本一），ハウスミカンの有数の産地である。その他スダチ，洋ニンジン，イチゴ，ランなどの農産物，タイなどの高級魚介類，シイタケ，山菜などの林産物など，阿南市は農林水産物に恵まれたフレッシュ特産品の宝庫である。しかしながら，農家人口の減少や農業従事者の高齢化ならびに農産物の価格低迷という農業をとりまく環境はきびしく，多くの問題に直面している。このなかで，消費者のニーズに応えるべく，品質の良い農産物を安定供給できるよう，養液栽培や養液土耕栽培技術が積極的に取り入れられている。

湯浅さんの住む阿南市十八女町（さかりちょう）は那賀川沿いに約10kmあまり内陸に入った場所にある。この周辺の農家はミカンとイネが主な生産品目であった。しかし，ミカンの価格低迷の問題が大きく，三十数年前から‘温州ミカン’に代わる品目を模索してきた。当時，単価が高く，安定した収入が得られる作物としてイチゴが選ばれ栽培が始まった。現在では，湯浅さんをはじめ約12戸がイチゴ栽培に取り組んでいる。

この管内の生産者は地域のJAや指導機関とともに養液土耕栽培や高設栽培などの技術を取り入れて，さらに安定した収量と品質を目指している。

経営の概要

立地条件	那賀川の河口より10kmあまりさかのぼった河川敷。砂壌土で比較的水はけがよい
栽培面積	イチゴ　18.7a（うち16.5aが養液土耕栽培） 水　稲　20a
栽培概要	イチゴ：9月中旬（定植）～5月下旬 水　稲：6月上旬～9月上旬（約90日）
品　種	さちのか
収　量	10a当たり5.5～6.0t
労働力	夫婦2人とパート　計2.5人

2. 経営の概要

湯浅さんは，30年あまり前まで，この地域の特産品である‘温州ミカン’を約1.5ha栽培していた。しかし，周辺の生産者同様に新しい作物を探しているなかで，近隣の生産者がイチゴ栽培を始めたのをきっかけに，イチゴ栽培について情報を収集した。その後，湯浅さん自身もイチゴ栽培に取り組み，以来，約30年あまり栽培している。

精農家に学ぶ

養液土耕栽培システムは平成10年9月に導入した。現在，約16.5aのハウスに養液土耕栽培システムを設置して栽培している。5月下旬にイチゴを終了し，同じ圃場で6月上旬にイネ'フジヒカリ'を栽培する。イネを8月下旬または9月上旬までに収穫し，直ちにイチゴの定植準備に入る。そのため，イネは栽培期間の短い（約90日）品種を採用している。

〈技術の特徴〉

1. 養液土耕栽培の導入

平成10年春に，JA阿南営農指導部の担当者からイチゴ栽培の新しい技術の視察に誘われ，農薬・肥料メーカーである大塚化学（株）の栽培研究センターを訪ねた。そこで栽培研究センターのスタッフならびに営業担当者より，イチゴの水耕栽培と養液土耕栽培について説明を受けた。そこで，大塚化学（株）が農薬肥料メーカーであるのと同時に養液土耕栽培システムも販売しているのを知った。湯浅さんは養液土耕栽培システムが，水耕栽培の設備と比較して単純であり，非常に取り入れやすい技術であると感じ興味を持った。その後，岡山県をはじめいくつかの地域で養液土耕栽培システム導入農家や養液土耕栽培システムでイチゴを栽培している生産者を見学して，これからのイチゴ栽培に取り入れる技術として問題ないと確信した。そこで，養液土耕栽培システムの導入を決め，平成10年9月からの栽培に合わせて設置することとした。

湯浅さんは養液土耕栽培システムを導入して，これまでの灌水や追肥に要する時間が非常に短くなり省力化に結びついていることが実感できたという。また，圃場内が同一に管理できることでイチゴの生育ステージが揃う。したがって，同じ時期に摘果や摘葉などの地上部管理に作業が集中できるため作業時間の短縮にもつながっているとのことである。特に'さちのか'は生育旺盛な品種であるため葉や芽の整理に時間を要する。一連の栽培管理がスムーズにできるため品質向上にもつながっているという。

2. 栽培の概要

湯浅さんは間口7.2m×奥行52mの2連棟ハウスと，間口6.0m×奥行50mの3連棟ハウスの合計約16.5aを養液土耕栽培システムで管理している。品種は，'女峰''とよのか'をはじめその時代の市場ニーズに応じた品種を栽培してきたが，平成9年頃から'さちのか'の栽培に取り組んだ。平成14年はすべて'さちのか'を栽培する予定である。

使用する苗はすべて自家生産苗である。定植は9月20～25日で，うね間115～120cm，株間23cmの千鳥植えで，外成りとなるように定植する（16.5aで約12,000株栽培）。ハウスのビニールは10月下旬に張り，暖房は温風暖房で外気の最低気温が10℃を下回る12月初旬頃より行なう。冬場のハウス内の最低夜温は7～8℃に設定する。また，電照は11月10日頃から開始する。なお，栽培は同圃場でイネを栽培するため5月下旬に終了する。

〈栽培システム〉

1. 設備の概要

養液土耕栽培システムは，原水ポンプ，原水フィルター，水圧調整用減圧弁，液肥混入機，4系統タイマー，タイマーポンプ制御盤，電磁弁，濃厚肥料原液を保管する原液タンク，点滴チュ

第1図 育苗ハウスでの育苗
品種：さちのか

ーブなどで構成されている。

　液肥混入機は大塚化学（株）の液肥混入機を使用している。この液肥混入機は原水流量が20～200lの範囲で使用する機械である。したがって，この流量範囲を超える場合は，範囲内に収まるようにタイマーと電磁弁で区分けして管理する必要がある。湯浅さんの圃場は全ハウスを4系統に分割して給液管理を行なっている。

　栽培期間中のシステムの操作は以下の3点であるが，1）および2）は定植時にセットし，生育ステージや栽培状況に合わせて変更する。

　1）給液開始時刻と各系統ごとに給液する時間を4系統タイマーでセットする。

　2）肥料の希釈倍率を液肥混入機の操作ボタンでセットする。

　3）肥料の濃厚原液を原液タンクに適宜作成する（原液タンクが空のままで液肥混入すると混入機が異常警報を出す。この状態が続くと作物の生育に影響を及ぼす可能性がある）。

2. 給液のしくみ

　タイマーで設定した給液時刻になると，タイマーから信号が出てタイマーポンプ制御盤を介してポンプが作動する。原水ポンプで水源から水が送り込まれ，送られてきた水を原水フィルターで砂やゴミを濾別する。減圧弁で水圧を調整した後，液肥混入機で肥料濃厚原液タンクより設定した希釈倍率となるように濃厚肥料原液を原水中に注入混和する。配管内で混和されてできた培養液は圃場内に設置された点滴チューブで均一に給液される。

　点滴チューブはラム17（30cmピッチ，1穴当たり1分間吐出量＝約38ml：NETAFIM社製）を使用している。ラム17は1穴からの吐出量が均一であり，耐久性に優れている点で採用された。タイマーで各系統ごとに設定してある給液時間で1～4系統の順に電磁弁が開閉し給液する。

　また，栽培に使用している液肥混入機の液肥混入方式は，マイコン制御されており，パルス式流量計で原水と液肥の流量を個別に計測しながら，液肥の混入量が設定された比率となるよ

第2図　多機能型液肥混入機（144タイプ）

うに，流量調整バルブで調整する連続比例注入方式である。そのため，混入運転中に原水流量が変化しても，その流量にあった比率となるよう常に再調整される。

　湯浅さんは操作が簡便で比較的精度よく追肥ができる設備として本混入機を採用した。なお，採用した液肥混入機は1剤化された専用の複合肥料を使用するため，1液混入を基本としている（オプションで2種類以上の肥料濃厚原液が混入できるように増設することが可能）。

　湯浅さんの圃場は河川敷に広がっており，台風などの大雨が降ったときに，上流のダムが放流を開始すると水位が上昇し，圃場全体が水没することがまれにある。このときを想定して，液肥混入機など，水の進入によるトラブルが考えられる機械類などは速やかに圃場から撤去できるようにプレハブジョイントなどで配管に工夫を凝らしている。

〈技術のポイント〉

1. 土壌診断と肥料の選択

　湯浅さんは，毎作の定植前に各圃場の土壌を採取し，採取した土壌サンプルはJAまたは大塚化学（株）に分析を依頼している。この分析結

果を基に大塚化学（株）から肥培管理マニュアルが提案される。肥料は1剤化された大塚化学（株）製の養液土耕栽培専用の複合肥料（養液土耕1～5号）を使用することを原則としている。また，必要に応じて大塚ハウス肥料（大塚化学・株）などを併用する予定ではあるが，養液土耕栽培法に変えてからこれまでハウス肥料を使用した実績はない。

大塚化学のイチゴの肥培管理マニュアル案では定植から2～3週間程度養液土耕5号を使用し，その後，栽培終了（5月下旬）まで，養液土耕1号で管理する処方を提案している。しかし，湯浅さんは定植から約2か月間程度は養液土耕5号を使用するが，その後は生育状況を観察しながら養液土耕3号を使用することが多い。

湯浅さんは夏場に圃場を水田にしてイネを栽培しており，土壌の成分分析結果からも極端な肥料成分の蓄積がないため，窒素ーリン酸ーカリウムの三要素の比率が同じである養液土耕3号をメインに使用している。2～3月頃の低温期にも養液土耕3号（15-15-15）を使用する。マニュアルでは5号→1号となっているが，湯浅さんが判断してこの時期には3号を使用している。これは，この時期に2～3番果の着果で成り疲れがあり，窒素の量も落としたくないため，窒素は必要である。また，低温期はリン酸の効きが悪くなるのでリン酸の比率の高い肥料がよく，リン酸を高めることで果実糖度を上昇させるのがねらいである。リン酸吸収を高めてやり，花芽分化や果実の肥大の促進を狙っている。

第1表 栽培に使用する肥料の成分組成 （単位：%）

肥料の種類	保証成分						配合成分
	TN	(NH_4-N)	(NO_3-N)	P_2O_5	K_2O	MgO	CaO
養液土耕3号	15.0	1.5	7.5	15.0	15.0	1.5	5.0
養液土耕5号	12.0	1.0	6.5	20.0	20.0	1.0	3.0
養液土耕6号	13.5	—	8.5	10.0	20.0	1.0	6.5

注　TNは全窒素
　　養液土耕3号，5号：上記のほかにB_2O_3，MnO，Feがそれぞれ0.1％含まれている
　　養液土耕6号：上記のほかにB_2O_3，MnOが0.15％，Feが0.25％と銅，亜鉛，モリブデンを含む

第2表 養液土耕栽培法によるイチゴの時期別施肥量および灌水量の目安（大塚化学案）

（単位：dS/m）

	月.日	施肥回数	1回の灌水量		肥料名	1回の投入窒素量 (kg/10a)	粉体からの倍率 (倍)	期間中の施肥量 (kg/10a)					灌水の考え方	土壌溶液ECの管理目標
			(l/株)	(l/10a)				TN	P_2O_5	K_2O	MgO	CaO		
定植前		1			養液土耕5号	0.40	1,250	0.40	0.668	0.668	0.03	0.10		0.5～1.0
定　植	9. 7～ 9.12	6	0.30	2,106	養液土耕5号	0.14	1,800	0.84	1.40	1.40	0.07	0.21	毎日灌水	0.5～1.0
	9.13～ 9.30	17	0.25	1,755	養液土耕5号	0.18	1,167	3.06	5.11	5.11	0.26	0.77	毎日灌水	0.5～1.0
	10. 1～10.31	31	0.20	1,404	養液土耕1号	0.15	1,400	4.65	2.48	4.98	0.62	1.86	毎日灌水	0.8～1.0
収穫開始	11. 1～11.30	20	0.20	1,404	養液土耕1号	0.15	1,400	3.00	1.60	3.21	0.40	1.20	毎日灌水は控える	0.8～1.0
	12. 1～12.31	15	0.15	1,053	養液土耕1号	0.12	1,313	1.80	0.96	1.93	0.24	0.72	2日に1回灌水	0.8～1.0
	1. 1～ 1.31	15	0.10	702	養液土耕1号	0.10	1,050	1.50	0.80	1.61	0.20	0.60	2日に1回灌水	0.8～1.0
	2. 1～ 2.28	15	0.10	702	養液土耕1号	0.80	1,313	1.20	0.64	1.28	0.16	0.48	2日に1回灌水	0.8～1.0
	3. 1～ 3.31	31	0.15	1,053	養液土耕1号	0.12	1,313	3.72	1.98	3.98	0.50	1.49	毎日灌水	0.8～1.0
	4. 1～ 4.30	30	0.15	1,053	養液土耕1号	0.12	1,313	3.60	1.92	3.85	0.48	1.44	毎日灌水	0.8～1.0
	5. 1～ 5.10	10	0.15	1,053	水	0.00	—	0.00	0.00	0.00	0.00	0.00	毎日灌水	0.5～0.8
	合　計							23.77	17.57	28.01	2.95	8.86		

注　栽植密度：7,020株/1,000m²

2. 圃場の準備と点滴チューブの設置

湯浅さんはイネとイチゴの栽培であるため，イネ終了後直ちに定植の準備に入る。土つくりには，籾がら堆肥を3t/10a程度投入する。その他の土壌改良資材や基肥の施用は行なっていない。

土壌消毒に関しては，太陽熱消毒を試みたときもあるが効果が不明であり現在は行なっていない。イチゴ栽培に切り替えた当初より薬剤を用いた土壌消毒はとくに行なっていない。

うね間115～120cmのうねを立て，株間23cmの千鳥植えで定植する。うね床は50～60cmで，うねの高さは約40cmほどである。定植後，速やかに点滴チューブを設置する。点滴チューブはラム17の30cmピッチを1うねに2本設置している。

導入初年度は千鳥植えの株の内側に点滴チューブを設置した。ところが，うね中央のマルチ上に給液した肥料が溜まり，イチゴの葉が水没し，水没した葉にカビの発生が確認された。2作目以降はうね中央に肥料が溜まるのを回避するため，株の外側に点滴チューブを設置することとした。その結果，点滴チューブを株の内側に設置したときと比較して，うね中央に肥料が溜まらなくなりカビの発生もなくなった。

3. 給液管理

定植直後はメーカーが提案している肥培管理マニュアル案に準じて栽培を開始するが，それ以降は土壌溶液採取装置（ミズトール：大起理化工業（株）社製）を用いて1か月に2～4回程度土壌溶液を採取し，得られた溶液をECメーターで測定し，給液濃度を決定する。定植時は土壌溶液EC値の目標値である0.6dS/mでスタートする。それ以降は目標値をやや高くして，2月頃までは0.8dS/m付近を目安に管理する。3月頃土壌溶液のEC値が上昇する傾向にあるが1.0dS/mを上限に管理する。

湯浅さんの圃場は，イネ栽培後にイチゴを定植するためこれまでの土壌分析結果からも極端な肥料成分の蓄積は認められていない。したがって，この土壌溶液EC値を目安に管理した場合，給液する肥料の倍率はおおむね1,500～2,000倍（給液する窒素濃度で60～100ppm）である。

以上のように湯浅さんは土壌溶液のEC値を肥培管理の判断基準の目安としている。この結果，1作で投入する窒素量は毎年ほぼ同量の22kg/10a程度である。

給液頻度に関して，湯浅さん圃場の質は砂壌土で比較的水はけがよい圃場である。したがって，基本的には毎日給液で管理している。1日当たりの液量はおおむね150～200ml/株である。

4. イチゴ特有のスターター肥料の施用

イチゴでは，ハウスをビニールで覆うのが定植して1か月あまり後の10月下旬である。このビニール被覆前の時期に降雨が続いたとき，根圏域が過湿状態となり給液することが困難となる。しかしながら，定植前に基肥として土壌中に肥料を投入してないためイチゴが必要とする養分がない。特に，イチゴの定植直前まで水田であるため土壌中に肥料成分はほとんど残っていない。天候にかかわらず定植時から養分欠乏による生育遅延を引き起こさないようにするためには，わずかではあるが肥料成分をスターターとして投入するほうが望ましい。投入量は窒素成分で2～3kg/10a程度である。

5. 病害虫防除

防除の面では，予防のための散布は回数に大きな違いは認められないが，明らかに灰色かび病の発生は減少しており，発生してからの農薬散布の回数はこれまでの栽培と比較して少なくなった。

慣行栽培では，毎日灌水ではなく必要に応じて適宜灌水するため，1回の灌水量が多くなる。通路に水が溜まるほど灌水していたためハウス内湿度が上昇し，灰色かび病が多かった。養液土耕栽培システムを導入してからは，ハウス内湿度が極端に上昇しないため，灰色かび病の発生が少なくなった。例年4～5月に曇天が続いた頃に灰色かび病が出やすく，慣行栽培ではこの期間に2～3回の散布を行なっていた。しかし，

第3表　液肥混入機の種類と性能

製品名	液肥混入機AC200 標準機 （湯浅さんが現在使用中）	液肥混入機144 新型標準機
電源	3相 AC200V	3相 AC200V
主管口径	40A	40A
使用可能な原水流量	20～200l/分	20～200l/分
液肥混入方式	連続比例注入	連続比例注入
使用できる原液の数	1液	1液
タイマー	2, 4, 8系統選択 別途必要	施肥タイマー 灌水タイマー それぞれ内蔵
系統ごとの倍率管理	各系統同一倍率	各系統個別倍率
ポンプ制御盤	別途必要の場合あり	2.2kW内蔵
灌水量の制御	時間制御	水量制御

養液土耕栽培に変えてからは，この期間にする薬剤散布は0～1回程度である。

〈今後の課題〉

1. 多様な品種への対応策

養液土耕栽培を導入して，肥培管理に要する時間の短縮など，作業の省力化が図られた。また，収量や品質面でも特に問題はない。現時点では，'さちのか'の1品種に絞って栽培しているが，これからの農産物は多様化する消費者のニーズに合わせて生産する必要がある。今後，複数の品種を栽培するときや定植時期を変える場合など，系統ごとに給液量や追肥する肥料の濃度を個別に設定しなければならない状況が生じる可能性がある。これらのことに対応できる液肥混入機もすでに販売されている。これからは，消費者のさまざまな要求に対応できるよう，生産者サイドも準備しておく必要がある。そのなかのひとつとして，多機能型の養液土耕栽培システムの導入も検討していきたいという。

2. 新しい肥料の処方の検討

養液土耕栽培は土壌の分析や栽培中の土壌溶液のEC値の把握など，数値をベースに栽培を積み重ねていくことで安定した栽培が可能であると思う。しかし，毎日，植物を観察して状況を把握する必要もある。'さちのか'は草勢が旺盛であり，また，温度や濃度に対しても敏感に反応する。土壌溶液EC値とそのときの生育状況を見て，必要ならば倍率を修正していくことが重要である。こんなときに操作が簡便で給液する倍率や時間の設定を手軽に変更ができるシステムなので非常にありがたい。

また，最近では高設栽培の普及がめざましいが，圃場が河川敷にあること，イチゴ―イネの栽培体系であることなどから考えて本圃にベンチを設置することは困難である。したがって，従来どおり地床でイチゴを栽培する予定である。肥料の選定も従来の肥料に加えて新しい処方がラインアップされており，必要に応じて検討したい。今後，さらに栽培を積み重ね高品質のイチゴを生産したい。また，生産者も，情報の時代であり，品種や栽培技術など常に新しい情報を取り入れていく必要があると感じており，積極的に養液土耕栽培技術研究会など，メーカーやJAが開催する検討会などに参加していきたいと考えている。

《住所など》徳島県阿南市十八女町新開8
　　　　　湯浅忠重（65歳）
　　　　　TEL. 0884-25-0134
執筆　宮浦紀史（大塚化学㈱鳴門研究所）
　　　　　　　　　　　　　　　2002年記

※さちのかの養液土耕栽培を続けている。産地として14～15名がさちのかを栽培。養液土耕システムの技術，資材はOATアグリオ㈱が引き継いでいる。

愛媛県北宇和郡三間町　赤松　保孝

レッドパール・低コスト「るんるんベンチ」高設栽培

○直管パイプによる架台と波トタンの栽培槽
○籾がらやバーク堆肥を培用土に活用
○土耕の栽培技術を生かせる

〈地域と経営のあらまし〉

1. 地域の特徴

　三間町は愛媛県の南部に位置し，年間平均気温15℃，年間降水量1,950mmで，全国で名高い真珠・ミカンの生産地宇和海沿岸から約10km東へ車を走らせた，標高150mの中山間に広がる盆地である。町の人口は約6,600人で，うち農業就業人口は約32％，耕地面積は855haで，農業粗生産額から見た町の農業は水稲・畜産・野菜で全体の92％を占めている。水稲は「三間米」として古くから良質米産地として知られている。また，畜産は酪農が中心で19戸あり，町内に点在している。野菜はタマネギ，キュウリ，キャベツ，イチゴなどが主な作目である。
　町のイチゴ栽培は昭和50年代前半から始まり，現在10戸の農家が115aのハウスで栽培を行なっている。栽培品種は町内の民間育種家が育成した「レッドパール」で，主に隣接した宇和島市の市場へ年間約50tを出荷している。

2. 経営の概況

　赤松保孝氏の経営規模は270aで，このうち120aの樹園地ではクリを栽培している。水田は150aで，このうち120aでは減化学肥料・減農薬の「特別栽培米」を栽培し，地域の農家と協同で全国へ直販している。イチゴは水田転作作物として15aを栽培しているが，すべて「るんるんベンチ」による高設栽培である。平均反収は毎年5tで，栽培技術は高く安定している。
　赤松氏は，特に施設イチゴ栽培における作業省力化技術への取組みに熱心で，昭和50年代に考案した，滑車を使ったパイプハウスの手動換気装置（名称「開くとパタン」：滑車とダンポールを使用してパイプハウスのサイドビニールを上下させて換気する装置）は今も全国から視察者が絶えない。近年は，高齢化時代に対応した安価な高設育苗・高設栽培の開発を，近隣のイチゴ栽培仲間と共同で取り組んでいる。

3. 栽培のねらい

　全国的にイチゴ栽培者の高齢化と軽労働化志向のなかで，本圃での作業姿勢の改善が求めら

経営の概要

立　　地	三間盆地の中心に位置し，標高150m，水田，粘質埴壌土
作目規模	イチゴ15a（簡易高設による促成栽培），水稲120a（特別栽培米），クリ120a
労　　力	本人，期間パート延べ800人
栽培概要	親株定植11月中旬（プランター植え），採苗時期6月，育苗期7～9月，定植9月中～下旬，保温開始10月下旬，収穫期12～6月
品　　種	レッドパール
収　　量	5t/10a

精農家に学ぶ

れ，民間や公的研究機関は高設栽培プラントの開発にしのぎを削っている。しかし，ほとんどの栽培プラントは高価で，しかも従来の土耕栽培に比べて，単収と品質面で格段の優位性は見出せないことから，施設導入にあたっては経営面からの検討が必要である。それでも各都道府県や関係機関団体は，イチゴ産地の維持拡大から，施設導入に対し巨額の補助を行なったが，思うほど導入が進まないのが現状である。また，近年国や地方自治体，農業団体の財政は厳しく，補助の減額や打切りが取りざたされるなか，平成12年度産のイチゴの市場平均価格は，それまでの右肩上がりから転落し，導入を検討している農家にとっていっそうのブレーキとなっている。

このような状況のなかで，赤松氏らが組織する宇和島地区いちご研究連絡協議会（宇和島市と北宇和郡5町1村のイチゴ栽培者で組織する栽培研究会61名）では，広島県福山市の小野高義氏が取り組んでいる「ラクラク高設イチゴ栽培」を平成11年に視察し，それまでの高設栽培では見たことのないイチゴの生育を絶賛し，その後この栽培システムについて研究を重ねた。

この栽培法は，直管パイプで架台をつくり，その上に波トタンを湾曲させて栽培槽とし，稲作地域での未利用資源である籾がらを中心に，ピートモス，バーク堆肥などを混合した培用土で栽培するものである。手づくりの費用を除けば資材費が10a当たり100万円以下と非常に安価で設置でき，収量も土耕より多く見込める．品質もあまり変わらない（第1図，第1表）また，栽培年数を重ねることにより籾がら培地が物理的に安定し，培用土も栽培で消費した分だけ毎年補う程度で，いちど設置すれば土耕よりランニングコストが低減でき，生産農家にとって利点の多い栽培法である。

赤松氏はこの栽培法の技術確立に向けて，宇和島地区いちご研究連絡協議会員ら24名と平成15年6月にイチゴ高設栽培研究会を発足させ，

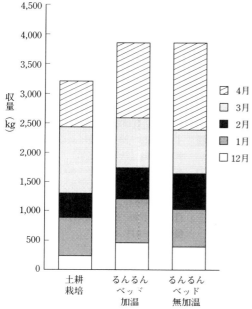

第1図 「るんるんベンチ栽培」と土耕栽培の10a当たりイチゴ収量
（平成13年度宇和島中央農改現地調査から）

第1表 「るんるんベンチ栽培」と土耕栽培のイチゴの品質比較

調査時期 （月/日）	A農家		B農家		C農家	
	るんるん ベンチ栽培	土耕栽培	るんるん ベンチ栽培	土耕栽培	るんるん ベンチ栽培	土耕栽培
平成13年						
12/18	8.7 (0.54)	9.4 (0.54)	8.8 (0.58)	7.7 (0.64)	9.1 (0.66)	10.6 (0.61)
12/28	8.6 (0.56)	9.0 (0.59)	8.5 (0.58)	8.6 (0.54)	9.6 (0.61)	10.3 (0.58)
平成14年						
1/18	8.7 (—)	9.5 (—)	9.1 (—)	8.9 (—)	9.1 (—)	9.2 (—)
2/18	9.9 (0.54)	10.7 (0.53)	10.3 (0.46)	10.5 (0.49)	10.0 (0.52)	9.3 (0.56)
3/18	7.4 (0.59)	7.1 (0.51)	7.2 (0.45)	7.3 (0.60)	8.6 (0.60)	6.7 (0.53)
4/22	7.4 (0.64)	7.2 (0.54)	6.9 (0.56)	6.1 (0.59)	7.2 (0.63)	6.7 (0.60)

注 平成13年度宇和島中央農改調べ。単位：Brix，（ ）内は酸度%

「るんるんベンチ栽培」の拡大に向けた取組みを行なっている。

〈技術と経営の特色〉

1.「るんるんベンチ栽培」の特徴と構造

①従来の高設栽培との違い

一般に市販されている高設栽培システムは，栽培槽の材料として断熱性の高い発泡スチロールやプラスチック，安価で加工しやすい不織布製のものがほとんどである。これは高設栽培を開発する場合に，養液栽培の一部との認識があって，現状の養液栽培を基本として組み立てられたためで，栽培槽はもちろんのこと，施肥方式にいたっては養液栽培と同様に高価な給液システムを取り入れているプラントが多く見られる。

こうした考え方に対して「るんるんベンチ栽培」は，土耕を基本に，栽培者の身長に合わせて栽培槽を設置する。培用土もこれまでの高設育苗技術を応用して，土の代わりに限りなく土に近い性質をもたせた軽量培用土を作成し，これらを組み合わせて，長年培ってきた土耕栽培技術を生かして栽培するものである（第2図）。

このため，第一に土耕での1株当たりの根圏実容積7～10lを限りなく確保することから，栽培槽は波トタンを使用し，表面積の拡大によって1株当たり7lとしている。

第二に栽培槽の材料としては，いちど設置すれば二度と土耕へは後戻りできないことから，少なくとも10年以上の耐久性が必要である。このため架台には直管パイプを，栽培槽には一般に家屋の防壁や屋根に使用される耐久性に優れた波トタンの鋼材を利用している。

第三に培用土は，10a当たりの栽培槽容量で約45m³と多量なため，できるだけ軽量で，しかも安価で入手容易な材料を調達することが必要である。このため当地では容易に入手できる材料として，籾がらやバーク堆肥などの未利用資源を活用している。

②土耕の技術を生かせる

「るんるんベンチ栽培」は，山口県の田布施方

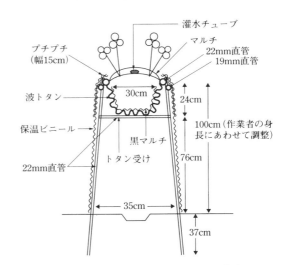

第2図 「るんるんベンチ」栽培の構造

栽植本数：6,000本/10a（株間20cm）
培土量：7l/株

式を広島県福山市の小野高義氏が改良を加えた「ラクラク高設イチゴ栽培」を基本にしている。籾がらと波トタンを組み合わせたこの栽培法は，「むだ・むり」のない，だれもが，どこでも，やる気があれば容易に取り組めるイチゴ高設栽培施設である。特に従来の土耕での栽培技術をそのまま生かせることは，イチゴ栽培者にとって非常に魅力的である。

2．ベンチの設置

①圃場の選定と整備

高設栽培では，土耕とちがって土質条件にとらわれることなく，どこでも栽培が可能であるが，栽培槽の向きは土耕と同じで，イチゴに光が均一に当たるよう南北に設置することが理想的である。また，栽培槽を設置する場合，直管を架台として土地に打ち込むため，設置の前にあらかじめ土地を均一に整地し十分鎮圧する。

なお「るんるんベンチ栽培」は水のかけ流し方式のため，余分な水や肥料は栽培槽底の排水口から地面にしたたり落ちる。このため，地面が水浸しとなり収穫作業などの歩行を妨げるので，架台やベッドを設置する前に必ず栽培槽の下に浅く排水路を設置する。

精農家に学ぶ

第2表 「るんるんベンチ」に必要な資材と規格

部品名	資材規格	数量
脚	外径22mm，長さ137cm直管	1,230本
ベッド受け直管	外径22mm，長さ36cm直管	615本
クロスワン（取付け金具）	22mm用	2,460個
波トタン	幅62cm，長さ210cm	300枚
波トタン固定用直管	外径22mm，長さ550cm	218本
果梗折れ防止用直管	外径19mm，長さ550cm	218本
黒ポリマルチ	95cm幅×100m	6本

注 数量は本圃10a当たりベッド600m分

第3図 脚用パイプに防腐剤（サビ止め）を塗布

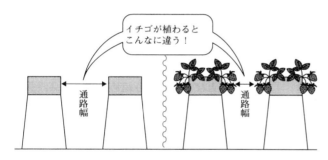

第4図 通路幅の計画と実際の違い

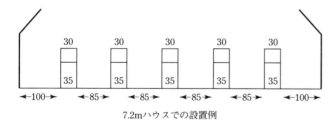

第5図 ハウスの規格とベッド数

②架台とベッドづくり

脚用パイプのサビ止め　第2表を参考に栽培槽づくりに必要な資材を準備する。まず架台となる脚用パイプの耐久性を向上させるため，脚部50cm程度に防腐剤（サビ止め）を塗布し乾燥させる（第3図）。

栽培槽の高さの決定　次に架台を設置するが，栽培槽の高さは栽培者が作業しやすい高さとすることが最も重要である。せっかく高設栽培を導入しても，腰を屈めたり背伸びをしたりして作業することのないよう，十分高さの検討が必要である。栽培槽の高さを決定する場合のポイントは，収穫作業など，栽培のなかで多くの作業時間を要する作業動作に重点を置いて決めることである。当地では100cm前後の高さに設置する人がほとんどである。

通路幅　また，通路の幅は栽培者の体型や栽植密度によって異なるが，最低80cm以上は必要である（第4図）。特にハウスの間口によって栽培槽の数が異なるが，作業性を重視し，それぞれのハウスにあった栽培槽の設置位置を決定する。一般的な間口6mの単棟パイプハウスの場合は4列ベッド，間口7.2mの単棟パイプハウスでは5列ベッドとなる（第5図）。

架台の組立て　栽培槽の位置が決まったら順次架台を組み立てる。栽培槽はできるだけ水平に設置しなければならない。これは栽培槽に傾斜や凸凹があると，チューブ灌水した場合，栽培槽の高低差によって灌水量に差が生じ，生育不良の大きな原因となるからである。特に架台の脚の間隔が1m以上になると，脚と脚の間のトタン栽培槽が強度の関係で中央部が下がり，灌水すると下がった部分に水が溜まって過湿となり，根の生育が悪くなる。

以上の点に留意し脚用パイプを各列四隅に立て，位置と高さを決めたら順次1m間隔で脚パイプを打ち込む（第6図）。架台の幅は30～35cmとするが，'さちのか'などの果梗折れしやすい品種を栽培

する場合40cmとする。なお，この場合脚元の幅は45cmとする。これにより第5図のそれぞれの間口での設置位置は，ハウスの外側へそれぞれ広がる。打込みの深さは，栽培槽の高さ100cmの場合37cmとなる。

次に，波トタン固定用直管を取り付ける。脚パイプ上部の先端栽培槽側に，外径22mmの波トタン固定用直管をクロスワン（取付け金具）で，列ごとの横向きに順次取り付ける。続いて脚パイプ一対ごとに外径22mm，長さ36cmの栽培槽受け直管を第7図を参考にして，クロスワンを縦に使って脚パイプに取り付ける。このときクロスワンを横にして使うと，通路にはみ出して作業性が悪くなる。これら架台の組立てにはあらかじめ第8図の取付け定規（L鋼を加工し作成）をつくり正確に組み立てることが大切である。

架台組立ての最後に，外径19mmの果梗折れ防止用直管をクロスワンの通路側部分に，針金で波トタン固定用直管のやや下に並列して取り付ければ架台は完成である。

栽培槽の設置　栽培槽は波トタン（210cm規格）を架台に2m間隔で10cmの重ねをつくり，湾曲させて1枚ずつ載せ，1m間隔で波トタン固定用直管に針金で端を固定する（第9図）。このとき波トタンの重なり部分が排水口となるので，重なり部分に割り箸1本を挟んで隙間をつくる（第10図）。なお，波トタンを架台に載せる際に，ベッド受け直管に波トタンの波山3つが接する程度の湾曲に調整するのがポイントである。これによりベッドの横の強度が確保できる。栽培槽の両端は外側から板でふさげば完成する。

栽培槽ができたら黒マルチを敷き，波トタンの重なり部分を熊手などで掻いて，排水用の穴をマルチにあける（第11図）。

③**培用土の搬入**

架台・栽培槽ができたら培用土を入れる。培用土は腐熟籾がら60％，ピートモス30％，バー

第6図　1m間隔に脚パイプを打ち込んでいく

第7図　栽培槽受け直管を脚パイプに取り付ける

第8図　架台組立て用の取付け定規

精農家に学ぶ

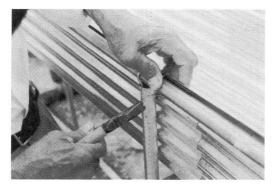

第9図 波トタンの端を波トタン固定用直管に針金で固定する

第11図 黒マルチに排水用の穴をあける

第10図 波トタンの重なり部分に割り箸を挟んで排水できるように隙間をつくる

ク堆肥5％，マサ土5％を，割合の多い順に運搬車で栽培槽へ運び入れる。

籾がらは，1年以上野積みした腐熟籾がらを利用する。新しい籾がらは水を弾きやすく，他の培用土資材との馴染みが薄くなるので，できるだけ腐熟させた籾がらを利用する。なお籾がらの腐熟を促進するために，当地では堆肥や米ぬか，発酵菌を混ぜた後，十分灌水し籾がらが風で飛ぶのを防ぐため寒冷紗で覆いをして野積みしている。ビニールシートで覆うと籾がらのEC値が高くなるので必ず雨水が入るようにする。適度な腐熟が籾がら培土つくりのポイントである。

ピートモスは，生産地によって湿っているものと圧縮乾燥しているものとがある。湿っているものは栽培槽へそのまま搬入できるが，圧縮乾燥しているものは，細かく砕いてから栽培槽へ搬入する。圧縮乾燥ピートモスを利用する場合，初年度に施肥後栽培槽で培用土を混ぜ合わせるとき，十分水をかけながら練り込むように行なうことが大切である。

バーク堆肥はできるかぎり年数をかけて腐熟したものを利用する。

マサ土が入手しにくい場合は，無病の田土でも代替えとして利用できる。

初年度はこれらの培用資材を利用するが，2年目以降は減少した培用土の分だけ腐熟籾がらを入れる。したがって，籾がらは毎年準備することが必要である。培用土の混合要領は施肥の項を参考にしていただきたい。

3. 資材と費用

「るんるんベンチ」の設置費用は第3表に示すとおりで，10a分の栽培槽600mで税抜き価格，約90万5,000円である。パイプの切断や組立ての人件費などは含まれていないので，これらの経費を含めると100万円程度となる。しかし，いちど設置すれば，土耕とちがって毎年の耕うんやうね立てなどの機材費がいらなくなるので，栽培年数が長くなれば経営面からみてメリットは大きいと考える。

〈栽培技術〉

1. 育 苗

「るんるんベンチ栽培」用として特別な育苗技術があるわけではなく，一般の土耕用の育苗技

術で育成した苗が使用できる。しかし，定植作業の省力化から小型ポット（アイポット，ニラポット，Uポット，ツイントレーなど）で育成した苗を利用するのが望ましい。直径9〜12cmの大口ポリポット育苗では，根鉢が大きく定植に時間がかかる。

2. 施　肥

施肥は，土耕に準じた体系で十分である。第4表に当地での主力品種「レッドパール」の施肥基準例を示したが，それぞれ品種に応じた土耕での施肥設計を基本に，緩効性肥料を中心として施肥設計を立てることが大切である。

施肥方法は，培用土の上に規定量を施用し，栽培槽端の混ぜ始め部分の培用土をコンテナ一杯分取り除き，そこから手鍬で表面を掻き落とすように7〜8割の深さを混ぜ合わせていく。栽培槽の端まで混ぜ終わったら，そこへ初めに取り除いたコンテナ一杯分の培土を混ぜ入れる。

3. 培用土

培用土は，腐熟籾がら6：ピートモス3：バーク堆肥0.5：マサ土0.5の割合で混合したものを基本とする。この割合は，広島県立農業技術センターの試験結果（第5，6表）から，安価でしかも入手容易な資材を組み合わせて作成したが，当地ではこれまでの3年間の栽培実績を踏まえて，さらに質が高く安価な培用土の構成資材割合を現在検討中である。

4. 灌水・マルチング

定植前の管理として培地の水分調整とマルチングがある。定植後に苗の根鉢と培土がなじむよう，定植前に必ず手灌水し培地を十分湿らせる。しかし，一度に多量の灌水を行なうと肥料分が水と一緒に流出するので，栽培槽下の排水口（波トタンの重なり部分）を確認して滴り落ちる程度に水量を調整する。栽培槽が十分湿ったら灌水チューブをベッド中央に設置しマルチングを行なう。「るんるんベンチ栽培」では定植前マルチが原則である。これは，一般のパイプハウスでは定植後保温開始期の10月下旬までは雨よけがないので，9月に苗を定植した後，栽培槽へ雨水が浸入するのを防ぐためである。また栽培槽の培地温度の関係から，9月中旬までに定植する場合はシルバーマルチを，これ以降の定植では黒マルチを使用する。

5. 定　植

定植は，実体顕微鏡により苗の花芽分化（花芽生育ステージ分化期80％以上）を確認してから行なう。ベッド中央の灌水チューブを目印に，マルチの上からチューブ両端へ千鳥に株間20〜22cm間隔で植穴をあけ，花房が通路側へ出るよ

第3表　「るんるんベンチ」資材費の試算

（本圃10aのベッド600m分）

	資材名	数量	単価(円)	金額(円)
架台ベッド	直管（外径22mm×長さ550cm）	563本	458	257,854
	直管（外径19mm×長さ550cm）	218本	391	85,238
	クロスワン（取付け金具）	2,460個	27	66,420
	波トタン	300枚	580	174,000
	黒ポリマルチ（0.03×95×100）	6本	1,000	6,000
	針金（0.9mm×20m）	7巻	95	665
	小　　計			590,177
培養土	籾がら（1年以上腐熟したもの）	28.8m³	—	0
	ピートモス（170l/袋）	50袋	2,600	130,000
	バーク堆肥（15kg/袋）	60袋	310	18,600
	マサ土	2.7m³	—	10,000
	小　　計			158,600
その他諸資材（灌水チューブ・エアーパッキン・パッカー類・保温ビニールなど）				156,000
資材費用合計				904,777

注　単価は当地での税別価格

第4表　レッドパールの施肥例（kg）

区	肥料名	施肥量	N	P	K
基肥	量かし一番	60	2.4	1.0	1.8
	エコロングトータル313（140日タイプ）	160	20.8	17.6	20.8
	苦土石灰	60	—	—	—
	成　分　合　計		23.2	18.6	22.6

注　ベッド内養液濃度により追肥を行なう

第5表 籾がら利用培地がイチゴの花芽生育に及ぼす影響　　（広島県立農技センター）

培　　　地	頂花房（月/日）				第2花房（月/日）			
	出蕾日	開花日	収穫開始日	収穫終了日	出蕾日	開花日	収穫開始日	収穫終了日
籾がら＋ピートモス＋パーライト6：3：1	11/ 6	11/27	1/19	3/14	12/28	1/20	3/13	4/11
籾がら＋パーライト6：4	11/ 5	11/27	1/20	3/24	12/26	1/20	3/16	4/11
籾がら＋バーミキュライト＋パーライト6：3：1	11/14	12/ 4	1/24	3/15	12/29	1/19	3/12	4/ 9
籾がら＋ロックウール細粒綿＋パーライト6：3：1	11/ 7	11/27	1/15	3/11	1/ 6	1/28	3/17	4/14
籾がら＋ピートモス＋マサ土＋バーク堆肥	11/ 2	11/22	1/14	3/14	12/22	1/15	3/ 9	4/ 9
ベストミックス	10/28	11/16	1/ 6	3/ 6	12/20	1/15	3/ 9	4/13

注　供試品種：レッドパール，定植日9月24日

第6表　籾がら利用培地がイチゴの収量および果実品質に及ぼす影響

（広島県立農技センター）

培　　　地	総収量		可販果収量（7g以上）			可販化率(%)	果実品質	
	個数(個/株)	重量(g/株)	個数(個/株)	重量(g/株)	1果重(g)		Brix(%)	酸(%)
籾がら＋ピートモス＋パーライト6：3：1	58.7	573	31.7	531	17.8	94	10.1	0.56
籾がら＋パーライト6：4	58.7	626	36.3	583	16.9	94	9.1	0.49
籾がら＋バーミキュライト＋パーライト6：3：1	53.4	478	29.6	436	15.4	92	9.1	0.52
籾がら＋ロックウール細粒綿＋パーライト6：3：1	58.4	594	35.8	551	16.2	95	9.1	0.54
籾がら＋ピートモス＋マサ土＋バーク堆肥	56.0	576	32.6	526	16.9	92	9.2	0.53
ベストミックス	66.0	713	39.2	664	17.4	93	8.8	0.48

注　供試品種：レッドパール，定植日9月24日

う確認して，苗を差し込むように植え付ける。植付け後は根鉢と培地の間に隙間ができないよう上から軽く押さえる。

6. 定植後の灌水管理

定植後はただちに灌水チューブと手灌水の両方で，培地内と株元の両方が湿るよう灌水する。定植後の苗の活着には灌水の影響が大きく，1週間は毎日2回，新葉が1枚展開したら1日1回程度の灌水とする。灌水量はベッド下の排水口から廃液が滴る程度である。

また，収穫開始から2月までの灌水間隔は1～2日に1回，3月以降は毎日1～2回の灌水とする。初年度は培地が乾燥しやすいため，灌水量には特に注意が必要である。

7. 温度管理

温度管理は土耕とほぼ同じである。品種によって多少の違いはあるが，日平均気温が16℃を下回るようになったらビニール被覆を行ない，出蕾までは昼間23℃・夜間12℃，出蕾から開花期までは昼間25℃・夜間10℃，開花期から収穫期は昼間25℃・夜間8℃でそれぞれ管理する。特に「るんるんベンチ栽培」も含め高設栽培の場合は，土耕よりイチゴの生育位置が1m程度高くなるため，ハウス内では土耕に比べ，やや設定温度より高くなっている場合がある。

高設栽培では，ハウス内気温とともに栽培槽内の培地温も調整が必要である。「るんるんベンチ栽培」では，1～2月の厳寒期，培地の最低温度が7～9℃まで下がる。培地温が10℃以下になると根の伸長が鈍化するため，培地加温が必要

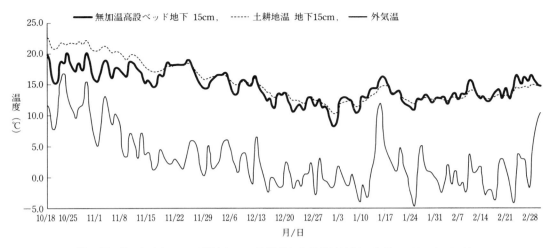

第12図 「るんるんベンチ栽培」ベッド温度と土耕栽培地温の比較（最低温度の推移）

となる。加温方法は，栽培槽の下の架台脚部をビニールでスカート状に被覆するだけであるが，当地ではこれで土耕と同程度の地温確保ができている（第12図）。

8. 電照

一般のイチゴ栽培では，品種によって電照施設を必要とするものとあまり必要としないものがある。「レッドパール」は休眠抑制から電照施設が必要である。電照方法は，土耕と比べると通常架台の高さ分だけイチゴと光源の距離が短くなり，葉上照度に明暗が生じやすい。このため，一般的には60W以上の電球を使用するが，40W電球に光源を下げ，その分全体の光源数を増やして，イチゴ葉上照度20lx以上をできるだけ均等にとれるよう調整する。

9. 追肥

「るんるんベンチ栽培」では，土耕に比べると培地量に限界があるため，長期間の生育に必要な肥料分をすべて基肥で補うことはできない。また，灌水量によっては基肥が流亡するため，生育状況によって液肥により追肥を行なう必要がある。特に春先以降生育が旺盛となり緩効性肥料の効果もしだいに落ちるので，廃液や培地の肥料濃度を定期的に測定し追肥を行なう。

肥料濃度の測定には「ミズトール」などの培養液抽出器具を用いて培地の養液を抽出し，簡易のECメーターにより測定する。本栽培では，培地内養液のECが1mS/cm以下になれば追肥を行なう。

10. 果梗折れ対策

土耕に比べ高設栽培では，栽培槽とうねの形の違いから栽培槽の肩口で果梗が折れて，果実肥大や品質に問題が生じる。このため，栽培槽肩部の22mm直管と19mm直管の上にエアーパッキン（プチプチ）を載せ，栽培槽肩口にかかる果梗の角度を緩やかにして果梗折れを防ぐ。果梗折れは品種によって程度が異なるが，折れにくい品種であってもこの対策はとっておくとよい。なお果梗折れ対策として，栽培槽の幅を30cmから40cmへ広げることも一策である。

11. 収穫後の管理

収穫が終了したら，ただちに手で葉を握り，株元で捻るように折って，栽培槽のマルチの上にならべ1日程度乾燥させる。茎葉は乾燥させることで軽くなり，簡単にハウスから運び出すことができる。ただし乾燥しすぎると茎葉が硬くなり散らばって，ハウスの中が汚れる。

茎葉をハウスから運び終わったら，次年度に

向けて培地の消毒を行なう。培地をいちど十分湿らせるためにチューブで灌水し、その後マルチやチューブはそのままで栽培槽を古ビニールで覆う。この後ビニールハウスを完全に閉め切り、太陽熱消毒を開始する。消毒期間は約1か月で、できれば7～8月上旬の高温時期に行なう。

土壌消毒が終了したら、古株の抜取りを行なう。栽培槽を覆っていたビニールやマルチ、灌水チューブを取り除いた後、株元（クラウン）を手でつかみ稲刈り用の鋸鎌で、株の周囲を三角形に切り込みを入れ株を抜き取る。株抜きが終われば、栽培で消耗した培用土を減った分（全量の約2割程度）だけ腐熟籾がらで補充する。

栽培中に炭疽病や萎黄病が発生した場合は、その場所の培地をすべて入れ替えるほうが次作は安全である。

〈課題と今後の方向〉

「るんるんベンチ栽培」は農家の手づくり高設栽培である。このため製品化された施設と違って、ベンチや培用土は画一的でなく、特に培用土は年次変化がある。しかし、年々栽培を重ねることで培地は質的に安定し、栽培はしだいに容易となる。このため、今後は籾がらの腐熟度と混合資材であるピートモス、バーク堆肥、マサ土の効果と緩衝能の関係について検討を行なう。

一方、資材価格の面では他の高設栽培に比べ格段の低価格が実現できたが、平成15年度発足した宇和島地区イチゴ高設栽培研究会では、さらに資材費低減に向けて検討を計画している。現段階では、培用土とクロスワンの代替え部品により、資材費が10a当たり85万円程度までは下がる見込みである。

また栽培のマニュアル化について要望が高いが、イチゴ栽培者が今日まで土耕で培ってきた栽培技術で十分できると考える。このため今後はよりいっそうの反収の増加と品質向上に向けた技術開発を農家と関係機関団体が一体となり推進すべきで、全国的な広がりをみせている「るんるんベンチ栽培」を評価する者すべての課題である。

《住所など》愛媛県北宇和郡三間町迫目244番地
　　　　　赤松保孝（73歳）
　　　　　TEL. 0895-58-2798　FAX. 0895-58-4798
執筆　芝　一意（愛媛県宇和島中央地域農業改良普及センター）

2003年記

※東日本大震災、関東の大雪によるハウス倒壊のあと、低コストな「るんるんベンチ」への関心が高く、視察が続いている。

福岡県小郡市　内　山　弘　典

とよのか・小型ポット育苗

○小型ポットで育苗の省力化
○大規模面積をささえる作型・労力の工夫
○外成りで省力・品質重視の栽培

＜地域と経営のあらまし＞

1. 地域の特徴

小郡市は福岡県の南西部に位置し，西日本最大の福岡市都市圏および筑後地区最大の久留米市に隣接しており，西鉄大牟田線，九州横断自動車道と九州縦貫道の交点にあたり交通の要所をなし，福岡・久留米両都市の一大ベッドタウンとして最近住宅化が進行している。

小郡市の農業は，米麦を中心とした土地利用型農業と施設園芸（花き・イチゴ）が特色である。市の南部には筑後川流域に広がる北野町の多品目野菜産地があり，施設野菜，周年野菜の栽培が盛んである。

気象条件は，年平均気温15.2℃，年間降水量2,268mmとなっており，温暖な気候でイチゴ栽培に適している。

小郡市のイチゴの栽培は，昭和48年部会結成以来，着実に面積，戸数が伸び，現在では11ha，52戸となっている（第1表）。

内山さんは小郡市のイチゴ部会のなかで大規模経営にとり組んでいる中核農家の一人であり，地域のなかでのリーダー的役割を果たし，農協青年部や各種研究会の役を務めており，現在ＪＡみいイチゴ部会長（小郡）をしている。

経営の概要

立　地	筑後平野の北東端，標高30m，準内陸的気候で火山灰土壌（黒ぼく）
作型規模	イチゴ65a，親株床28a，米1ha
労　力	本人，妻，両親，雇用2人（1～6月）
栽培概要	11/中親株植付け，6/上～9/上小型ポット育苗，9/上中定植，11/上～5/上収穫
品　種	とよのか
収　量	10a当たり4.5t

2. 経営のあゆみ

内山さんは農業高校卒業後，農水省野菜・茶業試験場久留米支場で2年間の研修を終え，その後両親とともに農業に従事し，メロン500坪，ブロッコリーを中心とした露地野菜と米麦中心の農業経営をしていた。

しかし，メロンだけでは収入が不安定であり，価格も伸び悩みの状態であった。そのため，年間安定して収入の得られる品目への転換を思いつき，いろいろ考えた結果促成イチゴにしぼり，昭和53年より小郡市農協イチゴ部会に加入した。当時，品種は「宝交早生」であったが，収入の面ではメロンより安定していた。

このころの育苗は無仮植であり，面積も500坪で部会の平均並みであったが，イチゴ経営拡

第1表　小郡市イチゴ栽培の年次別推移　　　　（単位：人，ha）

	昭52	56	58	59	60	61	62	63	平元	2
部会員数	12	20	22	26	31	36	38	48	53	52
栽培面積	3.0	3.9	4.7	5.1	6.1	7.3	8.6	10.0	11.5	11.0

注　昭61年とよのか導入

精農家に学ぶ

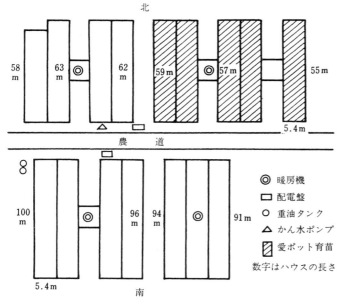

第1図　内山さんのイチゴハウス

大をはかるため，内山さんは翌年イチゴの栽培面積を1,000坪に，さらに昭和62年からは1,950坪へと拡大して現在に至っている（第1図）。品種も「宝交早生」から昭和61年「とよのか」へ，育苗も無仮植からポット育苗に全面的に変わり，本格的に年内どりを重点とした作型へと前進した。

内山さんはイチゴの経営面積が大きいため，人一倍作業の省力化への関心が高く，ポット育苗についても4寸鉢から3.5寸鉢へ，培土についても山砂から赤土，ロックウール（粒状綿）へと軽量化をすすめた。

さらに選果・調製作業については，昨年より規格を簡素化したおき並べ（ばら詰め）方式を自らとり入れている。

また昨年からは福岡県農総試で開発された小型ポット（愛称：愛ポット）へのとり組みをはかり，本年度は全面的に導入をすすめ，育苗の省力化をめざしている。

3. 作付け体系

内山さんの経営はイチゴ専作であるため，イチゴ以外の品目はつくらない。収穫後については，定植まで休閑期として空けておき，堆肥投入や土壌消毒によって土の若返りをはかっている。

＜技術の特色——小型ポット導入のねらい＞

内山さんが小型ポットを導入したきっかけは，育苗の省力化をはかることで，慣行のポット育苗に比べ作業姿勢の改善（立ち作業），簡便さ，軽量化により精神的に長時間の単純作業から解放されることにある。

従来のポット育苗と比較してみると，長所として

①ポット苗の重量が軽く，1ポット当たり120g（慣行育苗500g）である。

②苗の運搬作業が楽になり，夜冷・株冷の処理能力が大幅に高められる。また切り離し，定植作業が簡単になる（横詰め可能）。

③育苗の管理作業が立ち姿勢ででき，葉かきが容易で，かん水，液肥のむだが少なくなり，清潔で汚れない。

④苗の徒長が少ない（乾燥時）。

⑤培土量が840kg/10aと少なくてすむ（慣行育苗3,500kg/10a）。

反面に欠点としては

①鉢受け（すけポット）のタイミングが難しく斉一な苗の仕上げが要求される。

②育苗システムがコスト高になる。

③大苗育成が難しい。

④窒素の調節が難しく肥切れしやすく，根が褐変しやすい。

⑤梅雨期の培土の透水性が悪い（根ぐされ）。

⑥台風対策が難しい。

などがあり，今後解決していく課題も多い。

＜土つくりと土壌病害対策＞

1. 土つくりの経過と方法

内山さんは，イチゴの収穫後は，5月中にハウス内のあとかたづけをしたあと，トラクターで耕起する。その後，外ビニールをはぎ梅雨に

さらす。

土つくりは，近くの畜産農家から，牛ふん堆肥をもらい受け，10a当たり6tをハウス内に広げる。6〜7月にトラクターで数回耕うんする。

8月上旬，臭化メチル剤で土壌消毒したあと，元肥としては10a当たり苦土石灰，土壌改良剤（イワミライト，チャコール，キレーゲン）を施用する。

他の人と異なるところは，イチゴのうね下に溝を掘り，購入堆肥（ソイルパワー）を10a当たり50俵投入していることであろう。

内山さんのイチゴの土壌は黒ぼくであり，排水はよいが，地力が急激に落ちやすく，長期にわたって持続性のある土つくりが要求される。そのため，各種の土壌改良資材と動物有機主体の施肥体系を考えている。

「とよのか」は収穫が長期に及ぶため，地力の消耗も激しく肥料切れのしない施肥法が多収の要因となる。

2．土壌消毒

内山さんは，以前無消毒で栽培していたころ，センチュウの被害で大半が収穫皆無になった経験があることから，現在は必ず土壌消毒を実施することにしている。

作業の省力化と雑草防止のため，臭化メチル剤を8月上旬に10a当たり30kg処理している。

なお，親株床も同じ条件で土壌消毒するため，ランナーの出がよく雑草の心配がない。

＜栽培技術＞

1．品種の選定

品種は，昭和61年に「宝交早生」から「とよのか」への転換をはかった。「とよのか」は食味，大玉，日持ちの点で前の品種よりすぐれており，市場での評価も高く，現在九州地区で主

第2表　技術の内容とその変化

項　　目	昭62〜平3	昭56〜61	昭53
栽培面積	1,950坪	1,200坪	500坪
施設の型式	5.4m間口2連棟	5.4m単棟	5.4m単棟
前作物	なし	ソルゴー	なし
品種名	とよのか	宝交早生，麗紅	宝交早生
親株植付け	11月中	1月中	3月
採苗方法	すけポット	無仮植	無仮植
ポット床土	専用培土，ロックウール	—	—
育苗方法	愛ポット，普通ポット	地床	地床
有機物施用量	6t/10a	6t/10a	なし
土壌改良剤	イワミライト，チャコール他	なし	なし
換気方法	サイド巻上げパイプ	手換気	手換気
暖房機	有（4台）	無	無
電照施設	有	有	無
ビニール被覆	10/10〜10/20	10/25	10/25
ジベレリン処理	8〜10ppm	10ppm，5ppm	10ppm
植付様式	外成	外成	外成
収穫期	11上〜5上	12下〜5中	1上〜5中
予冷庫	有	無	無
土壌消毒	臭化メチル剤	太陽熱消毒	なし
雇用労力	2人	なし	なし
作型	3作型（株冷ⅠⅡ型ポット）	1作型	1作型

流の座を占めている。ただ，欠点もあり，色むら果の発生，2番果の果形の乱れなどによりパック詰めの繁雑さをまねいており，これが面積拡大のネックとなっている。

2．親　株

内山さんは，本圃にイチゴを定植したあと，親株用としてウイルスフリー株から育成した苗をコンテナに詰め，9月下旬から40日間収穫用の自家予冷庫内に0〜2℃で冷蔵する。これは，早春にランナーを多く出させるとともに，植え付け前の苗管理の省力化も兼ねている。

イチゴ親株床は，カヤヒュームを10a当たり30kg施用し，古ビニールを被覆して土壌消毒を行なう。11月上旬に苦土石灰，購入堆肥を10a当たり160kgすき込んで親株を定植する。植え方は，うね幅180cmとし，中央部に25cm間隔で1株ごとに向きを反対にして外側を向くようにして植える。本数は，10a分の苗で800本程度となる。早くから採苗するため，一般の人に比べ，かなり密植している。

植付け後は，小型スプリンクラーを3m間隔

精農家に学ぶ

に設置してかん水を行なう。11月下旬には株元にマルチングする。これによって、翌年のランナー発生を確実にする。5月は、土が乾燥しやすくかん水の有無がランナー発生を左右する。

内山さんの親株床は、他の人に比べランナーの出が早く雑草の発生もない。しかも、ジベ処理もせず、早くから採苗が可能となる。これは親株本数の増加、冷蔵苗、土壌消毒、かん水施設の設置などが要因と思われる（第2表）。

3. 育苗期（小型ポット育苗）

① 培土詰め

小型ポット（愛称：愛ポット）は高さ15cm、上部の直径4.5cmの丸型をした試験管状の黒色の頑丈な容器であり、1ポットの容量は約110mlで、この中にバーミキュライト、パーライト、ピートモスを配合した専用培土を詰め込む。培土の条件は、排水がよいことが要求される。量は、10a当たり15kg入り袋で20袋もあればよい。内山さんは、45,000本の土詰めを約1週間で終了する（第2図）。

② 培土入りポットの保管

小型ポットはすわりが悪いため、土詰め後の保管に工夫がいる。内山さんはコンテナ内に格子枠をつくり、その中に小型ポットを置く。

培土が乾燥しているとかん水後土の量が減りすけにくくなるので、ポット内に充分かん水しておく。

③ すけポット（鉢受け）

培土入りの小型ポットを親株床のランナー配置部分の土中に突き刺し、すけポットの準備をする。採苗は、本葉2～3枚の発根直後の苗が最もよく、逆に大苗は作業が難しい。

内山さんは、5月10日から25日の間に最良の苗をすけポットとして使用している（第3図）。

ランナーの出が悪いと一斉に苗が採れなくなるので、親株管理をしっかりしておくことが大事である。このさい、培土量が充分でよく湿っていることと針金でしっかり固定することが大切である。大苗は採苗が難しく苗が徒長する（第3図）。

④ 育苗床とパネルの設置

育苗床は、雨よけや寒冷紗被覆のできるパイプハウスがよく、内山さんは本圃のハウス内を利用し、ビニールを張って長雨にそなえている。間口5.5mのハウス内に高さ90cm、幅120cm、長さ60mの台を設置し、その上にベリーラックパネル（8×6穴）を1列に60枚並べる。1ハウスにパネルが3列入り、かん水は通路の頭上に2列配管して行なう。

パネル内には、1穴15cm角に1ポット入ることになる。全体で45,000本の苗を5棟のハウスで育苗している。

⑤ 切り離しとパネルへの移動

最終すけポット後10～14日になると、ほとんど根がポット内におりるので、苗が徒長しない6月上旬に早めに切り離す。切った後はコンテナに横詰めすると、多量に運搬できるので作業が楽である（第4図）。1コンテナ当たり75～80本詰めると、1日に一人で約2,500本の苗が処理できるため、4人でかかると4～5日で苗の移動が終了する。天気のよい場合は葉が焼け

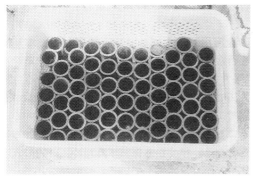

第2図 コンテナ内での小型ポット

第3図 すけポット期間中のイチゴ苗

第4図　苗の切り離し運搬作業

第5図　移動後ポットをパネル上に並べたところ

るので寒冷紗を掛け，1週間程度こまめに水管理をする（第5，6図）。

⑥施肥・かん水

　もともと，培土には若干量の肥料が入っているが，培土量が少なく軽いため肥料切れしやすい。内山さんは活着後に OKF-1 の1,000倍液をかん注している。追肥は，3〜4日ごとに700倍の濃度で8月上旬まで続け，クラウン径をできるだけ大きく育てる。この方式は，水のむだが少なくパネル上にたまった水はすべて小型ポット内に集まり吸収される。このため，培土の組成としては排水性にすぐれ，根腐れしないような条件が要求される。

　内山さんは，かん水を原則として午前10時と午後4時の2回行ない，1回の所要時間は20分程度としている。

⑦葉かき

　1回目の葉かきは，6月下旬に行ない2〜3枚に整理する。7日に1枚は展開するのでこのペースに合わせて葉かきを行なう。立ったままで作業できるので能率があがり，一人で1日に7,000本は可能である。例年7日かかる作業が2日ですんだ。2回目からは一人でらくらくできる。

　全体で5〜6回ほど行ない，葉数3〜4枚の充実した苗に仕上げる（第7図）。

⑧病害虫防除

　防除は，親株のころから定期的に行なっている。気をつけるのはうどんこ病，炭そ病，ダニであり，葉面散布と併用しながらやっているが，小型ポットは地面と隔離されているので防除が

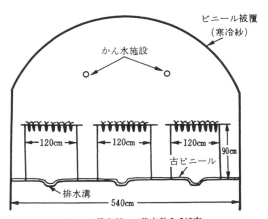

第6図　小型ポット育苗模式図

第7図　パネル上で生育する小型ポット苗

やりやすい。

⑨寒冷紗とPK葉面散布

　小型ポット苗は一般苗に比べ徒長しにくい。内山さんは高温期の7月下旬より極端な乾燥をさけるため，＃610の寒冷紗をハウスの天井に張り，かん水の省力と花芽分化促進を兼ねて定

第3表 小型ポット栽培暦

月	11	3	4	5	6	7	8	9	10	11	12	1	2	3	4	5
旬	上中下	上中下	上中下	上中下	上中下	上中下	上中下	上中下	上中下	上中下	上中下	上中下	上中下	上中下	上中下	上
栽培	親株植付け	ランナー配置	すけポット	育苗施設組立てビニール被覆	ビニール除去	株冷入庫（Ⅰ型）	定植花芽分化期（3タイプ）	ビニール被覆マルチング（開花）	玉出し	電照開始	収穫開始	暖房開始	電照強化	電照打切り		収穫終了
作業	かん水	追肥	花蕾除去	炭そ病防除・かん水病防除・ジベ処理	うどんこ病防除・切離し・パネルに移動・寒冷紗被覆	下葉かき6回・液肥・かん水	土壌消毒・堆肥投入	雨よけビニール	かん水・ミツバチ搬入・追肥・病害虫防除・ジベ処理	摘果・玉出し・液肥	玉出し・換気・温度管理	果梗整理	葉かき・摘果	病害虫防除		ミツバチ搬出

植間際まで行なっている。

また，徒長防止と花芽分化促進のため8月中旬よりPKの入った葉面散布剤を2～3回施用して苗仕上げを行なう。

⑩株冷処理

内山さんは，栽培面積が広いので労力軽減のために，2回の株冷作型を導入している。

1回目の低温処理時期は8月12～30日としている。処理温度は，入庫時10℃，出庫時14℃としている。経費節減対策として，自宅の2坪用の予冷庫を使用しており，コンテナに小型ポットの容器をはずして詰め込むと1コンテナ当たり110本入るので計130コンテナが一度に処理できることになる。つまり，1回で20a分の面積が可能となる。さらに，2回目を8月31日～9月10日まで行なうと，株冷処理だけで計40a分の面積が可能となる（第3表）。

4．本圃の準備と定植

内山さんは，イチゴ収穫後土壌を梅雨にあて，塩類を除去して土の回復をはかる。6～7月の間に，牛ふん堆肥を10a当たり6t投入する。

8月中旬，クノヒュームで土壌消毒後，苦土石灰や土壌改良剤を入れ，うね下に購入堆肥（ソイルパワー）を入れる。

元肥として，全面に有機混合102kg，チーシン配合40kgを入れてうねづくりをする。

第4表 内山さんの施肥設計
（10a当たり）

肥料名	総量	成分量			元肥	追肥
		N	P	K	月日	月日
牛ふん堆肥	6t	18	18	24	6.15	
イワミライト	630kg				8.10	
チャコール	46					
キレーゲン	15					
ソイルパワー	920kg	9.2	9.2	9.2	8.20	
有機混合	102	6.1	12.2	0		
チーシン配合	40	2.4	3.2	1.2		
ロング100	60	7.8	1.8	6.6	9.25	
アミノール70	60	4.2	3.6	3.0	10.5	
有機液肥	100kg	10	4	6		11～3月 月2回施用
合計		57.7	52.0	50.0		

内山さんの栽植方法は，間口5.4mのハウスに8条植えとするが，品質を重点におくため外成りにし，ハウスの両端のうねは半うね1条とし内向きとしている。うね幅130cm，株間25cm，条間25cm，うねの高さ25～30cmとし，作業の省力化と利便性を考慮している。

定植は，9月上旬花芽検鏡後に，株冷Ⅰ型，Ⅱ型，普通ポットの順に植えつける。定植作業は小型ポットのため，一般の定植より簡単で早い。特に，株冷は予冷庫内に入れるとき，ポットをはずしているため定植が楽である。

植え方は，苗の向きを外に向けやや斜めに突き刺した状態で行なう。

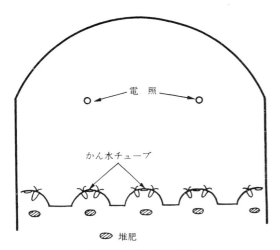

第8図 定植時の状態

　定植後は，かん水チューブを設置して，活着するまで毎日こまめにかん水する。定植7日後には10a当たり有機液肥を10kg施用している（第4表，第8，9図）。

5．定植後から収穫まで

　株冷苗については，低温条件に長く置かれているため株の傷みがひどく，活着のよしあしがその後の生育，収量にひびくため，定植後はハウス上部に寒冷紗をかけ，活着するまで細やかな水管理を行なう。

　追肥　内山さんは，元肥重点の施肥体系を組んでいるため，特別な肥料はやっていない。追肥は，収穫始めより液肥を中心に施用し，15日に1回窒素成分で1～2kgほどやっている。

　マルチ　葉かき後，出蕾開始前に行なっており，内成りに比べ作業は楽である。マルチ直後は，高温のためすそを上げて管理する。これは，急激な徒長を防ぎ，2番花の花芽分化を早めるために必要なことであろう。マルチ直後に，ハダニ，うどんこ病の予防を徹底する。

　ジベ処理　外成りのため，あまり効きすぎないように1回目を出蕾80％時に8ppmで心芽処理をし，2回目を5～7日後に8ppmで処理しており，収穫時の果梗枝を15cmほど伸ばしている。

　ビニール被覆　開花後，平均気温が16℃以下の10月中旬にビニール張りを行なう。被覆直後

第9図 小型ポットの苗

は高温になりやすく，ミツバチが入りにくくなるため，できるだけ低温管理を行ない，開花後収穫までの日数が30日以上かかるくらいに持っていく。

　玉出し　「とよのか」は日陰で生育させると，着色不良果が発生しやすく，玉出しの作業が必要である。内山さんは，イチゴの株の中葉部にヒモを通して外側に出た葉をかき上げ，竹ひごの棒を使って果実がよく光線にあたるよう，緑熟期より玉出しを行なっている。内成りに比べると，作業はしやすく着色もよく労力の節減になる。

　厳寒期には，常時雇用を入れて，なるべく品質が落ちないよう，早め早めの管理がなされている。

　電照　「とよのか」は冬期に株がわい化して休眠状態となり生育が停止するため，電照の強化により心葉の展開をスムーズにし，葉面積を確保すると収量が安定し，3番花の出蕾が早まり，収穫の波が少なくなる。内山さんは，11月中旬以降，短日低温条件と果実の着果負担を考慮しながら電照を調節する。最初は，間欠照明で1時間に7分程度とし，12月にかけて少しずつ長くする。小型ポットは電照が効きすぎるきらいがあり，最大で20分とし，極端には長くせず，心葉を見ながら管理している。なお，収穫期も電照を使うため，春先は早めに電照を切る。

精農家に学ぶ

第5表 育苗労働時間の比較
(10a当たり)

作業名	小型ポット	慣行ポット
籾がら焼	0 時間	8 時間
土配合	0	2
ポット土入れ	3	12
親株床並べ	4	13
すけポット(鉢受け)	12	24
寒冷紗被覆	1	1
ビニール被覆	2	0
育苗床整地	1	8
架台組立て	8	0
切り離しおよび苗移動	12	44
かん水	20	24
液肥かん注	8	20
病害虫防除	5	8
葉かぎ,ランナー除去	40	64
寒冷紗除去	1	1
ビニール除去	2	0
定植	32	96
計	151	325
育苗本数 7,000本 ポット総重量	840kg	3,500kg

摘果 内山さんは面積が広いため、摘果は強めにしており、部会の方針も2S玉は取らないことから、雇用を入れて早めにしている。これにより、調製作業を大幅に軽減できる。

温度管理 「とよのか」は着色に気をつかうため、極端な管理をすると品質が低下する。特に、冬期は低温に注意しながら、換気を上手にする必要がある。内山さんは、保温性を考え単棟ハウスを寄せて2連棟としている。ハウスの棟数だけでも16あり、換気については内張りがないので、巻上げパイプでサイド換気を行ない、省力化を図っている。この地域は、夜間が冷えるので暖房機を使って夜間の温度を最低5℃に保っている。

6. 収穫期

内山さんは、収穫労力を軽減するため作型を大きく3つに分けている。株冷I型、II型、普通タイプであり、早いものは10月の末から収穫している。収穫は5月の上旬までつづくが、11月と4〜5月は高温期で収穫量が多いため若採りにこころがけ、早朝の5時から8時と夕刻の7時から10時の2回涼しいうちに収穫する。冬は品質の低下が少なくゆっくり収穫ができるが、栽培面積が広いため温度管理や玉出しに多くの時間を要し、常時雇用を2〜3人入れており、家族を含めると6人で現状の規模が限界である。

また、調製作業室には品質保持のため、2坪用の予冷庫が設置されており、収穫後のイチゴおよびパック詰めされたイチゴが常時3〜5℃の温度で冷やされている。パック詰めは、2L〜Lを主体に色、形別に仕分けして330gの満杯とし、セロハンで表面を張り、ダンボールに4パック入りとして出荷される。パック詰めされたイチゴは、その日の午後集荷場に運ばれ、検査されたあと翌日関西の市場に届けられる。

現在のイチゴの選別規格は園芸連で統一されているが、市場での品質競争が年々厳しくなり、パック詰めのイチゴに産地別の単価差がついている。今の「とよのか」では秀品率が半分程度であり、パック詰めに相当の労力を要する。そのため、内山さんは4〜5月の収穫後半にパック詰めの省力化対策として、ばら詰めに似たおき並べを部会にとり入れ、自ら試行した。

これは大・中・小の3段階で形にとらわれることなく詰められ、同じ向きに大まかに並べるだけでよく、作業の能率が従来の詰め方より1.5倍早くなる。

7. 小型ポット育苗

この育苗法は、従来のポット育苗に比べ、軽作業でしかも省力化が図れる。県内でも、大面積の小型ポット導入に取り組んでいるのは、内山さんが最初である。この育苗がもう一つ普及性が低いのは、経験不足もあるが、既存ポット育苗が一般的であり、小型ポットは珍しいものでまだ浸透していないため施設経費が高すぎること、年内の収量増加があまり期待できないことによるものであろう。

しかし、少しずつ定着するにつれ、小型ポットの簡便さが評価されてくるだろう。耐用年数から償却費を算出すると、1年当たりのコストはそんなに高くならない。まだ、普及し始めて間もない育苗方式なので、技術的に不明な点があるが、軽量と作業性については慣行の育苗よ

り優れている（第5表）。

8. 病害虫防除

内山さんは，面積が広いため防除のポイントをおさえて予防重点に心がけている。育苗時は，7～10日おきに葉面散布と併用しながら，うどんこ病，ダニの防除を中心に行なう。本圃においては，開花前の10月の時期に重点をおき，1株ずつていねいに徹底した防除をしている。ハウス密閉後は，果実が汚れないようくん煙剤を使用し，春先に多発しないよう予防に重点をおく。特に，「とよのか」はうどんこ病に弱く，多発した場合には経営に直接影響を及ぼすので充分な注意が払われている（第6表）。

第6表 病害虫防除暦

	月	旬	使用農薬と倍率		対象病害虫
親株床	5	上	アントラコール水和剤	500倍	炭そ病
			ジマンダイセン水和剤	600倍	〃
		中	トリフミン水和剤	3,000倍	うどんこ病
			ルビゲン水和剤	4,000倍	〃
		下	カルホス乳剤	1,000倍	コガネムシ
			マラソン乳剤	2,000倍	アブラムシ
育苗床	6	中	ベンレート水和剤	1,000倍	炭そ病
			バイレトン水和剤	3,000倍	うどんこ病
	7	上	ケルセン乳剤	2,000倍	ダニ
			アントラコール水和剤	500倍	炭そ病
		中	ランネート水和剤	1,000倍	アブラムシ，ヨトウムシ
		下	ジマンダイセン	600倍	炭そ病
	8	上	カルホス乳剤	1,000倍	コガネムシ
		中	マブリック水和剤	2,000倍	ヨトウムシ
本圃	9	下	マラソン乳剤	2,000倍	ヨトウムシ，アブラムシ
			ニッソラン水和剤	2,000倍	ダニ
	10	上	トリフミン水和剤	3,000倍	うどんこ病
			モレスタン	3,000倍	〃
	10	中	マブリック水和剤	2,000倍	ヨトウムシ
	11	上	バイレトン水和剤	3,000倍	うどんこ病
	12	下	バリダシン水溶剤	600倍	芽枯れ病
	1	下	スミレックスくん煙		灰色かび病
	2	上	マブリックジェット		ダニ，アブラムシ
	3	下	バイレトンくん煙		うどんこ病
	4	中	ルビゲン水和剤	4,000倍	うどんこ病
			モレスタン水和剤	3,000倍	ダニ

＜労働時間と経営収支＞

イチゴは，現在長期1作型の栽培となっており，育苗から収穫までの総労働時間は多収穫者の場合2,900時間を超えており，一般の勤労者の労働時間（2,100時間）をはるかにしのぐ。

特に，収穫後半には1日の労働時間は12時間を超え，早朝から電灯をつけて収穫することも多い。一般に，イチゴの所得率は53％といわれ，今後単価の上昇の見込みがなければ，イチゴの経営は労働力からみて苦しくなる。

小型ポットの経営試算は第7表のとおりであり，普通ポットに比べ経費が高くなっているが，苗の冷蔵処理をする場合は処理本数の多さや自家予冷庫でも簡単にできることから，長期育苗で考えると1本当たりの経費はけっして高くない。むしろ，育苗の省力化や作業面でのやりやすさが，高齢者や婦人に向いているといえる。

内山さんの場合，作型を3つに分散している

第7表 小型ポットと普通ポットの育苗試算 （7,200本）

資材名	小型ポット	耐用年数	年経費	普通ポット	耐用年数	年経費
ポット	172,800	10	17,280	28,800	3	9,600
パネル	554,800	6	92,467			
架台	230,000	10	23,000			
直管パイプ	63,600	10	6,360			
パッカー	3,120	5	624			
かん水施設	60,000	5	12,000	60,000	5	12,000
育苗培土	25,000	1	25,000	40,000	1	40,000
ポットフレーム				25,600	8	3,200
ポットマット				46,200	6	7,700
計	1,109,320		176,731	200,600		72,500
	1ポット当たり		24.5円	1ポット当たり		10.1円

精農家に学ぶ

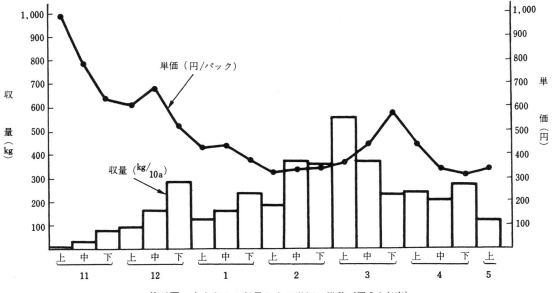

第10図　内山さんの収量および単価の推移（平成3年度）

ため月別の収量を比較してみると，極端に山をつくることが少なく安定しており，労力面での忙しさが少ない。単価についても，上物率が多く小玉を出さないことから，比較的安定している（第10図）。

＜今後の課題＞

イチゴは「とよのか」になってから産地が拡大し，単収も伸びた。しかし，これからは産地拡大については現状維持が精一杯であろう。雇用拡大の困難性や後継者不足，生産者の高齢化など農業を取り巻く環境はきびしく，イチゴの労働力不足は他の果菜の比ではない。

今後の課題としては，小型ポットをはじめとする育苗の省力化，委託育苗，うどんこ病に強い品種の開発，大玉で秀品率の高い品種の育成，予冷なしでもできる固いイチゴつくり，生産から出荷までの省力化，特に調製時間の軽減（ばら詰め）などの解決が望まれる。

流通・販売面では，消費動向に応じた出荷規格の見直し，作型組合わせによる安定供給，出荷予測に基づく価格設定などがある。

イチゴの労働時間の大半は，収穫・調製労働であり，雇用の労力がないと，大面積栽培は不可能である。内山さんは，いかに省力化できるかを追求しながら，イチゴの経営拡大を目指している。

＜執筆者の意見・感想＞

内山さんは，イチゴつくりにかけては人一倍経営感覚があり，特に新しい技術導入への関心は高く，小型ポットがそのよい例である。常に大規模面積をこなすだけの対策を心がけている。イチゴ研究会のメンバーでもあり，仲間づくり，先進地視察を通じて幅広い知識を身につけており，人望も厚く，模範的な青年である。

年齢的にも若く，これからのイチゴ産地を担っていく一人であり，イチゴ栽培での人的不足対策，出荷方法の改善，育苗の省力化など，現在，自ら部会の長として率先して実行している。

≪住所など≫　福岡県小郡市干潟954
　　　　　　　内山弘典（40歳）
　　　　　　　ＴＥＬ　0942-72-3693
執筆　新開隆博（福岡県三井農業改良普及所）
　　　　　　　　　　　　　　　　1992年記

※さちのかの高設栽培に替えている。さちのかは甘味と酸味がのると食味が抜群で，市場からの評価が高い。

福岡県八女郡広川町　樋　口　寛　行

とよのか・電照促成栽培

○完熟堆肥6t，土壌消毒，空気注入で連作に耐える土つくり
○早期採苗，大苗の適期定植を支える早め早めの管理
○病虫害の発生予察，被害予知で最小限の農薬散布

＜地域と経営のあらまし＞

1. 地域の特徴

八女郡は北を久留米市と接し，南は八女市にはさまれた地域で東西に広く，広川町は八女郡の北西部に位置している。

気象条件は年平均気温15～16℃，年間降水量2,000mm，日照時間2,000時間と比較的温暖であり準内陸的気候に属する（第1表）。

なだらかな丘陵地帯を利用して山麓部より果樹園芸が広がり，ブドウを中心にナシ，モモ，カキ，ミカンおよびイチゴの複合経営がなされている。

イチゴの経過については，昭和43年に部会が

第1表　筑後地区の気象（平年値）
（九州農試）

月	気温(℃)			降水量	日照時間
	平均	最高	最低		
1	5.0	9.5	0.6	60.6	122.2
2	6.0	10.8	1.2	77.9	131.6
3	9.1	14.5	3.8	105.1	173.9
4	14.5	19.8	9.1	200.3	168.1
5	18.9	24.3	13.4	194.8	186.0
6	22.7	27.1	18.3	348.3	149.5
7	27.0	30.6	23.3	339.5	184.1
8	27.6	31.8	23.3	204.8	219.8
9	23.8	28.3	19.2	186.9	172.9
10	17.8	23.2	12.3	92.5	188.4
11	12.4	17.9	6.8	71.9	161.1
12	7.3	12.2	2.3	54.0	131.1
年平均	16.1	20.9	11.2	*1,936.6	*1,988.7

＊は合計値

経営の概要

立 地	筑後平野の東端，標高50m，準内陸的気候で埴壌土
作目規模	イチゴ（とよのか）40.7a，育苗床20a ミカン（極早生）50a，イネ23a
労 力	本人，妻，息子夫婦……3.5人 1人雇用（収穫期）
栽培概要	11／上　親株植付け，6／上～9／上ポット育苗，9／中　定植，11／下収穫始，4／下　収穫終
収 量	10a当たり5.6t

結成されて以来，毎年着実に面積を伸ばしつづけ，昭和52年には栽培面積50ha，生産者数278人に達し全盛期を築いた。その後はるのかが伸び悩んで規模は減りつづけたが，昭和57年とよのかの導入により再び産地復活の基礎をつくった。現在，広川町のイチゴは数量，売上げとも県下でトップクラスにあり，福岡イチゴのけん引車的存在となっている。

このようにイチゴの産地定着につれ，町全体がフルーツの町として活気づき，近年イチゴのウエートがしだいに大きくなってきている。

そのなかで樋口さんは昭和59年，60年と広川町農協イチゴ部会の部会長をつとめ，とよのかの普及に大きく貢献している。62年には，県イチゴ生産者大会において県知事賞を受けた。

2. 経営の概要と栽培のねらい

①経営の概要

樋口さんは，イチゴ導入以前は，近くの竹林

精農家に学ぶ

を利用した竹細工や温州ミカン栽培を行なっていたが，水田転作やミカンの不況で経営が苦しくなってきた。そこでイチゴの伸び盛りであった昭和47年に，イチゴ栽培にふみきった。当初470坪の面積を年々ふやし，現在では息子夫婦と雇用を含めた家族労働を中心に1,220坪まで拡大し，イチゴではトップクラスの経営規模となっている。なお，イネ，ミカンについては，できるだけ経営を縮小してイチゴの仕事に支障のないように配慮している。

②栽培のねらい

イチゴほど品種の良否によって産地がゆれ動くものはないといってよい。そのため，最近は各地で品種選びのウエートが高くなっている。事実このことは，とよのかに変わって証明されたといってよい。

九州のイチゴが産地間競争に生き残るためには，生産面だけでなく販売面での活路を切り開いていくことが必要である。とよのかになってから大都市圏への共販体制，テレビ宣伝による購買意欲の高揚，銘柄商品の確立につとめ，福岡イチゴの販売体制の強化にとりくんできた。

とよのかの長所は，食味がすぐれていること，大果形で収量が高いこと，日持ちがあり輸送に耐えること，早生で早出しが可能であること，休眠が浅く花房の連続性をもつこと，などがあげられる。着色不良果の発生が多く，うどんこ病，炭そ病に弱いといった問題はあるが，全体的にみれば優秀な品種であるといってよい。

樋口さんは，とよのかの栽培にあたり次の4つの項目を柱にしている。

第1に多収性の発揮できるそろった大苗づくりを頭においている。ポット育苗であるため，専用親株の利用，早期採苗，大苗育成が必要となり，育苗のウエートは大きい。

第2には適期定植と定植後の活着促進を重要視する。それはとよのかが根の再生力が鈍く，活着に時間がかかり，その後の収量性に大きく影響するためである。さらに早く出荷することにより有利に販売ができる。

第3には電照による草勢のコントロールである。とよのかは冬期，株のわい化がひどくなり，無電照栽培ではイチゴの後期収量に差が生じてくる。そのため秋ぐちから積極的に電照時間を長くすることによって，心葉の展開を促して葉面積を確保しながら成り疲れを防ぎ，最後まで収量を確保している。

第4には長期栽培という観点からの土つくりである。完熟堆肥を10a当たり6tていどを毎年入れており，このことが地力の消耗を防ぎ，生きた土壌をつくり，品質のよいイチゴを多く収穫する秘訣でもある。さらに毎年土壌分析を行ない，イチゴの最適基準値に近づけるよう努力している。

＜技術の特色＞

1. 栽培のあらまし

樋口さんは，苗づくりを重視するため，専用親株を年内に植え付けている。このとき，忌地をさけるためイネ収穫跡地の無病地を選び，堆肥を投入して地力を高めている。

さらにウイルスフリー株を数年に一度導入して，健全な苗の確保につとめている。以前は収穫後の株から苗をとっていたが，ランナーが弱く思いどおりの苗ができなかったため，現在ではすべて専用親株を利用している。

育苗　現在は育苗はすべてポット育苗を行なっている。採苗は2通りあり，スケポット（ランナーを直接鉢に受けて採苗する方法）で5月上旬より開始し，鉢上げは6月上旬に行ない，できるだけ早く苗をとることを重視している。

苗づくり目標は，大苗でありながら徒長しな

第1図　スケポットのようす

い，そろった苗を頭におき，体内に同化養分を充分蓄積した葉柄の短いがっちりした苗をつくることである。

花芽分化・定植 ふつう9月10日ごろから花芽が分化してくるため，それにあわせて圃場準備を行ない，花芽分化期を確認したら，できるだけ早く，しかも短期間に定植をすませる。定植後は綿密な灌水によって活着促進をはかり，その後の生育については天候を見ながら調節する。

マルチ後は，ダニ，うどんこ病の防除を重点に行なっており，開花後は，奇形果の発生，果実の安全性の点からほとんどかけないようにしている。

ビニール被覆 ビニール被覆は平均気温が16℃に下がる10月下旬に行ない，被覆後は高温に注意しながら，マルチのすそを上げて根ばりを重視する。なおハウスのサイドは開放したままで，しばらくは雨よけの状態で管理し，果実の肥大を考えながら低温ぎみにもっていく。

ジベレリン処理 とよのかは果梗の伸びが悪いため，出蕾100％期に10ppmを1回，さらに1週間後に10ppmを2回目として心葉処理をする。収穫時に条間いっぱいに果実が広がるように考えてやることが着色改善につながる。

収穫 収穫始めは11月20日ごろであるが，収穫以前の緑熟期から竹の棒で玉出しを行ない，果実を充分に光線に当てるようにしている。とよのかは高温期には葉かげでもよく着色するが酸味が強く，食味の点で問題となる。

ハウス全体を3つに分けて輪番で毎日収穫する。完着したものをていねいにもぎとり，その日のうちにパック詰めする。収穫は4月末までつづき，最盛期には電照を利用することも多い。

電照 電照は草勢の調節に欠かせないもので，樋口さんは間欠リレー方式によって，11月下旬から点灯し始める。短日条件になるにつれ，点灯時間を長くして最大限20分間（1時間につき）まで伸ばし，株のわい化による収量の低下を防いでいる。

温度管理 冬期の温度管理はもっぱら換気扇を使用し省力化している。ハウス内部は，現在二重カーテンはなく暖房機を使用して，できるだけ光線透過をよくしているため，色づきのよいイチゴがつくられ，あわせて快適な環境のもとで作業がなされている。

一般管理 ハウスの面積が広いため，ハウス内の作業には臨時雇用を入れている。株の手入れ，玉出し，温度管理などを主に，早め早めの管理がなされており，むだが少ない。

土つくり 7年前から本格的に堆肥投入が始められた。最初10a当たり10tていど入れていたが，未熟堆肥のため生育不良となった失敗もあり，現在では完熟堆肥を6t投入している。腐植率についても7年前の1.8％から現在では3.7％と飛躍的に上昇しており，堆肥投入の効果が実証されている。

土壌消毒も毎年かかさず実行しており，最近では連作障害の被害株はまったく見られない。

2. 生育の目標と技術の特色

とよのかは草勢が強く，開張性であり，葉は大きく丸みを帯び，葉肉は厚く，根はゴボウ根で太く細根が少ない。花芽分化は9月中旬と，はるのかと同程度で早いほうであり，出蕾後の果梗は伸びが悪く，ジベ処理の必要がある。

果重型の性質を持ち，着花数は多いほうではない。果実は大果性で香気が強く，果肉は果汁分が多く，葉かげで着色不良を生ずる。病害虫では，うどんこ病，炭そ病に弱く，ダニの被害も大きい。

これらの性質を考え合わせると，樋口さんの技術の特色が栽培によく生かされていることがわかる。次に技術の特色を3つにしぼって紹介する。

①ポット育苗による健苗育成

ポット育苗は，地床育苗と比べると，花芽分化が早く斉一で，管理面での調節が容易にできる。そのため現在では100％がポット育苗になっている。樋口さんのばあいは6月上旬に鉢上げするが，そのさい必ず4～5cm発根した苗を用いて活着を早めるようにしている。活着後は液肥の施用によって約40gの大苗をめざして7月いっぱいは生育を促進させる。その間，葉

精農家に学ぶ

第2表 技術の内容とその変化

項　目	昭和59〜62年	53〜58年	47〜52年
栽培面積	1,220坪	960坪	680坪
施設の種類と型式	5.5m間口 パイプハウス連棟	5.5m間口 パイプハウス連棟	5.5m間口 パイプハウス単棟
前作物	なし	なし	ソルゴー
品種名	とよのか	はるのか	はるのか
親株の植付け期	11月上旬	11月中旬	収穫株
採苗時期	6月上旬	6月上旬	6月下〜7月上旬
ポット床土	山土6：焼籾がら4	山砂7：焼籾がら3	地床育苗(無肥料)
定植苗の大きさ	クラウン径12mm	クラウン径10mm	40g
有機物の施用量	6t/10a	10t/10a	1.6t/10a
元肥量NPK	15：11：10kg/10a	14：12：14kg/10a	16：15：18kg/10a
換気方法	換気扇、谷換気	換気扇・谷換気	換気扇(単棟)
暖房方法	加温機のみ	加温機＋二重カーテン	加温機＋二重カーテン
保温開始（ビニール被覆）	10月20日ごろ	10月20日ごろ	10月20日ごろ
電照の有無	有	有	無
ジベレリン処理	10ppm×2回	7ppm	7ppm
定植後の最低夜温	5℃	3℃	3℃
〃　日中温度	23〜25℃	25℃	25℃
収穫開始日	11月20日ごろ	11月下旬	11月下旬
収穫完了日	4月末	4月末	4月末
総収量	5.6t/10a	4t/10a	3t/10a
土壌病害対策	テロン92、サンヒューム	サンヒューム	なし
ウイルス病対策	ウイルスフリー株	ウイルスフリー株	なし

かき、ポット広げを行ない、苗の徒長を防ぎ、葉柄の短い（約4cm）がっちりした苗をつくり上げる。

炭そ病に対しても、親株のランナー発生時から定期的に防除をしており、病害のない苗ができている。

②適期定植と活着促進

とよのかは細根が少ないため、根をいためると回復がおそく、その後の生育に大きく影響する。そのため定植前の土壌条件の悪化には充分注意を払わねばならない。樋口さんは8月下旬、土壌消毒後のビニール被覆の状態を定植までそのままにして雨よけに備えている。これは年により降雨による定植作業のおくれを防ぐためである。

樋口さんの苗は一般の人より仕上がりが早く、花芽分化の誘起も早いようで、9月10日すぎにはほとんど定植できる条件を備えており、これが適期定植を可能としているゆえんである。定植は共同作業で短期間のうちにすませる。

定植後は活着促進に気を配り、スミサンスイチューブでうね間全体に水がかかるようにしている。

③電照を生かした多収どり

一般に無電照で栽培したばあい、1〜2月の厳寒期に株のわい化がはげしくなり、心葉の展開が鈍り、成り疲れを生じて3月の株の立ち上

第3表　栽培暦

月	11	3	4	5	6	7	8	9	10	11	12	1	2	3	4
旬	上中下	上中下	上中下	上中下	上中下	上中下	上中下	上中下	上中下	上中下	上中下	上中下	上中下	上中下	上中下
栽培	親株植付け		ランナー配置	スケポット開始	鉢上げ←ポット育苗→			花芽分化期 定植	玉出しビニール被覆マルチング	収穫開始電照開始		電照打切り			収穫終了
作業	追肥 トンネル被覆 花蕾摘除 追肥 GA処理 除草剤散布 炭そ病防除		灌水 うどんこ病防除	寒冷紗被覆 ポット広げ 下葉かき 灌水・液肥	雨よけビニール被覆 寒冷紗被覆 PK葉面散布 土壌消毒・定植準備 病害虫防除		灌水	ミツバチ搬入 追肥 GA処理 病害虫防除	摘果 電照強化 暖房開始	摘果 玉出し 果梗整理				ミツバチ搬出	

がりが貧弱となる。そのため3～4月の収量は電照栽培に比較して落ちこむ。昭和58年から電照を導入している樋口さんは，電照を有効に生かすことで株の着果負担を少なくして，果実の肥大をはかり，品質向上とともに安定して長期にわたって収量を上げている。

＜土つくりと土壌病害対策＞

1. 土地利用のしくみ

樋口さんは施設イチゴを経営の柱としているため，他の作物との組合わせはない。休閑期には，湛水，堆肥投入，土壌消毒と一連の連作障害対策を講じている。

2. 土つくりの経過と方法

土つくりは，ハウス休閑期の一連の作業体系に組みこまれている。すなわち収穫後のイチゴ株のすき込みによる有機物の補給，湛水処理による塩類のかけ流し，野積み堆肥のハウス内投入，さらには土壌消毒，空気注入といった順序で土壌保全対策を行なっている。

昭和56年以前は，もっぱら興人堆肥を10a当たり1.6tていど入れるだけであったが，地力の消耗，連作障害による被害が各地に見られるようになって，堆肥の重要性が認識された。ちょうどこのころ広川町農協の堆肥センターが設立されて，樋口さんは積極的に堆肥を利用するようになった。そして57年に10a当たり10tもの堆肥を投入した。ところが未熟堆肥による濃度障害が発生し，生育不良株が見られ収量が落ちこんだ。この失敗を生かして，年々堆肥の施用量を減らしながら堆肥の腐熟度を高め，塩類を洗い流したのちの良質の堆肥を投入するようになった。

堆肥の量が少なかったころに比べ，現在では成り疲れが少なく，収量も安定するようになった。最近では定植前の9月上旬，コンプレッサーを利用して，2m×1.1mの間隔で，土壌深部に空気注入し，土壌孔隙を多くして根群の発達を促すこともやっている。

3. 土壌消毒

イチゴは連作障害に弱く，土壌消毒なしで栽培をつづけると，何年か先には必ず生育不良の株がでる。そしてセンチュウの被害も多い。対策にはいろいろあるが，最も有効な手段は薬剤による土壌消毒である。

第4表　休閑期の圃場管理

月/日	6/10	6/15	6/25～7/15	7/25	8/15	8/17	8/19	9/5	9/11
作業	ビニールはがし	株すき込み　後かたづけ	湛水	堆肥投入	耕起　元肥施用	うね立て	土壌消毒　ビニールおさえ	空気注入	定植
注意点	マルチ，ダクト，竹	ランナーの巻き込み	代かき，塩類除去	深めに混和　ハウス内に長く堆積しない			サンヒューム60缶　土壌状態の良好なとき	コンプレッサーガスもれに注意	短期間に終了

第2図　湛水期間のハウス圃場

第3図　野積みされた堆肥

第5表　年度別堆肥施用状況と土壌消毒法

年　度	堆肥投入量	土壌消毒剤
昭56年以前	1.6 t/10a	サンヒューム
57	10	サンヒューム
58	10	サンヒューム
59	8	ネマエイト
60	8	テロン92
61	6	テロン92
62	6	サンヒューム
	56年以前　異人堆肥 57年以降　農協堆肥	湛水処理併用

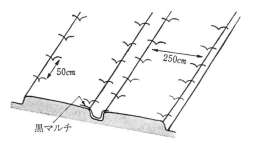

第4図　親株床の植え方

樋口さんは昭和50年ごろは土壌消毒をせずにつくっていたが、どうしても生育不良の株が生じていたため、普及所の指導により土壌消毒をするようになった。それからは毎年安定した生育を示し、その効果ははっきりでるようになった。以来、毎年土壌消毒は欠かさずやっており（第5表）、薬剤を変えながら実施している。

＜栽培技術＞

1. 品種の選定

広川町イチゴ部会による品種の研究、試作等の結果、従来のはるのかの長い時代から、宝交早生、麗紅、静宝、女峰、とよのかの戦国時代を経て、現在のとよのかにおちついた。樋口さんはいち早く昭和57年にとよのかを試作して優秀性を認め、翌年は大幅にとよのかに更新した。

2. 親　株

①専用親株の植付け

とよのかは、専用親株を使用したほうが苗づくりがやりやすい。そのため樋口さんはイネ収穫後の11月5日ごろ、20aの専用苗床をつくり、そこに約3,000本の親株を植え付ける（第4図）。植付け後は株もとにS550を60kg施用して、親株の生育を活発にしておく。なお親株床は、排水がよく、地力の高いところを選び、堆肥も充分施用している。

親株は毎年無病の苗を育成するため、数年に1回はウイルスフリー株を導入して、生産力がおちないよう考慮している。

②親株管理

親株は年内に植えて、冬期に耐寒力をつけ根ばりをよくする。収穫中は特別に管理にかかるひまはないが、1月上旬に株もと周辺に黒マルチを張り、雑草防除とともに地温を確保して、ランナーを早く出させるための準備をしておく。

3月に入ってからは花蕾、古葉の除去を行ない、GAの50 ppmを株当たり10cc散布して株を立たせるようにする。4月下旬には雑草防除をかねてトラクターで条間を耕起し、その後ラッソー乳剤20ccを水20～30lにとかして散布している。さらに炭そ病防除を4月中旬から7日おきに行なう。乾燥するばあいには、ランナーを早く出させるために親株床に灌水施設を

第6表　樋口さんのイチゴ土壌分析結果

年　月	pH (H₂O)	EC (mS)	腐植 (%)	有効態リン酸 (mg/100g)	Ca (mg/100g)	Mg (mg/100g)	K (mg/100g)	Mg/K	Ca/Mg
56.7	6.8	0.06	1.8	120	215	44	21	5.5	3.5
57.7	6.1	0.13	2.6	150	275	40	20	5.0	4.7
58.7	5.5	0.30	2.3	84	295	38	19	5.5	4.7
59.7	5.5	0.48	2.7	150	220	39	31	4.0	3.0
60.7	6.2	0.22	2.9	150	330	41	27	5.7	3.6
61.7	6.3	0.08	3.3	136	240	87	34	2.0	6.0
62.7	6.3	0.24	3.7	150	195	92	30	1.5	7.2
基準値	5.5～6.5	0.30以下	3以上	30～60	200～300	20～40	15～30	2以上	4～8

第5図 採苗前のランナー発生状況

している。そのため一般の人よりランナーの出が早く，計画的な採苗ができている。

3. 育苗期

①生育の目標とねらい

ポット育苗のばあい，採苗が遅れると一般に大苗ができにくく，しかも理想の苗仕上げができなくなり，花芽分化もばらつきを生じ，初期収量が思うように上がらない。そのため樋口さんは親株のランナーの摘除はせず，第一，第二ランナーから採苗を行ない，早期に大苗を確保する考えをもっている。

採苗当初は苗質の不ぞろいがあるが，その後の管理によって，斉一な，充実した苗をつくり上げ，いつの年でも早く植え付けられるような態勢の苗に仕上げることに目標をおいている。

②ポット育苗準備

5月20日ごろ，専用育苗床に，排水のよい山赤土と焼籾がらを6対4の割合に配合した床土を，ポットフレームで4寸鉢に7分目ほど入れ

第6図 鉢上げ前の準備状況

て，ビニール，ポットマットを敷いた育苗床に7列縦隊に並べる（第6図）。あとでポット広げを行なうため，間隔をとって並べておく。このさい，配合した土の中には1ポット当たり3gの骨リンを入れ，クラウンの充実をはかる。ポット内にはそれ以外の肥料はまったく入っていない。

③鉢上げ（採苗）

6月1日ごろ，親株床から採取した苗を，専用育苗床に鉢上げをする。前日は黒600番の寒冷紗を2枚天井に張って，ポット内には充分灌水をして準備を整えておく。苗は本葉3～4枚の3～5cm発根したものを選び，気温の低い早朝，または夕方にとり，根が乾かないようにこもをかぶせ，寒冷紗内ですばやくポットに仮植する。

鉢上げ後は苗がしおれるため，葉水を数回やりながらこまめに灌水を行なって，早めに活着するようにする。10日後に2枚の寒冷紗を1枚にし，光線を徐々に強くして15日後にはすべてはぐようにする。

活着のめやすは，朝夕の心葉の回復ぐあいを見て判定する。一般に苗の活着は天気のよい時の同化養分の蓄積が多く，さらに発根量の多いものほどよい。逆に雨天のつづく日や発根の少ない苗は活着が悪く，時間を要する。

④追肥・灌水

大苗をつくるためには，追肥は欠かせない。樋口さんは液肥を使ってポットに灌注をしている。活着後10～15日したらOKF1の1,000倍液を施用し，その後5～7日間隔で濃度を高め，最高時には1ポット当たり400倍を80cc灌注する。その後しだいに濃度をうすめにし，最終追肥を800倍として7月30日ごろで打ち切っている。

灌水は頭上灌水施設を設置しており，晴天のときは1日に3回ていどやることもある。水やりの考えはむらがないように，しかも徒長しないようなやり方が大事であり，時には手による灌水も心がけることが大切である。

さらに，葉面散布によって，葉肉の厚い，下葉の老化しない苗をつくり上げることも大事で

精農家に学ぶ

第7図　育苗後期のポット苗（下はその拡大）

第7表　樋口さんの本圃の施肥量　($kg/10a$)

種類	元肥	追肥①	追肥②	成分量		
				N	P	K
堆　　肥	6,000					
とよのか配合	150	60		12.6	12.6	6.3
油　か　す	150			7.5	3.0	1.5
S 5 5 0		20		3.0	3.0	2.0
液　　肥			60	6.0	3.0	4.8
計				29.1	21.6	14.6

ある。

⑤葉かき，ポット広げ

理想の苗づくりをするためには，葉かきは欠かせない。葉かきは常時葉数を2.5～3枚になるように早めにまわり，徒長を防止しながら定植するまで少なくとも4回は実施する。

さらに，しっかりした苗をつくるためにはイチゴの葉同士が重なりあわないようにポット広げをし，通風をよくすることが必要である。生育旺盛時には5～6日に1枚は出葉しており，展開葉が少ないことは，株の充実が悪く，根に障害がきていることが考えられる。

⑥苗仕上げ

8月に入ってからは，窒素をぬくため液肥は使用せず，灌水もひかえぎみとし，葉色をみながら管理する。色がぬけないばあいはリン酸，カリ主体の葉面散布をして生育をおさえ，しめづくりを行なう。このさいポット土が根ぐされをおこしていると窒素があと効きしてくるため注意を要する。

逆に葉色がぬけすぎたばあいは，窒素の葉面散布で補いながら調節し，斑点病に注意する。

⑦花芽分化促進

イチゴの花芽分化のための要因には低温，短日，体内窒素レベルの低下があり，これらの条件がいずれも満たさなければ確実に分化させることは不可能である。樋口さんは短日，体内窒素条件をできるだけ理想の状態にもっていくため，8月25日から天井に寒冷紗を張って下温処理を行ない，花芽分化を早く誘起する条件をつくっている。自然の状態を利用して，早めに花芽分化させる技術が適期定植，早期出荷につながる。

なお育苗時にできるだけ健全な葉数を多く確保してきたことが，花数増加につながり収量の増加に結びついていることはいうまでもない。

4. 本圃の準備と定植

休閑期の本圃の管理については，第4表のとおりで，湛水，堆肥投入後，8月15日に元肥を入れて耕起し，よく土壌と混和後，うねづくりを行なう。うね幅は110cmとして本格的にうね立てをし，サンヒューム10a当たり60缶で土壌消毒を行ない，その上に古ビニールをかけ，定植までそのままの状態としている。これは9月の降雨により定植ができなくなるのを防止している。

間口5.5m，7連棟，2条内成り方式
条間 55cm，株間25cm，うね高25cm

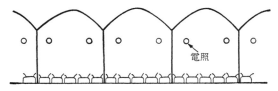

第8図　施設の構造と植付け法

定植は9月10日すぎとなり，10a当たりの栽植本数は7,200本，株間25cm，条間55cmの2条内成り方式をとっており，これは部会の規則に従っている。定植は共同作業により短期間ですませている。植え方は内側に向きをそろえ，できるだけうねの両端に植えて，中央部を広くとっている。

5. 定植後から収穫まで

活着促進 定植後は気温が高く，乾燥しやすいので，細根が少ないとよのかは活着不良となりやすい。そのため樋口さんは，定植後の灌水は，圃場全体に雨が降ったようにたっぷりやっている。灌水方法は，2うねに1本スミサンスイチューブを張り，細かい霧の状態で土壌をたたきつけないよう，時間をかけて行なう。活着し始めたら徐々に灌水量を減らし，生育をややおさえぎみにもっていく。

9月末，溝土をうねの上に上げて，整地とともに中耕を行ない，土壌の通気性をよくし，根ばりをよくする。

追肥 10月10日ごろ，第2花房の分化をみはからったあと，うねの上に追肥を行なう。10a当たり，八女とよのか配合を60kg，S550を20kg施し，株の生育を促してマルチにそなえる。

その間，葉かきは2回ほどしているが，極端な摘葉はさけ，なるべく同化能力の高い多くの葉数を確保するようにしている。

マルチ 出蕾始期の10月中旬に行なっている。マルチ後はマルチのすそを株もとまで上げて急激な高温をさけ，なるべく低温管理をしながら生育をおさえぎみにもっていく。これは花房の連続性につながる。

この時期から開花までに，ダニ，うどんこ病の防除を徹底してやることが肝要であり，収穫期になってあわてる必要がなくなる。

ジベレリン処理 1回目は出蕾ぞろいの時期に10ppmを5cc，さらに1週間後に同濃度を心うちして，果梗を充分に伸ばすようにしている。このとき土壌水分，空気湿度を高めるとジベの効果がよく発揮される。第2，第3花房についても5ppmで同様の処理をしている。

ビニール被覆 開花後，平均気温が16℃を下回ったころ，ビニール被覆を行なう。高温ぎみにもっていくと，株が立ちやすく，うどんこ病の発生も多く，根ばりが悪く成り疲れの原因となるので注意を要する。サイドビニールは開放して風通しをよくし，過繁茂にならないよう生育を調整しながら管理する。

開花期はミツバチを利用して奇形果を防止するとともに，玉の肥大を考えながら管理をしていくことが必要である。

玉出し とよのかの欠点の一つに着色不良果があり，この対策としては玉出し作業がなされている。樋口さんはひもは使わず，竹の棒で1株，1株をていねいに葉よけして，光がよく当たるようにしている。収穫に次いでかなりの労力が必要となるため，手入れ専門として臨時雇用を入れながら労力不足を補っている。

液肥施用 液肥による追肥はマルチ後のチューブ灌水と併用してやっており，1回目は第1果房の頂果が着色し始めるころから行なう。早すぎると先青果，先づまりの発生が多くなるので注意を要する。回数は10日に1回の割合で，窒素成分で10a当たり1～2kgとなるが，着果状態によって間隔，量とも加減する。うすめの濃度で回数を多くしたほうが無難である。

電照 電照の開始は着色始めの11月18日ごろからで，最初は間欠型で1時間に5分ていどとし，株の生育，着果状態を見ながら電照時間をふやしてゆく。電照開始がおそすぎると電照の効果が半減する。

摘果 摘果を行なう人が多いなかで，樋口さんはすべて無摘果を貫き通している。これは，とよのかの性質を精一杯利用したうえでの多収技術であり，一般的にはかなり無理な面もでてくるであろう。

6. 収穫期

温度管理 収穫を始めるころになると，しだいに気温が低下してくる。樋口さんは夜温が10℃に下がる11月下旬からハウスのしめ込みを始める。連棟ハウスであるため，寒さに対する保温力はよく，省力と自動換気を兼ねて，換気扇

精農家に学ぶ

第9図　ハウス内(上)と温度管理用換気扇(下)

による温度管理を行なっている。設定温度は，昼間23～25℃，夜間は5℃とし，12月上旬から暖房機による保温を開始する。

二重カーテンは現在はしておらず，とよのかの着色，ハウスの開閉労力，面積などを考えると当然であるといえる。

収穫　収穫は完全に着色したものから順次行なうが，早朝の涼しい時期にていねいにもぎとって，家でパック詰めをし，その日のうちに農協の集荷場に持ち運ぶ。主に京浜市場に出荷されており，収穫期間は11月から4月に及ぶ。

第10図　とよのかの果実

第11図　収穫最盛期のとよのか

この間，ハウス内の管理としては，電照時間の調節，液肥・灌水による生育管理，収穫後の株整理，温度管理などがある。樋口さんのイチゴをみていると，いつも生き生きとしており，栽培面積が広いわりには，細かいところまで管理がいきとどいていることに感心させられる。

電照　果実の成込みと心葉の立ちぐあいを見ながら電照の打切りを決定するが，現在では2月末としている。打切り後も収穫のために利用しているのは，それだけ長く電照の効果が持続しており，株の状態がよいからであろう。

7. 着色不良果対策

とよのかの欠点は着色が他の品種に比べ劣るところである。その原因は品種自体のアントシアン含量が少ないことにある。

環境要因としては，低温，少日照，高湿度によるところが大きい。発生は12～3月に多く，草勢が強く過繁茂傾向となると着色は極端に悪化し，白っぽくなり着色しない。葉かげで過熟したものは，ほとんどが着色不良果となっている。

そのため生産現場では，イチゴの果実が緑熟期から日光に当たるように玉出し作業を行ない，果実の品温を上げるよう心がけている。これが

第8表 防除暦

月	対象病害虫	薬剤と使用濃度	
5	炭そ病	ジマンダイセン水和剤	600倍
		アントラコール水和剤	600倍
6	うどんこ病	ポリオキシン水和剤	1,000倍
		トップジンM水和剤	1,500倍
7	ダニ	オサダン水和剤	1,500倍
8	炭そ病	アントラコール水和剤	600倍
	斑点病	ジマンダイセン水和剤	600倍
9	炭そ病	ジマンダイセン水和剤	600倍
10	ヨトウムシ	ランネート水和剤	1,000倍
	ダニ	オサダン水和剤	1,500倍
11	うどんこ病	バイレトン水和剤	3,000倍
12	ノネズミ	エンドックス	
1	灰色かび病	スミレックスくん煙剤	
2			
3	灰色かび病	スミレックスくん煙剤	
4	うどんこ病	バイレトン水和剤	3,000倍
	スリップス	オルトラン水和剤	1,000倍

他の品種と異なるところで，面積拡大のネックとなっている。

温度対策としては，昼間を低温ぎみ（25℃以下）にして，夜間を高める（7〜8℃）と着色が高まるということが知られている。さらに灌水をひかえて草勢をおさえれば，受光態勢がよくなり着色もよくなる。しかし，これは収量性から考えるとマイナスとなり，着色度合と収量との関係は負の相関関係にある。

電照とのかかわりも着色の点ではむずかしく，草勢が過繁茂になるような電照のやり方はむしろ着色を悪くする。しかし収量を上げるためには電照は不可欠であり，その点で樋口さんは草勢を見ながら電照時間を調節する技術を身につけているといえる。

8. 病害虫防除

イチゴの病害虫防除のポイントは，発生予察を的確に行なうことであり，その次は被害を予知する観察力をもつことである。それによってこそ必要最小限の農薬で防除することが可能となり，より安全でしかも食味のよいイチゴが消費者に届けられる。

樋口さんの防除の考えもそのとおりであり，できるだけ農薬の散布回数を減らし，防除の重点を育苗期におき，早め早めの予防により完全

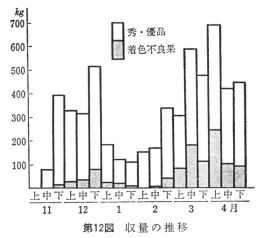

第12図 収量の推移

第9表 経営費調査
(10 a 当たり円，昭62)

費 目	金 額
種 苗 費	0
肥 料 費	95,000
農 薬 費	77,000
光熱・動力費	258,000
諸 材 料 費	263,000
小 農 具 費	53,500
修 繕 費	45,000
償 却 費	420,000
租 税 公 課	80,000
雇 用 費	310,000
出 荷 資 材 費	255,000
運 賃	158,000
出 荷 手 数 料	420,000
合 計	2,434,500

に病害虫の発生を防いでいる。

＜栽培上の問題点と今後の方向＞

樋口さんの経営面積は現在精一杯にまで拡大され，収穫労力も限界にちかい。これからは，所得の追求だけでなく，健康面からの適正規模の見直しや雇用労力による作業の能率向上によって，ゆとりのあるイチゴ経営を確立する必要があろう。

技術面では早出し栽培の研究，品質重点栽培，連続出荷技術の確立など残された課題は多いが，毎年着実にイチゴの経営がよい方向にすすむように研究を重ねていくことが大事である。

精農家に学ぶ

第10表 とよのかの労働時間
（八女西部普及所）

項　目	時間（10a当たり）
専 用 親 株 床	15
ポ ッ ト 育 苗	260
耕 起 ・ 整 地	25
定　　　　　植	90
灌 水 ・ 施 肥	60
病 害 虫 防 除	50
摘 葉 ・ 玉 出 し	320
ハ ウ ス 被 覆	50
マ ル チ	48
換 気 ・ 保 温	30
土 壌 消 毒	22
収 穫 ・ 調 製 ・ 出 荷	1,100
あ と か た づ け	35
計	2,105

＜執筆者の意見・感想＞

　樋口さんのイチゴにかける情熱はすばらしく，一家総力をあげて経営にとりくむ姿勢が広面積でかつ高収量を維持する原動力となっている。加えて，経験を生かした知恵と幅広い情報による的確な判断によって，新技術を導入していく開拓魂は，人間の生きていくことのすばらしさを身をもって教えてくれる。樋口さんの温厚で人一倍辛抱強い性格はイチゴ栽培によく合致しており，イチゴの生育する姿がそのまま性格を示している。

≪住所など≫　福岡県八女郡広川町大字吉常604
　　　　　　　の4　樋口　寛行（55歳）
　　　　　　　ＴＥＬ　0943—32—1209
執筆　新開隆博（八女西部農業改良普及所）
　　　　　　　　　　　　　　　　1988年記

※故人。収量の波の少ない連続収穫が求められている現在では，当時のような堆肥の大量投入は収量の波を大きくしてしまう可能性もある。

佐賀県唐津市　鳥越　芳俊

さがほのか・うね連続利用（不耕起）栽培

○「糖蜜還元処理」と「泥（土）ごと発酵の太陽熱処理」
○土中の微生物の働きで病害抑制・基肥窒素ゼロ
○手間とカネをかけずに高収量

〈地域と経営の概況〉

1. 地域の特徴

唐津市鎮西町は佐賀県の北西部、玄界灘に突出している東松浦半島西岸に位置する。県都である佐賀市とは唐津経由で約60kmと離れており、福岡市とも同じく約60kmの距離であるが、福岡県にも近い。

年間平均気温は15℃、日照時間は1,700時間、年間降水量は1,900mmで、とくに冬場の日照時間が少ない山陰型の気象条件となっている。

唐津市（肥前町・鎮西町・呼子町）、東松浦郡玄海町の旧4町は上場地域と呼ばれ、農地が狭いことに加え、水利や交通の便が悪く、強風地帯でもあり営農展開上大きな障害となり、農業の発展が阻害されてきたが、1973年度から国営事業に取り組み、農地造成、区画整理、農道整備、畑地灌漑などの土地改良事業が行なわれた。

上場地域でのイチゴの歴史は浅く、1980年から'はるのか'の栽培が始まり、翌1981年にJA上場いちご部会が発足した。

1985年度には'とよのか'に品種が切り替わりイチゴ産地が拡大するが、気象条件や当地で「おんじゃく」と呼ばれる、保肥力や保水力に乏しい土壌のため10a収量は低い産地であった。

1997年から佐賀県が育成した'さがほのか'の試験栽培に取り組み、2002年に全面積を'さ

経営の概要

立　地	圃場は埴壌土で土はやせている。玄武岩で水はけはよい
栽培面積	イチゴ37a
栽培概要	促成（定植9月20日前後）
品　種	さがほのか
収　量	10a当たり7t
労働力	夫婦2人、次女、パート2～3人

がほのか'に切り替えた。現在ではイチゴ栽培者数も増え、栽培面積34ha、部会員119名と、県内でも有数のイチゴ産地として発展している。

2. 経営の歩み

鳥越芳俊さんはもともとタバコを耕作していたが、1989年に'とよのか'10aを導入してタバコとの組合わせの形で、イチゴ栽培を始めた。翌年にはイチゴ面積を30aに、1994年には37aと随時面積を拡大し、経営の柱となっていった。

'さがほのか'は1998年に試験栽培を行ない、翌1999年に栽培面積の約50％を'さがほのか'にいち早く切り替えた。2000年には全面積が'さがほのか'を作付けしている。

精農家に学ぶ

〈技術の特徴〉

1. うね連続利用（不耕起）栽培

鳥越さんのイチゴづくりのモットーは手間とカネをかけないことである。ベッドは不耕起のうね連続利用で，うねを崩さずに次作を定植する（詳しくは後述）。また，シーズンを通して低窒素の管理とし肥料に極力カネをかけずにイチゴ栽培に取り組んでいる。それでいて収量は毎年6～6.5t/10aで，地域の'さがほのか'の平均収量4.2tに比べても高い。

うね連続利用栽培を導入するまでは，耕起してビニール被覆をしていたが，この方法では陽熱消毒に労力がかかりすぎるので省力化のためうね連続利用栽培を導入した。

うね連続利用栽培の特徴は次のとおりである。

①耕起・うね立て作業の省力化，軽作業化

うね連続利用栽培の利点は，前作が終わってもベッドを崩さず，陽熱消毒などをしたら上面を軽く小型管理機などで耕起してから次作を定植するやり方なので，従来の方法と比較して大幅に省力化ができる。また，台風や集中豪雨によるうねの崩れもなく，適期定植が可能である。

②慣行栽培と比較して収量は低下しない

うね連続利用栽培と慣行栽培との5年間収量を調査したが，慣行栽培に対して収量が低い場合もあるが，おおむね同等か増収している（第1図）。

ここで行なったうね連続利用栽培では，前作終了後，うねの中央表面に有機質肥料を窒素成分量で0.2kg/a施用し，深さ約10cmを耕起して行なった。有機物はうねの表面を中心に腐葉土（仮比重0.15）を700l/a施用した。

③透水性に優れ下層土まで軟らかい

貫入硬度計（DIK-5520）を使って土壌硬度を計測したところ，うね連続利用栽培では年数を経ても深さ15cmから40cmくらいまで一定の軟らかさが続き（第2図），根が張りやすい条件であることがわかった（第3図）。

④有機物の施用は地力維持のために必要

うね連続利用栽培で有機物を施用しないで栽

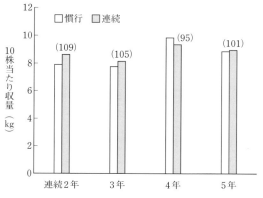

第1図　イチゴのうね連続利用栽培と収量
（　）内の数字は慣行区に対するうね連続の収量の対比

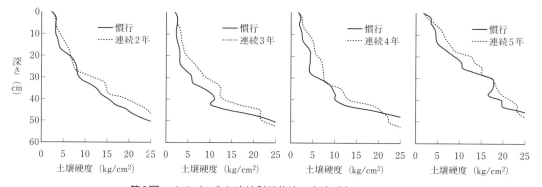

第2図　イチゴのうね連続利用栽培が土壌硬度に及ぼす影響
DIK-5520で測定，4～6回反復の平均値

培すると，土壌養分が減少して生育・収量が劣ることがわかっている（第1表）。そこで，鳥越さんは有機物施用を陽熱消毒方法と組み合わせることで地力を低下させないようにしている。

2．2つの消毒方法の活用

鳥越さんは，病気を防ぐ「糖蜜還元処理」と，土をつくるための「泥（土）ごと発酵の太陽熱処理」の2つの消毒方法を活用している。

不耕起栽培でイチゴをつくる鳥越さんは，萎黄病などの病気が出た年に限り，栽培終了と同時に「糖蜜還元処理」をする。これによって，嫌気的条件でも増える微生物が爆発的に増殖し，萎黄病，炭疽病，疫病を抑えることができる。

その後「泥（土）ごと発酵の太陽熱処理」に移るが，病気が発生しなかった場合は，この処理だけでも十分効果がえられる。「泥（土）ごと発酵の太陽熱処理」の目的は土つくりと土壌微生物を増やすことで，梅雨明け後すぐに始める。そうすると，菌がじっくりと増えてきて，不耕起栽培ベッドが団粒構造に変わっていく。そして，'さがほのか'の細根が多くなり，増収が期待できるようになる。

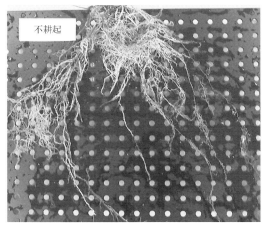

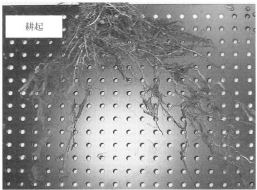

第3図 うね連続利用栽培では根が張りやすい
うね連続利用栽培（不耕起）は細根の発達がよく，根張りが優れている（上）
耕起栽培は根の褐変がみられる（下）

第1表 イチゴうね連続利用栽培と土壌化学性

うね	基肥窒素成分量 (kg/10a)	有機物施用	利用年数	pH (H₂O)	EC (1:5) (dS/m)	無機態窒素	有機態リン酸	交換性塩基			全窒素 (%)	腐植 (%)	可給態窒素 (mg/100g)
								K₂O	CaO	MgO			
						(mg/100g)							
慣行(更新)	8	無	1	5.5	0.13	9.4	106	57	311	98	0.39	6.8	8.2
		有	1	6.1	0.04	1.3	79	50	302	86	0.27	4.9	6.4
		有	1	6.2	0.07	1.3	92	43	290	77	0.26	5.0	6.3
		有	1	6.3	0.07	1.3	90	46	242	65	0.30	4.9	5.2
連続	2	無	2	5.5	0.14	8.7	119	60	337	109	0.43	7.4	8.6
		有	3	6.1	0.03	0.9	79	44	296	88	0.28	5.1	7.8
		有	4	6.1	0.06	0.9	85	38	293	75	0.27	5.1	6.6
		有	5	6.3	0.07	0.7	89	45	287	67	0.32	5.5	6.8
連続	2	無	2	5.6	0.09	5.7	94	51	308	89	0.39	6.9	7.3
		無	3	6.2	0.04	1.1	79	39	275	78	0.28	4.9	6.8
		無	4	6.2	0.05	0.5	90	31	276	68	0.27	4.8	7.6
		無	5	6.4	0.04	0.4	86	30	216	57	0.26	4.0	5.5

精農家に学ぶ

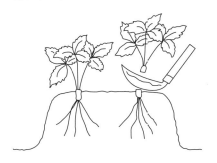

収穫終了後、栽培株は地上部を鎌で刈り取る

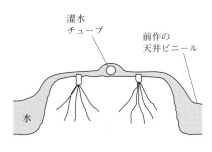

前作で使った天井ビニールでうねを覆ってから、通路の半分くらい水が溜まるまで2日間ほど水を流しっぱなしにする

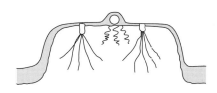

水が溜ったら、2倍くらいに薄めた糖蜜を10a当たり80kg（1斗缶4缶分）を灌水チューブで流す。不耕起ベッドは浸水性がよいのでベッドに水が浸みるとともに糖蜜がベッド全体に広がる

1か月ほどそのままに

（ハウスは密閉）
うまくいけば
3〜4日でドブ
臭がしてくる

処理が終わったらビニールを剥いで土に酸素を入れてやる

第4図 糖蜜還元処理（土ごと発酵）

3. 作業の実際

うね連続利用栽培と陽熱消毒方法の手順は次のとおりである。

①糖蜜還元処理

前作の片づけ 収穫終了後、前作の栽培株はクラウンから上部を鎌で刈り取り、ハウス外へ持ち出す。

うね被覆と灌水 前作で使った天井ビニールでうねを覆ってから、灌水チューブで通路の半分くらい水が溜まるまで2日間ほど水を流しっぱなしの状態にする。大事なのは、うね全体に水分を保持する程度として、灌水量が多くなると、土がねちっとして水はけが悪くなる。水はけが悪くなると定植後の発根が悪くなるからである。

糖蜜散布 うねに水が溜ったら、2倍くらいに薄めた糖蜜を10a当たり80kg灌水チューブで流す。不耕起ベッドは浸水性がよいのでベッド全体に水が浸みるとともに、糖蜜がベッド全体に広がる。

1か月間放置 ハウスを密閉した状態で1か月間ほどそのまま放置する。うまくいけば3〜4日でドブ臭がしてくる。

基肥・有機物施用 処理が終わったらビニールを剥いで基肥と有機物を施用して表面だけ耕起混和し、その後定植する。

②泥（土）ごと発酵の太陽熱処理

前作の片づけ後の除塩 地上部刈取り後、落ち葉堆肥を10a当たり700kg〜1t、通路を含めて全面散布する。処理する時期が梅雨時期であるので、できるだけ長い期間雨にあてて除塩を

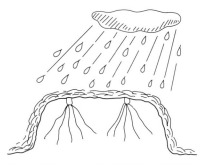
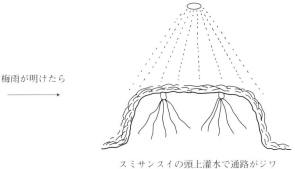
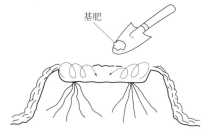
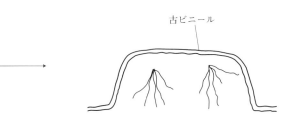

第5図 泥(土)ごと発酵の陽熱処理

実施する。

通路が湿るまで散水 除塩を終了したあと，頭上散水を3～4時間行なうことで，通路までじっくりと湿らせる。

有機物施用 ベッドが湿っているうちに有機物を窒素換算で2～3kg/10aうねの表層にばらまいて，定植部のみごく浅く耕す。

ビニール被覆で1か月放置する すぐにビニールで覆って，1か月以上そのまま放置する。

以上の方法で土つくりやうねづくりを行ない，定植に備える。

〈栽培の概要〉

1. 育苗方法

作型は促成栽培で（第6図），品種は'さがほのか'，育苗方法は'さがほのか'独特の二段階採苗法（第7図）である。

第6図 鳥越さんのイチゴの作型

精農家に学ぶ

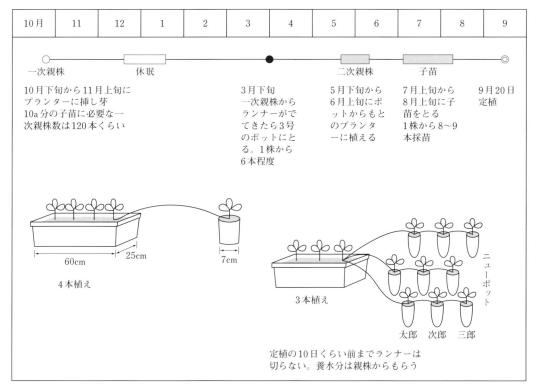

第7図　鳥越さんの二段階採苗のやり方

　この方法では年内に一次親株を定植して，それから発生したランナーを二次親株とする。

　この二次親株を5月下旬から6月上旬に定植して，それから7月上旬〜8月上旬に発生したランナーを定植苗にする方法である。

第8図　鳥越さんの苗
健康な白い根。さがほのかは大苗をつくるよりこれくらいの若苗がよい。根も少ないようだが，これくらいでちょうどいい

　この方法を取り入れている理由は次のとおりである。3か月も育苗すると早く花芽がくるうえに，培土の少ないプランターで親株を長期間育苗すると'さがほのか'は根が老化しやすく，高温期の草勢維持がむずかしい。このため，親株から二次親株をとり，そこから育苗期間1か月足らずで定植苗をとるのである。

　灌水はしっかりと行なう必要がある。'さがほのか'は根が少ないので，極端に乾かすとすぐ弱ってしまうので注意する（第8図）。

2. 定植とその後の管理

　本圃のうね幅120cm，株間23cmの2条植えで，栽植密度は約7,200本/10aである。

　定植　定植は9月20日を中心に，うね連続利用栽培のベッドにマルチを被覆してから行なう。ただし，通路の部分にはマルチをしないようにしている（第9図）。

　深植えにならないように第10図のような，

第9図　通路部分はマルチをしない
土壌から蒸散される水分（湿度）が，養分の転流には大事なことだと考えるからである

第10図　定植作業
写真のように道具で少し斜めに植え穴をあける。一定の深さになるので，深植えにはなりにくい

植え穴道具を使用している。深植えになると株元が過湿になって病気が出やすくなるからである。

定植後は，スプリンクラーの頭上灌水と，下の灌水チューブからしっかりと灌水する。

施肥　窒素が効きすぎると肥満型の生育になってしまい地上部優先の生育になってしまうので，基肥に窒素は入れない。

追肥は液肥中心で，葉中の硝酸濃度を測りながら窒素成分が4～5％含まれる有機液肥を施用している。葉中の硝酸濃度の目安は2,500ppmとし，これくらいが品質がいいと考えている。

このように施肥量が少なくて栽培できるのも，うね連続利用栽培と陽熱消毒，さらに苗づくりがあってのことである。鳥越さんは，しっかりと土ごと発酵していれば，肥料は少なくても作物は育つと考えている。

30年前，土壌の専門書を読みあさり理論を勉強し実践するなかで，微生物の力で合成発酵すると土の中の肥料がむだなく吸収されることがわかり，現在の基肥窒素ゼロの栽培方法となっている。

最低気温が13℃近くなり，平均気温が17℃を下回るようになったら，ビニール被覆を行なう。この時期が当地域では，10月下旬であるが，まだこの時期にハウスを閉め込むと'さがほのか'は徒長するため，10℃以下になる11月上旬からハウスの開閉を行なう。このころから気

第11図　収穫最盛期のイチゴ
（3月30日）
（撮影：赤松富仁）
まさに鈴成りの状態

温が低下し，日照も不足するため軽いわい化症状を示すが，早い電照開始は二番果に影響するため11月上旬より開始する。

精農家に学ぶ

電照は4月まで点けて,草丈の落ち込みをしないように注意する。

収穫開始は11月中旬からで,収穫終了は6月である。

＊

鳥越さんは,うね連続利用栽培だけにこだわらず,ヒートポンプなど新しいイチゴ栽培に意欲的に取り組んでいる。その飽くなき探求心は,新しいイチゴ栽培への道を切り開くことであり,地域への波及効果は絶大なものである。今後も鳥越さんの動向に目が離せない状態が続きそうである。

《住所など》佐賀県唐津市
　　　　　　鳥越芳俊（60歳）
　　　　　　佐賀県唐津市鎮西町中野5655
　　　　　　東松浦農業改良普及センター上場振興係
　　　　　　TEL. 0955-82-2711

執筆　藤　伸一（佐賀県東松浦農業改良普及センター）

2010年記

索　　引

この索引は，それぞれの事項・語句の解説ページのほか，その事項・語句にかかわる図表掲載ページも掲げました。そのばあい，図表のタイトルは必ずしも原文通りではなく，引きやすい言葉に替えています。

あ

ＩＰＭ（総合的病害虫管理技術）　271
愛ベリー
　——と先端不稔果　289
　——の鬼花と鶏冠状果　口絵23
　——の先詰まり果　70
アイベリーの実践例　563
愛ポット
　——資材　口絵15
　——の使用例　693
　——を利用した棚式育苗　387
あかしゃのみつこの株姿と特徴　口絵16
あかねっ娘
　——の株姿と特徴　口絵16
　——の特性とつくりこなし方　321
章姫
　——と萎黄病の発生　257
　——と花芽分化　127
　——と心止まり　71
　——とチップバーンの発生　162, 294
　——の育苗方法，定植時期，保温開始時期　122
　——の色むら果　口絵22
　——の色むら果の発生要因　288
　——の株姿と特徴　口絵16
　——の休眠の程度　85
　——の実践例　633
　——の特性とつくりこなし方　317
　——の花数　73
アザミウマ

　——対策　520, 586
　——類の対策　379
温湯浸漬とミカンキイロ
　　　　　　　　　　261
高温処理と——類　261
ヒラズハナ——による虫害
　　　　　　　　　　口絵24
ヒラズハナ——による虫害のしくみ　294
アスカウェイブ
　——と萎黄病の発生　256
　——の株姿と特徴　口絵16
アスカルビー
　——と萎黄病の発生　257
　——の育苗方法，定植時期，保温開始時期　122
　——の株姿と特徴　口絵19
　——の雌ずいの葉化　口絵22
　——の実践例　643, 651
　——の特性とつくりこなし方　349
あまおう　　　福岡Ｓ６号を見よ
萎黄病
　章姫と——の発生　257
　アスカウェイブと——の発生　256
　アスカルビーと——の発生　257
　——対策　461
　——抵抗性　302
　——の発生に対する品種間差異　255
　古都華と——の発生　257
　さがほのかと——の発生　257
　とちおとめと——の発生　257
　宝交早生と——の発生　256
　ゆめのかと——の発生　257

育苗
　——期間の作業工程　142
　——施設不要の高設栽培　589
　——の目的と目標とする苗の姿　133
　——培土の太陽熱消毒　491
　ウェルポット　口絵15
　紙ポット——　111, 441
　きらきらポット——　461
　高設ベンチ——　427
　高冷地——　107
　小型ポット——　口絵15, 387, 393, 693
　挿し芽——　490
　セル成型トレイ——　口絵14, 403
　セル成型苗——　397
　セルトレイ——　555
　早期夜冷——　545
　底面吸水——　427
　ナイヤガラ——　421
　ノンシャワー——　427
　花芽分化促進法と——方法　140
　不織布潅水——　453
　ベンチ——　405
　ロックウール——　421
石垣イチゴ栽培　53
異常花　口絵22
一季成り
　——性品種の花芽分化と分枝　46
　——性品種を用いた夏秋どり栽培　223
　——と四季成りを組み合わせた高設栽培　505
色むら果

723

章姫の——……………口絵22
　章姫の——の発生要因…… 288
　——の発生要因………… 288
　女峰の——………………… 288
ウェルポット……………… 393
ウォーターカーテン……… 533
うどんこ病
　——抵抗性………………… 302
　高温処理と——…………… 261
　紫外光による——発病抑制
　　の作用機作……………… 271
　紫外光による——防除…口絵27
　熱ショック処理による——
　　防除……………………口絵27
うね
　——連続利用栽培の実践例
　　………口絵28,口絵30,715
　連続——利用栽培の作業手
　　順………………………… 163
　連続——利用栽培の実践例
　　………………口絵28,607
内成り方式………………… 164
栄養器官……………………… 37
疫病抵抗性………………… 302
エゾヘビイチゴ…………口絵13
越後姫
　——の株姿と特徴……口絵18
　——の特性とつくりこなし
　　方………………………… 331
　F．イイヌマエ………口絵13
　F．チロエンシス………口絵12
　F．ニッポニカ………口絵13
　F．バージニアナ……口絵12
　F．ベスカ………………口絵13
エラン……………………… 302
おいCベリーの株姿と特徴
　　………………………口絵21
おおきみ…………………… 302
遅出し作型………………… 128
鬼花
　愛ベリーの——と鶏冠状果
　　………………………口絵23
　——の発生要因………… 291
　ダナーの——……………口絵10
温度

腋果房の花芽分化後の——
　管理……………………… 584
腋果房の花芽分化までの
　——管理………………… 584
各品種におけるハウス被覆
　時期と——管理目標…… 114
クラウン——制御………… 184
厳寒期の——管理………… 584
厳寒期の——管理の実践例
　…………………………… 559
第2花房分化後の——管
　理，肥培管理…………… 171
炭疽病の発病と——……… 247
低温期の——管理，肥培管
　理………………………… 173
定植から第2花房分化まで
　の——管理，肥培管理… 170
中休みをさせない——管理
　…………………………… 578
温湯散布…………………… 264

か

開葯……………………………口絵1
かおり野
　——と花芽分化………… 127
　——の育苗方法，定植時
　期，保温開始時期……… 122
　——の株姿と特徴……口絵21
　——の特性とつくりこなし
　方………………………… 375
花芽
　章姫と——分化………… 127
　一次腋花房の——分化促進
　…………………………… 126
　一次腋花房の——分化遅延
　…………………………… 125
　一季成り性品種の——分化
　と分枝……………………… 46
　腋果房の——分化後の温度
　管理……………………… 584
　腋果房の——分化までの温
　度管理…………………… 584
　かおり野と——分化…… 127
　——の帯化……………口絵23
　——の分化と発育………口絵2

——発育の過程…………… 67
——分化促進技術…… 105,643
——分化促進法と育苗方法
　…………………………… 140
——分化の生理，生態…… 55
さがほのかと——分化… 127
四季成り性品種の——分化
　と開花…………………… 46
萼枯れ……チップバーンを見よ
果梗
　——折れ対策……… 379,691
　——枝折れ対策………… 501
果実の着色とアントシアニン
　の蓄積…………………… 93
果実の糖蓄積と有機酸濃度…… 92
夏秋
　一季成り性品種を用いた
　　——どり栽培………… 223
　——イチゴの実践例
　　……… 505,515,671,677
　——どりイチゴの作業上の
　　要点…………………… 240
　——どりイチゴの主要作型
　　………………………… 240
　——どり栽培用品種の動向
　　………………………… 301
　北の輝を用いた——どり作
　　型……………………… 226
　さちのかを用いた——どり
　　作型…………………… 226
　四季成り性品種による——
　　イチゴの作付け面積…… 235
　とちおとめを用いた——ど
　　り作型………………… 226
　女峰を用いた——どり作型
　　………………………… 226
花粉
　——稔性に及ぼすCO_2施
　　用の効果……………… 90
　——の発芽………………口絵1
　——発芽率に及ぼすCO_2
　　施用の影響…………… 289
　——粒……………………口絵1
　受粉・受精と——稔性…… 89
カレンベリー……………… 302

724

環境制御
　　——の実践例………… 537, 578,
　　　　　　　　　　　655, 663
　　——のモニタリングシステ
　　ム…………………… 479
　　写真でみる——………口絵30
間欠冷蔵処理
　　——の実践例………… 643
　　——の方法と効果……… 145
灌水
　　——のねらい………… 165
　　とちおとめにおける時期別
　　——量………………… 166
奇形果
　　——のいろいろな形……口絵10
　　——の分類と発生要因…… 285
きたえくぼの株姿と特徴…口絵17
北の輝
　　——の株姿と特徴………口絵17
　　——の特性とつくりこなし
　　方……………………… 337
　　——を用いた夏秋どり作型
　　………………………… 226
休眠
　　章姫の——の程度………85
　　イチゴのライフサイクルに
　　おける——…………… 44
　　——回避技術………… 113
　　——打破………………… 54
　　——の程度と成り疲れの関
　　係………………………… 85
　　——の深さの品種間差異… 54
　　——誘導と低温による——
　　打破………………………83
　　紅ほっぺの——の程度……85
　　宝交早生の——の程度……85
近代栽培イチゴ……………… 11
空気膜二重構造ハウス…… 534
熊研い548の目標とする苗の
　姿…………………………… 133
クラウン
　　——温度制御…………… 184
　　——加温……………… 526, 656
　　——の形態……………口絵4
　　——冷却処理…………… 127

苗のサイズ，——の深さと
開花………………………… 62
クロロシス………新葉黄化を見よ
鶏冠果
　　花芽の時期の——………口絵10
　　——の縦断図……………口絵5
　　ダナーの——……………口絵5
鶏冠状果
　　愛ベリーの鬼花と——…口絵23
　　——の発生要因………… 291
　　福岡Ｓ６号と——の発生
　　………………………… 291
健康機能性品種の動向……… 303
けんたろう
　　——の株姿と特徴………口絵21
　　——の実践例…………… 505
　　——の特性とつくりこなし
　　方………………………… 335
高温
　　——障害………………口絵11
　　——処理とアザミウマ類… 261
　　——処理とうどんこ病…… 261
　　——対策………………… 519
光合成
　　イチゴの——特性とCO$_2$
　　の役割…………………… 75
　　近代栽培イチゴの——能力
　　…………………………… 26
　　——産物不足…………… 127
高設
　　育苗施設不要の——栽培… 589
　　一季成りと四季成りを組み
　　合わせた——栽培……… 505
　　軽量培土利用の——採苗… 409
　　——育苗………………… 489
　　——栽培での窒素投入量… 201
　　——栽培における太陽熱消
　　毒………………………… 502
　　——栽培に用いられる培地
　　資材の特性……………… 207
　　——栽培の実践例………口絵32
　　——栽培ベッドの構造と配
　　置例……………………… 205
　　——栽培方式の分類と特徴
　　………………………… 198

　　——栽培の普及状況……… 197
　　——採苗システム………口絵14
　　——ベンチ育苗………… 427
　　さまざまな——栽培……口絵29
　　サンラックシステムによる
　　　——栽培……口絵29, 590
　　四季成り性品種と籾がら培
　　地を利用した——栽培…… 469
　　少量土壌培地耕による——
　　栽培……………口絵29, 633
　　独立したプランターによる
　　　——栽培……………… 523
　　とこはるシステムによる—
　　　——栽培……口絵29, 671
　　夏どりイチゴの——栽培… 469
　　らくちんシステムによる—
　　　——栽培……………口絵29
　　らくちんシステムによる—
　　　——栽培の実践例…… 661
　　るんるんベンチ——栽培
　　………………口絵29, 489
　　るんるんベンチによる——
　　栽培……………………… 683
　　ロックウール循環式——採
　　苗………………………… 415
極早生性…………………… 375
古都華
　　——と萎黄病の発生……… 257
　　——の株姿と特徴………口絵19
　　——の実践例…………… 651

さ

栽植様式…………………… 164
さがほのか
　　——と萎黄病の発生……… 257
　　——と花芽分化………… 127
　　——の育苗方法，定植時
　　期，保温開始時期……… 122
　　——の株姿と特徴………口絵20
　　——の先絞り果…………口絵24
　　——の先尖り果・先詰まり
　　果………………………… 293
　　——の実践例…………… 715
　　——の特性とつくりこなし
　　方………………………… 357

——の花数·················73	成り疲れの軽減と——施用	——の特性とつくりこなし
——の目標とする苗の姿··· 133	·················129	方·················381
——の裂果·············口絵24	ハウス内環境と——施用··· 175	正常花·················口絵1
——の裂皮·············口絵24	四季成り	生理障害
先絞り果	一季成りと——を組み合	写真で見る——·······口絵22
さがほのかの——·······口絵24	せた高設栽培·········505	——の発生要因と対策······ 285
先白果の発生防止対策········ 336	——性品種と籾がら培地を	施肥量·················81
先詰まり果	利用した高設栽培······ 469	ゼンガ・ゼンガナ·······口絵13
愛ベリーの——·········70	——性品種の花芽分化と開	全身獲得抵抗性········· 261
先尖り果・——の発生要因	花·················46	そう果·················口絵5
·················293	——性品種の実践例······ 671	霜害·················口絵11
先尖り果・先詰まり果の発生	——性品種の推定作付け面	草勢維持対策··········· 560
要因·················293	積·················235	促成栽培
さちのか	雌ずい	——の生い立ち·········· 103
——と心止まり·········71	——の外観図···········口絵1	——用品種の動向······ 301
——の育苗方法，定植時	——の形態·············41	外成り方式·············· 164
期，保温開始時期········ 122	遮光処理············· 107	た
——の株姿と特徴·····口絵17	収穫時期の調整··········· 553	
——の実践例··········· 677	種子繁殖	帯化
——の特性とつくりこなし	——性品種の可能性······ 35	花芽の——············口絵23
方·················327	——型品種の動向······· 302	——した花············口絵10
——を用いた夏秋どり作型	——器官·············40	——の発生要因········· 291
·················226	——性品種による増殖······52	太陽熱消毒
さつまおとめ	受精	育苗培土の——·········· 491
——の育苗方法，定植時	——不良果の発生要因····· 287	高設栽培における——····· 502
期，保温開始時期·········· 122	受粉・——と花粉稔性······89	——の原理と手順······ 157
——の株姿と特徴······口絵19	不——果············· 287	——の手順および注意事項
——の特性とつくりこなし	シロバナヘビイチゴ········口絵13	·················258
方·················353	心止まり	太陽熱処理············· 715
——の目標とする苗の姿··· 133	章姫と——·············71	縦溝果·················291
さぬき姫の育苗方法，定植時	さちのかと——·········71	ダナー
期，保温開始時期·········· 122	——株の発生パターン·······71	——の鬼花············口絵10
サマーフェアリー············ 671	——症対策··········· 384	——の鶏冠果··········口絵5
CO_2	——による症状········口絵25	種浮き果·················294
イチゴの光合成特性と——	——の発生要因········ 295	炭酸ガス
の役割···············75	とちおとめと——·······71	——くん蒸によるハダニ防
花粉稔性に及ぼす——施用	紅ほっぺと——·········71	除·················口絵26
の効果···············90	新葉黄化	——施用の実践例··········· 560
花粉発芽率に及ぼす——施	——の発生要因··········· 296	炭疽病
用の影響············· 289	女峰の——············口絵25	——対策········ 427, 453, 461
——施用の実践例····· 口絵30,	水耕栽培··············· 563	——抵抗性············· 302, 375
·········口絵32, 527, 581, 585	すずあかね	——の種類············· 245
——濃度と施設の密閉度······77	——の株姿と特徴········口絵21	——の発病と温度········ 247
——濃度と有機物投入量······77	——の実践例····· 475, 476, 515	——の防除例··········· 649, 654
——発生機············· 204	——の心止まり症対策······ 384	熱ショック処理と——······ 263

葉枯れ……………… 246
品種と——の発生……… 247
短葯花………………口絵10
地中加温……………… 181
窒素欠乏症……………口絵11
チップバーン
　章姫と——の発生…… 162,294
　——による症状………口絵25
　——の発生要因……… 294
　——の要因と対策…… 162
　とちおとめと——の発生
　……………… 162,294
　紅ほっぺと——の発生
　……………… 162,294
　宝交早生と——の発生… 294
千葉F-1号……… 302
着色不良果とその対策……… 360
着花数の確保……………… 553
頂部軟質果
　——の発生と対策……… 310
　——の発生要因………… 293
直売経営例……… 537,563
チリーイチゴ………… 11
角出し果
　——の症状………口絵23
　——の発生要因……… 291
Dトレイ……………… 590
低温
　各品種における——暗黒処
　理の要点……………… 107
　——暗黒処理における苗の
　大きさ，窒素中断，日照処
　理と開花……………… 110
　——障害………………口絵11
定植
　——時期の地域間差異…… 124
　普通促成栽培の標準的な
　——時期……………… 122
テープヒーター……… 656
電照
　各品種における——とジベ
　レリン処理……………… 116
　——による草勢制御……87
糖蜜還元処理……………… 715
土壌還元消毒

　——のポイント………… 259
　——の方法と効果………… 157
土壌消毒
　うね上げ後——………… 158
　——の方法……………… 156
とちおとめ
　——と萎黄病の発生……… 257
　——と心止まり………71
　——とチップバーンの発生
　……………… 162,294
　——における時期別灌水量
　……………… 166
　——における定植後の根重
　の推移……………… 165
　——の育苗方法，定植時
　期，保温開始時期………… 122
　——の株姿と特徴………口絵17
　——の実践例…… 口絵30,523,
　……… 531,537,545,551,607
　——の特性とつくりこなし
　方……………… 313
　——の目標とする苗の姿… 133
　——を用いた夏秋どり作型
　……………… 226
とよのか
　——の育苗方法，定植時
　期，保温開始時期………… 122
　——の株姿と特徴………口絵18
　——の実践例…… 563,693,703
　——の特性とつくりこなし
　方……………… 305

な

苗
　育——の目的と目標とする
　——の姿……………… 133
　熊研い548の目標とする——
　の姿……………… 133
　軽量培土利用の高設採——
　……………… 409
　栽培株からの採——……… 435
　さがほのかの目標とする——
　の姿……………… 133
　さつまおとめの目標とする
　——の姿……………… 133

　低温暗黒処理における——
　の大きさ，窒素中断，日照
　処理と開花……………… 110
　とちおとめの目標とする
　——の姿……………… 133
　——のサイズ，クラウンの
　深さと開花………………62
　紅ほっぺの目標とする——
　の姿……………… 133
　籾がら採——……… 511
　やよいひめの目標とする——
　の姿……………… 133
　ゆめのかの目標とする——
　の姿……………… 133
　ロックウール循環式高設採
　——……………… 415
中休み
　——対策の実践例……… 553
　——と成り疲れ………… 121
　——をさせない温度管理… 578
　——をさせない環境調節… 170
なつあかりの実践例
　……………… 474,476,477
夏実の実践例……………… 505
成り疲れ
　休眠の程度と——の関係……85
　中休みと——………… 121
　——の軽減とCO_2施用 … 129
　——の軽減の実践例……口絵30
二酸化炭素
　——濃度の変化………… 541
　ファンヒーター型の——施
　用機……………… 656
2倍体
　——の地理的分布………14
　——野生種………口絵13
女峰
　——の育苗方法，定植時
　期，保温開始時期………… 122
　——の色むら果………… 288
　——の株姿と特徴………口絵18
　——の実践例…… 595,615,661
　——の受精不良果………口絵22
　——の新葉黄化………口絵25
　——の正常果と白ろう果

　　　　　　　　　……………口絵23, 293
　　──の特性とつくりこなし
　　　方……………………………309
　　──を用いた夏秋どり作型
　　　………………………………226
根
　　──量に及ぼす着果負担の
　　　影響…………………………86
　　──量の確保…………………553
　　とちおとめにおける定植後
　　　の──重の推移……………165
　　──の生長と役割……………86
　　──の分布……………………口絵8
　　──張りの確保………………579
　　籾がら培地とバーク培地の
　　　──の比較…………………473
熱ショック処理
　　──と炭疽病…………………263
　　──と灰色かび病……………263
　　──によるうどんこ病防除
　　　………………………………口絵27
ノウゴウイチゴ……………………口絵13
濃度障害……………………………口絵11
濃姫
　　──の株姿と特徴……………口絵19
　　──の特性とつくりこなし
　　　方……………………………343

は

培地
　　高設栽培に用いられる──
　　　資材の特性…………………207
　　地中加温，──加温…………181
　　籾がら──……………………469
　　籾がら──とバーク──に
　　　おける果実収量……………473
　　籾がら──とバーク──の
　　　根の比較……………………473
白ろう果
　　女峰の正常果と──…………口絵23
　　──の発生要因………………293
葉先枯れ……チップバーンを見よ
バジニアイチゴ……………………11
ハダニ
　　温湯浸漬と──………………261

高濃度炭酸ガスの──殺虫
　　効果……………………………279
炭酸ガスくん蒸による──
　　防除……………………………口絵26
8倍体………………………………15
花数
　　章姫の──……………………73
　　花房当たりの──……………73
　　さがほのかの──……………73
　　紅ほっぺの──………………73
花芽……………………かがを見よ
半促成栽培用品種の動向…………301
ひのしずく……熊研い548を見よ
品種
　　萎黄病の発生に対する──
　　　間差異………………………257
　　一季成り性──の花芽分化
　　　と分枝…………………………46
　　一季成り性──を用いた夏
　　　秋どり栽培…………………223
　　夏秋どり栽培用──の動向
　　　………………………………301
　　休眠の深さの──間差異……54
　　四季成り性──による夏秋
　　　イチゴの作付け面積………235
　　四季成り性──の花芽分化
　　　と開花…………………………46
　　種子繁殖性──の可能性……35
　　種子繁殖性──による増殖
　　　…………………………………52
　　促成栽培用──の動向………301
　　半促成栽培用──の動向……301
　　──と炭疽病の発生…………247
　　──別面積占有率の推移……104
　　露地栽培用──の動向………301
フェアファックス…………………口絵13
福岡Ｓ６号
　　──と鶏冠状果の発生………291
　　──の株姿と特徴……………口絵20
不織布ベッド………………………473
フラガリア属………………………口絵13
ペチカの株姿と特徴………………口絵17
紅ほっぺ
　　──と心止まり…………………71
　　──とチップバーンの発生

　　　………………………………162, 294
　　──の育苗方法，定植時
　　　期，保温開始時期…………122
　　──の株姿と特徴……………口絵20
　　──の休眠の程度……………85
　　──の実践例口絵
　　　…………………32, 476, 577, 589
　　──の特性とつくりこなし
　　　方……………………………367
　　──の花数……………………73
　　──の目標とする苗の姿……133
芳玉…………………………………口絵5
宝交早生
　　──と萎黄病の発生…………256
　　──とチップバーンの発生
　　　………………………………294
　　──の育苗方法，定植時
　　　期，保温開始時期…………122
　　──の休眠の程度……………85
飽差…………………………176, 541
保温
　　──開始時期…………………124
　　──開始のタイミング………553
保冷庫………………………………644

ま

マーシャル…………………………口絵13
まだら果…………色むら果を見よ
マルチング
　　──の時期……………………166
　　──のタイミング……………558
マルハナバチの利用………………195
マンガン過剰症……………………157
ミツバチ
　　──の過剰訪花………………379
　　──の生態……………………193
　　──の訪花不足………………287
　　──への農薬の影響…………288
芽
　　──管理………………………595
　　──仕立て方法と着果………370
　　──の育苗方法，定植時
　　　期，保温開始時期…………122
　　──の実践例……523, 523, 531
籾がら

四季成り性品種と――培地
　を利用した高設栽培……… 469
　　――採苗…………………… 511
　　――培地…………………… 469
　　――培土…………………… 498

や

薬剤
　　――感受性の低下………… 271
　　――耐性菌の出現………… 263
　　――抵抗性………………… 279
野生種……………………口絵13
やよいひめ
　　――の育苗方法，定植時
　　期，保温開始時期………… 122
　　――の株姿と特徴………口絵20
　　――の特性とつくりこなし
　　方……………………………363
　　――の目標とする苗の姿… 133
夜冷短日処理
　　各品種における――の要点
　　　…………………………… 110
　　――に用いられる施設…… 111
雄ずい
　　――形成期………………口絵3
　　――の外観図……………口絵1

――の形態……………………41
ゆめのか
　　――と萎黄病の発生……… 257
　　――の育苗方法，定植時
　　期，保温開始時期………… 122
　　――の株姿と特徴………口絵20
　　――の特性とつくりこなし
　　方…………………………… 371
　　――の目標とする苗の姿… 133
養液栽培
　　水田土壌を利用した――… 633
　　日射比例式の――………… 671
　　日射比例制御による――… 661
養液土耕
　　――栽培の実践例…… 505，677
　　――栽培の特徴と導入にあ
　　たっての考え方…………… 167
葉化
　　アスカルビーの雌ずいの
　　――……………………口絵22
　　雌ずいの――……………… 287
4倍体 ………………………… 15

ら

乱形果
　　さまざまな――………口絵23

――の種類と発生要因…… 291
ランナー
　　イチゴのライフサイクルに
　　おける――の発生…………45
　　親株と――………………口絵7
　　――と子株………………口絵6
　　――の形態………………口絵4
　　――発生と子株の発育………52
裂果
　　さがほのかの――………口絵24
　　――の発生要因…………… 294
レッドガントレット………口絵10
レッドパール
　　――の株姿と特徴………口絵18
　　――の実践例……………… 683
　　――の特性とつくりこなし
　　方…………………………… 323
裂皮
　　さがほのかの――………口絵24
　　――の発生要因…………… 294
連作障害……………………… 155
6倍体 ………………………… 15
露地栽培用品種の動向……… 301

本書に掲載されている苗・資材等の問い合わせ先一覧

項目	会社名	所在地	取扱内容	問い合わせ電話番号
苗	三好アグリテック㈱	山梨県北杜市	おいCベリー，もういっこ，紅ほっぺ，とちおとめ，さがほのか，さちのか，とよのか，レッドパール，宝交早生，かおり野，章姫，やよいひめ，おおきみ，女峰など	0551-36-5913
	㈲ミカモフレテック	徳島県美馬市	サマールビー，アスカルビー，さちのか。高設栽培「とこはるシステム」も	0883-63-6215
	ホクサン㈱	北海道北広島市	すずあかね，エッチエス－138（夏実）	011-370-2104
	㈱佐藤政行種苗	岩手県紫波郡矢巾町	なつあかり，デコルージュ	019-638-5411
	㈱柳川採種研究会	茨城県東茨木郡美野里町	なつあかり	0299-46-0311
	㈱ホーブ	北海道上川郡東神楽町	ペチカ系	0166-83-3555
育苗資材	大石産業㈱パルプモウルド事業部	福岡県鞍手郡鞍手町	紙ポット（花菜ポット），出荷容器（ゆりか～ご）	東北 0178-56-3112 関東 0293-43-6125 西日本 0949-42-0370
養液土耕システム	ＯＡＴアグリオ㈱	東京都千代田区	養液土耕システム，肥料，農薬など	03-5283-0251
防除器具	パナソニックライティングデバイス㈱	大阪府高槻市	病害予防用蛍光灯	072-682-7820
	日立化成㈱	東京都千代田区	水封式炭酸ガス害虫駆除システム（ポリシャインＳＢ）	03-5533-7910
	日本液炭㈱	東京都港区	苗の炭酸ガス処理用ファスナーバッグ（すくすくバッグ）	03-6722-2251
	丸三産業㈱	栃木県栃木市	苗の炭酸ガス処理用ファスナーバッグ（すくすくバッグ）	0282-24-8803
天敵資材	㈱アグリクリニック研究所	栃木県宇都宮市	アグリセクト社の天敵（国産ミヤコカブリダニなど）	028-680-6450
マルハナバチ	アリスタライフサイエンス㈱	東京都中央区	セイヨウオオマルハナバチ，クロマルハナバチ，天敵資材	03-3547-4415
環境制御関連機器	光メタルセンター㈱	山口県光市	クラウン加温用テープ（クラウンヒーター）	0833-48-8722
	エモテント・アグリ㈱筑紫野オフィス	福岡県筑紫野市	クラウン温度制御装置，高設栽培システム	092-926-9221
	㈱マルテック	茨城県那珂市	プロパンガス燃焼式CO2施用機（ハウスバーナーらんたんさん）	029-295-7333
	ダイニチ工業㈱	新潟県新潟市	ファンヒーター型光合成促進機（ＲＡ-439K）	0120-468-110
	ネポン㈱営業部	神奈川県厚木市	CO2施用機	046-247-3269
	㈱誠和	栃木県下野市	環境計測・制御機器（プロファインダーなど）	0285-44-1751

イチゴ大事典

2016年1月30日　第1刷発行
2023年9月20日　第8刷発行

農　文　協　編

発行所　一般社団法人　農山漁村文化協会

郵便番号　335-0022　埼玉県戸田市上戸田2-2-2
電話　048(233)9351(代)　　振替　00120-3-144478

ISBN978-4-540-15153-8　　　印刷／藤原印刷㈱
検印廃止　　　　　　　　　　製本／㈱渋谷文泉閣
Ⓒ農文協 2016　　　　　　　【定価はカバーに表示】
PRINTED IN JAPAN

―― 農文協の農業書 ――

農業技術大系 野菜編 全12巻13分冊

農文協編　●154,765円＋税

1. **現場の発想で**
   試験研究の報告書ではなく、現場で起こる問題や課題に向けて研究者、技術者が参加した実践の書。
2. **信頼される体系性**
   「技術大系」の構成は、基礎――基本技術――農家事例（農家の実践）の3つの柱。農家の実践に学び、普遍性の高い基本技術を体系的に整理。生理・生態などの基礎科学がこれを裏付ける。
3. **追録でいつも最新**
   年1回の追録（加除）によって、「いつも最新」の内容。新しい記事の追加で過去情報の価値も見直され、全体がその時代の課題に応える内容になっていく。

第1巻　キュウリ	第8−①巻　ネギ・ニンニク・ラッキョウ・ニラ・ワケギ・その他のネギ類
第2巻　トマト	第8−②巻　タマネギ・アスパラガス
第3巻　イチゴ	第9巻　ダイコン・ニンジン・カブ・ゴボウ
第4巻　メロン類・スイカ	第10巻　マメ類・イモ類・レンコン
第5巻　ナス・ピーマン（カラーピーマン，トウガラシ類）・カボチャ	第11巻　特産野菜・地方品種
第6巻　レタス・サラダナ・セルリー・ハナヤサイ・ブロッコリー	第12巻　共通技術・先端技術
第7巻　キャベツ・ハクサイ・ホウレンソウ・ツケナ類・ナバナ類他	

＊年1回追録（加除）を発行（有償）するため、書店販売はいたしません。
＊分冊販売はいたしません。

トマト大事典

農文協編　B5判1188ページ　●20,000円＋税

「農業技術大系野菜編」の「第2巻トマト」を再編し、一冊にまとめた。栽培の基礎から最新研究、全国のトップ農家による栽培事例まで収録した国内最大級の実践的技術書。カラー口絵16頁、索引付き。現場で導入が進む「環境制御技術」や養液栽培も収録。大玉、中玉、ミニ、加工用トマトを網羅。

原色 野菜の病害虫診断事典

農文協編　B5変型784ページ(カラー216ページ)　●16,000円＋税

1. **充実の収録品目・病害虫数**
   トマト、キュウリの主要野菜からチンゲンサイ・タアサイ、ミョウガ、ツルムラサキなど小物野菜まで、51品目・345病害、29品目・182害虫を収録。基本の病害虫を網羅し、これ1冊で対応できる。
2. **1,400枚余のカラー写真を掲載**
   いち早く病気・害虫が特定できるよう、初期病徴・被害を中心に1病害虫あたり1～5点の写真を口絵に収める。
3. **明快で、コンパクトな解説**
   〈被害と診断〉〈病気・虫の生態〉〈発生条件と対策〉を、病害虫毎に詳解。診断のポイント、病原・害虫の生態の理解から症状の程度・進行に応じた対応までを、斯界のエキスパートが解説。
4. **見やすく、引きやすい事典**
   写真と併せ、より早い同定や対処につなぐインデックスとして、部位別の病徴や加害のようすから原因となる病気や害虫を見つけられる図解目次を、野菜別に掲載。
   また、口絵ページから本文解説、本文解説から口絵ページへ行き来できるよう相互にページを入れるなど、引きやすさ・見付けやすさも実現。

（価格は改定になることがあります）